蒋有绪

与父母兄弟姐姐的全家合影（前排中间穿背带裤）

1949 年上海大同附中与高中同学

1953 年北大生物学系春游颐和园

1954 年 3 月北大生物学系同班同学合影

1954 年 8 月内蒙古大兴安岭根河林区土壤剖面调查

1954 年 8 月与苏联专家巴拉诺夫在内蒙古纳地区国有林标桩前合影

1954 年外业工作结束后林型组与巴拉诺夫在齐齐哈尔市贵宾招待所合影

1954 年森林调查内业工作

1954 年游颐和园

1955 年在四川木里森林调查配警卫和枪支

1957 年与夫人黄孝运新婚照

1957 年与夫人黄孝运在天安门

1957 年与张万儒在中国林业科学研究院合影

1957 年天山森林调查

1958 年在苏联与导师苏卡切夫院士（中）、李文华合影（左）

1958 年在苏联林区做调查

1958年赴苏联科学院科研实习，参加苏联少先队员科普活动，被授予红领巾

1958年参加莫斯科世界林业会议，在苏联森林研究所与鲍甫成（左1）、吴中伦（中）、郭秀珍（右2）、关百钧（右1）合影

1962 年参加中国植物学会植物生态学地植物学第一次学术会议

1981～1983年，海南岛大农业与生态平衡考察部分考察队员合影

20 世纪 80 年代，在江西大岗山试验林区进行森林生态研究（左 1 马雪华，左 2 蒋有绪，右 5 张万儒）

1981 年在长白山生态定位站

1986 年受美国生态学会国际部 McCormick 邀请与兰州大学赵松林教授在美国考察

1986 年美国 Syracuse 大学第四届国际生态学年会与孙儒泳（中）、赵松林（右）教授合影

1988 年 11 月与张万儒（左 1）、盛炜彤在福建武夷山南方集体林区林业用地合理利用综合考察

1989 年在波多黎各与美国生态学会 McCormick

1989 年考察美国东南森林实验站

1989 年石家庄中国生态学会理事会暨生态学发展战略会议合影

1990 年国家自然科学奖励委员会会议

1990 年蒙特利尔国际林业研究组织联盟大会

1991 年中国生态学学会代表大会在太原召开

1992 年在成都锦江饭店由中国生态学学会组织国际会议与其中几位科学家合影

1992 年在成都锦江饭店由中国生态学学会组织国际会议与马世骏、阳含熙院士等国内外著名生态学家

1992 年林业部颁发政府特殊津贴证书会议

1993 年考察哥本哈根

1994 年与王文艺、徐德应所班子合影

1994 年国家自然科学基金委评审会

1994 年在美国参加温带及北方森林的保护和可持续经营国际对话会议考察

1995 年与夫人黄孝运考察新疆

1995 年考察新疆建设兵团林业，在阿拉山口

1997 年全国林科本科专业目录论证会

1997 年中国林业科学研究院防治人工林地力衰退国际研讨会

1997 年深圳考察绿化建设

1997 年第八届《林业科学》编辑委员会全体会议

1998 年北大百年校庆与 54 届同学一起

1998 年北大百年校庆与老同学聚会

1998 年联合国开发计划署（UNDP）试点项目评估在甘肃明长城

1998 年与王战先生

1998 年在澳大利亚参加国际林业研究组织联盟（IUFRO）

1998 年河南济源全国森林生态学术研讨会

1998 年考察澳大利亚

1999 年深圳市生态风景林研讨会

与家人合影

2000 年 11 月与李文华院士等在珠海参观

2000 年与傅伯杰在九华山

2000 年 11 月生态学学会澳门活动夫妇合影

2000 年与孙儒泳院士在黄山

2000 年澳门城市生态学会每人种一株红树仪式

2001 年评估中国科学院遥感与数字地球研究所重点实验室

2001 年与金鉴明院士（左 4）、张新时院士（右 3）、葛剑平（左 2）等在新疆考察

2002 年第五届全国生

护与持续利用研讨会

2002 年 8 月参加第五届国际生态城市大会

2002 年在巴黎

2003 年 2 月中国科学院中国生态系统研

2002 年在法国巴黎凯旋门前留影

2002 年爱因斯坦像前

RN）第十一次工作会议暨学术交流会议

2003 年与孙铁珩院士（左 3）、王文兴院士（右 4）在沈阳

2003 年在沈阳参加中国科协年会

2003 年新西兰南岛考察

2003 年考察海南热带生物资源接受当地媒体采访

2003 年考察海南热带生物资源时与卢永根院士等合影

中国城市生态建设论坛与会人员合影留念
中国·上海·崇明 2004.6.12

2004 年 6 月中国城市生态建设论坛在上海

2005 年 8 月博士生答辩

2005 年与冯宗炜院士考察三北防护林

2005 年与唐守正院士考察三北防护林

2005 年中国中医科学院答辩会

2006 年考察中南林业科技大学会同定位站

2006 年考察湖南会同

2007 年 10 月与夫人在鼎湖山

2007 年与张新时院士等在烟台考察

2007 年第三届世界生态高峰会与彭少麟

2008 年与石山汪懋华参加联合国工业发展组织会

2008 年中国林业科学研究院森林与水国际会议

2009 年 5 月参加尖峰岭大样地国际会议

2009 年福建考察柚木种植

2009 年访问航天城

2010 年 5 月考察三峡库区生态建设

2010 年 8 月出席第二届中国生态文明腊子口论坛

2010年8月考察内蒙古大兴安岭林区时与唐守正院士(左3)

2010 年 9 月考察大敦煌生态接受新华社记者采访

2011 年 5 月八十华诞与部分弟子合影

2011 年 7 月贵阳生态文明论坛

2011 年 973 项目中期评估

2012 年 11 月参加海南国家林业局生态定位研究站工作现场会议

2013 年北大同学合影

蒋有绪文集

上　　卷

蒋有绪　著

科 学 出 版 社
北　京

内 容 简 介

《蒋有绪文集（上、下卷）》收集了蒋有绪院士及其研究团队历年来陆续发表和未发表的重要论文、专著、建议和报告等，较全面地展现了蒋有绪院士六十多年的主要研究成果，涵盖了森林地理学、林型学、森林群落学、生态系统生态学、林业生态建设与可持续经营、森林生态学科发展和科学普及等多方面。

本书可供从事生态学、林学、植物学、地理学和环境科学的研究人员和管理工作者，以及高等院校师生阅读参考。

图书在版编目（CIP）数据

蒋有绪文集. 上卷 / 蒋有绪著. —北京：科学出版社，2017.3
ISBN 978-7-03-044581-0

Ⅰ.①蒋… Ⅱ.①蒋… Ⅲ.①生态学–文集 Ⅳ.①Q14-53

中国版本图书馆 CIP 数据核字(2015)第 124798 号

责任编辑：王 静 付 聪 / 责任校对：李 影
责任印制：肖 兴 / 封面设计：北京铭轩堂广告设计有限公司

科学出版社 出版
北京东黄城根北街 16 号
邮政编码: 100717
http://www.sciencep.com

北京新华印刷有限公司 印刷

科学出版社发行 各地新华书店经销
*
2017 年 3 月第 一 版 开本：787×1092 1/16
2017 年 3 月第一次印刷 印张：51 1/2 插页：18
字数：1 275 000

定价：380.00 元

(如有印装质量问题，我社负责调换)

情系森林　求索创新　播种希望

（代序）

一、与林结缘，向大自然求索

我于 1932 年出生在上海市，祖籍南京。家有三兄二姐一弟，当时父亲是上海招商局的职员，家境比较拮据。为了让我们每个孩子都受到良好教育，父亲付出了毕生的心血。我们几个兄弟读书都非常用功，尤以新中国成立前就是中共地下党员的大哥蒋有纶，在学海生涯中勤奋好学、刻苦钻研的优良品质及政治上追求进步的高尚情操，一直是我学习的榜样。我在上海一解放，就加入了新民主主义青年团，1952 年大学时代加入了中国共产党。

1950 年夏，我在上海大同大学附中二院（现上海五四中学）高中毕业。当时我国实行华东、华北分区招生，我同时报考了华东区复旦大学和华北区清华大学的生物系，因成绩优秀，两所大学都以第一名录取。我之所以选择生物系，主要是受中学生物学老师华汝成先生的影响。新中国成立前我国仅有两本《普通生物学》教材，一本是华汝成编写的，另一本是陈祯先生编写的。华汝成教学深入浅出，生动活泼，使我受益匪浅，对我立志对自然界生命探索起到了重要的激励作用。另外，在高三时看的米丘林将苹果北移，实现了人类改变植物生命活动的电影，对我立志报考生物系也起到了推波助澜的作用。由于当时年轻思远行，在两所大学的选择上，最后确定了清华大学。1950 年 8 月，高高兴兴地踏上了由上海开往北京的列车。在运送学生的专车上，我结识了一同北上的翟中和（后来的北京大学教授、中国科学院院士）和许多后来成为我国生命科学领域知名学者的同学们。

两年后（1952 年），全国院系调整，清华大学生物系与北京大学、燕京大学生物系合并，我又成了北京大学生物系的三年级学生。在大学四年期间，我有幸得到国内一流学者学术上的教诲和做人风范的熏陶。我聆听过陈桢讲授的普通生物学、李继侗讲授的植物生态学、张景钺讲授的植物形态解剖学、殷宏章讲授的植物生理学、方心芳讲授的微生物学、李汝祺讲授的遗传学，以及国内植物分类学最权威的大师秦仁昌、吴征镒、陈榕等讲授的植物分类学。1952 年，我参加了全国几个大学联合开展的海南岛和雷州半岛橡胶宜林地调查。这是我第一次参加时间较长的一次野外调查工作。当时，担任野外调查的指导教师是来自复旦大学生物系的朱彦丞和曲仲湘（法瑞学派和英美学派的植物生态学家），他们与北京大学李继侗讲授的苏俄学派互相补充，相得益彰。在此次野外调查中，我熟练掌握了宜林地植物群落的调查方法。

1954 年 5 月，我受命提前大学毕业，分配到林业部工作，参加由苏联派来的百余名专家组成的森林航空调查测量队，从事开发大兴安岭原始林区的森林资源清查工作，并担任中方林型组组长，做苏方林型组组长巴拉诺夫的工作搭档。主要工作内容包括：林型划分、森林物种组成和群落结构调查、森林蓄积量测算和林型图绘制等。在此基础上，结合土壤、测树、病虫害等专业和航空摄影调查队的调查成果，编制完成了大兴安岭林区开发利用规划和实施技术方案。这次野外工作从5月开始到9月结束，长达4个月之久。当时在大兴安岭原始林区工作非常艰苦，在调查地点转移时，除背行李外，还要背俄文字典和俄文植物鉴定书（当时没有中文东北地区植物鉴定书），日行几十里。在野外调查中，我力求理论联系实际，认真把从书本上学到的理论与野外调查实践相结合；在野外调查之余，认真总结和整理每一天，甚至是一点一滴的收获和体会。通过这次野外调查，练就了我从事野外调查工作的功底。不仅增长了野外植物识别的知识，而且熟练掌握了苏俄学派的植物群落学方法。1955年，我随调查队辗转于滇西北和川西高山原始林区，1956年，我独自带队赴天山、阿尔泰山林区。我在滇西北、川西高山林区调查时发现，苏联学派森林群落分类的理论与方法并不适用于我国南方复杂的森林植被，英美和法瑞学派也不完全适宜，当时就萌想，以后能有适合我国的植物群落分类系统就好了。我在掌握了我国几个大原始林区第一手调查材料的基础上，和同事们总结撰写了《中国山地森林》一本专著。该专著于1980年出版。这是我国第一本较全面、系统按各天然林区详细阐述其自然地理、土壤、植被和林型分类及其经营的专著，该专著1991年获林业部科学技术进步奖二等奖、国家科学技术进步奖三等奖。

二、为中国森林生态系统定位研究及其网络化奠基

1957年2月，我调到中国林业科学研究院工作，同年被选派到苏联科学院森林研究所进修，师从苏卡切夫院士。苏卡切夫院士不仅是地植物学派的创建人，也是国际上植物学和生物学理论的权威。在进修期间，我对森林生物地理群落（即森林生态系统）的长期定位观测研究给予了特别关注。那时，苏联和美国建立森林和其他植被的长期定位观测站已有几十年的历史，而我国却一个也没有。当时人们对森林的认识虽然已有了提高，但仍然是比较肤浅的，对生态定位观测是揭示森林生态系统结构和功能的最重要手段还没有足够的认识。

1959年10月，我从苏联回国后，决心致力于推动中国森林生态系统定位观测站的建设和定位观测工作。在院里经费支持下，与四川林业研究所（现四川省林业科学研究院）合作，于1960年5月，在川西阿坝米亚罗海拔3400米处，建成了我国最早的森林生态定位研究站——川西米亚罗亚高山暗针叶林定位研究站，并于当年对亚高山针叶林开展了综合性的多学科的生态系统定位观测。观测内容包括：森林的物种组成、结构、生物生产力、更新演替、水分、养分循环、能量利用及物种相互关系等。通过调查研究，我深刻地分析了我国亚高山针叶林与寒温带针叶林在发生上的历史联系和相对独立性，提出我国西南亚高山森林的发生在生态学上是受外区成分水平辐辏、垂直分异和区域内部差异的生态隔离三过程所影响的学术假说。在认识了我国西南亚高山森林重要的水源涵养功能的基础上，提出了川西高山森林区不能简单作为木材生产基地，而是应以水源涵养为主要的经营方向。20世纪80年代，该项研究成果成为我国建设长江中上游水源涵养林体系工程项目的重要理论依据。可惜的是该定位研究站因全国性政治运动的干扰

仅维持到1965年。直至1980年，该站的定位观测工作才得以恢复。

1980年以后，我还在海南岛尖峰岭热带林区、江西大岗山林区从事热带林、杉木林、毛竹林的生态定位研究工作，并促成林业部建立了林业系统的生态定位站网络。回想起来，这个过程也是很艰难的。当时，要大规模建立各类森林定位站的必要性仍缺乏决策层足够的理解，1980～1985年，我几乎每次都要利用与部领导见面的机会，宣传和呼吁领导支持。一位副部长后来见面时就笑着说："我知道你要说什么，我们会尽力支持的"。后来，由于我国经济实力增强，生态意识的普遍提升，近15年来，是我国森林生态定位观测研究站发展最快的时期，目前这一网络已发展到110个定位站。随着我国生态文明建设步伐的不断加快，森林生态定位观测研究站的建设规模和质量还有望得以扩大和提升。

1985年，我被国际林业研究组织联盟亚高山生态组选任为副主席和主席，先后工作达8年之久。积多年研究和实践，在森林类型划分、森林群落结构与功能研究方面提出许多自己的见解。特别是通过20世纪80年代对海南岛尖峰岭热带林生态定位站的研究，更进一步加深了对热带林结构与功能的认识，结合1981～1983年国家农业委员会、国家科学技术委员会和中国科学技术协会组织的"海南岛大农业建设与生态平衡"综合考察，我作为秘书长向中央提交的考察报告，有效促进了海南岛在全国率先于1987年对热带森林实施了禁伐和全面保护。

1990～1995年，我主持的国家自然科学基金重大项目"中国森林生态系统结构与功能规律研究"，是由中国林业科学研究院牵头，中国科学院、林业高等院校、18个森林生态定位站参加的跨系统、跨部门的第一个国家自然科学基金重大项目。研究内容涉及森林群落结构的定量研究、森林群落功能特征与其自然地理分布规律；不同自然地理区森林生态系统结构与功能特征、森林生态系统不同尺度的生态环境效应等。其研究目标是在我国已有森林群落学调查和森林生态系统的长期生态观测研究基础上，对我国森林生态系统的地理分布格局、群落的组成结构、生物生产力、养分循环利用、水文生态功能和能量利用等方面进行综合规律性、大尺度定量分析。这种全国性大尺度综合性多功能的生态系统结构功能和过程的研究，在国内外尚属首次。该研究出版了9本专著，对森林生态系统结构与功能规律有许多新的发现，并为20世纪初国务院下达的"中国可持续发展——水资源发展战略研究"（由中国工程院承担完成）和"中国可持续发展——林业发展战略研究"（由国家林业局承担完成）提供了重要的基础资料、数据和结论。

三、　提出中国森林群落和林型学"二元分类系统"

森林群落学分类在林业科学也称林型学分类。早在1964年，我就意识到，芬兰的林型学派、苏联的生物地理群落学派及林型学派、欧洲大陆的植物社会学派和英美的生态学派等四大学派各学派对森林自然分类的理论及研究方法上都有不同的重大贡献，并且各学派不同的特点正为学派之间相互吸收、相互渗透、相互补充。我国对森林自然分类的研究基础比较薄弱，虽然新中国成立以来，积累了不少天然林、人工林类型的资料，不同学派的方法在我国也有应用，但应用不同的分类方法产生的分类结果大不相同，我国应当取各家之长，走自己森林群落分类的道路。

我的研究工作首先是从森林分类的自然地理基础分类——森林立地分类开始的。1986～1990 年，我承担了“七五”国家攻关项目“我国用材林基地分类、评价及适地适树研究”中“立地分类”研究，并执笔提出了我国第一个森林立地分类系统。此成果 1992 年获林业部科学技术进步奖二等奖。

在上述国家自然科学基金重大项目中，我充分考虑了中国非常复杂的自然地理条件，以亲身的野外调查和我国已有的研究成果为基础，采各学派之所长，尝试用亚建群层片和生态种组相结合的二元分类原则和方法，尝试建立了我国完整的森林群落分类体系框架；在温带、亚高山带发展了林下亚建群层片（环）指示的相对独立性概念，并将这一理论从西南亚高山云杉、冷杉和落叶松林，扩展应用到温带、暖温带的松林、落叶栎林、小叶林；结合亚热带和热带采用以生态种组为主的二元分类方法，较好地解决了我国复杂的森林群落分类问题；提出了由亚热带常绿阔叶林至热带林构成生态种组的乔灌木、草本、苔藓、蕨类种（含藤本、附生植物）依次出现对热量的指示性，判别群落的基本类型性质的理论和方法，并应用于中国森林群落分类；研究了我国重要森林类型的生活型谱特征和物种多样性特征，提出生活型与气候因子和地理因子间的定量统计模型、物种多样性与我国经度、纬度和垂直高度变化的分析模型。

四、把握世界生态学发展脉搏，引领青年科技工作者创新发展

多年来，我一直重视把世界先进学术思想和研究方法介绍给国内。在“文化大革命”期间，中国林科院解散，我被分配到河北省南大港农场时，在不能读书，尤其不能读外文书而会嫌为外国特务的氛围下，我利用晚上空余时间，完成了从中国科学院植物研究所图书馆抢借出来的美国新书——Cox 的《普通生态学实验手册》翻译工作。1978 年百废待兴时，科学出版社正缺国外新书，就及时出版了这本介绍有许多生态学新概念和新方法的书，当时这本书成为了大学里唯一的生态学新教材。随后两年，又与阳含熙等合译出版了美国 Chapman 的《植物生态学的方法》。1984 年，我又组织翻译了美国 H.Odum 的最新学科的新书——《系统生态学》。

20 世纪 90 年代，我引领研究所青年科技工作者，针对世界生态学热点问题，研究了海南岛热带森林的生物多样性形成机制、热带林退化机制和恢复生态问题。20 世纪末期，我开始涉足我国森林可持续经营问题，这是目前国际上正在推动的国际科学进程。我最早代表中国参加了“国际温带与北方森林保护与可持续经营标准与指标体系”——国际森林可持续的“蒙特利尔进程”，同时还参加了国务院下达的“中国可持续发展——林业发展战略研究”，并致力于推动“中国森林保护与可持续经营标准与指标”的制定。近年来，我在几十年研究的基础上，根据国际生态科学发展的脉搏，致力于推动加强生态学与地球表面系统科学与过程的联系研究，为解决区域性生态与环境问题提供科学支持。我曾是国家气候变化专家委员会委员，国家自然科学基金委员会地学科学部咨询专家委员会委员，西部生态环境问题和全球变化问题专项基金的委员。我积极领导和参与了相关部委和中国科学院学部关于生态与环境领域的科学咨询工作。我负责或参与撰写的有关长江上游生态建设，海南陆海生物资源保护与利用，我国生物入侵现状与对策，大敦煌区疏勒河、党河流域生态治理和区域可持续发展的建议等报告，曾得到国务院有

关领导的重要批示。

在推动学会工作和学术活动方面，我协助马世骏在 1979 年筹建了中国生态学会；1992 年协助许涤新、马世骏筹建了中国生态经济学会。此后，我一直担任秘书长协助马世骏理事长推动学会工作，并担任学术工作委员会副主任协助吴中伦理事长推动中国林学会的学术活动。

现在的年轻人与 20 世纪五六十年代的不同，他们掌握了现代化的科学技术，并且有自己的思想和见解，我非常乐意和身体力行与年轻科学工作者一起工作，并培养他们尽快成为国家林业科研的栋梁之才，为森林生态学的发展多做贡献。多年来我先后培养硕士、博士、博士后 40 余人，并推荐多名优秀的青年科技工作者走上国内国际学术组织的领导岗位。同时，通过基金、项目、论文和出版物、人才评审等途径向各方面推荐了很多优秀人才。

2015 年 6 月 18 日

注：蒋有绪先生是我国著名的林学家、生态学家，在蒋先生八十大寿之际，中国林科院森林生态环境与保护研究所和学生后辈们为他举办了一个朴素、隆重而热烈的庆祝会。本代序是我俩根据他在庆祝会上的口述记录整理而成。

——肖文发　郭泉水

目　录

第四篇　生态系统生态学

第一篇　森林地理学

中国森林区划†

1 森林植物区系概述

我国以华东、华中为中心的广大地区，受太平洋湿润季风影响，发育着中国-日本植物区系，主要由银杏（*Ginkgo biloba*）、油杉（*Keteleeria davidiana*）、杉木（*Cunninghamia lanceolata*）、水松（*Glyptostrobus pensilis*）、水杉（*Metasequoia glyptostroboides*）、金钱松（*Pseudolarix amabilis*）、黄杉（*Pseudotsuga sinensis*）、柳杉（*Cryptomeria japonica*）、银杉（*Cathaya argyrophylla*）、台湾杉（*Taiwania cryptomerioides*）、粗榧（*Cephalotaxus drupacea*）、铁杉（*Tsuga chinensis*）、福建柏（*Fokienia hodginsii*）、侧柏（*Biota orientalis*）、柏木（*Cupressus funebris*）、桧（*Juniperus* spp.）等属种以及栲、柯、栎、板栗、樟科、茶科、杜英科、冬青科、山矾科、木兰科、珙桐科、木犀科、杨梅科、榆科、豆科、芸香科、桦木科、杨柳科、苦木科、楝科、无患子科、槭树科、胡桃科、椴树科、漆树科和竹亚科等组成。其中水松、金钱松、水杉、银杉、台湾杉、福建柏、银杏、杜仲（*Eucommia ulmoides*）、南华木（*Bretschneidera sinensis*）、珙桐（*Davidia involucrata*）、紫树（*Nyssa sinensis*）、香果树（*Emmenopteris henryi*）、喜树（*Camptotheca acuminata*）、水青树（*Tetracentron sinense*）、银鹊树（*Tapiscia sinensis*）、秤锤树（*Sinojackia xylocarpa*）、山白树（*Sinowilsonia henryi*）及毛竹（*Phyllostachys pubescens*）等均为我国特有树种；赤松（*Pinus densiflora*）在我国东北南部、山东半岛以及日本、朝鲜都有分布，为重要的共有树种。

这一区系还与周围地区植物区系发生密切联系，概述如下。

（1）我国黑龙江大兴安岭和新疆阿尔泰山均属高寒山地，主要森林植物种类与西伯利亚南泰加林基本相同，其中有许多西伯利亚区系成分，如西伯利亚冷杉（*Abies sibirica*）、西伯利亚云杉（*Picea obovata*）、西伯利亚落叶松（*Larix sibirica*）、兴安落叶松（*Larix gmelinii*）、山杨（*Populus davidiana*）、白桦（*Betula platyphylla*）、疣皮桦（*B. pendula*）及其他许多乔灌木、草本植物。

（2）我国蒙、新地区受蒙古-西伯利亚反气旋环流影响较大，大陆性气候明显，这里有不少植物为中亚-西亚区系成分，其中以梭梭（*Haloxylon ammodendron*）、盐豆树（*Halimodedron halodendron*）、沙拐枣（*Calligonum*）、白刺（*Nitraria*）、臭红柳（*Myricaria*）等小乔木、灌木分布最为广泛。此外还有蓼科、藜科、蒺藜科、柽柳科、杨柳科及一些旱生禾本科等种类。

（3）我国西南部及南部多为高原峡谷，或为滨海山地丘陵和岛屿，除太平洋季风影响外，滇、藏等省（区）还不同程度地受印度洋季风影响，致有印度-马来西亚区系

---

† 蒋有绪，1981，中国森林区划，见：林业部调查规划院，中国山地森林，北京：中国林业出版社：8-30。

的发育。例如青藏高原南缘分布有云南落叶松（*Larix griffithii*）、云南苏铁（*Cycas siamensis*）、刺叶苏铁（*C. ramphii*）、南亚松（*Pinus merkusii*）、喜马拉雅松（*P. griffithii*）、喜马拉雅柏（*Cupressus torulosa*）、喜马拉雅圆柏（*Juniperus wallichiana*）等，这些树种的分布说明与印度区系有密切联系。桢楠属（*Phoebe*）全球共约三十种，其中大部分集中分布在我国西南和印度；润楠属（*Machilus*）全世界不过二十种，我国西南及印度约占半数，这也说明了我国青藏高原南缘和云南高原等地植物种类与印度区系的密切联系。

我国热带、亚热带季雨林或雨林不少植物属马来亚区系成分，主要有龙脑香科、肉豆蔻科、使君子科、桑科、苏木科、含羞草科、梧桐科、金缕梅科、无患子科、木兰科、樟科、夹竹桃科、番荔枝科、棕榈科、大戟科，木棉科、山榄科、红树科等，其中坡垒（*Hopea*）、青梅（*Vatica astrotricha*）、刷空母（*Madhuca hainanensis*）、荷斯菲木（*Horsfieldia*）、面条树（*Alstonia scholaris*）、人面子（*Dracontomelon dao*）、箭毒木（*Antiaris toxicaria*）、孟加拉橄榄（*Canarium benghalense*）、榄仁树（*Terminalia*）、红椿（*Toona suseni*）、嘉赐树（*Casearia*）、木棉（*Ceiba*）、格木（*Erythroph loeum*）等均为代表性树种。此外滇南还发现有亚、澳、非的广布种，如刺篱木（*Flacourtia indica*）、假花蔺（*Tenagocharis latifolia*）等。

（4）我国东部还有一些与北美区系的共有属，如山核桃（*Carya*）、檫木（*Sassafras*）、鹅掌楸（*Liriodendron*）、金缕梅（*Hamamelis*）、紫树（*Nyssa*）、玉兰（*Magnolia*）、银钟花（*Halesia*）、梓树（*Catalpa*）、雪果（*Symphoricarpus*）、紫藤（*Wisteria*）、八角（*Illicium*）、勾儿茶（*Berchemia*）、风箱果（*Physocarpus*）等。其中鹅掌楸属和肥皂荚属（*Gymnocladus*）仅东亚、北美各有一种，其他地区均不多见。

由于我国特有的复杂地形，我国植被在第四纪冰期受害较小，保存不少古老的及外区成分，这使我国分布有较丰富的树木种类，为发展我国林业，提供了宝贵的天然树种资源。

2 森林区划

森林区划既要考虑到影响森林分布和生长的自然因素，也要考虑到林业经营的实际需要（不同的林业任务和林业经营方式）。这两方面基本上可以一致起来，但有时也有不协调之处。例如阿尔泰山与大兴安岭在自然区域上为西伯利亚泰加林伸入我国境内的两端，但阿尔泰山区气候较干燥，木材蓄积量不大，因此不能像大兴安岭那样也确定为我国主要的木材生产基地，而应以防护和水源涵养为重点，可适度开采。又如秦岭山地，按植被区划通常把秦岭北坡划入暖温带落叶阔叶林带，秦岭南坡则为北亚热带落叶和常绿阔叶混交林带的北缘，两个带的分界线大致为秦岭的分水岭。但是从林业经营来看，秦岭却是一个整体。再如西南高山林区，特别是横断山系的高山峡谷地区，植被区划是很复杂的，有人提出以垂直带谱的起始基带的不同为区划原则，而从林业经营考虑则按流域区划才有利于森工企业布局及木材运输。因此在进行森林区划时，应使两者尽可能统一，而以方便林业经营为主。根据上述原则，将我国东部地区按水平地带性划分为六个水平带，西部地区划分为两个区，带、区以下共划分为 25 个林区。

2.1 寒温带针叶林带

大兴安岭针叶林区　这一林区位于大兴安岭北部山地，海拔一般为 1100 米左右，北部最高峰奥科里堆山海拔 1520 米，南部最高峰海拔超过 1712 米。大部山体浑圆，顶部多属古老的准平原。本区气候严寒，冬季长达八、九个月，无霜期仅为 80～100 天，年平均气温在 0℃以下，一月份平均气温低于–20℃，极端最低气温近–60℃，年降水量 350～500 毫米。因此气候的特点是寒冷而较干燥。土壤主要为山地棕色泰加林土，有机物分解较差，全剖面呈弱酸性至酸性反应，土层厚度多在 50 厘米以下，适合落叶松及樟子松等生长。森林土壤还有山地暗棕壤，有机物分解较强烈，土壤湿度小，石质含量高，多生长蒙古柞及桦树。此外阳坡山地草甸上及谷地沼泽土分布也很广泛。草甸土肥力较高，适于农垦或造林，沼泽土须经排水改良后才能利用。

大兴安岭林区属东西伯利亚泰加林带在我国的延伸部分，是泰加林分布的最南端。主要树种为兴安落叶松（*Larix gmelinii*）、针叶树还有樟子松（*Pinus sylvestris* var. *mongolica*）、红皮云杉（*Picea koraiensis*），阔叶树有白桦（*Betula platyphylla*）、黑桦（*B. dahurica*）、蒙古柞（*Quercus mongolica*）、山杨（*Populus davidiana*）、朝鲜柳（*Chosenia macrolepis*）等。

樟子松是欧洲赤松的变种，大兴安岭属该种分布区的东缘，一般在较干燥的向阳坡或山顶部成林，分布海拔为 300～500 米，本区北部较多，往南则其分布海拔逐渐上升。红皮云杉在本林区分布很少，限于河流上游的低坡上。在本区高海拔还分布有低矮的偃松（*Pinus pumila*）林。

兴安落叶松林破坏后的更替树种往往是白桦、山杨、黑桦等阔叶树种。这类次生林约占林地面积 25%，其中以白桦林最多，常形成纯林或以它为优势的混交林，其蓄积量占总蓄积量的 15%。蒙古柞林在本区东部较多，分布于阳坡，在土壤贫瘠、干燥的地方形成纯林。东北部、东部等地还见有椴、水曲柳、春榆、槭树等喜暖湿树种，但数量极少，这是小兴安岭及长白山林区主要区别之一。

落叶松林及次生的白桦、山杨林的代表性地被物有越橘（*Vaccinium vitis-idiea*）、杜香（*Ledum palustre*）、鹿蹄草（*Pyrola incarnata*）、林奈草（*Linnaea borealis*）等，这些都是泰加林的特征种。林下灌木主要为兴安杜鹃（*Rhododendron dahuricum*）、赤杨（*Alnus* spp.）等。蒙古柞林和黑桦林内优势灌木为二色胡枝子（*Lespedeza bicolor*）和榛子（*Corylus heterophylla*）。

大兴安岭林区由于木材蓄积量大，林地集中，主要树种材质优良，同时林区面积广阔，地势较平缓，是我国主要木材供应基地，同时可大力发展木材加工及综合利用。

2.2 温带针叶落叶阔叶混交林带

东北东部山地针叶落叶阔叶林区　包括小兴安岭、张广才岭、完达山及长白山等几个主要林区。

小兴安岭属低山丘陵地形，山势浑圆，山顶也较平坦，平均海拔 400～600 米，个别山峰达 1000 米以上。张广才岭、老爷岭山势起伏较大，悬崖峭壁较多，海拔最高达 1760 米。完达山地势较平缓，多低湿沼泽地。长白山地势高峻，海拔一般为 500～1000 米，主峰达 2744 米。

这一地区受季风影响较大兴安岭为强，年平均气温在 0℃以上，南部可达 6℃，生长期 150～180 天。一月平均气温为–24～–14℃，极端最低气温可达–40℃，降水量 500～800 毫米，自东南向西北递减。由于气温较低，蒸发量小，空气湿润，降水主要集中在气温较高的夏季，这些因素相配合，有利于形成茂密的落叶阔叶与针叶混交林。

这一带以山地灰棕壤为主，并有大面积沼泽土、草甸土，长白山林区还广泛分布白浆土。森林树种中针叶树以红松（*Pinus koraiensis*）为主，次为鱼鳞松（*Picea jezoensis*）、臭松（*Abies nephrolepis*），长白山一带还有沙松（*Abies holophylla*）、紫杉（*Taxus cuspidata*）。阔叶树种类在北部较少，向东南逐渐增多，除常见的蒙古柞、白桦、山杨外，并逐渐出现喜温湿的一些种属，如白蜡属的水曲柳（*Fraxinus mandshurica*）、花曲柳（*F. rhynchophylla*）；槭属有青楷槭（*Acer tegmentosum*）、花楷槭（*A. ukurunduense*）、圆叶槭（*A. tschonoskii*）、白牛槭（*A. mandshuricum*）、拧筋槭（*A. triflorum*）；椴属有紫椴（*Tilia amurensis*）、糠椴（*T. mandshurica*）、蒙古椴（*T. mongolica*）；榆属有榆（*Ulmus pumila*）、春榆（*U. propinqua*）、裂叶榆（*U. laciniata*）及其他的千金榆（鹅耳枥 *Carpinus cordata*）、黄菠萝（*Phellodendron amurense*）、胡桃楸（*Juglans mandshurica*）等树种。这些树种的存在，典型地反映了本区属寒温带针叶林向温带落叶阔叶林过渡的特点。本区灌木种类也较繁多，常形成茂密的下木层。林内还有攀缘植物北五味子（*Schizandra chinensis*）、狗枣子（*Actinidia holomicta*）、山葡萄（*Vitis amurensis*）、三叶木通（*Akebia triffoliata*）等，这几种暖温带攀缘植物的出现，反映了本区保存了第四纪初期遗留下来的吐加依（*Turgayan*）区系成分。

本区由于地势高差较大，各山地森林植被已有较明显的垂直分带性。各垂直带的分布高度随纬度增加而降低，如北纬 42 度的长白山林区针阔叶混交林可分布到海拔 1200 米，而在北纬 48 度的小兴安岭林区只分布到 700 米左右。长白山由于山体较高，已有高山苔原出现，亚高山灌丛以岳桦（*Betula ermanii*）为优势，海拔较低的小兴安岭、张广才岭则未出现高山苔原带。小兴安岭由于纬度偏高，以红松为主的针阔叶混交林较南部少，而兴安落叶松林则较广泛，高海拔的灌丛则与大兴安岭相似，偃松占优势。各林区植被垂直带谱见表 1。

表 1 东北东部山地各林区植被垂直带谱

垂直带 \ 林区	长白山（约北纬 42°）	张广才岭（约北纬 45°）	小兴安岭（约北纬 48°）
高山苔原带	海拔 2100 米以上		
亚高山灌丛带	海拔 1800～2100 米	1450～1760 米	1000 米以上
针叶林带	海拔 1200～1800 米	900～1450 米	700～1000 米
针阔叶混交林带	海拔 500～1200 米	600～900 米	300～700 米
阔叶林带	500 米以下	600 米以下	300 米以下

鱼鳞松在三个林区均有分布，见于各向坡面及宽平河谷地，并常混生臭松、枫桦（*Betula costata*）等。

红松阔叶混交林是三个林区的主要森林群落，常混交有沙松及少量臭松、红皮云杉（*Picea koraiensis*）、鱼鳞松，但这些混交树种所占比重越往北越大。阳坡的红松阔叶混交林常混生紫椴，下木主要为毛榛（*Corylus mandshurica*）。较干燥的立地上则混生蒙古柞，兴安杜鹃为其主要下木。在轻微沼泽化的立地上则混生春榆、水曲柳，珍珠梅（*Sorbaria sorbifolia*）为其主要下木。

针阔混交林火烧或采伐后，在坡麓或山腰缓坡，往往形成次生的落叶阔叶林，呈多优势种森林群落，主要树种有蒙古柞、黑桦、紫椴、糠椴、黄菠萝、水曲柳、色木（*Acer mono*）、胡桃楸及白桦、山杨，有时尚见少量针叶树种。在林区外缘的低山丘陵或台地，常见以山杨、白桦、蒙古柞、黑桦、大果榆、色木为主的次生林。山间低洼谷地为“黄花松甸子”，树种为长白落叶松（俗称黄花松）及白桦。林区主要树种森林蓄积量比例见表 2。

表 2　东北东部山地各林区主要树种（或属）森林蓄积量比例（单位：万立方米）

林区＼树种或属	总蓄积量	红松	落叶松	云杉	冷杉	针叶树合计	杨	柳	榆	栎	槭	椴	桦	胡桃楸黄菠萝水曲柳	阔叶树合计	其他
小兴安岭	49 583	19 252	7 680	5 005	498	32 585	1 775	22	3 046	2 139	395	971	8 046	561	16 998	37
张广才岭完达山	34 075	6 969	496	3 313	2 455	13 548	1 343	24	1 316	3 105	1 036	1 484	10 945	730	20 527	544
长白山	56 268	11 326	2 949	7 014	2 387	23 766	1 960	151	1 821	10 626	4 098	4 547	7 705	998	32 502	596

三个林区森林以成过熟林居多。从蓄积量看，小兴安岭林区针叶树成过熟林约为阔叶林的一倍，长白山林区针叶与阔叶树的成过熟林蓄积量大致相等，张广才岭林区阔叶树成过熟林蓄积量则较大。各林区针、阔叶林与近熟林、成过熟林比例如表 3。

表 3　东北东部山地各林区针叶林和阔叶林近熟林、成过熟林比例（%）

林区＼占总蓄积量	针叶林		阔叶林	
	近熟林	成过熟林	近熟林	成过熟林
小兴安岭	6.6	53.1	3.4	26.5
张广才岭完达山	4.3	33.5	3.6	47.4
长白山	7.1	30.4	7.0	30.7

本区木材蓄积量大，木材品种丰富，材质优良。红松、鱼鳞松、落叶松等木材广泛用于建筑材料、交通运输、采掘工业及轻工业等方面。紫杉蓄积量不大，但木材珍贵，可用作精细雕刻；水曲柳、黄菠萝、胡桃楸、榆树等硬杂木为珍贵的家具用材及军工用材；其他一些阔叶树分别可制作胶合板、纸浆、火柴等用途。本区为我国重要的木材工业及林产品工业基地。

本区林副产品极为丰富。药材有人参、北五味子、黄芪、细辛、知母、柴胡、黄柏、刺五加、苍术等。野果有山葡萄、猕猴桃等。野生动物资源有东北虎、熊、紫貂、猞猁、鹿、獐、水獭、灰鼠等。

2.3　暖温带落叶阔叶林带

本带包括三个林区：

（1）辽东、胶东半岛丘陵松栎林区

（2）冀北山地松栎林区

（3）黄土高原山地丘陵松栎林区

本带的范围为秦岭、淮河以北的华北山地、黄土高原山地丘陵及辽东、胶东半岛山地丘陵的星散林区。主要有辽南的千山，冀北的燕山，晋冀的太行山，山东的鲁山、泰山、沂山、蒙山，山西的管涔山、吕梁山、太岳山、五台山，豫西的伏牛山，陕甘的陇山、子午岭、黄龙山。这些山地主要为次生林，森林资源少而分散。这一带地形属低山丘陵，一般海拔在 1000 米以下，主峰可达 1000 米以上，少数近 3000 米，如小五台山为 2870 米，关帝山为 2783 米。本带气候夏热多雨，冬寒晴燥，春多风沙，年平均气温为 10～16℃，一月份平均气温在 0℃以下，年降水量沿海一带均在 500 毫米以上，有的可达 1000 毫米，西部低于 500 毫米，全年降水分配不均，约 70%集中于夏季。因此夏季温高雨多，对植物生长很有利，但冬寒春旱，对植物不利。土壤一般为褐土及棕壤，呈中性或弱酸性反应，腐殖质含量低，坡度较大或植被破坏严重的地方水土流失严重。

本带植被类型为落叶阔叶林，一般均为次生的以栎类、油松、侧柏（*Biota orientalis*）为主的林分。

冀北山地主要树种有桦木、山杨、油松（*Pinus tabulaeformis*）、栎类。海拔 1600～2300 米有华北落叶松（*Larix principis-rupprechtii*）及云杉、青杄、白杄分布，以下为油松纯林或松栎混交林。雾灵山垂直分布比较明显，海拔 700～1500 米为松栎林带，以短叶油松，槲栎（*Quercus dentata*）、辽东栎（*Q. liaotungensis*）为主，阳坡为杂木林，以花曲柳、蒙古椴、胡桃楸、元宝槭为主；海拔 1500～1800 米以白杄（*Picea meyerii*）林为主；海拔 1800 米以上主要为华北落叶松。北京附近的百花山、灵山、海陀山等，垂直分布大致相似，海拔 1700 米以上为华北落叶松及云杉林，林相多已残破，针叶林破坏后常为红桦（*Betula albo-sinensis*）、蒙古柳（*Salix mongolica*）更替，海拔 1000～1200 米至 1600 米，则为落叶阔叶林，阴坡为椴树、山杨、白桦、黑桦，阳坡为辽东栎及花曲柳、鹅耳枥（*Carpinus turczaninowii*），这些林相更加残败。

晋冀交界的恒山、小五台山，海拔较高，林相略整齐。小五台山南坡 1000 米以上偶有华北落叶松和青杄，白杄，以下为栎林。北坡海拔 1600 米以下主要树种有辽东栎、栓皮栎（*Q. variabilis*）、槲树、千金榆、色木、元宝槭、蒙古椴、糠椴等；在旱瘠的土壤上有油松及侧柏林；海拔 1600 米以上为白杄、青杄林，也有少数臭松；海拔 2200～2500 米；有华北落叶松。针叶林破坏后由白桦、红桦、山杨等更替。

由恒山向西南、南的管涔山、关帝山、吕梁山、五台山、太行山，其森林分布基本特点相同。海拔 1600～2800 米主要有白杄、青杄、华北落叶松混交林或为次生的桦木、山杨林。Ⅱ～Ⅲ龄级的青杄、白杄林，每公顷蓄积量为 60～120 立方米；Ⅱ～Ⅲ龄级的华北落叶松林为 70～160 立方米，每公顷年平均生长量 2.5～3.0 立方米。海拔 1200～1800 米的阴坡有油松林分布。关帝山的油松多与栎类混交，每公顷蓄积量 20～45 立方米。吕梁山有油松与杨、桦等混交林。海拔 1500～1700 米及以上山地阴坡有白桦林，栎类则多于阳坡形成纯林或与油松、杨、桦等混交。吕梁山的南端及中条山阳坡有刺栎（*Quercus spinosa*）纯林，在阴坡则多与辽东栎、白皮松（*Pinus bungeana*）混交。陵川，临汾一线以南，海拔 500～1800 米有栓皮栎、麻栎（*Quercus acutissima*）混交林或栓皮栎纯林。

上述山区的低山地带常见当地称“梢林”的幼龄次生林，由槲栎、栓皮栎、辽东栎、蒙古柞、油松、侧柏、桧柏（*Juniperus chinensis*）、蒙古椴、糠椴等组成。在山区居民点附近及平原地区常栽有臭椿（*Ailanthus altissima*）、构树（*Broussonetia papyrifera*）、槐树（*Sophora japonica*）、榆（*Ulmus pumila*）、朴（*Celtis bungeana*）、楸（*Catalpa bungei*）、梓（*C. ovata*）、灰楸（*C. fargesii*）、泡桐（*Paulownia tomentosa*）、香椿（*Toona sinensis*）、栾树（*Koelreuteria paniculata*）、黄连木（*Pistacia chinensis*）、枣（*Zizyphus jujuba*）、梨、柿、黑枣、杏、胡桃以及各种杨树如辽杨（*Populus maximowiczii*）、小叶杨（*P. simonii*）、银白杨（*P. alba*）、青杨（*P. cathayana*）、箭杆杨（*P. afghanica*）、柳树等。

陕西秦岭以北的山区，如渭河流域的陇山、小陇山和泾河流域的崆峒山、子午岭一带，森林也多属“梢林”或灌林，交通不便处有小片森林。

辽东半岛、山东半岛因受海洋影响较大，降水较多，因而丘陵山地森林恢复较好。这里以赤松（*Pinus densiflora*）为优势种，但油松仍有分布，在泰山、沂山、蒙山的上部都可看到。还有辽东栎、槲栎、栓皮栎、栎（*Quercus serrata*）、麻栎、枫杨、山胡椒（*Lindera obtusiloba*）、花楸（*Sorbus alnifolia*）、花曲柳、平基槭（*Acer truncatum*）、朴、青檀（*Pteroceltis tatarinowii*）、山合欢（*Albizzia kalkora*）、黄檀（*Dalbergia hupeana*），另外在华东分布的榔榆（*Ulmus parvifolia*）、糙叶树（*Aphanathe aspera*）、漆树（*Rhus verniciflua*）、枳椇（*Hovenia dulcis*）等在北部则不见。胶东一带森林主要集中于昆嵛山、大泽、牙山、招虎等地，鲁中森林主要集中于泰山的药乡、灵岩，蒙山的洋山、万寿宫，沂山的古寺等地，但薪炭林比重大。此外，沿海一带在新中国成立以后造有不少以赤松、麻栎为主的防护林。

2.4 北亚热带有常绿阔叶树的落叶阔叶林带

本带包括两个林区：

（1）秦巴山区落叶阔叶、针叶林区

（2）淮南长江中下游山区丘陵落叶阔叶、针叶林区

本带范围为秦岭、淮河以南，长江中下游两侧山地丘陵，主要有秦岭、大巴山、武当山、神农架、桐柏山、大别山、天目山、黄山、庐山等地。本带地形复杂，西部山地一般海拔为 800～2000 米，秦岭太白山达 3700 米左右，巴山、神农架主峰也在 3000 米左右，东部山地海拔较低，且多孤山，如庐山（海拔 1474 米）、黄山（海拔 1841 米），天目山（海拔 1500 米）。本带气候特点是夏热冬温，春夏多梅雨，降水量较多，且全年分配均匀，年降水量一般为 1000～2000 毫米。年平均气温为 14～18℃，一月平均气温在 0℃以上（2～5℃），极端最低温度在北部可达–15℃，七月平均气温在平原或低山超

过 28℃，极端最高气温在河谷低地可达 45℃。由于本区冬季无严寒，春季不怎么干旱，全年雨量又不多，所以常绿树种分布渐多，形成落叶阔叶及少量常绿阔叶混交林区，是落叶阔叶林带向常绿阔叶林带的过渡地区。

本带森林以喜暖湿的落叶阔叶树为主，混生较耐寒的常绿阔叶树种，北部以前者为主，偏南则以后者居多。林下植物也以常绿或半常绿阔叶小乔木、灌木为多，类似南方常绿林类型。由于人类的长期经济活动，原始林已不多见，只在高海拔稍有残留。目前的次生林以马尾松（*Pinus massoniana*）为主，还有一些栎类。此外，人工栽培的杉木林（*Cunninghamia lanceolata*）及马尾松林也甚广泛，因此有人把这一地区通称为松杉林区。

本带树种繁多，其中除东亚区系成分外有不少北美成分。在秦巴山地及鄂西山地，低山以杉木、马尾松、璎珞柏（*Cupressus funebris*）为主，阔叶树种枫香（*Liquidambar formosana*）较多，长柄山毛榉（*Fagus longipetiolata*）、恩氏山毛榉（*F. engleriana*）在海拔 1000～2000 米可形成纯林，为耐阴的原生类型。槭、椴种类较多，还有野漆、鹅耳枥、山杨、桦木等。栲树、栓皮栎也还可形成林分。连香树（*Cercidiphyllum japonicum*）也有小片纯林。此外，粗榧、香榧（*Torreya grandis*）、柳杉、铁杉、黄杉都有分布。也有西南和南方的油杉（*Keteleeria davidiana*）出现。香樟亦见于秦岭南坡，那里是樟树分布最北缘。南方的领春木（*Euptelea franchetii*）、四照花属（*Cornus*）植物、金钱槭（*Dipteronia sinensis*）也都进入本带。驰名世界的活化石水杉（*Metasequoia glyptostroboides*）是在本区发现的，证明了本带植物区系成分和类型的古老。海拔较高处有针叶林分布，主要树种为巴山松（*Pinus henryi*）、白皮松、华山松（*P. armandii*）、巴秦冷杉（*Abies fargesii*）、陕西冷杉（*A. chensiensis*）、青杆、麦吊杉（*Picea brachytylla*）。毛竹在本区也有分布。经济树种还有杜仲、油茶（*Camellia oleosa*）、茶（*Thea sinensis*）、油桐（*Aleurites fordii*）、漆、胡桃、乌桕（*Sapium sebiferum*）、白蜡、盐肤木（*Rhus semiolata*）、板栗（*Castanea mollissima*）、柿等。

本带北缘，如武当山以北的汉水流域及桐柏山、大别山一带，冬季较冷，森林树种较少，以马尾松、栓皮栎、麻栎、小叶栎（*Quercus chenii*）、枹栎为主。杉木可分布到大别山北坡。村落附近可见黄檀、黄连木、枫香、楝（*Melia azedarach*）、枫杨、榉（*Zelkova schneideriana*）、山槐（*Albizzia lebbek*）、合欢（*A. julibrissin*）等南方树种。常见耐寒常绿树种有女贞（*Ligustrum lucidum*）、冬青（*Ilex* spp.）。樟科有紫楠（*Phoebe sheareri*），常绿或半常绿壳斗科植物有苦槠（*Castanopsis sclerophylla*）、青冈（*Cyclobalanopsis glauca*）、山毛榉等也可见，但不占优势。有的地方也有槭、椴。华北成分的毛樱桃（*Prunus tomentosa*）、杜梨（*Pyrus betulaefolia*）、毛白杨（*Populus tometosa*）也可见到。说明南北植物在此交汇。森林分布情况可以大别山为例：海拔 600 米以下主要为落叶阔叶林，但谷地也有常绿阔叶林。落叶阔叶林上层为麻栎、槲栎、小叶栎、枹树、白栎（*Quercus fabri*），一般树高 20～30 米，伴生树种有枫香、黄连木、化香（*Platycarya strobilocea*）、榔榆。亚乔木层为茶条槭（*Acer ginnala*）、木姜子（*Litsea cubeba*）、钓樟（*Lindera* spp.）等。下木为马氏杜鹃、绣线梅（*Neillia sinensis*）、山胡椒、球鼠李（*Rhamus globosa*）等。谷地的常绿阔叶林以青冈、紫楠、红楠（*Machilus thunbergii*）为主。在这一范围内也有杉木、马尾松、油茶、乌桕、油桐等人工林。在海拔 600～1000 米常绿树种渐少，马尾松林已由黄山松（*Pinus taiwanensis*）、南京椴（*Tilia miqueliana*）、光皮桦（*Betula *luminifera*）等取代，但林相残败。海拔 1000 米以上的高峰则乔木种类很少，仅有茅栗（*Castanea seguinii*）等。

宜昌以东长江中下游一带包括赣北、皖南、苏南、浙西北山地，这一带气候更为湿润。在海拔300～1000米主要是马尾松、杉木、枫香、白栎、苦槠（*Castanopsis sclerophylla*）、青冈等混交的次生林。海拔 500～1700 米有椴、槭、山毛榉，常绿的有栲、石栎等属树种混交，同时混有红豆杉、粗榧、香榧、罗汉松（*Podocarpus macrophylla*）、竹柏（*P. negi*）、铁杉、金钱松、璎珞柏、黄杉等。天目山一带还有野生的银杏生长，也有油杉、柳杉分布。白豆杉（*Pseudotaxus chienii*）则仅见于浙江。天目山、黄山、庐山及幕阜山的森林垂直分布大致如下：海拔 1100 米以下酸性土壤上分布有甜槠、青冈栎、茅栗及杉木、马尾松为主的森林，石灰岩山上则有榆、榔榆、黄连木、栾树、三角枫（*Acer buergerianum*）、香椿、化香及侧柏等。常见的常绿树种还有天竺桂（*Cinnamomium japonicum*）、石楠、木樨（*Osmanthus marginatus*）等。海拔 1100～1400 米主要为混交常绿阔叶树的落叶阔叶杂林，树种有茅栗、化香、铜钱柳（*Cydocarya paliurus*）、山核桃、鹅耳枥、槭、椴、白蜡、刺楸、木兰等，常绿树种有青冈栎、豺樟（*Litsea chinensis*）以及黄山松等。海拔 1500～1600 米及以上为黄山栎（*Quercus stewardii*）、茅栗等矮林，还有各种杜鹃、白檀（*Symplocos paniculata*）等。黄山松常在岩石多的坡地成林。

虽然本带大片森林保存不多，大部属杂乱的落叶阔叶及常绿阔叶混交林，林相较为残破，但本区自然条件优良，植物资源丰富，用材树种有各种槠、栎、槭、椴、榉、马尾松、杉木、楝、梧桐、杨、柳杉、水青冈、银杏等。本区向有栽培杉木、马尾松的良好传统，此外，本带也是油料树种栽培地区，盛产油茶、油桐，乌柏也甚普遍。村落周围又常栽培樟树和各种经济林木如漆、杜仲、茶、桑等。

2.5 中南亚热带常绿阔叶林带

本带共划分为六个林区：

（1）四川盆地丘陵山地常绿栎类松杉柏木林区

（2）江南山地丘陵常绿栎类、松杉林区

（3）浙闽南岭山地常绿栎类、松杉林区

（4）贵州高原常绿栎类、松杉林区

（5）云南高原常绿栎类、云南松林区

（6）红河澜沧江中游常绿栎类、思茅松林区

本带的范围主要包括四川盆地及其周围山地，湖南、江西、浙江、福建等省及粤北、桂北的山地，如武陵山、雪峰山、罗霄山、武夷山、南岭山地、贵州高原及云南高原大部。本带地形多系低山丘陵，云南高原海拔大体为 1500～2000 米，其余除少数高山外，一般均在 1000 米以下。气候以东南季风影响为主，云南高原受西南季风影响较大，因而与东部不同。就全区而言，年平均气温为 10～20℃，但大部在 18℃以上，一月平均气温在 4℃以上，南部可达 10℃，极端最低温度在四川盆地约为–3℃，云南高原为–5℃，江南丘陵可至–11℃。一般冬季均无严寒，无霜期在 300 天以上，七月平均气温除云南在 10～24℃外，一般在 28℃以上，相当炎热。年降水量，四川盆地、贵州高原大部及

云南中部一般在1000～1500毫米，其他地区均在1500毫米以上，山区降水量尤大，如江西九岭山东南坡找桥年降水达2447毫米，贵州梵净山南坡小黑湾（海拔1200米）年降水达2600毫米。全年相对湿度为70%～80%。由于气候温暖湿润，雨量充沛，冬季不冷，故常绿植物得以大量发展，并构成本区主要植物成分。土壤主要为红壤及黄壤，南部气温较高，有砖红壤化红壤形成，四川、贵州等地紫色土分布较广。各类土壤有机质含量较低，富含铁、铝氧化物，大部为酸性反应。

本带主要植被类型为常绿阔叶林，组成以壳斗科为主，如槠栲、石栎等，及樟科的樟，桢楠、润楠等属。另外，木荷、阿丁枫、马蹄荷等及常绿槭类也很多。落叶树有枫香、黄檀、檫木、漆等。低山以人工栽植的杉木、马尾松、柏木为常见，这是我国主要的杉木、马尾松林区。云南松在云南高原及贵州高原西部代替了马尾松，构成我国主要的云南松林区。落叶阔叶树如山毛榉、椴、榆、鹅耳枥、桦木等，多见于本带北部或较高山地。槭树也发育成全缘叶组。针叶树如杉、竹柏、罗汉松、穗花紫杉（*Amentotaxus*）等都具有扁平叶型。藤本植物也多常绿，竹类繁茂，在林间空地或林地砍伐后形成次生的优势群落。阴性喜湿润的常绿林被破坏后，马尾松（或云南松）、青冈、苦槠、枫香及落叶的栎类等阳性树种获得发展，再遭破坏则为杜鹃、乌饭树、檵木（*Loropetalum*）、南烛（*Lyonia*）、石斑木（*Raphiolepis*）、赤杨等常绿灌丛所代替，灌丛遭破坏后则成草坡。

四川盆地四周有高山屏障，境内河流纵横，地形起伏显著，夏季温湿，冬季多雾，适宜常绿林发育。但原始森林多已破坏，目前主要是天然次生林或人工林。盆地西南部江河两岸海拔200～400米地区已有季雨林，黄葛树（*Ficus lacor*）、龙竹极常见，并多栽培桉树、喜树、橘、柚及龙眼、荔枝等。海拔400～1000米以常绿树为主，楠木（*Phoebe nanmu*）、小叶桢楠（*Phoebe hui*）、大叶润楠常成纯林，或与甜槠、栲（*Castanopsis taiwaniana*）、小叶栲（*C. carlesii*）等成混交林。这一海拔内的村落附近有棕榈（*Trachycarpus fortunei*）、慈竹（*Sinocalamus affinis*）、马尾松、杉木、柏、樟、小叶青冈、枫香、白蜡、女贞等林木，河岸有桤木（*Alnus cremastogyne*）。1000～1500米有赤心楠（*Lindera megaphlla*）、桢楠、大叶润楠等，并有峨眉山兰花（*Michelia wilsonii*）、马氏含笑（*M. martinii*）、川木莲（*Manglietia szechuanica*）等。海拔1500～2000米有峨嵋栲（*Castanopsis platyacantha*）、小叶栲、甜槠、木荷（*Schima sinensis*）、箭杆柯（*Lithocarpus viridis*）、包果柯（*L. cleistocarpa*）等林分，并混有少量水青冈、光皮桦（*Betula luminifera*）等半常绿或落叶阔叶树。盆地常见的阔叶树种还有大头茶（*Gardenia axillaris*）、虎皮楠、薯豆（*Elaeocarpus japonicus*）、广西杜英（*E. duclouxii*）、川樟（*Cinnamomum szechuanense*）、山矾（*Symplocus caudata*）、石楠（*Photinia serrulata*）等，竹类有毛竹、慈竹、苦竹、孝顺竹等属。

江南丘陵是本区冬季较寒湿地区，海拔600米以下多栽培马尾松、杉木、樟、苦槠、枫香、油茶、乌桕、柑橘等，竹类以毛竹、慈竹属为多，福建柏、油杉、柳杉等也常栽培。就森林残留林相看，常绿树种有桢楠、润楠、阿丁枫、樟、木荷、青冈栎、锥栗、栲树、罴蒴栲（*Castanopsis fissa*）、南岭栲（*C. fordii*）、柯（光石栎）（*Lithocarpus glabra*）、穗花柯（*L. spicata*）等。海拔1000米以上则为落叶阔叶混交林带。

在桂、黔、粤各地石灰岩母质发育的土壤上以喜钙树种为主，如柏木、棕榈、竹叶椒（*Zanthoxylum alatum*）、青冈栎等，也见有麻栎、栓皮栎、黄连木、朴、化香及马桑

（*Cariaria sinica*）、椰榆、檵木、南天竹（*Nandina domestica*）、铜钱树（*Puliurus hemsleyana*）等，并栽培柏木、棕榈、油桐、乌桕、黄葛、竹类以及橘、柚等。

在滇、黔、桂边界石灰岩地区，由于海拔较低，气候较暖，常绿阔叶树除一般种类外，尚有红豆杉、三尖杉（*Cephalotaxus fortunei*）、大叶罗汉松（*Podocarpus neriifolius*）等，热带种属也渐增多，并可见到特有种，如马尾树（*Rhoiptelea chiliantha*）、壳菜果（*Mytilaria laosensis*）、掌叶木（*Handeliodendron hodinieri*）、喙核桃（*Annamocarya sinensis*）、伊桐（*Itoa orientalis*）、蚬木（*Burretiodendron hsienmu*）、陀螺果（*Meliodendron xyiocarpum*）、木瓜红（*Rehderodendron* sp.）、赤杨叶（*Alniphyllum fortunei*）等热、亚热带第三纪残留种。

武夷山地区可以最高峰黄岗山为例：海拔1300米以下为马尾松，混有杉木、木荷。马尾松林在海拔500米左右生长良好，树高可达15～20米，胸径20～25厘米，最大可达40厘米，随着海拔增高，生长渐差。海拔1100米以下的湿润坡地及沟谷有常绿阔叶林，林分第一层为甜槠、青冈、木荷、大叶槠、白乳木（*Sapium japonicum*）等，第二层除青冈、甜槠外，有栲、黄杞（*Engelhardtia chrysolepis*）、石栎等，灌木为马醉木（*Lyonia popovi*）、杜鹃等。海拔1300～1700米为黄山松林。少数林木可分布到海拔2200米。

浙、闽及南岭山地海拔1200米以下，锥栗、木荷、阿丁枫群落比较稳定，并混生油杉、福建柏，亚乔木层可见到季雨林的黄杞、山榕树（*Ficus wightiana*）、厚壳桂（*Cryptocarya* sp.）、琼楠（*Beilschmiedia* sp.）、鸭脚木（*Schefflera octophylla*）、羊公豆（*Pithecolobium clypearia*）、山乌桕（*Sapium discolor*）等。下木有野牡丹科的野牡丹属（*Melastoma*）、柏拉木属（*Blastus*），桃金娘科的桃金娘属（*Rhodomyrtus*），茜草科的鸡屎木（*Lasianthus*）、山石榴属（*Randia*），大戟科的五月茶属（*Antidesma*）等热带种属显著增多。藤本植物有弹弓藤（*Calamus thysanolepis*）、倪藤（*Gnetum indicum*）、钩藤（*Uncaria*）等热带种。此外，林下也有野生的棕榈、芭蕉（*Musa*）、海芋（*Alocasia*）、观音座莲（*Angiopteris*）、高山姜（*Alpinia*）等高大草本植物，还有半附寄生的天南星科，附寄生的兰科、蕨类等，呈现热带雨林景象。这种林分破坏后，阴性树种逐渐减少，形成次生的松，杉、栲、槠、木荷的混交林，如继续遭到破坏，立地条件趋于干燥，胡枝子、蔷薇等灌丛得以发展，最后会形成芒箕骨（*Dicranopteris*）为优势的荒草坡。

贵州高原山地在海拔1000米以下主要是栽培的杉木、马尾松林，海拔1200米以上马尾松生长较差，海拔1000～1200米少数地方尚保存常绿阔叶林，以青冈栎、小叶栲、米槠等各种栲、槠类为主，混生樑木、红楠、紫楠、宜昌楠（*Machilus ichangensis*）等樟科树种及虎皮楠、阿丁枫（*Altingia obvata*）、木荷（*Schima confertiflora*）、黄杞等。石灰岩发育的土壤上除青冈栎、虎皮楠、黄杞等外，还有各种榆类、栾树、斜叶榕（*Ficus gibbosa* var. *rosbergii*）、刺叶冬青（*Ilex hyslosa*）等。落叶树种有朴、柳、榆、枫香、圆叶乌桕、苦枥、化香、黄连木等。海拔1200～1800米为常绿与落叶阔叶混交林，主要树种有鹅耳枥、槭、椴、化香、喜树（*Camptotheca acuminata*）、江西桤木（*Alnus trabeculosa*）、木荷等。高山上则可见到铁杉、长苞铁杉（*Tsuga longibracteata*）及油杉、巴秦冷杉、麦吊杉等针叶树种。

云南高原包括贵州西南部山地，由于干湿季明显，土壤湿度及大气湿度受坡向及地形影响较大，常绿阔叶林常分布在湿度较大的阴向、缓坡上。树种分布，在北部以较耐寒的滇青冈（*Cyclobalanopsis glaucoides*）、滇锥栗（*Castanopsis delavayi*）、元江栲（*C. concolor*）、滇白栎（*Lithocarpus dealbata*）等为主，南部和西南以喜暖的栲、印栲（*Castanopsis indica*）、大叶栲栗（*C. tribuloides*）、杯状柯（*Lithocarpus calathiformis*）、青冈栎等为主。林内混生木荷、假木荷（*Craibiodendron stellatum*）、香樟，南部还有蒙自阿丁枫（*Altingia yunnanensis*），木兰科、樟科中的耐阴树种在这里少见。在大面积较干燥的山坡上生长大片云南松林，即使在陡坡或山顶亦有云南松分布。云南的永胜、华坪、永仁一带，云南松林分布极为集中；在高山峡谷区海拔较高的丽江、兰坪、维西、永宁等地，云南松林也有广泛分布，形成亚高山针叶林以下的云南松林带。海拔900～2100米的云南松林生长良好，树高可达25～30米，胸径可达40～50厘米。云南松破坏后，立地趋于干燥，易为灌丛或荒草更替。在云南东南部元江、南盘江、牛栏江一带也有云南松林分布。

云南省中部地区，大约在下关以南澜沧江中游及元江一带海拔1000～1500米的山地，则以思茅松林为主，云南松次之，且分布海拔较高。常绿栎类有栲树（*Castanopsis taiwaniana*）、截果柯（*Lithocarpus truncatus*）、大果栲（*Castanopsis macrocarpa*）、思茅栲（*C. ferox*）、黄栎、白栎、滇锥栗、峨嵋栲、光叶槠、滇青冈等。落叶栎类有栓皮栎、槲栎等。樟科有山胡椒、黄肉楠属及木兰科木莲属等。其他局部地区也有滇铁杉林分布。

本带地域较广，气候温暖多雨，森林植物资源较为丰富，用材树种以杉木、马尾松、云南松及多种阔叶树为主，竹类分布很多，还有多种特用经济树种、稀有树种。带内林木生长迅速，蓄积量较大。就用材林说，除成过熟林外，有较大面积中幼林及林相较杂的阔叶林。本带还有大面积荒山荒地及疏林地、灌木林地。这些土地大部分都适于植树造林。福建省南平县曾有34年生杉木林每公顷蓄积量达1206立方米的丰产实例；湖南省会同县、贵州省锦屏县杉木林有树高年平均生长2.5米，胸径年平均生长2.8厘米的丰产记录。

2.6　南亚热带、热带季雨林、雨林带

本带划分四个林区：

（1）闽、粤、桂沿海丘陵山地雨林和常绿阔叶林区

（2）滇南山地雨林和常绿阔叶林区

（3）台湾山地雨林、常绿落叶阔叶林和针叶林区

（4）海南岛山地雨林和常绿阔叶林区

本带范围包括台湾全省，闽、粤、桂南部及滇南、滇西南部，即澜沧江、元江流域的河谷低地，广西的乐业、忻城、来宾、梧州，广东的怀集、新丰、蕉岭，福建的永春、福清以南地区。

这一带气候高温多雨，全年平均温度在22℃以上，其中大约六个月平均温度在20℃以上。一月平均温度超过12℃，极端最低温度也在0℃以上。年雨量为1500～3000毫米，月雨量在100毫米以上的也有六个月以上。由于高温期与多雨期、低温期与少雨期较一致，形成湿热、干凉两季气候特征。高温和多雨，这是热带季雨林、雨林及其土壤发育的主要条件。 本带西端受印度洋、东端受太平洋季风影响较强，故东、西段雨量

最大，全年相对湿度在80%以上，中段雨量较少。地形对热量、湿度分配影响很大，一般迎季风坡面潮湿，受焚风影响的峡谷及背风坡则较干燥。本带北缘北纬24°以北有霜日为10～20日，对有些热带作物越冬颇有影响。

本带土壤以砖红壤及砖红壤化红壤为主，土层深厚，三氧化二铁、铝含量很高，有机物分解旺盛，腐殖质少，土壤酸度大。除上述二类土壤外，石灰岩地区还有红色石灰土，滨海有盐土，海拔较高处有黄壤和红壤，南海诸岛的赤道珊瑚森林下有热带黑色土。

在滇南、滇西南部湿热河谷，海南岛中部山地沟谷、东部低山丘陵，台湾东部、南部，均有较典型的雨林分布，其特征内外貌不整齐，层次不分明，优势种不明显，具有大藤本、板根、茎花、寄生植物及附生植物等。森林中进入中上层的树种主要有楝科、樟科、大戟科、茜草科、桃金娘科、山矾科、紫金牛科、山龙眼科、冬青科、棕榈科、茶科、龙脑香科、无患子科、橄榄科、豆科、漆科、梧桐科、藤黄科、番荔枝科、五加科等热带科属种。龙脑香科的青梅（*Vatica astrotricha*）、坡垒（*Hopea hainanensis*），肉豆蔻科的肉豆蔻（*Myristica*）、红光树（*Knema*）、荷斯菲木（*Horsfieldia*）等种属存在，表明本带与热带印度、马来亚雨林有密切的联系。藤本植物有榼藤子（*Entada*）、油麻藤（*Mucuna*）、黄藤（*Calamus*）、倪藤（*Gnetum*）、岩角藤（*Rhaphidophora*）、鸡血藤（*Millettia*）等。棕榈科植物有鱼尾葵（*Caryota*）、山槟榔（*Pinanga*）等。林内也有高大的木本蕨类树蕨生长，有时还构成真蕨林，如拟桫椤（*Gymnosphaera podophylla*）最高可达3～4米，苏铁蕨（*Brainia insignis*）也可达1～2米。林下还有高大草本植物如芭蕉科、姜科、竹芋科等植物。寄生、附生植物有兰科、胡椒科、萝藦科、野牡丹科、苦苣苔科以及石松、苔藓、地衣等。本带内一般栽培橡胶、腰果、椰子、油棕、胡椒等典型热带经济林木，都能正常发育生长。

闽、粤、桂沿海和台湾西南部，海南岛海拔700米以下的丘陵，滇南、滇西南大部低山，都为热带季雨林。第一、二层为大落叶或常绿乔木，优势种不明显，层次复杂，但尚可区分，板根、茎花不及热带雨林发达，林内藤本植物、附生、寄生植物种类和数量都较少，林内高大的单子叶植物芭蕉科，棕榈科、竹类等也较少。构成中、上层的主要树种有苦楝、合欢、木棉（*Gossampinus malaborica*）、枫香、无患子（*Sapindus*）、朴、黄杞、麻栎以及野生荔枝（*Litch chinensis*）、龙眼（*Euphoria longan*）、橄榄（*Canarium album*）、乌榄（*C. pimele*）、杧果（*Mangifera indica*）、鸭脚木、榕（*Ficus microcarpa*，*F. wightiana*）等。中、下层林木主要有大戟科、芸香科、无患子科、紫葳科、桃金娘科、大风子科、梧桐科、夹竹桃科、桑科等，其中以大戟科、芸香科种属最多。这种季雨林破坏后其演替顺序大致为：

热带季雨林$\xrightarrow{\text{火烧、樵采}}$耐旱或旱生树种次生林（如枫香、黄杞、木荷、山黄麻、白背桐、马尾松等）$\xrightarrow{\text{继续破坏}}$以岗松、山芝麻为主的灌丛$\xrightarrow{\text{放牧、火烧}}$荒草坡（鸭嘴草、马唐草、芒箕等）。

由于自然条件较优越，如能及时封山保护，仍可形成逆演替，恢复季雨林的复杂结构。

本带海拔较高处分布有亚热带常绿林，其树种大致与常绿阔叶林区相同，以壳斗科的栲（槠）、樟科、桑科等为主，在石灰岩区有喜钙种如蚬木、榔榆、青冈栎、尖尾樟（*Litsea veriabilis*）、菲朴（*Celtis philippinensis*）、漆酸枣（*Chaerospondis oxillaris*）、圆叶乌桕（*Sapium rotundifolium*）、化香树、粗糠柴（*Mallotus phillipinensis*）等。

本带沿海保留有少量海岸林，但林相不整齐，主要树种有露兜（*Pandanus tectorius*）、椰子（*Cocos nucifera*）、琼崖海棠（*Calophyllum inophyllum*）、黄槿（*Hibiscus tiliaceus*）、海杧果（*Cerbera manghas*）、水黄皮（*Pongamia pinnata*）、鹊肾树（*Streblus asper*）等。

在海湾淤积的黏质盐土上有红树林分布，可自雷州半岛、海南岛一直分布到福建沿海，树种愈向北愈少，海南岛有十多种，闽、粤沿海只有几种。树种以红树科为主，如红树（*Rhizophora apiculata*）、红茄冬（*Rh. mucronata*）、木榄（*Bruguiera gymnorrhiza*）、海莲（*B. sexangula*）、角果木（*Ceriopes tagal*）、秋茄树（*Kandelia candel*）等。此外，还有使君子科的榄李（*Lumnitzera recemosa*），海桑科的海桑（*Sonneratia acida*），紫金牛科的桐花树（*Aegiceras corniculatum*），马鞭草科的海榄雌（*Avicennia marina*）、白骨壤（*A. resemosa*），爵床科的老鼠簕（*Acanthus ilicifolius*），以及大戟科的海漆（*Excoecaria agallocha*），楝科的木果楝（*Xylocarpus granitum*）等，共约 10 科 26 种。

以上为本带森林植被类型分布的一般特点，但不同林区仍有较大区别。

台湾省东北部为雨林类型，西南部因雨量较少，而为季雨林类型，山地海拔 500～2000 米为常绿阔叶林类型，海拔 3000 米以上则为亚高山针叶林。雨林、季雨林主要树种有肉豆蔻、白翅子树（*Pterospermum niveum*）、乌木（*Diospyros utilis*）、长叶桂木（*Artocarpus lanceolata*）、茄冬（*Bischofia javanica*）、山桐（*Mallotus japonicus*）、山龙眼（*Helica formosana*）、山黄麻（*Trema orientalis*）、虎皮楠（*Dophniphyllun oldhami*）、树杞（*Ardisia sieboldi*）、龙眼、台湾栾（*Koelreuteria formosana*）、鸭脚木、厚壳桂（*Cryptocarya chinensis*）、大叶榕（*Ficus septiea*）、脉叶榕（*F. nervosa*）、番石榴（*Psidium guajava*）、吹火树（*Leea manilensis*）、相思树（*Acacia confusa*）、红椤（*Aphanamixis grandifolia*）、番子龙眼（*Pometia pinnata*）等。常绿阔叶林主要树种有栲、石栎、香樟（*Cinnamomum camphora*）、牛樟（*C. micranthum*）、琼楠、竹叶木姜子（*Neolitsea konishii*）、黄心树（*Michelia eompressa* var. *formosana*）、混生木荷（*Schima dasycarpa*，*S. superba*）、马尾松、油杉、台肖楠（*Calocedrus formosana*）、台湾竹柏（*Podocarpus nakaii*）。落叶树种有枫香、台湾桤（*Alnus formoana*）等。再向上海拔 1500～3000 米为针叶阔叶混交过渡的林分，针叶树种有红桧（*Chamaecyparis taiwanicola*）、黄桧（*C. taiwanensis*）、台湾杉（*Taiwania cryptomerioides*）（这三种针叶树和肖楠、油杉有“台湾五木”之称）、栾白杉（*Cunninghamia konishii*）、铁杉、罗汉松等。海拔 3000 米以上为针叶林，主要树种有红桧、黄桧、铁杉，伴生树种有华山松、台湾五针松（*Pinus formosana*）、黄山松（台湾二叶松）（*P. taiwanensis*）、红豆杉、台湾杉、台湾云杉（*Picea morrisonicola*）、威氏黄杉（*Pseudotsuga wilsoniana*），更高处有台湾冷杉（*Abies kawakamii*）、山刺柏（*Juniperus formosana*）、鳞桧（*J. squamata*）等，但各地也有不同。新竹、基隆、高雄湾等地有红树林分布，树种有红茄冬、榄李、白骨壤、角果木、木榄、秋茄树等。恒春和红头屿、火烧岛保存有较好的海岸林。此外，本岛竹林分布也很多，常见的有麻竹、刺竹、长枝竹，海拔 1000 米以上有孟宗竹、锥竹。本岛植物计 185 科 1200 属 4000 多种，其中与大陆共有的占 98%。

海南岛东部、东北部年降水量较大，有热带雨林分布，而西北部则较干旱。这里热带雨林的许多种为大陆没有或少见，计有青梅（*Vatica astrotricha*）、皱皮油丹（*Alseodaphne rugosa*）、坡垒、蝴蝶树（*Tarrietia parvifolia*）、五裂木（*Pentaphylax euryoides*）、碎米兰（*Aglaia tetrapetala*）、海南嘉赐树（*Casearia aequilateralis*）、红果樫木（*Dysoxylurn binectariferum*）、润楠（*Machilus tranaii*）、丛花厚壳桂（*Cryptocarya densiflora*）、黄枝木（*Xanthophyllum hainanensis*）、竹叶栎、白榄（*Canarium album*）、海南蒲桃（*Syzygium hainanense*）、鸭脚木、短刺栲（*Castanopsis echinocarpus*）、海南栲（*C. hainanensis*）、烟斗柯（*Lithocarpus cornea*）、黄果榕（*Ficus championii*）等。针叶树有陆均松、鸡毛松、大叶罗汉松、海南五针松（*Pinus fenzeliana*）。主要树种有苦梓（*Michelia balansae*）、母生（*Homalium hainanense*）、红椤、胭脂木（*Artocarpus bicolor*）、石梓（*Gmelina hainanensis*）、福德木莲（*Manglietia fordiana*）、赤材（*Dysoxylum lukii*）、海南黄栀子（*Gardenia hainanensis*）、水石子（*Sideroxylonr hainanensis*）等。雨林在本岛东南部、中部山区盆地、谷地发育最好，林分高达30～40米，它可沿山谷上升达1000米左右，再向上则混有常绿阔叶林分。红树林以琼山、文昌、儋县、澄迈等处最普遍。本岛计有种子植物1189属，其中与越南共有者占92.2%，与马来西亚共有者占80.6%，与菲律宾共有者占71.3%。

此外，本区与滇南还有不少共有种，如南洋紫珠（*Callicarpa arborea*）、蒲桃、红木荷（*Schima wallichii*）、红楣（*Anneslea fragrans*）、海南栎（*Cyclobalanopsis vestida*）、肉桂（*Cinnamomum obtusifolium*）、亮叶围涎树（*Pithecolobium lucidum*）、丝栗、亨氏黄肉楠（*Actinodaphne henryi*）、粗糠柴、茄冬等。落叶树种有麻栎、木棉、水冬瓜（*Alnus nepalensis*）、枝花木奶果（*Baccaurea ramiflora*）、虾子花（*Woodfordia fruticosa*）等。思茅松（*Pinus khasya* var. *szemoensis*）也有分布。

闽南地区常见树种有闽粤栲、阿丁枫、黄杞、鸭脚木、茜草树、石栎、石楠、桢楠、虎皮楠、红栲（*Castanopsis concinna*）、铁椎栲（*C. lamontii*）、南岭栲（*C. fordii*）、米槠（*C. cuspidata*）、围涎树。

广东南部主要树种有大沙叶、蒲桃、锥栎、闽粤栲、木荷、厚壳桂、水翁木（*Cleistocalyx operculatus*）、白车（*Syzygium livinei*）、红车（*S. rohderianum*）、小盘木（*Microdesmis caseariaefolia*）、假苹婆（*Sterculia lanceolata*）、水石梓（*Sarcosperma laurinum*）等。

南海诸岛调查资料较少，一般分布有赤道珊瑚林、以避霜花（*Pisonia alba*）为优势。据称诸岛有千余种植物。特有种有百余种，其区系成分属热带的占65%。

本带除原始和次生热带森林植被类型外，大部分低山、丘陵、平地地区均已开垦农作，村舍附近及近山处都普遍有人工栽植的各种经济用材树种及特用经济树种。除大面积桉树、木麻黄、杉木、马尾松人工林外，原产的及引种的经济树种很多，珍贵木材有野荔枝、子京、母生、青梅、陆均松、鸡毛松、坡垒、降香黄檀、紫檀、红木、红豆（*Ormosia*）、各种樟木、楠木等。特种经济林木有椰子、咖啡、胡椒、槟榔、木棉、爪哇木棉、金鸡纳、可可、油茶、油棕、八角、茴香、肉桂、栓皮、草果、乌桕、杜仲、蓖麻等。果树有柑橘、荔枝、龙眼、橄榄、杧果、羊桃、黄皮、番木瓜、番石榴、蒲桃、番樱桃、人面子、人心果等。竹类也很繁多。

2.7 青藏高原区

本区划分有四个林区：

（1）甘南高山针叶林区

（2）川西、藏东高山针叶林区

（3）川西南、滇西北高山针叶林区

（4）藏东南峡谷高山针叶林区

青藏高原区各林区主要包括：甘南白龙江、洮河流域山地、四川岷江、大小金川、大渡河、雅砻江诸流域山地，云南金沙江、澜沧江、怒江上游山地、雅鲁藏布江峡谷地区及喜马拉雅山南麓部分地区。所属均系高山峡谷地形，森林垂直分带极为明显，具有高山草甸、疏林和亚高山针叶林的基本景色。

这一带山势陡峻，河谷深切，海拔在2000～4000米，高峰常超过5000米，而河谷谷底常为500米左右，相对高差在1000米以上。河水湍流于峡谷之中，曲折险急，落差极大。峡谷常年多雾，部分地区岩石风化强烈。

本区气候比较寒凉，年平均温度为4～10℃，冬季温度较低，一月平均温度不超过−10～−5℃，七月平均温度为12～20℃，生长季约五个月。年降水量500～1000毫米及以上，东部边缘最高，可达1500～2000毫米，北部较少，不及1000毫米。降雨集中于五月和九月两个月，冬季雪量不大。由于全年气温不高，蒸发量小，故云雾多，湿度大，适于耐阴常绿针叶林发育。

森林带土壤主要为山地灰棕壤，山地灰化土及山地棕壤，云南松林下为山地红壤，均呈酸性或强酸性反应。森林带以上有亚高山草甸森林土及高山草甸土。

本区森林主要是以冷杉属及云杉属为优势的暗针叶林。由于本区地形复杂，各地区受高空西风环流、印度洋季风及太平洋季风的影响不一样，因而森林垂直分布特征也有所不同，垂直分布幅度较大，形成了森林植被垂直分布带交错复杂的情况。

本区针叶林的特点是：林相整齐，以复层异龄林居多，林木高大通直，蓄积量大。较好的云杉林分，平均直径达90余厘米，平均树高达50余米，每公顷蓄积量2000余立方米，个别云杉直径达2米以上，树高近80米，云杉林分单种纯林和同属异种混交林。云杉、冷杉、落叶松、松属等异属多种混交林也可见到，松属、落叶松和冷杉的单种纯林则更是多见。由于各个种的分布区又常交叉重叠，更形成各林区树种组成的复杂情况。林下具有明显的亚建群种层次，如杜鹃、栎类、箭竹等，这些均能较明确地指示林分的生态环境，这是由于受人类干扰较少，而植被能较充分反映其生境条件的缘故。这种亚高山针叶林具有一般暗针叶林的外貌，但群落内部尚表现有暖温带甚至亚热带特征，如有常绿栎类、竹类以及落叶樟科灌木，树上常挂满松萝（*Usnea longissima*），颇有热带苔藓林景象。针叶林植被区系与泛北区，甚至西伯利亚以及中亚，特别与印度喜马拉雅成分都有联系。反映了在较年青的地表形态上具有发生历史较古老的植被成分的特点。

本区北部为甘南洮河、白龙江林区。主要树种有岷江冷杉（*Abies faxoniana*）、巴秦冷杉（*A. fargesii*）、紫果云杉（*Picea purpurea*）、粗枝云杉（*P. asperata*）、青杄、高山油松（*Pinus densata*）、红杉（*Larix potaninii*）、华山松、柏树等。此外白龙江流域有秦岭冷杉（*Abies chensiensis*）、红豆杉、铁杉、粗榧等。阔叶树种有红桦、川白桦（*Betula platyphylla* var. *szechuanica*）、椴、槭、白蜡、桦、栎等。森林均分布在阴坡，阳坡多为草地。洮河林区海拔2800～3500米为岷江冷杉林，2500～3300米有紫果云杉林，

2200～3000 米有粗枝云杉林，较低处则混交青杆。云杉、冷杉林破坏后通常演变为山杨、桦木等次生林。海拔 2400 米以下有松林及椴、槭等阔叶林。白龙江林区海拔 3500 米以上为冷杉林，2700～3500 米为云杉、冷杉混生林或云杉纯林，2200～2700 米以高山油松林为主，也常见高山油松与阔叶树的混交林。冷杉、云杉、油松林分的林相均较完整，生长良好，树高有时可达 40～50 米。海拔 1800 米以下树种即趋复杂，华山松、秦岭冷杉、铁杉、红豆杉、椴、槭、榉、栎等均有混生。针叶林破坏后为红桦、牛皮桦（*Betula albo-sinensis* var. *septentrionalis*）、山杨等次生林。

岷江及大小金川林区，海拔一般为 2000～4000 米，3000～3900 米有大面积冷杉林、云杉林或二者的混交林，以岷江冷杉、紫果云杉为主，还有鳞皮冷杉、紫果冷杉、长苞冷杉、丽江云杉、粗枝云杉等及红桦、方枝柏（*Juniperus saltuaria*）分布。海拔 2600～3800 米有大面积高山栎林，多分布于向阳坡，与云杉、冷杉混生时，则为下层木。红杉林分布在海拔 3800～4000 米森林上限边缘，或块状分布于冰蚀谷地，林相稀疏。海拔 2600～3000 米有一个针阔叶混交林带，有粗枝云杉、黄果冷杉、青杆、铁杉、高山油松、橿子树（*Quercus baronii*）、西蜀椴（*Tilia intonsa*）、色木、青榨槭（*Acer davidii*）、白蜡、醋柳（*Hippophae rhamnoides*）、山刺柏（*Juniperus formosana*）等。森林破坏后也形成红桦、川白桦、牛皮桦、山杨等次生林，在干燥的阳坡则形成高山栎（*Quercus semicarpifolia*）林或高山栎灌丛。海拔 2600 米以下受到长期破坏及焚风影响，形成干旱型多刺灌丛，如白刺（*Nitraria schoberi*）、霸王鞭属（*Zygophyllum* sp.）、骆驼刺（*Peganum* sp.）、小蘗等。

大小凉山、大雪山南段一般海拔略低，气温也较高，年降雨量可达 2000 毫米。树种以冷杉（*Abies fabri*）林为主，分布于海拔 3000（2000）～4000 米。海拔 2000～3000 米有麦吊杉（*Picea brachytyla*）分布，还有铁杉、滇铁杉等喜湿树种。海拔 2500 米以下有黄杉（*Pseudotsuga sinensis*）、包槲柯、峨眉栲（*Castanopsis plathyacantha*）的混交林。泸定以下沿大渡河两岸及支流地区在海拔 1300～2400 米有云南松林、油杉（*Ketelleria everyniana*）林分布。森林破坏后形成桦、杨次生林，以红桦为主，还有香桦（*Betula insignis*）、毛枝红桦（*B. ultilis* var. *prattii*）及川杨（*Populus szechuanica*）。

川南、藏东的雅砻江中下游，金沙江上游，大雪山西坡，沙鲁里山、宁静山地区海拔在 2400～5000 米。雅砻江下游一带气候较温暖，垂直分布带已有落叶阔叶林及亚热带常绿树种（如木棉、木荷）。本区云杉、冷杉林分布在海拔 2800～4000 米，以丽江冷杉（*Abies forrestii*）、长苞冷杉、鳞皮冷杉（*Abies squamata*）、丽江云杉为主，红杉仍出现在海拔 4000 米左右的高海拔地带。高山油松在海拔 3000～3400 米有较大面积纯林，海拔 3000 米以下有一个较宽的云南松林带。以四川木里地区为例：海拔 1500～2600（2800）米为云南松、栎林带（或称常绿阔叶林带），有黄栎为主的林分，也有光叶榕、滇锥栗（*Castanopsis delavayi*）、白皮柯（*Lithocarpus dealbatus*），带内云南松林面积广阔。海拔 2800～3000 米为云南松、落叶阔叶林带，阔叶树为多种槭树及其他阔叶树，云南松林分布也很广泛。海拔 3000～3500 米为云杉林带，以丽江云杉为主。海拔 3500～4000 米为冷杉林带，以长苞冷杉为主，云杉、冷杉林林相整齐，树木挺秀，高可达 30～40 米。

滇西、滇北怒江、澜沧江、金沙江流域峡谷，海拔也多在 3000 米以上，降水较多，空气湿润。海拔 2800～4000 米为青果冷杉（*Abies delavayi*）林，有少量丽江云杉林。

红杉出现在林带上部干燥阳坡，冷杉林带下部常有滇铁杉混交。暗针叶林带以下也有较宽的云南松林带，在阳坡往往向较窄的针阔叶混交林过渡。低海拔阴坡常混有季雨林成分的常绿阔叶树种。以高黎贡山为例：海拔 3700～3800 米及以上为高山草甸，3000～3700 米是以冷杉为主的暗针叶林带，2500（2700）～3000（3200）米是以滇铁杉、青冈栎为主的针叶混交林带，2000 米以下则为较大片的云南松纯林。

藏东南峡谷林区包括林芝、波密、错那林区及藏南的亚东林区，平均海拔达 4000～5000 米，降水丰沛。在海拔 3000～4000 米为喜马拉雅冷杉（*Abies webbiana*）林，并混交青果冷杉、丽江云杉、喜马拉雅云杉等。在海拔 2500～3000 米有喜马拉雅铁杉（*Tsuga dumosa*）混交，阳坡有喜马拉雅落叶松纯林。在海拔 1500～2500 米立地条件较干燥时为思茅松（*Pinus khasya* var. *langbianensis*）、乔松（*P. griffithii*），在湿润坡面下为常绿阔叶林（以樟科、壳斗科为主）。海拔 1500 米以下则为热带季雨林或雨林（以印度、马来西亚成分为主）。

本区是我国重要林区之一。第一，从现有蓄积量来说，它仅次于东北天然林区。第二，林地面积广阔，林分生产力高，不仅树种丰富，而且有材质良好、生长迅速的优良针叶树种和珍贵阔叶树种。第三，从地理位置来说，本区处于几条大河的水源地区，森林对于水源涵养和水土保持具有深远作用。第四，这个林区的林副产品，如药材（包括植物和动物）、皮毛兽和多种经济植物等特别丰富。但是，本林区也存在一些弱点，如山高坡陡，地形复杂，河流滩险水急，道路修筑不易，集材和运输比较困难。此外，森林多成过熟林分，生长率较低，木材腐朽率较高，天然更新不好。在交通较便的地方，森林受到破坏，许多林分林相残败，有的已成灌丛，甚至成为荒山。因此，目前可采伐利用的森林蓄积量比较少，而有待改造培养的面积却很广泛。

本区还有珍贵药材如川贝、麝香、虫草、藏红花、黄连、大黄、独活等，珍贵动物有熊猫、飞鼬等，其他经济林木有油桐、漆、油茶、乌桕、栓皮栎、竹类等，可大力开展综合经营。

2.8 蒙、新区

本区包括四个林区：

（1）阿尔泰山针叶林区

（2）天山针叶林区

（3）祁连山针叶、落叶阔叶林区

（4）阴山贺兰山针叶、落叶阔叶林区

各林区主要包括新疆的阿尔泰山、阿拉套山、天山、昆仑山西段以及向东的祁连山、贺兰山至阴山一带的山地。乌鞘岭、贺兰山以西地区地势稍高，海拔多为 1000～3000 米。属典型大陆性气候，干燥少雨，寒暑变化剧烈，一月平均气温为−10℃以下，七月平均气温在 20～30℃。年雨量差别较大，平地异常干燥，年雨量多在 100～300 毫米，山地可达 400～700 毫米，特别是天山北坡及阿拉套山、阿尔泰山能承接北冰洋冷湿气流的余泽，更显湿润，空气湿度也较大，这是能形成大片森林的主要条件。

林地土壤主要有山地棕褐土，山地灰色森林土，阿尔泰山林区还有山地棕色泰加林土。除后者外，土壤呈中性或弱碱性反应，富含腐殖质。林区广阔草原及半荒漠带还有大面积栗钙土、棕钙土等。

蒙新区各林区森林以云杉为主，云杉种类不及青藏高原区的繁多，林内灌木也较单一。在天山、昆仑山为雪岭云杉（*Picea schrenkiana*），阿拉套山为西伯利亚云杉（*P. obovata*），祁连山、阴山、大青山等地为青海云杉（*P. crassifolia*）或白杄（*P. meyrei*）。仅阿尔泰山及阿拉套山有西伯利亚冷杉林（*Abies sibirica*）分布。阔叶树也很少，仅见杨、桦等小叶树种，无椴、槭、栎类等分布。

阿尔泰山林区属于西伯利亚泰加林伸入我国境内，并与大兴安岭林区遥遥相对的另一余支，也是泰加林的南缘。阿尔泰林区成林树种有西伯利亚落叶松（*Larix sibirica*）、西伯利亚云杉、西伯利亚冷杉及西伯利亚松。该林区的植被垂直分布大致为

高山草甸带：其下限海拔自西北至东南段顺次为 2300～2500～2600 米。

亚高山草原草甸带：其下限海拔自中段至东南段顺次为 2100～2300 米，西北段未见此带。

山地针叶林带：下限海拔自西北至东南段顺次为 1300～1450～1700 米。

低山灌木草原带：下限海拔自西北至东南段顺次为 800～1000～1450 米。

再向下延伸则进入半荒漠带及荒漠带。

阿尔泰山林区的西伯利亚落叶松林大面积分布于阴坡，但落叶松纯林较其与云杉混交的林分面积为少。纯林分布海拔较高，树高一般为 20～25 米，胸径 20～30 厘米，每公顷蓄积可达 300～400 立方米。西伯利亚云杉纯林多见于河谷底部及低海拔山坳地形，其树高一般为 30～35 米，胸径 30～60 厘米。林带上部干燥山坡有铺地桧（*Juniperus sabinia*）、团桧（*J. glomerata*）。在阿尔泰山北端布尔津河中下游有西伯利亚冷杉及西伯利亚松分布，哈巴河上游有西伯利亚松小块纯林，但也常混有少量落叶松。松林树高 20～25 米，胸径 20～25 厘米。落叶松林被破坏后最早侵入的是柳丛（*Salix livida*），其后，经柳丛阶段还可能恢复为落叶松林，但继续破坏则形成杨、桦次生林，其中圆叶桦（*Betula rotunifolia*）成密集的灌丛。

阿拉套山海拔 1500 米以下为干草原，以上至 2300 米有西伯利亚云杉和西伯利亚冷杉林。

天山林区比较复杂。由于天山绵延很长，南北坡受北冰洋湿润气流的影响不同，北坡较为湿润，南坡则多干燥。南坡只有少量针叶林分布，北坡则有大面积雪岭云杉林分布。北坡森林因受地理位置及气候的影响，东西各段的分布规律也有不同。北坡东段森林带海拔为 1900（2000）～2700 米，森林带上部为西伯利亚落叶松林，下部为雪岭云杉与落叶松混交林。北坡中段森林带海拔为 1450～2700 米，成林树种仅有雪岭云杉。北坡西段（南支）森林带海拔为 1300～2850 米，成林树种仍为雪岭云杉，但在云杉林带下部沟谷地形则有野苹果（*Malus sieversii*）和山杏（*Pruns armeniaca*）组成的小块状落叶阔叶林。天山北坡林分地位级以Ⅲ～Ⅳ居多，但东段西伯利亚落叶松林地位级多为Ⅴ，西段南支的雪岭云杉林地位级有达Ⅰa 者。木材蓄积量因各种林型不同产生的差异也很大，低生产力的草类-落叶松、云杉林每公顷蓄积量为 110 立方米，伊犁地区的鳞毛蕨-云杉林每公顷蓄积可达 900 立方米。

在帕米尔东坡及昆仑山西端北坡也有雪岭云杉林分布，但因气候更加干燥，云杉林

分布下限已上升到海拔 3000 米左右，且生长很差。

在南疆喀什噶尔河、叶尔羌河、和田河、阿克苏河一带，也就是塔里木河和它的一些支流，有柽柳（*Tamarix* spp.）及梭梭（*Haloxylon ammodendron*）组成的灌木林，靠近河床的柽柳林平均高 5～7 米，在砂地上为 1.5～2.0 米，这些对固沙和水土保持起着重要作用。南疆绿洲一带沿河滩地还常有胡杨（*Populus euphratica*）为主的疏林，林中混生沙枣、柳、银白杨（*P. alba*）、灰杨（*P. pruinosa*）、柽柳等。这类胡杨林常沿河绵延几十公里①。绿洲中也常见榆树疏林。北疆准噶尔盆地也有类似南疆的胡杨林，但面积较小。

本区的祁连山也是一个雄伟的山系，山脊海拔在 4000 米左右，东西绵亘于甘、青二省之间。气候条件比较复杂，具有荒漠、草原及高山高原气候三者的过渡性，大体上河谷地带温暖干燥，适于农业及牧业发展，山地寒凉湿润，针叶林得以形成。祁连山西段基本属荒漠草原区，祁连山中段海拔 2400～3500 米为云杉林带，主要树种有青海云杉（*Picea crassifolia*），其次为藏桧（*Juniperus tibetica*）、刺柏（*J. prezewalskii*），针叶林破坏后形成山杨、桦木次生林。主要林型有藓类-云杉林、薹草-云杉林、草类-云杉林、河岸-云杉林、草类-桧柏林、河岸-杨树林等。林下土壤主要为山地棕褐土，呈弱酸性至中性反应，土层厚度约 50 厘米，富含腐殖质。祁连山东段较湿润，海拔 2000～3400 米为森林带，其中在 2800 米以下为油松混交林，上段为青海云杉林，但云杉林多被破坏，并形成红桦、山杨的次生林，此外还有小片青杨（*Populus cathayana*）、柳、榆等。从树种组成及林分结构来看略接近于西南高山针叶林区类型。

贺兰山、阴山一带海拔渐低，天然林主要分布在贺兰山、大青山、乌拉山、狼山，以杂木林为主，主要树种有云杉、侧柏、杜松（*Juniperus rigida*）、桦、山杨、蒙古椴、蒙古桑（*Morus mongolica*）、青冈栎、山柳（*Salix cheilophila*）、山黄榆等。贺兰山森林分布在海拔 2000～3000 米，2000～2400 米为针阔叶混交林带。主要是油松、山杨林及青海云杉、山杨林。2400～3000 米为云杉林带，主要是青海云杉纯林，林相较完整，狼山北坡低处多见油松林，高处有桦木山杨林。各山区凡低处都比较干燥，有侧柏（*Biota orientalis*）、杜松散生，接近华北低山景色。蒙古椴可往西分布到祁连山，而蒙古柞仅见于阴山东端与大兴安岭相接处。据历史文献记载，二百年前，本区还有茂密森林多处，约在清乾隆年间，大青山附近的森林遭到滥伐，后几经烧劫，迄新中国成立前，保留森林已经很少了。

---

① 1 公里=1 千米，下同。

中国主要树种区划†

我国树种资源极其丰富，在已发现的三万种种子植物中木本植物 8000 余种，其中乔木树种 2000 余种，灌木树种 6000 余种，而乔木树种中优良用材和特用经济树种则达 1000 余种，还有引种成功的国外优良树种约 100 种，这不但为社会主义建设提供了大量建筑、造船、家具、矿柱、枕木、电杆、造纸和其他用材，还提供了松脂、栲胶、芳香油、油料、生漆、栓皮、橡胶等多种林副产品。这些丰富的树木资源为发展我国林业生产提供了有利条件。

我国幅员辽阔，地势起伏，自北而南，包括寒温带、温带、暖温带、亚热带和热带；自东而西，有海洋性湿润森林地带、大陆性干旱半荒漠和荒漠地带，以及介于两者之间的半湿润和半干旱森林草原和草原过渡地带。地势西北高而东南低，东部地区大部为平原和丘陵，西部为高原、山地和盆地。由于南北跨纬度约 49°，东西跨经度约 63°，以及距离海洋远近不同，加之高原和大山及其不同走向的影响，因之各地冷热干湿差异悬殊，特别是山地垂直高差引起的气候与土壤的变化，形成我国自然条件得天独厚的多样性，从而使各种不同生态要求的树种以及不同历史地理背景的外来树种都能各得其所，生长繁育。我国树木种类和森林类型丰富多彩，早为世界植物学者所瞩目；例如，我国东北北部、新疆北部有从寒带延伸而来的针叶树林，树种多为西伯利亚区系成分；海南、云南南部等地有热带雨林、季雨林，拥有典型的热带科属树种，如龙脑香科、肉豆蔻科、番荔枝科、山榄科等，热带区系成分中以东南亚热带和热带成分居多；内蒙古、新疆南部、中部、西部，甘肃西部，青海等西北干旱地区则有西亚-中亚区系成分，如天山云杉（*Picea schrenkiana* var. *tienshanica*）、胡杨（*Populus euphratica*）、灰杨（*Populus pruinosa*）、梭梭属（*Haloxylon*）、骆驼刺属（*Alhagi*）、盐豆木属（*Halimodendron*）、水柏枝属（*Myricaria*）等；西南地区的树种多与印度、马来西亚区系成分关系密切。西藏高原的西藏红杉（*Larix griffithiana*）、乔松（*Pinus griffithii*）、喜马拉雅柏木（*Cupressus torulosa*）、滇藏方枝柏（*Sabina wallichiana*）、喜马拉雅冷杉（*Abies spectabilis*）、长叶云杉（*Picea smithiana*）、喜马拉雅红杉（*Larix himalaica*），都是喜马拉雅地区的特有种。在新生代第四纪冰期，我国华东、华中、西南广大亚热带地区仅发生局部山地冰川，许多地方未遭受冰川的直接影响，形成若干“树种避难所”，例如，在湖北西部利川海拔 900～1500 米山区保存着世界著名的“活化石”水杉（*Metasequoia glyptostroboides*），而这类树种在中生代白垩纪及新生代第三纪生长繁盛，广布于北半球，北达北极圈地区，欧洲，亚洲北部及北美，后受第四纪冰川严寒袭击而绝灭，仅孑遗水杉一种，保存在我国湖北利川及湖南西部桑植一带。此外，在我国南方地区保存的特有孑遗树种尚有：银杏（*Ginkgo biloba*）、麻栎（*Quercus acutissima*）、栓皮栎（*Q. variabilis*）、金钱松（*Pseudolarix*

† 郑万钧，蒋有绪，杨继镐，1983，中国主要树种区划，见：《中国树木志》编辑委员会，中国树木志（第一卷），北京：中国林业出版社：1-95。

kaempferi)、枫香(*Liquidambar formosana*)、台湾杉(*Taiwania cryptomerioides*)、银杉(*Cathaya argyrophylla*)、山茶花(*Camelia japonica*)、杜仲(*Eucommia ulmoides*)、南酸枣(*Choerospondias axillaris*)等。在美洲北部由于山脉为南北走向,冰川降临时,喜温树种能向南方迁移,因此也保存了若干树种,从而形成我国东部与北美所共有的东亚-北美区系成分,如山核桃属(*Carya*)、檫木属(*Sassafras*)、鹅掌楸属(*Liriodendron*)、金缕梅属(*Hamamelis*)、夏蜡梅(*Calycanthus chinensis*)、银钟花属(*Halesia*)、肥皂荚属(*Gymnocladus*)等。

现按我国自然区域简要介绍各区的自然条件,主要树种资源分布、利用,主要森林类型,以及林业经营方向和增产途径,为各地区科学地制定林业发展规划提供依据。

1　东　北　区

1.1　大兴安岭林区

包括大兴安岭山地,东北西南走向,地形起伏不大,坡度较平缓;全部为丘陵状高台地,北段海拔为1000米左右,南段略高,白哈喇山、英吉里山可达1400米,南段南端的山峰可达1800多米;西侧为缓坡,东侧陡峻。河流上源和河岸低地多沼泽,河谷一般开阔。小兴安岭北坡包括在本林区内。

由于大兴安岭地区纬度高,距海洋较远,故气候严寒,大陆性气候明显,冬季长达7～8个月,生长期100～120天,年平均温度在0℃以下,1月平均–28℃左右,绝对最低气温达–40℃以下;年降水量也较少,300～500毫米;另外,夏季生长期虽短,但日照长,这是本区气候上的有利因素,但土层薄、石质多,低地土壤冻结深达2.5米以上,永冻层呈岛状分布,则是影响林木生长的不利因素。

山地土壤以山地棕色针叶林土为主,东部有部分山地暗棕壤,西部为灰色森林土;谷地大部是大片的沼泽土。

由于全年冻结期长,造成树木的生理性干旱,故主要森林类型是以落叶松(兴安落叶松)(*Larix gmelini*)为主的针叶树林,它是东西伯利亚山地针叶树林向南延伸部分。大兴安岭气候干冷,在土层瘠薄的地方有樟子松(*Pinus sylvestris* var. *mongolica*)分布;东部气候温湿,在土壤肥沃的地方分布有红皮云杉(*Picea koraiensis*)及鱼鳞云衫(*P. jezoensis* var. *microsperma*);在高海拔地带分布有偃松(*Pinus pumila*)。

落叶松在北段及小兴安岭北坡占林地面积约70%。落叶松对土壤适应性强:在海拔300～1200米山麓沼泽,泥炭沼地、草甸、富腐殖质的湿润阴坡、干燥阳坡、湿润河谷和山顶多有生长;但在肥沃,湿润的阴坡生长最佳,形成茂密纯林。林木年龄约150年,每公顷木材蓄积量(指成熟林,下均同)在生长条件好的地方多为200～300立方米。在沼泽地及条件差的地方一般为100～150立方米。

落叶松林破坏后常形成白桦(*Betula platyphylla*)、山杨(*Populus davidiana*)或蒙古栎(又称柞木)(*Quercus mongolica*)次生林。大兴安岭东部低山地区蒙古栎林分布广,面积大。

樟子松分布于本区的东北部和西北部,多生于干旱瘠薄的阳坡石质土上。在黑龙江沿岸各支流的山坡上与落叶松混生，在山脊或山坡上部往往成纯林。

红皮云杉（又称红皮臭）在呼玛河流域及其支流地带河谷两岸潮湿地方有大面积分布，天然林木发育正常，生长较快，130 年生、树高 27 米、胸径 42 厘米；已在全区推广育苗造林。

鱼鳞云杉在呼玛河支流塔哈河林业局蒙克山林场，新林林业局塔尔根林场等地区生长在潮湿的阴坡缓坡地上，有局部片状分布。天然林木发育正常，生长较快，50 年生，树高 18 米，胸径 28 厘米，尚未推广育苗造林。

在海拔 1200～1400 米地带有偃松与矮桧（*Sabina davurica*）形成的茂密矮林，为各种珍贵毛皮兽藏养之所。

在呼玛河流域十八站林业局河谷，土壤比较湿润肥沃地带，有水曲柳（*Fraxinus mandshurica*）分布，数量少，发育正常，生长一般，天然林木 60 年生，树高 18 米，胸径 30 厘米，最大可达 40 厘米。黑龙江沿岸及呼玛河流域还有光叶春榆（*Ulmus propinqua* var. *laevigata*）生长正常，胸径可达 30 厘米，以上两种阔叶树都有发展前途。

在大兴安岭南部雅鲁河流域特哈旗地区河流沿岸有胡桃楸（*Juglans mandshurica*）生长发育正常，树高可达 16 米，胸径 30 厘米，在分布区内可适当发展。

本区森林开发历史早，是我国重要木材生产基地，提供大量建筑和车辆用材（兴安落叶松）。白桦、山杨木材纤维长，易漂白，适用于化纤和造纸工业；白桦也是优良的胶合板用材。落叶松树皮富含单宁，可提取栲胶。

本林区在林业经营上应注意森林更新，保持永续作业，逐步建成制材、栲胶及林产品综合利用现代化林业生产基地和木材工业基地。

本区主要造林更新树种是落叶松，樟子松，红皮云杉等。建立以上三种树种的种子园并要作子代鉴定，以利选用良种营造森林。

（1）落叶松纯林天然更新普遍良好，应保护幼树，加强抚育管理，保持合理密度；采伐时要合理保留母树，并辅以人工促进更新措施，加强科学管理，即可成林。采伐迹地如无母树或荒山地方，应育苗植树造林。大兴安岭南北坡应以营造落叶松为主。

（2）红皮云杉生长良好，可在南北坡立地条件较好的地方育苗植树造林，逐步扩大造林面积，用以生产优良木材。

（3）樟子松宜在南北坡山坡上部营造纯林；在南坡南部沙丘地区或石质土地带用之造林。

（4）水曲柳及光叶春榆　在北坡沿呼玛河流域沿河两岸土壤湿润肥沃地带可营造水曲柳林；也可选用光叶春榆造林。

（5）胡桃楸　在南坡河流沿岸土壤深厚的地方可营造胡桃楸林。

（6）蒙古栎林　分布于东部低山缓坡带的蒙古栎林可采用萌芽方法或直播进行更新；也可改造为樟子松林。

1.2　小兴安岭、长白山林区

包括小兴安岭、张广才岭、完达山及长白山林区。

小兴安岭走向西北，地势较低，平均海拔 400～600 米，仅个别山峰在 1000 米以上，基本上是低山和丘陵地域，山岭和丘陵顶部平坦浑圆，坡面平缓，少数为花岗岩、片麻岩地带坡度可达20°～30°及以上。河谷宽阔。长白山走向东北，海拔大都在500～1000米，最高峰为2744米，地势比较崎岖。

本区距海洋稍近，故湿度较大，1月平均温度–14℃至–28℃，最高温度低于或等于0℃时期为2.5～5个月；土壤冰冻深度1～2.5米，小兴安岭有岛状永冻层，河流冰冻4～6个月，冬季降水10～30毫米，积雪较深可达25厘米以上。7～8月平均温度20～24℃，年平均温度在0℃以上，南部达6℃，无霜期120～150天。降水量东部与南部较大，长白山地为750毫米，小兴安岭为550毫米，夏季降水量占全年降水量55%～60%；4～5月相对湿度较高，夏秋多云雾。

森林土壤以山地暗棕壤为主，土质肥沃；坡麓为白浆土，全剖面呈微酸性反应，一般肥力高，森林生长良好；高海拔有棕色针叶林土及部分亚高山草甸森林土。

本区由于距海洋较近，气候冷湿，土质肥沃，故除阔叶树种外，针叶树种主要为常绿树种，又因地势高差较大，致使各山地森林植被有较明显的垂直分带性，见表1。

表1　山地森林植被垂直带

植被带 \ 地理位置	长白山 约北纬42°	张广才岭 约北纬45°	小兴安岭 约北纬48°
高山苔原带	海拔2100米以上		
亚高山灌丛带	1800～2100米	1450～1760米	1000米以上
针叶林带	800～1800米	800～1450 米	700～1000米
针阔叶混交林带	500～800米	600～800 米	300～700米
阔叶林带	500米以下	600米以下	300米以下

在小兴安岭北坡以兴安落叶松林为主，南段有红松（*Pinus koraiensis*）纯林及红松阔叶树混交林最占优势，主要分布于山坡。山脊排水良好的地方，林内常见树种有：枫桦（*Betula costata*）、鱼鳞云杉、紫椴（*Tilia amurensis*）、臭冷杉（*Abies nephrolepis*）、五角枫（*Acer mono*）等，也有落叶松林。在平坦，较湿润或排水不良的地方红皮云杉与红松同占优势，在更湿之处则臭冷杉为优势种，名为“臭松排子”。在溪谷、山麓、河岸平坦排水良好的湿润肥土地方优势树种为水曲柳、紫椴、糠椴（*Tilia manshurica*）、黄波罗（黄檗）（*Phellodendron amurense*）、春榆（*Ulmus propinqua*），红松降为次要树种，并混有红皮云杉、胡桃楸、大青杨（*Populus ussuriensis*）、香杨（*Populus koreana*）等。在低洼谷地红松多为红皮云杉和臭冷杉所代替；在强度沼泽化土壤上为适应性强的落叶松林。

在伊春五营保存一片红松原始林划为自然保护区，又是采种基地。

长白山林区包括张广才岭、东宁的老黑山林区向南沿长白山至辽宁东部山区。其森林类型自下而上叙述如下。

（1）落叶阔叶林带、落叶阔叶树赤松（*Pinus densiflora*）混交林带，赤松单纯林（海拔250～500米）；主要树种为蒙古栎、山杨、糠椴、黄波罗、茶条槭（*Acer ginnala*）、山楂（*Crataegus pinnatifida*）、胡桃楸等。在东宁东部边境一带山上有大面积蒙古栎纯林。赤松常散生于石山岩缝中，树干不直，生长慢，有时混生于上述阔叶树林之中，也有成片纯林，生长缓慢。

（2）针叶树阔叶树混交林带（海拔 500～1000 米）：为长白山地森林最繁茂的一带，针叶树以红松和杉松（*Abies holophylla*）占优势；其他有臭冷杉、红皮云杉、长白鱼鳞云杉、黄花落叶松（*Larix olgensis*），其中黄花落叶松多生于河谷沼泽地，形成纯林，在干坡平谷地方也有纯林；在排水良好处分布的阔叶树有辽杨（*Populus maximowiczii*）、枫桦、千金榆（*Carpinus cordata*）、春榆、裂叶榆（*Ulmus laciniata*）等。在海拔 800 米二道白河地方及邻近地带有长白松及黄花落叶松的纯林。

（3）针叶林带（海拔 1000～1800 米）：红松在下部占优势，向上则红皮云杉、长白鱼鳞云杉、臭冷杉逐渐增多，黄花落叶松自下而上普遍分布；红松在上部渐少；长白鱼鳞松和臭冷杉占优势。紫椴、蒙古栎、胡桃楸、黄檗、春榆等逐渐消失，而代之以枫桦、青楷（*Acer tegmentosum*）、花楷（*Acer ukurunduense*）、花楸树（*Sorbus pohuashanensis*）和少量岳桦（*Betula ermanii*）等。

（4）岳桦林和亚高山草甸带（海拔 1800～2100 米）：为岳桦疏林和亚高山草甸到高山草甸的过渡带。岳桦疏林分布于向风、土壤浅薄的陡坡上，在下部成片状疏林，林间为大面积草甸所分隔，在上部岳桦呈灌木状，伴生树种有花楸树、东北赤杨（*Alnus mandshurica*）等。在背风、庇荫的山谷和河岸有由长白鱼鳞云杉（*Picea jezoensis* var. *komarovii*）、黄花落叶松和臭冷杉所组成的混交林。在本带上部有偃松林，林木密度大，对保持水土起到有效作用，也是皮毛兽栖息的地方。

（5）高山灌木草甸带（海拔 2100 米以上）：多以矮小灌木形成垫状植物为主，间以高山草甸和高山苔原。

在林区外缘的低山丘陵及台地，常见以山杨、白桦、蒙古栎、黑桦、大果榆（*Ulmus macrocarpa*）、五角枫等为主的次生林。

本区森林茂密，木材蓄积量大，树种丰富，红松、长白鱼鳞云杉、红皮云杉、杉松等材质优良，可供建筑、桥梁、车辆、造船、枕木、造纸及木纤维工业原料等用；红松木材蓄积较多，为建筑良材；长白鱼鳞松、红皮云杉、杉松散生林内，资源不多；黄花松过去有大片纯林，现已不多，多用于电杆。东北红豆杉（*Taxus cuspidata*）为乔木，也有匍匐生长的，材质坚韧致密，有弹性，纹理美观，有光泽及香气，可作雕刻等特种工艺用材；其他优良用材树种有水曲柳、黄波罗、胡桃楸、紫椴、糠椴、槭树等可作高级家具、军工用材等用。椴木又可制作火柴杆、铅笔杆；杨、桦可用于胶合板、火柴杆、造纸工业等用。野生果品有各种茶藨子（*Ribes*）、悬钩子（*Rubus*）、山楂、秋子梨（*Pyrus ussuriensis*）等；可供培育优良果树的砧木有毛山荆子（*Malus mandshurica*）、毛山楂（*Crataegus maximowiczii*）、东北杏（*Prunus mandshurica*）、西伯利亚杏（*Prunus sibirica*）等。

本区是我国重要木材生产及木材加工工业基地。

本区森林对松花江流域水土流失有密切关系，应充分重视并发挥森林保持水土、涵养水源的效益。

在本林区内宜大力发展下列树种的人工林或人工辅助天然更新的森林。

（1）红松为本区天然林面积最大，最重要的珍贵用材树种，在郁闭度较大的林分内，更新情况不好，生长慢，在郁闭度为 0.3～0.4 或有林窗的条件下，更新良好，苗木生长旺盛；在山区及半山区营造人工林有 80 多年历史，在经过抚育管理的条件下，幼林生长迅速，与天然林相比，高生长快 3～4 倍，直径生长快 5 倍；加强红松天然林的抚育更新，大力发展人工林，迅速扩大红松用材林基地具有重要意义。

（2）在沼泽地及荒山上宜发展黄花落叶松林。

（3）在土壤条件较好的山坡宜营造红皮云杉林、长白鱼鳞云杉林及杉松林。应大力发展这些树种的人工林。

（4）在谷地、河流两岸、山坡中下部土层深厚，肥沃湿润的沙壤土、冲积土上可多营造水曲柳、黄波罗、紫椴、胡桃楸等珍贵阔叶用材树种的森林。

（5）紫椴抗烟性强，宜用作行道树及工业区的绿化树种。

（6）在小兴安岭地区，主要更新造林树种还有落叶松。带岭林业实验局落叶松人工林面积较大，长势旺盛。

（7）日本落叶松（*Larix kaempferi*）在辽宁抚顺、长春，牡丹江以北青山林场用之造林，生长良好，抗早期落叶病，为荒山造林的优良树种之一。赤松生长慢，松干蚧危害严重，应对现有赤松林进行改造，用日本落叶松造林为好。

在小兴安岭、长白山区建立红松、红皮云杉、黄花落叶松等优良树种种子园，要作子代鉴定，以利选用良种种子育苗造林。

1.3　东北平原农田防护林区

包括松嫩平原、辽河平原及东北东部山地的山前台地部分。

本区地形平坦，东部河流下游多湖泊和沼泽，但平原边缘的台地和松辽分水岭海拔较高，但不超过 300 米，辽河平原和小部分松嫩河岸有沙丘。

温度与以东地域相似，冬季 5～7 个月，土壤冻结时间长，有岛状永冻层，无霜期 120～170 天；因距海较远，多大风，以及东部山地阻隔，故气候较为干燥，西部最为显著，干燥度 0.7～1.2；年降水量 350～650 毫米，大部分降于 6、7、8 三个月。

土壤为黑土，因地势高低及排水情况，分为几类，地势较高排水良好的地方为淋溶黑钙土或黑钙土，中央大部低地为草甸黑钙土，地势更低则为草甸土、草甸沼泽土、盐土或碱土，在西南有黑土型沙土。

东北东部山地的山前台地其植被类型是自山地森林向松嫩草原过渡的森林草甸草原。在湿润沟谷和河谷平原坡地有小片森林，主要树种有白榆（*Ulmus pumila*）、光叶春榆、稠李（*Prunus padus*）、毛山荆子、紫椴、糠椴、黄波罗、胡桃楸、水曲柳、山杨、蒙古栎、五角枫等。台地北端的丘陵地有阔叶林及针叶树阔叶树混交林，主要树种有白桦、黑桦、山杨、红松、黄花落叶松、红皮云杉等。

松嫩平原为一望无际的草原，这一地域多已开垦为农业区，树木稀少。西辽河平原主要是沙丘地带。

本区应发展山前台地造林和平原农村四旁植树。

（1）在山前台地肥土地方，可重点发展日本落叶松、黄花落叶松、糠椴、紫椴、黄波罗、水曲柳、胡桃楸等树种的人工林，加强抚育次生林。

（2）在平原、农村四旁水肥条件较好的地方宜发展速生用材树种。在嫩江平原用西伯利亚杨（*Populus sibirica*）、南部用小青杨（*Populus pseudo-simonii*）、小叶杨（*Populus simonii*）、小黑杨、中东杨（*P. berolinensis*）、青杨（*Populus cathayana*）、北京杨 605、白城杨、赤峰杨、圆头柳（*Salix capitata*）以及白榆，山地可用大青杨、香杨等。

在本区荒山荒地建立农田防护林，四旁绿化潜力很大，按适地适树原则，选用最好的树种，特别是选用杨树品种，扩大林业生产。

1.4 东北西部沙区

本区北起大兴安岭南坡的海拉尔以南，南至辽宁西部章古台一带，长约 800 公里，最宽处约 160 公里的沙丘台地，其间有流动沙丘。气候较干旱，雨量变率大，尤以西辽河下游风沙为害严重。本区有林地带的林种、树种及造林情况连同石塘落叶松林分为 6 类，分述于下。

（1）红花尔基沙地樟子松林　位于大兴安岭西段山脉的西北麓，林带走向是东北至西南，横贯新巴尔虎左旗和鄂温克旗自治旗，直达中蒙边境罕达盖。林带总长约 250 公里，宽约 15 公里，最宽可达 20 公里。樟子松天然林呈团状分布，林木年龄参差不齐，大者 100 年生以上，胸径约 40 厘米，一般胸径 20～30 厘米，小树也不少。1970～1976 年采收球果 904 万斤[①]，得纯种 14 万斤。

在樟子松林地区可施行人工造林或直播造林，扩大造林面积潜力很大。

（2）阿金山石塘落叶松林　位于吉林白城子地区科尔沁右翼前旗，其东北与黑龙江省为界，为大兴安岭向西南延伸的山地，海拔 900～1670 米，母岩以花岗岩，玄武岩、斑岩和片麻岩为主，土壤瘠薄，气候干燥。这片以落叶松、白桦为主的天然林是落叶松林分布最南的一片，林龄 160～200 年，共有 5200 公顷。应划为水土保持林，对涵养水源作用很大，不宜大量采伐。

（3）昭乌达盟白音敖包红皮云杉林　位于海拔 1100～1200 米地带微酸性沙土地上，红皮云杉多成纯林，也有少量落叶松、白桦、山杨混生其中。这片沙地上的红皮云杉天然老林，林相整齐，分布集中，长势良好，属于大兴安岭森林向南延伸的类型。现有面积约 2000 公顷，应加强保护管理，建立自然保护区，划作母树林，种子产量每 5 年有两次大年，年产种子 15 000 斤，为种源基地，可为大兴安岭及长白山用红皮云杉造林提供种源。

在昭乌达盟沙地一带可选用红皮云杉、落叶松及樟子松造林，以扩大森林资源。

（4）翁牛特旗磨石沟沙地上有华北落叶松（*Larix principis-rupprechtii*）天然林　在松树山，小井子、阿提加海拔 900～1100 米沙地上有残存的油松（*Pinus tabulaeformis*）天然林，四周为流动沙丘所包围，混生树种有辽东栎（*Quercus liaotungensis*）、元宝枫（*Acer truncatum*）等。这片沙地森林属华北森林类型。

宜用华北落叶松、油松及樟子松在这片沙地一带扩大人工造林，使之发挥防风固沙保障农业生产的作用。

（5）辽宁西部章古台樟子松林　新中国成立后樟古台林业试验站在沙地营造的樟子松试验林有 200 多公顷，现已蔚然成林，防风固沙效益显著。这个沙区的群众性造林正

① 1 斤=0.5 千克，下同。

在发展中，樟子松造林面积逐渐扩大，对防风固沙，增加农业生产起到积极作用。用赤松造林亦已成功。

（6）文冠果林　在乌兰浩特市以南至赤峰一带有栽培的文冠果（*Xanthoceras sorbifolia*）林。文冠果较耐干冷，为优良油料树种，可结合绿化荒山荒地和保持水土，在本区内选择土壤条件较好的地方重点发展文冠果，以建立木本食用油料基地。

在沙丘、沙荒地带应采用乔灌结合，大力进行固沙造林，在不同的立地条件可分别选用樟子松、红皮云杉、油松、沙柳（*Salix mongolica*）、紫穗槐（*Amorpha fruticosa*）、胡枝子（*Lespedeza bicolor*）等树种。

总之，在本区大规模营造农田防护林，纳入东北西部防护林体系，加强城乡四旁绿化是极其迫切的任务，这不仅可以改善气候、调节径流、涵蓄水源、防止风沙旱涝灾害，还可为广大农村提供用材、燃料、肥料、饲料，为高速度发展农牧业生产提供有利条件。

2 华 北 区

2.1 辽东半岛、山东半岛林区

辽东半岛为东北东部山地南延部分，千山山脉纵贯半岛，丘陵多在海拔400米以下，个别山峰达1000米。山东半岛大部为海拔200米以下丘陵，仅昆嵛山海拔872米，崂山海拔1130米。

本区临海，纬度渐南，属温带海洋性气候，年平均温度10～14℃，夏季20℃以上。无霜期165～250天，年平均降水量600～700毫米，以夏季三个月为多。

山区地带性土壤主要为棕壤。

本区森林主要是赤松林和以落叶栎类为主的落叶阔叶树林。栎类与华北平原丘陵山地的种类相同，如辽东栎、麻栎、栓皮栎、蒙古栎、槲树（*Quercus dentata*）等。其他阔叶树有枫杨（*Pterocarya stenoptera*）、紫椴、水榆、花楸（*Sorbus alnifolia*）、小叶杨等。村庄附近多栽培树木有散生白榆、槐树（*Sophora japonica*）、楸树（*Catalpa bungei*）、泡桐（*Paulownia*）、臭椿（*Ailanthus altissima*）等。在千山有黑皮油松天然林，为百年以上的老林。在丘陵山区有较大面积以饲养柞蚕为目的的人工麻栎矮林。

辽东半岛及山东半岛沿海一带及山区有以赤松、麻栎为主的森林。日本黑松在沿海地区生长良好。山东沿海地区可用日本黑松造林。当地的赤松受松干蚧危害严重，生长慢，不宜再用之造林。

本区主要造林树种有油松、黑皮油松、日本黑松（*Pinus thunbergii*）、日本落叶松、毛白杨（*Populus tomentosa*）、加杨（*Populus canadensis*）、群众杨、健杨、沙兰杨、意大利214杨、麻栎、栓皮栎、胡桃楸、泡桐、刺槐（*Robinia pseudoacacia*）、槐树、香椿（*Toona sinensis*）、紫穗槐等。水杉在旅大地区及山东沿海地区生长快、长势旺盛。石灰岩山地可用侧柏（*Platycladus orientalis*）、臭椿、黄连木（*Pistacia chinensis*）造林。

本区林少人多，用材及薪材均感缺乏，应积极发展林业，发展薪炭林。除科学经营管理现有森林外，需大力开展荒山造林和四旁植树，以及营造农田防护林。还需注意发展麻栎矮林促进柞蚕饲养业。本区盛产苹果（*Malus pumila*）、梨（莱阳梨驰名中外），以及枣（*Zizyphus jujuba*）、柿（*Diopyros kaki*）、胡桃、板栗（*Castanea mollissima*）、桃（*Prunus persica*）、葡萄（*Vitis vinifera*）、樱桃（*Prunus pseudocerasus*）等干鲜果品，均应重点发展。

2.2 华北平原农田防护林区

包括太行山脉以东的冀北平原、胶莱平原和黄淮平原。

冀北平原位于华北平原北部，海拔在30～100米，扇形地排水良好，滨海地势低平，但排水不畅，有碱泡、洼地和湖泊。气温最冷月为–2℃至–5℃，最热月为26～28℃，生长期180天，年降水量500～600毫米，干燥度1.25～1.5，春季温度增加迅速，少雨、多风沙及旱风，夏季暴雨后易内涝。土壤山麓为褐土，向下为草甸褐土，低地为盐土、盐碱土等。

胶莱平原上耸立泰山、沂山、蒙山等山地，平原海拔在50米以下，各山岭高400～1100米，泰山最高峰1532米，山体巨大雄伟，坡面较陡峻。山地气温较平原为低，例如泰山上部年平均气温为5℃，1月最低温度–10.5℃，7月最高18.2℃，济南年平均温度14.6℃，1月最低–17℃，7月最高28.2℃，无霜期190～220天，年降水量500～600毫米，泰沂山地东南迎风坡可达800毫米以上。在山麓丘陵、阶地和冲积扇上主要是山地淋溶褐土，石质山地主要是山地棕壤，在河谷低阶地上有浅色草甸土。

黄淮平原为华北平原南部，地势大致平坦，黄河等河道数度泛滥改道，局部地势因泥沙淤积而堆高，低洼地有沼泽、湖泊。1月平均气温–10℃，7月27℃，无霜期200～230天，年降水量600～750毫米，干燥度1～1.25。土壤主要为淋溶褐土，湖泊周围为沼泽土。

本区主要是农业区，天然森林植被多遭破坏，鲁中南山地多荒芜童秃。优势树种为落叶栎类、油松。栓皮栎、辽东栎、麻栎等有时成小片纯林。广大平原上常见树种有侧柏、桧柏（*Sabina chinensis*）、白皮松（*Pinus bungeana*）、槐树、桑树（*Morus alba*）、旱柳（*Salix matsudana*）、毛白杨、花曲柳（*Fraxinus rhynchophylla*）、臭椿、香椿、黄连木、泡桐、构树（*Broussonetia papyrifera*）、白榆、楸树、元宝枫、山桃（*Prunus davidiana*）、胡桃、栾树（*Koelreuteria paniculata*）、加杨、小叶杨等。还有广泛栽培的板栗。鲁中山地有白蜡树（*Fraxinus chinensis*）、蒙椴（*Tilia mongolica*）、黑弹树（*Celtis bungeana*）、黄连木、构树、山槐（*Albizia kalkora*）、黄檀（*Dalbergia hupeana*）等。

泰安北灵岩山石灰岩丘陵上有侧柏老林，还有银杏、青檀（*Pteroceltis tatarinowii*）、大果榆等树种生长良好。徐州周围及其南北一带石灰岩丘陵上在新中国成立后营造的大面积侧柏林，生长旺盛，苍郁成林。宿县北皇藏峪石灰岩丘陵上有以栓皮栎为主的落叶阔叶树林，还有青檀、榆树、文冠果、元宝枫等。

本区气候春旱夏涝，对农业生产极为不利，结合农田水利建设与盐碱地改良，大力营造农田防护林并进行四旁绿化，以调节水源和改善局部气候条件，还可适当解决民用材的自给。

华北平原有许多优良速生用材树种，对于加速四旁绿化，特别是道路两旁、河道两岸植树、成片造林、建设用材林基地潜力很大，在水肥条件较好的地方，杨树类、泡桐类生长很快，可因地制宜选用下列树种进行植树造林。

（1）毛白杨 是我国特有的乡土树种，树干通直，材质优良，是公路、城乡绿化和农田林网的优良树种。在华北、关中、苏北、皖北、豫东等地除盐碱地外，一般均能生长。在沙质土水肥条件较好的地方。19 年生、树高 15.8 米、胸径 41.6 厘米、单株材积 1.37 立方米。壤土次之，盐碱地上生长不良，在季节性过湿地即死亡。

（2）小黑杨 以小黑单株、小黑大棱及各地选用的优良系号较好。树干通直，耐旱、耐寒、耐盐碱，材质优于小钻杨类。10 年生，树高达 15～20 米、胸径 20～30 厘米，为民用建筑、造纸、家具用材。适于东北南部、华北、西北渭河流域、豫东、皖北，苏北地区营造农田林网，成片造林和四旁绿化等用。

（3）小叶杨 耐寒、耐旱、抗病虫。材质优良，适应性强，是沙区和干旱地区农田林网，四旁植树、固沙造林及成片造林的优良树种之一。在土层深厚、湿润肥沃地方，生长快，如河南新安县，8 年生、树高 16.5 米、胸径 33 厘米、单株材积 1.183 立方米。选树干直的类型用之植树造林，可提高出材利用率。

（4）沙兰杨和意大利 214 杨 这两种杨树的生长速度和形态相似。在干旱土壤，瘠薄地及盐碱地上生长不良，在沙壤土、壤土水肥条件好的地方生长很快，但不耐寒。河南召县栽植的 14 年生、树高 27.9 米、胸径 65.3 厘米、单株材积 3.5 立方米。辽宁盖县西海农场片林、10 年生、树高 23.2 米、胸径 39.4 厘米、单株材积 1.066 立方米。以黄河以南长江以北、立地条件较好的地方生长最好。

（5）美洲黑杨无性系 63 号、69 号，欧美杨无性系 72 号 在苏北含盐量在 0.1%以下的土壤上试种 4 年，生长很好，具有生长期长、生长快、抗性强等优良性状。4 年生，平均高 15～17 米、平均胸径 25～28 厘米，预期 10 年生时树高 20 米以上、胸径 40 厘米以上，单株材积超过 1 立方米是完全可能的。在黄河流域以南广大平原地区用之四旁植树或成片造林大有发展前途。

（6）加杨 引入我国历史较久。树干直，适应性强，易受天牛危害，不耐干旱和盐碱土地。在水肥条件较好的地方生长快。木材结构细、纹理直，可供建筑、家具、包装箱、火柴杆等用，也是造纸纤维工业的原料。北京西郊中关村行道树，15 年生、平均高 25 米、胸径 42 厘米、单株材积 1.73 立方米，每公里单行行道树 15 年生蓄积量达 346 立方米，年生长量为 23 立方米。适于北京、辽宁南部、河北、山东、苏北、豫东等地四旁植树，农田林网及成片造林用。

（7）小意杨 是小钻类品种。树干通直，生长快，耐盐碱，耐大气干旱，适应性强。徐州大沙河林场四旁植树，11 年生、树高 21.8 米、平均胸径 35.3 厘米。适用于苏北、皖北、豫东等地四旁植树，农田林网之用。

（8）群众杨 这种杨树与小美旱同物异名，是中国林科院培育的杂种杨，耐旱、耐轻盐碱土，适应性强。以群众杨 36、39、44 系号为好。在北京、天津、河北、山东、河南、内蒙古、辽宁等地生长良好。

（9）箭杆杨（*Populus nigra* var. *thevestina*） 栽培区主要在黄河中游陕西、山西交界地区及宁夏黄灌区，用于四旁绿化和农田防护林。

（10）泡桐类 在华北地区栽培的泡桐有兰考桐（*Paulownia elongata*）、楸叶桐（*P. catalpifolia*）、毛泡桐（*P. tomentosa*）、白花泡桐（*P. fortunei*）、光叶桐（*P. glabrata*），

为北方平原四旁植树或进行农桐间作，生长快、有特殊用途的优良用材树种。在土壤疏松，水肥管理好的条件下才能充分发挥其速生的特性。豫东兰考、鄢陵进行大面积农桐间作或四旁植树，生长很快。河南、山东、苏北还有不少地方发展了泡桐生产。泡桐材质轻软，富有共振性，为优良的乐器材及工业用材。

（11）水杉　在长江下游、淮河以南南岭以北广大地区、水肥条件较好的土地上生长较快。在苏北江都、泰州用之营造河岸林，生长旺盛，四旁绿化，面积宽广。在山东沿海地区北至旅大以及济南、泰安、蒙山等地，用水杉四旁绿化或成片造林，在沙质土、沙壤土土层深厚湿润的地方生长良好，年平均高生长 0.5～1 米，年平均直径生长 1～1.7 厘米，20 年生、高达 16 米、胸径 31.4 厘米，15～20 年可以成材。

（12）日本落叶松　在山东沿海山区海拔 500 米以上山地生长良好，预期 30～40 年生可能成材。日本落叶松抗早期落叶病、虫害少，为山地造林有发展前途的树种。

此外还有银杏、刺槐、枫杨、臭椿、香椿、旱柳、悬铃木、楸树、楝树（*Melia azedarach*）、白蜡树、绒毛白蜡，都是四旁绿化树种。在山东沿海地区、黄河流域以南至淮河流域可用水杉、黑杨系杨树造林。轻盐碱地造林可用白榆、黄榆、小黑杨、桑树、槐树、旱柳、紫穗槐、杞柳（*Salix purpurea*）等。石灰岩山地可栽植侧柏、黄连木、青檀、麻栎、栓皮栎等。本区还是鸭梨、深州蜜桃、肥城大桃、金丝小枣、无核枣等名贵果品产地，应当予以有计划的发展。

2.3　华北山地林区

包括秦岭以北黄土高原东南部的吕梁山，中条山、太行山、冀北燕山、陕西子午岭、河南伏牛山等山地。该山区海拔一般 500 米左右，高峰可达 2500 米或更高。

本区距海渐远，属半干旱温带，气候夏热多雨，冬季晴燥，年平均气温 10～16℃，无霜期 190～250 天，年降水量约 500 毫米。

土壤垂直分布大致低处为塿土、黑垆土，山麓以上为褐土，山上部为山地棕壤，山地暗棕壤。

本区森林优势树种以栎类为主，油松分布普遍，因此，本区有人称为“华北松栎林区”。侧柏分布也普遍，但多生于干旱瘠薄之地，如石灰岩山地、花岗岩山地和黄土崖上。

现以山西河北交界的小五台山森林垂直分布带为例，列举于次。

（1）槲栎（*Quercus aliena*）白蜡林　限于北坡，多为次生林，自山脚上达海拔 700 米地带，为低海拔地带的重要森林，天然生苗木，以此二种占优势。此外还有少数槲树、糠椴、山榆等混生其间。

（2）栓皮栎林　分布上达海拔 500 米地带，生于低山北坡及东北坡，长势不旺，多见于庙宇附近。此外还有侧柏、黄连木、白蜡树等少数林木。

（3）槲树林　分布于海拔 400～1000 米地带，生于干燥的南坡，为这一地带唯一的森林。

（4）辽东栎、白蜡林　分布于海拔 700～1000 米地带，在北坡长势旺盛，林冠郁闭，还有混生的丛桦、山杨、大果榆，林冠下为丛生的虎榛子（*Ostryopsis davidiana*）。

（5）白桦、糠椴林　分布于山之北坡海拔 1100～1400 米地带，组成森林的树种为白桦、糠椴、蒙古椴、辽东栎等树种。

（6）油松林 分布由山麓上达海拔 1400 米地带，上段为天然林，下段为人工林。天然生的其他树种有蒙古椴、辽东栎。北京郊区及外县山地多人工油松林，生长较慢。

（7）侧柏林 分布于南北坡，多生于石灰岩山地，自低山上达海拔 1100 米地带都有分布。也是石灰岩山区的主要造林树种。

（8）丛桦（*Betula fruticosa*）林 分布很广，自海拔 1100～2200 米地带，在山之北坡，林冠郁闭，天然生的苗木生长良好。其上段与白杆（*Picea meyeri*）混生。

（9）白杆林 分布于西云山的北坡海拔 1600～2100 米地带，过去曾有大面积的森林，还有混生的棘皮桦（*Betula davurica*）、白桦、青杆（*Picea wilsonii*）、臭冷杉、红桦（*Betula albo-sinensis*）等。林下苗木以白杆为优势。

（10）白杆、白桦林 分布地带与白杆林同，这种森林是由白杆林被破坏后白桦繁生而成的林相。

（11）华北落叶松林 分布于海拔 2100～2500 米地带，上达森林垂直分布界限。南北坡均有分布，以在北坡生长较好。林下苗木以华北落叶松为主，还有少数桦木。

由恒山向南和西南的管涔山、关帝山、吕梁山、五台山、太行山的树种垂直分布规律相同：海拔 1600～2800 米，主要有白杆、青杆、华北落叶松混交林或纯林，次生桦木、山杨林，五台山高海拔地带还有少数臭冷杉。40～60 年生青杆、白杆天然林每公顷蓄积量 60～120 立方米，同龄级的华北落叶松天然林为 70～160 立方米；海拔 1200～1800 米阴坡有油松林，或与栎类、杨、桦混生，每公顷蓄积量 20～45 立方米，在紫色沙岩地带有散生白皮松林，中条山上部有华山松（*Pinus armandii*）林；低山地区常有上述一些阔叶树种的幼龄次生林，当地称为“梢林”。北部山谷有小叶杨，南部村庄及平原有臭椿、槐树、白榆、楸树、泡桐、构树、黑弹树、香椿、栾树、小叶杨、青杨、箭杆杨等。

核桃在山西汾阳地区，在吕梁山南坡海拔 800～1200 米背风向阳黄土阶地上栽培较多。翅果油树（*Elaeagnus mollis*）分布于山西吕梁山南段的东侧乡宁、河津、中条山南段的西侧翼城等县，集中分布于翼城、乡宁两县，这是一种优良油料树种，种仁含油率高达 51%，油质好，可供食用、医药和工业用。

在黄土高原地区林业部门应建立水土保持实验林场，除植树种草外，还要建设必要的水土保持水利工程，用作示范，逐步推广，把黄土高原建设成为有树有草的青山。综合治理黄土高原地区要加强区划，希望在 30 年内分期分片，绿化全部黄土高原并加强建设水土保持的水利工程，力求 30 年后实现“黄河流碧水，赤地变青山。”前人能挖运河、筑长城，我们一定能完成绿化黄土高原的伟大任务。下决心把这一伟大工程建设成功，使黄土高原地区农业丰收，人民生活改善提高，实利赖之。

本区高山上部的原始林和次生林对华北平原、黄土高原的水土保持、水源涵养有着极其重要的作用。应对现有森林进行科学管理、合理利用。改造次生“梢林”，用各森林带的优良树种造林，扩大森林面积，充分发挥森林保持水土、调节水源的防护作用，并解决当地需要的小径用材、工矿用材、薪炭材等。桑树、槐树等材质坚韧，为优良农具材，应在四旁大力推广种植。其他如梨、苹果、山楂、杏（*Prunus armeniaca*）、桃、柿、枣等干鲜果品，油料树种如核桃、文冠果、翅果油树、香料树种花椒（*Zanthoxylum bungeanum*）等均应因地制宜充分发展。在海拔 1000 米以下石灰岩山地可用侧柏造林。

3 华东、华中区

本区森林类型多样，树种繁多，人工林培育历史悠久，遍及全区，也是划分本区的标志。各分区的划分是根据常绿阔叶树林及其他类型的森林划分的。现将杉木林、马尾松林、毛竹林、油茶林、油桐林、茶树等六种人工林的概况，叙述于后。

（1）杉木（*Cunninghamia lanceolata*）林　均属人工林，天然生的杉木林已不多见。杉木林老区，雨量多，湿度大，土壤多由板岩、页岩、花岗岩发育而成的酸性土壤。主要产区有：安徽南部的休宁、祁门；浙江南部的龙泉、云和、常山、江山；福建西部的三明、永安、尤溪、南平、顺昌、邵武；北部的建瓯、建阳、崇安、浦城；江西西部宜春、分宜；赣江流域的遂川、安福、上犹、崇义、南康、大余、龙南、全南；湖南的湘江、沅江、资水诸江上游各县均产杉木，尤以江华、道县、会同、靖县、城步、绥宁以及东部醴陵、酃县等地栽培比较集中；湖北西南的利川、恩施、建始较多；四川南部的合江、叙永、古蔺、峨眉、洪雅，西南安宁河流域，米易、德昌；贵州东部锦屏、天柱、剑河、榕江、麻江、从江，北部的赤水；广西东北部的大苗山、南丹、罗城、融安、三江、全县、兴安；广东北部的连县、阳山、乳源、乐昌、始兴、怀集、广宁，西南的信宜；云南东南部的文山、马关等地。杉木林的水平分布区和垂直分布区与常绿阔叶林的分布相一致，它喜温暖湿润和酸性疏松、红壤、黄壤的环境条件。垂直分布带在华东为海拔200～800米，华中可达海拔1200米，四川峨眉山可达海拔1800米，云南大理苍山可达海拔2600米；杉木林的垂直分布带由东向西逐渐升高的原因，是由于地形由东向西逐渐升高，雨量分布随地形由东向西而逐渐升高。杉木分布的边缘地区川西大渡河支流磨西面海拔1600米地方有大杉木一株，高35米、胸径1米；据说80年前大渡河流域汉源石棉一带山谷地下挖出埋藏的杉木树干，名“阴沉木”，据以推论这一带过去曾有天然生的杉木混交林。在云南大理苍山南坡海拔2600米处有大杉木三株，其中两株胸径2米，1株胸径1米以上。

杉木栽培区较广，繁殖方法分为三种：由湖南江华以东至福建、浙江用插条造林，江华以西，会同至贵州东部、东南部用实生苗造林；湖北西南部及四川则用萌芽更新。新中国成立后提倡用实生苗造林。福建、湖南、广西建立了杉木良种种子园，选用良种育苗造林，对培育杉木速生丰产林将会起到积极作用。杉木林区自然条件不同，经营集约水平不同，单位产量也不同，举例说明于后。

福建南平插杉造林，山下谷地水肥条件好，40年生林木每公顷材积为1100～1200立方米，年生长30立方米；山坡上土壤较干、肥力较低，40年生林木每公顷材积为500～600立方米，年生长12.5～15立方米；山脊地带土壤更干一些，肥力更低一些，40年生林木每公顷材积为200～300立方米，年生长5～7.5立方米。南昌梅岭林场实生苗丰产杉木林，12年生每公顷材积360立方米，年生长30立方米。广西南丹山口林场在西南坡花岗岩、页岩发育的土壤，土层厚1米，腐殖质层40～50厘米的林地上，实生苗林木，18年生树高25米，胸径26～27厘米，每公顷材积540立方米，年生长30立方米。丘陵杉木林新区，须改良土壤，间种绿肥，加强病虫害防治，才能管理好杉木林，新林区面积虽大，但仅有三分之一生长较好，可成小径材。四川的杉木林萌芽更新，经营粗放，成材期较长。

杉木是南方人工林的主要树种，今后应扩大杉木林老区的造林面积，提高产量，丘陵新区要因地制宜，适地适树，不要万亩连片，违反自然规律，否则不能成林成材，更不能成好材。今后经营杉木林要科学造林、科学营林，用良种、实生壮苗、用一级、二级苗造林，加强抚育管理，清除林地上的芒萁骨、杂草、施种绿肥，提高土壤肥力，改良土壤，及时防治病虫害等项措施，林木的生长量还能提高。大面积山坡上的杉木林力争每公顷年生长15～20立方米还是可能的。老林区每年木材采伐量应实行采伐量不超过生长量的规定，制定施业案，按照施业案进行生产，要做到越采越多，青山常在，永续利用。

（2）马尾松（*Pinus massoniana*）林　马尾松耐瘠薄土地，在红壤山地上能生长成林。现存马尾松天然林有两类：一类为大面积单纯林，树干端直，胸径0.5～1米，多生于山之阳坡，林相整齐；另一类为马尾松阔叶树混交林，在浙闽南岭山区尚有保存。造纸原料多用马尾松材，采自天然生的林木。马尾松人工林多为新中国成立后营造的，林龄在20多年生。

马尾松林遍及淮河以南，南至广东、广西沿海地带。本区内的马尾松林因自然条件不同，生长习性不同，可分为二类：一类是南岭以南地区的马尾松，树干大枝每年生长两轮，年生长期为280天，林木每年直径生长1厘米。广东北部韶关林场的20年生马尾松林每公顷材积为337立方米，年生长16.8立方米。另一类是南岭以北的马尾松，树干大枝每年生长一轮，年生长期为260天，年直径生长0.5～1厘米。本区内的马尾松林，经营粗放，松毛虫危害严重，造林没有补助费用，因而大有不再用马尾松造林的趋势。马尾松是荒山造林的乡土树种，适应性较强，今后一段时期内荒山造林仍应选用马尾松，这是当前本区丘陵荒山造林的方向。

（3）毛竹（*Phyllostachys pubescens*）林　毛竹是我国竹类中分布广，材质好，用途大的优良竹种。以华东、华中地区为栽培中心，约有三千万亩[①]，例如浙江安吉、德清，江苏宜兴、安徽广德等地的毛竹林，均为纯林，集中连片，绵延数十里至百里，经营管理较好，产量较高，其他地方的毛竹林，也有经营较好的，但大多经营粗放；另一种为毛竹杉木混交林，例如广西北部大苗山，经营管理比较粗放，产量较低。江苏、浙江一带对培养毛竹用材林、笋用林和纸浆林都有丰富的经验。

在本区内还有其他散生竹林，如刚竹（*Phyllostachys viridis*）、淡竹（*Ph. glauca*）、桂竹（*Ph. bambusoides*）、水竹（*Ph. congesta*）、紫竹（*Ph. nigra*）等，栽培面积虽不如毛竹大，但栽培宽广，产量也较多，和毛竹一样都是本区今后应加以发展的竹种。从生竹类如慈竹（*Sinocalamus affinis*）在湖北西部，贵州东北部，四川除西部高原外栽培较多，也是当地发展的竹种。

（4）油茶（*Camellia oleifera*）林　油茶栽培以本区为生产中心，在酸性红壤丘陵地带适宜栽培油茶林，面积宽广，生产潜力很大。现有油茶林五千万亩，在浙、赣、湘地区约有三分之一的油茶林，经营粗放，产量很低，大多亩产油5～7斤。经营管理好的油茶林每亩年产油65～70斤，如用机榨，还可提高出油率10%～20%。今后应科学经营油茶林，如修筑梯地，选用抗病高产良种，种绿肥，施化肥，加强防治病虫害，像经

① 1亩≈0.0667公顷，下同。

营果树那样来经营管理油茶林，如扩大栽培达到一亿亩，平均亩产油 50 斤计，则可年产食油 50 亿斤，每人按年用食油 10 斤计，可供 5 亿人食用。只要扩大栽培面积，加强经营管理水平，增加油茶生产量是完全可能的。

（5）油桐（*Aleurites fordii*）林 本区是三年桐的集中产区。三年桐桐油是我国特产的干性油油料树种，是重要的工业用油。我国栽培三年桐的历史悠久，产油量高产年份达三亿斤，除供国内用油外，还是重要出口物资。新中国成立后年产油量曾达到新中国成立前最高水平，后来在油桐集中产区发生砍伐桐林，毁林开荒或放任荒芜，以致桐油产量大幅度下降。今后应规划栽培地区，扩大种植面积，重视科学种桐，推广先进经验，采取合理经营方法，选良种，筑梯地，种绿肥，提高造林质量，加强抚育管理，有条件的地方也可推行桐粮间作，以利提高桐油产量。还应提倡农民屋前屋后栽种油桐，同时要加强技术指导，以利扩大栽培，提高产量。

（6）茶树（*Camellia sinensis*）栽培 本区内东部海拔 1000 米以下，西部四川海拔 2000 米以下，凡酸性土上均能生长，栽培广，产量多，但以多云雾的山地质量最好；浙江、湖南、安徽，四川等省为我国重点产茶区。采下的鲜叶，经过不同的加工方法，可制成不同品质的茶类，如杭州的绿茶有龙井、瓜片，祁门的红茶，六安的珠兰，福建的铁观音，四川的大叶茶（销行西藏）等。

在本区内新发展的人工用材林还有湿地松、火炬松、黄山松、柳杉、水杉、檫木、楠木、木荷等，在石灰岩山地还有柏木、棕榈、油橄榄。目前这些林种的森林面积不大，有待扩大栽培面积，必须提高科学造林营林的水平，用以提高生产。

本区分为下列五个林区。

3.1 秦岭、大巴山、巫山林区

包括秦岭、大巴山、巫山及其向东延伸的余脉。山脉主要东西走向，一般海拔为 400～2000 米，最高可达 3500 米以上。由于山系东西走向，阻挡着北方寒潮，故成为温带与亚热带气候的分界线。年平均气温 15℃左右，1 月平均气温约 0℃，7 月平均气温 25℃以上；年降水量 700～1000 毫米，有明显干季雨季之分。土壤在低海拔地带为山地褐土、黄褐土，向上依次为黄棕壤、山地暗棕壤，亚高山草甸森林土，高山草甸土等。

本区是华北落叶树阔叶树林向华中常绿阔叶林过渡的地带，形成了以喜暖湿的落叶树阔叶树种为主，混生较耐寒的常绿阔叶树混交林；原始林破坏后的次生林以马尾松、栎类为主；人工栽植的马尾松林、杉木林、毛竹林极为普遍，是我国主要的马尾松、杉木、毛竹产区。

以秦岭太白山为例，其森林垂直分布大致可分为五带。

（1）前山干旱落叶阔叶树林和侧柏林，分布于海拔 600～1000 米地带。常见树种有旱柳、箭杆杨、毛白杨、小叶杨、白榆、槐树、臭椿、香椿、构树、桑、皂荚（*Gleditsia sinensis*）。刺槐栽培很广。枫杨、梧桐（*Firmiana simplex*）、榉树（*Zelkova schneideriana*）、刺楸（*Kalopanax septemlobus*）、珊瑚朴（*Celtis julianae*）、七叶树（*Aesculus chinensis*）等都生长良好。淡竹也有栽培。农村常见树木有栓皮栎、侧柏、臭椿、核桃、黄连木、榉树等。

（2）华山松林、栎林及落叶阔叶树混交林，分布于海拔 1000～2500 米地带；华山松林在北坡分布较广，太白山西面庙台子对面的华山松单纯林，林相优美，面积较大。华山有华山松油松混交林。栎林多分布于山冈及阳坡，有尖齿槲栎（*Quercus aliena* var. *acuteserrata*）、栓皮栎、槲树等；落叶阔叶树混交林多分布于谷地，组成树种为五角枫、小花香槐（*Cladrastis sinensis*）、湖北花楸（*Sorbus hupehensis*）、花曲柳、漆树（*Rhus verniciflua*）、野核桃（*Juglans cathayensis*）、冬瓜杨（*Populus purdomii*）、三丫乌药（*Lindera obtusiloba*）、楤木（*Aralia chinensis*）、粗榧（*Cephalotaxus drupacea*）、猕猴桃（*Actinidia chinensis*）等。

（3）桦木林带，分布于海拔 2300～2600 米地带：主要为红桦，常组成纯林或与其他阔叶树组成混交林，下段有华山松，上段有秦岭冷杉（*Abies chensiensis*）、巴山冷杉（*Abies fargesii*）也有少量的大果青杆（*Picea neoveitchii*）等。

（4）高山针叶林带，分布于海拔 2500～3500 米地带；下段主要为秦岭冷杉、巴山冷杉林，上段为太白红杉（*Larix chinensis*）林。

（5）高山灌丛及高山草甸带，分布于海拔 3600 米以上地带。主要有聚枝杜鹃（*Rhododendron fastigiatum*）、高山柳（*Salix cupularis*）、高山绣线菊（*Spiraea alpina*）等。

在秦岭南坡海拔 1000 米以下低山地带及汉水流域有马尾松林、柏木（*Cupressus funebris*）林、杉木林、油桐林，还有散生的乌桕（*Sapium sebiferum*）、枫香等。

大巴山森林类型与秦岭南坡相似，但没有太白红杉林，森林破坏严重，仅在深山、高山上部地带有巴山冷杉林。秦岭冷杉、黄果冷杉、麦吊云杉（*Picea brachytyla*）数量少。铁坚杉（*Keteleeria davidiana*）分布较低，见于海拔 500～1300 米地带，多散生。海拔 1000～2000 米地带有华山松林，海拔 1600～2500 米地带有巴山松（*Pinus henryi*）林、麦吊云杉林、铁杉（*Tsuga chinensis*）林。海拔 2300～3300 米有巴秦冷杉林，再上则为灌丛。落叶阔叶林多属次生林，出现我国西部及南方珍贵树种如檫木（*Sassagras tzumu*）、毛叶连香树（*Cercidiphyllum japonicum* var. *sinicum*）、鹅掌楸（*Liriodendron chinense*）、水青树、青冈栎（*Cylclobalanopsis glauca*）、黑壳楠（*Lindera magaphylla*）、水青冈（*Fagus longipetiolata*）、米心树（*Fagus engleriana*）、巴山榧树（*Torreya fargesii*）、黄杉（*Pseudotsuga sinensis*）等。

大巴山高山上部的森林，保存面积不大，关系汉水及长江流域水源涵养，不宜采伐，应加强保护，更新造林。

大巴山区海拔 600～1400 米地带有几十万亩巴山木竹（*Arundinaria fargesii*），木竹资源的开发利用，可提供大量竹材及造纸原料。

本区还栽植有毛竹、刚竹、慈竹等竹林。

本区可因地制宜地发展华山松林、马尾松林、杉木林、黄杉林、竹林等，以建成我国新的用材林基地，其他特用经济树种如油桐、栓皮栎、漆树、杜仲、棕榈（*Trachycarpus fortunei*）等都很重要，应予重视发展。本区特产来凤桐油、利川毛坝漆以及红茶、咸宁桂花（*Osmanthus fragrans*）均驰名全国；核桃、毛梾（*Cornus walteri*），尤以油橄榄（*Olea europaea*）等木本油料树种及各种水果、干果也极有发展前途。

本区的造林树种还有水杉、麻栎、柳杉（*Cryptomeria fortunei*）、日本冷杉（*Abies firma*）、刺槐、皂荚、香椿、楸树、泡桐、榉树、响叶杨（*Populus adenopoda*）、垂柳（*Salix babylonica*）、楝树等。在石灰岩山地可用柏木、麻栎、栓皮栎、棕榈等造林。

巫山山脉向东延伸至湖北利川一带，有许多高山屏蔽的河谷，其中有水杉繁生的水杉坝小河河谷，这条河谷的西边是石灰岩的齐岳山，东边是沙岩的佛宝山，这条河谷的南端为小河，中为水杉坝，海拔 950～1400 米，大气比较稳定，气候温和，雨量丰沛，夏不炎热，冬不积雪。由于水杉坝的环境条件特殊，水杉之能生存繁生，不至灭绝而成为孑遗植物之一，绝非偶然之事。水杉坝山谷的森林除杉木及毛竹人工林外均属次生天然林，可分为下列五种：

（1）水杉混交林　水杉的分布，上自双河口的方家坡（海拔 1400 米）下至小河以南（海拔 900 米），以水杉坝（海拔 1000 米）为中心，野生的水杉多与其他针叶树或阔叶树混生，人工栽培的水杉多生于道旁、屋侧、田畔，行列较为整齐。野生水杉混交林分布于河谷两旁的侧沟里，其中以毛坝诸沟内林相较佳，林木大小不一，沟内细水长流，土壤湿润，雨后尤潮湿，但不淤积，这是水杉最适生的乡土。水杉混交林发育茂盛，树种繁多，除水杉外以杉木及落叶阔叶树为多。兹将其主要林木种类列举于次：水杉、杉木、红豆杉（*Taxus chinensis*）、枫香、茅栗（*Castanea sequinii*）、锥栗（*Castanea henryi*）、漆树、灯台树（*Cornus controversa*）、水青冈、栓皮栎、麻栎、响叶杨、檫木、连香树（*Cercidiphyllum japonicum*）、绿背银雀树（*Tapiscia sinensis* var. *concolor*）、毛叶枳椇（*Hovenia fulvo-tomentosa*）、三叶槭（*Acer henryi*）、青虾蟆（*Acer davidii*）、五裂槭（*Acer sinense*）、三裂槭（*Acer wilsonii*）、光皮桦（*Betula luminifera*）、栗叶榆（*Ulmus castaneifolia*）、蓝果树、安息香（*Styrax japonica*）、乌冈栎（*Quercus phillyraeoides*）。

从上述森林环境，特别是水杉的生长环境可以了解到这一速生用材树种的生活习性，为各地引种水杉提供了基本资料。

（2）常绿阔叶树落叶阔叶树混交林　这种次生林在东西山坡上均有分布，猫鼻梁一带长得最好，从山脚至山脊海拔 1000～1400 米，多片段散生，但局部的林相却很茂密，其中常绿阔叶树与落叶阔叶树的比例大体均等，没有见到水杉混生其间，主要树种有：华木荷（*Schima sinensis*）、箭杆柯（*Lithocarpus viridis*）、小叶青冈（*Cyclobalanopsis gracilis*）、乌冈栎、峨眉含笑（*Michelia wilsonii*）、白栎（*Quercus fabri*）、水青冈、锥栗、茅栗、光皮桦、响叶杨、山杨、缺萼枫香（*Liquidambar acalycina*）、多脉铁木（*Ostrya multinervis*）、灯台树、蓝果树、山白果（*Corylus chinensis*）、交让木（*Daphniphyllum macropodum*）、刺叶稠李（*Prunus spinulosa*）、青虾蟆、三叶槭、五裂槭、三裂槭、梧桐槭（*Acer firmianoides*）、野茉莉、檫木、椴树（*Tilia tuan*）、马尾松。

局部的森林以小叶青冈及乌冈栎较多，胸径 40～70 厘米，木荷、箭杆柯较少，这是原始森林早经破坏的缘故。水青冈在山之上段繁生较盛，占据优势。枫香、茅栗、响叶杨、光皮桦等混生林内或生于森林边缘。

（3）落叶阔叶树混交林，分布于海拔 1000～1400 米地带，为上述落叶树种组成，以茅栗、枹栎为最多，水青冈在山坡上段较多，椴树、梧桐槭生于海拔 1300 米地带，这种森林是常绿阔叶树落叶阔叶树林再经破坏后而残存的次生林，也是过渡林相。

（4）杉木人工纯林，分布于海拔 1000～1300 米地带，林相整齐，生长繁茂，为水杉坝最好的森林，林木胸径 20～40 厘米，树龄 30～60 年生，为多次择伐萌芽更新的森林，野生杉木苗长成的林木到处可见。这一地带适宜杉木发育生长，如能加强抚育，则全山谷均能经营成杉木林，发展杉木生产潜力很大。

（5）毛竹人工林，在房舍之侧，河坝、山坡土壤深厚肥沃之处均有栽培，面积不大。毛竹林中常有水杉及其他阔叶树混生其间，先栽几株水杉后再栽毛竹，使毛竹得到保护不受雪压为害。阔叶树种有长穗鹅耳枥（*Carpinus viminea*）、蓝果树、三叶槭、光皮桦、茅栗、多脉铁木等，多比毛竹为高，这是在野生阔叶树林地上栽种的竹林，林缘常有散生的水杉及响叶杨。

在这群山环抱的山谷中，繁生着一些特产树种，有梧桐槭、利川润楠（*Machilus lichuanensis*）、小花木荷（*Schima parviflora*）、李叶榆（*Ulmus prunifolia*）、利川青冈（*Cyclobalanopsis breviradiata*）。

利川境内还有秃杉（*Taiwania flousiana*）及黄杉，黄杉分布于海拔800米地方，这两种都是珍贵用材树种，可选用造林。

3.2　淮河以南、江南丘陵林区

包括淮河以南安徽、江苏南部，浙江北部，江西北部，湖北中部、东部，北亚热带地区，长江中下游冲积平原，海拔50～500米的广大丘陵地区，如宁镇山区，还有海拔1000～1800米的中山，如天目山、黄山、庐山等，海拔1000米以下面积最大。本区冬季寒潮影响强烈，在南京、武汉等盆地中下沉，故冬季甚冷，夏季盆地中易产生辐射热积聚，气温甚高，故造成绝对最高与最低年温差大。年平均气温15.3～18℃，1月为2.2～4℃，绝对最低可达–18℃，7月最高40℃，年降水量977～1770毫米。

低海拔地带的土壤主要为红壤，向上依次为红黄壤、黄壤、黄棕壤，山地矮林土。

这一地区的森林，是落叶阔叶树林和常绿阔叶树林过渡地带，以落叶阔叶树林为主的地方，局部也有常绿阔叶树林。现就本林区北部安徽滁县琅玡山的森林及宁镇山区的森林分述于后。再向南至杭州及皖南地区常绿阔叶树种逐渐增多，逐渐过渡到以常绿阔叶树种为主的常绿阔叶树落叶阔叶树林，还有杉木林、毛竹林、油茶林，均不逐一列举。

（1）安徽滁县琅玡山的森林　琅玡山为石灰岩丘陵，土壤为中性黏壤土，石灰岩缝中为黑色石灰土，土壤偏碱性。现有的森林为次生天然林。上层林木为麻栎、栓皮栎，胸径30～40厘米，约100年生，成行整齐，系太平天国之后点播长起的乔林，其余林木为天然生的第二层林木。这片落叶阔叶树林生长繁盛，既保护了土壤，又涵蓄了水源，新中国成立后划为风景林，得以保存，又是科学研究的基地。组成森林的树种，除麻栎、栓皮栎（应是当地的树种）外，还有琅玡榆（*Ulmus chenmoui*）、榔榆（*Ulmus parvifolia*）、榉树、青檀（沿石灰岩缝生长，这个树种北自北京市房山县，南至广西柳州，东自南京燕子矶，西至四川茂县，分布很广，均生于石灰岩岩缝地方），糙叶树（*Aphananthe aspera*）、黑弹树、朴树（*Celtis sinensis*）、黄连木等。在琅玡山下醉翁亭附近有醉翁榆（*Ulmus gaussenii*）（本地特有树种）、槲栎。还有侧柏人工林，由于土层瘠薄，林木生长缓慢。

在滁县以北嘉山一带有马尾松人工林，为马尾松分布的最北界限。

（2）宁镇山区的森林　包括江苏江浦、南京、镇江、句容、溧阳一带的丘陵山地，紫金山海拔450米，多为沙质土，在栖霞山局部地方有红黏土，均属中性或微酸性土壤。

主要森林类型及树种组成简述如下。

（1）马尾松林　宁镇山区是马尾松林分布的北界范围。关于马尾松的生长情况，作些补充说明，对认识这一地区的林业生产发展是有参考价值的。新中国成立前及新中国成立以后在这一地区营造的马尾松林面积颇大，生长快慢随立地条件不同而有很大差异。在南京灵谷寺溪沟边生长的马尾松胸径生长每年 1 厘米，栖霞山沙岩风化的薄沙质土层上生长的马尾松，40 年生，胸径仅有 10～15 厘米。在镇江地区长山林场丘陵山上有大面积马尾松林，26 年生平均胸径 13 厘米，年生长 0.5 厘米。在 20 年代初南京宝华山南坡有大面积马尾松同龄单纯林，林相整齐，生长旺盛，这足以说明在长江以南丘陵山地中性土、酸性土上是能够培育好丰产马尾松林的，不仅能成材，而且能成好材。至于紫金山南坡 50 多年生的马尾松林生长缓慢，树干多不端直，这是因为土层瘠薄，经营粗放，多次遭受松毛虫为害的缘故。

（2）落叶阔叶树林　这类森林以南京紫金山灵谷寺的天然次生林为代表。这片森林系太平天国以后长起的杂木林，上层林木为人工点播的麻栎、栓皮栎，树高 20～25 米，平均胸径 30 厘米，树干端直，成行整齐，其他主要天然林木有枫香、黄连木、糙叶树、榔榆、毛梾、朴树、流苏树（*Chionanthus retusa*）、三角枫（*Acer buergerianum*）、马尾松、女贞（*Ligustrum lucidum*）、落叶女贞（*Ligustrum lucidum* var. *latifolium*）。

紫金山上有大面积马尾松林，生长较慢；日本黑松生长不良。中山陵下有一片枫香人工林，由于栽植密，又未及时疏伐，以致树冠小，生长弱，不成良材。枫香是胶合板材，又是茶叶箱材，近年需要量增加，野生枫香木材供不应求，应予大力发展枫香人工林，造林时务要疏植，及时疏伐，保持足够的空间，才能扩展树冠，生长良好。近年紫金山麓用雪松（*Cedrus deodara*）造林，生长良好。

明孝陵墓后山有散生的苦槠（*Castanopsis sclerophylla*），推测在原始林破坏之前，苦槠在局部地方组成纯林。南京南门外牛首山还有残存的苦槠林。

宝华山北坡潮湿地方有丛生的紫楠（*Phoebe sheareri*），还有成片的青冈林。南坡有榧树。从宁镇山区的现存树种推测，在山之阴坡应有紫楠、苦槠、青冈组成的常绿阔叶树林或常绿阔叶树落叶阔叶树混交林，这类森林早经破坏，今已绝迹。宝华山北坡落叶阔叶树次生林中有野核桃、小花泡花树（*Meliosma parviflora*）、多花泡花树（*Meliosma myriantha*）、红枝柴（*Meliosma oldhami*）、宝华木兰（*Magnolia zenii*）、茅栗等，南京椴（*Tilia miqueliana*）长成大树，宝华鹅耳枥（*Carpinus oblongifolia*）组成片林。

栖霞山有光叶糯米椴（*Tilia henryana* var. *subglabra*）在土层深厚的谷地组成片林。

从宁镇山区向南至太湖地区、浙江北部、安徽南部，常绿阔叶树种逐渐增多，还有杉木林。杭州有金钱松、浙江楠（*Phoebe chekiangensis*）、钩栗（*Castanopsis tibetana*）、樟树（*Cinnamomum camphora*）、檫树，这些都是组成常绿树落叶树林的主要树种。浙西龙荡山有华东黄杉（*Pseudotsuga gaussenii*），西天目山上部有黄山松（*Pinus taiwanensis*）林及栽植的大柳杉树，这些都是本地区的主要造林树种。

华东华中地区常见的四旁绿化树种有：雪松，南京栽植为行道树及庭园树，有大树，胸径年生长 1 厘米，杭州、武汉也有大树；龙柏（*Sabina chinensis* cv. *kaizuca*）作观赏树，铅笔柏（*Sabina virginiana*）南京栽培，生长良好，水杉除作行道树、庭园观赏树外，在江苏扬州地区江都、泰州及湖北潜江成片造林，池杉（*Taxodium ascendens*）、落羽杉（*Taxodium distichum*）均作庭园观赏树，也是优良的速生用材树种；薄壳山核桃、重阳木（*Bischofia polycarpa*）南京用作行道树，悬铃木（*Platanus hispanica*）南京、上海、武汉栽植作行道树，生长快，木材可作家具，女贞作庭园观赏及绿篱，鹅掌楸、美国鹅掌楸（*Liriodendron tulipifera*）及杂种鹅掌楸，均作观赏树，大叶黄杨（*Evonymus japonica*）作庭园树及绿篱；在杭州用作行道树和庭园树的有紫楠、樟树、七叶树；大叶榉（*Zelkova schneidetriana*）在江苏南部沿江农村栽植较多，丘陵山地生长良好，木材优良坚实耐用，为造船舰及高级家具用材。

3.3　浙闽丘陵及南岭林区

浙、闽、赣、湘、鄂丘陵山地包括福建中部、北部，浙江中部、南部，江西中部、北部，湖南中部、北部和湖北中部、东部，除沿海有低矮山丘外，多为海拔700～1000米山地。还有1800米以上的中山。海洋性气候明显，平均气温18～20℃，最热月平均28℃左右，最冷月平均8～10℃，除北部外，霜雪不多见，但因山势不高，冬季寒潮可直接侵袭，湿度大，在华中伏旱时期明显，本区东部因有台风影响而多雨，年降水量可达1500～1900毫米。淋溶强烈，山地土壤除石灰岩区有黑色石灰土外，大部为强酸性红黄壤与黄壤，海拔1500米或更高山地为黄棕壤。

南岭山地包括福建中部，江西南部，湖南南部、西部，贵州东部，广东北部和广西东北部的南岭山地，大面积丘陵在海拔1000米以下，高山在海拔1500米以上，沿河流形成宽谷和盆地。全年平均气温18～21℃，最高月平均28～31℃，最低月8～10℃，冬季受寒潮影响，年降水量1500～2000毫米，本区因内陆伏旱严重，霜雪很少，无霜期长达300天以上；河谷及盆地夏季因辐射热气温特高，冷季因冷空气沉积气温偶尔特低。土壤主要为红壤、红黄壤、黄壤。

本区树种繁多，森林类型复杂，除杉木林、马尾松林、毛竹林、油茶林、油桐林前已叙及不再赘述外，主要说明天然林的分布规律，为今后造林营林提供参考。兹将本区几种天然林叙述于次。

（1）常绿阔叶树林　常绿阔叶树林有常绿阔叶树单纯林和常绿阔叶树混交林两类，其树种组成不同是由于树种的耐阴性能不同而有差异。

①米槠（*Castanopsis carlesii*）单纯林　分布于海拔150～600米地带，见于福州鼓山，三明莘口。为白栲类的一种，树干不圆，似青檀树干。台湾、福建、浙江、苏南宜兴、皖南、江西、湖北、湖南、广东等地均有分布，多组成纯林。木材可供建筑、包装材、家具、农具柄、工具柄、木屐等用，由于树干不圆，成材率小，材质不如红栲好。

②青钩栲（又名格氏栲）（*Castanopsis kawakamii*）林　分布于三明莘口，这片单纯林连同米槠单纯林划为自然保护区，得以保存。青钩栲分布很广，台湾、福建、江西、广东、广西东北部均有分布，除三明莘口有单纯林外，其他地方，多为混交林。这是红栲类的一种，木材用于桥梁、造船、车辆、木梭、建筑、家具、农具柄、坑木、电杆、枕木、胶合板材。

③以栲树类为主的常绿阔叶树混交林　分布于浙江南部、福建、江西、湖南中部海拔100～1000米低山丘陵地带。主要树种有栲树（*Castanopsis fargesii*）、甜槠（*Castanopsis eyrei*）、南岭栲（*Castanopsis fordii*）、罗浮栲（*Castanopsis fabri*）、乌楣栲（*Castanopsis jucunda*）、钩栗、光叶青冈（*Cyclobalanopsis myrsinaefolia*）、青冈、小叶青冈、闽楠（*Phoebe bournei*）、小叶阿丁枫（*Altingia gracilipes*）、木荷、石栎（*Lithocarpus glaber*），也有落叶树混生其中，最常见的有枫香、光皮桦等。

（2）针叶树阔叶树混交林　主要组成树种，针叶树有黄山松、铁杉等，阔叶树有青冈、莽山木荷（*Schima remotiserrata*）、光皮桦、鹅掌楸等。鹅掌楸分布于海拔1100～1700米地带，生长较快，36年生，树高20.5米，胸径40厘米，喜温暖湿润避风的环境，在沟谷两旁或山坡中下部生长较好：树高近40米，胸径80厘米左右。黄山松分布于1000～1800米地带，39年生，树高19米，胸径25厘米。铁杉分布于1000～1900米地带，126年生，树高21.4米，胸径35.7厘米，耐阴，喜湿润温凉环境，生长缓慢。光皮桦分布于600～1700米地带，56年生，树高19.8米，胸径26.1厘米，在海拔1200米以下地带生长较快。

黄山松林分布宽广，北自安徽、湖北大别山，皖南黄山，浙江西天目山、天台山，向南至武夷山，福建近海的戴云山，向西经江西九岭山、武功山至湖南衡山均有分布，在黄山分布于海拔700～1800米，有成片纯林，在武夷山及戴云山分布于海拔1000米以上地带。在台湾山区于海拔750～3000米地带组成纯林。在其分布区内高山地带已用之造林，浙江省用飞机播种造林，均已成林。

华东黄杉分布于浙西龙荡山、浙南仙居、泰顺、庆元及浙赣交界的大茅山，是优良用材树种，在环境条件较好的地带，生长不慢，宜在浙江、闽北、江西山区海拔500米以上地带选用造林。

日本冷杉在我国引种已有50多年历史，在浙江莫干山海拔500米以上地带生长良好，在江西庐山1100～1300米地带生长快，53年生，树高23米，胸径84厘米，年平均生长1.6厘米，木材可供造纸、木纤维工业原料及包装箱等用。在浙赣山区试植生长良好。可在这一地区海拔500～1300米山地造林。

香榧是江南特产的干果，分布于浙江、安徽南部、福建北部、江西北部、湖南西南部及贵州松桃等地。在浙江诸暨枫桥及东阳十里坡栽培较多，经过长期培育，选出香榧粒大味佳的优良品种。在诸暨枫桥黄坑、西坑、杜家坑，用香榧良种嫁接繁殖，一株上嫁接数枝，长成有数个主干的大树。在浙江西天目山天然林中有野生大树，高达30米，胸径50厘米，数量颇多。

本区森林树种垂直分布规律可以闽赣交界的武夷山及湘粤交界的莽山为例，分述于次。

（1）武夷山区的森林

①本林区的常绿阔叶树林，面积广，树种多，分布于海拔200～1000米地带，以栲属、青冈属树种为主，主要树种有：甜槠、南岭栲、钩栗（在杭州灵隐寺有大树，分布广，为优良用材树种）、青冈、小叶青冈、木荷（*Schima superba*）、石栎、青栲、石槠（*Cyclobalanopsis gilva*）、小叶阿丁枫、枫香、糙叶树、拟赤杨（*Alniphyllum fortunei*）、麻栎等乔木树种。在海拔600～1000米地带还有榧树（*Torreya grandis*）、凹叶厚朴（*Magnolia biloba*）。

木荷为珍贵用材树种，供纺织工业中的特种用材，南方各地已选用造林。

②常绿阔叶树落叶阔叶树混交林，分布于海拔900～1400米地带，主要树种有高山甜槠（*Castanopsis eyrei* var. *caudata*）、木荷、青栲、曼青冈（*Cyclobalanopsis oxyodon*）、

鹅掌楸、拟赤杨、长穗鹅耳枥、化香（*Platycarya strobilacea*）、光皮桦、天目紫茎（*Stewartia monodelpha* var. *gemmata*）、红楠（*Machilus thunbergii*）、木莲（*Manglietia fordianna*）等。

③针叶树阔叶树混交林：分布于海拔 1000～1600 米地带，主要树种有黄山松、铁杉，柳杉有小面积人工林，也有散生的天然林木，柳杉生长较杉木为快，65 年生，高 23 米，胸径 43.7 厘米，生长良好，宜在海拔 700 米以上山区造林。阔叶树种有曼青冈、莽山木荷、黄山木兰（*Magnolia cylindrica*），光皮桦分布于海拔 600～1800 米，在海拔 1000～1400 米地带为主要树种之一，生长快，56 年生，树高 19.8 米，胸径 26.1 厘米；鹅掌楸分布于海拔 1200～1700 米，为有发展前途的速生树种。

④针叶树林：分布于海拔 1500～1800 米地带，有黄山松和铁杉单纯林。黄山松林面积广，长势好，在武夷山西坡有大面积纯林，在山地黄壤地带，39 年生，树高 19 米、胸径 25.9 厘米。铁杉高 20～50 米，胸径达 1.6 米，生长良好，单株散生于海拔 1000～1800 米地带，成片林见于海拔 1600～1800 米，126 年生，高 21 米，胸径 35.7 厘米，在天然林中生长缓慢。

海拔 1800 米以上为高山矮林。

浙闽地区庆元百山祖山区有百山祖冷杉（*Abies beshanzuensis*），还有浙江、安徽南部、江西、湖南及湖北西部的金钱松，福建、浙南、江西、湖南的福建柏（*Fokienia hodginsii*），江西、庐山、浙江引种的日本冷杉都是本区今后山区造林的优良树种。

（2）莽山山区的森林　莽山位于南岭山区，在广东乳源阳山，比湖南宜章的面积大，早已开发利用。兹就森林的垂直分布，分别林种树种叙述于次。

①马尾松林　分布于海拔 500～1000 米的阳坡成天然生纯林，可上达 1200 米地带则与阔叶树混生成混交林。

②常绿阔叶树混交林　这类森林分布广，树种多，见于海拔 600～1200 米，主要林木有下列树种：甜槠（又名酸橼）、栲树（又名响叶橼）、钩栗（又名大叶橼）、南岭栲（又名狗橼）、厚皮丝栗（又名白橼）（*Castanopsis chunii*）、米槠（又名小叶橼）、小叶青冈、马蹄荷（*Exbucklandia tonkinensis*）、阿丁枫（*Altingia chinensis*）、粉叶白兰花（*Michelia maudiae*）、水青冈、枫香、木荷、檫木、红果槭（*Acer faberi*）、浆果椴（*Tilia endochrysa*）、鸦头梨（*Melliodendron xylocarpum*）、红楠、香桦（*Betula insignis*）等。这类森林的树种以栲树类、马蹄荷、阿丁枫为主，林相整齐。其中钩栗、南岭栲的木材优良，阿丁枫木材用作培养香菇。

③针叶树阔叶树混交林　这类森林分布于海拔 1200～1800 米地带，面积宽广。林相郁密，林内针叶树高出阔叶树之上，为南岭山区上部森林的特色。主要林木有下列树种：广东五针松（*Pinus kwangtungensis*）、长苞铁杉（*Tsuga longibracteata*）、厚皮丝栗（*Castanopsis chunii*）、莽山木荷、黄椆（*Lithocarpus chrysocomus*）、金叶白兰花（*Michelia foveolata*）、小叶青冈、华南桦（*Betula austrosinensis*）、垂果木莲（*Manglietia moto*）、枫香、水青冈等。其他有经济价值的树种有下列几种：广东芮德木（*Rehdrodendron kwangtungense*）、南方铁杉（*Tsuga tchekiangensis*）、白豆杉（*Pseudotaxus chienii*）、百日青（*Podocarpus neriifolius*）、福建柏等，以上几种星散分布，数量不多，其中福建柏木材优良，多被采伐，现已不见其树。

莽山山区处于宜章、乳源、阳山三县境内，山之下部森林类型与武夷山区类似；山之下部森林以广东五针松、长苞铁杉的林木高大，数量也多，以及黄椆、金叶白兰花等都是优良的用材树种，为不可多得的珍贵森林资源。这些树种也是南岭山区海拔700米以上地带更新造林的主要树种，尤以广东五针松生长较快，应尽早选用造林；海拔700米以下地带，阳坡用马尾松，阴坡用杉木、福建柏，或钩栗、南岭栲、红栲、檫木、樟树造林。如只采伐不更新造林，势必使苍郁的森林变成荒山秃岭，北江水源必然逐渐减少，造成暴雨成灾、久旱干涸的情况，这是生态失去平衡的必然结果。因此，南岭山区的森林在采伐之后应即加强人工更新造林，使之青山常在，永续利用，北江水源能源源供应沿江农业需要，保证农业丰收。

在湖南南部双牌县阳明山海拔1300米地带有较多的黄杉、南方铁杉，还有粉叶甜槠。黄杉是优良的用材树种，生长较快，在四川东部、南部，贵州东部，湖北西南部、西部，湖南西部、南部海拔800米以上地带均可选用黄杉造林。

在湖南西南部湘桂边境江永县境内都庞岭主峰冲天岭海拔1200～1800米地带的山谷两旁坡上有以福建柏为主的针叶树阔叶树混交林，面积约有300公顷，在海拔1700～1800米地带福建柏在林分中占80%～90%，生长整齐。在都庞岭下部海拔800～1000米地带马蹄荷（*Symintonia populnea*）生长在阴湿肥沃地带，树干通直，木材淡红褐色。比重0.51～0.59，为枪托良材。福建柏在湖南、江西、福建、浙江等地多散生，不成片林。

在广西东北部融安元宝山及资源越城岭高山上部各有一种冷杉，为这一带高山上部的造林树种。

在广西龙胜桦坪海拔1350～1450米地带及四川南川金佛山上及川贵边界靠近金佛山地方有银杉分布，这一孑遗树种数量不多，宜加强保护、繁殖，使之不致灭绝。

本区森林树种资源十分丰富，气候温暖湿润，树木生长也较快，例如杉木人工林有沅江流域“辰杉”、湘江上游的“瑶杉”均以树干高大、材质优良闻名。本区还是我国油茶、油桐主要产区，湘西的“洪油”以优质著称。本区应当重点发展杉木、马尾松、毛竹等用材树种，也要发展油茶、油桐、乌桕、杜仲、檫木、樟树、薄壳山核桃（*Carya illinoensis*）、漆树、厚朴（*Magnolia officinalis*）、白蜡树、棕榈、楠木、茶树、桑树等。

本区雨量丰沛，森林破坏后水土容易大量流失，在森林经营上应注意加强对次生林的抚育改造，大面积的荒山荒地可用飞机播种造林。

3.4 四川盆地丘陵林区

包括四川盆地和环绕盆地四周海拔1000～3000米及以上高山或山地高原，盆地内一般海拔300～500米，除成都平原外，主要为白垩纪紫红色沙页岩所构成的丘陵，东部有1000米左右的山地，西部边缘有高达3000米的大凉山、二郎山等高山。这些南北走向的横断山脉和西部高原阻挡了东部吹来的海洋湿气，造成该区天气阴湿多雾。盆地内冬暖夏热，秋雨较多，冬阴多雾，极少霜雪，无霜期11个月；年平均气温16.9～18.8℃，冬季仍受寒潮影响，1月多为5.5～8℃，绝对最低可达–1.5℃至–3.7℃或更低，盆地辐射热量聚积，7月平均达26.3～29.1℃，因本区属内陆盆地距海已远，年降水量为939～1311毫米，春、夏、秋三季分布相当均匀，相对湿度平均为74%～85%。土壤有紫色土、黑色石灰土、黄壤、黄棕壤、棕壤等。

以峨边高山及峨眉山为例，其森林垂直分布带如下。

（1）峨眉山下部报国寺、伏虎寺至万年寺海拔 500～1000 米地带有下列森林类型及其组成的树种：

①楠木林，主要树种为桢楠（*Phoebe zennan*）、小叶桢楠（*Phoebe hui*）、润楠（*Machilus pingii*）；

②短刺米槠（*Castanopsis carlesii* var. *brevispinulosa*）单纯林；

③马尾松林；

④杉木人工林。

这一地带应是以桢楠、小叶桢楠、润楠、短刺米槠为主的常绿阔叶树林，现在除短刺米槠成纯林外，其余三种均系散生。

万年寺以上至九老洞以下海拔 1000～1800 米地带的原始森林早已破坏，现存次生林的主要常绿树种有四川木莲（*Manglietia szechuanica*）、华木荷（*Schima sinensis*）、川贵白兰花（*Michelia martinii*）、峨眉白兰花（*Michelia wilsonii*）、峨眉拟单性木兰（*Parakmeria omeiensis*）、小叶青冈、黑壳楠等，以上树种应是这一地带组成常绿阔叶树林的主要树种。

九老洞以上至洗象池海拔 1800～2200 米地带，原应是以丝栗（*Castanopsis platyacantha*）、高山木荷为主的常绿阔叶树林，但由于原始森林早已破坏，丝栗仅在华岩顶下路边有几株，高山木荷为单株散生，均不成林。这一带地方现在都是次生林，九老洞（海拔 1800 米）附近一带有以落叶阔叶树种为主的森林，主要树种有大叶槭（*Acer franchetii*）、水青树、高山七叶树（*Aesculus wilsonii*）、珙桐（*Davidia invulucrata*）、山麻柳（*Pterocarya insignis*）、白辛树（*Pterostyrax hispidus*）、云叶树（*Euptelea pleiosperma*）、木瓜红（*Rhederodendron macrocarpum*）、凹叶木兰（*Magnolia sargentiana*）、七角槭（*Acer flabellatum*）、小叶青冈等，在九老洞前有栽培的冷杉（*Abies fabri*）、云南铁杉（*Tsuga yunnanensis*），在华岩顶向西海拔 1800 以下林场地区的山坡上有大片杉木人工林，生长较慢。洗象池至金顶海拔 2200～3097 米地带尚有中龄冷杉林，生长缓慢。洗象池附近还有冷杉大树，此外还有星散的云南铁杉及红豆杉，在金顶后山还有几株油麦吊云杉（*Picea complanata*）及厚朴人工林。

（2）峨边的森林　在 1936 年时峨边山区尚保存有原始的常绿阔叶树林及原始的针叶树林，林相整齐，这是千百万年以来自然演变而成的森林，在我国中亚热带地区实属罕见的天然林相。兹就森林类型及其组成的树种，分述于后。

①落叶阔叶树混交林分布于海拔 1300～1600 米地区，这一地带接近大渡河，比较干热，均属次生林，林相极不整齐，仍在不断砍伐破坏之中，组成的树种有下列种类：野核桃、木姜子（*Litsea cubeba*）、白辛树、云叶树、珙桐、川泡桐（*Paulownia fargesii*）、青虾蟆、灯台树、厚叶安息香（*Styrax suberifolius*）、刺臭椿（*Ailanthus wilmoriniana*）、黑壳楠、常绿山胡椒（*Lindera communis*）、丝栗、毛丝栗（*Castanopsis ceratacantha*）等。

在海拔 700 米地带沿大渡河谷更为干热，常见树种有小叶柿（*Diospyros mollifolia*）、清香木（*Pistacia weinmannifolia*）。

②常绿阔叶树混交林分布于海拔 1600～2200 米地带，为发育最好的原始林，林相整齐，面积广，林木高大端直，主要树种有下列几种：丝栗、华木荷、箭杆柯（*Lithocarpus viridis*）、包果柯（*Lithocarpus cleistocarpus*）、小叶青冈、水青冈、光叶水青冈（*Fagus lucida*）、光皮桦、香桦。这类森林以沙坪、盐井溪及杨村三叉河等地最为繁茂，丝栗、华木荷各自组成纯林。混生的落叶阔叶树以水青冈、光叶水青冈，光皮桦、香桦为多。局部沿溪流地方小叶青冈成小片纯林。光叶水青冈分布于海拔 2000 米以上地带，包果柯逐渐增多，但树干粗短。混生的其他树种还有：七角槭、高山槭（*Acer laxiflorum*）、水青树、大叶椴（*Tilia nobilis*）、长穗千金榆（*Carpinus fangiana*）、丁木（*Acanthopanax evodiaefolia*）、珙桐（又名水丝梨）、高山七叶树、山麻柳、伯乐树（*Bretschneidera sinensis*）、木瓜红、连香树、银雀树等。

③常绿阔叶树落叶阔叶树混交林，这种原始林分布于海拔 2200～2400 米。常绿阔叶树种有丝栗、包果柯（树干短，胸径多达 1 米），丝栗分布于海拔 2300 米地带为止；落叶阔叶树种有香桦、丁木、七角槭。

④针叶树阔叶树混交林，这种原始林的垂直分布带与常绿阔叶树落叶阔叶树混交林相同，阔叶树种亦同，针叶树有下列三种：铁杉、云南铁杉、冷杉。

⑤针叶树混交林，这种原始林在沙坪海拔 2400～2600 米地带最为繁茂，组成树种有下列四种：铁杉、云南铁杉、油麦吊云杉、冷杉，其中油麦吊云杉高达 30 米，胸径 50～70 厘米，树干端直，枝下高长，木材优良，为这一带森林更新的主要树种。

⑥针叶树单纯林，为林相优美的冷杉原始纯林，分布于海拔 2600～3000 米地带，生于沙坪地区的林木较大，胸径多为 30～50 厘米，近山顶的林木，胸径较小，生长也较慢。

马边及天全的天然林类型及树种组成与峨边同。

越西河支流老木坪（峨边盐井溪向西越岭达老木坪）海拔 2000～2200 米地带的森林除包果柯等阔叶树外还有黄杉（*Pseudotsuga sinensis*），树高 30 米，胸径 1 米，为优良的建筑材，经多年砍伐，现已不多。海拔 2000 米以下，气候土壤渐干燥，次生林中有长穗紫荆（*Cercis racemosa*）、山拐枣（*Poliothyrsis sinensis*），到海拔 1000 米河谷地带，有云南松林，林中混生云南油杉（*Keteleeria evelyniana*）。大相岭东坡为马尾松林，西坡自汉源（海拔 1600 米）到大渡河谷（海拔 1000 米）为云南松林。沿大渡河石棉山上侧有云南松及云南油杉林。自汉源向西经安顺场至泸定东南大渡河支流磨西面（海拔 1300 米）均有云南松林，天全河谷也有云南松林。

（3）成都平原的四旁绿化树种在海拔 400～600 米的平原丘陵地带，村旁，寺庙地方到处都有桢楠、小叶桢楠，树高 30 米，胸径 1 米的大树，屡见不鲜，树干通直圆满，上下粗细几相等，枝下高长，为建筑、家具良材。还有麻栎、栓皮栎的次生林，这两种都叫“青冈”，为优良的薪材，供成都及其他城市之需。在成都平原上仍宜用桢楠、小叶桢楠，红豆树（*Ormosia hosiei*）大力发展四旁植树。在乐山、叙府之间沿江两岸有小片桤木（*Alnus cremastogyne*），田埂上也有桤木，向北到平武海拔 1600 米地带还有成片桤木林。近年桤木之叶用作肥料。

（4）川北的森林沿嘉陵江向北及渠江流域通江、南江、巴中海拔 300～1600 米沿江沿河两岸石灰岩山坡及钙质紫色沙，页岩发育的中性土侵蚀的山地，都有茂盛的柏木（*Cupressus funebris*）林，其中南江县的柏木（当地称皇柏），沿大路两旁绵延百里，都是数百年生的古树。梓至剑阁公路两旁有大量巨大柏木。在通南巴三县境内沿河地带除柏木林外，较高地带有麻栎、栓皮栎、黄连木、柏木混交林，再高非钙质土地带则为马尾松林及杂木林。四川的柏木船都是用这一地区的柏木建造的。

四川、湖南、湖北毗连地区油桐栽培比较集中，房前屋后星散栽植，山坡上成片种植，面积较广。今后应扩大栽培油桐林，选用良种，修筑梯地，混种绿肥，加强科学管理，用机榨榨油，以提高产量。

在大相岭及川西高原以东在海拔1300米以下成都平原丘陵山地酸性土中性土地方，马尾松林分布广，年生长期为280天，生长较快；为今后荒山造林的优良树种。还有麻栎、栓皮栎林。川东、川南地区，杉木林分布广，系萌芽更新，多代繁生，有退化趋势，今后应改用实生苗发展杉木林。近年引种成功的赤桉、多枝桉生长良好，也宜大量推广种植。

慈竹栽培尤为普遍。毛竹林以川东川南为多，面积不大。沿长江叙府以下泸州合江及嘉陵江合川以下气候温暖，川橘（*Citrus reticulata*）及柚子（*Citrus grandis*）栽培广，产量多。在泸州及合江一带产龙眼（*Euphoria longan*）、荔枝（*Litchi chinensis*）。重庆、泸州、合江一带有橄榄（*Canarium album*）大树，也产果实。

本区农作物种类多，产量高，是我国最重要粮仓之一。除在荒山宜林地发展杉木、马尾松、楠木、红豆树、竹类等速生用材林基地外，应结合农区四旁植树发展经济林木，如本区柑橘、油桐以产量高、品质好闻名全国，茶叶、生漆、白蜡、毛竹产量均在全国占重要地位。

3.5　贵州高原东部林区

本区东接南岭山地，包括贵州东部、中部和东南部，海拔800～1200米。因西部云贵接壤处有南北走向的乌蒙山阻隔，使东部吹来的湿气积聚于此，故终年多雾，又冬季从北方来的寒潮，为北部东西走向的山系阻挡，故气候冬无严寒，夏无酷暑，年平均气温13～16℃，年平均降水量1000毫米左右。由于大面积的石灰岩山地，故低海拔土壤主要是黑色石灰土，依次为黄壤、黄棕壤、山地草甸土等。

本区森林在海拔1000～1200米地带为常绿阔叶林，主要树种为青冈栎、短刺米槠，常见混生树种有钩栗、红楠、紫楠、宜昌楠（*Machilus ichangensis*）、木荷、黄杞（*Engelhardtia roxburghiana*）等。

贵州东北部印江、江口和松桃三县交界处梵净山区，海拔800～2572米，有天然林，其森林类型有以下几种。

（1）以栲树类为主的常绿阔叶树林，分布于海拔800～1050米地带，组成树种有栲树、米槠、甜槠、钩栗等。

（2）以小叶青冈为主的森林分布于海拔1050～1500米地带。

（3）由水青冈、光叶水青冈、米心树等组成的混交林分布于海拔1500～2000米地带。

（4）长苞铁杉林，南方铁杉林分布于海拔2000～2300米地带，多生于山脊地方。

长苞铁杉的分布沿苗岭东部、南岭、广西东北部资源、兴安、临桂，向东至福建南部连城、永安、德化、清流、上杭等地；清流县沿江山坡海拔300米处有人工栽植的单纯林。长苞铁杉可作分布区各地的造林树种。

贵州东南部剑河、台江、雷山、雷公山地区有秃杉，向北分布至湖北利川毛坝花板溪海拔800米地方，向西出现于滇西地区。黄杉分布于湖北利川海拔800米地方，与油桐生于同一地带。秃杉和黄杉在其分布区内都是今后应发展的造林树种。

本区是侵蚀切割的高原山地，坡度陡斜，水土流失严重，在河流上游山区应结合治山、治水开展大规模植树造林，扩大森林面积，控制水土流失。

本区主要造林树种与四川盆地大致相同。

本区为我国马尾松、杉木主要林区，锦屏杉木驰名全国。生漆、栓皮、杜仲产量均居全国第一位。麻栎、栓皮栎、青冈栎都是当地木炭原料。盐肤木、青麸杨叶上的“五倍子”和化香的果序都是优良单宁原料；油料树种有油桐、乌桕、油茶等，纤维树种有棕榈、桑、构树等。柑橘、枇杷（*Eriobotrya japonica*）、杨梅（*Myrica rubra*）等果树在海拔1000米以下温暖地带均能生长。引种的湿地松（*Pinus elliottii*）、火炬松（*Pinus taeda*）生长较马尾松为快。

4 华 南 区

4.1 闽粤桂沿海丘陵平原林区

包括南岭以南闽粤两省整个沿海地区及桂越边境地区。地形比较复杂，丘陵河谷相间，东部海拔100～500米，红水河河谷海拔200～400米，山地丘陵相对高度500～900米，主要平原均为第四纪冲积平原，其中珠江三角洲最大。本区位于纬度23°左右，北部有东西走向的南岭及东北、西南走向的武夷山、戴云山等阻挡北方寒潮，南部受东南与西南海洋季风控制，气候夏长冬暖，雨量多，雨季长，多台风侵袭，年降水量一般在1600 毫米以上，但寒潮对本区植物生长仍有较大影响。土壤以砖红壤性红壤、山地红壤为主，其次有山地黄壤、棕色石灰土、紫色土，平原为酸性与钙质冲积土、海滨沙土、红树林土。

森林类型大部属南亚热带常绿阔叶林，但南部沿海地区、雷州半岛、桂越边境的林相为亚热带及热带季雨林类型。本区是亚热带常绿阔叶林向热带雨林、季雨林过渡地带。海拔300～500米及以下地带残留天然植被很少，林分上层林木以壳斗科树种占优势，如栲栗（*Castanopsis chinensis*）、米槠、华南栲（*Castanopsis concinna*）、红椎（*Castanopsis tapuensis*）、南岭栲、罗浮栲、青冈、岭南青冈（*Cyclobalanopsis championii*）等，与厚壳桂（*Cryptocarya chinensis*）、黄果厚壳桂（*Cryptocarya concinna*）、木荷、鹅掌柴（*Schefflera octophylla*）、黄杞、阿丁枫等混生，林内有大藤本、鱼尾葵（*Caryota ochlandra*）、树蕨桫椤（*Cyathea spinulosa*）、拟桫椤（*Cymosphaera podophylla*）等，呈雨林特征，林分破坏后，落叶树种即见增多。

本林区林种、树种丰富，主要的人工林、天然林有下列类型。

（1）杉木人工林　主要分布于广东北部、广西东北部，栽培广，产量多。

（2）马尾松人工林　遍及全区，树干每年生长两轮大枝，年生长期约300天，经营粗放，直径生长年约1厘米。马尾松最西分布于云南富宁，不成大片森林。在广西大青山林区条件好的地方，22年生马尾松林木材蓄积量每公顷600立方米，年生长27立方米，马尾松松毛虫危害严重，各地应恢复、建立森林病虫害防治站，加强防治，防止蔓延。在营林措施上改大面积单纯林为混交林，科学造林营林。在红壤丘陵上目前还应大力发展马尾松林，培养小径材，供造纸及薪柴等用。

（3）丛生竹林 本区的青皮竹（*Bambusa textilis*）、粉单竹（*Lingnania chungii*）用扦插繁殖，扩大了栽培面积，增加了产量。茶杆竹（*Pseudosasa amabilis*）地下茎复轴混生，主要分布在广东、广西的绥江流域及湖南零陵地区，广东怀集县是茶杆竹的主要产地，有丰富的培育经验。

（4）红椎混交林 福建南部南靖，广东潮州地区，西至广西，均有以红椎为主的常绿阔叶树天然林；潮州地区对红椎混交林加强抚育改造，促进红椎生长。红椎 5 龄前生长较慢，25 年生高达 16～18 米、胸径 21～30 厘米，年生长 0.9～1.2 厘米，为速生优良用材树种。

福建南靖红椎混交林组成的上层优势树种有：厚壳桂、硬壳果（*Cryptocarya chingii*）、米槠、南岭栲、淋漓栲（*Castanopsis uraiana*）、阿丁枫、橄榄、黄杞等树高 25 米以上，红椎、米槠、山杜英（*Elaeocarpus sylvestris*）都有板根，鹅掌柴为中层林木。

（5）木荷为主的阔叶树混交林 这类森林在广西南部低山丘陵地区，木荷树高 25 米、胸径 50～60 厘米，混交树种有黄桐（*Endospermum chinense*）等。在浙江、福建、江西等地低山丘陵也有以木荷为主的常绿阔叶树林和常绿阔叶树落叶阔叶树混交林，木荷数量颇多，其木材性能良好，近年来用于胶合板，又作木梭用。

（6）火力楠（*Michelia macclurei* var. *sublanea*）林 分布于广东高州、信宜，广西岑溪、苍梧、容县、北流、博白、浦北、龙州及十万大山地区，一般生于海拔 500～600 米及以下山谷地带。火力楠生长较快，树干直，材质好，群众有栽培习惯。实生的植株，树高平均年生长 0.5～0.8 米，胸径年生长 0.8～1 厘米；萌芽树比实生植株快 3～5 倍，11 年生的萌芽树，树高年生长达 1.1 米、胸径年生长达 1.91 厘米。博白林场用火力楠大面积造林。用火力楠优良阔叶树种造林是今后林业生产的方向。

（7）格木（*Erythrophleum fordii*） 格木分布于广西，广东、福建等东南沿海各地海拔 800 米以下低山丘陵地带，混生于常绿阔叶林中。材质坚硬，褐黑色，故有铁木之称。广西容县的“真武阁”和合浦的“格木桥”全部用格木建成，分别历经 403 年和 200 多年，至今完整无损。由于格木木材优良，砍伐较多，现在保存的大树已不多见，据说容县还有 6 株大树。博白林场在土壤水肥条件好的山谷地方用格木造林，生长良好。

（8）竹柏（*Podocarpus nagi*）林 竹柏分布于广东、广西、福建、台湾、浙江、江西、湖南等地，喜生于沟谷两旁，聚生成林或混生于常绿阔叶林中。木材细致，材质优良。也是油料树种，种子含油率达 50%～55%，属不干性油，在工业上用途很广，也可食用。广西博白林场在酸性土上已用之造林，6～10 年生，树高 5 米，胸径 8～10 厘米。

（9）桉树林 我国引种桉树已有 80 多年历史，引入 190 多种，在广东、广西造林的有窿缘桉（*Eucalyptus exserta*），柠檬桉（*Eucalyptus citriodora*）、杂种雷林一号桉（大叶桉 *Eucalyptus robusta* ×窿缘桉），广东雷州林业局营造了大面积窿缘桉林。选用了雷林一号桉，用之造林，生长快，4 年生，平均树高 12.2 米，平均胸径 8.9 厘米，每公顷年生长木材 19.6 立方米；柠檬桉栽培面积不大，以培育大径材为主，12 年生，每公顷年生长木材 18.5 立方米。广西的林场用柠檬桉造林较多，在砖红壤性红壤地上生长良好。

（10）木麻黄林　我国引入的木麻黄属树种有 3 种用于造林，其中栽培最多的是木麻黄（*Casuarina equisetifolia*），在广东电白、饶平，海南西部，福建东山、云霄等县在滨海潮线内盐钙质沙土上营造大面积木麻黄林，林相整齐，生长快。木麻黄有根瘤菌能固氮，故能在瘠薄土地上生长良好；在广西南宁也能生长。在厦门、东山、海南有细枝木麻黄（*Casuarina cunninghamiana*）及粗枝木麻黄（*Casuarina glauca*）生长都好，胸径每年可增长 2 厘米，有胸径 50 厘米的大树。木麻黄抗风性强，在强台风袭击下未折断树干，为营造防护林的优良树种。

（11）红树林　多系天然林，生于沿海港湾风浪比较平静、海潮时海水淹渍不深的海滩地方，在石英沙岩冲积而成的含盐淤泥滩土壤上红树林较为旺盛，在石灰岩冲积有钙质的海滩上则不见红树林。在广东雷州半岛的海安、锦囊、湛江的西营，中山的前山，宝安的深圳等处均有红树林，福建沿海较少。浙江温州有人工红树林。组成红树林的树种在广东湛江、西营、徐闻、锦囊、圩外、新寮岛海滩上，阳江、平冈、海康等沿海有秋茄树（*Kandelia candel*）、木榄（*Bruguiera gymnorrhiza*）、红茄苳（*Rhizophora mucronata*）等均长成灌木丛。在广西、广东沿海海滩上还有灌木苦槛蓝（*Myoporum pontioides*）。海南东南文昌县清澜港湾内有大片天然红树林，红树树皮富含单宁，为栲胶原料。

（12）蚬木（*Burretiodendron hsienmu*）混交林　广西西南部龙州、凭祥、靖西、德保、平果、隆安、大新等地石灰岩山区棕色石灰土蚬木，天然混交林面积较大，混生树种有米老排（*Mytilaria laosensis*）、金丝李（*Garcinia paucinervis*）、炭木（*Drypetes perreticulata*）、密花核实（*Drypetes confertiflora*）、椰榆、新樟（*Neocinnamomum delavayi*）、小栾树（*Koelreuteria minor*）、野苹婆（*Sterculia lanceolata*）、斜叶榕（*Ficus gibbosa*）、黄葛树（*Ficus lacor*）、构树、香椿、肥牛树（*Muricococcum sinense*）、青冈、石山樟（*Cinnamomum calcarea*）等。蚬木及金丝李都是珍贵用材树种，也是今后林业生产中的主要造林树种。

八角（*Illicium verum*）的主要产区在广西百色地区的德保、那坡、田林、百色等县，南宁地区的龙州、宁明、大新等县，河池地区的东兰、凤山、天峨、乐业，钦州地区的钦州、东兴等县；玉林地区、梧州地区以及广东乐昌、高州、潮安、连阳等县也有栽培。多生于肥沃的砖红壤性红壤及山地红壤上。以百色地区栽培集中，夏季开花结的果实名“正果”，是主要收获，冬季开花结的果实名“花果”，是次要收获。百色地区所产八角果实，行销全国各地作食品香料用。果皮、种子、叶均含有芳香油，是制造甜香酒，食品工业，化妆品的珍贵香料。

广西博白南部石英沙土上有成片的油杉（*Keteleeria fortunei*）林。这类森林的外围还有擎天树（*Parashorea chinensis* var. *kwangsiensis*）。

广东新会等地溪边道旁栽植蒲葵（*Livistona chinensis*），蒲葵叶作葵扇，又称芭蕉扇。

广东东莞、福建南部等地栽植橄榄，有大树，产橄榄果行销全国。

广东、广西沿海地方有车辕木（*Syzygium hancei*）小片天然纯林。

广西灵山盛产优良品种糯米荔枝、广东增城荔枝品质也好；广东、广西、福建南部均产龙眼。

两广四旁绿化树种有：榕树（*Ficus microcarpa*）广州用作行道树，树干多气根，高山榕（*Ficus altissima*）广西合浦栽植，树冠大，有几条圆柱状的支柱根，银桦（*Grevillea robusta*），南洋楹（*Albizia falcata*）广东引种，15 年生，树高 32 米，胸径 102 厘米，10 年生，树高 25 米，胸径 33 厘米，年平均生长量：高增长 2.6 米，胸径 3 厘米，榄仁树（*Terminalia catappa*）湛江市作行道树，生长旺盛，为速生树种，水松（*Glyptostrobus pensilis*）栽植在河边、堤旁，南洋杉（*Araucaria cunninghamii*）、异叶南洋杉（*Araucaria heterophylla*）、夜合花（*Magnolia coco*）、荷花玉兰（*Magnolia grandiflora*）、白兰（*Michelia alba*）室外栽培，长成大树，黄兰（*Michelia champaca*）南宁车站栽培，阴香（*Cinnamomum burmani*）广州、南宁多栽植为行道树或庭园观赏树；樟树，市区、农村多栽植，条件好的地方直径年生长 1 厘米，30 年可成材，阳桃（*Averrhoa carambola*）广州市郊产的果实较佳，味有酸甜之分，海桐（*Pittisporum tobira*），山茶（*Camellia japonica*）室外栽培；红千层（*Callistemon rigidus*）、赤桉（*Eucalyptus camaldulensis*），柠檬桉、大叶桉、白千层（*Melaleuca leucadendra*）均作行道树，梧桐、翻白叶树（*Pterospermum heterophyllum*）栽植作观赏树，苹婆（*Sterculia nobilis*）、木棉（*Gossampinus malabarica*）供观赏，木芙蓉（*Hibiscus mutabilis*）多栽培供观赏，石栗（*Aleurites muluccana*）作行道树及风景树；秋枫（*Bischofia javanica*）作行道树；台湾相思栽植广，作行道树，生长较慢，又供薪炭用；金合欢、孔雀豆（*Adenanthera pavonina*）广州栽植，楹树（*Albizzia chinensis*）、大叶合欢（*Albizzia lebbeck*）作行道树，象耳豆（*Enterolobium cyclocarpum*）广州多栽植，生长快，长成合抱大树，银合欢（*Leucaena glauca*），广东多栽植，羊蹄甲（*Bauhinia purpurea*）作庭园观赏树，洋紫荆（*Bauhinia variegata*）、凤凰木（*Delonix regia*），印度橡皮树（*Ficus elastica*）供观赏，黄葛树、广东多栽培为行道树和风景树，菩提树（*Ficus religiosa*）、南方枳椇（*Hovenia acerba*）广州多栽植，酒饼筋（*Atlantia buxifolia*）习见，作绿篱用，柚子广东、广西多栽培，为有名果树，以广西沙田柚品种最佳，柠檬（*Citrus limon*）广东多栽培，香橼（*Citrus medica*）、柑（橘）、橙（*Citrus sinensis*）广东潮柑品种最佳，九里香（*Murraya paniculata*）广州庭园多栽培，花香，又作绿篱，乌榄（*Canarium pimela*）广州近郊栽培的果树，米仔兰（*Aglaia odorata*）花极香，广州庭园多栽培，人面子（*Dracontomelon dao*）广州、南宁多栽植，其核有数孔，状如口鼻，故有人面之称；幌伞枫（*Heteropanax fragrans*）广州习见栽培，作观赏树及行道树，鹅掌柴广东、广西及福建南部习见，生长快，木质松，作火柴杆用；柿（*Diospyros kaki*）广州邻近各县多栽培，盛产柿子，果呈橙色或淡红色，这是南方的品种；鸡蛋花（*Plumeria rubra* var. *acutifolia*）庭园多栽培；假槟榔（*Archontophoenix alexandrae*）广州多栽培；鱼尾葵广州，南宁多栽培；棕竹（*Rhapis excelsa*）广州，南宁常见栽培，干细韧，可作手杖、伞柄。

本区为一年三作农业区，是我国最大水稻产区之一。除在农区进行四旁植树外，在丘陵山区应大力发展林业，因地制宜地营造桉树林、杉木林、良种国外松林、竹林、蒲葵林、茶园、桑园，各种特用经济林和果园。本区是我国名茶产区之一，如广东清远“笔架”名茶、英德红茶、河源“康禾茶”、福建闽侯茉莉花茶、安溪“铁观音”茶，都闻名中外，应当有计划地扩大生产。在南部沿海一带、雷州半岛、桂越边境地区可发展橡胶树（*Hevea brasiliensis*）、可可（*Theobroma cacao*）、槟榔（*Areca catechu*）、金鸡纳（*Cinchona ledgeriana*）等热带特用经济林。

本区低山丘陵由于烧山、挖草、放牧、滥伐林木以及台风暴雨冲刷，水土流失极其严重，例如广东电白水东、潮汕一带和闽南的一些地区都有不能耕种的瘠地，急需造林种草，予以逐步改造。

在海滨海水侵入地下的沙地含盐量较高，宜选用木麻黄作先锋树种，营造防风固沙林和农田防护林。

在雷州半岛玄武岩台地红色黏土，尤宜栽植各类桉树，其中柠檬桉、雷林一号桉等生长良好，为桉树生产基地。

在荒山荒地除可用马尾松造林外，台湾相思也是优良的先锋树种，适于营造防护林，公路林，水土保持林、防火林和薪炭林，又可用作绿篱和茶园的庇荫树种。

本区气候暖热，雨量丰沛，适于多种速生树种的培育，如南洋楹为世界闻名的速生树种，4～5 年生林分每公顷材积年生长量可高达 103.4～108 立方米，湿地松、加勒比松（*Pinus caribaea*）都是世界生长最快的松树，在广东、广西南部栽培的加勒比松 10 年生人工林每公顷年生长量可达 15 立方米以上。湿地松在盐土上生长良好，栽植于电白海滩木麻黄林内侧。这些优良国外松均可重点推广，用作建设速生用材林基地的树种。

本区主要造林树种除前已述及外，还有：麻栎、柚木（*Tectona grandis*）、南岭黄檀（*Dalbergia balansae*）、撑篙竹（*Bambusa pervariabilis*）等。在石灰岩山地可用蚬木、红椿（又名红楝子）（*Toona sureni*）造林。

4.2 海南岛林区

海南岛是我国第二大岛，南部是山地，北部是玄武岩红黏土台地，山地主峰为五指山（海拔 1879 米）、莺哥岭（海拔 1815 米）、雅加大岭（海拔 1554 米）、黎母岭（海拔 1437 米），主要岩石为花岗岩，各山合成一个圆穹，坡度弛缓，各大山系之间有大小不等的盆地，山地之东、南，西部为冲积地。本区热量条件最丰富，全年平均气温在 22℃以上，其中约有 6 个月的月平均气温在 20℃以上，东半部受东南季风与台风影响，雨量高，最大达 2000 毫米，西部受西南焚风控制，故雨量较少，最小值沿海滨 1000 毫米以下，北部冬季受寒潮影响，故气温略低，但总的气候概况是：高温期与多雨期，低温期与少雨期较一致，致使一年内有干凉和湿热雨季之分。高温多雨是热带季雨林、雨林发育的重要条件。本区的“寒潮”“焚风”及“台风”对发展热带作物都有一定的不利影响。本区土壤沿海有红树林土、海滨沙地与盐土，台地及东部湿润低山丘陵为铁铝质砖红壤、硅铝质砖红壤、黄色砖红壤；东部干旱平原，低山丘陵为燥红土、褐色砖红壤、山地砖红壤性黄壤、山地黄壤、山地矮林土。

海南岛的森林属热带北缘的热带及热带山地季雨林，这类森林的分布介于山谷热带雨林与山顶矮林之间，面积广，资源丰富，原始森林面积逐渐缩小，有些珍贵用材树种现已稀少。本岛的森林特点是林层复杂，珍贵用材树种多，林下藤本多，有些树木有大板根，海岸红树林发达，栽培的椰子十分繁盛，橡胶树、柚木、咖啡树（*Coffea liberica*）、可可树（*Theobroma cacao*）生长良好，诚为不可多得的热带森林宝库。海南岛的植物区系属东南亚热带植物成分，与越南相同的植物有 70%，少数植物与我国台湾及菲律宾相同，特有植物约 10%，除少数种类外，与两广及云南南部的植物相同。

现就不同森林类型分述于后。

（1）山谷热带雨林　这类森林面积不大，分布于黎母岭、吊罗山等海拔 200～800 米局部静风的沟谷地带，上层乔木高大、挺直，中下层林木高度相差悬殊，在吊罗山，上层主要乔木树种有蝴蝶树（*Tarrietia parvifolia*）、坡垒（*Hopea hainanensis*）、青梅（*Vatica hainanensis*）、红椆（又称琼崖石栎）（*Lithocarpus fenzelianus*）、柄果椆（又称柄果石栎）（*Lithocarpus podocarpus*）、海南木莲（*Manglietia hainanensis*）；黎母岭的这类森林上层乔木，除上述树种外，还有红花天料木（*Homalium hainanensis*）、鸡毛松（*Podocarpus imbricatus*）、毛苦梓（*Michelia balansae*）、托盘青冈（*Cyclobalanopsis patelliformis*）、红椎、黄桐（*Endospermum chinense*）、木荷，还有白节藤竹（又称无耳藤竹）（*Dinochloa arenuda*）。这一类森林的林木生长快，高大挺直，多属无节良材。

（2）热带落叶阔叶树常绿阔叶树混交季雨林　这类森林为次生林，在尖峰岭分布于海拔 250 米以下低丘陵地带，上层主要落叶阔叶树有：鸡尖（*Terminalia hainanensis*）在中国林业科学研究院热带林业研究所后丘陵上成纯林，花梨（*Dalbergia odorifera*）、鹧鸪麻（*Kleinhovia hospida*）、槟榔青（*Spondias pinnata*）、木棉、枫香、海南石梓（*Gmelina hainanensis*）等，混生的常绿阔叶树有台湾椎（*Castanopsis formosana*）、菲朴（*Celtis philippinensis*）、铁灵朴（*Celtis wightii* var. *consimilis*）、乾心罗（又称铁椤）（*Aglaia tsangii*）、山木槵（*Harpullia cupanioides*）等。在吊罗山这类森林分布于海拔 500 米以下地带，上层主要落叶阔叶树有木棉、枫香、海南石梓等，混生的主要常绿阔叶树种有美丽梧桐（*Firmiana pulcherrima*）、大果破布叶（*Micrococos chungii*）、长柄梭罗树（*Reevesia longipetiolata*）等。在黎母岭这类森林分布于海拔 500 米以下地带，上层主要常绿阔叶树有黄杞、海南猴欢喜（*Sloanea hainanensis*）、山杜英、桃榄（*Pouteria annamensis*）、血树（又称假玉果）（*Horsfieldia hainanensis*）、姜磨椆（又称犁把石栎）（*Lithocarpus silvicolarum*）、罗浮槭（*Acer fabri*）、翻白叶等，混生的主要落叶阔叶树有木棉、枫香、南酸枣（又称六六通）（*Choerospondias axillaris*）、榲树、红椿（红楝子）、无患子（*Sapindus mukorossi*）、南岭黄檀、石梓、白格（*Albizzia procera*）等。在通什尖岭下部土层深厚的谷地上有银叶树（*Alphitonia philippinensis*）次生纯林，海拔 800 米天然林中有野生荔枝大树，具大板根。林木生长快，直径年生长 2～3 厘米；在通什南保亭境内公路旁山谷平地上有中平树（*Macaranga denticulata*）次生纯林，林木稀疏、不高。

在西部及西南部山区边缘，如崖县西部、昌感、东方、乐东及儋县的一部分，丘陵地、低丘陵地、一部分滨海平地有次生干燥稀树林，主要树种有麻栎、木棉、千张纸（*Oroxylum indicum*）、白格、鸡尖、印度椎、旱毛青冈等，林木稀疏，以落叶树为主，呈现次生林的林相。

这一带次生林林木生长不良，急需封山育林，有计划地引种优良树种，改造林分，提高林分质量。

（3）山地热带常绿季雨林　在尖峰岭山地常绿季雨林的下段，有丘陵常绿季雨林，分布于海拔 250～500 米地带，组成上层乔木树种有，海南黄檀（*Dalbergia hainanensis*）、大叶胭脂（*Artocarpus nitida* var. *lingnanensis*）、海南栲（*Castanopsis hainanensis*），印度栲（*Castanopsis indica*）、姜磨椆、阴香、黄樟（*Cinnamomum porrectum*）还有少量麻栎。这一带林木大多遭受人为破坏，为了提高林分质量，应采取封山育林措施，引种优良树种，改造林分。在海拔 500～1000 米地带为山地常绿季雨林，林木分层比较复杂，最上层主要乔木有红花天料木、青梅、海南阿丁枫（*Altingia obovata*）、子京（*Madhuca hainanensis*）、托盘青冈、红椆、刺栲（*Castanopsis hystrix*）、黄桐及陆均松（*Dacrydium pierrei*）等。这一带上段有杉木人工林，在土层深厚的山坡成片栽植，10 年生的林木，直径 10 厘米，长成小径材。在下段有柚木人工林，直径生长较快，有发展前途；红花天料木人工林，林木密度大，林缘的林木较粗壮，林内林木细瘦。

这一带林木高大通直，蓄积量及出材率均高，应采取择伐方式，留小径级目的树，如子京、母生、刺栲、陆均松，加强抚育管理，使之更新长大成林。在海拔 1000～1350 米地带为山地常绿林，乔木分为两层，上层乔木有陆均松、海南五针松（*Pinus fenzeliana*）、海南阿丁枫、黄背青冈（又称岭南青冈）（*Cyclobalanopsis championii*）、饭甑青冈（*Cyclobalanopsis fleuryi*）、黎果椆（*Lithocarpus howii*）、吊罗青冈（*Cyclobalanopsis tiaoloshanica*）、光叶椆（*Lithocarpus hancei*）、短穗椆（*Lithocarpus brachystachys*）。五分区自然保护区的森林属于这一种森林类型。这一带林木生长慢，尚未采伐利用。在黎母岭海拔 500～1000 米地带山地常绿林，这一带林木组成比较复杂，森林分层比较明显，上层主要乔木有红椆、托盘青冈、东京栲（又称斧柄椎）（*Castanopsis tonkinensis*）、黄背青冈、黄叶树（又称青兰）（*Xanthophyllum hainanensis*）、木荷、竹叶青冈（*Cyclobalanopsis bambusaefolia*）、陆均松、吊兰苦梓（又称白花含笑）（*Micheliam ediocris*）、海南木莲，还有毛荇藤竹（*Dinochloa puberula*）缠绕树上，盘悬而生。这一带林木生长繁茂，蓄积量大，为林区的主要采伐基地。宜采取择伐方式，有计划地保留小径级优良用材树种，如陆均松、海南木莲，吊兰苦梓等；在海拔 1000～1400 米地带为山地常绿林，组成上层乔木树种有：红椆、托盘青冈、饭甑青冈、隆南（*Parakmeria lotungensis*）、黄叶树、黄志琼楠（*Beilschmiedia wangii*）、油丹（*Alseodaphne hainanensis*）等。这一带林木生长茂盛，蓄积量也较大，但可采量与出材率差些，为林区历年采伐基地之一。今后宜按择伐方式，留小径级优良树种如陆均松、吊兰苦梓、海南木兰及红椎等，加强抚育管理进行人工辅助更新。在海拔 1300 米山脊地带为高山矮林，林木种类有小叶罗汉松（*Podocarpus brevifolius*）、竹柏、隆南、黄背青冈、罗浮栲等，这一类矮林生长较慢，宜划为水源林区；在吊罗山海拔 500～1000 米地带为山地常绿林，组成树种比较复杂，森林分层比较明显，上层主要树种有：陆均松、海南阿丁枫、木荷、石碌苦梓（*Michelia shiluensis*）、红椆、黄背青冈等，这一带土壤为黄壤，疏松肥沃，比较湿润，林木生长茂盛，蓄积量高，为主要伐区；今后宜采取有计划的采伐，保留小径级优良树种，如陆均松、石碌苦梓、木荷，红椆等进行人工辅助更新；在海拔 1000～1200 米地带为山地常绿林，上层主要树种有：陆均松、黄背青冈、五列木（*Pentaphylax euryoides*）、海南阿丁枫、红椆等，这一带山高坡陡，土层浅薄，林木生长缓慢，比较矮小，宜划为水源林区。在霸王岭海拔 500～1000 米地带为山地常绿林，上层主要乔木树种有青梅、野生荔枝（*Litchi chinensis* var. *sylvestris*）、红罗（又称粗枝米仔兰）（*Aglaia dasyclada*）、红椆、吊兰苦梓、翠柏（*Calocedrus macrolepis*）、海南粗榧（*Cephalotaxus hainanensis*）等，还有白节藤竹、陆均松等，在霸王岭林区的金鼓岭和雅加大岭海拔 900 米以下地带有野生荔枝和青梅混交林，其中以野生荔枝为主，林木有大板根，呈现热带林景观。这一带林木生长茂盛，林相整齐，为珍贵的原始林，林区生产大量优质木材。今后宜有计划地进行择伐更新，保留珍贵优良树种，加强抚育管理，使之早日成林。在海拔 1000～1570 米地带为山地常绿林，主要乔木树种有海南五针松、海南油杉（*Keteleeria hainanensis*）、南亚松（*Pinus latteri*）及雅加松（*Pinus hainanensis*）（见南亚松林项下），黄背青冈，海南阿丁枫等。这一地带林木生长较差，出材率低，宜划为水源林区。

（4）干燥稀树林　为次生林，分布于昌感、东方、乐东、崖县西部及儋县一部分，多在丘陵地及部分滨海台地，主要乔木树种有麻栎、旱毛青冈（又称毛枝滇青冈）（*Cyclobalanopsis helferiana*）、印度栲、木棉、白格，鸡尖、乌墨（又称海南蒲桃）（*Syzygium cumini*）、千张纸（*Oroxylum indicum*）等。

（5）青梅林　适应性强、分布广，自海岸台地及海岸沙堤上至海拔800米地带，见于东方的猕猴岭、马鞍岭、通什的尖岭、吊罗山，白沙的霸王岭、万宁的石梅港、杨梅港一带海岸地方及尖峰岭等地。在不同地带与青梅混生的树种也不同，例如，在通什的尖岭，青梅与蝴蝶树、细子龙（*Amesiodendron chinensis*）、野生荔枝（树高达30米、胸径1米，枝下高达15米以上）混生，林地土壤深厚，湿润，雨林结构明显；在坝王岭常绿季雨林中青梅与荔枝组成混交林，土层深厚，林下较干燥，雨林结构尚明显；在尖峰岭林区海拔300～660米阳坡或山脊上，有青梅、子京混交林，青梅、托盘青冈混交林，青梅、木荷混交林，青梅、细子龙混交林，青梅、海南阿丁枫混交林，在万宁石梅港至杨梅港一带海岸上有青梅、柄果木（*Mischocarpus oppositifolius*）混交林。

（6）南亚松林　这是海南岛上唯一的大面积针叶树林，主要分布于霸王岭海拔1100米以下腹地，组成天然纯林或以南亚松为主、混生有麻栎、三杯椆、黄杞、枫香等，林相整齐，林木挺直，有树高30多米，胸径1.3米的百年老树。在琼中的松涛，南亚松林分布于海拔600米以下低山丘陵和台地，在安定、临高、儋县、保亭也有分布。南亚松人工林分布在低丘陵地上。南亚松的幼苗1～3年生时有蹲苗习性，苗高仅4～6厘米，4年生时开始向上生长，树干每年生侧枝2～4轮。在坝王岭海拔1000～1200米地带有雅加松林（*Pinus hainanensis*），生于山脊或坡地上，为海南特产树种。

（7）木麻黄林　在海南岛西部近海岸及荒芜平地上有木麻黄人工林，面积广，生长旺盛，少数为50年生的大树，多为新中国成立后营造的20～30年生的林木。引种的木麻黄有3种：木麻黄、细枝木麻黄及粗枝木麻黄，后两种较木麻黄生长粗壮。木麻黄抗风力强，树干不易折断，已选作橡胶园的防风林树种。

（8）橡胶林　海南岛引种橡胶树已有50年历史，新中国成立后才大量种植，选出产胶量高的品种，建立了规模较大的橡胶园，林木整齐，产胶量逐渐增加。

（9）海岸红树林　生于花岗岩石英沙粒冲积而成的酸性污泥滩避风港湾地方，如海南岛的三亚港、榆林港、琼东的烟墩海岸，文昌的沙港、清澜港，琼山新凌乡的竹山港，儋县的新英港均有红树林。文昌清澜港的红树林颇发达，组成红树林的树种有红树（*Rhizophora apiculata*）、红茄苳、角果木（*Ceriops tagal*）、秋茄树（*Kandel candel*）、木榄（*Bruguiera gymnorrhiza*）、海莲（*Bruguiera sexangula*）、木果楝（*Xylocarpus granatum*）、海桑（*Sonneratia acida*）、桐花树（*Aegiceras corniculatum*）等，尤以红茄苳、红树、秋茄树、木榄、海莲、木果楝为乔木，高达8米。红树林枝丫密布，气根纵横交错伸入浅水污泥中，形成密林。这类树木的果实成熟后，不脱离母树，也不开裂，种子包藏于果实内，悬挂于母树上发芽，俟幼苗长到一定长度才脱离母树，借着本身重量插入污泥中，有“胎生树”之称。红树树皮单宁含量达13%～27%，呈深红色，质颇粗糙，供硝皮用。

各港湾的红树林应加强保护，使之繁生，有计划地利用生产单宁。

（10）四旁植树和引入栽培的树种　异叶南洋杉、南洋杉、银桦、榄仁树、台湾相思、阳桃、杧果（*Mangifera indica*）、腰果（*Anacardium occidentale*）、秋枫、山楝（*Aphanamixis polystachya*）、木波罗（又名波罗蜜）（*Artocarpus heterophyllus*）、爪哇木棉（*Ceiba pentandra*）、榅树、海棠果（又名红厚壳）（*Calophyllum inophyllum*）、酸豆（又名罗晃子）（*Tamarindus indica*）、黄槿（*Hibiscus tiliaceus*）、窿缘桉（橡胶园防护林带的主林木）、柠檬桉、石栗、槟榔（*Areca catechu*）、桄榔（*Arenga pinnata*）、油棕（*Elaeis guineensis*）、鱼尾葵、短穗鱼尾葵（*Caryota mitis*）、棕竹、酒瓶椰子（*Mascarena lagenicaulis*）、青皮竹、粉单竹、麻竹（*Sinocalamus latiflorus*）、木麻黄、粗枝木麻黄、细枝木麻黄等。栽培的树木还有小粒咖啡（*Coffea arabica*）、大果咖啡（*Coffea robusta*）、可可、胡椒（*Piper nigrum*）等。引种试验的树种有非洲楝（*Khaya senegalensis*）、大叶桃花心木（*Swietenia macrophylla*）、灰木莲（*Manglietia glauca*）等均生长良好。

本区拥有许多珍贵热带用材树种，如引种的柚木、大叶桃花心木、灰木莲等，其材质致密坚韧，都是高级家具用材；青梅、子京、海南黄檀、红花天料木、绿楠（*Manglietia hainanensis*）、野生荔枝、红椎等，其材质强度大，耐水湿和盐渍，都是优良船舶用材。本区在开发利用原始林时，应注意合理经营，否则会导致水土流失，局部小气候急骤恶化，旱季水源短缺，影响农业用水，因此各大山岭上部陡坡森林，均应保存划为水源林。林分更新可选用陆均松、鸡毛松、红花天料木、荔枝、柚木、胭脂、降香黄檀等优良树种，逐步改造杂木林。在干旱贫瘠山坡可选用南亚松造林；在较高海拔土质湿润肥沃的荒山可选用广东五针松（又名华南五针松）；低海拔四旁贫瘠土植树可用台湾相思、桉树等。沿海防护林可用木麻黄、银合欢、椰子、榄仁树、鹊肾树（*Streblus asper*）、海棠果、酸豆等。本区也是发展热带经济林的重要地区，如紫胶、椰子、咖啡、胡椒、可可、槟榔、木棉，金鸡纳、油棕及各种热带水果。本区竹类繁多，应有计划地发展竹林。

本区主要造林树种有：南亚松、雅加松、湿地松、加勒比松、海南五针松（葵花松）、广东五针松、陆均松、竹柏、窿缘桉、柠檬桉、红花天料木、乌墨、麻栎、红椎、绿楠、火力楠、大叶桃花心木、非洲楝、降香黄檀、台湾相思、南洋楹、象耳豆、格木、楝树、麻栎、木麻黄、木荷、荔枝、青皮、坡垒、鸡尖、海棠果、海南石梓、柚木、银桦、青皮竹、粉单竹、麻竹等。

南海诸岛中的西沙群岛在碳酸钙与鸟粪形成的磷质石灰土或较好的沙质土上有避霜花（又名麻疯桐）（*Pisonia alba*），露兜树（*Pandanus tectorius*）形成稀疏森林。避霜花高达10余米，为肉质耐旱树木，木材松脆，不能作建筑用。椰子、番木瓜（*Carica papaya*）已有种植。格他木（*Guettarda speciosa*）、银色滨紫（*Tournefortia argentia*）、鸡眼藤（*Morinda citrifolia*）均为野生。

5　台　湾　区

台湾是我国最大岛屿，位于我国大陆外缘，台湾海峡水深不过100米，台湾以东有4000米的深渊，高山和丘陵占全岛面积三分之二，自西至东有阿里山脉、玉山山脉、中央山脉及台东山脉，玉山山脉最高峰玉山海拔3950米。年平均气温20～24℃及以上，平原和盆地月平均温度均在15℃以上，年平均降水量2000毫米左右，东北沿海可高达3000毫米，中央山地低温多雨。平原为肥沃冲积土，丘陵阶地为砖红壤，山区为山地黄壤、山地黄棕壤及山地棕色灰化土，海滨多为沙土与红树林土。

台湾南端有热带雨林，中部、北部山区有常绿阔叶树林，红桧林、台湾扁柏林，高山上部有冷杉林，分述于后。

（1）红树林 分布于台湾南端高雄前庄海湾泥滩，树高达4～5米，组成树种有红茄苳、木榄、角果木、榄李（*Lummitzera racemosa*）、海榄雌（*Avicenna marina*）。北部新竹仙脚、基隆、台北、淡水等地的海岸红树林茂盛，仅有秋茄树一种。沿海泥地有苦槛兰。

（2）次生林及四旁绿化树种 平原地方习见的树种有枫香、楝树、栓皮栎、黄豆树（又名黑格）、山桐子（*Idesia polycarpa*）、亮叶猴耳环（*Pithecolobium lucidum*）、栓皮安息香（*Styrax suberifolia*）、榄仁树（全岛沿海地带）、莲叶桐（*Hernandia ovigera*）（恒春半岛沿海地带）、海棠果（恒春南部沿海地带及兰屿）、台湾核木（*Palaquium formosanum*）（沿海潮汐地带）、榕树、构树、朴树、樟树、倒卵叶山榄（*Pouteria obovata*）、黄槿、鹧鸪麻（南部次生林中）、露兜树（海滨地带）、银叶树（南北两端沿海地带）。栽培的经济树种有：木棉、龙眼、杧果、桉树、毛竹、麻竹、椰子、蒲葵。

在南部低海拔地带栽培橡胶、咖啡、可可、胡椒。

（3）马尾松林 见于北部及东部沿海地带。

（4）热带雨林 仅分布于恒春半岛南端及岛之东南兰屿（又名红头屿），火烧岛，组成雨林的主要树种有：恒春莲叶桐、肉豆蔻（*Myristica caqayanensis*）、恒春山榄、榄仁树、恒春楠木（*Machilus obovata*）、多花樟（*Cinnamomum myrianthum*）、披针叶桂木（*Artocarpus lanceolata*）、菲律宾朴树、台湾栲、岭南青冈、恒春柯（*Lithocarpus shiusuiensis*）、恒春竹柏（*Podocarpus formosensis*）、菲律宾罗汉松（*Podocarpus philippinensis*）。值得注意的是这里的雨林中没有龙脑香科的树种。恒春半岛可发展橡胶、咖啡、可可，引种非洲楝、桃花心木、灰木莲等珍贵用材树种。

（5）亚热带常绿阔叶树林 均为天然林，面积广，分布于海拔250～1800米地带，组成森林的主要树种有米槠（成小片纯林或混交林）、栲树（分布于中部山区海拔400～1500米地带）、青钩栲（*Castanopsis kawakami*）（中部山区海拔2400～2900米）、栲叶柯（*Lithocarpus castanopsifolius*）（中部山区海拔1700～3000米）、石栎（中部山区）、淋漓栲（北部中部山区中海拔地带）、短尾柯（*Lithocarpus brevicaudatus*）（海拔500～2000米地带）、浙闽青冈（*Cyclobalanopsis gilva*）（北部海拔250～1500米地带）、青冈（分布广，上达海拔1000米）、长果青冈（*Cyclobalanopsis longinox*）、少齿青冈（*Cyclobalanopsis paucidentata*）（见于中部北部山区海拔1100～2600米森林中）、恒春拟单性木兰（*Parakmeria kachiachirae*）（南部海拔500～1500米阔叶树林中或成纯林）、台湾含笑（*Michelia formosana*）（为最重要的用材树种之一，全岛各地海拔200～2600米阔叶树林中）、台湾琼楠（*Beilschmiedia erythrophloia*）（全岛海拔300～800米阔叶树林中，中部较多）、小花樟树（*Cinnamomum micranthum*）（中部、北部海拔1300～2000米地带）、樟树全岛从低海拔到1800米地带，厚壳桂（低海拔地带，北部习见）、红楠（分布广，低海拔阔叶树林中）、台湾大叶楠（分布广，低海拔阔叶树林中）、台湾桢楠（全岛各地低海拔至中海拔地带阔叶树林中）、黄杞（全岛习见，阔叶树林中）、赤杨（*Alnus japonica*）

分布全岛，见于沿河两岸、荒地，赤杨有根瘤菌，有改良土壤作用；台湾油杉（*Keteleeria formosana*）分布于台北海拔 300～600 米地带，现已不多，宜加强保护，并发展这一稀有用材树种。

在这一带选用台湾含笑、樟树、青钩栲等营造阔叶树林。在陡峻山坡上应保留原来的天然林，划为水源林。在荒山上可选用湿地松、火炬松、马尾松、黄山松（海拔 700 米以上地带），台湾黄杉（*Pseudotsuga wilsoniana*）（海拔 800～2500 米地带），台湾五针松（*Pinus morrisonicola*）（海拔 500～2300 米地带）营造针叶林及竹林。

（6）黄山松林　在中部山区海拔 750～2800 米地带，常组成大面积纯林。（在福建戴云山、武夷山上黄山松分布予海拔 1000 米以上地带组成纯林）。

（7）红桧（*Chamaecyparis formosensis*）、台湾扁柏（*Chamaecyparis obtusa* var. *formosana*）林　这是台湾山区海拔 1000～2900 米地带最主要的森林，也是台湾木材生产的主要来源。红桧在分布带上部常组成纯林，在下部与台湾扁柏组成混交林；台湾扁柏在海拔 1300～2900 米地带组成纯林或与红桧组成混交林。在中部山区这种森林中常混生台湾杉（*Taiwania cryptomerioides*）（海拔 1800～2600 米地带），台湾杉木（*Cunninghamia konishii*）（中部及北部山区海拔 1300～2000 米地带，混生于红桧，台湾扁柏林中），台湾黄杉散生于海拔 800～2500 米地带与其他树种混生。台湾云杉（*Picea morrisonicola*）在中部山区海拔 2500～3000 米地带散生于林中或成纯林。

（8）台湾冷杉（*Abies kawakamii*）林　分布于中部山区上部海拔 2800～3000 米地带，组成纯林。在高山地带应保存台湾冷杉林，将其划为水源林。

6 滇 南 区

本区谷地、山岭与高原交错分布，谷地海拔 400～1000 米，山岭海拔多在 2000 米以下。年平均气温 20～22℃，除海拔 1000～1500 米及以上山地略有轻霜外，多数地方全年无霜，1 月平均温度 10℃以上，绝对最低 0℃以上，年降水量 1000～1800 毫米，干湿季明显，但干季多雾。本区气候以哀牢山为分水岭，滇东南受东南季风影响强，并略可遭到寒潮侵袭，故气温较低，降雨量略高；滇西南为西南季风控制，无寒潮危害，雨量略少，气温略高。本区土壤，硅铝质砖红壤分布于 1000～1500 米及以下丘陵和阶地，在石灰岩母质上发育燥红土，1000～1500 米及以上为山地黄壤，山地表潜黄壤，山地黄棕壤及山地矮林土。

本区森林类型以热带季雨林、雨林为主，高海拔地带为亚热带常绿阔叶树林。东部海拔 500～700 米低山和中山下部沟谷有热带季雨林及山地雨林。海拔 1000 米以上及沟谷海拔 1200～1500 米及以上为亚热带阔叶树林及针叶树林。现分述于后：

（1）思茅松（*Pinus kesiya* var. *langbianensis*）林　分布于滇南的墨江、普洱、思茅、景东、镇源、景谷等县，组成大面积天然纯林，最北分布在把边江以南，最南在澜沧、临沧地区的东南部呈小片分布，垂直分布海拔 600～1200 米地带。较好立地条件的林分，40 年生，树高达 30 米，平均胸径 30 厘米，每公顷材积近 500 立方米；在瘠薄粗骨土地的林分，40 年生，平均树高 16 米，平均胸径 20 厘米，每公顷材积 260 立方米。据 1957 年调查，思茅松林在思茅一带，林木胸径多为 40～50 厘米，树冠平顶，老球果宿存树上达 6 年之久，看上去满树都是球果。在常绿阔叶树林破坏之后，思茅松侵入林内形成思茅松常绿阔叶树混交林，混生的阔叶树种有：印度栲、银叶栲（*Castanopsis argyrophylla*）、截果柯（*Lithocarpus truncatus*）、茶梨（又名红楣）（*Anneslea fragrans*）、楠木（*Phoebe nanmu*）、西南桦（*Betula alnoides*）、栓皮栎等。思茅松引种至红河、文山、曲靖、大理、丽江、昆明、东川等地，四川西昌地区也有引种，均已成林，1974年春及1975年12月出现较长时间的低温，海拔1700米以上地带引种的思茅松大量受冻死亡。思茅松为其分布地区的荒山造林树种，生长快，树干直，树脂好，木材供建筑、造纸等用。

（2）杉木林　在云南东南部文山、砚山、马关、屏边、罗平、师宗、宜良、玉溪、广南、西畴、麻栗坡一带有杉木人工林，也挖掘出埋在地下的杉木，俗称“阴沉木”。栽培的杉木中有线杉（又名软叶杉）。今后应在杉木栽培区，选用良种，集约经营，提高管理水平，扩大杉木生产。

（3）望天树（*Parashorea chinensis*）为主的热带沟谷季雨林　主要分布于勐腊县城北15～20公里的红旗公社朴蚌附近南腊河西侧的沙河，邦松箐以及南枋河由广纳里新寨至景飘间滑坡，阿格洛巴麋子箐、波罗箐等地，在南沙河及瑶山公社的曼帕也有零星分布，垂直分布由760～1100米地带。望天树林的面积约200公顷，在低山河谷海拔760～780米河岸地带，望天树天然林林分组成有3～4层，第一层为望天树，树高50～70米，一株解析木，树龄123年，树高55.4米，胸径75厘米。望天树林单位面积木材蓄积量很高，每公顷仅望天树材积就有450～650立方米，为建筑良材，第二、三层林木常见的有番龙眼、橄榄、印度栲、银钩花。望天树林分布于山坡上或沟谷上段，树冠浓密，参差不齐，林下藤本和附生植物很多，其林分组成，望天树占一半，混生树种除上述树种外还有扁桃（又称森林杧果）（*Mangifera sylvatica*）、暗罗（*Polyalthia wangii*）、金刀木（*Barringtonia longipes*）、柄果木、缅漆（*Semecarpus albescens*）、降真香（*Acronychia pedunculata*）等。

望天树树干高大、通直圆满，枝下高很长，木材径级大，纹理直，节少，硬度中等，加工性能良好，适宜作建筑、造船、车箱装修、枕木、家具、胶合板及各种细木工等多种用途。建议将现有望天树林划为禁伐区，加强保护；由云南省林业科学研究所及云南热带植物研究所组织协作对望天树的育苗造林技术进行试验研究，在适宜生长地区扩大人工造林，加速望天树及其他优良树种的木材生产。

（4）东京龙脑香（*Dipterocarpus tonkinensis*）为主的热带季雨林　分布于滇南河口、屏边、金平、马关海拔1000米以下地带，对水湿条件要求较高，喜生于沟谷底部，主要混生树种有毛坡垒（*Hopea mollissima*）、大叶白颜树（*Gironniera subequalis*）、船板树（*Parashorea chinensis* var. *hokouensis*）、印度栲、云南玉蕊、番龙眼、高大阿丁枫（*Altingia excelsa*）、高山榕、西南木荷、八宝树、团花（*Anthocephalus chinensis*），几种栲树（*Castanopsis* spp.）等。

船板树分布于河口南溪河以东地区，马关古林箐一带以及越桂交界广西境内，以石灰岩发育的土壤为主，垂直分布由海拔300～800米地带。船板树林多生于沟谷及土层较厚的山坡，生长较密，林木组成以船板树为主，上层混生林木还有蚬木、番龙眼、毛麻楝、山楝（*Aphanamixis grandifolia*）、橄榄、孔雀豆、八宝树；船板树树干通直圆满，枝下高很长，最大的高70米，胸径1.9米，材积59.54立方米；木材性质与用途同望天树。沿中越边界滇桂境内的船板树林应加强保护，发展船板树及蚬木的造林事业。

毛坡垒分布于河口、屏边大围山海拔500～1050米地带，低海拔地带的森林组成以毛坡垒占优势，常见的混生树种有东京龙脑香、大叶白颜树、银钩花、小叶红光树（*Knema globularia*）、贺得木（*Horsfieldia tetratepala*）、钝叶樟（*Cinnamomum obtusifolium*）、印度栲、番龙眼、梭子树（*Eberhardtia tonkinensis*）、山韶子（*Nephelium chrysum*）、越南石梓（*Gmelina lecomtei*）等，在海拔800米以上地带混生的树种还有滇木花生、西南木荷、细刺栲（*Castanopsis tonkinensis*）、红椎、光叶红豆树（*Ormosia glaberrima*）、米老排（又称菜壳果）（*Mytilaria laosensis*）等。毛坡垒的材质优良，用于建筑、造船、地板、室内装修及胶合板等用，在分布区内应加强保护，育苗造林。

（5）龙脑香（又称羯布罗香）（*Dipterocarpus turbinatus*） 原产印度、缅甸、泰国，引入我国成片栽培于西双版纳勐腊，大勐龙，勐旺等地已有100年以上的历史。高达50米，树干圆满通直，枝下高常在25米以上，材质优良，用作建筑梁柱，经百年不朽也不遭虫蛀；树干分泌芳香树脂，是提制龙脑香、冰片及芳香油的原料。龙脑香天然更新良好，为西双版纳低海拔地区培育大径材的珍贵树种，用途很广，在生产上很有发展前途。

（6）铁刀木（*Cassia siamea*）林 铁刀木原产于马来西亚至印度南部及斯里兰卡。在西双版纳及滇西地区引种栽培历史悠久，是傣族居住地方的主要薪炭材和用材树种。铁刀木引种栽培区逐渐扩大，一些干热地区也有引种，长势良好。主要栽培地区：勐腊、景洪、勐海、元江、普洱、景东、景谷、墨江、镇沅、河口、红河、澜沧、潞西、瑞丽、盈江、耿马、沧沅、元谋等县。在西双版纳生长快，用萌芽更新。今后宜扩大栽培区经营薪炭林，在国有林场可培育大径级材，可供室内装修，高级家具等用。

（7）山桂花（又名合果含笑）（*Paramichelia baillonii*）为主的热带、亚热带常绿阔叶树林 山桂花在我国主要分布于西双版纳的勐腊、景洪、勐海等地海拔600～700米地带，在思茅、澜沧、普洱、把边江一带海拔900～1500米地带，在红河地区的金平、绿春海拔550～960米地带，在临沧海拔1200米以下地带，多为散生或零星分布，在个别地方的林分为上层优势树种。在思茅以南低山丘陵热带山地季雨林中混生树种有西南木荷（*Schima wallichii*）、普文楠（*Phoebe puwensis*）、黄樟（*Cinnamomum parthenoxylon*）、云南樟（*Cinnamomum glanduliferum*），湄公栲（*Castanopsis mekongensis*）、红椎、曼登果（又名弹斗栲）（*Castanopsis tranninhensis*）、红椿、南酸枣（*Choerospondias axillaris*）、云南石梓（*Gmelina arborea*）、毛叶黄杞（*Engelhardtia colebrookiana*）、光叶黄杞（*Engelhardtia wallichiana*）、山韶子等。在思茅，山桂花混生于思茅松林中。山桂花材质优良，生长较快，对土壤要求不严，可用于山地造林，是值得引起重视和发展的树种。

（8）普文楠、钝叶樟（*Cinnamomum obtusifolium*）为主的常绿阔叶树林 分布于西双版纳的勐海、普文及勐腊的亚热带地区海拔700～1500米地带，混生树种有西南木荷、山桂花、红椎、毛叶油丹（*Alseodaphne mollis*）、滇桂木莲（*Manglietia forrestii*）等。普文风水林中的钝叶樟生于森林的外缘，高达30米，树干圆满通直；普文楠高达25米，胸径40厘米，还有大叶勒麻木（*Knema linifolia*）、思茅木兰（*Magnolia henryi*）、红椎、截果石栎等。

（9）金叶白兰花（又名广东白兰花）为主的亚热带常绿阔叶树林 分布于滇东南的

金平、屏边等县海拔 1200～1600 米地带，组成以金叶白兰花为优势树种的森林，出材率较高，每公顷木材蓄积量可达 300～400 立方米，向上分布可达海拔 1800 米，金叶白兰花逐渐减少，在下段混生树种有云南木莲（*Manglietia duclouxii*）、红椎、红花树（*Rhodoleia parvipetala*）、大果五加（*Diplopanax stachyanthus*）、阴香、柔毛木荷（*Schima villosa*）、鸡毛松（*Podocarpus imbricatus*）等。在屏边大围山混生树种有滇木花生（*Madhuca pasquieri*）、高大阿丁枫、厚鳞石栎（*Lithocarpus pachylepis*）；在山地苔藓林中混生树种有截果石栎、鹅掌楸、十萼花（*Dipentodon chinense*）、水青冈等。金叶白兰花的材质坚实耐用，可供建筑、家具、室内装修、造船、箱材等用，也是优美的绿化树种。金叶白兰花的产区也是杉木林区，可作杉木林的混交树种。

（10）大叶木莲（*Manglietia megaphylla*）、大果木莲（*Manglietia grandis*）、香木莲（*Manglietia aromatica*）为主的常绿阔叶树林　分布滇东南西畴、麻栗坡一带海拔 1300～1500 米山地黄壤地带，土质强酸性，石灰岩山上无分布，混生树种有云南拟单性木兰（*Parakmeria yunnanensis*）、红花树、马蹄荷、红椎、杯状栲（*Castanopsis calathiformis*）、罗浮栲、截果石栎、红椿（*Toona ciliata*）、顽楠（*Machilus robusta*）、檫木、阴香等。大叶木莲是最优良的用材树种之一，木材供建筑、室内装修、家具、箱板等用，很有发展前途。

（11）团花（*Anthocephalus chinensis*）、八宝树（*Duabanga grandiflora*）的次生季雨林　在西双版纳团花、八宝树混生，但八宝树分布较广。八宝树分布于思茅以南以及红河、文山、临沧等地沿河谷、沟箐，海拔 100 米（河口）至 1700 米（思茅、新平）地带，团花分布于西双版纳的勐腊、景洪、勐海、普文等地 400～1000 米地带。团花常与八宝树、中平树、粗糠柴（又名菲桐）（*Macaranga phillipinensis*）、川楝（*Melia toosendern*）、秋枫等混生，在比较干热的地方与木棉混生。团花生长快，马来西亚等地多用之造林。在西双版纳团花栽培较普遍，勐仑植物所栽培的团花 9 年生、树高 17.5 米、胸径 44.5 厘米，单株材积 1.2 立方米；木材加工性能优良，容易锯刨切削，干燥快，适于家具、箱板、火柴杆、茶叶箱、包装箱等用，又可作人造纤维、纤维板、纸浆原料。

（12）白头树（*Garuga forrestii*）、心叶蚬木（*Burretiodendron esquirolii*）为主的河谷干热次生季雨林　分布于元江中游及其支流，南盘江一带海拔 400～800 米地带，沿河谷干热的山坡组成森林，混生树种有心叶水团花（*Adina cordifolia*）、香须树（又名香合欢）（*Albizzia odoratissima*）、猫尾木（*Markhamia stipulata*）、千张纸、火绳树（*Eriolaena malvacea*）、牛肋巴（*Dalbergia obtusifolia*）等。在元江县河谷，气候干热，山坡上有白头树纯林，江边地带有散生的酸豆（罗望子）、毛叶柿（*Diospyros mollifolia*）。荒坡上生长余甘子（*Phyllanthus embelica*），这个树种在广西西部和云南东南部、干热地方成片密生一般呈灌木状，树皮含单宁，为栲胶原料。在干热河谷山坡可用白头树、心叶蚬木等树种造林。

（13）云南石梓为主的热带次生林　天然分布仅见于西双版纳、耿马、沧源等县海拔 1500 米以下地带；是热带速生珍贵用材树种。零星分布于次生林中及路边，村旁，没有成片森林。在次生林中混生树种有山桂花、西南木荷、红椎等。在勐腊云南石梓 35 年生，树高 25 米，胸径 45 厘米；木材供建筑、门窗、室内装修、造船、高级家具、胶合板、电杆等用。云南石梓在西双版纳一带可选作荒山造林树种。

檫木、鹅掌楸在云南东南部森林中也有分布，都是值得发展的优良树种。

栽培的竹类有龙竹（又名大麻竹）（*Sinocalamus giganteus*）、条竹（*Thyrsostachyum siamensis*），在金平、勐腊经西双版纳至勐定低山地带有大面积的黄竹（*Dendrocalamus strictus*），热带沟谷森林中有思劳竹（*Schizostachyu*）及藤竹（*Dinochloa*）。

栽培的树木有下列种类。

橡胶树在西双版纳栽种于海拔 900 米以下地带，未受冻害，在海拔 1100 米地带部分树木受冻害。在海拔 900 米以下河谷台地或山坡地带可发展橡胶树。

云南南部、东南部地区四旁绿化树种可选用红椿、香椿、麻栎、西南桦、川楝、南洋楹、柠檬桉、南酸枣、旱冬瓜等。

此外，轻木（*Ochroma lagopus*）、咖啡、金鸡纳（*Cinchona ledgeriana*）、儿茶（*Acacia catechu*）、胡椒（*Piper nigrum*）、八角、茴香、油茶、普洱茶（*Camellia sinensis* var. *assamica*）、麻竹等均有栽培，这些树种在本区都有发展前途。

7 云贵高原区

包括木里、中甸以南云南高原部分和横断山脉中部南部地区，四川西昌地区以及贵州西部。地形复杂，大部地区海拔在 1500～3000 米。本区北部有乌蒙山、大凉山等阻挡，使寒潮不易侵入，而东部与南部突出于贵州高原之上，使湿润的西南季风与东南季风可迎坡吹来，因而雨量较丰富，但南部多，至北部渐少，河谷干热，高山冷湿。全区年平均降水量在 1000 毫米左右，全年干湿季节非常明显，干季为 11 月半至翌年 5 月半，无雨，空气干燥，气温较高，5 月中旬至 11 月中旬为雨季，气温凉爽。本区河谷干热，向上逐渐温凉以至冷湿。土壤河谷为褐红壤，红色石灰土，坝地为石灰性冲积土，向上依次为红壤、红棕壤、山地棕壤、山地暗棕壤，棕色灰化土、山地棕色暗针叶林土和山地草甸土。

云贵高原既是西南季风与东南季风区域，又属亚热带气候，因此，森林类型及树种组成均异于东部亚热带地区。本区因地形海拔高低，森林类型的垂直分布带有明显差异。针叶林中以云南松的面积最广；常绿阔叶树林的树种组成随环境不同而有差异，其森林类型也较复杂。现就高原丘陵、大理苍山及丽江玉龙山的森林和树种简要叙述如下。

7.1 高原丘陵林区

以昆明丘陵区及云南松林区为范围，其主要森林类型及组成树种分述于次。

（1）云南松（*Pinus yunnanensis*）林　分布宽广，木材蓄积丰富，是云贵高原常见的重要林种，北自四川西昌地区（大渡河流域的汉源、石棉、泸定的摩西面，青衣江流域天全也有局部分布），南至开远、蒙自，把边江的通关（墨江南），东自贵州七星关（毕节西），普安，兴仁，册亨，西至滇缅边境及畹町、龙陵及西藏东南部察隅一带；垂直分布在开远、蒙自一带自海拔 1000 米起（细叶云南松在广西红水河流域自海拔 400 米起），在大理苍山、丽江玉龙山上达海拔 3100 米。云南松常组成纯林或与旱冬瓜（*Alnus nepalensis*）、云南油杉（*Keteleeria evelyniana*）、华山松、滇青冈（*Cyclobalanopsis glaucoides*）、高山栲（*Castanopsis delavayi*）等混生，在昆明附近、滇东江边地区均有云南松林，昆明附近的云南松林还混生有白皮石栎（又名毛石栎）（*Lithocarpus dealbatus*），云南松天然老林以滇北德钦以南、丽江、永宁三角地带为集中分布区。滇东的南盘江流域以及西藏察隅一带也有大面积老林，这些老林的生长快慢及每公顷木材蓄积量随林分的立地条件及林龄而异。在西藏察隅地区130年生的林分，平均树高50米、胸径72厘米，每公顷材积达1000立方米；在云南，立地条件较好的天然林分平均树高30～40米、胸径30～60厘米，每公顷材积300～400立方米，立地条件差的林分平均只有50～60立方米。云南松在老林中多数树干端直，树干向左或向右扭曲者仅占10%～20%，而在次生林中则占70%～80%，降低了林木的质量。木材可供一般建筑、家具用材，不耐久用，扭曲松木不宜作房屋支柱，木材富油脂，可采取松香及松节油。云南松天然更新良好。人工更新在云南中部及西昌地区因气候干旱，草被稀疏，飞播成功，主要环节是掌握雨季来临前几天（约在5月中、下旬）进行飞播，降雨后几天内即发芽生根，如飞播后不雨，种子每天遭受鼠害约损失5%，如10天不下雨则损失种子约一半。飞播种子生长的苗木多疏密不匀，如林木密度过大，必须及时间伐抚育，才能成材。如用人工撒播，也能成林。

在昆明周围各县的云南松林由于长期打枝仅留很小树冠或长成“小老树”，这种现象必须迅速纠正，加强科学造林，科学管理，提高云南松林的经营水平。

云南松林区除逐步营造其他优良树种的森林外，仍以营造云南松林为主。每一林场或有采伐任务的林业局应按照科学方法和经济规律经营林业；严禁采用“小老树”或“扭松”上的种子，应建立良种种子园，经营块状、条状针阔叶树混交林，例如松栎混交、云南松旱冬瓜混交，加强抚育管理，加强病虫害防治及防火等项工作。加强技术人员的培训工作，建立技术岗位责任制，改变当前重采轻造或采而不造，毁林开荒，不重视严防森林火灾和科学造林、营林的落后局面。

（2）云南油杉林　在昆明金殿及其他地方的云南油杉纯林多为人工培育而成。在昆明、富民、嵩明、玉溪、大理、楚雄、永胜、丽江、鹤庆、维西、蒙自、文山、宜良等地分布于海拔1000～2500米地带，常与云南松、栎类混生或成小片纯林。在四川西昌地区、越西河老木坪下沿河两岸及石棉山上也有云南松云南油杉混交林。在分布区内云南油杉常是云南松的伴生树种。云南油杉树干端直，材质硬度中庸，耐水湿，可供建筑、桥梁、地板、木桩、木桶等用；根皮松脂用作造纸的填充剂。

（3）华山松林　在昆明、寻甸、嵩明、宜良、禄劝、武定、大理、丽江、鹤庆、维西、中甸、贡山、腾冲等地海拔1600～3200米地带阴坡、土质肥沃处均有华山松分布，常与云南松、云南油杉、栎类及旱冬瓜等混生成林，也有纯林。抗日战争以前，大理苍山东坡点播的华山松林，苍郁茂盛，长成大树，抗战初期被军队采伐殆尽，成为荒山。建议在苍山东坡海拔2100～3200米地带建立林场重新点种华山松林，加强科学管理，40年后便可成材利用。在四川木里、九龙、北至陕、甘、鄂，晋南也有华山松林，在秦岭山区有纯林，前已述及。生于陕南、晋南（中条山）、豫西南部、嵩山的华山松种子熟时呈黄褐色或暗褐色，而产于鄂西、川西、云南、西藏的华山松种子呈黑色，这两种类型的分布区不同，今后采种造林应注意种源，建议云南、川西、西藏为第一种源区，鄂西为第二种源区，陕、豫、晋为第三种源区，每一种源区在垂直分布带上的种源也应有所划分，建议每隔海拔500米为一种源分区，这一种源分区分带意见虽未经试验，但较不分地区采用的种子为好，使林木较好地适应环境条件，不妨试行。昆明附近林场用华山松造林，四川西昌地区用种子点播成林均生长良好。华山松木材质轻软，结构细，富树脂，易加工，供建筑、家具等用，远较云南松木材为佳，为云贵高原一等木材。在分布区内土壤条件较好地方华山松生长较云南松快，宜选用华山松造林。

（4）翠柏林　多为人工栽植的小片林或散生，分布于思茅、墨江、普洱、腾冲、龙陵、禄丰、安宁、石屏等地海拔1000～2000米地带，在墨江地区有片林，在禄丰则多散生于公路两侧或村旁。贵州西部、三都，广西靖西及海南五指山也有分布。木材有香气，结构细密，供家具、建筑等用。宜在分布区内营造纯林或作四旁绿化树种。

（5）黄杉林　分布于云南东川、会泽、嵩明等地海拔1500～2800米地带，贵州威宁黑石头沿公路村旁有移用山上野生苗栽成片林，生长旺盛。在原始林中，树高40米、胸径1米，树干挺直，材质优良，群众用作房屋建筑、家具等用。在滇东、滇中地区海拔1500～2200米地带土层深厚地方可用黄杉造林。黄杉分布较广，在四川越西老木坪、南川，湖北利川毛坝，贵州东部及湖南西南部双牌山区还有大树，建议加强保护，用作母树，生产种子，供繁殖造林之用。

（6）杉木林　在云南东南部广南、文山、砚山、西畴、富宁、屏边、马关一带栽培杉木历史很久，在滇南林区中已经叙及。在云贵高原林区，四川安宁河流域德昌、米易一带，云南罗平、师宗、陆良、宜良、玉溪等地均有杉木人工林。在大理苍山海拔2600米的半山寺庙中有三株大杉木，胸径1米多至2米多，可能是400～500龄的老树。在云贵高原凡酸性土土层深厚的地方均适宜培育杉木。在德昌、米易一带有大面积杉木人工林，还在地下挖掘出“阴沉木”（即杉木），安宁河谷、大渡河谷及云南东南部一带很可能是天然杉木林的产区。在云贵高原及云南东南部可建立国有林场、社队林场，在深厚酸性土、非河谷干热气候的地方发展杉木生产。杉木生长速度比云南松快，材质也较好，一些立地条件较好的云南松林可以改造为杉木林。

（7）滇青冈林　分布于石灰岩山区，见于昆明西山石嘴子及龙门等石灰岩山地，在黑龙潭山坡的常绿阔叶树林中为优势树种；嵩明、寻甸、禄劝、禄丰、广通、盐丰、邓川、丽江、宁蒗、中甸等地均有分布，混生树种有云南紫荆（*Cercis yunnanensis*）、昆明榆（*Ulmus kunmingensis*）、蒙自鹅耳枥（*Carpinus monbeigiana*）、山玉兰（*Magnolia delavayi*）及其他壳斗科树种。四川会理地方也有分布。滇青冈沿金沙江河谷向北分布到青海南部玉树河谷地方，在河谷干热气候条件下，滇青冈生长良好。在石灰岩山地土层浅薄地带尤以邻近城市或居民区地方仍应经营滇青冈林，用以生产薪炭材。

（8）毛果栲（又名元江栲）（*Castanopsis orthacantha*）纯林　见于昆明西山，面积小，株数不多，但能聚生成纯林，确有代表性。也分布于寻甸、嵩明、禄劝、镇南、广通、盐丰、宾州等地海拔1800～2500米地带，在土层深厚，湿润的山坡适于生长，也可发展华山松林或翠柏林。

（9）灰背栎（*Quercus senescens*）林　分布于昆明、丽江、宁蒗、贡山、滇东沾益与贵州威宁之间石灰岩山地，四川稻城木里西北部海拔1800～2400米地带，组成疏林；适生于较干热的河谷山坡地方。

（10）帽斗栎（*Quercus guayava*）林　分布于丽江、中甸、宁蒗、德钦、大理等石灰岩或大理石变质岩海拔 2400～3200 米地带，常组成纯林，可长成乔木，见于丽江玉龙山，在乔林破坏后则生成灌木丛，见于大理苍山东坡等地，可供薪炭材。帽斗栎林中常有长穗栎（又名长穗高山栎）（*Quercus longispica*）等树种混生。

（11）锥连栎（*Quercus franchetii*）林　分布于滇北、川西金沙江及其支流河谷海拔 1200～2600 米地带，在海拔 1600～2000 米非石灰岩地区组成森林，适应河谷干热地带。昆明、禄劝、武定、永仁、永胜、宾川、大理等地均有分布，常组成小片稀疏森林，混生树种有毛叶黄杞，林下有余甘子、坡柳（*Dodonaea viscosa*）等。在干热河谷地方可培育薪炭林。

（12）巴郎栎（川滇高山栎）（*Quercus aquifolioides*）林　分布于云南北部金沙江下游及支流干热河谷海拔 2000～2200 米及以上地带，在昆明、寻甸、禄劝、丽江、邓川、永仁、维西、德钦、贡山等石灰岩山地，稀疏成林，树高 5～10 米，胸径 20～60 厘米，混生树种有滇青冈、清香木、毛柿等。巴郎栎萌芽性强，多砍作薪炭材用，可培育薪炭林。

（13）矮山栎（*Quercus monimotricha*）林　分布于云南北部金沙江流域及其支流，大理、丽江、邓川、会泽等地海拔 2700～2900 米地带组成灌木丛，生长茂密，能起到良好的保持水土作用。

（14）高山栲（又名滇刺栲）为主的常绿阔叶树混交林　分布于昆明以北各地及四川会理一带土层深厚地方，常见的混生树种有黄栎（*Cyclobalanopsis delavayi*）、扫把青冈栎（*Cyclobalanopsis angustinii*）、云南紫荆、滇青冈、毛槲栎、云南润楠（*Machilus yunnanensis*）、栓皮栎、云南油杉等。昆明黑龙潭寺庙周围有这类天然森林。这类森林破坏后逐渐演变成云南松林或云南松、旱冬瓜混交林。

（15）油桐林　在禄丰、华宁、盐丰、永胜、华坪、开远、河口、文山、砚山、马关、西畴、腾冲等县海拔 1600 米以下地方栽培较多，均以生产桐油为目的。在上述地方有发展前途，应选育良种，山坡上筑梯地，种绿肥，加强管理，以提高产量。

（16）漆树　在丽江、维西、兰坪、彝良、镇雄、昭通、宣威等地栽培或野生，产漆液，果可取蜡，滇西少数民族地区也作食用；种子榨油用以制烛及供燃料。

（17）漾濞核桃（又名泡核桃）（*Juglans sigillata*）林　在漾濞、寻甸、维西等地多有栽培，产量颇多，昆明及四川西昌地区也有栽培。有许多品种，如薄壳核桃、露仁核桃、铁核桃等。新中国成立后林业研究部门作了许多试验研究工作，今后应大力发展核桃生产，增加农民收入。要重视选育良种，引种北方优良品种，加强培育管理，提高生产。

（18）四旁植树　在昆明及其他城市、农村四旁植树的树种多为云贵高原的特产树，也有引入的国外树种。

蓝桉（*Eucalyptus globulus*）　原产澳洲东南部及塔斯马尼亚岛，在 1900 年引入云南，在昆明引种已有 80 年历史，适应性强，生长快。1976 年 1 月昆明一带低温时间较长，蓝桉遭受寒害，上部冻死。蓝桉在云贵高原作为丘陵地造林及四旁绿化树种，有发展前途。木材可作造纸原料、木桩、梁柱材等用，鲜叶可提玉树油。蓝桉树干多扭曲，宜注意选种。

直杆桉（*Eucalyptus maidenii*）　原产澳洲，1947 年引入四川，1951 年引入昆明，

栽培试种，生长迅速，树干圆满通直，较蓝桉优良，1976年也受寒流冻害。宜栽于海拔1600米以下地带。

银桦　原产澳洲昆士兰及新南威尔士，先引入广东，生长良好，新中国成立后昆明引种作行道树，生长迅速，1976年1月低温时间较长，也受严重冻害。在云南海拔1500米以下地带生长良好，优于广州及南宁。

四旁植树的树种有：毛叶合欢（*Albizzia mollis*）、滇楸（*Catalpa duclouxii*）、滇杨（*Populus yunnanensis*）、大叶杨（*Populus lasiocarpa*）、昆明朴（*Celtis kunmingensis*）、云南山茶花（*Camellia reticulata*）、山茶花、滇皂荚（*Gleditsia delavayi*）、慈竹。果树有云南山楂（*Crataegus scabrifolia*）、宝珠梨及苹果。

在昆明西山有小面积的八角林，黑龙潭上观院内有数百年的柏木。

昆明北郊河堤上及昆明植物所院内栽植的冲天柏（*Cupressus duclouxiana*）绿树成荫，长势旺盛，富民、宜良、陆良、大理、蒙化、顺宁、丽江、中甸、维西、德钦、永胜、保山等地也有栽培，丽江雪山尚有小面积原始林。冲天柏木材坚韧细致，耐久用，供建筑、桥梁、枕木、造船、家具、电杆等用。群众有栽培经验，宜育苗造林或用作四旁绿化。

柏树类树种中在我国北方用侧柏造林，长江以南从四川到浙江在石灰岩山地上用柏木造林，在云贵高原地区可用柏木及冲天柏造林，在台湾山上用红桧及台湾扁柏造林，在福建、湖南、广西、云南东南部用福建柏造林，都有发展前途。

柳杉在昆明近郊有栽植的大树，如黑龙潭、筇竹寺及城郊，通海的秀山等地都有数百年的古树，云贵高原海拔1500～2400米地带均能栽植，可用作四旁绿化。

银杏在云贵高原寺院地方多有栽植，长成大树，在昆明、陆良、曲靖、玉溪、通海、大理、丽江、腾冲等地海拔2000米以下地带均有栽植。银杏既是绿化树种，也是优良的用材树种。

昆明引种的雪松生长旺盛，不仅作绿化树种，并用之造林。

慈竹在云贵高原农村、城郊海拔1200～2200米地带普遍栽培，应积极发展。昆明、玉溪、禄劝、新平以及四川西昌、米易等地多栽培麻竹。

7.2　大理苍山林区

苍山位于洱海之西，抗日战争以前，在苍山东坡海拔3400米以下地带有华山松林、云南松林及栎林，抗战期间被砍伐已成荒坡或局部的灌木丛。现就山之上段的苍山冷杉林及沟谷坡上的丽江铁杉林介绍于此。

（1）苍山冷杉（*Abies delavayi*）林　见于海拔3400～3800米地带，组成纯林，在过去可能自海拔3100米以上即有分布。现存的苍山冷杉纯林生于大石砾之间，土层较薄，树高多在10余米，大枝平展，异于四川的冷杉，分布至海拔3800米的“海子”附近，达到森林垂直分布的上限，林木多散生，较矮小。苍山冷杉林应严禁采伐，用以保护水源。在海拔3100米以上应发展苍山冷杉林，海拔3100米以下发展华山松林。

（2）丽江铁杉（*Tsuga forrestii*）林　分布于苍山中和峰下沿沟谷海拔2600～3000米坡上，其他各峰沟谷坡上也有分布。丽江铁杉林木高达25米，胸径30～60厘米，稀疏散生，许多林木被剥去树皮（提制单宁），均已枯死。铁杉较华山松生长缓慢，在沟谷坡地宜发展华山松林。丽江地区也有丽江铁杉林。

苍山西坡的森林早经破坏，在抗战期间已无森林。

在苍山之南景东无量山上有云南铁杉林的分布，这是云南境内分布最南的铁杉林。

7.3　丽江玉龙雪山林区

位于丽江县城北，玉龙雪山前山（东南坡）除海拔3000米以下地带有云南松林外，都是荒山灌丛；后山（东北坡）在海拔2500米以上有天然林，上达3800米森林垂直分布界限，再上则为灌丛及高山草地。现根据森林类型及其组成的树种简述于此。

（1）华山松林　分布于海拔2540～2700米地带，土壤水分条件较好的阴坡，组成小片森林或混生有云南松。

（2）云南松林　分布于海拔2600～3100米地带的阳坡，在上段混生有高山松（*Pinus densata*），下段由于长期破坏，自海拔2600米以下已无森林。

（3）栎类林　分布于海拔2600～2850米地带，有帽斗栎、长穗栎、黄背栎（*Quercus pannosa*），还有丽江云杉（*Picea likiangensis*）、云南松、槲树混生其中。

（4）丽江云杉林　分布于海拔3100～3350米地带，混生有川滇冷杉（*Abies forrestii*）、大果红杉（*Larix potaninii* var. *macrocarpa*）、红桦，林下有丛生竹及巴郎栎等。

（5）大果红杉林　分布于海拔3300～3550米地带，混生树种有川滇冷杉、丽江云杉、红桦等。黑白水林业局试验站也有大果红杉林，大果红杉的球果成熟时蓝紫色，种子一面黑色，一面色淡，易于识别。

（6）川滇冷杉林　分布于海拔3100～3800米地带，气候冷湿，夏季多云雾，湿度大，土壤肥沃，森林茂盛，混生树种有云南铁杉（*Tsuga dumosa*）及丽江铁杉。川滇冷杉林在玉龙山达到森林的上限，再高则为高山杜鹃灌丛及高山草地。

丽江玉龙山山坡陡峻，原有森林久经破坏，现存的不多。建议由金沙江林业管理局设立水源林管理站，把金沙江林区在35°以上陡峻山坡的森林划作水源林区，严禁采伐。凡采伐的森林，必须于次年更新，绝不允许只采伐不更新，严格贯彻以营林为基础的方针，实行采育结合，做到青山常在，永续利用。

在云南西部还有几个优良树种，说明于后。

（1）澜沧黄杉（*Pseudotsuga forrestii*）　分布于云南中甸、维西、德钦、西藏察隅及四川木里等地海拔2400～3300米地带。澜沧黄杉为优良珍贵树种，应严禁砍伐，加强繁殖，扩大造林。

（2）秃杉　分布于贡山、福贡、碧江、兰坪、腾冲、龙陵等地海拔1700～2700米地带，混生于阔叶林中。在龙陵知本山海拔2000米地带的混交林中秃杉树高50米，胸径2米，树龄2000年。混生的树种还有乔松（*Pinus griffithii*）、云南铁杉等。秃杉在湖北利川毛坝海拔800～1000米地带、贵州雷公山海拔500～600米地带也有分布，均长成大乔木。秃杉是速生树种，在云南西部及湖北贵州分布区内可选用造林。

（3）乔松　在云南西部分布于海拔1600～2600米地带，生于针叶树阔叶树林中，其最东分布见于龙陵知本山。乔松为优良用材树种，在滇西分布区内可选用造林。江西庐山及北京引种生长良好。

8 甘南川西滇北高山峡谷区

本区包括甘肃南部洮河、白龙江流域，四川西部岷江中上游、大渡河中上游流域，以及金沙江、雅砻江中上游流域，滇西北金沙江中游一段，澜沧江、怒江中上游的高山峡谷地区。本区主要属西藏高原东南边缘的褶皱带，山势陡峻，河谷深切；海拔一般在2000～4000米，相对高差可达2000余米；山坡坡度常在30°～40°及以上，谷坡风化碎屑物质移动强烈，坡麓常有岩块、岩屑等堆积物，河床比降大，形成急流险滩。气候因夏季由西南与东南季风带来丰富水气，降雨较多，年平均降水量700～1000毫米或更多一些，大多集中在5～10月，冬季雪量不大，全年有较明显干湿季；在海拔2000米地带年平均气温4～10℃，年温差不大，气候夏凉而冬不严寒。土壤种类随不同区域与海拔而异，滇北、川西南依次为山地褐红壤、山地红棕壤、山地棕壤、山地暗棕壤、山地棕色暗针叶林土、亚高山草甸土、高山草甸土，川西依次是山地黄壤、山地褐土、山地黄棕壤、山地棕壤、山地暗棕壤、山地暗针叶林土、亚高山草甸土、高山草甸土等。

本区因海拔高差大，山地气候垂直带差异明显，形成分明的森林垂直分布带。按纬度分布，本区的基带应是中亚热带常绿阔叶林带，但它只在海拔低于2000米的河谷地方才有出现，但由于原始森林多已破坏，土壤冲刷严重，气候趋于干燥，常绿阔叶林往往成为混生落叶阔叶树的次生林。另一方面，由于东南季风越岭下沉，具焚风效应，使本区一些地方的河谷地带呈现耐旱落叶阔叶树林、耐旱常绿栎林或耐旱灌丛景色，如岷江汶川一带出现白刺（*Nitraria schoberi*）、小檗属（*Berberis*）、霸王属（*Zygophyllum*）、蔷薇属（*Rosa*）等有刺灌丛。

本区一般的垂直分布规律如下。

（1）海拔2000米以下为常绿阔叶林带，树种以壳斗科的青冈栎属（*Cyclobalanopsis*）、栲属（*Castanopsis*）、石栎属（*Lithocarpus*），樟科的润楠属（*Machilus*）、桢楠属（*Phoebe*），山茶科的木荷属（*Schima*）、大头茶属（*Polyspora*）以及山矾科、木兰科、交让木科、杜英科、常绿槭类等一些树种为主。

（2）海拔2000～2500米为不明显的落叶阔叶树林带或落叶阔叶树、常绿阔叶树混交林带，以栎、槭、山茱萸、桦、椴、白蜡等落叶树种为主，本带还有我国特有的领春木（*Euptelea pleiosperma*）、连香树（*Cercidiphyllum japonicum*）、水青树（*Tetracentron sinense*）、金钱槭（*Dipteronia sinensis*）、珙桐（*Davidia involucrata*）的分布。

（3）海拔2500～3000米为针叶树阔叶树混交林带，针叶树种主要是铁杉（*Tsuga chinensis*）、云南铁杉（*T. dumosa*）、丽江铁杉（*T. forrestii*）、冷杉（*Abies faberi*）、紫果冷杉（*A. recurvata*）、黄果冷杉（*A. ernestii*），阳坡多为高山松、云南松、华山松。

（4）海拔3000～3800～4000米是亚高山及高山针叶林带，这是本区分布面积最大的森林类型，木材蓄积最丰富。主要由冷杉属、云杉属组成；本区与藏东南是我国这两属树种及其组成森林最丰富的地区。本区的冷杉属树种有岷江冷杉（*Abies faxoniana*）、长苞冷杉（*A. georgei*）、鳞皮冷杉（*A. squamata*）、川滇冷杉（*A. forrestii*）等；云杉属有紫果云杉（*Picea purpurea*）、云杉（*P. asperata*）、鳞皮云杉（*P. retroflexa*）、麦吊云杉（*P. brachytyla*）、油麦吊云杉（*P. complanata*）、丽江云杉（*P. likiangensis*）、川西云杉（*P. balfouriana*）、青杆（*P. wilsonii*）等。川西主要以鳞皮冷杉、岷江冷杉为优势，也有以四川盆地西缘山地为主的冷杉分布。本区由北至南，至巴塘以南，九龙木里一带，以长苞冷杉为主，在云南西北部地区逐渐为川滇冷杉、苍山冷杉所代替。紫果云杉、云杉以岷江、白龙江上游、洮河上游为中心；川西云杉则以康定、雅江、道孚、甘孜、甘巴为中心；油麦吊云杉、麦吊云杉只沿四川盆地山地分布（一般无纯林）；丽江云杉以滇西北为中心向北延至川西南。本带森林采伐后常由川白桦、红桦、山杨（*Populus davidiana*）占优势的次生林所代替，在破坏严重的情况下常演替成高山栎林（*Quercus semicarpifolia*）或杜鹃灌丛。本带的阳坡林分常有高山栎混生，或为高山栎纯林，构成亚高山硬叶常绿栎类林的树种还有巴郎栎（*Quercus aquifoliodes*）、黄背栎（*Q. pannosa*）、灰背栎（*Q. senescens*）、川西栎（*Q. gilliana*）、长穗栎（*Q. longispica*）等，但分布面积较小。针叶林带的上限多为红杉（*Larix potaninii*）、大果红杉（*L. potaninii* var. *macrocarpa*）林，高达海拔3500～4000米及以上，常与冰碛石分布有联系。怒江红杉（*Larix speciosa*）主要分布在滇西北及北部怒江、澜沧江流域、形成局部纯林。海拔4000米以上为高山灌丛-草甸或高山草甸。

现将本区主要森林类型分述于后。

（1）黄果冷杉林　北起甘肃白龙江流域西北部，向西南至川滇交界地，再向西至西藏左贡；在川西甘南高山峡谷区比较集中，分布于海拔2600～3300米，是冷杉属中分布海拔最低的种类，无纯林，常位于针叶树阔叶树混交林带内，多与川西云杉、青杆、云杉、铁杉等混交。分布区气候温和，土壤为山地棕壤。林分一般树高20米，胸径30～40厘米，每公顷木材蓄积量250～300立方米。木材质软，可供一般建筑、板料之用。黄果冷杉林采伐或火烧后形成山杨、川白桦、糙皮桦（*Betula utilis*）次生林或高山栎次生林。现黄果冷杉林已渐稀少，应积极保护用做母树，供采种繁殖，它适应川西峡谷的河谷立地条件，可为该地带的造林树种。

（2）鳞皮冷杉林　集中分布于川西，东起康定，西迄藏东南，北起四川壤塘，南止稻城与云南接壤，由长苞冷杉代替，至川西南则为川滇冷杉代替。一般分布于海拔3200～4300米阴坡、半阴坡和沟谷、谷坡处。为冷杉属中最耐旱的树种之一，需光性较强，但一年生苗稍耐阴湿。在金川、丹巴等局部地区，最低可分布至3000米，在理塘、得荣、新龙等地最高达4000米。土壤为山地棕壤、山地暗棕壤。纯林一般有两个以上亚层，为复层异龄林。一般树高20～30米，最高40米，胸径30～70厘米，最大达1米；林分郁闭度0.4～0.8；每公顷木材蓄积量400立方米。林分以过熟林为主，但腐朽年限较晚，林木直径在40厘米以下者很少腐朽。林冠下更新不良，仅有1年生幼苗，无2年生以上苗木；幼树生于林窗下，成团状分布。森林采伐后，常有川白桦、糙皮桦、高山栎、云杉渗入，形成混交林。鳞皮云杉是良好的建筑用材树种。林分采伐时应保留母树，防止损伤幼树，并可进行人工更新，使迹地尽快恢复成林。

（3）长苞冷杉林　广泛分布于本区及藏东南，包括川西的九龙、乡城、稻城、巴塘、盐源、木里，滇西北的丽江地区及西藏的昌都地区南端。长苞冷杉林的最北界为九龙北汤谷北瓦灰山鸡丑山两个山谷地区长宽15公里；到1980年尚未采伐，为川西保存唯一的一片原始森林。这种冷杉是本区冷杉属中垂直分布最高、幅度最大的一种，海拔下限为2900～3000米，上限为4000～4450米，以3500～4100米的阴坡、半阴坡生长最好，成大片纯林。林分上限常与大果红杉林或高山灌丛、高山草甸相接。林分多生于沙岩、页岩、板岩、片岩、石英沙岩发育的山地灰棕壤上，林内潮湿。林分常混有丽江云杉或川滇冷杉，但以长苞冷杉占优势，在高海拔地带常与红杉或大果红杉混交。林分层次明显，复层异龄林居多，树高一般为17～25米，最高45米，胸径25～70厘米，最大达1.2米，郁闭度0.6～0.8，多为成熟林和过熟林，林内病腐木和枯倒木较多，每公顷木材蓄积量300～400立方米。天然更新良好，尤以林窗、林缘有灌木庇荫处为好，如木里、盐源等地林内每100方米有幼树100～200株。采伐后在上限常演替为高山灌丛，下部则有山杨、川白桦、糙皮桦、高山栎侵入；采伐后要及时更新。木材较轻软，可供建筑、板料及纤维工业用。

（4）川滇冷杉林　在四川西南部木里与云南西北部海拔3500～4200米有分布，在木里地区分布于螺吉山、鲁南山、牦牛山等海拔3500～3900米地带阴坡、半阴坡。林分常有长苞冷杉、丽江云杉、油麦吊杉等混生。土壤一般为流纹岩、凝灰岩、板岩母岩上发育的山地黄棕壤、山地棕壤或山地暗棕壤。川滇冷杉喜温和湿润气候。5年生以上幼树不耐上方50%～70%的庇荫。林分一般为复层异龄林，通常具有两个以上树冠层，郁闭度0.3～0.7。树高一般15～30米，胸径30～80厘米，最大达1.6米。每公顷木材积蓄量一般为300～400立方米。林分多为过熟林，心腐、枯顶较严重，林木腐朽率一般达30%，自然枯损率平均占材积的24%。天然更新差，采伐后难以恢复，杜鹃和箭竹随之滋长。分布带下限的林分采伐后，形成槭、桦等阔叶树次生混交林。采伐迹地要保证砍带清林和用大苗壮苗植苗更新，加强抚育，以尽快恢复成林。材性与长苞冷杉相近。

（5）岷江冷杉林　集中分布于甘南、川北，北起白龙江上游、岷江上中游，东至四川盆地边缘山地，西至大雪山东，南迄康定，包括平武、南坪、松潘、马尔康、黑水、金川、小金、茂汶、理县、丹巴等地；一般生长在海拔2800～4000米的沟谷、阴坡、半阴坡，海拔3000米以上多为纯林，或与云杉、紫果云杉混交成林。土壤为二叠纪灰岩、页岩、板岩、千枚岩、志留纪片岩及多种变质岩母质上发育的山地棕壤、灰棕壤。林地阴冷、潮湿、林型众多，林下灌木优势层片的种以凝毛杜鹃（*Rhododendron agglutinatum*）、陇蜀杜鹃（*Rh. przewalskii*）、亮叶杜鹃（*Rh. veruculosum*）、短穗箭竹（*Sinarundinaria brevipaniculata*）、大箭竹（*S. chungii*）等为主，其他灌木种类也多。林分多为复层异龄，分层明显，结构简单，林冠整齐。树高一般为20～30米，最高达40米。胸径40～70厘米，最大90厘米，林分郁闭度0.5～0.8；木材蓄积量每公顷330～600立方米。岷江冷杉林随海拔的不同，其生产力、病腐率、更新状况也都不同，海拔越高，生长越差。岷江冷杉林是当前川西北林区主要采伐对象，由于林龄大（多为过熟林）、结实率低、林地土温低、苔藓地被物厚，林下更新较差；但在林窗、林缘及林冠稀疏处更新良好，如在茂汶县土门区红岩梁子光照较强，温度较高地带，每二百平方米有幼树110株。森林采伐后为杜鹃、高山栎灌丛所代替，在低海拔处往往经过红白刺（秀丽莓 *Rubus amabilis* 等）为主的灌丛阶段形成山杨、川白桦等次生林。由于岷江冷杉林正处于重点采伐，采伐迹地应采用人工促进更新和人工植苗更新，尽快恢复岷江冷杉林。人工植苗更新要用壮苗大苗上山，加强抚育管理，这是保证更新成功的关键。

（6）冷杉林　为四川特有，其分布区自四川盆地西缘山地起，沿峨眉山、峨边、马边山地、巴郎山、二郎山、大小相岭、康定折多山东坡，东北至西南呈狭长分布，分布区属四川盆地向西藏高原的过渡地带。冷杉林在峨嵋、峨边、马边等地分布较低（海拔2000～3100米），而在本区其他地带分布较高，主要在3000～4000米。冷杉分布地带气候凉润，雨量丰沛，年雨量在1500～2000毫米及以上，雨季多云雾。土壤为花岗岩、板岩、石英沙岩等母质上发育的山地灰棕壤（在峨边、峨嵋则常为山地黄壤、山地黄棕壤）。林分结构多单纯，或与油麦吊杉、铁杉、云南铁杉混生，郁闭度0.8左右。树高一般为30～35米，最高40米，胸径60～80厘米，最大1.55米，木材蓄积量每公顷300～500立方米，腐朽率较低。林分采伐后常为杜鹃、箭竹灌丛代替。天然更新以林窗和采伐迹地上较好，幼苗不耐庇荫，因此，在采伐迹地上应保留足够的母树或植苗造林。木材白色，较轻软，可供建筑、板料和纤维工业用。

（7）巴山冷杉（*Abies fargesii*）林　以秦巴山地大巴山区为分布中心，主要分布于四川东北部的城口以北、鄂西神农架等地，为巴山冷杉分布区的最东缘。

（8）苍山冷杉（*Abies delavayi*）林　主要分布于滇西北、金沙江、澜沧江、怒江流域山区海拔3000～4000米，组成单纯林或有丽江云杉、丽江铁杉、云南铁杉的混交林。

（9）川西云杉林　分布区广，东起川西马尔康，西至西藏东部三江峡谷区，南至川西稻城，向西北方向止于青海玉树以南，在本区也有大面积分布，尤以在川西占优势，在雅江、义敦一线以北多大面积纯林，其余地区常与丽江云杉、鳞皮冷杉、黄果冷杉、长苞冷杉、岷江冷杉等混交，高山松、川白桦、糙皮桦、山杨也常渗入林中。垂直分布范围为3000～4000米，在藏东南可达4200米。在康定东北大炮山北坡分布于3000～3900米地带，在分布带下限生长成高大乔木，在海拔3500米地带，因生长期渐短，林木生长渐慢，至海拔3800～3900米地带，则林木细矮，100年生林木，树高约8米，胸径10～15厘米，生长差异自下而上，非常明显。川西云杉林分布区最广，适应较寒冷气候，是云杉属树种中耐旱性较强的一种。土壤一般是板岩、绢云母岩、绿泥石片、千枚岩母质上发育的山地暗棕壤或山地棕壤、山地褐土、腐殖质含量丰富。林分平均树高25～35米，最高40余米，胸径约60厘米，最大1米；林分郁闭度0.6～0.8；每公顷木材蓄积量400～500立方米。川西云杉喜阴湿，耐干冷，因此，在垂直分布上有时与冷杉林发生倒置现象。天然更新一般良好。林分采伐、破坏后的演替方向随环境条件差异而不同，在分布区南部海拔3800～4000米及以上为大果红杉替代，这在稻城、乡城、理塘等地特别明显，但大果红杉生长到一定程度后，川西云杉又会逐步发展起来；在半阴坡生长具有以高山栎为第二林层的林分，采伐后可经过高山栎林阶段恢复起来；在分布区北部往往向亚高山灌丛、草甸演替；分布区东北部由于水分条件较好，林分采伐后要经过茂密的红白刺阶段和槭、山杨、桦木阔叶林阶段恢复起来。在雅江、德格、色达、鈩霍等地海拔4000米左右的高山栎灌丛、大果圆柏（*Sabina tibetica*）、方枝柏（*S. saltuaria*），林下也有川西云杉幼树。目前，森林采伐后多采用人工更新，可较好地保证恢复成林。

（10）紫果云杉林　主要分布在洮河、白龙江、岷江上游，分布中心若尔盖、南坪、松潘等地有大面积纯林。分布区南部杂谷脑河上游各支流是其南部边界，西北至青海果洛、黄南一带。一般分布于海拔2600～3600米的阴坡、湿润的阳坡和排水良好的坡地。土壤是山地棕壤或山地暗棕壤，土层较薄，多属坡积物发育而成。分布区中心多纯林，或与岷江冷杉、云杉混交。林分郁闭度一般在0.6～0.8，也有0.3～0.5的疏林；一般两个林层，2～3个世代。每公顷木材蓄积量400～500立方米。在甘肃洮河林区林分结构简单，多为一个林层2个世代。一般树高25～35米，最高达40余米，胸径40～90厘米。紫果云杉不耐干燥，林分采伐后在陡坡和阴坡不易恢复成林，在水分条件较好的地方往往演替为混交林。目前林业部门采用人工更新，效果很好。紫果云杉10年前高生长缓慢，根系发育也慢，应加强幼林抚育工作；由于人工更新任务日益繁重，为保证高质量的种源，应建立种子园和母树林基地，母树林应选在分布带中下部阳坡为好。木材坚韧轻软，纹理细致。材质优良，可供建筑、飞机、桥梁、枕木、造船、车辆、电杆、家具、乐器等用，也是造纸和人造纤维的好原料。是本区重要造林树种。

（11）云杉林　分布面积大，是我国西南、西北高山林区主要用材树种。在本区川西岷江流域及甘肃洮河、白龙江流域有大片原始林，常有紫果云杉、青杄、黄果冷杉混生。云杉较耐干旱，较喜光，在岷江流域茂县汶川一带海拔1600～3600米环境适宜的地方都有生长；在川西次生碳酸盐褐土上生长良好。林分树高一般15～32米，最高可达45米，胸径25～50厘米，最大达1米；郁闭度0.6～0.8；每公顷木材蓄积量约400立方米。木材致密，纤维长，有弹性；树皮可提栲胶。在林窗、采伐迹地、撂荒地上天然更新良好，但林下更新不良。在本区较干旱的立地和撂荒地上造林很有前途。

（12）丽江云杉林　主要分布在金沙江及其以西、以南地区，在大渡河及岷江流域以北则属紫果云杉优势分布范围，两者之间常由川西云杉为主与两者混生。丽江云杉在川西康定以南比较稀少，一般不成纯林，常与黄果冷杉、长苞冷杉、川西云杉等混生，在上述分布中心的稻城、乡城、得荣、理塘、九龙、木里、盐边、盐源、冕宁、中甸等地有大面积纯林，常见于海拔3000～4000米的峡谷阴坡或半阴坡，上接红杉林，下达谷底，最低分布可在海拔2800米。要求排水良好、阳光充足的立地条件；一般林分多为复层异龄林，林分生产力高，树高30～35米，最高可达50米，胸径30～50厘米，最大可达2米，每公顷木材蓄积量450～720立方米，最高可达900米。在林缘、火烧迹地等光照条件好的地方天然更新良好，林木结籽也多，22年生即大量结籽，而在林内一般70年生才开始大量结籽。木材坚韧、稍轻、纹理直、硬度适中，可供锯材、造纸、人造丝原料、桥梁、造船、车辆、飞机、家具、乐器等用。为本区高山地带优良造林树种。

（13）红杉林　分布于四川西部、甘肃南部等地，在本区四川的康定、道孚、雅江、九龙、木里、汶川、理县、松潘、马尔康、大金、小金、刷经寺等地分布于海拔3000～4000米地带；甘肃洮河、白龙江流域也有分布。喜光树种，不耐庇荫，耐寒性强，要求排水良好的土壤，在潮湿和干燥瘠薄的土壤上也有分布，但生长不良。林分一般分布在山脊或山坡上部，湿润沟谷的尾部，上接高山灌丛草甸，下限常与云杉、冷杉林相接。在海拔3800～4000米地带常为纯林，垂直分布带下部常与岷江冷杉、鳞皮冷杉、紫果云杉、川西云杉混生。在海拔3800～4000米及以上生长慢，林木小，是冰碛石和流石滩上的先锋树种。一般树高14～20米，胸径38～40厘米，大者可达70厘米；郁闭度0.3～0.6；每公顷木材蓄积量100～200立方米。林冠下天然更新不良，在林缘、林窗下幼树较多。由于林分生产力低，通常居于森林线的最上限，采伐后又易向高山灌丛和草甸演替，故红杉林一般应划作水源林带，不宜作主伐利用。在适宜的立地条件下人工营造红杉林，生长迅速，是本区主要造林树种之一。木材轻韧，纹理直而美观，是良好建筑、家具和乐器用材。

（14）大果红杉林　分布于四川西部北纬 29°以南地区（以北地区以红杉为主），乡城、得荣、稻城、义敦、九龙以南木里等地有大面积分布；云南中甸的哈巴雪山、梅里雪山、西藏三江峡谷地区南部也有分布。一般在海拔 3000～4400 米的山脊、分水岭呈狭长带状或块状分布，生长地点与冰碛石有紧密联系。在几种云杉林和冷杉林的火烧迹地上能很快长成大果红杉林。大果红杉耐寒、喜光、耐瘠薄。土壤一般为弱酸性山地暗棕壤。林分一般树高 15～20 米，最高 30 米，胸径 20～40 厘米，最大 70～80 厘米；林分郁闭度 0.3～0.6，结构简单，林内明亮。在稻城日瓦乡海拔 4000 米贡嘎雪山，土薄，多碎石块，风大，大果红杉林树高仅 3～6 米，胸径 10 厘米。林分采伐后易演替为高山灌丛或草甸，因此，大果红杉分布带上限的林分应划为水源林，以防止采伐后森林线下降；如采伐和火烧不严重并保留母树，可望逐步恢复成林。在适宜生境上栽植的大果红杉人工林比天然林生长迅速。为本区南部优良造林树种。

四川红杉（*Larix mastersiana*）分布区狭窄，只限于四川平武、汶川、小金、宝兴等地，呈小块散生；目前有人工育苗造林，生长迅速。可在分布区内适生地带用作造林树种。

怒江红杉林　分布在滇西北金沙江流域、澜沧江流域丽江、剑川、维西、德钦、怒江流域贡山及西藏东部察隅、波密、墨脱海拔 2600～4000 米地带。

（15）高山松林　在本区广泛分布，为我国西南、青藏高原东南缘高山峡谷区主要松属树种，在南端与云南松相接，在北端与油松交错分布，其最东分布为康定西南折多山榆林宫。分布中心在九龙、木里以北及雅江、康定以南，有较大面积纯林。垂直分布在川西海拔 2000～3800 米，滇西北海拔 3000～3400 米，藏东南海拔 2500～3500 米地带。一般都在丽江云杉林、鳞皮云杉林、川西云杉林、冷杉林、长苞冷杉林带的下半部。高山松喜温、喜光、耐旱，常形成连绵数十里纯林，多生于干燥、土壤瘠薄、多石砾的阳坡。土壤为山地棕壤或山地褐色土。群落外貌整齐，结构简单，林分郁闭度 0.4～0.7。一般树高 10～20 米，最高达 35 米，胸径 15～30 厘米，最大 60 厘米。每公顷木材蓄积量 167～330 立方米。在半阴坡常与川西云杉、川白桦、山杨、槭等混生，生长比阳坡快，在山坡中下部生长较山脊或山坡顶部要快。林内很少风倒木、枯立木，病虫害较少。高山松结实率高，种子具翅，可风播至 50～100 米之外；种子萌发率高，天然更新良好。是砾质山坡的先锋树种，易成林。采伐后，一般都能恢复成林，但极度破坏或火烧后常演替为灌丛。采伐迹地可保留母树以保证天然更新，也可采用人工直播更新，由于本区干湿季明显，直播时期宜在雨季来临之际，对种子实行强度催芽，小穴浅播，也可试行飞播。材质良好，可供建筑用材，也可提取松脂。

（16）云南松林　分布广，以云贵高原为分布中心，主要分布于滇西北、川西海拔 2500～3000 米的阳坡，或为针阔叶树混交林破坏后形成的云南松林，常有长穗栎、帽斗栎（*Quercus guyavaefolia*）、黄背栎、光叶高山栎（*Quercus rehderiana*）等为第二林层。在滇中高原、滇南、滇东南、贵州西南、川西南等地垂直分布很低，且多与阔叶树混生，如在四川大渡河谷汉源、越西、石棉等地云南松分布于海拔 1000～1600 米地带。云南松适应性广，根系发达，生长迅速，林分郁闭度 0.5～0.7；平均树高 18～20 米，胸径约 24 厘米，每公顷木材蓄积量 300～340 立方米。云南松早期结籽，结籽期长，种子小而具翅，可风播在 50～100 米，在火烧迹地、撂荒地、林中空地、林缘、天然更新良好，幼树成片，俗称飞籽成林。目前生产上也有人工更新的，但因幼苗主根粗壮，起苗、运苗、栽植时损伤较重，加之造林地条件较差（干旱等），植苗更新往往成活率不高，宜用人工直播或撒播，在四川西昌、云南用飞机播种，已成林。云南松幼年期生长迅速，立木分化较早，也较剧烈，密度较大的幼林，应及早疏伐。

（17）高山栎林　主要分布在金沙江、雅砻江、无量河、安宁河流域以及大渡河、岷江、白龙江上游，西北可达平武县和大巴山西坡，呈局部分布，林地面积不大，常见于海拔 3000～4300 米的山腰、河谷或近山顶的凹面、漕沟，成小片纯林，在半阴坡、阴坡则在丽江云杉林、长苞冷杉林下形成第二林层。高山栎喜光照充足、温暖湿润气候及肥沃土壤的生境，也耐寒冷、干旱和瘠薄，但生长差，有时呈灌木状。纯林结构简单，郁闭度 0.7 以上，树高约 18 米，最高达 37 米，胸径约 50 厘米，最大达 1.1 米。高山栎林屡遭破坏后可形成高山栎灌木林。有高山栎为第二林层的针叶林、针阔叶混交林破坏后可形成高山栎林。高山栎材质均一，坚硬耐磨，适于用作车辆、农具、乐器、高级家具，纺织及体育器材；用于干馏时木炭质量极佳，还可得丙酮、甲醇、醋酸等多种化工产品。树皮和壳斗的单宁含量 11%～23%，可提取鞣料，种子可作饲料。

黄背栎、灰背栎、巴郎栎、川西栎，长穗栎分布面积小，它们与高山栎都属青藏高原东南边缘及横断山脉区第三纪残留的亚热带山地硬叶常绿阔叶林类型。

（18）红桦林、川白桦林、山杨林　三者分布区都广泛超过本区范围，在本区针阔叶混交林带、针叶林带内混生，并在这些原始林破坏后形成这三者与针叶树混交的次生林，也可形成三者各自为优势的小片林分，川白桦也是落叶阔叶林带的主要树种。红桦林在川西的绰斯甲、大金、小金、马尔康、黑水等地分布较集中，由此向西南的木里、丽江等地则逐渐减少，较少成林。红桦林郁闭度 0.5～0.7，树高一般 15～20 米，胸径 20～40 厘米，林下下木较密，天然更新不良，云杉类、冷杉类有一定数量的更新，如由林分自然演替，针叶林有可能经过红桦林和红桦与云杉类、冷杉类混交林的阶段得到恢复。红桦生长迅速，材质细致，为优良用材树种，但目前居民剥皮过度，树干受损伤和感染病虫害较严重。川白桦林在甘孜、道孚、乾宁、理塘等地常见，其他地区常混生于针叶林、红桦林内，林分郁闭度 0.5～0.7；树高一般 5～10 米，胸径 5～15 厘米；从天然更新状况看，云杉类、冷杉类也有在白桦林下发展的趋势。川白桦木材可供细木工用。山杨次生林郁闭度一般为 0.6；树高 6～8 米，胸径约 12 厘米；林下更新较好，生长迅速，木材供造纸、人造纤维、火柴杆等用。由于针叶树种更新慢，抚育困难，在本区已部分采用采伐迹地、火烧迹地撒播桦木种子更新的方法。红桦、川白桦、山杨的木材都不能水运，但可作当地民用材加以充分利用。

（19）铁杉、槭、桦针阔叶混交林，云南铁杉、槭、桦针阔叶混交林　铁杉、槭、桦针阔叶混交林主要分布于甘肃白龙江流域、川西岷江上游的理县，大渡河中上游的峨嵋、蛾边、泸定、康定、丹巴、小金、金川、马尔康。

云南铁杉在四川康定东南磨西面海拔 2600 米以上东向山坡组成大面积单纯林。云南大理苍山沟谷山坡海拔 2500～3000 米地带有纯林；由于剥树皮提栲胶，大树枯死，呈站杆状。

云南铁杉、槭、桦针阔叶混交林主要分布于四川峨边、峨眉山、康定、泸定、九龙、木里、滇西北。丽江铁杉在云南丽江一带与云南铁杉混生。垂直分布为海拔 2200～3000 米地带。

土壤为页岩、沙岩、石灰岩、板岩、云母片岩、花岗片麻岩母质上形成的山地棕壤和暗棕壤。组成针阔叶混交林的树种还有华山松、黄果冷杉、油麦吊云杉、栎类。铁杉类喜温凉气候，要求空气湿度大，土壤肥沃。针阔叶树混交林木材蓄积量每公顷400～700 立方米。林分天然更新良好。采伐后有可能形成以阔叶树为主的次生林。铁杉类木材纹理较细致，硬度中等，耐腐力强，可供建筑、飞机、家具、器具、造船、车辆及纤维工业原料；树皮可提栲胶，树干可割脂，提炼松香。

（20）常绿阔叶树林　在本区面积不大，在海拔 2000 米以下地带由于人为破坏形成落叶阔叶树成分增多的次生林。在峨边、马边海拔 1600～2000 米地带在 1936 年还有大面积常绿阔叶树原始林；组成森林的常绿阔叶树种有箭杆柯（*Lithocarpus viridis*）、丝栗（*Castanopsis platyacantha*）、木荷（*Schima crenata*）等，这三个树种组成混交林，或丝栗、木荷各自组成单纯林，林相整齐优美，殊不多见；天全境内向东山谷也有这类森林。在峨边向西海拔 1800～2200 米山谷地带有黄杉（*Pseudotsuga sinensis*）、包石栎（*Lithocarpus cleistocarpus*）等树种所组成的混交林。在云南境内有高山栲（*Castanopsis delavayi*）、长穗栲（*C. longispicata*）、元江栲（*C. orthacantha*）、箭杆柯、粗穗石栎（*Lithocarpus spicatus*）、白穗石栎（*L. leucostachyus*）截果石栎（*L. truncatus*）、白皮石栎（*L. dealbatus*）、大叶石栎（*L. megalophyllus*）、青冈栎、小叶青冈、滇黄栎（*C. delavayi*）、滇青冈（*C. glaucoides*）、长毛楠（*Phoebe forrestii*）、滇润楠（*Machilus yunnanensis*），长梗润楠（*M. longipedicellata*）。在峨眉山地区有：桢楠、细叶桢楠、润楠、银叶桂（*Cinnamomum mairei*）、川桂（*C. wilsonii*）、黑壳楠、香叶树（*L. communis*）、杨叶木姜子（*Litsea populifolia*）、乌药（*Lindera strychnifolia*）、毛豹皮樟（*Litsea coreana* var. *lanuginosa*）、厚朴、华木荷（*Schima sinensis*）、西南木荷等。对残存的常绿阔叶林（四川峨嵋、峨边，云南怒江西部），应妥加保护，宜划为自然保护区，对次生落叶阔叶树混交林也应保护，使之演替为常绿阔叶林。

（21）经济林木与四旁植树　本区除城镇外人烟稀少，且多少数民族、农户、牧户，经济林发展规模不大。有小片或分散栽植的核桃、花椒、梨、杏、苹果等；优良品种如川西金川雪梨、巴塘和凤仪的苹果均驰名中外，罐头远销西欧各国。高山河谷地带气候温凉、干燥、光照强，适宜栽培苹果和梨，本区不少地方可建成晚熟苹果和优良品种梨的生产基地。

本区森林资源丰富，单位面积蓄积量较高，是我国目前正在大规模采伐的林区之一。但这些年来采伐量远远超过生长量，造成过量采伐，加之本区山高坡陡以及针叶树种更新困难，更新工作远远落后于实际需要，现已总结经验，采用“宽带、大穴、壮苗、丛植”的方法栽植冷杉、丽江云杉、岷江冷杉，较能保证迹地更新。本区地形陡峻，基岩多为松软易风化的片岩、千枚岩、沙岩、页岩、板岩等，极易发生土崩、泥石流，又因林区位于几条大河中上游，对整个西南地区甚至长江中游地区的水源涵养都有重要意义，应减少采伐任务，明确本林区以经营水源林为主，合理采伐利用，要发展优良用材树种如紫果云杉等，提高木材利用率。应保持森林均衡生产，严格划定各种防护林，采取合理采伐方式和集运材方法，保证及时更新。低海拔地区应大力绿化荒山，本区无林荒地约占土地总面积 13%，这为发展林业和果树业提供有利条件；可发展核桃、板栗、花椒、桃、梨、柿、苹果等经济林木；也可利用高山动植物资源，发展药用、饲料植物和饲养獐鹿等。

本区主要造林、更新树种有：紫果云杉、云杉、鳞皮云杉、丽江云杉、川西云杉、麦吊云杉、油麦吊云杉、青杆、岷江冷杉、长苞冷杉、鳞皮冷杉、川滇冷杉、红杉、大果红杉、四川红杉、怒江红杉、高山松、华山松、云南松、油松、铁杉、云南铁杉、高山栎、红桦、云南油杉（*Keteleeria evelyniana*）。在川西北、青海一带石灰岩母质的土壤上有大果圆柏、方枝柏、塔枝圆柏（*Sabina komarovii*）、祁连圆柏（*S. przewalskii*），在四川九龙、木里，云南西北部有垂枝圆柏（*S. pingii*）。次要造林树种有山杨、德钦杨（*Populus hoana*）、川白桦、多种槭树等。

9 西藏高原区

西藏高原的北部和西部是著名的羌塘高原，气候干旱寒冷，没有森林分布。仅在西藏高原的东南部，即喜马拉雅山脉、横断山脉和念青唐古拉山脉的高山峡谷地带生长有广阔的森林。西藏的森林具有独特的树种组成、丰富的植被类型、完整的垂直带谱和巨大的森林生产力。西藏特有的裸子植物有 15 种以上，如西藏红杉（*Larix griffithiana*）、喜马拉雅红杉（*L. himalaica*）、乔松（*Pinus griffithii*）、西藏柏木（*Cupressus torulosa*）、巨柏（*C. gigantea*）、西藏冷杉（*Abies spectabilis*）、长叶云杉（*Picea smithiana*）、林芝云杉（*P. linzhiensis*）等；还有第三纪孑遗的云南红豆杉（*Taxus yunnanensis*）、海南粗榧（*Cephalotaxus hainanensis*）、百日青（*Podocarpus neriifolius*）以及短柄垂子买麻藤（*Gnetum pendulum* f. *intermedium*）。

本区面积辽阔，地形复杂，形成了极明显的垂直气候带和植物垂直分布带。根据区域性气候的差异，本区可分为三个亚区。

9.1 藏南高山峡谷潮湿和湿润的针阔叶混交林区

主要指西藏南部，北以喜马拉雅山为界，南至国境线，包括我国境内喜马拉雅北坡以及其东面毗邻的察隅河流域的森林，即包括察隅、墨脱、达旺以南的雅鲁藏布江下游及亚东、聂拉木地区。林区山峰高耸，河流深切，因直接承受印度洋暖湿气流，年降水量通常在 1000～2000 毫米及以上，南部局部地区可达 4000 毫米，甚至 6000 毫米。雨量的 70%集中于雨季（5 月半至 11 月半），干湿季明显。其森林垂直分布分述如下：

（1）海拔 500 米以下的热带、亚热带常绿阔叶林带　本地区河谷冬季无霜，年平均温度 22℃以上，降水量通常在 1500 毫米以上，这是北半球热带向北延伸最远的地域。土壤是山地砖红壤。组成森林的树种有：娑罗双树（*Shorea robusta*）、榄仁树（*Terminalia* spp.）、紫薇（*Lagerstroemia* sp.）、苹婆（*Sterculia* sp.）、羽叶楸（*Stereospermum tetragonum*）、小花五桠果（*Dillenia pentagyna*）、四数木（*Tetrameles nudiflora*）、番樱桃（*Eugenia* sp.）、木棉（*Gossampinus malabaricus*）、羊蹄甲（*Bauhinia* spp.）等，以及壳斗科、樟科的常绿树种。在河岸沙质土壤上有由多果榄仁树（*Terminalia myriocarpa*）、光叶桑（*Morus macroura*)、八宝树(*Duabanga grandiflora*)、羽叶楸、红椿(*Toona ciliata*)等组成的林分。本带可试种橡胶、金鸡纳、胡椒、可可、油瓜等经济林木和发展杧果、木菠萝、番木瓜等热带水果。

(2)海拔 500～1000 米为热带向亚热带过渡的准热带季雨林带 年平均气温 20～22℃,全年无霜或偶有轻霜。土壤为山地红壤。林分的上层主要由多果榄仁树、小果紫薇、西藏天料木(*Homalium tibeticum*)、印度栲(*Castanopsis indica*)、弯刺栲(*C. clarkei*)、短刺栲(*C. echinocarpa*),以及石栎属、黄肉楠属、樟属、杏仁厚壳桂(*Cryptocarya amydaliana*)、峨嵋木荷、云南杜英(*Elaeocarpus varunnua*)等组成。每公顷木材蓄积量不超过 300 立方米。因树干干形不通直,木材利用价值不太高。林分破坏后演替为榕树(*Ficus* spp.)和野桐(*Mallotus* sp.)、阿丁枫(*Altingiaexcelsa*)及竹类组成的次生林。河谷两侧的杂木林由紫珠(*Callicarpa* sp.)、叶轮木(*Ostodes paniculatus*)、中平树(*Macaranga denticulata*)、粘巴树(*Wallichia gracilis*)组成的杂木林。本带可以发展茶树、油桐、油茶等经济林木。

(3)海拔 1000～1800(～2100)米为山地亚热带常绿阔叶林带 气候温暖湿润,年平均气温超过 10℃,无霜期 8 个月以上,年雨量略超过 1000 毫米。土壤为山地黄壤。林分以壳斗科、樟科树种为优势,混生有木兰科、山茶科、五加科的树种,如短刺栲、印度栲、蒺藜栲(*Castanopsis tribuloides*)、毛叶黄杞(*Engelhardtia colebrookiana*)、润楠、杜英等。林分树高可达 30～50 米,每公顷木材蓄积量 300～400 立方米。阳坡可见西藏长叶松(*Pinus roxburghii*)、乔松和云南松林。

(4)海拔 1800(～2100)～2400 米为山地温带一落叶阔叶树混交林带 年平均气温约 10℃,无霜期约 7 个月。土壤为山地黄棕壤。林分由壳斗科常绿树种如薄片青冈(*Cyclobalanopsis lamellosa*)、曼青冈(*C. oxyodon*)西藏石栎(*Lithocarpus xizhengesis*)和落叶树种巴东栎(*Quercus engleriana*)、通麦栎(*Q. incana*)以及香椿、水青树等组成。平均树高 30 米,每公顷木材蓄积量 300～400 立方米。阳坡和山脊有云南松、乔松林,每公顷蓄积量可达 800 立方米。河漫滩上有旱冬瓜(*Alnus nepalensis*)林、大叶杨(*Populus lasiocarpa*)、缘毛杨(*P. ciliata*)林。

(5)海拔 2400～3100 米为山地温带针阔叶混交林带 年平均气温 10～7℃。土壤为山地棕壤。主要是云南铁杉林,林内阴湿,树上挂满苔藓,称"苔藓林"。树高一般达 50 米,每公顷蓄积量最大可超过 1000 立方米。阳坡有高山松、高山栎林。

(6)海拔 3100～4000(～4300)米为山地温带及寒温带针叶林带 年平均温度 2～7℃,年降水量 500～1000 毫米。土壤为山地暗棕壤,山地棕色暗针叶林土。主要树种有急尖长苞冷杉(*Abies georgei* var. *smithii*)、墨脱冷杉(*A. delavayi* var. *motuoensis*)、西藏冷杉(*A. spectabilis*)、丽江云杉、大果圆柏等。林木高大通直,每公顷蓄积量达 2000 立方米以上,居世界同类森林之冠。次生林有糙皮桦、山杨林。在狭长河谷有西藏红杉林,西藏红杉也常混生于冷杉和云杉林内,并为采伐迹地、火烧迹地的先锋树种。

(7)海拔 4300 米以上为高山草甸带,海拔 5000～5500 米为高山垫状植物带,海拔 5500～6200 米为终年积雪带。

9.2 雅鲁藏布江中游湿润山地针叶林区

本林区北以念青唐古拉山脉为界，南达喜马拉雅山主脊至德母拉一线，东起然乌，西至敏松-特鲁拉山口，包括波密、林芝、工布江达、米林、朗县、加查等地。为高山河谷地貌，气候温凉湿润，年平均气温 8.5～11.4℃，年降水量 500～960 毫米。土壤为山地暗棕壤。阴坡森林由西藏冷杉、墨脱冷杉、林芝云杉组成。西藏冷杉林主要分布在海拔 2600～3800 米地带，墨脱冷杉林分布在海拔 3000～3800 米地带，林芝云杉林主要分布在海拔 3400～3700 米，最低可达 3100 米。针叶林蓄积量大，林木平均胸径约 1 米，平均树高约 57 米；每公顷蓄积量 1200～2200 立方米，林分年生长量每公顷 10 立方米；单株材积平均 6.1 立方米，最大可达 17 立方米，林木很少病腐。巨柏分布于阳坡，林木稀疏。林分采伐和火烧后常形成山杨和桦木次生林。阳坡主要是高山松林、华山松林、巴郎栎林、大果圆柏林。本区为西藏正在开发的重点林区，松林的天然更新较好，林芝云杉林，西藏冷杉林，墨脱冷杉林应辅以人工促进更新。本林区适宜发展苹果、梨、桃、核桃等干果，近年来栽种的茶树已摘尖制茶。

9.3 横断山脉（或三江）干热河谷半湿润针叶林区

本林区位于西藏东部的横断山脉和三江（金沙江、怒江、澜沧江）流域，包括昌都、类乌齐、左贡、芒康、察隅以及那曲等地。地形以高山峡谷为主，海拔变化稍小，坡度稍缓，河谷最低处海拔 2700 米。河谷因焚风效应，降水量稀少，气候燥热少雨，出现干旱灌丛植被类型。但随海拔升高，降水量及相对湿度增加，在亚高山带出现块状针叶林，主要由川西云杉和大果圆柏组成，川西云杉多分布于阴坡，最高可达海拔 4400 米，大果圆柏多分布于阳坡。在芒康一带海拔 3800～4000 米有鳞皮冷杉；芒康、左贡南部海拔 3200～3800 米地带半阴坡、阴坡有高山松林、巴郎栎林。巴郎栎在海拔 4200 米以上呈灌木状。在本林区应严格控制采伐量，保留必要的禁伐林带。宜林地在人力能及的条件下应加速造林工作。在河谷可发展梨、苹果、石榴、葡萄、桃、柑橘、核桃等。

藏南喜马拉雅山区的主要森林类型简述如下。

(1)西藏冷杉林　分布于西藏南部和喜马拉雅山区海拔 3200～4000 米地带的阴坡、半阴坡，在海拔 3200～3600 米的林分生长良好。土壤为山地砾质暗棕壤，排水良好。林龄一般都在 200 年以上，林分郁闭度 0.5～0.7，平均树高 38～40 米，平均胸径 50～60 厘米，每公顷蓄积量 400～700 立方米，林相整齐，林木通直，病腐率 20%左右，林下有杜鹃类，低海拔地带有槭树和多种灌木。林下更新较差，每公顷有 10 年生以上西藏冷杉幼树约 200 株，主要由于光照不足和枯枝落叶层厚，不利于种子发芽和幼苗生长。在海拔 3600 米以上地带的林分生长较差，郁闭度 0.4～0.5，林龄通常在 300 年以上，平均树高 15～18 米，胸径 50～60 厘米；每公顷蓄积量 100 立方米左右，林下杜鹃丛生，西藏冷杉天然更新不良。木材可供建筑和优良家具用。目前因交通不便，不宜盲目开发利用。

（2）西藏红杉林及喜马拉雅红杉林　西藏红杉林分布于西藏南部和东南部海拔3200～4100米陡坡和土壤浅薄、多石砾的河滩或冰碛坡上，成小片纯林，也常与西藏冷杉混生。西藏红杉喜光，耐瘠薄土壤，在西藏冷杉林被破坏土壤受侵蚀的地方有西藏红杉更新，常成疏林，郁闭度0.4以下，树干端直。人工林生长迅速。木材硬度适中，耐久用，可供建筑、枕木、矿柱、家具用材。树皮可提栲胶。对本区西藏红杉天然疏林应加保护，不宜主伐利用，并应大力发展人工林及促进更新。

喜马拉雅红杉林分布于西藏南部及珠穆朗玛峰北坡海拔3000～3500米地带，生于河漫滩上或河谷两岸。

（3）糙皮桦林　在海拔3000～4300米地带广泛分布，糙皮桦耐寒，耐瘠薄土壤，在阴坡常与杜鹃混生，在向阳陡坡常成小片纯林。树高不及12米，林分郁闭度约0.5。海拔4000米以上生长缓慢，呈小乔木状。林分经济用材价值不大。

（4）云南铁杉林　分布于2800～3100米，是针阔叶混交林带的主要森林类型；在阴坡、半阴坡的中上部常成纯林，或与西藏冷杉、乔松等混生，林地肥沃湿润，排水良好，林分大部分为成熟林，郁闭度0.6～0.9，平均树高25～28米，胸径44～50厘米，每公顷蓄积量400～500立方米。林下多箭竹、杜鹃，有时高山栎形成第二林层。云南铁杉天然更新良好，每公顷有2年生幼苗28万株，3～5年生幼苗1万株，幼树100株；调查材料证实幼苗成长为幼树者较少，这与幼苗随年龄增大需光性亦相应增强有关。在开阔的河谷地带生长良好，在平缓阳坡的肥沃土壤上生长最好。在郁闭度大的林分内生长差，被压木也较多。云南铁杉木材纹理直，结构细致，坚韧，耐水湿，可供建筑、飞机、家具、造船、车辆、纤维工业原料等用。树皮可提栲胶，树干可割树脂，提炼松香和松节油；树根、树干及枝叶均可提取芳香油。

（5）垂枝柏（*Sabina recurva*）林　分布于海拔2700～3900米地带，海拔3600～3800米有茂盛的林分。耐瘠薄土壤，常生于阳坡冰碛物坡上。林分郁闭度约0.5，平均树高18～25米，生长差的高13米，平均胸径25厘米；心腐较严重，每公顷蓄积量不及200立方米，生长好的林木树高可达30米，胸径1.2米。垂枝柏不耐荫，林下更新不良，在空旷地更新良好。木材坚韧细致，可供优良家具用材。本区的垂枝柏林具有重要保持水土作用，不宜主伐利用。

（6）滇藏方枝柏（*Sabina wallichiana*）林　分布于西藏南部、东部，云南西北部海拔3800～4000米的阳坡，土层薄，林木生长缓慢。林分郁闭度不及0.4，平均树高10～14米，胸径50～60厘米，发病率达90%。林内有少量西藏冷杉、桦木。林下更新不良，在河滩开旷地更新良好。对滇藏方枝柏疏林应加保护，不能主伐利用。

（7）乔松林　分布于海拔2500～3000米地带，耐旱性强，在落叶阔叶林破坏后干燥的立地条件下乔松能迅速成林。林下天然更新好。乔松是干旱山坡的优良造林树种。树干通直，材质优良。

（8）落叶阔叶林　分布于海拔2500～2800米地带，气候温暖，雨量丰沛，空气湿度大，夏季浓雾弥漫。土壤为酸性山地棕壤。林木主要是槭树类、雷公鹅耳枥、曼青冈、木蜡树等，林内藤本、附生植物、寄生植物和大型蕨类发达，带有雨林色彩。林分破坏林地干燥后常为乔松或杂灌木所代替。

本区森林资源丰富，林木生长迅速；由于地形复杂，交通不便，森林资源尚未开发利用。本区结合森林开发利用，可利用水力发电，建立小型木材加工厂和林产化工厂，制成成品、半成品外运。本区的森林开发利用需合理规划，以利水土保持和水源涵养，防止沼泽化和泥石流的发生。本区植被和动植物发生历史较年轻，垂直分布带明显，对研究喜马拉雅动植物区系、土壤发生与冰川的关系有独特的条件，应建立大面积的自然保护区供科学研究之用。本区在海拔1000米以下地带可试种橡胶、金鸡纳、咖啡、胡椒、可可、油瓜等经济树种，可发展杧果，木波罗、番木瓜、荔枝等热带水果；在亚热带山地可发展茶树、油桐、油茶、漆树、花椒、柑橘、核桃、苹果、梨等。

10 西　北　区

包括新疆天山、阿尔泰山、青海祁连山、宁夏贺兰山和内蒙古的阴山区。本区位于欧亚大陆的中心部分，除新疆阿尔泰山西北部外，降水十分稀少，为高大山脉所环抱的盆地尤为干旱，形成我国著名的塔克拉玛干、吉尔班通古特、巴丹吉林、腾格里沙漠。本区具有典型的大陆性气候，干燥，云量少，日照丰富，降水量在山区略多，并随高度而增加，山地较山麓湿润。例如青海祁连山间谷地年降雨量为 300 毫米，高山地带为500～800毫米；新疆天山博格多山天池达800毫米。在山地降水较丰富的地区有森林分布，但在一定海拔以上降水量又渐减，形成森林分布的上限，即森林线。本区的山地林区分述如下：

10.1 阿尔泰山林区

山脉自西北走向东南，南临准噶尔盆地，海拔1500～3400米及以上，山势平缓。山区上部寒冷湿润，夏季最高温度在20℃以下，日温差大，7月日间温和，夜间溪水边结薄冰；因地处高纬度，夏季生长期短，日照特长，夜时特短。本区受北冰洋气流影响，西北部湿润，至东南渐干燥，西北部年降水量在海拔1000米以下约为250毫米，1000～1500米间为250～350毫米，1500～3000米间为350～500毫米，最多可达800毫米。母岩多为酸性变质岩和花岗岩，森林和森林草原带的土壤主要是山地灰色森林土，山地棕色针叶林土、山地栗钙土、草甸带的亚高山草甸土及高山草甸土以及荒漠草原和荒漠带的山地棕钙土、灰棕荒漠土、高山顶为高山石漠土等。

阿尔泰山东南部接近蒙古大陆性气候以新疆落叶松（*Larix sibirica*）林为主，向西北部接近苏联，湿度增大，逐渐以新疆云杉（*Picea obovata*）占优势，在低海拔气温稍高，土质较肥，有新疆五针松（*Pinus sibirica*）分布，高海拔气候冷湿有新疆冷杉（*Abies sibirica*）分布。西北部的植被垂直分布带大致如下。

（1）高山石质带　海拔2500（～3200）米以上。主要是冰碛乱石堆，植物贫乏。

（2）高山草甸带和亚高山草甸带　海拔2100（～2300）～2500（～3200）米。

（3）山地针叶林带　海拔1300～2500（～2700）米。自大清河至布尔津河流域有大面积新疆落叶松林，每公顷蓄积量约300立方米，在河谷地带及河流两岸有新疆云杉与新疆落叶松的混交林。针叶林破坏后形成以欧洲山杨（*Populus tremula*）、白桦、疣枝桦

（*Betula pendula*）为主的次生林。

（4）山地草原带和山前荒漠草原带　海拔 1300 米以下。在山地河流两岸有走廊式的苦杨（*Populus laurifolia*）林。

东南部趋于干燥，山地针叶林带的下限为海拔 1700 米（西北部为海拔 1300 米），在东南端的北塔山，由于大气湿度更低，新疆落叶松林的下限升高至海拔 2100～2300 米，林内混生天山云杉。

阿尔泰山最西北部布尔津河上游的卡纳斯河和霍姆河流域海拔 1900～2350 米的山地是西伯利亚南部山地泰加森林群落的南界。

本区四个主要森林类型分述如下。

（1）新疆落叶松林　新疆落叶松是组成广阔的北方泰加林地带的树种，在苏联西伯利亚、乌拉尔等地广泛分布，在我国主要分布在阿尔泰山西南坡，在东部天山有岛状分布，在准噶尔西北的萨乌尔山也有少量分布。新疆落叶松的抗寒性和耐旱性均较强，耐强度石质化土壤，在土壤肥力较高的地方生长好。喜光，林冠疏透，郁闭度 0.4～0.6，除纯林外，在阿尔泰山西北地带有少量新疆冷杉、新疆五针松、新疆云杉混生。每公顷蓄积量平均 200 立方米，最高可达 600 立方米。林冠下天然更新不良，在有新疆冷杉和新疆云杉混生时，云冷杉的幼树在林冠下生长较好，从演替趋势上有替代新疆落叶松的可能，但由于生境较干旱和历史上火灾频繁，新疆落叶松仍能保持优势，保存有纯林和以它为优势的混交林。在火烧迹地上，天然更新较好。木材心材褐红色，坚实耐腐，为建筑和优良木工用材；树皮甚厚，富含单宁，可提取栲胶。

（2）新疆五针松与新疆落叶松混交林　分布于阿尔泰山西北地带，林分以新疆五针松占优势，郁闭度 0.6～0.8，林分生产力比新疆落叶松纯林稍高。通常新疆落叶松树高 22～25 米，形成第一林层，新疆五针松树高 15～20 米，为第二林层。

（3）新疆冷杉和新疆落叶松混交林　分布于阿尔泰山西北地带海拔较低的平缓阴坡上，雨量较多，湿度大，林分郁闭度 0.6～0.8，新疆冷杉占优势，每 100 平方米有 10～19 株，平均树高 25 米，胸径 15～30 厘米，新疆落叶松每 100 平方米仅有 3～4 株，树高 25～28 米，胸径 25～35 厘米；新疆冷杉林下天然更新良好，每 100 平方米有幼树 82～123 株。本类型显然是新疆冷杉因生境较适宜而逐渐代替了新疆落叶松，形成了较稳定的群落。

（4）新疆云杉林　新疆云杉为山地南泰加林树种，在我国分布于阿尔泰山，向东分布于青格里河。主要分布在卡纳斯河中游海拔 1300～2000 米的谷地和阶地上。土壤潮湿，为泥炭沼泽化土。成小片纯林，或在阴坡下部与新疆落叶松混生，后者常形成第一林层。林分郁闭度 0.6～0.8；新疆云杉树高一般 30～35 米，平均胸径 20～35 厘米，最大可达 60 厘米，为阿尔泰山地泰加林中最高大的乔木。林下天然更新良好，每平方米内有幼苗 27 株。

本区的森林和草原资源均较丰富，但林分大都是成熟林和过熟林，应结合采伐利用，促进天然更新。本林区地处荒漠草原，应十分重视现有森林在保持水土和调节水源方面的重要作用。新疆落叶松适应较干旱、瘠薄和高寒生境，能在火烧迹地、撂荒地上天然更新，幼树生长迅速，耐霜冻，为本区主要造林更新树种。新疆冷杉、新疆云杉为耐阴树种，与新疆落叶松混交形成复层林，生产力较高，群落稳定，林冠下天然更新好，可注意在造林更新时培植这类混交林类型。本区煤炭资源少，在城镇、农牧居民点结合农田防护林、四旁绿化，应大力营造用材林和薪炭林。

本区主要更新及造林树种为新疆落叶松、新疆五针松、新疆云杉、天山云杉、疣枝桦、白榆、新疆大叶榆（*Ulmus laevis*）、银白杨（*Populus alba*）、白柳（*Salix alba*）等。

10.2 天山林区

天山横亘于新疆中部，东西走向，山势高峻，一般海拔在 4500 米以上，向东山势渐低。天山位于大荒漠之间，下部受大陆性气候影响，极为干燥。北坡迎风，上部承受北冰洋湿气流，较为湿润，有森林植被；南坡干旱，几无大片森林分布。天山西段，有伊犁盆地向西敞开，西来的大西洋湿气流得以深入，故天山西段较东段湿润。天山北坡年降水量在山麓地带为 150～250 毫米，前山带 300～400 毫米，山地降水量随海拔而渐增，在森林带一般为 300～650 毫米，以西段北坡最湿润，年降水量可达 800 毫米，山顶终年积雪。本区气温较阿尔泰山温和。土壤的垂直分布次序自准噶尔盆地的荒漠至天山上部是：荒漠土、山地棕钙土、山地栗钙土、山地灰褐色森林土、亚高山草甸森林土、高山草甸土、高山石漠土。低海拔有盐碱土及飞沙土。

天山北坡的植被垂直分布自上而下大致是：高山石漠、高山草甸、亚高山针叶林、灌木草原、草原、荒漠。天山东西绵延很长，东、中、西各段的垂直分布海拔有所不同：西段的森林带分布在海拔 1300～2850 米，优势树种为天山云杉，每公顷蓄积量 700 立方米，是天山云杉林分生产力最高的地段，中段的森林带分布在海拔 1450～2700 米，每公顷蓄积量 300～400 立方米；东段（巴里坤、喀尔雷克山）的森林带分布在 2100～2800 米，主要树种为新疆落叶松，每公顷蓄积量 300 立方米。在伊犁河谷湿润山区有新疆野苹果（*Malus sieversii*）林；在冷湿的准噶尔阿拉套山地北坡有新疆冷杉和天山云杉混交林；在塔里木盆地，准噶尔盆地河岸有走廊式荒漠林，主要树种有：胡杨（*Populus euphratica*）、沙枣（*Elaeagnus angustifolia*）、柽柳等。

本区主要森林类型分述如下：

（1）天山云杉林　在我国集中分布于天山北坡，在天山南坡、昆仑西部和准噶尔西部山地有小量分布，东西绵延约 1800 公里，向西分布进入苏联境内天山和阿赖山。林下土壤为山地灰褐色森林土，无灰化现象，有明显黏化过程和或多或少的碳酸钙积累。天山云杉对较干旱、荒漠山地寒冷气候具有较强的适应性。树高一般 25～30 米，最高达 60～70 米，每公顷蓄积量 300～700 立方米。多为纯林，在天山东段与新疆落叶松组成混交林，伴生树种偶有欧洲山杨、疣枝桦、天山桦（*Betula tianschanica*）、新疆桦（*B. turkestanica*）等；林下天然更新尚可。采伐后应人工更新，促进尽早恢复成林，否则易演替为次生的山杨林、桦木林和崖柳（*Salix xerophylla*）林，森林极度破坏则将演变为灌丛或草甸。天山云杉木材较松软，但纹理直，结构细，为良好的建筑用材。

（2）新疆落叶松林　在天山东段有分布，林分与阿尔泰山分布的相似。土壤为山地灰褐色森林土，无灰化（阿尔泰山为山地灰色森林土），底土常有碳酸钙积聚。

（3）欧洲山杨林　在天山北坡森林带下部海拔 1500～2400 米地带有次生的块状林，天山中段博格多山的林分林龄一般为 30～50 年，高达 16～20 米及以上，郁闭度 0.6～0.8。易更新，生长迅速，常为采伐或火烧迹地的先锋树种。

（4）新疆野苹果林　分布于伊犁地区天山西段和准噶尔西部的巴尔雷克山，向西沿天山分布至中亚细亚和帕米尔一阿赖山地，在海拔 1000～1600 米地带有小片林木。土壤为褐土，林分树高 5～12 米，最高达 18 米。林分偶有欧洲山杨和天山云杉混生。野苹果可酿酒和加工为果酱。林分具有保持水土的作用。

（5）胡杨林　胡杨是中亚荒漠中分布最广的树种，在极其干旱的荒漠地区形成片片绿洲。在塔里木盆地的河谷最集中，形成走廊式森林，向东经罗布低地和哈顺戈壁至甘肃河西走廊西端的额济纳谷地。在准噶尔盆地、伊犁谷地，柴达木盆地、甘肃河西走廊部分地方、宁夏阿拉善沙漠有小片分布或零星分布。胡杨适生于大陆性荒漠气候，其分布区极端最高气温 40～45℃，极端最低气温达–40℃，无霜期 120～240 天，年降水量不足 100 毫米。胡杨生长依靠地下水和河流的泛滥水，故在终年无雨的沙漠内部河岸旁有分布。胡杨林通常分布在海拔 1500 米以下的荒漠河谷和绿洲中，在塔里木盆地南部可上达海拔 2400 米的河谷，在柴达木盆地上达海拔 2900 米。土壤为盐渍化沙土、沙壤或壤土，以及荒漠化森林草甸盐碱土。林分一般树高 10～20 米，最高达 28 米，胸径一般几十厘米不等，最大达 1 米。林分郁闭度 0.2～0.3，在水分条件好的情况下可达 0.5 以上，形成高大郁密的森林。天然和人为的河流改道是胡杨林衰退的主要原因，目前不合理砍伐，加速了胡杨林的缩小，胡杨林及散生的树木一旦遭受破坏，极难恢复，将迅速形成裸露沙地，甚至流沙。木材纹理不直，结构较粗，为荒漠地区的重要用材。叶和嫩枝可作饲料，树液含胡杨碱，可供食用及制皂原料，入药称“胡杨泪”。

天山北坡林区拥有较可观的森林资源，是荒漠地区珍贵的财富并具有极其重要的涵养水源和调节气候的作用。如过量采伐又不及时更新，势必引起气候趋向干燥，雪线上升，草甸扩大，牧场质量恶化，荒漠向山地侵入，危及天山山麓重要农区，造成不可挽回的生态后果。必须坚持合理安排采伐量，注意采伐方式和及时更新；在绿洲农业区要大力营造农田防护林带，加强四旁植树造林，营造防风固沙林。对天然梭梭林，胡杨林必须严加保护，并划出一定面积的自然保护区。在天山北麓低山地带适宜发展耐寒的苹果、海棠、酸樱桃，在盆地绿洲栽植葡萄、桃、杏、核桃等。

天山林区的主要更新造林树种有：天山云杉、新疆落叶松、欧洲山杨、疣枝桦等，适于在平原营造防护林及四旁植树的树种有：大叶美国白蜡（*Fraxinus americana*）、美国白蜡（*F. americana* var. *juglandifolia*）、小叶白蜡（*F. sogdiana*）、白榆、新疆大叶榆、羽叶槭（*Acer negundo*）、银白杨、箭杆杨、新疆杨（*Populus bolleana*）、小黑杨、群众杨、白柳、桑树、黄檗、心叶椴（*Tilia cordata*）、水曲柳、元宝槭等。适于沙地造林的树种有阿月浑子（*Pistacia vera*）、沙棘（*Hippophae rhamnoides*）、梭梭（*Haloxylon ammodendron*）、白梭梭（*H. persicum*）、柽柳、花棒（*Hedysarum scoparium*）、沙枣等。

10.3　祁连山林区

祁连山由一系列北西西走向的高山和谷地组成，连绵约 1000 公里，山势西北高，东南低，夹峙于柴达木盆地、巴丹吉林和腾格里沙漠之间，北坡之下为著名的河西走廊。气候干燥，阳光充足，气温及寒暑变化剧烈。由于东西两端距海洋远近不同，自东南向西北有逐渐变冷变干的趋势，故东段较湿润，有森林分布，属森林草原区，西段与东阿尔金山相接，无森林，属半灌木荒漠、草原区。祁连山东段年降水量在海拔 2300 米以下山前荒漠草原为100～300毫米，海拔2300～2600米山地草原为300毫米以上；海拔2600～3400米森林带为500余毫米，海拔3400～3900米高山草甸带为600毫米以上，再高至冰川积雪带可达800毫米。土壤由下向上依次为山地灰钙土、山地栗钙土、山地灰褐色森林土、亚高山草甸草原土、高山草甸草原土。

森林带以青海云杉（*Picea crassifolia*）、祁连圆柏为主，也有大果圆柏。青海云杉林多分布在阴坡，成不连续的块状林，祁连圆柏、大果圆柏多分布在阳坡。祁连山东端之大通河因气候较湿润，森林带下部有油松、山杨混交林。现将本区两个主要森林类型分述如下：

（1）青海云杉林　集中分布在祁连山东段都兰以东海拔2400～3400米的阴坡、半阴坡；在宁夏贺兰山、六盘山、甘肃兴隆山、内蒙古大青山也有分布。土壤为山地灰褐色森林土，富钙质，土层薄。纯林，在半阴坡常与祁连圆柏混交。林分郁闭度0.5～0.8；树高平均约20米，最高可达30米。青海云杉耐旱性强，耐阴性中等，由于郁闭度不大，林下天然更新良好。林内病虫害较严重。林分破坏后易向山杨和红桦次生林发展。祁连山北坡河西走廊北面有青海云杉林、青杆林，以及两者的混交林。青海云杉材质优良，可供建筑、桥梁、造船、车辆、家具、器具及木纤维工业原料用。

（2）祁连圆柏林　四川北部、青海东部、甘肃河西走廊及南部均有分布。集中分布于祁连山，在阳坡成优势林分，其蓄积量约占本林区总蓄积量的8%。祁连圆柏耐寒、耐旱、耐瘠薄。一般为疏林，郁闭度0.2～0.4，生长缓慢，树高一般8～12米，胸径最大达1米。在都兰附近残留有数百年生的稀疏老林。林下更新差，林分破坏后常为灌丛、草甸所代替，极难恢复成林。木材坚韧细致，可供建筑、家具、农具及器具用。

祁连山海拔4500米以上有永久积雪与冰川覆盖，冰雪融水对河西走廊及柴达木盆地农牧业和工业发展具有重要作用；祁连山南北坡的森林带对调节气候和水源，保障优良的草场质量和农业用水也有极其重要的作用。本区在林业经营方向上应以发展水源林为主，除在采伐迹地加强人工更新外，对不适宜作牧场的荒山草坡应大力造林。

本区主要造林树种有：青海云杉、大果圆柏、祁连圆柏、油松、青杨、沙棘等，可试种华北落叶松。

10.4　贺兰山、阴山林区

本区位于我国温带草原区，阴山、贺兰山一线把内蒙古高原与华北山地及平原分开。其植被在阴山北坡多蒙古成分，南坡多接近华北山地成分。阴山由若干东西走向的断块山地组成，西为狼山，海拔1500～2000米，中为乌拉山，最高海拔2200米，东为大青山，最高2300米。阴山南北两侧不对称，南坡陡降，相对高度在1000米以上，北坡平缓下降至乌兰察布高平原。由狼山向西南越过乌兰布和沙漠与贺兰山相对；贺兰山为一狭长山地，走向北北东，海拔2000～2500米，最高峰3000米以上。本区气候干燥，年降水量250～300毫米，山地略多。山地土壤为山地栗钙土、山地灰褐色森林土、亚高山及高山草甸草原土。阴山与贺兰山对本区的河套平原有屏障作用，使其少受风沙为害。阴山的基带为草原，向上依次为山地落叶阔叶林带、山地寒温针叶林带、亚高山灌丛及草甸带；海拔1700米以下有油松、杜松、侧柏疏林或散生树木，萌生的辽东栎矮林以及白桦、山杨林；海拔1700～1900米阴坡有以青海云杉为主的针叶林。贺兰山海拔1500米以下为荒漠草原，海拔1500～2000米为山地草原或森林草原带，海拔2000米以上为山地落叶阔叶林带、寒温针叶林带、亚高山草甸带。森林分布于海拔2000～3000米，下部为油松、杜松、山杨，上部为青海云杉纯林。

本区森林蓄积少，林分多残破，不宜主伐利用，应妥加保护，作为水源林经营，并须大力造林，扩大森林面积，在农业区应营造农田防护林带。

新疆石河子农田防护林对农业增产发挥了农田防护作用。在建设农田防护林工作上有新的创造，并积累了丰富的经验。

本区主要造林树种有：青海云杉、青杄、侧柏、油松、樟子松、杜松、青杨等。在河套农业区营造农田防护林可用小叶杨、箭杆杨、群众杨，小黑杨、北京杨、新疆杨、二白杨、旱柳等。在沙荒可用沙枣、柽柳、沙柳（*Salix mongolica*）、梭梭、花棒等。

10.5　黄土高原区

本区包括秦岭以北、青海东部、甘肃乌峭岭以东、宁夏南部、太行山以西的山地及黄土丘陵。

（1）黄土高原山地林区　包括中条山北部、太行山西坡、吕梁山、黄龙山、子午岭、甘肃乌峭岭以东的兴隆山及宁夏的六盘山，海拔500～2500米。本区距海渐远，夏季炎热多雨，冬季晴朗干燥，年平均气温8℃以下，年降水量超过500毫米。土壤垂直分布山麓以上为褐土、山地棕壤或山地暗棕壤，呈中性。

森林优势树种以栎类为主，油松分布普遍，故称“松、栎林区”。侧柏较习见，多生于石灰岩、花岗岩及黄土崖坡等干旱瘠薄山地。现以山西、河北交界的小五台山森林垂直分布带为例。

①槲栎（*Quercus aliena*）白蜡林：生于北坡，自山麓上达海拔700米地带，天然更新良好，有少量槲树、糠椴、山榆等混生。

②栓皮栎林：生于低山北坡及东北坡，上达海拔500米地带，长势不旺，多见于庙宇附近，还有侧柏、黄连木、白蜡树等少数林木。

③槲树林：生于干燥南坡，为海拔400～1000米地带唯一的森林。

④辽东栎、白蜡林：分布于海拔400～1000米地带，在北坡长势旺盛，林冠郁闭；混有丛桦、山杨、大果榆等；林下为丛生的虎榛子（*Ostryopsis davidiana*）。

⑤白桦、糠椴林：分布于北坡海拔1100～1400米地带，有蒙古椴、辽东栎等混生。

⑥油松林：分布由山麓上达海拔1400米地带，上段为天然林，下段为人工林；还有蒙古栎、辽东栎等。北京郊区及邻县山地多油松人工林，生长很慢。

⑦侧柏林：分布于低山上达海拔1100米地带，南北坡均有分布，多生于石灰岩山地。也是石灰岩山地的主要造林树种。

⑧丛桦（*Betula fruticosa*）林：分布于海拔1100～2200米地带北坡，林冠郁闭，天然生苗木生长良好；上段与白杄（*Picea meyeri*）混生。

⑨白杄林：分布于西云山北坡海拔1600～2100米地带，过去曾有大面积森林，还有棘皮桦（*Betula davurica*）、白桦、青杄（*Picea wilsonii*）、臭冷杉、红桦（*Betula albo-sinensis*）等混生；林下苗木以白杄为优势。

⑩白杆、白桦林：分布地带与白杆林同，系由白杆林被破坏后白桦繁生而形成的林相。

⑪华北落叶松（*Larix principis-rupprechtii*）林：分布于南北坡海拔 2100～2500 米地带，上达森林垂直分布界限，在北坡生长较好。林下苗木以华北落叶松为主，还有少数桦木。

由恒山向南和西南的管涔山、关帝山、吕梁山、五台山、太行山的树种垂直分布规律相同：海拔 1600～2800 米，主要有白杆、青杆、华北落叶松混交林或纯林，桦木、山杨次生林，五台山高海拔地带还有少数臭冷杉。40～60 年生青杆、白杆天然林每公顷蓄积量 60～120 立方米，同龄级的华北落叶松天然林为 70～160 立方米；海拔 1200～1800 米阴坡有油松林，或与栎类、山杨、白桦混生，每公顷蓄积量 20～45 立方米；在紫色沙岩地带有白皮松疏林；中条山上部有华山松（*Pinus armandii*）林；低山地区常有上述一些阔叶树的幼龄次生林；当地称为"梢林"。局部山谷有小叶杨，村庄附近及平原有臭椿、槐树、白榆、楸树、泡桐、构树、黑弹树、香椿、栾树、小叶杨、青杨、箭杆杨等。

核桃在山西汾阳地区及吕梁山南坡海拔 800～1200 米背风向阳黄土阶地上栽培较多。翅果油树（*Elaeagnus mollis*）分布于山西吕梁山南段东侧乡宁，河津，中条山南段西侧翼城等县，集中分布于乡宁、翼城，为优良油料树种，种仁含油率约 51%，油质好，供食用，医药及工业用。

（2）黄土高原丘陵区　本区包括高原山地以下的丘陵及山间盆地，多为风成黄土，厚度 50～150 米，流水侵蚀强烈，地貌切割破碎，当地群众称为梁、峁、塬及相间的沟、川地。由于受东南海洋气流影响弱，为蒙古冷高气压控制，形成冬季干旱寒冷的大陆性气候。年降水量由东南 700 毫米向西北 300 毫米渐降，且分布不均；春季干旱，多风沙。年平均气温自东南 14℃渐降至西北 8℃。土壤为发育于风成黄土与冲积黄土母质上的塿土、黄垆土、黑垆土及绵土等。

本区自然植被主要是草原、灌丛及部分荒漠草原，以耐旱的草本、半灌木、灌木为主；灌木有胡枝子（*Lespedeza bicolor*）、多花胡枝子（*L. floribunda*）、柠条（*Caragana korshinskii*）、狭叶锦鸡儿（*C. stenophylla*）、酸枣（*Zizyphus sativa* var. *spinosus*）、荆条（*Vitex negundo* var. *heterophylla*）、杠柳（*Periploca sepium*）、沙棘（*Hippophae rhamnoides*）等。乔木树种有辽东栎、油松、侧柏、桧柏、山杨、白桦、椴、山榆等。

本区关中平原、汾河中下游盆地、黄河支流两侧是全国著名的粮棉产区；陇东、渭北也是较重要的塬地农业区。其他地区由于自然条件较差，广种薄收，沟、梁、峁区多属半农半牧区和牧区。由于不合理开垦，水土流失十分严重；全区森林覆被率不到 3%。因此，植树种草，整治沟壑、建设农田防护林，解决群众需要的燃料、饲料、肥料、木料的任务十分繁重。新中国成立以来，黄土高原地区出现不少艰苦奋斗、改造自然的典型：如陕西米脂县高西沟大队，实行农林牧综合治理，在山地缓坡修筑梯田，陡坡种草造林，沟谷打坝淤地；使粮食产量增加三倍，发展了畜牧业，出现了林茂粮丰、六畜兴旺的景象。

本区造林树种的选择：在陕西西北部至长城、六盘山、华家岭至乌峭岭之间、晋西及雁北，年降水量 300～400 毫米地区，阳坡造林以侧柏、柠条、柽柳为主；阴坡以油松、河北杨（*Populus hopeiensis*）、沙棘为主，梁、峁种山杏、杜梨、沟谷及河滩地种小叶杨、青杨；四旁种箭杆杨（*Populus nigra* var. *thevestina*）、新疆杨（*Populus bolleana*）、河北杨、旱柳、二白杨（*Populus nigra* var. *thevestina* × *P. simonii*）、白榆、苹果等。在华家岭及六盘山以东、陕北南部、山西忻县地区以南，年降水量400～700毫米，梁峁阳坡宜种刺槐、侧柏，现有大面积刺槐林，缓坡及塬面上宜发展苹果及梨，沟谷尤宜种小叶杨及青杨，川地宜种花椒、枣树、柿树等，黄河及其他河流沿岸枣树品质好。山西吕梁山，陕西黄龙山及乔山南坡中下部宜种核桃及柿树，汾阳核桃驰名全国。在黄河、渭河、汾河交界的塬、川地，如山西夏县、陕西韩城在四旁种箭杆杨并用之营造农田防护林，生长良好。其他造林树种有毛白杨、加杨、楸树、泡桐、小叶白蜡等。

在黄土高原地区应建立水土保持实验林场，除植树种草外，还要建设必要的水土保持工程，用作示范，逐步推广；实现"黄河流碧水，赤地变青山"的前景。

10.6　内蒙古西部沙区

南至陕北沿长城为界，西至宁夏河东沙区，北达内蒙古鄂托克旗至东胜以南毛乌素沙地。年降水量由东南向西北440～250毫米渐减，为半干旱草原。地带性土壤为栗钙土。

在丘间低地河滩草甸土、盐渍化草甸土上生有蒙古柳、沙柳、沙棘等灌木丛，形成沙荒中的"绿洲"。在沙丘及流动沙地上有黑沙蒿（*Artemisia ordosica*），固定及半固定沙丘为白沙蒿（*Artemisia sphaerocephala*），分布稀疏。

新中国成立以来，在毛乌素沙地营造油松林、樟子松林及花棒（*Hedysarum scoparium*）获得成功；樟子松生长旺盛，应扩大造林。

内蒙古沙区降水量较多，地下水丰富，植被繁茂，应严禁不合理开垦，防止地表裸露，引起沙化。地处毛乌素沙地的乌审旗乌审召人民合理利用沙地，植树造林，封沙育草，为改造沙地，建设草原积累了宝贵的实践经验。

10.7　沙漠区

包括内蒙古西北部、鄂尔多斯地区、阿拉善地区、河西走廊、柴达木盆地、新疆东部、准噶尔盆地及塔里木盆地的所有沙漠。本区受冷高压影响，水热条件及沙漠形态均有差异。鄂尔多斯地区北部、河西走廊、阿拉善地区及准噶尔盆地的沙漠，分别受到太平洋、大西洋及北冰洋湿气影响，年降水量50～250毫米，干燥度1.5～10.0，多为半固定、固定沙丘，少数为流动沙丘，柴达木盆地、新疆东部及塔里木盆地的沙漠，其四周为高山屏蔽，海洋湿气不能进入，年降水量10～30毫米，干燥度20～60，多为流动沙丘。

由于地下水位的深浅，水中含盐量的高低以及不同类型的沙漠，其植被类型也有差异，现分述如下。

（1）胡杨（*Populus euphratica*）林　天然分布西北自新疆，东至内蒙古鄂尔多斯地区，在柴达木盆地可达海拔2900米左右；在地下水位4米以上，总含盐量2%以下的盐渍化草甸沙质土上生长良好。新疆胡杨林面积54万余公顷，木材蓄积量550余万立方米；林分树高10～20米，最高达28米，胸径达1米。河套地区有残存胡杨林。

（2）白梭梭（*Haloxylon persicum*）与梭梭（*H. ammodendron*）林 白梭梭在新疆沙漠地区广泛分布。梭梭多分布于内蒙古鄂尔多斯地区，生于地下水位 1～4 米的半流动沙地上，巴盟 1959 年尚有梭梭天然林 120 万余亩，经破坏现残存 80 余万亩，平均树高 3～4 米，丛径约 3.5 米，每公顷约有 568 丛；为防风固沙优良树种。

（3）沙枣（*Elaeagnus angustifolia*）林 天然分布于新疆、甘肃河西走廊地区；鄂尔多斯地区沙漠、张掖地区半固定沙地及河滩地均有人工林，17 年生、高约 10 米，胸径 30～40 厘米。为防风固沙优良树种。果可食，材质优良。

（4）柽柳（红柳）林 天然分布于地下水位 1～2 米的沙地及河滩地，在沙壤、盐化草甸土及草甸盐土上天然下种更新好，生长旺盛，平均树高约 2 米，丛径 2.5～3 米。南疆塔克拉玛干柽柳（*Tamarix taklamakanensis*）及多枝柽柳（*T. ramosissima*），树高 4～5 米，最高达 7 米，均为沙区值得推广的优良树种。

（5）柠条林 广布于沙漠地区，鄂尔多斯地区较集中。在固定及半固定沙地形成密集灌丛，内蒙古巴盟现有柠条林约 12 万亩，平均树高 1 米，丛径 1.5 米，每公顷 300～500 丛，为柠条种源基地。

本区其他乔灌木，在阿拉善以西流沙地背风坡及丘间地有罗布麻（*Apocynum venetum*）、沙拐枣（*Calligonum mongolicam*）、花棒、盐豆木（*Halimodendron holodendron*）在阿拉善以东流动及半流动沙丘上有黑沙蒿、白沙蒿、毛条、沙柳等；在风蚀沙地广泛分布白刺（*Nitraria sibirica*）等。适于在绿洲、河滩地、平原及四旁栽植的树种有：新疆大叶榆（*Ulmus laevis*）、白榆（*U. pumila*）、新疆杨、银白杨（*Populus alba*）、大叶美国白蜡（*Fraxinus americana*）、美国白蜡（*F. americana* var. *juglandifolia*）、小叶白蜡（*F. sogdiana*）、小黑杨、群众杨、白柳（*Salix alba*）、二白杨、箭杆杨、核桃、葡萄、阿月浑子（*Pistacia vera*）等。

我国劳动人民及林业科技人员在治理与改造沙漠的生产实践中，总结出引水拉沙、筑沙障、封沙育草、固沙造林、营造防护林带等措施，收到了显著的效果。

我国沙区、沙漠及黄土高原东西绵延 7 千余公里，包括新疆、青海、宁夏、甘肃、陕西、内蒙古、山西、河北、辽宁、吉林、黑龙江等 11 个省（区），324 县（旗）。1978 年林业部提出，经国务院批准，在这个地带建设“三北”防护林工程：等一期工程计划造林 8000 万亩，使受风沙危害的农区、农牧区的森林覆被率由 4%提高到 10%，黄河中游水土流失地区的森林覆被率由 5%提高到 18%。这是改变本区自然面貌的根本措施，应促其早日实现。

建设“三北”防护林，要根据不同的自然条件，按适地适树原则选择造林树种。黄土高原地区可选用油松、樟子松、华山松、华北落叶松、侧柏、刺槐、槐树、臭椿、白榆、新疆大叶榆、小叶杨、小黑杨、二白杨、群众杨、银白杨、河北杨、毛白杨、山杨、旱柳、垂柳、泡桐、楸树、白蜡、紫穗槐、杞柳、沙枣、山杏、文冠果、花椒、元宝枫等。沙区可选用樟子松、黑皮油松、落叶松、长白落叶松、小青杨、小黑杨、加杨、小叶杨、白柳、旱柳、白榆、紫穗槐、沙柳、蒙古柳、胡枝子、锦鸡儿、沙蒿等。沙漠区可选用胡杨、白梭梭、梭梭、沙枣、柽柳、柠条、毛条、花棒、新疆大叶榆、白榆、新疆杨、银白杨、大叶美国白蜡、新疆核桃、葡萄等。

绿化祖国，发展林业，是改变我国自然面貌，减少自然灾害，保障农牧业稳产高产的重大建设，是改善木材生产布局，解决木材供应不足的根本途径。发展林业生产，首先要做好全国各地造林工作规划，根据各地不同的自然条件及适地适树的原则，合理选择和配置造林树种。对种源不足，需从外地调进种子的地区，应考虑下列原则。

（1）尽量选用本地乡土树种及种源，如当地种源不足，需从外地调拨种子时，应从邻近地区或环境条件相近的地方调拨。

（2）由北向南调拨种子和引进树种，应先进行引种试验，获得成功后再推广造林。一般向南引种，在海拔较高的地方容易成功，但也应先行试验，再作推广。由南向北调拨种子和引进树种，也应经过引种试验，种植面积由小到大，不宜盲目大面积推广造林。

（3）海拔影响气温、降水量及土壤等生态因素的变化，从而影响树木的生长；在调拨种子和引进树种时，应注意种子原产地与引入地带的海拔高低差距不宜过大。

（4）引种试验要考虑到树木生长周期长这一特点，因之不能仅根据苗木及幼树的生长状况，还要试验到干材年龄（用材树种）或收益期（经济树种），才能确定是否能在生产上推广。

海南岛植物区系与热带植被性质的背景分析†

对海南岛的热带植被性质，历来存在一些不同的见解，甚至提出湿热带、亚热带之说。因而，对海南岛植被的保护和利用方向也认识不一，难为当局者定夺。现结合海南岛尖峰岭热带林生态系统研究项目，作为背景研究分析材料，对海南岛的植物区系、热带植被的性质作一分析，以加深对海南岛植被性质及其保护利用价值的认识。

1 海南岛的热带性及其在世界热带中的位置

海南岛位于北纬 18°10′～20°10′，东经 108°37′～110°03′，可认为是位于世界热带北缘的一个岛屿。

世界热带植被一般被认为位于南北回归线之间[1]。代表热带典型气候的是热带雨林气候，当月降雨量少于 100mm，即认为是相对干旱的。一般讲，对典型热带雨林气候而言，不出现旱季，但这种典型热带雨林气候只在赤道带的部分地区才有。以世界三大热带雨林区而言，最大的一片是美洲亚马孙河流域，加勒比海岸及岛屿，下至南部东安第思山麓，大西洋海岸的山地，共计 $400\times10^6hm^2$，其中全年月降雨量不少于 100mm 的区域只限于 Rio Negro 范围；其次一片为印度-马来西亚区，约 $250\times10^6hm^2$，其中全年月降水量不少于 100mm 的主要在马来西亚和印尼的大部分，就全区讲，这里的热带雨林气候最典型，植物区系也可能是最丰富的；再次是非洲刚果盆地，沿几内亚湾的北岸，这里出现有极短的旱季，热带雨林面积小，加上常绿、半常绿林，共约 $180\times10^6hm^2$，三个区域较典型的气候图解如图 1 所示[2, 3]。

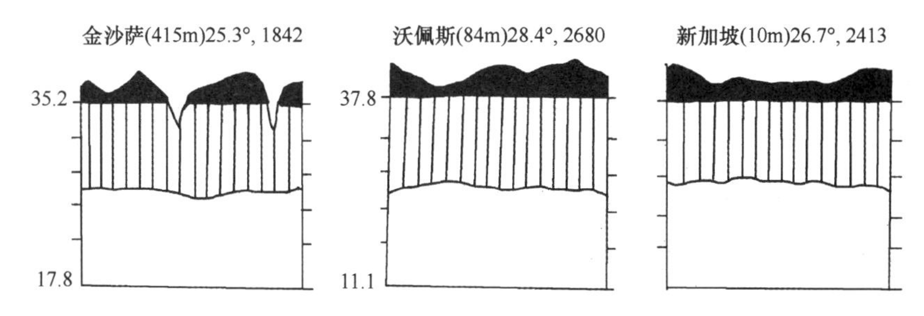

图 1　世界非洲、拉丁美洲、东南亚三个典型潮湿热带气候图解

世界大部分的热带林区实际位于潮湿季风地区，具有明显的夏季的高雨量，一年中具有一个较干旱或干旱的季节，发育在这种气候条件下的热带雨林称为季节性雨林，或热带季风常绿林、热带季雨林，这种典型的气候图解如图 2 中委内瑞拉卡拉博索所示[3]。

---

† 蒋有绪，1988，海南大学学报（自然科学版），6（3）：1-8。

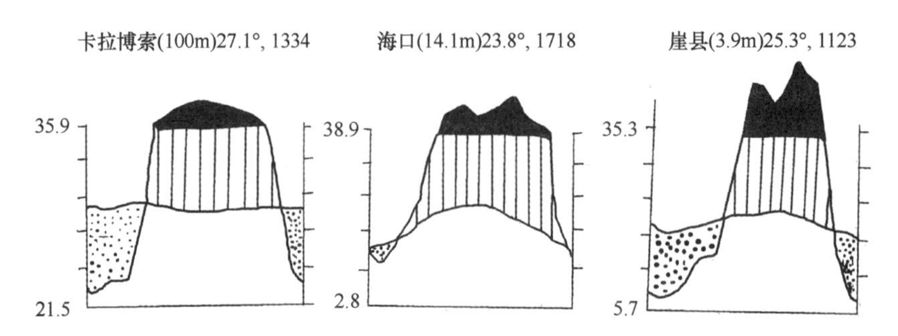

图2 委内瑞拉卡拉博索典型热带季风气候图解与中国海口、崖县气候图解的比较

图1、图2说明：图头为地名（气象站海拔）纬度、年平均降水量；这里都是按气象资料以一定要求画成的气候图解简图。横坐标为1～12月，纵坐标：左为气温，右为降水，左侧上方数字为年最高绝对温，下方为绝对最低温。垂直影线区为相对湿润期，黑点区为相对干燥期，黑色区为月平均降水超过100mm的过湿季

海南岛除因位于热带北缘，受热带季风影响外，而且“受温带西风带气候影响，即有地带性干燥带的本性，又有地区性冬夏季风冷暖、干湿的交替，以及台风干扰的变性”（何大章，1980）。海南岛的热带气候从气候图解特征分析，属于典型热带季风气候（图2中所示）。这种气候特征不能不反映在植被的特征上。现代对热带气候和植被变迁的古植物地理和古气候学的研究表明，即使从生态学上公认为比较稳定的热带雨林类型来讲，就孢粉分析判断，也不能证明它们在500年期间内是稳定的，热带雨林和其他森林群落对第四纪以来的热带区连续的气候变化一样敏感[1]。世界大面积热带区在公元前20 000～12 500年，比较干旱和凉爽，近12 500年内又比较湿润，但一些局部地区则又相反。这种气候变化带来植被的急剧变化，如常绿林和半常绿林变为稀树草原或荒漠，或与之相反，以及引起山地植被带的升降变化等等。这一研究结论，使我们研究现今的热带植被时，除了注意第三纪地质和气候变迁对植被历史的影响外，还需要注意第四纪以来的近代气候格局对植被的特征、变迁所打上的烙印[4]。

本文将在这思想基础上对海南岛植物区系和植被性质进行分析。可惜是热带区的古植物地理研究资料很少，我国尤其缺乏。这里只能在邻近地区研究资料的基础上，联系海南岛，从植物区系成分、植物群落特征，作些初步探讨，实际上是提出一些问题供讨论和进一步研究。

2 海南岛热带植物区系特征

对海南岛热带植物区系的特征及其形成的分析，曾有一些学者论及。较全面论述的张宏达[5]，“广东植被”[8]、“海南岛植物志 4 卷”[7]；对专门植物类群的区系分析的有蕨类植物[8]，裸子植物，被子植物[9]等。涉及海南岛和我国其他热带、南亚热带植物区系的论述尚有大量论文。

海南岛维管束植物4200种以上。“广东植被”认为海南岛植物区系属古热带植物区系，是近代印度——马来西亚区系的一部分，与越南关系最密切，同时也与加里曼丹、菲律宾等地有联系。“海南岛植被概况”（海南植物志4卷）指出：以热带植物种类为主，只在山区才出现较多的亚热带科属和极少数暖温带科属，温带科属种类贫乏，大洋洲区系植物有一定位置，并指出维管束植物的1347属中有93%左右与中南半岛所共有。吴征镒

在"论中国植物区系的分区问题"[10]中指出：据统计，海南岛（包括南海诸岛）种子植物2400多种与华南共有的约70%，与越南共有的60%，与菲律宾共有的约50%，与台湾共有的约45%。热带性质比华南要强得多，热带种超过80%，但龙脑香科仅2属2种（现为3种及2变种，本文注），且仅青梅 *Vatica* 为热带雨林或季雨林的建群种，坡垒 *Hopea* 参加共建，猪笼草科仅有1种，肉豆蔻科等种类也不多，所以整个地区仍属热带边缘性质。山地雨林仍以栲、石栎，青冈栎为主，但有热带松柏类，如鸡毛松（*Podocarpus imbricata*）和陆均松（*Dacrydium pierrei*）等参加共建，这与我国其他热带区系不同而有较深的古南大陆东部区系发展的痕迹。张宏达提出分析认为：不仅我国南方与中南半岛是第三纪古热带植物的天然避难所，保存了印度-马来西亚植物区系古热带成分，而且认为华夏古大陆，是许多热带植物区系的发源中心，因此应当可以单独划出华夏植物区系。

据王伯荪资料，海南蕨类植物现已达373种，9变种，其中以热带亚热带成分为主，占80%以上，泛热带12%，亚洲热带20%，以及南美洲热带成分、大洋洲热带成分，非洲热带成分均不及5%，云南-喜马拉雅成分30%，世界性蕨类12%，温带或亚热带亚高山成分不及5%。笔者根据海南岛植物志记载维管束植物259科，1347属的不完全分析，世界分布属6%，全热带23%，旧热带10%，其余热亚热澳成分9%，热亚（印度、马来西亚）成分20%，热亚热非洲成分7%，与热美成分有联系的占4%，温带成分约15%。因此，在海南岛植物区系中影响大和占有重要位置的是全热带、旧热带、热亚、热亚澳、热亚非成分，这几类共占属数的62%，众所周知，现代印度-马来西亚区系包括印度在内，然而印度植物区系与马来西亚区系起源不同，据大陆漂移理论，第三纪初印度还与非洲通过马达加斯加相连，始新世才与非洲脱离向北漂移，后来与南亚并拢，产生印度次大陆与中南半岛两个区系表面上的接合。因此，海南岛区系主要与马来西亚区系有历史的亲缘，更严格地说，海南岛区系与中南半岛克拉地峡以北部分的区系最为密切。中南半岛克拉地峡是印度-马来西亚区系中200属的最南端，是马来亚、苏门答腊范围另375属分布的最北端。中国台湾、菲律宾北端之间是北边265属和南边421属的分界线。马来西亚区系与澳洲区系的分界则在澳洲北端与伊里安岛（新几内亚、巴布亚新几内亚）之间，是北缘644属与南缘340属的分界线。这一格局深刻地反映了第四纪最后一次冰期后形成的气候生态格局。上述200/375属的分界线正是巽他海湾周围的行政马来西亚、苏门答腊、婆罗洲的湿润区与中南半岛北部包括海南岛在内的有较长季节性干旱期的季风区的分界线；265/421和644/340的分界线也正是湿润热带区与季风热带区的分界线（图3）。因此，海南岛的植物区系是属东南亚热带区系北缘，与中南半岛（尤为克拉地峡以北部分）关系最为密切，这是现代（即第四纪以来）气候生态趋势的反映。

然而，对海南岛植物区系的分析，仅从现代分布格局来看是不够的，还必须同时从历史植物地理学角度才能作出合理的解释和分析[11]。海南岛植物区系中全热带、旧热带、热非热澳成分的反映和联系，正是整个东南亚热带区系的上述三古热带植物的起源和联系的反映，这是通过地球板块运动和东南亚古历史地理变迁实现的。图4反映中白垩纪［距今公元前（100±10）百万年］的大陆状况（涂阴影者为现代南北纬度10°以内的地区），那时古大陆方开始长距离向北漂移，马来半岛可能与印度东侧相连，东南亚及其各部分都属劳亚古大陆一部，当时都经历着最湿热的时期。到了始新世，各大洲才比较接近于现在位置（图5，涂阴影处为现代南北纬度10°内的地区），这时约公元前（50±5）百万年，

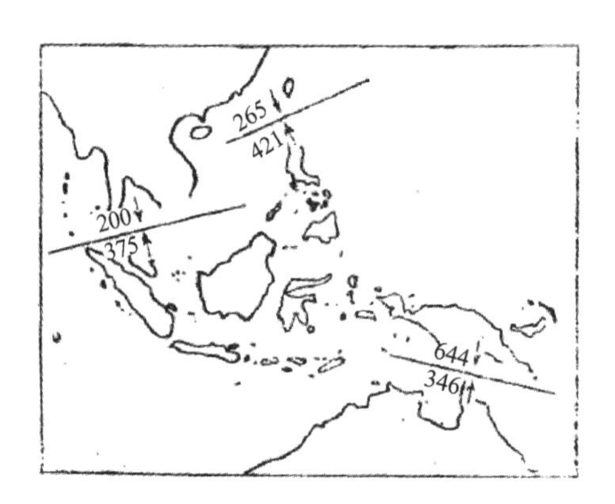

图 3　马来西亚区系三个主要的"界结"
图数位为植物属数（引自Van Steeins，1950；转引自T. C. Whitmore，1975）[12]

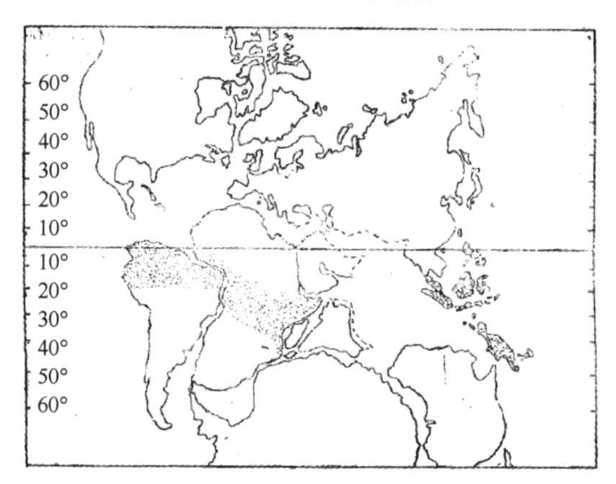

图 4　中白垩纪的大陆状况
涂阴影部分为现代南北纬度内 10°的地区（引自Smith等，1973；转引自J. H. Flenley，1979）[4]

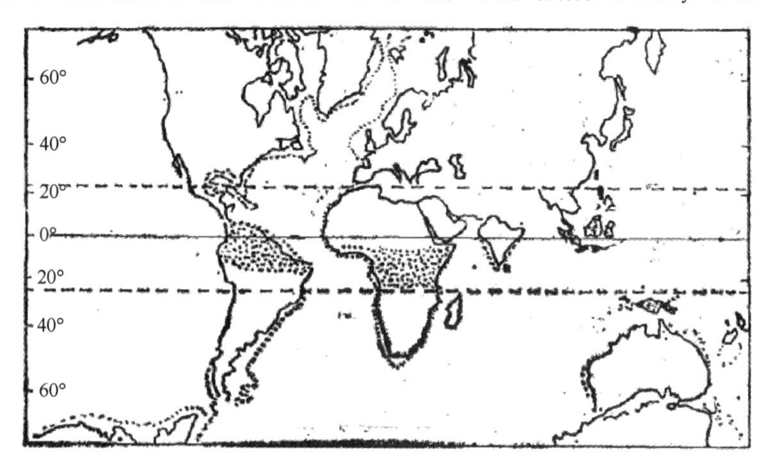

图 5　始新世的大陆状况
涂阴影部分为现代南北纬度 10°内的地区（引自Smith等，1973，转引自J. H. Flenley，1976）[4]

只有巽他台地位于当今的赤道附近，印度仍位于印度洋中央，直至始新世前方抵触亚洲。那时喜马拉雅尚未隆起，作为东南亚的大部都淹于水中。直至更新世，海平面退降，干旱气候加强和季风气候形成，成为东南亚热带植物区系形成现代格局的重要历史时期。更新世干旱气候发展和较低海平面的一致性，使东南亚与大洋洲植物区系有密切的交流，这一论点有着孢粉分析的支持，它解释了东南亚与巽他群岛两大季风气候区互相隔离而靠踏脚石是不可能完成植物种扩散和亚澳植物区系交换的现象的。这个时期也是作为后来海南岛植物区系与中南半岛、华南大陆，并间而与喜马拉雅成分，以及澳洲成分发生联系的重要时刻。这个时期，东南亚指示干旱性的树种，如豆科、大戟科的留萼木属（*Bjachja*）、油柑属（*Phyllanthus*）有了发展，豆科的密子豆（*Pycnospora*）、鹿藿（*Rhyrchosia*）是当时典型的指示种，但由于热带东南亚靠近印度洋、太平洋，有较强的海洋性，比之亚马孙河流域和非洲在更新世的干旱化过程要弱一些，加之有山地可以庇护喜潮湿的植物种，而保留了比上述两个热带区有比较丰富的和更多样的热带植物种类。随后，本区多次受海平面和山地形成和消失的变化影响，直至全新世第四纪最后一次冰期后海平面上升形成巽他海湾和当前东南亚大陆与群岛的地理分布格局，也可能就是这一时刻形成了琼州海峡，产生了海南岛与大陆的分离，海南岛作为岛屿，特有种并不多，这与岛屿形成的历史晚近有关。

3 海南岛热带植被特征的分析

海南岛不仅在植物区系上反映了与马来西亚热带植物区系的密切亲缘关系，而且在植物特征上也具有明显的亲缘性。世界一些研究热带植被的学者在看到海南岛尖峰岭的热带林后都惊讶地谈到它的典型热带雨林性质。因此，海南岛的热带森林并不因为其热带边缘性质而削弱其典型性，但从整体来讲，主要是典型的热带季雨林类型，但沟谷则具有典型的热带雨林类型。

海南岛的植物群落类型远没有东南亚大陆及马来亚群岛的多样性高，但基本类型及其特征可以看出仍属东南亚热带植被范畴的亲缘性和其边缘性，如山槟榔属（*Pinanga*）在东南亚的 *P. baviensis* 为高大乔木，而海南岛的山槟榔（*P. discolor*）为丛生灌木。热带林都以热带科的大戟科、茜草科、紫金牛科、柿树科、野牡丹科、棕榈科等组成。主要属有紫金牛属（*Ardisia*）、红胶木属（*Tristania*）、柿属（*Diospyrus*）、厚皮香属（*Ternstroemia*）、李榄属（*Linociera*）、杜英属（*Elaeocarpus*）、山竹子属（*Garcinia*）、谷木树属（*Memecylon*）、黏木属（*Ixonenthes*）、陆均松属、鱼骨木属（*Canthium*）、黄肉楠属（*Actinodaphne*）等。陆均松属在东南亚为 *D. elatum*，海南岛建群类为陆均松(*D. pierrei*)，但也分布于越、柬、泰。林下藤本如黄藤（*Dadmonorops*）、钩叶藤（*Plectocornia*），省藤（*Calamus*）都是以巽他台地为分布中心的棕榈科藤本，林缘典型的热带藤本还有眼镜豆（*Entada*）、风车藤（*Hiptage*）、刺果藤（*Buethneria*）、马钱（*Strychnos*）、杜仲藤（*Para barium*）、花皮胶藤（*Ecdysanthera*）、羊蹄甲（*Bauhinia*），热带竹类有藤竹（*Dinochlos*）、山骨罗竹（*Schizostachyum*），反映东南亚湿热带气候的木本蕨类在海南岛尚拥有不少类，且有若干桫椤特有种，如 *Cyathea tinganensis*、*C. pseudogigentca*、*C. pestinata*、*C. petiolulate* 等。而且与爪哇和马来西亚共有 *C. contaminana* 等。

海南岛热带季雨林、山地雨林和山地苔藓林的具体科属组成、结构和景观，与东南亚乃至马来西亚的都极相似。如山地雨林的建群属有桂木属（*Artocarpus*）、银柴属

(*Aporosa*)、八角枫属(*Alangium*)、玉蕊属(*Barringtonia*)、木奶果属(*Baccaurda*)、红厚壳属(*Calophyllum*)、竹节树属(*Carallia*)、橄榄属(*Cararium*)、第伦桃属(*Dillenia*)、山竹子属(*Garcinia*)、白颜树属(*Gironniera*)、黏木属、木姜子属(*Litsea*)、谷木属、杧果属(*Mangifera*)、野桐属(*Mallotus*)、黄叶树属(*Xanthopyllum*),针叶树有陆均松属、罗汉松属(*Podocarpus*)等。海南岛热带季雨林中龙脑香科的种类虽然是少了,但总的主要属均保持相同,如杧果属、肉豆蔻属(*Myristica*)、铁屎木属(*Canthium*)、紫荆木属(*Madhuca*)、杨桐属(*Adinandra*)、闭花木属(*Cleistanthus*)、银柴属(*Aporosa*)、野桐属、桂木属。在吕宋、新加坡、马来亚的季雨林火烧或采伐后的次生林也为石栎属(*Lithocarpus*)、山矾属(*Symplococs*)等组成,低海拔的先锋树种多为山麻黄(*Trema*)、血桐(*Macaranga*)、澳杨(*Homalanthus*)、野牡丹(*Melastoma*)、马缨丹(*Lantana*)、桃金娘(*Rhodomyrtus*)、第伦桃等。次生草地则滋长白茅(*Imperata*)、鹧鸪草(*Eriachne*)、黑莎草(*Gahnia*)、珍珠茅(*Scleria*)等。山地苔藓矮林的优势科都是石楠科、山毛榉科、樟科、槭科、灰木科、茶科等,主要属有杜鹃花(*Rhododendron*)、越橘(*Vaccinium*)、陆均松、业平竹(*Semiarundinaria*)。因此,从群落学角度而言,在东南亚各地从事热带植被研究的科学家(如 T. C. Whitmore 等)无论从对海南岛实地考察或学术交流中都认为极为熟识,肯定了这种亲缘性和典型性,当然也同时承认其边缘性和差异性。

4　简要结论

在上述前人和周围热带地区研究成果的基础上,笔者提出以下论点进行分析讨论。

(1)海南岛植物区系以热带成分为主,印尼-马来西亚成分占有极重要地位,共有属、共有种的情况反映了这一点,但出于与大陆未分离前的源远流长的密切关系,使海南岛的植物区系也有被认为是大陆古华夏区系的一部分。这两种论点实际上反映海南岛区系形成的历史过程的两个侧面。但就植物区系成分的基本特征和植被性质特征而言,海南岛可以认为是属于东南亚热带或印尼-马来西亚区的一部分。然而,由于东南亚典型热带属在海南岛的减少,同属种的丰富度的减少,说明它的热带边缘性,但并不因为其边缘性而削弱其热带基本性质。

(2)海南岛植物区系与整个东南亚热带一样,具有全热带、旧热带、热亚热澳、热亚美等成分,反映了东南亚第三纪古热带植物起源的联系。

(3)在与印-马区系和植被性质的关系中,海南岛更与中南半岛,尤其是克拉海峡以北部分的关系更为密切,这反映了第四纪以来现代气候格局的影响,即具有相当干旱期的热带季风的影响。

(4)更新世海平面下降时期是海南岛后来的植物区系与中南半岛、大洋洲成分、华南大陆间而与喜马拉雅区系发生联系的重要历史时期;海南岛并不太多的特有种有可能至早为全新世高海平面时期后形成的,因此特有种并不丰富。

因此,海南岛现今的植物区系是否可以可认为是三个历史过程影响下的产物:(一)是海南岛作为古欧亚大陆南端华夏古大陆的一部分,在第四纪前未脱离大陆前的长期亲缘关系,使海南岛具有明显的中国南大陆的共源性,以及海带岛某些温带成分(*Acer*、*Betula*)、亚热带成分(*Lithocarpus*、*Quercus*、*Magnolia*、*Michelia*)也都是与大陆相通迁移来的，这也是更新世海平面上升前，一些温带和高山成分由大陆向巽他台地即现今的东南亚热带区迁移的过程；（二）是始新世由板块运动使目前东南亚进入南北回归线内逐步形成在第三纪以来就比较稳定的古热带成分为主的东南亚热带区系发源中心，当时海南岛作为东南亚大陆的一部分处这个过程的边缘位置，决定它目前植物区系热带科属基本性质，但丰富度则少得多；（三）第三个过程则是在以上两个过程背景下，海南岛在其独特的自然历史地理环境（包括海峡形成前后，更重要的是海峡形成后）下，形成科属自己的种系，具有一定量的特有种。

以上论点的分析希望得到更多实际研究，特别现代植物地理学的比较研究与历史植物地理学的研究加以证明。

参 考 文 献

[1] UNESCO/UNEP/FAO. Tropical forest ecosystems，a state of knowledge report. UNESCO/UNEP/FAO，1978：683.
[2] H. Walter. Ecological systems of the geobiosphere. 1，Ecological principles in global perspective. Spriger-Verlag，1985.
[3] 沃尔特. 世界植被（中译本）. 北京：科学出版社，1984.
[4] J. U. Flenley. The equatorial rain forest—a geological history. Butterworths，London，Boston，1979.
[5] 张宏达. 广东植物区系的特点. 中山大学学报，1962，（1）.
[6] 广东省植物研究所. 广东植被. 北京：科学出版址，1977.
[7] 广东省植物研究所. 海南植物志 第4卷. 北京：科学出版社，1977.
[8] 王伯荪. 海南岛蕨类植物区系. 中山大学学报，1982，（1）：92-98.
[9] 张超常，等. 海南岛被子植物区系. 中山大学学报，1983，（3）：67-74.
[10] 吴征镒. 论中国植物区系的分区问题. 云南植物研究，1979，1（1）：1-20.
[11] 吴鲁夫. 历史植物地理引论（中译本）. 北京：科学出版社，1960.
[12] T. C. Whitmore. Tropical rain forests of the East，Kuala Lumper. Oxford University Press，1975：281.

中国森林的地理分布规律†

1　中国自然地理特征和三大自然地理区

森林的天然地理分布是自然地理因素，如气候、地貌、土壤和生物因素在长期历史演变中相互作用和协同进化所形成的，它既反映了现实的综合自然要素对森林类型形成和分布格局的种种影响，又深刻地具有历史变迁过程的烙印，如气候的演变，特别是地史上第四纪以来冰期、间冰期的交替变化，造山运动带来的地质构造和地貌形态的变化，特别是青藏高原的隆起，带来一系列自然地理因素的演变及古动植物区系的形成与变化，这一切都给中国森林的总体分布、森林类型的形成及其动植物组成等，带来不同程度的历史印痕和变迁踪迹。深刻认识中国森林的分布是一项复杂的任务，了解为什么中国国土上因其独特的复杂的自然地理条件和变化多端的水平带、垂直带上分布着几乎世界上所有森林基本类型，不啻是读一卷精彩绝伦的大自然百科全书。这里只能非常简略地加以叙述。

对植被影响最重要的是热量和水分条件　热量对北半球来讲，在北纬23°27′以北，一般随纬度增加而减少。因为给地球带来热量的太阳辐射在一年内垂直照射地面是摆动于南北纬23°27′之间，中国的纬度范围基本上位于北回归线（即北纬23°27′）以北，因此在中国东半部的热量状况受此规律影响很明显。中国南北温度相差很大，可以由南海诸岛的年平均气温25℃以上，向北逐渐降低至黑龙江省北部的–5℃以下，年均气温值相差30℃以上，由此构成了中国自南到北有热带（可再分赤道热带、中热带、边缘热带或北热带）、亚热带（可再分南亚热带、中亚热带和北亚热带）、温带（可再分暖温带、中温带和寒温带）之分，不同热量条件自南到北可以满足热带雨林、热带季雨林、季风常绿阔叶林、常绿阔叶林、常绿落叶阔叶混交林、落叶阔叶林、温带针阔叶混交林和寒温带针叶林等各基本类型森林的形成和发展。但由于中国大陆西南部，即位于亚热带的青藏高原的隆起，使中国西部地区的热量条件发生了改变，青藏高原这一大陆块对中国自然地理和植被分布的规律性有着深刻的影响，即通过对地貌改变，重新分配了中国西部半壁的水热分配。从热量上讲，高原本身由于第三纪以来急剧上升至海拔4000～5000m，因垂直高度对气温的影响已超过纬度位置的影响，而受冰雪和寒冻作用，高原面属高寒气候区，全年≥10℃的天数不超过50天，年均气温在–4～0℃，年积温和年均温与寒温带接近或更低。藏北高原植被类型以寒漠、高寒草甸为主，藏南谷地以高寒草原为主。在高原东南侧向东经过高山峡谷地貌的横断山区向东南下降，以及藏南喜马拉雅山南侧急剧向孟加拉湾下降，巨大的垂直高差为横断山区和藏南高山深谷区形成了寒温带、温带至亚热带，乃至局部地段的热带气候，为不同类型森林提供了不同热量条件，由于这

---

† 蒋有绪，1997，中国森林的地理分布规律，见：《中国森林》编辑委员会，中国森林（第一卷），北京：中国林业出版社，184-204。

两区还承受西南季风的润泽，成为中国西南部森林类型众多、森林资源丰富的森林区。高原的北部为昆仑山、阿尔金山和祁连山，以及由它们所包围的柴达木盆地，盆地海拔在2600～3000m，昆仑山、阿尔金山、祁连山的山峰海拔达5000～7000m。整个高原北部属温带气候区，由于雨量的限制，只有局部山地，如祁连山，尚能接受东南季风的余泽，发育有温带性山地森林，其余均为寒漠、荒漠，或干旱灌丛。受青藏高原抬起影响所及的内蒙古高原，则因地势抬高，热量比同纬度的东部暖温带要低，具有温带气候特征，如榆林（38°30′N）、银川（38°48′N）在纬度上都位于北京（39°48′N）之南，但属温带气候，其年均温都低于北京的11.6℃。因此，中国的热量分布特征是：由平原、丘陵和山地所组成的中国东半壁，即中国的东北、华北、华东和华南，热量条件主要受随纬度而变化的太阳辐射状况所支配，由南向北降低，而其间的山地丘陵等地形起伏则局部地重新分配着热量，影响着森林植被的特征；青藏高原因海拔抬升，形成一个高寒区，其东北、东南和南部边缘区形成了明显的温度垂直带谱；作为中国大陆第二台阶的内蒙古高原、黄土高原、云贵高原，其热量条件则低于同纬度的中国东部地区，表明受着纬度和高度的双重影响。

对中国气温有影响的另一因素是海陆之间热力差所带来的寒流和暖流影响 中国冬季，因西伯利亚高气压笼罩亚洲大陆，气流从大陆进入海洋，即从西伯利亚和蒙古来的东北风和西北风向南吹去，当西风带以较强的波动向东推进时，冬季季风就为中国带来寒潮，使中国成为世界上冬季比较寒冷的国家。中国冬季，由北方向亚热带、热带去的寒流，影响了本来可以在这些区域热量条件下生长的树木种类，威胁着一些树木的生存，甚至扰动了中国树种按纬度的正常情况下的分布规律。在冬季，几乎没有影响中国内地的暖流，只有来自赤道的一支暖流，在台湾岛四周绕过，即向琉球群岛方向流去，因而只对中国台湾、闽南、粤南沿海地区有一些影响，这使厦门以南沿海一带冬季较暖和冬春比较湿润。

中国的降水主要受东南季风和西南季风两大环流系统的控制。前者是夏季盛行的来自太平洋的东南风，主要影响中国东半部，而后者是夏季来自孟加拉湾和印度洋的西南风，主要影响中国的西南部。中国西北部深位内陆，受两者影响很小，成为中国的干旱区。两大季风都为中国带来丰沛的雨量。夏季的水热同期使中国东南半壁比世界上同纬度地区有着不同的景观，如中国长江以南至南岭以北的亚热带，发育为常绿阔叶林景观，而纬度相当的北非撒哈拉，则为亚热带荒漠；而与中国海南岛湿润热带季雨林和雨林区纬度相当的北非部分是热带荒漠。这也就是中国得天独厚的地理位置所决定的。

由上所述，中国东南半壁多雨，为湿润区；西北半壁少雨，为干旱半干旱区。由东南沿海年降水2000mm左右往西北渐减至200～100mm，甚至50mm以下。中国400mm的等雨量线大致沿大兴安岭山脉西侧，经燕山、太行山、吕梁山，西南下斜经兰州至西藏东南的亚东略西一线，沿此线基本区分了此线以东的中国湿润区域和此线以西的干旱半干旱区。位于此线以西的青藏高原，因横亘于其南侧的喜马拉雅山和念青唐古拉山的屏障作用，自东南方来的太平洋季风和自南而来的印度洋季风都不能直接进入高原，只能绕道沿横断山脉山谷吹向草原。因此，大气水分在高原上自东南向西北递减，得益于季风的横断山脉（川西北、青海东南和甘肃东南）的高山峡谷和藏东南峡谷发育为森林带，高原东南、东北部则属于森林带向高原寒漠过渡的高寒森林草甸带，在山谷阴坡可见有小块以云杉、冷杉属构成的亚高山针叶林分布，阳坡则为高寒草甸。中国的西北部，即青藏高原大陆块以北的整个新疆、甘肃西北部，因位于中国内陆，距离海洋甚远，由东南来的太平洋东南季风湿润气流因到达黄土高原后，重重受阻于六盘山、祁连山，也难进入高原，南来的印度洋西南季风也受到青藏高原大陆块阻挡，因而，这里是中国最干旱的荒漠区。只有在祁连山、阿尔泰山接受太平洋季风强弩之末的余泽，以及阿尔泰山、天山接受远道而来的北冰洋和大西洋的少量水汽，发育有干旱区内的山地森林。结合该地区的温带热量条件，阿尔泰山发育有西伯利亚落叶松（*Larix sibirica*，有称新疆落叶松）林、西伯利亚云杉（*Picea obovata*，有称新疆云杉）林，天山发育有天山云杉（*P. schrenkiana* var. *tianshanica*）林与雪岭云杉（*Picea schrenkiana*）林、西伯利亚落叶松林，祁连山发育有青海云杉林和阳坡的一些圆柏林。在此区的内陆河流，如南疆塔里木河的河谷一带和柴达木盆地的河流两岸，因地下水位较高，离地面 2～3m，生长有由胡杨（*Populus euphratica*）、灰胡杨（*Populus pruinosa*）或沙枣（*Elaeagnus* spp.）等分别形成的河岸走廊疏林。这是荒漠区内所能见到的森林景观。

综合纬度、经度和中国大地貌特征对中国森林发育的关系，显然可以把中国分为三大自然区域。①东部为湿润季风的森林区域，其西界已如前述，大抵为中国年降水量 400mm 等值线。此区含大兴安岭、东北山地、东北平原、华北山地、华北平原、华东的黄淮海平原及山地，台湾、四川盆地、横断山区、云贵高原、华中、华南、海南及南海诸岛。②400mm 等值线以西的南半部，为青藏高原，为高寒干旱的高原草甸荒漠区域，为非森林区域。③此线以西的北半部，即昆仑山、阿尔金山、祁连山以北、以东，含黄土高原、鄂尔多斯高原、内蒙古高原、呼伦贝尔高原，是中国西北内陆干旱半干旱草原、荒漠和山地森林区域，基本上属于草原、荒漠景观，仅山地具有森林分布的区域。

2 中国三大自然区域的森林分布规律

2.1 东部季风森林区域

此区域自北向南，随纬度减少，可以分为寒温带针叶林带、中温带针阔叶混交林带、暖温带落叶阔叶林带、北亚热带落叶阔叶与常绿阔叶混交林带、中亚热带常绿阔叶林带、南亚热带季风常绿阔叶林带、热带季雨林和雨林带。

以中国常用的热量指标（≥10℃年积温、全年无霜期、年降水、干燥度指数等）和国际上通用的 Holdridge 的两个指标，即年平均生物温度（BT）和可能蒸散率（PER），可以大体上定量地把中国东部季风森林区域的各个带气候特征表述出来（表 1）。

2.1.1 东部寒温带针叶林带

位于中国东北隅的大兴安岭北部，是中国东部的寒温带针叶林带，纬度 49°20′～53°30′，年积温 1100～1600℃，年均气温–5.5～2.0℃，最冷月均温–38～–28℃，全年无霜期 80～100 天，年均降水量 360～500mm。本带由于是冬季西伯利亚寒潮的必经之路，使得本带比同纬度的大陆更加酷冷。同纬度的西欧北部和俄罗斯欧洲部分伏尔加河、乌拉尔河中游，那里主要是温带针阔叶混交林区的一部分。本带气候冬季酷寒，生长期

表1　中国东部季风森林区域各带气候因子指标

森林带	年平均气温/℃	1月平均气温/℃	≥10℃积温	无霜期/天	年平均降水/mm	BT*/℃	PER
寒温带针叶林带	–5.5～2.2	–38～–28	＜1 600	80～100	451	5.6	0.74
中温带针阔叶混交林带	2～8	–25～–12 至–6	1 600～3 200（3 400）	100～180	556～767	7.8～8.8	0.82～0.69
暖温带落叶阔叶林带	8～14	–12～–6 至 0	3 200（3 400）～4 500（4 800）	180～240	743～584	13.3	1.08
北亚热带落叶常绿阔叶混交林带	14～16	0 至–4 –3 至 5	4 500（4 800）～5 100（5 300）	240～270	967	15.1	0.92
中亚热带常绿阔叶林带	16～21	5～12	5 100（5 300）～6 400（6 500）	270～300	东部 1 350～1 450 西部 952	16.7～18 14.4	0.86 0.75～0.89
南亚热带季风常绿阔叶林带	20～22	9（10）～13（15）	6 400（6 500）～8 000	300～365	1 474	21	0.86
热带季雨林与雨林带	22～26	12（14）～20	8 000～10 000	365	1 709～1 684	22.4～24.2	0.79～0.95

* BT 是对植物营养生长有意义的 0～30℃为依据的热量指标，计算式为 $BT=\sum t/365$ 或 $\sum T/12$。

T 是＜30℃和＞0℃的月均温，t 是＜30℃和＞0℃的日均温，BT 是年平均生物温度。中国的分带采用张新时修订的标准（张新时，1993）

短，降水主要集中于夏季 7、8 月，冬季则晴朗干燥，冬季长达 9 个月。土壤具永冻层，土层薄，厚度多在 30cm 以下，表层融冻于 5 月上旬，至 8 月末、9 月初又见结冻。本带虽然水热同期，但因冬季严寒，生长季太短（仅 70～100 天），7、8 月也偶见霜冻，夏季日温差也大，不利于温带常绿针叶树种（如云杉、冷杉属）生长，只适宜耐寒的落叶针叶林，即兴安落叶松（*Larix gmelinii*）的发育和生长，这里没有更加可以耐寒和耐贫瘠，即可以生长在永冻层靠近地表层生境下的树种与之竞争。因此，兴安落叶松林是本区寒温带气候条件下的顶极植物群落。土壤为山地棕色针叶林土，土层厚度一般小于 30cm，有机质分解差。本带实际上是横贯欧亚大陆北部的欧亚针叶林带的东端，即西伯利亚寒温带落叶针叶林（即泰加林）向中国境内伸入的最南端，其建群树种和其他植物成分与东西伯利亚的兴安落叶松林非常相似。作为比较耐寒的常绿针叶树种-樟子松（*Pinus sylvestris* var. *mongolica*）是仅次于兴安落叶松的另一优势树种，在大兴安岭北部向阳坡或山顶日照射时间长的生境有纯林，或与落叶松成混交林分布。在兴安落叶松林和樟子松林破坏后，耐寒的小叶阔叶树白桦（*Betula platyphylla*）、山杨（*Populus davidiana*）和黑桦（*Betula davurica*）等形成次生林。在本区东部，即与中国东北山地相接的部分，蒙古栎（*Quercus mongolica*）次生林明显增多，在土壤贫瘠干燥的生境下可形成纯林。这里也有极少量的椴（*Tilia* spp.）、水曲柳（*Fraxinus* spp.）、榆（*Ulmus* spp.）、槭（*Acer* spp.）等小兴安岭温带较喜暖温树种的渗入。在本区河岸两旁可见有甜杨（*Populus suaveolens*）、钻天柳（*Chosenia arbutiefolia*）、大青杨（*Populus ussuriensis*）等窄带状的河岸林分。

大兴安岭山体隆起不大，除一些高峰外，植被垂直分布不甚明显。垂直分布可以大兴安岭北部奥科里堆山（海拔 1520m）北坡为例。①苔原带，1400～1520m，土壤为原始石质苔原土。②偃松灌丛带，1000～1400m，土壤为冻层泰加林土，以偃松（*Pinus pumila*）灌丛为主，地表布满石块，高 1～3m，匍匐生长，混生有兴安圆柏（*Sabina davurica*）、兴安落叶松，树形矮小。本带下部还有兴安落叶松疏林分布，偃松为下木层，林分蓄积很低，不宜采伐利用。③落叶松林带，500～1000m，土壤为山地棕色针叶林土。④海拔 500m 以下有次生阔叶林和草甸草原带，这是向东南草甸草原过渡的类型，落叶松疏林与草甸交错分布，森林只在沟谷或较阴湿的北坡有分布。在整个大兴安岭山区，垂直分布可以见到由北向南呈递升趋势。如偃松灌丛在南部山地，如阿尔山摩天岭（海拔 1712m）上升到 1500m 才见分布，其下是偃松落叶松林。落叶松林带上升至 1100～1480m，1100m 以下则为草原落叶阔叶林带，有小块白桦、黑桦、蒙古栎次生林分布，向西为内蒙古高原的草原过渡，向东伸延至海拔下降为 250～500m 时，即进入干草原带。

大兴安岭的兴安落叶松、樟子松林，蓄积量大，林地集中、材质优良，地势平缓，天然更新良好，是中国重要的木材生产基地和木材加工业基地，对寒温带的生物多样性保护也有重要意义。本带由于土壤冻层普遍而持久，而且永冻层易使水分滞留地表，因此在大兴安岭平坦低地上形成大面积的非地带性的沼泽地。

2.1.2　东部温带针阔叶混交林带

由大兴安岭寒温带落叶针叶林区向东南进入温带针阔叶混交林带的小兴安岭、张广才岭和长白山等林区。这些温带针阔叶混交林带大致南起北纬 42°至小兴安岭和完达山的北端。≥10℃年积温 1600～3200℃，年均气温 2～8℃，最冷月均温–25～–10℃，最热月均温 21～24℃，全年无霜期 100～180 天，年平均降水量 600～800（1000）mm。这一带的冬季严寒时间长，积温低，但由于位于欧亚大陆东缘濒海，受海洋季风气候影响大，春秋短，夏季气温较高，降水较丰沛，全年降水的 70%～80%集中于生长期，生长期相对较长，水热同期，适合不少常绿针叶树种、落叶阔叶树种的生长，形成了温带针阔叶混交林的顶极群落类型，植物种类已渐丰富，这是欧亚大陆北部在东端形成的一个针阔叶混交林区的中心分布区。这里与俄罗斯远东的锡霍特山、布列亚山之南部和阿穆尔河谷、朝鲜北部（北纬 40°以北）相连接而成典型针阔叶混交林区。本带地形条件有利于形成湿润的空气和排水良好的土壤。土壤以山地暗棕壤为地带性土壤，土壤较深厚，一般厚达 70～100cm，腐殖质含量高，牡丹江流域及长白山周围因覆盖有火山喷出物，尤为肥沃。这种自然气候和土壤环境适宜于喜温湿和较肥沃土壤的许多常绿针叶树和落叶阔叶树种分布，因而形成了红松（*Pinus koraiensis*）和以椴、槭、水曲柳、黄檗、核桃楸等组成的温带针阔叶混交林地带性植被类型。但由于本区南北跨度大，各地气候有较大差异，如自南而北，无霜期逐渐缩短，由 150 天缩短至 120 天，雨量也逐渐递减，如长白山年降水量为 600～800mm，迎风东坡可达 1000mm，而小兴安岭因地势较低，距海稍远而下降为 450～600（700）mm。所以，根据气候条件，针阔叶混交林在本带又可大抵分为北、中、南 3 个类型。

在小兴安岭北部（约北纬 48°以北）、完达山一带，海拔不高，一般在 500m 左右，没有明显垂直分布，红松林混有较多的“北方森林”（boreal forest）耐寒树种，如兴安落叶松、鱼鳞云杉（*Picea jezoensis* var. *microsperma*）、臭冷杉（*Abies nephrolepis*）、红皮云杉（*Picea koraiensis*），而伴生的落叶阔叶树种较少。植物区系中寒温带和鄂霍次克区系成分增加，这类红松混交林，称“北方红松林类型”。由于这里长期遭受人为活动的破坏，植被已由次生的蒙古栎林为主，山杨、白桦、黑桦次之。在低湿地有兴安落叶松林，生长不良，如河流两岸的第一、二级阶地的低洼积水沼泽土上有杜香（*Ledum palustre*）兴安落叶松林型的分布。

在小兴安岭南部为中心区的“中部红松林类型”或典型的红松针阔叶混交林类型，以长白区系的植物为代表成分。海拔 600～700m 及以下的红松林，混有风桦（*Betula costata*）、水曲柳（*Fraxinus mandshurica*）、紫椴（*Tilia amurensis*）、黄檗（*Phellodendron amurense*）、核桃楸（*Juglans mandshurica*）、裂叶榆（*Ulmus laciniata*）等多种落叶阔叶树。典型的红松阔叶混交林区的垂直分布可以小兴安岭南坡汤旺河流域为例。①亚高山岳桦（*Betula armanii*）、偃松矮林带，海拔 1000～1080m，生境冷湿，风力强劲，土层薄，有裸岩为特征，土壤为薄层泥炭化亚高山草甸森林土，林木为矮小的岳桦疏林，高不过 5m，混生有少量的鱼鳞云杉、臭冷杉、花楸树（*Sorbus pohuashanensis*），下木有偃松、朝鲜蔷薇（*Rosa koreana*）、花楷槭（*Acer ukurunduense*），土表密被毡状藓类。②云杉冷杉林带，阴坡海拔为 700～1000m，阳坡为 600～1000m，生境冷湿，土壤为山地棕色针叶林土，以鱼鳞云杉、臭冷杉为优势，此带上部有岳桦混生，下部则有红松混生。林分生产力以下部混生有臭冷杉、风桦的林分为高，地位级Ⅱ～Ⅲ级，疏密度 0.7，在中近熟林内臭冷杉在径级上占优势，过熟林因臭冷杉自然稀疏快，鱼鳞云杉则显优势。③阔叶红松林带，海拔 250m（或以下）至 650m，为地带性植被类型，此带林分蓄积量大，红松占绝对优势，阔叶树比重不过 3 成，但随着向南，阔叶树比重逐渐增大，分布海拔范围也越来越宽，阴坡、阳坡都有分布，世代异龄林，Ⅰ～Ⅴ地位级都可见，Ⅱ～Ⅲ为常见，每公顷蓄积量平均 300～600m^3，疏密度 0.5～1.0，阳坡上部，土壤湿度为潮，红松可形成纯林，地位级Ⅳ（Ⅴ），林分结构简单，在阳坡中部、中等坡度或缓坡，土壤较湿润，红松的异龄性增大，红松可占 7～8 成，鱼鳞云杉、臭冷杉、紫椴可形成第二林层，地位级Ⅱ～Ⅲ；山坡下部缓坡或至地上，土壤湿至重湿，林分生产力提高，地位级Ⅱ（Ⅰ～Ⅱ），阔叶树种组成增多，林分结构趋于复杂，一般红松也占 7～8 成，阴坡、半阴坡上红松呈团状分布，更新不良，鱼鳞云杉、臭冷杉混交增多，特别是坡下部，以鱼鳞云杉或臭冷杉占优势。沼泽地则以兴安落叶松为主，河流两岸则有水曲柳、黄檗、核桃楸林或河岸红松林、春榆林。由于林区已经多次采伐、火烧，阔叶红松林已不多见，出现了大量的白桦林、山杨林、风桦林、椴林和蒙古栎林，但以前二者普遍。白桦林 20 年生，Ⅰa 地位级，林下针叶树更新良好，有更替白桦的趋势。山杨林分布于排水良好的山坡中上部，Ⅰ～Ⅰa 地位级，蒙古栎林在阳坡较干燥、土壤瘠薄的生境，地位级Ⅳ～Ⅴ。在海拔 150～300m 及以下可见到针阔叶混交林长期破坏后形成的稳定的次生蒙古栎阔叶树混交林的间断分布。

在张广才岭、长白山，由于比之小兴安岭偏南且临海，气候较温湿。区内差异也较明显，总的趋势是降水由东南向西北递减，大陆性加剧。本区以红松阔叶混交林类型为主，阔叶树种除了有占组成较大的紫椴、风桦、裂叶榆、春榆、水曲柳、黄檗、核桃楸、朝鲜杨外，还有作为第二林层的色木槭（*Acer mono*）、青楷槭（*Acer tegmentosum*）、花楷槭、白牛槭（*A. mandshuricum*）、假色槭（*A. pseudosieboldianum*）、拧筋槭（*A. triflorum*）、鹅耳枥等。紫杉、水榆、花楸（*Sorbus alnifolia*），以及藤本三叶木通（*Akebia trifoliata*）、软枣子（*Actinidia arguta*）的出现，都说明了“南方红松阔叶林”的特点。

本带的垂直分布，可以长白山南部白头山（海拔2744m）为例。①高山苔原带（高山草甸带），海拔2100m以上，气候严寒，土壤为高山草甸土，无森林分布，主要是高山草甸或杜鹃、苔藓地衣构成的灌丛。②亚高山岳桦矮林和亚高山草甸带，海拔1800～2100m，土壤为亚高山草甸森林土，在较陡的山坡浅薄土壤上主要是岳桦矮林，山坡上部的矮林呈灌木状，树干弯曲，山坡下部的树干较高，岳桦矮林常被亚高山草甸所间隔。岳桦林也可沿河谷展至高山草甸带，与高山草甸相接。林内间有混生的长白落叶松、金花杜鹃（*Rhododendron chrysanthum*）、赤杨、阿穆尔花楸（*Sorbus amurensis*）、西伯利亚桧（*Juniperus sibirica*）、偃松等。亚高山草甸则由大叶章（*Deyeuxia langsdorffii*）、鹅观草（*Roegneria nakaii*）、大叶柴胡（*Bupleurum longiradiatum*）、朝鲜山柳菊（*Hieracium koreanum*）、小米草（*Euphrasia tatarica*）、橐吾（*Ligularia* sp.）、鸢尾（*Iris* sp.）等组成。③云杉冷杉林带，海拔1200～1800m，气候冷湿，土壤为山地棕色针叶林土。上部（海拔1600～1800m）亚带以鱼鳞云杉、臭冷杉、红皮云杉为主，混生有长白落叶松（*Larix olgensis* var. *changpaiensis*）；下部（海拔1200～1600m）亚带，是云杉冷杉林向红松阔叶混交林带过渡的亚带，虽然以鱼鳞云杉、臭冷杉、红皮云杉为主，红松也有一定比重，但阔叶树种类较少，生长也差，如有风桦、裂叶榆、紫椴等。阔叶树组成可占一半。灌木有色木槭、青楷槭、花楷槭、小楷槭（*Acer tschonoskii* var. *rubripes*）、毛山楂（*Crataegus maximowiczii*）、花楸、西伯利亚刺柏等。草本发育不良，苔藓较繁茂。④红松阔叶林带，海拔500～1200m，气候温湿，土壤以暗棕壤为主，红松阔叶混交林为本带基本类型。与红松混交的阔叶树种多，但也随立地而异。核桃楸、水曲柳、黄檗、钻天柳、春榆分布于坡麓和河谷阶地的土壤肥沃湿润的生境；鹅耳枥、假色槭等指示干燥、较瘠薄土壤；紫椴、风桦等分布在陡坡、阴坡土壤较肥沃、湿润条件居于上述二者之间的生境，因此，红松阔叶林可分为若干林型。灌木以毛榛（*Corylus mandshurica*）、黄花忍冬（*Lonicera chrysantha*）、山梅花（*Philadelphus incanus*）、大叶小檗（*Berberis amurensis*）、刺五加（*Acanthopanax spinosus*）、暴马丁香（*Syringa reticulata*）、东北溲疏（*Deutzia parviflora*）、迎红杜鹃（*Rhododendron mucronulatum*）、绣线菊（*Spirea ussuriensis*）、疣枝卫矛（*Evonymus pauciflorus*）等比较典型。藤本除有山葡萄（*Vitis amurensis*）、北五味子（*Schisandra chinensis*）、狗枣（*Actinidia kolomikta*）等小兴安岭可见种外，还有软枣子、木通（*Akebia quinata*）等。蕨类较发育，有黑水鳞毛蕨（*Dryopteris amurensis*）、鸡膀鳞毛蕨（*D. crassirhizoma*）、猴腿蕨（*Athyrium sinense*）、尖齿蹄盖蕨（*Athyrium spinulosum*）等。苔藓发育不良。在本带上部，云杉、冷杉混交增多。沙松（*Abies holophylla*）则主要混生于海拔800m以下。本带的沟塘沼泽地也有长白落叶松林分布，当地称“黄花松甸子”。臭冷杉、鱼鳞云杉、红皮云杉成小块或混生于坡麓沟谷冷湿处，紫杉少见，散生于土壤肥沃的平缓分水岭顶。蒙古栎分布于阳向陡坡，而赤松（*Pinus densiflora*）可见于吉林中东部低山陡阳坡。⑤阔叶林带，海拔250～500m，在本区山地外围的低山丘陵，也是人类长期活动形成的一个天然次生林带，以蒙古栎、黑桦、山杨、白桦为主，混生有糠椴、黄檗、核桃楸、水曲柳、花曲柳、怀槐（*Maackia amurensis*）、大果榆（*Ulmus macrocarpa*）、春榆（*U. propinqua*）等。土壤为山地暗棕壤、白浆土，此带已难恢复成针阔叶混交林，而成为次生林和农业的交错区。

2.1.3 东部暖温带落叶阔叶林带

此区向南进入辽东低山丘陵区，从辽东半岛的森林景观看，已可属暖温带落叶阔叶林带。千山山脉与辽河平原相隔的同纬度的努鲁儿虎山、七老图山、小五台山所构成的燕山山脉相望，再由燕山山脉向西南斜进，有太行山和并行的吕梁山，以上这些山地可统称华北山地。华北山地东面为辽阔的华北大平原及山东半岛，含泰山等山体，其西北则为中国西部半干旱、干旱区的内蒙古高原。本带的地理范围大致在北纬 32°30′～42°30′，东经 103°30′～124°10′，其南界止于秦岭北坡，含渭河平原，和淮河以北，含黄淮海平原。华北山地之西侧至贺兰山、六盘山之西侧，整个黄土高原，含子午岭、黄龙山等黄土高原山地，也属此暖温带落叶阔叶林区内。华北山地由于东濒渤海，邻近海洋，处于东亚海洋季风边缘，得以有较湿润的气候，夏雨冬旱，水热同期，但因东来赤道暖流由台湾折向日本岛，使本区气候大陆性特征加强，形成冬季寒冷晴燥，夏季酷热和雨量集中，因而发育为冬季落叶的落叶阔叶林，与同纬度的南欧地中海冬雨夏旱、气候偏暖而发育的亚热带冬绿硬叶常绿阔叶林不同。本带的暖温带气候特征为年均温 8～14℃，年积温 3200～4500℃，最冷月均温为–12～0℃，最热月均温为 24～28℃，全年无霜期 180～240 天，气温由北向南递增，降水由东向西递减。年降水量 600～1000mm，在山地由山麓向山顶渐增，雨量多集中夏季，土壤为花岗岩、片麻岩或砂页岩母质上发育的山地棕色森林土，微酸性，至中度酸性，在石灰岩或局部黄土上则生成褐色森林土，中性至碱性，大部有碳酸盐反应，有明显碳酸钙淀积层。棕色森林土的风化度和淋溶度要比褐土高，而褐土的肥力，如速效性氮、钾、磷含量高而且稳定。

本带从地形上看，可包括华北山地、黄土高原和华北大平原三大部分。华北山地包括辽河平原两侧的医巫闾山、燕山、太行山，山西的恒山和吕梁山，这是落叶阔叶林主要分布区，海拔平均超过 1500m，植被垂直分布明显。其基带即地带性顶极群落为落叶阔叶林带，一般在海拔 700～1400（1500）m，由栎类为主，如槲栎（*Quercus aliena*）、柞栎（*Q. dentata*）和分布稍高的辽东栎（*Q. liaotungensis*），其次有油松（*Pinus tabulaeformis*）、蒙古栎、臭椿（*Ailanthus altissima*）、元宝槭（*Acer truncatum*）、白蜡、苦木（*Picrasma quassioides*）、色木槭、漆树（*Toxicodendron verniciflua*）、桑（*Morus alba*）、紫椴、糠椴、黄连木（*Pistacia chinensis*）等，还有少量的大果榆。有时在海拔 1100～1400m 有川白桦（*Betula platyphylla* var. *szechuanica*）、山杨、紫椴、糠椴等次生林代替了天然原生的栎类林。油松林也以阴坡比阳坡茂密，在景观上有重要价值，因此，暖温带落叶阔叶林带有时也称为“暖温带松栎林带”。有时在山地的海拔 1500（1700）～1800（2500）m 及以上，有亚高山针叶林，以云杉属的青杆（*Picea wilsonii*）、白杆（*P. meyeri*）林为优势。华北落叶松（*Larix principis-rupprechtii*）则分布稍高，常在海拔 1800m 以上。由于长期的人为活动，天然老龄云杉林、落叶松林已很少见到。以次生的山杨、白桦、川白桦林为多见，也可见到红桦、黑桦。太行山海拔不足 2000m，植被破坏较严重，呈现疏生半旱生栎类、侧柏（*Platycladus orientalis*）灌木林为主，局部较好的生境有漆树、流苏树（*Chionanthus retusa*）、鹅耳枥（*Carpinus turczaninovoii*）、裂叶榆、山桃（*Prunus davidiana*）、蒙古桑（*Morus mongolica*）、猕猴桃等树种的次生灌丛，有华北区系成分典型的灌木种，如荆条（*Vitex negundo* var. *heterophylla*）、三桠绣线菊（*Spiraea trilobata*）、柔毛绣线菊（*S. sericea*）、蚂蚱腿子（*Myripnois dioica*）等。海拔达 2500m 以上的五台山则可见亚高山草甸带。

黄土高原平均海拔 1000～1500m，地面一般覆盖 20～30m 厚的黄土，最厚可达 100m 以上。黄土持水力弱，易被冲刷，水土流失严重，自然植被已少见，只有黄土高原的山地上可见辽东栎、白桦、山杨、蒙古栎、榆、朴（*Celtis tetrandra* subsp. *sinensis*）组成的落叶阔叶林，以及一些油松、侧柏林，但都因人为破坏而呈破碎景象，而且出现了更多的次生灌丛，种类基本上是华北常见的荆条、酸枣（*Ziziphus jujuba* var. *spinosa*）、虎榛子、土庄绣线菊、黄刺玫（*Rosa xanthina*）、胡枝子（*Lepedeza bicolor*）、鼠李（*Rhamnus davuricus*）、三桠绣线菊等。草本有冰草（*Agropyron cristatum*）、光颖芨芨草（*Achnatherum sibiricum*）、草地早熟禾（*Poa pratensis*）、马唐（*Digitaria sanguinalis*）、野青茅（*Deyeuxia arundinacea*）等。

在本带鲁中南山地，即泰山、沂山、蒙山，栎林以麻栎（*Quercus acutissima*）、栓皮栎（*Q. variabilis*）为优势，生长良好，还可见枫杨林、赤杨（*Alnus japonica*）林和一些组成复杂的白蜡、糠椴、榆、槐（*Sophora japonica*）、元宝槭、苦枥（*Fraxinus retusa*）、黄连木、槲等落叶阔叶林。针叶林以油松林、侧柏林居多。在山东半岛的崂山以及苏北的云台山等小岛状孤山，由于受海洋气候的调节，冬季较温暖，以致一些亚热带成分渗入，如这些山地出现常绿阔叶树种的红楠（*Machilus thunbergii*）、红山茶（*Camellia japonica*）或常绿树种的竹叶木姜子（*Litsea pseudoelongata*）、山胡椒（*Lindera glauca*）等。落叶阔叶林成分也增加了南方的苦木（*Picrasma quassioides*）、白木乌桕（*Sapium japonicum*）、刺楸（*Kalopanax septemlobus*）、盐肤木（*Rhus chinensis*）、糙叶树（*Aphananthe aspera*）、榔榆（*Ulmus parvifolia*）、化香树（*Platycarya strobilacea*）等。

在广阔的华北大平原则是农业区域，常栽植的树木是旱柳（*Salix matsudana*）、绦柳（*S. malsudana* f. *pendula*）、槐、榆、泡桐（*Paulownia fortunei*）、楸（*Catalpa bungei*）以及引进的刺槐（*Robinia pseudoacacia*）、加杨（*Populus canadensis*）、毛白杨（*P. tomentosa*）和其他不少杨树新品种。农田营造有以杨树、泡桐、枣（*Ziziphus jujuba* var. *inermis*）、紫穗槐（*Amorpha fruticosa*）为主要组成的农田防护林网，对改善农田气候，减轻风、沙、寒潮、干热风等自然灾害起了很好的作用，胶东丘陵区则以栽培的赤松林、麻栎、栓皮栎、柞栎、枹栎（*Quercus serrata*）等组成的栎类林为常见，其他树种还有光叶榉（*Zelkova serata*）、泡桐、楸、槭、黄连木、枫杨、臭椿等，以及人工栽培的各杨树品种。胶东丘陵和胶淮平原还是著名水果产地，盛产苹果、梨、葡萄、桃、杏、板栗、山楂等。黄淮平原农区位于华北大平原的南部，土壤由黄河、淮河冲积而成，土壤肥沃，开垦历史久，农田林网化为本地区减少风、沙、旱、涝、盐五大灾害做出了重要贡献。在淮河故道上引用水资源发展了以池杉（*Taxodium ascendens*）为主的生态经济型农林复合经营体系。

2.1.4 东部亚热带常绿阔叶林带

自秦岭东向伏牛山，接淮河一线以南，即进入亚热带常绿阔叶林带，其范围北含秦岭南坡、南抵北回归线附近，包括安徽、湖北、江西、江苏中南部、河南南部、四川、陕西南部、湖南、贵州、浙江，闽粤桂的北部，西界为沿西藏东坡向南进至云南西疆国界线。南北界之间纬度相距 11°～17°，东西跨经度约 28°，带内地区气候差异大，大体可把中国亚热带分为东西两部，即中国东部亚热带和西部亚热带。因为夏半年太平洋的暖气流只能影响及华东、华南和华中，受云贵高原阻挡而使云贵高原面受泽很少，东部春夏气温高，多雨，冬季受北方西伯利亚寒流影响而降温明显，因而冬季寒冷，年温差大；西部主要是云贵高原及川西山地，其夏半年因横断山脉走向南北，受印度洋西南季风北上影响，夏秋多雨，冬季受西部热带大陆干热气团影响而使冬春显得干暖。

按纬度，东部可分出北亚热带、中亚热带和南亚热带。北亚热带大致在北纬 31°以北，含江苏中部、安徽北部、河南南部、湖北北部、陕西南部、甘肃东南角。北亚热带热量较低，是常绿与落叶阔叶混交林的过渡带。此带以南，至大约相当北回归线附近一线以北，包括江苏南部、浙江和安徽、湖北的中南部，江西、湖南的全部，贵州除黔东南外的大部，广西、福建、广东的北部，四川除川西高原外的大部，这是典型的常绿阔叶林带的中亚热带；此带以南，即在北回归线上下，由于热量增加，季风气候影响强烈，成为向热带过渡的南亚热带季风常绿阔叶林带，包括云南中南部、广西中南部、广东东南部、福建南部和台湾北半部。

西部亚热带则主要在西藏高原东南缘部分、云南高原之滇中高原部分、川西高原。因为这一区域正是海拔急剧上升的地段，植被垂直分布明显，但其北部则因地势升高已直接出现亚高山森林和草甸，不存在北亚热带，只在中部、南部因纬度和气候变化，还存在常绿阔叶林和季风常绿阔叶林两个基本类型的亚带，但西部亚热带这两个森林类型与东部相应的类型相比较，则属季风高原气候类型，年温差小，四季不分明，干湿季明显，植物冬季越冬条件较好，但较干燥，因而给森林发育带来许多影响，常绿阔叶林树种以壳斗科的青冈属、栲属占优势。

2.1.4.1 东部北亚热带落叶常绿阔叶混交林带

北亚热带具有明显的由暖温带向亚热带的过渡性。北亚热带落叶阔叶与常绿阔叶混交林下代表性土壤黄褐土，正是由落叶阔叶林的褐土向常绿阔叶林的黄棕壤过渡的中间类型土壤，表明了植被—土壤系统在纬度气候变化下雨量和热量综合作用而协同进化的演变规律，但本带在局部也有黄棕壤的分布。本亚带气候温暖湿润。落叶阔叶林以麻栎、栓皮栎为优势，还有较占优势的白栎（*Quercus fabri*），还有暖温带已有分布的枹、短柄枹（*Q. serrata* var. *brevipetiolata*）、槲栎（*Q. aliena*）、小叶栎（*Q. chenii*）、茅栗（*Castanea seguinii*）等为常见。常绿的壳斗科树种有苦槠（*Castanopsis sclerophylla*）、青冈（*Cyclobalanopsis glauca*）为优势，有细叶青冈（*C. gracilis*）、小叶青冈（*C. myrsinaefolia*）、石栎（*Lithocarpus glaber*）、绵石栎（*L. henryi*）等。在秦岭由于接近西部，有岩栎（*Quercus acrodonta*）、刺叶栎（*Q. spinosa*）、匙叶栎（*Q. spathulata*）、巴东栎（*Q. engleriana*）、乌冈栎（*Q. phillyraeoides*）、曼青冈（*Cyclobalanopsis oxyodon*）等。可以说，本带的阔叶树种，无论落叶的和常绿的，壳斗科的树种是基本的建群种。其他落叶阔叶树种有枫香、化香（*Platycarya strobilacea*）、山合欢（*Albizia macrophylla*）、黄檀（*Dalbergia hupehana*）、盐肤木（*Rhus chinensis*）、黄连木（*Pistacia chinensis*）、大穗鹅耳枥（*Carpinus fargesii*）、灯台树（*Cornus controversa*）、糯米椴（*Tilia henryana* var. *subglabra*）、野柿（*Diospyros kaki* var. *sylvestris*）、刺楸、檫树（*Sassafras tzumu*）；常绿树种还有冬青（*Ilex chinensis*）、枸骨（*Ilex cornuta*）、樟（*Cinanmomum camphora*）、紫楠（*Phoebe sheareri*）等。落叶常绿阔叶混交林一般分布在海拔400～500m及以下的丘陵、低山，在山地可上升到1800m的中山带，如秦岭南坡、大巴山的苦槠、麻栎、银木（*Cinamomum septentrionale*）、黄连木、女贞（*Ligustrum lucidum*）等落叶常绿阔叶混交林可分布至海拔1000m，由米心水青冈（*Fagus engleriana*）、细叶青冈（*Cyclobalanopsis gracilis*）等组成的林分可分布至海拔1800m，在海拔1800m以上则以落叶阔叶林为主，主要种类有栓皮栎、枹、白栎、茅栗等。一般讲，在海拔700m以下，由于人为破坏严重，天然林已不多见，替代的是人工栽植的杉木林、毛竹林，以及次生和人工栽植的马尾松（*Pinus massoniana*）林。在低丘陵区还有柑橘、梨、桃、油桐（*Vernicia fordii*）、油茶（*Camellia oleifera*）等经济林木。秦岭南坡和大别山海拔700m以上有黄山松（*Pinus taiwanensis*）林，1200～1800m有华山松（*Pinus armandii*）林，海拔2600～3000m有巴山冷杉（*Abies fargesii*）、秦岭冷杉（*A. chensiensis*）组成的冷杉林，海拔3000m以上有太白红杉（*Larix chinensis*）林。在秦岭高海拔出现亚高山针叶林已表明与西部亚高山针叶林的联系。在本带平原和盆地则为农业区。

2.1.4.2　东部中亚热带常绿阔叶林带

由于纬度上的气候差异，东部中亚热带的偏北部分因极端最低温达–10～–7℃，个别地区低到–17℃，冬季较冷，早春寒和早霜危害较重，常绿阔叶林树种以较喜温凉的青冈类占优势，如曼青冈、细叶青冈、小叶青冈、苦槠、甜槠（*Castanopsis eyrei*）、峨眉栲（*C. platyacantha*）、石栎等。马尾松林、杉木（*Cunninghamia lanceolata*）林、毛竹（*Phyllostachys pubescens*）林在此也是中心栽培区。在本带偏南部分则以喜温暖的栲类占优势，如栲（*Castanopsis fargesii*）、罗浮栲（*C. fabri*）、南岭栲（*C. fordii*）、鹿角栲（*C. lamontii*）、黧蒴栲（*C. fissa*），青冈类种类也多见，但在林内不见占优势。南亚热带的喜暖成分在本带内已局部出现。马尾松林下除稍北部林下已有的檵木（*Loropetalum chinense*）、映山红（*Rhododendron simsii*）、乌饭树（*Vaccinium bracteatum*），还出现了喜暖的桃金娘（*Rhodomyrtus tomentosa*）、岗松（*Baeckea frutescens*）等。广西花坪在海拔1400m保存有银杉（*Cathaya argyrophylla*）林，贵州雷公山保存有秃杉（*Taiwania flousiana*）林等残遗古老树种的小面积林分。本带的竹林除毛竹外，还有慈竹（*Neosinocalamus affinis*）、刚竹（*Phyllostachys bambusoides*）、粉绿竹（*P. glauca*）、淡竹（*P. nigra* var. *henonis*）、苦竹（*Pleioblastus amarus*）、箭箬竹（*Indocalamus latifolius*），但经济意义和实用价值都远不及毛竹。在本带南部还有绿竹（*Dendrocalamopsis oldhami*）、麻竹（*Sinocalamus latiflorus*）、龙竹（*Dendrocalamus giganteus*）、青皮竹（*Bambusa textilis*）等较喜热竹种。本带经济林树种有油茶、油桐、乌桕（*Sapium sebiferum*）、茶、柑橘、板栗、肉桂（*Cinnamomum cassia*）、八角（*Illicium verum*）、枇杷、柚、柿、核桃等。

本带也是中国珍贵用材树种丰富的地区，如樟、猴樟（*Cinnamomum bodinieri*）、楠、檫、南方铁杉（*Tsuga tchekiangensis*）、华东黄杉（*Pseudotsuga gaussenii*）、金钱松（*Pseudolarix amabilis*）、水杉（*Metasequoia glyptostroboides*）、黄杉（*Pseudotsuga sinensis*）等树种。

2.1.4.3 东部南亚热带季风常绿阔叶林带

本带的热带性已见增强，已具有明显热带季风气候的影响，如高温，但年积温较大，多雨，但季节性分配不均，有较明显的干湿季之分，夏季受太平洋台风的影响较强烈，高温多雨，冬季温暖而较干燥，但有短期的显著降温，植被以适应于热带季风气候的季风常绿阔叶林为基本类型，其特点是生境湿润，树种组成多，无明显优势种，结构也比较复杂，藤本增多。土壤为砖红壤性红壤，是热带砖红壤性土与亚热带红壤间的过渡类型。常见树种有壳斗科、樟科的热带属的种、金缕梅科、山茶科的种为主。有壳斗科栲属的刺栲（*Castanopsis hystrix*）、华南栲（*C. concinna*）、甜槠，樟科的硬壳桂（*Cryptocarya chingii*）、黄樟（*Cinnamomum porrectum*）以及润楠属（*Machilus*）和木姜子属（*Litsea*）的种等。林下有野芭蕉（*Musa balbisiana*）、海芋（*Alocasia macrorrhiza*）、桫罗树（*Cyathea spinulosa*）、鱼尾葵（*Caryopta ochlandra*）、假苹婆（*Stercutia lanceolata*）、梭罗树（*Reevesia tomentosa*）等热带沟谷雨林的层片出现，还有白藤（*Calamus tetradatylus*）、榼藤子（*Entada phaseoloides*）、瓜馥木（*Fissistigma oldhami*）、花皮胶藤（*Ecdysanthera utilis*）、倪藤（*Gnetum parvifolium*）等大藤本出现。台湾中央山脉、玉山山脉则以无柄米槠（*Castanopsis carlesii* var. *sessilis*）、青钩栲（*C. kawakamii*）、厚壳桂（*Cryptocarya konishii*）、榕（*Ficus microcarpa*）、毛管榕（*F. wightiana*）、台湾黄杞（*Engelhardtia formosana*）、铁冬青（*Ilex rotunda*）、大头茶（*Gordonia axillaris*）、香叶树（*Lindera communis*）、薯豆（*Elaeocarpus japonica*）、红淡（*Adinandra formosana*）、台湾山龙眼（*Helicia formosana*）、羊角屎（*H. cochinchinensis*）、重阳木（*Bischofia javanica*）、无患子（*Sapindus mukovosii*）、台湾栾树（*Koelreuteria henryi*）等构成亚热带季风常绿阔叶林，但高海拔，1800～3000m 的中山，则以红桧（*Chamaecyparis formosensis*）、台湾扁柏（*C. obtusa* var. *formosana*）为代表。海拔 3000m 以上有台湾冷杉（*Abies hawakamii*）为优势的亚高山针叶林，这是中国南亚热带唯一存在亚高山针叶林带的高山。黔桂石灰岩山地的石灰岩季风常绿阔叶林以青冈、仪花（*Lysidice rhodostegia*）、硬叶樟（*Cinnamomum calcareum*）、华南皂荚（*Gleditsia fera*）、金丝李（*Garcinia chevalieri*）、黄连木、青檀（*Pteroceltis tatarinowii*）、南酸枣（*Cherospondias axillaris*）、海红豆（*Adenanthera pavonina*）等喜石灰性常绿阔叶或落叶阔叶树种，在不同海拔都见分布。但由于石灰岩山地不易蓄留水分，天然林破坏后，生境立即变得干燥，易演替为次生灌木林。在局部湿热的石灰岩地区还可出现擎天树（*Parashorea chinensis* var. *kwangsiensis*）、蚬木（*Burretiodendron hsienmu*）、野独活（*Miliusa chunii*）等雨林成分。

本带除有较大面积人工栽植的马尾松林外，杉木林由于偏南，生长量不及中亚热带，此外还有一些桉树林。竹林除毛竹林外，丛生竹已占主要地位。引种的热带松类、相思类、如加勒比松（*Pinus caribea*）、湿地松（*P. elliottii*）、热带松（*P. tropicalis*），马占相思（*Acacia mangium*）等也有较多的栽植，作为用材林、薪材林经营。经济林有肉桂、八角、油桐、油茶、大叶茶、蒲葵（*Livistona chinensis*）、紫胶寄主林。果树除柑橘、橙、梨、柿、梅等外，还有龙眼（*Dimocarpus longan*）、荔枝（*Litchi chinensis*）、番木瓜（*Carica papaya*）、杧果（*Mangifera indica*）、番石榴（*Psidium guajava*）、黄皮（*Clausena lansium*）、阳桃（*Averrhoa carambola*）等南亚热带水果类。闽粤沿海有红树林分布，主要种类有秋茄（*Kandelia candel*）、木榄（*Bruguiera gymnorrhiza*）、桐花树（*Aegiceras corniculatum*）、海榄雌（*Avicennia marina*）、老鼠簕（*Acanthus ilicifolius*）、海漆（*Excoecaria agallocha*）等6种，为红树林北部的常见种。

2.2 西部亚热带常绿阔叶林区域

中国西部亚热带大约包括川西滇西北横断山区、藏东南的高山深谷区和滇中高原。滇中高原即滇中南和相邻的贵州西部、广西西北部。

本区域土壤为红壤、砖红性红壤，山地上部为黄壤、棕壤，石灰岩地区有红色和黑色石灰土。在横断山区及藏东南高山深谷区，因地势普遍抬高，以常绿阔叶林为基带，植被垂直分布明显，上有亚高山针叶林和亚高山草甸带，从基带的气候角度考虑，应属西部的中亚热带性质；而其南、东南为云贵高原，即主要是滇中高原（滇中南）和部分相邻贵州西部、广西西北部，地貌已非高山深谷型而是较破碎的高原面，以及高原面向东南、南倾斜的斜面，其间有面积较大的宽谷河盆，这里的基带应为南亚热带季风气候下的季风常绿阔叶林带，是中国西南的主要林区。

川西、滇西北横断山脉高山深谷区基带的常绿阔叶林以常绿的栎类为主，有青冈属、栲属、石栎属，主要种类有滇青冈（*Cyclobalanopsis glaucoides*）、高山栲（*Castanopsis delavayi*）、元江栲（*C. orthacantha*）、滇石栎（*Lithocarpus dealbartus*）、曼青冈，以及其他种如杜英（*Elaeocarpus decipiens*）、润楠（*Machilus pingii*）、木荷（*Schima superba*，*Snoronhae*）等为常见。本范围内山地的落叶阔叶林带不明显，落叶阔叶树种常混生于常绿阔叶林和亚高山针叶林中，因此，山地垂直带常由常绿阔叶林带直接过渡至海拔2500（2800）～3200（3300）m的针阔叶混交林带，这是以云南铁杉（*Tsuga dumosa*）、黄果冷杉（*Abies ernestii*）、槭、红桦（*Betula albo-sinensis*）、华山松（*Pinus armandii*）等为优势，云南铁杉、华山松有时也成较大面积的纯林分布。海拔3000（3200）～3400m为亚高山针叶林带，以长苞冷杉（*Abies georgei*）、冷杉（*A. fabri*）、岷江冷杉（*A. faxoniana*）、鳞皮冷杉（*A. squamata*）、川滇冷杉（*A. forrestii*）、紫果云杉（*Picea purpurea*）、丽江云杉（*P. likiangensis*）、粗枝云杉（*P. asperata*）、川西云杉（*P. balfouriana*）、四川红杉（*Larix mastersiana*）、红杉（*L. potaninii*）、大果红杉（*L. potaninii* var. *macrocarpa*）等各为优势的亚高山针叶林分。在藏东南、藏南山地则替代为西藏冷杉（*Abies spectabilis*）、墨脱冷杉（*A. delavayii* var. *motouensis*）、西藏冷杉（*A. densa*）、察隅冷杉（*A. chayuensis*）、西藏云杉（*Picea spinulosa*）、林芝云杉（*P. likiangensis* var. *lintziensis*）和除红杉、大果红杉外的西藏红杉（*Larix griffithiana*）、喜马拉雅红杉（*L. himalaica*）和怒江红杉（*L. speciosa*）等。本带是中国发育众多的冷杉、云杉、落叶松属的亚高山针叶林树种的地方，表明了横断山区和藏东南山地是世界冷杉、云杉、落叶松和其他高山植物的分化中心之一。以上所述各种，往往在不同的地区有相互替代的优势种林分，但也常存在因分布区重叠而若干种混生的林分。亚高山针叶林下的优势下木层，往往因生境不同而分别以杜鹃、箭竹属（*Sinarundinaria*）、拐棍竹属（*Fargesia*）、阴湿的苔藓和其他灌木种类型形成不同的层片。亚高山针叶林虽然与寒温带、温带的针叶林有起源上的联系，但具有冬季温和、区系成分古老而且复杂，生物生产力高等特点。在亚高山针叶林带还分布有亚高山硬叶栎类林，这也是本垂直带的一个特点，它们由川滇高山栎（*Quercus aquifolioides*）、黄背栎（*Q. pannosa*）、藏高山栎（*Q. semicarpifolia*）等分别组成的优势林分，它们主要分布在阳坡、半阳坡较干燥的生境，与阴坡分布的冷杉、云杉暗针叶林，成了明显的对比。海拔 3400（3600）m 以上则为高山灌丛带，如各种杜鹃灌丛，阳坡有垂枝柏（*Sabina recurva*）等矮疏灌丛等。在川滇金沙江河谷，主要在米易至攀枝花一线，元谋至金沙江一线，有干热河谷植被类型出现，其土壤为红褐土，这主要是因为地形而产生的焚风效应所造成，以稀疏灌木草丛为主，并散生木棉（*Gossampinus malabarica*）、山黄麻（*Trema orientalis*）、红椿（*Toona cilita*）等耐旱热乔木。也可见铁橡栎（*Quercus cocciferoides*）、光叶高山栎（*Q. rehderiana*）等干热生境的栎类群落。川滇、藏东南高山深谷区由于海拔垂直范围宽，气候差异大，适宜于许多暖温带、亚热带各种水果、干果的生长。干热河谷由于热量高，也可见小量热带水果的栽培。而其他经济林则相对较少栽植。

滇中高原及其边缘斜坡面，属南亚热带性质气候，年降水量 1000～1200mm，但一些河谷，如红河河谷，也由于焚风效应而形成干热河谷。本范围的基本森林类型为季风常绿阔叶林，由喜暖的常绿栎类组成，一般在海拔 1100～1300m 低山丘陵和阶地上分布有思茅栲（*Castanopsis ferox*）、蒺藜栲（*C. tribuloides*）、小果石栎（*Lithocarpus microspermus*）等二三十种。思茅松（*Pinus kesiya* var. *langbianensis*）林是与季风常绿阔叶林相联系而共存的另一森林类型，在砂页岩基质山地有大面积分布，因此，中国西南部南亚热带有“松栎林区”的称呼。云南松（*Pinus yunnanensis*）林在本区范围的西部也有较多的分布，或与落叶栎类组成混交林。在贵州和广西西部还有耐干热的细叶云南松（*P. yunanensis* var. *tenuifolia*）林分布。海拔 1500～2000m 为常绿阔叶林带，以元江栲（*Castanopsis orthacantha*）、小果栲（*C. fleuryi*）、滇青冈（*Cyclobalanopsis glaucoides*）、刺斗石栎（*Lithocarpus echinotholus*）为主。一些高山，如无量山、滇康雪山，由海拔 2400m 至山顶，为云南铁杉（*Tsuga yunnanensis*）、石栎、木莲、木荷等组成的针阔叶混交的苔藓矮林。本区季风常绿阔叶林破坏后往往形成蒙自桦（*Betula alnoides*）、旱冬瓜（*Alnus nepalensis*）等次生林。在干热河谷的稀树灌丛中有火绳树（*Eriolaena malvacea*）、木棉、蒙自合欢（*Albizia bracteata*）、羽叶楸（*Stereospermum tetragonum*）、千张纸（*Oroxylum indicum*）、毛叶黄杞（*Engelhardtia colebrokiana*）等。石灰岩基质的山坡则以短序润楠（*Machilus breviflora*）、滇润楠（*M. yunnanensis*）、青冈、蚬木等为主。本区经济林以木棉、茶、紫胶寄主林为常见，果树有柑橘、番石榴、番木瓜、龙眼、荔枝，在较高海拔有暖温带水果，梨、苹果、核桃、板栗等生长。个别适宜的生境也有种植小面积的橡胶（*Hevea brasiliensis*）林。重要用材树种除天然林更新树种外，还有人工栽植的蚬木、小果香椿、红椿（*Toona ciliata*）和国外松等用材树种。

2.3 热带季雨林雨林区域

中国闽、粤、桂的南部，台湾南部，即约北回归线以南的沿海丘陵、平原，海南岛和南至南沙群岛，还有藏南的亚东、聂拉木一带、滇西南德宏和滇南西双版纳，为中国热带季雨林、雨林带。本带北界变幅较大，变动于北纬 21°～24°，在广东中部因寒潮通道，其北界南移，而广西西部因东南季风可沿右江河谷西北而上，其北界北移，其西则因云贵高原南侧地势偏高而北界南缩，在滇西南德宏因受印度西南季风孟加拉湾暖流影响，北界又移至北纬 24°，在藏东南则因直接接受了孟加拉暖流北上影响，其北界直抵北纬 28°以上，成为中国西南喜马拉雅山南翼的一块热带森林宝地。本带热量条件充裕，年平均气温 22～25.5℃，最冷月平均气温 14～21℃，全年基本无霜，年降水量充沛，1500～2000mm，个别高达 3000mm，如西部喜马拉雅南部河谷因喜马拉雅山的阻挡使孟加拉暖流气团阻滞于河谷，使年降水量达 2000～3000mm，甚至 5000～6000mm。但本带降水量主要集中夏季，干湿季分明。本带东部局部地方和少数年份，仍有受北来寒潮余害，如海南岛西北部橡胶林仍在个别年份遭受冻害。本带东部的台风虽能给本带带来丰沛的水分，但也往往伴随着强烈的风害。土壤主要为砖红壤性土壤，在长期高温高湿下形成风化达数米、数十米的高铝风化壳，土壤剖面呈强酸性反应，pH4～5。广西及海南三亚、滇西南勐连一带有石灰岩土。在山地垂直带随海拔上升可见山地褐土、山地棕壤等。

热带季雨林结构复杂，林层一般 3～4 层，由热带科属组成，在海南岛有青梅（*Vatica astrotricha*）、坡垒（*Hopea hainanensis*）、蝴蝶树（*Heritiera parvifolia*）、海南柿（*Diospyros hainanensis*）、红果葱臭木（*Dysoxylum binectariferum*）、水石梓（*Sarcosperma laurinum*）、黄叶树（*Xanthophyllum hainanense*）、花枝木奶果（*Baccaurea ramiflora*）、海南核实（*Drypetes hainanensis*）、油楠（*Sindora glabra*）、长脐红豆（*Ormosia balansae*）、长序厚壳桂（*Cryptocarya metcalfiana*）等。云南东南部德宏主要有滇龙脑香（*Dipterocarpus yunnanensis*）、毛坡垒（*Hopea mollissima*）、四数木（*Tetrameles nudiflora*）、隐翼（*Crypteronia paniculata*）、人面子（*Dracontomelon dupereanum*）、肖韶子（*Dimocarpus fumatus*）、细子龙（*Amesiodendron chinense*）、龙眼、麻楝（*Chukrasia tabularis*）、葱臭木（*Dysoxylum gobara*）、大叶山楝（*Aphanamixis grandifolia*）、仪花、无忧花（*Saraca griffithiana*）等，滇南西双版纳一带则以绒毛番龙眼（*Pometia tomentosa*）、千果榄仁（*Terminalia myriocarpa*）、硬核刺桐（*Erythrina lithosperma*）、假蚊叶野桐（*Mallotus pseudoverticilata*）、窄叶半枫荷（*Pterospermum lanceaefolium*）、见血封喉（*Antiaris toxicaria*）、麻楝、臭椿、大叶白颜树（*Gironniera yunnanensis*）等组成。台湾南部以台湾肉豆蔻（*Myristica cagayanensis*）、白翅子（*Pterospermum niveum*）、长叶桂木（*Artocarpus lanceolatus*）、菲律宾肉豆蔻（*Myristica simiarum*）、台湾山榄（*Planchonella duclitan*）、乌柿（*Diospyros utilis*）、网脉新乌檀（*Neonauclea reficulata*）、山楝（*Aphanamixis polystachya*）等为主。在喜马拉雅南麓则以长毛龙脑香（*Diptercarpus pilosus*）、翅果龙脑香（*D. alatus*）、羯布罗香（*D. turbinatus*）、娑罗树（*Shorea robasta*），阿萨娑罗树（*S. assamica*）等。热带季雨林下小乔木、灌木种类也十分繁多，种类因地而异，藤本十分丰富，附生植物发育，已具有热带雨林的各种特征。在西双版纳湿热沟谷中还分布有以龙脑香科望天树（*Parashorea chinensis*）为优势的沟谷雨林。

在冬季比较干旱的生境，如海南岛西部、西南部受老挝热风影响，在旱季十分干燥缺水，再如云南西双版纳、孟连等热带石灰岩山地，都有带冬季落叶阔叶成分的半常绿季雨林。这些林分比雨林类型要低矮一些，结构要简单一些。这些冬季落叶树种在海南岛西部、西南部有鹧鸪麻（*Kleinhovia hospita*）、槟榔青（*Spondias pinnata*）、见血封喉、厚皮树（*Lannea coromandelica*）、鸡占（*Terminalia hainanensis*）、毛萼紫薇（*Lagerstroemia balansae*）、幌伞枫（*Heteropanax fragrans*）、麻楝、海南黄檀（*Dalbergia hainanensis*）、海红豆（*Adenanthera pavonina*）、大叶合欢（*Albizia lebbeck*）、酸豆（*Tamarindus indica*），一些原有常绿的乔木在这些生境下有时也表现为半落叶性，有海南椴（*Hainania trichosperma*）、破布叶（*Microcos paniculata*）、翻白叶树（*Pterospermum heterophyllum*）、长柄银叶树（*Heritiera angustata*）、土檀树（八角枫）（*Alangium salviifolium*）、猫尾木（*Markhamia cauda-felina*）等。石灰岩性半常绿季风雨林的树种组成以番龙眼、柯苍木（*Colona sinica*）、毛麻楝（*Chukrasia tabularis* var. *velutina*）、大叶藤黄（*Garcinia tinconia*）、长叶榆（*Ulmus lencifolia*）、假玉桂（*Celtis cinnamomea*）、紫弹树（*C. biondii* var. *cavaleriei*）、光叶白颜（*Gironniera nitida*）、半枫荷（*Semiliquidambar cathayensis*）、滇石梓（*Gmelina arborea*）等。

在海南岛山地较高海拔，即在热带常绿季雨林以上，海拔 500～1500m，分布有山地雨林，其成分并无典型热带的龙脑香科的属种，而是以壳斗科属种为明显优势的常绿阔叶林类型，但也具有明显的热带雨林的特征，如结构复杂，具板根，附生植物繁多，老茎生花等，主要树种有陆均松（*Dacrydium pierrei*）、青钩栲、盘壳栎（*Cyclobalanopsis patelliformis*）、岭南青冈（*Cy. championii*）、琼崖石栎（*Lithocarpus fenzelianus*）、柄果石栎（*L. longipedicellatus*）、毛果石栎（*L. pseudovestitus*）、杏叶石栎（*L. amygdalifolius*），以及其他种类的阔叶树，如赤点红淡（*Adinandra hainanensis*）、蜜腺蒲桃（*Syzygium chunianum*）、五列木（*Pentaphylax euryoides*）等组成，海拔 1500m 以上出现山地常绿阔叶苔藓矮林，因山顶地形风力较大，树干矮小密集，树干及地表密布苔藓，树种主要由厚皮香（*Ternstroemia gymnanthera*）、猴头杜鹃（*Rhododendron simiarum*）等组成。热带针叶林在海南岛西部海拔为 150～500m 的丘陵台地上有南亚松（*Pinus latterii*）林，常为纯林，土壤为强酸性沙土或沙壤土，伴生有枫香、大沙叶（*Pavetta araneosa*）、厚皮树等。在海南岛西部由于冬季十分干旱，人为活动历史悠久，沿海台地上的常绿季雨林破坏后，形成次生的热带稀树草原型植被，在热带次生灌草丛上散生有中平树（*Macaranga denticulata*）、木棉、翻白叶树、山麻树（*Commersonia bartramia*）等。热带森林在几经皆伐、樵采、火烧后都会发生急剧的逆行演替，最终形成由白茅（*Imperata cylindrica* var. *major*）、飞机草（*Eupatorium odoratum*）、四脉金茅（*Eulalia quadrinervis*）、斑茅（*Saccharum arundinaceum*）、棕叶芦（*Thysanolaena maxima*）等组成的高草丛，难以恢复成林。海南岛沿海有红树林分布，其树种除南亚热带海岸红树林的树种外，还有红茄冬（*Rhizophora mucronata*）、角果木（*Ceriops tagal*）、苦槛蓝（*Myoporum bontioides*）、榄李（*Lumnitzera racemosa*）、海漆（*Excoecaria agallocha*）、红树（*Rhizophora apiculata*）、海莲（*Bruguiera sexangula*）、木果榄（*Bruguiera cylindrica*）、黄槿（*Hibiscus tiliaceus*）、海桑（*Sonneratia caseolaris*）、木果楝（*Xylocarpus granatum*）等，种类显著增多。在南海珊瑚岛上则主要发育为幼年的珊瑚石灰岩土上的肉质常绿阔叶灌丛或矮林，以草海桐（*Scaevola frutescens*）、小花草海桐（*S. hainanensis*）、银毛树（白花紫丹）（*Messerschmidia argentea*＝*Tournefortia argentea*）、海岸桐（*Guettarda speciosa*）、海巴戟（*Morinda citrifolia*）、臭娘子（*Premna integrifolia*）等组成，也有以白避霜（*Pisonia grandis*）为优势的矮林。

热带可以栽培的珍贵用材树种很多，有格木（*Erythrophleum fordii*）、坡垒、紫荆（*Madhuca subquincuncialis*）、黄叶树（*Xanthophyllum hainanense*）、五桠果、第伦桃（*Dillenia pentagyna*）、芬氏石栎、米老排、风吹楠（*Horsfieldia glabra*，*H. hainanensis*）、南亚松、铁刀木（*Cassia siamea*）、团花（*Anthocephalus chinensis*）等。引种的有窿缘桉（*Eucalyptus exserta*）、柠檬桉（*E. citriodora*）、柚木（*Tectona grandis*）、湿地松（*Pinus elliotti*）、马占相思（*Acacia mangium*）等，速生薪柴用树种有大叶相思（*A. auriculaeformis*）、银合欢（*Leucaena leucocephala*）、台湾相思（*Acacia confusa*）。营造的竹林有粉单竹（*Lingnania chungii*）、簕竹（*Bambusa spinosa*）、龙竹（*Dendrocalamus giganteus*）、牡竹（*D. strictus*）等。经济林有橡胶、肉桂、八角、安息香（*Styrax tonkinensis*）、藤类［白藤（*Calamus tetradactylus*）等］、金鸡纳（*Cinchona ledgeriana*）、咖啡、可可、槟榔（*Areca cathecu*）、胡椒（*Piper nigrum*）等，果树除可栽植南亚热带的果树外，还有荔枝、龙眼、杧果、番木瓜、椰子（*Cocos nucifera*）、木波罗（*Artocarpus heterophyllus*）、番石榴、引种的人心果、鳄梨（*Persea americana*）、番荔枝（*Annona squamosa*）等。沿海防护林和橡胶热作防护林常用树种有木麻黄（*Casuarina equisetifolia*）和几种桉树。

3　中国西北干旱半干旱区

大兴安岭中段以西进入内蒙古高原，是典型的草原区。在内蒙古高原和鄂尔多斯高原间的阴山山脉，如大青山海拔 1200m 以上阴坡有油松、侧柏、辽东栎、白桦和山杨等小块混交的林分，而阳坡则是灌丛和杂草草原，海拔 1700～2100m 有小块青海云杉（*Picea crassifolia*）林，这是青海云杉林由祁连山透迤继续分布之东界。大青山之西为河套平原，黄河贯穿其间，是中国西北部丰饶的农业区，农田林网和四旁植树有较好的发展。

贺兰山南北耸立于鄂尔多斯高原之西，是中国内外流域的分水岭，山脊一般海拔为 2000～3000m，山体久经剥蚀，在海拔 1500m 以上残留有山杨等小叶林和灌丛，海拔 2000～2500m 的阴坡则有青海云杉与油松的混交林，阳坡是灰榆（*Ulmus glaucescens*）疏林。海拔 2500m 以上有青海云杉纯林，海拔 3000m 以上为灌丛草甸带。贺兰山区是重要的水源涵养林区。

吕梁山以西是黄土高原。这是中国东部季风区域向西部干旱区域过渡的地区。吕梁山西南之余脉黄龙山尚有生长良好的青杆、白杆、白皮松、栓皮栎。而其以西则完全呈现黄土丘陵沟壑纵横的景色，年降水量在渭北、晋西南等半湿润区尚可达 500～700mm，而陇中北部仅有 200～300mm，黄土质地疏松，蓄水性差，易水土流失，在黄土沟壑区尤为严重，高原侵蚀面（即塬面）和侵蚀切割的沟壑坡面上均无良好植被发育。农区一般营造杨树、刺槐、油松、侧柏、柠条、沙棘等以保持水土和用于薪材，杏、苹果、核桃、枣等干鲜果也有一定发展。西抵青海高原东缘的六盘山始有天然山地落叶阔叶林和松栎林的生长。六盘山主体海拔 2942m，年降水量近 700mm，气候比较湿润，山体海拔 1900m 以上山地棕壤上发育有以红桦、山杨、油松，以及辽东栎为主组成的混交林。这里也是重要的水源涵养林区。位于青藏高原北部的祁连山山地，海拔一般均在 3000～

4500m，主体多在5000m以上，发育有现代冰川，是中国青海、甘肃两省山地和平原的重要水源。祁连山西部山势高大，气候干燥寒冷，冬季漫长，大部山地为不毛之地。祁连山中部和东部山势渐低，年降水量也有增加，生长期较长，植被发育较好，在大通河中、下游河谷还可受到东南季风的余泽，生境湿润，有较大面积的天然林分布。一般在祁连山的中部、东部海拔2600m以上山地褐土、淋溶褐土上发育有落叶阔叶林和往上的亚高山针叶林，海拔2600～3000m阴坡有山杨、白桦林、油松林，阳坡散生有祁连圆柏（*Sabina przewalskii*）；海拔3000～3500m阴坡、半阴坡有青海云杉林或祁连圆柏林，阳坡则为祁连圆柏疏林，或沙棘、榛子等灌丛；海拔3500m以上为高山柳和金露梅（*Dasiphora fruticosa*）等组成的高山灌丛带，祁连山南部青海湖盆地区为良好牧场，湖东部有小片青海云杉林、杨树林。祁连山现存天然林的保护在防止雪线上升和冰川贮量减小上具有十分重要的意义。

中国西北隅的阿尔泰山属西西伯利亚泰加林伸入中国的一角，由于它深入欧亚大陆腹部，又因黄土高原、内蒙古高原阻断了太平洋东南季风的影响，但仍受到北冰洋的少量水汽，而且由于山地使高空冷空气移动缓慢，形成降雨条件，使阿尔泰山的上部年降水量达700～800mm，与其南部准噶尔盆地的150～200mm相比，使阿尔泰山成了在荒漠带中发育成山地森林的好条件。阿尔泰山地年均气温达4～6℃，≥10℃积温也在2500～2900℃，加之与西伯利亚针叶林区相毗连，就成了西伯利亚泰加林得以伸入温带干旱荒漠区的最南界。森林由西伯利亚落叶松组成，基本分布在阿尔泰山西南部，海拔1500～2500m的阴坡。这里也有少量西伯利亚云杉和西伯利亚冷杉（*Abies sibirica*，有称新疆冷杉）林分的分布。这个海拔以下，经过山地边缘的半矮灌木和禾草草原带向盆地的草原化荒漠带过渡，在森林带的阳坡，由于生境较干燥而分布为杂草草原。西伯利亚落叶松林破坏后形成次生的欧洲山杨（*Populus tremula*）和疣枝桦（*Betula verrucosa*）林。海拔2500m以上则为高山草甸灌丛带，可见新疆方枝柏（*Sabina pseudosabina*）灌丛、金露梅灌丛。海拔3000m以上是高山流石滩稀疏植被带。

与阿尔泰山隔着准噶尔盆地相望的天山山脉自西向东绵亘千余公里，山脊多在海拔3000m以上，主峰达5000m左右。其北坡由于北大西洋气流影响，以及山脊冰川和常年积雪的春季融水丰富，使天山北坡具有良好的森林发育条件。但由于北大西洋气流来自西方，又因天山西段、中段存在着明显逆温层，天山北坡的西段比东段要湿润温暖，冬季相对增温，因而天山东段、西段、中段的海拔1700～2700m发育为亚高山以天山云杉（*Picea schrenkiana* var. *tianshanica*）为建群种的针叶林带，以分布阴坡为主，长势良好，阳坡则为山地杂草草原，海拔2700～3500m为高山草甸带，再上则为高山垫状植被带。天山北坡东段博格达山一段和哈尔里克山一段，有西伯利亚落叶松林纯林和其与天山云杉混交的林分分布。天山云杉林在天山北坡东段的分布最东端止于哈尔里克山主峰。天山东段、阿尔泰山出现占优势的西伯利亚落叶松林，是因为天山东段的地形已不是连绵不断的高山，而是山势较低，各主峰间有低矮陷落的山隘相隔，致形成寒潮通道，而且又不存在逆温层，因此落叶松林才得以在此与云杉林共同生长。在巩留、尼勒克（喀什河上游）、霍城一带海拔1000～1500m的宽平谷地见有野苹果（*Malus sieversii*）和山杏（*Prunus armeniaca*）为主的落叶阔叶林的狭带状分布，有时还混生有海棠果（*Malus prunifolia*）和花红（*M. asiatica*）、山楂属（*Crataegus*）等，这些由第三纪古热带残留下来的由野生果树构成的天然林，是极为宝贵的果树种质资源。天山南坡属背风带，受荒漠气候影响，气候干燥，年 400mm 等雨量降水线正位于海拔 2000m 左右，对云杉林分布而言，一方面下限升高，而上限又受此限制，使云杉林只分布于较狭窄的海拔范围的阴坡，或只在山地北坡上可承受由天山垭口吹过来的少量湿气和冰川融水的缘故而呈断续的分布。云杉林分布的东端止于焉耆稍东处，以疏林形式居多。此外，还有一些喀什方枝柏（*Sabina turkestanica*）疏林分布。

西昆仑山北坡情况与天山南坡相似，云杉林仅存于叶城至皮山一带年降水量在 400mm 以上的一段，海拔 2000～3000m，成疏林状分布，也有若干昆仑方枝柏（*Sabina centrasiatica*）疏林的生长。天山南坡和昆仑山北坡基本上属温带荒漠山地半灌木荒漠植被。

在北疆准噶尔盆地和南疆塔里木盆地，以及东疆吐鲁番哈密盆地，在暖温带荒漠气候条件下由于河流地下水影响，形成有走廊式的荒漠森林景观，如北疆抵入古尔班通古特沙漠的额尔齐斯河、乌伦古河两岸的天然梭梭（*Haloxylon ammodendron*，*H. persicum*）林，以及胡杨（*Populus euphratica*）、柽柳（*Tamarix ramosissima*，*T. leptostachys*，*Tamarix* spp.）、白榆（*Ulmus pumila*）、沙枣（*Elaeagnus oxycarpa*）林的少量分布，但后者均不及南疆荒漠林的规模。南疆塔里木河三大水道，即阿克苏河、叶尔羌河、和田河口上下有胡杨林，或胡杨柽柳混交林，或灰胡杨（*Populus pruinosa*）林较好的发育，它们一般沿河流的河漫滩和一级阶地上连绵分布，林分疏密度可达 0.3～0.5，但近几十年破坏严重，已退化成零星散生植株和以白刺（*Nitraria sphaerocarpa*，*N. sibirica*，*N.* spp.）、盐肤木为主的灌丛。

中国第三个自然地理区域——青藏高原高寒区域，即青藏高原除去其东南部、南部的森林区以外的高原面，已属于非森林区。

中国森林分区[†]

森林分区主要是以森林类型的自然地理分布为依据。通过森林分区的研究可加深对于各类森林类型地理分布规律的认识；有助于分析各种森林类型与自然地理各种环境因素相互协调的内在关系，从而可以更好地研究各森林类型的生态学特性和育林学特性。这是森林学和育林学的基础学科。森林分区为制订林业区划和林业生产建设的战略布局以及拟订区域性关键林业技术措施提供科学依据。

林业生产建设的目标和任务是生产木材和多种林产品，是维护良好的生态平衡，提高自然环境的质量。这就是通常所说的要充分发挥森林的经济效益、生态效益和社会效益的重要意义。为此，需要弄清楚主要森林类型的分布范围、限制因素以及其地区生态条件对森林类型的稳定性、生产力和生产质量的关系，以及森林类型对于维护和改良生态环境的功能。

1　森林分区文献概述

中国幅员辽阔，自然地理环境和森林类型复杂多样，森林类型的自然分布有其明显的规律性。大的森林类型通常呈地带性分布。由于局部地貌条件、气候因素和长期的人为干扰，使各森林类型的分布呈现间断、跨越区域和类型间彼此镶嵌的现象，这就使森林分区变得困难复杂。因此，各种不同的观点就会提出不同的森林分区方案。

1949 年以前中国和国外林学家曾提出过几种中国森林分区、植被分区和植物区系区划等方面的方案。下面简单介绍前人所曾提出过的有关区划方案。

1931 年奥地利植物学家 H. Handel-Mazeftii，在“Der Pflanzengeo-grophische Gleiderung und Steluns，Chinae. Bot. Jahrb. Engler 64：309-323”中提出植物地理区域和分布，把中国（包括朝鲜、韩国、日本及缅甸部分地区）划分为 9 个植物地理区。

1933 年邹树文、钱崇澍，主要依据 A. F. W. Schimper 的植物地理学原则，把中国植物群落分为 9 个带，发表于胡先骕 1933 年译著的《世界植物地理》中（商务印书馆出版）。

1935 年王正主要参照 H. Mayr 的森林分布方案，提出中国森林分带［农学，1（3），1935 年］，把中国森林划分为 6 个森林带。

1941 年周映昌、顾谦吉在《中国森林》（1941 年上海出版）一书中把中国森林分为 8 个带。

1944 年李惠林发表了《中国植物地理区划，特别参考五加科植物的地理分布》把全国划分为 14 个植物地理区（H. L. Li，1944，Proc. Acad. Nat. Science，Philadelphia，96：242-277）。

† 吴中伦，蒋有绪，1997，中国森林分区，见：《中国森林》编辑委员会，中国森林（第一卷），北京：中国林业出版社，437-512。

1948年邓叔群发表《中国森林地理暂定概略》(*A Provisional Sketch of Forest Geography of China*)(Bot. Bull. Acad. Sinica，2：133-144)，把全国划分为13个森林区，并归并为9个群系(Formation)。

1950年，吴中伦提出《中国森林分区，特别参考松属自然分布》(*Forest Regions in China，with Special References to the Natural Distribution of Pines*)，把全国划分为18个区，其中有4个为非林区。

另外，1949年以前，许多地理学家也曾作过多种自然地理区划、气象区划和土壤区划等。这类区划对森林分区都有参考价值。当时林学家和自然地理学家根据他们所掌握的资料并参考国际上有关文献作出各种森林分区和地理分区，因限于资料，所拟订的区划方案比较笼统和简略，也有不够确切之处。但是他们的构想和分区见解至今仍然可供借鉴。

1949年以来，国家十分重视综合自然地理区划和农林业区划工作。1954年中国科学院曾经组织全国自然区划工作，编写了《中国自然区划草案》(1956年，科学出版社)。

1954年林业部组织编写《中国林业区划草案》。全国共分18个区：

(1)东北山地用材林水源林区
(2)东北平原农田防护林区
(3)辽南冀北水源林用材林区
(4)华北平原农田防护林区
(5)山东丘陵用材林水源林区
(6)黄土高原水土保持林区
(7)华中山地水源林用材林区
(8)长江中下游农田堤岸保护林区
(9)四川盆地梯田用材林区
(10)南方山地用材林区
(11)华南热带亚热带经济林区
(12)台湾水源林用材林区
(13)云南高原特种林用材林区
(14)西部高山水源林用材林区
(15)西北内蒙古农牧防护林区
(16)甘新灌溉农牧防护林区
(17)青藏高原畜牧防护林区
(18)藏北高原寒漠区

这个区划方案与吴中伦(1950年)的《中国森林分区》基本上是一致的，只是在区的命名上标明了主要林种名称。

1978年以后，科技工作得到迅速发展。1979年成立了全国农业区划委员会。10多年来出版了许多重要林业著作。但在这些著作中都设有森林分区专章。

1980年《中国植被》出版。该书把全国划分为8个区域。其中5个标名为林区。

Ⅰ. 寒温带针叶林区域
Ⅱ. 温带针阔混交林区域

Ⅲ. 暖温带落叶阔叶林区域
Ⅳ. 亚热带常绿阔叶林区域
Ⅴ. 热带季雨林雨林区域
Ⅵ. 温带草原区域
Ⅶ. 温带荒漠区域
Ⅷ. 青藏高原高寒植被区域

1981年《中国山地森林》（中国林业出版社，1981年）把全国划分8个大林区。

（1）寒温带针叶林带
（2）温带针叶落叶阔叶混交林带
（3）暖温带落叶阔叶林带
（4）北亚热带有常绿阔叶树的落叶阔叶林带
（5）中南亚热带常绿阔叶林带
（6）南亚热带季雨林雨林带
（7）青藏高原区
（8）蒙青区

1983年《中国树木志》第一卷出版（中国林业出版社）。卷首提出中国主要树种区划，把全国划分为10个区。一、东北区；二、华北区；三、华东、华中区；四、华南区；五、台湾区；六、滇南区；七、云贵高原区；八、甘南川西滇北高山峡谷区；九、西藏高原区；十、西北区。

同年出版《国外树种引种概论》（科学出版社，1983）。书中根据树种引种的实际效果和需要，全国划分为10个区。一、华南热带及南亚热带区；二、东部亚热带区；三、西部亚热带区；四、华北山区（包括山地及丘陵）；五、华北平原区；六、西北黄土高原区；七、西北干旱风沙区；八、东北山区；九、东北平原区；十、西南高山林区。

1981年出版的《中国农业地理总论》（科学出版社，1981）一书中的“中国农业发展问题”一章中把全国划分为8个大农业区。

同年出版的《中国综合农业区划》（农业出版社，1981）把全国划分为10个1级区。一、东北区；二、内蒙古及长城沿线区；三、黄淮区；四、黄土高原区；五、长江中下游区；六、西南区；七、华南区；八、甘新区；九、青藏区；十、海洋水产区。

新近出版的《中国林业区划》（中国林业出版社，1987）把全国划分为8个1级区和50个2级区。林业区划不同于森林分区。前者是直接为林业生产建设服务的，后者则着重主要森林类型自然分布和主要森林自然地理环境特点，为林业区划和拟订森林经营技术措施提供科学依据。但是两者都是以森林为对象，有密切关系。现在把《中国林业区划》中的8个1级区列出如下，以便与森林分区的1级区相对比。

Ⅰ. 东北用材防护林地区
Ⅱ. 蒙新防护林地区
Ⅲ. 黄土高原防护林地区
Ⅳ. 华北防护用材林地区
Ⅴ. 青藏高原寒漠非宜林地区
Ⅵ. 西南高山峡谷防护用材林地区

Ⅶ. 南方用材经济林地区

Ⅷ. 华南热带林保护地区

《中国森林土壤》（科学出版社，1986）中对中国森林植被划分为：①寒温带耐寒针叶林区，②温带针阔叶混交林区，③暖温带落叶阔叶林区，④北亚热带常绿、落叶阔叶林区，⑤中南亚热带常绿阔叶林区，⑥热带季雨林、雨林区，⑦青藏高原东缘山地暗针叶林区，⑧甘新山地针叶林区。

1989 年由林业部《中国森林立地分类》编写组编著的《中国森林立地分类》，按森林立地的分类和分区概念，把中国划分为：①东北寒温带温带立地区域，②西北温带暖温带立地区域，③黄土高原暖温带温带立地区域，④华北暖温带立地区域，⑤青藏高原寒带亚寒带立地区域，⑥西南高山峡谷亚热带立地区域，⑦南方亚热带立地区域，⑧华南亚热带热带立地区域等 8 个森林立地区域。由于森林的分类及其形成的重要基本要素是森林立地的综合条件，因此，森林立地区域的分区也是森林分区的重要参考。

1991 年由《用材林基地森林立地分类、评价及适地适树研究》项目组提出的中国东部季风立地区域的森林立地带（林业科学研究，1991，4 卷增刊）系统，包括了：①寒温带森林立地带，②中温带森林立地带，③暖温带森林立地带，④北亚热带森林立地带，⑤中亚热带森林立地带，⑥南亚热带森林立地带，⑦北热带森林立地带，⑧热带森林立地带，⑨赤道热带森林立地带。

综上所述，中国围绕森林分区的工作，虽然有不同的角度，有不同的侧重点，但基本上是在中国三大自然地理区域（东部季风气候湿润区域，西部大陆性干旱半干旱区域和青藏高原高寒区域）基础上，在前两区域内进行森林分区，而对东部季风气候湿润区域则都是以纬度为主导因子的水热差异来进行较高层次的划分，可以说，总的格局大同小异。为了在以往较多科学资料积累的基础上，为中国能有一个统一的森林分区，在此将提出一个森林分区的依据和准则和以此建立的森林分区供读者参考。

2　中国森林的分区

中国森林分区的原则

（1）以中国森林自然分区为基础，适当地考虑林业管理和经营的特点。即以自然地理条件下地带性顶极（Climax）森林群落为主要分区的依据，但考虑到中国人为活动历史悠久，天然森林植被，特别是顶极的原始森林群落，已保存不多，次生森林和人工栽植森林在中国林业经营活动中占有重要位置。有些次生林类型在原始森林破坏后长期改变了的生境条件下是相对稳定的，这在生态学上称为偏途顶极（Disclimax）；一些营造历史长久而且在林业生产上至今仍具有重要价值的人工林类型也形成了稳定的适生区和反映立地条件的生产力特征，因此次生林和人工林在自然分区上也有一定的指示意义，可以加以应用。森林分区同时考虑到现存的地带性森林类型、次生林类型以及重要的人工林类型的指示特征，可以认为是森林分区的覆盖型（Forest covertype）原则。以地带性森林类型为基础，并以现存有代表性的次生林、人工林类型为补充依据的覆盖型分区原则，为中国森林分区和中国林业区划之间建立了一个联结点，也为中国森林分区指导现实的林业经营提供了一个更好的基础。

（2）在森林分区中处理三维（即纬度、经度和海拔高度）的水热关系对地带性森林类型的影响关系上，采用了基带地带性原则。纬度、经度的水热基本特征会形成不同海拔高度的森林垂直分布带谱，即在三维水热条件影响下不仅形成了水平地带性森林类型，也同时形成了垂直地带性森林类型。在山地众多的中国，森林分区采用山地基带的水平地带性森林类型为依据，在此基础上再表述山地的垂直带谱特征，这为森林分区提供了一个比较合理、比较完整而不琐碎的区域分界，即相同的森林类型允许同时分布于两个或更多以上的区内，但不会有飞地的存在。对于分区界线的理解应当是一条多少是逐渐过渡的边界。

（3）森林分区采用二级制，即Ⅰ级区和Ⅱ级区。Ⅰ级区以上不列级，如根据全年400mm 降水量等值线把全国划分为东南半部的季风区和西北半部的干旱区，又如大地貌上的中国三大阶梯等，都不列级。Ⅰ级区“地区”是反映大的自然地理区，反映较大空间范围和自然地理环境特征和地带性森林植被的一致性，如东北地区、华北地区、西南高山峡谷地区等，在林业上则反映大的林业经营方向和经营特征的一致性，如东北地区主要是中国东部的温带，以温带针叶林和针阔叶混交林构成的天然用材林区为主体；而华北区是中国东部暖温带，以华北山地水土保持林和华北平原农田防护林为主要经营方向等。Ⅰ级区的分界线基本上是以比较完整的地理大区，一般以大地貌单元为单位，以大地貌的自然分界为主。而Ⅱ级区“林区”，是反映较小一些，较具体一些的自然地理环境的空间一致性，如相同或相近的地带性森林类型和经营类型，相同和相近的树种，相同的经营方向。一般以自然流域区或山系山体为单位，以流域和山系山体的边界为界，如大兴安岭山地兴安落叶松林区、辽东半岛山地丘陵松栎林区等。

（4）Ⅰ级区命名采用中国习惯的大自然地理区域的称呼，如东北、华北、云贵高原、西南高山峡谷区等，并挂以地带性森林和重要次生林、人工林类型命名，一看即可对其地理位置、地理范围、地理特征和森林植被性质有一个印象，便于理解和应用。Ⅱ级区命名采用具体的山地、平原、盆地或流域的名称。挂以具体的重要树种的森林类型或林种（如农田防护林等）来命名，一见即可了解其具体林区之所在，主要树种、林种和经营方向。

（5）对于大的岛屿，则视其具体情况而定，如海南岛属于一个热带地区，台湾岛则分属于亚热带和热带两个地区。

（6）本森林分区参考了其他有关的自然地理区划和农林业区划。各种区划都有各自划分的目的、各自划分的特色和方法。本分区在描述中，在必要处对不同区划的差异作出说明。

本森林分区共分 9 个“地区”，44 个森林“区”和宜林“区”，还有 4 个属于青藏高原地区的非森林“区”。青藏高原地区基本上无森林自然分布，但有些地段通过人工措施还可以栽植树木，可以改变荒漠环境，具有防护和调节小气候的功效，高海拔灌丛有防护效益，保护培育也有经济潜力。见图 1。

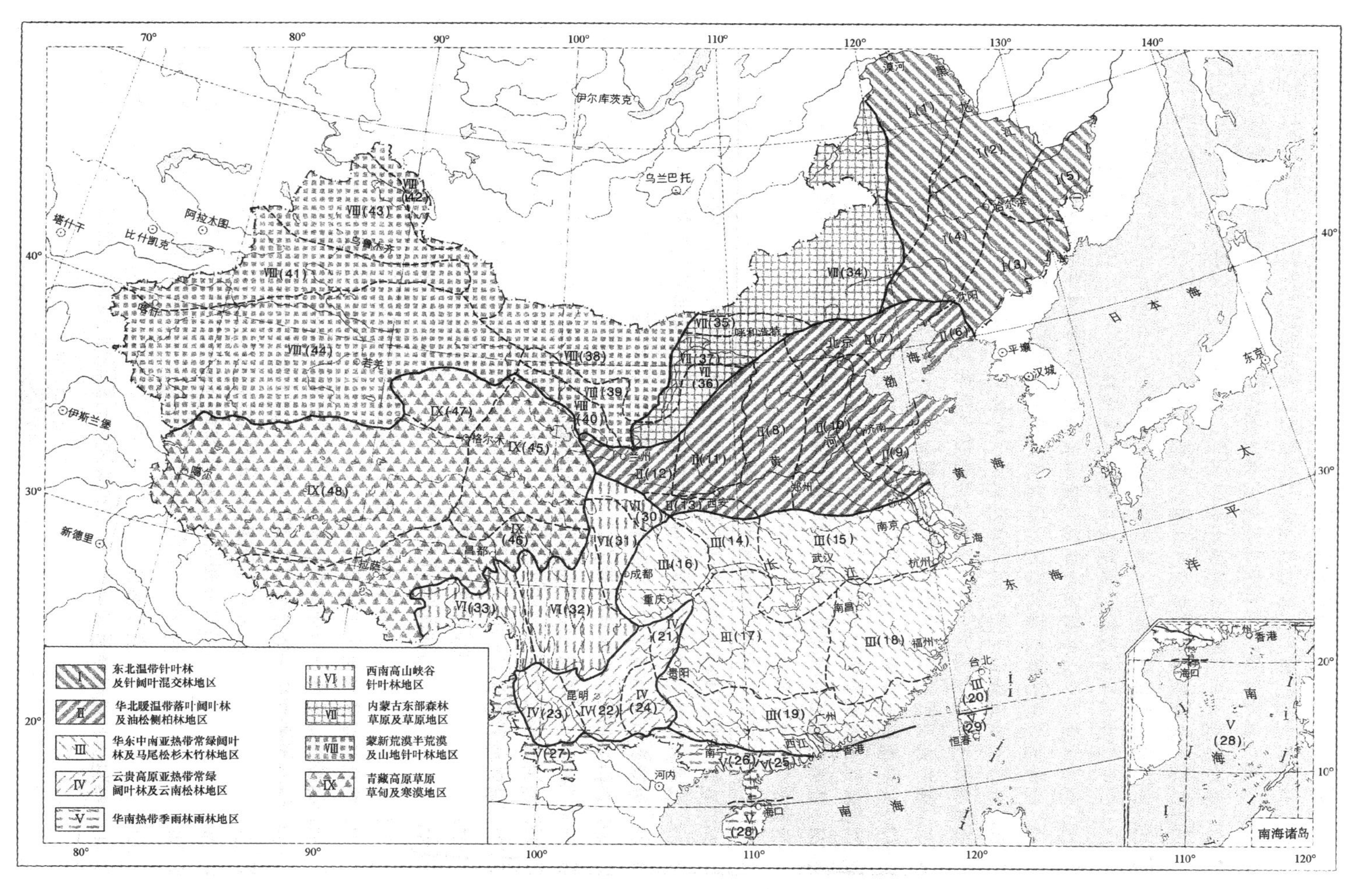
东北温带针叶林及针阔叶混交林地区
华北暖温带落叶阔叶林及油松侧柏林地区
华东中南亚热带常绿阔叶林及马尾松杉木竹林地区
云贵高原亚热带常绿阔叶林及云南松林地区
华南热带季雨林雨林地区
西南高山峡谷针叶林地区
内蒙古东部森林草原及草原地区
蒙新荒漠半荒漠及山地针叶林地区
青藏高原草原草甸及寒漠地区
南海诸岛

图1 中国森林分区图

中国森林分区图图例

Ⅰ 东北温带针叶林及针阔叶混交林地区（简称东北地区）
1. 大兴安岭山地兴安落叶松林区
2. 小兴安岭山地丘陵阔叶与红松混交林区
3. 长白山山地红松与阔叶混交林区
4. 松嫩辽平原草原草甸散生林区
5. 三江平原草甸散生林区

Ⅱ 华北暖温带落叶阔叶林及油松侧柏林地区（简称华北地区）
6. 辽东半岛山地丘陵松（赤松及油松）栎林区
7. 燕山山地落叶阔叶林及油松侧柏林区
8. 晋冀山地黄土高原落叶阔叶林及松（油松、白皮松）侧柏林区
9. 山东山地丘陵落叶阔叶林及松（油松、赤松）侧柏林区
10. 华北平原散生落叶阔叶林及农田防护林区
11. 陕西陇东黄土高原落叶阔叶林及松（油松、华山松、白皮松）侧柏林区
12. 陇西黄土高原落叶阔叶林森林草原区
13. 秦岭北坡落叶阔叶林和松（油松、华山松）栎林区

Ⅲ 华东中南亚热带常绿阔叶林及马尾松杉木竹林地区（简称华东中南地区）
14. 秦岭南坡大巴山落叶常绿阔叶混交林区
15. 江淮平原丘陵落叶常绿阔叶林及马尾松林区
16. 四川盆地常绿阔叶林及马尾松柏木慈竹林区
17. 华中丘陵山地常绿阔叶林及马尾松杉木毛竹林区
18. 华东南丘陵低山常绿阔叶林及马尾松黄山松（台湾松）毛竹杉木林区
19. 南岭南坡及福建沿海常绿阔叶林及马尾松杉木林区
20. 台湾北部丘陵山地常绿阔叶林及高山针叶林区

Ⅳ 云贵高原亚热带常绿阔叶林及云南松林地区（简称云贵高原地区）
21. 滇东北川西南山地常绿阔叶林及云南松林区
22. 滇中高原常绿阔叶林及云南松华山松油杉林区
23. 滇西高原峡谷常绿阔叶林及云南松华山松林区
24. 滇东南桂西黔西南落叶常绿阔叶林及云南松林区

Ⅴ 华南热带季雨林雨林地区（简称华南热带地区）
25. 广东沿海平原丘陵山地季风常绿阔叶林及马尾松林区
26. 粤西桂南丘陵山地季风常绿阔叶林及马尾松林区
27. 滇南及滇西南丘陵盆地热带季雨林雨林区
28. 海南岛（包括南海诸岛）平原山地热带季雨林雨林区
29. 台湾南部热带季雨林雨林区

Ⅵ 西南高山峡谷针叶林地区（简称西南高山地区）
30. 洮河白龙江云杉冷杉林区
31. 岷江冷杉林区
32. 大渡河雅砻江金沙江云杉冷杉林区
33. 藏东南云杉冷杉林区

Ⅶ 内蒙古东部森林草原及草原地区（简称内蒙古东部地区）
34. 呼伦贝尔及内蒙古东南部森林草原区
35. 大青山山地落叶阔叶林及平原农田林网区
36. 鄂尔多斯高原干草原及平原农田林网区
37. 贺兰山山地针叶林及宁夏平原农田林网区

Ⅷ　蒙新荒漠半荒漠及山地针叶林地区（简称蒙新地区）

38. 阿拉善高原半荒漠区
39. 河西走廊半荒漠及绿洲区
40. 祁连山山地针叶林区
41. 天山山地针叶林区
42. 阿尔泰山山地针叶林区
43. 准噶尔盆地旱生灌丛半荒漠区
44. 塔里木盆地荒漠及河滩胡杨林及绿洲区

本地区属干旱、半干旱地带，境内除一定海拔高度的山地和沿河地带外，无森林分布。

Ⅸ　青藏高原草原草甸及寒漠地区（简称青藏高原地区）

45. 青海高原草原区
46. 青藏高原东南部草甸草原区
47. 柴达木盆地荒漠半荒漠区
48. 青藏高原西北部高寒荒漠半荒漠区

3　分区概述

3.1　东北温带针叶林及针阔叶混交林地区（简称东北地区）

东北地区是各种自然区划和农林区划所一致公认的一个Ⅰ级区。但南界各种区划有所不同。《中国自然地理纲要》南界以≥10℃的3000℃等积温线与华北区分界，即松辽平原列入华北区，这从植被类型看有可取处。但松辽平原与华北平原有燕山山脉相隔，不相连续。松辽平原极端最低气温–30℃以下，华北平原则不低于–25℃。许多平原可以生长的树木如香椿、楸树等在松辽平原就难越冬。《中国农业地理总论》的东北区的南界包括东北南部的山地及辽东半岛。这些山地的主要树种与华北地区的山地树种很多相同而与东北地区山地树种则有很大差别。有的自然区划认为大兴安岭北部有些自然条件与东北其他地区有较大差别，如有永冻层的出现，但主要森林类型则与大兴安岭中南部差别不明显，主要是兴安落叶松林。《中国山地森林》《中国土壤》《中国植被》把本地区的山麓及平原划为温带草原区，本分区着重森林类型，为地域的完整不划出草原区而列作Ⅱ级区。本森林分区与《中国林业区划》是一致的。

3.1.1　本地区自然地理环境

本地区的北界以黑龙江与俄罗斯的远东分界；东界从北段的乌苏里江到南段的图们江和鸭绿江，北段与俄罗斯远东，南段与朝鲜分界；西界以大兴安岭西坡到阿尔山与内蒙古呼伦贝尔草原接壤。从本地区大兴安岭林区向西与内蒙古草原是逐渐过渡的，是一条较宽的过渡地带。本地区的南界从西拉木伦河上游，顺辽南山地北麓经阜新、沈阳到丹东与华北地区分界。本地区包括黑龙江省全部，吉林省的大部分，辽宁省的中部以北地区和内蒙古自治区的大兴安岭林区。

东北地区是中国最重要的天然林区。大兴安岭、小兴安岭和长白山区分布着连绵不断的落叶松林、红松林及云杉、冷杉和针阔混交林。

本地区总的地貌除长白山部分地段外，地势比较平缓，有利于建设成木材和林产品陆路交通运输系统。森林组成以落叶松、红松、云杉、冷杉、樟子松等针叶树种为主，又混生多种优良阔叶树种，包括椴树、水曲柳、黄檗、核桃楸、榆树、槭树等等；桦木和山杨是针叶林下的伴生树种和先锋树种；在谷地和河川两岸有大青杨和钻天杨。大兴安岭，特别是北部，冬季严寒，生长季短，而且有些年份生长期中还会出现霜冻，农作物产量低而不稳。耐寒树种如落叶松、樟子松、云杉、冷杉和桦木、山杨能适应这种寒冷气候。本地区生长季虽短但生长季的气温较高，日照长，所以在良好的立地条件，林木生长量比较高。本地区是当前中国重要商品材生产及多种森林动植物资源基地，要妥善开发利用和经营，本地区今后仍然是重要商品木材和多种林产品生产基地。

3.1.1.1 地貌

东北地区的西部、西北部、北部及东部为山地，中部和东北部为起伏不大的辽阔平原。西北部和西部的大兴安岭山系基本上是南北走向，北段较宽，向南渐窄。大兴安岭的地势是平缓的，山脊线不明显，海拔为1000～1500m，最高峰摩天岭1712m。岭的东西两侧不对称，东侧为断层，地势稍陡；西侧缓缓下倾与内蒙古高原相接壤。大兴安岭的河流上游比降很小，谷地宽广，河流蜿蜒迂回于谷地，多牛轭湖，排水不畅，形成塔头甸子沼泽。

小兴安岭位于黑龙江以南，松花江以北，走向从西北到东南，山势也不高，平均海拔400～600m，最高山峰不超过1200m。小兴安岭的东北坡比较短，坡度比较陡；西南坡比较长，地势平缓。小兴安岭东北侧的河流直接流入黑龙江；西南侧的北段河流汇注嫩江，南段河流流入松花江。

东北地区东部山地以长白山为主，所以称为长白山地，也有称之为东部山地，包括张广才岭、老爷岭。长白山区地势起伏较大，河流割切较深，形成方山和孤丘，海拔500～1500m。最高峰白云峰海拔2691m，山顶有火山湖——天池。长白山东部河流北段流入图们江，南段流入鸭绿江；西部河流流入松花江。长白山地玄武岩分布很广，敦化、镜泊湖、穆棱、东宁一带构成大面积的玄武岩台地。

东北地区中部为松辽、松嫩平原，是一个地形略有起伏的辽阔大平原，也称东北平原，是重要农业生产基地。营造农田防护林很重要，是三北防护林的东段。

东北地区向东北突出，由黑龙江、松花江与乌苏里江冲积而成的三江平原，也称三江低地，是一个断陷区，地势低平，海拔在50m以下，排水不良，形成大片湿地和沼泽，还分散分布着一些孤丘和残丘。1949年以来进行垦殖，成为新的农业区。

3.1.1.2 气候

东北地区气候寒冷，冬季严寒而夏季比较温暖。全年寒暑悬殊，年温差一般在40℃以上。根河年温差达到48℃。东北地区与世界其他北方林区（Boreal forest）（或暗针叶林区）相比，冬季气温比较低一些，而夏季气温则要温暖得多。本地区南部与北部气温相差较为显著。本地区年平均气温北部就在0℃以下，南部在5℃以上。特别是冬季，南北气温相差很大，但夏季则相差并不大。濒临黑龙江的呼玛，极端最高温达38℃，与沈阳38.3℃无甚差别。7月份呼玛平均气温为20.1℃，沈阳为24.6℃。大兴安岭在生长季也会突然出现0℃以下的低温。根河7月极端最低气温曾下降到–2.3℃。北坡的满归，

1964 年 7 月 22 日竟出现–4℃的低温。这种极端低温造成农作物严重冻害。1964 年 7 月 22 日的寒冻，使岭北正在生长的马铃薯几乎全部冻死。耐寒的落叶松、樟子松和云杉、冷杉能抵御这种生长季出现的短暂低温，而蒙古栎的新梢有被冻枯的危险，新梢的冻枯造成的木材腐朽率很高，严重影响成材和出材率。桦木、山杨、辽杨（*Populus maximowiczii*），尚能抵御生长季的低温。大兴安岭林区雷暴交频，特别是 5～6 月，常常引起雷击火。5 月雨季尚未到来，林下枯草及枯枝落叶干燥，如发生火情，又遇大风天气，更容易引起严重火灾。1987 年 5 月发生的大兴安岭的特大森林火灾，过火面积近 100 万 hm^2，火情严重面积也在 30 万 hm^2 以上，造成严重灾害。

小兴安岭林区的气温比大兴安岭稍高一些；长白山区低海拔地段气温要更温暖一些。年平均气温，大兴安岭–2～2℃，小兴安岭 0～3℃，长白山地 2～4℃。生长季大兴安岭最短，长白山地最长。兴安落叶松适应短生长季气候，即使引种到长白山区，幼苗在生长季尚未结束之前即封顶停止生长，而长白落叶松移至大兴安岭则会因生长季将结束时，苗木犹未木质化和封顶而遭霜害。

东北地区的年降水量由东向西递减。大兴安岭年平均降水量为 450～500mm，小兴安岭 500～600mm，长白山林区为 600～800mm，长白山东坡可超过 800mm。相对湿度由东向西递减，以 4～6 月份最低。特别是 5 月，平均相对湿度 50%～60%。最低相对湿度不到 5%，甚至出现 0%。这时气温已转暖，积雪已融化，而林下植物犹未萌发，呈干枯状况。降水量很少，有时还发生大风。这是森林火灾最危险的季节。1987 年 5 月所发生的大兴安岭特大森林火灾就是在这种气候条件下酿成的。

东北地区松辽、松嫩平原和三江平原的气候情况与邻近的山区相近似而湿度较低，风速较大。三江平原年降水量 500～600mm，松嫩、松辽平原 400～500mm。

3.1.1.3 土壤

东北地区气候条件与美国东北部及北欧林区相近似，但又有一定差别。东北成土母质主要为花岗岩、安山岩、片岩及砂岩；北美和北欧主要为冰碛物。东北地区全年降水量集中分布于夏季，入秋以后到第二年春末降水量较少；气温夏季温暖，冬季严寒。大兴安岭北部地区土壤有成片或岛状分布的永冻层，非永冻层处冬季土壤冰冻期也较长，而北美及北欧的北方针叶林区，甚至俄罗斯的泰加林区冬季也不太严寒，夏季则较凉。这些自然情况使东北林区的土壤淋溶程度较弱，土壤的灰化程度比较轻微。多数土壤剖面没有 SiO_2 的典型灰化层，pH 也较高，一般在 4.0 以上，因此土壤肥力比较高。在地势平坦的谷地，因心土排水不良或永冻层之处往往出现白浆土层。

大兴安岭北部灰化棕色森林土分布较广，土层浅，30～40cm，灰化作用比较明显，表层 SiO_2 含量较高，B 层 Fe_2O_3 及 Al_2O_3 含量较高，pH 在 4.0 左右。稍南一些，东坡及西坡以棕色针叶林土为主，也有一定的淋溶现象，但 SiO_2 及 Fe_2O_3 和 Al_2O_3 在各层的含量差别不甚显著。大兴安岭西坡向西随着海拔降低相对湿度下降，林木组成中白桦比重增大，土壤过渡为灰色森林土，腐殖质含量 8%～13%，厚度可达 50cm，土壤呈弱酸性反应，pH5.8～6.7，肥力较高。再向西进入内蒙古高原大草原，土壤过渡为黑钙土及栗钙土。大兴安岭东坡，随着海拔降低蒙古栎及黑桦比重增加，土壤为暗棕壤，黏化作用明显，铁铝氧化物在黏粒中含量达到 40%以上，淋溶作用微弱，土壤接近中性，pH 6.2～

6.5。大兴安岭森林破坏（如火烧）后，地势低平处容易引起沼泽化；在山坡，特别是阳坡容易草原化。大兴安岭向东进入松嫩平原，植被为草甸草原，土壤为黑土。

河漫滩及谷地有暗色草甸土；地形低洼排水不良的地方有沼泽土。另外，沿河水线100～400m有河滩森林土，肥力很高，分布有生长快的甜杨和钻天柳。

小兴安岭林区的土壤主要是暗棕壤。在西北部的台地型山地和北部的丘陵岗地排水不良，白浆土、沼泽土和草甸土所占面积较大。山地棕色针叶林土分布于海拔较高的山地；海拔950m以上的高山地段，岩石裸露，乱石成堆，植被由星散分布的偃松、岳桦构成高山矮曲林，土壤为山地石质棕色针叶林土。

暗棕壤土层厚度60～120cm，表层SiO_2含量较高，表现出一定程度的灰化现象，但仍有铁铝等氧化物。表层SiO_2含量达70%左右，R_2O_3约为25%。表层腐殖质含量较高，一般在10%以上，高的可超过20%。土壤为酸性，pH为4.5～6.0，土壤肥力较高。白浆土有暗色腐殖质表层和白色的或淡黄色的白浆层。白浆土与成土母质有关，发育于更新世的黏沉积物上。小兴安岭北部林区边缘有草甸黑土和白浆化黑土。土层超过25cm，深的可达80～100cm，排水不良，剖面下部常有锈斑，主要为薹草和小叶章及小白花地榆，经过排水可开拓成农耕地及商品材生产基地。

小兴安岭和大兴安岭一样，也有河滩森林土分布，具有较高的肥力，分布着春榆、大青杨、水曲柳、核桃楸和黄檗等阔叶树种。

长白山林区的土壤类型有暗棕壤和山地棕色针叶林土。暗棕壤分布范围在南部海拔为250～1200m，在北部张广才岭为海拔350～900m，完达山区为海拔200～600m。暗棕壤分布于坡地，有弱度淋溶过程。暗棕壤的成土过程有棕壤化和森林土壤腐殖质化，棕壤化过程低于棕壤土，在原积物上发育的剖面，中黏粒（<0.01mm）含量不到10%。在阔叶与红松混交林下有明显的森林腐殖质化过程，大量有机质、氮素和各种灰分元素积聚于土壤表层。枯枝落叶层分解良好，腐殖质为软腐殖质，腐殖质含量13%～20%，pH5.5～6.5，土壤肥力较高。山地棕色针叶林土分布于暗棕壤之上。土层较薄，厚30～60cm，枯枝落叶层分解较差。因冬季土层下部冻结，从表层所淋溶下渗的铁铝还原后随水分而上升重新出现在表层。它的灰化过程比暗棕壤更弱。表层R_2O_3含量达20%～50%，而SiO_2的含量不到70%；SiO_2的含量在整个土壤剖面分配比较均匀。山地棕色针叶林土的垂直分布，在南部海拔1200m以上，张广才岭海拔900m以上，完达山海拔600m以上，再向上为亚高山草甸森林土，生长岳桦、偃松及西伯利亚桧，土层浅薄，腐殖质含量高，达4%～17%，pH4.0～6.0。在长白山主峰海拔2100m以上还有高山草甸土，苔原土。

长白山林区白浆土的分布也比较广泛，白浆土分布与降水量有关。东部降水多，白浆土分布较广，西部降水较少。从地形上说，白浆土主要分布于排水较差的河谷阶地，山间谷地和山前丘陵坡麓和漫岗以及被切割的玄武岩台地和方山等。

河滩森林土分布于河漫滩上和溪谷的Ⅰ级阶地，腐殖质含量和氮的含量高，但C/N值很宽。在这类土壤上多分布春榆，有红松混生。

3.1.2　本地区的主要森林类型、优势树种

主要森林类型在大兴安岭为兴安落叶松（*Larix gmelinii*）林。落叶松林在排水不良，

土层深厚处为草类落叶松林，生产力最高，为Ⅰ～Ⅱ地位级；在坡地多为杜鹃落叶松林，生产力也较高，一般为Ⅲ地位级；平坡排水不良，山冈多杜香落叶松林或泥炭藓落叶松林，生产力很低，多为Ⅳ～Ⅴ地位级。阳坡有蒙古栎落叶松林，生产力也很低，多为Ⅳ～Ⅴ地位级。樟子松分布于排水良好的半阳坡或阳坡上部，地位级较高，多为Ⅱ～Ⅲ地位级。在海拔1000m以上的地段有偃松落叶松林，地位级低，为Ⅲ～Ⅳ地位级，向上到山顶有山地草甸植被。

因立地条件不同，林型不同，落叶松林下有不同的林下植物，主要有兴安杜鹃（*Rhododendron dauricum*）、杜香（*Ledum palustre* var. *dilatatum*）、越橘（*Vaccinium vitisidaea*）、赤杨（*Alnus* spp.）及草类和藓类；海拔高处有偃松。大兴安岭东坡有蒙古栎。大部分落叶松林有白桦和山杨（*Populus davidiana*）混生，分布于排水良好，比较干旱的山冈及山坡。针叶林破坏后形成白桦纯林及团片状山杨林。大兴安岭北坡及东坡有樟子松林，纯林或与落叶松混交。林下植物主要为兴安杜鹃。在河滩及河阶地有钻天柳及大青杨。部分地段有云杉、冷杉。海拔高处有岩高兰（*Empetrum nigrum* var. *japonicum*）及山地草甸植物。

在小兴安岭和长白山林区以红松林分布最广。红松林在不同立地条件有不同林下植物。这两区还有多种阔叶树与红松混交或自成群落。白桦和山杨常与针叶树混生，在针叶林破坏后形成白桦纯林。山杨林面积较小。阔叶树种除蒙古栎耐干旱立地外，一般分布于比较湿润的生境。常见阔叶树有榆树（春榆、裂叶榆）、椴树［紫椴、糠椴（*Tilia mandshurica*）、蒙椴（*T. mongolica*）］、槭树（青楷槭、柠筋槭即三花槭、小楷槭、白牛槭（*Acer mandshuricum*）、水曲柳、花曲柳、核桃楸、黄檗等。这些阔叶树生长于山坡为宜。低洼处水分条件良好，但常为冷空气所积聚，容易发生冻害。山坡有逆温现象，冻害较浅。在长白山南部还有千金榆（*Carpinus cordata*）。在海拔高处有岳桦（*Betula ermanii*）。岳桦在山巅当风处成矮曲林。其他桦木有风桦（*B. costata*）、黑桦等。

小兴安岭及长白山有红皮云杉、臭冷杉、鱼鳞云杉，海拔高处也有偃松。小兴安岭，特别在北坡有兴安落叶松。长白山有长白落叶松（*Larix olgensis*）。长白山北部有兴凯松（*Pinus takahasii*）林，南部有长白松（*P. sylvestriformis*）林，这些松林天然更新良好。长白山还有沙松（*Abies holophylla*）及紫杉（*Taxus cuspidata*）。

小兴安岭及长白山河滩及河阶地有大青杨及钻天柳分布。

本地区在林间沼泽地及河阶地多灌木柳及丛生灌木桦木，如柴桦（*Betula fruticosa*）、油桦（*B. ovalifolia*）等。

本地区多藤本植物，如北五味子（*Schisandra chinensis*）、山葡萄（*Vitis amurensis*）、狗枣猕猴桃（*Actinidia kolomikta*）、三叶木通（*Akebia trifoliata*）。

由于地区内的自然地理条件和地势的差异，小兴安岭、长白山两林区虽然都以红松和阔叶树混交林为顶极森林群落，除了上述在林种组成上有差别外，在垂直分布上也是有差别的。以小兴安岭南部和长白山主峰的垂直分布比较（表1），长白山林区相应的垂直带都在海拔高度上有所上升。

3.1.3　Ⅱ级区的划分

东北地区划分为5个Ⅱ级区。

表 1 小兴安岭南部和长白山主峰垂直分布比较

垂直带名称	小兴安岭南部/m	长白山（白头山）/m
高山灌木草甸带	＞1080	2100～2744
亚高山岳桦主要林带	1000～1080	1800～2100
云杉冷杉林带	650～1000	1200～1800
上部亚带（混有岳桦）	800～1000	1600～1800
下部亚带（混有红松）	650～800	1200～1600
红松阔叶林带	250～650	500～1200
阔叶林带	150～250	250～500

3.1.3.1 大兴安岭山地兴安落叶松林区

大兴安岭是一个比较完整的森林区。西与呼伦贝尔草原为界，北以黑龙江为界，东北与小兴安岭为界，南与松嫩平原为界。主要是兴安落叶松，其他针叶树有樟子松，以及偃松和少量爬地柏；部分河谷坡麓有云杉。阔叶树主要有白桦、山杨、黑桦、风桦，在河阶地、河漫滩有甜杨、钻天柳；东坡有蒙古栎。

大兴安岭森林的主要优势木的发生发展，根据观察有几方面的因素。

（1）气候寒冷，特别是寒暑变化剧烈。有漫长的干冷季节。这些气候条件适宜兴安落叶松生长，其他常绿针叶树难以适应。

（2）兴安落叶松适应有永冻层的土壤。樟子松也耐严寒和干旱，但怕水湿，不适应于永冻层土壤和冬季冻结深的平坦地，特别是淤泥地。在这类土壤条件，当寒冷季结束，空气温度转暖，常绿的樟子松针叶开始活动而这时土壤犹未解冻，根部不能吸收水分，导致针叶水分亏缺而枯萎，特别是幼树难以存活。所以樟子松多分布于土壤较干、排水良好的坡地和岭脊，内蒙古红花尔基砂岗樟子松生长良好，其原因就在于此。

（3）大兴安岭林区随着居民的增加，森林火灾更加频繁。樟子松不耐火烧，落叶松相对比较耐火烧。火灾增多，落叶松比重增加，樟子松不断减少。森林火灾促进兴安落叶松天然更新，是兴安落叶松得以持续生存的因素。火灾较多的西部和南部樟子松已不是连续分布而呈岛状零散分布于山脊，樟子松逐渐趋向减少。

有些自然区划，把大兴安岭林区划分为两个大的区域。如《中国植被》把大兴安岭北部划作“寒温带针叶林区”而南部划作“温带草原区域”。从林业的实际出发，把组成森林的优势木兴安落叶松林作为一个Ⅱ级区是比较合适的，因为都是温带以天然用材林为重要经营方向，在林业经营管理上方便一些。

3.1.3.2 小兴安岭山地丘陵阔叶与红松混交林区

这也是一个比较完整的林区。本区西北与大兴安岭林区为界，北为黑龙江，东北与三江平原接壤，南以松花江为界。针叶树有红松、兴安落叶松、红皮云杉、鱼鳞云杉、臭冷杉、偃松等。阔叶树种类较多，常与红松组成混交林。主要阔叶树种有桦木（白桦、黑桦、风桦）、黄檗、水曲柳、春榆、大青杨、蒙古栎、槭树、怀槐等。灌木有毛榛、刺五加、暴马丁香、溲疏、荚蒾等。本Ⅱ级区命名强调了红松与阔叶树混交林以阔叶树为主的特征。

主要森林类型为红松阔叶林。针叶林有：红松、云杉（鱼鳞云杉、红皮云杉）、冷杉（沙松、臭冷杉）、长白落叶松、兴凯松、长白松、还有朝鲜崖柏（*Thuja koraiensis*）、紫杉。阔叶树种与大兴安岭林区相似。但还有千金榆、刺楸（*Kalopanax septemlobus*）、水榆花楸、灯台树（*Cornus conrtoversa*）等。藤本植物有山葡萄、五味子、软枣猕猴桃、三叶木通等。

3.1.3.3　长白山山地红松与阔叶混交林区

这是以长白山山地为主体的林区，西北与小兴安岭、松辽平原接界，东南与俄罗斯远东和朝鲜为邻，向东北接三江平原，西南接辽东半岛。本区北部为低山丘陵，有完达山、张广才岭等山地，中部则为老爷岭，长白山为主的高原和中山，地势显著比北部上升，南部又以低山丘陵为主，间有山间盆地或谷地。植物区系是典型的长白植物区系，云杉、冷杉在林木组成中已少见，指示温暖的千金榆、白牛槭、假色槭、柠筋槭和花曲柳（*Fraxinus chinensis* var. *rhynchophylla*）等出现，并有较多分布，森林物种多样性较明显高于小兴安岭。山地森林垂直带谱有良好的发育，有世界温带山地发育比较完整的带谱。这里除了是我国东北重要的木材生产基地外，也是我国北方最富有特色的林副特产区和具有重要自然保护价值的地区。

3.1.3.4　松嫩辽平原草原草甸散生林区

这是一个稍有起伏的大平原。西北以大兴安岭为界，北与小兴安岭分界，东为长白山地，南以燕山山脉包括辽南山地的北麓为界，西与内蒙古高平原的草原为界。降水由东向西递减，西部有半固定沙地。野生树木有柳树，分布于水湿地及沿河流地带，榆树包括大果榆（*Ulmus marocarpa*）、毛榛（*Corylus mandshurica*）等。本区早已开拓为重要农业区，野生植被已很少，1949 年以来营造农田防护林带，是三北防护林的组成部分。

3.1.3.5　三江平原草甸散生林区

本区北界及东界分别以黑龙江、乌苏里江与俄罗斯分界，西界及南界与小兴安岭林区相接壤。平原地势低平，广泛分布许多沼泽及一些低丘。

3.2　华北暖温带落叶阔叶林及油松侧柏林地区（简称华北地区）

华北地区是各自然区划和农林业区划所一致公认的一个大区。地区的界线也有比较一致的看法。但有的区划不包括黄土高原（《中国综合农业区划》《中国林业区划》）。本分区根据主要森林类型和一些主要树种的地理分布，将黄土高原列入华北地区内。

3.2.1　本地区自然地理环境

华北是一个少林的地区，这与长期的人为干扰和自然条件有关。华北平原历史悠久，文化发达，是粮、棉、油及多种经济农作物的重要农业区。在长期拓殖过程中，原始植被包括森林在内已不复存在。从历史文献看，在史前及人类历史初期，这里曾是一个森林为主、间有草甸、草原的自然植被区。如今一些撂荒地和封禁的园林隙地，仍有许多野生树木可以自然更新长成大树。在平原丘陵常见的野生树种有榆、臭椿（*Ailantus altissima*）、栾树、白蜡树（*Fraxinus chinensis*）、君迁子（*Diospyros lotus*）、酸枣（*Zizyphus jujuba* var. *spinosa*）及枫杨等。侧柏、油松在丘陵低山也有天然更新。近几十年来华北平原四旁绿化，农田林网及农林间种，树木生长良好，也反映出良好的树木生长环境。至于华北地区的山地，古代有比较茂密的森林覆盖。由于邻近人口密集的城镇和农村，进山采伐木材和烧柴，并进行开垦和放牧，使森林遭到破坏，土壤受到强烈侵蚀。一些陡坡地土尽石露，成为石质荒山，以致难以更新恢复成林。这种现象在近郊区更是普遍，城郊都是濯濯荒山。在自然条件方面，华北地区年降水量虽有500～600mm，但降水的季节很不均匀，有漫长的冬春干旱季；夏季又多暴雨；降水的年变率很大。天长日久，陡峻山地土壤冲刷殆尽，有些终于成为石质山地，森林恢复更新更加困难。向阳坡地形成相对稳定的半旱生型的荆（荆条）棘（酸枣）灌丛，成为偏途顶极群落。

3.2.1.1 地貌

本地区包括辽东半岛。辽东半岛以千山山脉为主体的丘陵山地，地势北高南低。北部最高峰老秃顶山，海拔1325m，黑山1181m，中部步云山1325m，南部地区一般在1000m以下。辽东半岛东侧河流注入黄海，西侧河流注入渤海。其中大洋河流域面积最广。辽东半岛沿海还有许多岛屿。

辽宁南部辽河平原之南的山地努鲁儿虎山的大青山海拔1154m，黑山的大青山最高海拔1224m及东部医巫闾山的望海山最高海拔867m。这些山脉构成一片丘陵山地，称为燕山山地。燕山西部的五指山海拔1384m，中部的都山1846m。这片山地内有许多断陷盆地。燕山山地屹立于辽河平原与华北平原之间，山势比较峻拔。辽宁境内的西部及中部河流流入辽河，注入渤海。燕山南侧有滦河、潮白河、永定河等河流由山地倾注于平原，比降骤降，每逢山区大雨、暴雨，奔流而下洪涝威胁很大。这些河流是平原城市、农田的主要水源区。燕山山地森林植被的保护和经营，对涵养及调节水源，保持土壤极为重要。现在这一山区荒山还很多，科学营造水源林十分需要。

华北平原西侧为太行山脉。太行山北部群山连绵，包括五台山、恒山等。全山系地势北高南低。北部山区许多高峰超过海拔2000m，保存有落叶松、云杉（青杆、白杆）、臭冷杉等针叶林，也适于发展这些针叶树种。五台山北台顶海拔3058m，小五台山2870m、恒山馒头山2426m。太行山中段以南地势转低，阳曲山2059m、赵掌尖老1856m。太行山南端接连中条山。中条山最高峰北端的历山海拔2322m，南端的雪花山1994m。太行山崛起于华北平原西侧，群峰屏峙，高耸云霄，山峻坡陡。太行山东侧河流倾注于华北平原。主要河流自北而南有滹沱河、沙河、漳河、沁河是海河上游的主要河流。南端卫河流入黄河。北部各河汇入桑干河流注永定河。太行山西侧与山西黄土高原相接壤，坡度平缓，河流注入汾河。太行山北端与山西高原山地相连；东北与燕山相接，南端止于黄河。

山东省鲁中南地区与胶东半岛为丘陵低山，合称为山东丘陵山地。这一山地只有少数超过海拔1000m的高峰。号称五岳之首的泰山玉皇顶海拔1524m，鲁山1105m，蒙山的龟蒙顶1158m；位于青岛附近的崂山1133m。胶东半岛昆嵛山脉地势更低，已见不到超过海拔1000m的高峰。鲁中山地东南侧的沂河是山东比较大的流域，其他除过境的黄河外，河流都不长。这一山地向南一直延伸到江苏省的云台山，海拔 625m，与胶东半岛有类似的森林植被。

华北地区的西部为黄土高原。黄土高原在各种区划中有不同的划法，《中国林业区划》与《中国综合农业区划》把黄土高原单独作为 1 个 I 级区。本书把黄土高原划入华北地区。因黄土高原的东部与太行山西侧紧密相连，很难划出作为 I 级区的界线。黄土高原因覆盖黄土而得名。全区 70%以上的土地覆盖着黄土，厚度 15～100m；兰州附近 250m。总的地势西高东低。西部与青藏高原相接，海拔可超过 3000m，东部晋北及吕梁山区也有不少高峰超过 2500m。管涔山的荷叶峰海拔 2784m，卧羊场 2503m；吕梁山的黄土塬已为数不多，如董志塬、洛川塬、交道塬等。塬地边缘，河流强烈割切，溯源侵蚀，形成陡峭深陷的侵蚀沟，把塬面侵蚀为带状的梁和隔离的峁，成为支离破碎、千沟万壑的黄土丘陵。黄土高原一些低凹的地堑成为河谷盆地，如汾河谷地、渭河谷地。黄土高原散布着一些高出塬面的山岭。黄土为第四纪陆相沉积物，由未经固结的、由 50%以上为 0.01～0.1mm 的粉沙颗粒所组成，富含易溶盐及钙质结核。黄土塬近河的侵蚀沟，沟崖如壁，沟深而不宽。沟顶宽度一般 20～40m，沟谷深度可达 40～60m。在两岸像平面，远望不知其有沟。黄土遇水浸润易崩解。土体中易溶盐粒构成侵蚀孔道，导致大量沉陷，即陷穴，当地称为“火井”。黄土易遭侵蚀，不仅使当地土块破碎而且大量黄土被河流挟带到下游河道，造成严重淤积。黄河的泥沙主要来自黄土高原，年输沙量达 16 亿 t。进入华北平原水流缓慢，泥沙淤积，两岸筑有大堤成为“地上河”，威胁着华北平原。黄土高原的水土保持是农、林、水部门的重要任务。

华北地区东部为华北平原，是中国的最大平原之一。全境地势平坦，一般海拔不到 50m。西部及北部近边缘地带分布着各河流的冲积、洪积扇，海拔 30～100m，坡度 1/2000～1/200，排水良好，水质优良。离开边缘地带地势更为平坦，坡度 1/10 000～1/5000，排水不良，在低洼地成为盐碱地。华北平原由西部和北部各河流挟带大量泥沙冲积而成。由于泥沙含量大，使河床不断增高，以致泛滥决口改道。在平原遗留下无数古河道、缓岗和沙带。因河流流速的差异，携泥沙负载力不同，当地群众归纳为“急沙、漫圩、浸水碱”三类不同的固体径流迁移过程和性质。华北平原的地貌与河流泛滥、决口改道有密切关系。平原还遗留若干湖淀，如白洋淀、衡水湖、文安洼、黄庄洼、东平湖、微山湖等。

黄河流经华北平原，长期淤积成为地上“悬河”，一般高出堤背 5～6m，最高处达 12m。华北平原东部濒海地带地势更平缓，坡度为 1/8000～1/5000。

3.2.1.2　气候

华北地区年降水量 500～600mm，东部山区超过 700mm。高山降水量更高。山西五台山（海拔 3058m）966.3mm，山东泰山（海拔 1524m）1163.8mm。黄土高原西部年降水量不到 500mm，甚至更低。华北地区降水的季节分配表现在雨季十分集中。7～8 两个月的降水占全年降水量的 50%～60%，而 11 月到翌年 5 月的 7 个月为旱季，这时期的降水量只占全年的 20%～30%，如北京 21%，郑州 30%，大连 21%，青岛 21%。本地区南部的年降水量的集中程度稍稍低一些。旱季 7 个月的降水量在信阳为 40%。华北区降水受季风控制，年变率大。以北京为例，据记录，最高年降水量达 1115.7mm（1950 年），最低降水量只 162.5mm（1981 年）。根据历史记载还出现过一年无雨的记载：《顺天府志》："京师自去年（明万历二十八年，公元 1600 年）六月不雨，至是月（注：指万历二十九年）乙亥始雨"（曹婉如、唐锡仁、丘婉明：《从历史记载中看北京地区的水旱灾害》，北京日报 1961 年 11 月 9 日）。这里出现过连续 10 年的旱年（1581～1590 年）。另外，雨季出现的早晚，雨季降水的多少也差别很大。据记录，1863 年 7 月北京的雨量只 6.8mm；而最多年 1960 年则达到 825mm（齐管天：《中国夏季的气候》，人民日报 1961 年 7 月 25 日）。华北区降水的另一特点是常有暴雨出现。北京 1983 年 7 月 29 日一天降水总量达到 224.7mm，1952 年 7 月 21 日曾出现一小时降水 75.3mm；1959 年 7 月 31 日 9 小时 11 分钟内降水 244.2mm。1975 年 8 月 5～8 日豫西特大暴雨，泌阳、舞阳交界处林庄降水量达 1605mm，方城县 1517mm。全降水过程总降水量大于 400mm 的面积达 19 410km^2（河南省林业局，1975 年 10 月 28 日，《关于森林、树林对蓄水保土抗洪救灾作用的调查报告》）。这次大暴雨造成石漫滩、板桥两座水库决坝，酿成极为惨重的灾难。这种干旱和持续干旱及暴雨使这一地区水旱灾频繁而严重。据历史记载（见上列曹婉如等一文）：从公元前 177 年到公元 1900 年先后 2077 年中发生水旱灾害 346 次，水灾 179 次，其中大水灾 103 年；旱年 167 年，其中大旱年 49 年。这种水旱灾害的灾情轻重与上游山区的森林植被有密切关系。1975 年豫西暴雨，在上游森林覆盖率高的（90%）薄山水库和东风水库大坝安然无恙；而上游森林遭到严重破坏，森林覆盖率大大降低（20%）而且又过度放牧、铲草皮的石漫滩水库和板桥水库大坝溃决造成巨大的灾难。

关于气温方面，华北地区寒暑剧烈。特别是华北平原及渭河、汾河谷。6、7、8 月三个月的月平均气温都超过 25℃，极端最高气温 38℃，个别地区超过 40℃。这种大陆性气候十分突出。在这高温期间，如水肥充足，有利于一些速生树种如泡桐、欧美杨的快速生长；也有利于促进树木的木质化而加强越冬性能。

华北区在气温上几乎是半年夏季，半年冬季，春秋气候很短。以济南为例，月平均气温在 20℃以上的约有 5 个月，月平均气温在 10℃以下的也近 5 个月。这种寒、旱、雨分明的气候条件，最适合生长节律明显的落叶阔叶树和耐旱而又具有明显物候型的油松与侧柏等针叶树种。油松春末抽苔，秋末封顶而且叶色转暗；侧柏春末叶色转现青葱，入冬变成赤褐色。这种季相的变换适应寒暑、干湿季节明显的条件。落叶阔叶林和油松、侧柏成为华北区的主要森林类型明显反映出地域的气候特色。这种冬季寒冷干旱的气候就不适合常绿阔叶树种的生长和越冬。

华北地区其他气象因素，如冬春季的寒潮，初夏的干热风，对树木生长、树木的防护功能有重要影响。寒潮侵入华北平原，因地形平坦，寒潮长驱直入，毫无阻拦，迅猛南移，波及整个华北平原，而且翻越南方山岭隘口，直驱华南地区。由树木构成的农田防护林带、林网、农林间作和城乡的四旁植树都有助于减缓风速性质。然而有些树种本身也会受到风害，如油松、侧柏以及引进的不太耐寒的树种。油松在抽苔时，如受强风吹袭，嫩梢易折断，特别是在风口的幼树。侧柏春末转青，受强寒风吹袭，嫩叶也会出现凋萎。

华北平原的干热风危害十分严重。农民常称干热风为"旱风"，干热风对小麦危害尤为严重。严重的干热风平均 10 年 1 次。每次干热风危害面积 1500 万 hm^2，因此，营造农田防护林十分重要。农桐间作也有助于减轻干热风的危害。

3.2.1.3 土壤

本地区土壤普遍受黄土覆盖影响。在低海拔山地为褐土，微碱性，pH7～8，下层pH要高一些。全剖面有微量$CaCO_3$。以黄土为母质的低山丘陵有石灰性褐土，多为微碱性，pH一般在8.0以上，全剖面含有$CaCO_3$ 3%～7.5%。华北地区的主要土壤为山地棕壤，垂直分布因地区而异。晋北山地如管涔山集中分布于海拔1800～2600m地段；关帝山分布于1600～2600m，雾灵山分布于1700～2000m。土壤受森林植被影响，进行微弱的淋溶作用，土体中碳酸钙被淋洗，土壤中性或微酸性，pH5.1～7.1；但剖面各层次的SiO_2及铁铝氧化物含量无明显变化，表层有机质含量可达12%以上。暗棕壤分布在海拔更高的地段，土壤腐殖质含量较高，成为山地暗棕壤。在高山地带还有山地草甸土分布，如雾灵山在海拔2000m以上，管涔山和关帝山在2600m以上。山地草甸土有机质含量表层在10%以上，心土也在5%左右，土壤呈中性。这类土壤肥力高，其中部分地段可以发展耐寒针叶林，如落叶松、云杉林、冷杉林等。

由冀北山地向北过渡到冀北坝上高原，即为森林草原区，已为内蒙古高原东南边缘部分，土壤母质除部分为母岩风化物外，有较大面积覆盖在玄武岩上的风积沙，在风积沙母质上主要分布有黑土型沙土。

华北平原土壤经过长期耕种，形成旱耕土，称为黄潮土。这类土壤有机质含量1%～2%，pH7.5～8.5。主要用于多种农作物的栽培。在排水不良的低洼地，特别是封闭式洼地（碟形洼地）的盐碱土分布，据估计，华北平原盐碱地面积占10%左右。在古河道的主流带遗留成片冲积细沙土，肥力很低，干旱季受风力吹袭而形成沙丘。近二三十年来这种沙地经过种植刺槐、枣树，流沙多已固定，土壤肥力也有所提高。华北平原沿海地带，宽度可达60km，为滨海盐渍土，地下水矿化度高达10～50g/L。华北平原还分布着较大面积的砂姜黑土（张俊民，砂姜黑土综合治理，安徽科技出版社，1988）。砂姜黑土含有砂姜，但多数出现在50cm土壤深度以下，对耕作影响不大。但砂姜黑土有通气性差，结构差，缺乏稳定性团粒结构，质地黏重，孔隙性差，比较贫瘠，有机质含量低，黏粒含量高，湿时泥泞，旱时坚硬等缺点，经过排水施肥可以提高生产力。栽植树木通过深挖施肥（特别是有机肥）也能良好生长。

3.2.2 本地区主要森林类型及主要树种

华北地区仅在华北山地有超过海拔2000m的山体，表现有明显的植被垂直带谱，一般在海拔1000～1500m及以下的山地主要是落叶阔叶林，特别是落叶栎类。常见有栓皮栎、辽东栎、蒙古栎、槲栎、麻栎等。杨树林，常见的有毛白杨、小叶杨、青杨、河北杨，在海拔较高处有山杨及白桦。其他常见落叶阔叶树有椴树、榆树、核桃楸、旱柳。散生阔叶树种类更多，有臭椿、栾树、槐树、楸树、泡桐、构树、蒙桑（*Morus mogolica*）、君迁子、香椿（*Toona sinensis*）、黄连木（*Pistacia chinensis*）、朴（*Celtis sinensis*）、白蜡树；南部还有楝（*Melia azedarach*）、枫杨、化香、刺楸、榔榆等等。油松林、侧柏林也是本区重要森林类型。还有少量白皮松林、杜松和桧柏林。在海拔高处一般1500～2500m及以上，有亚高山针叶林，主要有臭冷杉、青杆、白杆、华北落叶松。海拔2500m

以上则为亚高山草甸带。华北区引进栽植成功的、栽植数量多、面积大的树种为刺槐、欧美杨、绒毛白蜡（*Fraxinus velutina*）、紫穗槐等。在低山丘陵常见灌木有荆条、酸枣、黄栌（*Cotinus coggygria*）、虎榛（*Ostryopsis davidiana*）、毛榛、六道木（*Abelia biflora*）、锦鸡儿（*Caragana sinica*）、胡枝子、扁担杆（*Grewia biloba*）、绣线菊（*Spiraea salicifolia*），通常是落叶阔叶林破坏后的次生灌丛。

3.2.3 本地区Ⅱ级区的划分

华北地区划分为 8 个Ⅱ级区。《中国林业区划》把辽东半岛和胶东半岛划作一个Ⅱ级区，即“辽东鲁东防护经济林区”。辽东半岛与胶东半岛都是半岛，都有赤松分布。然而两半岛有渤海相隔，作为两个Ⅱ级区有明显的分界，而胶东半岛与鲁中山地几乎是连续的。实际上胶东半岛山地向南延伸一直到江苏省连云港的云台山，森林植被也近似。从森林生境来说，辽东半岛的气温远比胶东半岛的低。位于辽东半岛偏南的瓦房店年平均气温 9.4℃，1 月平均气温为–8.7℃；位于中部的岫岩年平均气温为 7.5℃，1 月平均气温为–11.5℃；而位于胶东半岛偏北的招远，年平均气温为 11.5℃，1 月份平均气温为–4.2℃。极端最低气温，两个半岛的差别更为显著，瓦房店为 –25.1℃（1967 年 12 月 27 日），岫岩为–31.5℃（1953 年 2 月 2 日）；而招远为–18.1℃（1963 年 1 月 31 日）。这对树种的选择和营林措施关系很大，如核桃、泡桐、楸树在辽东半岛大部分地区要御寒越冬，而在胶东半岛完全无防寒必要，而且生长良好，昆嵛山于 1952 年引种杉木，面积 60 多公顷，已经可以就地采种育苗造林并加以推广，生产量虽然不及南方产杉区，但明显高于当地的赤松。

3.2.3.1 辽东半岛山地丘陵松（赤松及油松）栎林区

北从沈阳至丹东铁路线为界。主要有赤松林、油松林；落叶栎林，包括麻栎林、栓皮栎林、槲树林、槲栎林，其他落叶阔树有椴（糠椴及紫椴）、花曲柳、黄檗、核桃楸、怀槐（亦称马鞍树）、色木槭、榆（榆及大果榆）、刺楸等，溪滩多枫杨。

引进栽植成功的树种主要有樟子松、黑松（*Pinus thunbergii*）、雪松（*Cedrus deodara*）、刺槐、泡桐、板栗、枣、核桃、柿、板栗、丹东栗（*Castanea dantungensis*），在低山丘陵普遍栽培，生长良好。本区盛产苹果、梨、桃、杏、李及樱桃等。

灌木有榛、毛榛、稠李（*Padus racemosa*）、山荆子（*Malus baccata*）、东北山梅花（*Philadelphus schrenkii*）、胡枝子、珍珠梅（*Sorbaria sorbifolia*）、杜鹃［照山白（*Rhododendron micranthum*），迎红杜鹃］、叶底珠（*Securinega suffruticosa*）、还有天女木兰（*Magnolia sieboldii*）、三桠乌药（*Lindera obtusiloba*）、瓜木（*Alangium platanifolium*）、白檀（*Symplocos paniculata*）、盐肤木（*Rhus chinensis*）、玉铃花（*Styrax obassia*）、海州常山（*Clerodendron trichotomum*）、无梗五加（*Acanthopanax sessiliflorus*）。

藤本植物有山葡萄（*Vitis amurensis*）、白蔹（*Ampelopsis japonica*）、狗枣猕猴桃（*Actinidia kolomikta*）、软枣猕猴桃。

3.2.3.2 燕山山地落叶阔叶林及油松侧柏林区

本区位于松辽平原之西南，华北平原之东北，西邻冀晋高原山区，东临渤海。本区主要森林类型为落叶阔叶林，以落叶栎为主，有蒙古栎、辽东栎、栓皮栎、白蜡、核桃楸、槭、山桃、山杏、花楸、百花山花楸、桦木（白桦、红桦、棘皮桦、坚桦）、鹅耳枥（*Carpinus turczaninowii*）、臭椿、杨树（毛白杨、青杨、辽杨、小叶杨、河北杨）、榆（白榆、大叶榆、裂叶榆等）、朴树［大叶朴（*Celtis kocaiensis*）、小叶朴（*C. bungeana*）］、构树、蒙桑等。

灌木常见的有荆条、酸枣、黄栌、绣线菊、白鹃梅（红柄白鹃梅）（*Exochorda giraldii*）、胡枝子、锦鸡儿、扁担杆子（*Grewia biloba*）、鼠李（*Rhamnus davuricus*）、溲疏（*Deutzia scebra*）、蚂蚱腿子（*Myripnois dioica*）、虎榛子、花椒（*Zanthoxylum bungeanum*）。

藤本植物种类也很多，与 6 区相同。

栽培引进树种与 10 区相同。

本区盛产板栗、核桃、柿子、枣、山楂及多种苹果、梨、桃、杏、李、葡萄等水果。

3.2.3.3　晋冀山地黄土高原落叶阔叶林及松（油松、白皮松）侧柏林区

本区北与内蒙古草原分界，东到华北平原西缘，西为黄河，南及伏牛山。包括太行山、吕梁山、中条山、晋北山地及山西高原、汾河谷地。本区主要森林为落叶阔叶林及油松林和侧柏林，有小片白皮松林。本区境内有不少高山海拔超过 2500m，甚至超过 3000m，特别在山西北部及河北西北地区。在高海拔处有云杉（青杆、白杆）、臭冷杉和华北落叶松等亚高山针叶林，与这些针叶林伴生的有白桦、山杨。

落叶阔叶林树种主要有：槲栎、蒙古栎、辽东栎、栓皮栎、麻栎；其他阔叶树有椴、鹅耳枥、核桃楸、榆（白榆、大果榆、春榆）、黄连木、栾树、杨树（小叶杨、青杨、河北杨）、旱柳、槐树、漆树。

南部中条山有华山松、领春木（*Euptelea pleiospermum*）。

灌木在山地的种类与燕山区相同。黄土侵蚀沟坡地有沙棘（*Hippohae hamnoides*）；山西有油树［翅果油树（*Elaeagnus mollis*）］。

本区是核桃、杏重要产区；在山间盆地及河谷阶地产苹果、梨、山楂。

3.2.3.4　山东山地丘陵落叶阔叶林及松（油松、赤松）侧柏林区

落叶阔叶林以落叶栎为主，有麻栎、树、栓皮栎、槲树，蒙古栎、辽东栎很少。其他落叶阔叶树种有黄连木、刺楸、榔榆、糙叶树（*Aphananthe aspera*）、光叶榉（*Zelkova serrata*），最近在山东崂山发现成片天然榉树林。臭椿、楸树、泡桐、槭、椴（糠椴、紫椴、蒙椴）、化香树、白蜡、香椿、楸树、赤杨（*Alnus japonica*）、朴树［小叶朴、黑弹树（*C. bungeaua*）］、灯台树（*Cornus controversum*）、山合欢（*Albizia kalkora*）、黄檀。其中如化香、山合欢、黄檀为亚热带北部常见树种。山东境内河滩及沿河枫杨极为常见，当地称枰柳。

本区还有零星分布的一些常绿阔叶树如红楠［红润楠（*Machilus thunbergii*）］、山茶（*Camelia japonica*）等。

引进外来树种最多的为刺槐、黑松、日本落叶松，而且引进不少南方树种如杉木（如昆嵛山）、刚竹（*Phyllostachys bombusoides*）、毛竹、水杉、茶叶、乌桕、杜仲、金钱松等。

本区盛产水果，如苹果、梨、桃、李、樱桃、葡萄；干果有板栗、核桃、枣、柿等。银杏（*Ginkgo biloba*）在一些县也有较大产量。

灌木及藤本植物种类很多。除华北地区常见的灌木种外，有不少南方灌木如白檀（*Symplocos paniculata*）、紫珠（*Callicarpa bodineri*）、山胡椒（*Lindera glauca*）。

3.2.3.5 华北平原散生落叶阔叶林及农田防护林区

本区北起燕山南麓，西以太行山、嵩山东麓为界，南以桐柏山和淮河一线为界，东界为渤海，南部与山东山地丘陵区分界。这是一个辽阔的大平原。地势平坦，海拔高差在50m以内。黄河横贯中部，黄河河床高出平原成为平原的分水岭。北为海河流域，南为淮河流域。平原上有许多古道遗留的沙岗、土岗及一些低洼地和淀泊。其中白洋淀面积较大。

本区为重要农产区，无原始植被。平原生长着许多散生树木及农田防护林网及四旁栽植的阔叶树。常见树种有毛白杨、小叶杨、旱柳、榆树、槐树、香椿、臭椿、楸、泡桐、栾树、白蜡树、丝棉木（*Evonymus bungeanus*）、君迁子、构树、桑，针叶树有侧柏、油松、桧柏。

引进的外来树种有多种欧美杨（和国内培育出的新杂交杨）、刺槐、紫穗槐、悬铃木（*Platanus orientalis*）、雪松（*Cedrus deodara*）、水杉、木兰属（*Magnolia*）树木、紫薇（*Lagerstroemia indica*）、紫荆（*Cercis chinensis*）、木槿（*Hibiscus syriacus*）、散生竹（*Phyllostachys* spp.）、绒毛白蜡（*Fraxinus velutina*）；在南部有楝、重阳木（*Bischofia trifoliata*）、枫杨、桂花（*Osmanthus fragrans*）、海桐、合欢、大叶黄杨（*Evonymus joponica*及其变种）、千头柏、丝兰（*Yucca flaccida*）等。

本区栽植多种果木：苹果、梨、桃、枣、葡萄、柿、石榴、核桃。

3.2.3.6 陕西陇东黄土高原落叶阔叶林及松（油松、华山松、白皮松）侧柏林区

在高原之上散布着丘陵山地。高原因长期受到土壤侵蚀，形成塬、梁、峁的独特地形。塬是完整的面积较大的黄土塬，现存大的如董志塬、泾川塬等。梁两侧已侵蚀成沟，而保存连续的梁脊。峁则已四周割切呈孤丘或孤峰。在割切强烈的地方成为黄土丘陵地形。黄土高原之间还有一些河川地，特别是特大的河流如渭河、泾河、无定河等等。

主要森林类型为落叶阔叶林、油松林、侧柏林，还有少量杜松林、白皮松林。落叶阔叶林树种有白桦、山杨、河北杨、栓皮栎、槲栎、辽东栎及少量椴树、黄连木。子午岭等有比较成片的次生林，当地称为梢林。这些次生林不断遭到破坏而缩减。关山有华山松自然分布。黄土丘陵有臭椿、榆树、泡桐、槐树、杜梨、山荆子、楸树。

栽植水果干果种类很多，有苹果、梨、桃、李、葡萄、核桃、柿、枣，在南部还种植石榴。

灌木主要有锦鸡儿、白刻针[狼牙刺、白刺花（*Sophora viciifolia*）]、扁核木（*Prinsepia uniflora*）、黄蔷薇（*Rosa hugonis*）、文冠果（*Xanthoceras sorbifolia*）、胡枝子、杠柳（*Periploca sepium*）、丝棉木（有时长成小乔木）、虎榛子等等。黄土侵蚀沟谷多沙棘。

河川谷地广泛种植箭杆杨（*Populus nigra* var. *thevestina*）、旱柳（*Salix matsudana*）、泡桐、槐树、臭椿、香椿、楸树、榆树。

外来树种广泛栽植的有刺槐，欧美杨（及国内育成的杂交杨），南部栽悬铃木，紫穗槐也广泛种植，生长良好。城市绿化树种有雪松、紫薇、木槿、樱花、石榴、水杉等。

3.2.3.7　陇西黄土高原落叶阔叶林森林草原区

东以屈吴山、六盘山与陇东区分界，北接内蒙古草原，西与青藏高原相接壤，南以秦岭及小陇山北麓为界。本区北部中部比较干旱，南部比较湿润。境内有少数高山，如兴隆山、马衔山有云杉（青杆、白杆）林，是保护较好的天然林。其他地方原始植被已不存在，只有散生树木，常见的有榆树、槐、旱柳、泡桐、臭椿、柿、核桃、杜梨（*Pyrus betulaefolia*）、山荆子、桑等。灌木有白刻针、锦鸡儿、沙棘、枸杞，西北部有沙枣，白刺（*Nitraria* spp.），多年生草本有补血草［金色补血草（*Limonium aureum*）、二色补血草（*L. bicolor*）］，多年生草本或半灌木有花棒［岩黄蓍（*Hedysarum* spp.）］、甘草（*Glycyrrhiza uralensis*）、霸王（*Zygophyllum xanthoxyllum*）等。

引进树种主要有刺槐、欧美杨。在有些地区天牛等蛀干害虫十分猖獗，几乎无树不蛀，严重影响生长，更不能成材，已经发展到只有全部砍伐的地步。紫穗槐在南部广泛种植，生长良好。

栽植果树有苹果、梨、核桃、枣等，山地种植更普遍。

本区南部天水一带，近二三十年来在荒山种植油松、刺槐、落叶松获得良好成就。昔日荒坡秃岭今已绿林满山。

3.2.3.8　秦岭北坡落叶阔叶林和松（油松、华山松）栎林区

秦岭为东西走向的古老褶皱断层山脉，是中国地理上的南北分界线。秦岭西从甘肃境内的小陇山，向东包括终南山、华山，以及再向东的伏牛山、大别山。秦岭北坡是大断层，山势陡峻，东段的华山尤以陡险闻名。南坡较缓而长。主峰太白山海拔 3767m，华山高约 2000m。秦岭东延进入河南西北部为伏牛山，还有若干超过 2000m 的高山。伏牛山向东南延伸为桐柏山，是西北—东南走向。桐柏山比秦岭要低得多，主峰太白顶海拔 1146m。桐柏山东到鸡公山为大别山，也是西北—东南走向，海拔也在 1000m 左右，主峰天柱山海拔 1751m。桐柏山与大别山远比秦岭低，对冬季北来的寒潮的阻挡作用要小得多。这两条山系位于华北平原南端，进入山区已是亚热带景观，有常绿阔叶树出现，是马尾松分布区，但还有较多的落叶阔叶林。大别山区有大面积的杉木和毛竹人工林。海拔较高处（800m 以上）有黄山松天然林分布。而秦岭北坡情况则不一样，由于秦岭主脊阻挡了南侵寒潮和使东南季风西北上行的影响削弱，使秦岭北坡属暖半湿润气候，亚热带树种几无分布，因此，本森林分区把秦岭分水岭视为中国暖温带和北亚热带的分界线，把秦岭北坡列为暖温带的第 13 号Ⅱ级区，本区划法与《中国植被》基本相同，而与《中国自然地理》把秦岭山地全划入北亚热带有所不同。本区范围西部包括关中山地，西接甘肃省，东连河南省。秦岭北坡温差变幅较大，气候干燥寒冷，年平均气温 6～8℃，极端最高气温 28～35℃，极端最低气温–24～–18℃，年降水量 700～1000mm，无霜期 170～200 天。植被和土壤垂直分布明显，土壤由低海拔到高海拔依次为山地褐土、山地棕壤、山地暗棕壤、亚高山森林草甸土和高山草甸土。一般较低海拔为油松林、侧柏林和锐齿槲栎、栓皮栎、辽东栎、槲树等暖温带常见的落叶栎类林，稍高海拔出现华

山松（*Pinus armandi*）林，亚高山则为巴山冷杉（*Abies fargesii*）、秦岭冷杉（*A. chensiensis*）和太白红杉（*Larix chinensis*）林和白桦、红桦、山杨等次生林。在秦岭西段北坡有少量麦吊云杉、岷江冷杉出现。由于森林破坏比较严重，水土流失严重，荒山日见增多，应以经营水源涵养林为主，低海拔可以营造薪炭林，油松、青杆为主的用材林和经济林。

3.3 华东中南亚热带常绿阔叶林及马尾松杉木竹林地区（简称华东中南地区）

本地区的划分及名称与各种自然区划和农林业区划分歧较多。《中国植被》把本区作为“亚热带常绿阔叶林区域”中的“东部（湿润）常绿阔叶林亚区域”。《中国综合农业区划》作为长江中下游区而把长江中游以上包括秦岭大巴山区和四川盆地并入云贵高原作为西南区。《自然地理纲要》称为“华中区”，其界线基本上与本分区一致。

3.3.1 本地区自然地理环境

华东、中南地区是中国年降水量丰富而且四季分配比较均匀，无明显旱季的一个地区。这与北面的华北地区，南面的华南地区和西面的云贵高原地区有明显区别。它不但在森林类型和树种区系上具有特色，林业生产措施上也有所不同。这个地区是中国特有珍稀树种最集中的一个区，也是世界少有的优越亚热带林区。把华东、中南划作 1 个 I 级森林区是合适的。

华东、中南地区从地貌上说主要是山地丘陵区。虽然接近或超过海拔 2000m 的高山并不多，却是崇山峻岭的多山地区。除东北部的较大的湖泊平原外，大部分地区是“七山一水二分田”或“八山一水一分田”。这个地区气候条件优越，优良材质树种和经济树种十分丰富，山区居民有经营林业的悠久传统。大量木竹材和多种经济林产品远销全国，还有出口。区内河流密布，常年水量比较稳定，水运条件好。这个地区山清水秀，风景优美，是旅游和疗养的理想地区。保护森林，加强林业生产建设将获得巨大的经济效益、生态效益和社会效益。林业生产建设包括用材林、经济林、果木、茶、桑、药以及森林中野生动植物资源的开发利用，这是振兴山区经济，脱贫致富的有效途径。发展林业生产，保护森林不仅对本地区有利而且将对整个华东、中南地区在维护良好的生态环境发挥巨大功能。

本地区北以秦岭南坡、淮河为界；东止于海，包括沿海岛屿；南以南岭南坡山麓，两广中部和福建东南沿海、台湾北部为界；西边北段与青藏高原，南段与云贵高原为界。本地区北部是含有常绿阔叶树的落叶阔叶林和松（油松、马尾松、华山松）、柏（柏木）林；南部则是含有热带树种的常绿阔叶林。境内少数高海拔山区分布云杉、冷杉、落叶松等亚高山针叶林。本地区常绿阔叶林分布广泛，但马尾松、杉木、竹类分布面积广，因此在地区命名上注明松、杉、竹是十分合适的、必要的。本地区还有多种经济林和果木、茶、桑等未列出。

3.3.1.1 地貌

秦岭南麓为汉水，有汉中、安康等较大盆地。汉水以南，西为米仓山，东为大巴山，山势高峻，海拔 2000～3000m。大巴山向东进入湖北省境西北部有神农架，主峰华中顶海拔 3105m、大神农架 3063m，是华中地区的高山，保存着较大面积的珙桐林，有巴山冷杉、秦岭冷杉和铁杉，山的下段则为常绿阔叶林。大巴山的东段分支为武当山，海拔 1000m 左右，主峰天柱峰海拔 1652m。武当山隔汉水与大洪山遥对，到襄樊市转入江汉平原。在四川、湖北边境的巫山，东北西南走向，海拔 1000～1500m，长江穿流其中，成为著名的三峡。秦岭山地至宜昌、襄樊以东进入江汉平原。

大巴山以南为四川盆地。这个盆地位于青藏高原东侧，北为大巴山，东有巫山，东南为大娄山（亦称娄山），西南有大相岭，是一个封闭的盆地。在中生代长期沉积了巨厚的紫红砂岩和页岩，所以又称“红盆地”。盆地西部的成都平原是由岷江冲积扇组成，地势平坦，西北高而东南低，平均坡降约为 4%。四川盆地除成都平原外，其余部分河流密布，割切很深，成为丘陵缓岗，特别是华蓥山以东的东北—西南走向的平行褶皱山岭，谷地深切，相对高差均为 200～300m。成都以西都江堰市境内，早有秦代蜀太守李冰创建的都江堰，灌溉面积达 20 余万公顷。

四川盆地以南为贵州高原（云贵高原的一部分），海拔约 1000m。境内苗岭、大娄山、武陵山、乌蒙山绵延起伏，河谷深切，成为“地无三尺平”的山国。

长江从宜昌以东，到流入东海是江汉、江淮平原到长江的太湖区，是中国主要水网地区。分布着许多湖泊，边缘分布着若干低丘。概括称为江淮湖泊平原区。

江淮平原之南，南岭南麓之北，贵州高原之东是河流密布，山岭绵延的丘陵地，即通称南方山区。这是中国重要用材林、竹林和多种经济林生产基地。本地区盛产柑橘类、桃、李、枇杷（*Eriobotrya japonica*）、杨梅（*Myrica rubra*）等水果；是重要茶桑区。干果有香榧（*Torreya grandis*）、银杏、山核桃等。

南岭是中国华中与华南的分界山系。海拔约 1000m，个别高峰接近 2000m。南岭高度和完整性不及秦岭，对冬季北来寒潮的拦阻较弱。其间还有隘口，如越城岭与都庞岭之间的汀桂谷地成为强大寒潮南侵的通道，严重影响岭南一些热带树种的越冬。但南岭南北群山交织形成一大片山地，创造许多局部湿润的生境和特殊生境，成为许多残遗植物的“避难所”。南岭南坡在广东、广西境内的九连山、滑石山、大桂山、海洋山和南面的瑶山、九万大山，为南岭以南构成许多重要优越林区气候，成为重要杉木产区。南岭东端连武夷山，和在它东南的洞宫山、鹫峰山和戴云山，构成闽北、浙南的杉木产区。南岭北坡在江西、湖南的于山、罗霄山、雪峰山、武陵山，为赣南、黔东、湘南创造了良好的杉木生长的环境。

南岭南坡和武夷山东南侧的河流或直接流注东海，或汇注珠江入海。这些河流都有运输条件。南岭北坡江西的赣江，流注鄱阳湖汇入长江；湖南境内的湘江、资江、沅江汇注洞庭湖，再流入长江。这些河流中也都可供木材和林产品水运，包括黔东产区的木材和林产品。这一广阔的山区居住许多勤劳勇敢的少数民族，他们都有生产经营木竹材和多种林产品的丰富经验。因此，这一地区发展竹材和经济林产品具备天时、地利、人和的优越条件。总之，是热量丰富，降水充沛，夏季长，冬季短，春秋季适中。

粤闽沿海以丘陵、平原相间，粤西、桂南以丘陵、低山交错分布为特点，气候温暖，雨量充沛，又处于南亚热带气候，人口密集，水土流失严重，一般在山地、丘陵应以水土保持林、用材林为经营方向，而农区平原则相应发展“四旁”林和农林混作。

台湾是一个多山的大岛，面积约 36 万 km^2，山地约占全岛的 2/3，海拔 3500m 以上的高峰有 22 座。玉山山脉的主峰海拔 3950m，是中国东部最高峰。全岛地貌可分为 4 个部分。

（1）台湾山地（或称台东山地），由北北东—南南西走向的五条平行山脉组成，包括台东、中央、玉山、阿里山及雪山等山脉。中央山脉全长 320km，有许多海拔 3500m 的高峰连绵而成为全岛的“脊梁”，南湖大山海拔 3740m，荐莱主山 3559m，秀姑峦山 3833m，卑南主山 3293m，北大武山 3090m。中央山脉东侧坡陡河流短而急；西侧坡缓河流较长。中央山脉东为台东山脉，长约 140km；北段海拔约 500m，南段约 1000m，最高峰新港山海拔 1682m。台东山脉濒临太平洋亦称海岸山脉。台东山脉中央山脉之间有一条纵谷，称台东纵谷，海拔 50～350m，长 150km，宽仅 5km。中央山脉之西为玉山山脉，长 300km，中段山势高耸，海拔 3000m 以上。最高山峰玉山海拔 3950m，位于中段偏南。玉山山脉之西为阿里山脉，全长 280km，海拔 1000～2000m，最高峰大塔山海拔 2663m。日月潭位于阿里山的东坡，湖面海拔 700m。雪山位于台湾岛的中北部，最高峰雪山海拔 3884m，塔曼山 2130m。在这些山区生长着茂密的森林。

（2）台中丘陵台地，位于阿里山脉西麓，是台湾山地与台湾西部平原的过渡地带。海拔一般为 200～300m，少数地段 500～600m。

（3）最西为台西平原，长 180km，面积为 5000km^2。是台湾重要农业区。台湾河流发源于中央山地，西坡河流流入台湾海峡。较长的河流有浊水溪，全长 170km；淡水溪全长 159km；淡水河全长 144km。台湾山地向东流的河流直接注入太平洋。其中较长的花莲溪和秀姑峦溪，两河到台东纵谷汇合到大港口入太平洋。

（4）台湾周围海域有澎湖列岛、钓鱼岛、赤尾屿、黄尾山屿、彭佳屿、棉花屿、花瓶屿、兰屿和绿岛（火烧岛）等。

从自然地理气候和天然植被看，台湾北部和台湾南部是有差异的，北半部的亚热带气候比较明显，而南半部的热带气候特征比较显著，其界限在《中国植被》大抵是按北回归线划分，即自东海岸大港口、凤林经玉山主峰达西岸嘉义一线。《台湾森林志》则把具有显著热带季雨林特征的植被的台湾中南部划至北纬 23°28′，个别处伸至 24°15′，略见偏北一些。台湾北部冬暖夏长，年气温 21℃，雨量充沛，年降水量达 2000mm 左右，山地年降水量可达 3000mm，土壤为砖红壤性红壤，山地为山地红壤、山地黄壤和黄棕壤。森林植被由西海岸东及玉山山脉、中央山脉高山，依次为红树林、海岸林，低山丘陵季风常绿阔叶林、中山常绿阔叶林，由红桧（*Chamaecyparis formosana*）和台湾扁柏（*C. obtusa* var. *formosana*）为主的针阔叶混交林，以及海拔 2300m 以上的亚高山针叶林。

3.3.1.2 气候

全地区南北温差较大，北部边缘地带，特别是东北部，常常出现严寒天气，极端最低气温可低于–15℃；南部和四川盆地在–5℃以上。年降水量在 1000～2000mm。本地区降水的季节分配比全国其他各地区要均匀得多。多雨季节从春霜到秋初的降水量一般为全年降水量的 60%左右。四川盆地和贵州秋末到翌年春末的降水量百分率较低。但这些地区冬季雨日多，晴天少，所以冬春还是湿润的天气。贵州冬春日照百分率一般不到 20%，而北京为 60%～70%，昆明 65%～75%。贵州在少雨的冬季，≥0.1mm 的降水日数每月超过 10 天，而北京只有 3 天左右，昆明 4～5 天。本区春雨较多，进入雨季早，因而有“清明时节雨纷纷”的景象。这样的天气适宜春季发笋的散生竹；6 月中旬到 7 月中旬进入梅雨季，云雨天多，降水量大，适合散生竹的高速生长，特别是高大的毛竹。这种气候也有利于萌发早的杉木，所以本地区成为主要杉木、毛竹产区。

全地区年平均气温为 15～21.5℃。夏季炎热，6、7、8 月三个月的月平均气温一般在 25℃以上。冬季比较寒凉。大部分地区 1 月平均气温在 5℃以下，1 月极端最低气温 –10～–5℃，甚至更低，南部及四川盆地冬季比较温和，这关系到一些不太耐寒树种的越冬。如多种桉树只能在本区南部和四川盆地安全越冬，而全年平均气温则四川盆地并不比长江中下游地区高。

本地区的江南丘陵低山，临近海岸地带有遭台风（强热带风暴）袭击的危险。其他大部分地区受台风影响而获得降水，有益于植物和林木生长，强烈台风会吹拔折断树木，但一般在山坡，森林植被对台风暴雨所引起的山洪具有防护效益。

从气温来说，因纬度的差别还不及因大地形差别所引起的气温差异大。秦岭、大巴山是一个大山区，在盆地及河谷地冬季气温比本地区东部平原地区温和。秦岭、大巴山地势较高，有明显的垂直气候带谱。四川盆地纬度（28°～32°N）与江南丘陵山区的北部相当，但冬季气温前者远较后者为高。如成都（30°41′N）年平均气温为 16.3℃，1 月平均气温 5.6℃，7 月份平均气温 25.8℃，极端最低气温–4.6℃，极端最高气温 37.3℃，可谓冬无严寒，夏无酷暑。在江南丘陵山区北部的杭州（30°38′N），年平均气温 16.3℃，1 月份平均气温 2.8℃，7 月平均气温 29.0℃，极端最低气温–17.3℃，极端最高气温 39.4℃。成都北有高大的秦岭、大巴山为屏障，避免或缓和寒潮的强烈降温。汉口北面虽有大别山，但山势低矮，没有什么阻挡作用。这些气候条件与森林类型的分布和树种规划有十分重要意义。成都是常绿阔叶树如楠、柑橘、樟树等适生地区，而汉口与杭州有些常绿阔叶树生长不良或不能生长。外来树种如桉树、葡萄桉、黑荆树、银桦在成都均能安全越冬，而在杭州和汉口就难以越冬。

3.3.1.3　土壤

华东中南地区的土壤类型因纬度与海拔的差异比较复杂。西北部的秦岭是华北与华中的界山。秦岭北坡山麓地带为褐土而南坡山麓则为黄褐土和黄棕壤。南部南岭是华中与华南的界山。南岭北坡主要为红壤和黄壤；南坡山麓及南岭以南两广中部及福建东南沿海丘陵，因气温增高，富铝化作用加强，成为砖红壤性红壤及砖红壤。本地区的平原地区是重要水稻产区，土壤是水稻土。本地区大部分丘陵山地为红壤及黄壤。北部山地及其他地区山地较高处海拔 1000m 以上为黄棕壤，海拔 1500m 以上有山地棕壤、暗棕壤。黄棕壤土体黏化作用显著，B 层黏粒（＜0.001mm）含量达 27%；黏化系数在 B 层为 56%。SiO_2 在表层（20cm 以上）略有增加，土壤微酸性或中性，pH 在表层为 7.0 以下，在 B 层为 6.5～7.0。山地棕壤黏粒化较黄棕壤弱，在 B 层黏粒含量为 7%，黏化系数在 B 层为 14%，SiO_2 及 R_2O_3 在各层次变化不明显，土壤酸性，pH5.0～6.5。暗棕壤在秦岭南坡分布于海拔 2200～3000m 处，中段北坡分布于 2300～3100m 处，西秦岭则分布于 2700～3200m 处，暗棕壤表层腐殖质含量较高，达 8%～15%，土壤微酸性到中性，pH5.5～7.5。土体略有黏化趋势，B 层黏化系数最高达 37%，淋溶现象不明显，SiO_2

在各层次变化不大。在神农架高海拔（2920m 及 3020m）杜鹃冷杉林下，土壤为山地灰化暗棕壤，腐殖质含量高，在 13%以上，在表层（A1A2 层）SiO_2含量 90%以上，明显高于 B 层约 40%，而 R_2O_3则表层约为 20%，明显低于 B 层约 40%。这与当地降水多，灰化过程强烈有关。秦岭南坡在 3000～3350m，为草甸森林土，森林为草类藓类落叶松林，表层有一定的草甸化过程，在 50cm 以上土层中 SiO_2及 R_2O_3量是均匀的，没有淋失和淀积现象。

红壤和黄壤是本区中部以南分布最广泛的土壤类型。红壤和黄壤有脱硅富铝化过程。硅铝率在 2.0～2.2。红壤和黄壤颜色上的差别，主要由于它们所含铁的形态不同。红壤以赤铁矿为主，显出砖红色；而黄壤中的游离氧化铁因水化，主要以针铁矿、褐铁矿或其他多水氧化铁的形态存在，显出黄色。红壤分布于海拔较低的 500～700m 及以下比较干燥的低山丘陵，腐殖质含量较低，一般在 5%以下。黄壤分布于海拔较高，湿度较大的山地，海拔 500～1600m，腐殖质含量在森林植被下 5%～10%，在灌丛下 5%左右。这种黄壤带有灰化性。山地森林下，枯枝落叶层较厚。红壤和黄壤都是酸性土，pH 通常在 5.0 以下。有的红壤表层 SiO_2含量较高，向下逐渐减少，而铁氧化物则与之相反。

本区南部则已出现砖红壤性红壤，森林植被以季风常绿阔叶林为主，已可种植杧果、木瓜、荔枝、龙眼等水果。

本区还有大面积的紫色土，主要由白垩纪和第三纪紫色页岩、砂页岩和砂岩发育而成，分布于四川、云南、贵州、湖南、江西、浙江、安徽、福建、广东和广西，以四川盆地分布最广，最集中。紫色土有机质含量 0.2%～7%，pH4.5～8.0。丘陵地区紫色土侵蚀强烈，冲刷模数达 17 000t/hm^2［史德明等，土壤学报，1965：13（2）引自《中国土壤》］。

本区石灰岩山地的面积很广，以广西最大，贵州、云南、广东以及湖南等省均有分布。石灰岩淋溶而成为石灰岩岩溶地貌。石灰岩土壤具有一些特殊性，一般土层浅，通常不足 50cm；全剖面含石灰量 0.5%～1.0%，属弱碱性到碱性，pH7.0～7.5，中层 7.5～8.5；有机质含量高，特别在森林植被覆盖下，表层为 20%左右，下层 2%～8%；土质比较黏重，土壤比较肥沃。

石灰土可划分为棕色石灰土、红色石灰土、黑色石灰土和黄色石灰土 4 类。黑色石灰土处于脱钙初期，或复钙作用较强，土壤中游离碳酸盐含量较高；红色石灰土脱硅作用较深，并有明显脱硅富铝现象；棕色石灰土介于两者之间。黄色石灰土分布于比较湿润生境的常绿与落叶阔叶林内，黏粒硅铝率为 2.5～3.2。石灰土形成很慢，据估算，1cm 厚土壤形成需要 13 万～36 万年［韦启等，土壤学报，1987：20（1）：30-34，转引自《中国土壤》］。石灰岩岩溶地区有完好森林植被地域，森林滞留水量丰富，地下水循环存在明显的二元结构：上层为喀斯特森林滞留水循环系统，下层为喀斯特管道裂隙水循环系统。森林滞留水水质优良（周政贤，1987，茂兰喀斯特森林综合考察报告，1～23）。因此，石灰岩区的水土保持十分重要，应加强对石灰土地区现有森林的保护，石灰岩山地最常见的树木为榆科树木。

3.3.2 本地区主要森林类型、主要树种

华东中南地区森林类型多样，树种丰富。低山丘陵以常绿阔叶林为主，混有落叶阔

叶树。南部以季风常绿阔叶林为代表性植被。常绿阔叶林以壳斗科、山茶科、杜英（胆八树）科、金缕梅科、木兰科、冬青科树种为主要组成树种。有一些较大面积的纯林，但多数为几个树种组成的混交林。在较高山地有多种阔叶树林，树种十分丰富。温带广泛分布的水青冈（*Fagus*）在中国华北地区没有天然分布，而在本地区分布广，有亮叶水青冈（*Fagus lucida*）、米心水青冈（*F. engleriana*）、水青冈（*F. longipetiolata*）等几种。距今 240 万～140 万年午城黄土剖面中有水青冈属花粉。虽无大面积水青冈林，但在中山地段常可见到成片林分。温带常见的落叶阔叶树如落叶栎、椴树、榆、桦木、赤杨、杨属、柳属、鹅耳枥、栾、白蜡、槭、核桃属种，都有分布，种类远比华北区丰富。槭属不但种类多，分布广而且是常绿树。亚热带落叶树种也很多，如木兰科、樟科、楝科、漆树科、大戟科、豆科、桑科、梧桐科、无患子科、五加科等落叶树种。特别重要的是本地区有许多中国特有科、属和少种属的树种，在针叶树有：水杉、银杉、金钱松、白豆杉、台湾杉（*Taiwania cryptomeriodes*）以及杉木、油杉、秃杉、福建柏、柳杉、穗花杉（*Amentotaxus argotaenia*）、扁柏。前 5 属是中国特有属，后 7 属也以本地区为主要分布区。银杏可能也是本区的乡土树种。中国另一特有针叶树——水松在本地区南部也有分布。

特有阔叶树种很多，重要的有杜仲（*Eucommia ulmoides*）、伯乐树（又称钟萼木）（*Bretschneidera sinensis*）、香果树（*Emenopterys henrri*）、珙桐（*Davidia involucrata*）、喜树（*Camptotheca acuminata*）、牛鼻栓（*Fortunearia sinensis*）、观光木（*Tsoongiodendron odorum*）、木瓜红属（*Rehderodendron*）有几个种、秤锤树属［*Sinojackia*，2 种：狭果秤锤树（*S. rehderiana*）、秤锤树（*S. xylocarpa*）］、山白树（*Sinowilsonia henryi*）、通脱木（*Tetrapanax papyriferus*）、化香（*Platycarya strobilacea*）、青钱柳（*Cyclocarya paliurus*）、金钱槭属［*Dipteronia*，有 2 种：金钱槭（*D. sinensis*）、云南金钱槭（*D. dyeriana*）］、水青树（*Tetracentron sinense*）等。少种属有鹅掌楸（*Liriodendron chinense*）、檫木（*Sassafras tzumu*）、肥皂荚（*Gymnocladus chinensis*）、枫香属（*Liquidambar*）、连香树（*Cercidiphyllum japonicum*）、云叶［领春木（*Euptelea pleiosperma*）］、山桐子（*Idesia polycarpa*）、猫儿屎（*Decaisnea fargesii* 和 *D. insignis*）、夏蜡梅（*Calycanthus chinensis*）。

有的重要落叶阔叶树属主要分布于本地区，如泡桐属约 10 种，绝大多数种分布于本地区，有些种后来引种到本地区以外地区和国外栽种。

本地区主要针叶林为马尾松、杉木、柏木、油杉、柳杉、巴山松、华山松、黄山松、红桧、台湾扁柏、福建柏、侧柏。零星小片分布的有金钱松、长苞铁杉、台湾铁杉（*Tsuga formosana*）、黄杉、秃杉、银杉，海拔较高（800m）处有黄山松呈岛状分布。在南岭高处有少量广东松。秦巴山区在海拔 1700m 以上有云杉［青杆，大果青杆（*Picea neoveitchii*）］、冷杉［秦岭冷杉（*Abies chensiensis*），巴山冷杉（*A. fargesii*）］、落叶松［太白红杉（*Larix chinensis*）］等耐寒针叶林。在南岭一线，在海拔 1700m 以上有残遗的冷杉片林；由西向东有广西元宝山的元宝山冷杉（*Abies yuanpaoshanensis*）、资源县的资源冷杉（*A. ziyuanensis*）、贵州的梵净山冷杉（*A. fanjingshanensis*）及浙江的百山祖冷杉（*A. beshanzuensis*）。台湾北部有台湾冷杉（*A. kawakamii*），有成林分布。

其他针叶树有竹柏、罗汉松、三尖杉、榧树、穗花杉、红豆杉、白豆杉（*Pseudotaxus chienii*）、圆柏、刺柏等。

本地区竹类种类很丰富，特别是刚竹属（*Phylostachys*）。

本地区引进的外来树种很多。重要的有松属（湿地松、火炬松、短叶松、长叶松、刚松、日本黑松）、池杉、落羽杉、北美圆柏（*Sabina virginiana*）、日本花柏（*Chamaecyparis pisifera*）、墨西哥柏（*Cupressus lusianica*）、日本扁柏、绿平柏（*C. arizonica*）、雪松等。园林栽培的有日本五针松（*Pinus parviflora*）、日本金松（*Sciadopitys verticillata*）、北美红杉（*Seqouia sempervirens*）。在江苏、浙江有引种巨杉（*Sequoiadendron gigantea*），曾于 1972 年引种到杭州，未成活。引进的阔叶树在南部有多种桉树、金合欢（其中黑荆树在四川、福建、浙江南部引种生长良好）、悬铃木属、广玉兰（*Magnolia grandiflora*）、薄壳山核桃、油橄榄、银桦等。刺槐及紫穗槐在本区北部也广泛栽植。

本区秦岭南坡和大巴山有明显的森林植被垂直带分布，以秦岭太白山南坡为例，海拔 3400m 以上，为高山灌丛草甸带；海拔 2800～3400m 为亚高山针叶林带，其间，海拔 2900～3400m 为落叶松林亚带，主要是太白红杉林，石质山坡上偶有高山柏（*Sabina squamata*）片林；海拔 2800～2900m 为冷杉林亚带，由巴山冷杉、秦岭冷杉组成林分，下限常混生云杉、华山松、红桦，以及铁杉、千金榆等；海拔 2300～2800m 有一桦木林带，有红桦、牛皮桦纯林，也有白桦林；海拔 780～2300m 为落叶阔叶林带，主要以落叶栎类为优势，也称落叶栎林带，由栓皮栎、锐齿栎、麻栎、槲树等分别组成纯林，也有山杨、华山松、油松和侧柏等林分。秦岭南坡，大巴山的基带是含常绿阔叶层片的落叶常绿阔叶混交林，其常绿成分有岩栎（*Quercus acrodonta*）、匙叶栎（*Q. spathulata*）、青冈（*Cyclobalanopsis gluaca*）等。

湖北神农架山体高耸，最高峰神农顶高达海拔 3105m，也有明显垂直带谱，但不具明显的高山灌丛草甸带。亚高山针叶林带由海拔 2600m 可一直分布至 3100m，是巴山冷杉集中分布区，山顶有杜鹃、垂枝香柏（*Sabina pingii*）、中国黄花柳（*Salix sinica*）灌丛。海拔 1600～2600m 为针叶、阔叶混交林带，有巴山松林、华山松林、锐齿槲栎林、亮叶水青冈林、米心水青冈林，也有次生的山杨林、红桦林，局部有小片青杆或铁杉林，散生于林中的针叶树有秦岭冷杉、麦吊云杉、大果青杆、红豆杉、三尖杉等；海拔 1600m 以下为落叶阔叶林带，优势种为栓皮栎、枹栎、短柄枹栎、锐齿槲栎、水青冈、茅栗、锥栗、板栗等，仍以落叶栎类林为主，还有许多其他落叶阔叶树种分布，局部地段一些常绿阔叶树种，如青冈、小叶青冈（*Cyclobalanopsis myrsinaefolia*）、刺叶栎（*Quercus spinosa*）也有生长。

作为皖南山地中的黄山（主峰海拔 1873m）的垂直分布带谱比较明显，但由于临近海洋，并为孤山，其山顶多云雾、风力强劲，在海拔 1400m 以上即出现山地矮林和迎风坡的山地灌丛，缺少针叶林带。矮林由黄山槲栎（*Quercus stewardii*）、日本椴（*Tilia japonica*）为建群种，其他有黄山花楸（*Sorbus amabilis*）、水榆花楸（*S. alnifolia*）、茅栗、米心水青冈等伴生；海拔 1100～1400m 为落叶阔叶林带，常见树种有鹅耳枥、黄山木兰（*Magnolia cylindrica*）、米心水青冈、雷公鹅耳枥（*Carpinus fargesii*）、紫茎（*Stewartia sinensis*）、灯台树、木腊漆（*Toxicodendron succedaneum*）、暖木（*Meliosma veitchiorum*）、缺萼枫香（*Liquidambor acalycina*）等，沟谷有小块南方铁杉林分布，而陡峭岩壁、岭背为黄山松林，构成幽美的风景。海拔 800～1100m 为落叶和常绿阔叶混交林带，以落叶阔叶树为主，有蓝果树［紫树（*Nyssa sinensis*）］，缺萼枫香、青钱柳、化香、香槐、鹅耳枥等，而常见的常绿树种有细叶青冈（*Cyclobalanopsis gracilis*）、青冈、小叶青冈、黄丹木姜子（*Litsea elongata*）、豺皮樟（*Litsea rotundifolia* var. *oblongifolia*）等。陡坡、悬崖处也以黄山松林为多；海拔 800m 以下为常绿阔叶林带，建群种也以不同海拔而异，一般海拔 600m 以下多苦槠、石栎林，沟谷有小块薄叶润楠（*Machilus leptophylla*）、红楠林，海拔 600～800m 多甜槠、棉槠林、青冈栎林，海拔 800～900m 以青冈、细叶青冈、小叶青冈为主，和一些黄山松林、杉木林、毛竹林。海拔 600m 以下则因人为长期活动，以毛竹、杉木人工林、马尾松林和茶园、农田为常见。

台北丘陵山地（海拔 700m 以下）基带的季风常绿阔叶林，主要由无柄米槠（*Castanopsis carlesii* var. *sessilis*）、青钩栲（*C. kawakamii*）、青冈、厚壳桂（*Cryptocarya chinensis*）、笔管榕（*Ficus virens*）、九丁树（*F. nervosa*）、樟（*Cinnamomum camphora*）、香桂樟（*C. randaiense*）、黄杞（*Engelhardtia roxburghiana*）、山龙眼（*Helica formosana*）、红淡（*Adinandra formosana*）等组成。但因与农地接壤，远离农地的天然林尚有保存，也多渗入喜光树种，具次生林性质。海拔 700～1700m 为樟科和壳斗科为主组成的常绿阔叶林，主要树种有南投黄肉楠（*Actinodaphne nantoensis*）、樟、牛樟［沉水樟（*Cinnamomum micranthum*）］、香桂、土肉桂（*C. osmophloeum*）、天竺桂（*C. japonicum*）、香润楠（*Machilus zuihoensis*）、椎果栎（*Cyclobalanopsis longinux*）、米槠、青冈等，这一带的竹林有桂竹（*Phyllostachys bambusoides*）、麻竹（*Dendrocalamus latiflorus*）等。

海拔 1700～2900m 则由红桧、扁柏、台湾杉、铁杉、台湾黄杉（*Pseudotsuga wilsoniana*）等针叶树与樟科、壳斗科为主的阔叶树组成的针阔混交林。海拔 2900～3700m 则为亚高山针叶林带，主要树种为台湾冷杉（*Abies kawakamii*）、台湾云杉（*Picea morrisonicola*），也有少量铁杉、华山松的上延渗入。阳坡有高山柏（*Sabina squamata*）林。

3.3.3　本地区Ⅱ级区的划分

本地区Ⅱ级区的划分，农、林业区划多不按纬度划分而直接划分几个Ⅱ级区，但对Ⅱ级区的划法则各有不同。本书分区根据主要森林类型，优势树种分布，森林生境，并参照流域，划分为 7 个Ⅱ级区。

3.3.3.1　秦岭南坡大巴山落叶常绿阔叶混交林区

这个区地势较高，有超过海拔 2500～3000m 的山岭；河谷海拔一般在 1000m 以下，相对高差显著。高海拔地段有云杉、冷杉、落叶松及山杨、桦木。本区松树有油松、巴山松、马尾松和华山松。常绿阔叶树分布于秦岭南坡以南局部地区。刺叶栎（*Quercus spinosa*）在北坡也有分布，多生长在石质露头，呈小乔木或灌丛状。在河谷地区有棕榈、油桐、柑橘栽培，引进的油橄榄及一些桉树生长良好。

3.3.3.2　江淮平原丘陵落叶常绿阔叶林及马尾松林区

秦巴山区到宜昌、襄樊市以东山岭已尽，地势开阔转低，分布着面积辽阔，地势平缓的江河湖泊平原。平原湖泊周边散布着低山丘陵。北与华北平原相接，南与华东区和华中区分界，东止于海。平原已全部开垦为农业用地。河流两岸，滨湖地带广泛分布着柳树［垂柳（*Salix babylonica*）、威氏柳（*S. wilsonii*）、银叶柳（*S. chienii*）］、枫杨、乌桕、合欢等落叶阔叶树种；邻近丘陵边缘及低山有小叶栎（*Quercus chenii*）、枫香、响叶杨（*Populus adenopoda*）、黄檀、中型散生竹等。也可见青冈、苦槠、冬青、枸骨、女贞等常绿阔叶树，但天然的落叶常绿阔叶混交林已不可见到。

近年来在湖滨种植美洲黑杨（*Populus deltoides*）的几个无性系、水杉、落羽杉（*Taxodium distichum*）、池杉生长良好。境内地区天然森林已很少保存，多数为马尾松林（人工林或半人工林），稀疏的落叶阔叶林，主要由栎类（麻栎、栓皮栎、槲栎、白栎、柞栎、枹栎、小叶栎）、枫香、化香、黄连木、黄檀、山合欢等组成。次生灌丛极为普遍。大别山山体较高，还有一些天然次生林，有成片的栓皮栎林，黄连木、栎类等落叶阔叶林。在安徽、河南境内海拔600～800m及以上还保留成片黄山松林。人工杉木林、毛竹林面积较大。局部地段有苦槠、青冈、石栎、冬青、女贞、石楠以及樟科的常绿阔叶林。

3.3.3.3 四川盆地常绿阔叶林及马尾松柏木慈竹林区

本区北面有较高大绵亘的秦岭、大巴山的屏障，冬季寒潮不易侵入。常绿阔叶树生长良好，种类较多。黄葛树广泛分布于河流两岸及盆地村庄；沿河枫杨、桤木很多。南部河谷低地盛产柑橘，还有少量荔枝，白兰花也能露天越冬。丘陵山地广泛分布马尾松、柏木及栎类。四旁多慈竹、楠木、樟树、喜树、桤木、桂花、泡桐、灯台树构成特殊景观的农村林丛；并常常用马甲子［当地叫铁篱笆（*Paliurus ramosissimus*）］作为生篱。盆地周围山地栽植杉木、柳杉、竹类，生长良好。桉树在盆地已广泛引种栽植。

3.3.3.4 华中丘陵山地常绿阔叶林及马尾松杉木毛竹林区

本区北以秦岭南坡大巴山林区和江淮平原丘陵林区为界，东以华东南丘陵低山林区为界，南到南岭岭脊，西至武陵山，是以常绿阔叶树林为主而混生落叶阔叶林的林区。马尾松、杉木、散生竹分布广泛，也是人工林主要树种、喜树（*Camptotheca acuminata*）、檫树、泡桐、香椿、棕榈、樟树，都是常见的栽植树种。油茶、油桐、乌桕、板栗、杜仲是本区的重要经济树种。柑橘是本地区适生面积广，有很大发展前景的果树。近年引进湿地松（*Pinus elliottii*）、火炬松（*P. taeda*）生长良好。

3.3.3.5 华东南丘陵低山常绿阔叶林及马尾松黄山松（台湾松）毛竹杉木林区

本区北与江淮平原丘陵区相接，以皖南山地为边界，东面为东海，西南与南岭山地相接。地势北高南低。北部山地北坡河流流入长江，绝大多数河流直接流入东海。主要河流从东向西有钱塘江、甬江、瓯江。这些河流中游以下可以通航，是木竹材和林产品的运输渠道。本地区有若干海拔较高（1500～1800m）的山地，如黄山、天目山、天台山，有黄山松分布。这些山岳风景秀丽，峰峦雄伟，夏季天气又比较凉爽，是旅游和避暑胜地。

本区主要为常绿阔叶树林，但也有不少落叶阔叶树林及马尾松竹类和杉木林。常绿阔叶树种类很多，主要有壳斗科的栲类、石栎类、青冈类、樟科的樟、楠以及金缕梅科、杜英科、山茶科、冬青科、木兰科（常绿种属）等等。落叶阔叶树有栎类、木兰、枫香、槭属、檫树、锥栗、红椿、南酸枣（*Choerospondias axillaris*）、响叶杨（*Populus adenopoda*）、垂柳等等。本区广泛种植油茶、油桐、乌桕、板栗，还有香榧、山核桃分布于浙皖山区，也是常绿果树柑橘、枇杷、杨梅的重要产区。人工种植竹类、杉木很普遍，特别是毛竹的重要产区。在海拔800～1000m及以上分布有黄山松及少数黄杉和铁杉。金钱松分布广泛，生长良好。石灰岩山地榆科树种常占重要比重，包括榆、朴、青檀、糙叶树、刺榆、榉等属。

3.3.3.6 南岭南坡及福建沿海常绿阔叶林及马尾松杉木林区

本区北以南岭岭脊、武夷山岭脊为界，东至福建沿海岸，西接云贵高原地区，南以南岭南坡山麓分界。本地区森林以常绿阔叶林为主，有樟科的楠木、润楠、琼楠（*Beilschmiedia*）、厚壳桂（*Cryptocarya* sp.）、油丹（*Alseodaphne* sp.）、黄肉楠（*Actinodaphne* sp.）、赛楠（*Nothaphoebe* sp.），壳斗科的栲、石栎、青冈（*Cyclobalanopsis* sp.），常绿栎类，杜英科，金缕梅科，山茶科的木荷，木兰科的木莲、含笑，冬青科等。本地区常绿阔叶林中有许多热带阔叶树成分，如琼楠、厚壳桂、红苞木（*Rhodoleia championii*）；林下也有热带成分的灌木种类，如岗松（*Baeckia frutescens*）、余甘子（*Phyllanthus emblica*）、刺葵（*Phoenix hanceana*）和一些野牡丹科灌木。

毛竹等散生竹及茶秆竹（*Pseudosasa*）有较大面积栽培。

果树多柑橘、杨梅，枇杷有散生。

外来树种有多种桉树、湿地松、火炬松、黑荆树等。

3.3.3.7 台湾北部丘陵山地常绿阔叶林及高山针叶林区

本区基本上位于北回归线，森林资源丰富，森林类型众多，经济树种也极为繁多，珍贵的用材树种有红桧、台湾扁柏、台湾杉、台湾铁杉、台湾五针松、毛竹、桂竹等。龙眼、荔枝、阳桃、莲雾（*Ficus awekeotsang*）、番木瓜、番石榴等热带水果已有大量种植，桃、李、柑橘类也多栽植。本区由于风大，雨量大而集中，水土冲刷比较严重，山区保护良好的森林植被具有水土保持的重要意义，沿海防护林的营造也十分重要。

3.4 云贵高原亚热带常绿阔叶林及云南松林地区（简称云贵高原地区）

对本地区的划分及命名有多种意见。《中国植被》划作“亚热带常绿阔叶林区域”的一个亚区域“西部（半湿润）常绿阔叶林亚区域”。《中国自然地理纲要》作为西南区，包括滇南山间盆地（作为亚区）。《中国综合农业区划》作为“西南区”（包括秦岭以南，百色—新平—盈江一线以北，宜昌、溆浦一线以西，川西高原以东）中的1个2级区“川滇高原山地农林牧区”。《中国林业区划》则列入“南方用材经济林地区”（秦岭淮河干流以南，景洪—南宁—广州—厦门—福州以西，西接西南高山峡谷防护用材林地区）中的一个Ⅱ级区（林区）“云南高原用材水土保持林区”。

本地区划作一个独立的Ⅰ级区。北以金沙江与西南高山林区为界；东大致以昭通—威宁—兴义一线与华东中南地区分界，包括四川大相岭以西西昌地区，贵州西部和广西西北部；南以思茅—蒙自一线与华南地区分界。这是从气温的季节差异和降水的季节分配的特点考虑。森林类型也有很大不同，森林经营应采取不同措施。从年平均气温来说，云贵高原地区与华东中南地区相差不大，均为15～20℃；年降水量后者比前者稍高一些；华东中南地区为1000～1500mm，云贵高原地区为800～1200mm，差别不算太悬殊。如对年气温和年降水作深入的分析，两个地区的情况就有很大不同。如以华东中南地区的长沙与本地的昆明相对比就可以看出差异之大。长沙月平均年较差为 24.9℃，昆明 12.1℃；长沙极端最高气温为 40.6℃，昆明为 31.3℃；长沙极端最低气温为–9.5℃，昆明为–5.4℃。总的来说，华东中南地区寒暑剧烈，而本地区则四季温和，所谓“四季如春”。从降水的月分配来说，长沙从 11 月到翌年 4 月半年的降水量占全年降水量的 42.2%，昆明为 13%。本地区冬春季节的晴朗干燥天气十分突出，是火灾危险季节，华东中南地区则冬春多雨少晴，情况就不大相同。云贵高原地区冬春少雨也为春季造林带来成活率不高的问题，因此采取雨季造林容易成活。现在列举昆明与长沙两地的一些气象记录作一对比（表 2），可以看出两地冬春晴湿的差别。

表 2　昆明与长沙气象对比

项目	昆明	长沙
全年相对湿度/%	72	80
月平均气温/℃	14.8	14.2
日照时数/h	2528.2	1725.9
1 月相对湿度	68	79
月平均气温/℃	7.9	4.6
日照时数/h	242.7	44.5
5 月相对湿度/%	56	82
月平均气温/℃	19.3	21.7
日照时数/h	243.3	121.6

华中华东地区的降水全部来自太平洋，本地区则主要来自印度洋的孟加拉湾。这两个区在地貌和土壤上也有很大差别。由于山高谷深，森林和土壤垂直带谱明显。特别在谷地气候干热，有热带干旱植被。如霸王鞭、滇橄榄（余甘子）、羊蹄甲、木棉、酸豆（罗望子）、山枣（*Ziziphus montana*）、虾子花（*Woodfordia fruticosa*）、仙人掌、麻疯树（*Jatropha curcas*）、小石积（*Osteomeles schwerinae*）、坡柳（*Dodonaea viscosa*）、荆条、茶条木（*Delavaya torocarpa*）。所以，云贵高原地区作为一个独立的 I 级区。

3.4.1　本地区自然地理环境

3.4.1.1　地貌

本地区总的地貌是辽阔的夷平面，是流水侵蚀的高原。全境北高南低，北部平均海拔超过 2000m，南部下降到 1500m。本地区是山多平地少，所谓“八山一水一分田”，是高耸的山岭，低陷的盆地和深切的河谷。云南中部广泛分布红色砂岩，构成以红色岩系为主的高原，高原地形起伏很大。但登上高原顶，纵目遥望山顶面比较平齐，可以看出高原景观。滇东南为岩溶丘陵、岩溶盆地和浅切割的中山所组成的岩溶高原地貌。云南高原分布不少湖泊，有南北向断裂而成的滇池、洱海、抚仙湖、阳宗海、程海、印海（四川西昌）是断层陷落而成；东西走向的湖泊有异龙湖、杞麓湖等。高原上有许多高山，海拔都在 3000m 以上，大理的点苍山海拔 4122m。保山与腾冲之间高黎贡山 3374m，澜沧江与把边江之间的无量山脉的猫头山 3306m，把边江与元江之间的哀牢山 3166m，河谷深切达海拔高差1000～2000m。这种海拔的差异构成明显的垂直气候带和森林植被带。山岭由北向南成为树种分布的途径；河谷则为南方树种向北进展的通道。同时，这种在有限水平地域，具有多样的气候土壤生境，为孕育和保存丰富多彩的树种和森林类型提供了优越环境条件。

高耸的山岭，阻拦气团的流行，造成地域性的降水差异。高黎贡山阻挡了西南来的水汽。岭西的腾冲年降水量1439.4mm，而岭东的保山只935.1mm；哀牢山东的元江年降水量781.1mm。

3.4.1.2 气候

本地区气候的特点是四季气温比较均匀，所谓“四季如春”。从10月到翌年5月是旱季，最冷的1月平均气温在盆地都在6.0℃以上，西昌9.5℃，昆明7.8℃，大理8.9℃，保山8.3℃，腾冲7.5℃；最热的7月除一些低陷盆地和河谷以外，7月平均气温约为20℃（西昌22.9℃，昆明20.8℃，大理20.2℃、保山20.9℃、腾冲19.5℃）。雨季前的5月晴燥，月平均气温接近或超过20℃，与7月份相差不大。这是因为5月气温晴燥，7月雨多。在一些低陷盆地和河谷气温较高，如元谋（海拔1118.4m），年平均气温达22.1℃，1月平均气温15.5℃；雨季前的5月为27.3℃，进入雨季后的7月为26.5℃。元谋年降水量只612.6mm；11～12月到翌年1～4月半年的降水量只41.1mm，占全年总降水量的6.7%。这种下陷盆地与河谷气候处于雨影地段，雨量稀少；且受下沉空气的焚风效应，晴燥而温热，成为旱生型热带树木的适生生境，有木棉、刺桐、霸王鞭、仙人掌等分布。这与华东中南地区有很大不同。滇东南与广西西部百色的南盘江地区气候也比较温热晴燥。百色年平均气温22.2℃，1月平均气温13.4℃，7月平均气温28.7℃；年降水量1107.8mm，旱半年（11月至翌年4月）降水量占全年总降水量的17%。云南松、落叶栎，特别是栓皮栎成为重要和广泛分布的树种。这里是杧果的原产地。

狭窄的谷地则湿度较大。在深谷中常保存近湿润型的常绿阔叶林（王仁师，西南林学院学报，1988，3（1）：27）。

本地区降水比华东、中南区稍低一些，但更重要的是本地区降水的季节分配很不均匀，有明显的湿季和干季。11月到翌年4月，6个月的降水量只有全年总降水量的5%～15%，东南部和西部则在15%左右。雨季一般从5月下旬或6月开始到10月结束。旱季天气晴朗，日照百分率在65%～70%或更高，而贵阳和成都则只有20%左右。漫长的干旱季使杉木、毛竹等生长不良，只在局部适宜栽植。

3.4.1.3 土壤

本地区地形复杂，河谷、盆地和山岭相间分布。随着海拔的差异，发育着不同类型的土壤和植被。在海拔1000m以下的谷地气候炎热，有砖红壤、赤红壤、燥红土和褐红色稀树草原土分布。燥红土黏粒的硅铝比为2.1～4.0，土壤中性。这类土壤向南分布更广泛，已过渡到滇南丘陵热带林范围。海拔1000～2000m有山地，主要为红壤，有的书中称为“山原红壤”。这种土壤有明显的脱硅和富铝化过程，硅铝比2.0～2.3。发育于第四纪红色黏土上的红壤，土层深厚达数米，黏粒含量高。红壤地段，森林多遭破坏，水土流失剧烈，肥力减退。红壤中的有机质含量因植被不同而异，在林地为5%～6%，草地为 1%～2%，侵蚀地则不到 1%（《云南森林》）。

随着海拔的升高，到 1500～1900m，气温较低，又有云雾，湿度增加，氧化铁水化为针铁矿和褐矿，或多水氧化铁，土色转黄，土壤为黄壤。黄壤的腐殖质层厚可达 30cm，有机质含量达 2%，硅铝比约为 2.5。海拔再升高，滇西北 2500～3300m，滇南地区到 1500～2500m，有黄棕壤分布。到滇西北北部，地势更高，已进入亚高山针叶林范围。

云贵高原还有石灰土分布。石灰土土层浅薄，厚度 20～30cm，墨江的黑色石灰土厚度可达 60cm，含钾（K_2O）量高达 3%左右，硅铝比为 2.38（《中国土壤》，256 页）。

3.4.2 本地区主要森林类型、主要树种

云贵高原林区的森林类型多样，树种丰富。针叶树林最为主要，分布最广泛的是云南松林。其他针叶林有冲天柏林、云南油杉（*Keteleeria evelyniana*）林、杉木林、秃杉（*Taiwania flousiana*）林、翠柏（*Calocedrus macrolepis*）林、华山松林、云南铁杉（*Tsuga dumosa*）林。其他针叶树有黄杉（*Pseudotsuga sinensis*）、大理罗汉松（*Podocarpus forrestii*）、云南榧（*Torreya yunnanensis*）、云南穗花杉（*Amentotaxus yunnanensis*）、云南红豆杉（*Taxus yunnanensis*）；也有柳杉、柏木和侧柏。

川西南及滇东北的高山，在海拔 2200～3000m 地段有麦吊云杉（*Picea brachytyla*）、冷杉（*Abies fabri*）及铁杉林分布，在大理的点苍山海拔 3000m 以上有苍山冷杉（*Abies delavayi*）分布。这些实际是西南高山地区南延部分，但不是连续的。

本地区的常绿阔叶林类型很多，主要有栲树林：杯状栲（*Castanopsis calathiformis*）、高山栲（*C. delavayi*）、小果栲（*C. fleuryi*）、刺栲（*C. hystrix*）、元江栲（*C. orthacantha*）、峨眉栲（*C. platycantha*）；石栎林：包果石栎（*Lithocarpus cleistocarpus*）、白穗石栎（*L. craibianus*）、滇石栎（*L. dealbatus*）、刺斗石栎（*L. echinotholus*）、多穗石栎（*L. polystachyus*）、截果石栎（*L. truncatus*）、多变石砾（*L. variolosus*）；青冈林：扁果青冈（*Cyclobalanopsis chapensis*）、黄毛青冈（*C. delavayi*）、滇青冈（*C. glaucoides*）、小叶青冈（*C. myrsinaefolia*）、曼青冈（*C. oxyodon*）；木荷林：银木荷（*Schima argentea*）、滇木荷（*S. noronhae*）、红木荷（*S. wallichii*）；樟树林：云南樟（*Cinnamomum glanduliferum*）、刀把木（*C. pittosporoides*）；润楠林：桢楠（*Phoebe zhennan*）、瑞丽润楠（*M. shweliensis*）、毛果黄肉楠（*Actinodaphne trichocarpa*）、细毛樟（*Cinnamomum tenuipilum*）；新木姜林：多果新木姜（*Neolitsea polycarpa*）、大叶新木姜（*N. levinei*）。其他常绿阔叶树种类还有很多，有金缕梅科：马蹄荷（*Exbucklandia* sp.）、红苞木（*Rhodoleia* sp.）；杜英科：毛果猴欢喜（*Sloanea dasycarpa*）、薯豆（*Elaeocarpus japonicus*）、桃叶杜英（*E. prunifoliodes*）；木兰科：红花木莲（*Manglietia insignis*）、大叶毛木莲（*M. megaphylla*）、长蕊木兰（*Alcimandra cathcartii*）等。

本地区落叶阔叶树种类也很多，分布广泛，栓皮栎在广西西部、云南东部有广泛分布，是重要栓皮产区。其他落叶栎类有云南槲树（*Quercus dentata* var. *oxyloba*）、锐齿槲栎（*Q. aliena* var. *acuteserrata*）、麻栎等。其他落叶阔叶树有滇楸（*Catalpa duclouxii*）、檫木、漾濞核桃（*Juglans sigillata*）、川滇无患子（*Sapindus delavayi*）、枫香、西南桦木（*Betula alnoides*），黄杞：云南黄杞（*Engelhardtia spicata*）、槭果黄杞（*E. aceriflora*）、

毛叶黄杞（*E. colebrookiana*）等，木瓜红、滇楸在石灰岩成小片生长，桤属，旱冬瓜（*Alnus nepalensis*）也有成片生长。

经济林有油桐、油茶、板栗、乌桕、漆树、白蜡、棕榈、五倍子等。果树多柑橘、梨、油桃、漾濞核桃等。

引进树种有桉（主要为蓝桉、直干蓝桉）、油橄榄，城市绿化多雪松、银桦。

竹类有毛竹、金竹（*Phyllostachys sulphurea*）、慈竹、方竹（*Chimonobambusa quardrangulares*）、绵竹（*Bambusa intemedia*）、孝顺竹、苦竹（*Pleioblastus amarus*）、筇竹（*Qiongzhuea tumidinoda*）、实心竹等。

山地垂直分布在本地区内存在着地域差异，在本区南部，即滇中南和滇西部分，大部分为中山地域，其基带的亚热带常绿阔叶林以樟科木兰科等喜热暖成分为主，松类以思茅松林为特色。其垂直分布可以哀牢山（海拔3166m）为例，一般讲，海拔1100m以下的河谷多为干热河谷灌丛，海拔1000～1700m为常绿阔叶林和思茅松林带，常绿阔叶林树种以喜暖热的罗浮栲、桢楠为主（哀牢山东坡）或刺栲（较干旱的西坡）为主；海拔1500～2400m为常绿阔叶林和云南松林带，常绿阔叶树种以壳斗科为主，如元江栲、滇青冈（*Cyclobalanopsis glaucoides*）、黄毛青冈（*C. delavayi*）等占优势；海拔2400～2600m为针叶、落叶阔叶混交林带，以铁杉林和落叶栎类林为主；海拔2600m以上为杜鹃等矮林，海拔3000m以上也可见少量冷杉林。

在本地区东北部，为滇中高原部分，大部分为山原地貌；仅高原南侧边缘山地，有较明显植被垂直带，一般海拔1300～3000m很宽的海拔范围内是常绿阔叶林和云南松林带，这是本地区最重要的森林类型。常绿阔叶林树种以壳斗科为主，樟科、木兰科、山茶科次之，以石栎属多种为优势，还有木荷、银木荷、滇桢楠等，云南松林常以纯林出现。海拔2700～3200m有以铁杉为主的针阔叶混交林带，海拔3000m以上可见冷杉林。

本地区的西北侧，已为横断山区的一部分，属高山深谷地貌，高海拔已发育有良好的亚高山针叶林。其森林植被垂直分布可以高黎贡山为例，海拔1700～2800m为常绿阔叶林和云南松林带，常绿阔叶树种以元江栲林、多变石栎林为常见，还有旱冬瓜、麻栎、栓皮栎、滇楸等形成的林分，还有龙竹（*Dendrocalamus giganteus*）、慈竹、方竹等竹林，云南松林有较大面积分布，还有云南油松林、小面积的秃杉林；海拔2800m以上为亚高山针叶林带，以苍山冷杉林为主，少量的长苞冷杉林和阳坡分布的曲枝柏林，以及白桦、山杨林。这里的亚高山针叶林带已与川西北、滇北横断山区广袤的亚高山针叶林相连接。

3.4.3　本地区Ⅱ级区的划分

云贵高原地区包括云南大部分，广西西北部、贵州毕节地区及川西南部。全地区划分为4个Ⅱ级区。

3.4.3.1　滇东北川西南山地常绿阔叶林及云南松林区

本区西北与西南高山地区交界，东与华东中南地区交界，南及西南与滇中区分界。本区有河谷盆地及高山。主要森林类型：针叶林有云南松林、华山松林外，还有油杉、杉木、黄杉林。在高山超过海拔 2500m 处有峨眉冷杉、麦吊云杉及铁杉林。阔叶树包括常绿阔叶树，主要有壳斗科树木组成。落叶阔叶林有落叶栎、旱冬瓜及清香木（*Pistacia wenimannifolia*）等。在河谷有旱生型树种及灌木。

3.4.3.2 滇中高原常绿阔叶林及云南松华山松油杉林区

本区北与大渡河、雅砻江、金沙江林区交界，东与滇东北滇东南区分界，南与华南地区的滇南林区交界。本区主要森林类型针叶林有云南松林、华山松林及油松林，另外有冲天柏林等。阔叶林以常绿阔叶林为主，主要以壳斗科、樟科、山茶科树木组成。落叶阔叶林主要为落叶栎、旱冬瓜、清香木、云南白杨等。

3.4.3.3 滇西高原峡谷常绿阔叶林及云南松华山松林区

本区北与西南高山地区分界，东与滇中林区分界，西及南与华南地区的滇南林区分界。本区有平行的南北走向的河流与山岭，垂直带谱明显，森林类型多样。主要有云南松林、华山松林及油杉林，在海拔 2000m 以上有巨大秃杉，高出一般林冠之上，低海拔处秃杉也有栽植长成大树。常绿阔叶树林类型也很多，主要由壳斗科、樟科、金缕梅科、山茶科等树种组成。在深切的河谷则气候干暖，有旱生型次生灌丛，如子京、滇枣、坡柳、余甘子等。水边有水柳（*Homonia riparia*）。

3.4.3.4 滇东南桂西黔西南落叶常绿阔叶林及云南松林区

本区是红水河上游南盘江流域。河谷温暖干旱，贵州西部比较温凉，有大面积石灰岩山。主要森林类型为细叶云南松林。落叶阔叶林分布也广，由落叶栎组成，主要为栓皮栎。盆地有榕树、扁杧果。

3.5 华南热带季雨林雨林地区（简称华南热带地区）

华南热带地区是各区划比较一致认定的。《中国植被》中划作“热带雨林季雨林区域”，《中国自然地理纲要》称为“华南区”，《中国综合农业区划》和《中国林业区划》都作为“华南区”。华南地区的北界，各种区划略有差别。本书分区将华南地区的北界在东段基本上在北回归线以南，西段以北回归线为准，但到云南西南部则转向北，伸展到德宏傣族景颇族自治州。本地区还包括台湾南部、海南和南海诸岛。

3.5.1 本地区自然地理环境

华南热带地区是中国热带地区，而位于热带北部，大部分地区有明显的旱季，属热带季雨林范围；少数地段年降水量不足 1000mm，呈热带稀树草原景色。有些山区，山谷面向湿润气流，在旱季云雾弥漫，过午才逐渐消散，湿度很高，有近似热带雨林型森林分布。这些局部森林中有热带雨林树种如龙脑香科的风吹楠属（*Horsfieldia*）、拟肉豆蔻属（*Knema*）、五列木（*Pentaphylax euryoides*）、高山榕（*Ficus altissima*）、山竹子属（*Garcinia*）、第伦桃属（*Dillenia*）、团花树（又称黄梁木）（*Anthocephalus chinensis*）等。有较发达的板根和较多的附生植物，包括蕨类、天南星科和多种兰科植物，林下植物有野芭蕉、姜科（山姜属，*Alpinia*）、天南星科、棕榈科植物，树蕨也很常见，还有巨大的木质藤本如榼藤子（*Entada* spp.）、油瓜果（*Hodgsonia* sp.）、买麻藤（*Gnetum* sp.）等。多层次的林冠，矗立的板根，丰富多彩的附生植物，纵横交织的藤萝和不时遇见的绞杀榕，表现出较明显的热带雨林景象。华南沿海及岛屿四周泥滩有红树林分布。

华南地区冬季受北来寒潮的侵袭，有些地段出现低温，特别是寒潮要冲地带降温幅度更大。在一些地段出现轻霜。这就使一些不耐寒的热带树种遭受冻害或不能越冬。

雷州半岛沿海及台湾、海南两岛夏季到秋季常受台风侵袭，造成严重灾害，但也带来大量降水。

3.5.1.1　地貌

华南热带地区范围，有台湾（南部）与海南两大岛和南海诸岛，除岛屿外，在大陆地区有雷州半岛和一部分东部沿海平原丘陵地区和滇南丘陵河谷盆地区。广西境内有十万大山（莳良岭 1462m），海拔不到 2000m。

云南南部丘陵盆地，位于云南高原的南部和西南边缘。丘陵海拔一般在 1000m 以下。这里的河流由云南高原及青藏高原流经本地区向南流出国境入海。其中以澜沧江源远流长，盆地面积也最广。

台湾与海南是两个大岛，距离大陆很近，特别是海南岛与雷州半岛南端相隔只 20km。

海南岛的地貌是由山地、丘陵、台地和平原组成，面积约 3.22 万 km^2，北部为平原台地，海拔约 200m，相对高不超过 50m，地势平缓，坡度 5°～15°。中部以南为丘陵山地。在北部的玄武岩台地上至少有 17 个以上的火山锥，海拔 100～200m，如临高的高山岭，琼山的雷虎岭、马鞍山、云龙山，文昌的青山岭、道豆岭等，还保存了形态清晰的火山口。山地集中在岛的中部偏南，海拔多在 800m 以上，主要山峰明显的有三列：东列五指山（1867m）和头烈岭（1317m）；中列黎母岭（1412m）和猕猴岭（1655m）；西列有雅加大岭（1519m）和尖峰岭（1411m）。海南的地势中央高，四周低，水系呈放射状。由山地向北流的南渡江全长 311km；向西流的昌化江全长 230km；向东流的万泉河全长 180km；向南流的陵水河、藤桥河、崖城河等长度均不到 100km。全岛山地约占 20%，丘陵约占 15%，台地和平原区占 65%。

全岛海岸线全长 1617.8km。有些湾内的淤泥质海滩生长了红树林。在沿岸地方还有珊瑚礁。

南海诸岛是南海深水海中浮露出水的一群珊瑚岛，有东沙、西沙、中沙及黄岩岛和南沙群岛。东沙群岛离大陆最近，距汕头约 140 海里，由东沙岛和南卫滩、北卫滩所组成。东沙岛面积最大，长约 5.6km，最宽处约 2km，高出海面 6m。西沙群岛位于海南东南的大陆架边缘，距海南岛南端约 170km，由 30 个礁岛组成。其中永兴岛最大，高出海面 5m，东西长约 2km，南北宽 1.4km，面积 2.65km^2。岛上有较厚的鸟粪层，多已开发，岛上生长着茂密的阔叶林，盛产热带水果，有“林岛”之称。中沙群岛位于西沙群岛的东南，由 20 几个暗沙暗礁组成，东侧有突起于海面之上的黄岩岛。南沙群岛散布在中沙群岛以南的南海南部的广大海域中，东起海马滩，西至万安滩，北起镇南礁，南至曾母暗沙。群岛中有岛、洲、礁、滩、沙 100 多处，较大的岛有 10 多个。太平岛最大，面积约 0.43km^2，平均高出海面 4m。岛中有淡水。灌丛甚密，间有一些阔叶乔木。

中业岛为第二大岛，面积 0.32km^2，高出海面 3.3m，灌丛稠密，椰子树很多。

台湾岛地形前已有叙述，台湾南部本区还包括有澎湖列岛、南寮、琉球、兰屿等岛屿。

3.5.1.2 气候

华南地区是中国热量最丰富的地区。年平均气温在 20～25℃，1 月平均气温 10～15℃，7 月平均气温 25～28℃。年平均气温和 1 月平均气温远比其他各地区为高。全年都是生长季，低海拔处基本上无霜雪。这是中国的热带林区。由于有时遭受来自北方的强大寒潮的侵袭，有些地段也出现短暂的摄氏度零下气温，有轻霜，特别是在寒潮主流所经地带。台湾及海南岛除高山外，已无摄氏度零下低温。南海诸岛气温更高。滇南及滇西南一般无摄氏度零下气温。本地区夏季气温与华北、华中相近似，极端最高气温还比后者稍低一些；但极端最低气温本地区就要高得多。据记录：极端最高气温广州 38.7℃，海口 38.9℃，西沙 34.9℃，北京 40.6℃，长沙 40.61℃，极端最低气温广州 0.0℃，海口 2.8℃，西沙 15.3℃，北京–27.4℃，长沙–9.5℃。华南地区的平均气温年较差远比华北、华中小，年较差广州 14.9℃，海口 11.3℃，西沙 6.1℃，北京 30.7℃，长沙 24.9℃。

华南地区在大陆部分年降水量一般为 1300～1800mm，有较长的干旱季节。月降水不足 100mm 的有 4～6 个月；月降水在 50mm 以下的 3～5 个月，因这个时节气温比较高，月平均气温 13～20℃，甚至更高，所以显得干旱。一些喜湿润的亚热带树种如杉木、毛竹就不太适应，生长较差。春季杉木新梢萌发远比华东中南地区晚。在海拔稍高湿润处杉木还能适应。

台湾的年降水量一般在 2000mm 左右。东部常年迎风地区及中央山地年降水量超过 3000mm。基隆以南山地的火烧寮最高年降水量达 9408mm，29 年平均年降水量达 6607mm；阿里山也曾出现年降水量达 6065mm 的记录。降水的分配，东北部终年多雨；南部和西部则夏季多雨而冬季稍旱。澎湖年降水量只有 1090mm，从 10 月到翌年 2 月，月降水量不到 50mm；10 月到翌年 3 月的半年降水量只有 226mm，占全年总降水量的 21%。

海南岛的年降水量 110.0～2700mm，东南部最多。如南桥年平均降水量达 2703mm；西部最少，东方新街只 974.5mm，反映出热带稀树草原气候。有鸡占（*Terminalia hainanensis*）、闭花木（*Cleistanthus saichikii*）、刺竹、厚皮树（*Lannea coromandelica*）等旱生型树木和扭黄茅等旱生草本植物。

海南岛全岛都有雨季与旱季分布。但东部旱季较短，旱情也较轻。西部遇到旱年，旱季缺水十分严重。尖峰岭曾引进湿地松、加勒比松等多种国外松，遇到旱年幼树都被旱死，只有卵果松（*Pinus oocarpa*）还能存活。

华南热带地区一个特殊气候因素是台风。根据 50 年的统计，每年平均出现登陆台风 6.3 次，台湾 2.7 次，海南岛 2.3 次。华南大陆部分东西距离超过 2000km，海南岛与台湾岛的迎风海岸线要短得多，从等距离来说，两岛受台风袭击要比大陆沿海频繁。大陆沿海台风发生在 5～10 月，4 月及 11 月偶尔也有发生，次数很少，特别是 4 月份，据 50 年的统计 4 月只发生过 1 次，11 月发生过 4 次。台湾与海南岛台风季 5～11 月，要比大陆沿海多 1 个月。但 4 月未发生过台风。50 年总计 11 月份台湾发生 6 次，海南岛发生 7 次。台风除风灾外还带来水灾。台风经过地段树木也受严重损害，特别对橡胶树的栽培危害更烈。但山地森林对台风所引起的山洪有防护作用。另一方面，在炎热的暑季台风带来大量降水，降低了炎暑的酷热和伏旱的缺雨，有利于树木和农作物的生长。

滇南和滇西南年降水量1300～2000mm。11月到翌年4月的半年为旱季，半年的降水占全年总降水量的15%左右（景洪13.5%，勐腊17.5%）。雨季迟，要到5月方始，比广州迟1个多月。这种旱季可能适合发展春季开花坐果的杧果。滇南和滇西南无台风危害，也少寒潮影响。

3.5.1.3　土壤

华南地区主要土壤类型为砖红壤，北部为赤红壤，滨海地带为滨海沙土。滨海红树林下发育强酸性硫酸盐土，南海诸岛还有磷质石灰土。

赤红壤主要分布于华南沿海、滇南及台湾南部，一般分布于海拔1000m的低山丘陵。赤红壤曾称为砖红壤化红壤，富铝化作用和生物积累较砖红壤为弱而比红壤强。黏粒硅铝比为1.7～2.0。

砖红壤主要分布于雷州半岛、海南岛和云南的西双版纳。砖红壤富铝化过程显著，黏粒硅铝比1.7，pH 4.3～5.5，黏粒含量高，土质黏重。在热带季雨林下，土壤有机质含量高，可达8%～10%，灰棕色的表层一般厚达15～25cm，甚至达到30cm以上。砖红壤因海拔高低差异，土壤颜色有所不同。以海南岛为例，在丘陵低山半落叶季雨林及旱生型灌丛下为褐色砖红壤。东部海拔250～600m，西部250～700m，在原始热带常绿林下为山地黄红色砖红壤性土。海南岛西南部处于雨影地位，年降水量不足1000mm，干旱季长，植被为热带稀树草原，土壤为燥红土，或称红棕色稀树草原土，表土灰色，心土呈红棕色，愈向下土色愈鲜艳而质地坚实。燥红土质地粗，以沙粒为主，占70%，黏粒占30%，土体中矿物含量高达84%～97%，其中以SiO_2最高，达84%～91%。因此硅铝比在表层达23.5，心土也在15以上。有的稀树草原土为红褐色，SiO_2含量较低，只55%～60%，硅铝比为3.5～4.0。

热带山地为常绿林及山地雨林，分布于海拔800～1500m处，土壤为山地黄壤，土层深100～150cm，腐殖质含量较高，表土层6%～10%，在80cm深处仍在1%以上。山地黄壤的机械组成特点是沙粒成分多，全剖面物理性沙粒占70%左右，黏粒成分少，仅占30%上下。土壤酸性，pH 4. 0～5.5。硅铝比8～11。

热带山顶终年多云雾，湿度大，有山地草甸土分布。如海南岛五指山东北坡海拔1600～1879m处为山地暗棕壤。云南金平海拔2460m处为山地腐殖质矮林土。这类热带山地土壤腐殖质含量很高，表层达20%以上，到深层（50cm以下）也在10%以上，土壤酸性，pH 4.5～5.5。

磷质石灰土，有的称黑色石灰土或热带磷黑土，也有称为石灰质腐殖土的（《中国土壤》）。这类土壤分布于南海诸岛。土壤的形成除生物积累和脱盐过程外，磷素的富集是由于海鸟的频繁活动使地表积累大量的鸟粪，鸟粪分解释放出大量磷酸盐而形成。在长期的成土过程中，磷以胶磷矿状态发生淋溶和淀积引起剖面的分异。发育较老的磷酸石灰土，P_2O_5含量在表层可达28%～30%，即使母质层内也含有0.5%。在成土过程中，磷、锰、铁有明显积聚，而镁、钙则相对减少。磷质石灰土是碱性，pH 8.0～9.5，所以容易引起植物的缺绿症。华南滨海盐土为高矿化海水所浸渍，含盐量为0.4%～0.9%，黏质淤泥为 0.8%～3.0%，pH 7～8，适生耐盐植物。近年来引种木麻黄生长良好。

3.5.2 本地区主要森林类型、主要树种

华南热带地区是中国热带林区，森林类型极为复杂。本区的大陆部分包括一部分的华南沿海地带和滇南、滇东南，北与辽阔的亚热带林区相接壤，并且通过南北向的山岭与北方温带林区和西南高山林区有一定联系；南部则与东南亚以及南亚有直接间接互相渗透。台湾岛北与日本列岛有联系，东与太平洋岛屿相通；海南岛及南海诸岛处于南太平洋地域之内，本区树种十分丰富多样。

主要森林类型是热带季雨林。这里的季雨林既具有干湿季的交替特色，而且旱季又是比较低温季节。主要树种具有革质叶，较耐干旱的形态特征。在山地有热带常绿阔叶林。局部因地貌和沟谷云雾重，露水大，出现热带雨林的类型。山巅岭脊风力强盛，时雾时晴出现以常绿杜鹃花科、山茶科等小乔木所构成的山顶矮林。海滨泥滩则有红树林。但因气温比较凉，红树林不发达而且比较低矮。珊瑚岛的磷质石灰土上分布以避霜花（*Pixonia aculeata*）为主的常绿灌丛或矮林。

本地区山地丘陵常绿阔叶林的主要树种有壳斗科，包括栲、石栎、青冈；樟科，包括樟、楠木、润楠、琼楠、厚壳桂，油丹（*Alseodaphne*）、油果樟（*Syndiclis*）、黄肉楠（*Actinodaphne*）、土楠（*Endiandra*）、山胡椒（*Lindera*）、木姜子（*Litsea*）等属，在本地区还有樟科的无根藤（*Cassytha*）属，是华南区危害树木的寄生植物；金缕梅科，包括阿丁枫（*Altingia*）、米老排（*Mytilaria*）、红苞木（*Rhodoleia*）、水丝梨（*Sycopsis*）等属；木兰科，包括木莲、含笑、拟木莲（*Paramanglietia*）、合果含笑（*Paramichelia*）、单性木兰（*Kmeria*）等属；山茶科，包括木荷（*Schima*）、舟柄茶（*Hartia*）、石笔木（*Tutcheria*）等属；楝科，有米仔兰（*Aglaia*）、山楝（*Aphanamixis*）、樫木（*Dysoxylum*）、红椿（*Toona*）、麻楝（*Chukrasia*）等属；无患子科，有荔枝、龙眼、细子龙（*Amesiodendron*）、韶子（*Nephelium*）、番龙眼（*Pometia*）等；梧桐科，有苹婆（*Sterculia*）、梭罗树（*Reevesia*）、芒木（也称火绳树）（*Eriolaena*）、蝴蝶树（*Tarrietia*）、翅子树（*Pterospermum*）；桑科，有榕属、箭毒木（*Antiaris*）、鹊肾树（*Streblus*）等；桃金娘科，有水榕（*Cleistoalyx*）、蒲桃（*Syzygium*）；山竹子科（*Guttiferae*），有山竹子（*Garcinia*）、红厚壳（*Calophyllum*）、铁力木（*Mesua*）等；漆树科，有岭南酸枣（*Allospondias*）、南酸枣（*Choerospondias*）、杧果（*Mangifera*）、厚皮树、人面子（*Dracontomelon*）等；橄榄科，有橄榄（*Canarium*）、山地榄（*Santiria*）、嘉榄（*Garuga*）；杜英科有杜英及猴欢喜；五加科有鹅掌柴（*Schefflera*）、木五加（*Dendropanax*）等；芸香科有吴茱萸（*Evodia*）、黄皮（*Clausena*）；大戟科有闭花木（*Cleistanthus*）、乌桕属、麻疯树（*Jatropha*）等；茜草科有乌檀（*Nauclea*）、水锦树（*Wendlandia*）、团花（*Anthocephalus*）；山榄科有子京（*Madhuca*）、铁线子（*Manilkara*）、桃榄（*Pouteria*）、铁榄（*Sinosideroxylon*）、金叶树（*Chrysophyllum*）等；锡叶藤科的第伦桃（*Dillenia*）；胡桃科有黄杞（*Engelhardtia*）、喙核桃（*Annamocarya*）；鼠李科的麦珠子（*Alphitonia*）；柿科的柿属（*Diospyros*）；天料木科的天料木（*Homalium*）；马尾树科的马尾树（*Rhoiptelea chiliantha*）；五列木科的五列木（*Pentaphylax*）；马鞭草科的石梓（*Gmelina*，柚木可能是引进的）；夹竹桃科的鸡骨常山（*Alstonia*）；番荔枝科也有多种小乔木。龙脑香科是亚洲热带的重要树种，近年来中国热带地区发现 5 属，

有的零星分散分布，有的有小片林分，计有青梅（*Vatica*）、坡垒（*Hopea*）、龙脑香（*Dipterocarpus*）、娑罗双（*Shorea*）、望天树（*Parashorea*）等。

本区在海南岛和台湾岛有较高的山体。海南岛有尖峰岭、霸王岭、五指山、吊罗山等热带山地的森林植被，垂直分布大体相似，①一般在海拔100m以下，在西部滨海一带为稀树草原，由于干旱，主要有鹧鸪麻、木棉、厚皮树（*Lannea coromandelica*）、鹊肾树（*Streblus asper*）、海棠（*Calophyllum inophyllum*）、黄豆树（*Albizia procera*）、酸豆（*Tamarindus indica*）、榕树（*Ficus microcarpa*）等旱生乔木，稀疏地分布于小灌木和草地中。②海拔100～700m为热带季雨林，在本垂直带低海拔处，即一般在海拔300m以下，人为活动历史悠久，林分为次生状态，而且因冬季干旱情况比较严重，主要以冬季落叶的树种为主，有称为“热带半落叶季雨林”的，以大戟科、茜草科、蝶形花科、桑科、无患子科为主，其落叶树种有鸡尖（*Terminalia hainanensis*）、厚皮树、木棉、黄豆树、黑格。非落叶树种有黄牛木（*Cratoxylon ligustrinum*）、大沙叶（*Aporosa chinensis*）、乌墨（*Syzygium cumini*）、降香檀（*Dalbergia dlorifera*）、海南栲（*Castanopsis hainanensis*）、台湾栲（*C. formosana*）、印度栲（*C. indica*）、龙眼（*Dimocarpus longan*）、尖尾楠（*Phoebe hanryi*）等，在河旁阴湿处可见大果榕（*Ficus auriculata*）、华楹（*Albizia chinensis*）、楸枫（*Bischofia javanica*）、岭南山竹子（*Garcinia oblongifolia*）等；在海拔300～700m，落叶成分渐少乃至消失，全年常绿，以樟科、大戟科、番荔枝科、桃金娘科为主，乔木层次颜色杂，有青梅（*Vatica astrotricha*）、小叶青梅（*Vatica parvifolia*）、细子龙（*Amesiodendron chinensis*）、荔枝等高大乔木，上层林木还有子京、盘壳栎、倒卵阿丁枫（*Altingia obovata*）、油丹（*Alseodaphne hainanensis*）、油楠（*Sindora glabra*）、香楠（*Cinnamomum ovatum*）、长眉红豆（*Ormosia balansae*）、红楠（*Machilus thumbergii*）等，Ⅱ、Ⅲ层乔木有长苞柿（*Diospyros longibracteata*）、多花山竹子（*Garcinia multiflora*）、光叶巴豆（*Croton laevigatus*）、多种蒲桃、降真香（*Acronychia peduncalata*）、毛脉柿（*Diospyros strigosa*）等，下木层以棕榈科植物为主。③海拔700～1200m，为热带山地雨林，因海拔较高，云雾弥漫，湿度大，林木茂密，树种复杂，以樟科、茜草科、壳斗科、桃金娘科为主，有芬氏石栎（琼崖石栎 *Lithocarpus fenzelianus*）、盘壳栎、子京、木荷、倒卵阿丁枫、绿楠（*Manglietia hainanensis*），吊兰苦梓（*Michelia mediocris*）、油丹、海南杨桐（*Adianandra hainanensis*）、百日青（*Podocarpus neriifolius*）、竹叶栎（*Quercus bambusaefolia*）、毛果石栎（*Lithocarpus pseudovestitus*）、东方琼楠（*Beilschmiedia tungfangensis*）、中华厚壳桂（*Cryptocarya chinensis*）等。海拔升高可见温带成分，如西南桦木（*Betula alnoides*），海南鹅耳枥（*Carpinus londoniana* var. *lanceolata*），乔木层次不分明，下层有高山蒲葵（*Livistona saribus*）、多种蒲桃，多种冬青等，下木层以刺轴榈（*Licuala spinosa*）、燕尾葵（*Pinanga discolor*）为多。④海拔1200m以上为山顶苔藓矮林。温带成分已占一定比例，以壳斗科、樟科、桃金娘科、茶科、杜英科为主，树木矮小，树干附有多种苔藓植物。

台湾中南部的山地垂直分布可以玉山（海拔3997m）为例予以说明。①海拔100～600m为热带季雨林，主要以台湾榕（*Ficus formosa*）、九丁树（*F. nervosa*）、大果榕（*F. macrocarpus*）、台湾山龙眼（*Helicia formosana*）、台湾蒲桃（*Syzygium formosana*）、白网籽草（*Dictyospermum alba*）、血桐（*Macaranga tanarius*）、异柱艾麻（*Laportea pterostigma*）等为常见，林分组成中与中部山地的季风常绿阔叶林比较，榕属有较多的种类，林内热带森林景色十分显著。林下多树蕨，如多种桫椤（*Alsophila taiwaniana*、*Gymnosphaera poeophylla*、*G. formosana*），还有台蕉（*Musa formosana*）、海芋（*Alocasia odora*）等。②海拔600～900m为热带山地雨林，上层以樟科、壳斗科为主，如香樟、台湾厚壳桂（*Cryptocarya konishii*）、厚壳桂、青冈、无柄米槠（*Castanopsis carlesii* var. *sessilis*）等。中层以鸭脚木（*Scheflera octophylla*）、厚壳树（*Ehretia thyrsiflora*）、台湾楠（*Phoebe formosana*）等。③海拔900～1800m，局部可达2000m，主要有樟林［香樟、台湾含笑、青钩栲（*Castanopsis kawakamii*）、毛刺栲（*C. kusanoi*）、木荷、大叶楠（*Machilus kusanoi*）、香楠（*M. zuihoensis*）等为主要组成］、栎林［以赤皮青冈（*Cyclobalanopsis gilva*）、三果石栎（*Lithocarpus ternaticuputus*）等为主要组成］，稍高海拔有南岭石栎（*L. brevicaudatus*）、长果青冈（*Cyclobalanopsis longinux*）、沉水樟（*Cinnamomum micranthum*）、台湾琼楠（*Beilschmiedia rythrophloia*）、杏叶石栎（*Lithocarpus amygdalifolius*）、阿里山石栎（*L. kawakamii*）等出现，台湾青冈（*Cyclobalanopsis morii*）在此带上部有时形成纯林。④海拔1800～3000m，针叶和针阔叶混交林带，这是玉山垂直分布中的暖温带部分，有红桧（*Chamaecyparis formosaensis*）林，树体高大，称为“神木”，有大面积纯林，混生的常绿阔叶树有台湾青冈、无柄米槠、台湾狭叶青冈（*Cyclobalanopsis stenophylloides*）、昆栏树等，混生的落叶阔叶树有尖尾槭（*Acer kawakamii*）、红槭（*A. rubescens*）、峦大檫（*Sassafras randaiensis*）、台湾黄檗（*Phellodendron wilsonii*）等。红桧林分布至海拔2400m为台湾扁柏（*Chamaecyparis obtusa* var. *formosana*）所替代，这一种可由海拔1300m分布至2800～3000m，树体也很高大，其下乔木有昆栏树、玉山红果树（*Stravaesia niitakayamensis*）、台湾青冈、台湾狭叶青冈等，在海拔2000～3000m的陡坡山背上，台湾铁杉（*Tsuga formosana*）可形成纯林。在海拔2300～2400m较小范围内可见落叶阔叶林，由光叶榉（*Zelkova serrata*）、日本桤木（*Alnus japonica*）、台湾栾树（*Koelreuteria henryi*）、微齿鹅耳枥（*Carpinus minitiserrata*）、阿里山鹅耳枥（*C. kawakamii*）、尖尾槭、小果冬青（*Ilex micrococa*）、台湾白蜡树（*Fraxinus formosana*）等，总之，落叶阔叶林在玉山不甚发育，不形成垂直分布带中的落叶阔叶林过渡带。⑤海拔3000～3400m，为亚高山针叶林带，这是北半球分布最南的亚高山暗针叶林，以台湾冷杉（*Abies kawakamii*）、台湾云杉（*Picea morrisonicola*）为主，都可形成纯林，局部地段有台湾铁杉分布。⑥海拔3400m以上有山顶矮林，即玉山桧（*Sabina squamata* var. *morrisonicola*），再上即为亚高山杜鹃灌丛和草甸带。

台湾北纬20°45′以南一些海拔500m以下的河谷有典型热带雨林，但因冬季的干燥风的影响，仍带有一些季雨林特征的树种渗入。主要树种组成为台湾肉豆蔻（*Myristica cagayanensis*）、菲律宾肉豆蔻（*M. simiarum*）、白翅子树（*Pterospermum niveum*）、台湾山榄（*Planchonella ducline*）、长叶桂木（*Artocarpus lanceolatus*）、细脉新乌檀（*Neonauclea reticulata*）、台湾柿（*Diospyros discolor*）、大叶山楝（*Aphanemixis grandifolia*）、台湾米仔兰（*Aglaia formosana*）、台湾番龙眼（*Pometia pinnata*）、大叶肉托果（*Semecarpus gigantifolia*）等，构成中上林层。女仍山、里珑山、蚊罩山、高士佛、四林格山、万得里山、加芝莱山、南仁山有热带季雨林生长，以较多的榕属种和栎类及其他众多的阔叶树种所组成，榕树计有白榕（*Ficus cuspidate caudata*）、干花榕（*F. garciae*）、牛乳榕（水筒木 *F. harlandii*）、九丁树、笔管榕（*F. wightiana*）、斜叶榕（*F. gibbosa*）、大果榕（*F. megacarpa*）、榕树（*F. retusa*）等种；栎类有岭南青冈（*Cyclobalanopsis championii*）、青冈、长柄青冈（*C. longinux*）、米槠、渐尖叶槠（*Castanopsis subacuminata*）、台湾栲（*C. formosana*）、杏叶石栎（*Lithocarpus amygdaliformis*）、三果石栎（*L. ternaticupulus*）、阿里山石栎（*L. kawakamii*）、灰背石栎（*L. hypophyaea*）、车桑叶石栎（*L. dodoniaefolia*）、浸水营石栎（*L. shinshuiensis*）等，樟科和其他主要树种有尖脉木姜子（*Litsea acutivena*）、小西氏赛楠（*Nothaphoebe konishii*）、红楠（*Machilus thunbergii*）、香楠（*M. zuihoensis*）、大叶润楠（*M. hasanoi*）、倒卵叶楠（*M. obovatifolia*）、台湾厚壳桂、厚壳桂、武威新木姜（*Neolitsea buisanensis*）、小叶新木姜（*N. parvigemma*）、沉水樟、土肉桂（*Cinnamomum osmophloeum*）、台湾琼楠等。

华南热带地区引种成功的外来树种对自然景观产生深刻影响，对经济、生态、社会各方面发挥巨大效益。观赏树种常见的有凤凰木（*Delonix regia*）、黄槐（*Cassia surattensis*）、大花紫薇（*Lagerstroemia speciosa*）、兰花楹（*Jacaranda acutifolia*）、黄花夹竹桃（*Thevetia peruviana*）、大王椰子（王棕）（*Roystonea regia*）、假槟榔（*Archontophoenix alexandrae*）、槟榔（*Areca cathecu*）、华盛顿葵（*Washingtonia filifera*）、珊瑚藤（*Antigonon leptopus*）、吊灯花（*Hibiscus sygopetalus*）、黄蝉（*Allemanda neriifolia*）、假连翘（*Duranta repens*）；用材树有国外松：湿地松、加勒比松、卵果松、南洋杉（*Araucaria* spp.）、多种桉树、桃花心木（*Swietenia mahogani*）及大叶桃花心木（*S. macrophylla*）、非洲楝（*Khaya senegalensis*）、柚木（*Tectona grandis*）；水土保持及固沙树种有多种木麻黄（*Casurina* spp.）、多种相思树（*Acacia* spp.）、银合欢等。经济树木有巴西橡胶（*Hevea brassiliensis*）、咖啡（*Coffea* spp.）、胡椒（*Piper nigrum*）、可可（*Theobroma cacao*）、油棕（*Elaeis guineensis*）、番木瓜（*Carica papaya*）、番石榴（*Psidum guajava*）（现在一些地区已成野生灌丛）、杧果、木薯（*Manihot esculenta*）、腰果（*Anacardium occidentale*）、酸豆（*Tamarindus indica*）、诃子（*Terminalia chebula*）、鳄梨（*Persea americana*）、依椰香（*Cananga odorata*）等。

3.5.3　本地区Ⅱ级区的划分

3.5.3.1　广东沿海平原丘陵山地季风常绿阔叶林及马尾松林区

本区西与粤桂边境的山岭东麓分界，南临海，含雷州半岛及至香港、澳门稍北一带沿海，包括沿海小的岛屿，不包括台湾北部和海南岛。平原农田及村镇四旁绿化树种很多，有荔枝、龙眼、橄榄、乌榄、榕树、黄槿、樟树、木棉、苹婆、朱槿、阳桃、黄皮、撑篙竹（*Bambusa pervarabilis*）、青皮竹（*B. textilis*）、刺竹（*B. flexuosa*）、绿竹（*B. oldnami*）、粉单竹（*Lingnania*）、麻竹（*Sinocalamus latiflorus*）、蒲葵、桄榔（*Arenga pinnata*）。引进的外来树种有多种桉树、相思树、木麻黄、湿地松、加勒比松、白千层、红千层、南洋杉、银合欢、大花紫薇、榄仁（*Terminalia* spp.）、凤凰木、黄槐、黄花夹竹桃、黄蝉、假连翘、杧果、人心果（*Achras zapota*）、人面子及各种热带果树。

丘陵山地多马尾松和由樟科、壳斗科、楝科、金缕梅科树木组成常绿阔叶树林。

港湾滨海散布红树林。近海滨沙地多露兜树、黄槿、水松（*Glyptostrobus pensilis*）等。

3.5.3.2 粤西桂南丘陵山地季风常绿阔叶林及马尾松林区

粤西及广西南部在北回归线以南群山连绵。主要森林为季风常绿阔叶林，由山茶科、樟科、壳斗科、金缕梅科、木兰科、五加科、豆科等的树种组成。

3.5.3.3 滇南及滇西南丘陵盆地热带季雨林雨林区

本区北与云贵高原地区接壤，南及西为国境线，东经六诏山与粤桂南部林区分界。主要森林类型为热带常绿阔叶林；主要优势树种有龙脑香科的龙脑香、坡垒、青梅、望天树、娑罗双；楝科的米仔兰、细子龙（*Amesiodendron*）、山楝、麻楝、红椿、樫木（*Dysoxylum*），桑科的箭毒木［亦称大药树或称见血封喉（*Antiaris*）］、榕树、木波罗；肉豆蔻科有风吹楠（*Horsfieldia*）、肉豆蔻（*Myristica*）、红光树（*Knema*）；山榄科的龙果（*Pouteria*）、紫荆木（子京，*Madhuca*）；漆树科的肉托果（*Semecarpus*）；海桑科的八宝树（*Duabanga*）。在耿马还有铁力木（*Mesua ferrea*），另外还有多种樟科、木兰科、金缕梅科树种。在海拔较高（1500m以上）的山，由壳斗科、樟科及木荷等组成的常绿阔叶树为多。澜沧江山谷海拔1000m处有三棱栎（*Trigonobalanus dolichangensis*）分布，这是在中国唯一的三棱栎分布地区。

这些热带林内木质藤本很多，藤本纵横交织难以通行。常见藤本植物有：黄藤（*Daemonorops margaritae*）、马钱子（*Strychnos* spp.）、榼藤子（*Entada phaseoloides*）、崖豆藤（*Milletia* spp.）、倪藤（亦称买麻藤）（*Gnetum montanum*）、风车藤（*Hiptage benghalensis*）、油麻藤（*Mucana sempervirens*）、崖爬藤（*Tetrastigma obtectum*）、瓜馥木（*Fissistigma oldthami*）、藤竹（*Dinochloa* spp.）等。林内还有油渣果（*Hodgsonia macrocarpa*）。

林下植物多棕榈科植物：矮棕（*Didymosperma nanum*）、双子棕（*D. caudatum*）、山槟榔（*Pinanga discolor*）、林刺葵（*Phoenix sylvestis*）等。林下多大叶草本植物如海芋（*Alocasia* spp.）、山姜（*Alpinia* spp.）、砂仁（*Amomum*）及大型蕨，包括树蕨（*Alsophila* spp.）。在湿润谷地的热带雨林，树上附生植物繁多，主要为兰科植物。林内有绞杀榕。林内板根也比较发达。

低山丘陵思茅松广泛分布。其他针叶树有鸡毛松（*Podocarpus imbricatus*）、福建柏等。

城镇居民点多大榕树、麻竹、鱼尾葵、木菠罗等。居民点四周铁刀木栽植广泛，取用薪柴。平坝引进树木有巴西橡胶、咖啡、油棕、柚木。曾试种轻木（*Ochroma lagopus*）生长正常。

3.5.3.4 海南岛（包括南海诸岛）平原山地热带季雨林雨林区

海南岛北半部为平原及台地，主要为散生树、四旁树。常见树种有榕树、椰子、杧果、荔枝、海棠果（*Calophyllum inophyllum*）、假槟榔。引进树种与华南沿海地区相近似。这里还有旅人蕉（*Ravenala madagascariensis*）、巴西橡胶、咖啡、可可、胡椒、油棕、腰果、槟榔、柚木等，栽植面积较大。桃花心木、非洲桃花心木，象耳豆（*Enterolobium* spp.）、印度紫檀（*Pterocarpus indicus*）都有栽培，生长良好。儿茶生长快，产量高，可以成为良好的薪炭。桉树、木麻黄也普遍栽种。

在山区以常绿阔叶树林为优势，由樟科、木兰科、壳斗科、梧桐科树种组成。其他有五列木、黄叶树（*Xanthophyllum*）、菜豆树（*Radermachiera*）、青梅、坡垒、山竹子、天料木、韶子、细子龙、第伦桃、木菠罗、米仔兰等。

在海拔较高的山区，有鸡毛松、陆均松（*Dacrydium pierrei*）、海南五针松。西部有较大面积的南亚松。在山区还曾引种杉木，中、幼期生长良好，可以培养中径材。

海南已属热带范围，但仍有温带树种分布，如麻栎、桦木、槭、见风干及杨树［琼岛杨（*Populus qiondaoensis*）］。亚热带落叶阔叶树如枫香等。

在海南西南区降水稀少（年降水不足1000mm），是热带稀树草原气候，有多种较耐旱的树木如厚皮树（*Lannea grandis*）、鸡尖、闭花木、簕竹及几种合欢树、叶被木（*Phyllochlamys taxoides*）、刺桑（*Taxotrophis* spp.）、刺篱木（*Flacourtia*）、刺柊（*Scolopia*）等，以及旱生灌木和草本植物如：扭黄茅（*Heteropogon contortus*）、白茅、金茅（*Eulalia speciosa*）、酒饼簕（*Atalantia buxifolia*）等。

在中南部几座山顶（海拔1100m以上）有以杜鹃科、山茶科等常绿小乔木或灌木组成的山顶灌丛，或称山顶矮林或山顶苔藓矮林。这些常绿树木叶厚革质，树干附生苔藓植物。它们有涵养水源，保护土壤的生态功能；对野生动物提供栖息繁衍的生境和食料。

沿海淤泥滩涂有红树林分布，主要由红树科树种组成：红树（*Rhizophora* spp.）、木榄（*Bruguiera*）、秋茄（*Kandelia*）、竹节树（*Carallia*）、角果木（*Ceriops*）及海桑（*Sonneratia*）、桐花树（*Aegiceras*）、白骨壤（*Avicennia*）、老鼠簕（*Acanthus ilicifolius*）。南海诸岛为珊瑚礁，有以麻疯桐（*Pisonia grandis*）为主的常绿灌丛或丛林，有避霜花（*Pisonia aculeata*）、海岸桐（*Guettarda speciosa*）、草海桐（*Scaevola sericea*）、银毛树（*Messerschmidia argentea*）等灌丛。较大的岛上则栽植椰子、木麻黄、杧果、香蕉、番木瓜、刺桐（*Erythrina indica*）等。

3.5.3.5　台湾南部热带季雨林雨林区

台湾中部及以南，包括附近岛屿。气候条件因垂直带而极为复杂，从平地热带气候到高山的温凉气候。在迎风山区降水量极为丰富。火烧岛年平均降水量达6558mm。

台湾南部树种丰富，森林类型多样。沿海有红树林。常见的有榕树、樟树、相思树、杧果、猴耳环（*Pithecellobium clypearia*）、台湾楠、厚壳桂、青冈、木荷、琼楠、含笑、猴欢喜等。南端有热带海岸林，由榄仁（*Terminalia catappa*）、刺桐、树青（*Sideroxylon ferragineum*）、黄槿、红厚壳（*Calophyllum inophyllum*）、台湾米仔兰（*Aglaia formosana*）等组成，对防护海岸有重要作用。丘陵低山以热带季雨林为主，南端沟谷有热带雨林，稍高海拔则以常绿阔叶林为主。竹种也很丰富，有簕竹（*Bambusa blumeana*）、长枝竹（*B. dolichoclada*）、凤尾竹（*B. multiplex* cv. *fernleaf*）、绿竹（*Dendrocalamopsis oldhami*）、毛竹、桂竹、麻竹等。在平原竹类分布也很广泛。还有棕榈科、蒲葵、山棕等。低山还有马尾松、杉木。

在高山（海拔2500～3000m）有高山针叶林、有台湾云杉林、台湾冷杉林。台湾冷杉最高分布到海拔3600m，西南高山林区的云杉、冷杉可分布到海拔4000m，甚至更高一些。台湾玉山处于北回归线，纬度较西南高山林区为低，而森林线却比西南高山林区低。原因在于台湾高山相对比较孤立，不像西南高山林区是高原高山。

台湾引进的外来树种也很多，基本与华南沿海地区相似。

3.6 西南高山峡谷针叶林地区（简称西南高山地区）

这个地区一般自然区划和农业区划中不单独划作一个I级区（任美锷，包浩生，中国自然区域及开发整治，列入“西南区”“云南高原亚区”“川西南、滇北高原区”，及“青藏区”的“川西-藏东南亚区”）。《中国植被》中划归“青藏高原寒性植被区域”中的“高原东南部寒温性针叶林区域”。《中国自然地理纲要》划归“青藏区”中的川西藏东分割高原地区及“藏南谷地与喜马拉雅高山地区”。《中国综合农业区划》划入“青藏区”中的“川藏林农牧区”。《中国林业区划》作为一个独立的I级区是完全合理和必要的，这是中国第二大天然林区。这个林区的森林分布从河谷向上一直分布到海拔3500～4000m，甚至超过这个高程。这样高海拔的针叶林，不少著作中称为“亚高山（暗）针叶林”。实际上这已是高山。不少学者之所以命名为亚高山针叶林，是按照欧洲一些学者，森林只分布于亚高山（subalpine）。这是欧洲的情况。欧洲最高山系为阿尔卑斯山脉，最高峰勃朗峰海拔4810m，它位于较高纬度地带（约45°N），高处为草地，山顶有冰川，雪线在山北为2400m，南面为3200m。森林分布于海拔较低的亚高山带。然而在中国西南低纬度（30°～35°N）的森林分布垂直高达海拔4000m，甚至超过4000m。森林主要分布于海拔2500～3800m，这应称作高山。接近高原本身地势平缓，森林线以上的高山灌丛及高山草甸的垂直带幅通常不超过1000m。森林与草甸（或草原）的界线是参差不齐的。一般阳坡高山草甸（或草原）分布要低一些，森林分布于避风的局部地区呈团状分布。

3.6.1 本地区自然地理环境

本地区北部西接青藏高原，北侧及东侧与黄土高原相接壤，但东侧南段与四川盆地分界；本地区的南界东段与云贵高原相接，西南段为国境线；北及西与青藏高原接壤，以高原东南的山原地带与高原的交接线为界。

3.6.1.1 地貌

本地区位于青藏高原的东南边缘。几条大河流发源于高原。且高原面地势平缓，河流迂回漫流于高原之上，高原上分布着一些巍峨的山岭。河流流出高原，地貌受一定切割侵蚀，但高原面依然比较平齐，坡缓岗圆，进入山原地貌。距高原愈远河流切割愈强烈，转入高山峡谷地貌。本地区森林分布于海拔2500～4000m。在山原地段有时超过4000m，呈团块状，作不连续的岛状分布。

本地区总的地势是西北高，向东南倾斜。主要地貌是高山峡谷。本地区的东北部洮河割切较浅。愈向南割切愈深，河床比降增大，峡谷深陷，两侧山岭峻拔，呈现出山高谷深坡陡的地貌。特别在东南部的横断山脉，金沙江以西高黎贡山以东一带，山岭海拔高差在4000～5000m，峡谷高差1000～1500m。

本地区北部的洮河流入黄河。洮河林区从森林植物类型来说，它与北面的祁连山林区很不相同，而与南面的白龙江、岷江林区颇为接近。主要优势树种云杉、青杆、冷杉、铁杉都与后者相同。主要林下植物杜鹃、箭竹也相似。岷山南坡的白龙江从甘肃境内东南流，接纳西南来的白水江会合后，到碧口进入四川盆地，汇注嘉陵江流入长江。从白龙江流域以南由东向西有岷江，由北向南流，在都江堰（原名灌县）流出山区进入成都平原，再南流纳大渡河，到宜宾汇入长江。成都平原西缘越过邛崃山脉及南边的夹金山（二郎山）与大相岭相间的支流为大渡河。大渡河先由北向南流到石棉折向东流到乐山流注岷江。大渡河中上游及其支流河床比降都很大，以河水湍急而闻名。雅砻江及长江上游金沙江都是先由北向南流，到高原南缘急转向东成为长江上游。金沙江越过云岭及其南延的点苍山，属澜沧江流域，再向西翻过怒山属怒江流域。澜沧江、怒江流经云南高原，向南流出国境。澜沧江流出国境称湄公河，经中南半岛，在越南流注太平洋南海。怒江流出国境称萨尔温江，在缅甸毛淡棉注入印度洋的安达曼湾。西藏东部的雅鲁藏布江，出境后为布拉马普特拉河，在孟加拉国流注印度洋的孟加拉湾。雅鲁藏布江在西藏境内，上游先由西向东流，到林芝北，急转向南，经墨脱再南流进入印度。河流的流向及其进入海洋的位置，对于流域的气候，特别是水汽来源和物种迁移有密切关系。流域不仅是水汽的有利通道，也是物种的迁移途径。本区有不少河流如大渡河、安宁河、雅砻江、金沙江的中上游都是由北向南奔流，到青藏高原南缘，突然转东。这可能是地质变动使流向转东（中国科学院，1981，《中国自然地理·地貌》）。在它们的中上游，保存着南部云南高原的植物区系成分。大渡河中上游有云南松分布，而无马尾松；另外，还有云南油杉、细叶楷木（清香木）（*Pistacia weinmannifolia*）、小叶羊蹄甲（*Bauhinia faberi*）等云南高原常见的树种。

本地区位于青藏高原边缘、南北向的山岭都有很高的山峰。岷山山脉的雪宝顶海拔 5586m。由岷江支流杂谷脑河上游的米亚罗到大渡河马尔康，要跨越海拔 4000m 的鹧鸪山山口，有不少高峰超过 5000m。康定西南的贡嘎山，海拔 7560m，到大渡河的水平距离不超过 30km，大渡河谷的海拔不到 1000m（汉源海拔 795m）。从大渡河支流瓦斯沟西行经康定到折多山（海拔 4300m），经过雅砻江西行越剪子湾山，海拔约 4500m。高峰 5000m 以上仍有现代冰川。这些冰川有的下伸几乎达到森林线。

青藏高原东南边缘地层断裂带密集。甘孜—康定这一北西向断裂带是一个强烈的地震带，地震频繁而强烈。这一带每逢暴雨常常发生泥石流，是泥石流最发达的地带。森林与泥石流的关系有待进一步研究。但大面积森林破坏，又遇暴雨，径流顷刻汇成洪流，诱发泥石流是完全可能的。这在森林经营中应充分注意。

3.6.1.2　气候

西南高山地区的气候与东北林区有相似之处。但详细分析则又有很大差异。根据本区的一些气象记录，年平均气温为 5～10℃，比东北地区高，东北林区为–5～1℃。但本地区的气象站都设在河谷低地，实际森林分布中心地段可能冷得多，与东北林区比较接近。本地区气温的季节差异与东北林区差别很大。本地区 1 月平均气温在 0～5℃，东北地区为–30～–15℃；极端最低气温本区为–30～–10℃，东北地区为–45～–35℃。7 月平均气温本地区约为 15℃，东北地区为 20℃，极端最高气温本地区 25～32℃，东北地区为35～38℃。本地区温凉的气候生境适宜云杉、冷杉以及落叶松等针叶树的生长。林下箭竹（较低海拔3000～3500m）、杜鹃（较高海拔3500～4000m）发达。森林线以上杜鹃、高山蔷薇、小叶栒子、西藏忍冬（*Lonicena tibetica*）等灌丛分布广泛，生长良好。

本地区年降水量和流域各地段差别较大。一般年降水量500～800mm，与东北地区相接近，雨季开始较早，多数地段5月即进入雨季。从5月到10月的半年中雨量较多，占全年总降水量的80%～90%，雨热同期，有利林木生长。这时气温比东北地区稍低，显得温凉湿润。

本地区东部高山深谷，垂直高差大，气温差异显著，形成明显的垂直气候带与相应的森林植被带。区内高耸绵亘的山岭，强烈影响气团的运行，从而造成地区的降水量的差异。云南西部降水主要来自孟加拉湾。高黎贡山以西腾冲年降水量为1439.4mm；高黎贡山以东的保山年降水量为953.1mm。本地区东部的降水则来自太平洋。二郎山大相岭之东的雅安年降水量高达1805.4mm；大相岭之西的汉源年降水量为741.8mm。本地区高山峡谷地段，由东向西和由西向东到中间地带，年降水逐渐减少，河谷地段，在雨影处，降水量少而气温又高，终于成为干热河谷，分布着旱生型灌丛。

本地区西部接近青藏高原，地形平坦，没有南北向的山岭，属山原地貌。这一带年平均气温3～7℃。在山原面东部的气温比西部稍低一些。这与东部北面无高山屏障有关，西部北侧有巴颜喀拉山阻挡北来的冷空气。极端最低气温东部远较西部为低。兹将由东到西的几个气象站的记录列举如下（表3）。

表3 西南高山地区由东到西的气象记录

地点	海拔/m	年平均气温/℃	极端最低气温/℃
阿坝	3275.1	3.2	–33.9
甘孜	3393.5	5.0	–28.7
德格	3161.0	6.3	–20.7
玉树	3720.6	2.9	–26.0

注：玉树海拔，位置偏北

在高山峡谷区的年平均气温10℃左右。南部河谷受焚风影响气候更加干热，年平均气温在15℃以上。

全地区降水量总的情况是北部降水较少，到岷江流域有所增加。越过二郎山大相岭降水量逐渐减少，到中部雅砻江、金沙江流域更少一些。翻过高黎贡山年降水量又增加，到雅鲁藏布江下游降水更丰富。但因河流流向，海拔高差及地形等因素引起降水量的多少，使变化规律复杂化。下面列举全区由北到南的低海拔处的一些台站降水记录作为说明（表4），因限于台站资料，所选台站以有记录者为限。地理位置不一定很恰当。

本地区高山在森林分布地云雾弥漫，空中湿度高，针叶树树冠常覆盖迤逦披垂的松萝（*Usnea longissima*），在湿润的针叶林树皮还附生膜蕨（*Hymenophyllum*）及雨蕨（*Gymnogrammitis*）。

表 4　西南高山地区由北到南气象记录

地点	海拔/m	年降水量/mm	所属流域
临洮	1886.6	552.4	洮河流域
武都	1679.1	478.3	白龙江流域
都江堰	706.7	1264.7	岷江流域
汉源	795.9	741.8	大渡河流域
盐边		790.0	雅砻江流域
丽江	2393.2	952.9	金沙江流域
保山	1653.6	953.1	澜沧江流域
泸水	1792.0	1158.6	怒江流域
腾冲	1647.8	1439.0	大盈江流域（下游为伊洛瓦底江）

3.6.1.3　土壤

本地区地理范围由北部的洮河流域（临洮 35°23′N）到南部金沙江流域的丽江（26°52′N），南北相距约为纬度 10°。东自平武（104°32′E）（白龙江流域的支流白水江流域），西至林芝（94°21′E），东西跨经度约 10°。如计算西藏南部森林则更偏西，海拔高差更大。从山原顶部到峡谷低部，即使按有森林分布范围计算，山原块状云杉林或冷杉林分布高可达海拔 4200～4500m；谷底可下伸到海拔 1000m，垂直幅度超过 3000m。这样辽阔和复杂的地理环境孕育和保存着复杂的森林类型和森林土壤类型。西南高山峡谷背依青藏高原，是辽阔的高山草原，东北为黄土高原的干草原，东为四川盆地常绿阔叶林，到西藏东南及藏南低海拔地区为常绿阔叶林，更低处为热带林。全区在各流域的低海拔地带由半干旱的北部到东部四川盆地边缘的湿润生境，向西穿越许多干热河谷，接近热带稀树草原景观，再向西到滇西北和藏东南又转入一个湿润多雨的地区。由高原上溯经过高山峡谷地带，是本地区主要森林分布地带，再向上到山原，各河流域的生境逐渐趋向一致。

这里根据参考资料（《中国森林土壤》）和野外考察所见，列举各河流域不同海拔的主要土壤。海拔高程和土壤类型作了一些概括和简化。

（1）洮河流域　森林主要分布于中上游。

2200～2800m	阴坡	褐土
	阳坡	石灰性褐土或栗钙土
2800～3000m	阴坡	淋溶褐土
	阳坡	栗钙土
3000～3500m	阴坡	山地中性暗棕壤
	阳坡（及海拔更高处）	山地草甸草原土或山地草甸土

（2）白龙江流域（包括支流白水江）　森林主要分布于中上游。

1500～2500m	阴坡	石灰性褐土
	阳坡	淡栗钙土、栗钙土
2500～3000m	阴坡	淋溶褐土及褐土、中性暗棕壤

	阳坡	栗钙土、山地草甸土
3000～3500m	阴坡	山地暗棕壤
	阳坡（及海拔更高处）	山地草甸土
4000m 以上	寒漠土及流石滩	

一般来说，各类土的下限在上游流域要高一些。位于南侧的支流白水江流域下限要低一些。白水江流域已无栗钙土分布。

（3）岷江流域　岷江流域森林主要分布在上游及支流，特别是较大支流的中上游。

1500～2000m　山地石灰性土壤
2000～2800m　山地褐土
2800～3400m　山地棕壤（山地暗棕壤）
3400～3900m　山地棕色暗针叶林土
3900～4300m　山地草甸土

从岷江流域向南，流域山坡的坡向影响逐渐减少，但阳坡还是比较干燥。

（4）大渡河流域　森林主要分布于支流特别是支流的中上游。

1500～2000m　山地石灰性褐土
2000～2800m　山地褐土
2800～3400m　山地棕壤（山地暗棕壤）
3400～3900m　山地棕色暗针叶林土和山地漂灰土
3900～4300m　山地草甸土

（5）雅砻江流域　森林分布较广泛。

1500～1800m　山地石灰性褐土
　　南部支沟 1800m 以下山地褐红土
1800～2500m　山地褐土
2500～3500m　山地棕壤（山地暗棕壤）
3500～4100m　山地棕色暗针叶林土和山地漂灰土
4100～4500m　山地草甸土

（6）金沙江流域　指金沙江丽江以北上游及其支流。

1500m 以下　山地褐红壤
1500～2500m　山地红壤、山地褐土
2500～3500m　山地棕壤、山地暗棕壤
3500～4000m　山地棕色暗针叶林土
4000m 以上　山地草甸土

（7）澜沧江流域　森林分布于中上游，保山以北。

1500m 以下　山地红壤
1500～2500m　山地黄壤
2500～3500m　山地棕壤、山地暗棕壤
3500～4000m　山地棕色暗针叶林土
4000m 以上　山地草甸土

（8）怒江流域

1800m 以下　山地红壤
1800～2700m　山地黄壤
2700～3200m　山地棕壤、暗棕壤
3200～3600m　山地棕色暗针叶林土
3600m 以上　山地草甸土

（9）雅鲁藏布江流域　森林分布于中下游及其支流。

500～1000m　山地黄色砖红壤
1000～1800（2100）m　山地黄壤
1800～2500m　山地黄棕壤
2500～3100m　山地棕色暗针叶林土（局部有漂灰土）
3100～3800m　山地棕壤（山地暗棕壤）
3800～4300m　山地草甸森林土
4300～4800m　山地草甸土

洮河、白龙江低处有栗钙土分布，反映出与青藏高原东缘的高山草原的联系。褐土的分布向南一直到雅砻江流域谷地，有耐旱的森林分布。金沙江流域和澜沧江流域谷地气温高而干，土壤转为褐红壤，植被有热带稀树草原景观，有耐旱树木分布。在怒江流域降水丰富，谷地（1000～1800m）为山地黄壤，为常绿阔叶林。在雅鲁藏布江下流谷地低处（1000～1800m）也是山地黄壤；1000m 以下的低地为黄色砖红壤，已属热带林范畴。各河流向源上溯，土壤类型趋向一致，由山地棕壤、暗棕壤和山地棕色针叶林土组成，这是云杉林、冷杉林（暗针叶林）分布的主要土壤类型。暗棕壤和棕色暗针叶林土的垂直分布幅度约为 2000m，在北部不到 2000m，在局部则超过 2000m 的幅度。

3.6.2　本地区主要森林类型、主要优势树种

本地区主要森林类型为云杉林及冷杉林，统称暗针叶林。本区云杉、冷杉两个属的种类极为丰富。各种间及种内的变型也很复杂。此类型的划分和与生境及地理位置的关系有待进一步研究。洮河流域以青杆和云杉为多，与华北高山有紧密联系；岷江东部支流为青衣江等以冷杉为多，反映出湿润的生境。由此向西冷杉、云杉交互分布，云杉和青杆分布在相同的海拔范围。云杉较耐干，青杆较喜湿润。两个种相互成为生态上的代替种。云杉与华北山地的白杆十分接近。在华北高山白杆与青杆是生态上的代替种。本地区西部，特别是西藏南部的云杉、冷杉种与喜马拉雅山西部有许多共同种。

现将本地区云杉属种的分布列述如下（表 5）。

一些变种及近似种暂不列举。本地区冷杉种类也很丰富。其主要种分布如下（表 6）。

本地区云杉与冷杉分布广，数量多。从生境要求来说，一般冷杉喜冷湿，耐水湿；云杉则宜排水良好，较耐干。在海拔较低处及阳坡较干燥温暖处，云杉分布较多。在山原高海拔地，空气又比较干燥，云杉分布增加，分布在冷杉之上。中国学者通常认为垂直分布冷杉在云杉之上，接近山原，云杉又在冷杉之上，称之为“倒置”。实际上这主要是水分状况关系，包括土壤水分和空气湿度。冷杉中的紫果冷杉、巴山冷杉、黄果冷

表 5　西南高山地区云杉种的分布

云杉种	洮河	白龙江	岷江	大渡河	雅砻江	金沙江	怒江	雅鲁藏布江	藏南
青杆（*Picea wilsonii*）	√	√	√	√					
云杉（*P. asperata*）	√	√	√	√					
丽江云杉（*P. likiangensis*）			√	√	√	√	√		
川西云杉（*P. balfouriana*）				√	√	√	√		
紫果云杉（*P. purpurea*）	√	√	√	√					
麦吊云杉（*P. brachytyla*）		√	√	√					
油麦吊云杉（*P. brahytyla* var. *complanata*）			√	√	√	√			
鳞皮云杉（*P. retroflexa*）			√	√	√				
长叶云杉（*P. smithiana*）								√	
西藏云杉（*P. spinulosa*）								√	

表 6　西南高山地区冷杉种的分布

冷杉种	洮河	白龙江	岷江	大渡河	雅砻江	金沙江	澜沧江	怒江	雅鲁藏布江	藏南
巴山冷杉(*Abies fargesii*)	√	√	√							
岷江冷杉（*A. faxoniana*）	√	√	√	√						
冷杉（*A. fabri*）			√	√						
紫果冷杉（*A. recurvata*）			√	√	√					
黄果冷杉（*A. ernestii*）			√	√						
鳞皮冷杉（*A. squamata*）				√	√	√				
中甸冷杉（*A. ferreana*）						√	√	√		
川滇冷杉（*A. forrestii*）				√	√	√	√			
苍山冷杉（*A. delavayi*）						√	√	√	√	
急尖长苞冷杉(*A. georgei* var. *smithii*)						√	√	√	√	
西藏冷杉(*A. spectabilis*)										√

杉比较耐干和喜温，分布于海拔较低处。冷杉及苍山冷杉适应于云雾弥漫，近山巅地带。多种冷杉较耐水湿，杜鹃冷杉林及藓类冷杉林，林地土壤水分含量很高，0～10cm 土层中经常保持在 100%～200%，出现较明显的淋溶过程，有时出现泥炭层，常发育为漂灰质棕色暗针叶林土。

云杉中的麦吊云杉喜湿润生境，在二郎山东青衣江流域夹金山及大渡河中游的支流山地广泛分布。因麦吊云杉高大挺拔，木材纹理通直，是优良用材，又容易劈成瓦板，遭受破坏比冷杉严重，所以自然分布不断缩小。

云杉、冷杉也分布于海拔较低（2500m）的褐土和海拔较高的高山草甸土。在高海拔处呈块状生长与高山草甸镶嵌分布。

本地区落叶松有几种，分布比较零散，无大面积纯林。现将本地区落叶松的分布列出如下（表 7）。

落叶松林分布分散，常为小块分散于沟谷，或常住于暗针叶林的边缘。垂直分布幅度较宽，范围在海拔 2500～4000m。落叶松适应性强，能耐气温变化剧烈的生境。

表 7　西南高山地区落叶松种的分布

落叶松种	白龙江	岷江	大渡河	雅砻江	金沙江	怒江	雅鲁藏布江	藏南
红杉（*Larix potaninii*）	√	√	√					
四川红杉（*L. mastersiana*）		√	√					
喜马拉雅红杉（*L. himalaica*）					√	√	√	
西藏红杉（*L. griffithiana*）							√	√

本地区柏木属（*Cupressus*）也有几种，除巨柏（*C. gigantea*）外，一般垂直分布较低，在海拔 2000～2500m 及以下。在高山峡谷地区有岷江柏木（*C. chengiana*）、西藏柏木（*C. torulosa*）及巨柏。后者分布不超过海拔 3000m。柏木类多数为小片林。在海拔较低处，岷江流域有柏木（*C. funebris*），海拔 3000m 以下有干香柏（亦称冲天柏）（*C. ducleuxiana*）。

松属在本地区有油松，分布于洮河、白龙江及岷江流域。高山松分布于大渡河、雅砻江、金沙江流域海拔 2500～3500m 地段。在这一地区暗针叶林破坏后，高山松迅速发展成大面积纯林。天然更新很好，高山松与其分布海拔较低的云南松构成代替种，其间还有一些过渡类型。华山松在本地区分布很广，从洮河、白龙江、岷江、大渡河、雅砻江、金沙江，一直到雅鲁藏布江流域。华山松分布于暗针叶林带之下，与铁杉及一些落叶阔叶林构成针阔叶混交林带，但面积并不太大。乔松分布于雅鲁藏布江流域向西到西藏南部。

西藏南部还有西藏白皮松（*Pinus gerardiana*）及西藏长叶松（*P. roxburghii*）。本地区其他针叶树还有铁杉、油杉。在高黎贡山南段还有秃杉（*Taiwania flousiana*）。

本地区主要森林类型是云杉林和冷杉林。在海拔较低处有阔叶林。西北部的洮河林区和白龙江林区地理位置偏北，降水量较少，阔叶林主要是落叶阔叶林。树种比较简单。主要落叶阔叶树，除在暗针叶林中伴生的桦木和山杨以外，低海拔地带主要是辽东栎、千金榆、槭[四数槭(*Acer tetramerum*)]、椴(*Tilia chinensis*)、泡花树(*Meliosma cuneifolia*)等。在本地区暗针叶林的分布地段，特别在阳坡，高山栎分布广泛。多数呈多杆丛生，但也有大树。在中甸林区接近山原（3300m 以上）有高大的高山栎，胸径超过 50cm，在岷江流域多数未见分布。本地区高山阳坡及沟谷石质崖坡，其他高山栎种类很多，有长穗高山栎（*Quercus longispica*）、矮刺栎（*Q. monimotricha*）、光叶高山栎（*Q. pseudosemicarpifolia*），有呈灌丛，杆丛生稠密，叶革质，或有锯齿，厚而皱凸，多毛茸，干多弯曲不成材。

本地区的东西两翼，东翼岷江流域东侧，特别是支流青衣江和岷江南段峨眉山一带，雨量丰沛，常绿阔叶林十分发达，垂直分布高超过海拔 2000～2500m。上部以壳斗科为主，如峨眉栲(*Castanopsis platycantha*)、瓦山栲(*C. ceratacantha*)、包石栎(*Lithocarpus cleistocarpus*)、多穗石栎（*L. polystachya*）。木荷垂直分布也很高，与峨眉栲混交或自成纯林。在海拔稍低一些山地还有以樟科树木为主的常绿阔叶林。四川盆地丘陵及低山有常绿阔叶林，又多落叶阔叶树。落叶阔叶林以落叶栎为多，是常绿阔叶林破坏后形成的次生林。

大渡河向西到金沙江流域，海拔 2500～3000m 及以下常绿阔叶林分布，有时与云南松混交。常绿阔叶林由比较耐旱的壳斗科树种组成。常见的有元江栲、滇石栎、滇青冈、黄毛青冈（*Cyclobalanopsis delavayi*）、曼青冈（*C. oxyodon*）等。澜沧江流域，特别是怒江流域，降水又很充沛，海拔2500～3000m及以下，常绿阔叶林十分发达，优势树种以壳斗科和樟科以及木兰科为常见。重要常绿阔叶树种有厚叶石栎（*Lithocarpus pachyphyllus*）、粉背石栎（*L. hypoglaucus*）、滇西青冈（*Cyclobalanopsis lobbii*）、西藏青冈（*C. xizangensis*）、曼青冈及瑞丽润楠（*Machilus shweliensis*）、察隅润楠（*M. chayuensis*）、墨脱楠（*Phoebe motuonan*）、西藏钓樟（*Lindera pulcherrima*）及滇藏木兰（*Magnolia campbellii*）等。

本区落叶阔叶树中，槭属种类丰富，有七角槭（扇叶槭）（*Acer flabellatum*）、疏花槭（*A. laxiflorum*，亦称川康槭）、四数槭、毛果槭（*A. franchetii*）、梓叶槭（*A. catalpifolium*）、青榨槭（*A. davidii*）、色木、滇藏槭（*A. wardii*）等。其他落叶阔叶树有西蜀椴（*Tilia intonsa*）、白蜡树、领春木（*Euptelea pleiosperma*）、花楸（*Sorbus* spp.）。有些花楸如陕甘花楸（*S. koehneana*）、西康花楸（*S. prattii*）、西南花楸（*S. rehderiana*）分布很高，到森林线以上。另外，还有稠李。

本地区林下灌木种类很多，成为各种针叶树划分林型的区别种。常见的林下灌木有杜鹃，分布于海拔高及水分多的林型，箭竹分布稍低，排水良好的林型。其他灌木有袋果忍冬（*Lonicera tangutia*）、蔷薇（*Rosa* spp.）、绣线菊（*Spiraea* spp.）、悬钩子（*Rubus* spp.）。高山栎类有时也成为林下灌木或伴生亚乔木。

森林线以上有一个高海拔灌丛带，主要种类有多种杜鹃、蔷薇、绣线菊、栒子（*Cotoneaster*）[有匍匐栒子（*C. adpressus*）、细尖栒子（*C. apiculatus*）、平枝栒子（*C. horizontalis*）、小叶栒子（*C. microphyllus*）等]、花楸（*Sorbus* spp.）、爬地柏（*Sabina* spp.）、蓝雪花（角柱花）（*Ceratostigma plumbaginoides*）、窄叶鲜卑花（*Sibiraea angustata*）、小檗（*Berberis* spp.）、忍冬[西藏忍冬（*Lonicera tibetica*）、矮忍冬（*L. tangutica*）]、高山柳（*Salix* spp.）等。

灌木带以上为高山草甸或高山草原。高海拔地段，因坡向、地形造成土壤水分条件的差异，较干处为高山草原，以禾本科为主。水分多处为高山草甸，主要是嵩草（*Kobresia* spp.）和薹草（*Carex* spp.）和一些喜湿的禾本科草类。

在草甸之间生长着许多花色绚丽的草本植物，常见的有龙胆（*Gentiana* spp.）、报春花（*Primula* spp.）、马先蒿（*Pedicularis* spp.）、绿绒蒿[全缘绿绒蒿（*Meconopsis integrifolia*），还有些其他种]、大黄（*Rheum* spp.）、飞燕草、金莲花、蓼属等等。更向上为流石滩，有多种景天（*Sedum* spp.）和虎耳草（*Saxifraga* spp.）、红景天（*Rhodiola* spp.）等。

阳坡及干燥处为高山草原，由禾草组成。

本地区溪流湿地多水柏枝（*Myricaria* spp.）、醋柳（亦称沙棘 *Hippophae rhamnoides*）、高山柳（*Salix* spp.）等。

低海拔干旱河谷，多旱生型灌木。在洮河、白龙江及岷江流域有白刺针（白刺花，*Sophora viciifolia*）、小叶小檗（*Berberis* spp.）、狭叶花椒（*Zanthoxylum stenophyllum*）、白刺（*Nitraria* sp.）、骆驼蓬（*Peganum harmala*）、霸王（*Zygophyllum xanthoxylon*）等，反映出河谷的干旱生境，在区系成分上与西北地区有紧密关系。在大渡河、雅砻江、金沙江流域的干旱河谷，气温较高表现出近似热带草原景色。在南部河谷生长着木棉（*Bombax malabarica*）、麻疯树（*Jatropha curcas*）、金合欢（*Acacia farnesiana*）、小花羊蹄甲（马鞍羊蹄甲）（*Bauhinia fabri*）、细叶楷木（清香木）、大叶醉鱼草（*Buddleja davidiana*）等。

本区的垂直分布带谱完整而明显，基本上以常绿阔叶林带为基带，但在低海拔常出现雨影区的干热河谷；在藏南雅鲁藏布江大拐弯以南的高山深谷区，包括门隅、珞瑜、下察隅等地，在海拔200～400m处，出现潮湿的热带河谷，其年降水量局部可达4000mm，这里的垂直带谱则始自热带山地雨林；在河谷底部海拔高于2500m或3000m的地方，其垂直带也往往始于针阔叶混交林带的松林（有称为明亮针叶林带）的，因此各地垂直带谱在其结构上、各带的宽度和海拔上随不同区域的自然地理条件，如纬度、地形地势（海拔相对高差）等都有变化。一般讲，在本区范围内，由西北往东南和往南，其垂直带谱内的森林类型增多，同类型分布海拔范围稍宽。为比较本区内垂直带谱的差异，现以表格形式加以说明（表8）。

表8　西南高山峡谷针叶林地区垂直带谱比较

垂直带谱	白龙江上游	理塘河川西南山地	岷江上游（川西北邛崃山东坡）	雅砻江上游大雪山西坡	金沙江上游滇西北玉龙雪山	藏南（察隅）
高山灌丛带	3800～4100m	4000m以上	3900～4200m	4200～4500m	4000m以上	4000m以上
高山针叶林带	2500～3500m	3200～4000m	2900～3900m	3200～4200m	3400～4200m	3000～4000m
	岷江冷杉、柔毛冷杉、紫果云杉	长苞冷杉、川滇冷杉、丽江云杉、高山栎	岷江冷杉、黄果冷杉、云杉、紫果云杉、红杉、高山栎	长苞冷杉、川滇冷杉、鳞皮冷杉、川西云杉、丽江云杉、高山松、高山栎	长苞冷杉、川滇冷杉、怒江冷杉、云南黄果冷杉、油麦吊云杉、大果红杉、怒江红杉、高山栎	急尖长苞冷杉、林芝云杉、高山栎
针阔叶混交林带（或亮针叶林带）	2500m以下	2600～3200m	2400～2900m	2700～3200m	2800～3400m	2000～3000m
	铁杉、华山松、岷江冷杉、青杆、油松	铁杉、油麦吊云杉、云南松	铁杉、油麦吊云杉、高山松、华山松	高山松、高山栎、川西云杉、铁杉	铁杉、高山松、高山栎	铁杉、樟、楠、高山栎、高山松
常绿阔叶林带		1500～2600m			1800～2800m	900～2000m
落叶阔叶林带			1900～2400m			
			落叶栎，油松			
干热河谷稀树草丛带	500～1500m	1350～1900m	2700m以下	2000m以下		
热带季雨林带						400～900m
热带雨林						200～400m

3.6.3　本地区Ⅱ级区的划分

3.6.3.1　洮河白龙江云杉冷杉林区

这一林区的洮河流域属黄河水系，白龙江属长江水系。洮河流域地势比较平缓，年降水量约600mm，相对湿度较低，60%～75%（在林区内降水量可能要高一些，相对湿度大一些），以云杉为多。白龙江主流深切，谷深坡陡，上部稍平缓。洮河白龙江林区在森林类型上有许多相近似之处。本区海拔低处有油松、辽东栎等华北地区的树种，但有西南高山林区的箭竹。土壤低处为褐土。所有这些反映出与华北地区的过渡性。

3.6.3.2 岷江冷杉林区

位于青藏高原东缘，四川盆地之西，降水比较丰富。除少数河谷雨影区以外，年降水量多数地区超过 1500mm。岷江支流青衣江上游降水量更高，年降水量达 2000mm，森林以冷杉林为多。树干附生苔藓和雨蕨及膜蕨，反映出很高的空气湿度，树冠满披松萝。云杉、冷杉林下有铁杉，铁杉有时分布也很高，暗针叶林带之下几乎直接与常绿阔叶树林相连接，形成针阔混交林带，没有明显的落叶阔叶林带。

3.6.3.3 大渡河雅砻江金沙江云杉冷杉林区

这些河流都是由北向南流，到下游转向东流汇注长江。流域中下游河谷多云南高原区植物种类，有云南松、云南油杉和金合欢、小叶羊蹄甲、清香木（细叶楷木）等分布。

大渡河中上游支流有茂密的森林，曾有高大的麦吊云杉，树高超过 72m。洪坝林区就是由云杉、冷杉组成的原始林区。大渡河中游河谷发掘出阴沉木，经鉴定为杉木。

3.6.3.4 藏东南云杉冷杉林区

包括澜沧江、怒江及雅鲁藏布江中游。这些河流都流出国境。金沙江以西的云岭到高黎贡山，河流与山岭都南北走向。金沙江、澜沧江、怒江三条大江紧贴排列，称为“三江地区”。三江距离宽度不过 150km，是典型的横断山脉地形和景观。金沙江转向东流，不列入本Ⅱ级区。这一林区的山顶线海拔 4000～5000m，谷岭相对高差都在 1500m 以上，山坡陡峻，最大坡度可达 50°～60°，一般东坡比西坡陡。本区雨量丰富。位于边境的巴昔卡年降水量达 4494mm（李文华），向北向西降水量减少，波密、林芝年降水量约 600mm。

雅鲁藏布江支流尼洋河中下游有云杉、冷杉分布，翻过米粒山口（海拔 5200m）的拉萨河中下游不见云杉、冷杉分布。只有藏柏或称巨柏（*Cupressus gigantea*）呈小片零星分布，这与树种的迁移通道有关。

本区吉隆以西多喜马拉雅地区的树种，有乔松（*Pinus griffithii*），海拔 2500～3500m 地段形成纯林；还有长叶云杉（*Picea smithiana*）、西藏冷杉（*Abies spectabilis*）、西藏长叶松（*Pinus roxbourghii*）等。

3.7 内蒙古东部森林草原及草原地区（简称内蒙古东部地区）

各种自然区划与农业区划对本地区的划分有较大的分歧。《中国自然地理纲要》称为“内蒙古区”，其范围基本上与本书一致，但名称不同。《中国农业地理总论》则与内蒙古西部和新疆全部合并称为“蒙新区”，即本区作为“蒙新区”的一部分。《中国林业区划》与前者基本是一致的，称为“蒙新防护林地区”。《中国植被》划归“温带草原区域”。其范围包括黄土高原及新疆准噶尔盆地北部的草原部分和阿尔泰山地和西南部的前山丘陵平原。

3.7.1　本地区自然地理环境

本地区的范围与东北地区相接，南与华北地区接壤，西以狼山的西缘和贺兰山西麓向南顺腾格里沙漠的东南缘为界。北界与蒙古人民共和国相邻。

从森林植物类型及成分和森林生长环境条件，本区与蒙新干旱区有明显差别。本区有沙地，也有流动沙丘，但多数沙丘是固定或半固定沙丘。流动沙丘是植被破坏沙化所造成的，一般还可以通过生物固沙加以遏制。本区无辽阔的大沙漠，更无一望无际的戈壁。黄河南岸鄂尔多斯高原西北部的库布齐沙漠面积较大，达 11 万 km^2，大部分为流动沙丘，高达 10m，边缘为固定及半固定沙丘。本区无高山，不具备现代冰川和终年积雪的高耸山峰。西侧贺兰山高处海拔也只 2000～2500m。因此，本区没有冰雪融水可供灌溉。本地区大部分地区年降水量 300～400mm，可栽种耐旱树种如樟子松、榆树等。胡杨、梭梭、沙拐枣在本区无天然分布。蒙新区的胡杨，引种于本区因生长季相对湿度较高，通常为 45%～65%，在蒙新区为 35%～45%，容易罹生锈病，生长不良，这也反映出两区气候条件的差别。

黄河流经本区，提供灌溉水源。

3.7.1.1　地貌

本地区东北部为内蒙古高原，亦称“内蒙古准平原”，海拔 1000～1500m。地面起伏不大。没有明显的山岭和谷地；但多为宽广的浅盆地，蒙古语称为“塔拉”。辽阔无垠的高原面，丰盛的禾草，构成茫茫大草原。鲜卑民歌的敕勒歌：“敕勒川，阳山下，天如穹庐，笼盖四野；天苍苍，野茫茫，风吹草低见牛羊”。这一大草原因长期以来经营保护不善，草的高度和密度已大大下降。民歌所描绘的景象已不复存在。近年来有些地方封育利用较好，在逐渐恢复中。

本地区中部为横贯东西的阴山山脉。阴山山脉西起狼山、乌拉山，中为大青山，灰腾梁山、南为梁城山，桦山，东为大马群山。全长 1200km；海拔 1200～2000m。主峰大青山在萨拉齐北，海拔 2000～2400m。阴山山脉南为断层陷落的呼和浩特盆地与河套平原。南侧山坡陡峻，北坡则缓缓进入内蒙古高原。阴山北侧河流为内陆河流，南侧河流注入黄河及永定河上游的各支流。

本地区南部的伊克昭盟位于鄂尔多斯高原，海拔 1000～1300m，低矮的平梁与宽阔的谷地相交错，地形起伏不大。这是长期剥蚀夷平的准平原。高平原西侧有桌子山，海拔 2149m；西北部有库布齐沙漠，西起磴口对岸，东至托克托对岸，东西长约 270km，南北宽 15～70km，面积约 11 万 km^2，隔黄河与河西的乌兰布和沙漠遥遥相对。库布齐沙漠大部为流动沙丘，边缘有固定和半固定沙丘，高度约 10m。南部有毛乌素沙地，亦称毛乌素沙漠。毛乌素沙地东起神木，南跨长城，西至盐池，北至高原中部，面积 10 万余平方千米。毛乌素沙地北部为固定和半固定沙丘；南部由于天然植物破坏成为流动沙丘。近几十年来，有些地区经过固沙造林和封沙育草，部分流动沙丘已被固定。

本地区西侧为贺兰山。贺兰山南北走向，长约 150km，宽约 30km；海拔 2000～2500m，主峰达呼洛老峰，海拔 3566m。贺兰山成为内蒙古东部地区与蒙新地区的天然分界。贺兰山东侧为富庶的宁夏灌区，农田林带蔚然成网。近年来受天牛危害严重，不得不砍伐，致使防护林带锐减，农田失去林带的屏障。贺兰山西侧为阿拉善干草原和流动沙丘，属蒙新地区。

3.7.1.2 气候

本地区气候寒凉干旱。气温由东向西差异不甚显著。年平均气温0～7℃；1月平均气温–20～–12℃；7月平均气温20～23℃。极端最高气温35～39℃；极端最低气温–42～–30℃。生长期150天。降水量由东向西递减。年降水量200～400mm。东南部山地向风坡降水量较大，年降水量的80%～90%分布于夏季。干旱年份雨季较常年为短，最短的只两个月（7～8月），甚至只1个月（7月）。春季因空气干燥，3～5月平均相对湿度40%～50%，最小相对湿度是0%，月降水量一般不到20mm，风力强，多风沙，这是最干旱的季节。这在地区西部更为突出。

本地区日照百分率高，冬季70%左右，夏季60%左右。夏季白昼长，最长达14～16h，冬季则只有8～9h。因此，日照时数夏季约800h；冬季约600h。

3.7.1.3 土壤

本地区土壤由东向西因降水量递减，分布着不同类型的栗钙土。锡林浩特一线以东为暗栗钙土，以西为淡栗钙土，再向西，百灵庙—温都尔庙以北的高原和鄂尔多斯西部为棕钙土。暗栗钙土腐殖层过渡层的总厚度达38～48cm，表层有机质含量平均达38%，钙积层位置多在0.5m以下，其中石灰含量平均达13%。栗钙土腐殖质层与过渡层总厚度在23～40cm，有机质含量平均为2.4%，钙积层在0.5m左右，其石灰含量平均为15%，淡栗钙土腐殖质积累作用弱，腐殖质层与过渡层的厚度在23～37cm，有机质含量平均1.9%，钙积层在0.5m以内，其中石灰含量19%，栗钙土的钙积层深浅与树木根系发育关系很大。钙积层浅而且石灰含量高，树根难以下伸，影响树木生长。栗钙土的硅铁铝比各层次变化不大，变幅为2.5～3.7。棕钙土一般土层较浅，其质地为砂砾质细沙土与粉沙土，粉黏土较少。棕钙土腐殖质层结构性差，有机质含量在1.0%～2.0%。棕钙土因淋溶作用较弱，土中普遍出现石膏、盐分积累层与碱化现象。因此，棕钙土上可生长一些耐干旱和耐盐碱的灌木如锦鸡儿（柠条）（*Caragana korshinskii*）、川青锦鸡儿（*C. tibetica*）、红砂（*Hololachna songarica*）、白刺、枸杞等。

大青山和乌拉山海拔1200～1900m的阴坡为山地灰褐色森林土。上段有云杉（青杆、白杆及青海云杉）片林，混生白桦和山杨。下段有油松林、侧柏及杜松林。阔叶树有辽东栎。阳坡有成片虎榛子灌丛，入秋叶色转橙红色，极绚丽，混生有黄刺玫、灌木铁线莲等。

贺兰山土壤为山地灰褐色森林土。海拔2400m以上阴坡半阴坡为云杉（青海云杉）纯林；海拔稍低处云杉林中混生山杨、桦木，更低处有油松林。

3.7.2 本地区主要植被类型及优势建群植物种

主要植被类型从内蒙古的呼伦贝尔盟到兴安盟、哲里木盟和赤峰市为草原植被，主要由多种禾草组成，如羊草（*Aneurolepidium* spp.）、针茅（*Stipa* spp.）、隐子草（*Cleistogenes* spp.）、羊茅（*Festuca ovina*）、芨芨草（*Achnatherum* spp.）等。其间也生长一些草本植物如蒿属（*Artemisia* spp.）、地榆（*Sanguisorba* spp.）、歪头菜（*Vicia unijuga*）、山

豌豆（*Lathyrus* spp.）、百里香（*Thymus* spp.）、葱属（*Allium* spp.）等。还有一些灌木如锦鸡儿（*Caragana* spp.）、胡枝子（*Lespedeza* spp.）等。

呼伦贝尔盟红花尔基的沙垄上有成片樟子松林。红花尔基樟子松林分布于草原区沙地，林相比较整齐。封禁后天然更新良好，樟子松林在不断扩展。林地土壤剖面层次不明显，根系集中分布于 20cm 以内的表土层；土壤中性，pH6.5～7.0。据调查，内蒙古境内有沙地樟子松林 8 万余公顷。

草原间有榆树、山荆子等散生或小片树林，黄河灌渠人工杨树林及柳树林生长良好。

鄂尔多斯高原有零星散生的沙地柏（亦称臭柏）（*Sabina vulgaris*），还有柽柳、锦鸡儿，以及蒿类和旱生草类，组成半荒漠植被。沙地引种樟子松取得成功。

3.7.3　本地区Ⅱ级区的划分

3.7.3.1　呼伦贝尔及内蒙古东南部森林草原区

本区以草原植被为主。呼伦贝尔盟境内海拉尔及红花尔基有成片樟子松天然林。内蒙古东南部有散生桦木、榆树、山荆子。大兴安岭南端与燕山之间还有残遗的云杉林。

3.7.3.2　大青山山地落叶阔叶林及平原农田林网区

包括整个阴山山脉，因大青山较为人所熟知，所以用大青山命名本区。大青山地有云杉残林、油松林、辽东栎林，有大片虎榛子灌丛。新近栽植华北落叶松生长良好。前山植被破坏严重，气候较干旱，比较荒凉，水土流失严重。从山麓到黄河北岸为灌区，有农田林网，主要为杨树和柳树。

3.7.3.3　鄂尔多斯高原干草原及平原农田林网区

本区西、北、东三面黄河围绕，南面为长城。这个高原海拔 1000～1300m。西边有桌子山，濒临黄河，海拔 2149m，大部地表呈波状起伏。南部有毛乌素沙漠，北部有库布齐沙漠。毛乌素沙漠多数为固定半固定沙丘。植被主要为旱生型灌丛，如柽柳、锦鸡儿、臭柏、沙柳、黄柳等，又有耐盐耐旱植物如冷蒿（*Artemisia frigida*）、百里香、丛生禾草等。

3.7.3.4　贺兰山山地针叶林及宁夏平原农田林网区

贺兰山上部为云杉纯林，下部有油松林。山的东麓为宁夏平原。农田林网以杨树为主，近年来天牛危害极为严重。

3.8　蒙新荒漠半荒漠及山地针叶林地区（简称蒙新地区）

各种自然区划和农林业区划对本地区的归属很不一致。《中国农业地理总论》归入“蒙新区”，《中国林业区划》归入“蒙新防护林地区”。这方面在前一个地区的叙述中已经作了说明，不再赘述。《中国自然地理纲要》把本区称为“西北区”，与本书的“蒙新区”的范围基本一致。但《中国自然地理纲要》的“西北区”包括柴达木盆地。

柴达木盆地有辽阔的山前戈壁及沙漠分布，有以新月型沙丘链为主的流动沙漠。沙漠面积达 2 万 km^2，分布着一些旱生型灌木及草本植物，与新疆盆地有近似之处。对此，李世英曾作过详细论述（李世英，1957，从地植物学上讨论柴达木盆地在中国自然区划中的位置）。《中国自然地理纲要》还指出骆驼是柴达木盆地的主要运输用畜。把柴达木盆地划入“蒙新区”或“西北区”有一定科学依据。本书把柴达木盆地列于“青藏高原地区”是鉴于柴达木是高原盆地，海拔达 2600～3000m。虽然在物种上与新疆盆地有些共同之处，但热量有明显差别。许多喜温植物在新疆盆地生长良好，却不能在柴达木盆地生长，或生长不良，如葡萄、西瓜、甜瓜类、棉花等等，而在新疆盆地生长良好，质量优异。柴达木盆地北部有阿尔金山与新疆相隔。东北—西南走向的阿尔金山海拔 3500～4000m，是一条明显分界山系。柴达木盆地与青藏高原则没有明显的界线。为此本书把柴达木盆地划入“青藏高原地区”。

3.8.1 本地区自然地理环境

本地区属干旱地区，但境内高山仍有森林分布。本区冰雪贮量大，冰雪融水可灌溉盆地边缘的土地，成为高产农业用地，农作物如棉花、瓜果产量高质量好。农田林网及四旁树木生长良好。本区一些河流受到高山冰雪融水的灌注，河滩有大面积的胡杨林。这些是本地区的特点和优点。

本地区东部与内蒙古东部相接，南以祁连山南麓、阿尔金山南麓以及昆仑山北坡与青藏高原地区相接，西侧与北边则以国境为分界。

本地区处于欧亚大陆中心，气候干旱，为荒漠、半荒漠地区。在盆地没有灌溉就没有农业，没有树木。但本区境内有不少高山，如天山、祁连山、阿尔泰山以及南侧的昆仑山和阿尔金山。这些高山有较多的降水，气温较低，有森林分布。在天山、祁连山、阿尔泰山和昆仑山海拔高处有大量冰雪贮存。全地区有现代冰川 2 万余条，面积 25 万 km^2，冰贮量 1816.26km^3，年平均冰川融水量为 179.33 亿 m^3（引自《三北防护林地区自然资源与综合农业区划》，1985）。所以，在高山山麓形成许多绿洲。绿洲处于高纬度、低海拔地带，热量丰富，在生长季，白昼高温，昼夜温差大，又有充足的光照。同时得到来自高海拔地带稳定可靠的冰雪融水，土壤中矿质养分丰富，为植物生长创造了十分优越的生境。尤其对于水果、瓜类及多种农作物、棉花、蔬菜的生长和质量，形成极为有利的光、热、水条件；也为绿洲树木生长提供良好生态环境。源远流长的冰雪融水流进盆地，成为较大的内陆河流系，滋生了大面积的胡杨林。

3.8.1.1 地貌

本地区有高大的山岭，辽阔的盆地和巨大的沙漠、戈壁。北部有阿尔泰山与俄罗斯和蒙古人民共和国接壤。阿尔泰山西北延伸到俄罗斯境内，是古老褶皱断块山体，西北—东南走向，延伸 2000km 以上。海拔一般在 3000m 以上，高峰 4373m。山势由西北向东南降低，逐渐没入戈壁荒漠之中，高处有现代冰川。在海拔 1200～2200m 的山地有森林分布，主要在阴坡，阳坡为草原。森林优势树种主要有西伯利亚红松、西伯利亚云杉、西伯利亚落叶松和西伯利亚冷杉。另外还有欧洲山杨。本区以西伯利亚成分为主。到盆地边缘有欧洲黑杨（*Populus nigra*）自然分布。盆地半固定沙丘上广泛分布梭梭林。本地区南部有昆仑山，是古老褶皱山，是本区与青藏高原的分界。昆仑山西段主峰慕士塔格山及公格尔山的冰川面积 596km^2。昆仑山处于内陆中心，垂直带谱中除星散分布（天山）云杉新疆的林业工作者认为天山的云杉林以天山云杉为主，而雪岭云杉只是少量杂生其间外，基本上无森林带，海拔 3500～4000m 的荒漠草原带中有锦鸡儿。

本地区东南有阿尔金山，为古老褶皱断块山体，是柴达木盆地与塔里木盆地的界山。东北—西南走向，长 250km，海拔 3500～4000m。阿尔金山处于内陆最干旱地区。完全没有森林。再向东为祁连山，是古老褶皱断块山体，西北—东南走向，延绵 1000km，山顶平均海拔 4000m 以上。主峰酒泉市南的祁连山海拔 5547m；疏勒南山的团结峰，海拔 6305m。现代冰川发育于 4500m 以上的高山区，有冰川 3306 条，面积 2063km^2。在垂直带谱中，海拔 2600～3400m 一带为森林草原带，主要有青海云杉，多分布于阴坡。天山横贯于新疆维吾尔自治区的中部，为塔里木盆地和准噶尔盆地的界山，是亚洲中部的大山系，由数列褶皱断块山组成，西端伸入中亚细亚。全山系长 2500km，宽 250～300km。巨峰巍峨，海拔 4000～5500m。海拔 3500～4500m 及以上多冰川，共有 6895 条，面积 9500km^2。在本地区东部阿拉善高原与河西走廊之间有北山，由马鬃山、合黎山和龙首山组成。北山的海拔高度较上面所述各山系要低得多。海拔 1500～2500m，无现代冰川，也无森林分布。

本地区东部祁连山以北，合黎山和龙首山以南，乌鞘岭以西为河西走廊。东西长约 1000km，南北宽 100～200km。平均海拔 1400m 左右，多砂碛戈壁。因得到祁连山雪水灌溉而分布断续相连的绿洲。

在龙首山和合黎山以北为阿拉善荒漠型高平原，海拔 1000～1400m。北面为国境与蒙古人民共和国接壤，东抵贺兰山西麓，西接新疆维吾尔自治区。境内有乌兰布和沙漠，面积约 14 万 km^2。南部多流动的堆状、新月形和格状沙丘；中部多垄岗形沙丘，多固定或半固定。流沙不断向东移动，在磴口一带泻入黄河。在此以南有巴丹吉林沙漠，面积约 4 万 km^2，为复合型沙地，一般高 200～300m，最高达 400～500m。沙山间有洼地。阿拉善高平原的东南部为腾格里沙漠，面积约 3 万 km^2，海拔 1400m。沙丘、盐沼、湖盆交错分布，新月形沙丘链高 10～30m。额济纳河（又称弱水）由祁连山流出，穿贯河西走廊，纵贯阿拉善高原，流注居延海。沿河、滨湖有胡杨林分布。

塔里木盆地位于天山以南，南有昆仑山，东南有阿尔金山。东西长 1400km，南北宽约 550km，面积约 53 万 km^2，是中国最大的内陆盆地。塔里木盆地处于内陆中心，四周高山围绕，这些高山海拔 4000～6000m。盆地西高东低。北部塔里木河汇纳高山雪水，流注台特马湖。从叶尔羌河源起算，全长 2179km。河滩生长胡杨林。盆地自然景色呈环状分布。山麓边缘为砾石带及绿洲带，中部为大沙漠。盆地中部的塔克拉玛干沙漠，东西长 1000km，南北宽约 400km，面积约 33 万 km^2。新月形沙丘绵延，一般高 70～80m，最高 250m，流沙面积占 85%。东部有白龙滩沙漠，属砾质荒漠（戈壁），系古代洪积层及红色砂砾层的隆起高地，遭受风力剥蚀而成，海拔 1000m 左右，散布许多高出地面 25～40m 的方山，岩塔和土柱，东北—西南走向，其间有流沙堆积。南疆东部有吐鲁番盆地，是陷落盆地。中部的艾丁湖，湖面海拔–154m，是中国最低的地方。近湖地带是重盐土，无任何植被，距离稍远一些，开始有盐生植物。

天山以北为准噶尔盆地。盆地北为阿尔泰山。盆地东西长 1200km，南北最宽处约 800km，面积约 33 万 km^2。海拔 500～1000m，东高西低。这个盆地的大部分地区年降水量在 100～200mm 及以上。有古尔班通古特沙漠，在玛纳斯河以东及乌伦古河以南地区，面积约 6 万 km^2，堆积在古冲积平原上。在西北风与西风的影响下，形成西北—东南的大沙垄带，高 30～40m，多半为半固定沙丘。常见白梭梭（*Haloxylom persicum*）、蒿属等沙生植物。准噶尔盆地北缘的额尔齐斯河注入北冰洋，是本区唯一的外流河流。盆地西南部的玛纳斯河，东北部的乌伦古河均为内陆河，流入盆地形成湖泊，如布仑托海、艾比湖等。

3.8.1.2 气候

本地区气候的主要特点是干旱少雨。河西走廊降水由东向西递减。东段降水量在 100～200mm，中段 100～120mm 到西段在 100mm 以下，与新疆交接处已不足 50mm。走廊南的祁连山随着海拔的升高而降水增加。海拔 3360m 处的祁连托勒年降水量为 265.0mm，3400～3900m 处年降水量可增至 600mm 以上。新疆准噶尔盆地年降水量 100～300mm；由北向南递减，因水汽是由北面的北冰洋输入。塔城的年降水量为 302.1mm，到精河已减少为 93.7mm。准噶尔盆地的降水四季分配均匀，冬季常有雨雪。盆地广泛分布以梭梭为主的半荒漠植被。南疆塔里木盆地的年降水量大部分地区不足 50mm。若羌年降水量只有 15mm。除了河流沿岸及绿洲周围已无植被。在戈壁少数有季节性渗透水之处有骆驼刺（*Alhagi pseudalhagi*）、老鼠爪（亦称刺山柑）（*Capparis spinosa*）零星出现。两大盆地之间的天山，随海拔的升高降水量增加，天山降水来源来自大西洋，西部多，东部少；北侧较多，南侧较少。伊宁年降水量 263.7mm，顺山中向东，随着海拔的升高年降水量增加，新源年降水量 488.9mm。乌鲁木齐附近的小渠子（海拔 2160m）年降水量为 572.1mm。博格多山天池 1959 年测得降水量为 798.5mm，估计海拔 3000m 处年降水量最多。河西走廊，特别在西段和南疆盆地降水量太少，农业和树木生长全靠高山冰雪融水。较大河流为塔里木河、弱水河滩有廊状胡杨林分布，距河稍远地下水位转深，有柽柳林发育。这里的极端最高气温也与华北平原相近似，但极端最低气温在–30℃左右，比华北平原为低。华北平原极端最低气温为–27～–20℃。一些不太耐寒的落叶乔木树种不能在河西走廊越冬，如泡桐、臭椿等。北疆气温更为寒冷，南疆气温则比较温暖。特别在生长季气温很高。吐鲁番 6、7、8 三个月的平均气温都超过 30℃。这是全国的高温地区，生产优质瓜果，特别是吐鲁番的葡萄，哈密的哈密瓜，以品质优异闻名；树木在绿洲及水边也生长良好。本地区气温在海拔高处冬季比东北林区高；而夏季则比东北林区低，适宜云杉生长。如海拔 3360m 的祁连山，6 月平均气温为 17℃，7 月为 12.0℃；海拔 2160m 的乌鲁木齐小渠子，6 月平均气温 12.9℃，7 月平均气温为 14.7℃，这与大兴安岭林区相接近。但极端最高气温，祁连山 6 月为 30.0℃，7 月为 28.0℃，8 月为 28.6℃；小渠子分别为 28.2℃、28.0℃和 30.5℃；大兴安岭的呼玛则分别为：37.4℃、38.0℃和 36.2℃；根河分别为 35.4℃、34.0℃和 31.5℃。祁连山和天山在一定海拔地段云杉纯林生长发育良好。

3.8.1.3 土壤和主要森林类型、主要树种

本地区盆地气候干旱，土壤为灰棕漠土及棕漠土，无淋溶现象，质地为粗沙及砾

质，有机质极少，剖面不明显，石灰含量较多。塔里木盆地气候极干旱，在土层中出现氯化物盐渍土，碱性重，pH 高达 8.0～10.0。准噶尔盆地年降水量稍高，100～200mm，有半荒漠植被，梭梭、半灌木蒿类及藜科植物及针茅等。胡杨只要有充足的地下水，就能耐含盐量 3%的强盐碱性土壤，土壤为棕钙土，土层浅，有石灰反应。在剖面中有钙积层，全剖面呈碱性反应。在流沙地区为风沙土，无剖面发育。降水稍多处，有固定和半固定沙丘。半荒漠地区的半固定风沙土多具石灰性，表层土壤碳酸钙含量达 1.5%以上，有机质含量较低，而易溶性盐含量则较高。荒漠地区的半固定风沙土，除含有丰富的碳酸盐外，易溶性盐分的积累可达到盐渍化程度，而有机质含量低。荒漠地区的固定风沙土除石灰含量高及易溶性盐积累外，还出现石膏聚集，有的剖面还出现苏打。在这种固定和半固定沙丘上生长着能适应这样土壤性状的耐旱灌木，如白刺、锦鸡儿、沙拐枣、蒿类、麻黄等。地下水较高处多柽柳。盆地边缘为山前洪积、冲积扇，出现寸草不生的砾质戈壁。南疆的塔里木河，甘肃河西走廊流向阿拉善旗的弱水、疏勒河，河滩水分较多，土壤含盐量高，分布着耐盐碱、喜干燥空气的胡杨、灰胡杨林。

本地区分布着许多高山。随海拔的升高，气候条件改变，降水量增加，气温下降，生境变得湿润，逐渐适合多种植物生长，在不同海拔高程出现不同植物群落，构成明显的垂直带，在一定的海拔分布着以云杉为主的针叶林及森林草原带。这样由干旱的山麓荒漠，到高山之巅分布着不同类型的植被和土壤。昆仑山和阿尔金山因过于干旱已无森林分布。高山垂直带谱的海拔高程因所处地理位置和坡向的不同而各异。

阿尔泰山位于新疆西北部与俄罗斯和蒙古人民共和国交界。西北部接受北冰洋水汽较多，降水量由西北向东急剧减少。盆地西北部因雨量较多，山麓为栗钙土，向东在盆地海拔 800m 以下为半荒漠的棕钙土，是山地半荒漠带；海拔升高到 1300～2000m，为山地灌木草原带，植被出现绣线菊（金丝桃叶绣线菊）（*Spiraea hypericifolia*）、蔷薇属等灌木及草原植物，土壤转为山地栗钙土。再上升到海拔 2100m 以上为山地森林和森林草原带，出现中生型灌木栒子（黑果栒子）（*Cotoneaster melanocarpus*）、忍冬属灌木，草本植物的高度增加并有许多花色绚丽的阔叶草本植物，土壤中腐殖质含量增加，达 1%，A 层厚度达 60cm。阳坡为山地黑钙土；阴坡出现森林，主要为西伯利亚落叶松及少数西伯利亚云杉。土壤为山地灰色森林土，有轻微的灰化过程。海拔更高一些地段，气候更为冷湿，有西伯利亚冷杉，土壤为山地棕色森林土，有较厚的苔藓层和厚度不等的泥炭化层，B 层浅棕色。阳坡则以莎草科的嵩草和薹草为主的草甸并有少数禾草，如狐茅、剪股颖，并夹杂地榆、石竹、羽衣草［斗蓬草（*Alchemilla* sp.）］等美丽草本植物（中国科学院，1956 新疆综合考察报告）。土壤为山地黑钙土及高山草甸土。这类土壤腐殖质含量高，为中性及微酸性土壤。海拔 2500～3000m 为亚高山草甸草原带，土壤为亚高山草甸草原土；海拔 3000m 以上，终年积雪，土壤为高山寒漠土。

天山横贯于新疆维吾尔自治区，山体大。森林面积达 36 万 hm^2，蓄积量近 1 亿 m^3（中国林业区划，1983）。天山系由数列褶皱断块山组成。包括北、中、南 3 个山组。各山组因地理位置不同，植物及土壤的垂直带谱也不一样。总的说，北段较湿，南段较干，中段西段较湿，向东逐渐干旱，现先将天山中段及西段的土壤类型和植被的垂直分布高度列表9。

表9 天山中段以西土壤类型及植被的垂直分布

土壤类型及植被	海拔/m
山地栗钙土，低山灌木草原带	1100～1300
山地黑钙土，山地落叶林带	1300～1500
山地灰褐色森林土，山地落叶林带	1500～1800
山地淋溶灰褐色森林土，山地针叶林带，云杉林	1800～2300
山地灰色森林土，山地针叶林带，云杉林	2300～2700
山地草甸森林土，高山森林草甸带	2700～2850
高山草甸土，高山草甸带	2850～3400
高山寒漠土，高山寒漠带	3400～3900
雪线	＞3900

注：引自《中国森林土壤》

天山从中段以西由北、中、南三列山系组成。山口向西敞开，接受西来大西洋水汽，降水量由西向东，随着海拔升高而增加。其间有伊犁河谷低地。这部分称内天山，降水量较多，森林垂直带的幅度比较宽，为海拔1500～2300m。谷地比较湿润，山坡分布着野核桃林及野苹果林等。谷地局部地段有残留的小叶白蜡树（*Fraxinus sogdiana*）。山地森林主要是天山云杉，混有少量桦木。云杉分布较广，类型也很多。有些类型如鳞毛蕨云杉林，生长良好，年生长量高。森林类型多，土壤类型也随之多样。

祁连山位于河西走廊之南，山体南接青藏高原，山脉全长1000余千米。北麓河西走廊海拔约1400m，为荒漠及半荒漠。东段降水较多为棕钙土，西段为灰钙土及漠钙土。棕钙土因季节性弱淋溶性，钙积层较高，一般出现于15（20）～30cm处。钙积层较为紧实，石灰含量10%～40%。棕钙土植被多为耐旱灌木，如锦鸡儿、白刺等。灰钙土淋溶弱，碳酸钙与石膏淋溶较弱，钙积层一般在15～30cm开始，石灰含量12%～25%，为强碱性，pH8.5～9.5，生长耐盐植物为藜科、蒺藜科植物。漠钙土或称漠土，表面积聚石灰及石膏，生长藜科植物。祁连山东南部海拔2000～2900m处有少量油松分布，土壤为石灰性褐色森林土。在海拔2400～3300m地段有青海云杉分布。云杉主要分布于阴坡，土壤为石灰性褐色森林土。多数为云杉纯林，东段云杉林有时混生红桦、棘皮桦及山杨。阳坡为山地干草原，东段分布于2000～2800m的阳坡，西段分布于2400～3000m地段。草原植被主要由禾草组成，有针茅、芨芨草、雀麦草、扁穗冰草等。土壤为山地栗钙土。再上升植被为山地草甸草原，植被生长茂盛，高度可达1m，主要由薹草及嵩草组成；并有多种花色绚丽的杂草如飞燕草、银莲花、狼毒、龙胆、扁蓄（*Gentianopsis barbata*）等，混生有少量金露梅、高山绣线菊及灌木柳等灌木，土壤为山地草原土，垂直分布上限东段可到海拔3500m，西段可达4000m。再向上植被矮化，但根系深广，有多种绚丽的草本植物，土壤为高山草甸土。海拔4000m以上为高山寒漠土。4300m以上为雪线。

蒙新地区的主要森林类型、植被类型及Ⅱ级区的划分。

3.8.2　本地区Ⅱ级区的划分

3.8.2.1　阿拉善高原半荒漠区

西以马鬃山与塔里木盆地接壤，南以合黎山、龙首山与河西走廊分界，东抵贺兰山西麓，北与蒙古人民共和国国境线为界。额济纳河流注居延海，纵贯本区。本区有沙漠，在地貌中已有叙述。除流沙外，本区为由旱生灌丛形成的半荒漠。主要灌木有梭梭、白刺、锦鸡儿；沿河有胡杨林及柽柳。

3.8.2.2　河西走廊半荒漠及绿洲区

自然条件与南疆近似。绿洲农业及绿洲树木散布于祁连山北麓。由白刺、锦鸡儿、柽柳、灌木蒿类及枸杞（*Lycium chinense*）所固定，或半固定的沙丘分布普遍。

3.8.2.3　祁连山山地针叶林区

主要为青海云杉，分布于海拔 2400～3400m，主要在阴坡。祁连山东南部有油松林。

3.8.2.4　天山山地针叶林区

主要是天山云杉，主要分布于海拔 1500～3000m 地段的阴坡。哈密附近的巴尔库山、哈尔里克山海拔 2300～2700m 的地段有西伯利亚落叶松分布。

3.8.2.5　阿尔泰山山地针叶林区

本区与俄罗斯及蒙古人民共和国接壤，与俄罗斯交界处降水量较多，主要为西伯利亚落叶松、西伯利亚冷杉、西伯利亚红松及西伯利亚云杉。混生有欧洲山杨和桦木。向东南进入半荒漠耐旱灌丛地带。

3.8.2.6　准噶尔盆地旱生灌丛半荒漠区

本区主要为梭梭林。

3.8.2.7　塔里木盆地荒漠及河滩胡杨林及绿洲区

包括东南的阿尔金山，东与河西走廊相接。本区气候十分干旱，无灌溉无农业，无树木生长。但因高山冰雪融水的流注，河滩有成片的胡杨林，绿洲地区农业及瓜果产量高，质量好。农田林网、四旁植树蔚然成林，主要为杨树，也有柳树、白蜡树等树种。大沙漠边缘有由柽柳、灌木蒿类、沙拐枣、白刺、麻黄等灌木所固定或半固定的沙丘。

3.9　青藏高原草原草甸及寒漠地区（简称青藏高原地区）

本地区是各种自然区划和农业林业区划所一致承认的一个自然区。但区的范围则彼此有很大差别。首先柴达木盆地，有的区划方案不归于本区，关于这方面在前面已经叙述。其次，许多区划中包括本区东南边缘的高山峡谷部分，本书区划把这部分单独划出，与《中国林业区划》是一致的。

3.9.1 本地区自然地理环境

青藏高原地区北与蒙新地区的昆仑、阿尔金山和祁连山分界。东北、东及南面与西南高山地区分界。分界线大体为高原与山原交接处。本地区的南界以国境线为界。本地区包括西藏自治区大部分，新疆维吾尔自治区昆仑山以北、以西部分，青海省西部及南部以及甘肃、四川、云南3省的高原部分。这是世界上最大、最高的高原，海拔3500～5000m，是东亚和南亚各大河流的发源地。因地势高气候寒冷干旱，生长季大部分地区不足3个月，一般已不适合树木生长。但在海拔稍低的谷地尚有零星分布的方枝柏。有云杉、冷杉由西南高山林区顺谷上溯而一直可以分布到海拔4400m处。云杉分布更高一些，呈块状星散出现。由此看来，青藏高原局部海拔较低处，4500m以下是可以试种一些树种的。

3.9.1.1 地貌

青藏高原面海拔3500～5000m。西北部高向东南倾斜。阿里地区海拔5000m以上，中部地区海拔4500m，再向东南逐渐下降到4000m而转入西南高山峡谷林区，地貌转变为受河流割切很深的高山峡谷。高原原面地形起伏不大。高原边缘，耸立着许多高大山系，海拔在6000～7000m及以上。主要山系有喀喇昆仑山、昆仑山和喜马拉雅山等。珠穆朗玛峰（海拔8848m）周围5000多平方千米内就有4座海拔8000m以上的高峰，称为世界屋脊。长江发源于可可西里山，黄河发源于高原中部巴颜喀拉山。这两条大河向东分别流入太平洋的东海与渤海；雅鲁藏布江发源于高原南部的冈底斯山，南流注入印度洋孟加拉湾；印度河上游狼楚河和狮泉河发源于冈底斯山之西，流经巴基斯坦注入印度洋阿拉伯海。高原北部和西部即羌塘地区的河流均为内陆水系。

高原上有许多湖泊。大多为内陆湖和咸水湖。最大为青海湖，面积4635km^2。西藏北部的纳木湖，面积1940km^2，湖面海拔4718m，是世界海拔最高的大湖。高原上还有大面积沼泽地。

在长江与黄河发源地区的分水岭地带，即红军长征经过的草地，地势平缓，水流缓慢，蜿蜒于高原丘岗之间，构成高山草甸和五花草塘，多莎草科、禾本科和毛茛科植物。

3.9.1.2 气候

青藏高原气候寒冷，东南部降水较多，向西北逐渐减少。

位于高原东南边缘的拉萨海拔3658m，年平均气温7.5℃，与辽宁沈阳相近（7.7℃）；7月平均气温拉萨为14.9℃，沈阳为24.6℃；1月平均气温拉萨为–2.3℃，而沈阳为–12.7℃。又如江孜海拔4040m，年平均气温为4.7℃，与吉林长春相近，长春为4.8℃；1月平均气温江孜为–22.6℃，而沈阳与长春分别为–30.6℃和–36.5℃。这些数字充分说明青藏高原气候是寒冷而温和，可谓夏无酷暑，冬无严寒。如以5℃为一般耐寒树木的生长最低温度，拉萨3月下旬平均气温已达5.5℃，到11月上旬还达到5.4℃。江孜在5℃以上气温从4月中旬（5.8℃）到10月中旬（5.6℃）。5℃以上气温拉萨有200余天；江孜也有180天。如按10℃以上计算，拉萨始自5月上旬（10.0℃），拉萨在10℃以上天数比哈尔滨还长，江孜与大兴安岭北坡的呼玛相近。因此，从气温来说，青藏高原东南部是可以生长耐寒树种的。当然，青藏高原在植物生长旺期的6、7、8三个月的气温则比东北林区就要低得多。哈尔滨 6 月上旬气温为 17.6℃，8 月下旬为 20.0℃；长春在这一季节的气温与哈尔滨相接近而稍高一些。拉萨 6 月上旬的气温为 15.6℃，8 月下旬为 14.0℃；江孜分别为 12.6℃和 11.0℃。如果和森林丰富的北欧一些地方相比，拉萨仍是比较高的，而江孜则稍低一些。如与北欧相对比，如表 10。

表 10　青藏高原与北欧气温对比　（单位：℃）

地区	5 月	6 月	7 月	8 月	9 月
斯德哥尔摩	10.1	14.9	17.8	16.6	12.2
赫尔辛基	9.0	14.3	17.1	15.6	10.4
拉萨	12.6	15.5	14.9	14.1	12.8
江孜	13.0	12.8	11.4	9.9	5.7

注：引自《农业百科全书》气象卷

斯德哥尔摩在瑞典南部，赫尔辛基在芬兰南部。两国北部的气温则要低得多。

青藏高原气温的另一个特点是年较差小，一般在 20℃以下；但昼夜温差很大，常常超过 10℃。

青藏高原降水量不算高。但东部多数地区年降水量超过或接近 500mm。青海南部：称多 505.9mm，玉树 477.7mm。西藏东部索县 582.7mm，丁青 680.1mm，那曲 466.2mm，拉萨 433.9mm。高原西部的降水量减少，年降水量在 300mm 以下。如青海西部柴达木盆地边缘的格尔木只 383mm；西藏中西部班干湖 246.0mm，再向西已无气象台站，推测将逐渐递减。高原的降水量也因与所处地形位置有较大变化，如位于巴颜喀拉山北坡的玛多，年降水量为 299.4mm，比山南的称多要少得多。降水总的趋势是由南向北递减，如表 11。

表 11　青藏高原降水量比较

地区	北纬	东经	海拔/m	年降水量/mm
丁青	31°25′	95°36′	3950.0	582.7
杂多	32°54′	95°19′	4380.0	406.2
曲麻莱	34°32′	95°28′	4507.0	246.0

高原日照充足。拉萨全年日照百分率 68%，江孜 72%。这与西北区相近似。相对湿度比较低（拉萨年相对湿度 45%，江孜 41%），蒸发量会大一些。这些可能会限制树木生长，但只要选择有利地形，有些树木是完全可以适生的。拉萨市人工种植的杨树、柳树生长都良好。附近的罗布林卡许多树木生长良好，有生长茂盛的大核桃树。

3.9.1.3　土壤

青藏高原东南部降水及气温条件较好。植被为高山草甸及草原。草甸下的土壤《中国土壤》命名为亚高山草甸土，也曾称为黑毡土，分布于海拔 4000～4500m 高处。土壤表层草根交织如毛毡，腐殖质层厚 15～30cm。土体中的碳酸钙已完全淋失；有机质含量 10%～15%，甚至达到 20%～30%，土壤酸性至中性反应，pH 5.0～6.5。有些地段生长矮生灌木，如杜鹃、灌木柳、金露梅等。这种植被下的土壤，在腐殖质层下有灰棕色或淡棕色的淀积层，有时出现泥炭层，称为亚高山灌丛草甸土。

海拔更高地带分布高山草甸土，海拔 4500～5500m。植被主要由莎草科的嵩草（*Kobresia* spp.）组成。土壤腐殖质层厚 10～20cm，呈灰棕色或棕褐色，剖面厚 30～40cm，多为粗骨质土，有机质含量约 10%，个别达到 20%～30%，剖面中的碳酸钙已淋失，呈中性反应。

高原东南部在排水良好处为草原植被，系由禾草组成：如针茅、羊茅及蒿类，另外有锦鸡儿、金露梅等灌木。这里的土壤《中国土壤》命名为亚高山草原土。土壤剖面中的生草层一般厚 3～5cm，呈灰棕色或褐棕色；腐殖质层厚 10～20（25）cm；剖面中下部有较明显的碳酸钙聚积，有机质含量一般 2.0%～3.0%，高的达 7%～8%。

海拔更高处为高山草原土，分布于海拔 4500m 以上。土壤腐殖质层呈灰棕色或灰黄色，厚度为 3～15cm，表层有机质含量 10%～20%，向下递减。剖面中碳酸钙的含量为 0.2%～10%，呈酸性反应。

海拔更高处为高山漠土，土层浅，有机质含量小于 1%。

3.9.2 本地区主要植被类型

青藏高原主要天然植被为高原草甸、高原草原、高原垫状植被及岩生植被。因为高寒，基本上无成片天然森林。柴达木盆地气候干旱有荒漠半荒漠旱生型灌丛植被和盐生植物植被。近几十年来对青藏高原的科学考察日益深入，原来鲜为人知的神秘高原并不是满目荒原。除高原上超过雪线以上高山群外都有各种各样的植被。研究这些植被不仅有科学价值，也有经济价值和生态价值。

高原东南部，包括青海东南部、四川西部及西藏东部，主要为高原草甸，有些洼地成为沼泽。在丘岗上排水良好，比较干旱处为高原草原。高原草甸主要由嵩草组成，也有薹草及禾草，其间生长一些花色绚丽的杂草如：银莲花、马先蒿、报春花、地榆、胎生蓼（珠芽蓼）（*Polygonum viviparum*）等。

高原草原在青藏高原东南部主要分布于丘岗之上，由禾草组成。有时出现密枝杜鹃（*Rhododendron fastiglatum*）、高山绣线菊、锦鸡儿、绢毛蔷薇（*Rosa sericea*）、金露梅等灌木，其间还散生美丽的绿绒蒿（全缘绿绒蒿）（*Meconopsis integrifolia*）、长叶绿绒蒿（*M. lancifolia*）、红色长叶绿绒蒿（*M. lancifolia* var. *cocoinnina*）、红花绿绒蒿（*M. punicea*）。青海从日月山到青海湖周围的高原草原主要是由嵩草以及薹草和一些禾草组成，宽叶草较少，是牦牛及羊、马的优良牧场。

接近山原的山坡常有灌丛植被。组成灌木种有绢毛蔷薇、野丁香（细叶丁香）（*Leptodernis microphylla*）、刺忍冬（*Lonicera spinosa*）、西藏狼牙刺（*Sophora moocroftiana*）、西藏醉鱼草（*Buddleja tibetica*）、小叶栒子（*Cotoneaster microphyllus*）及蓝芙蓉（*Ceratostigma griffithii*）。

柴达木盆地气候干旱，为荒漠、半荒漠植被及盐生植物群落。

在高原草原草甸带以上，植被主要为垫状植物，主要是石竹科、十字花科、菊科植物。

接近雪线，土层浅薄，为岩屑土。有多种岩生植物，主要有虎耳草及景天，种类很多，半肉质，花深褐紫色。

3.9.3　本地区Ⅱ级区的划分

3.9.3.1　青海高原草原区

东以日月山与黄土高原西缘为界；北与蒙新区的祁连山南麓为界；西与柴达木盆地交界；南以巴颜喀拉山为界。这是地势平坦的高原草原。主要由嵩草以及薹草和一些禾草组成，是良好的高原草原，主要牧畜为牦牛、羊，也有马。

3.9.3.2　青藏高原东南部草甸草原区

本地区东、南与西南高山峡谷区接壤，北以巴颜喀拉山与青海高原草原分界，西与藏北高原相接。高原面地势平坦，年降水量300～500mm，水分充足。平缓处为草甸，洼处呈沼泽；丘岗排水良好，略显干旱，为高原草原。主要植被类型及植物种已在前作简略叙述，为高原牧场，有牦牛、羊等。

3.9.3.3　柴达木盆地荒漠半荒漠区

本区以阿尔金山南麓与蒙新地区接界；东与青海高原草原区接壤，可以用海西蒙古族藏族自治州的州界为本区东界；南以昆仑山北麓与高原东南区和高原西北区分界。本区主要植物群落与主要建群种与南疆盆地有不少共同种［李世英等，1957，从地植物学方面讨论柴达木盆地在中国自然区划中的位置，地理学报，23（5）：329-343］。柴达木盆地气候条件是干旱，寒凉。除东部的都兰年降水量达 179.5mm 稍高外，向西急剧减少。大柴旦年降水量 82.9mm，格尔木 38.3mm，冷湖 15.4mm，是极干旱的盆地。但气温也不高，7 月平均气温都兰 15.2℃，大柴旦 18.2℃，格尔木 17.6℃，冷湖 17.4℃，远较新疆盆地为低。主要植物群落由旱生灌木如梭梭、沙拐枣、白刺、红虱（红砂）（*Reaumuria soongorica*）等组成；并有许多耐盐碱植物如柽柳、盐爪爪（*Kalidium gracile*），在流水处及积水处有水柏枝（*Myricaria* spp.）、芦苇、水麦冬（*Triglochin palustre*），后两种是广域分布的水生植物。

3.9.3.4　青藏高原西北部高寒荒漠半荒漠区

指羌塘地区、阿里地区，本区无气象台站，气候情况不甚清楚，推测是寒冷干旱。《西藏农业考察报告》摘引旅行者的片段记录估计“年均温 0℃以下，冬季最低”，温度达–48℃左右，最大日较差也达 30℃左右。大部分地区年降水量在 100.0mm 以下，夏季常降冰雹。主要植物多为垫状，有西藏菊艾（*Tanacetum tibeticum*）、汤氏荠菜（*Capsella thomsonii*）、喜马拉雅桂竹香（*Cheiranthus himalayensis*），另外还有豆科植物，优若藜（*Eurotia ceratoides*）和马先蒿属植物。在有水湿处有匍匐水柏枝（*Myricaria prostrata*）等。

第二篇　林　型　学

林学家会聚一堂，座谈林型问题[†]

1962年3月5日至7日由中国林学会及北京林学会在北京联合召开了林型学术座谈会。

座谈会通过以湖北省神农架天然林，东北小兴安岭长白山天然林，华北、西北次生林，南方人工杉木林，华北石灰山区的林型和立地条件类型的研究成果为实例，热烈而深入地讨论了以下几个同题：林型及立地条件类型分类原则；林型分类单位和经营单位的相互关系，林型及立地条件类型在森林经营及造林上的应用；林型学今后研究的方向。

1　关于林型和立地条件类型的分类原则问题

从讨论中可以看出，虽然大家都把具体的分类单位视为综合因子的反映，绝不应当把相互影响，相互制约的因子割裂开，孤立地抓着一个因子去分类，但是在复杂的综合的分类基础上，为了方便地用于生产，深入浅出地表达各分类单位间的差别，就需要通过一两个主要因子来命名和表明其特征。究竟通过什么因子较合适？在这一点上，林型学研究人员认为森林植被能综合地反映环境条件的特点，应当很好地利用植被的特征（如建群种、优势种、指示种等）；研究立地条件类型的同志则主张在华北地区以土壤肥力和湿度条件作为表现因子较合适，因为华北地区人为活动多，天然植被长期遭到破坏，不能明确反映环境特点，而土壤条件则是比较相对稳定的。经过充分的讨论，大家肯定了一点：就是这两种不同的观点，两种不同的研究方法不是对立的，不是相互否定的，而是在不同的研究对象的特点和条件所影响下产生的，在这种条件下应用这种原则较好，在另一种条件下可能另一种原则较好，应当因地制宜，各得其所。不少同志还认为两种工作应当联系起来研究，互相补充，这样就更有利于林型工作的开展，也更能发挥各家的长处。

2　关于林型分类单位与经营单位的关系，林型及立地条件类型在经营及造林上应用的问题

与会的很多同志认为林型分类是自然分类，必需根据森林的综合自然体的特征加以分类，在应用上可以根据不同的经营集约水平和经济条件，把林型最低分类单位加以组合成相应的经营单位。另一种意见（主要是从事森林经营、经理应用学科的研究和教学的同志）却认为林型分类应当同时考虑自然条件和经济条件，否则林型分类成为纯粹的自然分类，就没有了目的性，并且认为纯粹的自然分类会导致林型分类单位划分得过于琐碎细小，以致生产上无法应用。来自生产部门的代表们同意林型是林业经营和造林的

† 蒋有绪，1962，林业科学，7（3）：254。

基础，但是指出当前林型工作水平与生产水平不相适应的情况，希望林型分类简洁明了，易为生产人员所掌握。这些代表非常同意从综合的观点去研究林型分类，但是在这样复杂的基础上希望用简明的形式表现，正如一台复杂的自动化机器，对于使用它的人来说却只需按按电钮即可。这个譬喻恰当地反映了生产上对于林型工作的要求。针对林型研究本身的复杂性和应用上要求的简明性的矛盾，有的代表提出如下见解，得到不少同志的赞同，这就是由于林型自然分类比较复杂，特别是按照高级的发生学的分类比较困难，因此为了满足当前林业生产的要求，应当同时进行以自然特点为依据的实用分类研究，提出满足经营措施要求的分类单位，这不仅对生产有利，并且也是为了较高级的自然分类研究积累资料，打下基础。

代表们一致地注意到在我国林型和立地条件类型分类上地形因子的重要性。根据我国山地占全国土地面积的60%以上的特点，有必要重视研究地形条件在类型形成上和发生上的作用问题。

3　关于林型学今后研究的方向

根据讨论可归纳以下几点。

（1）林型学是一门较年轻的学科，从发展上看至今多半还停留在描述的阶段，应当争取使林型学的研究能进入一个实验性和定位性的研究阶段。但进行实验性和定位研究需要较高的科学水平，宜于逐步发展，当前在描述工作上的水平也还较低，应当提高质量。

（2）林型应用的研究应当由书面设计的阶段提高到生产性试验阶段。在一些林场内从调查设计制定施业案开始，一直到经营利用、管理等一切生产活动应以林型为基础进行，为林型学更好地服务于林业生产铺平道路。

（3）林型学是综合性的学科，需要各有关部门（包括教学和研究单位）配合起来进行综合性研究。持有不同观点、不同见解的林型学研究人员、工作者们应当更加通力合作，进一步贯彻“百花齐放、百家争鸣”的方针，提高林型工作的水平，使林型学更好地为社会主义林业建设服务。

此次座谈会参加者有中国林业科学研究院林业研究所、林业部规划设计局、北京林学院、河北农大园林化分校、中国科学院林业土壤研究所、植物研究所、地理研究所以及北京大学、北京师范大学等科研、教学、生产单位的代表四十余名，这次会对于林型学的研究和林型工作在林业生产上应用的进一步发展将起很好的推动作用。

川西亚高山暗针叶林的群落特点及其分类原则†

西南高山林区是我国重要的原始林区。它包括了长江上游（金沙江、雅砻江、里塘河、大渡河、岷江和青衣江等）峡谷地区和澜沧江、怒江峡谷，以及雅鲁藏布江中游一段的所有高山地区的原始森林。由于这个林区都处于我国西南高山深谷地区，一般在林业上就称为“西南高山林区”，实际上，其中以亚高山带的冷杉属、云杉属为主的暗针叶林占有很大的比重，木材蓄积丰富，又具有特别重要的水源调节、水土保持作用。此外，就森林本身来说，西南林区的亚高山暗针叶林在区系植物上，在群落结构上以及在演替方面，由于特殊的地理位置、自然条件，与北方寒温带的暗针叶林（即泰加林）相比，有很多独特的特征。

川西高山林区是西南高山林区东部的组成部分，主要指川西长江上游支流（岷江、大渡河上游）流域地区。本文拟从该林区的暗针叶林群落结构及群落生态着手，讨论它们的群落分类的系统问题。这对进一步探讨我国西南地区亚高山暗针叶森林的群落分类原则有一定的意义。

1　本区亚高山暗针叶林的特点

川西亚高山暗针叶林是北半球分布较南的暗针叶林。虽然林下灌木、草本、苔藓植物的主要属如 *Oxalis*、*Dryopteris*、*Athyrium*、*Caltha*、*Viola*、*Geranium*、*Galium*、*Eqisetum*、*Betula*、*Lonicera*、*Sorbus*、*Viburnum*、*Ribes*、*Rubus*、*Prunus*、*Spiraea* 等都与北方暗针叶林相同，但由于本区暗针叶林在低纬度、高海拔（低温）地区形成的，因之它的群落特点与高纬度寒温带暗针叶林不完全相似。本区暗针叶林所在地的气候特点是冬季比寒温带暗针叶林地区要暖和，一月平均气温–5～–3℃，七月为 15～20℃；年降雨量 700～800 毫米，冬季为干季，降水较集中于夏季。而北方暗针叶林带的气候是冬季特别严寒，夏季温度与本区相近或稍高。例如苏联欧洲部分泰加林区一月平均气温为–10℃，西西伯利亚为–18℃以上，东西伯利亚为–15℃左右，远东地区为–20℃上下。年降水量在西伯利亚及苏联欧洲部分泰加林区为 400～450 毫米，远东地区为 600～800 毫米，降水虽也较集中夏季秋季，但干湿季之分不及我国西南高山地区明显。本地区大气湿度较大，常有雾，而北方地区仅在远东沿海林区有此现象。由于这些气候上的差别及其他历史原因，本地区暗针叶林除了一般基本特征相似外，无论在植物种类丰富的程度上，区系特点上是有所区别的，北方过于严寒的冬季和年降水较少，就使得很多暖湿生的植物种不能保存下来。苏联欧洲部分泰加林区同属的种数较贫乏，且本区的一些属在那里是没有的，如 *Schizandra*、*Actinidia*、*Acanthopanax*、*Rhododendron*、*Evonymus*、*Philadelphus* 等。远东泰加林区在属的组成上和同属种数程度上都较接近于本区，不像泰加林随着

---

† 蒋有绪，1963，植物生态学与地植物学丛刊，1（1-2）：42-50。本文曾在 1962 年第一次全国植物生态学与地植物学学术会议上提出。

往大陆纵深分布，而植物种类就趋于简单。

本区暗针叶林与北方的暗针叶林在群落学特征上有以下几点明显的差异。

（1）本区暗针叶树种丰富，并普遍有同属近缘种的混交现象。如 *Abies faberi*、*A. faxoniana* 与 *A. georgei* 混交，*Picea asperata* 与 *P. purpurea* 混交等，又常组成同一森林分子（同时更新起来的同一世代）。在形态上有差异的同属不同种的大面积普遍的混交，似乎又不表现有生态学上、群落学作用上巨大差别，这一现象是比较特殊的。

（2）本区暗针叶林具有古老的湿暖生植物区系的残余，如竹类[箭竹（*Sinarundinaria chungii*）]在林下成优势分布，林内有高大的乔木状杜鹃（*Rhododendron przewalskii*、*R. aganiphyllum*）等。这些现象在北方暗针叶林中是没有的。

（3）暗针叶林的乔木层通常为复合异龄，除了极端的生境（如位于严寒生境的岩须-杜鹃-冷杉群落）外，一般冷杉、云杉群落都有二至若干亚层。每一亚层并不完全是同一世代，可以包含若干世代。这说明本区暗针叶林的林分结构比北方的复杂。

（4）暗针叶林群落通常具有林下优势的“亚建群层”（或为灌木层、草本层、或藓类层），如杜鹃层、箭竹层、高山栎（*Quercus semicarpifolia*）层，藓类［以锦丝藓（*Actinothuidium hookeri*）及塔藓（*Hylocomium proliferum*）为主］层等。它们是由亚建群种所构成的林下层，在决定群落小气候，土壤、其他植物组成，群落的发展等特征上有重要意义，有时甚至比建群种的作用更为显著。研究本区暗针叶林群落不能不注意这点。

（5）本区暗针叶林群落的层外植物比北方针叶林更为发达。在冷杉、云杉、高山栎以及其他灌木的枝条上挂满了松萝（*Usnea longissima*），成为某些群落的特殊外貌。树生藓类及地衣也极可观，主要种类有波叶平藓（*Neckera pennata*）、白齿藓（*Leucodon flagelliformis*）、叉苔（*Metzgeria furcata*）、羽苔（*Plagiochila schtscheana*）等。很多土生藓类，如白发藓（*Leucobryum* sp.）、提灯藓（*Mnium rostratum*）、棉藓（*Plagiothecium lactum*）、疣灯藓（*Trachystis flagellaris*）、曲尾藓（*Dicranum*）、灰藓（*Hypnum*）等也由于林内空气湿度大而由土面延伸成为基干树生类型[1]。北方暗针叶林虽然也有一些层外树生藓类和地衣（如我国东北有 *Frullania*、*Parella*、*Homalia*、*Pylaisea*、*Neckera*、*Anomodon*、*Leucodonella*、*Usnea* 等属）但远不及本区为显著。

（6）苔藓植物的主要种在植被发育上的作用与北方的针叶林带不同。在北方泰加林区无论林内林外，常发育有纯泥炭藓沼泽，泥炭藓种类多，如有 *Sphagnum cymbrifolium*、*S. medium*、*S. squarrosum*、*S. girgensohnii* 等。而本区仅有 *S. girgensohnii* 等少数种，且很少发育成纯泥炭藓沼泽。造成这种差别的原因主要是本区残落有机物分解可能快些，并且针叶林都分布在陡坡上，不易停滞水分，缺乏泥炭藓沼泽发育的必要条件。针叶林下常生长有成片的锦丝藓、塔藓等地被，虽然通常与土壤的潜育化联系着，但不会导致土壤的沼泽化，即使在森林皆伐后也是如此。

因此，可以认为本区亚高山暗针叶林的发展是相对独立的[5]，但与寒温带泰加林在发生上有着深刻的历史上的联系。以上所述特点基本上也适合于我国西南高山地区的其他林区暗针叶林群落，虽然各高山地区的植物条件不同，植物种不同，但其基本特征均相近。

2 暗针叶林植物群落的分类

川西高山林区亚高山暗针叶林带的森林植物群落如表 1。

表 1 川西亚高山暗针叶林带的森林植物群落

群丛环	群丛
杜鹃群丛环	杜鹃-桧柏 *Juniperetum rhododendrosum*
	杜鹃-落叶松 *Laricetum rhododendrosum*
	岩须-杜鹃-冷杉 *Abietum casiopeso-rhododendrosum*
	薹草-杜鹃-冷杉 *Abietum caricoso-rhododendrosum*
	藓类-杜鹃-冷杉 *Abietum hylocomioso-actinothuidioso-rhododendrosum*
小叶章群丛环	小叶章-云杉 *Piceetum calamagrostidosum*
	小叶章-桧柏 *Juniperetum calamagrostidosum*
藓类群丛环	藓类-冷杉 *Abietum hylocomioso-actinothuidiosum*
	藓类-云杉 *Piceetum hylocomioso-actinothuidiosum*
	藓类-云杉＋冷杉 *Abieto-piceetum hylocomioso-actinothuidiosum*
	藓类-红桦 *Betuletum hylocomioso-actinothuidiosum*
箭竹群丛环	薹草-箭竹-冷杉 *Abietum caricoso-sinarundinariosum*
	蕨类-箭竹-冷杉 *Abietum pteridoso-sinarundinariosum*
	藓类-箭竹-冷杉 *Abietum hylocomioso-actinothuidioso-sinarundinariosum*
	藓类-箭竹-云杉 *Piceetum hylocomioso-actinothuidioso-sinarundinariosum*
	蕨类-箭竹-云杉＋冷杉 *Abieto-piceetum pteridoso-sinarundinariosum*
	木贼-箭竹-云杉＋冷杉 *Abieto-piceetum equisetoso-sinarundinariosum*
	藓类-箭竹-红桦 *Betuletum hylocomioso-actinothuidioso-sinarundinariosum*
高山栎群丛环	高山栎-冷杉 *Abietum quercosum*
	高山栎-云杉 *Piceetum quercosum*
	高山栎-红桦 *Betuletum quercosum*
	蕨类-高山栎 *Quercetum adianthosum*
	报春花-高山栎 *Quercetum primulosum*

群丛上一级的分类单位——群丛环（Цикл ассоциации）乃是结构上具有相同的林下亚建群层的一些群丛的联合。例如，都具有林下杜鹃层、箭竹层、藓类层、小叶章（*Calamagrostis epigeios* var. *parviflora*）层、高山栎层等的森林群落归于相应的群丛环内（表 2）。群丛环的划分不仅以结构上的特征为根据，重要的是同一群丛环的群落在发生上、群落生活上、群落内物质与能的交换特征上都相似。如箭竹-冷杉群落与箭竹-云杉群落在群落学关系上比之与同为冷杉林的高山栎-冷杉群落更为接近和相似。群丛环能很好地反映群落发生的内在生态联系，关于它在亚高山暗针叶林群落分类上的意义将在下面谈到。

但是采用群丛环的分类，并不否定植物群落的一般分类，如划分群丛组、群系等等。由于群丛环的分类具有上述优点，可以作为与一般群落分类系统并存的系统。在认为群落特点以及它们之间的相互联系上，它们是从不同角度出发的两个相互补充的系统。这一关系在下面的图解中可以清楚地反映出来（图 1）。

表 2　川西亚高山暗针叶林带森林植物群落的群落学分类与群丛环的关系

	冷杉群系	云杉群系	红桦群系	高山栎群系
杜鹃环	岩须-杜鹃-冷杉 薹草-杜鹃-冷杉 藓类-杜鹃-冷杉			
藓类环	藓类-冷杉	藓类-云杉	藓类-红桦	
箭竹环	藓类-箭竹-冷杉 蕨类-箭竹-冷杉 薹类-箭竹-冷杉	蕨类-箭竹-云杉 木贼-箭竹-云杉	蕨类-箭竹-红桦	
高山栎环	高山栎-冷杉	高山栎-云杉	高山栎-红桦	报春花-高山栎 蕨类-高山栎

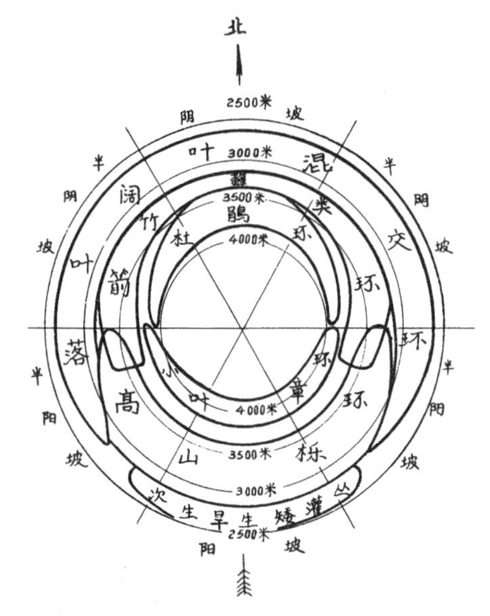

图 1　川西亚高山暗针叶林带森林群落的群丛环依地形因子为转移的分布的图解

3　林下亚建群层的群落学作用

根据几个主要群丛环的典型群落研究材料[①]来说明杜鹃层、箭竹层、藓类层、高山栎层的群落学意义及作用，因为这是群丛环分类的重要基础。

（1）不同林下亚建群层的形成和发展同它的生境是密切联系的，因之，可以用来指示一定的生境条件特点。例如：

杜鹃层——一般发育在海拔 3600 米以上的阴坡。气候严寒，水分充裕，由于土温低，生理性干旱能引起冷杉的枯梢。土壤为泥炭质潜育棕色森林土，土壤的有机质分解不良、

① 本节内所列材料有部分关于土壤及凋落物的资料系参阅川西高山林区林型研究报告及其他，林业科学研究院未刊材料。

富粗腐殖质、有明显的活性炭质层、代换性氢离子含量高、pH 4.6～5.3，代换性阳离子总量的比例很大、在腐殖质积淀层表现最明显。

藓类层——发育在海拔 3300～3600 米的阴坡、半阴坡。气候较发育杜鹃层的为温和些，土温也稍高，林内大气及土壤湿度均大，土壤为泥炭质化或泥炭质的棕色森林土，一般都有潜育化作用。枯枝落叶分解良好，土壤肥力较高，在二氧化硅聚积层中铁、铝、钙、镁的氧化物积聚量较高，说明生物聚积作用超过了淋溶作用。土壤 pH 5.3～6.5，有时达 4.5，林木生产力也大为提高。

箭竹层——发育在海拔 3100～3400 米的阴坡、半阴坡，及狭窄沟谷两旁。气候更温和些，土温也有所增高，与杜鹃群丛环相比如表 3。

表 3 箭竹群丛环和杜鹃群丛环土壤温度的此较

温度/℃	7月29日			8月4日			8月13日			8月20日		
	箭竹环	杜鹃环	差	箭竹环	杜鹃环	差	箭竹环	杜鹃环	差	箭竹环	杜鹃环	差
地表温	12.2	8.9	3.3	14.2	10.0	4.2	10.0	8.0	2.0	12.5	6.5	6.0
15 厘米深土温	11.4	8.4	3.0	10.2	9.5	0.7	10.0	8.0	2.0	11.9	8.1	3.8
30 厘米深土温	10.0	9.6	0.4	10.0	9.0	1.0	9.7	8.0	1.7	10.1	8.1	2.0

土壤 50 厘米深度内的水分含量比发育藓类层的要少。土壤也为泥炭质化的棕色森林土，腐殖质含量 1.4%～6.5%，有效钾、磷丰富，钙、镁含量也高，盐基饱和度大，具有较高的肥力，林木生产力也高。

高山栎层——发育在海拔 3000～3500 米的半阳坡，以及海拔稍低的排水良好的半阴坡。气候较温暖，土壤水分充足，但不很稳定，只在雨季较为湿润。土壤为褐色森林土或棕色森林土，腐殖质含量高，pH 5.4～6.3，呈微酸性或趋中性。铁，铝在剖面中几无移动，含量小。钙的含量较高，土壤几为钙所饱和，氢离子含量不高，腐殖质组成以胡敏酸为主，土壤肥力较高。

（2）亚建群层在群落结构中占有很大比重，其凋落物也具有各自不同的特性，通过这些亚建群层植物的活体及其凋落物对其他植物成分直接的影响及间接地改变群落环境条件，制约着其他植物成分的生存、生长发育以及植物间的相互关系，影响到群落内物质及能的转化与循环；在颇大程度上决定着群落的发展方向。分几方面举例说明。

构成亚建群层的植物种在林下植物中具有最大的多度、密度和盖度，占据林下较大的空间，从而制约了其他林下植物的种类组成、分布状况及生长发育。例如，杜鹃层在杜鹃群丛环的各群落中的覆盖度为 30%～70%（在藓类-杜鹃-冷杉，薹草-杜鹃-冷杉群落内较小，在岩须-杜鹃-冷杉群落中较大），杜鹃高 2～3 米，形成林内的郁闭层或部分的郁闭。测得平均株距为 1.86 米（薹草-杜鹃-冷杉样地），其他灌木，如 *Ribes glaciale*、*Lonicera tangutica*、*Ribes emodense*、*Sorbus hupehensis*、*Prunus pilosinscula*、*Rosa omiensis*、*Rubus amabilis* 等覆盖度仅 15%左右。薹草（*Carex alpina*）是高山草甸薹草群落的优势种，但它渗入杜鹃—冷杉林内，并在建群种及亚建群种作用薄弱处（如杜鹃植冠未郁闭处）呈块状分布。箭竹层一般盖度为 40%，而其他灌木也在 15%，箭竹高 2～2.5 米，形成林内团状郁闭的层次，平均丛距为 1.6 米，竹丛上部常相互靠接，使竹丛下光照显著减弱，草本植物很不发育。藓类群丛环中由锦丝藓、塔藓构成优势的藓类地被层，每公顷鲜重为 9.9～21.9 吨，干重为 2.2～4.1 吨。高山栎在针叶林下形成第二林层，高度 10～15 米，平均株距 3.7 米，高山栎植冠投影面积的总和为单位面积的 107.8%，其他灌木仅为 39.1%。在高山栎树冠未郁闭的透光处，明显的生长着小叶章（*Calamagrostis epigeios* var. *parviflora*）盘结的草丛，在树冠覆蔽下则以几种 *Primula polyneura*、*P. palmata*、*Oxalis griffithii*、*Fragaria orientalis*、*Viola bifrola*、*Dryopteris sino-fabrillosa*、*Athyrium spinulosum*、*Circaea alpine* 为主的草本植物形成与小叶章丛不同的层片。

亚建群种的凋落物在森林凋落物层中占有较大的比例，它们决定着不同群落的凋落物层在数量上、结构上、理化特性上的许多重要特征。凋落物层的特点进而对于土壤养分和水分状况有决定性的影响，直接影响到植物与土壤间物质及能的转化循环过程。

每公顷凋落物层的平均干重在四个群丛环的代表性群落中如下：杜鹃群丛环为 15.40～18.58 吨，藓类群丛环为 12.10～21.25 吨；箭竹群丛环为 23.7 吨，高山栎群丛环为 9.0～13.9 吨。可以看出不同结构的群落所提供的凋落物量是不同的，就其化学成分来说，差异更大，对于群落内的物质循环产生了质上不同的特征。

箭竹群丛环的凋落物中含钾最多，磷也较丰富，但铵态氮最少。高山栎—冷杉群落的凋落物干重最少，但含氮、磷最多，钾也不少，这种成分的凋落物在分解后会给土壤带来良好的养分状况，高山栎-冷杉群落在疏伐后喜氮的荨麻生长极茂，也可以说明这点。对于本区亚高山暗针叶林各群落来说，凋落物中钾是较多的，氮磷比较缺少（表 4）。

表 4　几个群丛的森林凋落物层的养分分析

养分	藓类环	高山栎环	箭竹环	杜鹃环
铵态氮（毫克/公斤干物质）	11.38	13.98	6.05	6.73
有效磷	2.77	9.20	6.45	2.00
有效钾	25.70	30.61	47.45	45.57

凋落物对于土壤的酸性度也起决定性的影响，也从而影响着土壤的发育。根据在生长季节内测得（每逢雨后收集）通过凋落物层渗下的水溶液 pH 平均值在各群丛环如下：藓类群丛环-6.4，高山栎群丛环-6.6，箭竹群丛环-6.4，杜鹃群丛环-5.7。高山栎群丛环的最接近中性，而杜鹃群丛环的最酸。

凋落物层对土壤水分状况的影响主要有两方面。一方面它具有不同程度的吸水及蓄水性能，使相当部分的降水有可能进入土壤，不致成径流流失。另一方面它在不降水时刻又能阻碍土壤水分直接向空中散失，这些性能在不同性质的凋落物是不同的（表 5）。

表 5　四个群丛环的凋落物层（包括藓类的死体及活体）的持水率（与干重比）

持水率/%	藓类环	箭竹环	高山栎环	杜鹃环
持水率	283	253	177	223
实验最大持水率	349	311	269	282

亚建群层的凋落物特点及活苔藓层可以影响到乔木树种种子的发芽过程及幼苗生

长，因而直接影响到群落的发展。自表 6，可以看到实验模拟天然下种的冷杉种子的发芽率一般在冷杉林下即使在雨季也是极低的，仅为万分之几到千分之几。如高山栎-冷杉群落仅为 0.06%，其凋落物以高山栎叶为重要组成（干重占枯枝落叶重量的 9%），蓄水性差，雨后放晴时，凋落物层最表面的高山栎落叶立即干燥，最不利于冷杉种子的发芽。杜鹃叶（占杜鹃群落环的枯枝落叶全干重的 21%）也有这种特点，但因群落内经常潮湿，影响冷杉种子发芽的程度较小。具有箭竹叶的凋落物有较好的蓄水性能，凋落物质地较柔软，冷杉种子发芽率最高。藓类层虽然比较湿润，但常使冷杉种子悬着于藓体上端，暴露空中或落入层内腐烂死去。实验证明，除去凋落物层对天然下种的冷杉种子发芽状况有很大幅度的改善，发芽率有数倍、数十倍的提高。原来影响种子发芽率最大的凋落物层在去除后，使发芽率增大的幅度也最大。

表 6　几个不同冷杉林群落中冷杉种子发芽率的比较*

群落	实验类型	发芽率/%		
		8 月 4 日	8 月 13 日	8 月 20 日
藓类-冷杉	留凋落物层	0.06	0.06	0.12
	去凋落物层	0.75	0.87	1.43
高山栎-冷杉	留凋落物层	0	0.06	0.06
	去凋落物层	0.06	0.12	0.43
薹草-箭竹-冷杉	留凋落物层	0.12	0.74	0.86
	去凋落物层	0.25	1.19	1.44
薹草-杜鹃-冷杉	留凋落物层	0.06	0.06	0.31
	去凋落物层	0	0.12	1.30

* 实验设置日期：7 月 13 日

以上是几个主要群丛环的亚建群层及其凋落物为特征的林下枯枝落叶层的群落学作用的初步探讨，材料虽然不全面，但已可以肯定它们有着各自不同的重要的群落学作用，因此这些层在群落自然分类上具有重要的意义。

4　“群丛环”在我国西南亚高山森林群落分类上的意义

对于不同的林下亚建群层的群落学作用有了认识以后，就会感到在本区亚高山暗针叶林群落分类上进行“群丛环”的划分有它重要的意义。关于“群丛”和“群系”的概念、范围大小，在不同学派不同学者理解是不一致的，但有一个原则是相同的，那就是“群系”是根据构成群落主要层（决非次要层）相同的建群种，或优势种，或地理相似种来连接“群丛”的。所以无论把本区所有暗针叶林群落归纳为一个或若干个群系都无关紧要，它们都不能恰当地反映被连接在一起的群丛之间的内在、实质上的联系，而“群丛环”的划分可以做到这点。如上所述，藓类-云杉与高山栎-云杉群丛除了有共同的建群种云杉以外，在其他方面是极不相似的，但藓类-云杉与藓类-冷杉，高山栎-云杉与高山栎-冷杉群丛间就极相似，正确地反映了发生上的联系。群丛环的分类就产生在这个基础上。此外，强调了林下优势的亚建群层的某些方面的群落学作用并不否定建群种云杉、冷杉等的作用，因为前者仍然是在后者的作用基础上起作用的。

“环”这一术语是苏联 C. Я.索柯洛夫（Соколов）首先用之于黑海地区山地森林群落的[6, 7]。他认为在不同生境下（这点与我们的理解不同）的林型可能在自己的结构上很相似，可以按相似的下木、草本或苔藓层次结构相似的林型连结为“林型环”。在连接林型为林型环时不考虑树种及生境条件，而只要求结构上的相似，因此索柯洛夫的“环”的概念仅仅是以群落结构为基础的。H. B.德里斯考察我国西南亚高山森林时也应用了“环”的术语，从他具体的分类中，可以看出他对于“环”的理解不仅限于群落结构上的相似，也包括生境条件及其他群落学特征上的相似，反映了群丛间发生上的联系①，但他本人在理论阐述中还没有强调这一点。关于亚高山森林群落分类中“环”的概念还可以进一步完善，可以认为这个方向对合理解决亚高山森林群落分类理论上是有帮助的。

“群丛环”的分类原则以及本区若干具体的群丛环也适用于我国西南高山地区的其他林区的暗针叶林群落，甚至对围绕喜马拉雅山区所有亚高山森林群落都适用。例如，经过对四川木里地区、滇西北的雅砻江、金沙江峡谷、西北白龙江，洮河流域高山地区以及西藏境内波密塔工地区的亚高山森林群落的调查研究材料可以证实[2, 3]②③④，其他地区有很多可靠文献的描述都可以表明这点。尽管西藏高原及其边缘地区的森林植物条件不同，可以分为若干森林植物区⑤，其冷杉、云杉、杜鹃、箭竹以及其他许多属的种都不同，但都可以有相似的地理替代种，和群落结构上的极其相似，都有相应的群丛环，形成了我国亚高山暗针叶林群落分类系统上相应的地理型。因此，这种分类原则对于亚高山森林群落（可能还不限于此）分类有普遍意义，应当作为植物群落分类理论发展上的一个途径来加以重视和进行深入的研究。

参考文献

[1] 陈邦杰等，1958，中国苔藓植物生态群落和地理分布的初步报告，植物分类学报，7卷4期.
[2] 姜恕，1960，四川省西部山地的草甸和森林，植物学报，9卷2期.
[3] 张玉良，四川木里沙鲁里山脉南端高山地区的植被，植物生态学与地植物学资料丛刊，第三辑.
[4] C. B.佐恩，1959，康藏高原东部土壤及其分布规律，土壤学报，7卷1-2期.
[5] Ан. А.费多罗夫，1959，中国西南的植物区系及其对于认识欧亚植物界的意义，植物学报，8卷2期.
[6] B. H. Сукачев，1938，Л. Дендрология с основами лесной геоботаники，456-465.
[7] C. Я. Соколов，Экологическая и ценологическая классификация древесных и кустарниковых пород Абхазии. сб. “Абхазия”.

① 川西高山林区林型研究报告，林业科学研究院未刊资料。
② 川西高山林区林型研究报告，中国林业科学研究院未刊资料。
③ 甘肃白龙江高山林区考察报告，中国林业科学研究院研究报告，营（61）71。
④ 四川木里、滇西北高山林区林型调查报告，林业部综合调查队资料。
⑤ 西南高山林区特点简述及区划（草案），中国林业科学研究院，油印资料。

川西米亚罗、马尔康高山林区生境类型的初步研究†

川西高山林区位于青藏高原东部边缘的褶皱地带，是大渡河及岷江流域的上游地区。我们工作地区为阿坝藏族自治州的米亚罗及马尔康一带（图 1）。1958 年中国林业科学研究院组织考察队在此地区进行了森林土壤及林型（森林植物群落类型）的考察研究。1960 年在这基础上又进行了本林区的森林生境类型的研究，并与四川林业研究所合作在鹧鸪山（海拔 4200 米）以东的夹壁沟内设置了森林植物群落的综合性定位研究。

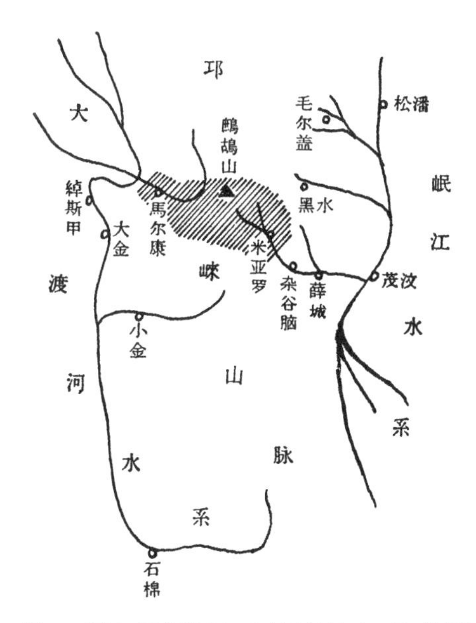

图 1　调查研究地区（以黑斜线表示）简图

本林区地貌复杂，是青藏高原边缘褶皱带最外缘部分，海拔高差大，褶皱最强烈。气候受着高原地形的决定性影响。高原所造成的大气环流上的特征很明显地反映在本区。全年雨量 700～900 毫米（图 2）。气候属冬寒夏凉的高山气候。

植被和土壤的垂直成带明显。海拔 2700 米以下为亚高山针阔混交林带；2700～4000 米为亚高山针叶林及高山疏林带；4000 米以上为高山草甸、高山荒漠及积雪带。针阔混交林的土壤为山地褐色森林土；针叶林带内的云杉林土壤是棕色森林土或淋溶泥炭质棕色森林土；冷杉林下为假灰化棕色森林土或泥炭质潜育假灰化棕色森林

---

† 蒋有绪，1963，林业科学，8（4）：321-335。

本文涉及植物区系所引用的种名，系根据 1958 年中国林业科学研究院西南高山林区森林综合考察队的资料。针叶树种的中文名系根据郑万钧“中国树木学”（1961）上所用的。参加本项研究工作的还有中国林业科学研究院林业科学研究所吴静如、张爱娟同志，并蒙四川林业研究所给以支持和协助，一并致谢。

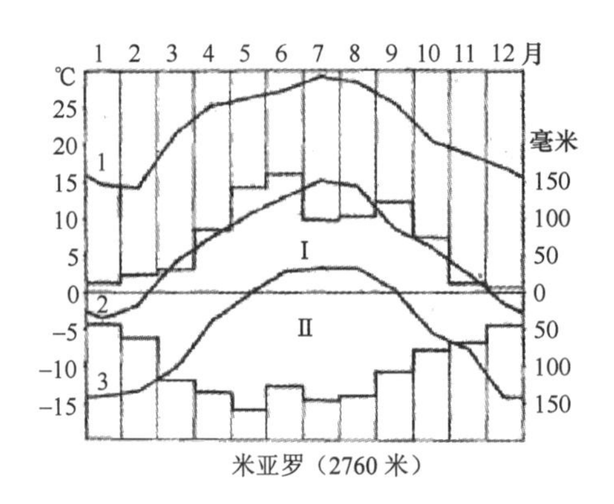

图2　研究区气象条件

各月气温（2），绝对最高气温（1），绝对最低气温（3），降水量（Ⅰ），蒸发量（Ⅱ）（1956～1960）

土[①]；高山栎林下常为褐色次生碳酸盐土；落叶松林下为高山草甸森林土；高山草甸带常为高山草甸土，再上有高山石质荒漠土。成土母质大都是古生代片岩、板岩的风化物，少数为花岗岩、石灰岩及砂岩。

1　林区的植物区系背景及针叶林的特点

我国西南高山地区的植物区系具有辐凑性质，包含有几个不同区的植物成分，如有岩须属（*Casiope*）、岩梅属（*Diapensia*）、北极果属（*Arctous*）等极地植物，也有华中、东亚的特有科属。除有寒温带暗针叶林树种外，又有暖温带及亚热带树种，甚至有印度、马来亚的成分，同时又存在中亚干旱植物，如泡泡刺（*Nitraria*）、霸王鞭（*Zygophyllum*）等属。

本林区在鹧鸪山东边岷江水系上游地区由于地理位置和地形条件的原因，云南的亚热带成分大为减少，而由于与黄河上游地区相接，华北、西北成分增加。在青衣江、金沙江流域都有分布的石柯（*Lithocarpus*）、锥栗（*Castanopsis*）、槠（*Cyclobalanopsis*）等壳斗科树种及樟科、山茶科植物在岷江水系上游杂谷脑河谷都未见出现。由于河谷下部气候干燥，并不形成垂直带中的亚热带部分，仅在较湿润的河谷中才有常绿阔叶树的侵入，如樟科的山胡椒（*Lindera umbellata*）等。鹧鸪山以西的马尔康地区（大渡河上游河谷）的情况与杂谷脑河谷地区相似。

川西高山林区的暗针叶林树种很丰富，冷杉属计有岷江冷杉（*Abies faxoniana* Rehd. et Wils.）、黄果冷杉（*A. ernestii* Rehd.）、紫果冷杉（*A. recurvata* Mast.）、长苞冷杉（*A. georgei* Orr.）、冷杉（*A. fabri* Craib.）等；云杉属计有云杉（*Picea asperata* Mast.）、紫果云杉（*P. purpurea* Mast.）、麦吊杉（*P. brachytyla* Pritz.）、青杆（*P. wilsonii* Mast.）等。除了岷江冷杉、紫果冷杉、紫果云杉基本上以川西北岷江流域及甘肃白龙江流域的高山为分布中心外，其他如长苞冷杉是以滇西北及四川木里等地为中心分布的，而几种云杉，如云杉、青杆、麦吊杉等在甘肃、湖北、河北、陕西等地均各有分布。而华山松（*Pinus*

① 假灰化棕色森林土等系C. B.佐恩所订。“假灰化”是指土壤剖面虽有灰化层现象，但土壤中SiO_2的积聚规律及铁铝氧化物的分布情况不能证实土壤中确有灰化过程发生。

armandii Fr.)、铁杉（*Tsuga chinensis* Pritj.）的分布则更为广泛。从本区树种成分上分析足以证明本区确处于区系上的交汇地位。

从分析本区范围不大的森林植物（包括高山草甸在内）的成分，可以看出它们不仅有我国华北区的植物成分和欧亚广布种［如蹄盖蕨（*Athyrium acrostichoides*）、醋柳（*Hippophae rhamnoides*）、短柄草（*Brachypodium sylvaticum*）、蓝果金银花（*Lonicera coerulaea*）、野菜豆（*Vicia sativa*）、羊茅草（*Festuca ovina*）、驴蹄草（*Caltha palustre*）、升麻（*Cimicifuga foetida*）等］，并且也越过我国大陆、西伯利亚、日本的暗针叶林区具有共同的种，如有毛茛状乌头（*Aconitum ranunculoides*）、水仙状银莲花（*Anemone narcissiflora*）、蒙古锦鸡儿（*Caragana arborescens*）、兴安老鹳草（*Geranium dahuricum*）、圆叶鹿蹄草（*Pyrola rotundifolia*）、贝加尔唐松草（*Thalictrum baicalensis*）等数十种。当然，也可以通过以下若干种植物，如喜马拉雅和尚菜（*Adenocaulon himalayense*）、山地铁线莲（*Clematis montana*）、冰川茶藨子（*Ribes graciale*）、皂柳（*Salix wallichiana*）、西藏忍冬（*Lonicera thibetica*）、高山绣线菊（*Spiraea alpina*）、尼泊尔蓼（*Polygonum nepalensis*）、黄花草（*Anthoxanthum hookeri*）、黄芪（*Astragalus floridus*）、披碱草（*Clinelymus natans* var. *trasiens*）、细须狐茅草（*Festuca leptopogon*）、埃牟茶藨子（*Ribes emodensis*）、尼泊尔香青（*Anaphalis nepalensis*）、酢浆草（*Oxalis comiculata*）等可以看出也有喜马拉雅山区系的植物。

苔藓植物区系也具有不少北方暗针叶林的共同种，如塔藓（*Hylocomiun proliferum*）、山羽藓（*Abietinella abietina*）、树状万年藓（*Climacium dendroides*）、树藓（*Gingensohnia ruthenica*）、垂枝藓（*Rhytidium rugosum*）、毛梳藓（*Ptilium crita-castrensis*）等；并且其他欧亚北部的习见种也有大量分布，如对叶藓（*Districhium capillaceum*）、拟白发藓（*Paraleucobryium enervea*）、扭口藓（*Barbula rigidula*）等十余种。由以下种，如尖叶紫萼藓（*Grimmia comutata*）、疣金发藓（*Pogonatum urnigerum*）、羽藓（*Thuidium pycnothallum*，*T. recognitum*）、白齿藓（*Leucodon flagelliformi*）等可以了解本区苔藓与华中、华北等地的联系。与喜马拉雅山区藓的密切联系是本区藓区系的特征之一，如锦丝藓（*Actinothuidium hookeri*）成为优势的层片，还有丝灰藓（*Graldiella levieri*）、合叶苔（*Scaparia* sp.）几种的分布可以说明这点。

本林区的暗针叶林是属于北半球分布较南的暗针叶林区。虽然林下的灌木、草本、苔藓植物的主要属都与北方暗针叶林相同，如灌木有忍冬、荚蒾、花楸等，草本植物有酢浆草、鳞毛蕨、蹄盖蕨、驴蹄草、堇菜、老鹳草、砧草、木贼等，但是这是处于低纬度，由于高海拔（低温）而形成的暗针叶林，与高纬度的寒温带暗针叶林不尽相似，有着自己的特点。

（1）暗针叶林树种丰富，并且普遍有同属近缘种的混交现象，如云杉和紫果云杉混交；冷杉、岷江冷杉和紫果冷杉混交，又常组成同一森林分子（同时更新起来的世代）。在形态上有差异的同属不同种的大面积而普遍的混交，似乎又不表现有生态学上、群落学作用上巨大的差异（生物学上、生理学上的差别尚未作观察）这一现象是很特殊的，值得深入研究。

（2）本区暗针叶林带具有古老的湿暖生植物区系的残余。竹类［箭竹（*Sinarundinaria chungii*）］成为下木，并具有亚建群种的地位，林内还有高大的乔木状杜鹃（*Rhododendron przewalskii*）等，这些现象在北方暗针叶林中是未见的。

（3）本林区暗针叶林带的层外植物比北方暗针叶林发育得显著。在岷江冷杉、紫果云杉等针叶树及高山栎（*Quercus semicarpifolia*）的树枝上常挂满了松萝（*Usnea longissima*）成为独特的层片。树生藓类及地衣的种类也很可观，有波叶平藓（*Neckera pennata*）、白齿藓、叉苔（*Metzgeria fruticata*）、羽苔（*Plagiochila schutscheara*）等。很多土生藓类如白发藓（*Leucobryum*）、提灯藓（*Mnium rostratum*）、棉藓（*Plagiothecium lactum*）、疣灯藓（*Trochystis flagellari*）等也由于林内空气湿度高而由土面延展成为基干树生的类型了。

（4）苔藓植物的主要种在植被发育上的作用与北方暗针叶林是不同的。在北方泰加林区无论林内或林外常发育有纯泥炭藓沼泽，泥炭藓种类丰富，而本林区仅有 *Sphagnum Gingensohnii* 等少数种，且很少发育成纯泥炭藓沼泽，因为本区死地被物分解较好，并且在陡坡地上不易停滞水分，缺乏泥炭藓沼泽发育的条件。但是在本林区锦丝藓、塔藓有时却发育得很好。

（5）本林区土壤也因气候及地形条件的特殊，与北方泰加林区不同，没有强烈的灰化作用，但有时有假灰化现象。

2　森林生境类型的分类

生境类型的研究在植物生态学及自然地理学工作中都占有很重要的地位。它的任务不仅根据物理-地理条件特点进行地段的生境类型的分类，并且还要研究这些生境特点对于不同植物（农林作物或天然植被）分布、生长、发育的制约关系。因此这项工作对于因地制宜地进行农林业生产是非常重要的。譬如在林业上，对于根据适地适树原则造林或更新，对于按不同特点进行现有林合理经营等方面非常必要。近年来，已有发展为“立地学”专门学科的趋向（Walter，1960）。

生境（местопроизрастание）是具体地段上对群落或植物所有起作用的生态因子的总和（Сукачев，1934），包括直接作用和间接作用的因子都在内。若几个地段上的生境都相似（基本上相同），则这些生境条件都属于同一个生境类型。因此“生境类型”乃是概括了的、分类上的概念，而对于“生境”的了解却是具体的。对于生境还有不同的理解，如把生境仅仅理解为所有直接作用因子，例如光、热、水分、各种养分条件等的总和（Cajander，1933）；也有理解为仅仅是间接因子的总和，如地形、气候、母质、地下水等条件（Морозов，1926）。实际上，应当把生境认识为所有生态因子的总和较恰当。因此生境类型分类的原则将是根据气候、土壤、母质，以及重新分配水、热、养分状况的地形因素等综合特征作为基础，但是其中生存条件（对于植物的生存必不可少的因子）的状况以及主导作用因子（也可能是间接的，如地形因子；也可能是限制因子，如干旱、严寒等）的意义更加重要（图 3）。

根据以上原则，在本林区森林的生境类型的划分中，除考虑到物理—地理因子的综合特征外，应注意到本地区地形因子在重新分配几个主要生存因子（光、热、水分、养分）上的重要作用。由于不同综合生境条件的作用，植被也因生境类型不同而各异，它们都各自有着自己的群落学特性，及土壤等其他特性（图 4）。但属于同一个生境类型的植物群落（或林型）的特点是比较接近的（表 1）。不同生境类型有着明显的指示植物。因而，在野外，生境类型可以借一定的地形位置和指示植物等特征加以鉴别，可以较方便地应用到本林区的森林经营和更新等生产中去。

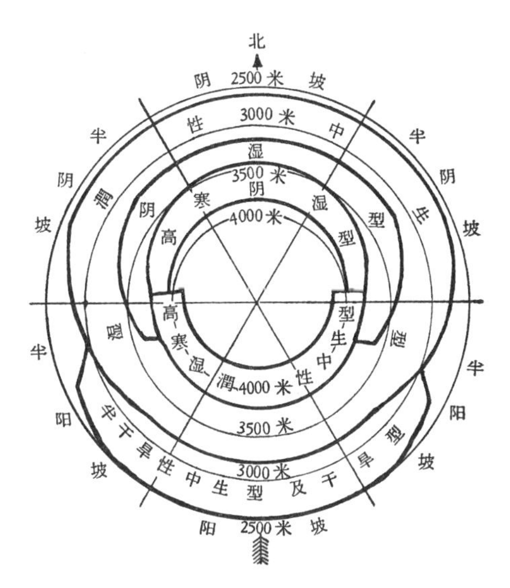

图 3 主要生境类型随地形因子分布的图解

同心圆为坐落在方位坐标上的海拔等高线，数字代表海拔（米）

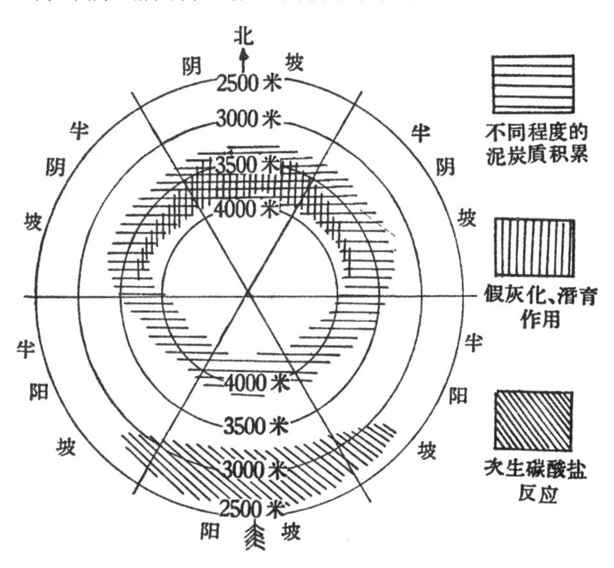

图 4 不同地形条件下土壤形成作用特点的图解

表 1 川西高山林区生境类型及其林型（或群落）

生境类型		林型及群落
高寒半干旱类型		石质稀疏灌丛 *Rupifruticeta altomontana*
高寒中生类型	高寒湿润性中生类型	高山草甸 *Prata altomontana* 草甸性矮灌丛 *Pratifruticeta altomontana* 落叶松疏林 *Lariceta Potaninii*

续表

生境类型		林型及群落
高寒中生类型	高寒半干旱性的中生类型	小叶章-紫果云杉林　*Piceetum calamagrostiosum* 桧柏疏林　*Junipereta saltuaria*
高寒阴湿类型		高山杜鹃灌林　*Rhododendreta grandifruticosa* 杜鹃-岷江冷杉林　*Abietum rhododendrosum*
阴湿类型		藓类-岷江冷杉林　*Abietum hylocomioso-actinothuidiosum* 藓类-云杉林　*Piceetum hylocomioso-actinothuidiosum* 箭竹-岷江冷杉林　*Abietum sinarundinariosum* 箭竹-云杉林　*Piceetum sinarundinariosum* 落叶阔叶-岷江冷杉林　*Abietum desiduilignosum* 藓类-红桦林　*Albo-sinansl-betuletum hylocomioso-actinothuidiosum* 箭竹-红桦林　*Albo-sinansi-betuletum sinarundinariosum*
湿润性中生类型		高山栎-岷江冷杉林　*Abletum semicarpifolio-quercosum* 高山栎-云杉林　*Piceetum semicarpifolio-quercosum* 高山栎林　*Querceta semicarpifolia* 落叶阔叶-青杆、紫果冷杉林　*Wilsoni-piceeto-abietum deciduilignosum* 落叶阔叶-青杆、铁杉林　*Wilsoni-piceeto-tsugosum deciduilignosum*
半干旱性中生类型		高山栎-高山松林　*Pinetum semicarpifolio-quercosum* 菝葜-高山松林　*Pinetum smilacicum* 野棉花-高山松林　*Quercetum anemonum*
干旱类型		旱生矮灌丛　*Siccifruticeta nana*

2.1　高寒半干旱类型

分布常限于海拔 4000 米森林线以上的冰碛石或石碏子陡坡。地表为大片状及块状岩石布满，仅石块间有土壤发育，且多泥炭质。融雪后或雨后水分不易留存，成径流流失，又因蒸发量大，土壤很易变干燥。这里融雪在四月开始，积雪在九月就已开始，全年至少有六七个月的月平均温度在 0℃以下，生长期短。植物多以稀疏的小杜鹃、高山柳等灌丛和一些草本植物，如龙胆（*Gentiana*）、艾蒿（*Artemisia*）、虎耳草（*Saxifraga*）、景天（*Sedum*）等属植物依借瘠薄的土壤生长。这些植物形态常带有旱生性质，如艾蒿的退化细小叶片、景天的肉质茎叶、小杜鹃的革质叶片及匍匐抗风的矮茎等。岩石表面有地衣及一些苔藓生长。生境呈半干旱的原因不是降水少，而在于地表的不良蓄水性能和水分的大量蒸发。日温差和年温差均很大，因而岩石的物理风化强烈。土壤为高山石质荒漠土，发育缓慢，有机质的积累也缓慢。对该生境类型的植物群落未作专门记载，但一般都可归于石质稀疏灌丛，再高处为高山石质荒漠群落。

2.2　高寒中生类型

分布在海拔 3600 米以上森林分布带上限的阳向、半阳向或半阴向坡。阳向、半阳向坡使生境偏于稍干燥，而半阴坡的生境略湿润，因而本类型又可分为两个亚型：即高寒半干旱性的中生类型和高寒湿润性的中生类型。本类型的气候是严寒的，年平均气温为 0～2℃。虽然光照条件良好、接受较多的辐射能，有较大的蒸发量，但本类型由于分布常接近上方融雪水的来源，除得到降水外，能优先承受上方融雪径流，所以不致造成因强度蒸发而干燥化的威胁。土壤的一般特征是有机质含量多，较肥沃，pH 5.0～6.0，为高山草甸土或高山草甸森林土。剖面中仅有轻微的淋溶现象（这是本类型土壤的特征之一，在阴湿类型的云杉林及岷江冷杉林下土壤淋溶作用就明显），代换性阳离子以 Ca^{2+}

为主，盐基饱和度较高（土壤分析见表 2）。植物群落有高山草甸、高山草甸灌丛、落叶松疏林、桧柏疏林及紫果云杉疏林。落叶松（*Larix potaninii* Batal.）、方枝桧［*Juniperus saltuaria* Rehd. et Wils.（*Sabina saltuuria*（Rehd. et Wils.）Cheng et Wang）］，紫果云杉等乔木树种都是耐高寒的喜光树种。草本植物也以高寒中生的属种为主，如高山草甸有薹草属（*Carix* spp.）、报春花属（*Primula sikkimenis* var. *pudibunda* 等）、龙胆属（*Gentiana delicata*，*G. trichotoma*）、毛茛属（*Ranunculus* spp.）、玄参属（*Pedicularis binaria*、*P. Davidii*、*P. macrosiphon*、*P. oederi* var. *heteroglosea*、*P. streptorhyncha* 等）、嵩草属（*Cobresia* spp.）、早熟禾属（*Poa* spp.）、剪股颖属（*Agrostis* spp.）。林下除以上几属外，有小叶章（*Calamagrostis epigejor* var. *parviflora*）、以及种类较多的宽叶草本植物，如菊科的千里光（*Senecio oldhaminus*、*S. intergrifolius*）、心状叶橐吾（*Ligularia hodgsonii*）、翼茎香青（*Anaphalis pterocaula*）、紫菀（*Aster* sp.），毛茛科的唐松草、银莲花等属。藓类植被不很发育，但在桧柏疏林、紫果云杉疏林下有较旱生的垂枝藓、紫萼藓（*Grimmia commutata*）和中生的提灯藓、羽藓等，阴湿生的锦丝藓、塔藓不可能出现。落叶松疏林下以毛梳藓、曲尾藓（*Dicranum sonjeana*）为主，锦丝藓、塔藓已有出现，但为数不多。

表 2　土壤化学分析（落叶松疏林）

层次	采样深度/厘米	pH	腐殖质/%	全 N/%	水溶性 N	P_2O_5	K_2O	代换性 H	活性 Al	代换性 Ca	代换性 Mg
					毫克当量/100 克土						
A_0	2～7	6.1		1.540	60.476	37.5	375.0				
A_0A_1	7～10	5.6	19.18	0.257		30.0	50.0	2.160	0.02	26.29	8.36
AB	20～30	6.0	5.39	0.297	17.096	1.3	14.2	0.449	+	12.77	4.70
BC	40～50	6.4	3.11								

2.3　高寒阴湿类型

海拔 3600 米以上森林分布上限的阴坡、半阴坡。有时极限分布可达 4500 米。以高大的杜鹃（高 2.3 米以上）灌木林或杜鹃-岷江冷杉林为主要景观，区别与高寒中生类型的矮小杜鹃匍匐灌丛。气候严寒，水分很充分，除降水外也能优先得到上方的融雪水，又因森林植被发育良好，完全郁阴，又位于阴坡，蒸发量得以减少，林内空气潮润，形成森林环境的冷、阴、湿的特征。尽管土壤水分充足（图 5），但由于土温低，生理性干旱能引起冷杉的枯梢。土壤为山地泥炭质假灰化棕色森林土，由于冷湿及其他原因，土壤有机质分解不良，剖面上表现了明显的泥炭质层。代换性氢离子含量高，pH 4.6～5.3，呈强酸性，代换性阳离子总量的比例很大，在腐殖质淀积层表现最明显。土壤腐殖质合量虽较多，但多系粗腐殖质，未很好矿物质化，不能充分为植物吸收利用（土壤分析见表 3）。

群落结构比较简单，杜鹃-岷江冷杉疏林的冷杉通常仅一个层次，以岷江冷杉为主。杜鹃（*Rhododendron przewalskii*、*R. agniphyllum*）成 2～3 米高密集的层。林下冷杉幼树不多，但有不少一年生幼苗，幼苗夭折的主要原因是林下地被［藓类、薹草，有时岩须（*Cassiope selaginoides*）为优势］密集和严寒的侵袭。枯枝落叶层鲜重积聚每公顷达 66 吨，很为可观，以杜鹃叶及冷杉针叶为主，养分分析如下（单位：毫克/公斤干物质）：

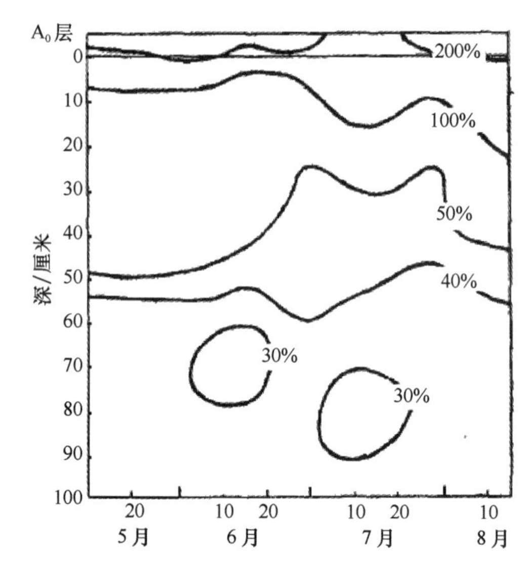

图 5　杜鹃-岷江冷杉林土壤水分动态（1960 年）

表 3　土壤化学分析（杜鹃-岷江冷杉林）

层次	采样深度/厘米	pH	腐殖质/%	全N/%	水溶性N	P_2O_5	K_2O	代换性H	活性Al	代换性Ca	代换性Mg
					毫克当量/100 克土						
A_0	2～10	6.0		1.851	82.235		229.4				
A_1	10～18	5.1		4.417	53.747	6.3					
AB	20～30	4.6	5.99	0.398	44.755	0.8	10.2	14.586	5.14	1.55	1.78
BC	35～42	4.9	3.34					12.235	2.51	4.70	4.80
CD	50～60	5.2									

铵态氮 6.23，有效磷 2.00，有效钾 45.57。钾元素相当丰富，而有效氮素缺乏，这是因为有机质未很好矿物质化。

2.4　阴湿类型

分布在海拔 3100～3600 米的阴坡、半阴坡，以及狭窄沟谷两旁山坡的下部，包括有藓类-云杉林，藓类-岷江冷杉林，箭竹-云杉林，箭竹-岷江冷杉林，落叶阔叶-岷江冷杉混交林，及派生的红桦（*Betula albo-sinensis* Burk.）林等。由于海拔稍低，气候不及上述高寒类型严寒，年平均温度 5℃左右。林内大气及土壤湿度都很大（土壤水分状况见图 6），根据在海拔 3400 米藓类-岷江冷杉林内设置的气象站材料列举 1961 年 5～10 月的各因子平均值如下：

月份	平均气温/℃	绝对湿度/毫巴	相对湿度/%	降水量/毫米	蒸发量/毫米	地面温/℃
5 月	6.3	6.3	71	135.8	31.7	—
6 月	10.8	9.6	74	52.9	41.6	8.4
7 月	12.4	11.7	84	110.2	31.7	7.3
8 月	11.8	11.1	87	131.6	19.8	4.8
9 月	9.3	7.5	75	65.8	23.3	9.0
10 月	5.8	7.6	84	65.6	11.4	6.6

在生长季节内大湿度日（14 时观测中相对湿度高于 80%者）为 56 天。土温情况比高寒阴湿类型的要温和些，见下表：

温度/℃	1960 年 7 月 29 日			1960 年 8 月 4 日			1960 年 8 月 13 日			1960 年 8 月 20 日		
	箭竹-冷杉	杜鹃-冷杉	差	箭竹-冷杉	杜鹃-冷杉	差	箭竹-冷杉	杜鹃-冷杉	差	箭竹-冷杉	杜鹃-冷杉	差
地表温	12.2	8.9	3.3	14.2	10.0	4.2	10.0	8.0	2.0	12.5	6.5	6.0
15 厘米深土温	11.4	8.4	3.0	10.2	9.5	0.8	10.0	8.0	2.0	11.9	8.1	3.8
30 厘米深土温	10.0	9.6	0.4	10.0	9.0	1.0	9.7	8.0	0.3	10.1	8.1	2.0

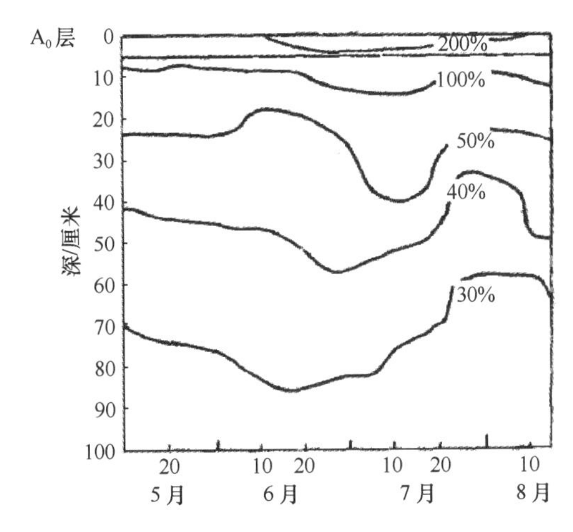

图 6 藓类-岷江冷杉林土壤水分动态（1960 年）

在冷杉及云杉林下具明显的藓类地被层（喜湿的锦丝藓、塔藓为优势），或箭竹下木层，有时也出现以木贼为优势的草本层，这些构成层次的亚建群种植物都是典型的喜阴湿种，成为本类型群落的最好的指示层次。其他草本植物及藓类种也是喜湿耐阴的。在这类型的分布下缘部分已出现椴、槭等阔叶树种少量混生。土壤是山地泥炭质或泥炭质化的棕色森林土，有些有灰化的特征，一般都有潜育化作用。枯枝落叶积聚量很大：藓类-云杉林 74.3 吨/公顷，箭竹-岷江冷杉林 97.2 吨/公顷，藓类-岷江冷杉林 74.9 吨/公顷。灰分元素在不同类型土壤中有差异，但一般来说，在 SiO_2 聚积层中 Fe_2O_3、Al_2O_3、CaO、MgO_2 的积聚量一般较高，这说明了生物聚积作用超过了淋溶作用。土壤 pH 在 A_0 层较高，为 5.8～6.3，下层一般为 5.3～5.9，呈弱酸性，个别情况也有 4.5 的。剖面上腐殖质含量为 1.4%～6.5%，活性氮含量在剖面自上到下渐减，有效性钾、磷较丰富，盐基饱和度大，具有较高的肥力（土壤分析见表 4）。林木生产力也大为提高。这一类型的林分成本林区木材生产上的主要对象，拥有最大的蓄积量。并且林下及迹地上的更新状况比杜鹃-岷江冷杉林要好得多。在落叶阔叶-岷江冷杉混交林内虽然出现了椴（*Tilia intosa*）、五角槭（*Acer mono*）、白蜡（*Fraxinus chinensis*），也有少数的铁杉，灌木中也出现了青荚叶（*Helwingea japonica*）、圆叶菝葜（*Smilax brachypoda*）、黄脉八仙花（*Hydrangea xanthoneura*）、沛阳花（*Viburnum lobophyllum*）、卫矛（*Evonymus giraldii*）、五加（*Acanthopanax giraldii*）、椋子木（*Cornus Hemsleyi*）等指示生境趋暖的乔灌木树种，但林下箭竹层或木贼草本层仍存在，土壤以潜育化程度来说，甚至是本类型几个林型中最大的。

表 4 土壤化学分析（箭竹-岷江冷杉林）

层次	采样深度/厘米	pH	腐殖质/%	全 N/%	水溶性 N	P_2O_5	K_2O	代换性 H	活性 Al	代换性 Ca	代换性 Mg
					毫克当量/100 克土						
A_0	1～8	5.8		0.133	20.685	62.5	96.1				
A_T	9～11	5.6		0.822	19.218	7.5	73.4				
A_1	13～20	6.0	13.982	0.561	5.554	5.0	7.8	0.588		30.86	5.75
A_1B_1	24～34	6.0	6.461	0.254	9.707	2.0	7.0	0.218	0.02	18.58	4.61
B_2	36～55	6.1	3.964	0.148	3.964	1.0	4.7	0.087	0.02	13.04	1.61
C	60～80	6.5									

2.5 湿润性的中生类型

在海拔 3000～3500 米的阳坡、半阳坡，以及海拔稍低（2600～2900 米）、沟形开豁、且排水较好的阴坡、半阴坡。有高山栎-岷江冷杉林，高山栎-云杉林，原生的高山栎林，落叶阔叶-青杆、紫果冷杉林，落叶阔叶-青杆、铁杉林，以及所有派生的相应的红桦、山杨林。气候较温暖，土壤水分充足，但水分状况不太稳定，在雨季仍偏潮湿（图 7）。土壤为褐色森林土或棕色森林土，土壤肥沃，腐殖质含量很高，pH 5.4～6.3，呈微酸性或趋于中性。铁铝在剖面中几无移动，含量少，CaO 含量较高，土壤几乎为 Ca 所饱和，氢离子合量不高，这与土壤 pH 接近中性是相符的。腐殖质组成中以胡敏酸为主，对土壤的矿物质部分破坏作用不大，土壤肥力因而较高（土壤分析见表 5）。由于这一生境类型的条件适宜于多种植物的生存，因而种类丰富、生态型较广泛，例如有阳性树种高山栎与阴性树种冷杉等相结合的群落结构。土壤的枯枝落叶层聚积量在纯栎林内为 26.3 吨/公顷，在高山栎-冷杉林可达 37.3 吨/公顷。以针叶及高山栎叶、草本茎叶为主，栎叶分解不甚好。林下有少许冷、云杉幼苗，几乎完全没有高山栎幼苗、幼树。原生的纯栎林在林木组成及结构上较单纯。落叶阔叶—青杆、紫果冷杉或铁杉林的主要树种青杆及紫果冷杉都是本林区高山冷、云杉中分布最低的种，林下草本植物已出现沿阶草（*Ophiopogen clavatus*）、对叶兰（*Listera japonica*）、宝铎草（*Disporum* sp.）等在高寒阴湿及阴湿类型群落中少见的种。各群落中的藓类不甚发育，主要种类完全不同于上述各生境类型的湿生种，而以鼠尾藓（*Myurociaea concinna*）、鞭枝疣灯藓（*Trachycygtis flagellaris*）、羽藓（*Thuidium assimile*）等中生或耐旱的种为主。值得指出的是土壤有时已有较明显的碳酸盐反应，说明土壤水分有较大的蒸发，这是向半干旱生境类型过渡的征象。

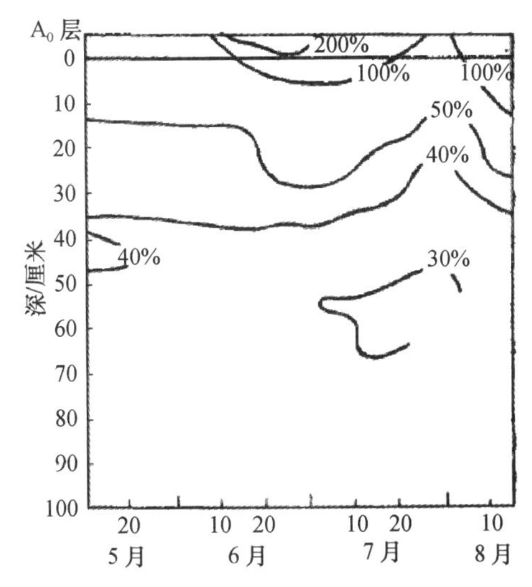

图 7 高山栎-岷江冷杉林土壤水分动态（1960 年）

表 5 土壤化学分析（高山栎-紫果云杉林）

层次	采样深度/厘米	pH	腐殖质/%	全 N/%	水溶性 N	P_2O_5	K_2O	代换性 H	活性 Al	代换性 Ca	代换性 Mg
					毫克当量/100 克土						
A_0A_1	0～10	5.6	36.160	0.849	18.560	1.5	11.0	1.138		42.77	10.90
B_1	13～20	5.8	4.683	0.270	5.566		1.25	0.714	0.03	17.86	5.13
B_2	25～32	6.0	4.757	0.158	6.614		15.0	0.069	0.03	13.49	4.41
BC	40～50	6.0	3.737					0.196	+	8.15	3.72
CD	65～75	6.4									

2.6 半干旱性中生类型

分布海拔 2600 米以上的阳坡、半阳坡，属于这一类型的群落有高山栎-高山松林，高山松林及次生的高山栎矮林、桦木山杨林等。由于海拔低、位于阳坡、光照充足，年平均气温较高、达 6～7℃，蒸发量超过降水量的 50%，年蒸发量为 1200 毫米，降水量为 800 毫米左右。土壤为具次生碳酸盐反应的山地褐色森林士，肥力不高，具有强烈的碳酸盐反应是本类型土壤的特点。土壤较干燥，在干季具有较干燥的枯枝落叶层。植被以喜光耐旱的高山栎、高山松（*Pinus densata* Mast.）乔木树种和山蚂蝗（*Desmodium spicatum*）、杭子梢（*Campylotropis* sp.）等喜光耐旱灌木为特征，也出现有较旱生的锦鸡儿（*Caragana* spp.），灌木种类还是丰富的。草本植物以泽兰（*Eupatorium japonicum*）、沿阶草（*Ophiopogon claratus*）、小叶章，以及 *Phlomis umbrosa*、*Ligularia dictyoneura*、*Anemone tomentosa*、*Artmisia* spp.、*Saussurea glabosa*、*Asarum himalaicum*、*Paris tetraphylla*、*Asparagus* sp.、*Poaorinosa*、*Festuca rubre* var. *meireana* 等喜温暖、喜光耐旱、在暗针叶林下从不出现的种类都相继有生长，其中中生或喜湿的种类也不少，因此草本植物种类丰富、结构也较复杂。藓类发育很弱，种类大为减少，大都为中生的，但以鞭枝疣灯藓为主，耐旱的缩叶藓（*Ptycho mitrium dentatum*）也有生长。

2.7 干旱类型

海拔 2600～3000 米的阳坡、半阳坡，一般在极陡坡较明显。生长有原始植被长期严重破坏后次生的旱生有刺矮灌丛，如矮高山栎（高不超过 2 米）、刺玫、小叶小蘖、锦鸡儿等，也有生长不好、矮小的川白桦、山杨等。草本植物以耐旱喜光的种为优势，地表覆有未分解的栎叶及其他灌木叶。土壤干燥瘠薄，对本类型的群落未作专门调查。

3 不同生境类型下森林植被的演替趋向

川西高山林区在新中国成立前就开始了采伐，那时木商的滥伐使原始森林遭到很大的破坏。新中国成立后本林区成为我国重要的木材生产基地之一，进行着大规模的皆伐作业，目前海拔 3000 余米及以下的森林植被一般都明显地见到人为外缘演替过程。原始的自然演替仅在森林上限及森林线以上可以观察到。

高海拔植被自然演替的一般图式可归纳如下（图 8，箭头向下者表示自然演替序列，向上者为破坏性外缘演替的序列）。

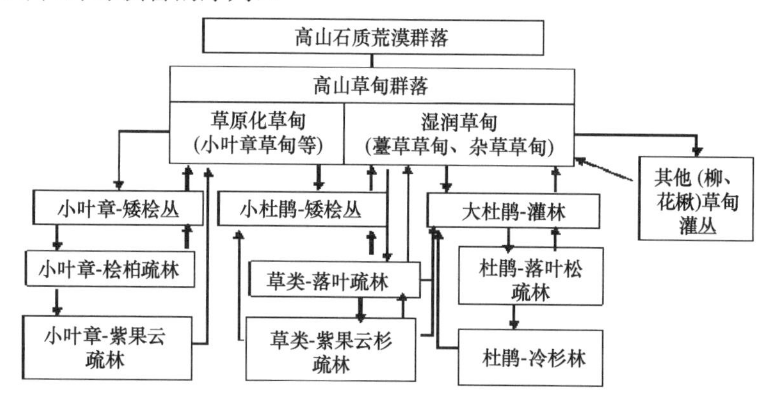

图 8 高海拔植被自然演替图解

海拔稍低的森林植被人为外缘演替过程在各种生境类型也都表现有一定的规律，掌握后可以为更新造林工作确定不同的抚育措施。任何一种生境类型的林分在不合理的利用下经过或长或短的时期后都会最终地导向成为冲刷荒坡（图 9），伴随着小气候的严重干燥化，土壤的极端贫瘠和不断流失。对于任何生境类型的林分都应拟定合理的经营措施。兹把各类型的植被演替规律及考虑到这些演替规律的特点所提出采伐利用的要求略述如下。

3.1 高寒半干旱性及湿润性中生类型

小叶章-紫果云杉林，小叶章-桧柏林，草类-桧柏林在采伐后锦鸡儿、番白木（*Potentilla fruticosa*）等喜光灌木得到发展，形成这类灌木的灌丛，草本的小叶章也有进一步的滋长。

落叶松林破坏后，林下留有的杜鹃层就成为优势的上层。杜鹃灌丛连续遭受破坏而

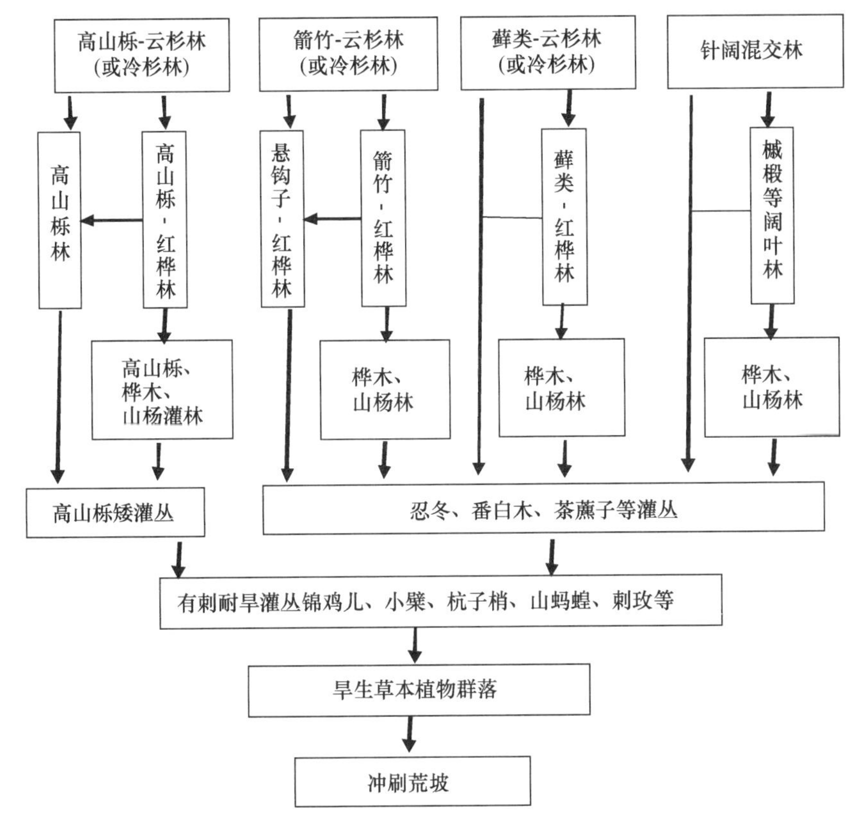

图 9 川西高山林区森林植被人为外缘演替序列图解

箭头表示在人为不断破坏下群落演替的方向

不得恢复时，喜光灌木就会侵入，也形成锦鸡儿、番白木等灌丛。

灌丛的进一步破坏就为周围的高山草甸、特别是草原化草甸的侵入创造了条件，这样会发展为生草化作用增强的草本植物群落。由于本类型的各森林群落木材蓄积不大，但却具有较大的水源涵养性能和防止高山草甸下侵的防护作用，且又因在采伐后不易再恢复成林，建议对这些林分不作主伐利用。

3.2 高寒阴湿类型

杜鹃-岷江冷杉林采伐后剩下的杜鹃层由于光照条件改善，可由不郁闭而发展为郁闭的杜鹃灌丛，耐寒的花楸、高山柳也会适当发展，成为三者的混交灌丛。林下原来的阴性草本植物如酢浆草、猫眼草（*Chrysosplenium griffithii*）及露珠草（*Circaea alpina*）及几种藓类都显著衰退、死亡。喜光的中生植物如乌头、银莲花、飞燕草、柳兰都侵入迹地占有一定地位。灌丛一再破坏有可能成为草甸，甚至冰碛母岩裸露。因此杜鹃-岷江冷杉林的采伐利用应特殊对待。这类林分分布的低下部分，冷杉蓄积较大时，主伐利用以小团状择伐为宜。在分布上限、冷杉稀疏、蓄积不大、干形不佳，特别是发育在冰碛石坡上的林分（地被常为岩须）不应再行采伐，它具有重要的保持水土的生物学作用。

3.3 阴湿类型

箭竹-云杉林或冷杉林皆伐后由于箭竹失去了林冠庇荫，林分土壤水分由潮湿趋于中等，不适于箭竹生长，开始受抑，逐渐死亡。喜光而能营养繁殖的悬钩子（*Rubus amabilis*、*R. auranticus*）就好似从长期在被森林环境压抑中解放出来，以高速蔓延滋长，在两三年内就可密集成片，高达 2 米左右，给人工更新及幼苗的生长以严重的威胁，在人不积极干涉的情况下悬钩子灌丛生长较长时期后可为桦木（*Betula mandschurica* var. *szechuanica*）、山杨（*Populus tremula* var. *davidiana*）代替。藓类-云（冷）杉林位于阳坡的在采伐后也为悬钩子的繁育创造了条件；在阴坡、半阴坡的迹地能形成忍冬、番白木、茶藨子以及马醉木（*Buddleia nivea* var. *yunnanensis*）组成的灌丛，相当长的时期后能恢复成桦木山杨林或红桦林。

本生境类型的林分其木材蓄积最大、分布面积也广，可以进行适当的皆伐。在更新措施上对迹地上悬钩子的滋长要给以重视，采取必要的抚育，保证幼苗的生长。

3.4 湿润性的中生类型

林分在皆伐后光照显著增强，大气湿度降低，土壤水分由适中趋向干燥，小叶章及其他耐旱草本植物有较大发展，继而对环境条件要求不甚严格的桦木、山杨兴起，形成次生林，在栎林迹地上可形成桦、杨与栎树三者的混交林。若原来的栎树破坏严重，就会萌蘖而发展成较矮小的高山栎灌林，在这种情况下林地保水能力大为降低，土壤更加趋于干燥，发生碳酸盐化。皆伐后如不很好及时更新起来，会很快地变为半干旱类型的群落。因此在采伐利用这类林分后应保证立即采取人工措施加以更新，并对沿沟底分布的林分（如青杆、铁杉林）应保留护岸林带。

3.5 半干旱性中生类型及干旱类型

高山栎-高山松林、高山栎灌林、高山松林在采伐后土壤更加干燥，原有耐旱喜光植物如蒿、野棉花（*Anemone tomentosa*）、糙苏（*Phlomis umbrosa*）等大量发展。灌木山蚂蝗、杭子梢、锦鸡儿也显著增加，与萌蘖的高山栎矮灌丛混交成旱生群落。干旱类型的群落再遭破坏就会完全成为矮小的多刺灌丛，土表逐渐裸露，若不加保护，就会变成冲刷的荒坡。

这类林分不宜皆伐，它们多半又位于大沟两旁的山坡下部，具有重要的保护河岸及公路的作用，可以择伐及抚育伐，而得到一部分原木或薪炭材。

4 关于森林经营的一些意见

（1）林业部规定：“西南高山林区，山势高大，沟谷狭窄，坡度陡急，土层浅薄，在以云杉、冷杉为主的林分，可根据森林情况采用单株择伐或块状择伐，条件较好的林分，可采用块状皆伐。”（林业部制订：国有林主伐试行规程修订本，1960 年）但目前生产上不根据条件一律采用块状皆伐，并扩大皆伐面积的现象是严重的。因此，除了严格执行采伐规程，在上述适宜的生境类型的林分采用块状皆伐外，还应保留采伐迹地林班边缘的林带30～50米宽，森林上限的保护林带200米宽，并且由于公路切方处崩坍现象严重，应在公路及大河两岸保留护岸护路林带200米宽。可能条件下建议最好不要把公路（或将有的铁路）两旁山坡的森林作主伐利用，已采伐的应迅速保证更新，一则为了护路，二则为了美化交通干道，这是应当重视的。

（2）森林采伐后的更新应有计划进行。现在伐区人工更新较少考虑到适地适树，而一律采用云杉。建议采用以下原则。

1）海拔3000～4000米的阳坡、半阳坡及半阴坡（即高寒湿润性中生型、湿润性中生型的落叶松林、高山栎-云杉林（或冷杉林））皆伐迹地可用落叶松、紫果云杉、云杉为更新树种。

2）海拔2500～3200米的阳坡、半阳坡（即半干旱性中生型的栎林、松林）皆伐迹地可选用高山松。

3）海拔3000～3600米的阴坡、半阴坡（即阴湿类型的云杉林、冷杉林）皆伐迹地可用云杉、紫果云杉、冷杉、岷江冷杉等。

4）海拔 3400～3800 米的阴坡、半阴坡（即高寒阴湿类型的杜鹃-冷杉林）皆伐迹地可用云杉，择伐迹地可用冷杉、岷江冷杉。

5）海拔2700～3200米的阴坡、半阴坡、半阳坡（即湿涸中生类型的针阔混交林）皆伐迹地可用云杉、青杆、紫果冷杉。

此外，铁杉、红桦、椴、栎、杨树（*Populus cathayana*）等树种都可根据需要在适宜地区用作更新树种。可能条件下采用天然更新还是必要的。

（3）在更新后抚育工作上应根据迹地植被生长的特点和更新树种幼树的生态习性来确定不同类型的抚育技术要求。如高寒阴湿类型的迹地上因气候严寒，悬钩子不会发展成为威胁更新的灌丛，所以对幼树的抚育次数可比阴湿类型的少些。树的抚育应当比落叶松、高山松更细致些。

参 考 文 献

[1] 徐近之，1959，青藏自然地理资料（植物部分），科学出版社.

[2] 陈邦杰等，1958，中国苔藓植物生态群落和地理分布的初步报告，植物分类学报，（4）.

[3] 陈嵘，1957，中国树木分类学，科学技术出版社.

[4] 中苏西南高山森林综合考察队，1959，川西高山林区森林采伐方式和更新技术的综合考察报告（1958），林业科学，（5）.

[5] С. В. 佐恩，1959，康藏高原东部的土壤及其分布规律，土壤学报，7：1-2.

[6] А. И. Толмачев，1943，К вопросу о происхождений тайги зонального растительного ландшафта，Советская ботаника，（4）.

[7] В. Н. Сукачев，1938，Дендрология с основами лесной геоботаники，Гослестехиздат，7-11，50-87.

[8] В. Н. Сукачев，1948，Фитоценология，биогеоценология и география，Труды второго всесоюзного географичкского съезда.

森林自然分类理论发展的现况†

我们能否寻得不同学派森林类型分类的共同见解？[32, 22]，这个问题曾在1959年8月加拿大蒙特利尔召开的第九届国际植物学会上被提出来。这反映了对于当前存在着不同学派、纷纭不一的森林群落自然分类原则而企望求得逐渐统一的一个呼吁。在会议上展开了对苏联学派“森林生物地理群落学说”及英美学派“生态系统学说”的热烈讨论。其实，这两个学说仅仅是近代森林自然分类理论发展中的两个主要学说而已。由于近年来科学的国际接触日益深入，一方面越来越清楚地看到各学派关于植被分类的基本理论与方法的重大的分歧，一方面却也看到它们有着相似的发展趋向，并且这个趋向随着各学派的理论发展趋于完善而更加明显。不同学派的学者对其他学派的理论及方法加以探索和比较的兴趣近年来更加增加[11, 19, 35, 40, 45]。这个现象为植物群落学和林型学的发展提高、为各学派的逐步接近创造了很好的条件。

在世界地植物文献上讨论森林分类的原则较其他植被类型拥有较多的资料，这是因为森林通常被地植物学家、植物群落学家、生态学家公认为发育最高级、结构最复杂的植被类型，是研究群落分类较好的对象。世界各国关于森林自然分类的研究通常建立在植物群落学（西方称植物社会学）的基础上，有些国家（如苏联、芬兰）除把森林作为一般植物群落学对象研究外，同时也把森林类型的研究发展成为专门的学科——林型学。目前植物群落学及林型学的学派很多，一般认为有以下几个主要的学派：1. 苏联的生物地理群落学派（或称 СукаЧёв 学派），2. 北欧的植物社会学派（或称 Uppsala 学派、斯堪的那维亚学派、瑞典学派），3. 法国-瑞士的植物社会学派（或称 Zurich-Montpelier 学派、Braun-Blanquet 学派），4. 英美的生态学派（或称 Clements 学派）。苏联除苏卡乔夫（В. Н. Сукачёв）的生物地理群落学派外，还有乌克兰的波格来勃涅克（П. С. Погребняк）的林型学派、有阿略兴（В. В. Алёхин）的莫斯科植物群落学派，这与苏卡乔夫早期的列宁格勒植物群落学派间持有不同的观点，远东地区的伊伐西凯维奇和柯列斯尼科夫（Б. А. Ивашкевич，Б. П. Колесников）也在逐渐形成一个远东的林型学派。有人把芬兰的林型学派归入北欧 Uppsala 学派中去，实际上芬兰在森林类型研究上已单独构成了一个林型学派。Uppsala 学派除了瑞典的裘瑞茨（Du-Rietze E.）学派外，还可以分出丹麦学派（Raunkier）。Zurich-Montpelier 学派除了布朗——勃朗喀（J. Brun-Blanquet）的区系分类学派为主外，还可分出早期的外貌学派（Drude，Kernerkmon-J），当前的生态-地理学派（Shimper，Brockmen-Jerosch）及生态——动态学派（Aichinger）。近期来，Uppsala 学派与 Zurich-Montpelier 学派在很多理论问题上及方法上由于相互影响而趋于大同小异，所以两者可合并称为大陆学派。英美学派除美国的克里门茨（F. E. Clements）学派为代表外，英国的邓斯莱（A. G. Tensley）为首的英国学者们在演替等问

† 蒋有绪，1963，本文是1963年为中国植物学会三十周年年会而写，未及收入该年会论文摘要汇编，后也未正式发表。

题上持有不同观点，并且到目前英美学派已分化有单元演替顶极学说和多元演替顶极学说（H. A. Gleason，R. F. Daubenmire，S. A. Cain）两派，近期来又发展有以数理统计为客观研究前提的统计学派，或称数量生态学派。因此，植物群落学及林型学的学派很多，有些学派之间大同小异，有些学派还不完全成熟，要为存在着的学派状况提出一个明确而简要的面貌来是很困难的，要全面叙述它们的主要理论在很小的篇幅里也是不可能的。本文拟概括归纳为以下几个主要学派非常简要地对其发展及主要论点加经介绍：①芬兰的林型学派；②苏联的生物地理群落学派及林型学派；③欧洲大陆的植物社会学派；④英美的生态学派。

1 芬兰的林型学派

最早的林型学说起源于芬兰和俄国。芬兰的林型学创造人卡杨德尔（A. K. Cajander）的贡献是总结了前人对于森林分类依藉于某些个别因子的失败经验，如秀茨（Schutze 1871）以土壤养分，法尔康斯坦（Falkenstein）利用土壤的腐殖质及含氮量，寇本（Koppen 1900）用气候条件来进行森林生境的分类。卡杨德尔指出这些尝试虽也有所成就，但都不成功。他认为生境因子间的互相关系很复杂，根据一种“生长因子”不可能确定“生境地位级”（即具有相同森林生产力的生境类型——作者注）。他在研究了北欧、西伯利亚的森林后提出相同的林下地被植物是生物学上等同的生境的反映。他认为所有在成熟龄时并接近正常的林木郁闭状况下其地被植物具有本质上共同种的组成及相同的生态-生物学特征的林分应划入为一个林型，如果林分间的差别仅仅在于暂时的、偶然的特点，在任何情况下不会因为不同林分年龄、因透光而引起引进其他树种，也划属于同一林型[28]。卡杨德尔在具体划分林型时仅仅根据成熟龄的林下地被植物（草本及藓类）的特征，在命名时也采用林下草本及苔藓植物优势种来命名，如酢浆草林型、地衣林型、乌饭树林型等等。从这里可以看到卡杨德尔的林型分类可以不与具体的立地条件联系，也可以不考虑树种，而仅仅根据地被植物。这一基本原则至今在芬兰未曾有重大的改变，并且一直能很有成效地应用在林业生产上。

为什么卡杨德尔可以把松树、云杉、白桦等林分归入一个林型，祗要它们具有一致的地被？他在 1909 年就深信地被植物仅在很少的程度上决定于组成树种[28]。这个观点的产生不是偶然的。因为愈往北方、在北欧的条件下乔木树种对于地被的影响愈小，这可能是由于往北方乔木树冠的密度都变得不大，林冠下的光照差别不大，只要土壤-母质条件相同、只要立地条件具有生物学上的趋同性，草本及藓类植被就会无区别的相同，它们指示立地条件的作用越往北方也越大[1]。德国鲁勃涅尔（Rubnell）补充了这个看法：在芬兰的三个主要树种云杉、松树、白桦或多或少都是浅根性的，并且在芬兰的地质条件都是一致的，因此地被层与林木特征之间的关系比之在德国就完全不一样。

因而卡杨德尔的分类原则离开了其溯源地芬兰及相似的自然条件的地方就往往行不通，可能造成错误。苏卡乔夫不同意他的观点，认为在要求林型植物组成一致上应当包括树种在内，只有连同乔木层在内的植被的总体的特征才是反映立地条件的指示[1, 2, 5, 8]。即使卡杨德尔本人在芬兰具体条件下也只是强调在成熟龄林分及正常郁闭状况下地被植物的一致才是立地条件生物学等同的反映。芬兰的林学家在实践中也承认：利用地被植物在估价立地的生物学一致性上，特别在年幼的及破坏了的森林中遇到不少困难。西欧学者也指出：当下层土壤与上层土壤有明显差异时，浅根性的草本植物及苔藓不能作为深层的，恰为乔木所利用的那层土壤特性的指标。所以芬兰的林型学派是在一定的自然-历史条件下发展形成的，其原理也只适合于一定的北方条件下，离开了具体条件，在理论及实践上都有困难。

2　苏联的生物地理群落学派及林型学派

以莫洛作夫（Г. Ф. Морозов）为其创造人，经过莫洛作夫、克留琴涅尔（А. А. Крюденер）、阿历克赛耶夫（Е. В. Алексеев）着重以土壤-母质条件为基础，和苏卡乔夫以植物群落为基础进行林型分类的整个发展过程，到目前已形成由苏卡乔夫奠基的生物地理群落学理论的一个巨大的学派。苏卡乔夫在早期（1928，1934，1938）是把林型学建立在植物群落学基础上的，着重根据植物群落的结构、发育特征来划分群落及林型。他认为根据生境条件类型来分类毕竟还是人为的，自然分类必须能要求反映群落的实质[2]。在早期他把群落的最本质的特征认为是植物间一定的生存斗争的关系，植被发展的动力也是植物间的生存斗争，它是群落内永久存在矛盾的表现，但和环境也不能割裂，环境在一定程度上是群落的产物，同时也渗透到群落中去，影响群落发展的一定方向及步调[1,6]。苏卡乔夫曾下植物群落定义如下（1938）：植物群落可理解为在一定面积上适应于环境条件的植物间相互生存斗争所组织起来的植物的总和，它具有植物间一定的相互关系和植物与环境间一定的相互关系。又说："这种相互关系"一方面由植物的生活特性或生态特性确定的，一方面也由生境特点（气候、土壤、人及动物的影响的特点）来确定的[7]。由此可见，苏卡乔夫早期对于植物群落的理解与英美学派相接近。苏卡乔夫在早期没有脱离环境来理解群落，过去以及现在有些学者批评他分类时脱离环境条件、只重视植被本身的特征，是不符合实际的。问题是他比较强调植物间的生存斗争在群落形成发展上的作用，在群落发展的动力上苏卡乔夫也比较强调内部动力，但也还是指出内缘演替也是与外界条件不能分割的。他不同意脱离植被本身特点而单独根据生境条件去划分群落，这点在现在看来仍然是正确的。苏卡乔夫认为群丛（Ассоциация）是群落分类的最小单位，林型（Тип леса）就是森林群落类型、即群丛。芬兰卡杨德尔的林型概念要比苏卡乔夫的广泛，例如苏卡乔夫把越橘-云杉及越橘-白桦看作两个林型、卡杨德尔却认为是一个林型。

苏卡乔夫在 1940 年以后创立了生物地理群落学说[7, 9, 10, 4]。生物地理群落①（Биогеоценоз）是"一定距离内生物群落与周围大气圈、岩石圈、水圈、土圈均表现相同、及相互间作用具有相同的特性，而形成统一的内部互相制约的综合体的地球表面的地段"[7]（1961）。后来更补充强调生物地理群落要求相同的物质、能量转化及交换过程（即生物地理群落学过程）的特性[4, 9, 10]生物地理群落学的任务不仅在于研究植被，而是在于研究整个生物地理群落所有成分（植被、动物、微生物、岩石圈、土圈、大气圈、水圈等）之间的相互作用，研究植被在生物地理群落物质及能量转化中，以及

① 注：Бчогеоценоз 一词应当根据李继侗先生建议的译为生物地群落，较妥，гео 不完全是"地理"之意，正如"Геоботанчка"译为"地植物学"一样，才比较切合原意。但正常已习惯译为"生物地理群落"，本文也暂如此翻译。

在该生物地理群落与周围环境（即与其他生物地理群落之间）的物质及能量交换中所起的作用。林型学就是森林生物地理群落类型，在近期的理论中苏卡乔夫对过去的植物群落概念也作了修改和补充。他把植物群落看做是生物地理群落或林型的一个部分、一个主导成分，在物质与能量的循环转化中起着重要作用。把群丛理解为“是植物群落中的基本分类单位，这包括一切在地表面上，更确切地说是植物地理圈内，在参与物质和能量的蓄积和转化过程上相同的所有植物群落”。又说：“它们基本上应具有一致的种类组成、一致的反映了植物生态类型之相应组成的层片结构，和一致的影响植物群落学过程的环境因子组成的特点。植物群丛是植物群落学的概念，同时也是植物区系学和生态学的概念”[4]。可见，这个新的群丛概念是全面的，很好地反映了其实质。苏卡乔夫对林型除以生物地理群落学观点理解外又下了一个与它不矛盾的更明确的林学上的定义：“林型是一些在树种组成、其他植被层一般的特点、动物区系、综合的森林植物条件（气候、土壤母质、和水文）、植物和环境之间的相互关系、更新过程和森林更替的方向等方面都相似的，且在相同经济条件下要求相同林业措施的森林地段（各个森林生物地理群落）的联合”[4]。林型可分为根本林型及派生林型，两者都可能是相对稳定的或不稳定的。植被的演替有三种不同过程：①群落发生演替（Сингенетическая смена），②内缘演替（эногенетическая смена），③外缘演替（экзогенетическая смена），它们在自然界并不是分割的，是经常互相联系着的。此外，还有植物系统发育演替（филогенетическая смена）（因植物种的发生过程而产生的植被的变化）[1, 2, 3]。苏联的生物地理群落学理论及林型学说逐渐地为其他国家的一些学者所接受，并认为与英美的生态系统学说相类同，但苏卡乔夫只承认两者间的相似，而非相同[9, 10]。苏联生物地理群落学及林型学在理论上比较严谨，在森林自然分类的理论上作了很重要的贡献。研究方法上除植被方面吸收了大陆学派部分的综合分析方法外，比较重视植被其他特征及其环境的综合特征的研究，近二十年来开始重视发展综合性的定位研究及实验群落学的研究，取得了不少成就，同时也开始注意了人工森林群落的研究。

苏联很多学者在接受苏卡乔夫的理论的基础上也有不少的补充和存在不同的观点。还在苏卡乔夫尚未建立生物地理群落学说以前，阿略兴的莫斯科学派在对于群丛、群落等概念的一系列问题上与苏卡乔夫（当时被称为列宁格勒学派）有若干分歧。现在远东的柯列斯尼科夫根据不同年龄阶段或更新演替阶段在林型单位下划分林分类型（Тип насаждения）。索科洛夫（С. Я. Соколов）补充了林型系列（Серия типов леса）和林型环（Цикл типов леса）的概念。格鲁吉亚的多鲁汉诺夫（А. Г. Долуханов）针对高加索山地条件下强调了林型复合体概念等。关于大家较熟悉的乌克兰波格莱勃克、伏罗比约夫（Д. В. Воробъёв）的林型学派（也称林型的林学学派）实际上并不是研究森林的自然或林型分类，而是根据土壤湿度及机械组成两因子为指标的森林的生境条件的分类。

3 欧洲大陆的植物社会学派

基本上可以法国瑞士学派的布朗-勃朗喀的理论及方法为代表，以裘瑞茨为首的瑞典学派虽在某些方面与布朗-勃朗喀学派不同，但基本特点相同。大陆学派在群落分类上着重于植被的区系分析，然后根据植物组成上某些特征来进行分类。布朗-勃朗喀把群落的分类建立在确限种及特征种的基础上，确限种是或多或少明显地为该群落所特有的、常见于该群落的植物种，在其他群落中没有或少有，特征种是通过区系分析及统计方法后根据种的确限度为1～3级的植物种来确定的，不仅植被最基本单位群丛有特征种并且高级分类单位、如群目、群纲等也都有自己的确限种及特征种。但并非所有的群落都有确限种，异质的群落就是例外[25]。微洛特 Virot（1954）指出：对于区系贫乏的地方，由于缺乏真正的确限种，或区系十分丰富的地方由于有可能把很不同的群落划入一个单位，群丛作为确限种集合的概念就不适合。爱伦别尔格 Ellenberg（1952）认为对于草甸，只有高级分类单位才可能有确限种。总之，真正的确限种及特征种是很少的[40]。苏联学者批评这不能不是该学派的缺点，因为既然没有确限种，该群类就没有分类上的地位，就可能被任意弃置[11]。德国斯卡摩尼（A. Scamoni）建议用区别种比之特征种能更好地作为群落分类的根据，但区别种一般仍用来划分群丛及其以下的分类单位。很多学者也提出不少不同的补充的概念来弥补这个缺点，因而分化出不同的学派[40]。Uppsala 学派裘瑞茨提出以恒有种为群落分类的根据，恒有种是组成群落层片中优势的及经常出现的植物种。裘瑞茨把森林群落中的各个层次看作独立的群落学单位（这与布朗-勃朗喀不同）。例如，该层中具有一个相同优势种的层叫 socion，同一层具有两个优势种交错分布的层叫 consociorn 一个群落的不同层次的 socion 联合为基群丛 sociation，其中若有一层为 consocion 者，该群落就叫小社会群 consociation。任何基群丛或小社会群若具有相同的一个乔木优势种的 socion，则可联合为该树种的群丛。他的分类较琐碎，群丛的实际概念比布朗-勃朗喀要广些，而与苏卡乔夫的群丛概念接近。裘瑞茨的恒有种确定也是以区系统计恒有度来判断的。近期来，有不少学者在划分低级单位用特征种及区别种，而在高级单位用优势种，因为优势种，特别是乔木树种在高一级分类单位的联合及描述上较重要，但很多非优势种、次要种却在低级单位分类中有较大的识别价值，所以这种分类原则使得 Uppsala 和 Zurich-Montpelier 学派相互接近，基本上合流。大陆学派在联合群落为不同的分类等级上是利用植物群落的亲缘关系，这种亲缘关系是通过植物种之间的社会学联系（如亲缘值等指标）来衡量的[40]。分为两种群落，一是同质的——即很好地完善地选择了其固有确限种的群落，一是异质的——即群落学上混交的群落。布朗-勃朗喀认为具有完善的对该群落所特有的确限种的群落是表示了其最适宜的生境条件。因此，该学派的群落分类的特点是不考虑群落的环境条件特征及植被的生态特征和它们的历史及发展动态[11]。他们对于植被的演替重视不够，把确限种、特征种的作用估计过高[40, 35]。确限种及特征种只能看作属于抽象的群落分类单位，甚至确限度被批评为不真实的。苏联学者认为大陆学派把植被分类建立在确限种上就"简化"了植被分类的任务[11]，把群落看做是因亲缘关系而生长在一起的观点也是不对的[1]。该学派的雷格尔（Regel Constantin Von）也认为建立群落分类系统时只试图统计某一些特征是行不通的，植物种属成分的特征只在低级分类单位中具有重要意义。斯卡摩尼认为用特征种学说建立森林群落系统的企图有很大困难。但最近该学派在理论上及方法上也有一定的发展，在分类由重视群落特征种发展到重视种组特征（恒有种组、特征种组、区系种组、生态种组、地理区域种组、演替种组等），特别是重视生态种组的作用。对于伯利曼（Palemann 1948）提出的Biochore学说①给以较大的重视（Scamoni A.，Etter H.）。Biochore是植物群落连同其环境及地体的一个综合概念，可分为自然的及人工改变的，认识自然植被是了解Biochore的钥匙[34, 38]。也有些学者接受了英美生态系统学说及苏联的生物地理群落学说。并且由自然植被也开始注意转向人工森林群落的研究。尽管大陆学派存在着一些缺点，但它最大的贡献是为植物群落学提供了群落研究中质和量的分析统计方法，这些方法广泛地在世界各国被应用，其分类原理在实践中也被认为是适用的，甚至用之于非洲热带森林也是有效的（Lebrun，Schnell），被相当多数的学者们誉为目前最合理的分类方法（40）。大陆学派的影响还是极深远的。大陆学派中除布朗-勃朗喀学派及裘瑞茨的瑞典学派外，还有丹麦学派（Raunkier，Bocher，Iversen）在分类原则上不考虑优势度概念，而依靠应用小样方统计种的频度分布，并借此得到种的分布均匀度等特征作为基础。还有早期的外貌学派（Drude，Gunther Beck，Kerner）、外貌-生态学派（Schimper，Brockmen-Jerosch），他们由于处于植物群落学发展的早期阶段，往往把植被与地理分布有关的气候因子等联系起来，植被分类着重外貌，结构及主要植物种的地理分布等方面的特征。由于特征种分类原则在实际应用上有困难，布朗-勃朗喀把原始的特征种概念修正为地区性或地方特征种概念（即特征种的地理标准）来弥补这种缺陷，但希维克勒（Schwickerath 1944）和克那普（Knapp 1949）认为特征种的生态标准比之地理标准更重要些，与地理标准相结合起来提出了生态—地理分类原则。爱辛格（Aichinger）建议用群体演替标准来划分群丛及以下各分类单位，称为生态—群体动态分类原则。

4 英美的生态学派

以美国克里门茨学派为代表。该学派的早期，甚至有些学者到目前为止（Leaoh W. 1956），把群落看作有机体一样有着自己的发生、生长、发展、成熟、死亡、再生等等，森林群落有自己的生活循环。并把植物群落与人类社会相比，如树木之对森林群落就与人之对于人类社会一样（26，31）。这种错误的观点在以后该学派的发展中就加以修正了。对于群落的认识起初也强调要有永久的、均一的外貌、生态结构，均一的区系及优势种。近期对于植物群落的理解认为是相互间具有一定关系和其对环境也具有一定关系的植物体的聚合，而植物间最重要的关系是斗争，植物群落的其他特征还有成层现象、相互依靠等等[30]。这种理解基本上接近苏联学派。他们重视从生态学（植物与环境的相互关系）和演替动态上来研究群落，并作为群落分类的重要基础。分类基本单位群丛要比苏联学派及大陆学派大得多，相当于苏联学派的群系或更大的单位。群丛是看作有若干优势种的植被单位，而单优势种的单位，如栎林、山毛榉林，仅为群丛下的分类单位，叫单优种社会 consociation，其下又分 societies（以一个及若干个亚优势种为特征的），这较接近于苏联学派的群丛。以下还分集群 colonies 等。大陆学派批评他们在森林群落分类上过于重视乔木优势种的作用，以乔木树种优势种的基础分类会产生过大的群丛，以致包括完全不同的环境及区系组成的群落于同一单位中，对于非优势种的确限度等重视不够[40]。在群落特征分析上受着布朗-勃朗喀学派很大的影响，基本上采用了质和量

① Biochore 在《植物地理学》《植物生态学》《地植物学名词》中曾译为《等生活》这并非伯利曼所用的 Biochore 一词的概念，阳含熙先生建议译为“生境”较为接近原意。但表示还不够确切，故本文中暂用原文。

的统计和群落特征的综合、分析等方法。英美学派最大的贡献是对于群落演替的理论发展，从动态上来认识群落。每个群落都是演替序列中的一个阶段。克里门茨提出演替顶极 Climax 学说[22, 23, 24]。即在一个气候区内由于地区性气候及地体因子限制，群落达到发展的均势时，就具有不变的特征，这种最终的及稳定的类型即为演替顶极类型。克里门茨认为一个气候区只有一个潜在的演替顶极，即是这种气候所能生长的最中生型的群落（这个见解以后被称为单元演替顶极学说）。这种观点曾遭受到不少批评，甚至被看做形而上的观点（Сукачёв 1919）。当然，这个原始的演替顶极学说是有缺点的，后来克里门茨及其学生都加以补充修改和完善化。一些新的概念不断被提出来，如亚演替顶极（sub-climax），偏途演替顶极（disclimax），超演替顶极（postclimax）、予演替顶极（priclimax）等等。就总的趋势来说，多元演替顶极学说（Gllasono 等，Mason）受到越来越多的植物区系学者在理论上的支持（Cain，Good，Mason 等），其主要论点在于不认为一个地区的演替顶极一定受气候的制约，气候性演替顶极只是演替顶极的一种，其他还有土壤性演替顶极种种。虽然到目前争论仍不少，但演替顶极学说有很大的价值，并在不断完善，因此也被一些苏联学者（В. Н. Смагин 等）所接受。对于用之于森林群落以及热带及山地条件也很有效（Richard P. W.，Hewetson C. E.，Churichill Ethar D），但被认为在人为破坏严重的地区最好不用。

英国邓斯莱（A. G. Tansley）提出的生态系统（Ecosystem）学说最近提到较高程度上被重视。生态系统是包括植物群落及其环境，以及它们相互关系的有机体、动力、物质和条件的综合系统，是一个较大的能的系统。植物群落作为其一个组成部分进行着能的利用和转化，是这个系统的生产者、同时也是产品[30]。生态系统学说目前广泛被英美学派及其他学派的一些学者所接受。英美学派在研究方法上有着较早应用定位研究和实验方法的历史，并取得了很大的成效。这种方法在近代植物群落研究上越来越占重要地位。近年来由于数理统计及计算技术的发展，英美学派新兴了一支偏重于群落数理统计的一批学者（Greig-Smith，Ashby E.，Smith A. D.，Goodall D. W.）这个趋向正在发展，理论上的成就尚未得到最后肯定。

由以上各主要学派情况的介绍可以看出森林群落及森林自然分类的发展动向上具有以下若干特征。

（1）各学派对森林自然分类的理论及研究方法上都有不同重大的贡献，并且各学派不同的特点正为学派之间相互吸收、相互渗透，相互补充。苏联与英美学派对植物群落的理解，以及生物地理群落及生态系统理论间的共同特点都是受到相互影响的。苏联学派从事物本质及内在联系去研究森林植被及其分类的基本指导思想越来越得到其他学派学者的重视；大陆学派的植被研究的数量分析等方法广泛为各学派吸收应用，英美学派的定位研究及实验性研究方法发展为当前群落研究方法上新的阶段等等都证明了这一点。这种情况对于森林自然分类或植被自然分类理论的发展和逐步趋于完善和统一，创造了良好的条件。

（2）各学派理论的发展过程证明任何根据某一因子（不论是植被的或生境的）的特征来作为森林群落分类的基础都是不可能的。森林群落的分类必然趋向于综合地根据森林植被及其环境各方面重要的特征来作为森林自然分类的基本原则。苏联学派基本上根据这个原则，英美学派也比较接近，大陆学派对自己的理论及方法都有着补充，认为最好的分类原则是区系分类结合生态及动态的标准[40]。虽然不同学派不同学者对这一问题的认识上都很不一致，但这个倾向是肯定的。苏联学派更提出森林的发生学分类，这是比较理想的自然分类原则，但要求对森林作深入全面的自然-历史特性的研究后才能可能，目前作为现实的分类原则条件还不很成熟，只处于探索的阶段，是一个正确的方向，目前还未得到普遍的承认。

（3）森林的自然分类开始由植物群落学为基础转向理论上一个新的高度，即把森林群落加同其生境作为一个综合体系，是一个物质与能的利用、交换及转化的体系。这种思想虽在很早就被提出来过（Tensley），但似乎近期来才提到较高的程度上被重视，如邓斯莱的生态系统学说、苏卡乔夫的生物地理群落学说，伯利曼的 Biochore 学说，该学说还未谈及物质与能的转化利用问题，但已把植被与其环境作为一个整体来看，以及还有些类似的概念。尽管名词不一，基本论点也不完全相似，但都反映了上述的理论上的进展，因为只有如此来认识森林及其他植被类型才能掌握其最本质的规律，才能为林业生产实践提出最坚实的理论基础。

（4）在研究方法上从一般的植被记载描述的阶段走向一个新的阶段。研究方法新阶段有三个特征为标志：①综合性定位研究，②实验性研究，③高度的数理统计。这三个方向在不同学派及不同学者都有不同的侧重。在苏联综合性定位研究近二十年来发展极迅速，规模较大，已经取得了很大成就，对于综合性定位研究已总结有较系统的经验，这方面超过了定位研究历史较早的美国。苏联学派及英美学派都比较重视实验群落学研究，但一般仍侧重于植物间相互关系方面的研究课题。各学派都在不同程度上开展了人工森林群落的研究，并力求积累资料、建立人工森林群落的理论。英美学派、大陆学派以及日本等国家有些学者在群落学研究中应用了高度的数理统计及计算技术（如电子计算机），苏联学派开始注意这个问题。这三种方法从整个森林及其他植被的自然分类及群落学理论发展上看是相互补充的，其成果应当是相辅相成，唯有这样才能正确地为森林自然分类的理论发展提出最可靠的基础材料。

在我国森林自然分类的研究基础较薄弱，但自新中国成立以来由于林业生产及造林事业蓬勃发展的要求，进行了不少天然林、人工林类型的研究积累了一定的资料，并且也开展了综合定位研究及实验性研究；不同学派的方法在我国都有应用，在党中央提出的“百花齐放，百家争鸣”的政策感召下，我国的森林地植物学、森林生态学、森林学及其他有关学科的科研工作者和林业工作者一定能为森林自然分类的理论发展及其在林业生产上的实践应用做出贡献。

参考文献

[1] Сукачёв В. Н.，Дендрологияс ОсновамиЛесной Геоботанки. 1938，л.
[2] Сукачёв В. Н.，Растительное Сообщество. Введение в Фитосоциологию. 4-е，л.，1928.
[3] Сукачёв В. Н.，Доклад Развитие“Растительного Покрова как Диалектиесий Процесс”，1959.
[4] Сукачёв В. Н.，Методическия Указания к Изучению Типов Леса. М.，1961.
[5] Сукачёв В. Н.，Чтотакое Фитоценоз. Сов. Бот. 1934，No. 5.
[6] Сукачёв В. Н.，О Принципах Генетической Классификации в Биоценологии Журн. Общей Биологии，1944，5，No. 4.
[7] Сукачёв В. Н.，Фитоценология，Биоценология и География. Тр. Второго Всвсофз. Географ. Съезда，1948.
[8] Сукачёв В. Н.，Терминология Основных Понятий Фитоценолгии. Журн. Советс. Бот. 1935，No. 5.

[9] Сукачёв В. Н.，ЛеснаяБиогеоценология иеё Лесохозяйственное Значение. 1958.
[10] Сукачёв В. Н.，ОЛесной Биогеоценологии и её Основых Задачах. Бот. Журн. 1955，40，No. 3.
[11] Шенников А. П.，Замеки о Методике Классификации Растителъностипо Браун-Бланке. Акад. В.Н. Сукачёвук 75 Л. со Дня Рождения. М.-Л. 1956.
[12] Шенников А. П.，О Некоторых Спорных Вопросах классификации Растителъности. Бот. Журн. 1958，43，No. 8.
[13] Лесков А. И.，Принципы Естественной Сиетемы Растителных Ассосиацик. Бот. Журн. 1943，No. 2.
[14] Долуханов А. Г.，О Некоторых Узловых и Дискуссионных Вопросах Типологии Горных Лесов. Бот. Журн. 1957，42，No. 8.
[15] Долуханов А. Г.，Основные Формации Горных Лесов Закавказъя. Л. 1957.
[16] Архыпов С. С.，Различие в Учениях о Типах Леса Каяндера，Морозова и Сукачёва. М. 1933.
[17] Погребняк П. С.，Основы Лесной Типологии. Киев，1955.
[18] Воробъёв Д. В.，Важнейщшие Задачи Леснойтипологии Зап. Харъковск. С.-Х. Институт 1957，16，No. 53.
[19] Ниценко А. А.，Франко-Швейцарская Геоботаническая Школа на Совремённом Этапе. Бот. Журн. 1956，41，No. 6.
[20] Сочава В. В.，Пути Построения Единой Системы Растителъного Покрова. Тезисы Докладов Вып IV Сек. Флоры и Растителъности，2.
[21] Соколов С. Я.，Экологическая и Ценологическая Классификация Древеснхых и Кустарниковых Пород Абазии. Сб. “Абхазия”.
[22] Clements F. E.，Plant Succession.，An Analysis of the Development of Vegetation. Carnegie Inst. 1916.
[23] Clements F. E.，The Relict Method in Dynamic Ecology. Jour. Ecology，1934，22.
[24] Clements F. E.，Nature and Stracture of the Climax. Jour. Ecology，1936，24.
[25] Braun-Blanquet J.，Planzensoziologie. Berlin，1926.
[26] Mc Dougall W. B.，Plant Ecology. Phil. 1927.
[27] Warming E.，Ойкологическая География Растения. М. 1901（俄译本）.
[28] Cajander A. K.，Wesen und Bedentung der Waldtypen. M. 1933.
[29] Du-Rietze E.，Classification and Nomenclature of Vegetation Units. Svensk. Botanisk Jidskrift，1936，30，3.
[30] Oosting H. J.，The Stuty of Plant Communities. 2-nd Ed.
[31] Leach W.，Plant Ecology.
[32] Krajina V. J.，Can We Find a Common Platform for the Different Schools of Forest Type Classification? Proceed. 9th Internat. Bot. Con.，1959，2
[33] Stanley J. R.，A Common Platform for Forest-type Classi fication. Proceed. 9th Internat. Bot. Con.，1959，2.
[34] Scamoni A.，Uber den Genwartigen Stand der Forstlichen Vegetationshunde. Ferlin，Sitzungsber. Dtsch. Akad. Landwirtschaftswiss，1955，4，6.
[35] Poore M. E. D.，The Use of Phytosociological Mathods in Ecological Investigations，1. The Braun-Blanquet System. Jour. Eoology 1955，43，1.
[36] Poore M. E. D.，The Use of Phytosociological Mathods in Ecological Investigations，IV. Genernal Discussion of Phytosociological Problams. Jour. Ecology，1956，4，1.
[37] Ernst W. R.，Zur Systematik in der Pflanzensozilogie. Vegetatio，1957，7，4.
[38] Etter H.，Grundsatzliche Betrachtungen zur Beschreibung und Kennzeichnung der Biochore. Schweiz. z. Forstwesen，1954，105，2.
[39] Kuoch R.，Ⅰ. Vegetationskundliche Schulen. Ⅱ. Die Standert stypubildung. Mitt. Schweiz. Anstalt. Forst. Versuchswesen，1957，32，8.
[40] Hilis G. A.，Comparison of Forest Ecosystems（Vegetations and soil）in Different Climatic Zone. Proceed. 9th Internat. Bot. Con. 1959，2.
[41] Becking Rudy W.，The Zurich-Montpelier School of Phytosocilogy. Bot. Rev.，1957，23，7.
[42] P. Greig-Smith M. A.，Quantitative Plant Ecology. L. 1957.
[43] Bormann F. H.，The Statistical Efficiency of Smale Plots size and Shape in Forest Ecology. Ecology，1953，34.
[44] Churchill Ethan D. & Herbert C. H.，The Concept of Climax in Arctical and Alpine Vegetation. Bot. Rev.，1958，24，2-3.
[45] Walter Hainrich：Klimax und Zonale Vegetation. Festschrift fur Ervin Aichinger，Wien，Springer-Verl.，1954，1.
[46] Brun E. Lucy，The Development of Association and Climax Concepts：Their Use in Interpretationoa of Deciduous Forest. Amer. Jour. Bot. 1956，43，10.
[47] Puri G. S.，Forest-types Studies in India. Jour. Indian. Bot. Soc.，1954，35，1-2.

林型和立地类型调查[†]

1　林型、立地类型在林业生产上的应用

1.1　林型和立地类型调查的意义和内容

在自然界，森林与宜林地无论在外貌上，在林木生长发育的规律上或对林木生长的效应上都表现为多种多样的。即使同样是一种松林，但由于所处的地形位置不一样，其气候和土壤条件就有所区别，因而林木的生长率、密度和木材质量等也不同。例如阳坡的油松林和阴坡的油松林就有显著的区别。阳坡油松林由于日照强，蒸发大，土壤干燥瘠薄，因而比较稀疏，地位级低、林木弯曲多节，但木材硬度较大，阴坡油松林的特征却相反。在这种状况下，如果只因为他们同是油松林而给予同样对待，采取相同的经营措施（抚育，更新造林，主伐等），就不能产生预期的良好效果。也就是说，如只根据林木组成或年龄等某一因素来制订林业措施是不足的，而应根据森林自然特性的类似性，如根据林分的树种组成、林分结构、植被、土壤和地形特点，将多种多样的群落划分为不同的森林类型（即林型），以便采取相应的经营措施。林型的划分要考虑到森林经营水平、特点和具体要求，避免脱离生产实际和划分过于烦琐的弊病。

根据各立地类型的植被、土壤、小气候和地形特征划分调查地区宜林地的立地类型，目的在于根据不同类型的宜林地，确定相应的造林树种、造林方法，以及造林前的整地工作及之后的土壤管理工作等。

林相图和立地类型图是调查地区森林经营、造林设计和总体规划设计的基本资料。在外业调查的基础上，根据航空照片判读勾绘林型和立地类型小班，绘制调查地区的林型图和立地类型图。

了解该地区树种的种属组成和分布规律；了解各主要树种的生态习性，即不同的地形、气候、土壤条件对树种的分布、生长、发育和更新的影响，为该地区的营林、造林工作提供有关树种生物学特性的基本资料。

1.2　林型的应用

森林经营工作除了需要掌握林区大量的立木因子作为基础材料外，还需要了解林分的各种自然特性，才能正确地提出经营措施意见。比如两块地段的立木因子（树种、龄级、蓄积量等）基本相同，但林分的自然特性很不一致，一块地段皆伐后在留有母树的情况下可以天然更新，而另一块则不能天然更新，这就不能对它们采用同一的经营措施。

---

† 蒋有绪，1978，林型和立地类型调查，见：林业部调查规划院主编，森林调查手册，北京：中国林业出版社，705-743。

由此，林型可以看做是育林特性相似的林分基本单位。同一林型的立地条件（土壤、地形、小气候、水文等），森林植物结构和组成应当基本上相似。同一林型的林分经过采伐、火烧后，森林更新过程或演替过程也是比较一致的。因此，在相同的经济条件下对于同一林型要求采取相同的经营措施。

人们对于林型的自然特性认识得越深入，就越能充分地利用和发挥其各方面的经济效益和改良环境的有效作用。随着林业经营水平的日益提高，对林型的划分和应用的要求也越高。所有的森林利用（主伐、间伐、副产综合利用）、森林更新、森林水源涵养、保护土壤、改良气候、防止环境污染等等措施，都密切地与不同森林的结构和生态功能有关。

可以在划分林型的基础上，根据林区的不同经营强度和要求，把立木因子和自然特性比较相近而可以采取相同经营措施的林型归并为“林型组”或“经营组”，以它来设计合理的经营方针和林业措施。如有些林型组可以作为培育大径级的用材林；有的则以防护效益为主；有的在适宜的采伐方式下可以天然更新，有的则要求人工更新或人工促进更新，等等。可以用林型图（通常以林型组为单位划分小班）作为林区森林经营设计的基本材料。

1.3　立地类型的应用

对于无林地区的宜林地或林区内宜林地和没有更新的老采伐迹地，就不能划分林型。由于造林和改造利用的需要，应把它们划分为“立地类型”，以便适地适树提出合理的造林规划设计或改造的规划设计。同一立地类型是指那些基本综合自然条件相似的地段，也就是在地形、土壤、小气候、水文等立地条件都相似的地段的组合。不同立地类型之间在立地条件方面是有差异的，各有自己的特征，因而在造林等措施上也应有所不同。一般说来，对于一个具体的地区，应当以环境因子中影响植物生长发育最显著的一、两个主导因子来划分立地类型，最好能找出反映立地类型差异的指示植物、地形特征或易识别的土壤表征等，这对于编制和应用立地类型特征表，和对立地类型命名等都比较方便。

一个立地类型可以因植物演替阶段的不同而包括有不同的植物群落。不同的立地类型有着各自不同的植被演替过程。

对于造林地区可以编绘专门的立地类型图，对于林区则可以在林型图上同时对非林地反映其立地类型，但也可以与林型图分别绘制。

过去，也有在林区的调查工作中划分立地类型时包括林地在内，也就是在林区划分包括林型在内的统一的立地类型系统。这可以根据任务的需要来这样做，但要求对林区有较深刻的调查和考察，以便找出林型与立地类型分类之间的相互关系的演替图式。例如包括这样一些内容：什么立地类型造林后可发展为什么林型；现有的林型相当于或归属于什么立地类型，它们在采伐或破坏后不能恢复的情况下会演替为什么群落，有无可能转化为另一立地类型，等等。这样就能对林区所有植被类型的群落分类、生态特征、分布规律、相互更替转化的规律，以及有关经营的特点等提出一幅清晰的蓝图来（参阅本篇第六章第三节的一些图例）。

2 调查前的准备工作

在去林区前，应收集有关林区的自然地理（气候、地质、地貌、土壤、植被等各个方面）的文献资料，和已有的有关森林分布、森林资源的调查研究材料，以及林区经营工作、社会经济方面的资料，并认真阅读，使对该林区事先有个轮廓性的了解。最好还收集有该地区尽可能大的比例尺的地形图或林相图、航空照片等。野外用具的准备包括必要的植物鉴定工具书、采集标本用具、调查表格、测树仪、海拔计、手持罗盘、生长锥、角规、照相机等。

到达林区后，应进一步与有关林业机构（局、场）的干部、工人、农民座谈访问，初步了解林区开发历史、森林分布、自然环境条件的变迁历史、林区社会经济等方面的情况，这对于了解林区森林、草地、土壤、水力资源开发利用的历史特点、新中国成立前森林破坏情况、林区的农、牧、副业等各种生产活动对森林、荒山、草地的分布、演替方面的影响等是很必要的。

林型、立地类型调查人员的职责不能仅仅理解为类型的划分和调查，更不能仅仅理解为植物调查。他实际上肩负着综合各专业调查的成果，以便深刻认识林型、立地类型的综合自然特性，为林业经营、造林提供科学依据。因为其他专业调查都是侧重林业的某一方面，而各方面、各因子的特性以及各因子间相互影响、相互制约的有机联系都汇集在类型的综合分析上。因此，林型、立地类型调查员应当尽可能地、比较全面地掌握各方面的第一手资料供自己综合分析时应用。

在未开发林区，为了向无居民点的纵深地区作一个时期的远距离踏查，有必要向当地有经验的老农、牧民、猎户进行深入细致的调查访问，并聘请他们为踏查的向导。

在正式开展调查以前，应当进行林区的概况踏查。概况踏查的目的在于初步熟悉和掌握调查区内森林的组成、结构、分布特点与生境（地形、土壤、气候、水文等）之间的关系，和一些非林地植物群落的分布规律。了解这些规律性对进一步拟订工作计划，确定试点和正式选择调查路线、标准地会有很大的帮助。概况踏查多半是由有经验的人员担任，并在大队未进入林区正式工作前进行，时间不必太长，通常以选择贯穿植物垂直分布带的若干有代表性的调查路线来进行。

概况踏查的任务在于搞清楚：由低海拔至高海拔究竟有哪些明显的植物垂直带，各带分布海拔范围，所处地形、土壤、气候特点，以及主要森林和非森林的植物群落，大概有些什么林型、代表性的下木和地被物种类，大概根据什么因子可以区分立地类型，它们有无指示植物等特征。如果调查地区地势不高，没有明显的植物垂直带，则对一些由主要乔木优势种组成的森林群落和其他植物群落进行概查，了解调查区有那些群系，它们的组成、结构、分布与生境之间的相互关系，各优势树种经常伴生的乔木、灌木和地被物种类。如调查区已进行过地植物调查或林型调查时，则应进一步熟悉和加以核对。

为了使工作顺利开展，全体调查人员在正式展开全面调查之前，应集中在一起，通过选择若干有代表性的路线调查点或标准地来统一调查记载方法，熟悉树种和植物种类及其分布规律，确定划分林型和立地类型的标准，并提高对林分立木因子目测的水平等，为下一步工作打好基础。

3　路线调查与标准地调查

3.1　路线调查

路线调查的任务是通过沿一定方向做长距离的调查，进行林型和立地类型的初步划分，掌握它们的分布规律（特别是与地形的关系），林区整个植被、土壤的垂直分布规律，和通过各调查点或设置标准地进行各林型和立地类型特征的记载。因此，路线的选择应当沿林区自然环境因子有规律变化的方向前进。例如在有河流切割的丘陵台地地区，可以穿插河床、河谷、阶地、丘陵起伏及台地侵蚀准平面进行调查；在中山、高山地区，可以与主脊的分水岭走向相垂直，从谷底向山脊做随海拔升高的气候梯度变化调查，并辅助以沿河谷向水源尽头做河谷两旁特殊环境下的垂直分布调查，目的在于掌握林型及其他植物群落、立地类型及土壤随地形引起的自然条件变化的规律性；在广阔的平原或平缓丘陵地区，可以做随纬度（南北）、气候变化的森林调查或立地类型调查，这需要更长的时间，并辅以汽车、马匹等适当的交通工具。

在向拟定的路线前进时，应随时记载地形的明显变化，估计每一段的距离和测得的坡向、平均坡度，测定地形变化转折点的海拔，并记载每一段（或跨越每一段）的林型或其他植物群落（属于什么立地类型）的变化，尽可能明确不同林型或立地类型的分界线。以上一切均应在草图上勾绘出来。每天的日程尽可能在回住宿地后参照地形图或地物标（河流、居民点、森林调查的标桩、有名称的分水岭等）来核对，尽可能地把水平距离估算正确。如有条件，在航空照片上选定路线最为理想，调查后就可在航空照片判定水平距离，并熟悉照片上林型、立地类型的影像特征。

在每一林型或立地类型的典型地段，可选为调查点或设置标准地进行调查。调查内容、记载方法参照 4“调查表的记载方法”。一般讲，只有在已经对某一林型或立地类型进行过若干标准地调查，掌握有必要的类型材料的情况下，或者在路线调查中先做些初步调查，准备以后再来设置标准地的情况下，才允许在调查点只进行目测记载，其任务主要是为了掌握各类型的分布规律性，各类型相互间的关系和补充、核实已掌握的各类型特征及其变幅。然而在遇到新的而且比较重要的林型和立地类型（对于以后设计经营或造林措施是不可忽略的）时，要考虑目前或今后专门设置标准地调查。

调查中也要注意观察记载林型或立地类型过渡地段各因子的变化状况。

3.2　林型标准地的调查

林型标准地调查的目的是为了全面掌握该林型的立木组成、生长状况、植被、地形、土壤、幼树更新等项因子的基本特征及它们之间的相互关系，从中分析出制约该林型立木生产力、更新、病虫害以及采伐后演替方向的主要因子。然后从同一林型的若干标准地材料中，用文字和图表概括出这些基本特征，并提出该林型的经营措施。对于这些与经营方向有密切关系的育林特性的认识，由于林业调查不可能进行定位试验观测和实验研究，只能依靠在外业调查中力求细致、准确地收集林型各形态结构特征的数量材料，以及某些在内业进行的理化分析材料来得出有关结论。因此，这要求调查人员具有一定的实践经验和理论水平。例如，从林木组成、层次和世代结构、生长量等材料中要分析出混交林各主要树种的有关生态习性、相互制约关系、对环境肥力因素的适应程度，这些对确定林型今后的经营方向很重要。优势种（树木或灌木等）的凋落物对枯枝落叶层的性质、对森林水文状况、更新状况有很大影响，对土壤的理化性质也有很大关系，要找出这些影响表现在那里，特别是对林木生长、更新和演替方向有什么作用。土壤剖面反映枯枝落叶层分解状况和土壤形成过程，分析资料可以提供有关林型的物质和能量转化、循环的基本特征。所有这些，都是为各林型提出合理经营措施的科学基础。可以说，林型标准地的调查是林型调查的最基础的工作。

标准地应选择在该林型比较典型的地段，要避开其边缘部分，因为边缘部分往往存在向其他林型或群落过渡的性质，或者具有植物群落学所说的“边际效应”。例如，森林草原带内与草原相邻的林分，在盐碱地上的林分，其边缘的林木一般生长较差，其土壤 pH、C/N、代换盐基总量等也有这种变化的反应；在北方地区，杨树等喜光树种在林分边缘可能生长得好些。边缘部分的林木都不能代表林型本身的典型状况，如果专门为了调查“边际效应”，则可以设置专门的样带进行调查。

每个林型至少要设置三个成熟林的标准地，因为成熟林能比较充分地反映林型各方面的基本特征。最好还补充调查该林型其他龄级的材料（对于林区内比较重要的林型更应如此），以便加深了解该林型各年龄阶段的动态变化，这对提出合理经营意见是很有用的。标准地面积应不小于林型的“表现面积”，即比较充分反映林型各特性的最起码面积。“表现面积”可以用一系列大小样地与所取得某些因子平均值的相关曲线图解来确定。实践表明：寒温带、温带针阔混交林或阔叶林可为 500～1000 平方米；亚热带、热带的林分可为 1000～5000 平方米。

标准地的形状可为正方形或长方形。正方形由于边界影响的误差较长方形小。若采用长方形时，长边与坡面水平带垂直则变异大，长边与坡面水平带平行则变异小，因此在坡面上以平行设置标准地较妥。若调查的林型总是以“片断”形式（即实际面积小于表现面积）出现，如高山林区森林分布上限的疏林常是这种情况，不可能找出足够的标准地面积，就可以按实际可行的面积大小来设置标准地。

在有条件的情况下，标准地应当在航空照片上刺点标出位置，在调查时，对照航空照片，熟悉林型在照片上可供判读的影像特征，对于林型变化的边界也应在照片上对照现地勾绘出来，以便积累用航空照片判读各林型小班的经验。

3.3 立地类型标准地的调查

立地类型标准地调查的任务是调查各立地类型立地条件因子的特点，植被、土壤和地形条件的相互制约关系，从标准地调查材料中概括出各类型的特征表，并提出各类型造林等措施。如果一个立地类型包括几种不同的植物群落，例如几种植物群落的立地条件基本相近，或一个立地类型的演替过程包括几个不同植物群落的阶段，则应以植物群落为基础设立标准地，从属于同一个立地类型的植物群落标准地调查材料中，概括出该立地类型的特征和提出造林、改造措施。

立地类型标准地设置的原则与林型标准地相同，每一个立地类型或植物群落至少设置三个标准地。标准地面积对于灌木林、灌丛可为 10～20 平方米；对于草本群落可为 1～4 平方米。对于复合的镶嵌群落（草原、沼泽地、盐碱滩等常有这种现象），则可根据实际情况设置一定面积的样地或一定宽度的样带，调查微小地形、土壤各因子与植物相互关系的变化规律。

如有航空照片，则应在照片上刺点标出标准地位置，并对照片的影像特征进行地面调查，积累用航空照片判读、划分立地类型小班的经验，以及利用航空照片来绘制立地类型图。

4　调查表的记载方法

林型调查表、立地类型调查表的设计应用是为了使每个调查员或每次调查能有统一的规格和项目，避免在调查时遗忘一些内容。有了统一的表格，整理材料就比较方便。

表格对于标准地调查和路线调查中的调查点都是适用的。立地类型调查表的记载方法、要求都与林型的相同，只是不需要乔木层的记载或者记载较简单，下面以林型调查表的记载方法为例详细说明，然后对立地类型调查表记载作些补充。

4.1　林型调查表的记载

4.1.1　一般情况的记载

首先应填写标准地编号，注明标准地长度、宽度、面积，标准地的地理位置（如省、县、公社、大队、生产队或林业局、林场、林班等）；调查日期；调查人姓名。也应注上可供在有关图纸上标出标准地所在位置的地理测点（如居民点、铁路路标、林班、小班标桩等），和它对标准地的方位、距离（表 1）。

表 1　林型调查表

编号________________　标准地面积________________公顷

林型________________________________

地理位置：省____________县____________林业局（公社）林班____________小班

标准地周围情况________________________________

海拔（米）____________；坡向____________坡度____________

大地形、中地形________________________________

小地形________________________________

地表岩石分布及地质条件________________________________

小气候________________________________

标准地在所在地形条件上的位置略图________________________________

土壤剖面记载　　剖面号____________

土壤层次		湿度、颜色、质地、形态因子、结构、结持力、植物根、pH、新生体、侵入体、碳酸盐反应及其他
符号	厚度	

续表

剖面特点

土层厚度	主要颜色	质地	石砾含量	结构	结持力	湿度	死地被物		根系分布深度	

其他特点______________________________

土壤名称______________________________

乔木层

林冠郁闭度：______________各层林冠郁闭度：Ⅰ__________Ⅱ__________Ⅲ__________

林层结构均匀度______________________林木平均间距______________________米

林层	优势树种			按林层							
	年龄	地位级	经济出材率/%	组成	平均高度	疏密度	每公顷蓄积量		每公顷株数		
							活立木	死立木	活立木	死立木	

各组成树种

林层	树种	年龄	平均直径	平均树高	经济出材率/%	每公顷蓄积量		每公顷株数	
						活立木	死立木	活立木	死立木

乔木层补充因子（病虫害情况、动物活动、人为影响及其他）

更新：　　　　　　样地总面积：　　　　　　立方米

树种	树高组/米	实生植株				萌生植株						每公顷株数	
		健康	不健康	小计	年龄	个体数	萌条数		小计		年龄	实生植株	萌生个体
							健康	不健康	个体数	萌条数			萌条
	＜0.1												
	0.1～0.5												
	0.6～1.0												
	1.1～1.5												
	1.6～2.5												
	＞2.6												
	小计												

其他______________________________

下木层：______________________总覆盖度______________________分布情况______________________

层次明显程度______________________各层高度：Ⅰ__________Ⅱ__________Ⅲ__________

植物名称	层次	多度	其他	植物名称	层次	多度	其他

人为及动物活动______________________________

地被物层：总覆盖度______________________分布情况______________________

层次明显程度______________________各层高度：Ⅰ__________Ⅱ__________Ⅲ__________

续表

植物名称	层次	多度	其他	植物名称	层次	多度	其他

人为及动物活动________________

苔藓地衣类：________________占地表总覆盖度________________

地表上分布状况________________

树干上分布状况________________

植物名称	多度	小生境	分布状况	其他

层外植物：

植物名称	多度	生长方式	为害			其他
			树种	部位	程度	

菌类种类，多度，分布及利用情况________________

小结：（林分的群落生态特征，起源，演替及经营措施意见等）

附件：1.

2.

3.

4.

调查人________________

调查日期：______年______月______日

标准地周围情况应填写与周围其他群落相邻的情形，如有无采伐迹地、火烧迹地、草坡、大道、河流等，也注明其方位和距离。

地貌条件一栏应注明标准地所在的各级地形条件和在该地形上的位置、海拔、坡向、坡度等。

地形级可区分为大地形、中地形、小地形。

记载时应注明标准地所在的大地形范围，这可以从该范围的有关气象资料和自然地理、植物地理的材料了解本林型形成的自然地理历史背景。注明标准地所在的中地形条件的位置、如沟谷底部、山麓、山坡下部、中部、上部、近山脊、山脊等。因为中地形位置对于林型的分布有直接的影响，如中地形条件对母质风化物、土壤颗粒的积聚和流失、水分及可溶性矿物质、有机物的转移等都有直接的关系，因此记载时应尽可能详细观察地形条件对林型有关特征的影响。地形的微小变化也往往对林木或更新的幼苗有影响，例如由于水分局部的分配和不同植物机械的或生物的制约而影响到林木或幼苗的生长、分布，甚至可以找出小地形有规律的变化与群落内一定树种的分布规律有相关性。

记载裸露岩石及其分布的目的，在于尽可能了解本地区的最近地质过程，以及它对森林分布的影响，例如高山地区冰川作用形成的有关地形（如 U 形谷等）对森林分布很有影响，一定的林型往往与“石塘”的特殊条件相联系。母岩的层理结构、化学性质及其风化过程（机械的、物理的、生物的风化），在不同条件下的特点也很不一致，对于土壤形成、土壤理化性质和植物分布很有关系。风化母质的形态和物理性质往往与地区的泥流、土滑现象有关系，应当联系各种现象加以观察记载。

小气候一栏应与地形条件联系考虑，记载有何不同于周围的气候条件特征，如坡向对于气温和干湿条件的影响，地形位置与山谷风的关系，河谷宽窄对大气湿度、光照的影响，以及这些气候特征是如何影响群落的。有时在文献资料中把小气候直接理解为经过植被调节后的群落气候，这里主要是指影响群落形成、分布和发展的局部气候特征。这一记载不要求有数量指标，但如果能在调查过程中根据需要在同一时间内对不同地形部位用手持通风干湿球温度计和风速仪来测定空气温度、相对湿度、绝对湿度和风向风速，也很有意义。小气候中对水文状况和土壤季节性结冻特点也需要调查记载，这可参照土壤调查的要求进行。

4.1.2 土壤调查的记载

在有土壤调查员共同调查时，可进行专业的土壤调查。如只有林型调查员单独工作时，也应参照土壤调查的要求调查和采集土壤标本。

4.1.3 立木调查记载

在有测树调查员配合调查时，可完全应用测树调查材料。无配合时，林型调查员可按下列不同要求调查立木因子。

（1）实测法：即进行林木每木检尺，求算平均直径，按中央径级多选、两头少选的原则，选取总株数十分之一的林木实测树高、直径，绘出直径与树高相关曲线，用平均直径在曲线上找出平均树高，伐标准木调查。分层计算出树种总断面积、平均断面积、每公顷总蓄积量、各林层树种组成、地位级、疏密度、经济出材率等，逐项记载于表内，并注意林层结构的均匀度和立木平均株距等。

（2）用角规随机取样，测定林分各树种的断面积，并计算其蓄积、平均株距、林分组成。按林层取样测高，用生长锥或就近寻找现成的伐桩测定年龄，计算地位级和各有关测树因子。

（3）目测林分的龄级、树高、直径、组成、疏密度、蓄积量等因子，或辅以简单的取样实测树高、直径，用生长锥测年龄核实。在路线调查中只有在已积累有该林型的一定实测材料后，才允许用目测调查，并且要求调查员有较高的目测能力。

林型调查员除要求获得一般立木测树因子外，更重要的是从育林学、生态学角度来掌握立木层的特点。如：

（1）林型的生产力不仅从立木蓄积量来衡量，而且也要从乔木层的层次结构、树种组成的生态学特性来衡量林分利用空间（即利用光、热、大气 CO_2、土壤肥力、水分）的程度，寻找出最合理、最经济的树种配置和相应的更新、抚育措施。

（2）如果是混交林，判断确定对整个森林群落影响最大的优势树种，不仅要从断面积为基础的林木组成来衡量，而且也要从每公顷株数（即密度）和投影覆盖度等来综合衡量。优势树种是指对群落气候特征（对光、辐射、水分的再分配）起重要作用，对其他植物分布、生长的影响，对土壤的影响（通过它的凋落物、根系的数量、渗出物或分泌物的影响）最大，即对群落物质能量的转化循环和群落发展演替上起主导作用的树种，所以也可叫做建群树种。优势树种（或建群树种）能在各种数量特征上（如多度、覆盖度、频度、材积、生物量）表现出来，并以此来判断。调查中还要分析优势树种有无被更替的趋势，这可以从组成树种的年龄结构、生态习性、生活力来判断。

（3）对立木不仅要注意到各种数量特征，也要注意到它们生长发育的质量。如树干是否通直，枝下高情况，主干是否分叉、扭曲，病虫害及其为害情况，立木腐朽率，有无经过火烧，以及濒死木、死亡木、被压木的多少，并观察分析形成上述各种情形的原因，又如乔木是萌生还是实生，生活力、材质有何差异等等。这些资料，对今后确定经营措施都是需要的。其中有些可以在野外观察调查和分析找到初步答案，有些则需要找出问题和解答问题的线索，供进一步专门调查。

（4）在野外通过收集一个树种或某林型的标准地材料，应联系考虑有无可能从中得出有关树种分化的一些初步材料，如某个树种何时大量自然稀疏，不同立地条件和不同疏密度的自然稀疏过程有何差异，特别是土壤肥力和光对自然稀疏过程的影响如何等等。

总之，列举以上几点主要说明一个原则，即林型调查员在调查立木时不要局限于收集测树因子，应当尽可能通过立木层的调查，使自己了解到林型的发生、演替、生产力，以及能为今后提出林型和主要树种的经营方向和措施具有更广泛的科学依据。

4.1.4　更新调查

在有更新专业参加调查时可直接采用他们的材料。在自行调查时可在标准地设置一定数量的更新样方（圆）来进行。

为了查明同一林型由于采伐和火烧后引起森林演替过程的规律性，需要在调查地区不同年代的采伐迹地和火烧迹地上进行更新调查。这种调查在确定属于同一林型的前提下也可以只进行更新专业的单项调查。

4.1.5　下木及草本等植被调查

（1）下木层的记载。利用目测记载下木层的总覆盖度（用十分法，以地表完全被覆盖时的覆盖度为1.0，如覆盖十分之三，则用0.3表示，以此类推）和分布状况。有明显分层现象时，应记载各层的覆盖度、高度，并按层记载各个种的覆盖度、多度、优势高度、最大高度、季相等。

植被多度级划分如下（调查记载草本及苔藓等也应用此标准）（表2）。

表2　植被多度分级表

多度级代号	多度特征	相当于覆盖度
Soc	植株盖满或几乎盖满标准地，地上部分相互衔接	76%～100%
Cop^3	植株遇见很多，但个体未完全衔接	51%～75%
Cop^2	植株遇见较多	26%～50%
Cop^1	植株遇见尚多	6%～25%
Sp	植株散生，数量不多	1%～5%
Sol	植株只个别遇到	＜1%
Un	在标准地内偶然遇一、二株	个别

上述多度级是目前世界上较通用的。当植株地上部分丛生时，以代号gr表示，它可与

Cop′以上的代号并用。在难以确定某多度级时，可并列两个代号来表示，如Cop′-sp。

（2）草本和苔藓植物记载。目测草本及苔藓类植物的总覆盖度，并分层记载各层覆盖度，按种记载覆盖度、多度，主要种的物候及生活型，分布均匀状况等。对于植物的生活型调查记载，可以就整个林区植物种作统一的调查分析。标准地调查或路线调查时，遇到新的植物也要随时观察记载。

从相邻不同纬度地区或垂直带的植物种生活型谱的分析中，可以了解随气候递变的植物分布结构变化，这对同一地区显然不同立地条件的植物生活型谱的比较分析很有意义，它可以反映小环境、小气候某些因子的梯度变化。例如我国西南高山峡谷林区的湿润针叶林、干旱的松林以及受焚风影响的河谷干旱草坡和稀疏草原型植被，有时距离都不甚远，但它们的生活型谱就有显著的甚至截然的不同。生活型分析可以帮助我们了解群落发生的历史，对一个地区的群落分类也是重要的标准，因为群落分类主要是借助于种的组成、外貌、层次结构等特征，而外貌、层次结构的复杂与否都是由生活型的类型及其比例、数量决定的。植物生活型分析方法见6.1。

植物生活型图谱

1）高位芽植物（Ph）——过冬的休眠芽或带芽枝梢高于空中25厘米以上者。

①大高位芽植物（Mg）——植物体高于30 米；

②中高位芽植物（Ms）——植物体高8～30米（统计时①、②可合并，符号为MM）；

③小高位芽植物（Mc）——植物体高2～8米；

④矮高位芽植物（N）——植物体高25 厘米—2米。

2）地上芽植物（Ch）——休眠芽在地面和 25 厘米以下的高度内空间越冬，常得到落叶、雪被或植物本身的保护。

3）地面芽植物（H）——休眠芽在地表面过冬，比Ch 得到更好的保护。

4）隐芽植物（Cr）——休眠芽在土壤中或水面下越冬。

①地中芽植物（G）——休眠芽在土内，植物具地下茎。

②水生植物（Hy）——休眠芽在水面下。

③沼生植物（Hc）——休眠芽在水下土中（统计时②、③可合并为HH）。

5）一年生植物（Th）。

此外，还补充有附寄生植物（E）；肉质茎植物（S）。

对于苔藓、地衣类植物要分别记载所有苔藓等地被物的总覆盖度、多度等，厚度（死层、活层）、紧密度。对于优势种，特别是对树木更新有影响的或对生境具有指示意义的种类要分析它们的生态习性。有些苔藓、地衣与一定的土壤湿度、空气湿度、光照、气温有关系。对于明显的地表真菌类也应加以记载。

（3）层外植物的记载。层外植物是指生长在群落各层次以外的攀缘或附生、寄生于其他植物体上的植物（包括苔藓、地衣、藻、菌类），这在亚热带、热带林内具有比较专门的意义，需要专栏调查记载。攀缘、缠绕或寄生的植物对于树木的影响应尽可能加以记载，还应记载攀缘高度、木质或草质、其底径有多大等；对苔藓、地衣类的生态习性也要记载，如有些依附于专门的树种或有一定方位、朝向等。

每一种植物都应在野外初步鉴定其学名和适当的中文名，对于尚未确定的植物种更应采集标本备以后鉴定。

（4）人类活动或动物对群落的影响

主要记载人类在该林型中的活动，如采伐、割草、火烧、放牧、采集森林副产品等，以及动物（如大兽类、啮齿类、昆虫等）的活动和它们对森林的幼苗、幼树、立木、下木及草本植物的影响及其程度、时间长短等。

（5）小结及初步确定林型名称

在通过上述各项内容调查后，要从中归纳出该林型的主要特点，林型今后自然演替方向如何，本林型属基本林型还是次生林型，林型在本地区群落生态序列中的位置，林型经济利用价值和方向，采伐后林型可能的更替方向，有无需要在经营中有目的地更替为另一树种，什么措施，如要保持原有树种又应采取何种措施，以及其他各种经营措施等。

林型的命名是指野外林型调查完毕后，应考虑初步给予一个林型名称。可以把调查中认为所有特征都相似的林分初步确定为一个林型。林型的命名一般采用以植被为特征的双名法，如杜鹃-落叶松林（*Laricetum rhododendrosum*），箭竹-云杉、冷杉林（*Piceeto-Abieetum sinarundinariosum*）；必要时也可加上地形特征，如河滩杨林（*Populuetum inundatum*）。拉丁名主要是国际上通用的，作为国内一般森林经营应用时，只命以中文名即可。

4.2 立地类型调查表的记载

4.2.1 一般情况

记载方法同林型表。

4.2.2 土壤剖面记载

方法及要求均同林型调查表。但要注意的是对土壤不仅要详细记载土壤剖面形态，而且要联系成土条件（立地条件和植被等生物条件）分析土壤的形成过程和基本特征。要特别注意局部气候特征与植被（灌木及草本植物、苔藓类植物的活体及其凋落物、死体等）对土壤肥力、水分状况的直接影响，也要注意地形因子对土壤肥力、水分状况再分配的间接影响。注意母质条件和地下水性质及其流动情况对于土壤透水性、pH、碳酸盐、盐基含量、活动性养分的积聚和移动的影响。土壤特性是立地条件的综合反映，立地条件的明显差异必然反映在土壤条件的差别上，因此，可以找出不同立地类型下的不同土壤特性。找出这种联系是正确划分立地类型的基础。

4.2.3 乔木状况

记载有无乔木的分布，树种的生态习性、生活力，乔木的病虫害状况，有无更新，幼苗幼树的数量及分布特点（与树冠、灌木、草本植被的遮蔽，与土壤局部特征的相关性），幼苗的质量、生活力等。

4.2.4 灌木

记载灌木种类，灌木覆盖度、多度、高度，灌木的生态习性、生活力，有无指示意义的灌木种类，灌木的凋落物性质及其对土壤因子和乔木树种更新条件的影响如何等等。

4.2.5 草本及苔藓类地被植物

记载它们的层次、高度、覆盖度、多度、分布状况，优势种的生态习性，以及以上各因子对乔木树种幼苗幼树分布、生长和对土壤因子的影响，有无指示意义的植物种或层片。

4.2.6 小结及命名

和林型调查的小结在要求上相同。在非林地的立地类型调查时，虽然没有树木或树木比较稀少，但要注意仅有的树木的生长状况、生活力、更新状况如何，生态习性是否适应该立地条件，这些树木有无发展前途，是属于环境恶化后处于无前途的残遗植株，还是属于侵入该立地类型的先锋树种。在野外尽可能联系该立地条件的特点和已了解的树种生态习性，考虑在造林改造利用这类非林地时用什么树种合适，这可以从相应于该立地条件的有林地材料和植被演替关系的材料中分析考虑。小结要指出改造利用的途径和具体措施。

应初步确定群落的名称和立地类型名称。命名时与林型命名原则有所区别，应当以立地条件中（土壤的某些特征，如肥力、厚度、水分状况等；整个生境的气候特征，如干湿、光照——阳坡、阳坡之别等）最显著的一、两个特征来命名，选择这些特征，既要考虑到能简单明了地反映该立地条件本身的特点，又要能明显地与其他立地类型相区别。比如在同一垂直带内，可以区分为阳坡薄土，阳坡中土（中等厚度），阳坡厚土，阴坡薄土，阴坡中土，阴坡厚土等，这在华北某些山区是可行的，这些类型有着自己比较明显的指示植物，如都为次生林分，立木生产力也明显不同。例如山西灵空山的中山带，各类型的指示灌木种为：

阳坡薄土——鼠李、三丫绣线菊；

阳坡中土——低矮的二色胡枝子；

阳坡厚土——发育良好的二色胡枝子和刺梅；

阴坡薄土——杜鹃；

阴坡中土——毛绣线菊；

阴坡厚土——毛榛。

如这些立地类型都是林分，则可命名为阳坡薄土油松林；阳坡中土辽东栎林；阴坡厚土油松林；阴坡厚土山杨林等（表3）。

表3 立地类型调查表

编号：______________________ 标准地面积：______________________ 公顷

群落名称：______________________ 立地类型名称：______________________

地理位置：__________ 省：__________ 县：__________ 林业局（公社）：__________ 林场：__________

海拔：__________ 米； 坡向：______________________ 坡度：______________________

坡位：______________________ 母岩及地质条件：______________________：__________

气候条件：______________________ 地表水、地下水：______________________：__________

续表

土壤剖面记载		剖面号：
土壤层次		形态因子
符号	厚度	湿度、颜色、质地、结构、结持力、植物根、pH、新生体、侵入体、碳酸盐反应及其他

剖面特点

土层厚度	主要颜色	质地	石砾含量	结构	结持力	湿度	死地被物	根系分布深度

其他特点______________________________

土壤名称______________________________

乔木状况

树种	年龄	高度	每公顷株数	生态习性	生活力	病虫害

幼苗幼树

树种	高度	年龄	每公顷株数	分布状况	健康状况	其他

灌木层

总覆盖度__________分布情况__________层次明显程度__________

各层高度：Ⅰ__________Ⅱ__________Ⅲ__________

植物名称	层次	多度	其他	植物名称	层次	多度	其他

草本植物层：

植物总覆盖度__________分布情况__________

层次明显程度__________各层高度：Ⅰ______Ⅱ______Ⅲ______

植物名称	层次	多度	其他	植物名称	层次	多度	其他

苔藓地衣类植物：覆盖度__________平均厚度__________

植物名称	多度	厚度	小生境	分布状况	其他

菌类种类，多度，分布及利用状况______________________________

人为及动物活动情况______________________________

小结：（群落生态特征，立地条件总特征，起源，演替，乔木树种的发展前途，改造方向，经营措施等）

调查人__________　　　　调查日期______年______月______日

5 调查地区林型图、立地类型图的绘制

林型图是林区经营规划的基本资料，是林区以林型为小班绘出的林分分布平面图（绘制时以林型为单位，以后可根据需要转绘以林型组为单位的图）。有航空照片的地区，可借助照片来绘制林型图，根据地面路线调查和标准地调查所取得的林型及其分布界线，在照片上的影像特征的判读经验，用立体镜在航空照片上勾绘林型小班成图。如果已有林相图，它对绘制林型图也有重要的参考价值。

这里再介绍一下在平缓地形的林区（如我国东北林区）结合森林调查按林班绘制林型图的一种方法。

林型图的绘制应由林型调查员和土壤调查员配合进行，以林班为单位（如 1 平方公里的方格林班网），围绕林班一周及在林班内设置南北走向相隔 200 米的四条调查线，这样林班边界和林班内调查线共八条，即可完全控制对一个林班的调查。对林型分布格局比较简单的地区，则可以粗放些，如林班内只设 2～3 条调查线即可。事先在东西走向林班线上每隔 200 米插上标杆，把四条调查线基点打好。调查员应持有林相图、小班调查材料（如已有的话），手持罗盘和皮尺等必要工具。如走林班线调查，可利用林班线上的百米桩测距，如在林班内的调查线上，则应手持罗盘保持行进方向（正南或正北），用步测测距。

在每条调查线上行进时，要把林型的变化（挖小坑调查土壤）记载下来，做下笔记，要边记载、边在笔记本上绘出草图，待一个林班的调查线都走完后，就可正式在方格纸上绘出该林班的林型草图，也就是根据图上调查线上各点把同一林型边界的相应点连接起来，就可得出草图。由此类推，可以接连绘出整个调查地区的林型图。

立地类型图制图的方法与林型图大体相同。在可利用航空照片的条件下，制图方法完全同于林型图，并且可以在林型图上同时反映对林区非林地划分的立地类型的分布。在有适当地形图可资利用的情况下，可以在大比例尺的地形图上勾绘。对广大的宜林丘陵和中山地区，可以用三角控制测量地形，并根据群落外貌勾绘。

6 内 业 整 理

6.1 植物标本的整理、生活型的统计分析

对所有采集到的植物标本应按规格制作，并进行分类学鉴定。按分类系统编制本地区植物名录。对每种植物尽可能提出其生境条件和生态习性，确定生活型。所有标准地外业调查材料中记载的植物种都应最后核对，更换为鉴定后的学名，一切统计分析均按学名进行。

对于地区植物生活型谱认为有必要进行分析的，可按表 4 的形式整理。

首先整理整个地区属于 MM、M、N、E、S、Ch、H、HH、Th 五的各多少种及其百分比；在具有山地垂直带的地区也可按垂直带统计，并比较其生活型谱（表 5）；也可按不同纬度地区进行比较分析。对于按环境因子梯度生态序列上植被类型来比较生活型

表 4 植物地区生活型谱的统计

植物种类 \ 生活型	MM	M	N	E	S	Ch	H	HH	Th
裸子植物									
被子植物									
双子叶植物									
离瓣									
合瓣									
单子叶植物									
合计									

表 5 按垂直带生活型谱的比较

海拔	各类生活型的百分比								
	MM	M	N	E	S	Ch	H	HH	Th

谱，则宜以优势种为对象，不必每一种都计入，特别是要排除偶见种。生活型对于植被型以及小至群落内层片的划分都有参考意义，因为群落的层片就是群落中具有一定种属组成、相同生态习性、相同生活型，反映相同小生境的结构部分。因此，对生活型的深刻理解和分析对于正确划分层片有重要意义。例如，林分相邻于环境差异较大的地段，林下常会有相邻群落的植物渗入，在林内特殊的小环境里构成特殊层片，如旱生肉质莲座状植物、一年生植物、沼泽生的苔藓植物、高寒的地面芽植物渗入林内等。

差异较大的立地类型肯定会反映出植物生活型谱上的差别，至少会有指示意义的某种生活型的出现和增多。

6.2 林型、立地类型材料的整理分析

对于林型材料，首先应把标准地材料按测树调查内业要求，整理出立木测树因子，并用同一林型的标准地材料绘出树高、直径与年龄的相关曲线图和树高×年龄、直径×年龄的相关曲线图。以立木因子检查同一林型的划分是否正确，其允许的变异范围，树高为±（3.5%～10%），直径为±（10%～15%），如超过此范围则应检查标准地确定林型是否有差错，计算是否有错误或标准地的代表性是否典型等。

植物、土壤、更新材料也应按同一林型统计整理（土壤、更新可按专业要求），统计表格式如表 6，确定出立木和植物的优势种，以及根据综合特征有无该林型的适当的指示植物。对每个林型正确划分其层次、层片，确定土壤名称，典型剖面特征，更新状况等。最后，对林型进行命名，外业初步命名不适当的应加以纠正。

表 6　林型材料统计格式

（1）林型确定后地形因子统计格式

地形因子 该因子的频度 标准地或调查点	海拔幅度	坡向幅度	坡位										坡度幅度
			脊部	近脊部	上部	中上部	中部	中下部	下部	坡麓	谷地	台地	

（2）立木测树因子统计格式

林型：

立木组成		疏密度		地位级		其他
组成	该组成的频度	疏密度	该疏密度的频度	地位级	该地位级的频度	

（3）植物种类、多度、频度、覆盖度统计格式

林型：

植物种	标准地 1	标准地 2	标准地 3	标准地 4	标准地 5	标准地 6	一般	变幅	每种植物的频度/%
	多度								
	下木总覆盖度								
	地被物总覆盖度								

（4）更新统计格式（先换成每公顷株数）

林型：

树种 起源 生活强度 高度组 标准地	实生																萌生					
	健康							不健康							年龄		个体数	萌条数			年龄	
	<0.1	0.1～0.5	0.6～1.0	1.1～1.5	1.6～2.5	>2.6	小计	<0.1	0.1～0.5	0.6～1.0	1.1～1.5	1.6～2.5	>2.6	小计	最多	最大		健康	不健康	小计	最多	最大
总计																						
标准地数																						
平均																						

对林型分布规律的整理，可在林型最后划分后按同一林型所分布的海拔范围、坡向、坡度、土壤因子（如土壤肥力、厚度、湿度等）进行登记，找出上述因子的分布范围有无规律性。此外，野外的路线调查剖面图（进行方向、海拔、坡度、林型和土壤的变化

在图上都可一目了然）是研究林区内林型和土壤随地形条件分布规律的基本资料，可以从中概括出林区的一般分布规律。

然后可以把林型按其主要特征归纳成林型特征表，其内容包括林型名称、分布海拔范围、坡向、坡度及坡位、立木因子（树种组成、地位级、疏密度等）、更新因子、土壤（土壤种类、简要特征）、下木、地被物（优势种、多度、分布状况等），供调查员今后调查鉴别林型时应用。

立地类型内业资料整理的过程基本上与林型相同。首先也应当鉴定植物学名，并在调查材料上订正植物学名；按立地类型统计分析植物生活型谱，找出有无反映各立地类型的指示植物。

对划为同一立地类型的调查材料（包括路线调查的点和标准地）进行各因子汇总统计，其格式如表 7。

表 7　立地类型因子汇总表

立地类型：

调查点编号	地形						土壤										
	海拔	坡向	坡度	坡位	中小地形	地表含石率	总厚度	A 或 AB B（厚度）	腐殖质含量	pH	碳酸盐反应	质地	石质含量	湿度	地下水深度	母质

调查点编号	灌木层			地被物层			更新/(株/公顷)	乔木现状				明显的人为活动痕迹	备注
	总覆盖度	层高	优势种及多度	总覆盖度	层高	优势种及多度		残留木种类（按多少顺序）	株数/公顷 分布状况	生长级	发育级		

从汇总统计的材料中，概括出各立地类型的特征表，内容及格式如表 8。

表 8　立地类型特征表

立地类型名称	地形	土壤	小气候特征	植被			在航空照片上的影像特征	造林（或其他改造措施）
				乔木	灌木	草本		

在整理以上材料的过程中，凡检验材料有无规律性，是否可靠，是否存在显著变异等，都可以应用数理统计方法。根据检验对象采用参数和非参数的各种比较方法，如 t 检验、F 检验等法进行，其中置信程度可采用 95%和 99%两级来检查（程序可参阅有关一般数理统计方法的书籍）。

6.3　内业的总结工作

进行上述材料的整理分析，划分林型和立地类型之后，内业工作就可进入总结性阶段。

首先，应对林区每一林型、每一立地类型都用文字详细描述其特征。这种特征的描述即为各林型、立地类型特征的总结，描述应当是典型的，但也应说明特征的变动范围，以供林业生产上鉴别林型、立地类型时参考。总结材料中应当包括对该林型、立地类型的经营意见和具体措施。

对整个林区所有林型（或立地类型）在气候、地形、主要环境因子梯度变化坐标序列中所占的位置可用图解方式表示出来（形式是多样的，以简明表达其规律性为宜）。

如果对于林区各林型、立地类型的各群落演替过程，有足够分析的话，也可用图解形式提出林区植被演替序列。这对明确表达植被演替规律，提供利用森林植被在方式上应注意事项也是简明而有说服力的。

最后，应综合林区的所有调查材料，包括林业生产经营、社会经济的调查材料，提出整个林区的经营方向和意见，包括荒山荒地、灌丛梢林、沼泽地的利用方向，各种综合经营的前景等，供林区社会主义建设长远规划时参考。

试论建立我国森林立地分类系统†

森林立地的分类、评价及其应用，是造林营林的基础。许多林业发达国家早在本世纪30年代，甚至更早一些时候，就基本上完成了这项林业基础研究，并进入应用时期，有些国家还在进行不断完善和深化。我国在50年代时，采用苏联的立地林型理论和方法进行过探讨性的研究和应用[1, 2, 3]，60年代开始探索我国自己的分类系统[4, 5]。70年代末、80年代又加强对立地分类和评价的研究，国家立项重点进行了一些区域和重要用材树种栽培的立地研究[6-9]，林业管理部门和林学界都对此项基础研究表现出很大关注，近年来学术刊物展开了热烈讨论[16-21]。这是我国林业界对营林工作长期落后粗放乃至无序局面有所改变的良好开端。

本课题组承担我国用材林基地的立地分类与评价的研究，研究范围包括我国东北、华北、南方（东部和西部）等几大片主要用材林基地。如此大范围的立地研究，有可能勾绘出我国森林立地系统的大部框架，这促使我们在已有的立地研究基础上，尝试为全国森林立地分类系统提出自己的方案，供有关方面讨论研究。

1　关于我国森林立地分类系统的性质

“立地”一词作为术语首先用于林学。最早由德国 Ramann E.于1893年在他编著的《森林土壤学和立地学》[25]一书中提出森林立地的概念。立地有过不少定义[22-24]，但对森林立地的共同理解点都在于有一个空间地域，以及该地域上对森林有影响的环境两个核心内涵。因此，它的分类不同于其他一些事物的分类（例如物种的分类等），而必定具有环境质量差异的划分和其地域的区分的二重性，前者具有按事物特征的分类的意义，后者具有地域区分的意义（即有的学者提出的“立地区划”的含义）。我们认为，立地分类就是根据地域环境综合体的差异大小对空间地域在不同层次上的区分和归类，并不存在立地分类与立地区划两项不同的任务。也可以说，森林立地分类单位就是“立地区划”单位（或称立地区划系统的分类单位）。立地分类系统的任一级单位都可以制图，它的高级单位的图，可以宏观上指导造林管理，低级单位的图可用于具体的造林设计，这是一个由高级次到低级次，由相对宏观到相对微观的延伸的、连续的系统。从道理上讲，可以把全国森林立地分类系统的各级单位在一张图幅无比大的大比例尺全国宜林地地图上都表现出来。对于立地图在级次上的取舍只是根据指导造林的作用和技术上

---

† “用材林基地立地分类、评价及适地适树研究专题”森林立地分类系统研究组，1990，林业科学，26（3）：262-270，研究组成员张万儒、盛炜彤、周政贤、汪祥森、蒋有绪。执笔人：蒋有绪。

本文是在七五国家重点攻关专题《用材林基地立地分类、评价及适地适树研究》1988年年终总结及立地学术讨论会基础上整理写成的，参加整理讨论的还有刘寿坡、杨世逸、黄雨霖等同志。

本文曾请吴中伦、侯治溥研究员审阅提出宝贵意见，特此致谢。

的需要。对于将建立的中国森林立地分类系统在分类单位级次上不宜过细，必要时可以辅助级（亚级）。林业部目前已完成中国林业区划。由于林业区划考虑的原则除自然地理要素外，还有林业的社会经济与技术因素，因此，林业区划的高级单位在理论上不能等同于立地分类高级单位，其地域界限也可能不吻合。但林业区划的高级单位可能与立地分类的高级单位的地域界限大体一致。尽管如此，从理论上讲，从对造林宏观指导的特定意义上讲，建立一个有高级单位在内的完整的森林立地分类系统仍然是有必要的。

2 建立中国森林立地分类系统的原则

建立我国森林立地分类系统可考虑以下几个原则。

（1）从中国实际出发，博取世界各家之长，采用综合多元的原则

由于我国疆域辽阔，自然地理情况复杂，在我们的研究水平还跟不上的情况下，目前不可能要求以某一个方法来解决全国性问题，尤其是低级单位的分类。应该从实际出发，因地制宜地采用适宜的方法，选用适当的指示因子。例如，在我国东北或西南的天然林区，可以采用林型分类方法，以建群种和特征种为主要指示因子。但由于我国的天然林正在减少，因而也可以同时建立林型和立地类型的并行系列，互相换用。在一个地区内，究竟以地形部位、土层厚度或其他土壤理化特征、植被、地下水状况、岩性等哪个为主导因子来划分立地类型，应根据实际情况决定，不必强调统一。因此，从我国森林立地分类系统整体上说，必然是综合的多元的分类方法。

（2）尽可能吸收我国前人工作的成果

立地分类的理论基础是不同层次上的自然地理环境的地域差异。我们在立地分类的高层次上可以参考中国综合自然区划的成果，因为两者考虑的自然环境要素（光、热、水、气、土、植被、地貌等）基本相同，但森林立地分类系统在利用综合自然区划的成果时应在相应的层次上突出它在造林营林上的特点和作用，使之能更明确地宏观指导造林营林工作。除此之外，有时还考虑大地构造和植被、动植物区系的历史因素，在区划界线上与只考虑现实自然地理环境因素的立地界线可能不完全一致。在区域性的低级立地分类上，应集思广益，博采众长，以形成一个为大家所接受、能经受历史考验的全国森林立地分类系统。

（3）准确实用

这要求在低级分类上要比较准确地筛选出借以进行分类的主要因子，不同类型要求在一定的质上反映对林木生长的环境综合影响的差别。立地分类系统要便于编写成文字检索系统和转换为计算机检索系统。

3 中国森林立地分类单位

在建立一个完整的中国森林立地分类系统之前，应有一个合理的森林立地分类单位系统。我们综合比较分析了前人关于我国立地分类单位系统，提出如下的等级：

0 级 立地区域

这是我国自然地理环境中最主要的地域差异，是由纬度和海陆分布等地理位置、地

势轮廓及自然历史演变所决定的气候、地貌最主要特征的差异，反映植被、土壤、地貌、水文等最主要的差异，由此也决定人们对林业利用方向上最主要的差异。例如，我国东部季风区、西北干旱区和青藏高寒区，这是中国综合自然区划的三大自然区[13, 14]，它们的显著地域差异决定了对三个区域总体上的林业战略的不同。东部季风区第四纪以来天然植被以森林为主，为宜林区，是我国发展林业指望取得生物产量（木材产量）的依靠，即使其中的防护林等林种，也可期望它们提供可观的生物产量，这个区域是我国用材林基地宜林区域；西北干旱区除其中的个别山地外，基本上是天然草原和荒漠，从总体上讲是非宜林区，但半干旱的森林草原和草原仍具有一定的造林条件，林业的主要任务是改造自然、改善生态环境，提高牧场、农田抗御自然灾害的能力，为非用材林基地立地区域；青藏高寒区除其东南边缘和南部外，从总体上讲，属高原寒漠，为林业不利用区。

1 级　立地带

在立地区域内基本上是由纬度所决定，因温度而形成的地带性分异规律，例如东部季风立地区域内虽然基本上都是季风湿润气候下发育的森林土壤，但自北而南呈现棕色针叶林土、暗棕壤、棕壤、黄棕壤、红壤、砖红壤性红壤、砖红壤等地带性土类；植被则有寒温带针叶林、温带针叶阔叶混交林、暖温带落叶阔叶林、亚热带常绿阔叶林、热带季雨林等分布变化。立地带（温度带）主要决定纬度地带性的土类，决定顶极树种、顶极群落和其他适宜树种的分布，决定森林群落组成结构、生物量、林木生长量以及生物多样性等重大差异，虽然各立地带都可以营造以用材林为目的的林种，但对造林营林则有一系列不同的树种选择、配置和其他不同的设计要求。同样，西部干旱立地区域也可以分有温带立地带和暖温带立地带，青藏高寒立地区域的东南、南部宜林区也可分为亚热带和热带两个立地带。

2 级　立地区

是同一立地带内因构造地貌所形成的巨大地貌单元，如山脉（山体）、高原、盆地、平原等等。以我国东部地貌而言，是由一系列近于北东向平行排列的隆起带和拗陷带演化而成。拗陷带与隆起带自西向东交替出现。坳陷带有四川盆地、滇中盆地、东北平原、黄淮海平原、江汉平原，隆起带有大兴安岭、小兴安岭、长白山山地、鲁中南山地、太行山、吕梁山、巫山，以及东部沿海的各山地[10]，这些巨大地貌单元基本上重新分配了同一立地带内的水热状况，很自然地成为不同的立地区。例如，山区云量多、日照少，大兴安岭、小兴安岭、天山都比山区外的云量多一成，日照少 5%～10%[12]。又如，松嫩平原积温高于小兴安岭，而年降水则低于小兴安岭[18]。沿海平原的多雨中心大多位于山区，如武夷山、十万大山等，在干旱区尤为明显，如祁连山、天山[13]。地貌单元对风的影响十分明显，如天山、秦岭、阴山、南岭山地对西北、东南流的季风有特殊作用，一方面削弱了冬季风的南侵，另一方面阻碍了夏季暖湿气流的北上，这种作用影响了热量传递和湿润状况的地区分配，对气候形成和自然环境地带性的划分起了巨大作用[12, 13]。气候的许多等值线也往往与大地貌单元形态的边缘相吻合，例如，大兴安岭西面与南面大致与干燥度 1.2 等值线为界，其西南也以 1.2 干燥度等值线与蒙古高原为界；华北平原南界为秦岭—淮河一线，则相当于积温 4500℃初最终月 6℃的等温线。盆地往往以散射辐射为主，高原以直射辐射为主[12, 13]。西部干旱立地区域内山岭与盆地相间形式使盆地更为干旱。四川盆地也因秦岭、大巴山等屏障作用而比较暖和。因此，巨大地貌单元很自然地形成了立地分类中很重要的一级立地区。同一立地带内不同立地区的气候综合特征的差异可以是地带内量的差异，这些差异往往不引起顶极树种、优势树种的更替，或者只是同属种的替代，但往往反映出群落组成结构上的变动，特征典型性的差异，林木生长量的差异等等。同一立地带内不同立地区也可以是非地带性的质的差异，如温带的三江平原的沼泽湿地与小兴安岭的针阔叶混交林的质的差异，这是由于三江平原地貌形态影响形成的大面积隐域性植被、土壤所造成的。还有例如干旱温带的基本立地是荒漠半荒漠（如准噶尔盆地的荒漠植被），但干旱温带的山区由于局部降水的增加而形成森林（如阿尔泰山的落叶松林）。

立地区可以由于区内的环境差异和经营上的方便划分出一个辅助级，即立地亚区。例如，大兴安岭全林区跨纬度7°，南北部气候有差异，同时大兴安岭东坡陡峻，西坡平缓，西坡因与蒙古高原毗连而受其影响，东南边缘则与小兴安岭相近，有长白植物区系的渗入。因此，大兴安岭内部东西南北均有植被和土壤上分布的差异，如落叶松林较集中分片分布于中部以北山地，向南则呈舌状延伸于海拔较高的山岭，因此，同类的林型向南分布的海拔要上升，而且北部的一些林型（如石蕊落叶松林）不出现于南部；樟子松林也较集中分布于北部，北部的极地植物区系成分更加突出，蒙古柞、黑桦则以东坡为主，至甘河中下游，诺敏河一带则有紫椴、大果榆、春榆、黄檗等长白区系渗入，甚至有华北区系成分出现。以土壤而言，北部土壤具永冻层，南部则为季节性永冻层，北部有灰化棕色针叶林土，而南部则很少出现灰化和潜育过程。因而有必要在经营上把大兴安岭立地区分成若干立地亚区。同样，其他如长白山、小兴安岭，南方的南岭、武夷山等山地作为立地区，必要时都可以划分立地亚区。

3级　立地类型区

立地类型区是借此往下划分立地类型的重要基层分类单位。属同一个立地类型区的地块面积有可能由于地貌形态的影响而分布上不连续，不呈完整的一块，而以若干块形式出现。一个立地区或亚区有可能只是一个立地类型区，也可能划分若干立地类型区。立地类型区的划分原则可因不同地区而异。可以根据地形或垂直高度引起的差异来划分。例如湘西的武陵山、雪峰山，湘赣交界的幕阜山、九岭山、武功山、罗霄山，浙西的天目山、仙霞岭、湘桂粤赣的南岭，作为地貌单元都是一个个北东向排列的山岭，但山体之间则是低山、丘陵交错的地区，并有河流切割其中，因而各山岭实际上都包括其山体主体的中山和大面积的低山、丘陵，以及沿河流的狭窄平地带，由此，可以考虑把每一山岭的中山主体部分与外围低山、丘陵部划分为不同立地类型区。在中山、低山、丘陵不同立地类型区以下的立地分类，可能因以坡位、土层厚度等命名而在名称上相似，但其立地评价及其林业意义不完全相同。因此，立地类型只有在具体的立地类型区下才有其应有的林业意义与评价。

在我国西南地区，如横断山区、雅鲁藏布江下游区，都有海拔高差极大的高山峡谷地形，垂直差异很大，这种情况下，可以考虑以垂直带差异来划分立地类型区反映了树种和土壤的垂直分布差异，这在造林营林的要求上有很大的不同。这种垂直地带性虽然与水平地带性有相似的性质，但由于垂直地带性差异是由海拔高差产生的并压缩在较小的属于一个水平地带性基带的区域范围内，以立地类型区来处理比较顺理成章。

立地类型区下也可以根据需要（如岩性不同）设立立地类型亚区这一辅助级。

4 级　立地类型

这是立地分类中的基本单元（基本单位），同一立地类型区的不同立地类型主要反映对林木生长差异有主要影响的土壤综合肥力（土壤的水、热、气、养分、生物活动等）的差异，并据此对适应于该立地类型区诸树种作不同选择和安排。立地类型的划分完全可以根据影响土壤肥力的各种主要因子来进行，通常可以是坡向、坡位、土壤（或土壤腐殖质层）厚度、土壤质地、地下水状况（在平原区）、母质或反映土壤肥力的指示植被（群落、林型等）。同一立地类型要求相同的造林营林措施。根据不同的经营集约度，也可以把生态条件相近的立地类型归成立地类型组而采取相同的造林营林措施。立地类型下根据更高的经营集约度，也可以划分变型，如群落演替型，这是指同一立地类型（林型）处于不同的演替阶段，其植被状况不同，会影响天然更新条件下的技术措施或人工更新条件下的整地抚育措施等等。这样，森林立地分类单位系统实际将由包括 0 级在内，4 个基本级、若干辅助级的形式构成：

0 级	立地区域	Site Region
1 级	立地带	Site Zone
2 级	立地区	Site Area
	（立地亚区）	Site Subarea
3 级	立地类型区	Site Type District
	（立地类型亚区）	Site Type Subdistrict
	（立地类型组）	Site Type Group
4 级	立地类型	Site Type
	（变型）	Variety

4　中国森林立地分类系统

现根据上述森林立地分类单位建立中国森林立地分类系统（至立地亚区）初步如下，共 3 个立地区域，17 个立地带，58 个立地区，163 个立地亚区。

4.1　东部季风立地区域

Ⅰ　寒温带立地带

$Ⅰ_1$ 大兴安岭北部立地区：伊勒呼里山北坡西部立地亚区，伊勒呼里山北坡东部立地亚区，大兴安岭北部西坡立地亚区，大兴安岭北部东坡立地亚区

Ⅱ　中温带立地带

$Ⅱ_1$ 大兴安岭南部立地区：大兴安岭南部立地亚区

$Ⅱ_2$ 小兴安岭立地区：小兴安岭西北坡立地亚区，小兴安岭北坡立地亚区，小兴安岭南坡立地亚区

$Ⅱ_3$ 长白山山地立地区：长白山北部（完达山、张广才岭）立地亚区，长白山南部（长白山、老爷岭、千山）立地亚区

$Ⅱ_4$ 三江平原立地区：三江平原东部低湿地立地亚区，三江平原西部立地亚区，三

江平原南部兴凯湖低地立地亚区

Ⅱ$_5$ 松辽平原立地区：松嫩平原东部立地亚区，松嫩平原西部立地亚区，辽河平原北部立地亚区

Ⅲ 暖温带立地带

Ⅲ$_1$ 辽东—山东半岛立地区：辽东半岛立地亚区，胶东半岛立地亚区，鲁中南山地立地亚区

Ⅲ$_2$ 黄淮海平原立地区：辽河下游平原、海河平原立地亚区，黄泛平原立地亚区，淮北平原立地亚区

Ⅲ$_3$ 华北山地立地区：燕山山地立地亚区，太行山北段山地立地亚区，太行山南段山地立地亚区，吕梁山立地亚区；伏牛山北坡立地亚区

Ⅲ$_4$ 黄土高原立地区：黄土丘陵立地亚区，黄土源立地亚区，陇西黄土高原立地亚区

Ⅲ$_5$ 汾渭谷地立地区：渭河谷地立地亚区，汾河谷地立地亚区

Ⅲ$_6$ 秦岭北坡立地区：秦岭北坡立地亚区

Ⅳ 北亚热带立地带

Ⅳ$_1$ 秦巴山地丘陵立地区：秦岭南坡山地立地亚区，伏牛山南坡中低山立地亚区，汉中丘陵盆地立地亚区，大巴山北坡中山立地亚区，汉水上游谷地立地亚区，武当山低山丘陵立地亚区

Ⅳ$_2$ 桐柏山大别山山地丘陵立地区：桐柏山山地丘陵立地亚区；大别山山地丘陵立地亚区

Ⅳ$_3$ 江淮丘陵平原立地区：江淮丘陵立地亚区，江淮平原立地亚区

Ⅴ 中亚热带立地带

Ⅴ$_1$ 天目山黄山山地立地区：天目山北部黄山北坡低山丘陵立地亚区，天目山南部黄山南坡低山丘陵立地亚区，金衢盆地立地亚区，杭嘉湖平原立地亚区

Ⅴ$_2$ 湘赣丘陵立地区：湘赣丘陵盆地（红岩盆地）立地亚区，幕阜山九岭山低山丘陵立地亚区，罗霄山武功山低山丘陵立地亚区

Ⅴ$_3$ 两湖平原立地区：江汉平原立地亚区，两湖平原立地亚区

Ⅴ$_4$ 三峡武陵山雪峰山立地区：川东鄂西中低山丘陵立地亚区，武陵山低山丘陵立地亚区，雪峰山北部低山丘陵立地亚区

Ⅴ$_5$ 武夷山山地立地区：武夷山北部（含欧江流域）山地立地亚区，天台会稽四明山低山丘陵立地亚区，浙闽沿海丘陵立地亚区

Ⅴ$_6$ 南岭山地立地区：南岭北坡山地立地亚区，南岭南坡山地立地亚区，桂黔湘低山丘陵立地亚区（南岭山地西部低山丘陵立地亚区）

Ⅴ$_7$ 贵州山原立地区：贵州山原北部东部低山丘陵立地亚区，贵州山原中部西部（丘陵）立地亚区，贵州山原南部低山中山立地亚区

Ⅴ$_8$ 四川盆地周围山地立地区：四川盆地西缘山地立地亚区，四川盆地北缘（大巴山南坡）山地立地亚区，四川盆地东缘山地丘陵（平行岭谷）立地亚区

Ⅴ$_9$ 四川盆地立地区：四川盆地北部丘陵立地亚区，成都平原立地亚区，四川盆地西部丘陵立地亚区

Ⅴ$_{10}$ 川滇黔山地立地区：川滇黔山地北部低山丘陵立地亚区，川滇黔山地南部中低

山立地亚区

V_{11} 云南高原立地区：滇中红色高原立地亚区，滇东高原湖盆立地亚区

Ⅵ 南亚热带立地带

VI_1 台北台中立地区：台北台中山地立地亚区，台北台中滨海低丘台地立地亚区

VI_2 闽粤沿海台地丘陵立地区

VI_3 粤桂丘陵山地立地区：西江流域北部立地亚区；西江流域南部立地亚区；珠江三角洲立地亚区

VI_4 黔桂石灰岩丘陵山地立地区：黔南桂北石灰岩丘陵山地（河池地区）立地亚区，桂西北石灰岩丘陵山（百色地区）立地亚区，桂中（红水河上游）立地亚区

VI_5 滇南山原立地区：桂西滇东南岩溶山原立地亚区，滇西南山原立地亚区

Ⅶ 边缘热带立地带

VII_1 台南立地区：台南立地亚区，澎湖列岛立地亚区

VII_2 琼雷立地区：雷州半岛立地亚区，海南岛北部立地亚区；海南岛中部立地亚区

VII_3 滇南河谷坝区立地区：滇南河谷坝区立地亚区

Ⅷ 中热带立地带

VIII_1 琼南-西、中、东沙群岛立地区：琼东南丘陵立地亚区；琼西台地立地亚区；西沙、中沙、东沙群岛立地亚区

Ⅸ 赤道热带立地带

IX_1 南沙群岛立地区：南沙群岛立地亚区

4.2　西北干旱立地区域

Ⅹ 干旱中温带立地带

X_1 内蒙古高原东部立地区：呼伦贝尔高平原立地亚区，锡林郭勒高原立地亚区

X_2 内蒙古高原西部立地区：乌兰察布高原立地亚区，鄂尔多斯高原立地亚区，阴山山地东段立地亚区，阴山山地西段立地亚区

X_3 河套灌区立地区：河套平原立地亚区，银川平原立地亚区

X_4 阿拉善高原立地区：阿拉善高原东部立地亚区，阿拉善高原南部立地亚区，巴丹吉林沙漠以西沿河阶地和三角洲立地亚区，弱水河平原以西马鬃山北麓立地亚区

X_5 阿尔泰山-准噶尔西部山地立地区：阿尔泰山西北部立地亚区，阿尔泰山西部立地亚区，阿尔泰山东部立地亚区，准噶尔西部山地立地亚区

X_6 准噶尔盆地立地区：准噶尔盆地周围灌溉绿洲立地亚区；准噶尔盆地东部山地立地亚区；准噶尔盆地西部低地立地亚区

X_7 天山北坡立地区；天山北坡东段立地亚区；天山北坡中段立地亚区；天山北坡西段立地亚区；内带天山立地亚区；伊犁河谷立地亚区

Ⅺ 干旱暖温带立地带

XI_1 天山南坡立地区；天山南坡立地亚区；尤尔都斯谷地立地亚区；博斯腾湖盆地立地亚区；吐鲁番盆地、哈密盆地立地亚区

XI_2 塔里木盆地立地区；塔里木盆地边缘绿洲立地亚区；塔里木河流域立地亚区；

塔里木盆地东部立地亚区；塔里木盆地西部立地亚区

XI$_3$ 河西走廊立地区；敦煌平原立地亚区；酒泉平原立地亚区；武威平原立地亚区

XI$_4$ 昆仑山-祁连山山地立地区；祁连山东段立地亚区；祁连山西段立地亚区；昆仑山立地亚区；阿尔金山立地亚区

4.3 青藏高原立地区域

XII 青藏高原寒带立地带

XII$_1$ 北羌塘高原立地区；北羌塘高原立地亚区

XIII 青藏高原亚寒带立地带

XIII$_1$ 江河源头区立地区；江河源头区立地亚区；

XIII$_2$ 南羌塘高原立地区；南羌塘高原立地亚区

XIV 青藏高原中温带立地带

XIV$_1$ 柴达木盆地立地区；柴达木盆东部地立地亚区；柴达木盆西部地立地亚区；

XIV$_2$ 青海东部立地区；青海东部立地亚区；

XIV$_3$ 藏南立地区：藏西南高原立地亚区；雅鲁藏布江河谷立地亚区；波密—林芝高原立地亚区

XIV$_4$ 藏西立地区；藏西立地亚区

XV 青藏高原暖温带立地带

XV$_1$ 青藏高原东北缘立地区；洮河流域立地亚区；白龙江流域立地亚区

XVI 青藏高原亚热带立地带

XVI$_1$ 青藏高原东缘、东南缘立地区；横断山脉北部山原立地亚区；横断山脉北部高山峡谷立地亚区；横断山脉南部高山峡谷立地亚区；横断山脉南部怒山次西高山峡谷立地亚区

XVI$_2$ 青藏高原南缘立地区；喜马拉雅山南侧察隅立地亚区

XVII 青藏高原热带立地带

XVII$_1$ 青藏高原南缘南部立地区；喜马拉雅山南侧墨脱立地亚区

参考文献

[1] 中华人民共和国林业部造林设计局，1958，编制立地条件类型表设计造林类型，中国林业出版社.

[2] 中华人民共和国林业部调查设计局航空测量调查队，1955，大兴安岭森林资源调查报告，第 4 卷，大兴安岭森林林型调查报告.

[3] 关君蔚、高志义，1957，妙峰山实验林区的立地条件类型和主要树种生长情况（预报），北京林学院科学研究集刊：61-87.

[4] 李昌华、冯宗炜，1960，试论杉木快速生产林的林型，林业科学，5（3）：240-280.

[5] 蒋有绪，1963，川西米亚罗马尔康高山林区生境类型的初步研究，林业科学，8（4）：321-335.

[6] 沈国舫，邢北任，1980，北京市西山地区适地适树问题的研究，北京林学院学报，（1）：52-46.

[7] 南方 14 省（区）杉木栽培科研协作组，1981，杉木林区立地类型划分的研究，林业科学，17（1）：37-44.

[8] 南方 14 省（区）杉木栽培科研协作组，1983，杉木立地条件的系统研究及应用，林业科学，19（3）：246-253.

[9] 黄土高原课题协作组，1984，黄土高原立地条件类型划分和适地适树研究报告，北京林学院学报：1-94.

[10] 中国科学院《中国自然地理》编辑委员会，1980，中国自然地理，地貌，科学出版社：1-60，119-252.

[11] 中国科学院《中国自然地理》编辑委员会，1981，中国自然地理，土壤地理，科学出版社：21-189.

[12] 中国科学院《中国自然地理》编辑委员会，1984，中国自然地理，气候，科学出版社：1-56.

[13] 中国科学院《中国自然地理》编辑委员会，1985，中国自然地理，总论，科学出版社：8-56，104-164，187-413.
[14] 全国农业区划委员会《中国自然区划概要》编写组，1984，中国自然区划概要，科学出版社：1-5，40-48，67-141.
[15] 中国植被编辑委员会，1983，中国植被，科学出版社：749-1037.
[16] 周政贤、杨世逸，1987，试论我国立地分类理论基础，林业科学，23（1）：61-67.
[17] 沈国舫，1987，对“试论我国立地分类理论基础”一文的几点意见，林业科学，23（4），463-467.
[18] 石家琛，1988，论森林立地分类若干问题，林业科学，24（1）：58-62.
[19] 杨继镐，1988，试论我国森林立地分类原则，林业科学，24（1）：63-68.
[20] 詹昭宁，1988，介绍中国森林立地分类系统，林业资源管理，（6）：5-10.
[21] 徐化成，1988，关于我国森林立地分类的发展问题，林业科学，24（3）：314-317.
[22] 盛炜彤，1989，“森林立地类型”条目，中国农业百科全书，林业卷，农业出版社：514-515.
[23] Spurr S. H. and Barnes B. V.，1980，Forest Ecology，3rd Ed. John Wiley and sons，New York.
[24] 联合国粮农组织，1984，林业土地评价，罗马（中译本）.
[25] Ramann E.，1893，Forstliehe Bedenkunde und Standortslehre，Julius Springer，Berlin.

On the Establishment of China's Forest Site Classification System†

The forest site classification, assessment and its application are foundations for silviculture and forest management. As early as 1930s and even earlier, many a developed country had already completed that foundational research and consequently entered the era of its application. Somc countries are still continuing to perfect and deepen the research. Much work in forest site investigation, research and its application has been done in our country during the past 4 decades. In 1950s, when this work began to be undertaken, investigations, researches and its application had been done by employing Soviet Union's theories and methods in site and forest type classification [5, 7, 8, 9, 10]. In the following decade, a classification system was explored and formed on our own. After a 10-year lapse of development, research work on forest site classification, assessment and its application was again emphasized at the end of 1970s and in 1980s, which can be proved by that the government went out of its way to advance a series of site research on regional and major timber-use trees plantation [11, 12, 13, 14] by organizing specific research projects. The institutions in charge of China's forestry and the silviculture circle have been paying enthusiastic interests to foundational researches, which more or less contributes to the heated discussions in magazines concerning forestry [21, 22, 23, 24, 25, 26]. That marks a prospecting beginning to change the backward and disordered situation of China's forest management. By and by we came to the realization that science and technology is indispensable to the revival of China's silviculture and directing it onto the orbit of scientific management. It is unanimously agreed that forest management has to be founded on site classification and its application.Therefore, it is high time to explore and establish a statewide and regional forest site classification system and to apply its achievements to practice. It is estimated that a period of 10 to 20 years will be needed in fulfil such a task involving foundamental theories and practical applications.

This research group is engaged in studies of site classification and assessment of China's timber use plantation bases. Its range of studies covers such major timber use bases as Northeast China, North China, South China (both Southeast and Southwest). Site Researches on such a wide range of timber use bases will probably help to draw a picture of the general framework of China's forest site system, which will help us in our attempt to work out our scheme in the establishment of a nation-wide forest site classification system on the basis of our researches and the ready experiences accumulated in other site researches done in China.

---

† The Research Group on the Forest Site Classification System, The Project of Site Classification and Assessment for Plantation Bases for Timber Use in China. Group members are Zhang Wanru, Shen Weitong, Zhou Zhengxian. Wang Xiangsing, Jiang Youxu This essay comes from the researches on The Project of Site Classification and Assessment for Plantation Bases for Timber Use in China—a Primary Project of China's 7th 5-year plan, from the year-end summary of 1988 and the Site-Research Academic Workshop. Other participants in revision include LiuShoupo, Yang Shiyi, Huang Yulin, etc. Writer of the essay is Jiang Youxu.

Acknowledgement and hearty thanks are extended to Professors Wu Zhonglun and Hou Zhipu for their precious advice.

We aim to prefer our researches to further discussions and studies, hoping that our experiment trails help promote the establishment of China's forest site classification system on our own.

1 On the Nature of China's Forest Site Classification System

The word "site" was first used as a special term in the field of silviculture. The concept of forest site was first put forward by German Scholar E. Ramann in his "Forest Soil Science and Site Science" [30] published in 1893. Many a definition have been applied to the term "site", such as "possessing a certain area of space with related environment"[28] and "an area viewed from the point of environment, determining in particular what types of vegetation and their nature can grow there." Site can be quantitatively divided into various site types in reference to climate, soil and vegetation; and it can also be quantitively divided into various site classes in reference to its potential timber use productivity[29]. In the Chinese Agricultural Encyclopedia (Book of Silviculture) published recently, the term site is defined as "forest site is the forest land and land proper for afforestation differentiated by environmental conditions that are influential to the growth and development of a forest [27]", etc. After all, the common understanding of forest site lies in two respects—a certain area of space and the environment influential to forest in that area. This its classification differs from that of other sciences such as the classification of species, for it takes the dual characters of classification by environmental differences in quality and regional differentiations with the former having the meaning of classification in reference to the characteristic features of things① while the latter having the meaning of regional differentiation, which is related to what is called "site regionalization". As to us, site classification is the differentiation and categorization on different levels in reference to the integrative shades of differences in regional environments. The establishment of forest site classification system covers the different grades of site regionalization, i. e., the so-called task of "site regionalization" in that sense there no longer exist two separate tasks of site classification and site regionalization. If we still make use of the concept of "site regionalization", the units of forest site classification become those of site regionalization, which can also be called the classification units of site regionalization system. Every unit of site classification system can be diagrammed, the diagrams of its higher units macrocosmically directing the management of afforestation while those of the lower units able to be applied to actual afforestation design. Then that is an extending and successive system that ranges from higher grades to lower ones, from relative macrocosm to relative microcosm. As a matter of fact, all the grading units of the nationwide forest site classification system can be manifested on a very large map, showing off China's land favorable for afforestation. The selection of scales on the site map merely depends on the technical needs and functions that direct afforestation. It is not appreciated that site regionalization and site classification are treated as two opposing tasks and the interrelated

① Site is defined on the basis of Ford-Robertson (1971).

higher and lower grades aimed as two separate tasks. Moreover, there is no necessity of establishing the two different systems of site regionalization and site classification. The forest site classification system is a self-fulfilled one that ranges from higher grads to lower ones and it directs, on all levels, the work of afforestation by different functions from strategy to technology, from macrocosm to microcosm.

It is better that China's forest site classification system is not rendered into too great details in classification grades because supplementary ones or subgrades can be added when they are in need. The Forestry Department has now completed the work of China's forest regionalization. As the principles considered in forest division involve not only the natural geographical factors, but also those ones of forestry's social economy and technology, the higher units of forest regionalization do not equal those of site classification theoretically. Their regional boundaries may not coincide with each other either. Yet, because forest regionalization also takes the natural geographical factors into account to a great extent, its higher grades may almost be identical with those of site classification in regional boundaries. In spite of that, it is absolutely necessary to establish a complete forest site classification system with higher grades in the consideration of theory and the specified significance of macrocosmic direction in afforestation.

2 Principles for the Establishment of China's Forest Site Classficatioll System

The following principles should be taken into consideration in the establishment of China's forest site classifiætion system.

(1) An integrative multi-principle can be employed to learn the advanced achievements all over the world according to China's reality. As it is known that China is country of a vast territory and complex natural geography, single or unified theory or method can not do as the countries with simple natural geography situations. It can be asserted that every site classification school and its methods have their own development of a set of natural geographic background, that can be appropriately identified with certain regions. Yet more one ways of classification can be applicable within one region. For example, both the methodology of British-American School, and that of France-Sweden School are practical investigating the forest plant communities in a natural forest zone; there is no restriction to that. The choice is determined by the convenience and reliability in division and application. Because China's natural geographical conditions are complicated and our research lever is still relatively backward, the application of only one methodology is not enough to cope with the nationwide problems. Thus, the classification on lower grade units has to be carried on by proceeding from actual conditions in line with local conditions according to which proper ways and directive factors considered appropriate by ourselves can be chosen and employed. For instance, forest type classification in the Northeastern and South-western natural forest regions of China can be applied with plant community, and ediphicator and characteristic species as the primary indicators. Yet as the natural forests in such kind of regions are

decreasing in China，a parallel set of forest types and site types can be established and mutually implemented. It is to be determined in reference to actual conditions rather than restricted to a unified policy in deciding which of the followings hould be the directive factors in site type classification—topographic position，thickness and the physical and chemical characteristics of soil，vegetation，conditions of underground water，or nature of rocks. Therefore，an integrative multi-principle of classification methodoly is reasonably required with China's forest site classification system viewed as a whole.

（2）The ready achievements of our country in this field should be utilized as much as possible. The theoretical basis of site classification is the regional differences of natural geographical situations on all levers. The achievements of China's comprehensive natural regionalization can be applied to the higher grades of site classification because those natural environmental factors studied by both fields such as solar radiation，heat，water soil，vegetation and topograph are almost the same. However，the forest site classification system is to highlight the characteristics，and functions of afforestation and forest management on relative levels when making use of the achievements in comprehensive natural regionalization this to bring important significance to afforestation and forest management in order to macrocosmically direct the work of afforestation and forest management more clearly. Apart from primarily considering the practical factors of natural geography，the comprehensive regionalization also takes into account the historical factors of land construction，vegetation，flora and fauna. In such a case the site boundaries between division lines and consideration of practical factors of natural geographical situations may differ，but the general framework is appropriate for reference. In the field of regional site classification on lower grades，many experiences have been accumulated in investigations，researches and applications of which everything that has been proved applicable and efficient can be adopted and employed. Only by way of that can a forest site classification system that could be unanimously accepted and stand the test of history be established in China. Otherwise，this project can never be accomplished if we take interest in only one approach.

（3）The system has to be precise and pragmatic.

This requires that the directive factors through which classification is proceeded should be correctly sifted through lower-grade classifications and it is required that different types qualitatively reflect the differences of comprehensive and integrative environmental influences to the growth of woods and forests. The site classification system unit be easy and convenient to be written into language-retrieval system and encoded into computer-retrieval system.

3　Units of China's Forest Site Classification System

Before the establishment of a complete system of China's forest site classification，a reasonably proper system of its forest site classification units is indispensable. After a comprehensive and integrative comparison and analysis of the ready experiences and achievements in the system of China's site classification units，the following grades are proposed.

Grade 0. Site Regions

This is the primary regional difference of China's natural geographical environment. As the most important characteristic difference in climate and geomorphology determined by latitude, sea-land distribution and other geographical locations, topographical outline and natural historical evolution, it reflects the primary differences in vegetation, soil, landform, hydrology, etc, and it determines the primary differences in people's attitude toward the direction of silviculture-utilization. Take the three dominant natural regions of China's integratively synthetical natural division-the Eastern Monsoon Region, the Northwestern Arid Region and Qinghai-Tibetan Plateau Region with extremely cold weather. For example, they developed from the above-mentioned factors and their eminent regional differences determine that different silviculture strategies should be employed in these three regions as a whole [18, 19]. The Eastern Monsoon Region is an area proper for forest cultivation and its natural vegetation has been dominated by forests since the Quaternary period. It is a natural region on which the development of China's silviculture depends for the provision of bio-production (the amount of timber use product) . Even the shelter forests and others are expected to provide a considerable amount of biological products. This region is undoubtedly a site region of China's timber use base. The Northwestern Arid Region is mainly an area of vast natural grassland and deserts except for some mountainous areas. As a whole this area is not preferable for forest-cultivation, but its semi-arid forest grasslands and steppes still possess some conditions for afforestation. The major silviculture goal in this region is to improve natural situation, better ecological environment, improve the resistibility of pastures and harm fields against natural calamities. It is a site region improper for timber use production. The extremely cold Qinghai-Tibetan Plateau Region, as a whole, is an area of tundra on plateau except for the south and the southeastern margin. It is a site region where silviculture can hardly be developed or utilized.

Grade 1. Site Zones

The site zones are basically the regional differentiation regular patterns determined by latitude and shaped by temperature (heat) within site regions. For instance, the Eastern Monson Site Region is mainly of the forest soil type developed in monsoon humid climate. Yet from its north all the way down to its south come the brown coniferous forest soil, dark brown forest soil, lateritic red forest soil, lateritic forest soil and other types of site zone soils, while their vegetation types consist of frigid temperate forests, temperate forest interlocked North coniferous and broadleaf trees, warm-temperate forests of deciduous and broadleaf trees, subtropical forests of evergreen broadleaf trees, and tropical monsoon rain forests, etc. That is the differentiating regular pattern of its distribution. Site zones (temperature zones) mainly determine the zonal soil types of altitude. They determine the distribution of climax tree species, climax community and other proper tree species; and they determine the structure of forest community, biomass, the amount of the growth of trees and plants, biological varieties and other differences. Although each site zone can be afforested with timber use forests as its purposed forest types, a successive choices and selections of different tree species, their disposition and other different designs are required in afforestation and forest management.

For the same reason, the Western Aired Site Region can be divided into temperate site zone and warm-temperate site zone. And the south and southeastern areas proper for afforestation in the Qinghai-Tibetan Frigid Plateau Site Region can be divided into subtropical and tropical site zones.

Grade 2. Site Area

Site area is an enormous geomorphological units developed from afforestation movement within a site zone such as mountain ranges, plateaus, basins, plains, etc. As far as the East-China geomorphology is concerned, it develops from a series of bulged and depressed belts paralelly ranged northeastward. The present landform of the balged belts appears to be hilly areas while the depressed belts, due to the changes of the Cenozoic Era, show a variety in landforms with some as plateaus, some basins and plains. Both belts interweave from west all the way to east.The depression belts include Sichuan Basin, Mid-Yunnan Basin, Northeastern Plain. Huanghuaihai Plain. Jiang-Han Rivers Plain, while the bulged belts include Daxingan Mountain Range, Xiaoxingan Mountain Range, Changbaishan Mountain Range, Mid-Southern Shandong Hilly Area, Taihang Mountain Range, Mount Luliang, Mount Wu and the hilly along the eastern coast [15]. Such enormous geomorphological units nearly re-distribute the states of water and heat within a site zone and then site areas naturally come into being. Geomographical outline with its form of constraction is one of the major factors through which the characteristics of natural regional differentiation[3]. For instance, the mountainous regions, in comparison with the areas outside them, are more cloudy but less sunny. In Daxingan Mountain Range, Xiaoxingan Mountain Range, Tianshan Mountain Range, etc. The amount of cloud is 10% higher than that of the areas outside them while their sunlight is 5% to 10% less than that of the outside areas [17]. Similarly, Song-Nen Rivers Plain is warmer than Xiaoxingan Mountain Range annual precipitation is less [18]. The rainy centers of the coastal plains are mostly located in mountainous areas such as Wuyi Mountains and Shiwandashan Mountains, etc. Such kind of situation is particularly distinct in dry and arid areas such as Qilian Mountains, Tianshan Mountains [18]. Gromorgraphical units are obviously influential to the direction of wind with mountain ranges screen-shielding wind from entering. For example, Tianshan Mountains, Qingling Mountain Range, Yinshan Mountains, Nanling Mountains play a special role in shielding monsoons coming from northwest and southeast in such a way that they lesson the intrusive damages caused by southward winter monsoons but hinder the summer warm and humid air currents from going north. Such functions have affected the regional distributions in heat-transference and state of humidity and greatly contribute to the regional division of climatic conditions and natural environment [17, 18]. Many isoplethes of climate often coincide the brinks of enormous geomorphological unit patterns. For example, the west and south of Daxingan Mountain Range almost border with aridity isopleth 1.2, and its southwest borders with Mogolian plateau at Aridity Index isopleth 1.2; while the North-China Plain, with the landmark of Qinling Mountain Range and Huai River as its southern border, shares the isotherm of 4500℃ monthly accumulated temperature in the hottest month and that of 6℃ in the coldest month. Basins acquire heat mainly by way of scattering irradiation and radiation while plateaus mainly by way of direct irradiation and radiation [17, 18]. In the western arid site region the basins, interwoven by mountains, grow more arid. The Sichuan Basin screened by Qingling Mountain Range and Dabieshan Mountain Range appears to be warm. Naturally a very important scale of site area in site classification is formulated by enormous geographical units. The comprehensive climatic characteristic differences of different site areas in one site zone may come from the quantitation differences within one site zone. Those differences usually do not cause the replacement of climax tree species and dominant tree spices, or the substitution of tree spices of the same genus, but they usually exhibit the changes in the structure and component of the community, differences in typical characteristics and those in the amount of wood growth, etc. Different site areas within one site zone may also originate form azonal qualitative differences. For example, the damp swamps of Sanjiang plain in temperate zone qualitatively differ from the coniferous and broadleaf mixed forests in Xiaoxingan Mountain Range. The differences are caused by a vast area of azonal vegetation and soil development from the effects of the former's topograph. In addition, the fundamental sites in arid temperate zone are deserts and semideserts such as the desert vegetation in Zhungeer Basin, but in the mountainous regions in arid temperate zone, forests such as the deciduous larch forest in A'ertai Mountains can develop because of the increase of precipitation in certain limited areas.

In the consideration of the convenience of management and the environmental differences within one site area, a site area may be divided into several subareas, termed site subareas. Site subarea is by no means a fundamental classification unit but a supplementary one used when in urgent need. For instance, the forests in Daxingan Mountain Range, as a whole expand 7° latitude with apparent differences in climate from south to north. Moreover, the eastern slopes of Daxingan. Mountain Range are high and precipitous while the western slopes comparatively more gentle. The latter are influenced by its bordering Mogolian Plateau while the former, with its southeastern border linked with Xiaoxingan Mountain Range, are permenated with Changbaishan flora. Therefore differences in vegetation and soil exist everywhere in Daxingan Mountain Range with dahurian larch (*Larix dahurica*) forests scattered over its central hilly areas by north. In the South they stretch like a tongue into the mountains that are higher above sea-level. In a case like that, forests of the same type are found higher and higher above sea level the more southward they are situated, while some of the forest types in the north such as cladonia larch forest type do not grow in the south. Scotch pine (*Pinus sylverstris* var. *mongolica*) forests, however, are mainly distributed in the north too. The arctic flora are more evident in the north with Mogolian oaks (*Quercus mongolica*), dahurian birch (*Betula dahurica*) concentrated on the eastern sploes and amur lindens (*Tilia amunensis*), Japanese elms (*Ulmus propinqua*), Amur cork-trees (*Phellodendra amurence*) and other Changbaishan floras extending to the middle and lower reaches of Ganhe River and Nuoming River. Samples of North China floras are seen there too. As far as soil is considered, it is permafrost horizon in the north and seasonal permafrost horizon in the south. Besides, podzolized brown coniferous soil is seen in the north but the processes of podzolization and gleying never take place in south. Therefore it is quite necessary to have the Daxingan Mountain Range Site Area divided into some site subareas under the consideration of management and administration. In the same vein，other site areas like Changbaishan，Xiaoxingan Mountain Range，and Nanling Mountains，Wuyi Mountains in South China can be divided into Site subareas when necessary.

Grade 3. Site Type District

Site type district is an important lower unit for further site classification. Theoretically speaking，the construction of site type classification below the different site type districts within one site area or subarea should not be all set. If the number and names of site types classification and assessment of its productivity are consistent with each other，they ought to be included within one site type district. The areas that belong to one site type district can possibly be separated in location because of influences of geomorphological pattern. Thus it can be formed by many parts rather than an integrated whole area of land. A dominant site area or subarea many probably form a site type district by itself，it can also be divided into several site type districts.

The classification of site type district is not restricted to the utilization of a certain principle or a certain defined directive factor. Its principles and ways may differ with different districts. The classification can be undertaken according to the differences caused by topography and vertical height. For instance，many hilly areas such as Wulin Mountains，Xuefeng Mountains in the west of Jiangxi Province，Mufu Mountain，Jinling Mountains，Wugong Mountain，Luoxao Mountain，along the border of Hunan and Jiangxi provinces，Tianmu Mountain and Xianxia Mountain in the west of Zhejiang province，the Nanling Mountains situated along the border of Hunan，Guangxi，Guangdong and Jiangxi provinces are all mountain ranges arranged northeastward as geomorphological units in south of China. Among those mountains are districts interloked by low mountains and hills. Some of the districts are cut or crossed by rivers in the middle. As a matter of fact，each of those mountain ranges has as its dominant body a medium-height mountain mostly at about 1000 metres above sea-level and quite a few at 1500 to 2000 m above sea-level，and a vast area of low mountains hills and even rivers or the narrow pieces of land on the rivers，and still plains that are poorly developed but widely-extended. In that case，the medium-height mountain as the dominant body of each mountain range can be classified as site type district separated from its surrounding areas of low mountains and hills that can be classified as another one. With the factors influential to the growth of trees considered，the climate in low mountains are more favorable to the growth of Chinese firs（*Cunninghamia lanceolata*） than that in medium-height mountains or hills. Site classifications below those different site type districts of medium-height mountain district and the district of lower mountains and hills may be similar in their names due to the differences in the terminology of slope position and thickness of soil，but their site assessment and silviculture significance are different，therefore，site types possess silviculture significance and assessment only when they are ranked below particular site type districts.

The Henduan Mountains，and the lower reach of the Yarlung Zangbo in the southwest of

China show a topography of great differences in height above sea-level between the high mountains and valleys and their vertical differences are tremendous too. In such a case, site type district classification can be carried out according to the differences of basic belts. Take the area of subalpine in western Sichuan Province for example, its basic belt can be that of evergreen broadleaf forests. Higher than that come the belt of forests mixed by coniferous and broadleaf trees, belt of coniferous trees. Above them all is the alpine belt of grassy and so on. Hence Site type districts like medium-height mountains, sub-alpine mountains and so on are finally classified. Those site type districts reveal the differences of tree species and soils in their perpendicular distribution, the requirements of which in afforestation and forest management are tremendously different, such kinds of perpendicular zones shares some similarities in nature with those of horizontal zones. Although the vertical zones and horizontal zones share some similar characteristics, the former ones are distinguished according to different latitudes above sea level and are restricted to regional areas within one horizontal zone. Therefore, it is reasonably natural to employ the grade of site type district in such cases.

A supplementary classification scale called site type subdistricts can be employed below site type district when necessary (such as when the nature of rocks appear to be different).

Grade 4. Site Type

It is the basic unit for site classification. Different site types within a site type district mainly show the differences in soil's integrative fertility such as water, heat, air, nutrients and biological activities of soil that are influential to the growth of trees for the differences in soil's fertility can certainly select and arrange all tree species that are respectively proper for a certain site type district. Site type classification can be undertaken in reference to different major factors that are influential to the fertility of soil for different conditions lead to different selections. Generally speaking those factors include the direction of slope, the location of slope, the thickness of soil that of humic horizon, the quality of soil, the conditions of underground water (in plains), parent material or the indicating vegetations such as community and forest types that show the fertility of soil. The same measures of afforestation and forest management are required to be taken within the same site type. According to the different degrees of management intensitivity, site types similar in ecological conditions can be put together to form a site type group to which related measures of afforestation and forest management is to be applied. For instance, the slopes directly exposed to sunshines within a certain site type district can be included as a site type group and the topograph pattern between valleys in a loess region can also be used for dividing site type group, etc.

Variety below site type can be classified in reference to even higher intensitivity of management, such as variety of community succession - that is, a certain site type or forest type has its own different vegetational condition at its different phases of succession, which will be influential to the technological measures under natural regeneration conditions or the measures in soil preparation and forest-tending under man-made reforestation conditions and so on.

The units of forest site classification system, after all, actually is composed by 4 basic grades and many a supplementary ones，including grade 0：

Grade 0　　Site Region
Grade 1　　Site Zone
Grade 2　　Site Area
　　（Site Subarea）
Grade 3　　Site Type District
　　（Site Type Subdistrict）
　　（Site Type Group）
Grade 4　　Site Type
　　（Variety）

4　China's Forest Site Classification System

In reference to the above of forest site classification，China's forest site classification system（as detailed as site subarea）is established like this—it includes 3 site regions，17 site zones，58 site areas and 163 site subareas.

Eastern Monsoon Site Regions

Ⅰ. Cold-Temperate Site Zone

Ⅰ1. The Northern Site Area of Daxingan Mountain Range

Ⅰ1（1）The Western Site Subarea on the North Slope of Mount Yilehuli

Ⅰ1（2）The Eastern Site Subarea on the North Slope of Mount Yilehuli

Ⅰ1（3）The West Slope Site Subarea in the North of Daxingan Mountain Range

Ⅰ1（4）The East Slope Site Subarea in the North of Daxingan Mountain Range

Ⅱ. The Central Tempera Site Zone

Ⅱ1. The Mid-Southern Site Area of Daxingan Mountain Range

Ⅱ1（1）The East-Border Site Subarea of Daxingan Mountain Range

Ⅱ1（2）The West-Border Site Subarea of Daxingan Mountain Range

Ⅱ1（3）The Southern Site Subarea of Daxingan Mountain Range

Ⅱ2. Xiaoxingan Mountain Range Site Area

Ⅱ2（1）The Northwestern Site Subarea of XiaoXingan Mountain Range

Ⅱ2（2）The North Slope Site Subarea of Xiaoxingan Mountain Range

Ⅱ2（3）The South Slope Site Subarea of Xiaoxingan Mountain Range

Ⅱ3. The Mountaineous Site Area of Changbaishan Mountain Range

Ⅱ3（1）The Northern Changbaishan Site Subarea（Mount Wanda and Mount Zhangguangcai）

Ⅱ3（2）The Southern Changbaishan Site Subarea（Changbaishan Mountain，Mount Laoye，Qianshan Mountain）

Ⅱ4. Sanjiang Plain Site Area

Ⅱ4（1）Frigid Site Subarea in the East of Sanjiang Plain

Ⅱ4（2）The Western Sanjiang Plain Site Subarea

Ⅱ4 （3） The Xingkai Lake Lowland Site Subarea in the South of Sanjian Plain

Ⅱ5. The Song-Liao River Plain Site Area

Ⅱ5 （1） The Eastern Song-Nen River Plain Site Subarea

Ⅱ5 （2） The Western Song-Nen River Plain Site Subarea

Ⅱ5 （3） The Northern River-Liao Plain Site Subarea

Ⅲ. The Warm-Temperate Site Zone

Ⅲ1. The Site Area of Eastern Liaoning and Shandong Peninsulas

Ⅲ1 （1） The Site Subarea of Eastern Liaoning Peninsulas

Ⅲ1 （2） The Site Subarea of Jiaodong Peninsulas

Ⅲ1 （3） The Mountaineous Site Subarea of Central and Southern Shandong Province

Ⅲ2. The Site Area of Huang-Huai and Hai River Plain

Ⅲ2 （1） The Site Subarea of the Plains of the Lower Reach of River-Liao and of Haihe River

Ⅲ2 （2） The Site Subarea of Huangfan Plain

Ⅲ2 （3） The Site Subarea of Huaibei Plain

Ⅲ3. The Mountaineous Site Area in North China

Ⅲ3 （1） The Mountaineous Site Subarea of Yanshan Mountain

Ⅲ3 （2） The Mountaineous Site Subarea of Northern Taihang Mountain

Ⅲ3 （3） The Mountaineous Site Subarea of Southern Taihang Mountain

Ⅲ3 （4） Luliang Mountain Site Subarea

Ⅲ3 （5） The North Slope Site Subarea of Funiu Mountain

Ⅲ4. The Loess Plateau Site Area

Ⅲ4 （1） The Hilly Site Subarea of the Loess Plateau

Ⅲ4 （2） The Loess Plane Site Subarea

Ⅲ4 （3） The Loess Plateau Site Subarea in Western Gansu Province

Ⅲ5. The Site Area of Feng-Wei Valleys

Ⅲ5 （1） The Weihe River Valley Site Subarea

Ⅲ5 （2） The Fenghe River Valley Site Subarea

Ⅲ6. The North Slope Site Area of Qingling Mountain Range

Ⅲ6 （1） The North Slope Site Subarea of Qingling Mountain Range

Ⅳ. Northern Subtropical Site Zone

Ⅳ1. The Mountainous and Hilly Site Area of Qingling and Bashan

Ⅳ1 （1） The South Slope Mountainous Site Subarea of Qingling

Ⅳ1 （2） The South Slope low and Medium-Height Mountainous Site Subarea of Funiu Mountain

Ⅳ1 （3） Tbe Basin Site Subarea of Hanzhong Hilly Area

Ⅳ1 （4） The North Slope Midium-Height Mountainous site Subarea of Dabashan Mountain Range

Ⅳ1 （5） The Valley Site Subarea of the Lower Reach of River Han

Ⅳ1 （6） The Low-Mountain and Hilly Site Subarea of Wudang Mountain

Ⅳ2. The Mountainous and Hilly Site Area of Tongbai Mountain and Dabie Mountain

Ⅳ2（1）The Mountainous and Hilly Site Subarea of Tongbai Mountain

Ⅳ2（2）The Mountainous and Hilly Site Subarea of Dabie Mountain

Ⅳ3. The Hilly and Plain Site Area of the Yangtze and Huai River

Ⅳ3（1）The Yangtze-Huai River Hilly Site Subarea

Ⅳ3（2）The Yangtze-Huai River Plain Site Subarea

Ⅴ. The Central Subtropical Site Zone

Ⅴ1. The Mountainous Site Area of Huangshan Mountain and Tianmu Mountain

Ⅴ1（1）The Low-Mountain and Hilly Site Subarea in Northern Tianmu Mountain and the North Slope of Huangshan Mountain

Ⅴ1（2）The Low-Mountain and Hilly Site Subarea in Southern Tianmu Mountain and the South Slope of Huangshan Mountain

Ⅴ1（3）The Jinqu Basin Site Subarea

Ⅴ1（4）The Hang Jiahu Plain Site Subarea

Ⅴ2. The Hilly Site Area of Hunan and Jiangxi Provinces

Ⅴ2（1）The Hilly and Basin（Red Crag Basin）Site Subarea of Hunan and Jiangxi Provinces

Ⅴ2（2）The Low-Mountain and Hilly Site Subarea of Mufu Mountain and Jiuling Mountain

Ⅴ2（3）The Low-Mountain and Hilly Site Subarea of Luoxiao Mountain and Wugong Mountain

Ⅴ3. The Dongting-Boyang-Lake Plain Site Area

Ⅴ3（1）The Jiang-Han River plain Site Subarea

Ⅴ3（2）The Dongting-Boyang-Lake Plain Site Subarea

Ⅴ4. The Wulingshan-Xuefengshan Site Area in Three Gorges

Ⅴ4（1） The Low and Medium-Height Mountain and Hilly Site Subarea in the East of Sichuan Province and in the West of Hubei Province

Ⅴ4（2）Wulingshan Low-Mountain and Hilly Site Subarea

Ⅴ4（3）The Low- Mountain and Hilly Site Subarea in Northern Xuefeng Mountain

Ⅴ5. The Mountaineous Site Area of Wuyi Mountain

Ⅴ5（1）The Mountaineous Site Subarea in Northern Wuyi Mountain Including Drainage Area of Oujiang River

Ⅴ5（2）The Low-Mountain in and Hilly Site Subarea of Tiantaihui and Siming Mountain

Ⅴ5（3）The Coastal Hilly Site Subarea in Zhejiang and Fujian Provinces

Ⅴ6. The Nanling Mountainous Site Area

Ⅴ6（1）The North Slope Mountainous Site Subarea of Nanling Mountain

Ⅴ6（2）The South Slope Mountainous Site Subarea of Nanling Mountain

Ⅴ6（3）The Low-Mountain and Hilly Site Subarea of Guangxi，Guizhou and Hunan Provinces（The Low-Mountain and Hilly Site Subarea in the West of the Nanling Mountaineous Region）

Ⅴ7. The Site Area of Guizhou Mountain Plain

Ⅴ7（1）The Northern and Eastern Low-Mountain and Hilly Site Subarea in Guizhou Mountain Plain

Ⅴ7（2）The Central and Western（Hilly）Site Subarea of Guizhou Mountain Plain

Ⅴ7（3）The Southern Low-Mountain Site Sub-area of Guizhou Mountain Plain

Ⅴ8. The Mountainous. Site Area around Sichuan Basin

Ⅴ8（1）The West-Border Mountainous Site Subarea of Sichuan Basin

Ⅴ8（2）The North-Border（the South Slope of Daba Mountains）Mountainous Site Subarea of Sichuan Basin

Ⅴ8（3）The East-Border Mountainous and Hilly Site Subarea of Sichuan Basin

Ⅴ9. The Sichuan Site Area

Ⅴ9（1）The Hilly Site Subarea in the North of Sichuan Basin

Ⅴ9（2）The Chengdu Plain Site Subarea

Ⅴ9（3）The Hilly Site Subarea in the West of Sichuan Basin

Ⅴ10. The Mountainous Site Area，along the Border of Sichuan，Yunnan and Guizhou Provinces

Ⅴ10（1）The Low-Mountain and Hilly Site Subarea in the North of the Mountains along the Border of Sichuan Yunnan and Guizhou

Ⅴ10（2）The Low and Medium-Height-Mountain Site Subarea in the South of the Mountains along the Border of Sichuan，Yunnan and Guizhou

Ⅴ11. The Yunnan Plateau Site Area

Ⅴ11（1）The Central Yunnan Red Plateau Site Subarea

Ⅴ11（2）The Lake-Basin Site Subarea in the East of Yunnan

Ⅵ. The Southern Subtropical Site Zone

Ⅵ1. The Northern and Central Taiwan Site Area

Ⅵ1（1）The Medium-Height Mountainous Site Subarea in Northern and Central Taiwan

Ⅵ1（2）The Coastal Hilly and Tableland Site Subarea in Northern and Central Taiwan

Ⅵ2. The Coastal Hilly and Tableland Site Area of Fujian and Guangdong Provinces

Ⅵ3. The Hilly and Mountainous Site Area in Guangdong and Guangxi Provinces

Ⅵ3（1）The Northern Xijiang Drainage Area Site Subarea

Ⅵ3（2）The Southern Xijiang Drainage Area Site Subarea

Ⅵ3（3）The Pearl-River Delta Site Subarea

Ⅵ4. The Guizhou and Guangxi Limestone Hilly and Mountainous Site Area

Ⅵ4（1） The Limestone Hills and Mountains（in Hechi）Site Subarea of Southern Guizhou and Northern Guangxi

Ⅵ4（2）Thee Limestone Hills（in Baise）Site Subarea in Northwestern Guangxi

Ⅵ4（3）The Central Guangxi（in the Upper Reach of Hongshui River）Site Subarea

Ⅵ5. The Southern Yunnan Mountain Plain Site Area

Ⅵ5（1）The Mountain Plain Site Subarea in Western Guangxi and Southeastern Yunnan

Ⅵ5（2）The Mountain Plain Site Subarea in Southern Yunnan

Ⅶ. The Peripherous Tropical Zone

Ⅶ1. The Southern Taiwan Site Area

Ⅶ1（1）The Southern Taiwan Site Subarea

Ⅶ1（2）The Site Subarea of the Penghu Islands

Ⅶ2. The Qiong-Lei Site Area

Ⅶ2（1）The Leizhou Peninsula Site Subarea

Ⅶ2（2）The Northern Hainan Island Site Subarea

Ⅶ2（3）The Central Hainan Island Site Subarea

Ⅶ3. The Southern Yunnan River Valley and Embankment Site Area

Ⅶ3（1）The Southern Yunnan River Valley and Embankment Site Subarea

Ⅷ. The Central Tropical Site Zone

Ⅷ1. The Southern Hainan Site Area of Xisha，Zhongsha and Dongsha Islands

Ⅷ1（1）The Southeastern Hainan Hilly Site Subarea

Ⅷ1（2）The Western Hainan Tableland Site Subarea

Ⅷ1（3）The Xisha，Zhongsha and Dongsha Islands Site Subarea

Ⅸ. The Tropical Site Zone On the Equator

Ⅸ1. Th Nansha Islands Site Area

Ⅸ1（1）The Nansha Islands Site Area

The North Western Arid Site Region

Ⅹ. The Central Temperate Arid Site Zone

Ⅹ1. The Eastern Inner-Mongolian Plteau Site Area

Ⅹ1（1）The Hulunbeier High Plain Site Subarea

Ⅹ1（2）The Xilingaole Plteau Site Subarea

Ⅹ2. The Western Inner-Mongolian Plteau Site Area

Ⅹ2（1）The Wulanchabu Plateau Site Subarea

Ⅹ2（2）The Eerduosi Plateau Site Subarea

Ⅹ2（3）The Eastern Yingshan Mounta in Range Site Subarea

Ⅹ2（4）The Western Yingshan Mounta in Range Site Subarea

Ⅹ3. The Hetao Irragational Area Site Area

Ⅹ3（1）The Hetao Plain Site Subarea

Ⅹ3（2）The Yinchuan Plain Site Subarea

Ⅹ4. The Alashan Plateau Site Area

Ⅹ4（1）The Eastern Alashan Plateau Site Subaaea

Ⅹ4（2）The Southern Alashan Plateau Site Subarea

Ⅹ4（3）The Riverside Terrace and Delta Site Subarea to the West of Badanjilin Desert

Ⅹ4（4）The Site Subarea of the Northern Foot of Mazong Mountain to the West of Ruoshui Plain

Ⅹ5. The Mountainous Site Area of the Western A'ertai Mountain and Zhunge'er

Ⅹ5（1）The Northwestern A'ertai Mountain Site Subarea

Ⅹ5（2）The Western A'ertai Mountain Site Subarea

Ⅹ5（3）The Eastern A'ertai Mountain Site Subarea

Ⅹ5（4）The Western Zhunge'er Mountaineous Site Subarea

Ⅹ6. The Zhunge'er Basin Site Area

Ⅹ6（1）The Irrigated Oasis Site Subarea Around Zhunge'er Basin

Ⅹ6（2）The Eastern Zhunge'er Basin Mountainous Site Subarea

Ⅹ6（3）The Western Zhunge'er Basin Mountainous Site Subarea

Ⅹ7. The North Slope Site Area of Tianshan Mountain

Ⅹ7（1）The Eastern North Slope Site Subarea of Tianshan Mountain

Ⅹ7（2）The Central North Slope Site Subarea of Tianshan Mountain

Ⅹ7（3）The Western North Slope Site Subarea of Tianshan Mountain

Ⅹ7（4）The Inner-Tianshan Mountain Site Subarea

Ⅹ7（5）The Yili River Valley Site Subarea

Ⅺ. The Warm-Temperate Arid Site Zone

Ⅺ1. The South Slope Site Area of Tianshan Mountain

Ⅺ1（1）The South Slope Site Subarea of Tianshan Mountain

Ⅺ1（2）The Erdusi Valley Site Subarea

Ⅺ1（3）Bo'ertenghu Basin Site Subarea

Ⅺ1（4）The Site Area of Tulufan and Hami Basins

Ⅺ2. The Talimu Basin Site Area

Ⅺ2（1）The Oasis Site Subarea at the Verge of Talimu Basin

Ⅺ2（3）The Eastern Talimu Basin Site Subarea

Ⅺ2（4）The Western Talimu Basin Site Subarea

Ⅺ3. The Hexi Corridor Site Area

Ⅺ3（1）The Dunhuang Plain Site Subarea

Ⅺ3（2）The Jiuquan Plain Site Subarea

Ⅺ3（3）The Wuwei Plain Site Subarea

Ⅺ4. The Mountainous Site Area of Kunlun and Qilian Mountains

Ⅺ4（1）The Eastern Qilian Mountain Site Subarea

Ⅺ4（2）The Western Qilian Mountain Site Subarea

Ⅺ4（3）The Kunlun Mountain Site Subarea

Ⅺ4（4）The A'erjin Mountain Site Subarea

The Qinghai-Tibetan Plateau Site Region

Ⅻ. The Frigid Qinghai-Tibetan Plateau Site Zone

Ⅻ1. The Beiqiangtang Plateau Site Area

Ⅻ1（1）The Beiqiangtang Plateau Site Subarea

ⅩⅢ . The Subfrigid Qinghai-Tibetan Plateau Site Zone

ⅩⅢ 1. The Site Area of the Sources for Many Rivers

ⅩⅢ 1（1）The Site Subarea of the Sources for Many Rivers

XIII 2. The Southern Qiangtang Plateau Site Area

XIII 2（1）The Southern Qiangtang Plateau Site Subarea

XIV. The Central Temperate Qinghai-Tibetan Plateau Site Zone

XIV 1. The Chaidamu Basin Site Area

XIV 1（1）The Eastern Chaidamu Basin Site Subarea

XIV 1（2）The Western Chaidamu Basin Site Subarea

XIV 2. The Eastern Qinghai Site Area

XIV 2（1）The Eastern Qinghai Site Subarea

XIV 3. The Southern Tibet Site Area

XIV 3（1）The Southeastern Tibet Plateau Site Subarea

XIV 3（2）The Yarlung Zangbo River Valley Site Subarea

XIV 3（3）The Bomi-Linzhi Plateau Site Subarea

XIV 4. The Western Tibet Site Area

XIV 4（1）The Western Tibet Site Subarea

XV The Warm-Temperate Qinghai-Tibetan Plateau Site Zone

XV 1. The Site Area of the Northeastern Border of Qinghai-Tibetan Plateau

XV 1（1）The Site Subarea of the Taohe River's Drainage Area

XV 1（2）The Site Subarea of the Bailong Jiang River's Drainage Area

XVI. The Subtropical Qinghai-Tibetan Plateau Site Zone

XVI 1. The Site Area of the Eastern and Southeastern Borders of Qinghai-Tibetan Plateau

XVI 1（1）The Northern Hengduan Mountain Range

XVI 1（2）The Northern Hengduan Mountain Range High-Mountain and Gorge Site Subarea

XVI 1（3）The Southern Hengduan Mountain Range High-Mountain and Gorge Site Subarea

XVI 1（4）The Southern Hengduan Mountain Range High-Mountain and Gorge to the West of Nushan Range

XVI 2. The Site Area of the Southern Border of Qinghai-Tibetan Plateau

XVI 2（1）The Chayu Site Subarea on the Southern Side of the Himalayas

XVII. The Tropical Qinghai-Tibetan SiteZone

XVII 1. The Southern Site Area of the Southern Border of Qinghai-Tibetan Plateau

XVII 1（1）The Motuo Site Subarea on the Southern Side of the Himalayas

Reference

[1] The Editorial Department of China's Geographical Annals，1956，A Draft of China's Natural Regionalization，Science press.

[2] The Natural Regionalization Working Committee of the Chinese Academy of Sciences，1959. The Comprehensive Natural Regions in China（The First Draft），Science Press.

[3] Mei'e Ren，Renzhang Yang，Haosheng Bao. Essentials of China's Natural Geography，1981，The Commercial Press.

[4] The Investigation and Programme Institute of the Forestry Dpartment，The Mountainous Forests of China，1981，The Silviculture Press of China.

[5] The Afforestation-Design Bureau of the Forestry Department of P. R. China, Afforestation Design in Site types, 1968, The silviculture Press of China.
[6] The Forestry Department of P. R. China, The Technological Rules in Affrestation (For Trial Implementation), 1982, The Forestry Press of China.
[7] The Aerial Survey and Investigation Team Under the Investigation and Programme Bureau of the Forestry Department of P. R. China, Report on the Forest Resource in Daxingan Mountain Range (Vol. Ⅳ-Report on the Forest-Type Survey of Daxingan Mountain Range), 1955.
[8] Junwei Guan, Zhiyi Gao. Types of Site Condition in the Experimental Forest Site of Miaofeng Mountain and Growth of the major Tree Species (Forecast), 1957, The Collected Papers of Scientific Researches by Beijing Forestry College (61-87) .
[9] Changhua Li, Zongwei Feng. Discussion on Forest Types of Chinese Fires For Rapid High Yield, 1960, Scientia Sinicae, 5 (3): 240-280.
[10] Youxu Jiang. Initial Researches on the Types of Habitat in the High-Mountain Forests Region of MiYaluo-Maerkang in the West of Sichuan Province, 1963, Scientia Silvae Sinicae, 8 (4): 321-335.
[11] Guofang Shen, Beiren Xing. Research on the Issue of Proper Trees and Proper Land selection in the Western Hill Area of Beijing, 1980, Journal of Beijing Forestry College 1, 32-46.
[12] The Scientific Study Associational Group of China Fir-cultivation in the 14 Southern Province (Regions), Studies on the Site Type Classification of Chinese Fir Forest Area, Scientia Silvae Sinicae, 17 (1): 37-44.
[13] Ibid. 1983, The systematic Studies and Application of the Chinese Fir site conditions. Scieatia Silvae, 19 (3): 246-253.
[14] The Associational Group of the Loess Plateau Program, Report on Site Type Division of the Loess Plateau and on the Proper land and Proper, Tree Researches, Journal of Beijing Forestry College, 1984: 1-94.
[15] The Editorial Committee of China's Natural Geography under the Chinese Academy of Sciences, The Natural Geography and Geomorphology of China 1980, The press of Science: 1-60, 119-252.
[16] Ibid. The Natural Geography and Soil Geography of China, 1981: 21-189.
[17] Ibid. The Natural Geography and Climate of China, 1984: 1-56.
[18] Ibid, China's Natural Geography: General Introduction, 1986: 3-66, 104-164, 187-413.
[19] The Compiling Group of Essentials of Chinese Natural Regions under the National Regionalization, Press of Science, 1984: 1-5, 40-48, 67-141.
[20] The Editorial Committee of China's Vegetations, China's Vegetations, 1983, Press of Science: 749-1037.
[21] Zhengxian Zhou, Shiyi Yang. On the Theoretical Foundations of Site Classification in China, 1987, Scientia Silvae Sinicae, 23 (1): 61-67.
[22] Guofang Shen. Reflections upon "On the Theoretical Foundations of Site Classification in China", 1987, Scientia Silvae Sinicae, 23 (4): 463-467.
[23] Jiachen Shi. On Problems of Forest Site Classification, 1988, Scientia Silvae Sinicae, 24 (1): 58-62.
[24] Jigao Yang. On the Principles of the Forest Site Classification in China, 1988, Scientia Silvae Sinicae, 24 (1): 63-68.
[25] Zhaoning Zhan. Introduction to China's Forest Site Classification System: Management of Forest Resources, 1988, (5): 5-10.
[26] Huacheng Xu. On the Development of China's Forest Site Classification, 1988, Scientia Silvae Sinicae, 24 (3): 314-317.
[27] Weitong Shen. Forest Site Types in Chinese Agricultural Encycolpoedia, Vol. of Silvicalture, 1989, Press of Agriculture, Beijing: 514-515.
[28] Spurr S. H. and Barnes B. V., 1980, Forest Ecology, 3rd, John Viley and Sons, New York.
[29] The Foods and Agriculture Organization of the United Nations, The Assessment of Forest Land(Chinese Translation), Rome; 1984.
[30] Ramann E., 1983, Forestliche Bodenkunde und standortslihre, Julius Springer, Berlin.

中国森林群落分类特征及其生态系列†

1　关于中国森林群落分类的原则及分类系统

植物群落分类是依据植物群落的特征或属性对植物群落进行的分类。这些特征或属性不论是外形的或是内在的归根到底是植被与环境相互作用形成的，因此，无论是世界上何种学派的植物群落分类途径或分类方法，依据哪种特征，如外貌（含结构的）、种优势度、立地或综合性的，进行分类的结果都应当反映出群落间与环境相互作用上的差异，都有可能把这些不同类型的群落与生态环境的系列（如环境梯度）联系起来，构成一个生态系列的排序或分布格局，几乎对植物群落分类的任一级都可以这样做。Bear（1944）在发展了 Tansley、Richards 等外貌学派鼻祖的工作后，即提出以雨林为中心类型开始的 5 个“群落系列”，以反映对环境梯度的反应。Braun-Blanqet（1951）强调了群落分类的区系及其中有鉴别意义的特征种或区别种，都是与环境梯度（如温度系列）联系起来的。Cajander 为首的以立地型为中心概念的芬兰学派及以后受其影响的北欧学派，更是强调群落的生态系列(即立地型系列)。苏俄学派由 Морозов 发展再由 Сукачев 建立，虽然强调了分类的综合途径，即生物-地理群落分类途径，实际上正是这一学派勾划了两维的生态系列图。近代的数值分类也往往在聚类与排序的基础上与环境梯度相联系，做出最终的描述。因此，植物群落分类（包含森林群落的分类）的任务不仅在于进行植物群落的分类，而且在于对群落分类的生态环境系列做出可信的描述。

关于世界植物群落分类研究，各学派基本上都是以森林植被为主体出发的，如英美学派之于世界热带林和北美山地森林，俄国学派之于西伯利亚与远东温带森林，北欧学派之于斯堪的那维亚半岛的落叶阔叶林和灌丛，法瑞学派之于阿尔卑斯和南欧的森林与灌丛，这是因为森林群落乃是外貌上、组成结构上发育最明显，反映生境幅度长宽等特点所决定的。有了对森林群落分类的成功，对于其他植被类型，如草原、草甸、沼泽、苔原等则相对简单，在分类原理上、方法上都可覆盖而无疑难之处。可以说，无论哪个学派，在其建立伊始，其分类原理和方法都受其调查研究对象的特点和条件，以及学者知识专长特点的影响。对于各学派，本研究不一一再作回顾与综述。可以强调的是，无论哪一学派，其分类途径在理论上都是依据森林群落属性和特征的一些方面，在方法上只作为不同手段发展着。对中国复杂的自然地理条件和森林植被情况来讲，日前尚无自己的学派，在研究历史上往往受世界不同主要学派的影响，都有代表不同学派的我国学者从事这方面的工作。其研究成果也往往有各家的色彩，这对我国本来积累并不多的植物群落研究资料，带来了对比和整理上的困难。《中国植被》（吴征镒 1983）对全国群系以上的植被分类已有概括的阐述和描绘，但尚没有全国范围森林群落在生态系列上的归

---

† 蒋有绪，1998，中国森林群落分类特征及其生态系列，见：蒋有绪，郭泉水，马娟等著，中国森林群落分类及其群落学特征，北京：科学出版社/中国林业出版社，21-26：160-178。

纳分析，我们将尝试在全国已有调查研究资料的基础上对森林群落单位进行随生态环境梯度或系列的相互关系的归纳，这里主要选择我国的主要属（如落叶松属、云杉属、冷杉属、松属等植被分类上相当于《中国植被》的群系组），或分类上、群落学意义上相近的属（为落叶栎类林，常绿栎、栲、槠类林）构成的群落单元（也相当于《中国植被》的一些群系组）的生态系列分析。

进行这项工作的理论依据是许多学者曾明确指出：群落内的层片（synusia，按 Games 意指属于同一生活型的组分）的独立性；Du Rietz 的基群丛（association）的独立性；北欧学派的单优层（如 cladonla 层，calluna 层）在生态学上联结不同森林类型的意义；Braun-Blanqet（1964，1968）也强调了层片独立的分类意义。俄国学派 Сочава（1930）还明确指出由于层片有相对独立性，可以发生“叠置”（incambation）或分离（decambation）现象，构成“叠置系列”，即可以由 A 层片、B 层片的叠置为特征构成某一群落，B 层片、C 层片叠置构成另一群落，而有时 A、B 或 B、C 又可以分离，与其他层片构成另外的群落；C. Я. Соколов 在研究黑海地区山地森林群落提出“环”（cycle）的概念，认为可以把不同树种的群落按具有相同的下木、草本或苔藓层结构连接成“林型环”。Н. Д. Дылъс 在中国川西滇西北亚高山林区考察时（1957～1959）也曾采用“环”的概念。我国的一些研究（吴中伦等，1962；蒋有绪，1963）也在此区域应用了群丛环、林型环的概念来考虑生境上相同，具有相同林下层结构在群落发生上的关系。

本研究是在作者多年来在我国一些主要林区调查研究和综合分析整理我国已有森林植被调查研究资料的基础上认为：相同或相似的林下层结构（后者如不同种的箭竹层、杜鹃层等）对生境的相对独立的指示性，或它们的形成对于生境的相对独立性可以适用于由同一属树种构成的群系组（如上述的落叶松群系组或落叶栎类群系组等）。应当说，这会适合于一定的群系组，而不是所有的群系组，这取决于该群系组群落的乔木建群种在不同种的发生亲缘关系基础上仍反映生态上的紧密联系。举例来说，落叶松属仍然基本上反映为北方寒温带和山地亚高山寒温带的树种，尽管不同的落叶松组或红杉组的树种在分布的山地海拔或纬度范围有差异，这种差异有时恰巧可以由不同的林下层特征结构表达出来。对于云杉、冷杉属群落，也可以有相类似的体验，但对于自然气候带跨度较大的，种的起源关系上复杂的属，如松属，则要比较谨慎，或许整体上不适宜于进行这类生态系列分析，或许可以按《中国植被》上区分温性、暖性、热性的办法，或许可以在二针、三针、五针的起源关系上探索。总之，这些都是需要研究的课题。但是，在高层次上探讨群落分类的生态系列，仍然是一个值得提出来的理论和实践问题，因为，至今世界上对于群落分类上高层次的生态规律是一个十分薄弱的领域。高层次的生态系列规律有助于宏观上深入了解和认识天然林群落的若干规律，而在营林和管理等上可举一反三，宏观上运用有价值的技术和经验是十分有益的。在日常的学术和技术活动中，我们常有这样的体会，在某区域的热带森林专家或亚高山森林专家，会对另一区域的热带林或亚高山森林的管理上在初次接触该区域后即有不少有价值的见解。本方向的研究正是在理性上探求和揭示其中的某些规律。支持这一研究方向的群落学理论的根据还在于。

（1）实际上，任一级的植物群落分类单元都在一定意义上反映与环境的关系，我们可以举植被分类各层次单元为例来说，如最高级的植被型——森林，也指示了生物温度平均值3～30℃，年总降水量250～800mm，潜在蒸发量0.125～800mm的地理空间条件；植被型组北方落叶针叶林反映夏季短、冬季长，年平均降水量200～600mm，日平均温≥10℃的持续期少于120天，寒冷季节长达6个月以上，土壤是具明显淋溶和灰化过程的腐殖质灰化针叶林土的生态环境条件，即北方纬度50°以上大陆性的寒温带气候的自然地理条件；就我国情况而言，例如，热带季雨林植被型反映了年平均气温在20～25℃，年降水量一般在1000～1800mm，局部偶然达3000mm，降雨季节分配不匀，干湿季交替明显的热带季风气候，土壤主要为砖红壤性土至红棕壤的自然地理环境，这就限于我国台湾南部、广东、海南、广西、云南的南部、藏南等属于热带北缘的地区，其北界基本上在北回归线附近。我国山地雨林植被亚型反映我国季风热带的山地垂直带在热带雨林带以上，海拔大体500～1500m，比热带雨林气候气温稍低，年变化较小，年雨量分布较均匀，因云雾而相对湿度较大，土壤为砖红壤的生境条件，这样的条件只限于我国海南、滇南热带区的山地的一定海拔范围。我国落叶松群系组则明显是寒温带的或山地亚高山带寒冷但相对较干燥气候条件下的顶极植被类型，在相同的地带，若生境湿润或潮湿，则这类明亮针叶林将混生云杉、冷杉，或让位于暗针叶林。尽管不同落叶松之间有各自的分布区，生态习性也有差异，而且种群适应很不相同的具体生境，适应的水分、空气湿度条件等很宽，但落叶松林反映的大气候条件、大生境仍然是相近的，其群落结构、组成也是彼此很相似的。

（2）运用林下亚建群层（层片）或“环”的特征来沟通高层次植被分类单元间的生态联系是与低层次群落分类中运用“生态种组”的指示性是一致的。实际上，近于单优的层片只是在较寒冷、较极端生境，生物多样性较低地区的一种反映，同时运用这两种分类的原则（不如说是分类的技术）是不矛盾的。各学派尽管在发展初期、中期有着各自的传统和分类特色，但现在较普遍接受运用的“生态种组”则是北欧、苏俄学派和发展了的法瑞学派的联合运用。各学派在经过相互交流、渗透中、把具有相同生态位的生态种组作为“指示种组”，推向了各群落分类学派趋同的联结点。R. H. Whittaker在《植物群落分类》（中译本1985）中20.77.1节中定义得很清楚：“植物种组应指示群落生境的特征和在这些群落生境中出现的特定群落单位。一些植物种由于它们对环境因子的反应表现成类似的分布，倾向于经常在一起出现，并指示群落生境的特征”。Duvigneaud（1949，1949）、Ellengberg（1950，1952，1956）、Scamoni和Passage（1959），Gonnot（1960），Guillerm（1971），Daget（1972）都相继发展了生态种组的意义。事实上，Lipmaa对层片的解释“这些植物在长期自然选择过生长在一起的植物，它们在一定的环境关系条件下已经适应于共同的生境”，已经与Ellenberg的生态种组概念十分接近。Schvickerath和Oberdorfer应用地理指示种组来表示替代植物群落的共同点，对我国西南亚高山区暗针叶林的替代群落的同属替代种组的运用已到了不点自通的地步了。在北方和温带区采用具明显优势的林下亚建群落种作为群落分类原则和方法，实际只是作为可操作的技术，在理论上仍然是以生态种组采用多元的分类方法是必要的。为了简便的考虑，不妨把中国的森林群落区分为两大类，第一类是可以根据林下（在建群树种分类的前提下）可以有识别的优势的亚建群种（1～2种）的层片作为指示，以它作为群落分类和命名的依据，这基本上可以用于温带和北方、亚高山、以及暖温带，甚至亚热带条件下较极端生境下的森林群落；另一类是没有可以用以识别群落特征的林下优势亚建群种层，即没有少数种具有足够的优势度可以用以指示群落特征的差异，而是需要找出一个以若干种所构成的生态种组来加以应用，这以亚热带、热带的森林群落为主。但这种情况并不是绝对的。在亚热带、热带较极端生境下可以有单优的林下植物层，而在北方和温带的局部水热条件很优越的情况下也含有无明显优势种的林下植物层。因此，可以说，大体可以按上述两大类群落分别应用“亚建群种层片”或“生态种组”的不同方法，但严格讲，是根据群落学特征看该应用何种方法简便准确，就采用哪种方法。一般讲，适合采用亚建群种层的分类方法的森林群落，在野外调查时，可以比较直观地以目测即可作出判断。

具体讲，在我国北方、温带和亚高山带，即张新时（1993）修正 Holdridge 的森林类型分类图解其 BT（生物温度）在 12℃以下，PER（可能蒸散率）0.7 以上的生物气候范围内，可以考虑采用林下亚建群种层片的指示性来分类与命名，在 BT 14℃以上，PER 0.7 以上的生物气候范围可以林下生态种组来分类与命名，而 BT 12～14℃等于过渡范围，两种情况都可能出现和应用。在 BT14℃以上而 PER 小于 0.7 的生物气候条件下（即气温较高，而偏于干旱）也会因出现较极端的生长因子，如干旱因子，或者由于土壤的较极端的理化因子（盐渍化、沼泽化），而出现明显优势的单优层片，这种情况下，显然也可以采用亚建群种层片方法来分类与命名森林群落。以上所述归纳于图 1 中。

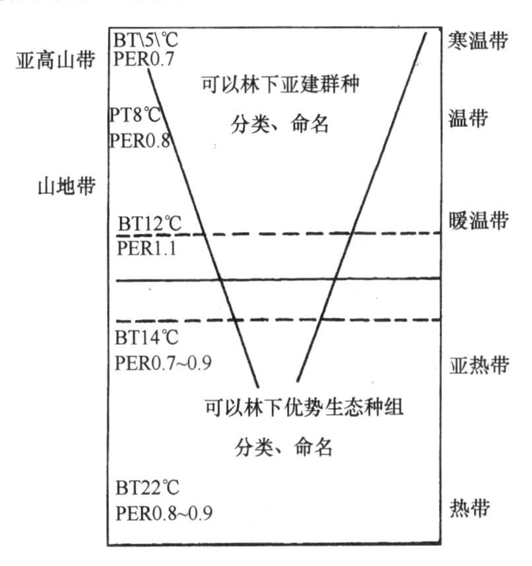

图 1 我国森林群落分类二元原则适用范围图解

许多情况下，林下亚建群种层片（synusia）在明显优势情况下相当于亚建群种的层（lavey，strat）。这种层的指示生境的相对独立性，正如 Du Rietz 和 Lippmaa 所指出的，在北方如温带、亚高山带范围应当是适用的。

关于中国的森林群落分类系统问题，我们认为仍然可以采用《中国植被》已提出的植物群落分类系统，即植被型组、植被型（亚型）、群系组、群系（亚群系）、群丛组、群丛。关于它们的定义和内涵，可参考《中国植被》。但需要补充的，由于林学的发展曾产生了林型分类学科，许多学者曾讨论过林型学科分类，即森林群落类型的林型分类与植物群落学分类的在理论上的、实践上的异同等，这里不可能再作详细介绍。为了使两个学派的分类能够参照对比，或者为它们建立起可以联系的桥梁，作者建议可以按

Сукачев 的林型学概念，林型（forest type）作为森林类型分类的基本单位，一般情况下相当于森林植被群落的基本单位即森林的群丛（association）。这样，我们在术语使用上，林型相当于群丛，林型组相当于群丛组，由群丛组以上的单位，如群系，群系组植被型（亚型）、植被型组也均相当，使林型学和植物群落学的学者们可以沟通。

这在《江西森林》（林英主编，1986）中就采用了与群落学分类相应的林型学分类。《中国植被》的植被系统：

植被型组 Vegetation Type Group
　植被型 Vegetation Type
　　植被亚型 Vegetation Subtype
　　　群系组 Formation Group
　　　　群系 Formation
　　　　　亚群系 Sub-Formation
　　　　　　群丛组 Association Group
　　　　　　　群丛 Association

相应的林型分类系统为（采用林英《江西森林》分类系统）：

林纲组 Forest Class Group
　林纲 Forest Class
　　亚林纲 Forest Sub-Class
　　　林系组 Forest Formation Group
　　　　林系 Forest Formation
　　　　　亚林系 Forest Sub-Formation
　　　　　　林型组 Forest Type Group
　　　　　　　林型 Forest Type

本文在此基础上，补充林型分类是系统外的辅助概念，即“林环”（cycle）（在群落学称“群落环”）比群丛环更确切，它作为表明在分类系统上林系至林型等级单元上由相似亚建群层片所反映的群落学联系，也反映在群落发生学上曾经有过的相近的自然条件的群落发生的构建过程的联系。越是在林型一级的林环的联结，越是更多地反映现实上的相似生境的联系。而在高层次上环的联系，表明可能多地是群落发生历史上的联系。现引述《江西森林》所列出的对林型学分类系统各级术语概念的阐述（所举例基本上都以江西的林型资料为例并予以引述）。

林纲组　为森林群落最高级单位。凡是建群种生活型相近，而且群落外貌相似的森林群落联合为林纲组。如针叶林、阔叶林、灌丛等。

林纲　为森林群落最重要的高级单位。在林纲内，把建群种生活型相同的或近似的同时对水热条件生态关系一致的森林群落联合为林纲。如喜暖针叶林、喜温针叶林、落叶阔叶林、常绿阔叶林等。

亚林纲　为林纲的辅助或补充单位。在林纲内可根据优势层片或指示层片的差异，进一步划分出亚林纲。这种层片结构的差异性，一般是由于气候亚带的差异或一定的地形，基质条件的差异引起的。如常绿阔叶林可以分出典型常绿阔叶林、季风常绿阔叶林、山地常绿阔叶苔藓林、山顶常绿阔叶矮曲林等。

林系组　在林纲或亚热林纲范围内，可根据建群种亲缘关系相近（如同属或相近属）、生活型相近似或生境相近似而划分林系组，但划分同一林系组的各个林系，其生态特点一定是相似的。如典型常绿阔叶林可以分出栲类林、青冈林、石栎林、润楠林、木荷林等林系组。

林系　为森林群落系统中最重要的中级分类单位，凡是建群种或者共建种相同的森林群落联合为林系，如苦槠-豺皮樟-石栎林、栲树-罗浮栲林、甜槠-木荷林、红楠林等林系。

亚林系　为林系的辅助单位。在生态幅度比较广的林系内，根据次优势层涉及其所反映的生境条件的差异，这种差异性常常超出林系的范围而划分出亚林系。如苦槠林系可以区分为酸性土亚林系的淡竹叶子、栀子、檵木的苦槠林，和碱性石灰上亚林系的薹草、檵木的苦槠林。

林型组　凡森林群落中立木及下木层片结构相同，而且优势层片与次优势层片的优势种或共优势种相同的森林群落联合为林型组。如马尾松亚林系中有：檵木马尾松林型组和岗松马尾松林型组等。在林型组内，所有群落的主要及次要层片结构相同，均具有常绿针叶乔木的优势种马尾松，次优势层片的优势种为常绿灌木的檵木或岗松。

林型　是森林分类的基本单位。凡是森林群落中的立木、下木及草本层片结构相同，各层片的优势种或共优势种相同的群落联合为林型。也就是属于同一林型的森林群落应该具有共同的正常种类，相同的结构，相同的生态地理特征以及相同的动态演替（包括相同的季节变化，处于相同的演替阶段等）。如檵木马尾松林型组，包括有野古草檵木马尾松林型和芒萁檵木马尾松林型等。

现再补充：林环　林环是在森林群落分类中跨林型、林型组、林系、甚至在林系组之间具有相近似林下亚建群层片（可能是同种、同属、也可能是同类群、如竹类、苔藓类等），可以反映现实和历史上有相似生境条件的群落发生学联系的，可横向联合为林环。如竹类冷杉林环、竹类针叶林环（反映亚林纲的环）。

为本研究所收集的资料，由于不同作者对群落分类划分的单位林型并不一致，有的可视为林型，有的可视为林型组。为方便起见，本研究都把所用资料调整到相当林型组水平进行研究分析，这样基本上可以满足分析需要，而避免了采用过细的单位发生的弊端。应当认为本研究因资料的限制，实际上是十分粗放的，但生态系列的总框架仍可一目了然，这是尚可庆幸的。

2　中国林型分类系统框架

根据上述各节基本的森林群落的介绍，现编成中目森林群落分类系统的框架供讨论由于它只限于到林型组或亚组，而且对一些森林群落类型本专著没有涉及，这是需要进一步补充的。中国林型分类框架如下：

Ⅰ针叶林林纲组

（Ⅰ）落叶针叶林林纲

（一）落叶松林系组

1 兴安落叶松林系

（1）杜香兴安落叶松林型组

（2）（低位）泥炭藓兴安落叶松林型组
（3）兴安杜鹃兴安落叶松林型组
（4）箭竹兴安落叶松林型组
（5）藓类兴安落叶松林型组
（6）草类兴安落叶松林型组
（7）灌木（含溪旁）兴安落叶松林型组
（8）偃松兴安落叶松林型组
（9）胡枝子（蒙古栎）兴安落叶松林型组
2 西伯利亚落叶松林
（1）草类西伯利亚落叶松林型组
（2）灌木（含溪旁）西伯利亚落叶松林型组
（3）藓类西伯利亚落叶松林型组
3 长白落叶松林
（1）杜香长白落叶松林型组
（2）（低位）泥炭藓长白落叶松林型组
（3）兴安杜鹃长白落叶松林型组
（4）草类长白落叶松林型组
（5）灌木（含溪旁）长白落叶松林型组
（6）藓类长白落叶松林型组
4 华北落叶松林
（1）草类华北落叶松林型组
（2）灌木华北落叶松林型组
（3）藓类华北落叶松林型组
5 太白红杉林
（1）杜鹃太白红杉林型组
（2）箭竹太白红杉林型组
（3）灌木太白红杉林型组
（4）草类太白红杉林型组
（5）藓类太白红杉林型组
（6）溪旁太白红杉林型组
6 红杉林
（1）杜鹃红杉林型组
（2）箭竹红杉林型组
（3）草类红杉林型组
（4）灌木红杉林型组
（5）藓类红杉林型组
（6）溪旁红杉林型组
（7）石塘红杉（疏）林型组

7 大果红杉林
（1）杜鹃大果红杉林型组
（2）箭竹大果红杉林型组
（3）草类大果红杉林型组
（4）灌木大果红杉林型组
（5）藓类大果红杉林型组
（6）溪旁大果云杉林型组
（7）石塘大果红杉（疏）林型组
8 四川红杉林
（1）杜鹃四川红杉林型组
（2）箭竹四川红杉林型组
（3）草类四川红杉林型组
（4）灌木四川红杉林型组
（5）藓类四川红杉林型组
（6）溪旁四川红杉林型组
（7）石塘四川红杉（疏）林型组
9 喜马拉雅红杉林
（1）杜鹃喜马拉雅红杉林型组
（2）箭竹喜马拉雅红杉林型组
（3）草类喜马拉雅红杉林型组
（4）灌木（蕨类）喜马拉雅红杉林型组
（5）藓类喜马拉雅红杉林型组
（6）溪旁喜马拉雅红杉林型组
（7）石塘喜马拉雅红杉（疏）林型组
10 怒江红杉林
（1）杜鹃怒江红杉林型组
（2）箭竹怒江红杉林型组
（3）草类怒江红杉林型组
（4）灌木（蕨类）怒江红杉林型组
（5）藓类怒江红杉林型组
（6）溪旁怒江红杉林型组
（7）石塘怒江红杉（疏）林型组
11 西藏红杉林
（1）杜鹃西藏红杉林型组
（2）箭竹西藏红杉林型组
（3）草类西藏红杉林型组
（4）灌木（蕨类）西藏红杉林型组
（5）藓类西藏红杉林型组
（6）溪旁西藏红杉林型组

（7）石塘西藏红杉（疏）林型组
（Ⅱ）常绿针叶林林纲
（一）云杉林系组
1 红皮云杉林
（1）藓类红皮云杉林型组
（2）灌木（蕨类）红皮云杉林型组
（3）溪旁红皮云杉林型组
2 鱼鳞云杉林
（1）藓类鱼鳞云杉林型组
（2）灌木（藓类）鱼鳞云杉林型组
（3）溪旁鱼鳞云杉林型组
3 青杆林
（1）藓类青杆林型组
（2）灌木青杆林型组
（3）溪旁青杆林型组
4 白杆林（常混生于青杆林）
（1）藓类白杆林型组
（2）灌木白杆林型组
（3）溪旁白杆林型组
5 台湾云杉林（资料不全）
（1）藓类台湾云杉林型组
（2）杜鹃台湾云杉林型组
6 丽江云杉林
（1）杜鹃丽江云杉林型组
（2）箭竹丽江云杉林型组
（3）高山栎丽江云杉林型组
（4）藓类丽江云杉林型组
（5）灌木（蕨类）丽江云杉林型组
（6）溪旁丽江云杉林型组
7 粗枝云杉林
（1）杜鹃粗枝云杉林型组
（2）箭竹粗枝云杉林型组
（3）灌木粗枝云杉林型组
（4）藓类粗枝云杉林型组
（5）高山栎粗枝云杉林型组
8 紫果云杉林
（1）杜鹃紫果云杉林型组
（2）箭竹紫果云杉林型组
（3）高山栎紫果云杉林型组

（4）灌木（蕨类）紫果云杉林型组
（5）草类（小叶章）紫果云杉林型组
（6）方枝柏紫果云杉林型组
9 麦吊云杉林（油麦吊杉林）
（1）杜鹃麦吊云杉林型组
（2）箭竹麦吊云杉林型组
（3）灌木（蕨类）麦吊云杉林型组
（4）藓类麦吊云杉林型组
10 林芝云杉林
（1）杜鹃林芝云杉林型组
（2）箭竹林芝云杉林型组
（3）高山栎林芝云杉林型组
（4）灌木（蕨类）林芝云杉林型组
（5）蕨类林芝云杉林型组
（6）溪旁林芝云杉林型组
11 长叶云杉林
（1）灌木长叶云杉针阔混交林型组
12 川西云杉林
（1）杜鹃川西云杉林型组
（2）箭竹川西云杉林型组
（3）高山栎川西云杉林型组
（4）灌木川西云杉林型组
（5）草类川西云杉林型组
（6）山原（含石塘）川西云杉林型组
（7）大果圆柏川西云杉林型组
13 青海云杉林
（1）灌木青海云杉林型组
（2）藓类青海云杉林型组
（3）草类（薹草）青海云杉林型组
（4）圆柏青海云杉林型组
14 雪岭云杉林
（1）藓类雪岭云杉林型组
（2）草类雪岭云杉林型组
（3）灌木雪岭云杉林型组
（4）溪旁雪岭云杉林型组
（5）高山（草类）雪岭云杉林型组
（二）冷杉林系组
1 臭冷杉林
（1）藓类（湿地）臭冷杉林型组

（2）灌木（蕨类）臭冷杉（混交林）林型组
（3）溪旁臭冷杉林型组
（4）石塘（偃松）臭冷杉（疏）林型组
2 西伯利亚冷杉林
（1）藓类西伯利亚冷杉林型组
（2）草类西伯利亚冷杉林型组
（3）溪旁西伯利亚冷杉林型组
（4）灌木西伯利亚云杉林型组
（5）高山（草类）西伯利亚冷杉林型组
（6）圆柏西伯利亚冷杉林型组
3 巴山冷杉林（含少量秦岭冷杉）
（1）箭竹巴山冷杉林型组
（2）杜鹃巴山冷杉林型组
（3）灌木巴山冷杉林型组
4 岷江冷杉林
（1）杜鹃岷江冷杉林型组
（2）箭竹岷江冷杉林型组
（3）高山栎岷江冷杉林型组
（4）藓类岷江冷杉林型组
（5）灌木岷江冷杉林型组
（6）草类岷江冷杉林型组
（7）方枝柏岷江冷杉林型组
5 鳞皮冷杉林
（1）杜鹃鳞皮冷杉林型组
（2）箭竹鳞皮冷杉林型组
（3）藓类鳞皮冷杉林型组
（4）高山栎鳞皮冷杉林型组
（5）草类鳞皮冷杉林型组
（6）石塘鳞皮冷杉（疏）林型组
6 长苞冷杉林（含急尖长苞冷杉）
（1）杜鹃长苞冷杉林型组
（2）箭竹长苞冷杉林型组
（3）灌木长苞冷杉林型组
（4）草类（苦草）长苞冷杉林型组
7 苍山冷杉林
（1）杜鹃苍山冷杉林型组
（2）藓类苍山冷杉林型组
（3）灌木苍山冷杉林型组

8 川滇冷杉林
（1）杜鹃川滇冷杉林型组
（2）箭竹川滇冷杉林型组
（3）藓类川滇冷杉林型组
（4）灌木川滇冷杉林型组
（5）高山栎川滇冷杉林型组
9 峨眉冷杉林
（1）杜鹃峨眉冷杉林型组
（2）箭竹峨眉冷杉林型组
（3）藓类峨眉冷杉林型组
10 黄果冷杉林
（1）草类黄果冷杉林型组
（2）灌木黄果冷杉林型组
11 喜马拉雅冷杉林
（1）灌木喜马拉雅冷杉林型组
（2）喜马拉雅圆柏喜马拉雅冷杉林型组
（三）铁杉（针阔叶混交）林系组
1 铁杉（针阔叶混交）林
（1）杜鹃铁杉林型组
（2）箭竹铁杉林型组
（3）（藓类）灌木铁杉林型组
（4）硬叶栎类铁杉林型组
（5）常绿阔叶树铁杉林型组
2 云南铁杉（针阔叶混交）林
（1）杜鹃云南铁杉林型组
（2）箭竹云南铁杉林型组
（3）（藓类）灌木云南铁杉林型组
（4）硬叶栎类云南铁杉林型组
（5）常绿阔叶树云南铁杉林型组
3 台湾铁杉（针阔叶混交）林
（1）杜鹃台湾铁杉林型组
（2）灌木台湾铁杉林型组
4 南方铁杉（针阔叶混交）林
（1）箭竹南方铁杉林型组
（2）杜鹃南方铁杉林型组
（3）灌木南方铁杉林型组
（4）常绿阔叶树南方铁杉林型组
（四）圆柏林系组
1 大果圆柏林

（1）草类大果圆柏林型组
（2）灌木大果圆柏林型组
2 方枝柏林
（1）杜鹃方枝柏林型组
（2）灌木方枝柏林型组
（3）草类方枝柏林型组
3 垂枝香柏林
（1）箭竹垂枝香柏林型组
4 滇藏方枝柏林
（1）灌木滇藏方枝柏林型组
5 密枝圆柏林
（1）灌木密枝圆柏林型组
（2）草类密枝圆柏林型组
6 曲枝圆柏林
（1）杜鹃曲枝圆柏林型组
7 塔枝圆柏林
（1）草类塔枝圆柏林型组
8 祁连山圆柏林
（1）草类祁连山圆柏林型组
（2）灌木祁连山圆柏林型组
9 昆仑方枝柏林
（1）草类昆仑方枝柏林型组
10 昆仑多枝柏林
（1）草类昆仑多枝柏林型组
11 天山方枝柏林
（1）草类天山方枝柏林型组
（2）灌木（水枝柏）天山方枝柏林型组
（五）柏木林系组
1 柏木林
（1）落叶阔叶柏木林型组
（2）常绿阔叶柏木林型组
2 干香柏林
（1）落叶阔叶干香柏林型组
（2）常绿阔叶干香柏林型组
3 岷江柏林
（1）亚高山干热岷江柏林型组
（六）侧柏林系组
1 侧柏（落叶阔叶混交）林
（1）中生性灌木侧柏（落叶阔叶混交）林型组

（2）旱生性灌木侧柏（落叶阔叶混交）林型组
（3）草类侧柏（落叶阔叶混交）林型组
（七）扁柏林系组
1 台湾扁柏林
（1）台湾扁柏常绿阔叶混变林型组
2 台湾红桧林
（1）台湾红桧落叶常绿阔叶混交林型组
（八）福建柏、翠柏林系组
1 福建柏林
（1）福建柏常绿阔叶混交林型组
（2）毛竹福建柏混交林型组
2 翠柏林
（1）翠柏常绿阔叶混交林型组
（九）松林系组
1 西伯利亚红松林
（1）圆叶桦西伯利亚红松林型组
（2）刺柏高山柳西伯利亚红松林型组
（3）藓类越橘西伯利亚红松林型组
（4）西伯利亚落叶松西伯利亚红松林型组
2 红松林
（1）胡枝子杜鹃蒙古栎红松林型组
（2）枫桦椴树红松林型组
（3）云冷杉红松林型组
（4）石塘藓类红松林型组
（5）春榆、水曲柳红松林型组
（6）次生蕨类灌木红松林型组
3 樟子松林
（1）山地樟子松亚林系
（i）偃松樟子松林型组
（ii）石蕊樟子松林型组
（iii）杜鹃樟子松林型组
（iv）草类樟子松林型组
（v）杜香樟子松林型组
（2）阶地樟子松亚林系
（i）蒙古栎樟子松林型组
（ii）胡枝子樟子松林型组
（3）沙地樟子松亚林系
（i）沙地灌木樟子松林型组

4 兴凯湖松林
(1) 陡坡杜鹃兴凯松林型组
(2) 胡枝子兴凯湖松林型组
(3) 沙地兴凯湖松林型组
5 油松林
(1) 温凉油松亚林系
(i) 箭竹油松林型组
(ii) 藓类油松林型组
(iii) 杜鹃油松林型组
(2) 干旱油松亚林系
(i) 铁橿子油松林型组
(ii) 二色胡枝子油松林型组
(iii) 荆条油松林型组
(iv) 三桠绣线菊油松林型组
(v) 锦鸡儿油松林型组
(3) 温暖油松亚林系
(i) 杭子梢油松林型组
(ii) 黄栌短枝胡枝子油松林型组
6 黑松林
(1) 二色胡枝子黑松林型组
(2) 黄檀黑松林型组
(3) 短柄枹黑松林型组
7 马尾松林
(1) 短柄枹马尾松林型组
(2) 黄檀马尾松林型组
(3) 乌药马尾松林型组
(4) 五节芒马尾松林型组
(5) 岗松、桃金娘马尾松林型组
(6) 短梗胡枝子马尾松林型组
(7) 芒萁马尾松林型组
(8) 禾草马尾松林型组
8 黄山松林
(1) 杜鹃箭竹黄山松林型组
(2) 青冈黄山松林型组
(3) 蕨类短柄枹黄山松林型组
(4) 薹草黄栎黄山松林型组
9 巴山松林
(1) 灌木红桦巴山松林型组
(2) 刺柏巴山松林型组

10 思茅松林（含红木荷混交）
（1）圆锥水锦树思茅松林型组
（2）毛叶黄杞思茅松林型组
（3）米饭花思茅松林型组
11 云南松林
（1）箭竹云南松林型组
（2）圆锥水锦树云南松林型组
（3）旱冬瓜黄毛青冈云南松林型组
（4）杜鹃云南松林型组
（5）滇油杉云南松林型组
（6）栲类云南松林型组
（7）灌木云南松林型组
（8）麻栎云南松林型组
（9）旱生栎类云南松林型组
（10）高山栎类云南松林型组
12 细叶云南松林
（1）栎类细叶云南松林林型组
（2）禾草细叶云南松林型组
13 华山松林
（1）箭竹华山松林型组
（2）鹿蹄草华山松林型组
（3）灌木华山松林型组
（4）栎类华山松林型组
（5）溪旁华山松林型组
14 高山松林
（1）草类高山松林型组
（2）蕨类灌木高山松林型组
（3）高山栎高山松林型组
（4）禾草高山松林型组
15 西藏长叶松林
（1）小箭竹西藏长叶松林型组
（2）灌木西藏长叶松林型组
（3）高山栎西藏长叶松林型组
16 乔松林
（1）箭竹乔松林型组
（2）杜鹃乔松林型组
17 华南五针松林
（1）灌木华南五针松林型组
（2）箬叶竹短叶黄杉华山五针松林型组

18 海南松林
(1) 山地禾草海南松林型组
(2) 栎类海南松林型组
(3) 沙地露兜簕海南松林型组
(4) 野香茅海南松林型组
(5) 台地灌木海南松林型组
(6) 沟谷海南松林型组
II 阔叶林林纲组
(III) 落叶小叶林林纲
(一) 山地落叶小叶林系组
1 白桦林
(1) 杜鹃白桦林型组
(2) 箭竹白桦林型组
(3) 高山栎白桦林型组
(4) 铁杉白桦林型组
(5) 灌木白桦林型组
(6) 草类白桦林型组
(7) 藓类白桦林型组
(8) 杜香白桦林型组
(9) 泥炭藓白桦林型组
(10) 胡枝子白桦林型组
(11) 溪旁白桦林型组
2 红桦林
(1) 箭竹红桦林型组
(2) 铁杉红桦林型组
(3) 草类红桦林型组
3 黑桦林
(1) 蒙古栎黑桦林型组
(2) 胡枝子黑桦林型组
(3) 毛榛黑桦林型组
(4) 草类黑桦林型组
4 疣皮桦林
(1) 灌木疣皮桦林型组
5 天山桦林
(1) 灌木天山桦林型组
(2) 草类山杨天山桦林型组
(3) 雪岭云杉天山桦林型组
(4) 溪旁天山桦林型组

6 糙皮桦林
(1) 灌木糙皮桦林型组
(2) 箭竹糙皮桦林型组
(3) 菝葜糙皮桦林型组
7 山杨林
(1) 杜鹃山杨林型组
(2) 箭竹山杨林型组
(3) 铁杉山杨林型组
(4) 草类山杨林型组
(5) 中生灌木山杨林型组
(6) 溪旁山杨林型组
(7) 旱生灌木山杨林型组
8 欧洲山杨林
(1) 灌木欧洲山杨林型组
(二) 河谷河滩地小叶林林系组
1 钻天柳林
(1) 河谷钻天柳林型组
2 春榆林
(1) 河谷春榆（水曲柳）林型组
3 榆林
(1) 河谷榆林型组
4 青杨林
(1) 河谷青杨林型组
5 白柳林
(1) 河滩白柳林型组
(三) 荒漠河岸林系组
1 胡杨林
(1) 扇缘带胡杨林型组
(2) 干河床胡杨林型组
(3) 河漫滩胡杨林型组
(4) 阶地胡杨林型组
2 灰胡杨林
(1) 河漫滩灰胡杨林型组
(2) 阶地灰胡杨林型组
(3) 扇缘带灰胡杨林型组
(4) 干河床灰胡杨林型组
3 尖果沙枣林
(1) 河漫滩草类尖果沙枣林型组
(2) 禾草准噶尔柳尖果沙枣林型组

(3) 多枝柽柳尖果沙枣林型组
(4) 梭梭尖果沙枣林型组
(Ⅲ) 落叶栎类林林纲
(一) 落叶栎类林系组
1 蒙古栎林
(1) 杜鹃蒙古栎林型组
(2) 榛子蒙古栎林型组
(3) 胡枝子蒙古栎林型组
(4) 草原化蒙古栎林型组
2 辽东栎林
(1) 箭竹辽东栎林型组
(2) 灌木辽东栎林型组
(3) 棒子辽东栎林型组
(4) 草类辽东栎林型组
(5) 胡枝子辽东栎林型组
(6) 陡坡干旱辽东栎(疏)林型组
3 栓皮栎(锐齿槲栎、槲栎类同)林
(1) 箭竹林型组
(2) 胡枝子林型组
(3) 荆条林型组
(4) 灌木林型组
(5) 草类林型组
(二) 水青冈林系组
1 长柄水青冈林
(1) 箭竹长柄水青冈林型组
(i) 鄂西玉山竹长柄水青冈(曼青冈)林型亚组
(ii) 短柄枹栎长柄水青冈林型亚组
(2) 灌木长柄水青冈林型组
(i) 灌木长柄水青冈(青冈)林型亚组
(ii) 柃木杜鹃长柄水青冈(多脉青冈、石栎)林型亚组
2 米心水青冈林
(1) 箭竹米心水青冈林型组
(i) 拐棍竹米心水青冈林型业组
(ii) 鄂西玉山竹米心水青冈(曼青冈)林型亚组
(iii) 华箬竹米心青冈林型亚组
(iv) 箭竹米心青冈林型亚组
3 亮叶水青冈林
(1) 箭竹亮叶水青冈林型亚组
(i) 箭竹亮叶水青冈林型亚组

（ii）拐棍竹亮叶水青冈林型亚组
（iii）鄂西玉山竹亮叶水青冈（多脉青冈）林型亚组
（iv）冷箭竹（南岭箭竹）亮叶水青冈林型亚组
（2）灌木亮叶水青冈林型组
（i）柃木杜鹃亮叶水青冈（多脉青冈、粗穗石栎）林型亚组
（ii）荚蒾亮叶水青冈（多脉青冈，多穗石栎）林型亚组
（iii）灌木亮叶水青冈（多脉青冈、甜槠）林型亚组
4 巴山水青冈林
（1）箭竹巴山水青冈林型组
（i）箭竹巴山水青冈（细叶青冈）林型亚组
（ii）华箬竹巴山水青冈林型业组
（2）灌木巴山水青冈林型组
（i）灌木巴山水青冈（细叶青冈）林型亚组
（Ⅳ）常绿阔叶林林纲
一、硬叶栎类林亚纲
（一）亚高山硬叶栎类林系组
1 川滇高山栎林
（1）杜鹃川滇高山栎林型组
（2）箭竹川滇高山栎林型组
（3）灌木川滇高山栎林型组
2 高山栎林
（1）杜鹃高山栎林型组
（2）箭竹高山栎林型组
（3）灌木高山栎林型组
3 帽斗栎林
（1）灌木帽斗栎林型组
4 长穗高山栎林
（1）灌木长穗高山栎林型组
5 川西栎林
（1）灌木川西栎林型组
6 黄背栎林
（1）杜鹃黄背栎林型组
（2）箭竹黄背栎林型组
（3）灌木黄背栎林型组
（4）石灰岩干热河谷黄背栎林型组
（二）干热石灰岩河谷硬叶栎类林林系组
1 光叶高山栎林
（1）石灰岩干热河谷光叶高山栎林型组
（2）灌木光叶高山栎林型组

2 刺叶栎林
（1）灌木刺叶栎矮林型组
3 尖齿高山栎林
（1）灌木尖齿高山栎矮林型组
4 灰背栎林
（1）石灰岩干热河谷灰背栎林型组
二、常绿阔叶林亚林纲
（一）木荷常绿阔叶林系组
（1）木荷黧蒴栲林型组
（2）木荷甜槠林型组
（3）木荷小枝青冈林型组
（4）木荷青冈林型组
（5）木荷小红栲林型组
（二）杜鹃常绿阔叶林系组
（1）杜鹃甜槠林型组
（2）杜鹃绵槠林型组
（三）柃木常绿阔叶林林系组
（1）柃木厚皮栲林型组
（2）柃木钩栲林型组
（3）柃木甜槠林型组
（4）柃木苦槠林型组
（5）柃木罗浮栲林型组
（6）柃木绵槠林型组
（四）灌木（无明显优势种）常绿阔叶林林系组
（1）灌木丝栗栲林型组
（2）灌木甜槠林型组
（3）灌木苦槠林型组
（4）灌木青冈林型组
（5）灌木包斗石栎林型组
（6）灌木石栎林型组
（7）灌木长果青冈米槠林型组
（8）灌木赤皮青冈南岭石栎林型组
（9）灌木台湾狭叶青冈阿里山石栎林型组
（五）乌饭树常绿阔叶林系组
（1）乌饭树钩栲林型组
（2）乌饭树福建青冈林型组
（3）乌饭树甜槠林型组
（六）杜茎山常绿阔叶林系组
（1）杜茎山钩栲润楠林型组

（2）杜茎山青冈林型组
（七）檵木钩栲林系组
（1）檵木常绿阔叶林型组
（2）檵木绵槠林型组
（3）檵木青冈林型组
（4）檵木苦槠林型组
（八）毛蕊茶常绿阔叶林系组
（1）毛蕊茶南岭栲林型组
（2）长尾毛蕊茶扁刺栲林型组
（九）其他灌木常绿阔叶林系组
（1）水团花钩栲林型组
（2）山矾钩栲林型组
（3）大果腊瓣花小红栲林型组
（4）黄瑞木甜槠林型组
（5）柏拉木南岭栲林型组
（6）九节龙粤桂石栎林型组
（7）黄柏青钩栲林型组
（8）老鼠刺青钩栲林型组
（9）赤楠青冈林型组
（10）小叶黄杞丝栗栲林型组
（十）竹类常绿阔叶林系组
（1）箬竹鳌蒴栲林型组
（2）箬竹曼青冈林型组
（3）箬竹钩栲林型组
（4）箭竹小叶栲林型组
（5）华西箭竹滇青冈林型组
（6）箭竹包石栎峨眉栲林型组
（7）箭竹包斗石栎林型组
（8）箭竹多变石栎林型组
（9）筇竹扁刺栲林型组
（10）筇竹包石栎峨眉栲林型组
（11）金佛山方竹厚皮栲林型组
（12）拐棍竹小枝青冈林型组
（13）苦竹硬斗石栎林型组
（14）苦竹福建青冈林型组
（15）方竹刺斗石栎林型组
（16）方竹小叶栲林型组
（17）刚竹罗浮栲林型组
（Ⅴ）季风常绿阔叶林林纲

一、湿润（厚壳桂）季风常绿阔叶林亚林纲
（一）厚壳桂栲类林
（1）长果厚壳桂青钩栲林型组
（2）厚壳桂华栲林型组
（3）厚壳桂刺栲林型组
（4）黄果厚壳桂越南栲林型组
（5）厚壳桂无柄栲林型组
二、具干季（木荷）季风常绿阔叶林亚林纲
（一）木荷栲类林
（1）木荷黄杞栲树林型组
（2）木荷润楠罗浮栲（青冈）林型组
（3）红木荷刺栲栲树林型组
（4）红木荷刺栲印栲林型组
（Ⅵ）热带雨林林纲
（一）龙脑香林系组
（1）青梅坡垒蝴蝶树林型组
（2）云南龙脑香番龙眼林型组
（3）云南龙脑香毛坡垒林型组
（4）羯布罗香滇橄榄林型组
（5）长毛羯布罗香木波罗红果葱臭木林型组
（6）云南娑罗双白颜林型组
（二）肉豆蔻林系组
（1）台湾肉豆蔻白翅子石叶桂木林型组
（三）千果榄仁林系组
（1）千果榄仁番龙眼翅子林林型组
（2）千果榄仁斯里兰卡天料木林型组
（Ⅶ）热带季雨林林纲
（一）龙脑香林系组
（1）青梅林系（林型组）
（2）版纳青梅林系（林型组）
（3）狭叶坡垒乌榄梭子果林系（林型组）
（4）望天树林系（林型组）
（5）擎天树林系（林型组）
（6）婆罗双千果榄仁错枝榄仁林系（林型组）
（二）金丝李蚬木林系组
（1）金丝李蚬木林系（林型组）
（三）无忧花葱臭木梭子果林系组
（1）中国无忧花红果葱臭木梭子果林系（林型组）
（四）榕合欢林系组

（1）榕楹林系（林型组）
（2）榕土密树林系（林型组）
（3）大果榕香须树林系（林型组）
（4）大果榕海南菜豆树林系（林型组）
（5）榕厚壳桂重阳木鸭脚木林系（林型组）
（6）高山榕麻楝林系（林型组）
（五）鸡占厚皮树林系组
（1）四数木多花白头树林系（林型组）
（六）铁刀木林系组
（1）铁刀木林系（林型组）
（七）刺桐中平树林系组
（1）尼泊尔刺桐中平树破布木林系（林型组）
（2）葱臭木蕈树林系（林型组）
（3）葱臭木细青皮林系（林型组）
（Ⅶ）热带山地雨林林纲
（一）鸡毛松青冈石栎林系组
（1）鸡毛松青冈石栎林系（林型组）
（二）陆均松青冈石栎林系组
（1）陆均松琼崖石栎林系（林型组）
（2）陆均松多穗石栎杏叶石栎林系（林型组）
（三）石栎青冈林系组
（1）盘壳青冈琼中石栎林系（林型组）
（2）柄果石栎海南蕈树林系（林型组）
（3）盘壳青冈竹叶青冈石栎林系（林型组）
（四）缅漆假含笑滇楠林系组
（1）缅漆假含笑滇楠林系（林型组）
（五）滇木花生云南蕈树林系组
（1）滇木花生云南蕈树林系（林型组）

第三篇　森林群落学

川西亚高山森林植被的区系、种间关联和群落排序的生态分析†

川西亚高山林区是我国西南林区的一部分。它由于位于青藏高原东部边缘褶皱地带的最外缘，海拔高差最悬殊，地貌条件极为复杂。作者曾对本区的大渡河上游梭磨河及岷江上游杂谷脑河地区，即阿坝藏族自治州米亚罗、马尔康地区进行了森林植被的调查和定位试验研究，先后著文讨论过本区森林的生境特点，亚建群种的群落学指示意义及它们在群落分类上的地位，枯枝落叶层的群落学作用，和森林群落小气候等[8-11]。本文将就本区森林植物的区系形成、种间关联、植物种在生态序列中的分布格式，以及群落的二维、三维空间排序进行粗浅的生态学分析。

1　区系形成的生态分析

本文不专门详细分析论述本区的植物区系成分，仅就区系的形成从生态学角度进行初步的理论探讨，希望引起进一步深入的讨论。

本区森林植物区系的形成过程如同我国整个西南高山（即青藏高原东南边缘山地）的植物区系一样，可以认为受三方面的影响，即外区成分的水平辐凑，垂直分异和本区内部差异的生态隔离三过程的影响。现以本区亚高山森林植物为例说明。

我国西南高山区具有自亚热带常绿阔叶林到寒带高山苔原的明显垂直带，拥有极其丰富的植物种类，正如许多学者一致指出的，它既是一些第三纪古老植物的避难所，也是许多植物科属的发生地。无疑义地，这显然是由于第三纪以来喜马拉雅运动促使地表急剧抬升，造成气候的垂直分异，进而造成植被和土壤的垂直分异，并且在整个过程中，伴随着植物种的迁移、变异、分化，一些被淘汰，另一些则生存，成为新种并得到保存和发展。以亚高山广袤的暗针叶林而言，不少作者指出，它们不同于北方寒温带的暗针叶林，有着本地的起源，并非欧亚大陆北部泰加林的延伸[7]，或者说，在发生上具有相对的独立性的[9]。本区亚高山暗针叶林的特征主要是丰富的云杉属、冷杉属树种，这些近缘种的混生，以及具有第三纪起源的残遗种等等。但与此同时，研究者也指出本区暗针叶林的发生与欧亚大陆北方的暗针叶林带有着历史上密切的联系[6]。本区亚高山暗针叶林除具有众多的欧亚广布种，如亚美蹄盖蕨（*Athyrium acrostichoides*）、沙棘（*Hippophae rhamnoides*）、短柄草（*Brachypodium sylvaticum*）、蓝果忍冬、巢菜（*Vicia sativa*）、羊茅（*Festuca ovina*）、茅香（*Hierocthloe odorata*）、驴蹄草、柳兰、升麻（*Cimicifuga foetida*）等外，并具有与西伯利亚、远东、日本的暗针叶

† 蒋有绪，1982，植物生态学与地植物学丛刊，6（4）：281-301。本文由王建军同志协助计算和绘图。

林植物区系共同的种，如毛茛状乌头（*Aconitum ranunculoides*）、银莲花、蒙古锦鸡儿、金老梅（*Dasiphora fruticosa*）、砧草、粗根老鹳草、鹿蹄草、珍珠梅（*Sorbaria sorbifolia*）、歪头菜、贝加尔唐松草（*Thalictrum baicalensis*）、唐松草、牛奶子（*Elaeagnus umbellata*）、翠雀（*Delphinium grandiflorum*）、华西矮卫矛、羽节蕨（*Gymnocarpium continentalis*）、假升麻（*Aruncus sylvester*）、丝瓜花、匍匐斑叶兰、青荚叶（*Helwingia japonica*）、水金凤、水晶兰、四叶王孙、刺悬钩子、粉花绣线菊、孪花堇菜、地锦槭（*Acer mono*）等，苔藓植物共有的则有塔藓、山羽藓（*Abietinella abietina*）、万年藓（*Climacium dendroides*）、树藓（*Girgensohnia ruthenica*）、垂枝藓（*Rhytidium rugosum*）、大拟垂枝藓、毛梳藓等，其他欧亚北部的习见种还有高山对叶藓（*Distichium capillaceum*）、硬叶拟白发藓、硬叶扭口藓（*Barbula rigidula*）、短叶扭口藓（*B. tectorum*）、土生扭口藓（*B. vinealis*）、高山赤藓（*Syntrichia alpina*）、灰黄真藓（*Bryum pallens*）、皱蒴藓（*Aulacomnium palustre*）、平珠藓（*Plagiopus oederi*）、羽平藓、牛角藓（*Cratoneurum filicium*）、钩枝镰刀藓、赤茎藓、尖叶灰藓、弯叶灰藓（*Hypnum hamulosum*）、高山金发藓（*Pogonatum alpinum*）等。如比较主要的森林乔灌木种，可以由表 1 看出，而且由于本区暗针叶林较湿润的气候，更与远东地区相近，在区系的属组成上也更相近。

表 1 川西亚高山针叶林与苏联欧洲部分及远东地区暗针叶林主要乔灌木种的比较

川西亚高山	苏联欧洲部分	苏联远东部分
红杉 *Larix potaninii*	西伯利亚落叶松 *Larix sibirica*	落叶松 *Larix gmelinii*
汶川红杉 *L. mastersiana*		
冷杉 *Abies fabri*		沙松 *Abies holophylla*
黄果冷杉 *A. ernestii*		臭松 *A. nephrolepis*
长苞冷杉 *A. georgei*		库页冷杉 *A. sachalinensis*
巴山冷杉 *A. fargesii*		
鳞皮冷杉 *A. squamata*		
云杉 *Picea asperata*	欧洲云杉 *Picea excelsa*	鱼鳞松 *Picea jezoensis*
紫果云杉 *P. purpurea*		西伯利亚云杉 *P. obovata*
青杄 *P. wilsonii*		
华山松 *Pinus armandii*	欧洲赤松 *Pinus sylvestris*	欧洲赤松 *Pinus sylvestris*
高山松 *P. densata*		红松 *P. koraiensis*
川白桦 *Betula platyphylla* var. *szechuanica*	白桦 *Betula platyphylla*	东北白桦 *Betula platyphylla* var. *manchurica*
红桦 *B. albo-sinensis*	矮桦 *B. nana*	岳桦 *B. ermanii*
狭翅桦 *B. fargesii*	匍匐桦 *B. humilis*	糙皮桦 *B. utilis*
川滇高山栎 *Quercus aquifoliodes*		蒙古栎 *Quercus mongolica*
橿子树 *Q. baronii*		
小叶忍冬 *Lonicera alpigena*	锡洛忍冬 *Lonicera xilosteum*	紫花忍冬 *Lonicera maximowiczii*
蓝果忍冬 *L. coerulea*		小花忍冬 *L. parviflora*
陇塞忍冬 *L. tangutica*		长白忍冬 *L. ruprechtiana*
理塘忍冬 *L. litangensis*		

续表

川西亚高山	苏联欧洲部分	苏联远东部分
陇蜀杜鹃 *Rhadodendron przewalskii*		尖叶杜鹃 *Rhododendron mucronulatum*
银背杜鹃 *Rh. aganiphyllum*		
马塘杜鹃 *Rh. matangensis*		
多花杜鹃 *Rh. myriantha*		
毛脉中印卫矛 *Euonymus lanceifolia*		小花卫矛 *Euonymus parviflora*
栓翅卫矛 *E. phellomanes*		宽翅卫矛 *E. macropterus*
华西矮卫矛 *E. przewalskii*		
桦叶荚蒾 *Viburnum betulifolium*	欧洲荚蒾 *Viburnum opulus*	鸡树条荚蒾 *Viburnum sargentii*
沛阳花 *V. lobophyllum*		修枝荚蒾 *V. burejacticum*
心叶荚蒾 *V. cordifolium*		
湖北花楸 *Sorbus hupehensis*	欧亚花楸 *Sorbus aucuparia*	接骨木叶花楸 *Sorbus sambucifolia*
陕甘花楸 *S. koehneana*		
华中五味子 *Schisandra sphenanthera*		五味子 *Schisandra chinensis*
云南山梅花 *Philadelphus delavayi*		细叶山梅花 *Philadelphus tenuifolius*
绢毛山梅花 *Ph. sericanthus*		
四萼猕猴桃 *Actinidia tetramera*		狗枣猕猴桃 *Actinidia kolomikta*

此外，我们还可以通过比较，看出本区区系与华中、华北、西北的联系。正如一些学者所述，我国整个西南高山地区的区系实质上是由中亚、东亚、喜马拉雅和印度、马来西亚诸成分的混合[1]，可称为几个水平带区系成分的辐凑地区[8]。就分析上述暗针叶林带植物区系而言，有理由认为，本区亚高山暗针叶林与北方暗针叶林区系的这种水平带联系，远在第四纪强烈的新构造抬升运动以前就存在的。不妨假设川滇新三纪晚期的云杉、冷杉属古老种当与北方泰加林的云杉、冷杉属的古老种是同一祖源，其暗针叶植被型也属同一祖源，但只是本区的暗针叶林在第三纪以后的强烈隆起运动中，产生了新的特征。当然，这种水平的渗透过程在急剧隆起的构造运动以后也还是进行的，譬如，川西滇北的暗针叶林成分向西藏东南部的迁移等等即是[7]。

在本区区系研究上对垂直分异和水平辐凑过程比较为许多学者所熟知和强调。但作者认为本区的许多一属多种（如冷杉、云杉属），特别是在不同区域形成生态上的替代种的现象主要是本区地壳抬升过程中形成的内部差异所造成的种的分化，并且由先是生态上的隔离，进而是遗传上的隔离，形成不同的新种。在后来的漫长岁月中，才克服地理上的阻隔，形成分布区和小生境（或生态位 Niche）的重叠，成为本区许多不同类型同属近缘种混生的暗针叶林特征。例如，川西主要以鳞皮冷杉、岷江冷杉占优势，也有冷杉、巴山冷杉的分布；由北往南，至巴塘以南，鳞皮冷杉即渐为长苞冷杉所代替，而后者在九龙以南又逐渐为川滇冷杉（*Abies forrestii*）、苍山冷杉（*A. delavayi*）所代替。在交替过渡区，二、三种冷杉混生是常见的现象。云杉属情况也如此，紫果云杉、云杉以大渡河、岷江、白龙江上游为中心，川西云杉（*Picea likiangensis* var. *balfouriana*）以雅江、道孚、新龙为中心，油麦吊杉（*P. brachytyla* var. *complanata*）、麦吊杉（*P. brachytyla*）只沿四川盆地山地分布，丽江云杉（*P. likiangensis*）则以滇西北为中心向北延伸至川西南。过渡区内若干种云杉在暗针叶林或针阔叶混交林中混生也属常见。因此，以亚高山暗针叶林区系为例，从生态学分析可以认为，我国整个西南高山区的植物区系在形成上是受外区成分的水平辐凑、垂直分异和区域内部差异分化的三过程的影响。

2　森林植物组成的种间关联分析

一些作者对川西米亚罗、马尔康地区的亚高山森林划分了杜鹃、拂子茅、藓类、箭竹、高山栎五个群丛环[9]，并划分了 23 个群丛。现就其中主要 6 个有代表性的群丛的典型样地材料（表 2、表 3），进行森林植物种间的关联分析。

表 2　6 个有代表性群丛的编号及名称

编号	群丛	群丛拉丁名
1	藓类-箭竹-云杉林	*Piceetum hilocomioso-actinothuidio-sinarundinariosum*
2	薹草-箭竹-冷杉林	*Abieetum carioso- sinarundinariosum*
3	沿阶草-落叶阔叶树-云杉铁杉林	*Piceeto-tsugosum opiopogo-daciduodendrosum*
4	沿阶草-菝葜-松林	*Pinetum ophiopogo-smilaciosum*
5	报春花-高山栎林	*Quercetum primulosum*
6	杜鹃-红杉林	*Laricetum rhododendrosum*

		B种		
		有	无	
A种	有	a	b	a+b
	无	c	d	c+d
		a+c	b+d	T

表 3　6 个群丛的样地资料

编号	植物	群丛											
		1		2		3		4		5		6	
		盖度	相对盖度	盖度	相对盖度	盖度	相对盖度	盖度	相对盖度	盖度	相对盖度	盖度	相对盖度
乔木													
1	川滇高山栎 *Quercus aquifolioides*							+		7	0.259		
2	云杉 *Picea asperata*					7	0.033			+			
3	紫果云杉 *P. purpurea*	7	0.117							+			

续表

编号	植物	群丛											
		1		2		3		4		5		6	
		盖度	相对盖度	盖度	相对盖度	盖度	相对盖度	盖度	相对盖度	盖度	相对盖度	盖度	相对盖度
4	红桦 *Betula albo-sinensis*	0.1		0.1						+			
5	高山松 *Pinus densata*							7	0.059	+			
6	铁杉 *Tsuga chinensis*					1	0.010	0.1					
7	华山松 *Pinus armandii*							+					
8	紫果冷杉 *Abies recurvata*					0.1		+					
9	槭 *Acer* sp.					+		+					
10	白蜡 *Fraxinus chinensis*					+						7	0.182
11	红杉 *Larix potaniana*											0.1	
12	岷江冷杉 *Abies faxoniana*			7	0.178								
灌木													
1	理塘忍冬 *Lonicera litangensis*									0.1			
2	陇塞忍冬 *L. tangutica*	0.1								0.1		1	0.026
3	木帚栒子 *Cotoneaster dielsianus*	+	+					0.1		0.1			
4	冰川茶藨子 *Ribes graciale*	0.1								0.1		1	0.026
5	宝兴茶藨子 *R. moupinensis*	0.1						+		0.1		0.1	
6	陕甘花楸 *Sorbus koehneana*	1	0.025	+		0.1		0.1		0.1			
7	滇藏方枝柏 *Juniperus wallichiana*									0.1			
8	柳 *Salix* sp.									0.1		0.1	
9	伞花小蘖 *Berberis umbellate*							0.1		0.1			
10	峨嵋蔷薇 *Rosa omeiensis*	0.1						0.1				0.1	
11	钝叶蔷薇 *R. sertata*	0.1		0.1		0.1				0.1			
12	圆叶菝葜 *Smilax cyclophylla*	1	0.025			1	0.010	1	0.074	+			
13	高山绣线菊 *Spiraea alpine*	0.1								+			
14	大箭竹 *Sinarundinaria chungii*	7	0.178	3	0.076					+			

续表

编号	植物	群丛											
		1		2		3		4		5		6	
		盖度	相对盖度	盖度	相对盖度	盖度	相对盖度	盖度	相对盖度	盖度	相对盖度	盖度	相对盖度
15	西南茶藨子 *Ribes emodense*			0.1		0.1		0.1					
16	橘红悬钩子 *Rubus auranticus*			0.1		0.1		0.1					
17	披针叶忍冬 *Lonicera lanceolata*	0.1						0.1					
18	木姜子 *Litsea pungens*							0.1					
19	防己叶菝葜 *Smilax menispermoides*							0.1					
20	红椋子 *Cornus hensleyi*							0.1					
21	桦叶荚蒾 *Viburnum betulifolium*							+					
22	贼仔树 *Evodia glauca*							+					
23	五加 *Acanthopanax* sp.					0.1		+					
24	粉叶山柳 *Clematoclethra integrifolia*			+				+					
25	卫矛一种 *Euonymus* sp.	0.1						+					
26	皂柳 *Salix wallichiana*							+					
27	楤木 *Aralia chinensis*							+					
28	勾儿茶 *Berchemia* sp.							+					
29	桦 *Betula japonica* var. *szechuanica*							+					
30	蒙古锦鸡儿 *Caragana arborescens*							+					
31	沛阳花 *Viburnum lobophyllum*					1	0.033	+					
32	凹叶瑞香 *Daphne retusa*							+					
33	总状花山马蝗 *Desmodium spicatum*							+					
34	挂苦绣球 *Hydrangea xanthoneura*					0.1							
35	细枝茶藨子 *Ribes tenue*					1	0.033						
36	忍冬一种 *Lonicera* sp.					0.1							
37	野樱桃 *Prunus tatsienensis*					0.1							
38	美丽悬钩子 *Rubus amabilis*			0.1		0.1						0.1	

续表

编号	植物	群丛											
		1		2		3		4		5		6	
		盖度	相对盖度	盖度	相对盖度	盖度	相对盖度	盖度	相对盖度	盖度	相对盖度	盖度	相对盖度
39	刺红珠 *Berberis dictyophylla*	+		+		+							
40	陇蜀杜鹃 *Rhododendron przewalskii*											3	0.078
41	湖北花楸 *Sorbus hupehensis*											1	0.026
42	西蜀刺毛金银花 *Lonicera chaetocarpa*											0.1	
43	银背杜鹃 *Rhododendron aganiphyllum*											0.1	
44	西藏忍冬 *Lonicera thibetica*											0.1	
45	金老梅 *Potentilla fruticosa*											0.1	
46	刺悬钩子 *Rubus pungens*	0.1											
47	华西矮卫矛 *Euonymus przewalskii*	0.1		0.1						+			
48	微毛野樱桃 *Prunus pilosiuscula*	0.1		+									
49	光叶陇东海棠 *Malus kansuensis*	+											
50	袋花忍冬 *Lonicera saccata*			0.1									
51	马塘杜鹃 *Rhododendron matangense*			0.1									
52	粉花绣线菊 *Spiraea japonica*			0.1									
53	苍白叶菝葜 *Smilax glauca*			+									
草本													
1	西姆薹草 *Carex hymurochlanae*	0.1		7	0.178							1	0.026
2	高山薹草 *C. alpine*	0.1		3	0.076					1	0.037	1	0.026
3	狭叶蹄盖蕨 *Athyrium sinense*			3	0.076								
4	掌叶报春 *Primula palmate*	1	0.025	1	0.025					3	0.111		
5	糙苏 *Phlomis umbrosa*			1	0.025			0.1					
6	橐吾 *Ligularia hodgsoni*			1	0.025					0.1		1	0.026
7	多节雀麦 *Bromus plurinodis*			0.1									
8	草原野葱 *Allium prattii*			0.1								0.1	

续表

编号	植物	群丛											
		1		2		3		4		5		6	
		盖度	相对盖度	盖度	相对盖度	盖度	相对盖度	盖度	相对盖度	盖度	相对盖度	盖度	相对盖度
9	柔软肿瓣芹 *Pternopetalum molle*	0.1		0.1						0.1			
10	田中肿瓣芹 *P. tanakae*			0.1									
11	格氏酢浆草 *Oxalis griffithii*	1	0.025	0.1		1	0.033					0.1	
12	砧草 *Galium boreale*	1	0.025	0.1		0.1		+					
13	紫花碎米荠 *Cardamine tangutorum*	1		0.1		0.1						1	0.026
14	猪殃殃 *Galium* sp.			+									
15	东方草莓 *Fragaria orientalis*	0.1		0.1						0.1		0.1	
16	拳参 *Polygonum bistorta*			0.1						+		1	0.026
17	小花算盘七 *Streptopus parviflorus*	1	0.025	0.1									
18	鳞毛蕨 *Dryoptopus sino-fibrillse*	0.1		0.1									
19	高山露珠草 *Circaea alpine*	0.1		0.1						1	0.037		
20	陕北变豆菜 *Sanicula giraldii*	0.1		+									
21	黄香青 *Anaphalis flavescens*			+						0.1			
22	匍匐斑叶兰 *Goodyera repens*			+		0.1							
23	紫苑 *Aster thammes*			+									
24	水晶兰 *Monotropa hypopitys*			+									
25	沙参 *Adenophora* sp.			+									
26	拂子茅 *Calamagrotis epigejos*			+				1	0.074	+			
27	耧斗菜 *Aquilegia* sp.			+									
28	千里光一种 *Senecio oldhamianus*											1	0.026
29	金桫花 *Kingdonia uniflora*											1	0.026
30	蹄盖蕨 *Athyrium montanum*											1	0.026
31	长囊马先蒿 *Pedicularis davidii*											0.1	
32	斯氏薹草 *Carex schneideri*									1	0.037	0.1	

续表

编号	植物	群丛											
		1		2		3		4		5		6	
		盖度	相对盖度	盖度	相对盖度	盖度	相对盖度	盖度	相对盖度	盖度	相对盖度	盖度	相对盖度
33	驴蹄草 *Caltha palustris*											0.1	
34	穗花报春 *Primula deflexa*											0.1	
35	鸢尾一种 *Iris* sp.											0.1	
36	银莲花 *Anemone narcissiflora*											1	0.026
37	勿忘草一种 *Myosotis* sp.											1	0.026
38	全缘叶千里光 *Senecio integrifolius*											1	0.026
39	紫绿景天 *Sedum purpureoviride*											1	0.026
40	窄叶蓼 *Polygonum stenophyllum*											1	0.026
41	蒿一种 *Artemisia* sp.							0.1		+		1	0.026
42	柳兰 *Chamaenerion angustifolium*									+		0.1	
43	亨利人字果 *Isopyrum henryi*											0.1	
44	毛茛一种 *Ranunculus* sp.											0.1	
45	戴氏蚤缀 *Arenaria delavayi*											0.1	
46	唐松草 *Thalictrum aquilegifolium*	+				0.1						0.1	
47	扭喙马先蒿 *Pedicularis streptorhyncha*											0.1	
48	报春 *Primula dryadiflia*											+	
49	抱茎葶苈 *Draba amplexicaulis*											0.1	
50	孪花堇菜 *Viola biflora*	0.1								0.1		+	
51	柳叶菜 *Epilobium laetum*							+				0.1	
52	红毛五加 *Acanthopanax giraldii*	1	0.025			0.1				+			
53	尖齿蹄盖蕨 *Athyrium spinulosum*	1	0.025										
54	穆坪冷蕨 *Cystopteris moupinensis*	1	0.025										
55	金腰子 *Chrysosplenium griffithii*	1	0.025							0.1			

续表

编号	植物	群丛											
		1		2		3		4		5		6	
		盖度	相对盖度	盖度	相对盖度	盖度	相对盖度	盖度	相对盖度	盖度	相对盖度	盖度	相对盖度
56	铁角蕨状肿瓣芹 *Pternopetalum asplenioides*	0.1								+			
57	蟹甲草一种 *Cacalia* sp.	0.1						0.1		0.1			
58	支柱蓼 *Polygonum suffultum*	0.1											
59	黄精一种 *Polygonatum* sp.	0.1				0.1							
60	鹿耳韭 *Allium ovalifolium*	0.1											
61	稷一种 *Panicum* sp.	0.1											
62	短管假鹤虱 *Hackelia brachytuba*	0.1											
63	川赤芍 *Paeonia veitchii*	0.1											
64	茜草 *Rubia cordifolia*	0.1				0.1		0.1					
65	荨麻一种 *Urtica* sp.	0.1				0.1							
66	粗根老鹳草 *Geranium dahuricum*	+						+					
67	还阳参一种 *Crepis* sp.	+											
68	莎草一种 *Cyperus* sp.	+											
69	三七一种 *Panax* sp.	+				0.1							
70	虎耳草一种 *Saxifraga* sp.									0.1			
71	云南景天 *Sedum yunnanesis*									0.1			
72	胡伯蓼 *Polygonum huberti*									0.1			
73	委陵菜一种 *Potentilla* sp.									0.1			
74	山地早熟禾 *Poa orinosa*					1	0.033			0.1			
75	猪殃殃 *Galium aparine*									0.1			
76	紫菀一种 *Aster* sp.									0.1			
77	扭旋马先蒿 *Pedicularis torta*									0.1			
78	羊膜草 *Hemiphragma heterophyllum*									+			

续表

编号	植物	群丛											
		1		2		3		4		5		6	
		盖度	相对盖度	盖度	相对盖度	盖度	相对盖度	盖度	相对盖度	盖度	相对盖度	盖度	相对盖度
79	棣棠草 *Hylonecon japonicum*									+			
80	龙胆一种 *Gentiana* sp.									+			
81	少穗花 *Oligobotrya henryi*									+			
82	山卷耳 *Cerastium pusillum*									+			
83	鼠尾草 *Salzia przewalskii*									+			
84	沿阶草 *Ophiopogon cleratus*					3	0.100	1	0.074				
85	对叶兰 *Listera japonica*					0.1							
86	白背铁线蕨 *Adiantum davidi*					1	0.033	0.1					
87	丝瓜花 *Clematis lasiandra*					0.1							
88	鹿蹄草 *Pyrola rotundifolia*					0.1							
89	橐吾 *Ligularia dictyoneura*					0.1		0.1					
90	水金凤 *Impatiens noli-tangere*					0.1							
91	堇菜 *Viola duchartrei*					0.1							
92	七筋姑 *Clintonia udensis*					0.1							
93	鼠尾草 *Salvia cynica*					0.1		+					
94	烟管头草 *Carpesium cernuum*					0.1		0.1					
95	微白紫苑 *Aster albescens*					0.1							
96	艾麻一种 *Laportea* sp.					0.1							
97	铁角蕨 *Asplenium trichomanes*					1	0.033						
98	香茶菜一种 *Plectranthus* sp.					1	0.033						
99	紫羊茅 *Festuca rubra* var. *meireana*					1	0.033						
100	单叶细辛 *Asarum himalaicum*					1	0.033						
101	蒴藋 *Sambucus javanica*					1	0.033						
102	类叶升麻 *Actaea spicata*												

续表

编号	植物	群丛											
		1		2		3		4		5		6	
		盖度	相对盖度	盖度	相对盖度	盖度	相对盖度	盖度	相对盖度	盖度	相对盖度	盖度	相对盖度
103	凤毛菊 *Saussurea glabosa*												
104	四叶王孙 *Paris tetraphylla*												
105	麦冬草一种 *Asparagus* sp.												
106	歪头菜 *Vicia unijuga*							+					
107	泽兰 *Eupatorium japonicum*							1	0.074				
108	大火草 *Anemone tomentosa*							0.1					
109	沙参一种 *Adenophora* sp.							0.1					
110	长距兰 *Platanthera chloracantha*							0.1					
111	香豌豆一种 *Lathyrus* sp.							0.1					
112	宝铎草一种 *Disporum* sp.							0.1					
113	椭圆叶花锚 *Halenia elliptica*												
114	百合一种 *Lilium duchtrei*							+					
115	落新妇 *Astilbe chinensis*							+					
苔藓地衣类													
1	塔藓 *Hylocomium proliferum*	1	0.025	1	0.025							1	0.026
2	锦丝藓 *Actinothuidium hookeri*	3	0.076	3	0.076							1	0.026
3	赤茎藓 *Pleurozium schreberi*	0.1										1	0.026
4	钝叶提灯藓 *Mnium rostratum*			1									
5	大拟垂枝藓 *Rhytidiadelphus triquetrus*			1	0.025					1	0.037		
6	毛梳藓 *Ptilium crista-castrensis*	0.1		1	0.025	0.1						1	0.026
7	小金发藓 *Pogonatum submicrostomum*			0.1	0.025								
8	滇西羽苔 *Plagiochila schutsheana*	0.1	0.025	0.1						1	0.037		
9	*Fraillata schensiana*	1		0.1									
10	长蒴丝瓜藓 *Pohlia elongate*			+									

续表

编号	植物	群丛											
		1		2		3		4		5		6	
		盖度	相对盖度	盖度	相对盖度	盖度	相对盖度	盖度	相对盖度	盖度	相对盖度	盖度	相对盖度
11	博氏曲尾藓 *Dicranum bonjeanii*											1	0.026
12	硬叶拟白发藓 *Paraleucobryum enerve*											1	0.026
13	钩枝镰刀藓 *Drepanocladus uncinatus*					1	0.033	+				1	0.026
14	小金发藓 *Pogonatum nudinsculum*	0.1								0.1		1	0.026
15	珠藓 *Bartramia halleriana*											0.1	
16	紫角齿藓 *Ceratodon purpureus*											0.1	
17	绿羽藓 *Thuidium assimile*	1	0.025	0.1		1	0.033			1	0.037	0.1	
18	枝鳞苔 *Lepidozia hokinensis*											0.1	
19	尖叶灰藓 *Hypnum callichroum*	1	0.025			0.1		+		1	0.037	0.1	
20	马氏提灯藓 *Mnium maximoviczii*	1	0.025										
21	中华曲背藓 *Oncophorus sinensis*	3	0.076					+		+			
22	绢藓 *Entodon cladorrhizans*	0.1				1	0.033	0.1					
23	曲柄藓 *Campylopus flexuosus*	0.1								0.1			
24	黄丝瓜藓 *Pohlia nutans*	0.1											
25	羽平藓 *Neckera pennata*	0.1		0.1						1	0.037		
26	长枝白齿藓 *Leucodon lasioides*	0.1		0.1									
27	羽苔一种 *Plagiochila laetum*	0.1		0.1						0.1			
28	叉苔 *Metzgeria furcata*	0.1		0.1									
29	鞭枝疣灯藓 *Trachycystis flagellaris*			0.1		1	0.033	0.1					
30	平棉藓 *Plagiothecium laetum*			0.1		0.1							
31	肺衣一种 *Lobaria* sp.	0.1								1	0.037		
32	梅衣一种 *Parmelia* sp.	0.1											
33	松萝 *Usnea longissima*	0.1		0.1						0.1		0.1	
34	木灵藓 *Orthotrichum* sp.	0.1								+			

续表

编号	植物	群丛											
		1		2		3		4		5		6	
		盖度	相对盖度	盖度	相对盖度	盖度	相对盖度	盖度	相对盖度	盖度	相对盖度	盖度	相对盖度
35	悬藓 *Barbella pendula*	0.1											
36	尖叶提灯藓 *Mnium cuspidatum*									1	0.037		
37	多态丝瓜藓 *Pohlia polymorpha*									1	0.037		
38	青藓 *Brachythecium wichurae*									1	0.037		
39	湿灰藓一种 *Hygrohypnum* sp.									+			
40	*Geogia pehlucida*									+			
41	烟秆藓 *Buxbaumia punctata*									+			
42	偏叶白齿藓 *Leucodon secundus*									1	0.037		
43	石蕊一种 *Cladonia* sp.									1	0.037		
44	细枝赤齿藓 *Erythrodontium leptothallum*									0.1			
45	球蒴藓 *Sphaerothedontium sphaerocarpa*									+			
46	*Picuripus* sp.					1	0.033						
47	鼠尾藓 *Myuroclada concinna*					+							
48	红大叶藓 *Rhodobryum roseum*					+							
49	光萼苔 *Madatheca fallax*					0.1							
50	裂萼苔一种 *Chiloscyphus* sp.					+							
51	凤尾藓一种 *Fissidens* sp.					+							
52	曲柄藓 *Campylopus flexuosus*					0.1							
53	毛绒苔 *Trichocolea tomentella*					1	0.033						
54	齿边缩叶藓 *Ptychomitrium dentatum*					0.1							
55	尖叶蔓藓 *Meteorium miquelianum*					0.1							

分析是对 12 种乔木、53 种灌木、115 种草本及 55 种苔藓（其中包括一种地衣植物 Usnea）分别进行的。对各配对植物种计算其关联系数 C。C 值由 1.0（表示两种共同出

现的最大可能情况）至–1.0（表示两种共同出现的最小情况）。根据 C 值绘出种间关联的半矩阵和星座图。本文限于篇幅，并考虑到本地区的森林下木和地被植物在群落分类上比乔木具有更重要的意义内[9]，因此，只介绍灌木种和苔藓种两部分。

每配对（A 和 B）植物先列出 2×2 列联表，表内统计 6 个群丛中包含两个种（a）、仅有 A 种（b）、仅有 B 种（c）和两种都无（d）的群丛数。

如 $ad \geqslant bc$ $$C=\frac{ad-bc}{(a+b)(b+d)}\times 100$$

$bc>ab$ 以及 $d \geqslant a$ $$C=\frac{ad-bc}{(a+b)(a+c)}\times 100$$

$bc>ab$ 以及 $a>d$ $$C=\frac{ad-bc}{(b+d)(c+d)}\times 100$$

根据 C 值，灌木种及苔藓植物种的关联的半矩阵如图 1、图 2，并绘出星座图如图 3、图 4。

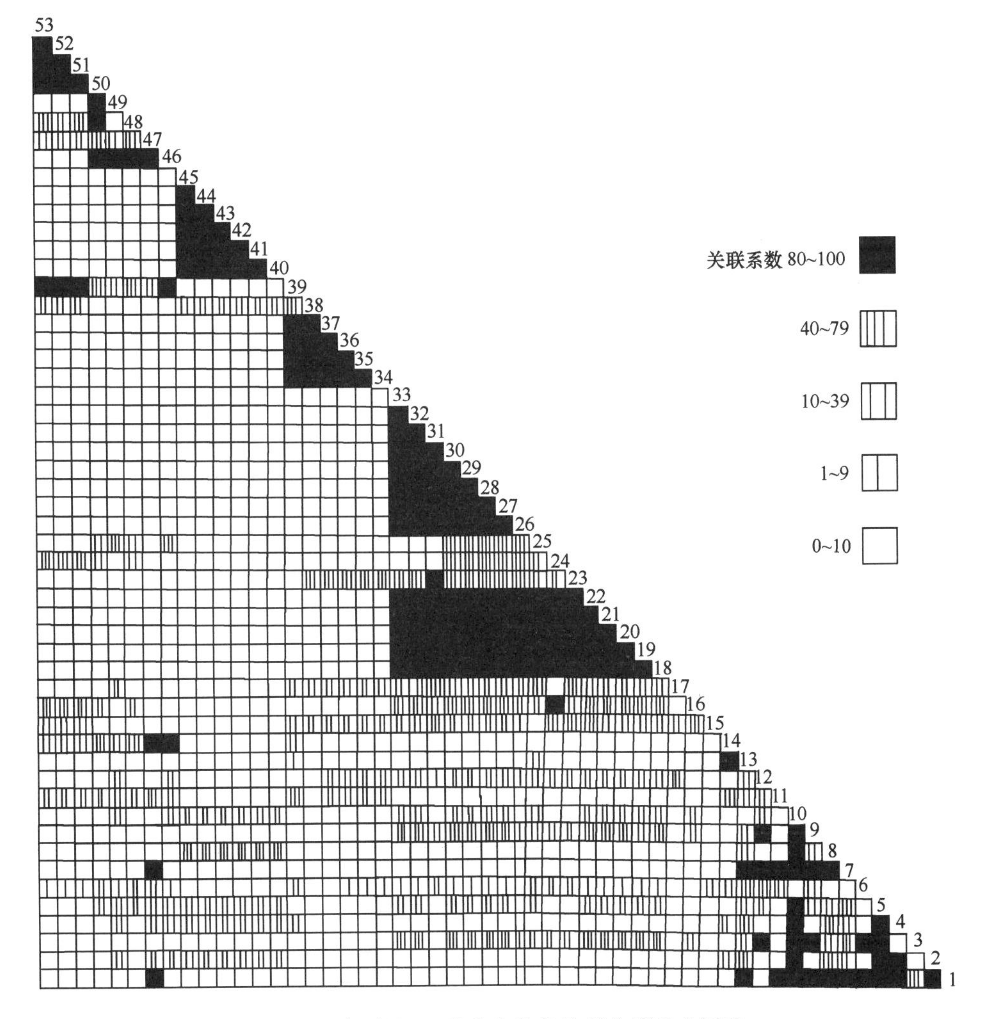

图 1　6 个群丛 53 种灌木种的关联分析的半矩阵

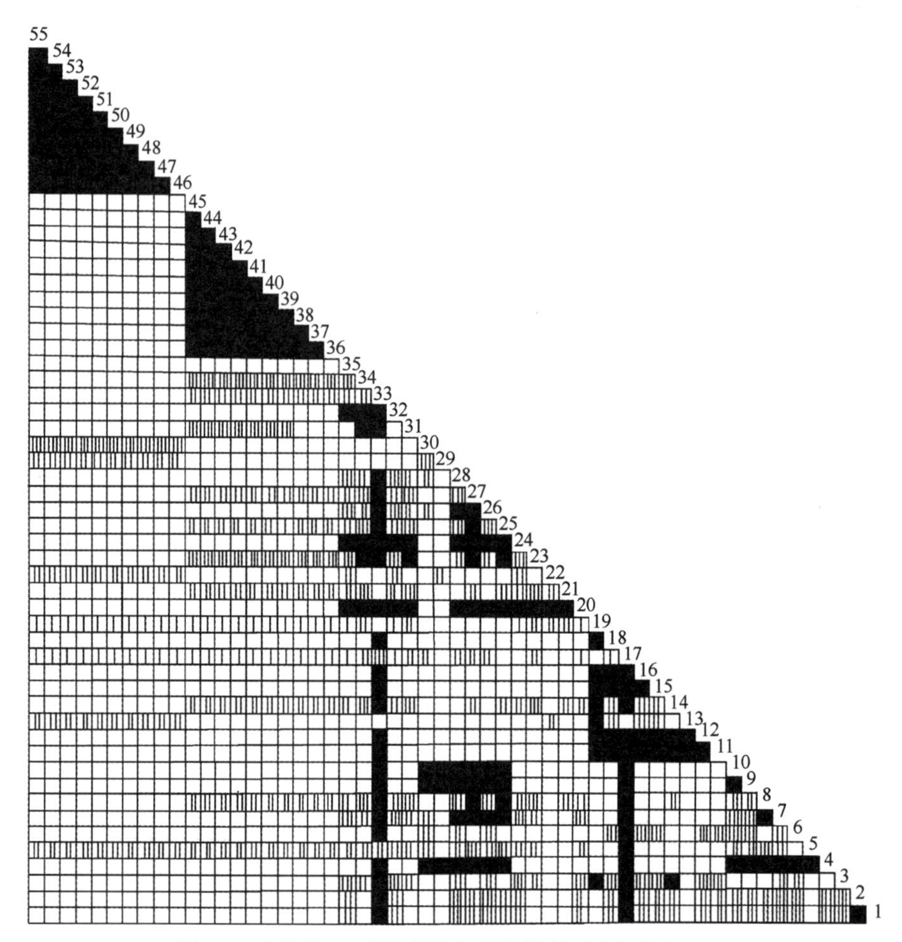

图 2　6 个群丛 55 种苔藓地衣类植物关联分析的半矩阵

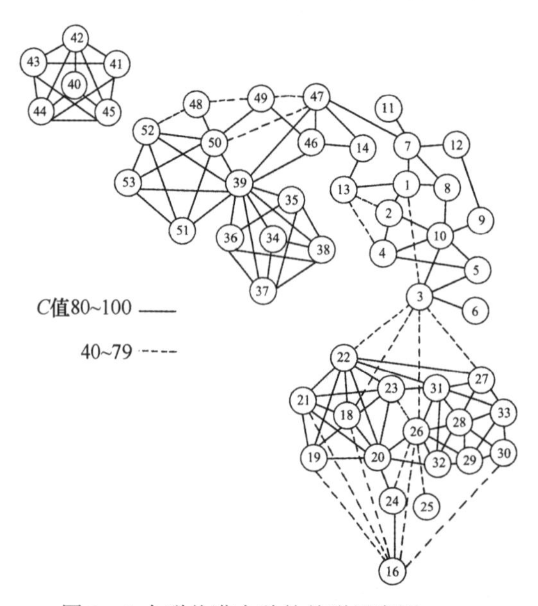

图 3　6 个群丛灌木种的关联星座图

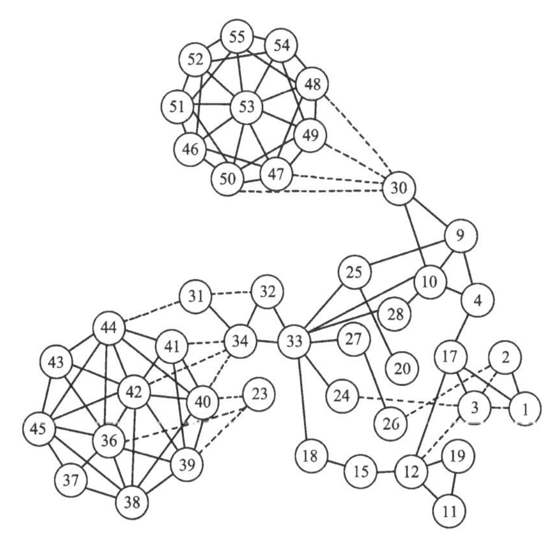

图4 6个群丛苔藓地衣类植物的关联星座图

从图中，可以看出灌木种类中50、51、52、54、39并通过39与34、35、36、37、38联成阴湿生境的生态组合；18、19、20、21、22、23是属较干旱的，但与34、35、36、37、33、29、27、26等暖中生的种，形成一个较松散的偏于海拔稍低、气候由中生至略干旱的生态组合；41、42、43、44、45是一个较独立的高寒生态组合。其余的则具有较广泛的生境适应性。

苔藓植物46、47、48、49、50、51、52、53、54、65为独立的低海拔暖生生境的组合；36、37、38、39、40、41、42、43、44、45为较干旱生境种的组合，而其余则为较松散的由海拔较高至高寒阴湿生境的种的组合。

3 植物种在生态序列上的分布格式

随着海拔由沟谷向山脊分布的一系列森林群落的植物组成及其多度具有一定规律的变化，很多植物只是在一定的海拔的一定群落中才存在，有些植物虽然在一个生态序列的群落中都有分布，但只在一定范围内才达到最大的多度或优势度，如夹壁沟海拔2900～3850米的生态序列中的植物多度变化如图5。其多度是按Drude分级法目测记

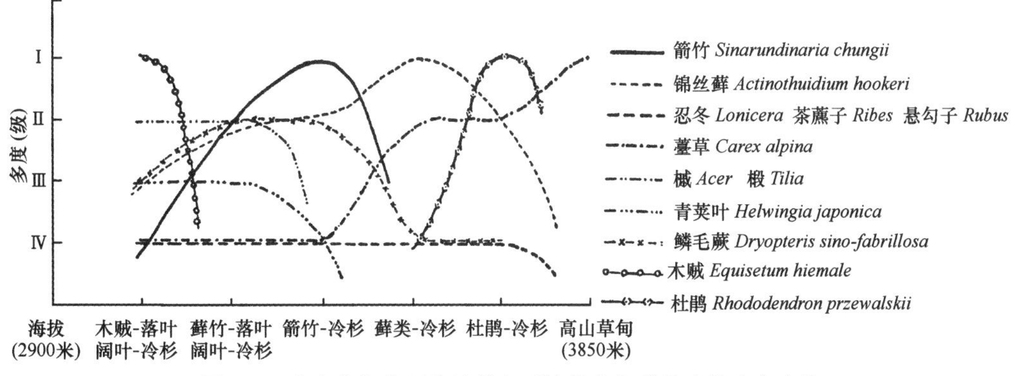

图5 一个生态位序列上几种主要植物在各群丛中的多度变化

载，Ⅰ～Ⅳ级（Sol，Sp，Cop′，Cop^{2-3}）相当于盖度（中值）0.16%、0.8%、4%、10%以上。

植物种在适应生存的能力上反映一定的生态幅度。无论个体或群体的形式都只在一定的环境条件限度内存在。根据它们的分布可以了解与其分布相联系的环境条件特点，具有一定程度的指示意义。有些植物种的个体分布有较明确的指示性，而对不少植物来讲，群体形式（构成群落或层片）往往具有更重要的指示性。本区亚高山习见的一些乔灌木及草本植物即以不同的分布格式反映海拔高差的气候特征。可归纳为四种基本分布格式（图6）。

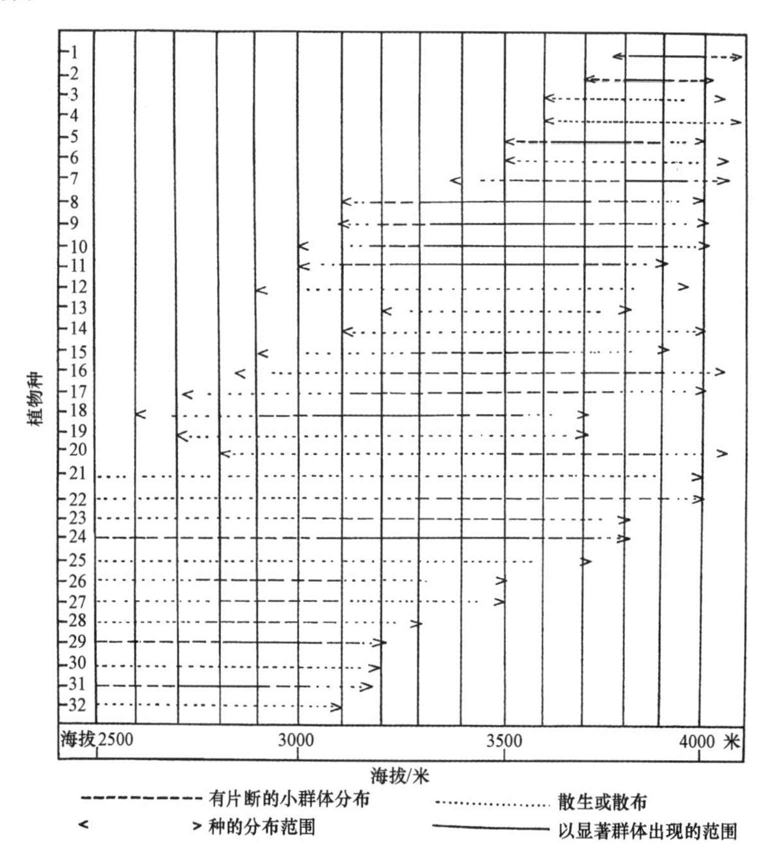

图6　本区一些植物种在海拔分布上的生态规律

1. 红杉 *Larix potaninii*; 2. 岩须 *Cassiopi selagionides*; 3. 长囊马先蒿 *Pedicularis davidii*; 4. 西藏忍冬 *Lonicera thibetica*; 5. 陇蜀杜鹃 *Rhododendron procwalskii*; 6. 抱茎葶苈 *Draba amplexicaulis*; 7. 方枝柏 *Sabina saltuaria*; 8. 塔藓 *Hylocomium splendens*; 9. 锦丝藓 *Actinothuidium hookeri*; 10. 岷江冷杉 *Abies faxoniana*; 11. 紫果云杉 *Picea purpurea*; 12. 冰川茶藨子 *Ribes glaciale*; 13. 微毛野樱桃 *Cerasus clarofolia*; 14. 陇塞忍冬 *Lonicera tangutica*; 15. 掌叶报春 *Primula palmata*; 16. 西姆薹草 *Carex hymurochlanae*; 17. 美丽悬钩子 *Rubus amablilis*; 18. 大薄竹 *Sinarundinaria chumgii*; 19. 陕甘花楸 *Sorbus koehneana*; 20. 金老梅 *Potentilla fruticosa*; 21. 峨嵋蔷薇 *Rosa omeiensis*; 22. 小花小叶草 *Calamagrostis epigcios* var. *parviflora*; 23. 红桦 *Betula albo-sinensis*; 24. 川滇高山栎 *Quercus aquifolioides*; 25. 木帚枸子 *Cotoneaster dielsianus*; 26. 黄果冷杉 *Abies ernestii*; 27. 圆叶菝葜 *Smilax bauhinioides*; 28. 青杆 *Picea wilsonii*; 29. 高山松 *Pinus densata*; 30. 黄枝槭 *Acer amplum*; 31. 铁杉 *Tsuga chinessis*; 32. 西蜀椴 *Tilia intonsa*

（1）常以群体形式分布在较窄的海拔范围内。如有红杉、岩须（*Cassiope selaginoides*）、陇蜀杜鹃等为代表。一般只分布在海拔高差300～500米的范围内。红杉形成林分，其余两种是林下优势植物，形成单纯的层片，它们都反映高山严寒的气候条件。这类植物分布格式的指示性实用意义很大，因为它们能鲜明地大量出现和消失，只局限于特定的气候条件。

（2）分布海拔范围窄，但很少以单纯群体形式存在，常以分散的个体参加在群落组成中。它们仅以它们的“存在”指示特有的气候条件。如高山草甸和森林植物种旷地马先蒿（*Pedicularis davidii*）、西藏忍冬、抱茎葶苈等。

（3）分布海拔高差范围较大，但只在较窄海拔范围内出现优势的群体。它们的指示意义以优势的群体形式更为重要。如塔藓、锦丝藓、大箭竹等为代表。

（4）分布海拔高差较大，但在这个广泛的范围内从不出现优势群体；或出现优势群体的海拔范围也很广泛。它们都没有足够的指示性。如冰川茶藨子、陕甘花楸、圆叶菝葜等。

4 群落的二维、三维空间排序

群落排序是利用群落植物组成的数量特征（如多度、盖度、频度或重要值）计算群落配对间的一系列相似系数，并在二维或三维空间上排列其位置，联系空间的环境条件或生态条件的变化，就可以判定群落在空间内与环境的相互关系以及群落间的相互关系。

方法如下：两群落间的相似系数$C=\dfrac{2W}{a+b}$，W为两群落共有种两个相对值（本文拟用相对盖度值，见表 2）中的低值的总和。a为第一个群落所有值的总和，b为第二个群落所有值的总和。C变化范围由 0 到 1.0。1.0 减去相似值则为两群落间的不相似值，但一般以 0.85 减相似值，因为 1.00 仅为理论上的最大相似值，实际上相同群落的重复样本通常只表现为 0.85 的系数。以最不相似的两个群落为基础，确定两维排序的x轴。

$$x=\frac{L^2+D_a^2-D_b^2}{2L}$$

L=群落a和b间的不相似值；D_a=群落a与所求群落间的不相似值；D_b群落b与所求群落间的不相似值，得表 4。

表 4 6 个群丛配对的相似值和不相似值

			不相似值					
			N2	N3	N4	N5	N6	
		—	0.614	0.756	0.790	0.676	0.786	N1
	N5	0.061	—	0.824	0.383	0.730	0.698	N2
	N4	0.004	0.019	—	0.712	0.794	0.800	N3
相似值	N3	0.050	0.056	0.138	—	0.831	0.846	N4
	N2	0.152	0.120	0.015	0.026	—	0.789	N5
	N1	0.064	0.174	0.060	0.094	0.236	—	
		N6	N5	N4	N3	N2		

为测定各群落的 y 轴坐标位置，要确定 x 轴上吻合值最差的两个群落。各群落吻合性差度值 e 计算如下

$$e=\sqrt{D_a^2-x^2}$$

以具高 e 值的群落在 y 轴 0 位标出，与该群落最不相似的群落为 y 轴另一端，以相同方法，求出各群落的 y 轴坐标；同样原理，可求出第三维。轴上的各群落坐标（详细方法可见 Cox，1972，中译本）。二维排序中群落间的间距可以计算出，间距 $=\sqrt{dx^2+dy^2}$，式中，dx＝x 轴上群落间的差；dy＝y 轴的差。

本文确定 x 轴系采用不相似值最大（0.846）的群丛 4 和 6（即沿阶草-菝葜-松林，和杜鹃-红杉林）；e 值最大（0.691）的是 N5（报春花-高山栎林）；确定 y 轴采用 N5、N2（薹草-箭竹-冷杉林）；确定三维的 z 轴采用 N1、N3（表 5）。

表 5　6 个群丛排序的主要计算值

群丛	x 轴	E 值	y 轴	z 轴
N1	0.427	0.660	0.301	0
N2	0.547	0.616	0.730	0.179
N3	0.345	0.623	0.332	0.757
N4	0	—	0.362	0.456
N5	0.463	0.691	0	0.264
N6	0.850	0.084	0.455	0.364

二维排序中各群落位置间的距离如表 6。

表 6　二维排序中群落的间距

群落对	间距	群落对	间距	群落对	间距
$d_{1,2}$	0.445	$D_{2,3}$	0.446	$d_{3,5}$	0.352
$d_{1,3}$	0.089	$D_{2,4}$	0.676	$d_{3,6}$	0.520
$d_{1,4}$	0.493	$D_{2,5}$	0.735	$d_{4,5}$	0.549
$d_{1,5}$	0.302	$D_{2,6}$	0.410	$d_{4,6}$	0.856
$d_{1,6}$	0.737	$D_{3,4}$	0.346	$d_{5,6}$	0.597

六个群丛的二维、三维排序如图 7、图 8。二维排序可以转换轴（Whittake R. H.，1978），转换公式为 $x'=x\cos\theta+y\sin\theta+a$；$y'=x\sin\theta-y\cos\theta+b$，把 x、y 转化为 x'，y'，则可明显看出群丛与环境条件随轴的变化情况，杜鹃-红杉林（N6）位于 x'，轴高海拔的寒冷气候一端，薹草-箭竹-冷杉林（N2）位于 y' 轴潮湿环境的一端，其余的群丛都在其相应的环境坐标位置上。

三维排序上可以看出杜鹃-红杉林位于 x 轴高海拔寒冷气候的一端，沿阶草-菝葜-松林（N4）位于 x 轴低海拔温暖气候的另一端，y 轴基本上反映湿度条件，如薹草-箭竹-冷杉林位于潮湿一端，而报春花-高山栎林（N5）位于干旱的另一端；z 轴则基本上反映土

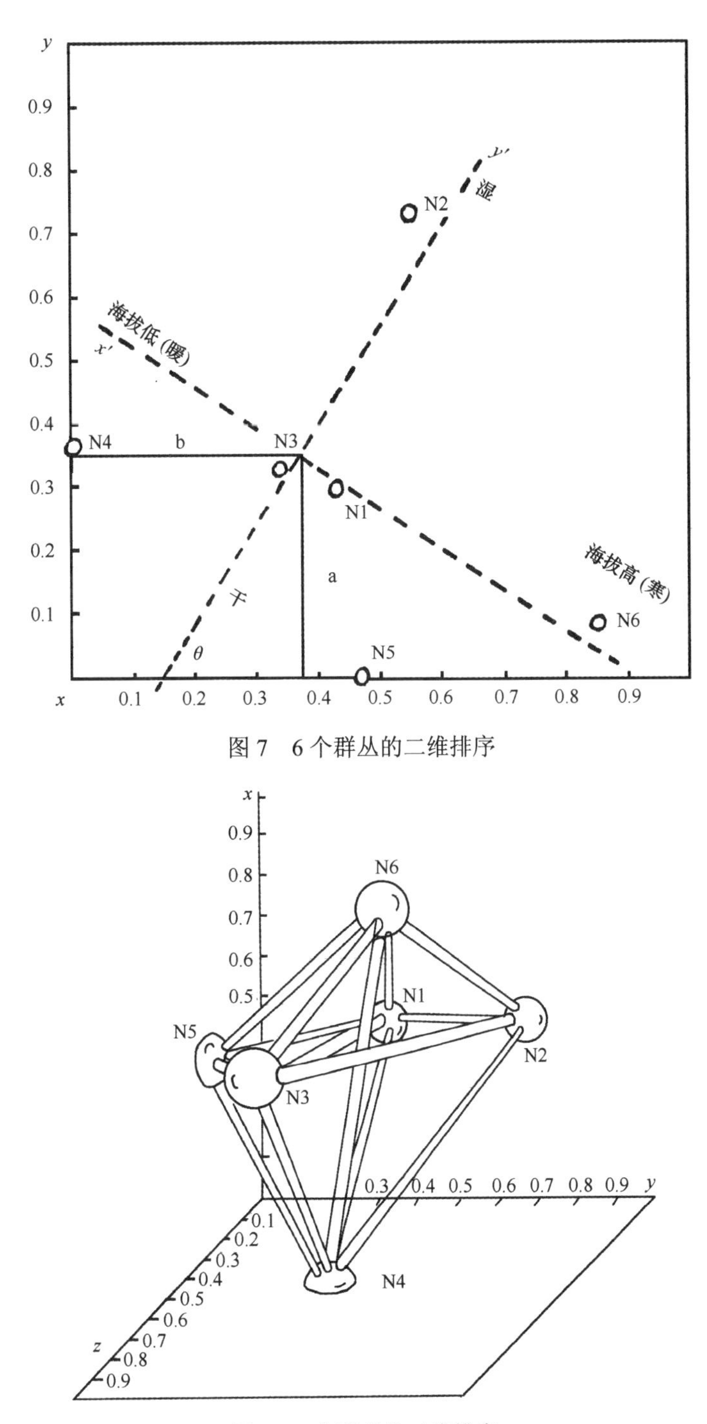

图 7 6 个群丛的二维排序

图 8 6 个群丛的三维排序

壤肥力条件，沿阶草-落叶阔叶-云杉铁杉林土壤深厚，腐殖质含量高，z 轴坐标值小的 N1、N2、N6 都反映土壤有强烈的潜育过程，具泥炭质，植物可利用的养分少，就生理意义上讲，土壤相对贫瘠。

5 简要结论

对川西亚高山森林植被的区系形成，种间关联，植物种在生态序列中的分布格式，以及群落的二维、三维空间排序可作如下分析。

（1）川西亚高山森林植物区系的形成，与我国整个西南亚高山植物区系一样，可认为受外区成分的水平辐凑、垂直分异和区域内部差异分化的三过程的影响。

（2）对川西亚高山六个主要森林群丛进行关联分析，可把灌木、草本植物组成明显区分为较紧密的阴湿、高寒和较干旱（半旱生）的两个生态组合，以及较松散的中生性组合；苔藓植物可区分为较紧密的低海拔暖生性和较干旱的两个生态组合，以及较松散的高寒阴湿性的组合。

（3）植物种在生态序列上可有四种分布格式，即：以群体形式分布于窄的海拔范围；散生于较窄的海拔范围；分布海拔范围大，但在较窄的范围内以优势群体出现；散生或群体的分布海拔范围大，无足够指示性。

（4）以六个主要群丛进行二维、三维空间排序，可明显看出群丛随海拔高低（气候寒、暖）和生境干湿、土壤肥力等坐标的变化，并以群丛的各坐标值和群丛间距反映差异的定量值。

参考文献

[1] 徐近之. 1959. 青藏自然地理资料（植物部分）. 科学出版社.
[2] 陈邦杰等. 1958. 中国苔藓植物生态群落和地理分布的初步报告. 植物分类学报，4 期.
[3] 吴中伦. 1959. 川西高山林区主要树种的分布和对于更新及造林树种规划的意见，林业科学，6 期.
[4] 姜恕. 1960. 四川省西部山地的草甸和森林，植物学报，9 卷 2 期.
[5] 西南高山林区森林综合考察报告. 1963. 中国林业科学研究院出版.
[6] 李文华，周沛村. 1979. 暗针叶林在欧亚大陆分布的基本规律及其数学模型的研究. 自然资源，1 期.
[7] 钟章成等. 1979. 四川植被地理历史演变的探讨. 西南师范学院学报（自然科学版）. 1 期.
[8] 蒋有绪. 1963. 川西米亚罗马尔康高山林区生境类型的初步研究. 林业科学，8 卷 4 期.
[9] 蒋有绪. 1963. 川西亚高山暗针叶林的群落特点及其分类原则. 植物生态学与地植物学丛刊，11 卷. 1-2 期.
[10] 蒋有绪. 1981. 川西亚高山冷杉林枯枝落叶层的群落学作用. 植物生态学与地植物学丛刊，5 卷，2 期.
[11] 蒋有绪. 1981. 川西米亚罗亚高山冷杉林区小气候的初步研究；农业气象，1 期.
[12] Chapmann S. B. 1960. 植物生态学的方法（阳含熙等译），科学出版社.
[13] Cox G. W. 1972. 普通生态学实验手册（蒋有绪译）. 科学出版社.
[14] Whittaker R. H. ed. 1978. The ordination of Plant communities，Boston，Junk，The Hague.
[15] Сукачев В. Н. 1948. Фитоценология，Биогеоценология и география. Труды второго всесоюзного географического съезды.
[16] Толмачев А. И. 1943. К вопросу о происхождений тайги как вонального растительного ландшафта，Советская ботаника，N. 4.
[17] Яросенко Д. Д. 1959. 苏联远东植被群落概论（中译文），黑龙江流域综合考察队自然条件组学术报告汇编（第 1 集），科学出版社.

海南尖峰岭热带森林群落学研究

1 海南岛尖峰岭地区热带植被生态系列的研究†

热带山地植被的研究，自热带开发以来，已作为世界重要的生态问题而日益引起人们的重视。近三十年来是研究比较活跃的时期，其主要的代表人物，在南美有 Coutocases（1958），Van der Hammen（1974），非洲有 Hedberg（1951），Troll（1959），东南亚有 Van Steenis（1972），Whitmore（1975），Brunig（1975）等[11, 14]。我国从五十年代起，多从森林经营和利用的角度，对海南岛、西双版纳等山地植被的区系组成、群落分类及其性质等有了不同深度的探讨。在此基础上，我们在海南岛尖峰岭地区采用群落生态学比较分析的方法，对各植被类型的群落特征及随海拔、地形、气候、土壤等因子递变规律进行较系统地讨论。其目的是希望进一步掌握各植被的特点，为加快开发建设海南岛、合理经营利用各植被类型提供依据，特别是加强保护热带林生态系统及濒危物种，恢复、发展热带森林植被起着应有的作用。

1.1 自然条件与植被系列

尖峰岭地区位于海南岛的西南部，西、南两面与北部湾相望，东接乐东盆地，北连猕猴岭。北纬 18°23′13″～18°52′30″，东经 108°46′04″～109°02′43″，总面积 47 227 公顷。以主峰尖峰岭（海拔 1412m）为中心，峰峦重叠、起伏连绵，地势向东倾斜，东坡缓，西坡陡，呈一不对称的环状分布，相对高差 400～700m，最大的达 1000m 以上。自西南海岸起，由滨海台地向丘陵、山地逐渐过渡，间有峭壁、山间盆地及河岸台地，以 20°～40°坡度为最常见。

本区属热带季风气候，干湿季明显。湿季（5～10 月）多东南风，为太平洋气团控制，雨量丰富，占年降雨量的 80%以上；旱季（11～4 月）以西南风为主，受中国大陆冷气团和印度大陆热带气团的影响，雨量少。每年有 1～3 次冷空气南侵，偶尔出现短暂的降温现象。由于本区地处岛的西南端，为东南季风、台风的背风面和西南季风的袭击区，冬天大陆南下的寒潮又有北部的雅加大岭等阻挡，因而本区西部、西北部沿海地区成为岛上闻名的干热地区；东部、东南部则相反。这与何大章先生全岛东湿西干的论点相吻合。随着海拔的上升，气温、蒸发量逐渐下降，而降雨量、相对湿度则依次增加。导致了植被、土壤等一系列的相应变化（图 1）。

根据自然条件、植被调查及有关资料，把本区自上而下按海拔划分为六个基本植被类型。

---

† 黄全，李意德，郑德璋，张家城，王丽丽，蒋有绪，赵彦民，1986，植物生态学与地植物学学报，10（2）：90-105。

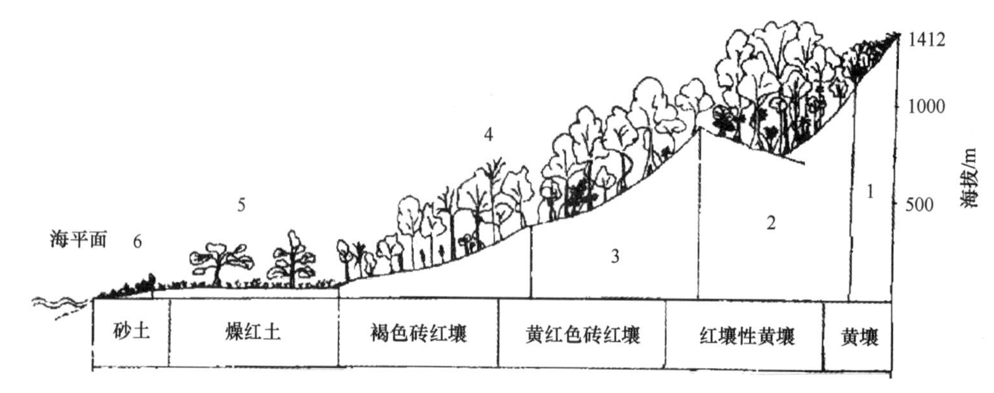

图1　尖峰岭地区热带植被生态系列与气候、土壤条件关系示意图

1. 山顶苔藓矮林；2. 热带山地雨林；3. 热带常绿季雨林；4. 热带半落叶季雨林；5. 稀树草原；6. 滨海有刺灌丛。土壤湿度、酸度→增加有机质分解→变慢腐殖质，氮含量→增加交换盐基含量→减少年降水最→增加年平均温度，最热月平均温度、最冷月平均温度→减少

这个热带植被生态系列与东南亚的不同：①地处热带北缘并受热带季风的制约，不存在赤道热带低地雨林类型；②旱季受老挝风影响而湿季位于东南季风的雨影区内，因而在短的水平距离内，植被变异明显；③出现苔藓矮林。苔藓矮林在热带山地出现的海拔不很一致，但其分布仍服从Massenerhebung效应[11]，图2。尖峰岭的苔藓矮林是在离海岸20多公里的主峰、二峰等山顶上出现的。它受海风的影响、坡度陡、土层薄、强酸性、生理性贫瘠（腐殖质较多、交换盐基含量少）的条件下形成的。因此，探讨它们的内在规律及特点，具有重要的科学价值和实际意义。

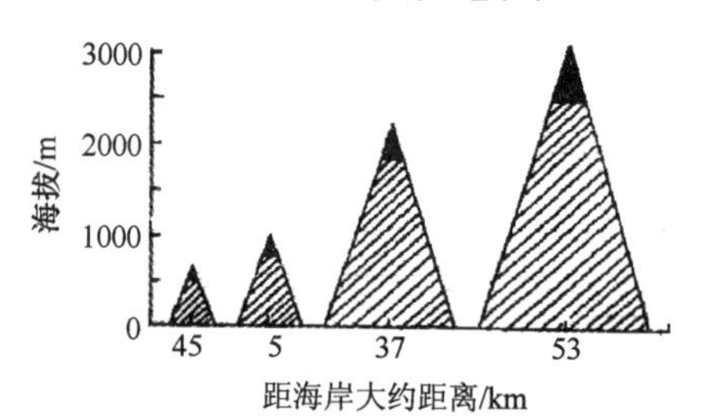

图2　Massenerhebung效应对苔藓矮林分布高度的影响（印度尼西亚）[11]

以印度尼西亚境内距海岸不同距离的山峰，苔藓矮林出现的不同高度来说明Massenerhebung效应，苔藓矮林在距海近的小的山上出现的高度较在内陆大山上出现的高度低，自左至右Tinggi山，Ranai山，Salak山，Pangerango山

1.2　植被调查方法

自五十年代中期以来，国内外学者曾络绎不绝前来尖峰岭地区调查研究，其中规模较大的有1956～1958年广东省林业厅的森林经营调查；1958～1960年林业部森林综合调查；1962年以来中山大学等的多次调查；1963年中国林业科学研究院在尖峰岭建立了热带林业研究机构，曾作了多次调查。采用的方法多是样方法或线路调查的方法。

近年来，国外无样地取样技术受到普遍重视，并获得很大的发展，尤以象限法[10]

（即中心点四分法）被认为是比较容易使用的和有效的。我国一些学者曾把象限法应用于亚热带次生林、南亚热带常绿阔叶林[1, 3, 6, 7]，认为这一无样地取样技术在亚热带森林调查中具有较高的精度和效率，有的学者提出可采用最少点数为 22 点[1]。我们在热带山地雨林中尝试应用了象限法，并认为最少点数为 56 点（将另有文论证）。点间距的确定原则是保证相邻点不会造成对任何一株树木的重复调查，在热带山地雨林中，点间距为 7m 是合适的。其他植被类型如热带常绿季雨林为 42 点，山顶苔藓矮林 31 点，热带半落叶季雨林 30 点。稀树草原和滨海有刺灌丛采用了样方法。对各植被类型的下木、幼树、地被物则采用了小样方（2m×2m）调查记载。

1.3 各植被类型的种类组成及相互关系

1.3.1 植物种类组成成分的初步分析

尖峰岭地区的天然野生高等植物种类达 1500 多种，隶属 191 科，816 属[1]。这里暂不专门论述本地区的植物区系成分。现将此次调查记载的 356 种维管束植物加以讨论，它们分别隶属 240 属、103 科，其中以樟科（10 属 26 种、以下简写为 10/26）、茜草科（14/22）、大戟科（14/19）、壳斗科（3/16）、蝶形花科（7/14）、桃金娘科（5/13）、兰科（8/10）、桑科（6/8）、棕榈科（6/8）、番荔枝科（4/8）、杜英科（1/8）最多。在这 356 种维管束植物中，山顶苔藓矮林有 83 种（41 科 64 属），种类组成以樟科（6/7）、壳斗科（3/6）、兰科（3/5）、紫金牛科（2/5）、茶科（4/4）、杜英科（1/4）、灰木科（1/4）等为主。其中以栎属（*Quercus*）、柯属（*Lithocarpus*）、栲属（*Castanopsis*）、五列木属（*Pentaphylax*）、兰属（*Cymbidium*）等在数量上占优势，同时在样地外还出现杜鹃属（*Rhododendron*）、乌饭树属（*Vaccinium*）等植物。热带山地雨林记载了 167 种植物（68 科 123 属），是植物种类最多的一种类型，占总种数的 46.9%，种类组成以樟科（9/17）、茜草科（12/16）、壳斗科（3/13）、桃金娘科（3/6）、夹竹桃科（5/5）、兰科（5/6）、棕榈科（5/5）、冬青科（1/5）等为主，样地外尚有坡垒属（*Hopea*）、鹅耳枥属（*Carpinus*）、荚蒾属（*Viburnum*）、桦木属（*Betula*）、槭属（*Acer*）出现，形成了以热带科属组成为主并渗有温带成分的特殊山地植被类型。热带常绿季雨林出现了 83 种（44 科 69 属）、以樟科（6/10）、大戟科（6/6）、番荔枝科（4/5）、桃金娘科（2/5）等种类最多，但在个体数员上却以青皮（*Vatica mangachapoi*）、细子龙（*Amesiodendron chinense*）、荔枝（*Litchi chinensis*）等热带种类为主。热带半落叶季雨林出现了 74 种（39 科 66 属），以大戟科（9/10）、茜草科（4/4）、蝶形花科（3/4）、桑科（3/3）、无患子科（3/3）、番荔枝科（2/3）等最多，同时，榄仁树属（*Terminalia*）、檀属（*Dalbergia*）、楠属（*Phoebe*）等与西藏南部共有，这表明与受西南干热季风的影响有关。稀树草原出现了 32 种（19 科 30 属），乔木以木棉（*Gossampinus malabarica*）最多，占乔木总量的一半以上，草本植物以菊科（4/4）、蝶形花科（2/4）、禾本科（3/3）为主。滨海有刺灌丛出现了 35 种（20 科 30 属），其中以芸香科（4/4）、茜草科（4/4）、莎草科（2/4）、大戟科（3/3）、菊科（3/3）为多，此外，仙人掌（*Opuntia dillenii*）、海刀豆（*Canavalia maritima*）、厚藤（*Ipomoea pes-caprae*）和单叶蔓荆（*Vitex rotundifolia*）等常呈团状（或小块状）

覆盖着沙滩，形成特殊的滨海景观。现将各植被类型种数最多的科（前四位）占总数的百分比，列成表 1，可以看出，除广布科（菊科、莎草科、禾本科）外，从垂直分布来看，高海拔以樟科、壳斗科等为主，而低海拔则以大戟科、蝶形花科、芸香科等热带科属所占据。

表 1　各植被类型种数较多的科（前四位）排列表　　（%）

植被类型 科名	山顶苔藓矮林	热带山地雨林	热带常绿季雨林	热带半落叶季雨林	稀树草原	滨海有刺灌丛
莎草科 Cyperaceae						11.4
芸香科 Rutaceae						11.8
菊科 Compositae					12.5	8.8
漆树科 Anacardiaceae					6.3	
含羞草科 Mimosaceae					6.3	
早熟禾科 Poaceae					9.4	
桑科 Moraceae				4.1	6.3	
蝶形花科 Papilionaceae				5.4	12.5	
无患子科 Sapindaceae				4.1		
大戟科 Euphorbiaceae			7.2	13.5		8.8
番荔枝科 Annonaceae			6.0	4.1		
茜草科 Rubiaceae	4.8	9.6		5.4		11.4
桃金娘科 Myrtaceae	4.8	3.6	6.0			
樟科 Lauraceae	8.4	10.2	12.0			
壳斗科 Fagaceae	8.4	7.8				
灰木科 Symplocaceae	4.8					
杜英科 Elaeocarpaceae	4.8					
茶科 Theaceae	4.8					
兰科 Orchidaceae	5.0					

1.3.2　各植被类型之间的相互联系

分析各植被类型之间的相互联系，可以更清楚地反映出植被随海拔梯度而变化的规律。据本次调查每个植被类型的固有种和该类型与其他类型的共有种情况如表 2。可以看出，海拔由低至高，植物种类逐渐增多，至热带山地雨林最为丰富，而稀树草原和滨海有刺灌丛的植物种类最贫乏，分别为热带山地雨林的 19.2%和 21.0%；热带半落叶季雨林的种类组成为热带山地雨林的 44.3%，它的分布海拔范围与热带常绿季雨林相近，但由于本类型分布在林区的西部及西南部外围，受老挝风（西南干热季风）和东南季风下沉后的影响，种类组成较单纯，并出现了一些落叶树种，如厚皮树（*Lannea grandis*）、槟榔青（*Spondias pinnata*）、鸡尖（*Terminalia nigrovenulosa*）等，而在常绿季雨林中占优势的青皮则削弱至绝迹。热带常绿季雨林的种类组成虽稍丰富，但仅为热带山地雨林的 50.9%；沿热带山地雨林的分布上界，海拔 1100m 以上的狭窄山脊或孤峰上，常年风大、云雾多、土层薄等条件下则发育着山顶苔藓矮林，其植物种类为热带山地雨林的

50.9%。现将各植被类型之间的相互联系用图 3 表示，可看出：热带常绿季雨林、热带半落叶季雨林与其他各个植被类型都有不同程度的联系，而以热带常绿季雨林为中心，与上下植被类型的联系尤为密切，可认为是本区的地带性植被类型，它一面向沿海低海拔的干热环境过渡，植被类型逐渐演变为热带半落叶季雨林、稀树草原、滨海有刺灌丛，另一面向高海拔潮湿山地的山地雨林和山顶苔藓矮林发展。其中，热带山地雨林是本区发育最好而又独具特色的植被类型，其植物种类丰富，种的多样性相当高，从图 4 看出，它并不低于某些热带低地雨林；另外，特有种不少，占六个植被类型总数的 28.1%，从而它在种类多样性等方面表明具有典型的热带雨林性质。

表 2　各植被类型固有种与共有种

植被类型	1	2	3	4	5	6
1. 山顶苔藓矮林 M.F.	82					
2. 热带山地雨林 T.M.R.F.	39	167				
3. 热带常绿季雨林 T.E.M.F.	12	31	83			
4. 热带半落叶季雨林 T.S.M.F.	3	6	17	74		
5. 稀树草原 S.	2	0	2	6	32	
6. 滨海有刺灌丛 S.X.T.S.	0	0	1	6	6	35

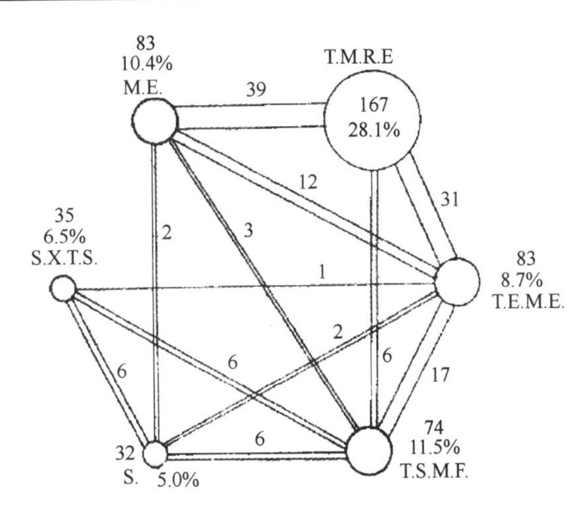

图 3　尖峰岭地区各植被类型植物种数及其关联图

圆圈内数是样地内的种类；百分数为各类型独有的种数占六个类型总种数的百分比；
两个类型间粗细不等的线条及数字表示两个类型共有的植物种数

1.4　各植被类型的外貌特点

1.4.1　生活型

我们参照拉恩基尔（Raunkiaer，1905）的标准，作出了尖峰岭地区各植被类型的生活型谱（表 3），从所占的比例数大小可以看出：各植被类型中，分别具有不同的优势生活型类别。各类型的这些特点正是长期适应自然环境的结果。热带山地雨林和巴西阿拉

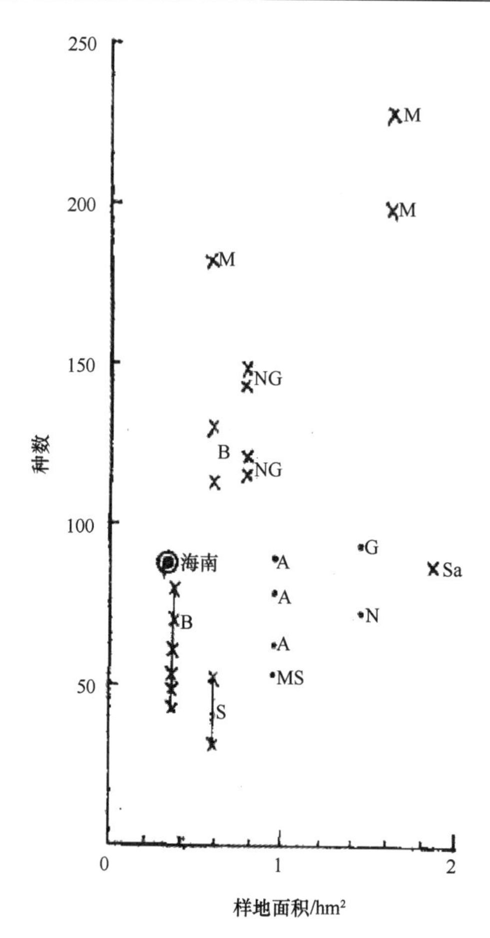

图 4　尖峰岭热带山地雨林与赤道低地雨林小面积样地种的丰富度比较[14]

X：马来西亚（B：文莱；M：马来亚；NG：新几内亚；Sa：沙巴；S：所罗门）

●：其他地方（A：亚马逊流域；G：圭亚那；M：毛里求斯；N：尼日利亚）

⊙ 尖峰岭热带山地雨林起测胸围≥0.24m，其他赤道低地雨林为≥0.30m

表 3　各植被类型生活型谱　　（%）

植被类型	肉质植物	附生植物	藤本植物	生活型谱 Life form spectrum				
				大高位芽	中高位芽	小高位芽	矮高位芽	地面芽
山顶苔藓矮林	0	1.27	5.06	0	29.11	24.05	36.71	3.80
热带山地雨林	0	5.39	13.77	18.00	44.91	33.95	9.58	0.60
热带常绿季雨林	0	1.2	21.69	1.20	28.92	39.78	7.23	0
热带半落叶季雨林	0	2.8	18.30	0	7.00	36.60	33.8	1.40
稀树草原	0	0	3.45	0	10.30	34.48	37.93	13.79
滨海有刺灌丛	2.94	2.94	11.76	0	0	0	50.00	32.35

巴利岛的热带雨林的生活型相近[4]，说明它具有典型的热带雨林性质。但是由于这里纬度偏北，海拔较高，巨高位芽植物尚未出现，因此，称作“热带山地雨林”是恰当的。

1.4.2 叶性质的分析比较

尖峰岭的树种丰富，至目前为止，尚未见过有关叶性质的研究报道。叶的性质包括：叶级（叶的面积）、叶型（单叶或复叶）、叶质（质地）和叶缘（全缘和非全缘）四种。

按拉恩基尔创建的分类系统，对各植被类型进行统计并与有关地区比较如表 4、表 5。从表 4 的结果表明，尖峰岭地区植被类型的叶级谱与巴西、非洲的相近，基本上属于热带雨林性质，多以中叶占优势。在高海拔的天然林中，小叶的比例略有增加，而低海拔的热带半落叶季雨林、稀树草原和滨海有刺灌丛，小叶的比重明显递增则是与立地条件的干化有关。同时看出热带山地雨林中的植物以中叶为主，随着纬度的推移，则向小叶方向逐步过渡。

表 4 各植被类型叶级谱 （%）

植被类型 叶级	鳞叶 25	微叶 25～ 225	小叶 225～ 2 025	中叶 2 025～ 18 225	大叶 18 225～ 164 025	巨叶 164 025	地点
山顶苔藓矮林	1.40	0	26.09	66.70	5.80	0	尖峰岭
热带山地雨林	0.66	0.60	16.17	70.70	12.00	0	
热带常绿季雨林	0	0	13.41	69.50	19.60	2.44	
热带半落叶季雨林	0	0	25.40	62.00	12.60	0	
稀树草原	0	0	32.14	50.00	17.90	0	
滨海有刺灌丛	6.00	21.21	48.40	21.2	3.00	0	
热带雨林	2.30	3.20	15.10	68.30	11.00	0	巴西 1°27′S
	0	0	9.00	64.00	27.00	0	非洲，东部赤道
常绿阔叶林	0	7.00	52.90	39.70	0.40	0	中国庐山 29°35′N
	0	4.10	53.30	37.10	5.40	0	中国浙江

从表 5 可以看出，尖峰岭地区的各植被类型以单叶、革质、全缘为主，而新几内亚的热带雨林是以单叶、纸质、全缘为主。但尖峰岭地区的纬度偏高，并随海拔的上升，叶质由纸质向革质逐渐过渡，至山顶苔藓矮林，革质叶则占优势，厚革质叶的比重明显增多。稀树草原中由于乔木种类和数量稀少，草本植物多，纸质叶的比重高，这是可以理解的。

此外，热带森林里裸子植物稀少，绝大部分是裸芽的常绿阔叶树种。如尖峰岭地区的 1500 多种野生高等植物中，裸子植物仅占 0.4%（7 种），落叶树种也仅有 0.4%（6 种），除山顶苔藓矮林中的杜鹃花科，越橘科、茶科、樟科等约有 10 种植物的芽具有鳞片保护外，其余的全是裸芽植物。这些特点构成了我国热带雨林特有的外貌。

表 5 各植被类型叶型、叶质、叶缘谱

植被类型	地点	叶型		叶质				叶缘	
		单叶	复叶	膜质	纸质	革质	厚革质	全缘	非全缘
山顶苔藓矮林	尖峰岭	94.2	5.8	0	27.8	63.4	8.8	68.1	31.9
热带山地雨林	尖峰岭	76.1	23.9	0.6	43.2	54.4	1.3	80.7	19.3
热带常绿季雨林	尖峰岭	81.5	18.5	0	42.2	56.6	1.2	84.8	15.2
热带半落叶季雨林	尖峰岭	71.4	28.6	0	47.2	51.4	1.4	80.3	19.7
稀树草原	尖峰岭	71.4	28.6	0	53.6	39.3	7.1	61.5	38.5
滨海有刺灌丛	尖峰岭	83.8	16.2	0	19.3	48.4	32.3	63.3	36.7
热带雨林	新几内亚	77.0	23.0	1.0	49.0	34.0	16.0	85.0	15.0
常绿阔叶林	中国浙江	81.7	18.3	1.3	60.9	25.3	12.4	46.0	54.0

1.5 不同植被类型的垂直结构

尖峰岭地区各植被类型垂直结构的分析，限于篇幅，只选取了具有代表性和典型性的热带常绿季雨林和热带山地雨林，作进一步讨论。两者大致可分为五个层次：A 层高 20m 以上，平均高：B 层 18m，C 层高 10m，D 层（包括灌木及未达到 A、B、C 层的乔木幼树）高 3m，E 层（草本层）则为一些矮小的草本植物、蕨类、苔藓植物。尖峰岭热带山地雨林和热带常绿季雨林的剖面结构与典型的热带雨林剖面结构[12]有以下异同点。

（1）林分的各层高度不及典型的热带雨林，虽然山地雨林中有一些乔木高达 35m 以上，但数量极少，一般 A 层为 20～35m，未出现有 40m 以上的乔木。

（2）各个层次的特点：典型的热带雨林是 A 层树冠不连续，空隙被 B 层所充填，冠幅宽度大于深度，B 层比较连续而偶有间隙，间隙被 C 层所充填，冠幅是深度大于宽度；C 层树冠浓密，冠幅深度远远大于宽度；而尖峰岭的热带常绿季雨林和热带山地雨林则稍有不同；A 层树冠不连续，冠幅宽度大于深度；B 层连续且浓密，冠幅宽度稍大于深度或近相等；而 C 层则较稀疏，尚有较多的间隙，冠幅深度远大于宽度。

（3）由于 B 层的树冠浓密，致使 D、E 两层的植物数量较少。

（4）热带常绿季雨林具有丰富的藤本植物，而热带山地雨林则富有附生植物，这两特点与典型的热带雨林是一致的。

综上所述，尖峰岭的热带林比典型的热带雨林逊色，表现在它的结构较为简单，林分高度较矮两个方面，这主要是由于尖峰岭地处热带北缘，并受季风影响的必然结果。但是它比亚热带常绿阔叶林却要复杂得多[2]。

1.6 主要乔灌木种群的重要值分析

种群的重要值能有效地反映种群在群落中的地位和作用[10]。经计算证明，它在分析种类丰富的热带森林群落时，特别有效和实用。由于种类太多，在表 6、表 7 只列出了重要值在 10 以上的乔木（28 种）和灌木（33 种）。从表中可以清楚地看出尖峰岭地区各植被类型的梯度变化，并可依据这些重要值高的代表种群，作为在植被调查和经管生产中识别植被类型的主要根据。同时应当指出的是，热带山地雨林显然不同于其他的植被类型，由于它的种类繁多（d.b.h.在 7.5cm 以上的乔木达 83 种），其重要值分散，没有明显的优势种类，反映出热带山地雨林的复杂性，同时也说明热带山地雨林在尖峰岭地区植被系列中的特殊性。

1.7 结论

（1）本区地处热带北缘，在热带季风气候背景下以及在近海岸因 Massenerhebung 效应等因子而形成的滨海有刺灌丛→稀树草原→热带半落叶季雨林→热带常绿季雨林→热带山地雨林→山顶苔藓矮林的生态系列，体现出水平距离短，植被变化显著的特点。它是海南岛植被分布的缩影，为我国重要的科学研究，教学实习和珍贵稀有物种保存、发展的良好基地。在这个植被系列中，没有在山地雨林和苔藓矮林之间划出“常绿阔叶林”这一类型，原因是：山地植被（山地雨林和山顶苔藓矮林）垂直分布系列与纬向水平分布系列虽有类似之处，但不能等同看待，在群落外貌和群落发生等方面均有差异，因此，它们不同于亚热带常绿阔叶林；该两植被类型的共有种为 39 个，相似系数达 31.2%，属的相似系数达 37.4%，反映了它们之间的联系密切；这两个植被类型的自然条件与经营利用方向与常绿阔叶林不同。

（2）尖峰岭的森林植被类型，从群落的特征分析来看，都具有热带林的基本特征，只是群落垂直结构的复杂程度比典型的热带雨林逊色一些。随着海拔的升高，环境因素的递变，植被类型随之发生变化，这与东南亚热带山地垂直分布规律是一致的。由于海拔所限，没有出现亚高山以上的植被类型。而热带常绿季雨林是本区的地带性植被类型，以此为基带形成了本区特有的垂直带谱。因此，它在世界热带林的研究上是有重要意义的。热带半落叶季雨林是否全由热带常绿季雨林破坏而演变的次生类型，或是它在海南岛西南部这一特定自然条件下可以作为一个基本类型？可作进一步讨论。在苏门答腊、婆罗洲、马来西亚和印度等季风热带区域都存在着半落叶、半常绿季雨林的基本类型，尽管它也遭到人为的严重干扰，存在着由常绿季雨林破坏后因小气候干化而出现落叶成分而成为半落叶季雨林的现象。

（3）象限法可以应用于热带植被调查而取得一定的效果。在复杂的热带植物群落中可以用重要值找出能代表不同植被类型的代表种，并以此表明它们在不同类型中的群落学地位。这在热带林调查研究和经营管理活动中划分类型是有实际意义的。

表 6 海南岛尖峰岭地区热带植被生态系列群落表（只列重要值 10 以上的种）（乔木）

植物种名	山顶苔藓矮林				热带山地雨林				热带常绿季雨林				热带半落叶季雨林				稀树草原				滨海有刺灌丛			
	D_{nR}	F_R	D_{oR}	IV	D_{nR}	F_R	D_{oR}	IV	D_{nR}	F_R	D_{oR}	IV	D_{nR}	F_R	D_{oR}	IV	D_{nR}	F_R	D_{oR}	IV	D_{nR}	F_R	D_{oR}	IV
吊罗栎 *Quercus tiaoloshanica*	21.43	20.63	15.97	58.02																				
五列木 *Pentaphylax euryoides*	15.18	14.13	22.03	51.34																				
厚皮香 *Ternstroemia gymnanthera*	13.39	10.30	10.23	33.97																				
三杯石栎 *Lithocarpus ternaticupulus*	4.46	4.12	6.50	15.08																				
大头茶 *Polyspora axillaris*	4.46	5.15	3.97	13.59																				
石斑木 *Rhaphiolepis indica*	5.36	6.19	6.23	17.33	0.41	0.46	0.04	0.91																
红柯 *Lithocarpus fenzelianus*	6.25	6.19	10.86	23.30	0.82	0.91	5.29	7.02																
木荷 *Schima superba*	3.57	4.12	3.11	10.80	2.04	1.83	4.23	8.10																
毛荔枝 *Nephelium topengii*					7.76	7.31	6.55	21.62																

续表

植物种名	山顶苔藓矮林				热带山地雨林				热带常绿季雨林				热带半落叶季雨林				稀树草原				滨海有刺灌丛			
	D_{nR}	F_R	D_{oR}	IV	D_{nR}	F_R	D_{oR}	IV	D_{nR}	F_R	D_{oR}	IV	D_{nR}	F_R	D_{oR}	IV	D_{nR}	F_R	D_{oR}	IV	D_{nR}	F_R	D_{oR}	IV
中华厚壳桂 *Cryptocarya chinessis*					6.53	5.94	4.48	16.95																
大叶白颜 *Gironniera subaequalis*					6.94	6.85	2.80	16.59																
高山蒲葵 *Livistona saribus*					3.67	3.65	6.93	14.25																
倒卵阿丁枫 *Altingia obovata*					2.45	2.28	11.22	15.95																
盘壳栎 *Quercus patelliformis*					0.82	0.91	4.04	5.77	0.66	0.79	10.74	12.19												
白茶 *Coelodepas hainanensis*									20.53	17.32	4.22	42.07												
细子龙 *Amesiodendron chinense*									7.23	7.87	18.65	33.80												
白榄 *Canarium album*									8.61	6.30	18.91	33.82												
青皮 *Vatica mangachapoi*									13.25	11.02	5.84	30.11												
荔枝 *Litchi chinensis*									6.62	7.08	7.24	20.94												
黄杞 *Engelhardtia chrysolepis*									3.31	3.94	6.19	13.44												

续表

植物种名	山顶苔藓矮林				热带山地雨林				热带常绿季雨林				热带半落叶季雨林				稀树草原				滨海有刺灌丛			
	D_{nR}	F_R	D_{oR}	IV	D_{nR}	F_R	D_{oR}	IV	D_{nR}	F_R	D_{oR}	IV	D_{nR}	F_R	D_{oR}	IV	D_{nR}	F_R	D_{oR}	IV	D_{nR}	F_R	D_{oR}	IV
红楠 *Machilus thunbergii*									3.97	4.73	3.68	12.38												
大沙叶 *Aporosa chinensis*													33.94	19.51	10.80	82.07								
红蒲 *Pterospermum heterophyllum*									0.66	0.79	1.19	2.64	11.93	12.19	5.15	37.76								
黑格 *Albizzia odoratissima*													11.01	13.42	4.65	36.75	1.85		0.03	1.88				
布渣叶 *Microcos paniculata*													10.09	13.42	2.19	29.31								
乌墨 *Syzygium cumini*													6.42	6.10	5.94	28.26	1.85		0.03	1.88				
木棉 *Gossampinus malabarica*																	66.67		95.21	161.88				
厚皮树 *Lannea grandis*																	11.11		0.25	11.36				

表 7　海南岛尖峰岭地区热带植被生态系列群落表（只列重要值 10 以上的种）（灌木）

植物种名	山顶苔藓矮林				热带山地雨林				热带常绿季雨林				热带半落叶季雨林				稀树草原				滨海有刺灌丛			
	D_{nR}	F_R	D_{oR}	IV	D_{nR}	F_R	D_{oR}	IV	D_{nR}	F_R	D_{oR}	IV	D_{nR}	F_R	D_{oR}	IV	D_{nR}	F_R	D_{oR}	IV	D_{nR}	F_R	D_{oR}	IV
桃金娘 *Rhodomyrtus tomentosa*	27.78	7.69	75.28	110.07																				
九节茶 *Chloranthus glaber*	25.00	23.08	5.42	53.50																				
波缘冬青 *Ilex crenata*	5.56	15.38	2.18	23.12																				
射毛悬竹 *Ampelocalamus actinotrichus*	2.78	7.96	0.53	11.00																				
毛稔 *Melastoma sanguineum*	22.22	23.08	6.04	62.63					3.85	6.67	35.27	45.79												
罗伞 *Ardisia quinquegona*	13.89	15.38	5.72	35.02	2.48	5.20	2.10	9.78	7.69	13.33	9.77	30.79												
柏拉木 *Blastus cochinchinensis*	2.78	7.69	0.82	11.29	21.07	14.70	15.50	51.27																
燕尾葵 *Pinanga discolor*					19.42	12.90	27.40	59.72																
华南省藤 *Calamus rhabdocladus*					12.40	12.10	8.50	33.00																

续表

植物种名	山顶苔藓矮林				热带山地雨林				热带常绿季雨林				热带半落叶季雨林				稀树草原				滨海有刺灌丛			
	D_{nR}	F_R	D_{oR}	IV	D_{nR}	F_R	D_{oR}	IV	D_{nR}	F_R	D_{oR}	IV	D_{nR}	F_R	D_{oR}	IV	D_{nR}	F_R	D_{oR}	IV	D_{nR}	F_R	D_{oR}	IV
假华箬竹 *Indocalamus pseudosinicus*					13.64	9.50	4.80	27.94																
鸡屎树 *Lasianthus cyanocarpus*					7.03	10.30	7.70	25.03																
裂叶棕榈 *Licuala spinosa*					4.13	8.50	5.90	18.53																
露兜 *Pandanus tetcorius*					1.65	2.60	8.00	12.25																
九节木 *Psychotria rubra*					10.33	12.90	9.50	32.73	11.54	13.33	3.54	28.41												
狗骨柴 *Tricalysia dubia*									11.54	13.33	24.47	49.34												
红藤 *Daemonorops margaritae*									34.62	6.67	1.15	42.44												
福得棕榈 *Licuala fordiana*									11.54	20.00	3.83	35.37												
盐肤木 *Rhus chinensis*									3.85	6.67	10.80	21.32												

续表

植物种名	山顶苔藓矮林				热带山地雨林				热带常绿季雨林				热带半落叶季雨林				稀树草原				滨海有刺灌丛			
	D_{nR}	F_R	D_{oR}	IV	D_{nR}	F_R	D_{oR}	IV	D_{nR}	F_R	D_{oR}	IV	D_{nR}	F_R	D_{oR}	IV	D_{nR}	F_R	D_{oR}	IV	D_{nR}	F_R	D_{oR}	IV
白藤 *Calamus tetradactylus*									7.69	6.67	6.48	20.84												
三脉马钱 *Strychnos cathayensis*									3.85	6.67	1.44	11.96												
孖仔果 *Eriogossum rubiginosum*													15.83	18.29	17.39	51.51					10.74	7.87	8.48	26.82
三稔蒟 *Alchornea rugosa*													45.83	31.71	42.29	119.83								
锈毛野桐 *Mallotus taxoides*													9.17	12.19	15.54	36.90								
叶被木 *Phyllochlamus taxoides*													8.33	8.54	10.62	27.49								
粗糠柴 *Mallotus philippinensis*													3.33	3.66	6.88	13.87								
大管 *Micromelum falcatum*																					1.16	2.76	46.26	50.18
刺柊 *Scolopia chinensis*																					16.28	20.87	11.55	43.70

续表

植物种名	山顶苔藓矮林				热带山地雨林				热带常绿季雨林				热带半落叶季雨林				稀树草原				滨海有刺灌丛			
	D_{nR}	F_R	D_{oR}	IV	D_{nR}	F_R	D_{oR}	IV	D_{nR}	F_R	D_{oR}	IV	D_{nR}	F_R	D_{oR}	IV	D_{nR}	F_R	D_{oR}	IV	D_{nR}	F_R	D_{oR}	IV
酒饼簕 *Atalantia buxifolia*																					6.98	15.75	15.54	33.27
狗花椒 *Zanthoxylum avicennae*																					24.42	5.12	4.59	34.13
龙珠果 *Passiflora foetida*																					8.14	10.63	1.72	20.45
柳叶密花树 *Rapanea linearis*																					9.30	5.12	1.46	15.88
山雁皮 *Wikstroemia indica*																					2.33	5.12	4.66	12.11
侯氏野桐 *Mallotus furetianus*																					3.49	2.76	2.80	10.05

参 考 文 献

[1] 王伯荪，张志权，蓝崇钰，胡王佳，1982，南亚热带常绿阔叶林取样技术研究，植物生态学与地植物学丛刊，6（1）：51-60.
[2] 宋永昌，张绅，刘金林，顾詠洁，王献溥，胡舜士，1982，浙江泰顺县乌岩岭常绿阔叶林的群落分析，植物生态学与地植物学丛刊，6（1）：30-31.
[3] 吴章钟，韩若真，魏守珍，1983，几种无样方抽样技术在常绿阔叶林中应用问题探讨，植物生态学与地植物学丛刊，7（4）：330-337.
[4] 武吉华，张绅，1979，植物地理学，人民教育出版社.
[5] 杨继镐，卢俊培，1983，海南岛尖峰岭热带森林土壤的调查研究，林业科学，19（1）：88-94.
[6] 金振洲，1933，亚热带常绿阔叶林调查中三种方法的比较，植物生态学与地植物学丛刊，7（4）：313-329.
[7] 周纪伦，韩也良，1965，亚热带次生林的定量分析，植物学报，21（4）：352-360.
[8] 陈树培，1982，海南岛乐东县的植被和植被区划，植物生态学与地植物学丛刊，6（1）：37-50.
[9] 曾庆波，周文龙，1982，海南岛尖峰岭热带山地雨林及其采伐迹地水热状况的比较研究，植物生态学与地植物学丛刊，6（1）：62-73.
[10] Cox G. W.，1972，普通生态学实验手册（蒋有绪译），科学出版社，1979.
[11] Flenley J.，1979，The equatorial rain forest，a geological history. Butter worths：1-14.
[12] Richards P. W.，1952，热带雨林（张宏达，何绍颐，王铸豪，刘健良译），科学出版社：1959.
[13] UNESCO/UNEP/FAO，UNESCO-UNEP，1978，Tropical forest ecosystem. A state-of knowledge report：91-111.
[14] Whitmore T. C.，1975，Tropical rain forests of the Far East. Clarendon Press，Oxford：9-11.

2 海南岛尖峰岭热带林型的主分量排序†

2.1 林地概况

尖峰岭林区位于北纬 18°23′13″～18°52′30″，东经 108°46′04″～109°02′43″在中国植被区划中属琼南丘陵山地季雨林湿润雨林区。植被种类极其丰富，野生高等植物有 1500 多种，植被可分为四个垂直带，六个类型：稀树草原带：①稀树草原，②沙生植被；常绿季雨林带：③常绿季雨林，④沟谷雨林；山地雨林带：⑤山地雨林；山顶苔藓矮林带：⑥山顶苔藓矮林。

2.2 材料与方法

本文利用热带雨林大量调查样地资料，以主分量排序进行森林类型分类。林业部综合考察队在 1958 年对尖峰岭热带原始林进行林型调查，有地貌、土壤、下木种类及多度、乔木种类、株数、树干断面积、材积等样地记录，我们整理了当时调查的 265 块样地资料。热带林树种众多，林段缺乏明显的优势种或存在某些小局部优势种，组成复杂，类型繁多，使排序困难，在排序前要对原始资料做以下简缩：

2.2.1 按植物分类学的属统计各样地中同属种的数据

由于尖峰岭的森林没有明显的优势种，森林的组成不是由单一或少数树种起主导作用，并成为该群落的主要成分，而是由许多科、属的种类共同起作用而组成，所以按属

† 郑德璋，李立，蒋有绪，1988，林业科学研究，1（4）：418-423。

统计数据是热带林数量分类使优势种的优势度显著和缩减数据的一种尝试，其划分的林型仍相当于植物群落学中的群丛。这一处理把原来资料中具有603个树种的数据缩减为218属（种）的数据，减少63.8%，属（种）优势比前明显。

以重要值＝相对密度＋相对优势度，求取每块样地每个属（种）的重要值。据文献记载，Cartis 等也曾这样做过，重要值计算缺相对频度项，因为频度是某种群的个体在一个群落中分布的均匀程度，是某一种群个体在同一群落中各样地的出现率，在未肯定归属前任一群落类型的大量样地排序，不能取得该参数。从排序结果知道，各林型的样地数量由 3～7 块组成，一个林型的样地数量太少，致使相对频度在资料统计中失去意义，而舍去相对频度项后，其排序效果也相当好。

2.2.2　剔除小局部优势种的样地

在一个林区的多样点调查中，具有相同优势种的样地不多，排序时难以得到较多点的集团。处理方法是统计每一优势种出现的样地数量，如果出现率小于1%的优势种（本研究中出现少于 3 块样地），而且与其他优势种混生格局不固定者，作为特殊情况或小局部出现的优势种，加于剔除，以重要值小的其他亚优势种参加排序，若这些树种的重要值太小，这类样地不参加排序。

2.2.3　根据划分林型的某些条件把样地初步分成组后再排序

在热带林中，一个林区存在许多林型，如果把它们全部排序在一个2或3维空间坐标系中，各个林型的点集可能出现重叠，造成类型点集轮廓不清，从图上难以区分不同类型。本研究根据热带山顶苔藓矮林和热带沟谷雨林分布的特殊立地条件，把样地选为第1组，共有7个优势种20块样地，又根据青皮（*Vatican gastrotrich*）只在热带季雨林中占优势，把青皮占优势的样地选为第2组，共有7个优势种56块样地，其余样地归第3组，共有8个优势种73块样地。

此外，因一个优势种在同一类型中的各个林段的数据存在较大的不均匀性，所以在排序图中还需要做进一步的讨论分析。

2.2.4　主分量排序程序

主分量排序程序参考阳含熙等的论著，运算用 Felixc-512 型电子计算机进行，语言为 FORTRAN-（Ⅵ），数据输入方式是用 SESAM 系统建立数据于磁盘（50兆）上，再转复制上磁带后由磁带完成全部数据的输入和筛选工作，上机运算使用标准程序，运算结果以宽行打印输出，计算程序保存在中国林业科学研究院计算中心。

2.3　排序结果及分析讨论

3组排序都得到良好的结果，早有验证。澳大利亚和东南亚地区树种众多的热带雨林的数量分类研究，淘汰掉80%～90%较少出现的树种，也能得到满意的分类效果。W. T. Williams 用不同种数做分类比较，证明分类信息大部分存在于少数优势种之中，认为用25%乔木种或8%总种数做分类，基本能重现用全部种的分类结果。

第1组20块样地2维排序得出明显分离的3个集团（图1），集团Ⅰ在直角坐标的第3象限，集团Ⅱ在象限4，集团Ⅲ在象限1和2之间，根据每个集团中各样地的优势种而知：Ⅰ为油丹（*Alseodaphne hainanensis*）、白榄（*Canarium album*）林，Ⅱ为陆均松、五列木、栲属（*Castanopsis*）矮林，Ⅲ为栲属矮林。在排序得出优势乔木组合集团的基础上，对不同集团的优势下木及地貌条件作定性分析得出4个林型：①桄榔（*Arenga pinnata*）-油丹、白榄沟谷雨林；②蒲竹仔（*Semiarundinaria nuspicula*）-陆均松（*Dacrydium pierrei*）、五列木（*Pentaphylax curyoides*）栲属山顶苔藓矮林；③映山红（*Rhododendron simiarum*）、蒲竹仔-栲属（*Castanopsis*）山顶苔藓矮林；④蒲竹仔-栲属山顶苔藓矮林。第3和第4林型的优势属都是栲属，但从种类组成、群落外貌、优势下木种类及地貌条件分析，它们属于两个不同林型。第3林型中栎属（*Quercus*）占一定优势，立木矮小，枝下高2m左右，优势下木有杜鹃花科的映山红，这一类型分布于常风大的主岭和大山脊部及较高山峰顶部。第4林型中，蒲桃属（*Syzygium*）占一定优势，立木一般比前者高，优势下木是蒲竹仔，分布的海拔比前者低。

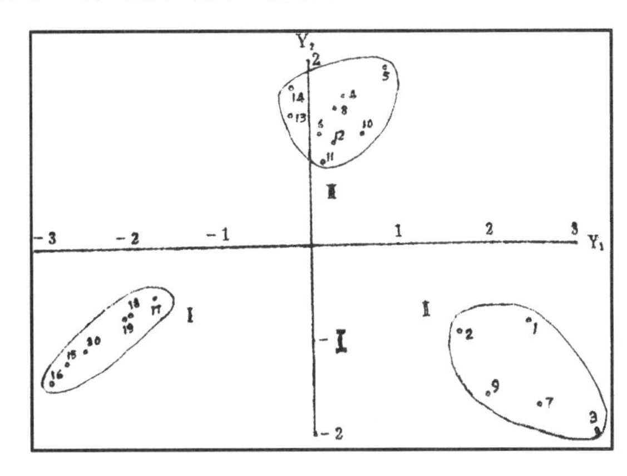

图1 第一组20块样地的二维排序

将原来7维数据降到2维排序，保存信息量及各树种对前两个主分量的负荷量见表1，前两个主分量占总信息量的72.89%，说明这一排序效果十分好。由图1可见，集团Ⅰ在y_1轴左边，其余集团几乎都在y_1轴右边，因此，集团Ⅰ与集团Ⅱ、Ⅲ的划分是第1主分量的作用。对第1主分量负荷量最大者是栲属，即栲在划分Ⅰ和Ⅱ、Ⅲ时作用较大，实际上栲占特别优势，是热带山顶苔藓矮林区别于沟谷雨林的林分特征。划分Ⅱ、Ⅲ是第2主分量的作用，蒲桃属、陆均松、五列木的负荷量相差不多，但有正负之别，这些种在不同林型中占优势，且以此划分类型，在排序图上，集团Ⅱ在y_2轴下半部（负值），集团Ⅲ在y_2轴上半部（正值）。

第2组的7个优势属（种）56块样地2维排序，也得出比较明显的5个集团，其位置见图2。分析这5个优势乔木组合与优势下木的关系，可以把青皮占优势的林分划为7个林型：①五月茶（*Antidesma montanum*）、九节木（*Psychotria rubra*）-细子龙（*Amesiodendrom chinense*）、青皮林；②刺轴榈（*Licuala spinosa*）-阿丁枫（*Altingia hainanensis*）、青皮林；③射毛悬竹（*Ampelocalamus actinotrichus*）-子京（*Madhuca hainanensis*）、青皮林；④穗花轴榈（*Licuala fordiana*）-荔枝（*Litchi chinensis*）、青皮林；

⑤唐竹（*Sinobambusa* sp）-子京、青皮林；⑥华南省藤（*Calamus rhabdocladus*）、射毛悬竹-栎（*Quercus* spp）、青皮林；⑦华南省藤-栎、青皮林。

表 1　第 1 组排序保存信息里及属性负荷量

属性（树种）	y_1	y_2	h^2
栲属	0.5045	0.0125	0.2547
栎属	–0.0076	0.3786	0.1434
陆均松	0.3817	–0.4499	0.3481
五列木	0.4156	–0.4487	0.3741
蒲桃属	0.0862	0.4656	0.2241
油丹	–0.4536	–0.3436	0.2638
白榄	–0.4623	–0.3432	0.3315
特征值（λ_1）	3.2810	1.8213	5.1023
总信息/%	46.87	26.02	72.89

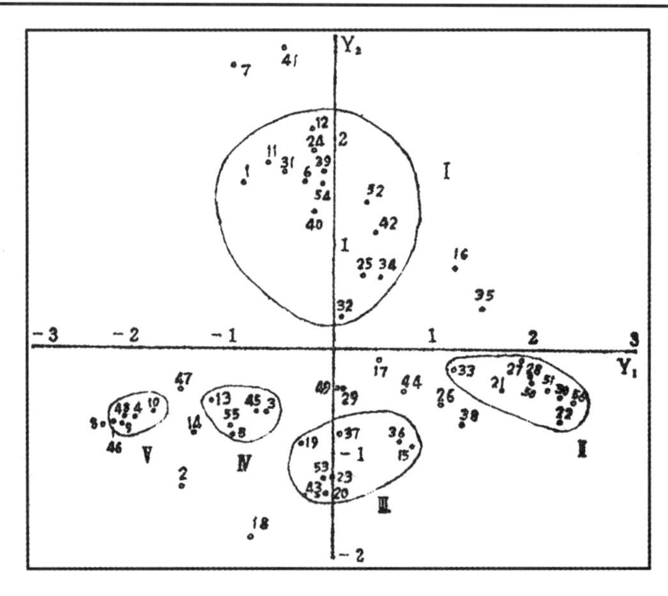

图 2　第二组 56 块样地二维排序

调查者按传统定性分类方法，把青皮占优势的林分划为 8 个林型。其中 7 个与上述相同，另一林型是刺轴榈、短叶省藤（*Calamus rgregius*）-栎、荷木（*Schima superba*）、青皮林，它的样地在主分量排序中未形成集团，如样地 17 位于 y_1 轴右边，样地 47、8 则位于 y_1 轴左边，位置很分散，原因是各样地的优势属（种）重要值极不均匀：样地 17 中荷木为 3.86，青皮为 20.91。两样地同一树种的重要值相差几倍，排序位置离散是理所当然的。从数量关系分析，一优势种在各样地中数量差异太大时，不应划为同一林型。

表 2 是上述排序保存原始数据的信息量和各树种对前两个主分量的负荷量，前两个主分量保存总信息量的 41.23%，前 3 个主分量保存总信息量的 58.21%，基本符合排序要求。

表 2　第二组排序保存信息量及属性负荷量

属性（树种）	y_1	y_2	h^2
阿丁枫	−0.4719	−0.1909	−0.2591
细子龙	0.0373	−0.4950	0.2446
荔枝	0.6625	−0.1591	0.4624
子京	−0.2542	−0.2648	0.1338
栎属	−0.1171	0.9515	0.9191
荷木	−0.3671	−0.1268	0.1508
青皮	0.8434	0.0377	0.7127
特征值（λ_1）	1.5836	1.2997	2.8860
总信息/%	22.67	18.56	41.23

第 3 组 8 个优势属（种）72 块样地 2 维排序，初步可以分划出 8 个集团，位置见图 3。这是 8 个优势乔木种类集团，仿照前面 2 组排序分析方法，便得出 15 个林型：①短叶省藤、刺轴榈-油丹、阿丁枫林；②思簩竹（*Schizostachyum pseudolima*）-阿丁枫、陆均松林；③射毛悬竹、华南省藤-栎、子京林；④华南省藤、假华若竹（*Indocalamus pseudosinicus*）-栎、子京林；⑤刺轴榈、华南省藤-石栎（*Lithocarpus* spp.）、子京、陆均松林；⑥宽山脊假华若竹-石栎、子京、陆均松林；⑦唐竹-壳斗科林；⑧射毛悬竹-壳斗科林；⑨刺轴榈、短叶省藤-壳斗科林；⑩山槟榔（*Pinanga discolor*）、黑柄莎罗（*Cyatheapodophylla*）、华南省藤-壳斗科林；⑪河岸阶地刺轴榈、华南省藤-壳斗科林；⑫华南省藤、射毛悬竹-陆均松、石栎林；⑬短叶省藤、刺竹榈-陆均松、石栎林；⑭九节木-石栎、栲林；⑮白藤（*C. tetradactylus*）-厚壳桂（*Cryptocarya* spp.）、石栎林。在壳斗科林中以栎、石栎占优势，栲属立木也略多。

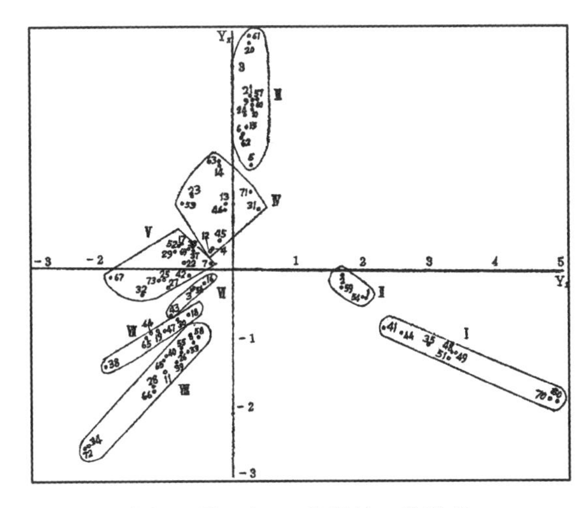

图 3　第三组 72 块样地二维排序

第 3 组排序保存总信息量比第 1 组低而比第 2 组高（表 3），但点集团聚集反不如第 2 组清晰集中。因为保存信息百分比是 2 或 3 维排序图反映原来多维空间排序图的真实程度，而主分量排序能否得到较好的排序点集团，决定于整个原始数据结构，成线性原始数据排序聚集成团状点集。本研究3组排序都成集团。图1集团轮廓清晰，图2散开点较多，图3集团Ⅴ至Ⅷ几乎聚成一块，较难分划，因其集团较多，容易重叠混杂，一般来说，各集团的属性相异成分越多，点集团分离也越远，轮廓就清晰。若各集团有共同属性即相同优势种，且数值相差不大，各集团排序点往往靠近或成混合集团。热带林不同类型中，常存在相同优势种，排序图容易出现不同类型混合集团，需要研究者了解每块样地的优势种，发现不同优势种的样地混合时需判别能否以它们共有优势属（种）命名该集团的林型，或据林型某些条件及其他预分类方法判别出混合集团中的不同类型。对离散点的判别：①该点代表样地的林型是中间类型，不把该点划入集团中；②该点的优势种数量上定量为某林型，但由于决定该点位置的优势种量值远离该种在这一林型的数据的平均值，使该点偏离集团，可考虑把该点划入集团中，若偏离太远则舍去。一个优势种在某一林型的各个样地中的数据比较均匀时，排序点聚成紧密集团，若数据不均匀，有些数据过大或过小，便出现离散点，就要从量值上判别它属不属于该林型，才做出取舍决定。综合上述事实，说明用过去森林调查的样地资料，以主分量排序方法把尖峰岭热带林划为16个优势乔木属（种）组合，再分析每一组合与优势下木及地貌的相互关系，可划分为26个林型。这一划分结果兼有定性和定量分析，结果相当可靠。全部排序过程几乎都可应用电子计算机，只要统计出每块样地的树种株数及树干断面积，便可用电子计算机运算，求出树种的相对密度、相对优势度、重要值，找出重要值最大的上层乔木优势种和亚优势种，剔除小局部优势种和中间类型的样地，并进行排序，从而达到划分林型的目的，这是迅速而数量化的分类方法。

表3　第3组排序保存信息及属性负荷量

属性（树种）	y_1	y_2	h^2
陆均松	0.0391	0.3057	0.0950
石栎属	–0.7420	–0.4458	0.7493
栎属	–0.1360	0.6659	0.4615
子京	0.4001	0.8619	0.7445
厚壳桂	–0.3571	–0.5278	0.4061
栲属	–0.3409	–0.1529	0.1396
油丹	0.8093	–0.3193	0.7569
阿丁枫	0.8814	0.3050	0.8699
特征值（λ_1）	2.2478	1.9754	4.2234
总信息/%	28.10	24.69	52.79

参考文献

[1] G. W. 考克斯著，蒋有绪译，1979，普通生态学实验手册，科学出版社.
[2] 阳含熙，卢泽愚，1981，植物生态学的数量分类方法，科学出版社.

[3] 阳含熙等，1979，植物群落数量分类的研究，关联分析和主分量分析，林业科学，15（4）.
[4] 胡婉仪，1985，海南岛尖峰岭的植被垂直带和林型，植物生态学与地植物学丛刊，9（4）：286-296.
[5] P. Greig-Smith et al.，1967，The application of quantization methods to vegetation survey. Ⅰ. Association-analysis and principal component ordination of rain forest，J. Ecol.，55（2）.
[6] P. Greig-Smith et al.，1968，Ⅱ. Some methological problems of data from rain forest，J. Ecol.，56（3）.
[7] L. J. Webb. et al.，1967，Studies in the numerical analysis of complex rain-forest communities，Ⅰ. A comparison of methods applicable to site/species data，J. Ecol.，55.
[8] L. J. Webb. et al.，1967，Ⅱ. The problem of species-sampling，J. Ecol.，55.
[9] W. T. Williams et al.，1969，Studies in the numerical analysis of complex rain-forest communities，Ⅲ. The analysis of successional data，J. Ecol.，57（2）.
[10] W. T. Williams et al.，1969，Ⅳ. A method for the elucidation of small-scale forest-pattern，J. Ecol.，57（3）.

3 象限法在热带山地雨林群落学调查中的应用研究†

现代林业的生态经营方法及资源保护措施，无不以森林群落的生态学研究为基础。而森林群落的生态研究则始于群落调查，因此调查方法的科学性就十分重要了。

本世纪 40 年代末 50 年代初，美国学者 Cottam 和 Curtis 等推出一组新的森林群落调查方法，即无样地取样方法，它浑然不同于法瑞学派的样地记录法（Relevé method）及英美学派的计数样地法（Count-plot method）[18]。在形式上它不像后两者抽取一定面积样地，而是在被调查群落中随机布取一定数量的样点，在样点周围按既定规则确定欲调查的样本和距离。原理上，以保证高精度地调查群落密度及平均基面积（计算优势度的重要参数）为出发点，来确定调查所需的样点数，调查结果也能同时保证组成种重要值序及组成种数量和真实情况贴近。这类方法不仅效率高，节省人力，尤其值得称道的是所得群落密度和平均基面积很准确，据 Cottam 和 Curtis 对北美三个温带林群落调查，这两个数量特征与实测真实值的相对误差可控制在 10%以内[15]。仅此看来，就显示出这类方法在一些自然资源储蓄量调查中的价值。

象限法是无样地取样方法中最优的一种，所需样点数最少，计算简单[15]，从经验及理论上均有学者给出证明[16, 17]。自 1965 年至今，我国不少学者将象限法用于植被研究工作中，不仅应用于温带林群落[3, 4, 13]，更多的是试用于亚热带林群落[1, 2, 6-12]。但上述报告中，除个别研究指出样点数的多少与所调查群落的密度有关外[6]，实际工作中样点数的确定均未依 Cottam 和 Curtis 指出的程序求算。目前，多数是按确定最小表现面积时作的种数-面积曲线，而引申出的种数-点数曲线，或优势种重要值-点数曲线，来确定调查时所需的样点数。由于抛弃了原设计者关于这一方法实施时的关键步骤，所以上述研究报告均无群落密度和平均基面积或优势度精度的讨论。

热带雨林是陆地上结构和组成最复杂的植物群落，无论是采用样地记录法还是记数样地法，所需取样面积都要很大，否则将影响调查结果的精确程度。这样暂且不说工作量浩繁，对于像海南岛尖峰岭地区的山地雨林来说，客观上也不允许。原因是热带山区的生境分异极为细微复杂，不但组成种类繁多，各群落类型也多呈小面积镶嵌状分布，

† 张家城，蒋有绪，王丽丽，黄全，郑德璋，李意德，赵彦民，1993，植物生态学与地植物学学报，17（3）：207-215。参加野外工作的还有尖峰岭自然保护区管理站的全体工作人员。

故取样面积大并极易跨入不同类型的群落，形成不均质之样地，无法符合群落调查时取样的基本要求。那么利用象限法能否对热带林进行群落学调查?类似的研究迄今还未有所见。为此，我们于 1984 年春，在尖峰岭地区结构最复杂、物种多样性最高的山地雨林群落中，选取一定面积，分别以象限法和记数样地法作乔木的群落学调查，并对该面积内乔木全面实测作对照（之所以舍弃样地记录法，是因其数量化差，多适用于结构及组成较为简单的温带落叶林及草原）。以验证前者在调查密度、平均胸高断面积（因热带林木板根发达，故以胸高断面积替代基面积）的精度，及反映组成种数量和重要值序方面与后者的差异；并以所耗费时间为尺度，比较两者工作效率的优劣。从而确定象限法用于热带林群落乔木调查是否可行。

3.1　实验地概况及全面实测

3.1.1　实验地概况

实验地在海南岛尖峰岭热带林自然保护区内，海拔约 800m，面积为 $100\times30m^2$，形状为矩形。实验地占据了该山地雨林群落大部分面积。该群落是人为干扰甚少的原生群落实验地内的结构及组成具代表性。鉴于我们的研究目的是确定象限法是否适用于热带林群落调查、Cottam 与 Curtis 验证无样地取样方法的三个温带林实验之一仅为 $0.19hm^2$[15]，我们的实验地已达 $0.3hm^2$，且包含了该山地雨林群落大部分面积，方符合研究要求。

3.1.2　全面实测

以米绳将实验地围出边界，并分割成 $10\times10m^2$ 30 个正方形小单元。逐一对每一小单元内胸径大于 7.0cm 的林木进行每株调查，并于坐标纸上绘出树干、树冠垂直投影图，标明胸径、树高、种名等调查内容。将调查分析计算结果列于表 1、表 2 全面实测一栏中。

3.2　象限法调查及样点数的求算

3.2.1　实验地林木个体分布格局的检验

无论是象限法还是记数样地法，对个体水平分布为群聚性的群落而言，都调查不到准确的密度[18]。而密度却是群落重要数量特征之一，又是本研究中象限法、记数样地法结果与真实值作比较的内容之一。为慎重起见，必须对实验地上乔木个体的水平分布格局作随机分布检验。方法为 Poisson 分布的“方差均值比率法”，结果表明，乔木个体在 90%的水平上趋于随机分布。对于有经验的调查者来说，也可经踏察后判断。

3.2.2　Cottam 和 Curtis 确定样点数的思路

鉴于国内应用象限法时，样点数确定的方法与原设计者相左，这里有必要重复

Cottarn 和 Curtis 确定样点数的思路。

象限法运用时所需样点数要依两套样本来确定，一套为调查密度所需的距离样本；另一套为调查平均胸高断面积所需的胸高断面积样本[15]。

象限法中密度是由平均距离计算出来的，距离样本每一样本单元为样点到 4 株样木距离的加权平均值[16]，即每样点只提供一个样本单元。要使密度的调查能得到满意结果，则距离样本的样本单元数必须足够多，即样点数必须足够多。

象限法中平均胸高断面积是由胸高断面积样本调查得到的，该样本的样本单元是各样点确定的 4 株样木每株的胸高断面积。要使平均胸高断面积的调查得到满意结果，以样木胸高断面积为样本单元的单元数量必须足够多，也即样木的数量必须足够多[15]。

上文两个样本介绍中，都提到样本单元数要“足够多”才能使调查结果令人“满意”“足够多”是多少？怎样才可称之为“满意”？Cottam 和 Curtis 提出了这样一个标准：当样本的标准误差小于总体平均数的 10%时，这样的样本规模对大多数生物学范畴的调查工作来说，所得结果可认为是满意的了[15]。这句话用统计学公式来表达即

$$\frac{\delta}{\sqrt{n}} < \mu \times 10\% \tag{1}$$

式中左上方的 $\frac{\delta}{\sqrt{n}}$ 为样本标准误差，其中 δ 为所调查的某数量特征的总体均方差，n 为满足不等式所需的样本单元数。式中右方的 μ 为该数量特征的总体平均数。通常对一被调查总体，δ 和 μ 是未知的，我们可在正式调查之前，以所采用的调查方法作一预备调查。根据统计学原理，用预备调查所得资料求出 δ 和 μ 的无偏估计值[5]，代入不等式（1）中，从而求出满足不等式的样本单元数 n。

因为象限法中，密度是由平均距离平方后再除去单位面积得到的，前者与后者为平方后的倒数关系。因此，要使密度的调查获得满意结果，则距离样本标准误差就要小于总体平均距离的 4.65%[15]，即

$$\frac{\delta_d}{\sqrt{n_d}} < \mu_d \times 4.65\% \tag{2}$$

中左方的 $\frac{\delta_d}{\sqrt{n_d}}$ 为样本标准误差，其中 δ_d 为距离的总体均方差，n_d 为满足不等式（2）所需的样本单元数。式中右方的 μ_d 为距离总体平均数。根据预备调查资料计算出 δ_d 和 μ_d 的无偏估计值，代入式（2）中，所求出的 n_d 即为能使密度调查获得满意结果，所需要的距离样本单元数，也即所需要的样点数。

根据式（1），若使平均胸高断面积的调查获得满意结果，则

$$\frac{\delta_a}{\sqrt{n_a}} < \mu_a \times 10\% \tag{3}$$

式中左方 $\frac{\delta_a}{\sqrt{n_a}}$ 为胸高断面积样本的标准误差，其中 δ_a 为胸断面积的总体均方差，n_a 为

满足不等式要求的样本单元数。式中右方的μ_a为总体胸高断面积平均数。根据预备调查资料计算出δ_a和μ_a的无偏估计值，代入式（3）中，求出n_a，即为能使平均胸高断面积调查获得满意结果所需的样本单元数，也即所需的样木株数。因为象限法中，每样点一般要测到4株样木，将所需要的样木株数折成点数，即为$n_a/4$。

求出n_d和$n_a/4$后，显而易见，只有取其中数值大者作为群落调查的样点数时，才能既保证密度、又能保证平均胸高断面积的调查获得满意结果。这便是Cottam和Curtis在运用象限法（和其他无样地取样方法）时，确定样点数的思路。这种考虑无疑是全面的、客观的。但由于他们用来验证无样地取样方法的三个温带林群落，样点数确定都是以密度调查、即平均距离调查所需的样点数为准，且三个群落中也不乏组成个体的树体差异较大者。于是他们得出这样的结论：几乎在所有情况下，使平均距离调查获得满意结果的样点数，总是大于使平均胸高断面积调查获得满意结果的样点数[15]。然而，这一结论就我们的山地雨林群落而言，却全然与其相反。

3.2.3 山地雨林调查样点数确定与Cottam等的结论不一致

根据实验地30个点象限法的预备调查资料，平均距离的无偏估计值为3.34m，距离均方差的无偏估计值为0.78m，代入不等式（2）中，求得平均距离调查所需点数为26个，按通常资源调查时增加10%的保险量为29个点。由预备调查资料得总体平均胸高断面积的无偏估计值为758.55cm^2，总体胸高断面积均方差的无偏估计值为1079.42cm^2，代入不等式（3），求得平均胸高断面积调查所需样木株数为202株，折成点数为50.5个点，增加10%的保险量为56个点。情况恰与Cottam和Curti的结论相反，我们必须以平均胸高断面积调查所需的56个样点进行群落调查，才能既保证平均胸高断面积，又保证平均距离的调查都得到满意结果。

之所以如此，是因热带林演替方式、更新方式、树种生理、遗传特性诸方面与温带林极为不同，使组成个体之间的树体差异不是较大（象温带林那样），而是异常悬殊，变异极大当然并非所有的热带林群落情况完全如此，一些次生林就不是这样。

3.2.4 象限法调查的实施

56个点的象限法调查，是于室内清绘后的实验群落平面投影图上进行的。考虑到56个点在实验地上的均匀分布，点间距定为7m。调查所得数据的处理，均按Cottam和Cruti。提供的公式计算总体或组成种的数量特征[15]。结果见表中象限法一栏。

3.3 记数样地法的调查

计数样地法为英美学派各种取样方法之统称。样地面积对北美温带林来说，常取0.1hm^{2}左右，视群落组成物种的多寡，面积可作相应增减。样地面积确定后，再划分成若干面积相等的小样地，随机布样于被调查群落内。小样地形状或方，或长方，或圆形。圆形小样地可以减少边际效应，故我们的研究取圆形小样地。由于0.3hm^{2}实验地上有81个树种出现，物种丰富度极高，因此我们在全面实测时的30个正方形小单元内，以对角线交点为圆心，5m 为半径作 30 个圆形小样地，样地面积达实验地总面积的 78.5%。如此大的取样面积比，在野外的群落调查中是很难作的，我们在图面上这样做，是出于两种调查方法对比之目的。逐一对每小样地内乔木作群落学记数调查，所得结果列于表 1、表 2 中记数样地法一栏。

表 1　不同方法乔木调查结果比较

群落特征 \ 方法	全面实测	记数样地法	象限法
	面积：$0.3hm^2$	小区数：30 面积抽样比：78.5%	样点数：56
被测株数	245	183	189
被测种数	81	68	70
密度	816.6 株/hm^2	776.6 株/hm^2	918.3 株/hm^2
平均胸高断面积	665.33cm^2/株	702.25cm^2/株	593.92cm^2/株
优势度	543 355.29cm^2/hm^2	545 367.35cm^2/hm^2	545 396.74cm^2/hm^2

表 2　山地雨林群落乔木树种重要值及重要值序

树种	全面实测		计数样地法		象限法	
	重要值	重要值序	重要值	重要值序	重要值	重要值序
毛荔枝 *Nephelium tepesgii*	21.04	1	26.25	1	21.71	1
倒卵阿丁枫 *Altigia obovata*	19.79	2	18.48	8	11.46	6
厚壳桂 *Oryptocarya chinensis*	16.56	8	19.34	2	21.12	2
大叶白颜 *Giroaniera subaequalis*	16.41	4	18.65	3	16.41	3
高山蒲葵 *Livistoaa saribus*	13.71	5	13.37	5	13.38	4
谷姑茶 *Mallotus hooteriaaus*	9.65	6	6.04	17	11.17	7
青兰 *Xanthophyllum hainanessis*	9.11	7	6.88	9	9.28	10
木荷 *Schima superba*	7.70	8	8.71	6	4.28	20
多香木 *Polyaama cambodiana*	7.56	9	6.64	11	9.64	9
肉实 *Sarcosperma laurinum*	7.12	10	5.83	18	3.77	22
红椆 *Lithocarpus feazeiianus*	6.61	11	8.38	7	11.03	8
长眉红豆 *Ormosia fordiano*	6.52	12	6.78	10	6.88	11
荔枝桢楠 *Machilus monticola*	6.00	13	3.76	26	3.97	21
脩氏蒲桃 *Syzygium championii*	5.97	14	6.49	13	4.35	19
东方琼楠 *Beilschiniedia tungfangensis*	5.86	15	6.29	14	5.59	18
盘壳栎 *Quercus patelliforfts*	5.47	16	7.27	8	11.63	5
木胆 *Platea parvifolia*	5.38	17	5.82	19	5.94	14
尖峰栲 *Castanopsis jiangfenglingen*	5.02	18	6.62	12	3.46	23
油丹 *Alseodaphne hainanensis*	4.95	19	3.71	27		
粉背琼楠 *Beilschmiedia glauca*	4.73	20	4.57	22	6.21	12
枝花李榄 *Linociera ramiflora*	4.68	21	3.88	23	5.90	15
长苞柿 *Diospyros longibraeteana*	4.64	22	4.57	22	6.06	13

3.4　结果比较及讨论

根据表1、表2所列内容，对不同方法调查的下列结果进行分析比较。

3.4.1　群落密度比较

象限法的结果较真实值偏高，相对误差为12.5%。记数样地法的较真实值偏低，相对误差为4.9%。象限法所得结果相对误差之所以偏大，超出Cottam与Curtis对温带林调查能控制的10%相对误差，原因有二。其一，当群落调查样点数的确定是以密度调查所需点数为准时，一株样木可被一个以上样点重复抽取[15, 17]。但当样点数的确定是以平均胸高断面积调查所需点数为准时，一株样木就不可被不同样点重复抽取，样本单元不能重复，如此便使某些样点得到的样本单元不是点到4株样木的距离平均值，而是3株或2株乃至1株。由于山地雨林密度一般较高，这样得到的距离样本单元较4株样木时要偏小，从而使密度计算结果偏高。这种情况在扩大点间距时定会有所改变，而群落面积小，点间距扩大，势必会使样点布出群落外，从而使我们的研究失去意义。其二，象限法的调查是于图面上完成，野外绘图时树干投影位置绘的不准，或投影面积没按比例，都会影响距离失真，造成密度计算的误差。

3.4.2　平均胸高断面积比较

象限法的结果较真实值偏低，相对误差为11.2%记数样地法结果偏高，相对误差为5.5%。象限法的误差较大，也与样木株数偏少有关，56个点应抽取224株样木，而实际上我们仅能抽到189株。

尽管象限法所得密度和平均胸高断面积误差都稍超出10%，参考森林资源调查的精度要求，并考虑到对热带山地雨林的结构组成复杂，分布面积狭小的群落特点，就群落学调查而言，这一密度和胸高断面积调查结果应当说是相当令人满意了。

3.4.3　群落优势度的比较

群落优势度为单位面积上林木胸高断面积之和。在象限法中即求算出的密度与平均胸高断面积的乘积，因密度比真实值偏高，平均胸高断面积比真实值偏低，两者相乘与真实值误差很小，相对误差仅为0.25%。这样高的精度不具规律性，是巧合。Cottam与Curtis验证无样地取样方法的三个温带林，其中之一用象限法求得的密度与平均基面积和真实值的相对误差均在10%之内，但数值上均比真实值偏高，故二者相乘得出的群落优势度与真实值的相对误差超过10%。记数样地法的密度与平均胸高断面积和真实值的相对误差虽比象限法的小，但两者相乘所得群落优势度与真实值的相对误差却比象限法的大，为0.37%。

3.4.4　组成种数量的比较

象限法中这一内容的调查，是由求算平均胸高断面积所需的样本调查来完成的[15]。需要指出的是山地雨林群落树种组成的复杂性，实验地中单种单株的出现并非个别情况。事实上无论样地记录法、记数样地法，还是各种无样地取样法都不可能将所有种检出。即便对整个群落全面实测，在面积一种数曲线上也不会有趋于平缓的变化。56 个点的象限法调查，检出 70 个树种，为实测 81 种的 86%。记数样地法检出 68 种，为实测种数的 84%。

3.4.5 组成种重要值序

在这一内容比较之前，综述一下热带山地森林群落研究现状很有必要。由于热带山地森林组成树种多，优势种不明显，树体变异大的特点，在群落调查时，抽样稍有变化，都会导致组成树种数量特征值的变动，定量分析得不到理想结果。为此，有些学者主张仍以外貌（Physiognomy）作为群落分类的定性依据。也有学者主张根据组成树数量特征值的变域划分级值，尽量减少抽样误差对定量分析结果的影响[14]。这些正是我们用两种方法所得重要值序不完全相附的原因。但两种方法的结果仍可从显著的变化做些比较。

实验地上 81 个树种，实测的重要值从 1.02 分布至 21.04，我们仅取数值较高的前 22 个树种（表 2），来观察两种方法所得重要值序变化情况。权且称这前 22 个树种为优势树种组。从重要值序得出优势树种组的种数来看，记数样地法有荔枝桢楠、油丹、枝花李榄 3 个种，荔枝桢楠由实测的 13 位，降至 26 位；油丹由 19 位降至 27 位。而象限法中仅尖峰栲一个种由 12 位降至 23 位。油丹虽被漏测，但象限法测出的总种数还是多于记数样地法。可见无论是得出优势树种组的种数，还是这些种重要值序变动的位数来看，象限法比记数样地法变动的少一些小一些。

3.4.6 工作效率的比较

通过以上分析，两种方法所得群落数量特征虽有差异，但并不悬殊，精度水平可以说是同一的。如果在工作效率方面再证明象限法具有优势，就可以肯定象限法在热带林群落学研究中是值得推广应用的。

尽管 56 个点的象限法调查和记数样地法调查是于图面上完成。但两种方法野外调查花费的时间仍可间接推出，进行比较。野外全面实测时，在对每个正方形小单元实测后，我们以其对角线交点为样点，作了三十个点的象限法预备调查。人力相同时，一个样点调查所用时间为一个正方形小单位全面实测的 1/8～1/7。全部实测的调查株数为 245 株，记数样地法调查株数为 183 株，为 245 株的 75%，由此折算象限法每样点调查需时为记数样地法每小样地的 1/6～1/5。60 个点的象限法调查就为记数样地法 30 个小样地调查耗时的 1/3～1/2.5。采用记数样地法时，在有刺藤本密度的雨林下围小样地，要比象限法拉线布点要多费劳力，多费时间。这一点，我们在用米绳将实验地分割成 30 个正方形小单元时深有体会。其费时可与 20～30 个点的象限法预备调查相等。可见为获得同一精度水平的群落数量特征，象限法耗时最多为记数样地法的 1/2.5，操作熟练之后速度还可提高。

3.5 结论

（1）通过象限法与记数样地法对尖峰岭地区一山地雨林实验地的群落学调查应用，

及两者所获结果与实测值的比较，证明象限法适用于热带山地雨林群落学调查，并可获得较高精度的群落数量特征。而且在群落密度、平均胸高断面积、组成种数量等数量特征精度相当的调查要求下，相同的人力操作，象限法耗时最多为记数样地法的1/2.5。象限法既然对小面积分布、组成种繁多、树体变异大的热带山地雨林群落学调查是一种好方法，也更适用于其他类型热带雨林的群落学调查。

（2）热带原生性雨林内林木树体相差悬殊、变异极大。运用象限法进行群落学调查时，不能盲目照搬 Cottam 和 Curtis 的结论来确定布点数量，而应分别求出密度调查所需的样点数，和平均胸高断面积调查所需样点数。只有取二者中数值大者抽取样点作群落调查，才可保证高精度地得到群落密度和平均胸高断面积。

参 考 文 献

[1] 王伯荪等，1982，南亚热带常绿阔叶林取样技术研究，植物生态学与地植物学丛刊，8（1）：51-56.

[2] 王伯荪等，1986，重要值面积曲线在热带亚热带森林中的应用，植物生态学与地植物学学报，10（3）：162-170.

[3] 王建让，1988，无样地法在暖温带落叶阔叶林群落调查中的应用，西北植物学报，8（1）：48-54.

[4] 王凤友等，1989，小兴安岭红松针阔叶混交林取样技术的研究，植物生态学与地植物学学报，13（3）：289-296.

[5] 北京林学院，1980，数理统计，中国林业出版社：112-144.

[6] 宋永昌等，1965，关于亚热带山地次生灌丛和幼年林的取样问题，植物生态学与地植物学丛刊，3（2）：247- 263.

[7] 吴章钟等，1983，几种无样方抽样技术在常绿阔叶林中的应用问题探讨，植物生态学与地植物学丛刊，7（4）：330-337.

[8] 周纪伦等，1979，亚热带次生林的定量分析，植物学报，21（4）：352-360.

[9] 张绅等，1981，无样地法在亚热带常绿阔叶林调查中的应用，植物生态学与地植物学丛刊，5（2）：138-145.

[10] 金振洲，1983，亚热带常绿阔叶林调查中三种方法的比较，植物生态学与地植物学丛刊，7（4）：313-329.

[11] 钟章成等，1981，亚热带常绿阔叶林的定量分析，西南师范学院学报（自然科学版），21：91-99.

[12] 施维德，1983，四川省缙云山森林群落的分类和排序，植物生态学与地植物学丛刊，7（4）：299-312.

[13] 徐文铎等，1983，长白山红松阔叶混交林取样方法的研究，森林生态系统研究，3：292-302.

[14] 苏鸿杰，1986，植群生态多变数分析法之研究（Ⅰ）原始资料档案之编制，中华林学季刊，19（4）：87-92.

[15] Cottam G.，Curtis J. T.，1956：The use of distance measures in phytosociological sampling. Ecology，37（3）：451-460.

[16] Cottam G.，Curtis J. T.，Hale B. W.，1953. Some sampling characteristics of a population of radomly dispersed individuals. Ecology，34：741-757.

[17] Morisita M.，1954，Estimation of population density by spacing method. Mem. Fac. Sci. Kyushu Univ.，Ser. E.，1：187-197.

[18] Mueller-Dombois D.，Ellenberg H.，1974，Aims and methods of vegetation ecology. N. Y.：Wiley.

关于区域生物多样性保护研究的若干问题†

生物多样性保护已成为当前国际上最为关注的生态学问题。它关系到人类生存的长期利益，有关的国际组织UNEP、IUCN、WWF、CI和世界银行等，都不遗余力地宣传和支持开展此项活动。1992年7月在里约热内卢召开的世界环境与发展大会，也反映出世界各国政府对此问题的普遍关切。一些国际性的和国家性的生物多样性保护活动也在开展。我国“八五”期间，已把生物多样性保护列入国家自然保护和环境的有关工作计划和科研计划，可以说，一个生物多样性保护和研究的热潮正在我国兴起。

综观国际和国内已有的生物多样性的文献资料，深感生物多样性保护的重大意义和紧迫性，并获悉了大量的惊人的世界生物多样性衰减和还在丧失的信息资料，文献也都谈及生物多样性保护的概念、价值、途径和行动计划要点等等，对我国正在接触这一新任务的人们来讲，是极有启发性的，然而，在林林总总的文献中对生物多样性保护的研究任务的阐述却不能给人以清晰的眉目。科学研究理应为行动计划的先驱，研究成果应为保护行动计划提供理论与实践的科学依据；研究工作则应以保护行动计划的要求设计其目标和任务，同时生物多样性保护的研究作为一项新的科学研究任务，其本身又包括了对方法、途径、手段，以及某种理论概念的探讨。以上这些在现有文献中未见有具体的讨论，可见，这项研究任务正处于开始阶段。可以探讨的理论与实践问题是很多的，需要有关各行专家在研究中探求其研究道路。

从学习有关文献，以及根据我们的理解，本文将从生物多样性保护的任务和要求出发，讨论一下以区域为单位的生物多样性保护的研究任务、目标、方法与手段等若干问题，希望引起同行专家的兴趣，共同讨论。

1 区域生物多样性保护的研究任务和目标

1.1 区域生物多样性保护的研究是一项基础性很强的应用研究，应为保护行动计划提供有理论依据的可操作的保护措施和技术

生物多样性保护的研究是一项什么性质的研究任务，是应用基础研究，还是应用研究？这和本项研究任务、目标以及其社会效益有关，准确的理解会有助于更好地完成研究任务。从生物多样性保护的研究任务出发，本项研究不仅要提出在自然条件和人为活动的条件下生物多样性的现状和变化过程等有关特征和规律，而且必须为保护活动提供途径、措施和方法，并具备应用技术的可操作性，易为实施人员理解和行动，因此，它是一项应用研究。但它几乎涉及生态学中个体、种群、群落和生态系统所有几个层次的

---

† 蒋有绪，刘世荣，1993，自然资源学报，8（4）：289-298。

基础理论问题，需要在理论研究的成果基础上来提出应用技术成果，因此，这实际上是一项基础理论性很强的应用研究项目，在人员组成上应当考虑生物学、生态学等基础学科和自然保护及经营管理等应用学科两方面的专家。

1.2　在区域生物多样性保护的生态系统多样性，物种多样性和基因多样性的三个层次上，以物种多样性保护研究为核心，即以保护和调控生态系统的多样性，来保护与发展物种的多样性，并由此保护和保存生物遗传基因的多样性

从生物多样性的三个层次，生态系统多样性、物种多样性和基因多样性的生态学关系上讲，基因多样性依附于物种多样性，物种多样性依附于生态系统多样性，换言之，生态系统多样性决定物种多样性，物种多样性决定基因多样性（图 1）。一般讲，基因多样性取决于物种的形成、保存、遗传的变异。而物种多样性取决于生态系统和生境的多样性（生境多样性对物种而言，一些学者在概念的运用上往往等同于生态系统多样性）以及生态系统生境内的异质性，分异性或生境的片断性，当然，物种多样性也取决于与基因有关的突变（mutation），但从保护意义上讲，由于物种个体是基因的载体，因而基因多样性依附于物种多样性的说法是可行的。

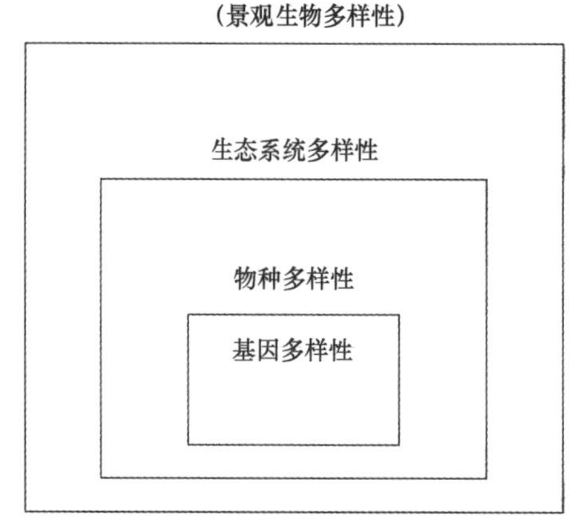

图 1　生物多样性保护三个层次的依属关系

由于基因多样性的保护、保存与利用是涉及生物遗传工程等微观范畴，对它们的研究往往需要在另一个层次上（即微观的生物学层次上）立项组织研究，因此，宏观的，生态学意义上的区域生物多样性保护的研究重点则可以放在生态系统多样性和物种多样性保护两个层次上。其中通过保护、恢复或发展和调控生态系统多样性作为实现物种多样性保护的途径是比采取其他方式抢救濒危、珍稀物种更为积极、主动和超前的方法。物种多样性的保护应当包括诸如抢救、恢复濒危物种等内容，但物种多样性保护的研究不等于只限于抢救与恢复发展濒危物种种群的研究，应当更宽广地建立在与生态系统多样性保护研究相互联系的基础上。实际上，抢救与恢复发展濒危物种的迁地保护和促进繁殖生育等工作，也是属于与自然、半自然、甚至人工的生态系统调控研究相联系的。因此，生物多样性保护的研究任务中，研究生态系统多样性与物种多样性两者的相互关系是一个重要内容。

1.3 生物多样性保护研究是一项社会性很强的实际研究，需要通过对代表性地区（或区域）或优先重点地区的具体研究来实现

生物多样性保护研究可以而且应该包含对全国性宏观的调查研究和规划以及有关政策、法规等软科学内容，但主要的，应通过对具体地区的研究，才能积累和实施研究成果，取得实际和社会效益，具体的科学研究地区理应成为今后的保护行动的实施地区，它们还可以在今后有条件时建成生物多样性保护的研究实验基地，或保护行动的示范基地。这类地区的选择已有一些学者（如王献溥，1992）有过论述，它们可以是生物多样性很高的热带亚热带地区，也可以是一些其他的自然地理带典型的地区（如暖温带、温带、寒温带，垂直分布的亚高山地带等）；也可以选择自然地理的过渡区，那里有它们的特殊性，有时具有较高于附近典型地区的生物多样性；也可以选择具有自然逆境等特殊意义的地区（如干旱区、高寒区等）和人为干扰产生的逆境胁迫区等；生态系统类型除了生物多样性较高的森林外，可以有草地、沼泽、荒漠等其他陆地生态系统类型，也可以有水生生态系统（如海洋、河口等类型）以及生态系统间的边缘过渡带。总之，应当根据需要与可能有重点、有步骤地加以选定规划。任何类型地区都应包含代表性天然生态系统在内的有不同人为经营或干扰活动方式影响下的周边地区，这种研究才是有比较性和全面性的，才有可能密切与地区社会发展相联系。实现以本研究任务和保护任务促进社会发展的使命。

根据上述优先考虑的代表性生态系统地区的条件，已有一定生活、工作条件和实行其保护功能的自然保护区是比较理想的选择，但应把研究范围扩大至周边人为活动频繁的社会区，以形成一个由典型原始的生态系统至人为活动强烈的梯度（生境梯度、自然度或人为活动的梯度）（图 2），这样有利于安排有系列的比较研究，从空间尺度扩展到时间序列变化尺度。

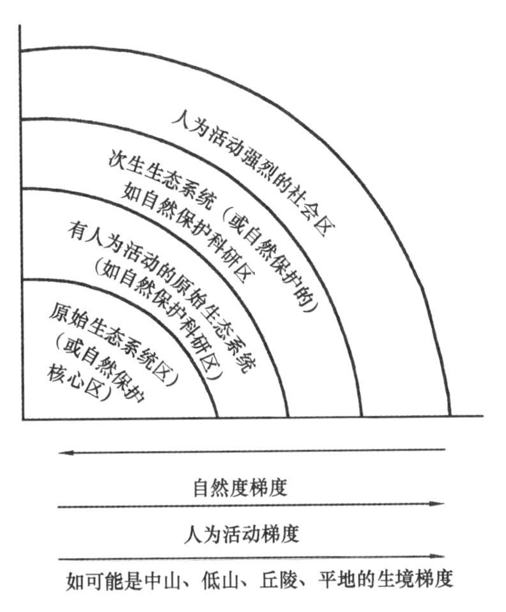

图 2 自然保护区及周边地区的梯度生物多样性分析图解

2　区域生物多样性研究的内容

对一个研究基地的生物多样性研究应当进行如下研究内容；积累必要的资料，提交必要的研究成果。

2.1　有关生物多样性基本资料的调查研究

（1）区域生态系统类型（包括原生的、次生的、即所有处于各种状态和演替过程中的类型，还有人工建立的类型）的确定。列出具有命名的清单，以及所有这些类型尽可能详尽的生物区系组成、结构、生境的描述（如植物群落学调查的群落表等），和这些类型在环境梯度上的序列和演替关系的序列。

（2）原生及次生生态系统的物种多样性主要反映系统或群落内种的数目及其均匀性及其意义的分析，进行类型间（反映生境与不同人类活动影响）的物种多样性比较研究。

（3）整个环境梯度上的原生生态系统和重要天然次生生态系统的生物多样性（主要反映环境梯度上多样性的变化）及其意义的分析。

（4）区域的物种多样性往往包括更大范围内生境替代及物种替代的多样性），并附上已鉴定物种的清单或名录。

（5）区域生物多样性的自然地理背景分析，包括自然地理气候带（区）的特征，并分析其典型性（是否典型地带性，或具有过渡性），影响生物多样性形成发展的自然地理因素，包括灾害性气候及逆境条件分析，如区系分析，以及已知的区系历史地理学资料。对区域及生态系统（群落）生物多样性的综合分析，可参考图3。

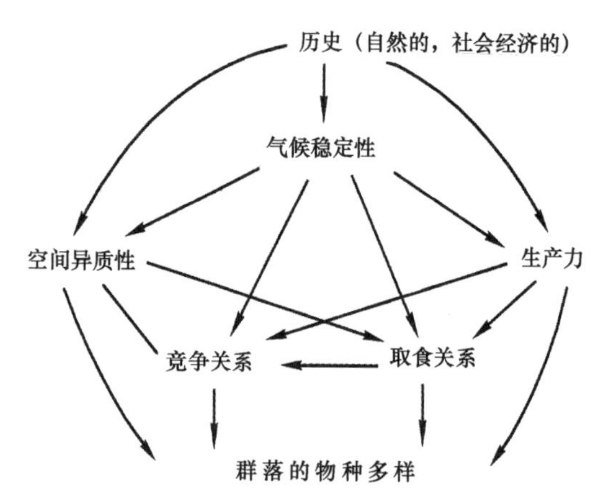

图3　影响区域或群落物种多样性的各因子相互作用图解（据Pianka，1971修改）

（6）区域生物多样性的人类活动背景分析，如①人类直接干扰生态系统的方式、频度、规模、强度等；②人类经济生产对生物资源利用、影响生物多样性的社会经济分析；③各种社会经济活动的环境污染分析；④人类活动对生物多样性影响的正负效应的总体的评估。

（7）区域的自然度分级及制图。有条件的研究基地可结合遥感、航测图片等信息利用来进行此项工作，这对区域生物多样性现状及变化趋势的总体认识有意义，并可对今后保护生物多样性作出自然度调整的规划等。

（8）有条件的话，应用景观生态学知识，在景观层次上（高于生态系统及生态系列的层次）从总体上来衡量景观多样性和景观异质性对生物多样性的影响，例如景观单元的生物多样性、景观的缀斑性（patchness）、景观的片断化（fragmentation）及其与人为活动影响的关系，它们无疑与区域生物多样性有密切关系，而且在保护、调控措施上需要这样的知识。

2.2 有关生物多样性保护的研究工作

（1）关于生态系统与物种多样性的关系研究 ①生态系统关键种的确定（功能意义上），主要是重要珍稀濒危物种所栖息的群落或生态系统（称关键生态系统）的关键种的认识，这对保护与恢复发展关键生态系统，提出调控措施加深理论基础是必要的。②主要生态系统物种多样性高低的原因分析，这涉及重要物种生态位的专化、分化关系，同属同种的趋异和非同属同种的趋同关系，种间种内竞争关系和互利关系；重要种生态位宽度、生态位重叠分析等。对动物讲，还会涉及生态位的食物分化空间时间分异雌雄二形性等，这些都有利于缓和种间、种内竞争关系。此外，还有同属种替代、特征替代和生态位替代等等的分析，都有助于了解区域间、区域内物种关系和物种对环境资源的适应过程和机制，尤其对围绕珍稀、濒危物种的有关物种关系十分重要。由人类活动干扰所造成物种现实生态位与基础生态位之间的差异和距离，也是认识物种生存障碍的一个重要方面，对今后调控这些目的种的种群是重要的。③群落或生态系统的稳定性分析。生物多样性与生态系统稳定性相互间的关系尚未有定论，但多数学者认为，尽管物种多样性与系统稳定性并非永远表现正相关，但较高的物种多样性一般都导致系统稳定性的提高，系统内的生态位异质性、层次及时空生态位的多样性也都导致系统较高的稳定性。在与生物多样性保护研究相联系的系统稳定性分析时还应与人为经济社会活动相联系。

（2）珍稀濒危物种保护的研究 ①开列出区域珍稀濒危物种（相当国外文献的TES种）的名单，列出其濒危程度（定性、定量化）和国家保护级别：濒危、珍稀和生态上敏感的原因分析。②TES种的种群现状、种群生态学的调查研究（如生态学特征、生活史、种群动态等）③TES种在关键生态系统中与关键种或关键种组，或功能种组的相互关系的研究（生态位分析、互利或依存关系的分析等）④TES种的关键生态系统的状况、面积分布、动态变化等及其问题和原因，稳定性分析，为保存TES种的适宜面积，现有面积适宜性和片断性的评价，考虑是否扩大面积，片断的连并，或建立桥梁（廊道）等生态学措施。⑤TES种保护、恢复途径的研究，如干扰因素的消除，人的社会经济活动的替代措施，扩大关键生态系统面积及其间通道，生态系统边界效应的利用，周边交错带的调控，关键生态系统的关键种或功能种组关系的调节，与恢复生态系统的演替研究，除上述的就地保护措施外，对迁地保护的新栖息地或生境的调查设计、调控措施、种群人工繁殖的关键问题（克服生殖生物学和生活史的障碍），建立基因库的设计，迁地保护的社会经济投入产出评估等。⑧TES种的保护、发展与区域的社会经济发展关系及其意义与作用；在区域社会经济发展中生物多样性应用的调查与实验研究。

3　区域多样性保护研究提交的成果

（1）区域生物多样性现状总评估。包括生物多样性现状、问题、形成与发展变化规律，人为活动方式分类及其影响，生物多样性演替模式等科学总结。

（2）区域生物多样性保护的社会经济及生态效益的总评估。包括区域生物多样性对本地区社会经济发展及生态环境保护及保障作用的评价分析，区域生物多样性减少对社会经济及生态的负效益，生物多样性保护与发展前景的预测及效益预测等。

（3）区域生物多样性保护的途径、措施、技术和政策性建议。

（4）建立一个生物多样性保护的研究基地，或保护活动示范基地，或至少提出这样的建议与规划设想。

4　研究中需要共同思考、探讨和验证的问题

由于生物多样性是一个未知甚多的课题，目前大量的文献提出不少现象、相互作用和因果关系，但往往是假设方式提出，其对其中很少一部分做过实验或模型模拟，也未得出定论。但这些假设都有相当现象的支持和逻辑推理上的支持，并确使人有不少启发，现整理列出其中主要者，供从事这方面研究的同事们参考，希望得到进一步探讨和验证。

4.1　生态位多样性假设

①一个区域或群落的物种数目主要由生态位数目（资源的多样性和环境异质性）所决定，这决定物种的停居种的生态位宽度和生态位重叠等，即时空的环境异质性增加种的多样性。②群落内生态位分离的增加，不是反映种的多样性增加，就是反映资源水平的降低。③组成种生态位宽度小或专化程度大，使群落共存种增加。④种的生态位重叠大（资源的富余程度大，允许这种情况），导致群落较高的种多样性。⑤环境资源的质和量，使种多样性非线性增加。

4.2　与生态位相联系的竞争假说

①群落的组成是过去及现在种间在瓜分资源和生态位而竞争的平衡结果。在平衡状态，每一个种在一定生境或其他资源的一部分上占有优势。即种的多样性是资源总范围（Dr）和种对范围中某一部分专化（Du）的函数，可表示为 Dr/Du。②群落内营养级少时，竞争关系将比取食关系在种的多样性上具有较大的相对重要性，当营养级增加，种的数目增加，取食关系将上升为更加相对重要（图 4）。③种间竞争的环形网络（非线性关系），因物种间相互制约的抵消和平衡（包括互利关系），有利于增加物种数目（图 5）。

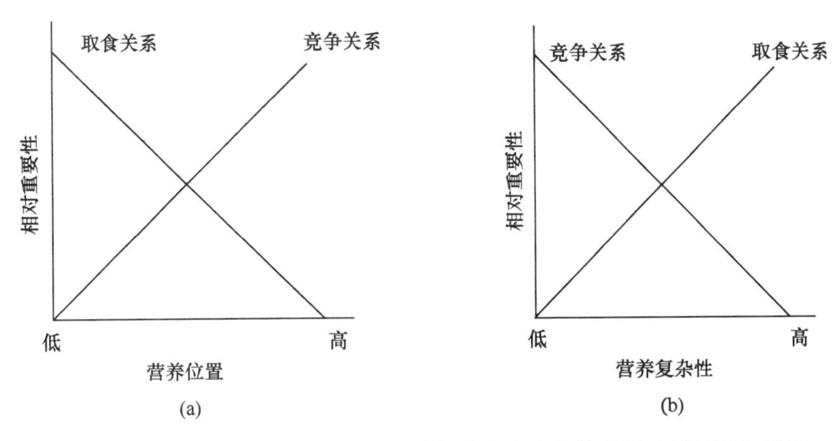

图 4　在群落内（a）和群落间（b）种间竞争和取食关系相对重要性与组织和保持群落内多样性的定性模型

（据 Menge D. satherland）

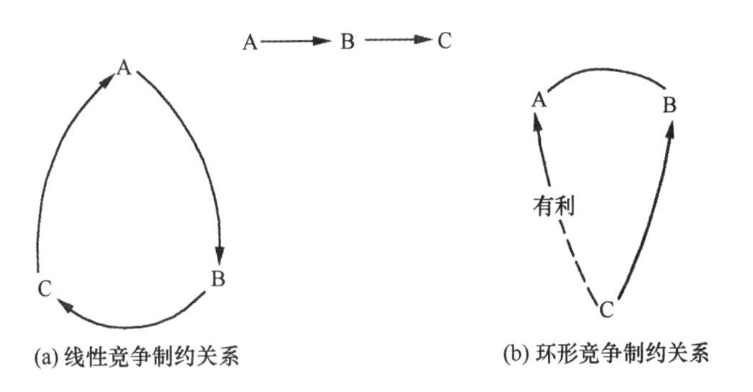

图 5　物种间环形的竞争平衡关系（b）有利于线性的关系（a）

4.3　环境变异假说

①环境的稳定性有助于物种多样性，因为有利于物种专化的进化而不稳定环境经常要求有更宽的耐性限度而只有利于生态位宽的物种使种多样性减少。②理论上，竞争种在振荡的环境中较少能忍受生态位的重叠。③资源振荡水平可以周期性减少生态位空间大小范围。④环境的稳定性有助于物种以生物驱动力来克服环境所造成的生理逆境，从而有利于更多的物种的生存（图 6）。

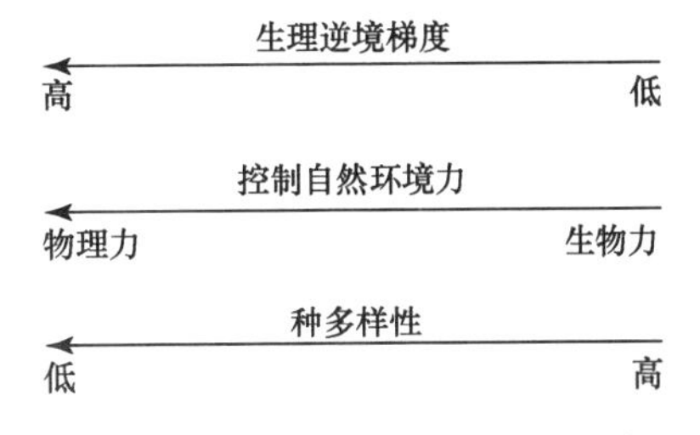

图 6　Sanders的稳定性-时间假说

4.4　渐次变化假说（气候可测性假说）

气候可测性的有规律性变化（如季节性短期变化，年复一年、日复一日变化等），使有机体可能对一定环境条件和资源可用性格局产生某些程度上的依赖性和专化性，而增加对日、季节性环境资源利用的种替代性，而使种多样性增加。

4.5　干扰假说

①最大的多样性会产生于中等范围的逆境物理梯度或中等的干扰水平（图 7）。因为在频繁和大强度干扰下，群落会由偶然的、迅速侵居者或具有忍耐经常灾害性方式的物种占优势，这时群落结构简单，多样性低；当干扰稀少而小时，群落趋于平衡中将消灭劣势的竞争者。②干扰对资源水平和环境异质性的影响是非线性的，一定低水平的干扰会增加物种多样性，但在超过某一点后，干扰就减小物种多样性。③增加干扰有利于生活史短的物种，长生活史和大领地的物种比短生活史和小领地的物种有更大的消失的危险性。④人类是干扰的主源。

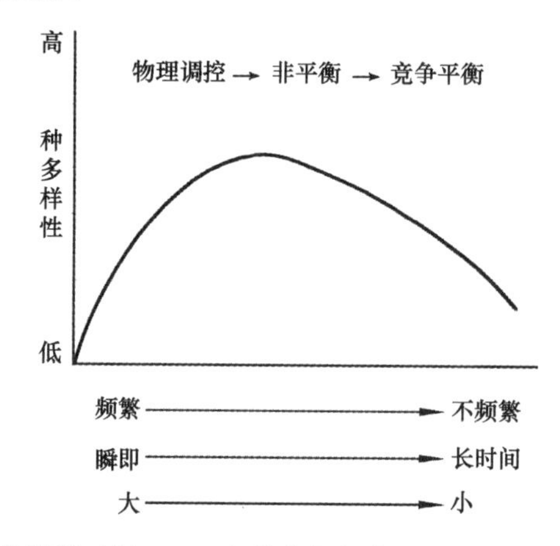

图 7　中等干扰假说（据Connell）线条粗细表示影响关系大小（据Giller）

4.6　面积假说

①一个地区种的数目是种的输入（迁入和种形成）率和种输出（迁出和消亡）率作用的结果。②区域（岛屿）面积大，种的多样性也大，因为它的生境多样性大。③面积大，物种的迁入率比面积小的区域（岛屿）要大，因为它提供了大的目标。

4.7　生产力假说

①第一性生产者（绿色植物）在结构和生活史上比在功能上有更大的差异，而消费者（动物），无论是食草动物或食肉动物，在结构上和功能上的差异几乎相当。②一个生态系统的第一性生产力取决于生物多样性最低程度。③第一性生产力和生物多样性的

关系，无论如何是非线性的。④在大范围时，由于内部的资源富余性和补偿性，生物多样性对碳、养分、水的平衡相对不太重要。⑤生态系统的生物多样性若干量度的程度大于有效养分功能的需要。

4.8 综合作用假设

一个生态系统物种多样性水平是由包括历史、气候、土壤、种间竞争以及干扰等许多因子作用的结果。其关系可概括为图 8，但它实际上指许多因子通过生物种间竞争而影响物种多样性。而倾向于各类因子都具有同样重要的综合作用图解，可以图 3 为代表，这可能是比较符合生物多样性形成的实际过程，也是本文作者赞同的思考模式。

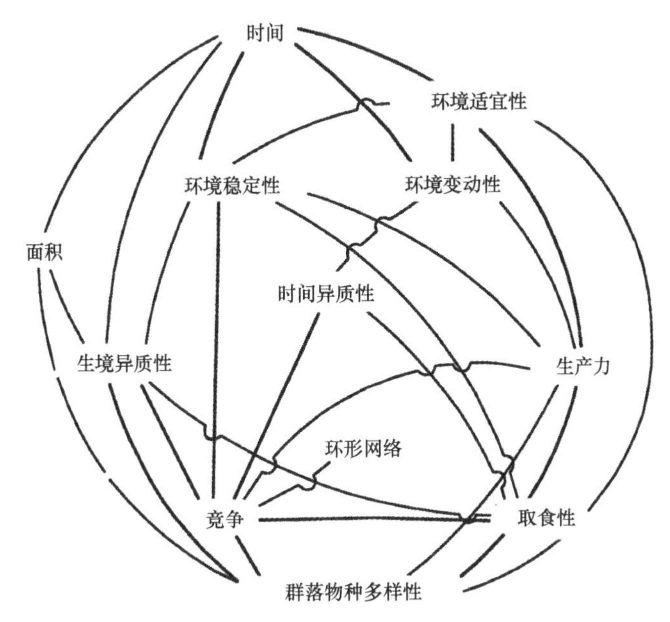

图 8 影响群落物种多样性因子的因果网络

参 考 文 献

[1] McMinn J. W. Biological Diversity Research；An Analysis，Gerenal Technical Report SE-71 Southeastern Forest Exp. Station. Forest Service，United States Dept of Agriculture，1991，1-7.

[2] Kimmis J. P. Forest Ecology. New York，Macmillan Publ. Co. 1987，531.

[3] Giller P. S. Community Structure And The Niche，New York，Chapman and Hall，1984，176.

[4] Schulze M. Status of Ecosystem Function of Biodiversity Program. 1991.

[5] Solbrig O. T. Biodiversity，scientific Issues and Collaborative Research Proposals. 1991.

[6] Bock J. H. etc. The Evolutionary Ecology of Plants，Westview Press. 1989，303-444.

[7] 麦克尼利 J. A.等（薛元立等译）. 保护世界生物多样性，北京：中国环境科学出版社，1991，225.

[8] 中国科学院生物科学与技术局，中国科学院生物多样性研讨会会议录，1990，137.

[9] 王献溥. 特有种的基本概念及其在确定生物多样性中心的作用，自然资源，1992（1），68-73.

中国森林植物群落信息管理系统的建立[†]

中国的森林植被起源古老，类型繁杂，基因资源丰富，是森林生态学与群落学研究的极好基地。但纵观前人森林植被研究之资料，多为各个观测点的零散数据，缺乏系统性和规范性，给森林植物群落的综合性与系统性研究带来很大困难。因此，我们建立了森林植物群落管理信息系统，将森林植物群落研究资料中的信息规范化与数字化，实现了文献信息的编辑，检索，查阅，并能进行统计分析，多样性分析与绘图分析。本系统使用 FOXBASE 2.10$^+$，屏幕全部菜单化中文显示，掌握容易，使用方便，对我国森林植被与群落学研究系统化和层次水平的提高将会有很大的促进作用。

1 数据库结构设计

鉴于植被研究多围绕一个山脉或自然保护区来论述，本研究把具有代表性的植被类型作为主干来设计数据库。主数据库记录群落基本类型和自然地理概况，其中包括群落基本类型，群落名称，地理、行政位置，经纬度和资料来源信息（表 1）。

表 1 一、二级数据库结构

主库结构	群落基本信息库结构
群落基本型	群落基本型
群落名称	群落名称
经度	海拔（M）低
纬度	海拔（M）高
行政位置	土壤类型
地理位置	枯落物厚（CM）
土壤类型	样方面积（M2）
调查日期	样方数
作者姓名	
书刊名称	
文献标题	

在群落基本类型下，建立群落基本信息库，其中含有群落名称，海拔，土地类型，枯落物厚度，样方面积和样方数（表 1）。

以上两个库是提供森林植被基本信息字符型数据库，而下面所设的附属库则是反映该群落的特性，完全数量化以适于各类统计计算和绘图的数值型数据库（表 2、表 3）样方调查的群落表是文献进入数据库的依据，库内包括树高、胸径、频度、多度、盖度及它们的相对值和重要值，可进行统计、排序和多样性分析。

† 蒋有绪，王丽丽，王兵，1994，林业科学研究，7（5）：569-573。

表 2　三级数据库结构

区系组成库结构①	生活型谱库结构	群落结构库结构②	群落样方库
群落基本型	群落名称	群落名称	群落名称
地理位置	大高位种数	乔Ⅰ种数	种名
01 属数	大高位比率	乔Ⅰ高度	平均高
01 比率	中高位种数	乔Ⅰ百分比	平均胸径
02 属数	中高位比率	乔Ⅱ种数	优势度
02 比率	小高位种数	乔Ⅱ高度	多度
03 属数	小高位比率	乔Ⅱ百分比	频度
03 比率	矮高位种数	乔Ⅲ种数	盖度
04 属数	矮高位比率	乔Ⅲ高度	相对优势度
04 比率	地上芽种数	乔Ⅲ百分比	相对多度
05 属数	地上芽比率	灌Ⅰ种数	相对频度
05 比率	地面芽种数	灌Ⅰ高度	重要值
06 属数	地面芽比率	灌Ⅰ百分比	
06 比率	地下芽种数	灌Ⅱ种数	
07 属数	地下芽比率	灌Ⅱ高度	
07 比率	一年生种数	灌Ⅱ百分比	
08 属数	一年生比率	草种数	
08 比率	藤本种数	草高度	
09 属数	藤本比率	草百分比	
09 比率	附生种数		
10 属数	附生比率		
10 比率			
11 属数			
11 比率			
12 属数			
12 比率			
13 属数			
13 比率			
14 属数			
14 比率			
15 种数			
15 比率			

①区系组成的 15 类即参考文献[1]中应用的 15 个世界植物区系的地理成分，具体描述在表 2 中列出；②Ⅰ、Ⅱ、Ⅲ指亚层

另外，把该地区植物属的区系成分，群落基本型的生活型谱，以及群落的垂直结构分别建立数值型库文件，可绘制条形彩图和模式结构图。

表 3　世界植物区系代码

代码	植物区系	代码	植物区系
01	世界分布	09	东亚、北美间断分布
02	泛热带分布	10	旧大陆分布
03	热带亚洲、热带美洲间断分布	11	温带亚洲分布
04	旧大陆热带分布	12	地中海区至中亚分布
05	热带亚洲至热带大洋洲分布	13	中亚分布
06	热带亚洲至热带非洲分布	14	东亚分布
07	热带亚洲分布	15	中国特有
08	北温带分布		

2　系统结构设计

本系统采用三级关系型数据库结构（图 1），以自然保护区等具有一定代表面积的森林群落基本类型为一级单位，建立自然地理概况数据库和群落组成数据库，这两个一级库是对应的。以群落基本类型的代表群落建立二级库，一级库的一个记录对应二级库的一个文件，三级库的群落结构，生活型谱和样方群落表这三个库文件也是同时与二级库的记录相对应的这种结构，虽然使用了很多库文件，但由于分类细，库结构小，尽量避免了空白字段的存在，节省了空间，调用灵活，运行速度快[2]。

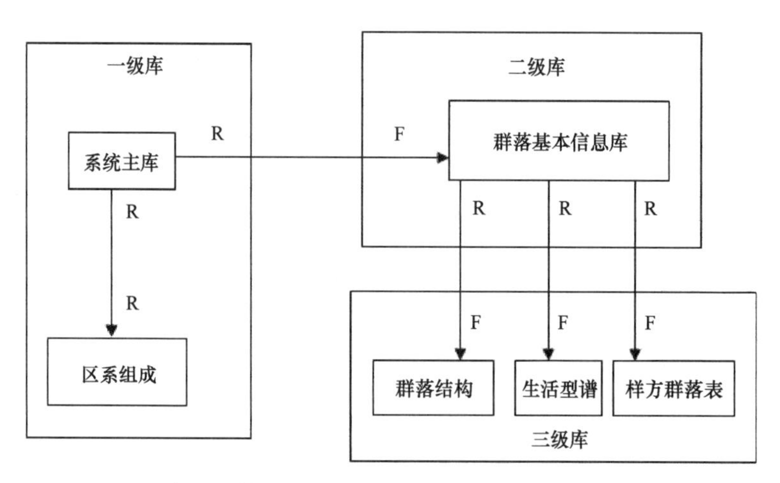

图 1　数据库结构（图中R-记录，F-文件）

3　系统的功能

本系统共有 8 项功能[3]（图 2）。

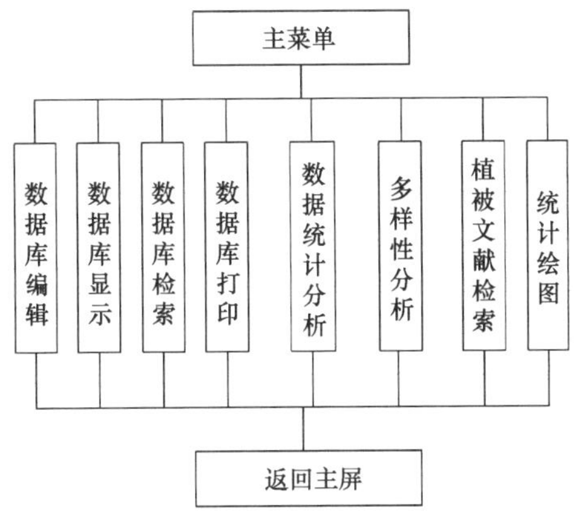

图2 系统功能框图

3.1 数据库编辑

①数据修改：以全屏幕方式修改指定数据文件的任意记录。②数据删除：有条件地删除当前数据文件的任意记录。③数据插入：在文件任一记录后插入新记录。④数据追加：在文件现有记录后追加数据。

3.2 数据库显示

①库结构显示：显示当前数据文件的结构状况。②库文件显示：显示当前路径下全部 DBF 数据文件名。③一级库显示：显示一级库数据文件的有关内容。④二级库显示：显示二级库数据文件的有关内容。

3.3 数据库检索

①群落名称：按群落名称查找文件信息。②群落类型：按群落类型查找文件信息。③地理位置：按地理位置查找文件信息。④条件检索：当群落名称、群落类型和地理位置为未知条件时，可用条件检索查找文件信息。

3.4 数据库打印

按标准表格形式[4]打印数据库文件。

3.5 统计分析

对植被群落的有关属性数据进行相应的统计分析

3.6 多样性分析

①Simpson 指数分析。②Shannon-Wheaver 指数分析。③Goldsmith-Harrison 指数分析。

3.7 植被文献检索

①按作者姓名查找文献。②按植物群落类型查找文献。③按摘要内容查找文献。④按发表时间查找文献。

3.8 绘图分析[①]

（1）生活型谱图：绘出当前记录的生活型谱条形彩图（图 3）。

（2）群落结构图：绘出群落垂直结构模式图（图 4）。

（3）区系分析 I：按 4 大植物区系绘出条形彩图，即把 15 个植物区系合并成 4 大区系：世界分布（代码 01）；热带分布（包括代码 02、03、04、05、06、07）；温带分布（包括代码 08、09、10、11、12、13、14）；中国特有（代码 15）（图 5）。

（4）区系分析 II：按 15 个植物区系绘出条形彩图（图 6）。

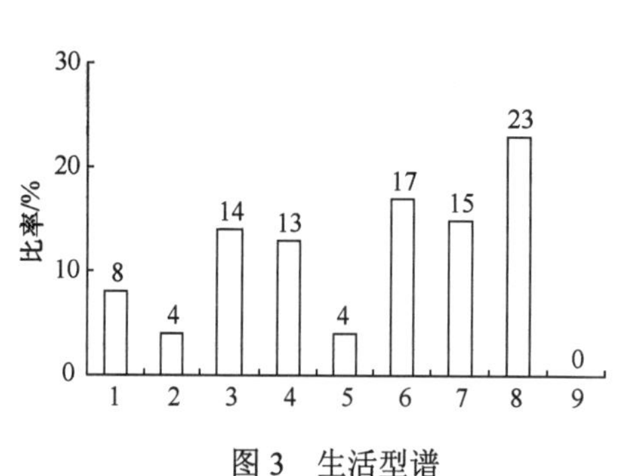

图 3 生活型谱

1. 藤本植物；2. 一年生植物；3. 地下芽植物；4. 地面芽植物；5. 地上芽植物；6. 矮高位芽；7. 小高位芽；8. 中高位芽；9. 大高位芽

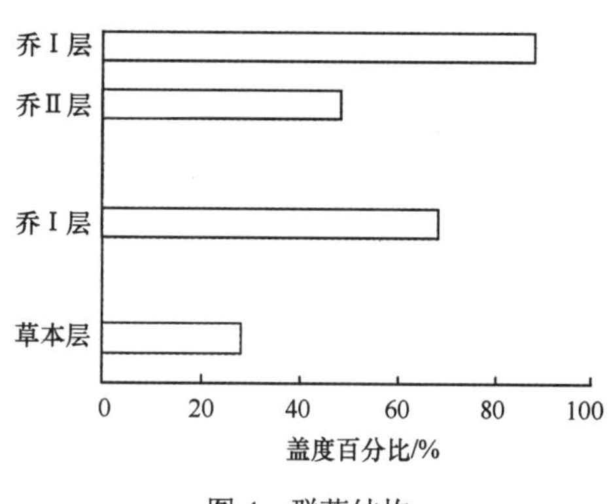

图 4 群落结构

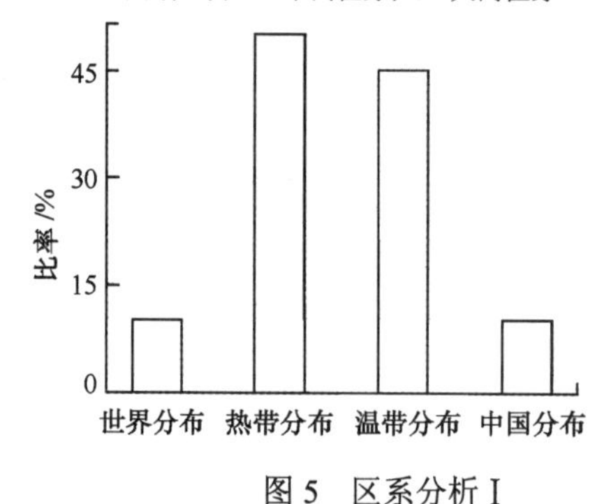

图 5 区系分析 I

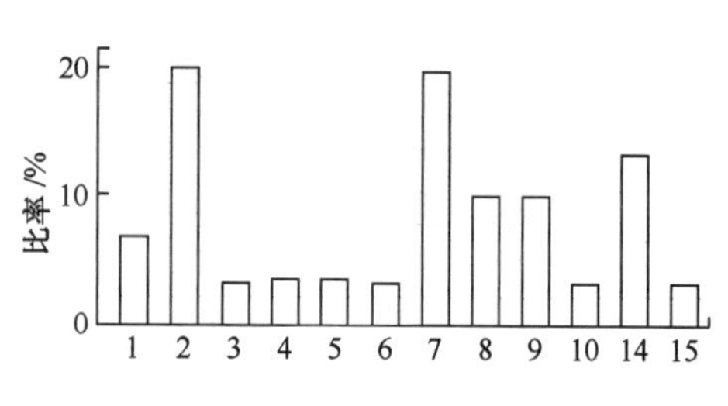

图 6 区系分析 II

（1～15 为世界植物区系代码，11～13 区系比率为零）

① 数据来自文献 5。

4 本系统特点

4.1 多样性分析

植物种的多样性是反映群落结构和功能的有效指标，是生态系统稳定性的度量。种的多样性反映了群落自身的结构和演替特征，是难以用简单定性的方法来描述的。本系统通过群落表中植物多度数据，可自动计算出群落多样性指数，其中包括 Simpson 指数，Shannon-Weaver 指数和 Goldmith-Harrison 指数，以及群落丰富度与均匀度的测定。前两个为α多样性指标，用于测定单个群落的多样性指数；第三个为β多样性指数，测定植物种沿着一个梯度从一生境到另一生境变化的速率和范围，即两群落所含植物种的相似性测量。

4.2 区系分析

以往的区系分析，都是以文字叙述或表格的形式进行分析，本系统设置了区系分析数据库，将各地理成分所含该地区植物属的个数及所占比例录入数据库，即可自动生成直观的彩色条形图。与其他区系分析有所不同的是，我们将世界广布种也纳入比例之中。

4.3 群落的垂直结构

群落结构数据库的设计，将乔木分为三层，灌木分为二层，草本植物一层，苔藓地衣一层。每层记录平均高、种数和种数百分比。为了突出群落垂直结构的特点，我们把条形图排列在 Y 轴上，使图形成为反映群落分层状况的模式图。这样，森林植物群落的垂直结构模式即可归纳为 L 型、F 型、E 型，如疏林的草本植物占优势，模式图呈 L 型；而热带森林以乔木为主，灌木为辅，草本层不发育，则模式图为 F 型；而乔木疏林和草本都有较好发育的群落则模式图为 E 型。图 4 的云南哀牢山常绿阔叶林垂直结构模式可属 F 型。以此方法再现群落垂直结构的分层状况，具有直观性和综合归纳意义。

另外，还可以按层次进行多样性分析，以此来评价和分析群落各层的种类结构特征和群落的动态变化趋势。

参 考 文 献

[1] 吴征镒. 中国植被. 北京：科学出版社，1980：82-114.
[2] 李春葆. 汉字 FOXBASE+2.0 程序设计 100 例. 北京：海洋出版社，1992.
[3] 王兵. GIS 支持下的生态经济效益评价与预测系统. 见：余新晓，水土保持科学研究与发展. 北京：中国林业出版社，1993.
[4] “中国森林生态系统结构与功能规律研究”项目组. 森林生态系统定位观测提纲及数据库设计. 北京：科学出版社，1993.
[5] 钱洪强. 哀牢山徐家坝地区常绿阔叶林结果分析. 云南哀牢山森林生态系统研究. 昆明：云南科技出版社，1983：118-150.

树木构筑学研究

1　热带树木构筑学研究概述†

1.1　构筑学发展概述

构筑学（architecture）是研究植物发生的整体空间结构和它的构件（module）的特征，以及由此反映的植物发生过程与环境条件的关系。在植物的长期发育过程中，由于各种植物的遗传结构不同，它们所处的环境条件又各异，各种植物在不同的环境条件下就会有趋同或趋异适应的特征。一种植物的构筑型是由植物的内部基因和外部环境条件相互作用的产物，它和传统的系统分类既有密切的联系，但也有其独立性，这主要表现在同属的植物可能具有极不相同的构筑型。而不同科属的植物又可能具有同一构筑型，因此，构筑型的分类打破了科属种的界限。植物构筑型的变化与植物区系、生境的相关性很大，因而有一定的规律性可循。通过对这种规律的研究，不仅可以使我们获得对植物形态结构及其系统发生多样性的认识，而且还可以获得对遗传进化规律的进一步了解。构筑型研究已成为研究植物生长发育理论的又一突破口。同时，通过对植物构筑型模式及其动态变化规律的认识，可以使我们利用其来进行植物优良类型的筛选和合理构筑型的培育，具有很大的应用潜力。

热带地区是地球上孕育生物多样性最高的地区，这里的生态环境适合多种生物的生长和发育。表现在热带地区不仅物种的多样性最高，而且每个种的遗传多样性也十分丰富，不同种类的生物和各种各样的环境条件组合在一起，形成了各种各样的生态系统和多样的生态系统功能。由于热带植物区系中，树木所占的比例最大，因此，有人称热带植物区系是树木的区系。热带丰富多样的树木构筑类型，为分析树木的构筑型提供了坚实的基础。

早在本世纪 40、50 年代就有一些欧洲植物学家注意到了热带树木外貌与形态结构的多样性，并做了初步的描述和分析。70 年代初，几位欧洲学者在他们对热带树木近 20 年研究的基础上，正式提出了构筑型的概念，并对全球的热带树木构筑模式分出 23 个基本类型，编制出了热带树木构筑型的检索表，对热带的一些重要树木进行了构筑型分析和描述，并出版了有关的专著，使热带树木构筑型分析成为了一门新型的学科，即热带树木构筑学（the architecture of tropical trees）。80 年代后，学者们不仅研究树木的外部构筑形态，而且还研究多种构筑型的系统发生关系以及它们和生态环境的关系，对许多温带树木甚至草本和藤类植物也都进行了类似的分析和描述。随着数学模型和计算机模拟技术在植物学领域中的应用，近年已有一些学者开展了树木构筑型动态模拟技术的

---

† 臧润国，蒋有绪，1998，林业科学，34（5）：112-119。

研究，使树木构筑型的研究逐渐向定量化和科学化发展。与热带地区对树木地上部分构筑型的研究相对应，在温带和寒温带地区欧美植物学者开展了大量有关草本植物，特别是无性系植物（clonal plants）地下茎构筑型的研究，并成功进行了计算机动态模拟，大大促进了人们对植物的构件关系及其变化规律的认识。

1.2 树木的形成方式与构筑要素

树木是木本植物的总称，它主要指乔木、灌木，但在热带树木构筑型的分析中，也包括木质藤本，甚至还包括与树木形状相类似的大草本植物（如香蕉）。树木的基本组分有树冠、树干（茎）和根系，在对热带树木构筑型的分析中，常以树冠和树干为基础进行分析，但有时在某些分析中也涉及根系。

1.2.1 依据树冠、树干和树根的发育顺序来划分树木的形成方式

依据树冠、树干和树根的发育顺序，树木从小到大有 4 种形成方式：树冠、树干和根系同时逐渐增长，最后形成树体；树冠和大部分的根系先在地面上下发育，然后树干发育伸长，产生完成的树体；通过地下茎的无性分枝产生多个树冠和树干组成的无性系，如竹类；起初在别的树体上萌发，然后通过气根的下延扎入地下，最后形成自身的树干（由原来树根变成）和树冠，如榕树和大多数的绞杀树种即是如此。

1.2.2 依据顶端分生组织的活动所划分的树木形成方式

和植物界的所有有机体一样，树木的地上部分也是由顶端分生组织逐渐发育而来的，在树木构筑型分析时，常常要根据分生组织活动的方式来分析树木的构筑类型。幼苗的顶端分生组织通常以 4 种方式来产生树木：通过顶端分生组织的连续活动；通过顶端分生组织分化进一步产生多个具有等同发展潜势的分生组织，这些分生组织不分化为干和枝；顶端分生组织分化进一步产生一些发展潜势不同的多个分生组织，有些后来发育为枝，其中一个或几个则发育为干；顶端分生组织通过分化进一步产生多个等同潜势但混合的分生组织，即每个分生组织首先产生一段干，然后又产生枝，或反之，先产生枝段，然后再产生干段。顶端分生组织活动的这 4 种方式，是进行热带树木构筑型分析时的重要依据。

据此可相应地辨认出热带树木组建的 4 种基本方式如下。

1.2.2.1 由单个分生组织连续活动形成的树木

这类树木是通过幼苗顶端的分生组织在树木一生中连续活动形成的，它产生单一的轴（axe），这个轴一直不分枝，而且处于生长状态。如单干的棕榈、椰子等，以这种方式组建的树木都是单轴树（monoaxial trees）。

1.2.2.2 由构件组装的树木

在这类树木中，幼苗顶端的分生组织通过合轴式分枝来增生，新产生的分生组织与

母分生组织结构相同，所有新产生的这些分生组织也都相似，并且产生直生性的枝条。因此，这类树木是由一系列不断重复的等同形态单元（morphological units）组成的，我们把这些不断重复的等同形态单元就称其为构件（module），称这类树木是构件组装式的（modular construction），通常构件会形成合轴式树干和枝条。如苏铁植物（cycads），木薯（cassava）等就是构件组装式的构筑型。

1.2.2.3　干枝分化的树木

在这类树木中，各分生组织不再是等同的了。由于分生组织的分化就产生了干和枝，干和枝便成为树木的基本构筑要素。干在整个树体的构筑中起着主导性的作用，它决定着树木的整体形态。树干可以是由单个顶端分生组织活动产生的单轴干，也可是由连续出现的顶端分生组织所产生的合轴干，枝则是由顶端分生组织分化出的分生组织活动产生的。这种枝和干的分化，就有可能产生多种构筑类型的树木，因为根据枝的直生或斜生性之组合，就会产生不同的构筑类型。枝干分化的树木种类很多，如热带的橡胶、可可、柚木以及许多温带树种如栎类、水曲柳、苹果等。

1.2.2.4　轴向改变的树木

这类树木是由能产生等同但混合潜势分生组织的顶端分生组织活动形成的，即同一分生组织既产生干，又产生枝。在分生组织的活动过程中，轴的几何与生活特征都会有不同的变化。这种变化有原生性和次生性两种方式：原生性的是指顶端分生组织分化过程中，首先产生直生的枝，然后再产生斜生的枝；次生性的是指顶端分生组织产生直生或斜生的轴，然后这些轴再重新改变方向。我们可以看出，上面3种类型中由两类分生组织才能完成的构筑特征，在这种类型中由1种分生组织即可完成。

1.2.3　树木的延长生长与分枝方式

在热带树木构筑型分析中，树木的延长生长方式，也是类型划分的重要依据之一。热带树木一般有两种主要的延长生长方式。①节律性生长（rhythmic growth）：指枝条的生长有一定的节奏或周期性，主要是由树木内部的遗传因素所控制，如橡胶。②连续性生长（continuous growth）：指枝条的生长并没有明显的节奏或周期性，生长几乎近于连续，如许多棕榈类植物。生长的节律性或连续性常常可根据芽鳞痕或节间距离的格局来判断。

热带树木构筑型分类的另一重要要素就是分枝方式和类型，关于分枝的级别（order），一般将树干定为0级枝，然后在干上分出枝的是1级，1级枝上再分出来的为2级，依此类 推，一般分枝的级数在5级左右，最高可达9级。依据枝与干的关系，又可分为直生（orthotropic）与斜生（plagiotropic）枝。直生枝即为直立式的枝条，辐射状的对称，叶序螺旋状或十字对生排列，分枝是三维式的，生长点负向地性，常常不开花。斜生枝条常常是趋向于水平，有背腹性对称，叶或为对生或次生性排列在一个水平面上，分枝二维式，生长点斜向地性，常常开花。花或花序在树体上的着生位置如顶生、斜生、老茎生花等也是构筑型分类的重要因素。

1.2.4 同步生长、异步生长，有限生长、无限生长，单一轴、混合轴，替代、并置

这些都是热带树木构筑分析时常用的分类要素，简要解释如下。

同步生长（syllepsis）与异步生长（prolepsis） 根据子分生组织与母分生组织是否同时发育，可将树木的分枝分为两种，即同步生长（syllepsis）与异步生长（prolepsis）。同步生长是指侧生分生组织与产生侧生分生组织的顶端分生组织同时发育，这样，枝和产生枝的母轴是同龄的。异步生长则不同，侧生分生组织与产生侧生分生组织的顶端分生组织不同时发育，侧生分生组织要经历一段时期有静态（rest），然后才能延伸以形成侧枝，这样，枝就比支持枝的母轴的年龄小。

有限生长（determinate growth）与无限生长（indeterminate growth） 有限生长一般指顶端分生组织经历一段时期的营养生长后就会产生花芽或脱落，而无限生长则是指顶端分生组织一直处于营养生长状态，一般也不会脱落。

同型轴（same type axe）与混合轴（mixed axe） 如果一个分生组织只产生同一类型的轴，要么是直生，要么是斜生的，树木上以这种方式产生的轴称为同型轴：而同一分生组织能产生不同类型的轴，要么先产生直生轴，后产生斜生轴，要么相反，以这种方式产生的轴称为混合轴。

替代（substitution）与并置（apposition） 这是指合轴生长的两种不同方式。替代指的是顶端分生组织经过一段时期生长后退化或变为花芽，对树木的营养构筑不再有任何贡献，侧生分生组织继而代替原顶端分生组织的功能，然后它和前者的命运类似，其功能又被它的侧生分生组织所替代，依此类推。而并置指的是顶端分生组织与侧生分生组织一直都在发生作用，只不过顶端分生组织常变为直立的短枝而处于从属性的地位，其下生长势较大的侧生分生组织则变为主导的地位，这个处于主导地位的侧生分生组织最后又会变为直立的短枝，其地位被其下的另一侧生分生组织所取代，依此类推。

1.3 热带树木的构筑模式

1.3.1 关于构筑型的概念

构筑型（architecture）指的是某种树木内部遗传信息在一定时间内外部的形态表现。而对于一种树木来说，决定构筑型相继表达的生长程序（growth program）就称为构筑模式（architectural model），简称模式（model）。关于构筑型与构筑模式的概念，可以从表征树木构筑变化的系列图形来说明，如系列中的每个图表明的是树木发育中的很短一个阶段，即在一定时间内可确切辨认的构筑型，而构筑模式则是一个相对抽象的概念，它是由一系列的构筑型组成的一个整体。由此看来，构筑型是一个相对静态的概念，而构筑模式则是由一系列构筑型的动态系列所形成的一个动态的概念，指树木生长变化的总体动态模式。虽然如此，在文献中常常并不十分严格的区别构筑型与构筑模式的概念。从文献的内容看，构筑型大都被广义的使用，其内涵中往往又包含了构筑模式的内容。这样看来，无论是构筑型还是构筑模式，与一般形态或外貌学的描述不同，它们当中都

自然隐含了树木形态结构动态变化的概念。热带树木构筑型是树木一生中生长发育变化的反映。

1.3.2　构筑模式的辨认

为了辨认树木的构筑模式，就需要去观察处于不同年龄段的树木，并找尽可能是处于最适于其生长而无干扰环境中的树木进行分析，因为只有在这种环境下，树木固有的构筑型才能清晰地表达出来。因此，研究者们往往要寻找无竞争条件、自由生长的树木，如株行距较大的树木园或人工林是观察构筑型较为理想的地方。本世纪 70 年代以来，一些欧洲学者，特别是 Halle、Oldeman、Tomlinson 等，进行了艰苦细致的工作，他们对新几内亚、马来西亚、刚果等地区热带树木进行了较为系统的分析和比较，依据树木的形成与生长方式和形态动态特征等构筑要素，将世界所有的热带树木，划分为 23 个基本的构筑模式，每个构筑模式都是用一个著名植物学家的名字来命名的，因为这些植物学家都对表征有关模式的植物进行过较为系统的形态学研究，为了解有关植物的构筑模式做出了贡献。

1.3.3　热带树木构筑类型的主要特征

热带树木的 23 种构筑模式的主要特征分述如下。

（1）Holttum 型　顶端分生组织活动，产生一个单独的轴，顶端一直处于不分枝状态。这种树木首先经历一段无性的干建立过程，然后才进行有性的花序产生过程，花序总是顶生的。如贝叶棕（*Corypha umbraculifera*）。

（2）Corner 型　与 Holttum 型的形成过程相类似，它也是由顶端分生组织活动产生不分枝的轴，无性的干建立过程之后所产生的花序侧生于叶腋。如椰子（*Cocos nucifera*）。

（3）Tomlinson 型　这种类型的树木大都是由相互连接的地下系统（如根茎）上产生多个直立的构件，然后每个构件发育成一个不分叉的树干。如香蕉（*Musa sapientum*）。

（4）Schoute 型　是由顶端分生组织活动产生直生或斜生的数个干，每个干都有规律地隔一定距离进行分叉，花序常是侧生的。如水椰（*Nypa fruticans*）。

（5）Chamberlain 型　是构件组装式的，由一个线性的合轴系统所组成，干外观上不分枝。所有的构件是等同的，且常常是直生性的。如掌叶苏铁（*Cycas circinalis*）。

（6）McClure 型　这类树木是由两类分化的轴，即混合型（mixed）的干轴以及斜生性的带叶枝轴共同组成。如印度箣竹（*Bambus arunainaea*）。

（7）Leeuwenberg 型　这类树木是由许多直生的构件组成，每个构件最后都产生一个顶生的花序，分枝是三维式的，产生的构件是等同的，后来相继产生构件的长度与宽度向上逐渐减少。如龙血树（*Dracaena draco*）。

（8）Koriba 型　这类树木是构件组装型的，每个轴直生并三维分枝，产生一系列起初是等同的构件，但最后其中一个构件直立生长，变为主导构件形成主干，而其他构件则变为枝条，花序顶生，分枝往往与开花或轴顶端死亡有关。如虎拉（*Hura crepitans*）。

（9）Prevost 型　是构件组装型的树木，产生两类明显不同构件，最后分别形成干和枝，枝和干基本上都是直生性的，其上都有螺旋状排列的叶子，但枝构件是在干构件下的亚顶端区域通过同步生长（syllepsis）形成的，相继产生的干构件则是异步生长

(prolepsis) 形成的，在枝层的下面，枝是斜生性地替代。如羊角棉（*Alstonia boonei*）。

（10）Fagerlind 型　这类树木的构筑型是由一个单轴式节律性生长直生的树干来决定，树干上产生构件式的枝层，每个枝是斜生合轴式的。如灰莉（*Fagraea crenulata*）。

（11）Petit 型　这类树木的构筑型是由一个单轴式、连续性生长的直生干轴来决定的，干轴或连续或扩散式产生斜生的枝条，枝条是构件式的，斜生性替代，其上有螺旋状或羽状排列的叶。如陆地棉（*Gossypium hirsutum*）。

（12）Nozeran 型　这类树木是构件组装性的构筑型，是由一个直生合轴式树干决定的，每个合轴单元上产生一个远轴的斜生枝层。干和枝的生长可以是连续性的，也可以是节律性的。枝本身是合轴式的或是单轴式的，花有时在树干上，有时在枝条上，但不影响树木的构筑模式。如可可树（*Theobroma cacao*）。

（13）Aubreville 型　这类树木的构筑型是由一个单轴式、节律性生长的树干决定的，树干上产生螺旋式或对生的枝层，枝上的叶也是螺旋状或对生排列。枝条的生长是节律性、构件组装式的，每个枝通过外加并置（apposition）斜生，花序侧生。如榄仁树（*Terminalia catappa*）。

（14）Massart 型　这类树木的构筑型是由一个单轴式、节律性生长、直生的树干所决定的，干上所产生的枝层有规律地排列在不同的高度上，枝斜生。如异叶南洋杉（*Araucaria heterophylla*）。

（15）Roux 型　这类树木的构筑型是由一个单轴式、连续性生长、直生的树干所决定的，枝条从不通过外加并置（apposition）斜生，不断地从树干产生，叶在干上螺旋式排列，但在枝上却常常是二列的排列。如咖啡（*Coffea arabica*）。

（16）Cook 型　这类树木的构筑型是由一个单轴式、连续性生长的树干所决定的，树干上的枝条螺旋或对生（decussate）排列，枝条形似叶，即这类树木的枝条从形态学上来说是枝，但从功能单元上来说却与复叶相当。如美洲胶树（*Castilla elastica*）。

（17）Scarrone 型　这类树木的构筑型是由一个直生型节律性活动的顶端分生组织所决定的，顶端分生组织产生无限性（indeterminate）树干，树干上产生枝层（tiers），每个枝复合体是直生性的，由于顶端开花而产生合轴式分枝。如杧果（*Mangifera indica*）。

（18）Stone 型　是由直生性的树干顶端分生组织的连续生长所产生的，树干上所产生的枝条是直生性的，并连续或扩散（diffuse）式生长。枝条进一步在顶端花序下合轴式发育，树干可能顶端开花。如露兜（*Pandanus vandamii*）。

（19）Rauh 型　这类树木的构筑型是由节律性、单轴式生长的树干所决定的，树干上产生不同的枝层，枝本身在形态遗传（morphogenetically）上与树干是等同的。花常常是侧生的，对枝条系统的生长没有影响。这一类型在种子植物中是最常出现的一种构筑型如加勒比松（*Pinus caribaea*）。

（20）Attim 型　这类树木的构筑型是由连续生长的轴（axes）所决定的，轴分化为一个单轴式生长的树干和数个等同的枝条，分枝连续式或扩散式发生。花常常是侧生的，并不影响枝的组建。如红茄冬（*Rhizophora racemosa*）。

（21）Mangenot 型　这类树木的轴是混合型的，顶端分生组织起初产生一个基部垂直的部分，然后在远轴端（distal）产生一个水平的部分，与之相伴随的变化常常是由螺旋式向二列式叶序，以及从小型叶向大型叶的转变，干常常是由不断替代的近轴端

（proximal）垂直部分形成，而枝则是水平的远轴端部分形成。如马钱子（*Strychnos variabilis*）。

（22）Champagnat 型　这类树木的构筑型是由具有螺旋状叶序的混合直生轴的无限复合（superposition）所决定的，每个依赖轴（relay axes）由于自身的重量而在远轴端下垂，更新枝则在下垂枝的上面发育起来，更新枝远轴端的部分变为树木的枝条，而更新枝近轴端的部分则变为树干的一部分。如光叶子花（*Bougainvillea glabra*）。

（23）Troll 型　这类树木的所有轴都是斜生的，通过其不断复合而形成树木的总体构筑，主线轴产生部分树干和枝条。近轴端常常在叶落后变为直立式，远轴端部分则常变为枝条，枝条上再产生侧轴，侧轴常常不形成直立的部分。如凤凰木（*Delonix regia*）。

1.4　热带树木构筑模式的检索表

上面我们对热带树木的 23 种构筑模式的一般特征进行了简要叙述，当在野外判别一个树木是属于何种类型时，仍是十分困难的。掌握 23 种构筑模式的异同点，对我们判别树木构筑模式的类型是十分重要的。为此，Halle，Oldeman 和 Tomlinson 等编制了热带树木构筑模式分析的检索表，通过这个检索表，我们就可以对不同构筑模式之间的异同点有较清楚的认识。检索表如下

1a　树干严格无分枝（单轴树）……………… 2
1b　树干分枝，有时在 Chamberlain 型中表现上无分枝（多轴树）……………… 3
2a　花序顶生……………… Holttum 型
2b　花序侧生……………… Corner 型
3a　营养轴都等同、均一（不是一部分为干，一部分为枝），通常是直生性的，构件组装式……………… 4
3b　营养轴不等同（均一、不均一，或混合，但总是干、枝差异明显）……………… 7
4a　基生型，即枝由构件的基部分出，通常一半在地下，生长一般是连续性的……………… Tomlinson 型
4b　顶生型，即分枝不在基部，而在轴的顶端……………… 5
5a　顶端分生组织均等分裂，产生二歧分枝……………… Schoute 型
5b　叶腋枝，非二歧分枝……………… 6
6a　每个构件只有一个枝，一维线性合轴式生长，表观上不分枝，构件花序顶生……………… Chamberlain 型
6b　每个构件有二个以上枝，三维非线性合轴式生长，分枝明显，花序顶生……………… Leeuwenberg 型
7a　营养轴不均一，即分化为直生或斜生的轴或轴复合体……………… 8
7b　营养轴均一，即全部都是直生的，或全部都是混合的……………… 18
8a　基部分枝产生新干（通常在地下）……………… McClure 型
8b　顶端（末端）分枝，产生干（从不在地下）……………… 9
9a　构件式组建，至少有斜生的枝，构件一般有功能性的顶生花序（有时或多或少脱落）……………… 10
9b　非构件式组建，花序常侧生，但总是对树木的主要构筑型无多大影响……………… 13
10a　高生长合轴性，构件式……………… 11
10b　高生长轴性，构件式组建只限于枝条……………… 12
11a　构件开始等同，都分枝，但后来不等同，其中一个变成主干……………… Koriba 型
11b　所有构件开始就不等同，干构件比枝构件出现的晚，两者十分明显……………… Prevost 型
12a　单轴式高生长有节律性……………… Fagerlind 型

12b 单轴式高生长连续性…………Petit 型
13a 干是由直生轴的合轴式生长形成（枝或为单轴式或为合轴式生长，但决不通过并置斜生）…………Nozeran 型
13b 干由直生轴单轴式生长形成…………14
14a 干节律性生长，分枝…………15
14b 干连续性或扩散式（diffuse）生长，分枝…………16
15a 枝通过并置（apposition）斜生…………Aubreville 型
15b 枝斜生，但不是通过并置，通过替代单轴式或合轴式生长…………Massart 型
16a 枝斜生，通过替代单轴式或合轴式生长…………17
17a 枝为长寿命的，不似一个复叶…………Roux 型
17a 枝为短寿命的，形似一个复叶…………Cook 型
18a 营养轴全为直生性的…………19
18b 营养轴全为混合型的…………22
19a 花序顶生，枝合轴式生长，有时处于树冠的外，表观上是构件式的…………20
19b 花序侧生，枝单轴式生长…………21
20a 树干高生长是节律性的…………Scarrone 型
20b 树干高生长是连续性的…………Stone 型
21a 树干高生长是节律性的…………Rauh 型
21b 树干高生长是连续性的…………Attim 型
22a 轴明显由初始生长造成混合型，先在近轴端为直生性的，后在远轴端变为斜生性的…………Mangenot 型
22b 轴表观上由次生性变化造成混合型…………23
23a 轴均为直生，可能由于重力而发生次生性弯曲…………Champagnat 型
23b 轴均为斜生，次生性变为直立，最常见的是在叶落后再直立…………Troll 型

参 考 文 献

[1] Tomilinson P. B.，Zimmerman M. H. Tropical trees as living systems，Cambridge University Press，Cambridge. London and New York，1976.
[2] Halle，Oldeman FRAA，Tomlinson P. B. Tropical trees and forests-an architectural analysis. Springer-Verlag，Berlin，Heidelberg，1978.
[3] Prusinkiewicz P. W. et al. Modelling the architecture of expanding Fraxinus pennsylvanicashoots using L-system. Can. J. Bot.，1994，72：70-714.
[4] Tucker C. E.，et al. Crown architecture of stand-grown suger maple in the Adirondack Mountains. Tree Physiology，1994，13：297-310.

2 海南岛尖峰岭树木园热带树木基本构筑型的初步分析†

2.1 研究地点与研究方法

2.1.1 研究地点

研究地点为海南岛尖峰岭热带树木园内。热带树木园位于海南岛乐东县的尖峰岭，

† 蒋有绪，臧润国，1999，资源科学，21（4）：80-84。本文得到中国林科院尖峰岭研究站周铁峰、符史深先生、中国科学院昆明生态所谢寿昌先生和华南植物所孔国辉先生的支持和指导，特此表示感谢。

地理位置为北纬 18°42′，东经 108°49′，由中国林科院热带林业研究所于 1973 年建立。树木园内共收集国内外热带、亚热带树木 1400 余种，本研究只选择我国的热带树木，而没有研究从国外引种的树木。本地处于低纬度热带信风干燥气候带内，但深受冬季风影响，夏季湿热多雨冬季干凉。年平均气温 24.5℃，≥10℃的年积温在 9000℃左右，最冷月平均气温为 19℃左右。终年无霜雪，属热带季风气候。树木园内土壤为砖红壤。尖峰岭林区分布有热带半落叶季雨林、热带常绿季雨林、热带山地雨林和山顶苔藓矮林等植被类型。

2.1.2　研究方法

为了辨认树木的构筑模式，就需要去观察处于不同年龄阶段的树木，并找尽可能是处于最适合其生长而无干扰环境中的树木进行分析，因为只有在这种环境下，树木固有的构筑型才能清晰地表达出来。因此，大多数的研究者往往要寻找无竞争条件、自由生长的树木，如株行距较大的树木园或人工林是观察与统计构筑型较为理想的地方。因此，我们选择了尖峰岭热带树木园作为我们研究中国热带树木构筑型的起点和典型地点之一。由于长期、定期观察目前还困难较大，我们首先对整个树木园树木的总体构筑进行了初步统计分析。具体研究方法是：在尖峰岭热带树木园中选择了 103 种树木的较为自由生长（少受竞争和挤压）的中国热带树木个体，对每个个体的冠形、分枝角度、分枝级类、冠幅、树高和枝下高等进行了详细记载和量测（每种树木观测 1～5 株），最后在室内以这 103 种树木为基础，进行统计分析，以期摸索热带树木构筑的基本规律。

2.2　结果分析

2.2.1　冠形

冠形能使人对一个树木的总体形象有一个最直观最明显的印象，因此冠形不仅是树木分类学和树木形态学的一个重要组成部分，也是构筑型分析中最常用到的一个要素。通过冠形的分析，人们就能认识一株树木的基本轮廓，通过对不同条件下冠形变化的分析，就能了解树木对不同生态条件适应与变异的程度。我们对尖峰岭 103 种树木的冠形进行记载后统计分析结果如表 1。

表 1　尖峰岭 103 种树木的冠形统计

冠形	树木种类数	(%)
卵形	32	31.07
圆球形	25	24.27
圆柱形	18	17.48
圆锥形	2	1.94
伞形	19	18.45
半球形	7	6.80

从表 1 看出，尖峰岭树木的冠形，大体上有卵形、圆球形、圆柱形、伞形、半球形和圆锥形几种基本类型。其中各类冠形的树木分别占统计总数的 31.07%、24.27%、17.48%、1.94%、18.45%和 6.80%，以卵形树木所占的比例最大：冠形属于卵形的树种如爱地栎、白花含笑、白木香、刺冬、大叶石栗、多花山竹子、饭甑栎、观光木、海棠树等。属于圆球形的树种如菠萝蜜、布渣叶、大叶胭脂、海南红豆、花梨、荔枝树、龙眼树、梭果玉蕊等。属于圆柱形的树种如幌伞树、灯架木、广南天料木、海南梧桐、海南暗罗、见血封喉、岭南山竹子、龙眼木等。 属于伞形的树种如凤凰木、厚皮树、双翼豆、土密树、细子龙、中平树等。属于半球形的树种如半枫柯、白格、油楠、红椤等。属于圆锥形的树种如海南坡垒、榄仁树、海南大风子等。圆球形、伞形、半球形和圆锥形几种枝条发达，树冠发达的类型在所调查的热带树木中占有近半数的比例，而这几种类型在温带或寒带的树木中一般所占比例很少，体现出热带树木中有不少是冠形庞大，枝条发达的类型。

2.2.2 分枝角度

树木的分枝角度是形成树木的最基本要素。它对冠形的形成和树木总体的构筑模式起着决定性的作用。不同的树木通过枝条与主杆间不同的分枝角度，呈现出千姿百态的形象。分枝角度对构筑型的定量化分析，特别对计算机动态模拟研究来说是最重要的一个参数，通过对不同树木分枝角度的统计分析，在计算机就可通过改变分枝角度来对树木形状进行模拟。已有学者以分支角度为基础，模拟出了各种漂亮的树型图（Prusinkiewicz et al.，1994）对尖峰 103 种树木分枝角度的统计结果如表 2。

表 2　尖峰岭树木园 103 种树木分枝角度统计

分枝角度/°	树种个数	（%）
30	9	8.74
45	16	15.53
60	36	34.95
90	17	16.51
30 或 45	3	2.91
30 或 60	3	2.91
45 或 60	5	4.85
60 或 90	13	12.62
120	1	0.97

表 2 说明，海南尖峰岭热带树木园中大多数树木的分枝有近于 30°、45°、60°和 90°几种方式。从统计分析可以看出，尖峰岭热带树木中以 60°为基本分枝角度的树木最多，其次为 90°、45°和 30°的，分别占统计总数的 35.95%、16.51%、15.53%和 8.74%。有时在有些树木中有一株树木上可以看到几种分枝角度的混合，如 60°或 90°的分枝角度在一种树木中常同时出现，仔细观察发现，这些树木一般在越靠近顶端，即越年轻的干或枝之间的分枝角度越近于 60°，而在越靠近基部的老枝干之间则常是以近于 90°的分枝角度来表现的，这在一定程度上表明了树木构筑型的动态变化特征，因为枝条的年龄越大，其体积和生物量也越大，受重力的影响也越大，枝条受重力影响逐渐下垂，从而表现出分枝角度逐渐由 60°向 90°左右转变。在其他只出现一种分枝角度，如 30°、45°、60°或

90°的树木中，也有类似的表现倾向，即越靠基部的大枝干间分枝角度稍大些，越靠顶端的年轻枝条间分枝角度越小些。这就说明了树木的分枝表现型，既是遗传基因作用。又是环境影响的共同结果，因为每种树木总体来说，它的分枝角度是基本不变的，是可遗传的，但这种分枝角度随不同的环境条件也有一定的适应性，即 adaptive architecture（Bell and Tomlinson，1980），即使是同一个树冠内的不同部位，由于其所处小环境、重力和发育阶段的不同，从而在分枝角度上发生一定程度的变化，这就是基因和环境互作的结果。

以分枝角度为基础，我们可以对尖峰岭乃至整个海南岛的热带树木进行分类，我们可分别以 30°、45°、60°和 90°为本分枝系统，进行划分如下五大类，这种分类可为不同树种的栽培管理和良种培育提供了一定的基础和参考。

（1）以 30°为基本分枝系统的树种；如饭甑栎、海南红豆、花梨、麻楝、无患子、香港坚木、油楠、重阳木等。

（2）以 45°为基本分枝系统的树种；如爱地栎、白花含笑、白木香、半枫柯、翅苹婆、翅子树、大叶山楝、海南栲、盘克栎、中蒲桃等。

（3）以 60°为基本分枝系统的树种；如白榄、布渣叶、大叶石栗、凤凰木、海南坡垒、海南蒲树、海棠树、厚皮树、华楹、海南榄仁等。

（4）以 90°为基本分枝系统的树种；如白背厚壳桂、粗榧树、灯架木、海南大风子、海南梧桐、海南暗罗、假山萝、母生、乌饭树、龙胆木。

（5）以 60°和 90°混合分枝系统的树种；如白格、菠萝蜜、刺冬、海南菜豆树、孔雀豆、南亚松、酸枣、上密树、莺歌木、绿楠等。

2.2.3　分枝级数

分枝级数指的是树木从主干开始分出不同发育阶段枝的级数，我们规定主干为 0 级分枝，从主干上直接分出来的枝条为一级分枝，从一级枝上分出来的枝条为二级分枝，从二级枝上分出来的枝条为三级分枝，依次类推。分枝级数的多少对树冠形状及树木的总体构型也会产生一定的影响，一般高大通直的树木分枝级数较少，树冠在树体中比较小，而矮小主干不明显的树木，一般分枝级数较多；树冠在树体中所占比例也较大。表 3 是尖峰岭 103 种树木的分枝级数统计。从表 3 可以看出，海南尖峰岭热带树木的分枝级数最大不超过 7 级，而以 4 级分枝的树种最多，占统计总数的 46.60%。其次是 3 级分枝和 5 级分枝的树种，分别占统计总数的 22.33%和 18.46%。Halle 等（1978）指出，热带树木

表 3　尖峰岭热带树木的分枝级数统计

分枝级	树种数	（%）
1	1	0.97
2	1	0.97
3	23	22.33
4	48	46.60
5	19	18.46
6	9	8.73
7	2	1.94

一般分枝的级数在5级左右，最高可达9级。我们对尖峰岭热带树木分枝级数的统计结果与此结论基本是相一致的。

2.2.4 冠幅大小

冠幅在一定程度上表明了树木同化能力及其对空间占据和利用能力的大小，一般冠幅较大的树木的光合面积较大，对空间的占据也较大。我们所调查的尖峰岭热带树木园中的热带树种大约是1973年栽植的，它们的年龄基本上都是一样的，都是24年左右。年龄大致都相同且自由生长的树木，冠幅大的，则表明其生长速度较快，对空间的占据能力也较大，从对海南尖峰岭103种自由生长的热带树木冠幅调查的结果是：冠幅≤$10m^2$的树木有45种，占调查总数43.69%，冠幅在10～$20m^2$的树木有16种，占调查总数的15.53%，而冠幅＞$20m^2$的树木有42种，占调查总数的40.78%；用现有的冠幅面积除以树木的平均年龄，则可知尖峰岭热带树木冠幅的平均年增长速度≤$0.42m^2/a$的有43.69%，冠幅的平均年增长速度在0.42～$0.83m^2/a$的有15.53%；冠幅的平均年增长速度＞$0.83m^2/a$的有40.78%。由此可以看出，依据冠幅的大小及其生长速度可将尖峰岭树木园中的热带树木划分为3类，即大冠幅树种、中冠幅树种和小冠幅树种，如果我们规定冠幅≤$10m^2$，增长速度≤$0.42m^2/a$的树种为小冠幅树种；规定冠幅在10～$20m^2$，平均年增长速度在0.42～$0.83m^2/a$的树种为中冠幅树种；而规定冠幅＞$20m^2$，冠幅的平均年增长速度＞$0.83m^2/a$的树种为大冠幅树种。尖峰岭树木园中大冠幅和小冠幅的树种较多，而中冠幅的树种则很少，这种冠幅大小两极分化较大的特点，可能在一定程度上表明了热带树木在其所处的群落环境中长期进化的结果。热带森林中有不少树种树冠庞大发达，占据了群落中大量的空间，在群落中所剩余的空间也大都只有小冠幅的树种能利用，大小树木配合在一起才能充分利用生态空间，并在群落中长期共存。所以，在热带森林中大冠幅和小冠幅的树种较多，而中冠幅的树种就较少。这种特性在一定程度上是可遗传的，当我们在对树木园中的树木进行统计时，就会发现树木园中的热带树木也表现了类似的整体规律。

2.2.5 树高与枝下高以及树高与胸径的关系

树高与枝下高的比例表明了一个树木中，树冠在整个树枝上所占的高度比例，树高/枝下高比值越大的，是树冠在树体中所占的比例越大，反之，则越小。表4是对尖峰岭树木园103种树木测定的结果：从表4可知尖峰岭树木园大多数的树木的树冠高度都在整个树高中占有一半以上（树高/枝下高的比值在2以上）的比例，表明热带树木中大多数的树冠都是很发达的。以103种树木为基础统计分析尖峰岭树木园中热带树木的枝下高

表4 尖峰岭热带树木的树高/枝下高

树高/枝下高	树种数	(%)
≤2	10	9.71
(2，4]	42	40.78
(4，6]	32	31.07
＞6	19	18.45

与树高之间符合指数函数方程 $y=0.6483\exp(0.1277x)$（$R^2=0.4582$，$P<0.05$），如图1所示。同样通过对 103 种树木的树高与胸高育径所做的统计分析表明，尖峰岭树木园中热带树木的枝高与胸高直径之间符合幂函数方程：$y=2.8286x^{0.4121}$（$R^2=0.5953$，$P<0.05$），如图 2 所示。

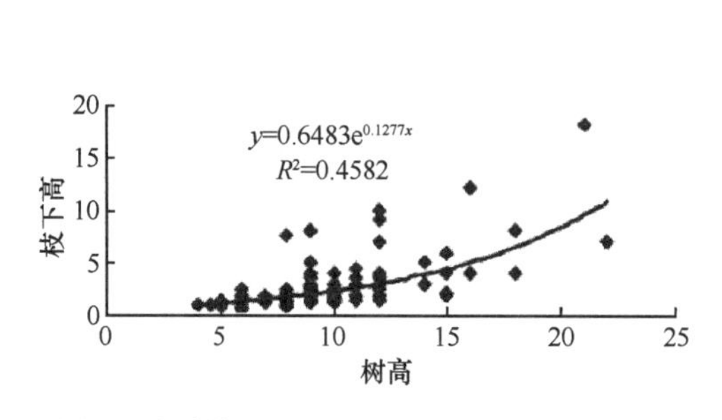

图 1　尖峰岭树木园中枝下高与树高的关系

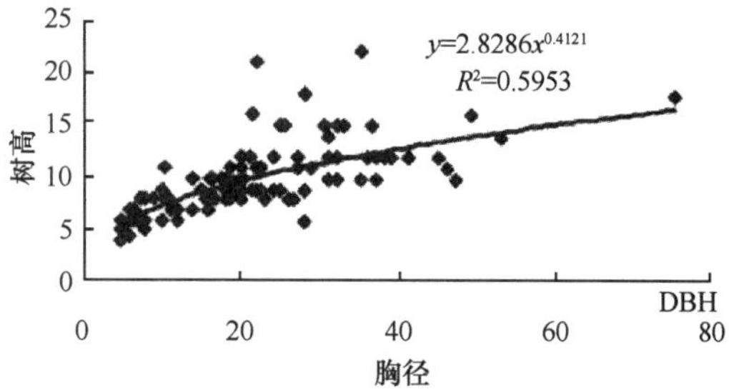

y=2.8286x^0.4121
R²=0.5953
树高
DBH
胸径

图 2　尖峰岭树木园中树高与胸径的关系

2.3　讨论

（1）热带树木的冠形是长期处于热带气候条件和热带森林群落环境条件下所形成的、在海南热带树木园的观察中发现有卵形、圆球形、伞形和圆柱形等几种形状，其中伞形只占 20%左右。但通常人们印象中认为热带树木伞形树冠为普遍，这可能主要是由于热带森林中有不少超冠层树木居于最高层，给人以伞状“霸王树”的直观印象，另外，不少常见的豆科树木也给人以伞形冠的印象，但实际上伞形树木在热带森林或树木中所占的比例要比人们所想象的少。有关热带树木冠形及其适应性还有待进一步深入研究。

（2）关于热带树木中中冠幅树种较少的统计结果和其原因还有待在热带森林群落的大量调查中进一步探讨和印证。

参 考 文 献

[1] Tomlinson P. B.，M. H. Zimmerman. Tropical Trees as Living Systems，Cambridge University Press，Cambridge. London and New York. 1978.

[2] Halle F.，R. A. A. Oldeman，P. B. Tomlinson. Tropical Trees and Forest an Architectural Analysis. Springer-Verlag，Berlin，Heidelberg. 1978.

[3] Prusinkiewicz P. W. el al. Modelling the Architecture of Expanding *Fraxrinus Pennsyvanica* Shoots Using L-System. Can. J. Bor. 1994，72：701-714.

[4] Tucker C. E. et al. Crown Architecture of Stand-Grown Suger Maple in the Adirondack Mountains. Tree Physiology. 1994，13：297-310.

[5] Bell A. D.，P. B. Tomlinson. Adapative Architecture in Rhizomatous Plants. Botanical Journal of the Linnean society. 1980，80（2）：125-160.

[6] Barthelemy D.，et al. Architectural Concepls of Tropical Trees. *In*：Holm-Nieden L. B. et al. Tropical Forests. Academic Press. London. 1989：89-100.

[7] King D. A. Allometry and Life History of Tropical Trees. Journal of Tropical Ecology. 1996，12：25-44.

[8] 臧润国，蒋有绪. 热带树木构筑学研究概述. 林业科学，1998，34.

[9] 常杰等. 植物结构的分形特征及模拟. 杭州：杭州大学出版址，1995.

[10] 臧润国等. 刺五加种群构件的数量统计（1）——刺五加地上部分构件的数量统计. 吉林林学院学报，1995，11（1）：6-10.

[11] 臧润国等. 刺五加种群构件的数量统计（2）——刺五加地下部分构件的数量统计. 吉林林学院学报，1995，11（1）：6-10.

3 海南岛尖峰岭树木园主要构筑类型热带树木名录†

在我们对尖峰岭热带树木（大树）野外观察和查阅国外相关资料的基础上，对尖峰岭热带树木园所属的构筑类型进行了初步研究，在此做一简报。在此所列各构筑类型的树木有 3 种情况：①有些已确定为某种构筑类型，在树种名后标有星号；②有些树木我们只能根据其与国外同类研究所确定的同属树木的构筑类型，并据野外观察将其列入其可能所属的构筑类型；③有些树木可能的所属类型为 2～3 种，我们在其中都列出。后 2 类树木等进一步深入研究后才能确定其所属的准确类型，本文为下一步有针对性的准确确定工作奠定了基础。在尖峰岭树木园中，除 Petit 型和 Schoute 型没有发现其所属的树木外，其他 21 个构筑类型都有相应的树木。各类型树木如下名录，供参考。（注：带有* 表示已确定其构筑型）

3.1 Holttum 型

龙舌兰（*Agave americana*），剑麻（*A. sisalana*），砂糖椰子（*Arenga pinnata*），短穗鱼尾葵（*Caryota mitis*），鱼尾葵（*C. ochlandra*），董棕（*C. urens*）。

3.2 Corner 型

海南苏铁（*Cycas hainanensis*），叉叶苏铁（*C. micholitzii*），摩尔苏铁（*C. moorei*），攀枝花苏铁（*C. panzhihuaensis*），篦齿苏铁（*C. pectinata*），龙尾苏铁（*C. rumphii*），云南苏铁（*C. siamensis*），台湾苏铁（*C. taiwaniana*），槟榔（*Areca cathecu*），三药槟榔（*A. triandra*），椰子（*Cocos nucifera*）*，油棕（*Elaeis guineensis*）*，大王椰子（*Roystonea regia*），箬综（白菜棕）（*Sabal palmatto*），番木瓜（*Carica papaya*）*，梭果玉蕊（*Barringtonia macrostachya*），猴耳环（*Pithecellobium clypearia*），牛蹄豆（*P. dulce*），亮叶猴耳环（*P. lucidam*），光叶樫木（*Dysoxylum hainanense* var. *glaberrimum*），香港樫木（*D. hongkongense*），密花树（*Rapanea nerrifolia*），小粒咖啡（*Coffea arabica*），中粒咖啡（*C. canephora*），大粒咖啡（*C. lliberica*），海南黄栀子（*Gardenia hainanensis*），白蝉（*G. jasminoides* var. *fortuniana*），大叶黄栀子（*G. sootepense*），鸦胆子（*Brucea javanica*），牛肋果（*B. molliswall* var. *tonkinensis*）。

3.3 Tomlinson 型

香蕉（*Musa* spp.），多种藤类（*Calamus* spp.），洋刺葵（长叶刺葵）（*Phoenix canariensis*），刺葵（*P. hanceana*），软叶针葵（江边刺葵）（*P. roebelenii*），旅人蕉（*Ravenala madagascariensis*）*，火殃勒（*Euphorbia antiquorum*），三棱（*E. barnhartii*），猩猩草（*E. heterophylla*），一品红（*E. puecherrima*），绿玉树（光棍树）（*E. tirucalli*）。

† 臧润国，蒋有绪，2002，林业科学，38（1）：141-145。

3.4　Chamberlain 型

铁树（*Cordyline fruticosa*），箭叶铁树（*C. stricta*），木蝴蝶（千张纸）（*Oroxylum indicum*），窄叶火筒树（*Leea longifoliola*），大青（*Clerodendrum cyrtophyllum*），许树（苦朗）（*C. inerme*）。

3.5　McClure 型

妈竹（*Bambusa boniopsis*），棘竹（*B. bambos*），小佛肚竹（*B. venticosa*），黄金间碧玉（*B. vulgaris* var. *vittata*），大佛肚竹（*B. vulgaris*）*。

3.6　Leeuwenberg 型

铁树（*Cordyline fruticosa*），箭叶铁树（*C. stricta*），香龙血树（*Dracaena fragrans*）*，野漆树（*Rhus succedanea*），鸡骨常山（*A. yunnanensis*），夹竹桃（*Nerium indicum*），红鸡蛋花（*Plumeria rubra*）*，四叶萝芙木（*Rauvolfia tetraphylla*），萝芙木（*R. verticillata*），催吐萝芙木（*R. vomitoria*）*，圆叶南洋森（*Polyscias balfouriana*），羽叶南洋森（*P. frutiosa* var. *plumata*），银边南洋森（*P. guilfoylei* var. *laeiniata*），鸭脚木（*Schefflera octophylla*），银叶巴豆（*Croton cascarilloides*），光叶巴豆（*C. laevigatus*），巴豆（*C. tiglium*），越南巴豆（*C. tonkinensis*），麻疯树（*Jatropha curcas*）*，佛肚（*J. podagrica*），木薯橡胶（*Manihot glaziovii*），梭果玉蕊（*Barringtonia macrostachya*），皱叶海桐花（*Pittosporum baileyanum*），聚花海桐花（*P. confertum*），毛蕊台湾海桐花（*P. formosanum* var. *hainanense*），海南九节木（*Psychotria hainanensis*），九节（*P. rubra*），树番茄（*Cyphomandra betacea*）。

3.7　Koriba 型

海杧果（*Cerbera manghas*）*，滇楸（*Catalpa fargesii* f. *duclouxii*），轻木（*Ochroma lagopus*）*，狗尾红（*Acalypha hispida*），红桑（*A. wilkesiana*），金边红桑（*A. wikkesiana* var. *marginata*），银边红桑（*A. wilkesiana* var. *miltoniana*），虎拉（*Hura crepitans*）*，山乌桕（*Sapium discolor*）*，乌桕（*S. sebiferum*），坡柳（*Dodonaea viscosa*），臭椿（*Ailanthus altssima*）*。

3.8　Prevost 型

糖胶木（*Alstonia scholaris*）*，鸡骨常山（*A. yunnanensis*），算叶破布木（*Cordia alliodora*），破布木（*C. dichotoma*），红背桂（*Excoecaria cochinchinensis*）。

3.9　Fagerlind 型

梾木（*Cornus macrophylla*），荷花玉兰（*Magnolia grandiflora*）*，枇杷（*Eriobotrya japonica*）*，

台湾枇杷（*E. deflexa*），山石榴（*Randia spinosa*），岭罗麦（解油）（*Randia wallichii*）。

3.10 Nozeran 型

琼榄（*Gonocaryum maclurei*）。

3.11 Aubreville 型

大果瓜栗（*Pachira macrocarpa*），阿江榄仁（安心树）（*Terminalia arjuna*），油榄仁（*T. bellirica*）*，榄仁树（*T. catappa*）*，柯子（*T. chebula*），象牙海岸榄仁（*T. ivorensis*）*，大翅榄仁（*T. macoptera*），千果榄仁（*T. myriocarpa*），莫氏榄仁（*T. muelleri*），鸡尖（海南榄仁）（*T. nigreveenulosa*），艳榄仁（*T. superba*）*，毛榄仁（*T. tomentosa*），尖叶杜英（*Elaeocarpus apiculatus*），黄桐（*Endospermum chinense*），中平树（*Macaranga denticulata*），山中平（*M.hemsleyana*），红枝琼楠（平滑琼楠）（*Beilschmiedia laevis*），厚叶琼楠（*B. percoriacea*），琼楠（洛氏琼楠）（*B. roxburghiana*），东方琼楠（*B. tungfangensis*），黄志琼楠（*B. wangii*）。

3.12 Massart 型

大叶贝壳杉（*Agathis macrophylla*），异叶南洋杉（*Araucaria heterophylla*）*，肯氏南洋杉（*A. cunninghamii*），诺和克南洋杉（*A. excelsa*），三尖杉（*Cephalotaxus fortunei*）*，海南粗榧（*C. mannii* f. *hainanensis*），八角枫（华瓜木）（*Alangium chinensis*）*，冬青（*Ilex cornuta*）*，三花冬青（*I. triflora*），米碎木（*I. godaiam*），苦丁茶（*I. kudingcha*），谷木叶冬青（*I. memecylifolia*），爪哇木棉（*Ceiba pentandra*）*，南美木棉（*Chorisia speciosa*）*，翼羯布罗香（*Dipterocarpus alatus*），蛇螺羯布罗香（*D. obtusifolius*），盈江龙脑香（*D. retusus*），龙脑香（*D. turbinatus*），云南婆罗双（*Shorea assamica*），婆罗双（*S. robusta*），银柴（大沙叶）（*Aporosa chinensis*），大萼木姜子（*Litsea baviensis*），木姜子（山苍子）（*L. cubeba*），五桠果叶木姜子（*L. dilleniifolia*），毛叶木姜（*L. elongata*），潺胶木姜（*L. glutinosa*），大果木姜（剑叶木姜）（*L. lancilimba*），假柿木姜（*L. monopetala*），变叶木姜（黄春木姜）（*L. variabilis*），密花马钱（*Strychnos confertiflora*），海南风吹楠（*Horsfieldia hainanensis*），琴叶风吹楠（*H. pandurifolia*），滇南风吹楠（*H. tetratepala*），云南肉豆蔻（*Myristica yunnanensis*），矮紫金牛（*Ardisia humilis*），海南罗伞树（*A.quinquegona* var. *hainanensis*），海南鼠李（*Rhamnus hainanensis*），竹节树（*Carallia brachiata*），山石榴（*Randia spinosa*），八宝树（*Duabanga grandiflora*）。

3.13 Roux 型

小叶买麻藤（*Gnetum parvifolium*），割舌罗（土谭树）（*A. salviifolium*）*，依兰香（*Cananga odorata*）*，沙煲暗罗（*Polyalthia consanguinea*），长叶暗罗（*P. longifolia*）*，海南暗罗（*P. laui*），陵水暗罗（*P. nemoralis*），斜脉暗罗（*P. plagioneura*），鸡爪暗罗（*P.

suberosa），海南槌果藤（*Capparis hainanensis*），槌果藤（*C. hastigera*），滇南蛇（*Celastrus paniculatus*），狭叶坡垒（*Hopea chinensis*），无翅坡垒（铁凌）（*Hopea exalata*），坡垒（*H. hainanensis*），海南坡垒（*H. hongaychsis*），毛坡垒（*H. mollissima*），青枣核果木（*Drypetes cumingii*），海南核果木（*D. hainanensis*），白梨么（*D. perreticulata*），海南嘉赐树（*Casearia aequilateralis*），膜叶嘉赐树（*C. membranacea*），毛叶嘉赐树（*C. villilimba*），红花天料木（母生）（*Homalium hainense*），老挝天料木（*H. laoticum*），毛叶天料木（*H. mollissimum*），广南天料木（越南天料木）（*H. paniculiflorum*），显脉天料木（*H. phanerophlebium*），海南天料木（*H. stenophyllum*），泰国大风子（*Hydnocarus anthelminticus*）*，海南大风子（*H. hainanensis*），含笑（*Michelia* spp.），见血封喉（*Antiaris toxicaria*），金莲木（*Ochna integerrima*），裂百瓣奥里木（*Ouratea lobopetala*），麦珠子（*Alphitonia philippinensis*），三萼木（狗骨柴）（*Tricalysia dubia*），夜来香（*Cestrum nocturnum*），琢果安息香（*Styrax agrestis*），青山安安息香（*S. macrothyrsus*），中华安息香（*S. chinensis*），栓叶安息香（*S. suberifolia*），白叶安息香（*S. subnivea*），海南杨桐（*Adinandra hainanensis*），毛果扁担杆（*Grewia eriocarpa*），朴（沙朴）（*Celtis sinensis*），滇朴（四蕊朴）（*C. tetrandra*），铁灵朴（*C. wightii* var. *consimilis*），山麻黄（*Trema orientalis*）*。

3.14　Cook 型

榉叶算盘子（*Glochidion fagifolium*），香港算盘子（*G. hongkongense*），白背算盘子（*G. wrightii*），海南叶下珠（*Phylanthus hainanensis*），余甘子（*P. emblica*），翼核果（*Ventilago leiocarpa*），褐果枣（*Ziziphus fungii*），滇刺枣（*Z. mauritiana*），皱枣（*Z. rugosa*），鱼骨（铁屎木）（*Canthium dicoccum*），小叶鱼骨（猪肚木）（*C. horidum*），大叶鱼骨（*C. simile*）。

3.15　Scarrone 型

腰果（*Anacardium occidentale*），杧果（*Mangifera indica*）*，扁桃（*M. persiciformis*），林生杧果（*M. sylvatica*），黄花夹竹桃（*Thevetia peruviana*）*，兰花木盈（*Jacaranda acutifolia*），印度五桠果（*Dillenia indica*）*，小花五桠果（*D. pentagyna*），大花五桠果（*D. turbinata*），海南杜鹃（*Rhododendron hainanense*），杜鹃花（*R. simsii*），铁刀木（*Cassia siamea*）*，黄槐（粉叶决明）（*C. surattensis*），美丽决明（*C. spectabilis*），黄花槐（*C. suffruticosa*），盾柱木（*Peltophorum inerme*），双翼豆（*P. pterocarpum*），银珠（*P. tonkinensis*）。

3.16　Stone 型

勒古子（*Pandanus forceps*），露兜树（*P. tectorius*）*。

3.17　Rauh 型

大叶南洋杉（*Araucaria bidwilii*）*，肯氏南洋杉（*A. cunninghamii*），诺和克南洋杉（*A. excelsa*），加勒比松（*Pinus caribaea*）*，湿地松（*P. elliottii*）*，南亚松（*P. finlaysoniana*），

华南五针松（*P. kwangtungensis*），卵果松（*P. oocarpus*），长叶松（*P. palustris*），假球松（*P. pseudostrobus*），短叶罗汉松（*Podocarpus brevifolius*），长叶竹柏（*P. fleuryi*），鸡毛松（*P. mbricatus*），罗汉松（*P. macrophyllus*），竹柏（*P. nagi*），肉托竹柏（*P. wallichii*），白背槭（十蕊槭）（*Acer decandrum*），红翅槭（罗浮槭）（*Acer fabri*），米碎木（*Ilex godajam*），三花冬青（*I. triflora*），橄榄（白榄）（*Canarium album*），华南橄榄（三角榄）（*C. bengalense*），乌榄（*C. pimela*），橡胶树（*Hevea brassiliensis*）*，地枫皮（*Illicium difengpe*），白背黄肉楠（*Actinodaphne glaucina*），毛黄肉楠（*A. pilosa*），油梨（鳄梨）（*Persea americana*）*，木田青（*Sesbania grandiflora*）*，非洲桃花心木（*Khaya senegalensis*），大叶桃花心木（*Swietenia macrophylla*），桃花心木（*S. mahogani*），波罗蜜（*Artocarpus heterophyllus*）*，东京胭脂（*A. tonkinensis*），青杨梅（坡梅）（*Myrica adenophora*），美国白蜡（*Fraxinus americana*）*，光叶蜡（*Fraxinus griffithii*），白可乐（*Cola nitida*）*。

3.18 Attim 型

白骨壤（*Avicennia* spp.），木麻黄（*Casuarina equisetifolia*）*，细枝木麻黄（*C. cunninghamiana*），长枝木麻黄（*C. glauca*），念珠木麻黄（湿地木麻黄）（*C. torulosa*），海棠（琼涯海棠）（*Calophyllum inophyllum*），多花山竹子（*Garcinia multiflora*），岭南山竹子（*G. oblongifolia*），金丝李（*G. paucinervis*），大叶藤黄（*G. xanthochymus*），油山竹（*G. tonkinensis*），顶花杜茎山（*Maesa balansae*），鲫鱼胆（*M. perlarius*），桉树（*Eucalyptus* spp.），红树（*Rhizophora* spp.）。

3.19 Mangenot 型

密花马钱（*Strychnos confertiflora*），海南谷木（*Memecylon hainanense*），谷木（*M. ligustrifolium*），黑叶谷木（*M. nigrescens*），细叶谷木（*M. scutellatum*），鱼骨（铁屎木）（*Canthium dicoccum*），小叶鱼骨（猪肚木）（*C. horridum*），大叶鱼骨（*C. simile*），南华毛柃（*Eurya ciliata*），光柃（*E. nitida*）。

3.20 Champagnat 型

瓠瓜树（*Crescentia cujete*），蒴藋（*Sambucusjavanica*），紫薇（*Lagerstroemia indica*）*，毛萼紫薇（*L. balansae*），西南紫薇（*L. intermedia*），大花紫薇（洋紫薇）（*L. speciosa*），毛紫薇（*L. tomentosa*），砖红宝巾（*Bougainvillea spectabilis*）*，宝巾（叶子花）（*B. glabara*）*，淡红叶子花（*B. spectabilis* var. *lateritica*），红刺玫（七姐妹）（*Rosa cathayensis*），月季（*R. chinensis*），红花香水月季（*R. odorata* var. *erubescens*），玫瑰（*R. rugosa*），乌檀（胆木）（*Nauclea officinalis*）。

3.21 Troll 型

红毛榴莲（刺果番荔枝）（*Annona glabra*），光叶番荔枝（圆滑番荔枝）（*Amuricata*）*，牛心果（小刺番荔枝）（*A. montana*），锡兰番荔枝（牛心梨）（*A. reticulata*），番荔枝（*A.*

squamosa），槛树（海南倒吊笔）（*Wrightia laevis*），倒吊笔（*W. pubescens*），海南槌果藤（*Capparis hainanensis*），槌果藤（*C. hastigera*），古柯（高根）（*Erythroxylum coca*）*，五月茶（*Antidesma bunius*），方叶五月茶（*A. ghaesembilla*），大果五月茶（*A. nienkui*），黑面神（*Breynia fruticosa*），禾串树（*Bridelia balansae*），土密树（*B. monoica*），托叶土密树（*B. stipularia*），红雀珊瑚（*Pedilanthus titymaloides*）*，刺篱木（*Flacourtia indica*），大叶刺篱木（卢甘果）（*F. rukam*），白花羊蹄甲（*Bauhinia acuminata*），红花羊蹄甲（*B. blakeana*）*，白枝羊蹄甲（*B. laui*），紫羊蹄甲（*B. purpurea*），牛蹄麻（*B. perrei*），黄花羊蹄（*B. tomentosa*），腊肠树（*Cassia fistula*），爪哇决明（*C. javanica*）*，凤凰木（*Delonix regia*）*，孪叶豆（*Hymenaea courbaril*）*，无忧树（*Saraca chinensis*），大叶相思（*Acacia auriculiformis*），儿茶（*A. catechu*），金合欢（*A. farnesiana*），苏门答腊金合欢（*A. glauca*），丝毛相思（*A. holosericea*），镰刀叶相思（*A. harpophylla*），黑木相思（*A. melanoxylon*），马占相思（*A. mangium*），羽叶金合欢（*A. pinnata*）*，密花相思（*A. pycnantha*），多穗相思（*A. polystachya*），台湾相思（*A. richii*），希母相思（*A. simsii*），藤金合欢（*A. sinuata*），海南合欢（*Albizia laui*），华楹（山施）（*A. chinensis*），南洋楹（*A. falcata*），大叶合欢（*A. lebbeck*），光叶合欢（*A. meyeri*），香合欢（黑格）（*A. odoratissima*），戏英合欢（白格）（*A. procera*），苏门答腊合欢（*A. Montana* var. *sumatrana*），印度紫檀（*Pterocarpus indicus*）*，刺紫檀（*P. echinatu*），马拉巴紫檀（*P. marsupium*），檀香紫檀（酸板木）（*P. santalinus*），北方叶形果（*P. septentrionalis*），樟叶木槿（*Hibiscus grewiifolius*）*，大陆柄桑（*Chlorophora excelsa*）*，铁青树（*Olax wightiana*），阳桃（*Averrhoa carambola*）*，酸阳桃（*A. bilimbi*），金星果（*Chrysophyllum caintio*）*，金叶树（*C. roxburghii*），金枣李（*C. monopyrenum*），异叶翅子树（翻白叶）（*Pterospermum heterophyllum*），翅子树（剑叶翻白叶）（*P. lanceaefolium*），截叶翻白叶（*P. trancatolobatum*），文丁果（*Muntingia calabura*）*，长序榆（*Ulmus elongata*），越南榆（*U. tonkinensis*）。

参考文献

[1] 蒋有绪，臧润国. 海南岛尖峰岭树木园热带树木基本构筑型的初步分析. 资源科学，1999，21（4）：80-84.

[2] 臧润国，蒋有绪. 热带树木构筑学研究概述. 林业科学，1998，34（5）：112-119.

[3] Halle F，Oldeman R A A，Tomlinson P B. Tropical trees and forests-an architectural analysis. Springer-Verlag，Berlin，heidelberg，1978.

[4] Tomlinson P B，Zimmerman M H. Tropical trees as living systems. Cambridge University Press，Cambridge，London and New York，1976.

4　欧洲水青冈（*Fagus sylvatical* L.）构筑型与形态多样性研究†

4.1　关于树木构筑型与构件结构

植物构筑型研究在木本植物中进行的工作最多，Harpe[1]、Tomlinson 和 Zimmerman[2]

† 李俊清，臧润国，蒋有绪，2001，生态学报，21（1）：151-155。

以及 Halle 等[3]的著作中都有很深入的论述。我国学者阳含熙[4]在《植物个体的新认识》一文中提出高等植物的基本构件单位是芽、小枝、分蘖以及其他可以重复的单位，植物构件数目和构件大小可以随不同条件发生变化。比如无性系植物可以在其根茎上产生无性系小株（Ramet），这些无性系小株可以在其生境中不断扩展其面积和增加其枝体，构成许多新的营养位点来丰富这一系统[5-7]。树木在其地上和地下营养位点上分别发生着光合作用、水分代谢和养分吸收等过程，在增殖自身营养器官和扩大营养空间的同时，发挥着相应的生理和生态功能。探讨各种构筑型的功能作用，研究二者之间的相互关系，可以进一步了解树木的营养特征和生长对策，进而揭示形态多样性的适应机理。每种树木的构筑型都是受遗传控制的，但在外界环境作用下，也表现出某种可塑性[5-7]。因此对树木构筑型研究既是遗传学和植物学问题，又属于生态学问题，具有重要的理论意义和实践意义，也是当前国际种群生态学研究的热点之一[8]。

树木的形成方式与构筑要素是分析其构筑型的基础。依据树冠、树干和树根的发育顺序，树木从小到大有 4 种形成方式[9]。在树木构筑型分析时，常常要根据分生组织活动的方式来分析树木的构筑类型。幼苗的顶端分生组织通常以 4 种方式来产生树木枝体[9]，根据顶端分生组织的 4 种活动方式，相应地就可以辨认出来树木组建的 4 种基本方式[9]。在树木构筑型分析中，树木的延长生长方式，也是类型划分的重要依据之一。树木一般有节律性生长（Rhythmic growth）和连续性生长（Continuous growth）两种主要的延长生长方式，生长的节律性或连续性常常可根据芽鳞痕或节间距离的格局来判断。还有其他一些要素如分枝方式和类型等亦可作为树木构筑型分类的参考[9]。

一棵树木的构筑型依赖于它的生长发育过程，以及受遗传调控的部位。在地球上从未发现两株绝对相同的树木，因为一株树木的生长绝对不是在一开始就固定的。种内不同个体之间存在着形态构造的多样性。在异质环境下，每个个体会随环境而改变自己的形态，以便获得所需的资源，就像动物一样利用所有可能的机会和条件求得生存空间和食物资源。这样形态构造特征从一株到另一株各不相同但又不是完全随机的，每个物种都利用其自身的增长模式，发展成相对同质的群体，就好像属于自己的遗产一样，但他们又不断随环境而调节自己的形态构造。

森林的生态条件在时间和空间上不断发生变化，因而其中林木种内形态构造的多样性一般也较高。其主要原因是个体树木的寿命长短不一，附近又有其他树木的生长和干扰，以及同一种树所处的位置不同，并可以在差异很大的环境条件下生存。

对树木的生长模式和构筑型研究的最多的是热带树木，Halle 等提出了热带地区树木生长模型理论，他们将热带树木（其中也包括了一些藤本和草本植物）描述为 23 类基本的生长模式，并编制了热带树木的构筑型检索表，使高等植物构筑型的研究得到了突飞猛进的发展[9]。

4.2 欧洲水青冈构筑型的初步分析

水青冈属（*Fagus*）植物是研究树种形态调节作用的理想材料，因为它是一个世界广布种和在很高生态多样性条件下演化发育起来的。比如欧洲水青冈（*Fagus sylvatica*）分布在温带地区，中国水青冈（*Fagus* spp.）分布在亚热带地区，而南水青冈（*Nothofagus* spp.）分布在南半球的热带地区。尽管如此，它们都符合 Troll 增长模式[10]，其定义是：茎轴斜生，连续叠加完成构筑型，主线茎轴（Main-line axes）形成一部分干，一部分枝，近基（Proximal）部分逐渐挺直，每一茎轴的顶端部分就是一个有限或无限生长的枝。这个模式是用植物学家 Troll 的名字命名的。这种斜生轴结构的树木的高生长有两个过程，首先是相似茎轴的无限叠加过程，其次是落叶后通过次生长，茎枝基部逐渐挺直过程。现知有 42 科树木的生长属于 Troll 模式。

Thiebaut 等[12]研究指出欧洲水青冈在一年生长当中，最明显的特点就是在树木顶端生有一段新的枝梢，并可以区分出短枝和长枝，短枝没有水平芽也不分枝，长枝有水平芽而且经常分枝。如果长枝长得很短，它就会把许多营养用于分枝生长，进而导致短枝不再分枝。树木沿着茎轴每年的高生长都在新枝上留下 1 个芽痕，由冬芽将各年生枝分隔出来。某些茎轴只形成短枝，这些短枝纤细且不分枝，而另一些茎轴却形成长短相间的枝，通常是长枝介于 2 个短枝之间，一般是长枝较长，不过有时也较短且分枝。短枝的发育总是一次性生长，而长枝却可能是一次性或多次性生长的，在一个多次生长的枝条上，每一轮枝由 1 个枯萎的芽分开，并在枝上留下 1 个芽痕。第一轮生枝的叶片形状很规则，而以后各轮生枝的叶片则变化很大，具异型叶者更能强烈地表现出初生枝和次生枝的不同，如托叶变换其形态，叶片的形态特征、甚至由其解剖特征和生理特点而不同。欧洲水青冈由初生枝到次生枝的发育过程，伴随着形态和构筑型的改变，其主要特征列于表 1。

表 1　欧洲水青冈（*Fagus sylvatica*）初生枝和次生轮枝上叶片的形态和解剖特点*

形态与解剖特征	初生枝	次生枝
托叶	狭长	宽、鳞片状
叶形状	规则，披针叶型，	不规则，圆形，
叶大小	中或小	大中小都有
叶颜色	深绿	浅绿
叶厚度	较薄	较厚
叶脉	平行，10～12 对	或多或少平行，6～9 对
叶缘	规则锯齿	平面不规则锯齿，波状
叶尖端	尖	圆
叶基部	基本对称	明显不对称
叶毛被	叶脉具毛，叶缘二面无毛	叶脉重毛，叶缘两面见毛
上表皮	角质化	高度角质化
栅栏组织	薄，1～2 层	厚，1～3 层
海绵组织	窄	宽
下表皮气孔	气孔多	气孔少

* 引自 Thiebaut 等，1990a

幼年水青冈的构筑型取决于主枝的类型和主枝增长的形态，可用 4 个特征来描述：①拓展枝（Exploration shoot）和利用枝（Exploitation shoot）的数量，前者指树木开拓周围生存空间的长枝（E），后者指充分利用树木环境空间的短枝（e）；②单轴生长或合轴生长的数量（0～E）；③分枝度（0～n）；④连续 2 年之间的增长模式：单轴垂直生长，合轴垂直生长，单轴分枝生长和合轴分枝生长。利用这种方法，可以定义欧洲水青冈构筑变化形式，这些变化包括了在野外天然存在的形态多样性。研究发现构筑型变化与生长之间存在相关性[14]：①径轴生命力强拓展枝就比利用枝的功能明显占优势（E>e），另外由此可以进一步证实，主枝的发育比水平枝更重要；②主枝出现多轮生长时，标志着树木的顶端优势，但多轮生长在主枝和水平枝同时出现时，则会减弱这种顶端优势现象；③比较理想的增长方式是植物用于拓展空间的生长年限比利用空间资源的年限更长（生长迅速：E<e），或者相似（平均：E=e）；相反，生长缓慢的植物利用更多的时间去利用空间资源（e>E）。水青冈通过每年的顶枝生长，发育成高大乔木，人们可区别开水青冈的长枝和短枝，这些枝可能是叶枝，也可能是花枝。长枝对木材生产和环境作用十分重要，短枝的作用主要是增加叶面积，提高叶绿素含量。水青冈的形态特征和枝轴的维度依赖于枝条的数量和各年生枝的类型，对于每个水青冈树来说，枝条萌生的类型受周期环境的影响，也受年龄和分枝位置的影响。

4.3 水青冈形态多样性及其遗传基础

在法国北部兰斯山东缘海拔 288m 的 Verzy 林区（49°14′N，3°59′E）、德国北部汉诺威以南 30km，海拔 170～250m 的 Suntel 山上（52°12′N，9°17′E）和瑞典最南端距马尔默 30km 左右的 Dalby-Soserskogs（55°38′N，13°19′E）天然生长有一种欧洲水青冈矮生变种（*Fagus sylvatica* var. *tortuosa*）。它们与周围的欧洲水青冈（*Fagus sylvatica*）分布在一起，生长在同一环境下，但二者的个体形态却相差悬殊，和欧洲水青冈一样，欧洲水青冈矮生变种有一次生长的短枝和一次生长的长枝。水青冈每个枝条都有这两种萌发方式，而且不管有几级分枝，这种特性始终不变。不过这种长枝和短枝在低级分枝中生长较快，而高级分枝中生长较慢。这两类水青冈每年 1 次生长的长枝上，叶和芽都是互生的，在基部的叶片小，落叶早，芽发育不良，且主要集中在萌发枝的上部。这些叶片较大，在整个生长季节不落叶，愈接近萌发枝顶端，芽也愈大。从每个发育良好树冠的水平方向看其正面的形状，枝条是在芽的相反方向萌发出来的，构成一个弯曲型，枝在基部是直的，然后向上逐渐弯曲，并与以前的分枝形成明显的对比。另外，从垂直剖面形状看，基部开始是向上的，但到了枝梢部就向下倾斜或向水平方向伸展，尽管基部是垂直的，但由于太短，肉眼很难观察到它的枝与干的系统发生形态。矮生水青冈的某些萌生枝生长很快，如通过剪枝后，节间变长，水平芽发育良好。在这种情况下，叶和枝呈螺旋状排列，分枝辐射对称，上部“之”字形弯曲，由此造成一种无明显主干的树形。欧洲水青冈从枝条基部就有一个明显的主干生长，而且每一侧枝也保持同样的分枝方式。矮生欧洲水青冈从基部开始就分枝较多，而且每个侧枝与主枝的差异不明显，最后形成了一种无主枝的类型。就一株树而言，这种生长模式必然产生矮生状态。植物学家借助于形态、解剖和生理学特性分析，描述过落叶树春季萌发生长的荫叶和阳叶，同时也观察过一些树种多次生长幼枝的形态特征，但没有较详细的研究工作，尤其是水青冈类树种，更未见有关的研究报道。欧洲水青冈的初生叶有阴阳叶之分，且极易区别[13]。另外，一年中有多次生长的叶片，其形态各异：

初生叶与荫生叶相似，而次生叶和阳生叶相似。不过在每一次生长当中，这一特征还会随透光量而发生变化，如叶密度和最大光合速率等。水青冈叶片变异分为初生叶之间和次生叶之间两个主要部分。除水青冈外，栎树（*Quercus*）、柳树（*Salix*）和南水青冈（*Nothogagus*）等也都有类似的现象。在前述欧洲 3 个地区分布的矮生水青冈林附近，也同时有欧洲水青冈的分布，虽然两者有基因交换，但各自仍保持相对独立的形态特征不变，欧洲水青冈是一高大乔木，树干通直，常常是从基部到树冠没有任何枝杈，而欧洲水青冈矮生变种常常是生长势弱，弯弯曲曲，分枝较多。通过对矮生变种和欧洲水青冈的等位酶电泳分析，找不到二者之间的本质区别，比较只能在它们的基因和基因型结构特征方面做比较细微的分析。

Demesure 等[10]对上述 3 个地区的矮生欧洲水青冈进行了深入的遗传多样性研究表明 2 个亚种群间的差异显著性不高，在 Dally 无一达到显著水平，在 Suntel 为 3/11，在 Verzy 为 4/11。在 Verzy 表现出极显著差异的是 IDH，欧洲水青冈矮生变型表现出最高的基因多样性，在 Dally 和 Suntel 稀有基因较多。欧洲水青冈矮生变型个体遗传能力很强，在与欧洲水青冈混生的林分内，它也能保持自己相对独立的形态特征，这显然也是把欧洲水青冈矮生变型划为一个新的分类单位的重要依据。但由于它又与欧洲水青冈从生命史到遗传特性都有密切联系和明显差异，所以又把它作为一个变型。利用同工酶遗传标记物分析结果发现，欧洲水青冈矮生变型和欧洲水青冈的酶带多样性几乎完全一样，二者的相似程度远远高于它们与任何其他种类水青冈之间的相似性[10]，所以认为这两种水青冈是近代历史进化过程中出现的新的变异类型，而且这种进化过程仍在继续。

4.4 环境条件对水青冈形态多样性的影响

对于一株林木来说，受周围环境影响最大的时期就是其幼年阶段。欧洲水青冈也是如此，幼树受多种因素的影响，表现出较高的形态多样性。这些因素首先是遗传因子，由遗传基因决定了形态特征；其次是生态因素，由环境条件和各种生态因子影响所表现的次生形态特征；再次是森林经营因素和随机因素，不同的营林措施和随机干扰都会导致幼树间的形态差异。在上述诸环境因子中，光照条件和更新密度是对幼树生长发育起决定性作用的因素。光有利于树木的生长，但是它的最适范围却随不同地理气候条件发生变化。幼树生长发育与林分的密度相关，密度较大的林分能促进幼树个体高生长进程和发育阶段的分配，但也有负作用，如密度过大时就会阻碍幼树个体的增长，甚至较大年龄个体也同样受这种密度的影响。在不同光照条件下，林木个体发育分化十分明显，并随林分密度和更新年龄而增大。法国南部 Aigoual 高原（44°22′N，3°6′E)。海拔 1100m 以上的一片天然欧洲水青冈林，1968 年进行了透光伐，1986 年调查时已形成两层结构的复层林，此间未经过任何人为干扰。该林分上层木高 15m、年龄 100～150 年生，下层幼树 18 年生。此林分密度变化很大，由 1～3 年生更新幼苗形成的最大密度可达 300 株/m^2，而全林平均密度只有 50 000～100 000 株/hm^2。在这样一个林分内，其局部光照、密度以及个体生长状况相差悬殊[15]。

在木本植物的生长发育过程中，自然选择起到一种十分重要的作用，由于木本植物生命周期长，所以选择的压力就更大，这种作用不仅体现在个体水平上，同时也体现在种群水平上。为了考察基因型与生活力的这种关系，必须把植物的形态发育和遗传特性综合比较，才能更有力的揭示自然选择对植物形态塑造作用的机制和规律。在前述18年生天然更新的水青冈幼林中，在不分个体大小的情况下，全光和庇荫幼苗的基因频率和基因多样性都没有显著差别[16]。可见基因频率和基因多样性在各种透光强度下总的趋势相同。不过，当将幼苗按个体大小分开时，在各种透光强度下，二者都有显著差别。同时还发现，在不分个体大小的情况下，全光和庇荫的幼苗间纯合子和杂合子的数量在所有个体的6个基因位点上都无显著差异，而在每种透光条件下，个体植株高大的幼树杂合子频率则高于矮小幼树[16]。

总之，欧洲水青冈的构筑特征变化与林木生存周围的环境条件、本身的遗传特征和形态类型等都有着密切的关系。如光照强度等对欧洲水青冈的影响可以清楚地在形态解剖上表现出来，但在遗传多样性的指标上却不十分显著。可见，形态与遗传的关系还需做大量的研究工作，尤其是要求尽可能地分析更多的酶系统，甚至从DNA水平上去探讨构筑型与遗传多样性的相互关系将是非常重要的研究领域。我国在植物构筑型方面已开展了初步的研究[4, 6, 9-17, 18]，但在将构筑型与形态多样性及遗传多样性的联系方面还未开展工作，今后加强这方面的研究对于深入了解植物形态特征的形成与演化，将具有重要的意义。

参 考 文 献

[1] Harper J L. Population biology of plants. London：Academic Press，1997.

[2] Tomlinson P B，Zimmerman M H. Tropical tress as living systems. Cambridge University Press，Cambridge，London and New York，1978.

[3] Halle F，Oldeman R A A，Tomlinson P B. Tropical trees and forests an architectural analysis. Springer Verlag，Berlin，Heidelberg，1978.

[4] 阳含熙. 植物个体的新认识. 见：祝宁. 植物种群生态学研究现状与进展. 哈尔滨：黑龙江科学技术出版社，1994：1-7.

[5] Bell A D，Tomlinson P B. Adapative architecture in rhizomatous plants. Botanical Journal of the Linnean Society. 1980，80(2)：125-160.

[6] 臧润国，等. 刺五加种群构件的数量统计——刺五加地上部分构件的数量统计. 吉林林学院学报，1995，11（1）：6-9.

[7] 臧润国，等. 刺五加种群构件的数量统计——刺五加地下部分构件的数量统计. 吉林林学院学报，1995，11（2）：65-68.

[8] 祝宁，陈力. 刺五加构筑型研究. 见：祝宁. 植物种群生态学研究现状与进展. 哈尔滨：黑龙江科学技术出版社，1994：69-73.

[9] 蒋有绪，臧润国. 热带树木构筑学研究概述，林业科学，1998，34（5）：112-119.

[10] Demesure B，Comps B，Thiebaut B. Les hêtres tortillards en Europe occidentale. Aspects génétiques. Ann. Sci. For.，1995，52：103-115.

[11] Thiebaut B，Serey I，Druelle J L，et al. Forme de la plantule et architecture de quelques hêtres, chiliens（*Nothofagus*）et chinois（*Fagus*）. Can. J. Bot.，1997，75：640-655.

[12] Thiebaut B，Comps B，Cros E T. Développement des axes des arbres：pousse annuelle, syllepsie et prolepsie chez le Hêtre（*Fagus sylvatica*）. Can. J. Bot，1990a，68：202-211.

[13] Thiebaut B，Comps B，Plancheron F. Anatomie des feuilles dans les pousses polycycliques du Hêtre européen（*Fagus sylvatica*）. Can. J. Bot.，1990b，68：2595-2606.

[14] Thiebaut B，Cuguen J，Dupre S. Architecture des jeunes hêtres *Fagus sylvatica*. Can. J. Bot.，1985，63：2100-2110.

[15] Thiebaut B，Comps Band Rucart M. Développement des plants de hêtre（*Fagus sylvatica* L）dans une régénération naturelle, équienne, âgée de 18 ans. Ann. Sci. For.，1992a，49：111-131.

[16] Thiebaut B，Comps B，Leroux A. Relation hauteur-génotype dans une régénération naturelle de hêtre（*Fagus sylvatica* L.），équienne et âgée de 18 ans. Ann. Sci. For.，1992b，49：321-335.

[17] 孙书存，陈灵芝. 不同生境中辽东栎的构型差异. 生态学报，1999，19（3）：359-364.

[18] 孙书存，陈灵芝. 辽东栎植冠的构型分析. 植物生态学报，1999，23（5）：433-440.

三峡库区植物多样性特点及其保护对策†

三峡工程是当今世界上最大的水利工程之一，其库区东起湖北宜昌，西至四川江津，跨越了 5 个经度，2 个纬度，面积约 6.4 万 km^2。库区地处中亚热带，平均气温高，降水量充沛，森林面积 93 万余公顷，占库区面积的 14.95%，其中孕育着丰富的植物资源，植物多样性程度较高，随着三峡工程的实施，必将面临一系列的问题，因此制定和采取适当的保护措施显得十分重要。

1 库区植物多样性特点

三峡库区有着其独特的地理位置，受垂直地带性和中亚热带季风的影响，植物多样性以生态环境复杂，物种类型繁多，植物区系起源古老、组成成分复杂为其突出特点。

1.1 物种资源丰富

三峡库区已调查统计的高等植物有 190 科，1012 属，3012 种，见表 1。库区的维管束植物总数，约为全国维管束植物总数的 11.04%，种子植物总数约为全国种子植物总数的 11.43%。在库区 5.32 万 km^2 范围内（仅相当于全国国土面积的 0.55%），植物物种十分丰富。

表 1　三峡库区植物种类

类群	物种数	占四川物种总数/%	占全国物种总数/%
被子植物	2842	33.69	11.35
裸子植物	48	48.00	20.08
藏类植物	122	16.56	6.10
小计	3012	32.38	11.04

1.2 遗传信息量大

物种多样性是遗传多样性的基础。遗传多样性是指存在于个体、物种与物种之间的基因多样性。三峡库区不仅物种资源丰富，而且很多物种个体数量多，种群结构复杂，种间的相互影响强烈，这就为形成比物种数量更为繁多的基因创造了条件，使得区内有纷繁多样的物种遗传基因存在。

1.3 生态类型复杂

库区范围内有河流、湖泊、高山草甸、高山草原、农田、森林、城镇等众多的

---

† 程瑞梅，肖文发，蒋有绪，1998，环境与开发，13（3）：19-21。

生态系统。其中，森林是最复杂的生态系统，与物种多样性和库区稳定性有直接的关系。库区森林面积达93万余公顷，占库区面积的14.95%，森林按起源可分为原生林，次生林和人工林，按植物组成可分为5个植被型，9个群系亚纲，37个群系，从而构成了大小不同的生态系统；按植物的海拔分布，由低到高，可分为常绿阔叶林、常绿落叶阔叶混交林、落叶阔叶林、高山灌丛，亚高山常绿针叶林、高山草甸等，农田生态系统也占有很大比例，库区地少人多，农田耕作中集约化程度高，主要是复合农业生态系统。

1.4 植物区系起源古老，珍稀濒危物种多，特有植物较丰富

在库区的植物区系中，有许多我国古老的第三纪孑遗植物，它们幸免了第四纪冰川的袭击，成为地质历史上曾广布于大陆，而今仅只有库区及其他极少数地方尚存的珍稀植物，如鹅掌楸（*Liriodndron chinense*）、金钱松（*Pseudolarix kaempferi*）、青钱柳（*Cyclorarya paliurus*）、杜仲（*Eucomrnia ulmoides*）、水青树（*Tetracentron sinense*）等。另外，库区还保存有许多古老植物的后裔，如：木兰（*Magnolia*）、五味子（*Schizandra*）、猕猴桃（*Actinidia*）、南蛇藤（*Celastrus*）、白蜡树（*Fraxinus*）、黄柏（*Phellodendron*）等。

在库区3012种植物中，列入《中国珍稀濒危植物》第一册中的植物有47种，其中，桫椤（*Alsophila spimulosa*）、水杉（*Metasquoia glyptlstroboides*）、银杉（*Cathaya argyrophylla*）、珙桐（*Davidia involucrata*）属一级保护物种，狭叶瓶尔小草（*Ophioglossum thermale*）、荷叶铁线蕨（*Adiantum reniforme*）、大果青杆（*Picea neoveitchii*）、连香树（*Cercidiphyllum japonicum*）等21种为二级保护植物；秦岭冷杉（*Abies chensiensis*）、金钱槭（*Dipteronia sinensis*）、野大豆（*Glycine soja*）、延龄草（*Trillium tschonoskii*）等22种为三级保护植物。特产于库区的植物有36种，其中荷叶铁线蕨既是珍稀植物又是库区特有植物。库区共有珍稀特有植物82种。

2 威胁库区植物多样性的原因

威胁库区植物多样性的主要原因是人类活动。库区内涉及19个县市1300多万人口，他们的一切生活来源都依赖于周围环境，对生态环境造成不同程度的破坏，大致包括以下几个方面。

2.1 森林过伐

森林是再生资源，森林资源持续利用的基础是森林的生长量大于消耗量，但是，由于历史原因，长期以来，库区森林资源超额采伐现象还较普遍，加之更新跟不上采伐，导致疏林、采伐迹地和荒山面积不断扩大。从50～80年代以来，库区一些县的森林面积减少1/2以上，如：长寿县50年代森林覆盖为18.5%，80年代减至7.5%，其中蕴含的植物多样性程度减低。

2.2　毁林开荒

新中国成立 40 多年来，三峡库区人口不断增多，平均每 km^2 达 314 人，长江沿岸人口密集区高达 600 人/km^2 以上，为解决粮食问题，毁林开荒，耕地面积不断扩大，目前库区范围内垦殖系数达 34%，使大片森林被毁。

2.3　樵采

目前库区内许多山区，仍是以木柴为主的农村能源，由于人口增多，能源匮乏，使库区村镇居民加大了樵采的强度、频度，扩大了樵采的范围。

2.4　乱砍滥伐

虽然已制定了有关法规，但在库区内盗伐滥伐森林的现象还时有发生。

2.5　森林病虫害

由于森林过伐和人工纯林面积的不断扩大，使库区森林的组成结构和生物之间相互制约的生态关系发生改变，降低了森林自我抗御病虫害的能力，造成森林病虫害发生的规模和频度剧增。云阳县内，20km^2 的人工防护林受扁叶蜂（*Acantholyda costa*）危害，造成严重损失。

2.6　环境污染

环境污染中的大气污染对植物多样性危害最为严重，大气污染主要是酸雨，据四川初步调查，在库区范围内，已发现因酸雨而使森林受害，乃至枯死。

2.7　药材和经济作物采集

库区森林中有许多药用、食用及工业用的植物资源，如不注意保护，过分收购利用，乱挖滥采，资源数量将会衰退，甚至濒临枯竭。如：天麻（*Gastrodia clata*）、杜仲、黄连（*Coptis chinensis*）等野生资源已十分有限。

以上诸方面都有直接或间接地对库区植物多样性构成不同程度的威胁。同时随着三峡工程的逐步开工，人口动迁、土地淹没、城镇搬迁、集镇迁建等措施的实施，必将对库区的植物资源造成一定的影响，特别是蓄水淹没后，一些植物将不复存在。

3　保护库区植物多样性的主要措施

根据库区植物多样性的特点，结合库区实际情况，为保护区植物多样性提出如下建议。

（1）继续开展植物多样性调查，进一步查清三峡工程对植物物种的数量、分布及生存的影响，做到本底清楚，目标明确，为科学的管理和决策提供准确的基础数据。

（2）制定一系列针对库区植物多样性保护的政策和法规，建立健全库区植物多样性保护监督和管理体系，以确保政策和法规在实施执行时产生实效。

（3）对于工程实施过程中，受淹没影响的植物，根据具体情况，采取迁地保护措施，防止因淹没而使物种毁灭。

（4）加强科学普及和宣传教育，充分利用各种宣传媒介，提高全民植物多样性保护的生态意识，使库区植物多样性的保护工作成为库区人民的自觉行为。

（5）合理利用资源，积极发展生产。在利用库区资源为人民造福的同时，注重资源的合理开发，严格保护日益退化与枯竭的天然林与天然次生林资源及其野生生境，控制和禁止大面积采伐和过伐，加强森林病虫害的监测与控制，恢复和重建受损的天然林生态系统和破碎退化的生境，保护现有的植物多样性资源及其生境，做到持续发展。

（6）积极开展库区植物多样性保护的科学研究。科学研究是保护和持续利用植物多样性的基础，应特别加强这方面的工作。研究工作中，应突出重点，在强调保护研究的前提下，同时开展综合利用研究和示范。此外，应及时吸收先进国家的高新技术与方法，提高自身的研究水平，争取在一些方面有所突破。

参 考 文 献

[1] 陈伟烈，张喜群，等. 三峡库区的植物与复合农业生态系统. 北京：科学出版社，1994.
[2] 陈灵芝. 中国生物多样性现状与保护对策. 北京：科学出版社，1993.

森林生物多样性保护原理概述†

近年来林业的许多方面，如森林可持续经营、自然保护、林木种质资源保存与遗传改良、退化森林的恢复与重建和森林的效益评价等都与生物多样性保护有密切的关系。了解生物多样性保护的基本原理，对于正确认识现代林业的发展趋势，促进林业的可持续发展，具有重要的意义。地球上的物种正面临着前所未有的危机，有许多物种在人类还未给它们命名之前，就会携带着它们特有的基因资源永远消失。现在物种灭绝的速率是自然灭绝速率的 1000 倍（Wilson et al.，1988）。保护生物多样性已成为摆在我们面前刻不容缓的重要任务。生物多样性的概念已有不少人做了论述，生物多样性的保护应在基因、物种、生态系统和景观 4 个水平上来进行（钱迎倩等，1994）。

1 生物多样性的丧失概况

1.1 生物多样性丧失概况

许多证据表明，现在是物种大量灭绝（mass extinction）的开始阶段（Sepkoski，1988；Soule，1991），当今生物多样性大量灭绝的速度几乎超过了史前的任何时期。地球上的物种如以 1000×10^4 种为总数，其中大约 90%为陆生的，其中又有大约 80%（即 720×10^4）被认为出现于热带（Stevens，1989），这其中又有约 500×10^4 种（约 2/3）生活在热带森林中（Ricklefs et al.，1993）。但正是这些生物多样性最丰富的热带森林是当今地球上生境损失和破坏最为严重的地区，是生物多样性大量灭绝最为严重的地区。据 Myers（1989，1990）的估计，热带森林至少以每年 $15\times10^4km^2$ 的速度消失。如果这种破坏速度一直持续下去，那么用不了几十年，地球上的热带森林将与其众多的物种及重要的生态系统功能一起从地球上消失殆尽。根据岛屿生物地理学原理，如果面积减少 90%，物种的数量就会减少 37.5%～55%（令 $c=10$，$z=0.2$ 或 0.35，根据 $s=c\cdot A^z$ 求得）。Wilson 指出，如果毁林的速度是每年 1%，那么热带雨林每年将消失 0.2%～0.3%的物种（Wilson，1989，1992）。据估计，在地球上出现人类之前，物种的灭绝速率是每 4 年才有一个物种消失，而现在的物种灭绝大约是自然本底灭绝速率的 10×10^4 倍，即每天大约有 75 个种灭绝。照此速度下去，在今后的 30 年到 50 年内将有 20%的物种从地球上消失（Meffe et al.，1994）。以上主要是以地球上生物多样性最高的热带森林为例子来说明生物多样性的大量丧失，实际上地球上的其他地区和其他生物群落类型，由于较早的开发，受人类的影响更大，这些地区也有许多物种已经灭绝或濒临灭绝，全球生物多样性的丧失是非常严重的，加强生物多样性保护是摆在我们每个地球公民面前刻不容缓的重要任务。

---

† 臧润国，刘世荣，蒋有绪，1999，林业科学，35（4）：71-79。

1.2 关键区域与热点地区的多样性丧失

只在某一地区存在而在其他地方没有的种，就是这个区的特有物种（endemic species）。具有很多特有种的地区是由于一种或几种主要事件促使许多种被隔离到同一地区的结果，这些主要的事件包括大陆漂移、造山运动、海平面上升、冰川等地质过程。生物地理学家至今已在地球上确定了18个地区，这18个地区物种的数量，特别是特有种的数量非常大，我们一般称其为生物多样性的热点地区（hot spots），这些地区仅占地球面积的0.5%，却拥有49 950种特有植物，占世界植物总数的约20%（Meffe et al., 1994）。这些热点地区其他生物类群的特有种也大都很多，但有些地区，如非洲的好望角和澳大利亚的西南部，虽然其特有植物很多，但特有的动物种却很少。生物多样性热点地区的确定，为我们制定生物多样性保护的策略和优先等级提供了依据。世界上有热点地区的区域，应是生物多样性保护的关键区域。生物多样性“热点地区”分析方法，主要是分析具有许多特有物种，而面临严峻生境破坏威胁的热点地区（Meffe et al., 1994）。在科学家们所列出的全球18个热点地区中，14个热点地区在热带森林中，它们的总面积不足现存热带森林的5%，仅占地球面积0.2%，却含有37 000种特有植物，占地球上所有植物种总数的15%。另外4个热点地区则出现在地中海型生物群区中，即美国的加利福尼亚、智利中部、南非的南部和澳大利亚的西南部。它们占地球面积的0.3%，拥有12 720种特有植物。18个热点地区中有5个热点地区已丧失了其原有生境的90%以上，其余的热点地区也可能在下个世纪的10～20年丧失90%以上的原有生境。按照岛生物地理学原理，面积减少90%，物种数量就可能减少50%。因此，可以预见，这些热点地区在不久的将来，至少有一半的物种会丧失。以上的18个热点地区是科学家从全球的角度所做的一般划分，在世界的其他地方也可能还有类似的热点地区，只不过至今还未加详细研究和描述而已，如某些湿地、珊瑚礁和山地生物群落。这些另外的热点地区，至少含有地球上约5%植物的特有生境，再加上上述18个热点地区的20%，我们可以估计出地球上大约有1/4的生物集中在热点地区。以上分析表明，热点地区应是我们优先考虑的保护对象。

2 物种的濒危机制

2.1 物种的脆弱性分析

每个物种灭绝的难易程度是不同的，稀有种和长寿命种特别易于灭绝，关键种一旦受到威胁，依赖于其生存的其他许多种也就特别易于灭绝。

2.1.1 稀有种（rare species）

在所研究过的大多数生物类群中，有许多在一定程度上是稀有种。一般来说，稀有种更易于受人为或自然干扰而灭绝。关于稀有性（Rarity）并不是一个简单的概念。依据分布的格局，Rabinowitz等指出，至少可以从7个方面来说明物种的稀有性。一个种可能是由于高度集中的地理分布范围而稀有、由于高度的生境特殊性而稀有、由于小的局部种群数量（small local populations）而稀有、或由于上述种种原因的组合而变的稀有（Rabinowitz et al.，1986）。因此，一个种可能广布于一定的区域，并且能占据各种生境，但由于其在所出现的地方都以很低的密度出现（即局部种群小），那么它就会被列于稀有种的行列。同样，一个种可能在某一地方以很高的密度出现，但它只出现在地理上相当局限且非常特殊的生境中，这时，我们也称其为稀有种。不同类型的稀有性使不同的物种易于遭受不同的灭绝过程，例如，常常只出现在一个地点但多度很大的种，特别易于受到地方性随机事件或有意识人为生境破坏的威胁。而一个以低种群密度存在但广布的种就能经受住这类事件的考验，但它们又易于受遗传多样性丧失和近交的威胁。有许多物种之所以变得稀有，主要是人类的强烈干扰所致。稀有性是热带雨林中许多种的特性之一，它们中有不少只局限于局部的地段，并且它们又都有其特殊的生活方式。当受到生境破坏或扰乱时，这类物种特别易于遭受灭绝。物种的稀有性是生物多样性保护时应特别考虑的问题，成功地避免物种大量灭绝的措施之一，就是在这些物种变为稀有之前即采取相应的措施，避免其变为稀有乃至灭绝。这也是划分出一定的保护区的原因之一——不仅能保护稀有的种，而且还能避免常见种进入稀有之列。

2.1.2　长寿命种（longlived species）

它们一般都具有一系列的生活史特性，如：延迟性成熟（常需要十年或几十年才能性成熟）、低生殖力、对幼体的高存活率有很大的依赖性以及当条件不好时停止繁殖从而保护成年个体的表型等。这些特性综合作用的效果是使得这些长寿命种很难对减少其种群的环境变化做出反应。由于它们的繁殖率很低，再加上需要很长的时间才能成熟，因此，一旦其种群有较大的下降时，它们就不容易恢复回来。总之，它们紧紧地与支持它们生境的长期承载力联系在一起，这种对策只有在稳定的环境中才能生效。长寿命种有些是被人类过度开发利用的种，如鲸、大象和犀牛等，有些是失去了关键生境的种，如大的类人猿、一些淡水龟、多种鹤和其他大型鸟类等。还有一些种是分布于局部稳定生境中，易受地方性的灭绝。一旦长寿命种失去了其种群中的大部分个体，不管采取何种措施，它们种群数量大都是难以恢复的。因此，我们有必要细致地监测其种群动态，对于其生境也应采取特别的保护。长寿命种群保护的一个特殊问题是，由于这些种的长寿命性，它们的种群减少可能需要很多年才能被人们所注意到。由此可见，在长寿命物种的数量还远远在其他类型物种的临界或可接受种群数量之上时，就应该采取特别的保护措施来保护这些长寿命物种的多样性。

2.1.3　关键种（keystone species）

一般来说，关键种是指一个或一组对群落的结构和过程起着非常重要作用的种。捕食者、特殊的食物资源、固氮细菌等都可能在群落中起到关键种的作用（Meffe et al.，1994）。我们在此讨论的关键种的主要特点是：它们的丧失会引起群落中其他脆弱种群的灭绝，因为它们在群落中起着关键的作用，许多物种要依赖于它们而生存，它们一旦遭到破坏，依赖于其生存的物种的脆弱性就增加，灭绝可能性就会增大。有时在群落中一个种起着关键种的作用，但在大多数的情况下是相关联的一组物种形成一个功能组合而在群落中起关键种的作用。例如有些热带雨林中的食虫鸟类，就是数个种组合在一起在森林中起关键种的作用。如果将这些种中的任何一种除掉的话，将对热带森林中的昆虫和昆虫所取食的植物没有多大影响，而当将这些中的大多数或全部除掉后，热带森林中的昆虫就会爆发，从而对树木造成严重的破坏，就可能有不少植物种有遭受灭绝的威胁。因此，生物多样性保护研究的重点之一是鉴别不同群落中的关键种，以及如何对其进行合理保护。

2.2 对遗传多样性的考虑

除了物种的丧失外，作为进化基础的遗传多样性，以及适应于特殊地方环境的局部种群的多样性丧失，也是生物多样性保护中应考虑的重要方面。

2.2.1 遗传有效种群大小（genetically effective population size，N_e）

在一个理想化的环境中，每一个个体在对下一代的基因贡献上都有相等的概率。人们常常把理想种群设想为一个很大的、随机交配的种群、其世代不重叠、交配性别的比例为 1∶1，雌性间的后代分布是均匀的，并且没有选择发生。实际的种群永远也不会满足这些标准。而大多数的种群遗传学模型都是基于理想种群而建立的，为了使这些模型更加实用，就需要对种群的大小做相应的修正（Meffe et al.，1994）。一般是用遗传有效种群的大小（N_e）来进行修正的，它一般要比实际种群内的个体数，即调查种群的大小（census size，N_c）要小。遗传有效种群大小（N_e）是指和所研究种群具有相同数量的近亲交配频率和随机漂变基因频率的理想种群的大小（Kimura et al.，1963）。从遗传学的意义上来看，种群的大小是以实际繁育个体的数量和后代在家族中的分布为基础的。如果繁育的性别比例不均，雌体中繁殖成功率不等，或种群数量大为减少的话，有效种群的大小就会比实际的种群大小低很多。N_e考虑的是那些实际繁育的个体以及它们对下代的贡献。用数学模型表示时，N_e受繁育性别比例的影响如下：

$$N_e = 4N_m \times N_f /(N_m + N_f)$$

其中 N_m 和 N_f分别是能够成功地繁育的雄性和雌性个体的数量。

例如，假设一个 N_c种群的 N_e为 500（假定其个体都能繁育且性比为 1∶1）

即

$$N_e = \frac{4 \times 250 \times 250}{250 + 250} = 500$$

但如果雌体为 450 个，雄体为 50，则

$$N_e = \frac{4 \times 50 \times 450}{50 + 450} = 180$$

由此可见，交配系统和遗传结构是有效种群大小和遗传多样性保护的重要方面。N_e也强烈地受到雌体间子代分布（家庭大小）的影响，这可用公式：$N_e=4N_c/(\sigma^2+2)$看出来，其中σ^2是雌体间家庭大小的方差，方差越大，将导致 N_e越小。这就意味着，如果一个雌体产生了种群中大多数的后代（σ^2 大），它的基因在下代中就占有非常大的比例，而其他雌体的基因比例将会下降。如果子代分布的差异为 0，即$\sigma^2=0$，则 $N_e=2N_c$，

这时所有的等位基因在下代中都有相同的比例存在，N_e实际上是等位基因出现多少的一种度量。通常由于性别比例、家庭大小和种群波动的影响，一般N_e总是明显地小于N_c。

2.2.2 奠基者效应（founder effect）

指的是当一些个体建立新的种群时，新种群的遗传组成就依赖于这些奠基者的遗传特性。如果这些奠基者不能代表它们母种群的特性，或仅少数奠基者能代表母种群的一些特性，那么新建立的种群就不能完整地代表其来源的母种群，从而就有可能表现出总遗传多样性的降低。

2.2.3 统计瓶颈作用（demographic bottleneck）

是指一个种群短时间内经历了剧烈的数量下降后所发生的事件。它是由于种群遭受到突然的破坏事件或是由一些奠基者的占据事件所引起的遗传有效种群明显的下降。这种事件的后果之一就是所有后代的遗传变异都将包含在这少数的经历住瓶颈事件的个体中，并从这些个体中繁殖下去。在此过程，一些遗传变异将会丢失掉，丢失的程度将依赖于瓶颈作用的大小以及后来种群增长的速率。遗传多样性从一代传到下一代的比例为：$1-(1/(2N_e))$，其变化范围在0.5～1.0。

2.2.4 遗传漂变（genetic drift）

是指在小种群中，仅仅由于机会的因素而产生的基因频率的随机变化。也就是说，在小种群中，仅仅由于机会的原因，某些等位基因将不被“取样”而从后代中消失。无论是奠基者效应、瓶颈作用还是在遗传漂变中，稀有等位基因都很有可能在这些过程中丧失掉。

2.2.5 近亲交配（inbreeding）

是指血缘关系相近的个体之间的交配。如果交配是随机的话，在小种群中近交的可能性就会大大增加。由于近交肯定能使纯合性（homozygosity）增加，从而就会发生近交退化（inbreeding depression）。即近交使纯合性增加，从而导致个体的适合度和活力下降。小种群随着时间的推移将会丢失一部分其原有的遗传多样性，损失的速率大约是每一世代为$1/(2N_e)$，遗传多样性的丧失在每一代中似乎很小，但随着世代的增加，遗传多样性的丧失会越来越大。因此，在多样性的保护策略中，我们应尽可能地避免物种长期以小种群的状态存在。关于种群间遗传多样性的丧失，在很多情况下会由于人为的破坏活动，如直接将某个局部种群消灭，或人为活动使历史上本来是分化的或隔离的种群间经历高频率的基因流动或交换，那些原来是互相隔离着的种群的独特性就会减少甚至丧失，它们对特殊环境的适应性或相互适应的基因复合体也会减少或消失。

3 物种及种内生物多样性的保护

对于物种，存在着多种不同的概念，如生物学物种概念（biological species concept，BSC）、系统发育物种概念（system development species concept，PSC）、进化物种概念（evolutionary species concept，ESC）等，这些不同的概念在一定程度上影响着我们采取保护的措施和途径（Meffe et al.，1994）。如果我们采用生物学物种概念（BSC），我们就会把物种或亚种视为明显的实体，因此保护就主要集中在对物种或亚种的保护上，而很少考虑到物种内的种群或生态功能群。这就有可能忽略对某些特殊种群的保护。由于系统发育的物种概念（PSC）会把许多现在已有的亚种或变种划分为不同的新种，因此，PSC 的物种要比 BSC 的物种数量多。因此，如果采用 PSC，那么现有的一些濒危种就会被划分为几个新种。现在不是濒危的种群，如果在 PSC 下就有可能被划分为新种而达到濒危物种的标准，从而被列入保护对象。由上述分析可以看出，根据保护对象的具体情况，采用不同的物种概念，才可能起到良好的保护效果。不管采用哪种物种概念，需要特别强调指出的是，每个物种类型内的变异应是我们在物种保护时必须考虑的。进化与生态功能的关键单位不是物种，而是种群。物种只是一个分类或进化的抽象概念，对于研究适应没有特殊的意义（Meffe et al.，1994）。局部种群（local population）才是生物对环境反应的基本单位，在局部种群里才能产生适应性，也才能保持遗传多样性。遗传多样性的丧失就意味着减少了未来进化的选择。种群内高的遗传变异是与适合度（fitness）成正相关的，单个或多个基因位点的杂合度将使个体的适合度增加，个体内杂合性的降低就会减少其适合度。一个种的遗传多样性库（genetic diversity pool）存在于 3 个基本的水平上，即个体内的遗传变异（heterozygosity）杂合性、种群内个体之间的遗传差异以及同一个种的不同种群间的遗传差异。一个个体的适合度是指其在一生中相对于种群中的其他个体来说，繁殖成功率的大小。从遗传学的角度来看，一个个体的适合度可以用下一代基因库中这个个体的基因型所占的比例来测度。许多种群遗传学家认为，杂合性能提高与适合度相关的性状。自然种群的杂合度变化在 0%～30%，植物的平均杂合度为 7%，脊椎动物的平均杂合度为 5%，而无脊椎动物则平均为 11%（Novo，1978）。种群数量越大，通常杂合性就越高。小种群随着时间的推移容易丧失杂合性，因此，有人建议尽可能保持大的种群和大的保护区。

4 种群动态与生物多样性保护

4.1 种群、种群统计与种群的调节

种群（population）是指一定空间范围内某个种的所有个体的总和。它是各种生物学过程和生活史特性得以延续的基本单位。种群数量统计学（population demography）则是主要研究种群个体数量变动的科学。一般种群增长或减少受 4 个因素的影响，即出生率、死亡率、迁入率和迁出率。当种群的数量变得稀少时，种群本身有增加其数量的趋势，而当种群数量过多时，它又有减少其个体数量的趋势，我们称这个种群是可调节的。关于种群调节机制，种群生态学提出两种基本的机制，即密度制约与非密度制约。

4.2 源、汇、异质种群

在许多种群中，不同的个体占据着不同质量的生境斑块，当个体处于适宜的生境时，

就能成功地产生后代，繁殖率大于死亡率，我们称这样的生境为源（source）；而当个体处于不适宜的生境时，可能在繁殖上不成功或存活率减少，繁殖的成功率就会小于死亡率，我们把这样的生境称为是汇（sink）。在源生境中的种群会产生过量的个体，这些过量的个体就必须扩散出其出生地的生境斑块，去寻找新的能定居或繁育的地方。而在汇生境中的种群，由于出生率小于死亡率，随着时间的推移，如没有从其他地方迁入新个体的话，必然会走向灭绝。一般将处于源生境中的种群称为源种群（source population），而将处于汇生境中的种群称为汇种群（sink population）。种群生态学家研究发现，许多物种既有源种群，又有汇种群，由源种群中所产生的过多个体可以扩散到汇生境中，从而使汇生境中的种群得以维持而不灭绝（Pulliam et al.，1991）。因此，可能依赖于源和汇生境的种群动态，我们称其为源-汇动态（source and sink dynamic），源-汇动态是近年来生物多样性保护中非常重要的一个概念（Meffed et al.，1994）。源-汇动态对于生物多样性的保护具有重要的参考意义，理论分析表明，大多数种群只有很少一部分聚集在源生境中，而大部分都分布在汇生境中，因此，集中力量保护源生境具有重要的意义。另外，在自然保护区的规划中，应尽量避免过多的汇生境将源生境包围，因为这些过多的汇生境可能会成为源生境个体的消耗地，从而使源生境中产生的个体逐渐减少。源-汇动态是异质种群的一种特殊情况。异质种群（metapopulation，可译为复合种群或斑块种群），是指一个种的种群由数个处于半隔离状态的亚种群组成，这些亚种群通过个体的迁入或迁出和基因交流发生关系，从而使这些亚种群联系在一起成为一个整体。各个亚种群在所占据的斑块可能会发生灭绝，也可能去占据空的斑块，这些空的斑块可能是亚种群已灭绝的地方，局部灭绝（local extinction）的速率在很大程度上依赖于斑块内的环境条件和小种群动态的随机性。空斑块的占据则主要取决于物种的扩散能力以及适合斑块在景观中的位置。每个斑块中种群的大小可能会发生不同程度的波动，当某个亚种群很小时，斑块内局部性的灭绝就可能会由于周围斑块中个体的迁入而避免，有人称此为挽救效应（rescue effect）。挽救效应可能是维持物种多样性的一种重要机制（Stevens，1989）。

4.3 种群生存力分析

关于生境的丧失方式、环境的不确定性、统计的随机性以及遗传因素相互作用决定一个种灭绝可能性的研究，就叫做种群生存力分析（population viability analysis，PVA）（Soule，1987；Shaffer，1990）。种群生存力分析是一种新的分析物种存活概率的方法。影响种群灭绝可能性的因素主要有 4 类，它们是统计随机性（demographic stochasticity）、环境不确定性（environmental uncertainty）、自然灾害（natural catastrophe）和遗传不确定性（genetic uncertainty）。统计随机性通常是指随机事件对个体生存与繁殖作用的不确定性，例如小种群中性别比例的严重不均衡就是异常的统计事件。环境不确定常常是指不可预测的自然事件，如天气的变化、食物供应的变化以及竞争者、捕食者、寄生者的变化等。自然灾害是环境不确定性的极端情况，如台风、大的森林火灾、洪涝、干旱等。统计随机性和环境不确定性的主要区别是：前者是当种群的平均死亡率或繁殖率一定时，种群内个体所经历的变化，而后者则主要是指种群平均死亡率或繁殖率的时空变化。

也就是说前者主要是以种群内的个体水平为基础的，后者则主要是以种群水平为基础的。遗传不确定主要是指奠基者效应、遗传漂变以及近交等。一般来说，遗传不确定性和统计不确定性只是影响很小的种群（如个体数量小于50）生存力的重要因素，而环境不确定和自然灾害也能影响很大种群的生存力。对于濒危物种的保护，常常要必须考虑4个因素的联合作用，因为许多濒危物种，特别是大的脊椎动物，都是以小种群存在的，在许多濒危物种的保护计划中，为了对其恢复以使其达到存活种群（viable population），即具有一定的个体数量而能长期保持其生命活动和生活史特性的种群），需要确定两个目标，一是要建立这个种的多个种群，这样，一个灾害性的事件就不至于将整个种都消灭，二是要把每个种群的个体数量增加到一定的水平，这样，遗传、统计和一般的环境不确定性就不至于对每个种群有严重的威胁。现在大多数的种群生存力分析都是利用野外关于种群重要统计参数的研究，构建模拟模型，模拟各种灭绝因素的可能影响，分析预测一定时期内种群灭绝的概率。种群的生存力有时不仅仅取决于一个斑块内的生境质量，而且还与景观中不同斑块的位置、数量以及它们之间的个体交换有关，另外种群的扩散方式也是决定种群生存力的重要因素。在许多情况下，种群动态必须在许多生境斑块的水平上来研究，异质种群动态模型即是这种研究的重要方法之一。这些模型考虑的是镶嵌生境斑块中，许多相互作用的亚种群的动态。异质种群动态模型的研究表明，景观中适合于一个种生存的生境斑块的比例，以及适合斑块间个体扩散的程度是影响种群生存力的重要因素。

5 群落水平上的生物多样性保护

以上我们所讨论的基本上都是以一个种为基本单位的。实际上在自然界中，所有的种都不是以单个种的形式存在的，它们总是与其周围的物理环境以及其他的物种发生各种各样的相互关系，形成一个个复杂的功能单位，即生物群落或生态系统。所有的生物多样性保护措施的实施，也最后必须考虑到群落或生态系统的特征。所有的生物都是群落中的一员，它们在生态系统的结构和功能中各有不同的作用，生态系统中通过不同的营养关系所形成的食物链或食物网，既是群落中物种间相互作用的基础，也是生态系统功能发挥的关键。生物多样性保护中关于群落关键种、互惠共生种、寄生，捕食等方面的知识是十分重要的，因为通过对这些方面的认识，就能使我们针对不同的情况，抓住群落中种间互相关系的主要矛盾，同时照顾各个种或种群间互相作用的特殊性，制定周密的保护计划，从而使保护措施有效可行。在群落或生态系统水平上生物多样性保护中另一个重要的问题就是干扰体系（disturbance regime），干扰指的是能改变生态系统、群落和种群的结构，并引起资源和基质有效性变化的不连续事件（Pickett et al.，1985），干扰体系则指的是干扰发生的规模、频率、周期和强度等要素总和。近20年来的研究表明，实际上所有的自然生物群落都存在着一定的干扰体系，这种干扰体系是维持生物群落结构、功能和多样性的基础。因此，自然干扰体系是自然群落长期发展变化中必不可少的驱动因素（臧润国，1998；臧润国等，1998）。通过对自然干扰体系的深入了解，就可以使我们去努力保持在一定规模上对群落是正常的自然干扰体系，而避免对于群落来说是不必要的人为干扰。一个地区的物种或生态系统和这个地区的自然环境进行了数百万年的进化与适应过程，这个地区的生物之间及其与环境之间都是互相协调的。但当一个新的物种侵入一个地区后，这个物种就可能成为这个地区生态系统的新的干扰因素，从而有可能对这个地区的生物多样性造成灾难性的后果，所以，在生物群落或生态系统水平上的多样性保护中，一定要对外来种进行详细的生态学分析后，才能考虑引进，避免外来物种对本地的多样性造成减少或灾难。

6 生境破碎与景观水平的多样性保护

6.1 生境破碎与异质性

生境破碎（habitat fragmentation）：指原来连续的生境经外力作用后变为许多彼此隔离的小斑块。生境破碎可导致景观中一种生境类型总数量的减少，也可能导致景观中所有生境类型数量的减少，从而使干扰后的生境分化为比原生境更小、更加隔离化的斑块。人类干扰的结果常常会造成自然生境以分离的小斑块存在于人为开发过的土地中。许多研究都表明，被人类所破坏的景观中常常会出现局部性种群灭绝、物种组成与多度格局的改变，有利于杂草性物种的繁茂等（Burgees et al.，1981；Saunders et al.，1991）。自然景观本来也不是均匀的，它们是由各种不同的生态系统组合在一起的一个个斑块镶嵌体，因此自然景观存在着异质性（heterogeneity）。自然干扰在森林和其他植被中能产生不同发育阶段的斑块镶嵌体，在植被的自然异质性形成中起着重要的作用。生态学研究表明，中等强度或中等频率的自然干扰能增加一个地区生境和物种的多样性，这就是所谓的中度干扰假说（intermediate disturbance hypothesis）（Connell，1978）。自然景观一般都是异质性的，适合于某个种的生境在景观中往往是不连续的，因此，许多物种都是以异质种群的形式存在的。保持不同斑块间的传播或移动不受障碍，对于异质种群的维持十分重要。老龄林（old-growth forest）之所以对生态学家和保护学者有那么大的吸引力，部分原因就是因为老龄林的异质性大。老龄林中树木的年龄分布范围广、树冠高低不平，并且老龄林中林隙的形成率高于幼年林分，高的水平和垂直的生境异质性会产生高的生物多样性。既然自然景观中斑块镶嵌是好的，那么为什么人为引起的破碎化就不好呢?这是因为自然的景观和人类破坏后所形成的景观有本质的区别（Meffe et al.，1994），如：自然的景观具有丰富的内部斑块结构（如有许多林隙、倒木及不同的群落垂直层次等），而破坏后的景观则拥有较为简单的内部斑块结构（如农田、皆伐地、同一树种、同一树龄的同样大小个体的人工纯林等）；自然景观相邻斑块间的对比度（contrast）比人工破碎景观相邻斑块间的对比度小，因此，潜在的边缘效应也就小；人工破碎景观的某些特性（如道路及各类人为活动）对于种群的生存力会有严重的影响。

6.2 破碎化过程

在陆地生态系统中，破碎化往往是以植被基质中空隙（gap）的形成为开始的，在一定时期内景观的基质是自然的植被，物种的多度和格局这时还很少受到影响；但随着空隙变得越来越大，越来越多时，这些空隙反而变成了景观中的基质，而自然植被却变成了空间基质中的一个个斑块。这些自然植被斑块就像沉浸在被干扰后景观基质中的一个个“岛屿”一样，这样的“岛屿”在陆地生态系统中就称为“生境岛”（habitat island）。

6.3 破碎化的生物学后果

6.3.1 物种在破碎景观中的选择方式

破碎化对于生物多样性的作用有些是很直接、很明显的，很快就会表现出来；而有些则是间接的，到一定时期才表现出来。在高度破碎化的景观中，物种有 3 种选择方式，即：某些物种在人类土地利用的基质中可以生存并有可能生存的更加茂盛，如某些杂草即是如此；某些物种通过在某些生境碎片或斑块中保持其存活种群而存在于破碎后的景观中，这只对于那些需要较小面积或领域的种，如许多植物和无脊椎动物即是如此，它们只在一个碎片斑块中就能满足其生活史的需要；某些物种具有高度的移动性，从而能在破碎后生境的许多斑块中存在，通过不同斑块来完成其生活史。如果一个物种不能够适应于上述 3 种之中的任何一种生存方式，那么它在破碎化的生境中必然会走向灭绝。

6.3.2 一次性排除

生境破碎造成的最明显、最快的物种多样性丧失就是所谓一次性排除（initial exclusion），即人类的开发活动直接将开发景观中的某些物种消灭。许多为某些地区或地段所特有的稀有物种，其分布范围非常局限，一旦开发活动发生在他们的范围内，他们就可能会被一次性消灭。

6.3.3 障碍与隔离

当景观被破碎后，某些地方就变成了生物运动的障碍，从而使许多生境对生物来说处于隔离状态，如果没有足够大的生境来满足某些种的需要时，某些物种需要某些生境斑块彼此相邻的近些，才能完成其生活史过程。许多异质种群的存活力就依赖于种群在不同斑块间的移动，一旦这些斑块被障碍隔离开后，种群就有可能减少乃至灭绝。不同的物种所遇到的障碍不同，如树篱对某些物种是运动的障碍，而对于另一些物种则是运动的廊道。一般人类所产生的各种结构或设施如道路、都市、农田、皆伐迹地等，是许多动植物移动或扩散的障碍。

6.3.4 拥挤效应（crowding effect）

当对某些斑块周围的自然生境进行破坏后，这个斑块就处于隔离状态，某些动物就被迫从其原有的生境逃离而来到这个隔离斑块，从而使这些斑块上的动物处于拥挤状态，这种现象被称为是“方舟上的拥挤”。随着时间的推移，这些斑块上动物种群的密度就会很快减少甚至灭绝。如 Lovejoy 等在巴西亚马逊的热带森林斑块中对鸟类的研究表明了拥挤效应的存在，研究发现在一片 $10hm^2$ 被破碎隔离的森林中，林下鸟类的捕获率在森林隔离后的几天成倍的增长，但在其后的几天就迅速下降了（Meffe et al.，1994）。

6.3.5 易于受生境破碎影响而灭绝的物种

某些物种的生活史特征，决定了它们特别易于受生境破碎化的影响，这些物种包括：稀有种，具有较大领域范围需要的种，扩散能力有限的种，生殖能力低的种，依赖于在时间和空间上不可预测资源的种，地面筑巢的种，依赖于内部生境（interior habitat）的种易被人类开发利用的种。

6.3.6 边缘效应（edge effect）

生境岛与景观基质的对比度不仅是隔离化程度的一个指标，而且也表明了边缘效应的程度。生境的外围不是一条线，而是一个受影响的区域，这个区域的宽度随研究参变量的不同而有不同的变化。阳光和风从森林的边缘进入内部一定宽度，从而使微气候发生变化，森林的边缘区域通常都比森林的内部干燥而明亮，有利于不耐荫的植物生长。在美国太平洋西北部的花旗松林中，边缘使风倒速率的增加，湿度的降低和其他的物理性质的变化可能延伸到林中 200m 处。由于边缘效应的结果，生物群落组成及生态系统过程可能会发生很大的变化，边缘也可能会成为某些动物的"陷阱"，它吸引某些动物来到边缘，而这些动物在边缘的死亡率会增高，繁殖率降低。陆地生态系统中的生境岛与真正的海岛有很大的不同，干扰后的陆地生境所构成的威胁要远比水对海岛造成的威胁大。Small 和 Hanter 在美国缅因州的一项研究表明，至少有一面临水的森林大斑块中鸟巢的被捕食率要比完全被陆地所包围的小斑块中鸟巢的被捕食率低（Small et al.，1988）。上述分析表明，减少生境的破碎化，对于生物多样性的保护是非常重要的。

参考文献

[1] 钱迎倩，马克平. 生物多样性研究的原理与方法，北京：中国科学技术出版社，1994.
[2] 臧润国. 林隙更新动态研究进展. 生态学杂志，1998，17（2）：50-58.
[3] 臧润国，徐化成. 林隙干扰研究进展. 林业科学，1998，34（1）：90-98.
[4] Burgess R L，Sharp D M. Forest island dynamics in man dominated landscapes. Springer-Verlag，New York，1981.
[5] Connell J H. Diversity in tropical rain forests and coral reefs. Science，1978，199：1302-1310.
[6] Kimura M，Crow J F. The measurement of effective population number. Evolution，1963，17：279-288.
[7] Meffed G K，Carroll C R. Principles of conservation biology. Sinauer Associates，Sunderland，MA，1994.
[8] Myers N. Deforestation rates in tropical countries and their climatic implications. Friends of the earth，Washington，D. C.，1989.
[9] Myers N. The biodiversity challenge：expanded hot spots analysis. The environmentalist，1990，10：243-256.
[10] Novo E. Genetic variation in natural populations：pattern and theory. Theoretical population biology，1978，13：127-177.
[11] Pickett S T A，White P S. The ecology of natural disturbance and patch dynamics. Academic Press，New York，1985.
[12] Pulliam H R，Danielson B J. Sources，sinks，and habitat selection：a landscape perspective on population dynamics. Am. Nat.，1991，137：50-66.
[13] Rabinowitz D，et al. Seven forms of rarity and their frequency in the flora of the British Isle. *In*：M E Soule. Conservation Biology：The science of scarcity and diversity. Sin Auer Associates，Sunderland，MA，1986：182-204.
[14] Ricklefs R，Schluter D. Species diversity in ecological communities：historical and geographical perspectives. University of

Chicago Press，Chicago，1993.
[15] Saunders D A，et al. Biological consequences of ecosystem fragmentation：a review. Conservation biology，1991，5：18-32.
[16] Sepkoski J J. Ralph，beta，or gamma：where does all the diversity go? Pale biology，1988，14：221-234.
[17] Shaffer M L. Population viability analysis. Conservation biology，1990，4：39-40.
[18] Small M F，Hanter M L. Forest fragmentation and avian nest predation in forested landscapes. Oncologic，1988，76：62-64.
[19] Soule M E. Viable populations for conservation. Cambridge University Press，New York，1987.
[20] Soule M E. Conservation：tactics for a constant crisis. Science，1991，253：744-750.
[21] Stevens G C. The latitudinal gradient in geographical range：how so many species coexist in the tropics. Am. Nat.，1989，133：240-256.
[22] Wilson E O，Peters F M. Biodiversity. National Academy Press，Washington，D. C.，1988.
[23] Wilson E O. Threats to biodiversity. Sci. Am.，1989，261：108-117.
[24] Wilson E O. The diversity of life. Belknap Press of Harvard University Press，Cambridge，MA，1992.

演替顶极阶段森林群落优势树种分布的变动趋势研究[†]

顶极森林群落是森林群落演替的最终相对稳定的阶段。与其他演替阶段相比，其生物产量最高，生态功能最强。森林群落的主要层片是乔木，而乔木层片中的优势树种是森林群落的重要建造者，在森林生态功能的发挥中也起着主导作用。分析研究顶极森林群落中优势树种分布的变动趋势，有助于了解顶极森林群落一些特性的形成机制，也为林业生产中诸如人工纯林的改造、间伐抚育等措施的制定，提供模仿天然林的理论依据，并在操作方面能给予启示。

本研究综合作者的野外调查资料与其他公开发表的研究资料，以温带单优势种的阔叶红松林顶极群落、多优势种的亚热带常绿阔叶林顶极森林群落演替系列、多优势种的热带山地雨林顶极森林群落为例，分析了演替顶极阶段森林群落发育过程中，优势树种总体分布格局的变动趋势；亚热带和热带多优势种顶极群落不同发育程度时，各优势树种种间联结关系和线性相关关系的变动趋势及优势树种种间联结关系和线性相关关系的变化在优势树种总体分布格局上的反映。并且以海南岛尖峰岭地区热带山地雨林顶极群落为例，分析了高度发育的多优势种顶极森林群落其优势树种总体的分布格局特征；各优势种镶嵌于优势树种总体内的分布格局特征。

1 资 料 来 源

1.1 温带林群落

研究群落位于黑龙江省凉水自然保护区（128°53′20″E，47°10′50″N）境内。原始阔叶红松林为单优势树种的顶极森林群落，红松为优势树种。该项工作为本研究提供了不同龄级红松林木的分布格局，调查方法为样方法，以检验测频率分布与 Poisson 理论频率分布差异显著与否，来确定分布格局（李俊清，1986）。

1.2 亚热带林群落

参考鼎湖山常绿阔叶林演替研究的有关论文（中国科学院鼎湖山森林生态系统定位研究站，1984；彭少麟等，1994，1995）。研究地点在广东鼎湖山自然保护区（112°35′E，23°08′N）境内。该研究将演替划分为 6 个阶段，不同阶段呈现的群落类型和代表性群落如下：

---

† 张家城，陈力，郭泉水，聂道平，白秀兰，蒋有绪，1999，植物生态学报，23（3）：256-268。

演替阶段	第一阶段	第二阶段	第三阶段	第四阶段	第五阶段	第六阶段
群落类型	针叶林	以针叶树种为主的针阔混交林	以阳性阔叶树种为主的针阔叶混交林	以阳生植物为主的常绿阔叶林	以中生植物为主的中生群落	中生群落(顶极)
代表性群落	马尾松群落	马尾松-锥栗-荷木群落	锥栗-荷木-马尾松群落	藜蒴栲群群	黄果厚壳桂-锥栗-厚壳桂群落	黄果厚壳-厚壳桂-荷木群落

并选取了4个调查群落。群落1：马尾松群落，1985年的调查资料代表演替第一阶段，1989年和1992年调查资料代表演替的第二阶段；群落2：马尾松-锥栗-荷木群落，1955年的调查资料代表演替第二阶段，1989年和1992年的调查资料代表演替第三阶段；群落3：藜蒴栲群落，1955年的调查资料代表演替第四阶段早期，1989年和1992年的调查资料代表演替第四阶段晚期；群落4：黄果厚壳桂-锥栗-厚壳桂-荷木群落，1955年的调查资料代表演替第五阶段，1989年和1992年的调查资料代表演替第六阶段。4个群落形成了演替的空间系列。各群落取样方12个，每个样方10m×10m。

鼎湖山常绿阔叶林演替的研究论文为本研究提供了：①以方差均值比假设检验确定的各演替阶段优势种群的分布格局；②演替各阶段优势种群间以统计量x^2值表示的联结度的变动情况（彭少麟等，1984，1995）。

1.3 热带林群落

资料来源于笔者1984年参与的对海南岛尖峰岭热带山地雨林群落的调查。被调查群落位于尖峰岭自然保护区（108°52′E，18°48′N）腹地海拔约820m处（蒋有绪等著，1991）。根据外貌、组成、结构及群落发育背景判定为山地雨林的顶极群落。布样方式采用相邻格子样方，样方数目30个，样方面积为10m×10m。如此大小的样方可使被调查的优势树种林木个体仅在部分样方中存在，适合于Poisson分布的方差均值比法测定林木的分布格局（考克斯，1979）。乔木的起测标准为胸径≥7.5cm。调查的面积占该群落面积的绝大部分，调查结果可反映真实情况。

所调查的群落乔木层按高度可分为三个亚层，第一亚层≥20m，15m≤第二亚层<20m，第三亚层<15m。第一亚层有本群落指示种鸡毛松，第二亚层第一优势种为毛荔枝，第三亚层的第一优势种为高山蒲葵，故定名为鸡毛松-毛荔枝-高山蒲葵群落。调查范围内有乔木245株，84个种，为多优势种群落，以优势度排于前12位的作为优势树种，其在各样方中的分布株数见表1。

2 顶极森林群落优势树种分布的变动趋势分析

2.1 各优势树种分布格局变动趋势分析

鉴于对温带红松阔叶林顶极群落和亚热带常绿阔叶林顶极群落和演替过程中优势种群分布格局已有研究，我们首先根据尖峰岭热带山地雨林群落调查资料对其优势树种的分布格局进行分析，以便将其结果与温带和亚热带的情况综合考虑。

表 1　尖峰岭山地雨林顶极群落 12 个优势树种样方中株数分布表

树种	样方																													
	1	2	3	4	5	6	7	8	9	10	11	12	13	14	15	16	17	18	19	20	21	22	23	24	25	26	27	28	29	30
倒卵阿丁枫[1]							1			1									2	1										1
高山蒲葵[2]	2	1					1		1						1				1								1	1		
毛荔枝[3]		1		1	1			2	1					2	1						1	1		1	1	1	1	1		
红稠[4]														1		1														
肉实[5]					1		2			1																				
厚壳桂[6]	2			1	1		1	1				1	1			1		2		2			1					1		1
荷木[7]			1			2	1												1											
盘壳栎[8]		1																										1		
油丹[9]				1																									1	
乐东木兰[10]																										1				
鸡毛松[11]	1																										1			
大叶白颜[12]			1	1					2			2			1		1	1	1	1			1		1	1	1	1	1	

1）***Altingia obovata***；2）*Livistona saribus*；3）*Nephelium tepengii*；4）*Lithocarpus fenzelianus*；5）*Sarcosperma laurinum*；6）*Cryptocarya chinensis*；7）*Schima superba*；8）*Quercus patelliformis*；9）*Alseodaphne hainanensis*；10）*Parakmeria lotungensis*；11）*Podocarpus imbricatus*；12）*Gironniera subaequalis*

Poisson 分布反映一种个体分布密度低的种群随机分布格局（考克斯，1979），从表 1 中可见该热带山地雨林优势树种分布密度具此特点。计算出优势树种分布的方差均值比率 $s^2/\overline{x}$，并计算统计量 t：

$$t=\frac{(s^2/\overline{x})-1}{\overline{2/n-1}}$$

以检验实测的方差/均值比率与 Poisson 分布理论方差/均值比率间差异显著与否，确定该优势种分布格局。式中 s^2 为一优势树种在各样方中株数分布的方差，$\overline{x}$ 为该优势种分布株数的平均数，n 为样方数。取显著度 $\alpha=0.05$，自由度 $f=n-1=30-1=29$，查 t 分布表得 $t_{0.05}=2.045$。尖峰岭山地雨林 12 个优势树种 t 值计算如表 2 所示。可见 $t<t_{0.05}=2.045$，故不能推翻原假设，可认为尖峰岭热带山地雨林 12 个优势树种均遵从 Poisson 分布，即随机分布格局。

表 2　尖峰岭山地雨林群落 12 个优势树种的方差/均值比率（$s^2/\overline{x}$）及统计量 t

优势种	$s^2/\overline{x}$	t	优势种	$s^2/\overline{x}$	t
倒卵阿丁枫 *Altingia obovіata*	0.23/0.20	0.57	荷木 *Schima superba*	0.21/0.17	0.90
高山蒲葵 *Livistona saribus*	0.29/0.30	−0.13	盘壳栎 *Quercus patelliformis*	0.06/0.07	−0.54
毛荔枝 *Nephelium tepengii*	0.45/0.63	−1.09	油丹 *Alseodaphne hainanensis*	0.06/0.07	−0.54
红稠 *Lithocarpus fenzelianus*	0.06/0.07	−0.54	乐东木兰 *Parakmiria lotungensis*	0.03/0.03	0.00
肉实 *Sacosperma laurinum*	0.19/0.13	1.76	鸡毛松 *Podocarpus imbricatus*	0.06/0.07	−0.54
厚壳桂 *Cryptocarya chinensis*	0.46/0.53	−0.50	大叶白颜 *Gironniera subaequalis*	0.39/0.57	−1.20

在温带阔叶红松林顶极群落中，红松的出现是呈集群分布的，随着群落的发育，经自然稀疏作用成年林木呈随机格局扩散。在发育成熟的顶极群落中，成年红松林木以随机格局分布（李俊清，1986）。亚热带林顶极群落以鼎湖山常绿阔叶林为例，进入顶极阶段（第六阶段）阳生性优势树种锥栗、荷木为随机分布格局（彭少麟等，1995），中生性优势树种黄果厚壳桂和厚壳桂为集群分布。但从演替过程中分布格局的演变来分析，黄果厚壳桂在代表演替第四阶段晚期的群落 3 中，据 1989 年调查资料计算已为随机分布（表 3）。森林群落的演替过程是一个漫长的时间过程，而群落的调查是两年或更长的时间间隔才进行 1 次，每次的调查仅仅记录下当时的群落状况。因此，1 次群落调查的记载对漫长的演替过程而言，具有瞬间性。根据不同时间间隔的群落调查结果分析，鼎湖山森林演替序列的研究者认为："厚壳桂种群的格局基本自低集群向高集群进而再向低集群的方向演变；而黄果厚壳桂种群的格局则沿着自高集群经低集群向随机分布，进而再向高集群分布的方向演变。尽管二者的分布格局……，但在群落演替过程中均有在高集群和随机分布间，围绕低集群分布呈波动的趋势"（彭少麟等，1994）。

迄今为止对森林演替动态变化的研究多以一定时间间隔的群落调查记录的分析来进行，这很像地质学中根据不同时间的地质剖面去分析判断一个时期的地壳变动趋势。根据这一研究方法笔者认为：对多优势种森林群落而言，若自该生境的中生树种成为群

表 3　黄果厚壳桂和厚壳桂种群在不同时空跨度上种群分布格局的演变（彭少麟等，1994）

时空系列	1992 年			1989 年		
	d	t	格局	d	t	格局
厚壳桂 *Cryptocarya chinensis*						
群落 1			无分布			无分布
群落 2			无分布			无分布
群落 3	1.41	1.05	趋于集群分布	1.68	1.72	趋于集群分布
群落 4	5.85	12.36	集群分布	2.16	2.96	集群分布
黄果厚壳桂 *Cryptocarya concinna*						
群落 1			无分布			无分布
群落 2	10.38	23.91	集群分布	1.34	0.86	趋于随机分布
群落 3	3.88	7.34	集群分布	1.11	0.29	随机分布
群落 4	1.90	2.28	集群分布	4.06	7.81	集群分布

注：$d=s^2/\bar{x}$　$t=\dfrac{(s^2/\bar{x}-1)}{2/n-1}$（$\alpha_{0.95}$=2.16；$\alpha_{0.90}$=1.77；$\alpha_{0.60}$=0.87）

落第一优势树种起，称已进入森林演替的顶极阶段，那么在顶极群落发育的相当长时期内，群落中所有优势树种的分布均有在集群和随机分布间的波动变化，并在波动变化过程中集群度递减。当顶极群落极度发育，这种集群度递减的波动最终相对稳定地停留在随机分布状态，如尖峰岭热带山地雨林极顶极群落的 12 个优势树种均呈现随机分布格局。这一推断是基于尖峰岭鸡毛松-毛荔枝-高山蒲葵顶极群落优势树种的分布格局，和鼎湖山亚热带常绿阔叶林演替序列中优势树种分布的动态变化趋势的综合分析得出的。另一项在亚热带贡嘎山对麦吊杉群落优势种群分布格局的研究（吴宁，1995）也为上述推断提供了佐证。对麦吊杉群落调查的布样方法和样方大小与鼎湖山的研究相同，只是样方数量更多一些。研究的 4 个群落麦吊杉均为第一优势树种，且均为随机分布。值得特别注意的是群落 3 的第二优势树种铁杉也已呈随机分布。由于水热资源条件不同所形成的群落特性不同，鼎湖山常绿阔叶林顶极群落极度发育时，可能不会像山地雨林鸡毛松-毛荔枝-高山蒲葵顶极群落那样，数量达 12 个之多的优势树种到某一时期均呈随机格局分布，但作为顶极群落优势树种中的重要中生树种，随着该顶极群落的发育，黄果厚壳桂、厚壳桂会与锥栗、荷木一样最终将以随机分布格局出现。基于黄果厚壳桂、厚壳桂还未呈现较稳定的随机分布格局，可以判断鼎湖山以黄果厚壳桂、厚壳桂、锥栗、荷木为优势树种的常绿阔叶林顶极群落还没有发育成熟。

作为发育成熟的山地雨林顶极群落，鸡毛松-毛荔枝-高山蒲葵群落中不仅 12 个优势树种呈随机分布，甚至重要值在前 22 位的 22 个树种其分布也呈随机格局。

若将各亚层中优势度居前四位的树种作为该亚层优势树种，并对其分布格局进行测定，结果仅第二亚层第二优势树种肉实为集群分布，其余均为随机分布。测定数据如表 4。

综上所述，森林群落的演替进入顶极阶段以后，随着顶极群落的发育，优势树种的分布存在由集群向随机扩散的趋势，而且是以集群度递减的波动方式由集群向随机扩散。发育成熟的多优势种顶极森林群落，其优势树种的分布格局是随机的，如按高度分

表 4 尖峰岭热带山地雨林鸡毛松、毛荔枝、高山蒲葵群落各乔木亚层优势树种分布格局测定

优势种	*d*	*t*	分布格局
第一乔木亚层			
倒卵阿丁枫 *Altingia obovata*	0.90	0.38	随机分布
红稠 *Lithocarpus fenzelianus*	0.86	–0.54	随机分布
盘壳栎 *Quercus patelliformis*	0.86	–0.54	随机分布
油丹 *Alseodaphne hainanensis*	0.86	–0.54	随机分布
第二乔木亚层			
毛荔枝 *Nephelium tepengii*	0.83	–0.65	随机分布
肉实 *Sarcosper malaurinum*	1.60	2.28	集群分布
尖峰栲 *Castanopsis jianfenglingensis*	0.86	–0.53	随机分布
大叶白颜 *Gironniera subaequalis*	1.46	1.75	随机分布
第三乔木亚层			
高山蒲葵 *Livistona saribus*	0.97	–0.11	随机分布
厚壳桂 *Cryptocarya chinensis*	0.80	–0.76	随机分布
大叶白颜 *Gironniera subaequal is*	0.63	–1.41	随机分布
多香木 *Polyasma cambodiana*	0.83	–0.65	随机分布

注：$d = s^2 / \bar{x}$ $t = \frac{(s^2/x-1)}{2/n-1}$ $t_{0.05}=2.045$

层对各层的优势树种分布格局进行测定，各层的优势树种绝大多数也遵从随机分布。这种分布格局是同种个体为减少种内竞争，在无人为干扰情况下种群扩散的最终形式。

2.2 优势树种间联结性的变动趋势分析

两种群间联结性测定所利用的是个体在样方中共同或单独出现与否的资料来进行的，所以也是一种基于分布方式的研究分析。两个种群间联结性的测定原理是将群落调查中两种都存在的样方数、单一种存在的样方数、两种均不存在的样方数列成 2×2 联列表。比较调查真实值与假设两种群独立、随机分布时与调查真实值对应的理论值的差异（Greig-smith，1983），并选择一统计量检验差异的显著与否，来确定两个种群间的联结性。通常检验联结性的统计量为 χ^2（Chi-squared）。χ^2 的计算采用下式（查普曼等，1980）：

$$\chi^2 = \frac{(ad - bc - \frac{n}{2})^2}{(a+b)(a+c)(b+c)(b+d)}$$

式中 n 为样方总数，a 为两种个体共存的样方数，d 为两种个体均无的样方数，b 和 c 为单一种存在的样方数。

当 $ad-bc \geqslant 0$，$\chi^2 \geqslant 3.841$ 时，两种群之间为显著正联结；$\chi^2 \geqslant 6.636$ 时，为极显著正联结。当 $ad-bc < 0$ 且 $\chi^2 \geqslant 3.841$ 时，两种群间显著负联结；$\chi^2 \geqslant 6.636$ 时为极显著负联结，无论 $ad-bc > 0$，还是 $ad-bc < 0$，$\chi^2 < 3.841$ 时两种群不存在显著联结关系。

由于温带顶极森林群落优势种间联结性的研究尚不见报道，且温带林优势种组成较热带、亚热带的情况相对简单，我们且以热带、亚热带的情况进行分析。

热带情况的分析是以尖峰岭山地雨林顶极群落为例，12 个优势树种组成 66 个种对，根据每个种对在 30 个样方中两种共存样方数 a，均无的样方数 d，单一存在的样方数 b 和 c，计算出每种对 χ^2 的值，联结性分析的结果见表 5。在 66 个种对中仅倒卵阿丁枫-毛荔枝一个种对存在显著的负联结关系，其余 65 个种对均不存在显著或极显著联结关系。即 66 个种对中 98%的种对不存在显著或极显著的种间联结关系。各乔木亚层的优势种对中也不存在显著或极显著的种间联结关系。即便是重要值占前 22 位的树种结成的 231 个种对也有 95%的种对不存在显著或极显著的联结关系。

表 5　尖峰岭热带山地雨林群落 12 个优势种间联结与相关半矩阵

种名序号	1	2	3	4	5	6	7	8	9	10	11	12
1												
2												
3	☆◇											
4												
5	◆											
6			◇									
7	◆				◆◆	◆						
8		◆										
9												
10												
11		◆◆										
12												

☆显著负联结 $0.01<\alpha\leqslant0.05$，◆显著正相关 $0.01<\alpha\leqslant0.05$，◆◆极显著正相关 $\alpha<0.01$，◇显著负相关 $0.01<\alpha\leqslant0.05$。
1. 倒卵阿丁枫 *Altingia obovata*；2. 高山蒲葵 *Livistona saribus*；3. 毛荔枝 *Nephelium tepengii*；4. 红稠 *Lithocarpus fenzelianus*；5. 肉实 *Sarcosperma laurinum*；6. 厚壳桂 *Cryptocarya chinensis*；7. 荷木 *Schima superba*；8. 盘壳栎 *Quercus patelliformis*；9. 油丹 *Alseodaphne hainanensis*；10. 乐东木兰 *Parakmeria lotungensis*；11. 鸡毛松 *Podocarpus imbricatus*；12. 大叶白颜 *Gironniera subaequalis*

种的联结性测定是着眼于两个种其个体在样方中共同存在与否来确定的。显著正联结种的分布表现为集群，显著负联结则表现为个体的隔离。集群的生态解释是两种个体的互利或微环境的取向趋同。隔离则是因两种个体的相克或微环境的取向差异大。热带山地雨林顶极群落优势树种构成的绝大多数种对不存在显著或极显著的联结性，说明他们之间不存在互利或相克的关系或对微环境截然不同的需求，彼此相对独立分享生境资源。这对解释为什么顶极森林群落生境高度分化、物种组成相对稳定很有启示。

在鼎湖山亚热带常绿阔叶林演替系列研究中，代表顶极阶段群落 4 的 1992 年调查资料表明（彭少麟，1995）：锥栗-荷木、锥栗-厚壳桂、锥栗-黄果厚壳桂、荷木-厚壳桂、荷木-黄果厚壳桂均不具显著联结性。厚壳桂-黄果厚壳桂种对 1989 年调查资料表明也不具显著联结性（彭少麟，1994）。从代表演替各阶段的 4 个群落中，6 个优势种对的 χ^2 值在至顶极阶段的演替过程中，除厚壳桂-黄果厚壳桂外，其余 5 个种对的 χ^2 都有“低—高—低”

的变动趋势（表6）。显然，χ^2“低—高—低”的变动趋势与优势树种在演替过程中朝向随机分布的、集群度递减的波动变化是相关的，随着优势树种集群度递减的扩散，优势树种种对的种间联结关系也波动式由强变弱。厚壳桂-黄果厚壳桂在群落4的1982年和1989年的两次测定中，χ^2值也从2.64降至2.23，随着时间的推移，即随着演替的进行，种间联结性也在变弱。

表6 鼎湖山主要优势种群在不同时空跨度上种间联结关系的变化（彭少麟等，1994，1995）

种号	种间联结值χ^2			
	马尾松群落	马尾松-锥栗-荷木群落	藜蒴栲群落	黄果厚壳桂-锥栗-厚壳桂-荷木群落
1982年				
1 ＋ 2	1.01	3.50	0.00	0.00
3 ＋ 2	1.28	3.75	3.95	3.00
4 ＋ 2	0.00	0.00	0.90	0.65
5 ＋ 2	0.00	0.85	1.42	1.20
1 ＋ 3	0.80	3.07	0.07	0.00
4 ＋ 3	0.00	0.00	0.88	0.55
5 ＋ 3	0.00	0.80	1.22	1.08
4 ＋ 5	0.00	1.10	1.78	2.64
1989年				
5 ＋ 4	0.00	1.30	2.98	2.23
1992年				
1 ＋ 2	1.91	3.97	0.00	0.00
3 ＋ 2	1.31	3.85	3.95	3.04
4 ＋ 2	0.00	0.00	0.92	0.55
5 ＋ 2	0.00	0.88	1.66	1.50
1 ＋ 3	1.60	4.06	0.00	0.00
4 ＋ 3	0.00	0.00	0.98	0.50
5 ＋ 3	0.00	0.80	1.26	1.00

1. 马尾松 *Pinus massoniana*；2. 锥栗 *Castanopsis chinensis*；3. 荷木；*Schima superba*；4. 厚壳桂 *Cryptocarya chinensis* 5. 黄果厚壳桂 *Cryptocarya concinna*

在优势树种分布格局的特征分析中，我们论述到同一优势树种个体间为减少对空间和养分的竞争，演替的终极其分布格局为随机的。顶极群落优势树种间联结性的不显著，也反映了不同优势种群的个体间对生境进行相互干扰不大的分享。下面我们以尖峰岭热带雨林的资料，就顶极森林群落优势种群间绝大多数种对联结性不显著这一特征，检验其在所有优势树种个体分布格局上的反应。检验方法依然用方差/均值比法。对12个优势树种所有个体的分布格局进行检验，方差计算s^2＝2.63，平均值计算x＝2.83，统计量t计算：

$$t=\frac{s^2/\overline{x}-1}{\sqrt{2/n-1}}=\frac{2.63/2.83-1}{0.2626}=-0.27$$

取α＝0.05，自由度f＝n–1＝30–1＝29，查t分布表，得$t_{0.05}$＝2.045，–0.27＜2.045，不能推翻原假设，故尖峰岭山地雨林群落所有优势树种个体是遵从随机分布的。

综上所述，森林群落在演替顶极阶段发育过程中，优势树种之间的联结性有下降的总趋势。与各优势树种集群度递减地向随机分布扩散相对应，也是波动式下降的。像尖峰岭热带山地雨林这样一个成熟顶极群落，各优势树种均为随机分布格局，且绝大多数优势树种种对间的联结关系不显著，表现为所有优势树种个体的分布格局也是随机分布。

2.3　优势树种间线性相关关系的变动趋势分析

在数理统计学中相关关系是这样定义的：设有随机变量ξ与η，如果对于ξ每一个可能值都有μ的一个条件概率分布与其相对应；反之，对于η的每一个可能值也都有ξ的一个条件概率分布与其相对应，则称ξ和η两随机变量之间存在着相关关系（北京林学院主编，1980）。在对顶极群落两优势树种进行相关关系分析时，所用的群落调查资料，与测定联结关系所用的样方中种存在与否的资料不同，是株数分布资料，样方中的株数表达了一个条件概率分布。因此，线性相关性是顶极森林群落优势树种间与联结性不同的一种分布关系。

概率论中有如下定理：如果X_1，…，X_n为具有有限方差σ_1^2，…，σ_n^2的n个随机变量，且令$S_n = X_1 + \cdots + X_n$，则

$$\mathrm{Var}(S_n)\sum_{k=1}^{n}\sigma^2 + 2\sum_{j,\ k}\mathrm{Cor}\left(X_j,\ X_k\right) \tag{1}$$

此处最后一个求和包括了（2^n）对（X_j，X_k），而$j<k$（弗勒，1964）。令式（1）中左侧与右侧第一项的比值为VR，即

$$VR = \frac{\mathrm{Var}\left(S_n\right)}{\sum_{k=1}^{n}\sigma_k^2}$$

国外有学者根据动物群落调查资料分析表明：动物群落、特别是无脊椎动物群落 VR 值普遍大于 1（Schluter，1984）。我国一些学者认为森林群落中优势树种的VR值越大于 1，则该群落在“系统发展上”或演替上愈成熟，结构上越趋于完善和稳定（杜道林等，1995；祝宁，1994）。本研究首先以一实例说明该论断与事实相违。在鼎湖山常绿阔叶林的研究中，曾报道过厚壳桂群落、藜蒴栲-厚壳桂群落、马尾松-锥栗-荷树群落优势树种的样地调查资料如表 7（中国科学院鼎湖山森林生态系统定位研究站，1984）。根据鼎湖山森林植被演替过程的研究（彭少麟，1994，1995），上述 3 个森林群落在演替序列中的先后顺序应为：马尾松-锥栗-荷树群落，藜蒴栲-厚壳桂群落，厚壳桂群落。在厚壳桂群落中，中生性树种厚壳桂、黄果厚壳桂已成为第一、第二优势树种，可以认为已进入顶极阶段。但根据上述样地调查资料计算出的VR值，却是藜蒴栲-厚壳桂群落为 1.68，而厚壳桂群落为 1.30，与优势树种的VR值越大于 1 群落的演替越成熟的结论相反。再从分析顶极森林群落优势种群间相关关系的特征来做理论探讨，由于迄今还不见有关顶极森林群落优势树种间相关关系研究的报道，还是先从尖峰岭山地雨林顶极群落资料分析着手。

表 7　鼎湖山 3 个森林群落优势种群的样地取样数据①（彭少麟等，1984）

群落名称	物种名称	样方													
		1	2	3	4	5	6	7	8	9	10	11	12	13	14
厚壳桂群落	厚壳桂 *Cryptocarya chinensis*	4	7	4	4	7	5	7	4	4	5	8	13	21	27
	黄果厚壳桂 *Cryptocarya concinna*	2	10	15	5	14	6	10	6	6	4	11	6	13	11
	云南银柴 *Aporosa yunnanensis*	17	16	7	11	18	3	16	15	22	3	13	17	6	3
	黄枝木 *Xanthophyllum hainanense*	0	0	0	0	0	0	0	0	0	2	0	0	3	2
	黧蒴栲 *Castanopsis fissa*	0	0	0	0	0	0	0	1	0	0	0	0	0	0
	锥栗 *Castanopsis chinensis*	0	0	0	0	0	1	0	0	0	0	0	0	0	2
	荷木 *Schima superba*	0	1	0	0	1	0	0	0	0	0	0	0	1	1
黧蒴栲-厚壳桂群落	厚壳桂 *Cryptocarya chinensis*	4	3	1	1	1	3	1	2	1	0	0	0	0	4
	黄果厚壳桂 *Cryptocarya concinna*	7	9	21	15	10	11	6	5	3	4	3	3	1	10
	锥栗 *Castanopsis chinensis*	1	5	2	1	5	6	2	4	6	4	3	9	0	6
	荷木 *Schima superba*	1	2	0	1	1	1	2	1	1	2	0	1	0	3
	黧蒴栲 *Castanopsis fissa*	1	2	2	5	0	0	2	0	1	0	0	0	5	4
马尾松-锥栗-厚壳桂群落	马尾松 *Pinus massoniana*	1	3	3	2	4	5	2	4	1	3	1	1	2	1
	荷木 *Schima superba*	2	0	4	1	2	4	4	3	2	5	6	10	0	1
	锥栗 *Castanopsis chinensis*	2	5	1	2	4	0	2	2	1	3	10	3	0	4
	黄果厚壳桂 *Cryptocarya concinna*	10	7	16	10	10	33	5	5	0	0	0	0	1	16
	黧蒴栲 *Castanopsis fissa*	0	1	3	0	0	2	0	0	1	0	1	1	2	0

① 统计样方内高 1.5m 以上株数

根据数理统计学的知识，我们知道样本的相关系数γ

$$\gamma=\frac{\sum(x-\overline{x})(y-\overline{y})}{\sum(x-\overline{x})^{2}\sum(y-\overline{y})^{2}}$$

是总体相关系数ρ的无偏估计值，能反映总体相关的密切程度。式中 x，y 为两个优势树种在 30 个样方中的分布株数。$\overline{x}$，$\overline{y}$ 为两个树种在样方中的平均株数。据此，求出尖峰岭山地雨林顶极群落 12 个优势树种组成的 66 个种对的相关系数。为了检验这 66 个种对的相关关系显著与否，根据显著度α和自由度$f=n-2$（n 为样方数），检验相关系数$\rho=0$ 的临界值（©$_{\alpha}$）表（北京林学院主编，1980），如果取$\alpha=0.05$，样本相关系数的绝对值 $\gamma\geqslant\gamma_{0.05}$，则两优势树种的线性相关关系显著。若取$\alpha=0.01$，$\gamma\geqslant\gamma_{0.01}$ 则线性相关关系极显著。如$\gamma < \gamma_{0.05}$，则两优势树种的线性相关关系不显著。结果表明 66 个优势种对中仅 8 个种对存在显著或极显著相关关系（表 5）。由于 88%种对不存在显著的相关关系，即相当一部分种对的相关系数很小，说明这些种对间协变很小，即种对的协方差 Cor（x，y）

$$\mathrm{Cor}(x,\ y)=\frac{(x-\bar{x})(y-\bar{y})}{n-1}$$

很小，由于协方差有正有负，所以在描述概率论定理的式（1）中右侧第 2 项求和也就不会很大，根据式（1）所表示的关系，故一个成熟的顶极森林群落 *VR* 值应该接近 1。根据尖峰岭山地雨林鸡毛松-毛荔枝-高山蒲葵顶极群落的调查资料计算出的 *VR* 值为 1.05，1.05 是接近于 1 的。可见不论是实例还是理论分析，都说明不能以群落优势树种的 *VR* 值大于 1 的程度来判断一个森林群落演替程度的高低。此外，也不能以一个森林群落优势树种 *VR* 值与 1 差值绝对值的大小，来判断该群落的演替程度。原因是森林群落演替过程中，各优势树种均有以波动方式集群度递减地扩散为随机分布的变动趋势。这种波动变化，像影响优势树种间联结关系一样，也在演替过程中影响优势树种间的相关关系，使优势树种间的相关关系也相应地呈现一波动变化。这就使得森林群落优势树种的 *VR* 值在群落演替过程中，随着演替的进行，也波动地趋近 1。既然存在波动，对处于某一演替阶段的同一群落，进行群落调查的时间处在 *VR* 值波动的不同波位，计算的 *VR* 值与 1 的差值绝对值很可能不同。而处于不同演替阶段的两个森林群落，根据调查资料所计算的 *VR* 值与 1 的差值绝对值，也可能相近或相同。如根据表 7 的调查数据，计算马尾松-锥栗-荷木群落优势树种的 *VR* 值为 0.31，与 1 的差值绝对值是 0.69；藜蒴栲-厚壳桂群落的 *VR* 值为 1.68，与 1 的差值绝对值是 0.68。显然，据此判断马尾松-锥栗-荷木群落与藜蒴栲-厚壳桂群落演替程度相当是十分荒谬的。因此，只能说极度发育的顶极群落其 *VR* 值较稳定地接近于 1。若欲从 *VR* 值大于 1 的程度，或与 1 差值绝对值的大小，来判断一个森林群落演替程度的高低，都找不出可靠的依据。

根据表 7 的数据，对鼎湖山常绿阔叶林顶极群落厚壳桂群落的优势树种间相关关系进行显著性检验，7 个优势树种组成的 21 个种对中，有 6 对具显著或极显著相关关系，即 71%的种对间不存在相关关系。较尖峰岭山地雨林顶极群落优势树种种对的 88%少 17%。尽管该群落中中生性树种厚壳桂及黄果厚壳桂已成为第一和第二优势树种，但 7 个优势树种中前四个均呈集群分布格局（中国科学院鼎湖山森林生态系统定位研究站，1984）。根据上文的论述，其还不是一个极度发育的顶极群落。以上分析说明：在顶极阶段，随着演替的进行，优势树种种对间相关关系减弱的种对数量将增多。尖峰岭山地雨林顶极群落优势树种之所以有 8 对即占总种对数 12%的种对存在显著或极显著相关关系，是因没对乔木分层统计。上层某优势树种存在可能为下层某优势树种成长提供了必不可少的生态条件，从而形成这两个优势种间的显著相关关系。而同层优势树种生境选择必须分异，避开种间竞争，才能共存共荣，共同成为群落的优势树种。将尖峰岭山地雨林顶极群落进行同一亚层优势种间相关关系分析，其结果没有一对优势种对存在显著或极显著的相关关系，这是成熟的多优势种顶极森林群落优势树种间相关关系的又一特征，也是多优势种顶极群落发育过程中优势树种种间相关关系变化的最终形式。

在优势树种种间联结关系变动趋势分析中，以尖峰岭热带山地雨林顶极群落为例，用 Poisson 分布的方差/均值比法，验证了成熟的多优势种顶极森林群落所有优势树种个体的分布呈随机格局。这一分布格局不仅是绝大多数优势树种种间联结关系不显著在所有优势树种个体分布上的反映，也是绝大多数优势树种种间相关关系不显著在其分布上的反映。一个发育不成熟的顶极群落，由于较多的优势树种间存在较强的联结关系和相关关系，其优势树种个体的分布格局是与成熟顶极群落有所不同的。以表 7 的鼎湖山厚壳桂群落为例，对其 7 个优势树种所有个体以 Poisson 的方差/均值比法进行分布格局测定，$t=5.8177$，$t_{0.05}=2.160$，$t>t_{0.05}$，说明 7 个优势树种所有个体是遵从集群分布的。故所有优势树种个体是否遵从随机分布也是一个顶极森林群落是否发育成熟的标志之一。

综上所述，在森林演替顶极阶段，顶极群落在演替进行过程中，优势树种种对间的相关关系逐步减弱，相关关系达不到显著程度的种对数量逐渐增多。一个极度发育的顶极群落，其绝大多数优势树种间的相关关系达不到显著程度，若以高度分层，各亚层的优势树种间均不存在显著相关关系，其优势树种的 VR 值在较长时期内稳定地接近于 1。一个发育不完善的顶极群落，由于还存在呈集群分布的优势树种，较多优势树种的种间关系比较紧密，其所有优势树种的个体呈集群格局分布。

3 本研究在理论和应用方面的意义

3.1 理论意义

本研究提出森林群落演替如以中生性树种成为第一优势树种作为进入顶极阶段；进而剖析：在顶极阶段顶极群落的发育过程中，优势树种的总体分布有由集群向随机变动的趋势。镶嵌其间的各优势树种种群分布，在此过程中也在集群分布和随机分布间产生集群度递减的波动性扩散，而且是朝着减弱优势树种间联结关系和相关关系的方向随机扩散，最终较稳定地呈现随机分布格局。一个发育成熟的顶极森林群落，其优势树种的总体分布呈现随机格局，各优势树种也呈随机分布镶嵌于总体的随机格局中。这种镶嵌形式，不仅减少了同种个体间的竞争，更使不同优势种间的相互影响甚少。反映在像尖峰岭山地雨林这样成熟的顶极群落中，绝大多数优势树种间的联结关系和线性相关关系均达不到统计学上的显著程度。若对乔木分层，各亚层优势树种间的联结关系和相关关系则更弱。这一规律性的变动趋势的揭示，表明森林群落在顶极阶段发育过程中，优势树种的植株对营养空间的分配是朝着相互独立的方向发展的，而就群落而言彼此的存在又互为对方营造了适生环境。从而为顶极森林群落具高度分化的生态位、相对稳定的组成和结构提供了一定程度的理论解释。

3.2 应用意义

我国现存人工纯林面积很大，多在大江、大河中、上游地区，起着水源涵养、水土保持等生态环境保护作用。本研究的潜在应用意义在于通过森林演替顶极阶段顶极群落优势树种分布变动趋势的研究，使得在同一生态类型区人工纯林改造成复层混交林时，可参照当地天然林确定不同改造阶段应配置的树种，还可依天然群落优势树种分布格局和种间关系的变动趋势确定配置树种每一植株的位置，及抚育间伐时植株的去留，人为促进顺向演替，最终实现将人工纯林改造为与天然成熟顶极森林群落的优势树种分布相同，即主体结构相同的人工复层混交林，使它们的生态功能得以稳定和大幅度地提高，并使改造工程较节省人力、物力。

参考文献

[1] 北京林学院. 1980. 数理统计. 北京：中国林业出版社，207，422.
[2] 吴宁. 1995. 贡嘎山麦吊杉群落优势种群的分布格局及相互关系. 植物生态学报，19（3）：270-279.
[3] 李俊清. 1986. 阔叶红松林中红松的分布格局及其动态. 东北林业大学学报，14（1）：33-38.
[4] 杜道林，刘玉成，李睿. 1995. 缙云山亚热带栲树林优势种群间联结性研究. 植物生态学报，19（2）：149-157.
[5] 祝宁. 1994. 植物种群生态学研究现状与进展. 哈尔滨：黑龙江科学技术出版社，160，172.
[6] 彭少麟，王伯荪. 1984. 鼎湖山森林群落分析 Ⅲ. 种群分布格局. 见：中国科学院鼎湖山森林生态系统定位研究站. 热带亚热带森林生态系统研究（第二集）. 广州：科学普及出版社广州分社：24-26.
[7] 彭少麟，方炜. 1994. 鼎湖山植被演替过程优势种群动态研究 Ⅲ. 黄果厚壳桂和厚壳桂种群. 热带亚热带植物学报，2（4）：79-86.
[8] 彭少麟，方炜. 1995. 鼎湖山植被演替过程中椎栗和荷木种群的动态. 植物生态学报，19（4）：311-318.
[9] 蒋有绪，卢俊培，等. 1991. 中国海南岛尖峰岭热带林生态系统. 北京：科学出版社：1-10.
[10] Schluter D. 1984. A variance test for detecting species associations；with some example applications. Ecology，65（3）：998-1004.
[11] 弗勒·W.（胡迪鹤等译）. 1964. 概率论及其应用. 北京：科学出版社：224.
[12] 考克斯·G.W.（蒋有绪译）. 1979. 普通生态学实验手册. 北京：科学出版社：72.
[13] 查普曼·S.B.等（阳含熙等译）. 1980. 植物生态学的方法. 北京：科学出版社：79.
[14] Greig-smith P. 1983. Quantitative Plant Ecology. London：Blackwell Scientific Publications：105-128.

宝天曼植物群落学研究

1　河南宝天曼锐齿栎林群落学特征[†]

锐齿栎群落是我国暖温带地区主要植物群落类型之一，广泛分布于各山区的阳坡，同时它也是我国暖温带地区重要的用材资源之一。我国暖温带地区人口密集，开发较早而且强度较高，研究认识该区锐齿栎群落特征和物种多样性，对有计划地发展、保护和合理开发利用其资源以及区域林业可持续发展具有重要意义。陈灵芝等[1]对北京山区的栎林进行了研究，河南宝天曼保护区锐齿栎群落的研究尚未见报道，我们于 1994～1995 年对该区锐齿栎群落进行了初步研究。

1.1　研究地区概况

宝天曼自然保护区位于河南省西南部内乡县境内，伏牛山南麓，地理坐标为北纬 33°25′～33°33′与东经 111°53′～112°之间，是北亚热带向南暖温带过渡区域，也是我国中部地区唯一保存较完好的综合性森林生态类型。区内热量适中，年辐射量约为 455.65kJ/（cm^2·a）；四季分明，夏季炎热，冬季寒冷，年平均气温 15.1℃，1 月份气温最低，平均为 1.5℃，7 月份气温最高，平均为 27.8℃，≥10℃的年活动积温为 2931.0～4217.1℃；高山区无霜期 160 天，低山区无霜期 227 天。年均降水量为 900mm，多集中分布于 6～8 月份的雨季，年蒸发量 991.6mm，年均相对湿度为 68%。

1.2　研究方法

1.2.1　样地设置与调查

采用样地法，在宝天曼保护区平坊、四个庙、七里沟、钻天道、尹家老庄等地共设 15 个样地，样地面积为 20m×20m，取样面积共 6000m^2。样地内采用梅花形布点，设置 2m×2m 的小样方 75 个，调查灌木及幼苗、幼树；设置 1m×1m 的小样方 75 个，调查草本及活地被物。各样地的环境因子见表 1。在样地内记录乔木的种数及个体（株）数，按每木调查法记录其胸径、树高、枝下高、冠幅。在小样方内统计灌木和草本的种数及个体数，按 Braun-Blanquet 的方法记录灌木、草本植物的盖度级。在样地内有代表性的地方挖土壤剖面采样，用比重计法测定土壤质地，电位法测定土壤的 pH，重铬酸钾氧化-外加热法测定土壤有机质含量，碱解-扩散法测定土壤碱解氮，0.05mol/L HCl＋0.0125mol/L H_2SO_4 浸提法测土壤有效磷，1mol/L 乙酸铵浸提火焰光度法测土壤速效钾[8]。

---

† 程瑞梅，刘玉萃，蒋有绪，肖文发，1999，生态学杂志，18（4）：25-30。

表1 15块锐齿栎群落样地的环境因子

样地号	海拔/m	面积/m²	坡度	坡向	坡位	群落透光率/%
Q1	1370	400	26°	S	下位	25.67
Q2	1348	400	21°	S	中位	17.12
Q3	1350	400	22°	WS32°	下位	28.31
Q4	1280	400	8°	ES25°	上位	16.63
Q5	1300	400	8°	WN18°	下位	19.94
Q6	1250	400	28°	ES25°	下位	17.65
Q7	1350	400	<5°	S	中位	17.37
Q8	1300	400	15°	ES40°	下位	11.18
Q9	1370	400	21°30′	E	上位	9.56
Q10	1352	400	26°	E	中位	23.86
Q11	1330	400	28°	S	中位	27.79
Q12	1330	400	25°30′	WN30°	中位	20.68
Q13	1440	400	30°	EN18°	上位	18.43
Q14	1550	400	9°	S	中位	24.62
Q15	1670	400	7°	N	中位	16.48

1.2.2 多样性指数选择与测定

在进行群落特征分析的基础上，采用以下4种多样性指数测定群落的物种多样性[2-4, 9]。

（1）Shannon-Wiener多样性指数

$$H = -\sum P_i \ln P_i$$

（2）Simpson优势度指数

$$D = 1 - \sum P_i^2$$

（3）种间相遇几率

$$PIE = \sum\left[(N_i / N)(N_i - N)(N - 1)\right]$$

（4）Pielou均匀度指数

$$J = \left(-\sum P_i \ln P_i\right) / \ln N$$

上述算式中N为物种个体总数，N_i为第i种的个体数，P_i为第i个种的个体数占样地中所有种的总个体数的比例。

1.3 结果与分析

1.3.1 锐齿栎群落的土壤状况

锐齿栎群落土壤为山地棕壤，土层较厚，质地为壤土，呈弱酸性，自然肥力较高，其理化性质见表2。这种生境条件，适宜锐齿栎林的生长发育，并孕育着这一群落中丰富、复杂的区系成分。

表 2　锐齿栎群落土壤的理化性质

层次	取样深度/cm	物理性黏粒（0.01mm）/%	吸湿水/%	pH	有机质/%	碱解氮/（μg/g）	速效磷/（μg/g）	速效钾/（μg/g）
A	0-14	24.6	3.42	6.20	9.49	546.44	6.22	62.26
B_1	14-36	30.2	2.47	5.72	3.76	206.04	5.72	27.46
B_2	36-80	38.4	2.16	5.42	1.15	101.82	1.74	27.79

1.3.2　锐齿栎群落的植物区系组成

根据调查资料统计，锐齿栎群落共有维管束植物 73 种，分属 38 科 61 属，其中含种数较多的是蔷薇科（Rosaceae），9 种；菊科（Compositae），4 种；卫茅科（Celastraceae），4 种；百合科（Liliaceae），4 种；壳斗科（Fagaceae），3 种；桦木科（Betulaceae），3 种等。在锐齿栎群落出现的 61 属中，绝大多数只含一种，仅栎属（*Quercus* L.）、鹅耳枥属（*Carpinus* L.）、悬钩子属（*Rubus* L.）、南蛇藤属（*Celastrus* L.）、薹草属（*Carex* L.）等含有 2～4 种。

根据吴征镒[7]对中国种子植物属的分布区类型的划分方案，对组成锐齿栎群落的种子植物区系地理成分进行分析，结果如表 3 所示。在 61 个属中，温带性质的属共 37 个，占总属数的 60.66%，其中以北温带分布及其变型所占比重最大，共 28 个属，占 51.85%，如栎属、栗属（*Castanea* Mill.）、鹅耳枥属、榆属（*Ulmus* L.）、龙牙草属（*Agrimonia* L.）、葡萄属（*Vitis* L.）、唐松草属（*Thalictrum* L.）、海棠属（*Malus* Mill.）等。东亚和北美洲间断分布类型为 4 属，占总属数的 7.41%，如漆树属（*Toxicodondron* Mill.）、胡枝子属（*Lespedeza* L.）、红升麻属（*Astilbe* Buch.）等。东亚分布及其变型为 4 属，占总属数的 7.41%。旧世界温带分布及其变型为 5 属，占总属数的 9.26%，如沙参属（*Adenophora* Fisch）、菊属[*Dendranthema*（DC.）Des Moul]、连翘属（*Forsythia* Vahl）等。群落中热带性质的属较少，共 13 属，占总数的 24.07%，其中以泛热带分布及其变型的属稍多，共 8 属，热带亚洲分布及其变型的属次之，为 2 属，旧世界热带分布及其变型、热带亚洲和热带美洲间断分布、热带亚洲至热带非洲分布及其变型均为 1 属，世界分布的属有 7 个。从上述分析可见，属的分布类型是以温带性质的属最多，表明了锐齿栎群落植物区系组成的温带亲缘。

表 3　锐齿栎群落种子植物属的分布区类型和变型

分布区类型及其变型	属数	占总属数①/%
世界分布	7	
泛热带分布及其变型	8	14.82
热带亚洲和热带美洲间断分布	1	1.85
旧世界热带分布及其变型	1	1.85
热带亚洲至热带非洲分布及其变型	1	1.85
热带亚洲分布及其变型	2	3.70
北温带分布及其变型	28	51.85
东亚和北美洲间断分布及其变型	4	7.41
旧世界温带分布及其变型	5	9.26
东亚分布及其变型	4	7.41
合计	61	100.00

① 总属数中未包括世界分布属

1.3.3　群落的外貌

1.3.3.1　季相

锐齿栎群落具有鲜明的季相，春季外貌呈淡绿色；初夏至仲夏为该群落的茂盛期，外貌呈一片浓绿色；入秋后出现黄褐色斑块；冬季锐齿栎等落叶乔木枯叶凋零，季相呈黄褐色，林地枯枝落叶层较厚，林冠透光度大。

1.3.3.2　叶的性质

锐齿栎群落组成种类的叶级谱中以中叶为主，共计 45 种，占总数的 61.64%，基本上反映了温带落叶阔叶林的叶级谱性质；小叶共 20 种，占总数的 27.40%，由于小叶是中亚热带常绿阔叶林的典型叶级，所以它反映出该群落具有一定的过渡性；微叶和大叶分别为 5 种和 2 种，各占总数的 6.85%和 2.74%；不存在鳞叶和巨叶种类（图 1）。

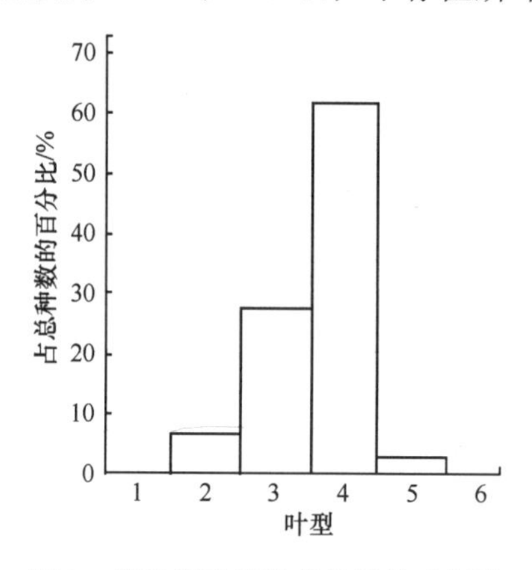

图 1　锐齿栎群落组成种类的叶级谱

1. 鳞叶 0～25mm^2；2. 微叶 25～225mm^2；3. 小叶 225～2025mm^2；4. 中叶 2025～18 225mm^2；5. 大叶 18 225～164 025mm^2；6. 巨叶＞164 025mm^2

1.3.3.3　生活型

根据 Raunkiaer 的生活型系统的分类方案，对锐齿栎群落的生活型进行分析，并与亚热带常绿阔叶林、温带落叶阔叶林和亚热带次生性常绿、落叶阔叶混交林的生活型进行对比分析[6, 5]，结果见表 5。锐齿栎群落组成种类的叶型以单叶为主，占 84.93%；叶质中草质叶占绝对优势，为 80.82%，反映出该群落的落叶特点（表 4）。

表 4　锐齿栎群落组成种类的叶型、叶质

叶的性质	叶型		叶质			
	单叶	复叶	薄质	草质	革质	肉质
种类	62	11	4	59	8	2
百分比/%	84.93	15.07	5.48	80.82	10.96	2.74

植物群落内各类生活型的数量对比可以反映植物群落和气候的关系。由表 5 可知，锐齿栎群落以高位芽植物占优势，与温带落叶阔叶林相近，远低于亚热带常绿阔叶林和亚热带次生常绿落叶阔叶混交林。地面芽的比例位于第二位，说明锐齿栎群落所处的气

候条件与温带落叶阔叶林相似，其气候特点为夏季炎热多雨，并有一个较长的严冬季节。地下芽、地上芽、一年生植物的比例与秦岭北坡温带落叶阔叶林的相近，进一步说明锐齿栎群落所处的气候条件与温带落叶阔叶林相似。

表 5 锐齿栎群落与其他植被类型生活型的比较 （%）

群落名称	Ph	Ch	H	Cr	Th
宝天曼锐齿栎林	49.3	6.8	38.4	4.1	1.4
秦岭北坡温带落叶阔叶林	52.0	5.0	38.0	3.7	1.3
浙江午潮山亚热带次生常绿落叶阔叶混交林	74.4	13.5	4.1	6.8	1.4
浙江乌岩岭亚热带常绿阔叶林	84.1	0	12.5	2.8	0.6

注：Ph：高位芽植物；Ch：地上芽植物；H：地面芽植物；Cr：地下芽植物；Th：一年生植物

1.3.4 群落的结构特征

锐齿栎群落乔木层盖度达 85%，调查结果统计见表 6。由表 6 可见，锐齿栎的优势突出，其重要值百分率为 65.99%，是该群落的第 1 优势种；次优势种为山杨和枹栎，其重要值的百分率分别为 12.11%和 5.11%；其他种类的重要值百分率均低于 5%，由此可知，锐齿栎在群落中占绝对优势，呈单优群落。锐齿栎群落成层现象明显，在垂直方向上可分为乔木层、灌木层和草本层，地被层不发达。此外，还有一定数量的层间植物。锐齿栎群落乔木层发育良好，平均高度为 15.2m，最高可达 21m，胸径 10～38cm，常见伴生树种有山杨、枹栎、化香、漆树，这些乔木分布比较均匀，有些地段内还混生有椴树、千金榆、湖北臭檀，而华山松、河南海棠、茅栗、鹅耳枥、水曲柳偶尔可见。

表 6 锐齿栎群落乔木层植物的重要值

种类	相对频度	相对密度	相对优势度	重要值	重要值序
锐齿栎 *Quercus aliena* var. *acuteserrata*	30.57	88.20	79.20	197.97	1
山杨 *Populus davidiana*	14.27	17.36	4.71	36.34	2
枹栎 *Quercus glandulifera*	8.16	2.98	4.19	15.33	3
化香 *Platycarya strobilacea*	6.11	0.81	7.26	14.18	4
漆树 *Toxicodendron vernicifluum*	10.09	1.39	2.02	13.50	5
椴树 *Tilia chinensis*	6.11	1.39	0.58	8.08	6
千金榆 *Carpinus cordata*	6.11	1.11	0.72	7.99	7
湖北臭檀 *Euodia daniellii* var. *hupehensis*	6.11	1.16	0.18	7.10	8
华山松 *Pinus armandii*	4.07	0.35	0.44	4.86	9
河南海棠 *Malus honanensis*	2.05	0.81	0.40	3.26	10
茅栗 *Castanea Seguinii*	2.05	0.11	0.20	2.36	11
鹅耳枥 *Carpinus turczaninowii*	2.05	0.11	0.20	2.36	12
水曲柳 *Fraxinus mandshurica*	2.05	0.11	0.05	2.21	13

灌木层高 0.5～3m，盖度在 10%～20%，包括乔木幼苗幼树共 25 种。胡枝子（*Lespedeza bicolor*）占绝对优势，频度达 60%以上，常见的有红毛悬钩子（*Rubus pinfaensis*）、绿叶胡枝子（*Lespdedeza buerderi*）、悬钩子（*Rubus palmatus*）、木莓（*Rubus swinhoei*）、连翘（*Forsythia suspensa*）、卫茅（*Euonymus alatus*）、盐肤木（*Rhus chinensis*）等，偶见有大花溲疏（*Deutzia scabra*）、荚蒾（*Viburnum dilatatum*）、野蔷薇（*Rosa mutiflora*

var. *cathayensis*）等。

草本层分布不均匀，但种类丰富，共计 37 种，高度一般在 10～60cm，盖度为 10%～40%，主要有细叶薹（*Carex duriuscula*）、臭草（*Melica scabrosa*）、宽叶薹（*Carex doniana*）、狼尾草（*Pennisetum alopecuroides*）、珍珠菜（*Lysimachia clethroides*）、水金凤（*Impatiens nolitangere*）、鬼灯擎（*Rodgersia aesculifolia*）、铃兰（*Convallaria majalis*）、赤麻（*Boehmeria tricuspis*）、龙牙草（*Agrimonia pilosa* var. *franchetii*）、兔儿伞（*Syneilesis aconitifolia*）、唐松草（*Thalictrum thunbergii*）、千里光（*Senecio scandens*）、费菜（*Sedum kamtschaticum*）等种类，它们均可能在局部形成优势种。层间植物种类较丰富，常见有哥兰叶（*Celastrus gemmatus*）、刺南蛇藤（*Celastrus fiagellaris*）、山葡萄（*Vitis amurensis*）等，偶见有五味子（*Schisandra chionensis*）、苦皮藤（*Celastrus angulatus*）、阔叶清风藤（*Sabia latifolia*）等，层间植物的丰盛，使群落结构更为复杂。

1.3.5　锐齿栎群落物种多样性

生物群落是在一定地理区域内生活在同一环境下的不同种群的集合，其内部存在着极为复杂的相互关系。群落在组成和结构上表现出的多样性是认识群落的组织水平，甚至功能状态的基础，也是生物多样性研究中至关重要的方面。锐齿栎林群落种类组成丰富，物种多样性测定结果见表 7。从表 7 和表 1 可以看出位于阳坡的样方 Q_1、Q_3、Q_{14}，其 Shannon-Wiener 指数，PIE 指数和 Pielou 指数均较高，Simpson 指数较低，说明其物种分布均匀，种间相遇几率和物种多样性较高。而位于阴坡的样方 Q_4、Q_5、Q_9，其 Shannon-Wiener 指数，Pielou 指数和 PIE 指数均较低，Simpson 指数较高，说明其物种分布均匀性较小，种间相遇几率和物种多样性较低。锐齿栎林适宜生长在土层深厚，土壤肥沃的向阳山坡，结合环境因子，推测锐齿栎群落物种多样性程度与群落适宜的生长环境（如：阳坡、土壤有机质、碱氮、速效钾、速效磷含量较高）相关。其他指数测值变幅较小，这可能与所有样地均处于同一群落中有关。

表 7　锐齿栎群落物种多样性指数

样地号	Shannon-Wiener 指数	Simpson 指数	种间相遇几率	Pielou 指数
Q_1	2.18	0.15	0.85	0.75
Q_2	2.01	0.19	0.81	0.78
Q_3	2.53	0.11	0.89	0.86
Q_4	1.47	0.32	0.68	0.61
Q_5	1.43	0.31	0.69	0.62
Q_6	1.76	0.30	0.70	0.63
Q_7	2.06	0.27	0.73	0.73
Q_8	1.88	0.21	0.79	0.68
Q_9	1.47	0.32	0.68	0.52
Q_{10}	2.08	0.18	0.82	0.73
Q_{11}	1.69	0.32	0.68	0.68
Q_{12}	1.98	0.19	0.81	0.77
Q_{13}	2.11	0.14	0.86	0.85
Q_{14}	2.13	0.17	0.83	0.74
Q_{15}	1.78	0.20	0.80	0.77

1.4 问题与建议

锐齿栎群落是宝天曼地区的重要植被类型之一，群落结构较复杂，物种多样性较高，锐齿栎林的保护和合理利用，在该地区生物多样性保护及可持续利用方面占有重要地位。但由于人类活动的长期影响，目前宝天曼地区的锐齿栎群落面积逐年减少，使得锐齿栎群落受到威胁。因此，要使宝天曼地区生物多样性长期有效地得到保存，充分认识锐齿栎群落特征和物种多样性现状，重视该地区的天然林保护，加强科研和管理的力度等是目前面临的非常迫切的任务。

参 考 文 献

[1] 陈灵芝等. 北京山区的栎林. 植物生态学与地植物学丛刊，1985，9（2）：101-111.
[2] 郝占庆等. 长白山北坡椴树红松林高等植物物种多样性. 生态学杂志，1993，12（6）：1-5.
[3] 马克平. 生物群落多样性的测度方法 Ⅰ. α 多样性的测度方法（上）. 生物多样性，1994，2（3）：162-168.
[4] 马克平. 生物群落多样性的测度方法 Ⅰ. α 多样性的测度方法（下）. 生物多样性，1994，2（4）：231-239.
[5] 秦泰谊. 秦岭南坡旬河流域及邻近地区森林与其生态环境的初步研究. 生态学杂志，1993，12（6）：6-11.
[6] 王梅峒. 中国亚热带常绿阔叶林生活型的研究. 生态学杂志，1987，6（2）：21-23.
[7] 吴征镒. 中国种子植物属的分布类型. 云南植物研究，1991，13（增刊）：1-139.
[8] 张万儒. 中国森林土壤分析方法[国家标准]. 北京：中国标准出版社，1987.
[9] Mangurran A. E. Ecological diversity and its measurement. Princeton university press，Princeton N. J.，1988.

2 河南宝天曼植物群落数量分类与排序†

河南宝天曼自然保护区位于我国北亚热带向暖温带和第 2 级阶梯向第 3 级阶梯的过渡区，特殊的地理位置为该区植物区系的形成提供了优越的历史地理条件，决定了其南北交汇，东西兼容的特点，从而使该区成为植物群落类型比较复杂，生物多样性相对丰富的地区之一。同时，相对较少的人类干扰活动使该区保留了我国中部地区现存不多的较好的天然次生林森林资源。该区的研究基础比较薄弱，仅限于综合考查和植物区系分析（史作民等，1996；宋朝枢，1994），其他方面的研究未见报道。为了定量揭示该区植物群落之间以及它们与环境之间的关系，从而进一步探讨该区生物多样性的特点及其保护对策，本文用目前国际上比较先进的数量分类和排序方法对该区植物群落进行了研究。

2.1 研究方法

2.1.1 样地设置和物种重要值计算

本研究主要采用样地法取样，取样面积分别为：乔木样地 20m×20m，灌木样地 20m×20m。每个乔木样地分成 4 个 10m×10m 的乔木样方，每个乔木样地内设 5 个 2m×2m 的灌木样方和 5 个 1m×1m 的草本样方；每个灌木样地内设置 5 个 2m×2m 的

† 史作民，刘世荣，程瑞梅，蒋有绪，2000，林业科学，36（6）：20-27。

灌木样方和 5 个 1m×1m 的草本样方。调查记录每个样方内乔木的种类、数量、高度、胸径、基径、冠幅，灌木的种类、数量、高度、盖度，草本植物的种类、数量、平均高、盖度，同时测定记录各样地的海拔、坡度、坡向。共设置调查了 100 个乔木样地，2 个灌木样地，计有种子植物 362 种。全部工作于 1994 年 6～8 月和 1995 年 6～8 月完成。

以每个样地为单位分别计算乔木、灌木和草本植物的重要值，计算公式分别为：乔木的重要值＝相对密度（%）＋ 相对胸高断面积（%）＋ 相对频度（%），其中频度以每个 $100m^2$ 为统计单位计算；灌木和草本的重要值＝相对密度（%）＋相对盖度（%）＋相对频度（%）。重要值取值范围 0～300（江洪等，1994；吴春林，1991）。

2.1.2　数量分类与排序

数据处理采用目前国际上比较先进的二元指示种分析 TWINSPAN（Two-Way INdicators SPecies ANalysis）和无趋势对应分析 DCA（Detrended Correspondence Analysis）方法进行（Hill，1979a，1979b，1980）。TWINSPAN 分类方法是由 Hill 在指示种分析（Indicator species analysis）的基础上发展起来的一种多元等级分划方法。该方法的基本原理是先对群落数据进行相互平均（Reciprocal averaging，RA）排序，自 RA 样方排序第 1 轴的中部将所有样方划分成两组，并应用物种排序轴两端的种（指示种）对上面的划分进行修正。然后对划分出的两组群落再施用类似的划分，这一过程不断重复直至划分出的每一组中样方个数达到一个选定的最小值。在样方分类的同时也给出一个物种的分类结果。最后采用类似于 Bran-Blanquet 样方记录表排列的方式对样方进行分划分类。TWINSPAN 最重要的特征是首先进行样方的分类，然后以此分类为基础来得到一个根据种的生态适宜的种的分类，最后用这两个分类一起来构成一个样方和种同时分类的双向表格。其各个分类等级或单位均有一定的区别种（Differential species）作为标志，区别种是一个具有明确生态偏爱（Ecological preference）的种，具有法瑞学派指示种组的涵义与功能，因而它的出现可以用来鉴定特殊的环境条件，这些种在每一级都分为正负两类，分别指示相应的两歧类型。尤其是 TWINSPAN 采用了“假种”（Pseudospecies）而具有重要的群落学分析作用，是对数量生态学方法的特殊贡献。“假种”的涵义是同一种在不同多度情况下具有不同的指示意义而被作为不同的“种”来处理，这样在计算中如果两个样方都含有多度大的同一物种，则其共有“假种”的数目就多，反之，如果一个物种多度在两个样方都小，则两个样方共有“假种”也少。从这个意义上讲优势种对样方的分类有重要的影响。这一数量分类分析手段把法瑞学派分类的核心-特征种与以优势种为依据的植物群落学分类作了巧妙而合理的结合，显示着不同分类学派走向融合的趋势（钱宏，1990；吴春林，1991；张新时，1991；Gauch，1982）。DCA 排序也是由 Hill 在 RA 排序基础上发展起来的一种排序方法。RA 的排序结果虽然也比较理想，但它仍具有两个缺陷：由于第 2 轴对第 1 轴的依赖性而经常出现拱形或马蹄型点集分布格局，因此减少了第 2（有时甚至第 3、第 4）维的信息量；样地（群落）间相对距离被歪曲，特别是第 1 轴两端样地（群落）间距离缩小而中间样地（群落）间距离加大，因此排序空间的距离未能真实地反映植物种类组成的变化规律。DCA 克服了 RA 的上述两个缺陷，是对 RA 的实质性改进（钱宏，1990；Gauch，1982）。TWINSPAN 和 DCA 是目前国外进行植物群落多元分析时使用最多的数量方法（陈灵芝，1992；江洪等，1994；钱宏，1990；王孝安，1997；吴春林，1991；张新时，1991；Alejandro，1994；Baruch，1984；McDonald et al.，1996；1997；Moe et al.，Nicholson et al.，1996；Ogutu，1996）。

数据处理软件由中国科学院植物研究所植被数量生态开放实验室提供。

2.2 结果与分析

2.2.1 宝天曼植物群落数量分类

2.2.1.1 宝天曼植物群落类型的划分

在本文数据处理过程中，根据物种重要值选用的假种分级为 7 级：0～20；20～50；50～50；100～150；150～200；200～250；250～300，最后列表的最大物种数为 100 个，用来划分的每一组中样地个数的最小值为 3（小于 3 的组不再进行划分），最大划分分级水平（LEVEL）为 6，每次（DIVISION）划分的最多区别种数目为 7。

宝天曼植物群落 TWINSPAN 分类结果的相应树状图见图 1。由图 1 可见，TWINSPAN 程序将宝天曼植物群落划分为 23 种类型，图 1 还给出了每次划分的区别种。在 TWINSPAN 分类中，虽然每一级划分的区别种都有正负两类，分别指示相应的两歧类型，但由于每一级划分包括多次划分，所以并不是每次划分的区别种都有正负两类，有些次的划分无正区别种或负区别种。图中所显示的植物群落划分过程充分利用了能够反映群落生境特征的区别种及其组合，得到了比较合理的分类结果。

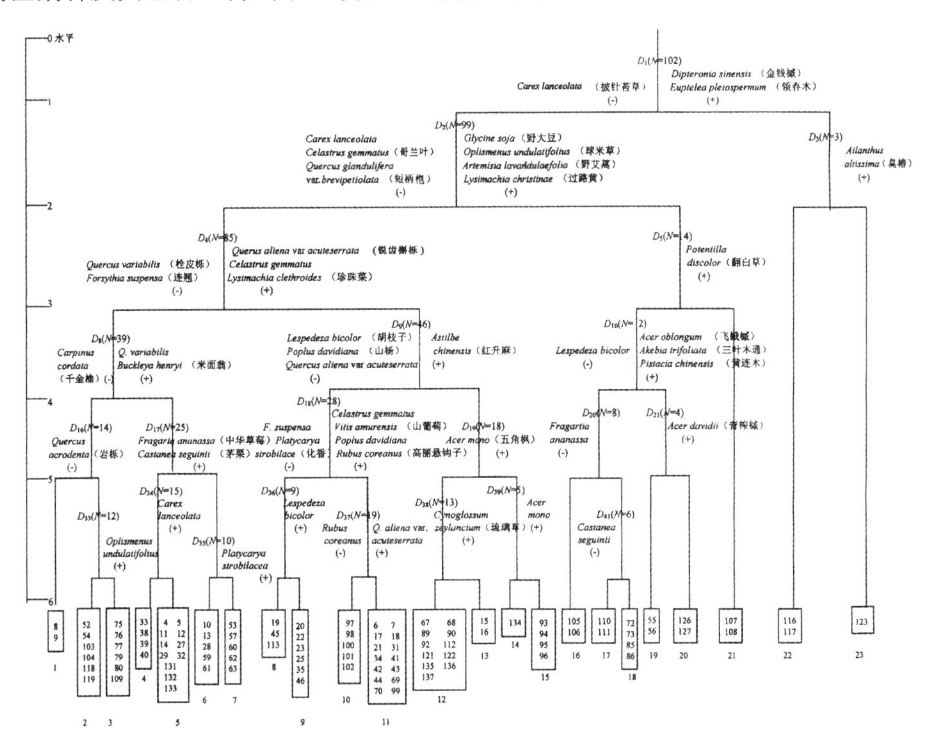

图 1 宝天曼植物群落TWINSPAN分类结果树状示意图

2.2.1.2 宝天曼主要植物群落类型及特征

依据 TWINSPAN 程序将宝天曼植物群落划分的 23 种类型及其特征分别简述如下。

岩栎林 分布在海拔 1100m 左右的向阳山坡，坡度 40°～45°，岩石裸露较多，土壤瘠薄，群落郁闭度约 60%。乔木层发育较好，优势种为岩栎（*Quercus acrodenta*），伴生种有血皮槭（*Acer griseum*）、五角枫（*Acer mono*）等。灌木层发育一般，常见有连翘（*Forsythia suspensa*）、胡枝子（*Lespedeza bicolor*）、大花溲疏（*Deutzia grandiflora*）等。草本层优势种较明显，以披针薹草（*Carex lanceolata*）为主，偶见黄精（*Polygonatum sibiricum*）和米面翁（*Buckleya henryi*）等。

千金榆林 位于海拔 1200m 以上的沟谷或坡地，坡度 10°～15°，郁闭度 75%～80%。乔木层以千金榆（*Carpinus cordata*）为建群种，伴生种有锐齿槲栎（*Quercus aliena* var. *acuteserrata*）、五角枫、椴树（*Tilia tuan*）、榆树（*Ulmus davidiana* var. *japonica*）、杈叶槭（*Acer robustum*）、化香（*Platycarya strobilacea*）、漆树（*Toxicodendron vernicifluum*）等。常见灌木有连翘、绣线菊（*Spiraea salicifolia*）、五味子（*Schisandra chinensis*）、卫矛（*Euonymus alatus*）等。草本层较稀疏，主要有鬼灯敬（*Rodgersia aesculifolia*）、宽叶薹草（*Carex siderosticta*）、细叶薹草（*Carex stenophylla*）、地丁（*Corydalis bungeana*）等。

铁木刺楸林 分布在海拔 900～1300m 的山坡，坡度 20°～30°，林下枯落物较厚，郁闭度 70%～85%。建群种为铁木（*Ostrya japonica*）和刺楸（*Kalopanax septemlobus*），伴生种有锐齿槲栎、漆树、千金榆、鹅耳枥（*Carpinus turczaninowii*）、黑椋子（*Cornus poliophylla*）、青榨槭（*Acer davidii*）、紫荆（*Cercis chinensis*）等。灌木有南蛇藤（*Celastrus orbiculatus*）、荚蒾（*Viburnum dilatatum*）、高丽悬钩子（*Rubus coreanus*）、忍冬（*Lonicera japonica*）、胡枝子、绣线菊、连翘等。草本盖度 10%～15%，有宽叶薹草、细叶薹草、红升麻（*Astilbe chinensis*）、茜草（*Rubia cordifolia*）、黄精、天南星（*Arisaema heterophyllum*）、唐松草（*Thalictrum anquilegifolium* var. *sibiricum*）等。

栓皮栎化香林 分布在海拔 950～1300m 的向阳山坡，坡度 30°～35°，郁闭度 70%～80%，土壤为山地棕壤或黄棕壤。栓皮栎（*Quercus variabilis*）和化香为乔木层的优势树种，主要伴生树种有短柄枹栎（*Quercus glandulifera* var. *brevipetiolata*）、山胡椒（*Lindera glauca*）、黄檀（*Dalbergia hupena*）、槲栎（*Quercus alieana*）等。灌木层主要有胡枝子、连翘、映山红（*Rhododendron mariesii*）、山葡萄、高丽悬钩子、五味子等。草本层发育良好，盖度一般在 35%～55%，种类丰富，常见植物有披针薹草、荩草（*Arthraxon hispidus*）、黄背菅草（*Themeda triandra* var. *japonica*）、地丁、珍珠菜、鹿蹄草（*Pyrola rotundifolia* subsp. *chinensis*）、桔梗（*Platycodon grandiflorus*）、兔儿伞（*Syneilesis aconitifolia*）等。

栓皮栎林 广泛分布在海拔 600～1200m 的向阳山坡，坡度 15°～30°，是该区主要植被类型之一，林相整齐，郁闭度 75%～85%，土壤为山地棕壤或黄棕壤。栓皮栎在乔木层中的优势较明显，主要伴生树种有化香、茅栗（*Castanea seguinii*）、鹅耳栎、短柄枹栎等，灌木层植物种类较丰富，主要有连翘、胡枝子、映山红、山葡萄、多腺悬钩子（*Rubus phoenicolasius*）、五味子等。草本层发育一般，盖度一般在 10%～35%，常见植物有披针薹草、珍珠菜、鹿蹄草、委陵菜（*Potentilla chinensis*）等。

栓皮栎茅栗林　位于海拔1000～1300m的山坡，坡度15°～20°，郁闭度75%～80%。栓皮栎和茅栗为乔木层共优种，主要伴生种有千金榆、合欢（*Albizia julibrissin*）、漆树等。灌木层主要有连翘、哥兰叶、三叶木通（*Akebia trifoliata*）、苦皮藤（*Celastrus angulatus*）、山葡萄等。草本层以细叶薹草为优势种，其他常见种有过路黄（*Lysimachia christinae*）、中华草莓（*Fragaria ananassa*）、兔儿伞等。

茅栗林　分布于海拔1050～1300m的山坡，面积较小，坡度10°～25°，郁闭度65%～80%。茅栗为乔木层优势种，主要伴生树种为栓皮栎、化香、合欢等。灌木层植物种类较丰富，主要植物有连翘、绣线菊、胡枝子、悬钩子、南蛇藤等。草本层发育较差，盖度约10%，主要有臭草（*Melica scabrosa*）、委陵菜、兔儿伞、细叶薹草、苍术（*Atractylodes lancea*）等。

锐齿槲栎化香林　位于海拔1300m左右的山坡，坡度10°～20°，郁闭度65%～75%，土壤为山地棕壤。乔木层优势种为锐齿槲栎和化香，伴生种有千金榆、漆树、三亚乌药（*Lindera obtusiloba*）等。灌木层不发达，常见种为胡枝子、卫矛、连翘等，草本层常见植物有细叶薹草、珍珠菜、委陵菜、千里光（*Senecio scandens*）等。

短柄枹栎锐齿槲栎林　位于海拔1200～1400m的向阳山坡，坡度10°～25°，是锐齿槲栎分布的下限，群落发育良好，郁闭度65%～75%，土壤为山地棕壤。短柄枹栎和锐齿槲栎为乔木层共优种，伴生树种有栓皮栎、化香、茅栗、鹅耳枥等。灌木层发育一般，主要种类有胡枝子、荚蒾、连翘、三裂绣线菊（*Spiraea trilobata*）、南蛇藤等。草本层较稀疏，盖度10%～15%，主要有细叶薹草、珍珠菜、黄精、臭草、龙牙草（*Agrimonia pilosa*）、油芒（*Spodiopogon cotulifera*）等。

山杨白桦林　星散分布于海拔1200m以上的向阳、半向阳山坡，多呈片状镶嵌于落叶栎林间，坡度10°～25°，林下枯落层较厚。乔木层以山杨（*Populus davidiana*）和白桦（*Betula platyphylla*）为共优种，伴生树种有锐齿槲栎、漆树、短柄枹栎等。灌木层以胡枝子和连翘为优势种，其他种类主要有卫矛、忍冬、刺苞南蛇藤（*Celastrus flagellaris*）、喜阴悬钩子（*Rubus mesogaeus*）、大叶铁线莲（*Clematis heracleifolia*）、绣线菊等。草本层较发达，盖度可达60%～70%，主要有宽叶薹草、臭草、细叶薹草、油芒、珍珠菜、兔儿伞等。

锐齿槲栎林　广泛分布于海拔1300m以上的山坡，坡度10°～30°，是本区主要用材林之一，土壤为山地棕壤，林内气温低，湿度大，郁闭度70%～85%。乔木层以锐齿槲栎为主，散生有千金榆、五角枫、山杨、短柄枹栎等。林下灌木稀疏，无典型的灌木层，主要有胡枝子、卫矛、忍冬、悬钩子等。草本稀疏，盖度10%～25%，主要有珍珠菜、兔儿伞、天南星、杏叶沙参（*Adenophora hunanensis*）、桔梗等。

化香漆树青榨槭林　分布在海拔1100～1500m的山坡，坡度15°～25°，林下枯落物较厚，郁闭度60%～80%。建群种为化香、漆树和青榨槭，伴生种有锐齿槲栎、刺楸（*Kalopanax septemlobus*）、千金榆、鹅耳枥、黑椋子、紫荆等。灌木有南蛇藤、接骨木（*Sambucus williamsii*）、荚蒾、悬钩子、忍冬、胡枝子、绣线菊、连翘等。草本层盖度35%左右，有宽叶薹草、细叶薹草、油茫、苍术、沙参、红升麻、茜草、黄精、天南星、珍珠菜等。

青冈栎林　小面积分布于海拔1100m左右较为陡峭的向阳山坡，坡度35°～45°，郁闭度70%～75%。乔木层以青冈栎（*Quercus glauca*）为优势种，伴生树种主要有千金榆、岩栎、椴树等。灌木层较稀疏，主要有悬钩子、山葡萄、接骨木等。草本层优势种不明显，主要有一年蓬（*Erigeron annuus*）、细叶薹草、野菊（*Chrysanthemum indicum*）、鹿蹄草、狗尾草（*Setaria viridis*）等。

杜鹃林　分布在海拔1600m左右的山脊上，相对较大的山风和较浓的云雾以及相对低的气温使该群落的林木较低，形成特殊植被类型——矮曲林，郁闭度70%～80%。建群种为太白杜鹃（*Rhododendron purdomii*）和河南杜鹃（*Rhododendron henanense*），伴生种有锐齿槲栎、华山松（*Pinus armandii*）、三亚乌药等。灌木有米面翁（*Buckleya henryi*）、映山红、三裂绣线菊、箭竹（*Sinarundinaria nitida*）、胡枝子、卫矛等。草本盖度80%左右，有宽叶薹草、油茫、鬼灯敬、糙苏（*Philomis umbrosa*）等。

杈叶槭水曲柳林　零散分布在海拔1500～1700m荫湿的沟谷坡地，坡度10°～15°，郁闭度50%～65%。建群种为杈叶槭（*Acer robustum*）和水曲柳（*Fraxinus mandshurica*），伴生种有锐齿槲栎、千金榆、五角枫等。灌木有荚蒾、悬钩子、忍冬、胡枝子、卫矛等。草本盖度80%左右，主要有宽叶薹草、鬼灯敬、细叶薹草、珍珠菜等。

山茱萸林　山茱萸林广泛分布于各林区海拔1000m以下向阳或半向阳山坡，郁闭度40%～60%，土壤为黄棕壤或山地棕壤，多为栽培或半栽培，建群种为山茱萸（*Macrocarpium officinalis*），偶见伴生种桑（*Morus alba*）、漆树等。灌木层不发达，常见种为胡枝子、野葛（*Pueraria lobata*）等。草本层盖度30%～50%，优势种不明显，常见种有葎草（*Humulus scandens*）、山莴苣（*Lactuca indica*）、千里光、射干（*Belamcanda chinensis*）、博落回（*Macleaya cordata*）、野菊等。

栾树林　分布于海拔650～800m的山坡，坡度30°～35°，郁闭度60%～70%。栾树（*Koelreuteria paniculata*）为乔木层建群种，常见伴生种有栓皮栎、黄檀、黄连木（*Pistacia chinensis*）、青檀（*Pteroceltis tatarinowii*）等。灌木层常见植物有胡枝子、悬钩子、杠柳（*Periploca sepium*）等。草本层物种较丰富，主要有野艾蒿（*Artemisia lavandulaefolia*）、野菊、千里光、野大豆（*Glycine soja*）、扁蓄（*Polygonum aviculare*）、茜草、球米草（*Oplismenus undulatifolius*）等。

河楸枫杨林　分布于海拔600～900m的低山沟谷旁，郁闭度60%～70%。建群种为河楸（*Catalpa ovata*）和枫杨（*Pterocarya stenoptera*），伴生种较少，主要有青檀、山合欢、化香等。灌木有三叶木通、悬钩子、接骨木、胡枝子、卫矛、南蛇藤等。草本盖度30%左右，主要有宽叶薹草、益母草（*Leonurus artemisia*）、野大豆、过路黄、野菊、野艾蒿等。

飞蛾槭林　分布在海拔750～900m的山坡，坡度15°～30°，郁闭度60%～75%。乔木层建群种为飞蛾槭（*Acer oblongum*），伴生种有化香、栓皮栎、黄连木等。灌木层种类较丰富，主要有连翘、珍珠梅（*Sorbaria sorbifolia*）、三叶木通、悬钩子、忍冬、胡枝子、绣线菊、卫矛等。草本层盖度35%左右，主要有野艾蒿、鬼针草（*Bidens bipinnata*）、华北耧斗菜（*Aquilegia yabeana*）、银背菊（*Dendranthema argyrophyllum*）、细叶薹草、狗尾草、宽叶薹草、球米草、黄精、野大豆等。

青檀林　零散分布在海拔600～800m的山地，坡度20°～25°，郁闭度60%～70%。建群种为青檀，伴生种有漆树、栾树、黄连木等。灌木有悬钩子、接骨木、胡枝子、卫矛、连翘等。草本有荩草、油芒、细叶薹草、地丁、野菊、野大豆等。

黄荆灌丛　分布在海拔 600～700m 的向阳山坡，坡度 15°～20°，土壤瘠薄，是该区次生植被类型之一，郁闭度 65%～75%。建群种为黄荆（*Vitex negundo*），伴生种有盐肤木（*Rhus chiensis*）、忍冬、杠柳等。草本植物主要有狗尾草、黄背菅草、翻白草、野菊、过路黄、野艾蒿、白茅（*Imperata cylindrica* var. *major*）、一年蓬等。

金钱槭银鹊树林　分布在海拔 1100～1250m 阴湿的沟谷坡地，面积较小，坡度 10°～15°，郁闭度 75%～85%。建群种为银鹊树（*Tapiscia sinensis*）和金钱槭（*Dipteronia sinensis*），伴生种有领春木（*Euptelea pleiospermum*）、山白树（*Sinowilsonia henryi*）、五角枫等。灌木较少，偶见接骨木、卫矛等。草本盖度 40%～60%，主要有黄精、一年蓬、凤仙花（*Impatiens balsamina*）、山南瓜叶（*Thladiantha dubia*）等。

领春木林　零散分布在海拔 1000～1250m 的阴湿沟谷坡地，坡度 15°～25°，郁闭度 80%～90%。建群种为领春木，伴生种有锐齿槲栎、千金榆、椴树、化香等。灌木十分稀疏，主要有绣线菊、溲疏（*Deutzia scabra*）、忍冬、华茶镳（*Ribes fasciculatum* var. *chinense*）等。草本植物极少，偶见油芒、荩草、细叶薹草等。

2.2.2　宝天曼植物群落数量排序

宝天曼植物群落 DCA 第一轴和第二轴排序结果的二维平面图如图 2 所示。

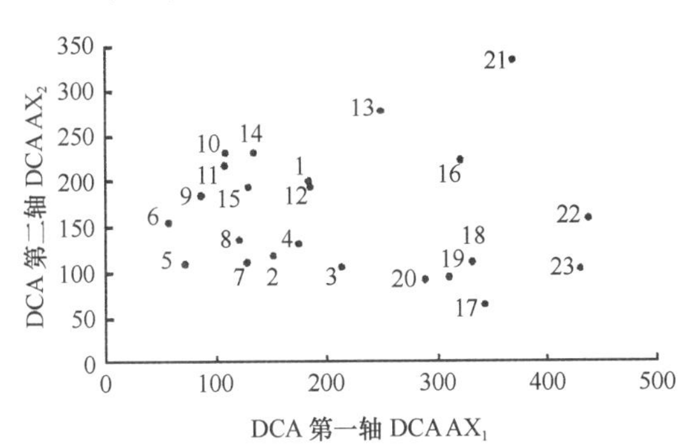

图 2　宝天曼植物群落的DCA二维散布图（AX_1和AX_2）

1. 岩栎林 Form. *Quercus acrodenta*; 2. 千金榆林 Form. *Carpinus cordata*; 3. 铁木刺楸林 Form. *Ostrya japonica* ＋ *Kalopanax septemlobus*; 4. 栓皮栎化香林 Form. *Q. variabilis* ＋ *Platycarya strobilacea*; 5. 栓皮栎林 Form. *Q. variabilis*; 6. 栓皮栎茅栗林 Form. *Q. variabilis* ＋ *Castanea seguinii*; 7. 茅栗林 Form. *C. Seguinii*; 8. 锐齿槲栎化香林 Form. *Q. aliena* var. *acuteserrata* ＋ *P. strobilacea*; 9. 短柄枹栎锐齿槲栎林 Form. *Q. glandulifera* var. *brevipetiolata* ＋ *Q. aliena* var. *acuteserrata*; 10. 山杨白桦林 Form. *Poplus davidiana* ＋ *Betula platyphyll*; 11. 锐齿槲栎林 Form. *Q. aliena* var. *acuteserrata*; 12. 化香漆树青榨槭林 Form. *P. strobilacea* ＋ *Toxicodendron verniciflnum* ＋ *Acer davidii*; 13. 青冈栎林 Form. *Q. glauca*; 14. 杜鹃林 Form. *Rhododendron purdomii*; 15. 杈叶槭水曲柳林 Form. *A. robustum* ＋ *Fraxinus mandshurica*; 16. 山茱萸林 Form. *Macrocarpium officinalis*; 17. 栾树林 Form. *Koelreuteria paniculata*; 18. 河楸枫杨林 Form. *Catalpa ovata* ＋ *Pterocarya stenoptera*; 19. 飞蛾槭林 Form. *A. oblongum*; 20. 青檀林 Form. *Pteroceltis tatarinowii*; 21. 黄荆灌丛 Form. *Vitex negundo*; 22. 金钱槭银鹊树林 Form. *Dipteronia sinensis* ＋ *Tapiscia sinensis*; 23. 领春木林 Form. *Euptelea pleioxpermum*

从图 2 可以看出，DCA 排序较好地反映了植物群落之间以及植物群落与环境之间的相互关系。DCA 排序的第一轴和第二轴（AX_1 和 AX_2）显示了重要与显著的生态意义，AX_1 基本上是一个海拔由高到低或热量由低到高的变化梯度，较高海拔的锐齿槲栎林（AX_1 排序值 76～162）、山杨白桦林（97～118）、杈叶槭水曲柳林（110～166）、杜鹃林（134）和锐齿槲栎化香林（89～166）等群落位于 AX_1 轴的左侧，较低海拔的山茱萸林（315～326）、栾树林（322～363）、河楸枫杨林（310～343）、飞蛾槭林（308～311）和黄荆灌丛（351～387）等群落位于 AX_1 轴的右侧，中等海拔的岩栎林（162～205）、铁木刺楸林（189～240）、千金榆林（133～168）、青冈栎林（220～278）和栓皮栎化香林（131～196）等群落位于 AX_1 轴的中部位置。

DCA 的另一维排序轴 AX_2 基本上反映了植物群落生境的湿度由高到低的变化梯度，生境较湿润的植物群落千金榆林（96～160）、河楸枫杨林（78～130）、银鹊树金钱槭林（126～191）和领春木林（103）等位于 AX_2 轴的下部，生境较干旱的植物群落黄荆灌丛（277～388）和青冈栎林（246～308）等位于 AX_2 轴的上部，中生环境的植物群落锐齿槲栎化香林（109～182）、短柄枹栎锐齿槲栎林（134～238）和化香漆树青榨槭林（110～263）等位于 AX_2 轴的中部。

虽然 AX_1 和 AX_2 轴基本上反映了海拔和水分两种生态环境梯度，但有些中等海拔的植物群落如栓皮栎茅栗林（42～86）和银鹊树金钱槭林（433～442）等分别位于 AX_1 轴的左右两侧，有些中生环境的植物群落如飞蛾槭林（62～126）和青檀林（58～125）等位于 AX_2 轴的下部，这一方面说明 DCA 方法本身还有待进一步完善，另一方面也说明定量与定性分析有机结合，使得它们相互补充相互促进，是植被生态学研究中一条非常可取的途径（钱宏，1990）。

2.3　结论

TWINSPAN 是一种较好的植被数量分类方法，使用该方法对宝天曼保护区 102 块样地×362 种植物进行分析，得到了与客观实际比较一致的分类结果。共将宝天曼保护区植物群落分成了岩栎林、千金榆林、铁木刺楸林、栓皮栎化香林、栓皮栎林、栓皮栎茅栗林、茅栗林、锐齿槲栎化香林、短柄枹栎锐齿槲栎林、山杨白桦林、锐齿栎林、化香漆树青榨槭林、青冈栎林、杜鹃林、杈叶槭水曲柳林、山茱萸林、栾树林、河楸枫杨林、飞蛾槭林、青檀林、黄荆灌丛、金钱槭银鹊树林和领春木林等 23 种类型。

宝天曼保护区植物群落的 DCA 排序结果较好地反映了植物群落之间以及植物群落与环境因子之间的相互关系。DCA 第一排序轴主要反映了海拔（热量）的变化，第二排序轴主要反映了水分因子的变化。

DCA 排序虽然能够较好地反映植物群落之间以及植物群落与环境因子之间的相互关系，但与实际情况仍有一定的差异。这一方面说明 DCA 方法本身还有待进一步完善，另一方面也说明在植被生态学研究中定量与定性分析方法有机结合的必要性。

参 考 文 献

[1] 陈灵芝. 暖温带山地针叶林排序和数量分类. 植物生态学与地植物学学报，1992，16（4）：301-310.
[2] 江洪，黄建辉，陈灵芝，等. 东灵山植物群落的排序、数量分类与环境解释. 植物学报，1994，36（7）：539-551.
[3] 钱宏. 长白山高山冻原植物群落的数量分类和排序. 应用生态学报，1990，1（3）：254-263.
[4] 史作民，刘世荣，王正用. 河南宝天曼种子植物区系特征. 西北植物学报，1996，16（3）：329-335.
[5] 宋朝枢. 宝天曼自然保护区科学考察集. 北京：中国林业出版社，1994.
[6] 王孝安. 甘南曲玛植物群落的多元分析与环境解释. 生态学报，1997，17（1）：61-65.
[7] 吴春林. 广西热带石灰岩季节雨林分类与排序. 植物生态学与地植物学学报，1991，15（1）：17-26.

[8] 张新时. 西藏阿里植物群落的间接梯度分析、数量分类与环境解释. 植物生态学与地植物学学报，1991，15(2)：101-113.
[9] Alejandro V. Multivariate analysis of the vegetation of the volcanoes Tlaoc and Pelado，Mexico. Journal of vegetation science，1994，5：263-270.
[10] Baruch Z. Ordination and classification of vegetation along an altitudinal gradient in the Venezuelan paramos. Vegetatio，1984，55：115-126.
[11] Gauch H G. Multivariate analysis in community ecology. Cambridge University Press，New York，1982.
[12] Hill M O，Gauch H G. Detranded correspondence analysis：an improved ordination technique. Vegetation，1980，42：47-58.
[13] Hill M O. DECORANA-a FORTRAN program for detranded correspondence analysis and reciprocal averaging. Ecology and systemics. Cornell University，Ithaca，New York，USA，1979a.
[14] Hill M O. TWINSPAN-a FORTRAN program for arranging multivariate data in an ordered two-way table by classification of the individuals and attributes. Ecology and systemics，Cornell University，Ithaca，New York，USA，1979b.
[15] McDonald D J，Cowling R M，Boucher C. Vegetation-environment relationships on a species-rich coastal mountain range in the fynbos biome（South Africa）. Vegetatio，1996，123：165-182.
[16] Moe B，Botnen A. A quantitative study of the epiphytic vegetation on pillared trunks of *Fraxinus excelsior* at Havra，Osteroy，western Norway. Vegetatio，1997，129：157-177.
[17] Nicholson B J，Gignac L D，Bayley S E. Peat land distribution along a north-south transect in the Mackenzie River Basin in relation to climatic and environmental gradients. Vegetatio，1996，126：119-133.
[18] Ogutu Z A. Multivariate analysis of plant communities in the Narok district，Keny：the influence of environmental factors and human disturbance. Vegetatio，1996，12：181-189.

3 宝天曼落叶阔叶林种间联结性研究†

种间联结（interspecific association）是指不同物种在空间分布上的相互关联性，通常是由于群落生境的差异影响了物种的分布而引起的（王伯荪等，1989；Greig，1983）。这种联结性就是对各个物种在不同生境中相互影响相互作用所形成的有机联系的反映。不同种的个体在空间联结程度的客观测定对研究两个种的相互作用和群落的组成及动态是有意义的，对于认识生物群落中物种多样性的维持机制也有一定帮助，同时，种间联结测定还提供了一个客观认识自然种群的方法，因而无论在理论上还是实践上都具有其重要意义。河南宝天曼自然保护区位于我国北亚热带向暖温带和第2级阶梯向第3级阶梯的过渡区，特殊的地理位置为该区植物区系的形成提供了优越的历史地理条件，决定了其南北交汇，东西兼容的特点，从而使该区成为植物群落类型比较复杂，生物多样性相对丰富的地区之一。同时，相对较少的人类活动干扰使该区保留了我国中部地区现存不多的天然次生森林资源。该区的研究基础比较薄弱，仅限于综合考查和植物区系分析（史作民等，1996；宋朝枢，1994），其他方面的研究未见报道。本文对宝天曼保护区海拔1150～1500m范围落叶阔叶林的20种主要乔木和26种主要灌木（含层间植物）种群的种间联结特征进行了初步研究。

3.1 研究方法

3.1.1 样方设置

本研究主要采用样方法取样，乔木样方20m×20m，每个乔木样方内设置5个2m×2m的灌木样方。调查记录乔木的种类、数量、高度、胸径、基径、冠幅，灌木的种类、数

† 史作民，刘世荣，程瑞梅，蒋有绪，2001，林业科学，37（2）：29-35。

量、高度、盖度，同时调查记录各样地的海拔、坡度、坡向。共设置调查了 28 个乔木样方，140 个灌木样方，计有乔木 20 种，灌木（含层间植物）26 种（除去仅出现于 1 个样方内的种）。全部野外工作于 1995 年 6～8 月完成。

3.1.2 种间联结测度方法

建立 2×2 联列表，具体方法见相关参考文献（王伯荪等，1985）。

3.1.2.1 χ^2 检验/χ^2 统计量度量

由于取样为非连续性取样，因此，非连续性数据的 χ^2 值用 Yates 的连续校正公式计算

$$\chi^2 = \frac{n\left[\left|ad - bc\right| - n/2\right]^2}{(a+b)(c+d)(a+c)(b+d)}$$

式中，n 为取样总数。当 $\chi^2 < 3.841$ 时，种间联结独立；当 $\chi^2 \geqslant 6.635$ 时，种间有显著的生态联结；当 $3.841 \leqslant \chi^2 < 6.635$ 时，种间有一定的生态联结。χ^2 本身没有负值，因此判定正、负联结的方法是：若 $a > (a+b)(a+c)/n$（即 $ad > bc$）为正联结，反之为负联结（王伯荪等，1985；郭志华等，1997；Whittaker，1986）。

3.1.2.2 共同出现百分率 *PC*

共同出现百分率 *PC* 也是用来测度物种间正联结程度的。其计算公式为

$$PC = \frac{a}{a+b+c}$$

PC 的值域为[0，1]。其值越趋近于 1，则表明该种对的正联结越紧密（王伯荪等，1985；郭志华等，1997；Whittaker，1986）。

3.1.2.3 联结系数 *AC*

联结系数 *AC* 用来进一步检验由 χ^2 所测出的结果及说明种间联结程度。其计算公式如下

若 $ad \geqslant bc$ 则 $$AC = \frac{(ad-bc)}{[(a+b)(b+d)]}$$

若 $bc > ad$ 且 $d \geqslant a$ 则 $$AC = \frac{(ad-bc)}{[(a+b)(a+c)]}$$

若 $bc > ad$ 且 $d < a$ 则 $$AC = \frac{(ad-bc)}{[(b+d)(d+c)]}$$

AC 的值域为[–1，1]。*AC* 值越趋近于 1，表明物种间的正联结性越强，*AC* 值越趋近于–1，表明物种间的负联结性越强；*AC* 值为 0，物种间完全独立（王伯荪等，1985；郭志华等，1997；Hurlbert，1969）。

3.2 结果与讨论

3.2.1 宝天曼落叶阔叶林乔木种群种间联结

宝天曼落叶阔叶林乔木种群间 χ^2 统计量数阵、共同出现百分率半矩阵图以及联结系数半矩阵图分别见表 1 和图 1。

表 1　宝天曼落叶阔叶林乔木种群间χ^2统计量数据阵

1																			
1.219	2																		
1.787	0.052	3																	
–1.219	–1.219	–0.052	4																
–0.044	–0.044	2.315	–0.044	5															
–0.124	–0.124	0.859	–0.124	3.578	6														
–0.574	–0.574	0.478	–0.574	0.015	–0.001	7													
–0.044	–0.044	0.179	–0.044	7.242	0.433	–0.015	8												
4.241	0.044	0.301	–0.044	–0.579	–0.334	0.015	–0.152	9											
0.574	–0.574	0.478	–0.574	–0.015	–0.001	–0.186	–0.015	–0.015	10										
–0.278	–0.278	6.414	–0.278	0.969	7.3	0.042	–0.138	–0.138	–0.042	11									
–0.351	–0.351	–0.615	0.769	–4.075	–0.056	0.031	–4.075	–1.221	–1.089	0.109	12								
0.278	0.278	0.058	0.278	–0.138	–0.046	0.042	–0.138	–0.138	–0.042	–0.001	0.109	13							
–0.044	–0.044	0.301	–0.044	0.152	–0.334	–0.015	2.373	–0.152	0.015	–0.138	–1.221	–0.138	14						
–0.574	–0.574	–0.369	–0.574	–0.015	–0.001	–0.186	–0.015	1.998	–0.186	–0.042	–0.031	–0.042	–0.015	15					
–1.219	–1.219	–0.052	–1.219	–0.044	–0.124	–0.574	–0.044	–0.044	–0.574	–0.278	0.769	0.278	–0.044	–0.574	16				
–1.219	1.219	0.052	–1.219	0.044	0.124	–0.574	–0.044	–0.044	–0.574	0.278	–0.351	–0.278	–0.044	–0.574	–1.219	17			
–0.574	–0.574	–0.369	–0.574	1.998	2.817	0.186	1.998	–0.015	–0.186	–0.042	–0.031	0.042	–0.015	–0 186	–0.574	–0.574	18		
–0.001	–0.001	2.84	–0.001	9.404	0.055	1.015	4.111	–0.003	0.145	–0.328	–0.843	0.328	0.977	0.145	–0.001	–0.001	1.015	19	
–0.606	–0.606	–0.068	–0.606	1.629	3.518	–0.003	4.779	–2.11	–0.003	0.218	–0.275	–0.218	1.629	–1 624	0.468	–0.468	1.338	—	20

1. 青榨槭 *Acer cappadocicum*；2. 粗桦皮 *Betula utilis*；3. 千金榆 *Carpinus cordata*；4. 茅栗 *Castanea seguinii*；5. 黑椋子 *Cornus poliophylla*；6. 湖北山楂 *Crataegus hupehensis*；7. 白蜡 *Fraxinus chinensis*；8. 野核桃 *Juglans cathayensis*；9. 三亚乌药 *Lindera obtusiloba*；10. 桑 *Morus alba*；11. 化香 *Platycarya strobilacea*；12. 山杨 *Populus davidiana*；13. 锐齿槲栎 *Quercus aliena* var. *acuteserrata*；14. 小叶青冈 *Quercus glandulifera*；15. 短柄枹 *Quercus glandulifera* var. *brevipetiolata*；16. 盐肤木 *Rhus chiensis*；17. 黄花柳 *Salix caprea*；18. 中华柳 *Salix cathayana*；19. 椴树 *Tilia tuan*；20. 漆树 *Toxicodendron verniciflnum*

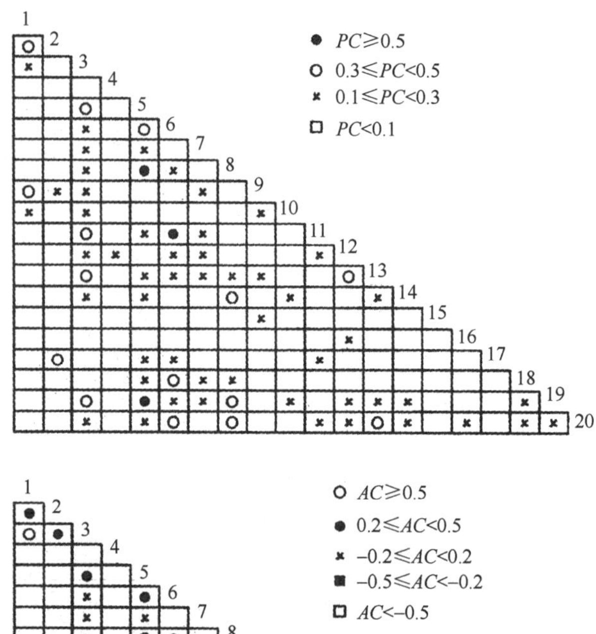

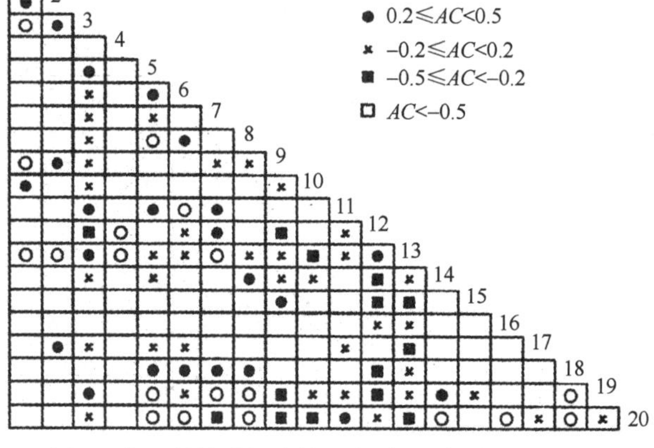

图 1　宝天曼落叶阔叶林乔木种间联结性半矩阵图

上图：*PC* 值，下图：*AC* 值，种序号同表 1

种间联结测定值本身具有种群生态学特征，它在一定程度上衡量了种间的相互关系和植物对环境综合生态因子反应的差异。种间联结系数高表明一个种的存在对另一个种有利、或是这两个种对环境的差异有相似的反应；相反，种间联结系数低或负值则说明这两个种所需的环境条件不同或是一个种存在对另一个种不利而排斥它（王伯荪等，1985）。

由表 1 和图 1 可见，黑椋子和野核桃、黑椋子和椴树之间有明显的正联结，是因为两者对环境有趋同反应或前者的存在对后者有利。黑椋子和山杨、野核桃和山杨之间有明显的负联结，这主要由于它们对环境的要求不同所造成的。事实上，它们的生境有明显的差异，山杨主要分布在相对干旱的山坡，为落叶阔叶林的先锋树种，而黑椋子和野核桃主要分布在比较阴湿的沟谷，土壤、阳光、水分等条件均有所不同。

3.2.2　宝天曼落叶阔叶林灌木种群种间联结

宝天曼落叶阔叶林灌木种群间χ^2统计量数阵、共同出现百分率半矩阵图以及联结系数半矩阵图分别见表 2 和图 2。

由表 2 和图 2 可见，三叶木通、大叶铁线莲和多花胡枝子两两之间存在明显的正联

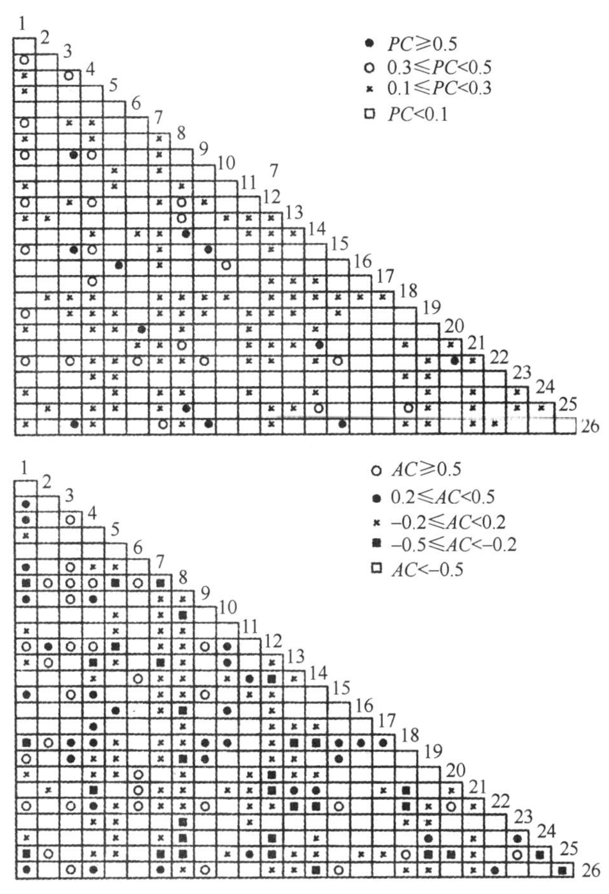

图 2　宝天曼落叶阔叶林灌木种间联结性半矩阵图

上图：*PC* 值，下图：*AC* 值，种序号同表 2

结，这主要归因于 3 者对环境有相似的要求。事实上，这 3 个种具有相似的生物生态学特征，喜欢阳光相对充足，土壤不很阴湿的环境。五加和胡枝子、喜阴悬钩子和胡枝子、五味子和山葡萄之间存在较明显的负联结，这主要由于它们对生境条件有不同的要求。五加、喜阴悬钩子和五味子喜欢相对阴湿的环境，而胡枝子和山葡萄在相对干旱的环境生长良好，具有较强的耐旱性。

3.2.3　种间联结与生态位重叠

物种间的联结性与其生态位重叠之间有较大的相关性，种间联结高的种对，一般有高的生态位重叠（彭少麟等，1990）。宝天曼落叶阔叶林乔木种对黑椋子和椴树、黑椋子和野核桃、青榨槭和三亚乌药间均有显著或一定的正联结，它们之间的生态位重叠也很大，分别为 0.660、0.461 和 0.733（Pianka 公式，下同）；黑椋子和山杨以及野核桃和山杨之间有最强的负联结，它们之间的生态位重叠也很小，分别为 0 和 0.132。灌木种对三叶木通和多花胡枝子、杭子梢和忍冬以及苦皮藤和五味子之间有显著或一定的正联结，它们之间的生态位重叠也很大，分别为 1.000、0.845 和 0.833；五加和胡枝子、喜

表 2　宝天曼落叶阔叶林灌木种群间χ^2统计量数据阵

1																									
–0.124	2																								
5.477	–1.219	3																							
0.433	–0.044	4.241	4																						
0.045	–0.278	–0.28	–0.14	5																					
–0.124	–2.219	–1.22	–0.04	–0.278	6																				
1.822	–0.001	2.702	0.003	–0.328	–0.001	7																			
–0.001	0.574	0.574	0.015	–4.067	0.574	–1.015	8																		
5.477	–1.219	16.65	4.241	–0.278	–1.2191	2.702	0.574	9																	
–0.124	–1.219	–1.22	0.04	0.278	1.219	0.001	–0.574	–1.22	10																
0.045	–0.278	–0.28	–0.14	0.001	–0.278	–0.328	0.042	–0.28	–0.28	11															
3.886	0.052	1.787	6.22	–0.058	–0.052	0.005	–0.369	1.787	0.052	–0.82	12														
0.003	2.193	–0.02	–0.06	–0.16	–0.017	–0.553	0.246	–0.02	0.017	0.16	0.255	13													
–4.84	–0.769	–0.77	–0.04	–3.324	0.351	–0.009	1.954	–0.77	–0.35	–0.109	–0.58	–0.12	14												
5.477	–1.219	16.65	4.241	–0.278	–1.219	2.702	0.574	16.65	–1.22	–0.278	1.787	–0.017	–0.77	15											
–0.124	–1.219	–1.22	–0.04	7.336	–1.219	0.001	–0.574	–1.22	1.219	–0.278	0.052	–0.017	–0.77	–1.22	16										
0.124	–1.219	–1.22	4.241	–0.278	–1.219	–0.001	–0.574	–1.22	–1.22	–0.278	1.787	0.017	0.351	–1.22	–1.22	17									
–0.003	2.193	0.017	0.576	–0.16	–0.017	–0.026	–0.246	0.017	0.017	–0.609	0.116	–0.01	–1.3	0.017	0.017	0.017	18								
5.056	–0.124	0.124	0.334	0.267	–0.124	0.055	–2.817	0.124	–0.12	0.045	0.859	0.003	–4.84	0.124	–0.12	–0.12	–1.048	19							
0.045	–0.278	–0.28	0.138	0.001	7.336	–0.425	0.042	–0.28	–0.28	0.001	–0.06	–0.16	0.109	–0.28	–0.28	–0.28	–0.609	–0.05	20						
–2.497	0.252	–0.25	–0.88	–1.634	0.96	0.015	0.871	–0.25	0.252	0.037	–0.29	0.339	6.079	–0.25	–0.25	–0.252	–0.048	–2.5	0.037	21					
5.056	–0.124	5.477	0.433	0.045	5.477	0.055	0.001	5.477	–0.12	0.045	0.014	–0.003	–0.06	5.477	–0.12	–0.12	–0.003	0.166	7.3	–0.16	22				
–0.124	–1.219	–1.22	0.044	0.278	–1.219	–0.001	–0.574	–1.22	–1.22	–0.278	–0.05	–0.017	–0.77	–1.22	–1.22	–1.22	0.017	0.124	–0.278	–0.25	–0.12	23			
0.166	–0.124	–0.12	–0.33	0.045	–0.124	0.055	–2.817	–0.12	–0.12	1.551	–0.01	–1.048	0.056	–0.12	–0.12	–0.12	–1.048	0.848	–0.045	–0.16	–0.17	0.124	24		
–1.485	0.351	–0.77	–0.44	–0.109	–0.769	–0.535	–0.031	–0.77	–0.35	–3.324	–0.58	–0.12	–0.02	–0.77	–0.35	–0.35	1.547	–0.06	–0.557	–0.21	–4.84	0.351	–0.06	25	
1.551	–0.278	7.336	0.969	–0.001	–0.278	3.23	0.042	7.336	–0.28	–0.001	0.058	–0.16	–0.56	7.336	–0.28	–0.28	0.16	0.045	–0.001	0.037	1.551	–0.28	–0.05	–0.56	26

1. 五加 *Acanthopanax gracilistylus*；2. 木通 *Akebia quinata*；3. 三叶木通 *Akebia trifoliata*；4. 山麻杆 *Alchornea davidii*；5. 杭子梢 *Campylotropis macrocarpa*；6. 苦皮藤 *Celastrus angulatus*；7. 刺苞南蛇藤 *Celastrus flagellaris*；8. 哥兰叶 *Celastrus gemmatus*；9. 大叶铁丝莲 *Clematis heracleifolia*；10. 海州常山 *Clerodendron trichotomum*；11. 溲疏 *Deutria scabra*；12. 卫矛 *Euonymus alatus*；13. 连翘 *Forsythia suspensa*；14. 胡枝子 *Lespedeza biocolor*；15. 多花胡枝子 *Lespedeza floribunda*；16. 忍冬 *Lonicera japonica*；17. 映山红 *Rhododendron mariesii*，18. 高丽悬钩子 *Rubus coreanus*，19.喜阴悬钩子 *Rubus mesogaeus*，20. 多腺悬钩子 *Rubus phoenicolasius*，21. 红毛悬钩子 *Rubus pinfaensis*，22. 五味子 *Schisandra chinenesis*；23. 绣线菊 *Spiraea japonica*；24. 荚蒾 *Viburnum dilatatum*；25. 山葡萄 *Vitis amurensis*；26. 野葡萄 *Vitis flexuosa*

阴悬钩子和胡枝子以及五味子和山葡萄之间有最强的负联结，它们之间不存在生态位重叠，其生态位重叠值均为 0。由此可见，种群间的正联结性越强，其生态位重叠值就越大；反之，种间的负联结性越强，其生态位重叠值就越小。

3.2.4 生态种组

群落中生态习性相似的种可以联合为一生态种组（Mueller-Dombois et al.，1986）。群落内的种间联结性揭示了群落中不同种类因受小生境因子影响而体现在空间分布上的相互关系（杨一川等，1994）。以负联结性作为划分种组的界限，同一种组内两两之间有尽可能大的正联结为原则，本文对宝天曼落叶阔叶林主要乔木种群进行了生态种组划分，大致可将 20 个乔木种群划分为 4 个生态种组。

第 1 生态种组为黑椋子、野核桃和小叶青冈，该种组内两两之间的χ^2值、AC 值和 PC 值都较高，正联结性很强。它们倾向生长在一起，都喜欢较为阴湿的环境，对水分条件要求较高。第 2 生态种组有千金榆、化香、锐齿栎、椴树和漆树等，该种组内两两之间多存在一定的正联结，而且种组内各物种除了与其他少数物种间存在一定的负联结外，与其他多数物种间有一定的正联结。该种组内的物种为中生树种，它们不仅数量多，而且分布广、生态幅度大，多为群落的建群种或主要伴生种。湖北山楂、白蜡和山杨为第 3 生态种组，种组内两两之间存在一定的正联结，种组内的各物种除了与其他少数物种存在明显的正联结外，与其他多数物种存在明显的负联结，或联结不明显。种组内各物种为阳生树种，在种间竞争中处于劣势，随着群落的进一步发育将逐渐被淘汰。余下的青榨槭、糙皮桦、茅栗、三亚乌药、桑、短柄枹栎、盐肤木、黄花柳和中华柳等为第 4 生态种组，种组内除青榨槭和糙皮桦、青榨槭和三亚乌药、糙皮桦和三亚乌药、黄花柳和糙皮桦之间有明显的正联结外，其他两两之间都表现为相互独立，而且大多与其他各物种间都表现出相互独立。这些物种可以分为两种类型，桑、盐肤木、黄花柳和中华柳等为植物群落的次要伴生种，数量较少，呈随机分布；青榨槭、三亚乌药、糙皮桦、茅栗和短柄枹栎等的数量也较少，但分布比较集中，与其他物种的联结关系较弱。

3.2.5 种间联结性与植物多样性保护

种间联结性是对一定时期内植物群落组成物种之间相互关系的静态描述，因此对于顶极群落而言，群落组成物种之间的联结性变化不大；但对于非顶极群落，由于随着群落的动态发育过程，群落的组成物种在群落不同发育阶段会出现此消彼长的动态变化，各物种的群落功能及其相互关系也会随之发生变化，种间联结性将发生或多或少的变化。虽然种间联结性是对物种之间静态关系的描述，但这种关系不仅包括空间分布关系，同时也隐含着物种之间的功能关系。因此，种间联结性研究对于认识特定群落内珍稀濒危物种的群落结构和功能地位以及其他物种与之相互关系具有一定作用，同时在一定程度上，该研究对于寻求特定群落内的关系物种也具有一定帮助。总之，种间联结性研究对于保护植物群落稳定性，从而保护植物群落多样性具有重要作用，同时，种间联结性研究对于特定物种的保护也有比较重要的作用，亦即可以通过寻找和保护与之正联结性较强的物种来保护特定物种的生存环境，最终达到保护特定物种的目的。

3.3 结论

宝天曼落叶阔叶林黑椋子和野核桃、黑椋子和槲树乔木种群之间有明显的正联结，黑椋子和山杨、野核桃和山杨乔木种群之间有明显的负联结；三叶木通、大叶铁线莲和多花胡枝子灌木种群两两之间存在明显的正联结，五加和胡枝子、喜阴悬钩子和胡枝子、五味子和山葡萄灌木种群之间存在较明显的负联结。

在宝天曼落叶阔叶林进行物种联结性研究时，以 χ^2 检验为基础，结合联结系数 *AC* 和共同出现百分率 *PC* 等指标来分析可以得到较好的结果。

种间的正联结性越强，其生态位重叠值越大；种间的负联结性越强，其生态位重叠值越小。

根据种间联结特征，将宝天曼落叶阔叶林主要乔木种划分为 4 个生态种组。第 1 生态种组为黑椋子、野核桃和小叶青冈，第 2 生态种组为千金榆、化香、锐齿栎、槲树和漆树，湖北山楂、白蜡和山杨为第 3 生态种组，第 4 生态种组为青榨槭、糙皮桦、茅栗、三亚乌药、桑、短柄枹栎、盐肤木、黄花柳和中华柳等。

参 考 文 献

[1] 郭志华等. 庐山常绿阔叶、落叶阔叶混交林乔木种群种间联结性研究. 植物生态学报，1997，21（5）：424-432.

[2] 彭少麟，王伯荪. 鼎湖山森林群落优势种群生态位重叠研究. 见：热带亚热带森林生态系统研究（6 集）. 北京：科学出版社，1990.

[3] 史作民，刘世荣，王正用. 河南宝天曼种子植物区系特征. 西北植物学报，1996，16（3）：329-335.

[4] 宋朝枢. 宝天曼自然保护区科学考察集. 北京：中国林业出版社，1994.

[5] 王伯荪，李鸣光，彭少麟. 植物种群学. 广州：中山大学出版社，1989.

[6] 王伯荪，彭少麟. 南亚热带常绿阔叶林种间联结测定技术研究Ⅰ. 种间联结测式的探讨与修订. 植物生态学与地植物学丛刊，1985，9（4）：274-285.

[7] 杨一川等. 峨嵋山峨嵋栲、华木荷群落研究. 植物生态学报，1994，18（2）：105-120.

[8] Greig P-Smith. Quantitative Plant Ecology. Oxford：Blackwell Scientific Publication，1983.

[9] Hurlbert S H. A coefficient of interspecific association. Ecology，1969，50：1-9.

[10] Mueller-Dombois D，Ellenberg H（鲍显诚等译）. 植被生态学的目的和方法. 北京：科学出版社，1986.

[11] Whittaker R H（王伯荪译）. 植物群落排序. 北京：科学出版社，1986.

4　宝天曼植物群落物种多样性研究†

生物群落是在一定地理区域内，生活在同一环境下的不同种群的集合体，其内部存在着极为复杂的相互关系。群落多样性就是指群落在组成、结构、功能和动态方面表现出的丰富多彩的差异。因此，群落多样性是群落生态学研究，乃至整个生态学研究中十分重要的内容。其中群落在组成和结构上表现出的多样性是认识群落的组织水平，甚至功能状态的基础，也是生物多样性研究中至关重要的方面。不同的植物群落在结构和功能上都存在很大的差异，而具有不同功能作用的物种及其个体相对多度的差异是形成不同群落的基础。因此，对于群落组织化程度的测度指标即物种多样性的研究具有重要意

† 史作民，程瑞梅，刘世荣，蒋有绪，陈宝金，2002，林业科学，38（6）：17-23。

义（马克平，1993，1994，1995）。宝天曼自然保护区位于我国北亚热带向暖温带和第二级阶梯向第三级阶梯的过渡区，特殊的地理位置和自然条件使该区植物群落类型复杂，生物多样性相对丰富。近年来我们已对该区植物群落的区系组成、种群生态位、数量分类与排序、种间联结性等进行了分析（史作民等，1996，1999，2000），本文对该区植物群落物种多样性进行了初步研究。

4.1 研究方法

4.1.1 样方设置

本研究主要采用样地法取样，取样面积分别为：乔木样地 20m×20m，灌木样地 20m×20m。每个乔木样地分成 4 个 10m×10m 的乔木样方，每个乔木样地内设 5 个 2m×2m 的灌木样方和 5 个 1m×1m 的草本样方；每个灌木样地内设置 5 个 2m×2m 的灌木样方和 5 个 1m×1m 的草本样方。调查记录每个样方内乔木的种类、数量。高度、胸径、基径、冠幅，灌木的种类、数量、高度、盖度，草本植物的种类、数量、平均高、盖度，同时测定记录各样地的海拔、坡度、坡向。共设置调查了 100 个乔木样地，2 个灌木样地，计有种子植物 362 种。全部工作于 1994-06-08 和 1995-06-08 完成（史作民等，2000）。

4.1.2 多样性测度方法

采用目前应用较为普遍的计算公式，对研究地区植物群落物种多样性进行测度（Magurran，1988；谢晋阳，1993；马克平，1994；郝占庆等，1994）。

4.1.2.1 丰富度指数

物种丰富度指数　　R＝出现在样方的物种数

4.1.2.2 多样性指数

Simpson 指数　　$$D=1-\sum_{i=1}^{s}\frac{n_i(n_i-1)}{n(n-1)}$$

Shannon-Wiener 指数　　$$H'=-\sum_{i=1}^{s}(p_j \ln P_i)$$

4.1.2.3 均匀度指数

Pielou 均匀度指数　　$$J=\frac{(-\sum_{i=1}^{s}p_i \ln P_i)}{\ln S}$$

Alatalo 均匀度指数　　$$E=\frac{[(\sum_{i=1}^{S}p_i^2)]^{-1}-1}{[\exp(-\sum_{i=1}^{S}p_i \ln P_i)-1]}$$

式中，n_i 为第 i 种的个体数，n 为所有种的个体总数，P_i 为第 i 种的个体数 n_i 占所有种个

体总数 n 的比例，即 $P_i = n_i/n$；$i = 1, 2, 3, \cdots, S$，S 为物种数。

4.2 结果

4.2.1 物种多样性群落梯度上的分布

由于物种多样性是一综合度量，进行多样性分析时应将各多样性测度指标进行全面考虑。植物物种多样性（丰富度、多样性和均匀度）5 种指数在群落梯度上的分布趋势基本一致（表 1）。栓皮栎林和岩栎林主要分布在向阳山坡，群落内生境相对比较严酷，林下灌木和草本植物相对贫乏，领春木林和金钱槭银鹊树林主要分布在环境比较阴湿的沟谷，林下过度阴湿的环境同样造成了灌木和草本植物种类的相对稀少，这四种群落类型的物种丰富度和均匀度都较低，从而导致了多样性指数较低：铁木刺楸林、化香漆树青榨槭林和飞蛾槭林由于分布在土壤和水热条件均较好的生境中，其多样性指数较高。总之，丰富度指数、多样性指数和均匀度指数较好地反映了不同植物群落类型在物种组成方面的差异。

4.2.2 物种多样性与生活型的关系

植物生活型（life form）是表征群落外貌特征和垂直结构的重要指标。基于本区植物群落的结构特征，主要讨论乔木层、灌木层和草本层物种多样性特征，考虑到该地区层间植物种类较少，且其功能与灌木相似，将其以灌木计算。

4.2.3 物种丰富度与生活型的关系

除少数植物群落（栓皮栎林、栓皮栎茅栗林、茅栗林、山杨白桦林和杜鹃林）的草本层物种丰富度指数稍低于乔木层或灌木层外，大多数植物群落的草本层物种丰富度指数明显高于乔木层和灌木层，而各群落乔木层和灌木层物种丰富度指数没有明显的差异（表 1）。差异性检验结果也表明，乔木和草本以及灌木和草本的物种丰富度指数间有显著差异，乔木和灌木的物种丰富度指数差异不显著（表 2）。这种结果与北京东灵山地区温带落叶阔叶林物种多样性特点基本类似，而与亚热带常绿阔叶林和热带地区季雨林和季节性雨林的物种多样性特点有明显的区别（黄建辉等，1997），即它基本上反映了本过渡区植被以温带为基调的特点。

乔木层、灌木层和草本层物种丰富度指数在群落梯度上存在一定差异，而且有大致相同的变化趋势。乔木层：最大值为最小值的 4 倍，灌木层：最大值几乎为最小值的 6 倍，草本层：最大值为最小值的 5 倍多（表 1）。不同生活型植物物种多样性的群落间变异分析表明，草本层物种丰富度指数在群落梯度上的变异最大，灌木层物种丰富度指数次之，乔木层物种丰富度指数变异最小（表 3）。

4.2.4 物种多样性与生活型的关系

由于受物种丰富度和均匀度的双重影响，不同生活型植物物种多样性指数在群落梯度上的分布没有明显的规律（表 1）。部分群落的灌木层物种多样性指数大于乔木层和草本层，该结果与亚热带地区常绿阔叶林的物种多样性特点比较一致，而有别于北京东灵

表 1 宝天曼植物群落物种多样性

群落号	海拔/m	群落多样性					乔木层多样性					灌木层多样性					草本层多样性				
		R	D	H′	J	E	R	D	H′	J	E	R	D	H′	J	E	R	D	H′	J	E
1	1115	12	0.508	1.189	0.483	0.472	4.5	0.475	0.925	0.615	0.598	3.5	0.896	1.063	0.945	1.188	4	0.135	0.309	0.223	0.403
2	1238	24.333	0.673	1.922	0.601	0.43	7.167	0.765	1.614	0.819	1.111	7.333	0.808	1.701	0.855	1.011	9.833	0.504	1.194	0.519	0.508
3	1060	29.5	0.752	2.169	0.64	0.426	7.833	0.819	1.79	0.874	0.96	8.5	0.85	1.878	0.887	1.049	13.167	0.616	1.441	0.573	0.538
4	1070	22.5	0.764	2.033	0.658	0.496	2.5	0.407	0.626	0.688	0.81	5.25	0.393	0.827	0.532	0.532	14.75	0.655	1.592	0.593	0.502
5	1073	11.364	0.509	1.143	0.488	0.53	3.909	0.362	0.694	0.511	0.576	4.909	0.685	1.265	0.863	1.044	2.545	0.075	0.136	0.289	0.471
6	1030	15.4	0.677	1.669	0.612	0.538	4	0.327	0.657	0.482	0.533	6.6	0.833	1.672	0.9	1.317	4.8	0.349	0.697	0.442	0.534
7	1138	21.4	0.878	2.413	0.795	0.742	7.4	0.617	1.334	0.68	0.635	7.2	0.713	1.479	0.758	0.864	6.8	0.658	1.284	0.738	0.825
8	1343	16.667	0.645	1.515	0.542	0.553	4	0.153	0.361	0.223	0.398	5.5	0.558	1.086	0.646	0.683	7.167	0.352	0.777	0.391	0.484
9	1255	18.667	0.63	1.706	0.574	0.513	5	0.455	0.907	0.585	0.633	6.5	0.788	1.613	0.876	0.968	7.167	0.433	0.919	0.475	0.555
10	1418	16.8	0.682	1.769	0.624	0.492	6.2	0.573	1.157	0.641	0.643	5.6	0.676	1.365	0.787	0.845	5	0.301	0.646	0.392	0.486
11	1384	15.071	0.737	1.809	0.679	0.604	3.714	0.318	0.611	0.486	0.575	4.857	0.617	1.158	0.745	0.832	6.5	0.53	1.093	0.606	0.688
12	1417	23.636	0.844	2.397	0.758	0.644	6.182	0.731	1.464	0.818	0.898	6.636	0.7	1.44	0.771	0.826	10.818	0.734	1.699	0.714	0.679
13	1090	20.5	0.839	2.33	0.774	0.686	6	0.489	1.019	0.569	0.545	3.5	0.69	1.055	0.851	1.201	11	0.672	1.72	0.718	0.847
14	1580	17	0.883	2.376	0.838	0.772	8	0.778	1.709	0.822	0.777	3	0.536	0.872	0.794	0.829	6	0.73	1.433	0.8	0.846
15	1592	15.25	0.578	1.516	0.552	0.503	5	0.585	1.1	0.692	0.706	3.5	0.618	1.02	0.834	0.927	6.75	0.401	0.892	0.459	0.562
16	660	16	0.842	2.096	0.762	0.749	2	0.068	0.149	0.272	0.45	2.5	0.375	0.573	0.631	0.793	11.5	0.787	1.785	0.751	0.752
17	650	28.5	0.88	2.546	0.791	0.639	7	0.559	1.205	0.619	0.553	6.5	0.833	1.678	0.902	1.318	15	0.832	2.086	0.77	0.706
18	710	23	0.831	2.306	0.737	0.605	4.25	0.374	0.739	0.516	0.547	4.5	0.754	1.327	0.888	1.198	14.25	0.771	1.919	0.723	0.619
19	812	33	0.911	2.798	0.801	0.663	7.5	0.723	1.518	0.76	0.746	8	0.73	1.425	0.789	1.265	17.5	0.859	2.274	0.797	0.703
20	760	25	0.87	2.482	0.781	0.67	6.5	0.586	1.217	0.665	0.603	6	0.798	1.585	0.888	1.085	12.5	0.799	1.884	0.795	0.745
21	617	19.5	0.898	2.496	0.84	0.794	0	0	0	0	0	3.5	0.557	0.921	0.739	0.841	16	0.871	2.269	0.819	0.78
22	1090	10	0.866	2.018	0.878	0.999	4.5	0.695	1.212	0.814	0.977	1.5	0.143	0.205	0.592	0.789	4	0.759	1.278	0.943	1.391
23	1050	8	0.725	1.541	0.741	0.718	3	0.57	0.876	0.797	0.947	2	0.571	0.683	0.985	1.361	3	0.215	0.418	0.38	0.528

1. 岩栎树 Form. *Quercus acrodenta*；2. 千金榆树 Form. *Carpinus cardata*；3. 铁木刺楸林 Form. *Ostrya japonica* + *Kalopanax septemlobus*；4. 栓皮栎华香林 Form. *Q. variabilis* + *Platycarys strobilacea*；5. 栓皮栎林 Form. *Q. variabilis*；6. 栓皮栎茅栗林 Form.*Q. variabilis* + *Castanea seguinii*；7. 茅栗林 Form. *C. seguinii*；8. 锐齿栎华香林 Form. *Q. aliena* var. *acuteserrata* + *P. strobilacea*；9. 短柄枹锐齿栎林 Form. *Q. glandulifear* var. *breuipetiolata* + *Q. aliena* var. *acuteserrata*；10. 山杨白桦林 Form. *Populus davidiana* + *Betula platyphylla*；11. 锐齿栎林 Form. *Q. aliena* var. *acuteserrata*；12. 化香漆树青榨槭林 Form. *P. strobilacea* + *Toxicodendron verniciflnum* + *Acer davidii*；13. 青冈栎林 Form. *Q. glauca*；14. 杜鹃林 Form. *Rhododendron purdomii*；15. 杈叶槭水曲柳林 Form. *A. robustum* + *Fraxinus mandshurica*；16. 山茱萸林 Form. *Macrocarpium officmahs*；17 栾树林 Form. *Koelreuteria paniculata*；18. 河楸枫杨林 Form. *Catalpa ovata* + *Pterocarya stenoptera*；19. 飞蛾槭林 Form. *A. oblongum*；20. 青檀林 Form. *Pteroceltis tatarinowii*；21. 黄荆灌丛 Form. *Vitex negundo*；22. 金钱槭银鹊树林 Form. *Dipteronia sinensis* + *Tapiseia sinensis*；23. 领春木林 Form. *Euptelea pleiospermum*

表 2　宝天曼不同生活型植物物种多样性差异检验

	乔木-灌木	乔木-草本	灌木-草本
		T值	
S	–0.080	–3.991**	–4.590**
D	–2.101*	–0.479	1.313
H′	–2.137*	–1.914	–0.547
J	0.892	0.392	–0.797
E	–0.569	0.392	0.958

注：自由度f=22；*，差异显著，$|t|>t_{0.05}$=2.074；**，差异极显著，$|t|>t_{0.01}$=2.819

表 3　宝天曼不同生活型植物物种多样性群落间变异

	乔木		灌木		草本	
	A	CV	A	CV	A	CV
S	5.280	0.339	5.082	0.384	9.133	0.498
D	0.520	0.385	0.657	0.271	0.567	0.426
H′	1.040	0.418	1.212	0.341	1.294	0.478
J	0.634	0.270	0.802	0.144	0.604	0·324
E	0.692	0.272	0.990	0.225	0.659	0.315

注：A，各群落平均值；CV，变异系数=标准差/A

山地区温带落叶阔叶林、热带季雨林及季雨林（黄建辉等，1997），即它从另一侧面反映了该地区植被具有一定的亚热带特征；另一部分群落的草本层物种多样性指数大于乔木层和灌木层。相对而言，乔木层物种多样性指数较小。差异性检验结果表明乔木和灌木物种多样性指数间有显著差异，乔木和草本以及灌木和草本的物种多样性指数差异不显著（表 2）。不同生活型植物物种多样性指数在群落梯度上有一定差异。乔木层物种多样性指数 H′和 D 的最大值为最小值的 12 倍多；灌木层 H′的最大值为最小值的 9 倍多，D 的最大值为最小值的 6 倍多；草本层 H′的最大值接近最小值的 14 倍，D 的最大值接近最小值的 12 倍（表 1）。

不同生活型植物物种多样性的群落间变异分析表明，草本层和乔木层物种多样性指数在群落梯度上的变异程度明显大于灌木层（表 3）。由于 H′和 D 的计算方法不同，H′值大于 D 值，所以各生活型植物 H′在群落梯度上的变异程度大于 D。

4.2.5　物种均匀度与生活型的关系

群落的物种均匀度是指群落中各个物种的多度或重要值的均匀程度，它所表征的是群落观察多样性与群落种数及总个体数相同时的可能最大多样性之间的比率（岳明等，1997）。宝天曼不同生活型植物物种均匀度指数在群落梯度上的分布没有明显的规律，相对而言，灌木层物种均匀度指数大于乔木层和草本层，而乔木层和草本层物种均匀度指数除少数群落有明显不同外，大部分群落中无明显差异（表 1）。这反映出群落的结构与组织化水平，即乔木层和草本层物种间的重要值差异较大，优势种表现明显；灌木层则相反，优势成分不明显，常见种（common species）和稀少种（rare species）

的差距较小。乔木层和草本层的物种丰富度指数差异较大，但物种均匀度指数无明显差异，说明这两层的多度分布比较接近。差异性检验结果表明虽然乔木层和灌木层、乔木层和草本层以及灌木层和草本层的物种均匀度指数间存在一定差异，但其差异均不显著（表 2）。

不同生活型植物物种均匀度指数在群落梯度上有一定差异。乔木层层物种均匀度指数 J 的最大值接近最小值的 4 倍，E 的最大值接近最小值的 3 倍；灌木层 J 的最大值接近最小值的 2 倍，E 的最大值为最小值的 2.5 倍多；草本层 J 的最大值为最小值的 4 倍多，E 的最大值接近最小值 3.5 倍。比较而言，不同生活型植物物种均匀度指数在群落梯度上的变异程度低于物种丰富度指数和物种多样性指数。相对而言，草本层和乔木层物种均匀度指数在群落梯度上的变异程度大于灌木层（表 3）。

4.2.6 群落物种多样性随海拔梯度的变化

由表 1 可见，群落物种丰富度指数和物种多样性指数在海拔梯度上的变化趋势基本一致，而物种均匀度指数的变化趋势与其存在一定差别。物种丰富度指数和物种多样性指数的较大值基本上同时出现在低海拔的栾树林和飞蛾槭林，中等海拔的铁木刺楸林，以及高海拔的化香漆树青榨槭林等植物群落；较小值同时出现在中等海拔的栓皮栎林、岩栎林、领春木林和金钱槭银鹊树林等植物群落。物种均匀度指数的较大值基本上同时出现在中等海拔的金钱槭银鹊树林，低海拔的黄荆灌丛，以及高海拔的杜鹃林等植物群落；但物种均匀度指数 J 和 E 的较小值出现在不同的植物群落，J 的较小值出现在中等海拔的岩栎林和栓皮栎林等植物群落，E 的较小值出现在中等海拔的千金榆林和铁木刺楸林等植物群落。

4.2.7 不同生活型植物物种多样性在海拔梯度上的分布

4.2.7.1 不同生活型植物物种丰富度指数在海拔梯度上的分布

不同生活型植物物种丰富度指数在海拔梯度上的分布规律存在一定差异。除海拔 1600m 附近的杜鹃林具有最高的乔木层物种丰富度指数和较小的灌木层物种丰富度指数外，乔木层和灌木层物种丰富度指数的较大值基本上出现在中等海拔的茅栗林、铁木刺楸林、千金榆林和低海拔的飞蛾槭林等植物群落。草本层物种丰富度指数的较大值出现在低海拔的飞蛾槭林、栾树林、河楸枫杨林和黄荆灌丛等植物群落（表 1）。分布于低海拔的山茱萸林由于是人工或半人工林而表现出最低的乔木层物种丰富度指数。分布于中等海拔的金钱槭银鹊树林和领春木林由于林下过度荫湿的生境和较高的乔木层郁闭度，导致灌木层物种丰富度指数和草本层物种丰富度指数较小。

4.2.7.2 不同生活型植物物种多样性指数在海拔梯度上的分布

不同生活型植物物种多样性指数在海拔梯度上的分布及其相互关系没有明显的规律。乔木层物种多样性指数的较大值出现在中等海拔的铁木刺楸林、千金榆林和高海拔的杜鹃林等植物群落，较小值出现在低海拔的山茱萸林以及高海拔的锐齿栎化香林和锐齿栎林等植物群落。灌木层物种多样性指数较大值出现在中等海拔的铁木刺楸林、千金榆林和低海拔的栾树林等植物群落，较小值出现在低海拔的山茱萸林以及中等海拔的金钱槭银鹊树林和领春木林等植物群落。草本层物种多样性指数较大值出现在低海拔的栾树林、黄荆灌丛和飞蛾槭林等植物群落，较小值出现在中等海拔的栓皮栎林、岩栎林和领春木林等植物群落（表 1）。

4.2.7.3　不同生活型植物物种均匀度指数在海拔梯度上的分布

与物种多样性指数相似，不同生活型植物物种均匀度指数在海拔梯度上的分布及其相互关系没有明显的规律。乔木层物种均匀度指数的较大值出现在中等海拔的青冈栎林、铁木刺楸林和低海拔的河楸枫杨林，较小值出现在中等海拔的锐齿栎林和低海拔的山茱萸林。灌木层物种均匀度指数的较大值出现在中等海拔的栓皮栎茅栗林、领春木林和低海拔的栾树林，较小值出现在中等海拔的栓皮栎化香林、金钱槭银鹊树林和高海拔的锐齿栎化香林。草本层物种均匀度指数较大值出现在中等海拔的金钱槭银鹊树林和低海拔的黄荆灌丛，较小值出现在中等海拔的岩栎林和栓皮栎林（表 1）。

由表 1 还可以看出，灌木层物种均匀度指数高于乔木层和草本层，即海拔梯度上灌木层的多度分布相对乔木层和草本层而言比较一致。灌木层物种均匀度指数基本上表现出随海拔升高而降低的趋势，这表明高海拔区灌木层的常见种和稀少种较低海拔区明显，低海拔区灌木层的优势种不明显。

4.3　讨论与结论

4.3.1　讨论

山地植被群落物种多样性及其随海拔梯度的变化规律一直是生态学家感兴趣的问题，开展的研究比较多，但研究结果不尽一致。通过对有关山地植被群落物种多样性研究工作的综述，贺金生等（1997）将山地植被群落物种多样性指数随海拔的变化模式划分为 5 种：①植物群落物种多样性指数与海拔负相关，即随海拔的升高，植物群落物种多样性指数降低；②植物群落物种多样性指数在中等海拔最大，也有学者称之为“中间高度膨胀”（Whittaker et al.，1975；Peek，1978）；③植物群落物种多样性指数在中等海拔较低；④植物群落物种多样性指数与海拔正相关，即随海拔的升高，植物群落物种多样性增加；⑤植物群落物种多样性指数与海拔无关。由此可见，山地植被群落物种多样性指数随海拔梯度的变化没有统一的规律，二者的相互关系比较复杂。事实上，山地植被分布区域的环境条件、山地的相对高度、人为干扰程度，不同海拔的群落类型、群落的发育阶段、群落分布区的坡位、坡度和坡向以及群落内土壤厚度、有机质含量和水分条件等都有可能对植物群落物种多样性指数在海拔梯度上的分布产生影响（Pett，1978；Wilson et al.，1990；Itow，1991；Baruch，1984；谢晋阳等，1994；黄建辉，1994；黄建辉等，1997；高贤明等，1998）。

宝天曼保护区最高海拔仅 1830m，为中山区。我们将该山地海拔 800m 以下的部分称为低海拔区，海拔 800～1200m 的部分称为中等海拔区，海拔 1200m 以上的部分称为高海拔区。依据此划分范围，宝天曼保护区植物群落物种丰富度指数和物种多样性指数随海拔梯度的变化在一定程度上呈现出高海拔和低海拔区偏高、中等海拔偏低的趋势。不同海拔范围人类活动的干扰状况、群落类型、群落演替阶段、群落小生境以及水热条件的组合等是影响群落物种多样性指数的重要因子。此外，草本层物种丰富度和物种多样性指数大于乔木层和灌木层这一特征导致了草本层植物的变化对不同海拔植物群落物种多样性指数的影响较大。低海拔区人类活动相对频繁，对该区各类型植物群落存在一定程度的干扰。特别是目前还不太严重的森林放牧活动导致了以群落的郁闭度稍低、林下阳光相对充足和枯枝落叶层较薄等为主要表现形式的群落生境的变化，从而为灌木层和草本层植物创造了较为优越的生存环境，结果群落内林下植物较为丰富，群落物种多样性较高。中等海拔区人类活动较少，植物群落郁闭度较高，林下生境或过度阴湿而不利于灌木和草本植物的生长，或相对干旱积累了较厚的枯枝落叶层而影响草本植物的生长，从而导致该区植物物种多样性偏低。另外，该区植物群落多属于森林皆伐后形成的次生群落，成熟水平相对较低，基本处于群落演替的中期阶段，结构与功能还没有达到最优水平，这也是导致植物物种多样性偏低的因素之一。高海拔区几乎没有人类干扰，部分植物群落成熟水平较高，基本处于群落演替的顶极阶段，结构复杂，功能优化，群落内物种之间的生态位重叠较大，相互依存的能力较强。另外，该区水热条件组合最好，相对湿润的林下生境以及分解较快的较薄的枯枝落叶层均有利于林下植物的生长。上述两个主要因素使得该区的植物群落具有偏高的物种多样性特征。

4.3.2 结论

物种丰富度指数、多样性指数和均匀度指数在群落梯度上的分布趋势基本一致，较好地反映了不同植物群落类型在物种组成方面的差异。

多数植物群落的草本层物种丰富度指数明显高于乔木层和灌木层，而乔木层和灌木层物种丰富度指数没有明显的差异。草本层物种丰富度指数在群落梯度上的变异最大，灌木层次之，乔木层变异最小。乔木层物种多样性指数小于灌木层和草本层。草本层和乔木层物种多样性指数在群落梯度上的变异程度明显大于灌木层。灌木层物种均匀度指数大于乔木层和草本层，而乔木层和草本层均匀度指数在大部分群落中无明显差异。草本层和乔木层均匀度指数在群落梯度上的变异程度大于灌木层。

植物物种丰富度指数、物种多样性指数的较大值分布在高海拔和低海拔区，较小值多分布在中等海拔。植物物种均匀度指数的较小值多分布在中等海拔，但其较大值在各海拔都有分布。

草本层植物物种丰富度指数和物种多样性指数的较高值多分布在低海拔区，较小值多分布在中等海拔。乔木层和灌木层的各种指数以及草本层的均匀度指数在海拔梯度上的分布规律不明显。

参考文献

[1] 马克平. 试论生物多样性的概念. 生物多样性，1993，1（1）：20-22.
[2] 马克平. 生物群落多样性的测度方法Ⅰα多样性的测度方法（上）. 生物多样性，1994，2（3）：162-168.
[3] 马克平，黄建辉，于顺利等. 北京东灵山地区植物群落多样性的研究Ⅱ. 丰富度、均匀度和物种多样性指数. 生态学报，

1995，15（3）：268-277.
[4] 史作民，刘世荣，王正用. 河南宝天曼种子植物区系特征. 西北植物学报，1996，16（3）：329-335.
[5] 史作民，程瑞梅，刘世荣. 宝天曼落叶阔叶林种群生态位特征. 应用生态学报，1999，10（3）：265-269.
[6] 史作民，刘世荣，程瑞梅等. 河南宝天曼植物群落数量分类与排序. 林业科学，2000，36（6）：20-27.
[7] 岳明，周虹霞. 太白山北坡落叶阔叶林物种多样性特征. 云南植物研究，1997，19（2）：171-176.
[8] 贺金生，陈伟烈. 陆地植物群落物种多样性的梯度变化特征. 生态学报，1997，17（1）：91-99.
[9] 郝占庆，陶大立，赵士洞. 长白山北坡阔叶红松林及其次生白桦林高等植物物种多样性比较. 应用生态学报，1994，5（1）：16-23.
[10] 高贤明，陈灵芝. 北京山区辽东栎（*Quercus liaotungensis*）群落物种多样性的研究. 植物生态学报，1998，22（1）：23-32.
[11] 黄建辉. 物种多样性的空间格局及其形成机制初探. 生物多样性，1994，2（2）：103-107.
[12] 黄建辉，高贤明，马克平等. 地带性森林群落物种多样性的比较研究. 生态学报，1997，17（6）：611-618.
[13] 谢晋阳. 物种多样性指数与物种多度分布. 见：林金安. 植物科学综论. 哈尔滨：东北林业大学出版社，1993：222-233.
[14] 谢晋阳，陈灵芝. 暖温带落叶阔叶林的物种多样性特征. 生态学报，1994，14（4）：337-344.
[15] Baruch Z. Ordination and classification of vegetation along an altitudinal gradient in the Venezuelan paramos. Vegetation，1984，55：115-126.
[16] Itow S. Species turnover and diversity patterns along an elevation broad-leaved forest coenocline. Journal of Vegetation Science，1991，2：477-484.
[17] Mangurran A E. Ecological diversity and its measurement. Princeton：Princeton University Press，1988：1-179.
[18] Peek R K. Forest vegetation of the Colorado Front Range：Pattern of species diversity. Vegetation，1978，37：65-78.
[19] Whittaker R H，Niering W A. Vegetation of the Sant Catalina Mountains，Arizona：V. Biomass，production，and diversity along the elevation gradient. Ecology，1975，56：771-790.
[20] Wilson J B，Lee W G，Mark A F. Species diversity in relation to ultramafic substrate and to altitude in southwestern New Zealand. Vegetation，1990，86：15-20.

5　河南宝天曼化香林特征及物种多样性†

化香是喜光性植物，分布在温带至亚热带的中低山。在河南宝天曼地区，主要分布于海拔600～1000m的向阳山坡。由于化香耐干旱瘠薄，对土壤要求不严，在中性、酸性及钙质土上均能健康生长，而且萌芽力强，常作为荒山造林先锋树种。通过对化香林进行分析研究，充分认识其群落学特征和物种多样性现状，对进一步探讨该区生物多样性的特点及其保护对策具有重要意义。

5.1　研究方法

5.1.1　样地设置与调查

采用典型取样法，在宝天曼地区的许窑沟、杨长沟、黄西沟等处设置10个样地，每个样地面积为20m×20m，总取样面积共4000m^2；样地内采用梅花形布点，设置2m×2m的小样方，调查高度＜2m的灌木及幼苗、幼树；设置1m×1m的小样方，调查草本及活地被物，分别设置小样方各50个；在样地内记录高度＞2m的各种树种及个体（株）数，按每木调查法，记录乔木的胸径、树高、枝下高、冠幅；在小样方内统计高度＜2m的小灌木和草本的种名及个体数，按Braun-Blanquet的方法记录灌木、草本植物的盖度级，各样地群落状况见表1。

在样方内有代表处挖土壤剖面采样，用比重计法测定土壤质地；电位法测定土壤的pH；

† 史作民，程瑞梅，刘世荣，蒋有绪，2005，山地学报，23（3）：374-380。

表 1 河南宝天曼化香林环境因子状况表

群落序号	海拔/m	坡度/（°）	坡向	坡位	土壤类型	群落郁闭度
1	630	20	S	中下部	山地褐土	0.60
2	660	8°	SE42°	中下部	山地褐土	0.50
3	670	12	SE25°	中下部	山地褐土	0.40
4	700	15	SE15°	中部	山地褐土	0.50
5	720	18	SW30°	中部	山地褐土	0.30
6	760	25	NW35°	中部	山地褐土	0.35
7	820	12	S	中上部	山地黄棕壤	0.40
8	880	15	SE30°	中上部	山地黄棕壤	0.45
9	920	22	SW10°	中上部	山地黄棕壤	0.50
10	960	20	S	中上部	山地黄棕壤	0.55

重铬酸钾氧化-外加热法测定土壤有机质含量；碱解-扩散法测定土壤碱氮；0.05mol/L HCl-0.025mol/L 1/2H_2SO_4浸提法测土壤有效磷；1mol/L 乙酸铵浸提-火焰光度法测土壤速效钾[1]。

5.1.2 多样性指数选择与测定

对于物种多样性指数的测定，许多学者都提出了他们各自的计算公式，归纳起来可以分为 3 类，即丰富度指数，如 Margalef 指数、Menhinick 指数、Monk 指数等；多样性指数，如 Simpson 指数、Shannon-Wiener 指数、种间相遇几率（PIE）、McIntosh 指数、Gini 指数；均匀度指数，如 Pielou 均匀度指数、Brillauin 均匀度指数、McIntosh 均匀度指数等。这些指数的计算公式请参见有关的文章[2, 3]。本文将采用目前较普遍使用的 5 种多样性指数测定群落的物种多样性。

（1）Margalef 指数

$$\mathrm{d}Ma = (S-1)/\ln N$$

（2）Shannon-Wiener 多样性指数

$$H' = -\sum_{i=1}^{s}(P_i \ln P_i)$$

（3）Simpson 优势度指数

$$D = 1 - \sum_{i=1}^{s}\frac{N_i(N_i-1)}{N(N-1)}$$

（4）PIE 种间相遇几率

$$E = \sum[N(N_i/N)(N-N_i)/(N-1)]$$

（5）Pielou 均匀度指数

$$J = (-\sum P_i \ln P_i)(\ln S)^{-1}$$

式中，S 为物种数目，N 为所有物种个体总数，N_i 为第 i 种的个体数，P_i 为第 i 个种的个体数占样地中所有种的总个体数的比例。

5.2 结果与讨论

5.2.1 化香林的土壤状况

化香林土壤多为山地褐土，质地为中壤土，土壤呈弱酸性，pH 为 5.86～6.72，土壤有机质含量较少，较瘠薄，其理化性质见表 2。由于化香对立地条件要求不严，在该地区，化香林生长发育良好，且群落区系成分较丰富。

表 2　河南宝天曼化香林土壤的理化性质

层次	取样深度/cm	比重/(g/m^3)	pH	有机质/%	碱氮/(mg/kg)	速效磷/（mg/kg）	速效钾/(mg/kg)
A	0～2	2.58	6.72	1.34	63.62	102.03	121.42
B1	2～23	2.76	6.10	0.81	42.35	75.25	87.36
B2	23～34	2.93	5.86	0.62	16.08	48.81	62.70

5.2.2 化香林植物区系组成

根据调查资料统计，化香林共有维管束植物 63 种，分属 34 科 55 属，其中含种数较多的是蔷薇科（Rosaceae）、菊科（Compositae）3 种；壳斗科（Fagaceae）、豆科（Leguminosae）、鼠李科（Rhamnaceae）、莎草科（Cyperaceae）分别为 2 种。在化香林出现的 55 属中，大多数只含 1 种，仅鼠李属（*Rhamnus* L.）、薹草属（*Carex* L.）和胡枝子属（*Lespedeza* Michx.）等含有 2～3 种。

根据吴征镒[4]对中国种子植物属的分布区类型的划分方案，对组成化香林的种子植物区系地理成分进行分析，结果如表 3 所示。在 55 个属中，温带性质的属共 28 个，占总属数的 57.14%，其中以北温带分布及其变型所占比重最大，共 25 个属，占 51.02%，如槭树属（*Acer* L.）、栎属（*Quercus* L.）、栗属（*Castaneae* Mill.）、蔷薇属（*Rosa* L.）、绣线菊属（*Spiraea* L.）、耧斗菜属（*Aquilegia* L.）、蒿属（*Artemisia* L.）、唐松草属（*Thalictrum* L.）等；东亚和北美洲间断分布类型为 5 属；旧世界温带分布及其变型为 3 属。群落中热带性质的属也占一定比例，共 8 属，占总数的 16.32%；其中以热带亚洲分布及其变型的属稍多，共 3 属，占总属数的 6.12%，如：青冈属（*Cyclobalanopsis* Oerst）、葛属（*Pueraria* DC.）等；泛热带分布及其变型为 2 属；热带亚洲和热带美洲间断分布、热带亚洲至热带大洋洲分布、热带亚洲至热带非洲分布及其变型，均为 1 属。东亚和北美洲间断分布及其变型为 5 属；东亚分布及其变型为 8 属。世界分布的属有 6 属。从上述分析可见，属的分布类型是以温带性质的属最多，热带性质的属也占一定比例，表明了化香林植物区系组成的温带亲缘，同时还有一定的过渡性。

5.2.3 化香林外貌

5.2.3.1 叶的性质

化香林组成种类的叶级谱中以中叶为主，共计 32 种，占总数的 50.79%，基本上反映了温带落叶阔叶林的叶级谱性质；小叶共 21 种，占总数的 33.33%，由于小叶是中亚

表 3 河南宝天曼化香林种子植物属的分布区类型和变型

分布区类型及其变型	属数	占总属数①/%
世界分布	6	
泛热带分布及其变型	2	4.8
热带亚洲和热带美洲间断分布	1	2.04
热带亚洲至热带大洋洲分布	1	2.04
热带亚洲至热带非洲分布及其变型	1	2.04
热带亚洲分布及其变型	3	6.12
北温带分布及其变型	25	51.02
东亚和北美洲间断分布及其变型	5	10.20
旧世界温带分布及其变型	3	6.12
东亚分布及其变型	8	16.34
合计	55	100.00

① 总属数中未包括世界分布属

热带常绿阔叶林的典型叶级，所以它反映出该群落具有一定的过渡性；微叶和大叶分别为 6 种和 4 种，各占总数的 9.53%和 6.35%；不存在鳞叶和巨叶种类，见图 1。

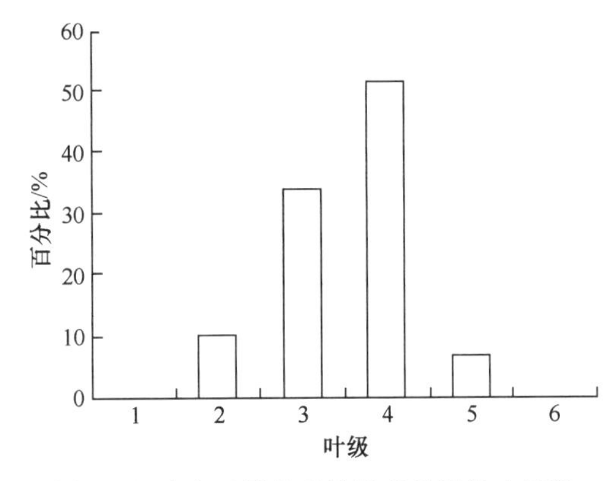

图 1 河南宝天曼化香林组成种类的叶级谱

1. 鳞叶 0～25mm²；2. 微叶 25～225mm²；3. 小叶 225～2025mm²；4. 中叶 2025～18 225mm²；5. 大叶 18 225～164 025mm²；6. 巨叶＞164 025mm²

5.2.3.2 生活型

根据 Raunkiaer 的生活型系统的分类方案，对化香林的生活型进行分析，并与亚热带常绿阔叶林、温带落叶阔叶林和亚热带次生性常绿、落叶阔叶混交林的生活型进行对比分析[5, 6]，结果见表 4。

表 4 河南宝天曼化香林与其他植被类型生活型的比较 （%）

群落名称	高位芽植物	地上芽植物	地面芽植物	地下芽植物	一年生植物
河南宝天曼化香林	58.4	8.2	28.5	4.9	2.2
秦岭北坡温带落叶阔叶林	52.0	5.0	38.0	3.7	1.3
浙江午潮山亚热带次生常绿落叶阔叶混交林	74.4	13.5	4.1	6.8	1.4
浙江乌岩岭亚热带常绿阔叶林	84.1	0	12.5	2.8	0.6

植物群落内各类生活型的数量对比可以反映植物群落和气候的关系。由表 4 可知，化香林以高位芽植物占优势，所占比例接近温带落叶阔叶林，远低于亚热带常绿阔叶林。地面芽的比例，在位序上列于第二位，说明化香林所处的气候条件与温带落叶阔叶林相似，其气候夏季炎热多雨，并有一个较长的严冬季节。但又不同于温带落叶阔叶林的气候条件，主要表现在地面芽比例略低，而地上芽、地下芽、一年生植物的比例略高。

5.2.4　化香林的结构特征

现根据 Kershaw 的植被结构理论，就化香林的垂直结构、水平结构和数量结构等方面进行分析。

5.2.4.1　垂直结构

化香林成层现象明显，在垂直方向上可分为乔木层、灌木层和草本层，地被层不发达。此外，还有一定数量的层间植物。化香林乔木层发育良好，高度为 14～23m，最高可达 25m 而伸出林冠之上；灌木层一般高度为 0.5～1.3m，草本层高在 3～40cm。

5.2.4.2　水平结构

化香林乔木层郁闭度为 0.30～0.60，平均胸径 40cm，最大可达 110cm。除灌木层的悬钩子（*Rubus coreamus*）、胡枝子（*Lespedeza bicolor*）、杜鹃（*Rhododendron simsii*），草本层的细叶苔（*Carex filipes*）、青菅（*Carex leucochlora*）等优势种群的水平分布成连续状态外，群落内多数种群的水平配置是不一致的，如化香优势种群分布均匀，而许多非优势种，如：大叶青冈、栓皮栎、千金榆、茅栗等则随机分布，表现出群落内部因素的局部不均匀性。

5.2.4.3　重要值指标及其分析

化香林乔木层盖度达 70%，调查结果统计见表 5。由表 5 可见乔木层中化香的重要值最高，为 31.55，是群落优势种，常见伴生树种有：栓皮栎、大叶青冈、千金榆、茅栗、合欢、白桦、大叶朴等；林下灌木层植物分布不均匀，常见有悬钩子、胡枝子、杜鹃等，分布频度 20%～30%，但盖度较小，10%～20%；草本层优势种有细叶苔、青菅等；层间植物不发达，常见有爬山虎（*Parthenocissus heterophylla*）、五味子（*Schisandra chinensis*）、南蛇藤（*Celastrus orbiculatus*）等。

5.2.5　化香林的物种多样性

生物群落是在一定地理区域内生活在同一环境下的不同种群的集合，其内部存在着极为复杂的相互关系。群落在组成和结构上表现出的多样性是认识群落的组织水平，甚至功能状态的基础，也是生物多样性研究中至关重要的方面。化香林的分布范围较广，根据 10 块样地材料的统计结果（表 6）可知化香林的 Shannon-Wiener 指数与 PIE 指数、Simpson 指数的变化趋势基本一致，总的变化趋势表现见图 2～图 5。

表 5　河南宝天曼化香林乔木层植物的重要值

种类	相对频度	相对密度	相对优势度	重要值	重要值序
化香	26.16	33.14	35.34	31.55	1
栓皮栎	16.83	12.42	23.07	17.41	2
大叶青冈	12.41	20.26	11.48	14.72	3
千金榆	12.23	8.14	7.34	9.23	4
茅栗	8.54	11.06	4.23	7.94	5
合欢	9.31	5.23	3.13	5.89	6
白桦	6.14	3.52	6.27	5.31	7
大叶朴	1.86	2.14	10.03	4.68	8
小叶青冈	4.58	2.67	2.51	3.25	9
皱叶鼠李	2.03	1.42	2.87	2.11	10

表 6　河南宝天曼化香林物种多样性状况表

群落序号	层次	dMa	D	H′	J	E
1	t	4	0.852	0.928	0.786	0.780
	sh	10	0.751	0.812	0.895	0.802
	h	6	0.866	0.907	0.921	0.904
2	t	5	0.712	0.845	0.663	0.634
	sh	13	0.821	0.964	0.910	0.878
	h	8	0.733	0.898	0.825	0.784
3	t	3	0.554	0.623	0.327	0.532
	sh	11	0.744	0.862	0.902	0.799
	h	5	0.633	0.704	0.701	0.801
4	t	9	0.412	0.501	0.324	0.401
	sh	10	0.532	0.673	0.527	0.688
	h	5	0.413	0.598	0.343	0.566
5	t	6	0.391	0.402	0.304	0.502
	sh	8	0.845	0.907	0.912	0.746
	h	7	0.682	0.704	0.722	0.605
6	t	8	0.421	0.513	0.371	0.317
	sh	14	0.681	0.897	0.898	0.921
	h	7	0.326	0.498	0.543	0.766
7	t	3	0.587	0.605	0.759	0.841
	sh	9	0.724	0.847	0.817	0.498
	h	8	0.431	0.517	0.498	0.501
8	t	6	0.542	0.673	0.701	0.484
	sh	11	0.732	0.903	0.602	0.905
	h	8	0.578	0.723	0.819	0.782
9	t	5	0.712	0.821	0.452	0.641
	sh	16	0.272	0.368	0.674	0.503
	h	8	0.635	0.723	0.533	0.612
10	t	4	0.624	0.812	0.603	0.433
	sh	16	0.830	0.903	0.782	0.811
	h	8	0.582	0.721	0.703	0.544

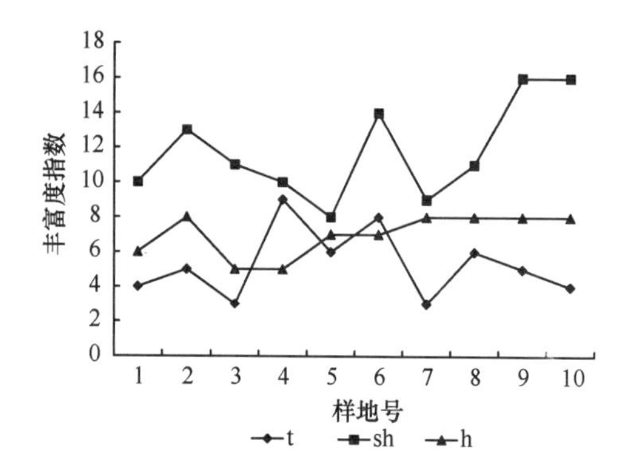

图2　河南宝天曼化香林物种丰富度指数分布

t：乔木层；sh：灌木层；h：草本层；下同

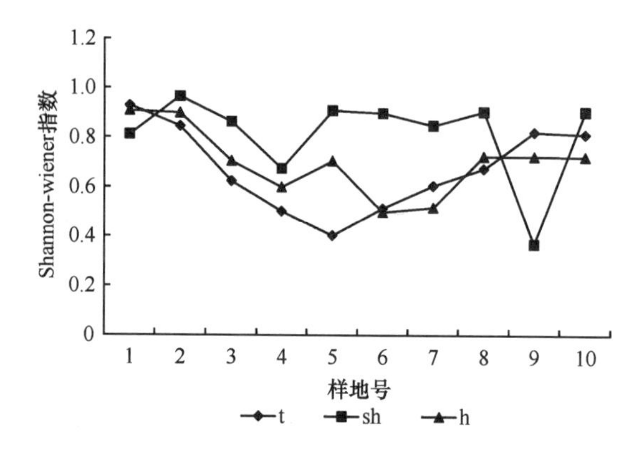

图3　河南宝天曼化香林物种多样性指数分布

由图2～图4可知，河南宝天曼化香林的丰富度、多样性、均匀度指数的总趋势为灌木层＞草本层＞乔木层，这与暖温带地区的辽东栎林所表现出的多样性指数的趋势为乔木层＞灌木层＞草本层的格局截然不同[7]。这可能是由于化香多为先锋树种，有些林冠尚未郁闭，有较充足的阳光照射到林下灌木层和草本层，因而灌木层、草本层生物多样性较高；更进一步的原因可能是灌木及草本植物植株较小，可以充分利用林下不同的微

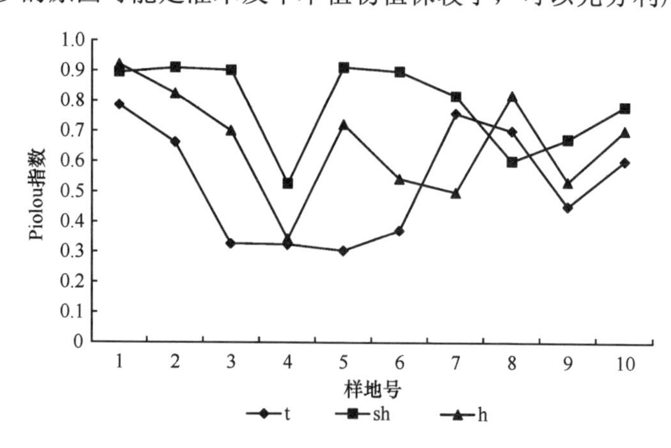

图4　河南宝天曼化香林物种均匀度指数分布

环境斑块。有研究表明乔木层、灌木层、草本层多样性的关系依赖于森林的特性及动态特点[8]。由此看出化香林灌木层、草本层多样性较高的另一原因可能与该区化香林的演替过程有关。

由图 5 可知，河南宝天曼化香林的乔、灌、草各层次在海拔梯度上的分布并未表现出明显的规律性，长期以来物种多样性随海拔梯度的变化趋势一直是生态学家感兴趣的问题。这方面积累的资料很多，但研究结果是不一致的。有研究表明，通常植物群落物种多样性与海拔负相关[9]；也有研究表明植物群落物种多样性与海拔无明显的相关性；还有研究表明植物群落物种多样性在中等海拔最大，即所谓的“中间高度膨胀（mid-altitude bulge）”[10]；另有研究表明植物群落物种多样性在中等海拔较低以及植物群落物种多样性与海拔正相关[10]。本研究中化香林的乔、灌、草各层次物种多样性随海拔的变化并没有一种明显的趋势，一个很可能的原因是由于作者所选择的这些样地除了受到海拔的影响，同时还受到了坡向以及其他环境因子，如土壤和不同群落类型的影响，因此，海拔对群落多样性变化的影响被其他因子所掩盖，这方面的影响有待进一步的研究。

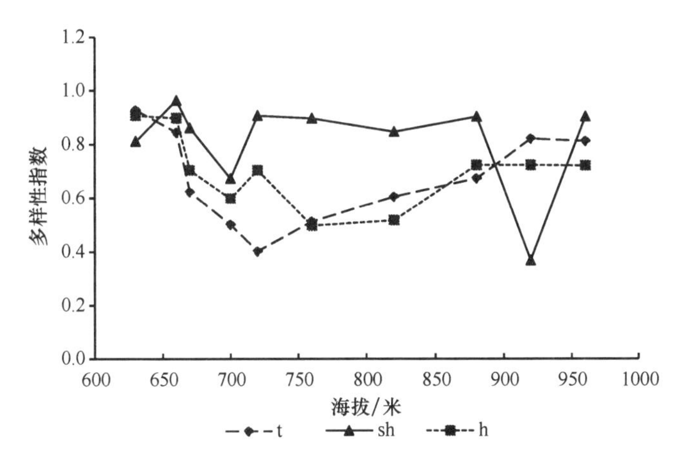

图 5　河南宝天曼化香林物种多样性指数沿海拔梯度分布

5.3　结论

综上所述，化香林是宝天曼地区常见植被之一，通过对化香林的土壤状况、区系组成、群落外貌结构特征的分析，以及对其多样性指数的测定，其结果能够在一定程度上反映该地区森林植被的某些特征，总结如下。

（1）化香林土壤较贫瘠，区系组成较丰富，其属的分布类型以温带性质的属最多，热带性质的属也占一定比例，反映出其植物区系组成的温带亲缘，同时还有一定的过渡性。

（2）化香林组成种类的叶级谱中以中叶为主，基本上反映了温带落叶阔叶林的叶级谱性质；其生活型以高位芽植物占优势，所占比例接近温带落叶阔叶林，远低于亚热带常绿阔叶林，说明化香林群落所处的气候条件与温带落叶阔叶林相似。

（3）化香林的结构特征表现为成层现象明显，在垂直方向上可分为乔木层、灌木层和草本层，地被层不发达。此外，还有一定数量的层间植物。在水平分布上表现为乔木层郁闭度较低，为0.3～0.60，灌木层、草本层内多数种群的水平配置是不一致的，表现出群落内部因素的不均匀性。

（4）化香林的丰富度、多样性、均匀度指数的总趋势为灌木层＞草本层＞乔木层，这与暖温带地区的辽东栎林所表现出的多样性指数的趋势为乔木层＞灌木层＞草本层的格局截然不同。这可能与化香多为先锋树种，有些林冠尚未郁闭，林下环境相对宽松有关；另外也可能与该区化香林的演替过程有关。

（5）化香林的乔、灌、草各层次物种多样性随海拔的变化并没有一种明显的趋势，一个很可能的原因是由于所选择的这些样地除了受到海拔的影响，同时还受到了坡向等其他环境因子的影响，因此海拔对群落多样性变化的影响被其他因子所掩盖，这方面的影响有待进一步的研究。

参考文献

[1] 张万儒. 中国森林土壤方法[国家标准]. 北京：中国标准出版社，1987.
[2] 马克平. 生物群落多样性的测度方法 I α多样性的测度方法（上）. 生物多样性，1994，2（3）：162-168.
[3] 马克平. 生物群落多样性的测度方法 I α多样性的测度方法（下）. 生物多样性，1994，2（4）：231-239.
[4] 吴征镒. 中国种子植物属的分布类型. 云南植物研究，1991，13（增刊）：1-139.
[5] 王梅峒. 中国亚热带常绿阔叶林生活型的研究. 生态学杂志，1987，6（2）：21-23.
[6] 秦泰谊. 秦岭南坡旬河流域及邻近地区森林与其生态环境的初步研究. 生态学杂志，1993，12（6）：6-11.
[7] 高贤明，陈灵芝. 北京山区辽东栎物种多样性研究. 植物生态学报，1998，22（1）：23-32.
[8] Auclair A. N.，Goff F. G. Diversity relation of upland forests in the Western Great Lakes Area. Nature，1978，105：499-528.
[9] 贺金生，陈伟烈. 陆地植物群落物种多样性的梯度变化特征. 生态学报，1997，17（1）：91-99.
[10] Rey Benayas J. M. Patterns of diversity in the strata of Boreal Mountain Forest in British Columbia. Journal of Vegetation Science，1995，6：95-98.

海南岛霸王岭热带森林群落生态学研究

1　海南岛霸王岭不同热带森林类型的种—个体关系[†]

在群落生态学的研究历史上，种-面积关系与种-个体关系一直是有关群落定量研究的热点之一，也是物种多样性分析的基础（Fisher et al.，1943；Preston，1948，1962；Angermeier & Schlosser，1989；Kohn & Walsh，1994）。前者主要用于确定群落的最小取样面积，而后者则主要用于揭示群落中物种生态位或物种对资源的分割。

种-个体关系实质上应包含两方面的内容，一方面是随着群落调查面积的增加，样地中累积物种数与累积个体数的关系；另一方面是在一定面积的调查样地中，各个物种的个体数量分布状况如何或具有不同个体数量的物种频率分布如何。后者也就是通常所探讨的种-多度关系。

在国内植物生态学领域，有关的研究主要集中在种-面积关系的探讨，而有关种-个体关系的具体实例或数学模拟仍罕有报道。本文的目的，是选择能代表海南岛地区植被特点的霸王岭国家级自然保护区，以该地区热带低山雨林、山地雨林、云雾林、山地矮林等 4 种植被类型为研究对象，对这些分布于不同海拔的植物群落中不同径级树木的种-个体关系进行分析，以探索不同热带森林类型的物种多度分布规律。

1.1　研究地及样地设置

海南岛霸王岭国家级自然保护区，位于海南岛昌江县境内与白沙县交界处，整个林区 18°50′N～19°05′N，109°05′E～109°25′E，其中于 1980 年建立的长臂猿（*Hylobates concolor*）保护区，主要分布在海拔 700～1430m 上，覆盖有包括核心区约 2000hm^2、缓冲区约 4000hm^2 的原始潮湿热带森林，优势植被类型为热带山地雨林。

有关本地区热带森林生态系统的初期调查及定位研究自 20 世纪 80 年代以来一直在进行中，并已有多篇有关该地区植被特别是热带山地雨林的报道（余世孝等，1993，1994；余世孝，1995；余世孝等，1998；臧润国等，1999）。涉及本项的研究包括位于保护区核心区分属 4 种植被类型的 4 个样地，各样地的面积大小、所处海拔、所属植被类型、主要优势种及其重要值指标见表 1，其中样地 4 由于地处保护区主峰（第一斧头岭，1438m）物种较少因而样地面积设置为 500m^2 外，其他样地的面积都在 2500m^2 以上且不小于各植被类型的最小取样面积。

取样调查的过程是用样绳将每一样地划分为若干个 10m×10m 的样方，逐一将胸径在 1cm 以上的植株记录，包括植物名称、高度、枝下高、胸围、冠幅等指标。对于

† 余世孝，臧润国，蒋有绪，2001，植物生态学报，25（3）：291-297。

表 1　海南岛霸王岭各样地的植被类型及主要优势种

样地序号	样地面积/m^2	海拔/m	物种数	个体数（DBH≥1cm）	植被类型	主要优势种	
						种名	重要值
1	3 500	860	152	1 407	热带低山雨林	公孙椎 *Castanopsis tonkinensis* 鸭脚木 *Schefflera octophylla* 白颜树 *Gironniera subaequalis*	22.95 18.72 11.36
2	10 000	1 030	228	7 764	热带山地雨林	陆均松 *Dacrydium pierrei* 线枝蒲桃 *Syzygium araiocladum* 谷木 *Memecylon ligustrifolium*	27.69 25.20 12.58
3	2 500	1 360	104	2 032	热带云雾林	钝叶水丝梨 *Sycopsis tutcheri* 线枝蒲桃 *Syzygium araiocladum* 托盘青冈 *Quercus patelliformis*	60.45 23.18 18.58
4	500	1 430	35	159	热带山地矮林	硬壳稠 *Lithocarpus hancei* 梨果稠 *Lithocarpus howii* 乌脚木 *Symplocos chunii*	35.04 20.69 26.70

永久样地，则同时在植株挂上或钉上已印上序码的塑料牌，并在记录纸的样方位置图（精确到 0.1m）上标示该株植物的坐标位置（x，y）。

1.2 分析方法

参照有关热带森林野外调查的方法，将树木的径级按照胸高直径（DBH）划分为 4 个径级，即 DBH≥1cm、DBH≥5cm、DBH≥10cm、DBH≥30cm，将各径级的树木进行归类，然后进行下列分析。

1.2.1 种-个体曲线

种-个体曲线与传统的种-面积关系相似，通常采用巢式排列法与随机排列法两种方法（Palmer，1990）。本文采用巢式排列法，即将样地左下方的样方中物种-个体先做统计（指定 DBH 级），然后向右向上逐渐扩增样地面积，最后将个体数取自然对数作为水平轴（x 轴），物种数作为垂直轴（y 轴），绘制种-个体关系的半对数曲线图；然后借助有关的回归方程来拟合这种关系。

1.2.2 种-多度曲线

确定不同的树木径级，对各个样地中个体数为 1、2……的物种数进行统计，然后将种的多度作为水平轴（x 轴），物种数作为垂直轴（y 轴），绘制种-多度关系的曲线图。为便于作图，在不影响总体趋势判断的条件下将个别个体数目非常多的物种省略，如对于 DBH≥1cm，热带山地雨林类型有几个物种的个体数在 500 以上，绘图时将省略。在此基础上，也绘制了单个体物种数的比例与总个体数的关系图，以分析热带森林中单个体物种的作用。

1.2.3 种-多度的数学拟合

参考以上所绘制的种-多度曲线，我们考虑采用对数正态分布模型来拟合各植被类型的种-多度关系。依据 Preston（1948，1962）所采用的“倍频（Octaves）”分组的方法，令 y_0 为众数倍频的物种数，y 代表在众数倍频 R_0 左或右侧第 R 个倍频的物种数，则可采用模式：

$$y = y_0 e^{-(aR)^2}$$

式中 a 为常数。

$$a^2 = 1/2\sigma^2$$

其中 σ 为倍频标准差。

如果 y 是直接代表坐标轴上第 R 个倍频的物种数（Pielou，1969），则也可采用下式：

$$y = y_0 e^{-[a(R-R_0)]^2}$$

具体的拟合过程（本文仅考虑 DBH≥1cm 的个体），设种 S_i 在某一森林类型的个体数为 N_{S_i}，令：

$$x_{S_i} = \log 2N_{S_i}$$

将 x_{S_i} 依值从小在大排列，然后统计 x_{S_i} 值分别落在[0，1]、[1，2]、[2，3]……各个值域范围内的物种数，如果某个物种的 x_{S_i} 值刚好为界值（如 1、2 等），则采用相邻两个值域各有 0.5 个种的统计方法。在此基础上，绘出对应于各个倍频（即 1、2、3…）的物种数直方图，然后借助有关的计算机软件进行正态分布曲线的拟合。

1.3 结果

4 种径级的种-个体曲线如图 1 所示，很明显，各种植被类型中各种径级的物种数与个体数的关系都有较为相似的形式。特别是，当群落的个体数 A 大于某一数目后，物种数与 lnA 呈线性关系，例如，对 DBH≥1cm 或 DBH≥5cm，当个体数目 A 大于 400（lnA＞6）时；对 DBH≥10cm 或 DBH≥30cm，当个体数目 A 大于 70（lnA＞4.2）时。对各种植被类型各个径级数据的回归方程式及其相关系数（R）、标准偏差（SD）也列于图 1 中，结果表明这种线性关系都是极显著的（p＜0.05）。

同一种植被类型不同径级的种-个体曲线的形式同样也很相似，如热带山地雨林的 4 种径级的曲线都非常相似，反映在回归方程上，就是直线的斜率较为接近，而且它们的相关系数（R）接近，标准偏差（SD）也接近。这种分析的结果表明，群落中物种数与个体数对数呈线性关系是一种普遍现象，且不受调查树木的径级影响。

就不同植被类型的比较而言，在相同个体数的条件下，海拔低的植被类型物种累积数越高，也就是说热带低山雨林的物种累积数高于热带山地雨林，后者高于热带云雾林，而热带山地矮林最低，反映了植被垂向分布的一个特点。例如，当个体数为 100 时，4 种植被类型的物种数分别为 31、29、28 和 27。而且这种差别随个体数的增加而加大，例如当个体数达到 500 时，前 3 种植被类型的物种数分别为 96、68 和 58；当个体数达到 1000 时，前 3 种植被类型的物种数分别为 132、98 和 87。由于不同径级的树木都呈现这种趋向，因此可以得出这样的结论，若群落在大径级树木具有较高的物种丰富度，

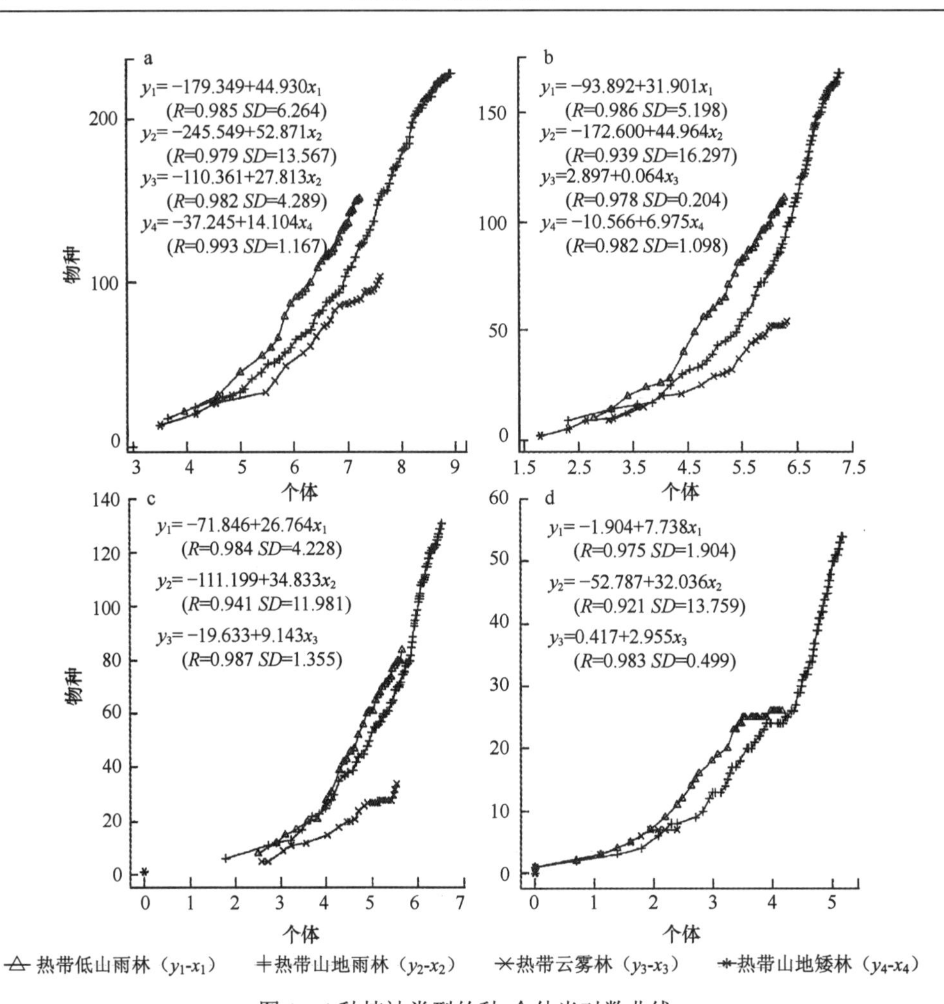

图 1　4 种植被类型的种-个体半对数曲线

a. DBH≥1cm；b. DBH≥5cm；c. DBH≥10cm；d. DBH≥30cm。水平轴取自然对数，方程代表物种数与个体数对数的回归

则该群落在小径级树木也相应具有较高的物种丰富度。

群落中物种数与个体数对数呈线性关系的另一个涵义与种-面积关系相似，当调查样地的物种数达到一定数目后，需调查的个体数将需要有较大的增幅，才能使样本中的物种数增加。以热带山地雨林 DBH≥1cm 的回归方程为例：

$$y_2 = -245.549 + 52.871x_2$$

当物种数为 150 时，需调查约 1800 个体，若物种数为 160，需调查约 2150 个体，仅需要增加调查约 350 个体；当物种数为 210，需调查约 5500 个体，若物种数为 220，需调查约 6650 个体，则需要增加调查约 1150 个体。而斜率值越大，代表需增加调查的个体数越多。显然，树木的径级越小，每增加一个物种需增加调查的个体数越多。

各种径级的种-多度关系如图 2 所示，各种植被类型都呈明显的倒 J 型曲线，即对应于种的多度为 1、2 个个体等，有相当高的物种比例，其后一般依个体数的增加，而逐渐降低物种的出现频率。换句话说，在各个植被类型，大多数的物种常常只有 1 至几个个体，与此同时个体数目非常多的富集种一般就只有几个物种。以 1hm^2 的热带山地雨林为例，在 228 个物种中（DBH≥1cm），单个体物种有 37 种，占 16.23%，双个体物种有 29 种，占 12.72%，3 个体物种为 17 种，占 7.46%。相反，有 400 个个体以上的物种仅有 5 种，占 2.19%，有 500 个个体以上仅有 3 种，占 1.32%，有 1000 个个体以上的仅有 1 种，占 0.44%。

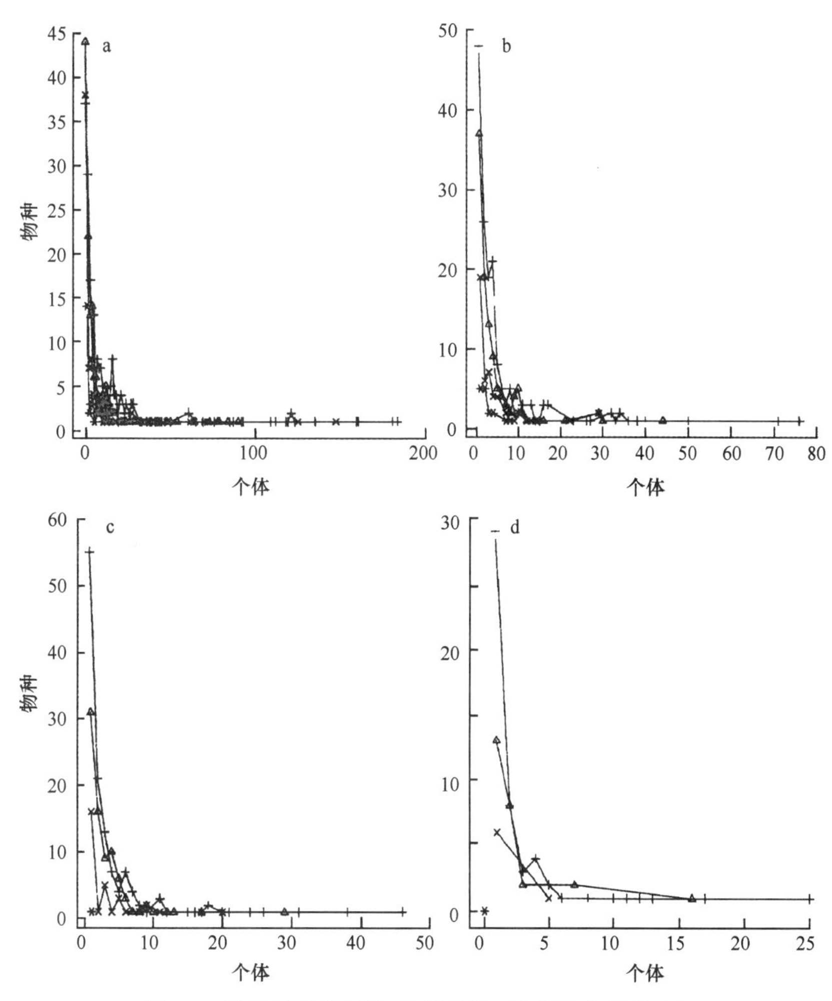

图 2　4 种植被类型的种-多度曲线（个别富集种省略）

a. DBH≥1cm；b. DBH≥5cm；c. DBH≥10cm；d. DBH≥30cm。图 2 图例同图 1

在热带森林，最为明显的是具 1 或 2 个个体的罕见种或偶见种比例相当高。而这种比例随着径级的增加而逐渐增加，如在热带山地雨林，单个体的物种占 DBH≥1cm 径级树木的比例为 16.23%，占 DBH≥5cm 径级树木的比例为 33.33%，占 DBH≥10cm 径级树木的比例为 36.9%，占 DBH≥30cm 径级树木的比例增加到 50.00%。其他植被类型在不同径级的比例也相似。图 3 列出了各植被类型随调查总个体数目增加，单个体物种所占该类型植被中总物种数的比例的变化。总体来说，随着调查范围的扩大，或个体数目的增加，单个体数目物种所占的比例逐渐下降且有趋于稳定的倾向。

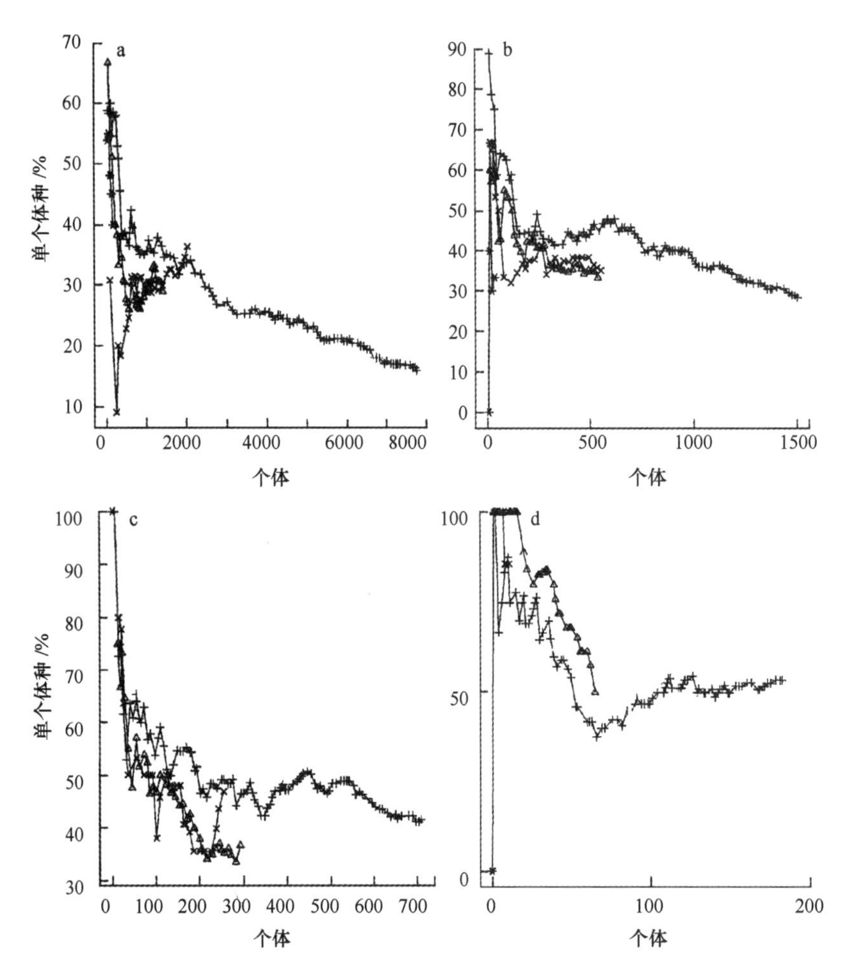

图 3　4 种植被类型的单个体种比例-个体曲线

a. DBH≥1cm；b. DBH≥5cm；c. DBH≥10cm；d. DBH≥30cm。图 3 图例同图 1

4 种热带森林类型中种-多度关系及其拟合结果如图 4 所示。从直方图来看，4 种类型的种-多度均呈现出对数正态分布的趋势。按照 Preston（1962），较为理想的拟合结果是 a^2 值应在 0.2 的范围内，从我们的拟合结果来看，前 3 种热带森林类型的 a^2 值均小于 0.2，而热带山地矮林 $a^2=0.333$，拟合结果稍差。

1.4　讨论与结论

Ashton（1977）最早认为采用个体数比采用样地面积来估计物种数会更准确。对海南岛霸王岭的植被分析结果表明，尽管各种热带森林的物种多样性或丰富度不同，但群落中物种数与个体数对数呈线性关系是一种普遍现象，它不受群落类型、调查树木径级的影响，表现了自然群落的一种内在规律。而且，当群落的个体数 A 大于某一数目后，物种数与 lnA 几成完全的线性关系，反映了可以依据种-个体曲线，借助物种数是个体数的函数关系，通过个体数的调查来估测一定范围内的物种数，进而达到分析物种多样性的目的。

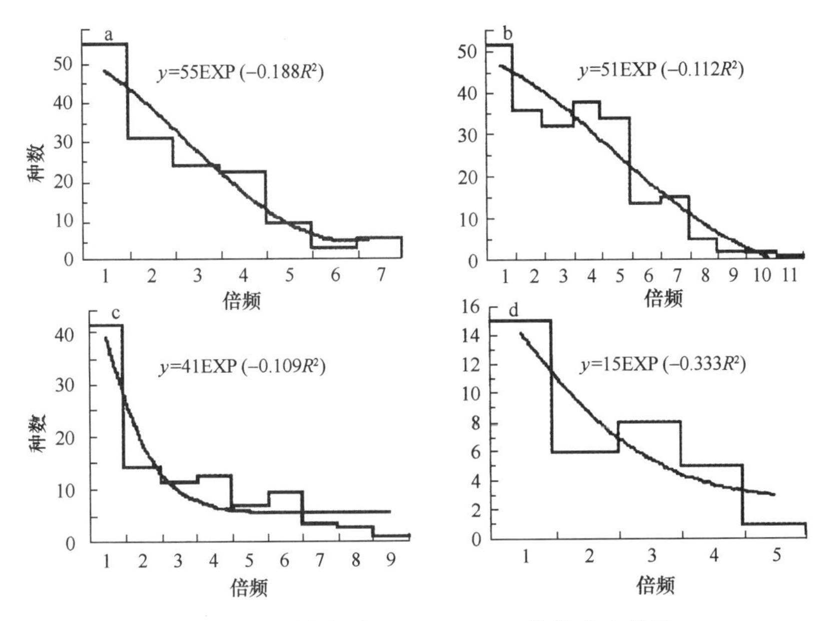

图4 4种植被类型（DBH≥1cm）的种-多度关系

a. 热带低山雨林；b. 热带山地雨林；c. 热带云雾林；d. 热带山地矮林

种-多度关系的原意是逐一列出各个物种的个体数目即多度，到了后来 Preston（1948）提出“倍频”的方法来描述物种-个体分布的对数正态法则（Lognormal law），则成了列出由1、2、…、r个体代表的物种数n，然后借助有关的数学模式来拟合，以进一步揭示共存同一群落的物种对资源的分割利用。目前国际上较为常用的是应用各种生态位模型来解释，包括 Preston（1948）所提出的对数正态分布假说、MacArthur（1957）所提出的随机生态位假说——割线段模型，Whittaker（1970）所提出的生态位优先占领假说。按照 Whittaker（1970）的观点，某类群落类型符合某种模型，从我们的分析结果看，各种热带森林的物种多度基本上可以采用对数正态分布模型来描述，除了热带山地矮林拟合结果稍不理想之外。

Richards（1958）曾有过一句名言，“在热带雨林中小范围样地内难以找到两株同种的个体”。在海南岛霸王岭，由于部分树种优势地位明显，因此只能说，“对相当一部分物种而言，在小范围样地内难以找到两株同种的个体”。反映在数据分析的结果，就是单个体种的数量占全部物种的比例相当高。就整个群落范围来言，单个体物种可能并不存在，但在相当面积范围内，却有如此高比例的单个体物种，或者说相当多物种种群的个体相距一般都较远，说明在物种多样性极为丰富的热带森林群落，植物种群生殖生态学、植物种间关系、植物与传媒动物之间关系以及物种更新生态位、进化生态学等方面，都是有待深入研究的问题。而这种特有现象的解释，将有助于说明热带森林生物多样性的维持机制。

由于热带森林物种丰富性及群落结构的复杂性，不同的学者在研究热带森林时采用了不同的DBH径级，本文分析了不同径级的种-个体关系，目的也在于强调采用不同径级的树木调查对群落结构、物种多样性分析可能造成的影响。总体来说，树木调查过程中具体采用何种径级将取决于研究的目的。例如，如果目的是分析群落多样性，那么应尽量采用小径级的树木级，如 DBH≥1cm，因为在这样小径级树木调查过程中，仍有大量物种以单个体的形式存在；如果是用于植被分类的目的，这时要求调查的范围一般较广，那么采用大径级的树木级，如 DBH≥30cm，将有助于节省人力物力。

参 考 文 献

[1] Ashton P. 1977. A contribution of rain forest research to evolutionary theory. Annals of the Missouri Botanical Garden，64：694-705.

[2] Angermeier P. L. & I. J. Schlosser. 1989. Species-area relationships for stream fishes. Ecology，70：1450-1462.

[3] Fisher R. A.，A. S. Corbet & C. B. Williams. 1943. The relationship between the number of species and the number of individuals in a random sample of an animal population. Journal of Animal Ecology，12：42-58.

[4] Kohn D. D. & D. M. Walsh. 1994. Plant species richness—the effect of island size and habitat diversity. Journal of Ecology，82：367-377.

[5] MacArthur R. H. 1957. On the relative abundance of bird species. Proceedings of the National Academy of Sciences，43：293-295.

[6] Palmer M. W. 1990. The estimation of species richness by extrapolation. Ecology，71：1195-1198.

[7] Pielou E. C. 1969. An introduction to mathematical ecology. New York：John Wiley & Sons.

[8] Preston F. W. 1948. The commonness，and rarity of species. Ecology，29：254-283.

[9] Preston F. W. 1962. The canonical distribution of commonness and rarity. Ecology，43：185-215，410-432.

[10] Richards P. W. 1958. The tropical rain forest：an ecological study. Cambridge：Cambridge University Press.

[11] Whittaker R. H. 1970. Communities and ecosystems. New York：Macmillan.

[12] Yu S. X.（余世孝），H. T. Chang（张宏达）& B. S. Wang（王伯荪）. 1993. The tropical montane rain forest of Ba wangling nature reserve，Hainan island. Ⅰ. The permanent plots and the comm unity type. Ecologic Science（生态科学），12（2）：13-18.（in Chinese）

[13] Yu S. X.（余世孝），H. T. Chang（张宏达）& B. S. Wang（王伯荪）. 1994. The tropical montane rain forest of Ba wangling nature reserve，Hainan island. Ⅱ. Quantitative analysis of the community structure. Ecologic Science（生态科学），13（1）：21-31.（in Chinese）

[14] Yu S. X.（余世孝）. 1995. Non-metric multidimensional scaling and its application in community classification. Acta Phytoecologica Sinica（植物生态学报），19：128-136.（in Chinese）

[15] Yu S. X.（余世孝），G. W. Zong（宗国威），Z. Y. Chen（陈兆莹），R. G. Zang（臧润国）& Y. C. Yang（杨彦承）. 1998. Comparison of ecological entropy with random and systematic sampling. Acta Phytoec ologica Sinica（植物生态学报），22：473-480.（in Chinese）

[16] Zang R. G.（臧润国），S. X. Yu（余世孝），J. Y. Liu（刘静艳）& Y. C. Yang（杨彦承）. 1999. The gap phase regeneration in a tropical montane rain forest in Ba wangling，Hainan island. Acta Ecologica Sinica（生态学报），19：151-158.（in Chinese）

2 海南岛霸王岭垂直带热带植被物种多样性的空间分析†

生物多样性是现代生态学研究的热点之一[1]。在景观生态学或群落生态学，现有物种多样性时空变化的研究方法主要集中在各群落物种多样性的测度上，这种计测的结果反映在空间尺度上一般是以离散的形式来表示，而如何反映物种多样性在空间的连续变化，迄今仍缺乏有效的方法与技术。

热带森林是地球上具最高生物多样性的地区。特别在湿润雨林，丰富的物种多样性特征之一是一定面积样地中相当多的物种仅有 1、2 个个体，而植被调查过程中通常限于人力物力，样地调查面积、数目都有限，因此如何选择代表性样地较为困难，从而也导致群落分类相当困难[2]，以致于 Richards 认为“热带雨林无法分类到群丛”[3]。由于

† 余世孝，臧润国，蒋有绪，2001，生态学报，21（9）：1438-1443。

在热带森林植被类型之间界限的这种不明显，因此，相邻植被类型之间的物种多样性差异并不能像传统的计测那样，完全是由2个代表样地数据计测出来的2个多样性值（设为a与b）之间的差异所反映，即群落A的物种多样性是a，而群落B的物种多样性就是b，或直接采用β多样性来度量，而应该是有渐进的空间变化过程。如何刻划诸如物种多样性的这种空间变化，是野外生态学研究应该引起注意的一个问题。

位于我国最南端的海南岛，地处热带北缘，是我国具有最高生物多样性的地区之一，典型的热带森林包括了热带低地雨林、低山雨林、山地雨林、云雾林、山地矮林等植被类型。本文的目的是选择具有代表本地区植被垂带分布的霸王岭自然保护区，对不同海拔植被类型的物种多样性进行比较分析，进一步则借助地理信息系统的空间分析技术，来刻划物种多样性在空间的渐进变化过程。

2.1 样地设置

有关本地区热带森林生态系统的初期调查及定位研究自20世纪80年代以来一直在进行中，并已有多篇报道[4-7]。涉及本项研究以南端的石峰（1391m）、经第三、第二斧头岭到北端的第一斧头岭（霸王岭主峰，1438m）一线下侧的西偏北、位于海拔800～1430m的样带，这是目前霸王岭保护区内人为影响较小、各类热带植被保存较好的地区，各样地的垂直分布示意图如图1所示，除了样地8由于地处第一斧头岭峰顶物种较少因而样地面积设置为500m^{2}外，每一样地的面积为2500m^2，调查对象是胸径在1cm以上的植株。

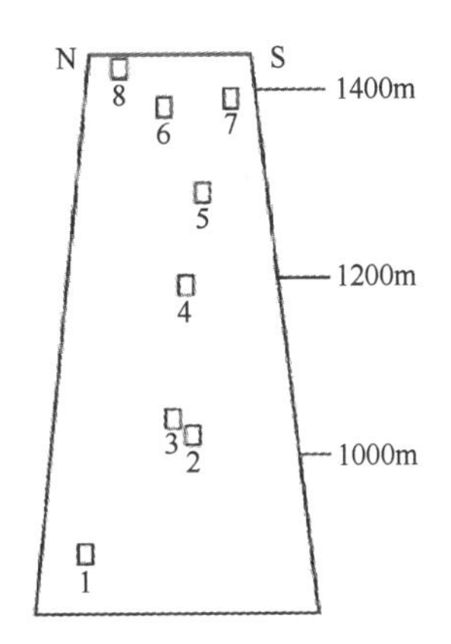

图1 海南岛霸王岭垂直带的样地示意图

样地1 属热带低山雨林，海拔约860m，样地植物有116种，上层主要优势树种为鸭脚木（*Schefflera octophylla*），常见树种为黄叶树（*Xanthophyllum hainanense*）、公孙椎（*Castanopsis tonkinensis*）、黄桐（*Endospermum chinensis*）等，下层优势种为白颜树（*Gironniera subaequalis*）、灰木（*Symplocos caudata*）、谷木（*Memecylon ligustrifolium*）等，灌木层优势种为罗伞（*Ardisia quinquegona*）等。

样地2 属热带山地雨林，海拔1030m，样地植物有156种，乔木上层主要优势种为陆均松（*Dacrydium pierrei*）、黄叶树（*Xanthophylum hainanense*），下层乔木线枝蒲桃（*Syzygium araioc-ladum*）占较大优势，其次为谷木（*Memecylon ligustrifolium*）；灌木层优

势种为三角瓣花（*Prismatomeris tetranda*）、九节（*Psychotria rubra*）、鸡屎树（*Lasianthus cyanocarpus*）等。

样地 3　属热带山地雨林，海拔 1050m，样地植物有 143 种，乔木上层主要优势种为陆均松（*Dacrydium pierrei*），常见树种为厚壳桂（*Cryptocarya chinensis*）、乐东拟单性木兰（*Paratkmeria rotungensis*）、五列木（*Pentaphylax euryoides*）等，下层乔木主要优势种为线枝蒲桃（*Syzygium araiocladu*）、谷木（*Memecylon ligustrifolium*）；灌木层优势种为三角瓣花（*Prismatomeris tetranda*）、九节（*Psychotria rubra*）等。

样地 4　属热带山地雨林，海拔 1180m，样地植物有 77 种，乔木上层优势种为陆均松（*Dacrydium pierrei*）和厚壳桂（*Cryptocarya chinensis*），常见树种有红稠（*Lithocarpus feniestratus*）、五列木（*Pentaphylax euryoides*）、黄背青冈（*Quercus hui*）、白花含笑（*Michelia mediocris*）、黄叶树（*Xanthophyllum hainanense*），乔木下层优势种为厚皮香八角（*Illicium ternstroemioides*）、隐脉红淡比（*Cleyera obscurinervia*）、丛花灰木（*Symplocos poilanei*）、谷木（*Memecylon ligustrifolium*）等，灌木层优势种为冬青（*Ilex purpurea*）、九节（*Psychotria rubra*）等。

样地 5　属热带山地雨林，海拔 1280m，样地植物有 104 种，乔木上层优势种为陆均松（*Dacrydium pierrei*）、黄叶树（*Xanthophyllum hainanense*）、厚壳桂（*Cryptocarya chinensis*）等，常见树种有五列木（*Pentaphylax euryoides*）、黄背青冈（*Quercus hui*）等，下层优势种为丛花灰木（*Symplocos poilanei*）、碎叶蒲桃（*Syzygium buxifolium*）、谷木（*Memecylon ligustrifolium*）、异株木犀榄（*Olea divoca*）等，灌木层优势种为九节（*Psychotria rubra*）、罗伞（*Ardisia quinquegona*）等。

样地 6　属热带山地雨林，海拔 1340m，样地植物有 97 种，乔木上层优势种为陆均松（*Dacrydium pierrei*），常见树种为黄叶树（*Xanthophyllum hainanense*）、五列木（*Pentaphylax euryoides*）等，乔木下层优势种为谷木（*Memecylon ligustrifolium*）、红鳞蒲桃（*Syzygium hancei*），常见树种为薄叶灰木（*Symplocos anomala*）、厚皮香八角（*Illicium ternstroemioides*）、线枝蒲桃（*Syzygium araiocladum*）等，灌木层优势种为三角瓣花（*Prismatomeris tetranda*）、冬青（*Ilex purpurea*）、九节（*Psychotria rubra*）等。

样地 7　属热带云雾林，海拔 1360m，样地植物有 104 种，乔木上层优势种为钝叶水丝梨（*Sycopsis tutcheri*）、线枝蒲桃（*Syzygium araiocladum*）等，下层优势种为托盘青冈（*Quercus patelliformis*），灌木层优势种为罗伞（*Ardisia quinquegona*）、狗骨柴（*Tricalysia viridiflora*）、省藤（*Alamu* ssp.）等。

样地 8　属热带山地矮林，海拔 1430m，样地植物有 35 种，由于地处保护区主峰第一斧头岭顶，树木主要由于风力影响而极为矮化，群落高度一般只有 5～6m，物种较为稀少，乔木层常见种包括硬壳稠（*Lithocarpus hancei*）、梨果稠（*Lithocarpus howii*）、红稠（*Lithocarpus feniestratus*）、乌脚木（*Symplocos chunii*）、毛叶杜英（*Elaeocarpus limitaneus*）、碎叶蒲桃（*Syzygium buxifolium*）、香港大头茶（*Gordonia axillaris*）等，灌木层常见树种包括乌饭树（*Vaccinium carlesii*），狗骨柴（*Tricalysia viridiflora*）、美丽新木姜（*Neolitsea pulchella*）等。

取样调查的过程是用样绳将每一样地划分为若干个 $10\times10m^2$ 的样方，逐一将样地范围内胸径在 1cm 以上的植株记录，包括植物名称、高度、枝下高、胸围、冠幅等指标以及植株的生长状况。对于永久样地，则同时在植株挂上或钉上已印上序码的塑料牌，并在记录纸的样方位置图（精确到0.1m）上标示该株植物的坐标位置（x，y）。

2.2 分析方法

2.2.1 物种多样性的测度

物种多样性的传统测度有多种方法[8, 9]，采用常用的 Shannon-Wiener 指数、Simpson 多样性，同时考虑到热带雨林里一定面积样地中相当多的物种仅有 1、2 个个体，因此也采用了两个近些年才提出的非参数指数，即 Chao 多样性指数和二阶刀切法多样性指数。

（a）Shannon-Wiener 多样性指数[10]

$$D_{SW}=-\sum_{i=1}^{S}P_i\ln P_i$$

式中，P_i为第 i 个种的个体数占所有物种个体总数的比例，S 为群落中物种总数。

（b）Simpson 多样性指数[11]

$$D_{SP}=N(N-1)/\sum_{i=1}^{S}n_i(n_i-1)$$

式中，n_i为第 i 个种的个体数，N 为所有物种个体总数，S 为群落中物种总数。

（c）Chao 多样性指数[12]

$$C=S+\left[\frac{S_1^2}{2S_2}\right]$$

其中，S_1是仅有 1 个个体的物种数，而 S_2是仅有 2 个个体的物种数，S 是所有物种数。

（d）刀切法（Jack knife）多样性指数[13, 14]

$$J=S+\left\{\frac{S_2(2N-3)}{N}-\frac{S_2(N-2)^2}{N(N-1)}\right\}$$

S_1、S_2、S 的含义与 Chao 多样性指数相同，而 N 是个体总数目。

计算过程以 C＋＋语言编程。

2.2.2 多样性的空间分析

地理信息系统（Geographic Information System，简称 GIS）的空间分析通常采用逆距离加权法（Inversedistance weighted）及样条（Spline）两种插值方法。研究采用逆距离加权法，它的基本思想是，每个确定点对某区域的影响随着距离的增加而减少。即样带每一空间位置上植被的物种多样性可以由其周围其他样地已计算出物种多样性指标来模拟计算。采用 GIS 软件来分析霸王岭垂直带的物种多样性变化，先将图 1 设置于不同海拔的一系列代表样地的分布图建立为 GIS 专题图，然后将上述各样地计的各种多样性指数建立数据库作为 GIS 空间分析中各样地的属性数据，借助 GIS 的空间分析技术逐一分析各种多样性指数的变化，并将结果以带谱的方式来表示。

2.3 结果

霸王岭垂直样带各样地的物种多样性如图 2 所示，而基此所进行的空间分析结果如图 3 所示。由于 Chao 及刀切法指数的计测在很大程度受到仅有 1 个、2 个个体的物种数的影响，图 4 列出了各样地中物种丰富度与仅有 1 个、2 个个体的物种数。

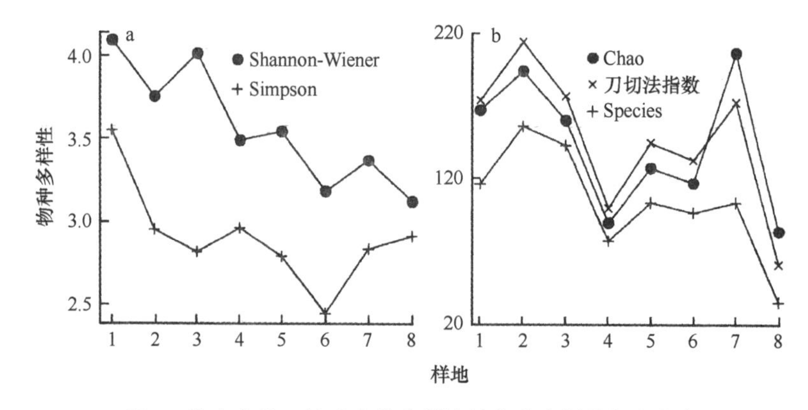

图2　海南岛霸王岭垂直带个样地的物种多样性与丰富度

样地号参见图1：a. Shannon-Wiener 指数与 Simpson 指数；b. Chao 指数、刀切法指数与物种丰富度

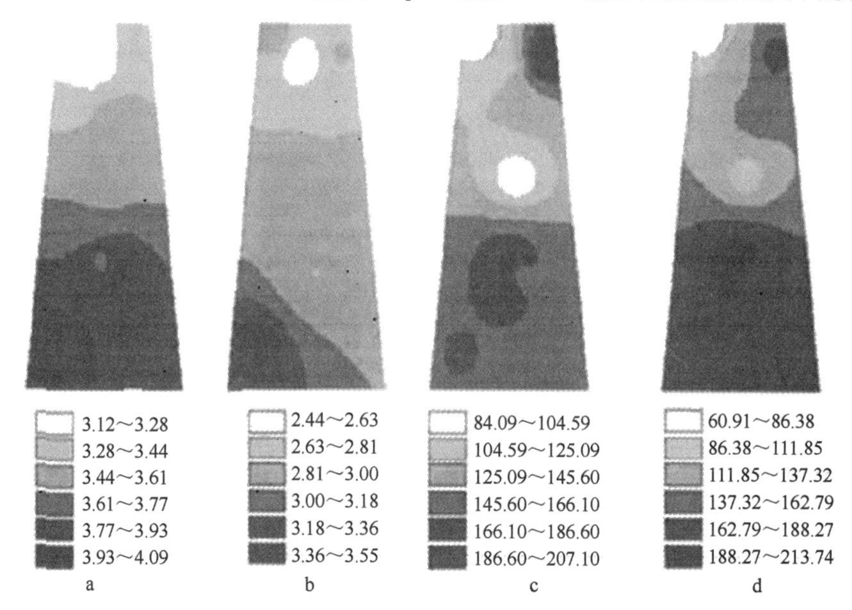

图3　海南岛霸王岭垂直带物种多样性的空间分析

a. Shannon-Wiener 指数；b. Simpson 指数；c. Chao 指数；d. 刀切法指数

就所有计测指数而言，垂直带下部（样地 1～样地 4）的物种多样性明显高于上部的（样地 5～样地 8）。例外的是根据 Chao 指数，样地 7 具有最高的物种多样性（图 2b、图 3c），主要是该样地具 1 个个体的物种数明显地高于具 2 个个体的物种数（图 4）。就各个计测指数而言，依据 Shannon-Wiener 指数，物种多样性在空间的变化基本上表现出随海拔梯度增加而降低的特点（图 2a、图 3a），比较图 2 与图 4，样地 2 的 Shannon-Wiener 指数较低，虽然其具最高的物种丰富度，但由于优势种非常明显，如线枝蒲桃个体数占样地总个体数的 15.18%，加上谷木、三角瓣花、九节、鸡屎树等共占总个体数的 42.74%，物种个体分布的均匀度较低而导致采用 Shannon-Wiener 指数计算的物种多样性较低。而通过空间分析，则仍可得出该区域附近的物种多样性仍较高的结论，从而有助于克服单一样本分析所得出的有可能误差的结论。

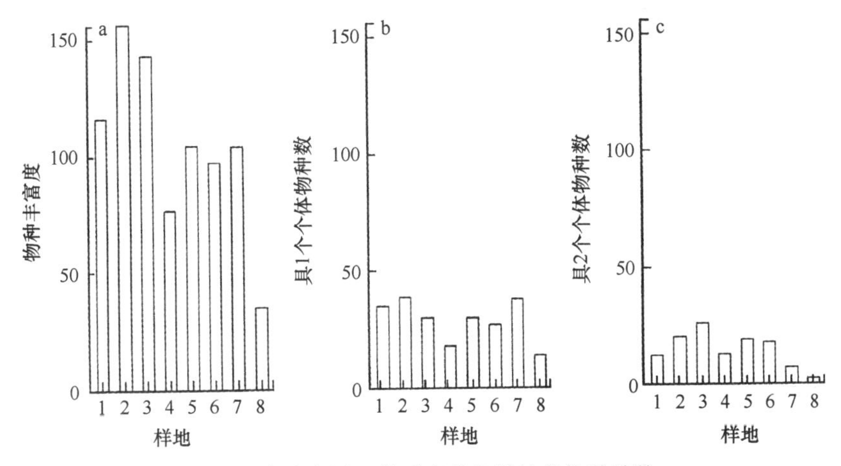

图 4 海南岛霸王岭垂直带各样地的物种种数

样地号参见图 1：a. 所有物种种数；b. 具 1 个个体的物种数；c. 具 2 个个体的物种数

依据 Simpson 指数，物种多样性在样地 1 最高，而样地 6 最低，其他样地的物种多样性较为相近，例如具最低物种丰富度的样地 8，其物种多样性仍居于各样地的前列，与采用其他指数的计测结果存在着一定程度的差异，而在此基础上所进行的空间分析结果（图 3b）也与其他指数进行分析的结果（图 3a、c、d）存在着明显的差异。

在样地 7，仅具 1 个个体的物种数占所有物种数的比例高达 36.54%，明显高于其他样地，而具 2 个个体的物种数占所有物种数的比例又几乎最低，其结果是采用 Chao 指数计测的物种多样性最高，而具 1 个和 2 个个体的物种数相差不大的样地 4，其物种多样性除略高于样地 8 之外，均低于其他样地（图 2b，图 3c）。

依据刀切法指数所计测的物种多样性指数，具最高物种丰富度的样地 2 仍具最高的物种多样性（图 2b，图 3d），然后依次是样地 3、1、7、5，与物种丰富度高低的顺序有一致的结果（图 2b）。就整体而言，垂直带下部的物种多样性高于上部，而南部又高于北部（图 3d）。

作为影响物种多样性测度的因素之一，物种总数随海拔变化的总趋势是由下而上随着植被类型的变化逐渐减少。理论上，作为热带低山雨林的样地 1，物种总数应高于热带山地雨林（样地 2～样地 6），但由于在本地区，一方面，热带低山雨林的面积非常有限，另一方面，地处低海拔的热带低山雨林受人为干扰影响较大，因此，同样面积的热带低山雨林样地物种总数可能少于热带山地雨林样地。另一例外的情况是样地 4 的物种总数较少，主要的原因可能是归咎于同一植被类型不同群落存在着差异或者是群落结构异质性，也可能是样地选择的代表性问题，而 GIS 空间分析的结果有助于克服这种总的趋势的个别波动情况。

2.4 讨论与小结

物种多样性的测度主要考虑了两个因素即物种丰富度与物种个体的相对多度，或者说“它是把物种数和均匀度混淆起来的一个统计量”[15]，或者说是群落的 α 物种多样性[16]。国内外通常的分析方法是，基于某一具体群落的取样，借助诸如 Shannon-Wiener 指数的形式得出该群落的物种多样性值。一方面，这种方法所得出的结果是离散型的，即每一群落由一确定值所反映，难以反映群落内的结构异质性，另一方面，由于代表样地的局限性，不同群落间的物种多样性在空间上的变化也难以用这种测度得到很好地反映。本文提出的借助 GIS 空间分析技术来模拟绘制连续植被的物种多样性变化，既是传统分析方法的进一步改进，也为将这一方法应用于相类似的群落结构分析提供了一条新的途径。

GIS 空间分析技术在生态学的应用，目前主要是应用于环境因子的分析，如对某一区域范围内若干个气候观测站的气候观测，通过空间分析得出整个区域气候的空间变化，而应用于植被结构分析的还罕有报道。本文的分析结果表明，在具有严格数学理论的插值方法的基础上来应用 GIS 的空间分析技术，它既可以形象地揭示物种多样性在空间的连续变化，基于传统的物种多样性测度而又进一步通过分析以不同于传统测度方法的结果来表示，是一种适于区域范围内植被类型物种多样性比较的分析方法。如果进一步结合到植被生态环境条件的空间分析，相信将有助于揭示热带森林群落中物种多样性的维持机理。

对于不同物种多样性测度公式的评价问题目前还没有一个客观的标准，应用到两类的测度公式，Shannon-Wiener 指数和 Simpson 指数主要考虑的是所有物种的个体多度比例，其中 Simpson 指数特别强调了常见种的作用。从计测结果来分析，如果从物种的多样性反映群落的结构复杂性这一点来考虑，Shannon-Wiener 指数应是较为适宜的指标。群落层次结构最为复杂、在本地区并不具最高物种丰富度的热带低山雨林具最高的物种多样性，而群落结构最为简单的热带山地矮林具最低的物种多样性。而 Chao 指数与刀切法指数的计测显然与传统的方法不同，在考虑物种丰富度的基础上，主要考虑具单个个体物种的作用，这种方法主要是突出罕见或偶见种在维持群落物种多样性的作用。而刀切法指数在考虑具 1、2 个个体物种数的同时，更进一步考虑将所有物种的总个体数作为权数来计测，从分析结果来看，采用刀切法指数优于应用 Chao 指数。

就霸王岭的植被而言，垂直带物种多样性的分析结果表明物种多样性基本上是呈随海拔梯度增加而降低的特点，而作为该地区主体植被的热带山地雨林的物种丰富度最高。而对于该地区南北走向的山脉来说，南部的物种多样性与丰富度较高于北部。从绘制整个梯度的多样性变化谱来言，在条件充许的情况下，适当增加样本的数量并在空间有较好的配置将有助于增加空间分析的准确性。

参考文献

[1] 陈灵芝，钱迎倩. 生物多样性科学前沿. 生态学报，1997，17（6）：565-572.
[2] 余世孝. 非度量多维测度及其在群落分类中的应用. 植物生态学报，1995，19（2）：128-136.
[3] Richards P W. 张宏达，等译. 热带雨林. 北京：科学出版社，1959.
[4] 余世孝，张宏达，王伯荪. 海南岛霸王岭热带山地植被研究 Ⅰ. 永久样地设置与群落类型. 生态科学，1993，12（2）：13-18.
[5] 余世孝，张宏达，王伯荪. 海南岛霸王岭热带山地植被研究Ⅱ. 群落结构分析. 生态科学，1994，13（1）：21-31.
[6] 余世孝，宗国威，陈兆莹，等. 随机与系统取样的生态学信息量比较. 植物生态学报，1998，22（5）：473-480.
[7] 臧润国，余世孝，刘静艳，等. 海南岛霸王岭热带山地雨林林隙更新规律的研究. 生态学报，1999，19（2）：151-158.
[8] 王伯荪，余世孝，彭少麟，等. 植物群落学实验手册. 广州：广东高等教育出版社，1996.
[9] 马克平. 生物群落多样性的测度方法. 见：钱迎倩，马克平. 生物多样性研究的原理与方法. 北京：中国科学技术出版社，1994：141-165.

[10] Shannon C E. A mathematical theory of communication. Bell System Tech. J., 1948, 27: 379-423.
[11] Simpson E H. Measurement of diversity. Nature, 1949, 163: 688.
[12] Chao A. Non-parametric estimation of the number of classes in a population. Scandinavian Journal of Statistics, 1984, 11: 265-270.
[13] Heltsche J F, Forrester N E. Estimating species richness using the jack knife procedure. Biometerics, 1983, 39: 1-11.
[14] Colwell R K, Coddington J A. Estimating terrestrial biodiversity through extrapolation. Philosophical Transactioins of the Royal Society of London, 1994, B345: 101-118.
[15] Pielou E C. An Introduction to Mathematical Ecology. John Wiley & Sons, New York, 1969.
[16] Whittaker R H. Evolution and measurement of species diversity. Taxon, 1972, 21: 213-251.

3 海南岛霸王岭热带山地雨林林隙更新生态位的研究†

近年来干扰生态学的研究表明，各种森林生态系统中都有与之相对应的干扰体系。一般将干扰面积在 0.1hm^2 以上的干扰称为大型干扰，而将干扰面积在 0.1hm^2 以下的干扰称为小型干扰。小型干扰一般是由树倒后在林冠层产生明显的树冠空隙为标志的，所以小型干扰大多为树冠干扰（canopy disturbance）。树冠干扰的结果是在森林景观中产生了不同大小和发育阶段的林隙斑块，这些不同大小和发育阶段的林隙斑块是森林循环的一个重要阶段[1]，也是森林中不同物种重新分配生态资源，调节种内和种间关系的一个关键环节。不同大小和年龄的林隙内的光照、水分和营养元素等的可利用性不同，所以不同大小和年龄的林隙内的资源状态不同。对于不同树种的更新和生长来说，每个不同大小和年龄级的林隙即是不同的资源状态。分别以不同的大小级和不同的年龄级来排列林隙，即可构成树种更新和生长时可利用的林隙大小资源谱和林隙年龄资源谱，因此，林隙大小和发育阶段是决定树种更新生态位的重要参数。更新生态位（regeneration niche）是植物更新和生态位研究的一个重要方面[2, 3]。有关以林隙作为物种更新生态位的研究，国外有些学者进行了尝试，并有人伐倒树木，在森林中制造了不同大小级的林隙，对其植物更新进行了研究[4, 5]。我国有关生态位的研究已有了不少的成果[6]，但将林隙作为树种的生态资源进行生态位的研究还未见报道。本文通过对海南岛霸王岭热带山地雨林中林隙的实地调查，探讨热带雨林中主要树种对林隙生态资源的利用规律，为了解热带山地雨林中众多树种的共存、种间关系的形成和多样性的维持机制奠定基础，为合理经营热带山地雨林提供科学依据。

3.1 研究地点与研究方法

3.1.1 研究地点概况

本研究调查地点设在海南岛霸王岭国家级自然保护区保护站旧址东北侧的原始热带山地雨林内，地理位置为 18°50′N～19°05′N，109°05′E～109°25′E。霸王岭自然保护区，位于海南省昌江县境内与白沙县的交界处，面积约 72 000hm^2，其中 1980 年建立的长臂猿（*Hylobates concolor hainanus* Thomas）保护区位于 800m 以上的山地，覆

† 臧润国，蒋有绪，杨彦承，2001，林业科学研究，14（1）：17-22。

盖面积约 2500hm²，属于原始潮湿热带的常绿略带轻微季节性的热带山地雨林，主要是以陆均松（*Dacrydium pierrei* Hickel）、线枝蒲桃（*Syzygium araiocladum* Merr & Perry）等为优势的热带山地雨林群落。调查地点坡度大部分在 5°～10°，少部分地段达 20°～30°。土壤为山地黄壤。气候为热带季风气候，年平均温度 23.6℃，年均降水量 1500～2000mm。

3.1.2　研究方法

野外的调查主要在中山大学于 1983 年所设的 5 块 50m×50m 的永久样地内进行，在样地内仔细寻找每一个林隙，当发现林隙时，量测林隙的长轴和与长轴中心垂直的短轴，辨认林隙形成木的种类，量测其胸径和高度，根据在当地林区多年工作专业人员的经验并结合保护区周围采伐后树木的腐烂情况，估测每个倒木出现的年龄，结合固定样地的调查记录（每 5 年 1 次），推测林隙的发育阶段。调查林隙中每株 1.3m 以上树木的种名、高度和胸径。这样在固定样地内共调查到林隙 41 个。为了使林隙统计数据更加可靠，我们又在样地外附近的林分（和固定样地属于同一群落类型）中调查了 12 个林隙，调查记载的方法与样地内的相同。

3.2　结果与分析

3.2.1　热带山地雨林主要树种在不同大小级林隙内的优势度

表 1 是霸王岭热带山地雨林中主要树种（篇幅所限，仅列出 5 种）在不同大小级（以 50m² 为一等级，下限排外法）林隙内的优势度（以重要值来表示）。从表 1 可以明显看出，不同树种在同一大小级林隙内的优势度不同，仅以接近霸王岭热带山地雨林中林隙平均大小为 100～150m² 这一级林隙内各树种的重要值大小顺序为例，其重要值大小顺序依次为：线枝蒲桃、粗叶木（*Lasianthus chinensis* Benth.）、灰木（*Symplocos* sp.）、九节[*Psychotria rubra*(Lour.)Poir.]、三角瓣花[*Prismatomeris tetrandra*(Roxb.)K. Schum.]、厚壳桂 [*Cryptocarya chinensis*（Hance）Hemsl.]，等。而同一树种在不同大小林隙内的优势度亦不相同，如线枝蒲桃在林隙大小为 50～100m² 和 150～200m² 时的重要值最大，在＞400m² 的林隙中的重要值最小，而灰木、九节和三角瓣花则是在 50m² 以下林隙内的重要值最大。不同树种在不同大小级林隙内的相对优势度（即重要值）位序不同。随林隙大小的增加，有些树种的相对优势度在增加，有些则在减小。

表 1　海南岛霸王岭热带山地雨林中几个树种在不同大小级林隙内的重要值

树种	林隙大小级/m²								
	0～50	50～100	100～150	150～200	200～250	250～300	300～350	350～400	＞400
线枝蒲桃	32.52	39.18	29.74	38.91	24.70	19.61	16.90	9.19	6.19
粗叶木	7.18	8.18	21.77	12.62	10.62	12.39	5.25	7.19	5.27
灰木	30.45	19.21	19.37	16.96	12.20	20.90	5.37	6.84	0
九节	21.23	14.99	17.11	16.35	15.44	11.73	11.71	12.35	12.13
三角瓣花	31.42	17.48	16.67	12.68	11.64	6.27	7.63	11.86	6.63

3.2.2 热带山地雨林主要树种在不同年龄级林隙内的优势度

表2是霸王岭热带山地雨林中主要树种（表中仅列出5种）在不同年龄级（10年为一龄级）林隙内的重要值，从表2可以看出，同一树种在不同年龄级内的重要值不同，而不同树种在同一年龄级林隙内的重要值亦各有异。不同树种在不同年龄级林隙内的重要值位序或优势度不同，表明不同树种在利用林隙生态资源方面，在时间上有一定的分割性。

表2 热带山地雨林几个树种在不同年龄级林隙内的重要值

树种	年龄级/a				
	0～10	10～20	20～30	30～40	>40
线枝蒲桃	41.03	24.64	32.48	34.47	30.56
灰木	20.85	15.56	17.12	26.25	6.29
三角瓣花	12.39	15.24	17.12	16.37	15.58
九节	16.46	15.03	16.68	13.21	13.02
粗叶木	9.96	8.39	11.76	18.78	14.08

3.2.3 海南热带山地雨林中主要树种在林隙内的生态位宽度

3.2.3.1 以不同大小级林隙为基础的生态位宽度

将霸王岭热带山地雨林中所调查的林隙按50m^{2}为一等级，共划分为9个等级，分别以各树种在不同大小级林隙内出现的个体数为基础，应用Levins公式：$B=1/[s(\sum P_i^2)]$，其中B为生态位宽度，s为资源单位数，P_i为某物种在第i资源单位中的个体数比例，计算出各树种以林隙大小级为资源利用谱的生态位宽度值，依据所计算的不同树种的生态位宽度，我们可将霸王岭热带山地雨林中的树种划分为以下几类。

（1）将生态位宽度值在0.5以上的树种称为是生态位幅度大的树种，这类树种对不同大小的林隙生态资源都有较充分的利用，如：狗牙花（*Ervatamia hainanensis* Tsiang）、山八角（*Illicium ternstroemioides* A. C. Smith）、白木香［*Aquilaria sinensis*（Lour.）Gilg.］等45种（限于篇幅，不一一列出，下同）。

（2）将生态位宽度值在0.3～0.5的树种称为是生态位幅度中等的树种，这类树种对不同大小林隙的生态资源有较充分的利用，但不如第一类，如：锈毛杜英（*Elaeocarpus howii* Merr. et Chun）、毛荔枝［*Nephelium topengii*（Merr.）H. S. Lo］、梭罗（*Reevesia longipetiolata* Merr. et Chun）等31种。

（3）将生态位宽度值在0.2～0.3的树种称为是生态位幅度较小的树种，这类树种对不同大小林隙生态资源的利用较少，它们只利用某些大小级林隙内的生态资源，如：粗毛野桐［*Mallotus hookerianus*（Seem.）Muell.-Arg］、拟赤杨［*Alniphy llumfortunei*（Hemsl.）Makino］、白背槭（*Acer decandrum* Merr.）等30种。

（4）将生态位宽度值在0.2以下的树种称为是生态位幅度狭小的树种，它们对不同大小林隙生态资源利用很少，也就是说它们只利用极少数大小级林隙内的生态资源，如：耳草（*Hedyotis auricularia* L.）、枝花李榄［*Linociera ramiflora*（Roxb.）D. Don］、红锥

（*Castanopsis hystrix* A. DC.）等 34 种。

3.2.3.2　以不同年龄级林隙为基础的生态位宽度

将霸王岭热带山地雨林中所调查到的林隙按 10a 为一龄级，共划分为 5 个年龄阶段，以各树种在不同年龄级林隙内出现的个体数为基础，计算出不同树种的林隙时间生态位宽度值。从这些数值可以看出，不同树种的林隙时间生态位宽度有很大的差异，表明不同树种在利用不同时间或发育阶段林隙生态资源上的能力不同。根据不同树种的生态位宽度数值大小，可将热带山地雨林中的树种分为以下几类。

（1）对林隙时间生态资源利用充分的树种，其生态位宽度在 0.5 以上，包括：山竹子（*Garcinia oblongifolia* Champ.）、降真香［*Acronychia pedunculata*（L.）Miq.］、九节等 17 种。

（2）对林隙时间生态资源利用较充分的树种，其生态位宽度值在 0.3～0.5，包括：厚壳桂、多香木（Polyosma cambodiana Gagnep.）、小叶赤营［*Syzygium championii*（Benth.）Merr. et Perry］等 40 种。

（3）对林隙时间生态资源利用不充分的树种，其生态位宽度值在 0.2～0.3，包括：油丹（*Alseodaphne hainanensis* Merr.）、榕叶冬青（*Ilex ficoidea* Hemsl.）、枝花李榄［*Linociera ramiflora*（Roxb.）D. Don］等 42 种。

（4）对林隙时间生态位资源利用很少的树种，其生态位宽度值在 0.2 以下，包括：猴耳环（*Pithecellobium clyperia* Benth.）、红车木（*Syzygium hancei* Merr. et Perry）、鸡毛松（*Dacrycarpus imbricatus* Bl.）等 41 种。

3.3　讨论

（1）由于不同大小和发育阶段林隙内的生态因子及其组合不同，不同生态特性的树种就会在不同大小的林隙中有不同的更新和生长，所以不同树种在不同大小林隙内的优势度和生态位宽度不同。同样，在林隙发育的不同阶段，其中的树种组成及各树种的优势度不同，从而使得各树种的林隙时间生态位宽度不同。以林隙大小级和林隙年龄级为基础来研究不同树种的生态位，实际上是考察不同树种在林隙的不同空间（大小）和不同时间（发育阶段）上的分布和其对相应生态资源的利用状况。

（2）不同树种的相对优势度随林隙大小各有不同的变化规律，这些变化规律可能与不同大小级林隙内的生态因子，特别是光照的变化，以及各树种各自的生态学特性，特别是耐阴性有很大的关系。一些较为喜光的树种，如拟赤杨、海南白椎［*Castanopsis carlesii*（Hemsl.）Hayata var. *hainanica* Chun et Huang］、盘壳栎（*Quercus patelliformis* Chun）等就在大林隙（$>300\text{m}^2$）内的相对优势度很大，在中小林隙内的相对优势度很小；而有些树种则是在中小林隙内的相对优势度较大，如灰木、九节、三角瓣花等在中小林隙内的相对优势度最大，它们的耐阴性大多较大。不同树种的相对优势度随林隙大小的变化，表明了不同生态特性树种对林隙生态资源的利用特性不同，其利用不同大小级林隙资源的生态位是相对分离的。有些树种在林隙形成的初期利用资源的能力较强，占有较大的优势，如小叶赤营、盘壳栎、拟赤杨等；有些树种在林隙发育的中期利用资源的能力较强，占有较大的优势，如三角瓣花、厚壳桂、柏拉木（*Blastus cochinchinensis* Lour.）等；还有些树种是在林隙发育的后期才相对利用资源的能力较强，优势度较大，如粗叶木、布渣叶［*Microcos chungii*（Merr.）Chun］等。热带山地雨林中不同树种在利用和占据林隙生态资源时，它们在时间间隔上，虽有一定的重叠，但在很大程度上也是分离的。利用林隙资源在时间上和不同大小级空间上的相对分离性，是海南岛热带山地雨林中众多树种共存和多样性得以维持的奥秘之一。

（3）从不同大小级林隙内各树种的重要值可以看出，海南岛热带山地雨林中有很多树种在林隙内的重要值都很小，这主要是由于它们只出现于个别林隙内，且以低密度状态存在的结果。我们可将这些树种称为是林隙低密度种。如果我们规定在各林隙级内的重要值都小于 1 的树种为林隙低密度树种的话，则霸王岭热带山地雨林林隙低密度种占热带山地雨林中林隙内更新树种数量的 25%左右。热带山地雨林中不同年龄级的林隙中也有很大一部分树种的重要值都非常小，几乎为零，说明它们大多数都是低密度的种群。同样，如果我们规定重要值小于 1 的树种为低密度种的话，则不同年龄级林隙内低密度种群占热带山地雨林树种总数的 37%左右，说明热带山地雨林中低密度种群的数量是非常大的。低密度种群一旦遭受破坏后即很可能产生局部灭绝。大量林隙低密度树种的存在，是热带山地雨林林隙更新与树种组成的特点之一。热带山地雨林中有如此大量的低密度种群就标志着热带山地雨林的脆弱性很大。很多物种都依赖于山地雨林生态系统的整体环境条件，当人为破坏力加大后，它们就非常容易灭绝。热带山地雨林中有大量低密度种群，其中很多种群可能经常会发生在局部斑块内的灭绝，但由于自然干扰体系和森林生物相互作用的结果，热带山地雨林生态系统的复杂性、总体环境的异质性和多样性较大，森林中总是有适合于不同树种存在的环境条件，不同的树种就得以低的密度分布于森林的不同时空范围内。因此，即使局部的灭绝经常发生，但每个种总体上能够在雨林中长期生存，这可能是热带山地雨林中大量低密度种群能够在森林中长期共存，生物多样性得以维持的奥秘之一。另外，从不同大小级、不同年龄级林隙计算出各树种的生态位宽度的数值可以看出，热带山地雨林中大部分树种的生态位宽度都是较小的，如果我们规定生态位宽度值在 0.2 以下的均为狭小生态位树种的话，则按林隙大小级、年龄级为基础计算出热带山地雨林中狭小生态位树种都占林隙内调查树种总数的 1/3 以上。与其他森林类型相比，热带山地雨林中狭小生态位树种的比例是非常大的。通过对比还可以看出，生态位狭小的树种也往往是低密度的树种。可见，大量低密度、狭生态位树种的存在，是热带山地雨林树种多样性的一个重要特点。从物种多样性的角度来看，大量低密度、狭生态位种群的存在，表明热带山地雨林中很多物种的脆弱性较大，其局部灭绝的可能性也较大。就这一点而言，热带山地雨林是一种较为脆弱的生态系统。当我们对热带山地雨林采取任何经营措施时，都应充分考虑其中众多低密度、狭生态位树种多样性的保护。

参 考 文 献

[1] 臧润国，刘静艳，董大方. 林隙动态与森林生物多样性. 北京：中国林业出版社，1999.

[2] Grubb P J. The maintenance of species richness in plant communities：importance of the regeneration niche. Biological Review，1977，52：107-145.

[3] Oldeman R A A. Forests：elements of silvology . New York：Springer-Verlag，1990.
[4] Newman E I. Applied ecology. Oxford：Blackwell Scientific Publications，1993，113-148.
[5] Philips D L，Shure D J. Patch size effects on early succession in southern Appalachian forests. Ecology，1990，71：204-212.
[6] 余世孝. 数学生态学. 北京：科学技术文献出版社，1995：23-65.
[7] 蒋有绪，卢俊培，等. 中国海南岛尖峰岭热带林生态系统. 北京：科学出版社，1991.
[8] 臧润国，余世孝，刘静艳，等. 海南霸王岭热带山地雨林林隙更新规律的研究. 生态学报，1999，19（2）：151-158.

4　海南岛霸王岭热带山地雨林群落结构及树种多样性特征的研究†

热带雨林是地球上最复杂的森林生态系统类型，拥有最高的物种多样性。热带雨林生物的多样性导致了热带雨林群落结构的复杂性，这就为我们研究热带雨林增加了很大的难度。到目前为止，对热带雨林群落结构和物种多样性的研究要远远不如其他森林类型（如温带和北方森林）深入。热带雨林的群落结构和多样性是我们认识热带雨林生态功能，并对其进行可持续经营的基础，因此热带雨林群落结构与多样性特征的研究，仍是热带森林生态学和热带森林经营学今后研究的一个重要方面（Lugo & Lowe，1995）。关于热带雨林结构，国外 50 年代以前主要是从描述群落的外貌、组成、区系和基本层次结构等方面进行研究，主要的成果见 Richards（1952）的著作中。70 年代以来，研究中较多地考虑了群落中不同种类之间的组合和种群的结构与动态，同时也将群落结构的形成与维持和森林所在的自然环境联系在一起，特别是考虑了有关自然干扰在森林结构与动态中的作用，使热带雨林结构的研究从静态的思维向动态的思维转变，从而大大促进了人们对热带雨林结构、动态和多样性维持关系的认识（Whitmore，1975；Connell，1978；Crawley，1986；Glenn-Lewin et al.，1992）。近十多年来，有关热带森林群落结构的研究更多的是在生物多样性这一大的议题下进行的，其中一个热点就是森林生物多样性的形成与维持机制方面的研究（Connell et al.，1984）。森林生物多样性的形成与维持机制可从不同的尺度来进行研究，而有关群落尺度上物种多样性的形成与维持就是和森林群落的结构密不可分的（Denslow，1987，1995；Edwards et al.，1996；Orians et al.，1996；Givnish，1999）。可以说森林群落结构与森林物种多样性是森林生态系统研究的不同侧面，有时结构与多样性是很难区分的。

海南岛的热带山地雨林是海南岛分布面积最广的森林生态系统类型，它区系特殊，结构复杂，其中蕴藏着丰富多样的物种，对维护当地的生态平衡具有非常重要的作用。我国已有学者对其区系、分布和群落结构进行了奠基性的研究（陆阳等，1986；蒋有绪等，1991；余世孝等，1994；张宏达，1995；胡玉佳等，1992；曾庆波等，1997）。有关热带林的生物多样性，近年来也开展了一些重要的研究（Cao & Zhang，1997；Zhu et al.，1998；安树青等，1999；王铮峰等，1999；臧润国等，1999），但有关热带林结构、动态和多样性维持，仍有许多方面有待研究。深入开展热带山地雨林群落结构和物种多样性的研究，有助于了解热带山地雨林中森林植物及其与环境因子的相互关系，从而了解热带山地雨林众多树种共存和多样性维持的奥秘，具有重要的理论意义。同时，有关的研究

† 臧润国，杨彦承，蒋有绪，2001，植物生态学报，25（3）：270-275。

也是我们对热带山地雨林进行合理的保护和可持续利用的科学依据，具有一定的实践意义。本文以海南岛霸王岭 1hm^2 固定样地内典型的热带山地雨林调查材料为基础，对其组成、结构和物种多样性特征进行初步分析，以期为深入了解多样性维持机理奠定基础。

4.1 研究方法

本次研究野外调查采用格局分析的方法。在霸王岭自然保护区保护站旧址东北侧的固定样地内（余世孝等，1994），选择东西长 100m，南北长 100m 的调查样地，在这 1hm^2 的样地内，密布 5m×5m 的相邻网格小样方，共 400 个。从样地的西北角的第一个小样方开始，依次对每个小样方进行调查。对每个小样方内高度在 1.5m 以上的所有乔、灌木进行每木调查，即辨认样方内每棵树木的种名，测定其胸径和树高。以这 1hm^2 内 400 个小样方的调查材料为基础进行统计。

以树种的个体数为基础，运用 Shannon-Wiener 指数计算公式，分别计算出物种的多样性指数 $H'=\sum p_i\log_2 pi=\sum(n_i/N)\times\log_2(n_i/N)$，其中 n_i 为第 i 个树种的个体数，p_i 为个体数比例，N 为所有树种的个体数，物种丰富度分别用物种数量 S 和 Marglef 丰富度指数 $R_1=(S-1)/\log_2 N$ 来计算，生态优势度用公式$\lambda=\sum n_i(n_i-1)/[N(N-1)]\approx p_i^2$，均匀度指数用公式 $E=H'/\log_2 S$ 求得，在上述各式中 S 为物种数，N 为所有物种的个体总数。

4.2 结果分析

4.2.1 海南岛热带山地雨林的组成及其数量特征

以 1hm^2 样地内的调查数据为基础，统计出霸王岭热带山地雨林的数量特征，本群落中胸高断面积最大的前 10 个树种是陆均松、线枝蒲桃、黄叶树（*Xanthohyllum hainanense* Hu）、华黏木（*Ixonanthes chinensis* Champ.）、红稠（*Lithocarpus fenzelianus* A. Camus）、五列木（*Pentaphylax euryoides* Gardn. et Champ）、油丹（*Alseodaphne hainansis* Merr.）、厚壳桂［*Cryptocarya chinensis*（Hance）Hemsl.］、香楠（*Cinnamomum rigidissimum* H. T. Chang）、灰木（*Symplocos* spp.）。密度最大的前 10 个树种是：线枝蒲桃、三角瓣花［*Prismatomeris tetrandra*（Roxb.）K. Schum.］、灰木、粗叶木（*Lasianthus chinensis* Benth.）、九节［*Psychotriarubra*（Lour.）Poir］、谷木（*Memecylon* spp.）、柏拉木（*Blastus cochinchinensis* Lour.）、香楠、厚壳桂、赤营（*Syzygium buxifolium* Hook et Arn.）。频度最大的前 10 个树种是：线枝蒲桃、三角瓣花、粗叶木、灰木、谷木、九节、香楠、赤营、厚壳桂、乌心樟（*Cinnamomum tsangii* Merr.）。重要值最大的前 10 个树种是：线枝蒲桃、三角瓣花、灰木、粗叶木、谷木、九节、陆均松、香楠、赤营、厚壳桂。

4.2.2 霸王岭热带山地雨林的高度结构及物种多样性垂直特征

4.2.2.1 树种数在不同高度级内的分布

以 3m 为一个高度级（上限排外法，因为霸王岭大多数灌木的高度基本都在 3m 以内，故本文选择以 3m 为基本的高度分级），统计出霸王岭 1hm^2 热带山地雨林中不同高度级内树木的种数，即树种丰富度（图 1），从图 1 可以看出，随着高度的增加，树种数基本上呈“倒 J”型分布，树种数随高度级的变化，可用负指数方程 y＝175.92exp（–0.2852x）（R^2＝0.8704，n＝10，p＜0.05）较好地描述。

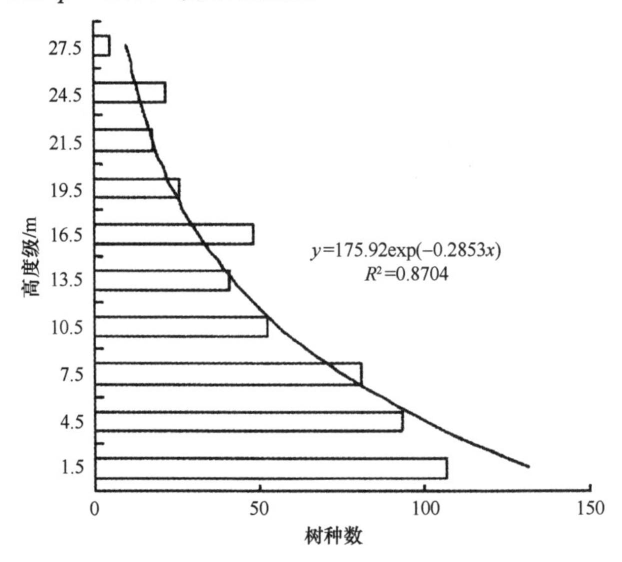

图 1 霸王岭热带山地雨林中不同高度级内的树种数

4.2.2.2 不同高度级内的个体数分布

不同高度级内热带山地雨林树木的个体数分布（图 2）。从图 2 可以看出，随着高度的增加，热带山地雨林树木的个体数（由于调查样地为 1hm^2，故这些个体数亦

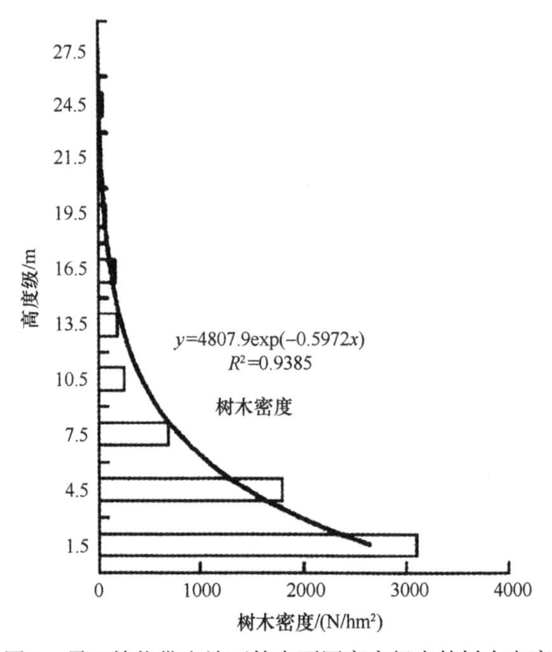

图 2 霸王岭热带山地雨林中不同高度级内的树木密度

为 1hm² 内的密度）逐渐递减，并且从一个高度级向更高的高度级变化时，树木的个体数递减的比率都非常大，主林（林冠层）高度级以上（$H \geqslant 18$m）的树木个体数已很少。

4.2.2.3 不同高度级内树木的胸高断面积

图 3 所显示的是霸王岭热带山地雨林中，不同高度级内树木的胸高断面积。从图 3 可以看出，与上述树种数和个体数不同，随着高度的增加，树木的胸高断面积总和在最小和最大的高度级内的都很小，而在 21～24m 高度级内的树木胸高断面积最大，其次是 15～18m 和 24～27m 高度级范围内的。而其他 4 个高度级内的胸高断面积总和比较接近，变化在 2.1～2.6m²/hm²。

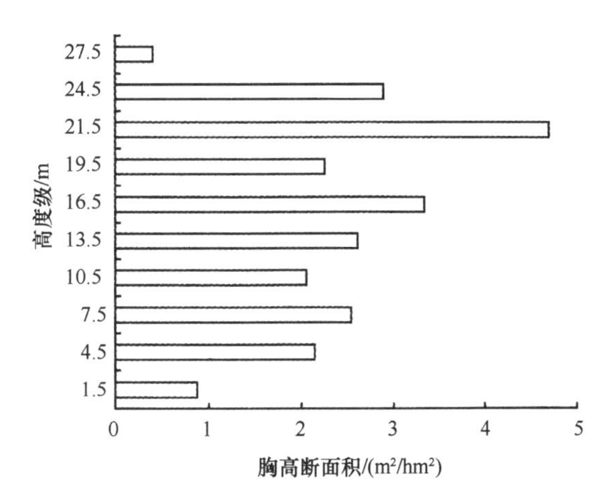

图 3 霸王岭热带山地雨林不同高度级内树木的胸高断面积

4.2.2.4 不同高度级内树种数与树木密度的关系

图 4 给出了不同层次高度内树种数与树木个体数，即物种丰富度与树木密度的关系。从图 4 可以看出，物种丰富度与树木密度之间存在着明显的正相关关系，即在霸王岭热带山地雨林中，无论在哪个高度级内，树木越密的地方，树种的数量就越多。霸王岭热带山地雨林不同高度级内树种丰富度与密度的关系可用幂函数方程 $y=2.41x^{0.4943}$（$R^2=0.9017$，$n=10$，$p<0.05$）来较好地描述。

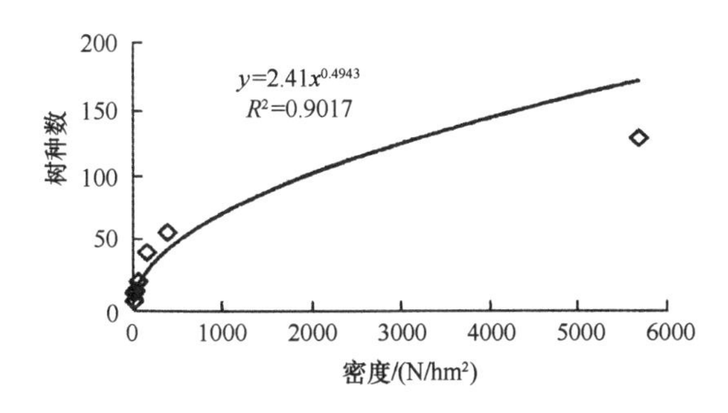

图 4 霸王岭热带山地雨林不同高度级内树种数与树木密度的关系

4.2.3　霸王岭热带山地雨林的径级结构及树种多样性

4.2.3.1　霸王岭热带山地雨林的径级结构

海南岛霸王岭 $1hm^2$ 热带山地雨林内，不同径级内树木的株数分布如下：胸径在 0～10cm 的为 5693 株；10～20cm 的为 393 株；20～30cm 的为 161 株；30～40cm 的为 66 株；40～50cm 的为 35 株；50～60cm 的为 18 株；60～70cm 的为 19 株；≥70cm 的为 27 株。可以明显地看出，随每隔 10cm 径级的增加，树木的个体数呈现不断下降的总趋势，以 0～10cm 径级内拥有的个体数或密度最大，而后陡然急骤下降。个体数随径级的分布总体上呈现“倒 J”型，可用负幂函数方程 $y=3631.2x^{-2.7347}$（$R^2=0.9552$，$n=8$，$p<0.05$）很好地描述。

4.2.3.2　不同径级内树种数的分布

从图 5 可以看出，随径级的增加，树种数有很明显的下降，树种数随径级的分布总体上亦呈“倒 J”型，可用负指数方程 $y=144.43\exp(-0.4073x)$（$R^2=0.9483$，$n=8$，$p<0.05$）较好地描述。

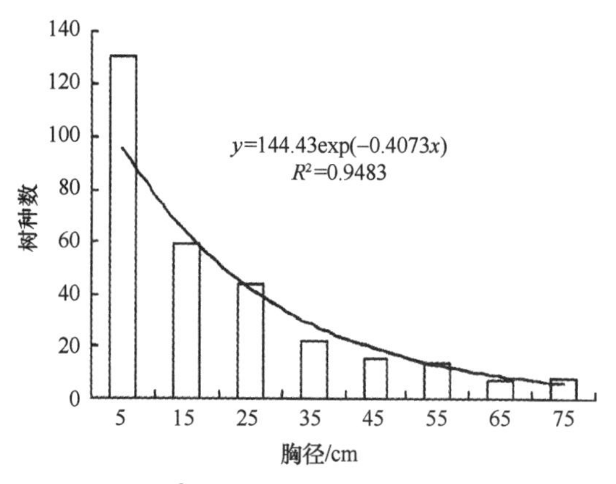

图 5　霸王岭 $1hm^2$ 热带山地雨林内树种数随着径级的变化

4.2.3.3　不同径级内树种数与树木密度的关系

图 6 显示了霸王岭热带山地雨林不同径级内树种数量即丰富度与树木密度的相关关系，从中可以看出霸王岭热带山地雨林中不同径级内的树种数与树木密度之间存在着明

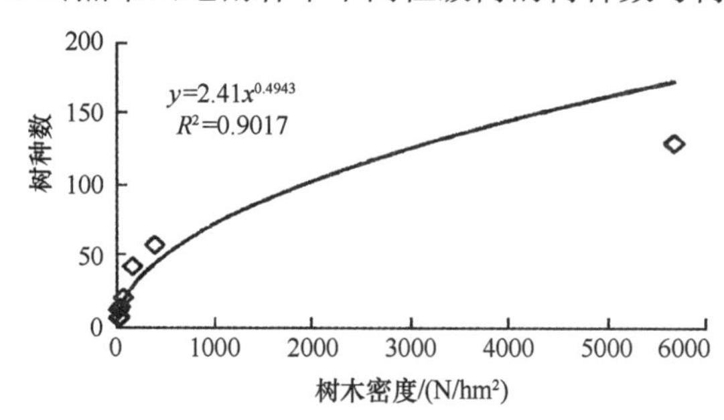

图 6　霸王岭热带山地雨林不同径级内树种数与树木密度的关系

显的正相关关系，可用幂函数方程 $y=2.41x^{0.4943}$（$R^2=0.9017$，$n=8$，$p<0.05$）较好地描述。

4.2.4 霸王岭热带山地雨林的几个测树因子

通过计算，得出海南岛霸王岭 1hm² 热带山地雨林几个测树因子的数据如下：高度在1.5m 以上乔灌木总密度为 6412 株/hm²，其中乔木 4156 株/hm²，灌木 2254 株/hm²。如不分乔灌木，则 1hm² 热带山地雨林中所有乔灌木（高度 1.5m 以上）树种的平均胸径为4.895cm，平均高为 4.564m，平均单株胸高断面积为 0.0089m²，平均单株材积为 0.0759m³，每公顷的胸高断面积为 56.9432m²，每公顷蓄积量为 486.663m³。如果将乔灌木分开，则乔木的平均高、平均胸径、平均胸高断面积和平均单株材积分别为 5.46m、6.33cm、0.0133m² 和 0.1156m³，每公顷的胸高断面积为 55.19m²，蓄积量为 480.85m³。灌木的平均高、平均胸径分别为 2.26m 和 2.91cm。

4.2.5 霸王岭 1hm² 热带山地雨林样地内的物种多样性

通过计算得出霸王岭 1hm² 热带山地雨林的多样性指数的数据如下：Shannon-Wiener 指数为 $H'=5.2388$，生态优势度 $\lambda=0.0506$，Marglef 丰富度指数 $R_1=10.8330$，均匀度指数为 $E=0.7370$。这些数据为同其他植被类型的对比分析奠定了基础。如果以 1hm² 样地内 400 个 5m×5m 的小样方为基础，计算每个样方内的树种数及样方内树木密度，得出树种数与密度之间有着明显的正相关，可用幂函数或直线方程很好地描述，如图 7。

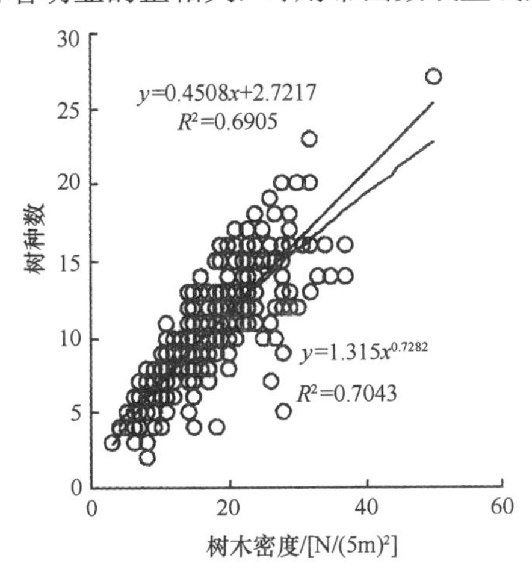

图 7 霸王岭 1hm² 样地内 400 个小样方为基础计算出的树种数与树木密度的关系

4.3 讨论

在霸王岭热带山地雨林中，一般 18m 以上高度才是林冠层，即主林层，主林层的高度基本上为 18～27m，进入主林层的树种只有 30 种左右。而大于 27m 高度的树木，树体高大，其冠幅也很宽阔，形成了林分中的所谓“霸王树”，它们在形成林隙，尤其是较大面积的林隙中具有重要的作用，从而对热带山地雨林的外貌、更新、结构形成和多样性维持具有重要意义。其实，热带山地雨林中大冠幅的树种并不多，而人们对热带雨林树冠庞大的印象，可能主要是由于林冠层之上少数树木展开冠幅的构筑型散布在森林中给人造成的感觉（蒋有绪等，1999）。达到主林层高度以上树木的密度在热带山地雨林中只有 183 株/hm^2，进入主林层的树种数也只有 30 余种。图 5 表明，拥有较大径级的树种数量并不多。例如能达到 10cm 以上径级的树木有 84 种，达到 20cm 以上的树种有 58 种，达到 30cm 以上的树种有 34 种，达到 40cm 以上径级的树种有 24 种，达到 50cm 以上的树木，仅有 18 种，它们分别占群落内树种总数的 60.87%、42.03%、24.64%、17.39%、13.04%。可见在热带山地雨林中，生长达到较大径级，并到达主林层以上的树种已很少，它们在群落中所占的株数比例也不大。30cm 以上径级的树木株数仅为 165，占 1hm^2 热带山地雨林总株数的 2.57%。可见，最后进入主林层以上的仅是少部分树种的少数个体，尽管热带山地雨林的树种繁多，密度很大。一般当热带山地雨林经过原生或次生演替形成稳定的老龄林顶极群落后，最后进入主林层的只有少数树种的少数个体，正如林隙经过更新填充后，最后进入主林层的也是少数树种的少数个体一样（臧润国等，1999）。这少数树种的少数个体对整个群落的生态环境起着重要的支配作用。它们是群落内的优势种，其处于主林层以上的个体，可以称为是群落的骨架或中枢，是整个热带山地雨林生态系统的主体。主林层内的树种数和个体数虽然不大，但它们的胸高断面积大都较大，高度又很高，树木的体积大，在林分中的材积占有最高的比例。霸王岭热带山地雨林不同高度级、不同径级和不同小样方斑块内的树种数都与树木密度呈显著的正相关关系，这就启示我们在对热带山地雨林进行生物多样性保护时，应优先考虑那些密度大的林分斑块。热带山地雨林中树种数随高度级、径级的增加而递减，说明那些高度低、径级小的种类在热带山地雨林中很多，因此，就物种多样性保护而言，这些低、小树木也应该是热带山地雨林生物多样性保护的重要组成部分。热带山地雨林树种数随高度级、径级的增加而递减的原因可能正是与密度效应有关，因为树种数与密度呈正相关关系，而树木的密度随高度级、径级的增加而递减。海南岛热带山地雨林中树种丰富度与树种密度正相关关系的形成原因可能是：树木密度越大，通过树木之间的相互作用以及树木与环境的相互作用，使得斑块内小生境的多样化和复杂化增大，为不同种类树种提供的生态位的多样性就增大，从而使得更多的物种能够在斑块内共存，树种的丰富度就呈现出增大。关于热带雨林中物种多样性与密度的关系，已有学者对此做了研究和分析（Denslow，1995），得出的结论与本文相似。通过与我国热带、亚热带其他森林类型的比较，可以看出，霸王岭热带山地雨林的物种丰富度较大，多样性指数较高（胡玉佳等，1992；彭少麟，1996；王铮峰等，1999），但与热带低地或沟谷雨林比较，或者与东南亚及巴西的热带雨林比较，其树种的丰富度和多样性指数都较低（胡玉佳等，1992）。在霸王岭 1hm^2 样地内共调查到乔灌木树种 138 种，其中乔木 117 种，4158 株；灌木 21 种，2254 株。在树种数方面，我们的数据与胡玉佳等（1992）列示的霸王岭热带山地雨林的树种数有一定的差距，其中的原因可能有：①胡玉佳调查的样地与我们的样地相距较远，其样地内林分的密度较大，故树种较多，因为树种数与密度成正相关；②我们在对霸王岭的山地雨林进行调查时，由于识别植物的能力限制，其中一些树种只辨认出属，如谷木、灰木是许多种，因此本次调查的树种数要少，如果是同一群落类型的话，则胡玉佳调查的结果较精确；③在霸王岭的山地雨林，可大致分为两大类，一类是以山毛榉科为优势的，另一类是以陆均松为优势的，如果取样面积相同，前者的树种数要多于后者；④处于与低地雨林邻近处的山地雨林，其树种数要比处于保护区核心区内固定样地处的山地雨林树种数多。此外由于热带山地雨林的异质性较大，不同研究地点之间存在物种数量上的差异可能是必然的，如安树青等（1999）在海南岛五指山 1hm^2 样地内调查到的树种数也与胡玉佳调查的有较大的差异。

参 考 文 献

[1] An S. Q.（安树青），X. L. Zhu（朱学雷），D. G. Campbell，G. Q. Li（李国旗）& X. L. Chen（陈兴隆）. 1999. The plant species diversity in a tropical montane rain forest on Wuzhi Mountain，Hainan. Acta Ecologica Sinica（生态学报），19：803-809.（in Chinese）
[2] Cao M. & J. Zhang. 1997. Tree species diversity of tropical forest vegetation in Xishuangbanna，SW China. Biodiversity and Conservation，6：995-1006.
[3] Crawley M. J. 1986. Plant ecology. London：Blackwell Scientific Publications.
[4] Connell J. H. 1978. Diversity in tropical rain forest and coral reefs. Science，199：1302-1309.
[5] Connell J. H.，J. G. Tracey & L. J. Webb. 1984. Compensatory recruitment，growth and mortality as factors maintaining rain forest tree diversity. Ecological Monographs，54：141-164.
[6] Denslow J. S. 1987. Tropical rain forest gaps and tree species diversity. Annual Review of Ecology and Systematics，18：431-451.
[7] Denslow J. S. 1995. Disturbance and diversity in tropical rain forests：the density effect. Ecological Applications，5：962-968.
[8] Edwards D. S.，W. E. Booth & S. C. Choy. 1996. Tropical rainforest research— current issues. London：Kluwer Academic Publishers.
[9] Givnish T. J. 1999. On the causes of gradients in tropical tree diversity. Journal of Ecology，87：193-210.
[10] Glenn-Lewin D. C.，R. K. Peet & T. T. Veblen. 1992. Plant succession：theory and prediction. London：Chapman & Hall.
[11] Hu Y. J.（胡玉佳） & Y. X. Li（李玉杏）. 1992. Tropical rain forest of Hainan Island. Guangzhou：Guangdong Higher Education Press：20-34.（in Chinese）
[12] Jiang Y. X.（蒋有绪）& J. P. Lu（卢俊培）. 1991. The tropical forest ecosystems in Jianfengling，Hainan Island，China. Beijing：Science Press.（in Chinese）
[13] Jiang Y. X.（蒋有绪）& R. G. Zang（臧润国）. 1999. A preliminary analysis on elementary architecture of tropical trees in the tropical arboretum of Jianfengling，Hainan Island. Resources Science（资源科学），21（4）：80-84.（in Chinese）
[14] Lu Y.（陆阳），M. G. Li（李鸣光），Y. W. Huang（黄雅文），Z. H. Chen（陈章和）& Y. J. Hu（胡玉佳）. 1986. The vegetation of Bawangling nature reserve，Hainan. Acta Phytoecologica et Geobotanica Sinica（植物生态学与地植物学学报），10：106-114.（in Chinese）
[15] Lugo A. E. & C. Lowe. 1995. Tropical forests：management and ecology. New York：Springer-Verlag.
[16] Orians G. H.，R. Dirzo & J. H. Cushman. 1996. Biodiversity and ecosystem process in tropical forests. Berlin：Springer-Verlag.
[17] Peng S. L.（彭少麟）. 1996. Dynamics of communities in the south subtropical forests. Beijing：Science Press：80-101.（in Chinese）
[18] Richard P. W. 1952. The tropical rain forest：an ecological study. Cambridge：Cambridge University Press.
[19] Wang Z. F.（王铮峰），S. Q. An（安树青），D. G. Campell，X. B. Yang（杨小波）& X. L. Zhu（朱学雷）. 1999. Biodiversity of the montane rain forest in Diaoluo Mountain，Hainan. Acta Ecologica Sinica（生态学报），19：61-67.
[20] Whitmore T. C. 1975. Tropical rain forest of the Far East. Oxford：Clarendon Press.
[21] Yu S. X.（余世孝），H. D. Zhang（张宏达）& B. S. Wang（王伯荪）. 1994. Study on the tropical vegetation in Baw angling，Hainan Island. Ⅱ. Analysis on community structure. Ecological Science（生态科学），13：21-31.（in Chinese）
[22] Zang R. G.（臧润国），J. Y. Liu（刘静艳）& D. F. Dong（董大方）. 1999. Gap dynamics and forest biodiversity. Beijing：China Forestry Publishing House.（in Chinese）
[23] Zeng Q. B.（曾庆波），Y. D. Li（李意德），B. F. Chen（陈步峰），Z. M. Wu（吴仲民）& G. Y. Zhou（周光益）. 1997. Research and management of tropical ecosystems. Beijing：China Forestry Publishing House.（in Chinese）
[24] Zhang H. D.（张宏达）. 1995. Collections of Zhang Hongda' spapers. Guangzhou：Zhongshan University Press.（in Chinese）
[25] Zhu H.，H. Wang & B. G. Li. 1998. The species composition and diversity of the limestone vegetation in Xish uan gbanna，SW China. Gardens' Bulletin Singapore，50：5-30.

5　海南霸王岭热带山地雨林森林循环与树种多样性动态†

自 Watt 开创性的工作后，人们逐渐认识到植物群落是由不同性质的斑块所构成的镶嵌复合体，自然干扰在森林的结构、动态和多样性维持中具有非常重要的作用[1-7]。Whitmore 进一步在热带雨林的研究中拓展了植物群落内斑块动态的思想，并发展为森林循环（forest cycle）的理论[8, 10]。这一理论认为，任何森林中都存在着由干扰驱动的循环变化过程，可以大致将其划分为林隙阶段（gap phase）、建立阶段（building phase）、成熟阶段（mature phase）和衰退阶段（degenerate phase）[9, 10]。森林中一定时期内一定的地段以某个阶段的斑块为主。随着时间的推移，林隙阶段的斑块就会逐渐发育为建立阶段，建立阶段会发育为成熟阶段，成熟阶段会发育为衰退阶段，衰退阶段的斑块则在外界干扰因子的触发下，又会重新转化为林隙阶段。因此，在整个森林景观中，不同的斑块通过扰动的作用，就形成了此起彼伏的动态变化过程。随着斑块的动态变化过程，森林内树种的多样性就会随之发生相应的变化。斑块动态的思想引起了生态学范式的变化，对当今生态学理论产生了重要的影响[11]。通常对于同一群落内物种多样性的动态，只有采取定位的方法才能进行研究。森林循环的理论，为研究群落内树种多样性的动态提供了新思路。在这一理论的指导下，在对群落内不同阶段斑块划分的基础上，对比分析各阶段斑块内树种多样性的特征，就可了解树种多样性的动态变化规律。国外有关森林循环与树种多样性动态规律方面的研究还不多，Whitmore 研究过东南亚和 Solomon 群岛热带雨林的森林循环及树种多样性[8, 12]，Martnez-Ramos 对墨西哥的热带雨林也做过有关森林循环斑块阶段的划分，但与森林循环有关的树种多样性动态过程还涉及很少[13]。我国在森林循环的研究方面，还刚刚起步，臧润国对红松林的斑块动态做过很初步的分析[10]，但有关树种多样性随森林循环过程的变化是一个目前尚未有人涉足的空白领域。

5.1　研究方法

野外调查采用格局分析的方法。于 1999 年 4 月在保护站旧址东北侧的固定样地内[14, 15]，选择东西长 100m，南北长 100m 的调查样地，在这 1hm^2 的样地内，密布 5m×5m 的相邻网格小样方，共 400 个。从样地的西北角的第一个小样方开始，依次对每个小样方进行调查。在对每个小样方进行群落学调查前，首先判定其在森林循环中所处的阶段。然后对每个小样方内高度在 1.5m 以上的所有乔、灌木辨认种名，测定其胸径和树高。在野外判定各样方所属森林循环阶段的标准如下：林隙阶段（G），当在林隙中时可明显看出其内的光亮度较大（整个空隙内直射光透光度在 80%以上），林隙内一般可看到以掘根、折干或枯立等形式出现的形成木（gap maker）或腐朽树桩的痕迹[10, 15]。林隙内绝大部分树木的高度都远低于林隙周围主林层（canopy layer）或优势木层的树木，林隙内

† 臧润国，蒋有绪，余世孝，2002，生态学报，22（1）：24-32。

树木的冠层也达不到与周围主林层或优势木层树冠底部相接触的高度，一般没有或很少有高度在 8m 以上或胸径在 10cm 以上的树木。有关林隙更新方面，作者曾进行过研究[15]。建立阶段（B），建立阶段内一般已看不到林隙形成木及其痕迹，林分内的光亮度已远不如林隙内大，斑块内树木冠层的高度这时已达到与周围主林层或优势木层树冠中下部相接触的地方，但如站在林分仍能看出其和周围大树的高度有一些差别，即在建立阶段斑块的上层仍可看出其周围主林层围绕的空隙轮廓。斑块内有不少高度在 8m 以上或胸径在 10cm 以上的树木，但高度在 14m 以上或胸径在 20cm 以上的树木还不多。成熟阶段（M），上层树木已有很多处于主林层，林分的冠层即为主林层。斑块内有较多高大树木，基本上没有明显衰老的树木。高度在 14m 以上或胸径在 20cm 以上的树木已明显占优势，但很少有胸径在 50cm 以上的树木。衰退阶段（D），有许多树木是又高又粗的大树，且有不少粗大树木的高度越过了主林层，即已成为了所谓有超冠层树木（emergent trees，高度在 27～30m），这个阶段斑块的明显特征是大树的活力已大为减少，有不少大树都表现出叶子稀疏、折枝断梢、秃顶和树干上有明显的腐坏斑块或树洞、树干空朽等衰老的特征，斑块中大都有 1 株或几株胸径在 50cm 以上的大树。调查中当一个样方同时跨越上述两个阶段以上的斑块时，看哪个阶段的斑块在样方中所占的比例最大，就将样方归入哪个阶段的斑块类型。这样的网格样方调查方法，有似微积分的方法，即首先将 1hm^2 的森林“微分”为 400 个小网格。然后判定每个小网格内所属的发育阶段斑块类型。当完成对每个小样方的调查后，就可将各斑块类型的样方合并在一起，比较各阶段斑块内的多样性特征了，这个过程，可称其为“积分”的过程。森林循环不同阶段斑块的树种多样性指数分别采用下列计算公式[15]：

Marglef 丰富度指数　$R_1=(S-1)/\log_2 N$；

Shannon-Wiener 指数　$H'=-\sum(n_i/N)/\log_2(n_i/N)=-\sum p_i\log_2 p_i$；

均匀度指数　$E=H'/\log_2 S$；

生态优势度指数　$\lambda=\sum[n_i(n_i-1)]/[N(N-1)]$；

均优多指数　$Z=(E-\lambda)S$。

上述各式中：S 为树种数，n_i 为某类斑块中第 i 个树种的个体数，N 为某类斑块中所有树种的个体数，$p_i=n_i/N$。

5.2 结果与分析

5.2.1 热带山地雨林森林循环不同阶段斑块的数量与面积

霸王岭 1hm^2 热带山地雨林中不同类型斑块 5m×5m 样方的数量及各类型斑块的面积如表 1 所示。从表 1 可以看出，在霸王岭的热带山地雨林中，以林隙阶段的斑块所占的数量最大，其次是建立阶段和成熟阶段的斑块，成熟阶段斑块与建立阶段斑块的数量、面积及其在调查样地中所占的面积比例均较接近。而衰退阶段斑块的数量和面积都很小，其在森林景观中的面积比例仅为 6%。

表 1　霸王岭热带山地雨林不同斑块类型的面积与数量

斑块类型	5m×5m 小样方的数量	面积/m^2	占样地总面积的比例/%
G	154	3850	38.50
B	114	2850	28.50
M	108	2700	27.00
D	24	600	6.00

5.2.2　热带山地雨林森林循环不同阶段斑块的镶嵌图

以 1hm^2 的热带山地雨林中 400 个 5m×5m 的各个小样方所属的森林循环阶段类型（G、B、M、D）为基础，在 1hm^2 的样地图上，将每个 5m×5m 的相邻且同类的小样方绘以同样的颜色或花纹，就可得出热带山地雨林森林循环不同阶段斑块类型的镶嵌图如图 1 所示，从图 1 可以看出，不同类型斑块在森林景观中的分布特点是衰退阶段的斑块数量很少，且零散分布于森林中，其相邻接成片的斑块的面积较小。成熟阶段斑块和建立阶段斑块其相邻接成片的斑块的面积较大，且相对集中分布，而林隙斑块在森林景观中是相对均匀或随机的分布，但在某些地段的集中分布面积也较大。不同斑块类型在森林景观中彼此镶嵌。

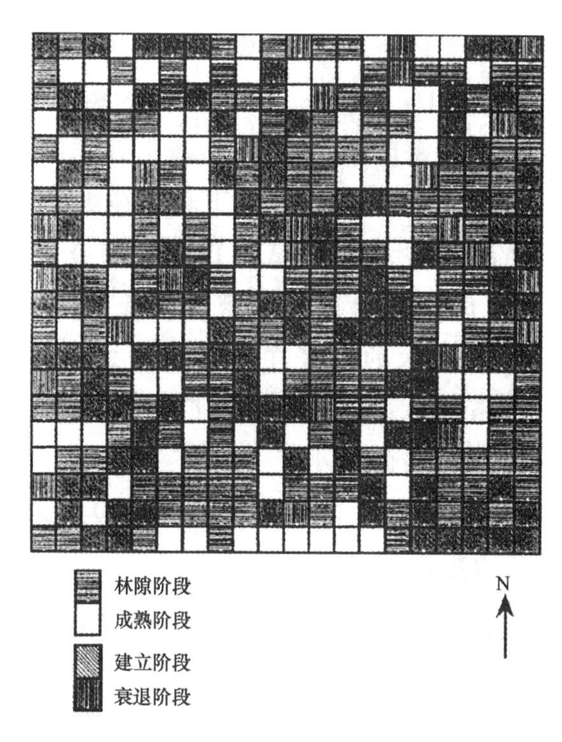

图 1　海南霸王岭热带山地雨林森林循环不同阶段斑块类型的镶嵌图

5.2.3　热带山地雨林森林循环不同阶段树种密度的动态变化

5.2.3.1　乔灌木树种密度随森林循环阶段的变化

热带山地雨林中乔木树种、灌木树种以及所有乔灌木树种的总密度随森林循环阶段的变化如表2所示，从表2可以看出，乔木树种的密度随森林循环的变化趋势是由G→B→M呈现出逐渐增加的趋势，在成熟阶段达到最大，而到衰退阶段又趋于下降，但其密度仍高于G和B阶段。灌木树种则表现出G阶段的密度最大，B阶段的最小，而M和D阶段的密度介于G和B之间，它们二者相差不大。

表2　热带山地雨林森林循环不同阶段树木的密度　（单位：N/hm^2）

斑块类型	乔木	灌木	乔、灌木总计
G	2740.260	1717.996	4458.256
B	2847.118	1498.747	4343.865
M	3404.762	1587.302	4992.063
D	3071.429	1547.619	4619.048

5.2.3.2　不同高度树木的密度随森林循环的变化

从表3可以清楚地看出，不同高度的树木，在森林循环不同阶段的密度不同。1.5m≤H<8m的树木密度在G阶段较大，到B阶段有所下降，但到M阶段又有较大增加，为4个阶段中的最大值，而到了D阶段则又有所下降。H≥8m的树木在G阶段较小，B阶段有很大增加，而后呈现出随森林循环阶段的增加而逐渐增加的总趋势。H≥20m的树木密度在G阶段几乎没有，在B阶段也非常小，但在M阶段急剧增加，D阶段稍有下降，但其密度仍远大于G或B阶段的。

表3　热带山地雨林不同高度的树木密度（N/hm^2）随森林循环阶段的变化

斑块类型	树高级/m		
	1.5≤H<8	H≥8	H≥20
G	4007.42	450.84	2.60
B	3586.47	759.40	17.54
M	4116.40	875.66	348.15
D	3690.48	928.57	200.00

5.2.3.3　不同径级的树木密度随森林循环的变化

从表4中可以看出，胸径≥5cm树木的密度在G阶段没有，在B阶段也极少，在M阶段出现较多，而在D阶段出现的密度最大。胸径30cm≤D<50cm的树木，也是在G阶段没有出现，在B阶段有少量出现，而在M阶段以最大的密度出现，到了D阶段，则又有较大下降。胸径在10cm≤D<30cm径级的树木的密度仍是以G阶段的密度最小，到B阶段上升到最大，M阶段有所下降，D阶段则进一步下降。径级在2cm≤D<10cm的树木之密度则是以D阶段的最大，G阶段的次之，M阶段和B阶段的密度较低，但总体来看，这一径级内树木的密度在不同阶段之间的波动较小。D<2cm树木的密度则是以G和M阶段的较大，而以B和D阶段的较小。

5.2.4　热带山地雨林森林循环不同阶段斑块内几个测树因子的变化

从表5中可以看出，几个测树因子随森林循环阶段的增加，而呈现出不断增加的趋

表 4　热带山地雨林不同径级树木密度（N/hm²）森林循环阶段的变化

斑块类型	胸径/cm				
	D<2	2≤D<10	10≤D<30	30≤D<50	D≥50
G	1860.85	2352.51	244.90	—	—
B	1639.10	2105.26	578.95	20.25	2.51
M	1944.44	2280.42	428.57	216.93	121.69
D	1523.81	2428.57	345.24	130.95	190.48

表 5　热带山地雨林内几个测树因子随森林循环阶段变化的（M±SD）

斑块类型	平均胸径/cm	平均高/m	平均胸高断面积/m²	平均单株材积/m³	每公顷蓄积/（m³/hm²）
G	3.03±0.50	3.66±0.45	0.001 67±0.000 47	0.006 56±0.003 74	29.2462
B	4.69±1.15	4.77±0.79	0.003 22±0.001 08	0.032 20±0.020 69	139.9368
M	6.81±2.52	5.24±1.08	0.004 73±0.002 01	0.166 63±0.146 96	831.8275
D	7.92±7.44	5.40±2.50	0.005 03±0.004 70	0.250 87±0.557 28	1 158.7810

势，其中平均胸径和平均高随森林循环的变化较为平缓，而平均胸高断面积则是从 G 到 B 增加较陡急，而 B→M→D 的变化则相对平缓。平均单株材积和每公顷蓄积之变化趋势都是从循环的一个阶段到另一个阶段变化都非常陡急。

5.2.5　热带山地雨林树种多样性指数随森林循环变化

5.2.5.1　树种多样性指数随森林循环阶段的变化规律

从表 6 可以看出，物种的数量 S 随森林循环的变化规律是：G 和 B 阶段的物种数基本接近，到 M 阶段有较大的增加，而到了 D 阶段时，则陡然下降，几乎下降为 M 阶段的一半，Marglef 丰富度指数 R_1 可部分地消除由于取样面积不等所造成的影响。在霸王岭热带山地雨林中 G、B、M、D 各阶段斑块的面积不等，用 R_1 可多少消除这种影响。从表 6 可以看出，R_1 随着从 G→B→M，呈逐渐增加的趋势，而从 M 到 D，又呈现出较大幅度的下降之势。Shannon-Wienner 指数的变化规律是：从 G 到 B 阶段 H'有所增加，而 B 和 M 之间的 H'几乎接近，到了 D 阶段则又呈现下降的趋势。从生态优势度 λ 来看，以 G 阶段和 D 阶段的生态优势度较大。均匀度指数 E 则表现出在 B 和 D 阶段较大，而在 G 和 M 阶段较小。均优多指数 $Z=(E-\lambda)S$ 是物种多样性的综合表征[10, 15]，从表 6 可以看出，热带山地雨林中均优多指数 Z 的变化动态趋势与 R_1

表 6　热带山地雨林森林循环不同阶段斑块的树种多样性指数

斑块类型	多样性指数					
	S	R_1	H'	λ	E	Z
G	102	8.9928	5.037 76	0.056 28	0.755 01	71.270 46
B	101	9.2945	5.256 43	0.047 34	0.789 47	74.955 13
M	113	10.2923	5.249 30	0.049 96	0.769 67	81.327 23
D	68	7.7908	4.961 48	0.056 04	0.815 03	51.611 32

的动态变化趋势相一致，即从 G→B→M，Z 呈现出逐渐增加，而从 M 到 D 则呈现较大幅度的陡然下降。

5.2.5.2 热带山地雨林中单、双个体物种随森林循环的变化

与温带或北方的森林相比，海南岛热带山地雨林有一个很大的特色，即是其中有不少的物种以很低的密度存在。关于低密度种群在热带山地雨林中的维持机制，还有许多问题有待深入研究。表 7 表明随森林循环过程由 G→B→M→D 的推进，单个体物种所占的比例呈现逐渐增加趋势，其中 G 和 B 阶段的单个体物种接近，到了 M 阶段有较大增加，而到了 D 阶段则有更大幅度的增加。双个体物种所占的比例在前 3 个阶段较为接近，而到了 D 阶段则有较大的增加。

表 7 热带山地雨林森林循环不同阶段斑块的单、双个体物种数及其比例

斑块类型	总物种数	单个体物种数	占总种数/%	双个体物种数	占总种数/%
G	102	20	19.61	10	9.80
B	101	20	19.80	11	10.89
M	113	28	24.78	11	9.74
D	68	25	36.77	9	13.24

5.2.5.3 不同阶段斑块内的树种密度与物种多样性的关系

图 2～图 5 分别是以霸王岭 $1hm^2$ 样地内，G、B、M、D 各阶段的样方为基础，所得出在森林循环不同阶段树种丰富度与树木密度的相关关系。从图 2～图 5 可以看出，热带山地雨林中树种的丰富度与树木的密度成非常明显的正相关关系，也就是热带山地雨林中树木密度较大的地方树种的种类数就越多。树种丰富度与树木密度的关系可用幂函数方程 $y=ax^b$（$a>0$，$b>0$）或直线方程 $y=ax+b$（$a>0$，$b>0$）很好的拟合。在建立阶段用直线方程拟合的效果最好，其次为幂函数方程，而在其他 3 个阶段则是以幂函数方程拟合的效果最好，其次为直线方程。

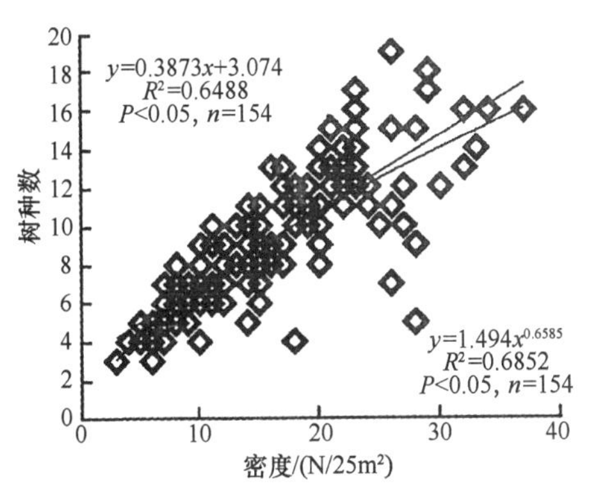

图 2 热带山地雨林森林循环林隙阶段的树种丰富度与密度的关系

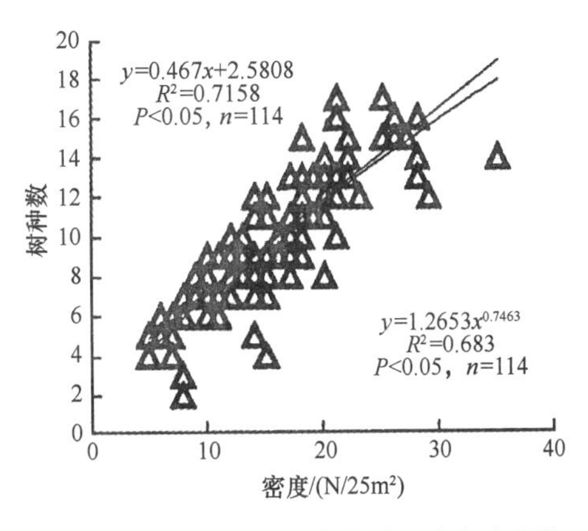

图 3 热带山地雨林森林循环建立阶段的树种丰富度与密度的关系

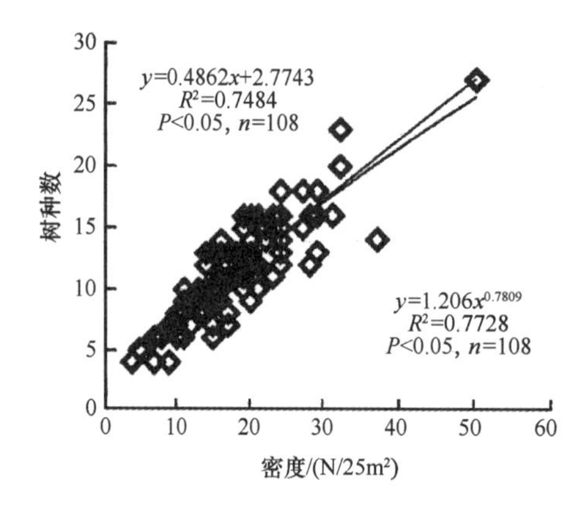

图 4　热带山地雨林森林循环成熟阶段的树种丰富度与密度的关系

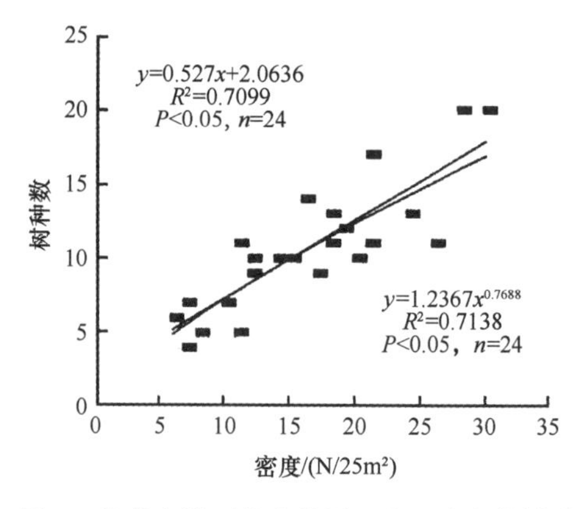

图 5　热带山地雨林森林循环衰退阶段的树种丰富度与密度的关系

5.3　讨论

在霸王岭热带山地雨林中造成乔灌木树种密度随森林循环变化趋势的原因可能是，林隙阶段有许多更新的乔木幼树，但缺乏中大径树种，灌木在这一阶段则大量更新，再加上原林冠下存在的灌木，这一阶段的灌木密度达到最大。当林隙发育到建立阶段时，部分幼苗幼树变成了中小径木，其密度和 G 阶段的差不多，但平均每个树木占据的空间范围扩大，斑块中可供灌木和新更新树木利用的空间变小，故这时灌木密度受生长茂密的乔木个体的排挤而出现下降。当 B 阶段发育为成熟的 M 阶段斑块时，林木经过竞争营养和空间的作用，一部分中小径木死亡，但也有一部分树木发育为大径木，大径木由于其高度较大，树冠和树根等营养摄取点与幼小树和小径木分离，这时斑块内又有一部分空间可供小径树木和灌木来更新或补充，为此乔木密度有所增加，同时灌木的密度也有较大增加，M 阶段乔灌木的总密度达到了最大。随着时间的推移，当 M 阶段发育到 D 阶段的斑块时，其中通过自疏和林木种间的竞争作用，斑块中有较大一部分中小乔木死亡，但存留的大树大都占有很大的空间，它们已占有了被淘汰掉中小乔木的空间，所以在重新形成林隙之前，乔木的密度就有所下降，灌木也没有多少空间和资源可利用，灌木的密度也有所下降。

1.5m≤H<8m 的树木密度随森林循环之变化规律，表现出大→小→大→小的趋势。G 阶段是斑块内空间和资源相对充足的阶段，林地附近可供幼苗幼树利用的资源和空间较大，故高度在 8m 以下的幼苗幼树和灌木密度较大。B 阶段最不利于幼苗幼树的更新和增补，这可能是由于建立阶段的树木相对均匀，林下相对郁闭，平均每个林木对林下的空间和资源利用较大，留出为小苗和幼树可利用的空间和资源很少，同时由于竞争稀疏作用，也有一部分树木死亡，故高度 8m 以下的幼苗幼树和灌木密度都很小。当 B 发育为 M 时，有部分中等树木高度增加，树木的根系和冠层对林下近地面层空间和资源的利用或影响减少，再加上一部分林木自疏死亡，林下又有部分空间和资源用来供 8m 以下幼苗和幼树更新和增补，而使得 1.5m≤H<8m 高度范围内的树木由 H<1.5m 范围内增补进来，故其密度出现增长。当到了 D 阶段时，则上层大树已增加到很大的体积，

同时大树的数量也增多，这样其对总体空间资源的占据较大，使得高度在 1.5m≤*H*＜8m 的树木密度就出现了下降。表 3 显示高度≥8m 的树木密度表现出从 G→B→M→D 呈现了逐渐增加的趋势。一般高度 *H*≥8m 树木大都属于林分的主林层和第二或三层，所以在 G 阶段的密度很小，因为 G 阶段内大部分的 *H*≥8m 树木已倒下或死亡，只有残留少部分林隙形成之前已处于林冠层下的期前更新（advanced regeneration）的树木，故其密度在 4 个阶段中为最小，在由 G 到 B 再到 M 和 D 的过程中，林冠层或亚林冠层的树木逐渐由 *H*≤8m 的下层中增补，且呈现逐渐增加的趋势。如果规定胸径 *D*＜2cm 的树木为幼苗幼树，2cm≤*D*＜10cm 为树木为小径木，10cm≤*D*＜30cm 为树木为中径木，30cm≤*D*＜50cm 为大径木，而 *D*≥50cm 的树木为特大径木。从表 4 可以看出，随森林循环阶段的发育，不同径级树木也随之发生动态的变化。G 阶段以幼苗幼树和小径木占优势，中径木很少，大径木和特大径木没有出现。到 B 阶段后，幼苗、幼树和小径木仍有很人的数量，但其数量已小于 G 阶段的，而中径木的数量有较大的增长，大径木也有一点出现。当斑块发育到 M 阶段后，大径木的数量有了明显的增长，甚至已有一部分特大径木出现，这时中径木的数量有所下降，而幼苗、幼树和小径木的数量却再次出现增长。这可能是由于这个阶段的条件又有利于幼苗的更新和幼树及小径木增补的缘故。当斑块发育为 D 阶段时，特大径木的数量明显增长，但中、大径木的数量却有所下降。这时的生态条件不利于幼苗幼树的更新和增补（可能由于下层空间限制），却有利于小径木的增补（可能是小径木高度内的空间有较大的可利用性），故表现出前者密度有所下降，而后者密度有所上升的结果。随森林循环过程的进行，每株树木的平均高、平均胸径、平均胸高断面、平均单株材积和每公顷的蓄积都在增加，这是由于森林循环各阶段斑块的变化是以树木的生长和发育为基础的，所以随着循环的进行，斑块的发育年龄越大，这些测树因子的平均值都在增加。正因为森林中不同斑块的发育进程是以森林中林木的生长为基础的，所以 Whitmore 又称其为森林生长循环（forest growth cycle）[9, 12]是非常恰当的。从表 5 可以看出，如果要通过取样来估测霸王岭热带山地雨林林分的蓄积数时，应以森林中的 B 和 M 斑块为基础，取其平均值可能与热带山地雨林的总体蓄积更为接近。例如以霸王岭 1hm^2 的山地雨林为例，计算出其公顷的蓄积数为 483.37m^3，而 B 和 M 阶段斑块蓄积的平均值为：（139.94＋831.83）/2＝485.88m^3，二者很接近，而如果用 G 和 D 来取样可能会该差较大，因为 G 中全为中小径木以下的树木，会低估林分的蓄积，而 D 阶段又集中选取了林分中过大的树木，会高估林分的蓄积。

森林循环的结果实际上是由林隙的形成所引发的森林更新阶段在森林中的镶嵌体系（mosaic of regenerating phases in the forest）[6]，或不同演替阶段斑块的时空镶嵌体系（spatiotemporal mosaic of patches at different successional states）[5]，这种镶嵌体系就会不断保持森林内环境因子的异质性，从而对群落内物种多样性的维持起着重要的作用。随森林循环过程的进行，山地雨林的树木种类和数量都在发生变化，树种的多样性指数也必然随之而发生相应的变化，表 6 已清楚的显示了树种多样性随森林循环过程的变化。从表 7 可以看出单、双个体物种在海南热带山地雨林中所占的物种比例数变化在 30%～50%。单个体物种和双个体物种都是密度很低的物种，由此可以看出，海南热带山地雨林中低密度种群的数量比例是非常巨大的。根据种群生态学原理，低密度的种群脆弱性较大，其局部灭绝的可能性也较大。对热带山地雨林中低密度种群的维持机制应深入开展研究。海南热带山地雨林中树木密度越大，通过树木之间的相互作用以及树木与环境的相互作用，使得斑块内小生境的多样化和复杂化增大，为不同种类树种提供的生态位的多样性就增大，从而使得更多的物种能够在斑块内共存，树种的丰富度就呈现出增大。关于热带雨林中物种多样性与密度的关系，已有学者对此做了研究和分析[16]，得出的结论与本文相似。树种丰富度与密度的正相关关系启示人们，在制定热带山地雨林生物多样性的保护策略和计划时，应优先考虑那些密度大的林分。因为密度越大的林分，其所包含的物种数总体上就越多。群落内高密度的林分斑块，可视为群落内生物多样性保护的“热点（hotspots）”斑块。

需要指出的是：本文有关森林循环的论述仅涉及由小型树冠干扰（canopy disturbance）所形成的林隙及其斑块动态过程，与大型干扰后所形成大林隙的循环演替（cycle succession）[7]有很大差别，例如林隙形成后的种类更替主要是顶极群落内相近性质的种类参与，而大型干扰后形成斑块内的种类更替中有许多与顶极种性质差别很大的物种（如强阳性树种）的参与。有关自然干扰体系和循环演替方面，彭少麟已做了较为细致的论述[7]。近年来，森林自然干扰、斑块动态的理论与景观生态学和种群动态学的互相渗透，大大促进了人们对森林生物多样性动态维持机制的深入研究[3, 5, 15-19]，从而为合理保护和可持续管理森林资源提供了科学依据。中国森林植物学和森林生态学家对自然干扰和斑块动态理论的重要性的认识还很不够，加强这方面的研究应是中国森林动态学今后的主攻方向之一。

参 考 文 献

[1] Watt A S. Pattern and process in the plant community. *Journal of Ecology*，1947，35：1-22.

[2] Pickett S T A and White P S eds.The ecology of natural disturbance and patch dynamics. New York：Academic Press，1985.

[3] Denslow J S. Tropical rain forest gaps and tree species diversity. *Annual Review of Ecology and Systematics*，1987，18：431-451.

[4] Everham III E M and Brokaw N V L. Forest damage and recovery from catastrophic wind. *The Botanical Review*，1996，62（2）：113-185.

[5] Moloney K and Levin S A. The effects of disturbance architecture on landscape-level population dynamics. *Ecology*，1996，77（2）：375-394.

[6] Valverde T and Silvertown J. Canopy closure rate and forest structure. *Ecology*，1997，78（5）：1555-1562.

[7] Peng S L（彭少麟）. *Dynamics of forest communities in the south subtropical region*（in Chinese）. Beijing：Science Press，1996：332-373.

[8] Whitmore T C. Gaps in the forest canopy. *In*：Tomlinson P B and Zimmerman M H eds. Tropical trees as living systems. New York：Cambridge University Press，1978：639-655.

[9] Whitmore T C. Canopy gaps and the two major groups of forest trees. *Ecology*，1989，70（3）：536-538.

[10] Zang R G（臧润国），Liu J Y（刘静艳），Dong D F（董大方）. Gap dynamics and forest biodiversity（in Chinese）. Beijing：China Forestry Publishing House，1999.

[11] Wu J and Loucks O L. From balance of nature to hierarchical patch dynamics：a paradigm shift in ecology. *The Quarterly Review of Biology*，1995，70（4）：439-466.

[12] Whitmore T C. Changes over twenty-one years in the Kolombangara rain forests. *Journal of Ecology*，1989，77：469-483.

[13] Martnez-Ramos M，Sarukhn J，Pinero D. The demography of tropical trees in the context of forest gap dynamics. The case of Astrocaryum mexicanum at Los Tuxtlas tropical rain forest. *In*: Davy A J，Huchings M J，Watkinson A R eds. Plant population ecology. London：Blackwell Scientific Publications，1988，293-313.

[14] Yu S X（余世孝），Zhang H D（张宏达），Wang B S（王伯荪）. Study on the tropical montane vegetation in Bawangling，Hainan Island（Ⅰ）：The establishment of permanent plots and community types. *Ecologic Science*（in Chinese）（生态科学），1993，13（2）：13-18.

[15] Zang R G（臧润国），Yu S X（余世孝），Liu J Y（刘静艳），et al. The gap phase regeneration in a tropical montane rainforest in Bawangling，Hainan Island. Acta *Ecologica Sinica*（in Chinese）（生态学报），1999，19（2）：151-158.
[16] Denslow J S. Disturbance and diversity in tropical rain forests：the density effect. *Ecological Application*，1995，5（4）：962-968.
[17] Frelich L E and Lorimer C G. Natural disturbance regimes in Hemlock-hardwood forests of the Upper Great Lakes region. *Ecological Monograph*，1991，61（2）：145-164.
[18] Lawton R O and Putz F E. Natural disturbance and gap-phase regeneration in a wind-exposed tropical cloud forest. *Ecology*，1988，69（3）：764-777.
[19] Lertzman K P，Sutherland G D，Inselberg A and Saunders S C. Canopy gaps and the landscape mosaic in a coastal temperate rain forest. *Ecology*，1996，77（4）：1254-1270.

6 Effect of Hillslope Gradient on Vegetation Recovery on Abandoned Land of Shifting Cultivation in Hainan Island，South China†

Shifting cultivation or slash-and-burn agriculture is a widespread form of land use that exists in almost all tropical regions（Brady 1996；Hauser and Norgorver 2001）. It is one of the main causes of annual tropical deforestation（Richards 1996）and accounts for 35% in all New World，70% in Africa and 49% in Asia（Whitmore 1998）. In the process of shifting cultivation，all vegetation is slashed and almost no remnant trees are left，except for very few large individuals at the end of the dry season. After drying for several weeks，the slash is burnt. With the onset of the rainy season，the land is planted with crops. It is usually abandoned to natural recovery after 2～3 years of cultivation，when crop production declines. The fallow period is usually 7～15 years. Three or four cycles of cultivation did not slow biomass accumulation of secondary forests（Steininger 2000；Lawrence 2005）. However，with period has been shortened excessively and the period of cultivation has been extended for too increasing pressure from population growth and a shortage of agricultural land，the fallow long（Whitmore 1998）. Unlike other agricultural practices，the secondary forest fallow itself is one part of the shifting cultivation process（Lawrence 2004）. With the decline of tropical primary forest，the succession rate and trajectory of secondary forest fallow could affect tropical forest biodiversity conservation，global environmental change，and ecosystem services that are essential to humans（Brown and Lugo 1990；Guariguata and Ostertag 2001）. From the 1980s，there has been increased interest in the secondary succession on abandoned lands of shifting cultivation（Ewel 1981；Uhl et al. 1981；Uhl 1987；Lawrence 2004，2005；Ding and Zang 2005；Gehring et al. 2005；Lawrence et al. 2005）.

The environmental heterogeneity in space is regarded as one of the most important factors in maintaining tropical forest biodiversity（Wright 2002；Tuomisto et al. 2003）. Topography，as an indirect ecological factor（Fang et al. 2004），can affect the distribution and regeneration of plants（Thompson et al. 2002）. With increasing knowledge on tropical forest

† Ding-Yi，Zang Run-Guo，Jiang You-Xu，2006，Journal of Integrative Plant Biology，48（5）：642-653.

biodiversity, many researchers have recognized that seed dispersal and germination, seedling recruitment and survival, and community composition and structure are all affected by topography (Clark et al. 1999; Bellingham and Tanner 2000; Svenning 2001; Robert and Moravie 2003). As an important part of topography, the hillslope gradient can influence vegetation recovery by changing biotic and abiotic environmental conditions. After high-intensity disturbance, up-slope sites would experience more soil erosion, less seed input, and a harsher microclimate than down-slope sites. However, there is little information available on the effect of hillslope gradient on vegetation recovery on abandoned lands of shifting cultivation.

The deforestation rate in Hainan Island, south China, is known to be higher than the average deforestation rate of the world (Zang et al. 2004). The great pressure of population increase and shortage of agricultural lands led to the shifting cultivation in Hainan Island more extensive than other tropical regions. On Hainan Island, the mountainous areas occupy the main part of the region, resulting in variable topography (Jiang et al. 2002). Most primary lowland tropical forests in low-elevation areas of Hainan Island have been converted to shifting cultivation lands. Natural recovery of the vegetation is extremely difficult on some abandoned agricultural lands owing to past high-intensity land use. Realizing the effects of dominant factors on secondary succession will assist us to understand the recovery mechanism vegetation on abandoned shifting cultivation lands, which is important for the determination of proper management activities in tropical forest regions. In the present study, we investigated and compared the composition and structure of a naturally regenerated secondary forest fallow along a hillslope gradient (up-, middle-, and down-slope positions) in Hainan Island. The following issues were examined: (i) were there any differences in stem abundance, species richness, and community structure in stands along the hillslope gradient; (ii) how did the species composition of vegetation change along the hillslope gradient; (iii) did the rate of secondary succession vary along the hillslope gradient; and (iv) did the hillslope gradient affect the distribution patterns of different functional groups?

6.1 Materials and Methods

6.1.1 Study site

The present study was conducted in BNR (18°50′N～19°05′N, 109°05′E～109°25′E), which is located on the boundary between Changjiang County and Baisha County in Hainan Island, south China. The topography varies from flat terraces to undulating hills and the altitude varies between approximately 120 and 1475 m. The climate is tropical monsoon. The mean annual precipitation is 1750 mm with a distinct wet season (from May to October) and a dry season (from November to April). The mean annual temperature is 23.6℃ (Zang et al. 2005). The parent material is granite and the soil is latosols. The main vegetation types in BNR include tropical lowland rain forest, tropical montane rain forest, and montane evergreen forest (Jiang et al. 2002). The natural vegetation in low elevation areas is classified as “tropical lowland rain forest", in which the dominant species are *V. mangachapoi*, *Litchi chinensis* Sonn., and *Homalium hainanense* Gagnep. (Hu and Li 1992), but most of the species have disappeared owing to commercial timber logging and long-term shifting cultivation (Ding and Zang 2005).

The field investigation site was located in Nanchahe in BNR. There were two small villages in Nanchahe, but the villagers emigrated to other places before 1950. The practice of shifting cultivation has stopped since then. The shifting cultivation had been conducted for at least 10 cycles before 1950 (personal communication with local foresters and local residents). Natural secondary succession began on the abandoned shifting cultivation lands in the early 1950s. In 1978, the naturally regenerated forest fallow was cleared in order to make plantations. As in the case of shifting cultivation, the slash was burnt and tree plantation was made on burnt sites. The species planted were *Cunninghamia lanceolata* (Lamb.) Hook., *Cinnamomum camphora* (Linn.) Presl, and *Camellia oleifera* Abel. After the planting, no further management measures have been conducted in such plantation lands. But the plantation in this area was found unsuccessful 5 years later, since more than 99% of the planted trees died and replaced by the natural regenerated tree species (BNR historical recordings). When we conducted the field investigation in 2004, almost no planted trees remained. At present, the naturally regenerated secondary forest fallow covers most of the low-elevation (<800 m=hills in Nanchahe of BNR. There was no further human disturbance since 1978 when natural vegetation recovery began.

6.1.2 Data collection

We selected three secondary forest stands that developed from the same type of soil and experienced the same above-mentioned manner of shifting cultivation, but on different hillslope positions (up-slope, middle-slope and down-slope) in Nanchahe in BNR (Table 1). The distance between all three sites was less than 1 km and the elevation varied from 450 to 600 m. At each site, one plot (100 m×100 m) was designed for vegetation investigation and each plot was further divided into 400 contiguous subplots of 25 m^2 (5×5 m). For all free-standing woody plants (excluding lianas), species name, height, and dbh (height ≥1.5 m) of stems in each subplot were recorded and measured. The species name and abundance for stems between 0.1 and 1.5 m in height were recorded. The nomenclature followed Wu (1994).

6.1.3 Data analysis

Free-standing woody plants (excluding lianas) in the plots were classified into the following size classes: (i) small seedlings (between 0.1 and <0.5 m in height=; (ii) large seedlings (between 0.5 and <1.5 m in height=; (iii) saplings (height ≥1.5 m and dbh up to 5 cm); (iv) small trees (dbh between 5 and <10 cm=; and (v) large trees (dbh ≥10 cm). The nine local common species belonging to three different functional groups were chosen to compare the population structure. *M. sanguineum*, *C. cochinchinense*, *G. sphaerogynum*, and *A. chinensis* were categorized as the short-lived pioneer species functional group. *E. roxburgiana*, *S. superb*, and *L. elaeagnifolius* belonged to the long-lived pioneer

Table 1 Summarized conditions at the three study sites in Bawangling Nature Reserve

Condition	Hillslope gradient		
	Up-slope	Middle-slope	Down-slope
Elevation/m	600	550	450
Slope/°	15	15	15
Aspect	SW	SW	SW
Soil type	Latosols	Latosols	Latosols
Soil depth/m	0.5	0.8	1.1
Stand age/years	25	25	25
Crown density	0.7	0.9	0.9
No. remnant trees surviving the slash and burn	0	8	11

species functional group. The climax species functional group included *V. mangachapoi* and *P. rubra.*

The cumulative curves for species–area, species–individual, and Shannon-Wiener diversity index of the secondary forest fallow were computed using EstimateS software（Version 7.5；RK Colwell，http://viceroy.eeb.uconn.edu/estimates）by 1000 randomization. The mean dbh and height for stems with a height ≥1.5 m in stands in different slope positions were compared by non-parametric one-way ANOVA. A Games–Howell multiple comparisons was conducted when there was significant difference. Taking each subplot（5×5 m）of the stand in the different slope positions as one repetition，n=400；stem density and basal area of different size classes were compared by non-parametric one-way ANOVA. The dbh and height frequency distribution in stands along the slope gradient were compared using the Chi-squared test. All analyses were performed using SPSS version 13.0（SPSS 2004）. Significance was set at P<0.05.

6.2 Results

6.2.1 Species diversity

In total，49～733 free-standing woody plant stems higher than 10 cm in the three 1 hm^2 secondary forest stands were recorded，which belong to 170 species，112 genera，and 57 families. Stems were most abundant in the down-slope stand，and decreased from the middle- to the up-slope stand. The species and family richness of stands varied along the hillslope gradient. Stands in the up-slope position contained fewer species and exhibited less family richness than stands located in the middle- and down-slope positions（Table 2）. Species richness was highest in the middle-slope stand，whereas family richness was highest in the down-slope stand. Stems in the small size classes（small seedlings，large seedlings，and saplings）contributed more to the percentage of the species and family richness than those in the large size classes（small trees and large trees）in the three sites（Table 2）.

The Shannon-Wiener index was highest in the middle-slope stand，and lowest in up-slope stand（Table 2）. The accumulative species-area curves showed that the rate of

Table 2 Biodiversity and structural characteristics of the 25-year-old stands along the hillslope gradient in Bawangling Nature Reserve

Indices	Size class	Slope gradient*		
		Up-slope	Middle-slope	Down-slope
Species richness	Small seedlings	47（0.69）	72（0.6）	66（0.57）
	Large seedlings	50（0.74）	83（0.7）	79（0.68）
	Saplings	46（0.68）	84（0.7）	81（0.7）
	Small trees	31（0.46）	51（0.43）	49（0.42）
	Large trees	19（0.28）	43（0.36）	36（0.31）
	Total stems	68	119	116
Family richness	Small seedlings	23（0.7）	35（0.8）	30（0.61）
	Large seedlings	26（0.79）	34（0.77）	38（0.78）
	Saplings	22（0.67）	36（0.82）	38（0.78）
	Small trees	19（0.58）	27（0.61）	26（0.53）
	Large trees	12（0.36）	23（0.52）	23（0.47）
	Total stems	33	44	49
Diversity	Shannon-Wiener index	2.49	2.9	2.64
Density（No. stems/hm^2）	Small seedlings	5 217（0.41）	7 466（0.48）	10 841（0.5）
	Large seedlings	2 286（0.18）	3 239（0.21）	4 791（0.22）
	Saplings	1 352（0.11）	3 049（0.2）	4 021（0.19）
	Small trees	3 687（0.29）	1 170（0.08）	1 023（0.05）
	Large trees	209（0.02）	513（0.03）	870（0.04）
	Total stems	12 750	15 437	21～546
Basal area†/（cm^2/hm^2）	Saplings	23～847.5（0.26）	13～234（0.08）	16～526.0（0.07）
	Small trees	39～539.7（0.42）	36～959.4（0.23）	34～704.9（0.14）
	Large trees	30～012.9（0.32）	109～856（0.69）	197～496.6（0.79）
	Total stems	93～400.1	160～049.4	248～727.4

For size class categorizations，refer to Materials and Methods.

* Data show the number of stems，with percentages given in parentheses. Note，that percentages are given as a percentage of total stems.

† Only for stems ≥1.5 m in height

species accumulation was similar for stands in the middle- and down-slope positions，and these rates were both higher than that for the stand in the up-slope position（Fig. 1A）. The species-individual accumulation rate on different slope positions differed significantly(Fig. 1B). The stand in the middle-slope position exhibited the greatest rate of species-individual accumulation among the three sites.

6.2.2 Species dominance

Only a few species dominated in the forest fallow on different hillslope positions（Fig. 2A，B）. The five most abundant species of the secondary forest fallow accounted for 70.1%，

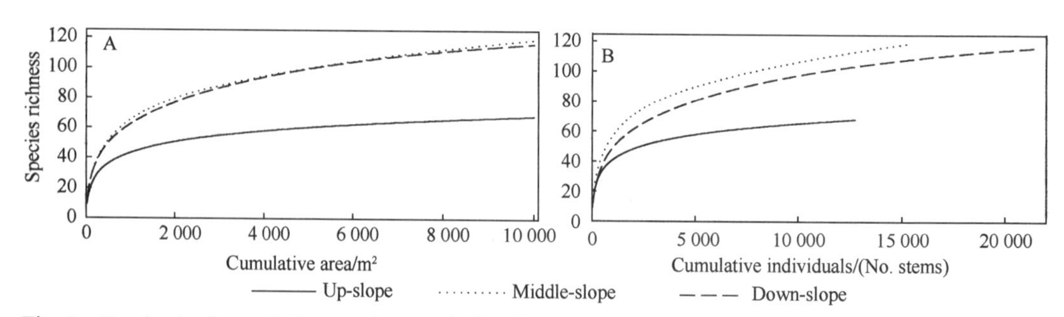

Fig. 1　Randomized cumulative species-area (A) and species-individual (B) curves for the 25-year-old stands in different hillslope positions in Bawangling Nature Reserve. U, up-slope; M, middle-slope; D, down-slope

58.8%, and 72.9% of the total stem abundance in stands in the up-, middle- and down-slope positions, respectively. However, the dominance of some species were mainly contributed by their high densities in the low size classes. There were more low-density species in stand on middle-slope and down-slope positions than the stand on up-slope position (Fig. 2A). The number of species with less than five stems was 19 (27.5%), 48 (40%), and 49 (41.9%) in up-, middle-, and down-slope stands, respectively (Table 2). The five most dominant species represented 74.5%, 84.3%, and 74.7% of the basal areas of all stems in the up-, middle-, and down-slope stands, respectively (Table 3). Moreover, the species composition of the 10 most dominant species in terms of density or basal area varied along the hillslope gradient (Tables 3, 4).

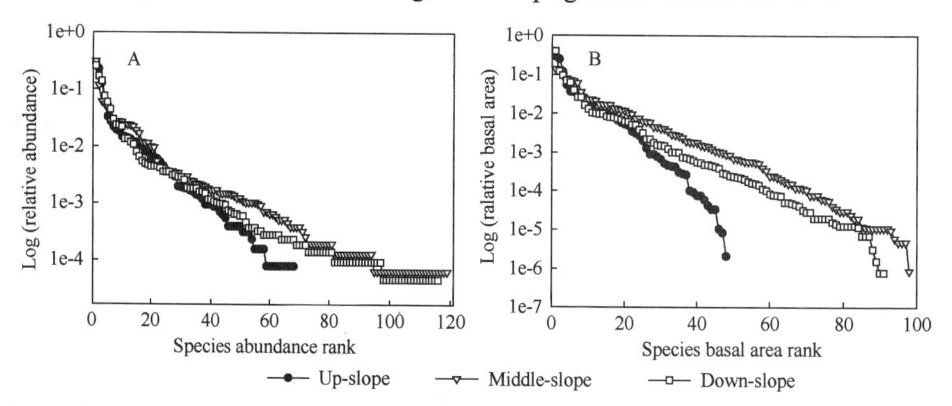

Fig. 2　Species dominance-diversity curves. (A) Log (relative abundance) versus abundance rank and (B) Log (relative basal area) versus basal area rank for 25-year-old stands in different hillslope positions in Bawangling Nature Reserve

The population structures of the nine local common species among the three different functional groups varied along the hillslope gradient (Fig. 3). The short-lived pioneer species *Melastoma sanguineum* Sims, *Cratoxylum cochinchinense* (Lour.) Bl., and *Glochidion sphaerogynum* (Muell.-Arg.) Kurz were most abundant in the up-slope stand. The long-lived pioneer tree species *Engelhardtia roxburgiana* Lindl., *Schima superba* Gardn. et Champ., and *Lithocarpus elaeagnifolius* (Seem.) Chun showed the opposite distribution pattern, which all flourished in the down-slope stand. However, the short-lived pioneer tree species *Aporosa chinensis* (Champ.) Merr. was well represented in each of the stands in the three different

Table 3 Basal areas of the 10 most dominant species in the 25-year-old stands in different hillslope positions in Bawangling Nature Reserve

Up-slope stand		Middle-slope stand		Down-slope stand	
Species	Basal area / (m^2/hm^2)	Species	Basal area / (m^2/hm^2)	Species	Basal area / (m^2/hm^2)
Cratoxylum cochinchinense	2.70	*Syzygium cumini* (Linn.) Skeels	2.22	*E. roxburgiana*	9.91
Glochidion sphaerogynum	2.32	*E. sylvestris*	2.14	*Lithocarpus elaeagnifolius*	3.03
Ilex rotunda Thumb.	1.10	*A. chinensis*	1.48	*C. hystrix*	2.36
Aporosa chinensis	0.50	*E. roxburgiana*	1.26	*Schima superba* Gardn. et Champ.	1.72
Melastoma sanguineum	0.34	*Liquidambar formosana* Hance	1.15	*Cyclobalanopsis kerrii* (Craib) Hu	1.55
Engelhardtia roxburgiana	0.33	*G. sphaerogynum*	1.09	*C. cochinchinense*	0.98
Cinnamomum camphora	0.31	*Toxicodendroh succedaneum*	0.98	*G. sphaerogynum*	0.65
Elaeocarpus sylvestris	0.25	*C. cochinchinense*	0.57	*A. chinensis*	0.65
Phyllanthus emblica	0.23	*Albizia procera* (Roxb.) Benth.	0.38	*P. rubra*	0.41
Adinandra hainanensis	0.17	*Castanopsis hystrix* A. DC.	0.37	*I. rotunda*	0.32

Table 4 Density of the 10 most dominant species in the 25-year-old stands in different hillslope positions in Bawangling Nature Reserve

Up-slope stand		Middle-slope stand		Down-slope stand	
Species	Density (no. stems/hm^2)	Species	Density (no. stems/hm^2)	Species	Density (no. stems/hm^2)
Cratoxylum cochinchinense (Lour.) Bl.	3600	*A. chinensis*	4747	*P. rubra*	5511
Melastoma sanguineum Sims	2876	*Psychotria rubra* (Lour.) Poir.	1804	A. *chinensis*	3665
Aporosa chinensis (Champ.) Merr.	1624	*Elaeocarpus sylvestris* Poir.	934	*A. quinquegona*	3027
Glochidion sphaerogynum (Muell.-Arg.) Kurz	777	*Ardisia quinquegona* Bl.	837	*Prismatomeris tetrandra* (Roxb.) K. Schum.	1627
Toxicodendroh succedaneum (Linn.) O. Kuntze	418	*C. cochinchinense*	763	*Lithocarpus elaeagnifolius* (Seem.) Chun	1277
Cinnamomum camphora (Linn.) Presl	346	*Decaspermum gracilentum* (Hance) Merr. et Perry	431	*Engelhardtia roxburgiana* Lindl.	965
Dodonaea viscose (Linn.) Jacq.	278	*Adinandra hainanensis* Hayata	423	*Syzygium hancei* Merr et Perry	639
Phyllanthus emblica Linn.	248	*Machilus suaveolens* S. Lee	421	*Diospyros eriantha* Champ. ex Benth.	512
Breynia fruticosa (Linn.) Hook. f.	233	*Canthium horridum* Bl.	419	*C. cochinchinense*	508
Lannea coromandelica (Houtt.) Merr.	188	*M. sanguineum*	409	*C. horridum*	478

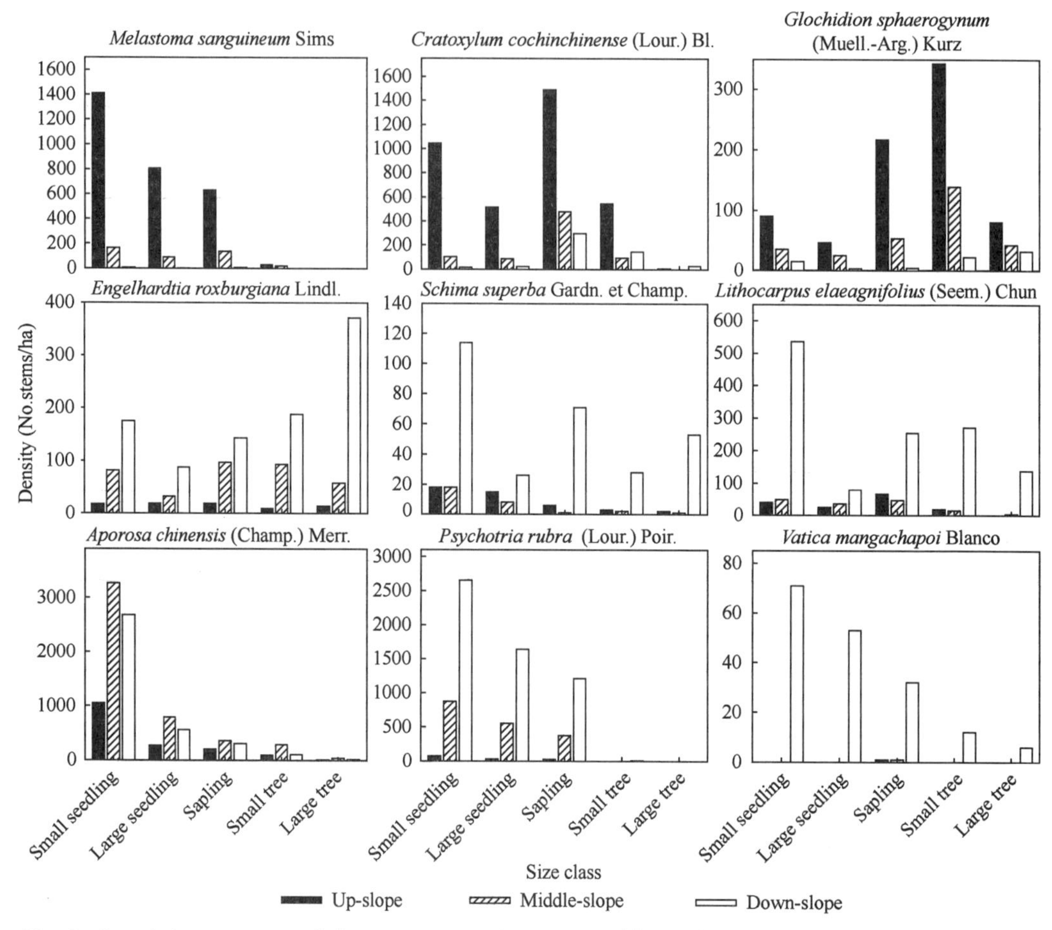

Fig. 3　Population structures of nine common species in three different functional groups in the 25-year-old stands in different hillslope positions in Bawangling Nature Reserve. For size class categorizations, see Materials and Methods

slope positions. Vatica mangachapoi Blanco, the climax canopy species of tropical lowland rain forest, was mainly found in the down-slope stand. The climax shrub species of tropical forest *Psychotria rubra* (Lour.) Poir. dominated the understory of the down-slope stand, but it was also found in the middle-slope stand.

6.2.3　Community structure

The mean diameter at breast height (dbh; non-parametric one-way ANOVA, $F=34.704$, $P<0.001$) and height (non-parametric one-way ANOVA, $F=82.049$, $P<0.001$) for stems $\geqslant 1.5$ m in height differed significantly among stands along the hillslope gradient (Fig. 4). Although no difference in mean stem dbh existed between the middle- and down-slope stands ($P=0.213$), there were significant differences in stem dbh distributions ($\chi^2=484.382$, $P<0.001$) and height distributions ($\chi^2=2541.716$, $P<0.001$) among the stands in different hillslope positions. The diameter or height distribution was skewed towards the small dbh or height classes (Fig. 5). In each stand in different hillslope positions, the greater proportion of trees was represented by stems with small dbh and height. In general, there was a greater proportion of saplings (dbh 5～9.9 cm) in the up-slope stand. There were 13 stems with dbh ≥20 cm in the up-slope stand (Fig. 5A). In contrast, the number of stems with dbh ≥20 cm in middle- and down-slope stands was 101 and 224, respectively. There were 317 and 85 stems that were ≥15 m in height in the down- and middle-slope stands, respectively, whereas no stems of this size were found in the up-slope stand (Fig. 5B).

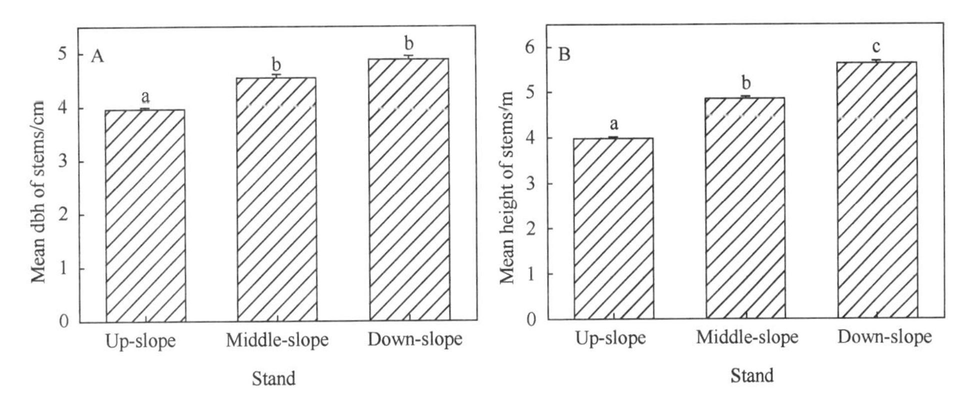

Fig. 4 Mean (±SEM) values for (A) diameter at breast height (dbh) and (B) height for stems ≥1.5 m in 25-year-old stands in different hillslope positions in Bawangling Nature Reserve. Different letters at the tops of columns indicate significant differences ($P<0.05$)

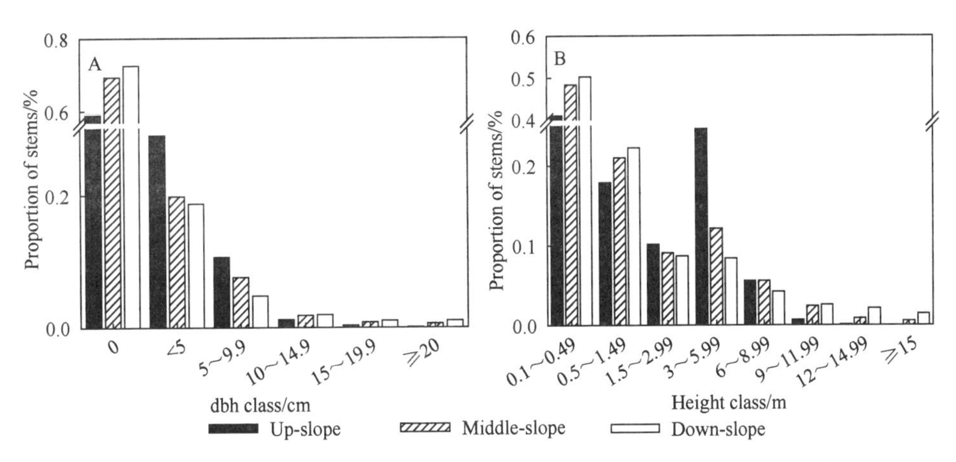

Fig. 5 (A) Diameter at breast height (dbh) and (B) height class proportion distributions of stems in 25-year-old stands in different hillslope positions in Bawangling Nature Reserve. Stems with dbh=0 refer to those individuals in size classes 1 (small seedlings, height between 0.1 and <0.5 m) and 2 (large seedlings, height between 0.5 and <1.5 m)

The densities and basal areas of stems in different size classes and in total all varied significantly (non-parametric one-way ANOVA, all $P<0.01$) among the stands in different hillslope positions (Fig. 6). Except for small trees, the densities of stems within the other four size classes in the down-slope stand were higher than those in middle- and up-slope stands

(Fig. 6A). The stand in up-slope position had the greatest stem basal areas in the sapling and small tree size classes. However, the basal areas for large trees and for all stems in total were greatest in the down-slope stand. Stem density ($P=0.988$) and basal area ($P=0.679$) of small trees was not significantly different between the middle- and down-slope stands.

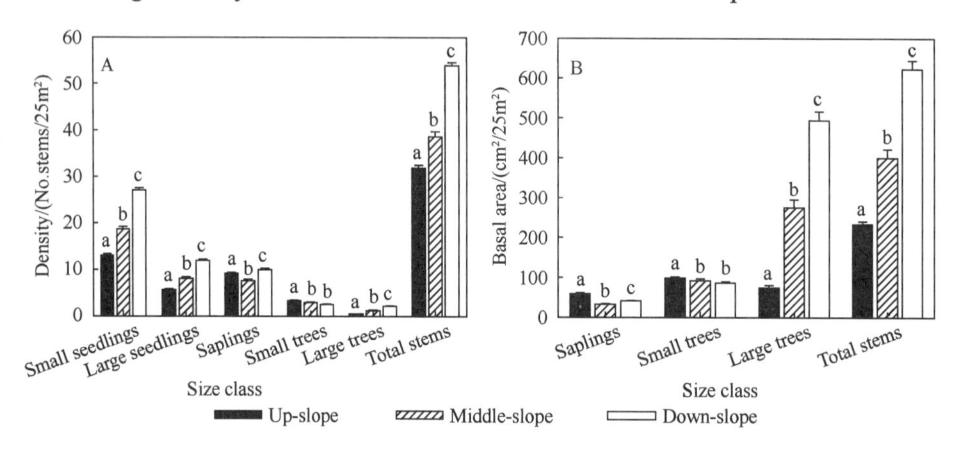

Fig. 6　Mean(±SEM)values for(A)density and(B)basal area for stems in different size classes in 25-year-old stands in different hillslope positions in Bawangling Nature Reserve. Different letters at the tops of columns indicate significant differences ($P<0.05$). For size class categorizations, see Materials and Methods

6.3　Discussion

6.3.1　Species diversity

In tropical regions, the recruitment limitation of seeds is regarded as an important factor that determines the succession rate of secondary forest fallow (Uhl 1987; Hooper et al. 2004). On abandoned agricultural lands that have experienced high-intensity disturbance, the regeneration of forest is mainly dependent on seed dispersal (Uhl 1987; Miller and Kauffman 1998). So, factors that influence seed dispersal and recruitment would affect vegetation recovery. For example, the distance to remnant primary forest and species composition of seed sources, which are impacted on by the landscape pattern around the abandoned lands (Endress and Chinea 2001), could influence the rate and trajectory of secondary succession of forest fallow (Holl 1999; Duncan and Duncan 2000; Guariguata and Ostertag 2001). The regrowth of secondary forest fallow is also influenced by weed competition (Zimmerman et al. 2000), remnant vegetation (Finegan and Delgado 2000; Guariguata and Ostertag 2001; Mesquita et al. 2001), and edaphic conditions (Uhl and Jordan 1984; Brown and Lugo 1990).

Although the effect of topography on the species distribution in primary forest is limited (Wright 2002; Valencia et al. 2004), it should become obvious in the early secondary succession process. In the present study, we found that secondary forest fallow in the up-slope position had less species richness, stem density, basal area, and mean height than stands in the middle- and down-slope positions after 25 years of succession (Table 2; Fig. 3). Most of the seeds of early established pioneer species recruited on the abandoned agricultural lands were dispersed by wind（Richards 1996；Finegan and Delgado 2000）. In the present study，the abandoned land in the up-slope position may have received relatively little seed input. In contrast，land in the middle- and down-slope positions not only may have experienced less severe soil erosion，but may also have received a greater seed input from surface runoff or animal dispersal activity. A long period of disturbance could make any contribution of seeds of primary species in the soil bank less important to the forest regrowth（Ewel 1981；Uhl 1987）. One study has demonstrated that the cycle number of shifting cultivation is related to soil nutrients（Lawrence 2005），but the edaphic condition itself is influenced by hillslope gradient（Valencia et al. 2004）. Moreover，soil erosion could be more severe in the up-slope position during the process of cultivation and early vegetation recovery. Because of these reasons，the differences in community composition of our investigated plots were probably mainly caused by the different environmental conditions along the hillslope gradient，such as soil water content，organic matter，and nutrient conditions. However，identifying the main limiting factors requires further investigation on the physical and chemical characteristics of the soil along the hillslope gradient.

Unlike stem density and basal area，among the three sites species richness was highest in the middle-slope stand（Table 2；Fig. 1）. This may be caused by the species Syzygium cumini（Linn.）Skeels，which dominated in remnant trees in the middle-slope position site（Table 3）. This species is usually distributed on agricultural fields in Bawangling Nature Reserve（BNR）and its fruits and seeds are eaten by birds（Y Ding et al.，pers. obs.，2004）. Many studies on tropical secondary succession in abandoned agricultural lands have demonstrated that the remnant trees play an important role in vegetation recovery（Finegan 1996；Guariguata and Ostertag 2001；Ferguson et al. 2003）. These trees could serve as perches and food resources for seed dispersers（Carrière et al. 2002），provide shade for the regeneration of shade-tolerant species（Uhl 1987；Ferguson et al. 2003），or directly input seeds to accelerate succession（Zahawi and Augspurger 1999）. So，the remnant trees of S. cumini had possibly attracted more seed dispersers and increased the species richness consequently in our middle-slope secondary forest fallow.

6.3.2 Dominance of different functional groups

In the forest fallow investigated in the present study，different functional groups dominated in stands in different hillslope positions，which implies that functional group replacement may occur during the process of secondary succession in tropical lowland rain forest of Hainan Island. The most dominant species in the up-slope position were short-lived pioneer species. However，long-lived pioneer species dominated in the middle- and down-slope positions. Furthermore，the climax species of lowland tropical rain forest was mainly found in the down-slope position. The community composition of stands in different hillslope positions reflected，to some degree，the different stages of succession in the tropical region：the shorter-lived species dominated early succession，whereas the longer-lived species were abundant in the middle phase and were eventually replaced by other，more shade-tolerant and long-lived species（Finegan 1996；Richards 1996；Guariguata and Ostertag 2001）.

Like other early secondary succession on abandoned agricultural land（Ewel 1981；Uhl et al. 1982；Aide et al. 2000），the light-demanding pioneer species dominated on the abandoned lands in BNR. Moreover，it was very difficult to find lowland tropical primary tree species in the present study sites，even after 25 years of succession. Interestingly，we found more primary shrub species of lowland tropical forest than primary canopy tree species in the sites examined，indicating different responses of different species within the same functional group to the secondary successional process. For instance，P. rubra and Ardisia quinquegona Bl.，the primary forest shrub species，established early in the secondary succession and dominated in the understory of the secondary forest fallow. These shrubs have a higher ability to adapt to stress，a relatively early maturation，and their seeds are used by birds as food. So they can recruit and establish successfully in the early period of succession and dominate in the understory of later succession as well. However，the canopy species of the primary forest were only able to gradually colonize and dominate the site until the microenvironment recovered to one that was more suitable for their survival and growth.

6.3.3 Community structure

The burning of slash would result in an increase of the input of nutrients into the soil and the release of nutrients in soil during the process of shifting cultivation（Ewel 1981）. However，some studies have indicated that soil erosion was markedly increased after slash-and-burn（Lu and Zeng 1981；Tang et al. 1997）and different nutrient elements showed different degrees of loss in the crop cultivation process（Ewel 1981；Uhl and Jordan 1984；Lawrence and Schlesinger 2001）. The low soil nutrient levels and changed composition of soil nutrient elements in the abandoned fields markedly reduce the growth of plants（Jordan 1989）. The abundant stems with small dbh and low height in the three stands of our investigated sites demonstrated the slow diameter and height growth rate caused by the low level of soil nutrients（Fig. 5）. In this area，the soil organic matter of shifting cultivation lands was markedly less than selectively logged and old-growth forests（FY Deng and RG Zang，unpubl. data，2006）.

In the present study，we found a low density of large trees in the secondary forest fallow in the up-slope position（Fig. 6）. The low level of soil nutrients and light inhibition may be the main reason for these observations. However，small trees were more abundant in the stand in up-slope position than in stands in either the middle- or down-slope positions（Table 2；Fig. 6）. This dbh frequency distribution was caused，in part，by differences in the life history（Finegan 1996；Finegan and Delgado 2000）of dominant species in different hillslope positions. In the up-slope position，the dominant species were short-lived pioneer species，which normally have limited ability of diameter growth. In contrast，the long-lived pioneer species with large dbh dominated and shaded out the small，short-lived pioneer species as a result of a taller canopy in the middle- and down-slope positions. We found significantly different stem dbh and height frequency distributions in stands along the hillslope gradient（Fig. 5），implying that the differences in community structure were caused by the hillslope position.

After 25 years of succession, the mean basal area of secondary forest fallow was 16.74 m^2/hm^2, which varied between 9.34 and 24.87 m^2/hm^2. If we only consider stands in the middle- and down-slope positions, the mean basal area of 25-year-old secondary forest fallow was 20.44 m^2/hm^2, which is less than half of the lowland old-growth forest (43 m^2/hm^2) in BNR (Y Ding and RG Zang, unpubl. data, 2006). The rate of basal area accumulation in BNR was lower than in other tropical regions (Brown and Lugo 1990). Some studies have demonstrated that biomass accumulation follows the form of an asymptote curve, indicating a very rapid initial rate of biomass accumulation, followed by a slowing down in rate latter in the succession process (Guariguata and Ostertag 2001; Gehring et al. 2005). Moreover, the past disturbance in BNR was quite severe, so the recovery of community structure was very slow in the region investigated and the recovery time required may be 100 years or more. With the age of the stand, the fallow in the middle- and down-slope positions may become more similar to that in the up-slope position. Ultimately, the stands in the different slope positions may develop into the same vegetation type, but the time needed for this to occur could be extremely long.

6.3.4 Implications for vegetation recovery

In tropical regions, the species accumulation rate of secondary succession after anthropogenic disturbance is fast (Uhl 1987). To reach species richness comparable with the primary forest, normally approximately 70～100 years is required (Brown and Lugo 1990; Finegan 1996; Guariguata and Ostertag 2001), although it has been reported that only 40 years are needed in some regions (Aide et al. 2000). The accumulation rate of ecological functioning, such as primary production and nutrient cycle, is faster than the rate of species diversity (Uhl and Jordan 1984; Read and Lawrence 2003; Lawrence 2005). But the rate of species accumulation declined with the increasing of severity and duration of disturbance (Finegan 1996). Moreover, species composition is markedly changed (Brown and Lugo 1990; Finegan 1996; Guariguata and Ostertag 2001), especially the primary forest species has lost after several cycles of shifting cultivation (Lawrence 2004), which makes the restoration to primary forest more difficult. It would take several centuries to recover the species composition before the disturbance (Richards 1996), but some people have argued that it is impossible to achieve this even after only one cycle of shifting cultivation (Lawrence 2004). After abandonment of shifting cultivation fields, the changed abiotic environment, such as the physical and chemical characteristics of the soil, result in difficulties in seed germination, seedling recruitment, survival, and growth (Guariguata and Ostertag 2001; Hooper et al. 2002). In addition, seed predation is high in abandoned fields (Uhl 1987). The strong feedback between biotic factors and the physical environment can alter the efficacy of these succession-based management efforts (Suding et al. 2004).

In BNR, the area of primary lowland tropical rain forest has been markedly reduced as a result of extensive commercial logging and long-term shifting cultivation（Ding and Zang 2005）and most of the areas in BNR are now dominated by secondary forest. The species composition of secondary forest is different from that of the remnant primary or old-growth forest. So，the secondary forest cannot provide the seeds of primary forest species for recovery. Furthermore，the pine plantations distributed in BNR have increased the distance between abandoned lands and remnant old-growth forest. Difficulties in vegetation recovery have increased accordingly because the seed resources have decreased or disappeared within the changed landscape（Endress and Chinea 2001）. It is almost impossible to restore the climax lowland tropical rain forest using natural regeneration only. So，it is necessary to accelerate the succession rate by management activities when biodiversity conservation is the chief goal，which could ameliorate the community environment and further accelerate regeneration（Aide et al. 2000；Chazdon 2003）. However，we must realize that different recovery practices and guidelines should be applied to different topographical sites，such as on different hillslope positions. After 25 years of succession，the secondary forest fallow in the down-slope position in the present study had a more complex community structure，where the understory environment was also ameliorated. It will be helpful to increase biodiversity by planting some primary lowland tropical rain forest species on such a site. In contrast，severely degraded soil covered many parts of the site in the up-slope position. Moreover，herbs still dominated in some subplots on the floor. Under such conditions，natural succession without further human disturbance may be a better choice for the recovery of community structure.

Acknowledgements

The authors thank Mr Xiu-Sen Yang，Jing-Qiang Wang，Yang Wang，Yu-Cai Li，and Da-Dong Feng（Bawangling Forestry Bureau of Hainan Province）for their assistance in the field. The authors also thank Mr Guo-Ai Fu（Forestry Bureau of Hainan Province）for his identification of voucher specimens.

References

[1] Aide TM，Zimmerman JK，Pascarella JB，Rivera L，Marcano-Vega H（2000）. Forest regeneration in a chronosequence of tropical abandoned pastures：Implications for restoration ecology. *Restor Ecol* 8：328-338.

[2] Bellingham PJ，Tanner EVJ（2000）. The influence of topography on tree growth，mortality，and recruitment in a tropical montane forest. *Biotropica* 32：378-384.

[3] Brady NC（1996）. Alternatives to slash-and-burn：A global imperative. *Agric Ecosyst Environ* 58：3-11.

[4] Brown S，Lugo AE（1990）. Tropical secondary forests. *J Trop Ecol* 6：1-32.

[5] Carrière SM，Letourmy P，McKey DB（2002）. Effects of remnant trees in fallows on diversity and structure of forest regrowth in a slash-and-burn agricultural system in southern Cameroon. *J Trop Ecol* 18：375-396.

[6] Chazdon RL（2003）. Tropical forest recovery：Legacies of human impact and natural disturbances. *Perspect Plant Ecol Evol Syst* 6：51-71.

[7] Clark DB，Palmer M，Clark DA（1999）. Edaphic factors and the landscape-scale distribution of tropical rain forest trees. *Ecology* 80：2662-2675.

[8] Ding Y，Zang RG（2005）. Community characteristics of early recovery vegetation on abandoned lands of shifting cultivation in Bawangling of Hainan Island，South China. *J Integrat Plant Biol* 47：530-538.

[9] Duncan RS，Duncan VE（2000）. Forest succession and distance from forest edge in an Afro-Tropical grassland. *Biotropica* 32：33-41.

[10] Endress B, Chinea JD(2001). Landscape patterns of tropical forest recovery in the Republic of Palau. *Biotropica* 33: 555-565.
[11] Ewel JJ, Berish C, Brown B, Price N, Raich J (1981). Slash and burn impacts on a Costa Rican wet forest site. *Ecology* 62: 816-829.
[12] Fang JY, Shen ZH, Cui HT (2004). Ecological characteristics of mountains and research issues of mountain ecology. *Biodivers Sci* 12: 10-19. (in Chinese with an English abstract)
[13] Ferguson BG, Vandermeer J, Morales H, Griffith DM (2003). Post-agricultural succession in El Petén, Guatemala. *Conserv Biol* 17: 818-828.
[14] Finegan B (1996). Pattern and process in neotropical secondary rain forests: The first 100 years of succession. *Trends Ecol Evol* 11: 119-124.
[15] Finegan B, Delgado D (2000). Structural and floristic heterogeneity in a 30-year-old Costa Rican rain forest restored on pasture through natural secondary succession. *Restor Ecol* 8: 380-393.
[16] Gehring C, Denich M, Vlek PLG (2005). Resilience of secondary forest regrowth after slash-and-burn agriculture in central Amazonia. *J Trop Ecol* 21: 519-527.
[17] Guariguata MR, Ostertag R (2001). Neotropical secondary forest succession: Changes in structural and functional characteristics. *For Ecol Manage* 148: 185-206.
[18] Hauser S, Norgorver L (2001). Slash-and-burn agriculture, effects of. *In*: Levin SA, ed. *Encyclopedia of Biodiversity*. Academic Press, San Diego. pp. 269-284.
[19] Holl KD (1999). Factors limiting tropical rain forest regeneration in abandoned pasture: Seed rain, seed germination, microclimate, and soil. *Biotropica* 31: 229-242.
[20] Hooper ER, Condit R, Legendre P (2002). Responses of 20 native tree species to reforestation strategies for abandoned farmland in Panama. *Ecol Appl* 12: 1626-1164.
[21] Hooper ER, Legendre P, Condit R (2004). Factors affecting community composition of forest regeneration in deforested, abandoned land in Panama. *Ecology* 85: 3313-3326.
[22] Hu YJ, Li YX(1992). *Tropical Rain Forest of Hainan Island*. Guangdong Higher Education Press, Guangzhou(in Chinese).
[23] Jiang YX, Wang BS, Zang RG, Jing JH, Liao WB (2002). The Biodiversity and Its Formation Mechanism of the Tropical Forests in Hainan Island. Science Press, Beijing. (in Chinese)
[24] Jordan CF (1989). An Amazonian Rain Forest: The Structure and Function of a Nutrient Stressed Ecosystem and the Impact of Slash-and-Burn Agriculture. Unesco, Paris.
[25] Lawrence D (2004). Erosion of tree diversity during 200 years of shifting cultivation in Bornean rain forest. *Ecol Appl* 14: 1855-1869.
[26] Lawrence D (2005). Biomass accumulation after 10-200 years of shifting cultivation in Bornean rain forest. *Ecology* 86: 26-33.
[27] Lawrence D, Schlesinger WH (2001). Changes in soil phosphorus during 200 years of shifting cultivation in Indonesia. *Ecology* 82: 2769-2780.
[28] Lawrence D, Suma V, Mogea JP (2005). Change in species composition with repeated shifting cultivation: Limited role of soil nutrients. *Ecol Appl* 15: 1952-1967.
[29] Lu JP, Zeng QB (1981). A preliminary observation on the ecological consequence after "slash-and-burn" of the tropical semidecidous monsoon forest on the Jian Feng Ling Mountain in Hainan Island. *Acta Phytoecol Geobot Sin* 5: 271-280. (in Chinese with an English abstract)
[30] Mesquita RCG, Ickes K, Ganade G, Williamson GB (2001). Alternative successional pathways in the Amazon Basin. *J Ecol* 89: 528-537.
[31] Miller PM, Kauffman JB (1998). Seedling and sprout response to slash-and-burn agriculture in tropical deciduous forest. *Biotropica* 30: 538-546.
[32] Read L, Lawrence D (2003). Recovery of biomass following shifting cultivation in dry tropical forests of the Yucatan. *Ecol Appl* 13: 85-97.
[33] Richards PW (1996). *The Tropical Rain Forest: An Ecological Study*, 2nd edn. Cambridge University Press, Cambridge.
[34] Robert A, Moravie MA (2003). Topographic variation and stand heterogeneity in a wet evergreen forest of India. *J Trop Ecol* 19: 697-707.
[35] SPSS (2004). SPSS for Windows, Version 13.0. SPSS, Chicago, Illinois, USA.
[36] Steininger MK (2000). Secondary forest structure and biomass following short and extended land-use in central and southern Amazonia. *J Trop Ecol* 16: 689-708.
[37] Suding KN, Gross KL, Houseman GR (2004). Alternative states and positive feedbacks in restoration ecology. *Trends Ecol Evol* 19: 46-53.
[38] Svenning JC(2001). Environmental heterogeneity, recruitment limitation and the mesoscale distribution of palms in a tropical

montane rain forest（Maquipucuna，Ecuador）. *J Trop Ecol* 17：97-113.

[39] Tang Y，Cao M，Zhang JH，Ren YH（1996）. The impact of slash-and-burn agriculture of the soil seed rank of *Trema orientalis* forest. *Acta Bot Yunnanica* 19：423-428.（in Chinese with an English abstract）

[40] Thompson J，Brokaw N，Zimmerman JK，Waide RB，Everham EM，Lodge DJ et al.（2002）. Land use history，environment，and tree composition in a tropical forest. *Ecol Appl* 12：1344-1363.

[41] Tuomisto H，Ruokolainen K，Yli-Halla M（2003）. Dispersal，environment，and floristic variation of western Amazonian forests. *Science* 299：241-244.

[42] Uhl C（1987）. Factors controlling succession following slash-and-burn agriculture in Amazonia. *J Ecol* 75：377-407.

[43] Uhl C，Jordan CF（1984）. Succession and nutrient dynamics following forest cutting and burning in Amazonia. *Ecology* 65：1476-1490.

[44] Uhl C，Clark K，Clark H，Murphy P（1981）. Early plant succession after cutting and burning in the upper Rio Negro region of the Amazon basin. *J Ecol* 69：631-649.

[45] Uhl C，Clark H，Clark K，Maguirino P（1982）. Sussessional patterns associated with slash-and-burn agriculture in the Upper Río Negro region of the Amazon Basin. *Biotropica* 14：249-254.

[46] Valencia R，Foster RB，Villa G，Condit R，Svenning JC，Hernandez C et al.（2004）. Tree species distributions and local habitat variation in the Amazon：Large forest plot in eastern Ecuador. *J Ecol* 92：214-229.

[47] Whitmore TC（1998）. *An Introduction to Tropical Rain Forests*，2nd edn. Oxford University Press，Oxford.

[48] Wright SJ（2002）. Plant diversity in tropical forests：a review of mechanisms of species coexistence. *Oecologia* 130：1-14.

[49] Wu TL（1994）. A Checklist of Flowering Plants of Islands and Reefs of Hainan and Guangdong Province. Science Press，Beijing.（in Chinese）

[50] Zahawi RA，Augspurger CK（1999）. Early plant succession in abandoned pastures in Ecuador. *Biotropica* 31：540-552.

[51] Zang R，Tao J，Li C（2005）. Within community patch dynamics in a tropical montane rain forest of Hainan Island，South China. *Acta Oecol* 28：39-48.

[52] Zang RG，An SQ，Tao JP，Jiang YX，Wang BS（2004）. *Mechanism of Biodiversity Maintenance of Tropical Forests in Hainan Island.* Science Press，Beijing.（in Chinese）

[53] Zimmerman JK，Pascarella JB，Aide TM（2000）. Barriers to forest regeneration in an abandoned pasture in Puerto Rico. *Restor Ecol* 8：350-360.

生物多样性研究进展与入世后的对策†

生物多样性保育是当前国际生物学研究和实践的重要领域。生物多样性的概念涵盖各种各样的生物及其与环境形成的生态复合体，以及与此相关联的各种生态过程的多样性的总和。一般讲，它体现在基因、物种、生态系统和景观（由不同生态系统构成的空间单元，不同于地理学的景观概念）四个层次，也就是说，包括所有的植物、动物、微生物种（物种多样性）和它们的遗传信息（基因多样性）和生物体与生存环境一起集合形成的不同等级的复杂系统。一个国家或区域的生物多样性的高低，或我们通常所说的生物多样性丰富的程度，就是指以上所说四个层次上拥有的多样性的总体和综合的评价；也有专门指某个层次上，如物种多样性，或生态系统类型多样性的评估。随着人类长期的活动，特别近百年来人类经济活动的加剧，世界各地的生物多样性都有普遍性的降低，有人形容说，地球上可以说已经没有丝毫不受人类活动的影响的地区和生态系统了。世界生物多样性受到人类长期活动的干扰和破坏，反过来又影响人类生存环境的和谐、平衡，由于生物间、生物与环境间关系的失衡，又会加剧某些物种的进一步面临濒危以及灭绝和遗传信息进一步丢失的危险。人类所需要的各种生物资源的新来源特别是作为新的食物、医药、化工原材料的丧失，无疑将是威胁人类自身的生活和健康。许多尚未被人知的物种和基因的丧失，这种损失是难以用价值估量的。人类活动对生物多样性的干扰和造成物种的灭绝情况（灭绝率和灭绝速度）越来越严重。过去公元1600～1700年对鸟类种的灭绝估计是每10年一个种，而在1850～1950年上升至每两年一个种；自然生态系统类型的消失也很惊人，人类文明的初期，地球陆地的80%面积是森林，而现在只有30%，陆地上90%的湿地已经消失，美国100%的天然草地已消失，欧洲温带的天然林也几乎全消失。因此，许多国家都已开始非常重视生物多样性的保育。1992年巴西里约热内卢的世界环境与发展大会参加国都签约了“国际生物多样性公约”，中国也是签约国之一。联合国教科文组织等国际组织在1990年组织了国际生物多样性项目（DAVERSITAS），1996年开始实施。我国在国际上率先完成了“中国生物多样性国情报告”。在“八五”、“九五”期间我国还完成了“中国生物多样性保护生态学”、“濒危植物保护生态学”和“生物多样性保育与持续利用的生物学基础”等重大科研项目。

对如何全面推动和加强我国生物多样性保育的研究和实践，想到的事和要做的事有很多很多，但几年来，笔者深深感触到，由决策层到有关科研人员，还应取得以下共识并共同努力付诸现实，特别是加入WTO后需要注意和加强：

1 一个国家或区域的生物多样性是大自然所赋予的

我国是一个生物多样性的大国，应当珍惜和重视这个天赋优势，要把生物多样性保育和利用的研究作为我国自然科学研究领域，特别是生物科学领域中的重大和优先任务

† 蒋有绪，2003，世界科技研究与发展，25（5）：1-4。

来对待。与我国微观层次的生物科学研究，如细胞生物学、分子生物学、生理学和生物化学领域相比，对生物多样性有关的生态学、分类学、区系学、生物地理学、生物进化学等领域和有关物种及种质资源保存技术研究的重视和投入就太少。一个生物多样性贫乏的国家和可能成为微观生物学，例如分子生物学一流的国家，但它永远不可能取得以生物多样性优势所能得到的生物科学巨大成就和对人类所能做出的贡献。

我国虽然是一个生物多样性大国，已知的哺乳动物种数约占世界种数的 12.5%，鸟类约占 13.1%，鱼类 12.1%，苔藓类 13.3%，蕨类 26%，裸子植物 37.8%，被子植物 11.4%，藻类 16.3%。然而，我国由于历史上的和现代的种种原因，生物物种的灭绝和濒危的趋势发展很快，非常令人担忧。例如哺乳动物种的 18.6%，鸟类的 15.4%，裸子植物的 37.5%都处于濒危状态，已经灭绝了多少我们并不清楚。我国虽然在不少方面对生物多样性保育已经做了许多工作，如政府已经制订了各类法规，像“森林法”、“渔业法”、“中华人民共和国野生动物保护法”、“野生药材资源保护管理法”等等，对保护有关物种提供了有关法律依据和保障；我国承诺国际濒危野生动植物种国家贸易公约做出的努力，如对于非法捕猎、掠杀大熊猫、亚洲象、藏羚羊所进行的有力打击；对繁育恢复大熊猫、金丝猴、朱鹮、东北虎的种群取得的成就；建立了野生动物救护繁育中心，对华南虎、扬子鳄、海南坡鹿、高鼻羚羊、野马等濒危物种的拯救工程等，都取得了国际上的赞扬；自然保护区的建设进展也很令人欣慰。但是我国还有许多许多工作要做，而且许多工作都需要广泛、有力的科学技术的支撑，而这方面也正是我国十分薄弱的环节。例如，加强自然保护区科学管理，需要对天然生态系统类型的组成结构、分布规律、识别维护生态系统平衡的关键种并发挥其作用，恢复顶极生态系统的演替规律等有较深刻的认识和运用；对已处于濒危的物种的各种形式的保护措施，如建立活体适地保护的保护基地（种子园、植物园、动物园等），种质基因库（种子冷库、精子冷库等）都涉及物种的生态学、生物学习性、物种地理分布、及种源分布，有关解决繁殖、存活障碍的生殖、生理、生化、生态学问题，种质基因的保存技术及管理技术等。上述这些都涉及一系列的研究任务，实际上，生物多样性领域会带动不同层次（包括一些微观层次）的生物学研究。为加强我国生物多样性保育的理论和技术研究，对人才培养、课题设置、基础设施的建设都需要国家有更大的资金投入。目前，科技部基础性研究项目、基础性工作项目、自然科学基金以及中国科学院和有关部门的投入都是远远不够的。美国近期对生物多样性研究经费的投入将增加 43%。对一个新建的濒危物种繁育研究中心大楼的基建，美国自然科学基金会和公众赞助，就投资二千万美元。英国拟新建的千年种子库要投资 8 千万英镑。我国目前还正酝酿建设云南野生生物种质资源库已经多次论证，尚未正式批准实施，而且对建成后运作的资金远没有保证，这只是反映我国在生物多样性保育工作重视程度和举步维艰境况一个例子而已。

2　我国有条件对生物多样性形成理论在国际上做出重要贡献

目前国际上对生物多样性形成理论研究还处于多种假设阶段。由于生物多样性的几个不同层次，在形成因素上是不完全相同的，或相同的因素在不同层次上起的作用程度也不相同，因此，形成了种种不同的理论假说。如有“区系起源论”，认为物种多样性与动植物区系的起源及演变历史有关，认为热带是物种多样性的“源”，温带区系远比热带的年青，由热带到温带就有一个物种多样性的梯度；而折射第四纪形成的生物地理格局的“经度纬度论”则强调近代经度纬度格局的影响，如经度纬度的不同热量雨量格局与物种多样性有关；“历史地理论”则综合两者，并指出还需注意地区历史地理大范围过程和事件，例如旧热带区与新热带区种类数量的差异应从最后冰期的大规模物种绝灭和区间物种交换过程来考虑；由“经度纬度论”又演变为“环境资源论”，强调环境资源不同成因的高异质性，因为不同水热资源的高异质性会造成物种的不同的生态策略；有的学者则强调“物种形成与物种绝灭”的关键作用，这涉及资源环境的稳定性是否有利于还是不利于物种形成，生态位分化、专化与进化间的协调，大种群与小种群的利弊问题；对群落多样性或物种多样性理论，有“生态平衡论”、“中间水平论”之说；在人为干扰作用方面，有“中度干扰论”；对局地水平的物种丰富度则有与 AET（实际蒸发散）相关的分析，与此相连的，则有生物量（反映年植物生长量）的相关论点。总之，所以存在上述争论现象，实际上反映不同学者在不同自然地理背景、不同学科背景上，而又有在不同研究目标，或对同一目标的理解又不一致，或讨论的时间空间尺度不同，或还有其他原因，才造成的认识相左。对我国来讲，研究生物多样性形成理论作出理论贡献，是最佳时机，也是最有条件的研究区域。我国幅员广阔，跨越寒温带至热带。动植物区系复杂，历史悠长，因地势地理造成的环境资源的高度异质性，包括青藏高原隆起等的地史变迁和冰期变迁的历史大进程、大事件和与地球其他地区相比的相似性和特殊性，人为干扰存在着时间、空间、频度、强度、性质，方式等许多不同格局，无论从哪个层次上，哪个侧面上、哪种生态区、哪个学科背景上，我国都有极其丰富多样的研究内容、研究问题，会涌现许多理论原创性的发现，我国完全可以为世界生物多样性形成理论，提供一个基本理论框架，为国际研究所补充和完善。

3 在加入 WTO 后的今天，需要关注生物安全（外来种及基因工程）问题

国际“生物多样性公约”已提到遗传修饰活生物体（living modified organism）使用和释放时的危险，即对环境产生不利影响，从而影响生物多样性的保护和利用，对人健康的危险。世界资源研究所（WRI）提出行为准则有以下要求：提高监测和控制能力；对可能危险仔细评估；严加管理；严格控制生物技术用于克隆繁殖和转移胚胎；禁止用于军事目的，等等。

要防卫外来种入侵。外来种指有意（引种）和无意产生的外来种入侵。引种经验证明 10%成功，80%不成功，10%成为有害种。如中国的葛藤（*Pueraria lobata*）到美国，大叶醉鱼草（*Buddleja davidii*）到新西兰，南美的凤眼莲到中国都成害成灾；欧洲大米草（*Spartina* spp.）引入中国沿海岸，起初对护岸煞有好处，但现在滋长扩展成害；长江、珠江鱼种引入塔里木河，使土著种新疆大头鱼（*Asioshynchus laticepis*）和塔里木裂腹鱼（*Schizothorax biadulphi*）数量减少，处于濒危。无意带入的例子有紫茎泽兰（*Eupatorium adenophorum*）在云南山地蔓延成灾；原南美的马铃薯晚疫病病原菌

（*Phytophthora infestas*）在爱尔兰 1845 年使马铃薯全枯死，造成 150 万人饿死；松材线虫（*Bursaphelenchus xylophilis*）和美国白蛾（*Hyphantris cunca*）近来严重为害我国林业，每年损失几十亿元。最新报道，我国每年因入侵种损失 574 亿元（复旦大学 2002），1842 年后外来种（含恶性杂草）已入侵 380 种。

要注意遗传修饰活生物体的主要生态风险，即转基因生物的入侵风险。引种经验证明 10%成功，80%不成功，10%成为有害种，引入转基因生物也会遵循此规律，已证实转基因生物种由人工条件下逸入野外生存。转基因逃逸的风险已报道的有转基因稻的抗逆基因逃逸，如与近缘的杂草种结合，后果不堪设想。抗病毒转基因生物会产生新的病毒，因为抗病毒转基因来自于病毒，一旦逸出与其他病毒结合，会产生新病毒，使非病源性病毒成为病源性病毒。其他危害还有对土壤和生物地球化学循环的影响，促使害虫加速产生抗性，转基因生物产生的杀虫剂对非目标生物的影响，等。UNEP 和 GEF 日前联合发起全球范围生物安全计划帮助发展中国家提高有关生物科技安全的立法与评估水平。计划耗资 4000 万美元，为使 2001 年 1 月通过的“卡塔赫纳生物安全议定书”生效做准备。UNEP，IUCN 和 CABl9（共同体国际农业局）发起“全球入侵物种规划”（GISP）项目，研究相关问题，防治对策。中国应研究解决的问题（植物所 2001 年 8 月主持的研讨会）有

- 中国外来种（invasive alien spwcies）/ 遗传修饰活生物体的编目与信息系统建立；
- 其风险评估与预警系统开发研究；
- 重要外来种的生活史对策、适应性和种群建立；
- 重要外来种的传播与扩散机制；
- 重要外来种对生物多样性和生态系统的影响；
- 防治措施和其效益分析；
- 遗传修饰活生物的生态系统效应及检测；
- 经济损失评估与管理对策等

总之，我国在当前与国际更加开放和密切交往及贸易中，对严格防范生物种质资源、基因资源的外流和有害外来物种和基因的侵入、流散、扩张成害，以及其他各种遗传修饰活生物体的生态风险、生态安全问题应提到研究日程上来，建议建立国家生物多样性保护管理机构，协调领导涉及此领域和业务的各部门，统一管理国家生物多样性保护信息系统，监测和评价体系等，并建立或完善相应的法律、法规和执行监督、监测机构等。

遥感在林冠动态监测研究中的应用[†]

林冠动态是森林生态学研究的一项重要内容，同时也备受森林经营者关注。自然因子引起的林冠动态主要包括由病虫害、林火、干旱等引起的较大面积的林冠变化、由大风等灾害引起的林隙动态，以及树冠和林冠的正常变化等几方面内容。对林冠动态的研究有利于加深对森林群落演替规律的认识，同时可为森林经营提供理论基础。

传统上对林冠（特别是单棵树）变化的研究，主要依赖于那些连续观测了几十年的永久样地（Cameron et al.，2000）。如今，遥感监测技术已证明了其在中小尺度上监测和区分林冠动态变化的巨大潜力（Coppin and Bauer，1994）。

近年来，随着遥感技术和计算机软、硬件技术的发展与完善，利用遥感数据所进行的生态学研究已经深入到生态学的许多领域、取得了丰硕的研究成果，并将继续在区域和全球尺度上的生态学研究中起着极为重要的作用（彭少麟等，1999，2000；郭志华等，1999，2001a，2001b）。目前，有关国外利用遥感技术对林冠动态的研究文献已越来越多，研究内容也越来越深入，国内类似研究相对较少。本文主要介绍国外在此领域的研究状况与进展。

1 林冠动态研究的遥感平台选择

根据传感器的运载平台不同，可将用于研究林冠动态的遥感数据分为卫星遥感数据和航空、地面遥感数据等类型。卫星遥感数据主要在中、大尺度上研究林冠动态，而航空和地面遥感数据主要在小尺度上研究林冠动态。目前，主要用于研究林冠反射光谱的遥感平台及其评述见表 1。

表 1 林冠反射光谱的遥感平台（引自Blackburn和Milton，1997）

平台	评述
手持式、梯子或柱子	主要用于灌丛冠层和树枝等
高塔	虽存在冠层干扰和空间取样问题，但为直接和重复观测提供了稳定平台
缆车索道	可以测量不受干扰的林冠区域，对偏离天底的测量有用
车载升降平台	在那些有经营活动的森林中有用
固定气球	比上述平台的高度更高，但因树枝的影响而缺少机动性；需多人实地操作
飞艇	一个低震动的平台，可以慢速通过或停于林冠上方；可以在 2500 高空使用大型和（或）重型的传感器阵列
遥控飞机	高度可达同温层或仅在林冠上方，但必须在视野之内
超轻型飞机	最近的产品配备了小型传感器阵列，没有直升机和轻型飞机稳定；操作成本低；可慢速和低空飞行
直升机	在林冠上空直接观测反射值的很好的平台；在林冠上空的多高度观测时特别方便；能携带大型、重型传感器如成像光谱仪和扫描仪；费用高
轻型飞机	可用于短时间内获得中等大小区域的数据
卫星	可用于中等及更大尺度的林冠动态研究，但分辨率低，且受天气等的限制

† 郭志华，肖文发，蒋有绪，2003，植物生态学报，27（6）：851-858。

2 卫 星 遥 感

在利用卫星遥感进行林冠动态研究时，主要利用的是 Landsat 卫星数据。早期主要利用 Landsat MSS 数据（地面分辨率 80m）（Nelson，1983；Williams et al.，1985），后来主要利用 TM 数据（地面分辨率 30m）。随着载有更高分辨率传感器卫星的相继升空（如 QuickBird，IKNOS，SPOT5 等），高分辨率多光谱卫星数据将进一步推动在林冠动态的遥感检测、监测、评价及对比分析等方面的应用研究。

引起林冠变化的因素很多（Coppin and Bauer，1994）。目前，利用 TM 数据所进行的林冠动态的研究主要集中在由林火、病虫害、风倒等引起的林冠变化方面，也有一些涉及干旱等因素引起的林冠变化。林火是森林生态系统中的重要生态因子之一，关于林火的遥感检测、监测与影响评价将另文综述。

引起林冠变化的因子不同，其遥感检测、监测的方法也不相同。

2.1　由病虫害引起的林冠变化

已有许多研究利用多时相卫星数据来提取或检测森林受损面积。Nelson（1983）和 Williams 等（1985）很早就利用 MSS 数据来检测由病虫害引起的林冠变化。

由于比值植被指数 RVI（TM4/TM3 的比值）既可以增加绿色植被的亮度，也可减少地形坡度的影响，同时 RVI 与绿叶生物量成正比（Spanner et al.，1990），因此 RVI 是很有用的植被指数，常被用来检测森林健康状况。当森林失叶时，绿叶生物量减少，导致 RVI 降低（Leckie and Ostaff，1988；Ekstrand，1990；Brockhaus et al.，1992；Franklin and Raske，1994）。

利用遥感数据来检测林冠变化及森林病虫害的方法主要有两种：一是影像分类，一是图像差值（Royle and Lathrop，1997）。Royle 和 Lathrop（1997）利用图像差值（既两景影像 RVI 的差）技术，根据 TM 数据（1984 年 11 月 8 日和 1994 年 11 月 4 日）来检测新泽西高地上的加拿大铁杉（Tsuga canadensis）林因虫害而引起的失叶（Defoliation）状况，并在 1267km^2 的面积上对失叶量进行了定量分析和制图。他们应用了多种处理技术来消除与植被变化无关的光谱差异，首先将图像亮度值转换为辐射值来校正波段间的差异，再利用了高亮、高暗目标（如裸露岩石和深水水库等）来归一化两年的卫星影像以消除其余与植被变化无关的波谱差异，最后利用比值植被指数 RVI 来检测森林健康状况。

后来，Radeloff 等（1999）首次使用波谱混合分析技术、并充分利用害虫种群数据，来提高对贾克松色卷蛾（Choristoneura pinus）引起的松树（Pinus banksiana）林失叶量的检测精度。方法是：利用虫害爆发前的 TM 数据（1987 年）来确定林地特征，然后再分析爆发高峰期的 TM 数据来检测松树失叶及其与其他生态因子的关系。具体步骤：①用 5S 算法对参考卫星遥感数据（1993 年 8 月 1 日的 TM 影像，1993 年为色卷蛾的爆发高峰期）进行辐射校正。②将其他两景（1987 年和 1992 年）TM 数据辐射匹配到 1993 年的参考影像，即选择无辐射变化的地物（如湖泊、机场和城市中心等）获得相关直线来进行匹配。③在 33 个随机样地上调查色卷蛾种群数据。并在卫星影像上定义含有色卷蛾的均一样地，测定 1987 年和 1993 年的卫星影像的反射率，然后建立两时期反射率的差值与色卷蛾种群数据的相关关系。④区分混有阔叶树的松林和纯松林立地。⑤进行波谱混合分析。结果发现：失叶的林地在近红外反射率 NIR 和中红外反射率 MIR 增加，TM4 平均增加了 5%，但 NIR 与色卷蛾数量成负相关，这主要是因为松林中的阔叶树种增加了 NIR 反射率、同时限制了色卷蛾种群；混交松林和纯松林之间在 NIR 上相差 10%；波谱混合分析证明了 1993 年的绿色针叶量与色卷蛾种群数据之间呈负相关。之后，Radeloff 等（2000）还利用 TM 数据研究了由于色卷蛾导致的松树失叶与抢救性砍伐对景观格局的影响。

2.2 由风倒等形成的林隙动态

林隙在物种分布、森林演替、生物多样性的维持和森林经营等方面具有重要作用（Blackburn and Mi-lton，1997；臧润国等，1999；Hubbell et al.，1999；Schnitzer and Carson，2001）。耐阴性不同的物种所要求的最适林隙的大小不同，林隙生成和闭合的速度也影响着物种多度（Tanaka and Nakashizuka，1997）。林隙主要由自然和人为干扰所形成。自然干扰早就被认为是影响森林群落动态和结构的一个重要因子（White，1979；Pickett and White，1985；Blackburn and Milton，1997）。干扰的大小与频率影响温带林和热带林的物种组成（Tanaka and Nakashizuka，1997）。自然干扰的主要类型有：洪水、大风、冻雨、林火、滑坡、火山喷发和病虫害等（臧润国等，1999），而由各种因子导致的树倒（Treefall）是温带和热带森林的一种重要干扰方式和树木更新的一个重要机遇（Nakashizu-ka，1987）。并且，树倒林隙（Treefall gap）可以维持森林的生物多样性（Hubbell et al.，1999；Schnitzer and Carson，2001）。

在利用 TM 卫星数据进行的林隙动态研究中，主要研究的因风力作用（如台风）而形成的林隙动态，以 Mukai 和 Hasegawa（2000）的研究工作为典型代表。

1991 年 9 月，在两周的时间里两个台风袭击了日本九州岛北部地区，吹倒了很多人工林中的大树（主要是雪松和柏树）。利用台风前后的 TM 数据，Mukai 和 Hasegawa（2000）成功地提取了风倒林隙的面积。他们认为中红外波段的数据能更有效地检测风倒林隙。具体方法是：参照台风后的航空影像，将两景 TM 配准（Registered），然后分析 TM1-5、TM7 和 NDVI 等由台风引起的变化特征。结果发现：台风过境后，TM5、TM7 显著增加而 NDVI 降低，因此 TM5、TM7 和 NDVI 等可被用来有效地检测台风影响。然后，将两景 TM 数据的 TM5、TM7 和 NDVI 合成一个含 6 个波段的数据，再用最大似然法对融合数据进行分类，提取风倒林隙的面积。经航空影像数据的精度检验表明，风倒林隙面积的提取精度达 90%。

总之，利用卫星数据来研究林冠动态，关键在于林冠光谱特征的提取。引起林冠变化的因子不同，研究林冠动态所利用的光谱数据也不相同。如，Nelson（1983）利用 MSS 的波段 4 和波段 5 数据，Williams 等（1985）、Robed 和 Lopez（1995）则利用各波段的数据，Royle 和 Lathrop（1997）用近红外与红光波段的比值（TM4/TM3）来检测森林植被变化，Mukai 和 Hasegawa（2000）利用的是 TM5、TM7 和 NDVI 数据。

在利用多时相卫星数据来检测林冠变化时，Collins 和 Woodcock（1996）认为用主成分分析和 Kauth_Thomas 变换的方法比其他方法的效果好，并找到了一个优化方法来监测由于干旱死亡而引起的林冠变化。Robed 和 Lopez（1995）还根据 TM 数据利用 PCA 分析来提取林火面积。

3 航 空 遥 感

航空影像已被广泛用于研究林冠的长期动态。航空遥感比卫星遥感具有更大的灵活性和更高的分辨率，渐渐地，航空影像在森林制图、林业资源详查及其监测方面的地位和作用已经建立，其优势和不足也被广泛认知（Howard，1991）。航空遥感在林冠动态（特别是树冠动态）研究已越来越广，目前国外基于遥感数据的林冠动态研究大多利用航空遥感手段。

3.1 树冠动态

传感器和图像处理技术的进步及 GIS 技术的发展，已经可以利用遥感数据来研究生态系统的生态过程（Blackburn and Milton，1997）及单个个体（Gougeon，1995）。

单个树冠特征的自动提取可以利用高分辨率航空多光谱数字影像来实现，即详细地描绘树冠轮廓和准确计算树冠数量。自动描述树冠的方法由两部分组成：第一步，利用 Valley-following 程序将树冠从背景植被中区分出来；第二步，使用 Rule-based approach 方法来一个个地准确描绘和区分单个树冠（Gougeon，1995）。

最近，Herwitz 等（1998）利用 1∶1500～1∶3000 的航空立体像对，以树冠投影面积作为研究单位来研究热带雨林的长期动态。他们将配准的航空影像放大到 1∶335，在透明的表格纸上跟踪树冠周长和大树枝分叉点（BIP），用 AutoCAD 数字化和几何校正，然后计算每个树冠的面积和周长。他们将树冠大小分为 6 个级别，分析了热带雨林冠层树种树冠的长期增长、树冠大小与存活率之间的关系等。他们的研究表明：冠层树种的死亡率、生长率与树冠大小无关。

近来，随着技术进步，数字正射航空影像的生成与应用越来越广，该技术可以准确地叠加和对比分析不同时期的航空影像，可以对每棵树的树冠进行制图。

Cameron 等（2000）对单棵树树冠变化的监测研究是应用数字正射航空影像的典型代表。他们首先制作不同时期的数字正射航空影像，之后在每个时期的影像上判读和确定每棵树，然后利用 GIS 对每棵树进行标记，最后在此基础上分析林冠变化。

Herwitz 等（2000a）还利用 10～50cm 分辨率的彩色和彩红外航空影像研究了加州一个自然保护区在 21 年期间 23 个树种的树冠投影面积的变化。方法是：先扫描航空影像，然后进行几何校正。几何校正又分为高分辨率法（HRM）和低分辨率法（LRM）。HRM 和 LRM 的主要不同点在于两者的扫描分辨率不同，但 LRM 法与 HRM 法所利用的 GCP 相同。具体方法是：先扫描航空影像，再对每幅影像进行正射投影变换以校正相机镜头扭曲、航空器倾斜及地面高度差异（用精度为 5m 的 DTM 来选择 GCP 进行校正），然后数字化每个树冠，最后进行分析。

3.2 由病虫害引起的林冠变化

早在20世纪50年代，人们就利用航空遥感来评估森林虫害导致的林冠变化（Aldrich et al.，1958）。

在航空遥感数据中，彩色红外（CIR）航空影像是检测森林病虫害导致林冠变化的主要数据源，其中，Everitt等（1999）在该领域的研究成绩斐然。他们先通过地面实地调查，对健康树、病树和死树进行了反射光谱测定，在离地面的不同高度获得了研究区不同分辨率的航空数字CIR影像和航空照片。结果表明，健康树、病树和死树的叶片在绿光、红光和近红外光谱段都有显著差异（$p<0.05$）。健康树在红光和绿光谱段的反射率显著低于病树和死树，死树在这些谱段的反射率最高；而在近红外谱段，健康树的反射率显著高于病树和死树，死树的反射率最低。基于此，他们利用机载数字成像技术有效地检测了发生在德州中部的由橡树枯萎病引起的林冠变化（Everitt et al.，1999）。

在芬兰，由于云杉林的失叶没有中欧严重，所以不能用卫星影像来有效地估算失叶量，所以Haara和Nevalainen（2002）就利用CIR来评估芬兰云杉林由于虫害导致的林冠变化。方法是：先在研究区样地内，调查每棵树的位置（用准距仪测定树的坐标，精度1mm）、每棵树的种类及其失叶的级别（共5级）；将研究区两个年份相同生长季的CIR航空影像进行红、绿、蓝扫描，再利用DEM进行正射校正，正射影像的空间分辨率约为25cm；利用分段（Segmen-tation）法在航空影像上将每棵树进行分段和识别；然后将每棵树进行分类（共7类），并用Kappa统计来检验分类精度；在对样地的失叶量级别进行分类后，利用NDVI和监督分类的方法对整个研究区进行分类。结果表明：该方法完全可以检测死的或严重失叶的单株树木和立地。

当然，数字近红外航空影像也可用于检测森林病虫害引起的林冠变化。美国德州的柑橘园常发生由*Phytophtyora parasitica*引起的根腐病，给种植者带来损失。该病的主要症状是叶黄、冠层落叶和小枝枯死等。传统的根腐病地面调查需要大量人力物力，并且还可能漏掉一些病树。Fletcher等（2001）首先在野外研究了健康树和病树的反射光谱特征，结果发现：健康树和病树在绿光和红光谱段的反射率无显著差异（$p<0.05$）[与Everitt等（1999）的研究结果不同]，而在近红外谱段的发射率则有显著差异（$p<0.05$），病树树叶在近红外谱段的反射率显著降低。基于此，他们利用机载彩色近红外数字影像有效地检测了柑橘林因病害引起的林冠变化。

3.3 林隙及其动态

林隙具有重要的生态学作用，其空间特征影响着植被的更新过程、生物多样性和物种分布（Black-burn and Milton，1997）。

Nakashizuka等（1995）提出一个用航空遥感来研究温带森林冠层结构的新方法，即：将落叶林生叶与落叶时的航空影像数字高程模型的差作为林冠高度来分析冠层动态。该法为在较大时空尺度上准确、定量地研究冠层结构、林隙动态、及进一步研究群落演替等开创了一条崭新途径，具有广阔的应用前途。

Tanaka 和 Nakashizuka（1997）为了更好地理解冠层结构及其时间变化、检验林隙形成的时空变化等，将 Nakashizuka 等（1995）的方法作了进一步优化，并将其用于研究日本中部温带落叶林的长达 15 年的林冠动态，对林冠高度的时空分布、林隙（≥5m ×5m 大小）的时空分布及林隙的形成与闭合（Closure）进行了深入、细致的分析。具体方法是：利用 1976～1991 年每 5 年的夏季的航空影像生成冠层表面数字高程模型（Digital elevation models of canopysurface），地表数字高程模型由 1991 年冬季的航空影像生成；冠层表面与地表的高程差就是冠层高度，然后利用植被剖面技术（Vegetation profile technique（Hubbell and Foster，1986））来定量地分析林冠动态。结果表明：新老林隙的大小分布服从一个幂函数模型；虽然在整个研究时期林隙的生成与闭合大致平衡，但在观测期内还是有很大的时间变化；新林隙显著偏向老林隙边缘，重复生成林隙的概率也很高；基于转移概率矩阵所分析的林冠高度剖面变化，表明该林分处于稳定状态（图 1）。

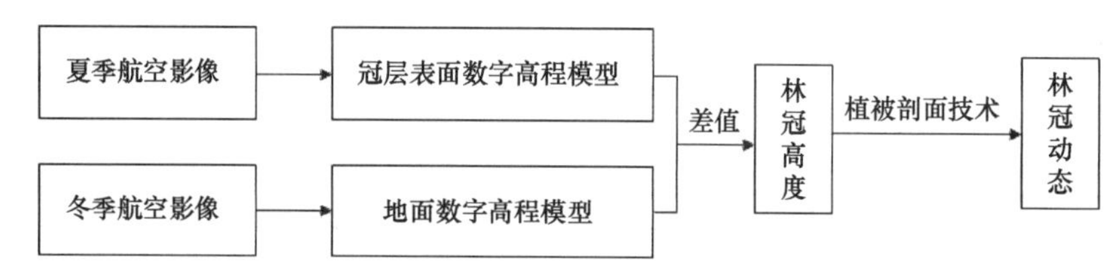

图 1 Tanaka和Nakashizuka（1997）的研究技术路线（Tanaka and Nakashizuka，1997）

上述研究的关键在于冠层和地面的数字高程模型的准确获取。Tanaka 和 Nakashizuka（1997）的方法是：根据已知点的高程，利用立体像对来计算每个点的高程。总之，利用此法估计的冠层高度与地面观测数据有很好的一致性。林隙面积越大，越容易被检测，面积大于 $100m^2$ 的林隙有 93%可以被检测到。

此外，Blackburn 和 Milton（1997）利用航空遥感影像（地面分辨率 2m）来研究英国一落叶林林隙和林冠的空间特征，如林隙的大小、形状、多度（Abun-dance）、林隙间隔（Gap spacing）（包括最近距离和分散度指数 Dispersion index）、冠层破碎化指数（Frag-mentation index）、内部冠层百分比（Percentage of inter-ior canopy）及边缘生境量（Amount of edge habitat）等。

3.4 林冠动态机理

利用航空遥感数据可以研究林冠动态的机理。

Herwitz 等（2000b）利用航空遥感数据研究了热带雨林在 18 年时间里冠层树种的存活与林冠面积动态，以探讨林冠长期动态与太阳辐射的关系等。其方法是：在一个非赤道的热带雨林（澳大利亚昆士兰州）中，利用大比例尺（1∶1500～1∶3000）的彩色航空立体像对（1974 年），用基于太阳位置的函数来模拟相邻树冠间直接辐射的侧面阴影；利用模型，计算每棵树在一年内每小时在其投影面积上所截获的直接辐射；然后利用 1994 年的航空影像来评估各棵树在年截获直接辐射（I_b）间的差异及侧面阴影对存活的影响，以确定冠层树种的死亡率、存活率及林冠动态变化（图 2）。结果表明：存活的冠层乔木与死亡的冠层乔木在 I_b 上有显著差异，那些截获了最多直接辐射的乔木的死亡率更低、树冠面积的变化（增加或减少）更大。并得出结论：这种侧面阴影的影响并不仅局限于树倒林隙的边缘，并且树冠位置的侧面阴影对相邻树木有可以检测到的长期影响。他们的研究证明：热带雨林冠层的优势种比附近遮阴的个体可以截获更多的直接辐射和具有更大的树冠增长能力。

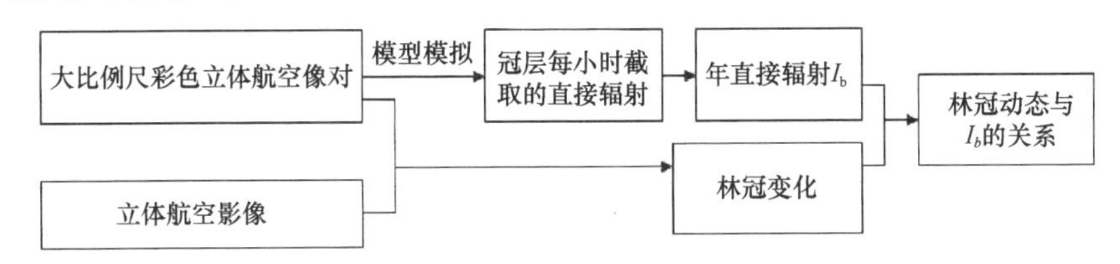

图 2　Herwitz等（2000b）研究林冠动态的技术路线

利用多时相航空遥感进行林冠动态的研究，关键在于不同时期遥感影像之间的配准。Herwitz 等（1998）所采用的方法充分体现了人类智慧。在 1994 年进行航空影像时，他们事先在研究区内安装了一些航空标识，利用这些标识及落叶期间或可见的大树枝分叉点（BIP）作为航空影像的 GCP，对 1994 年影像进行几何校正。然后，利用这些 BIP 作为 GCP，将 1976 年的航空影像与 1994 年的影像进行配准。

此外，地面成像也可被用于定量监测林冠动态。当影像位置、相机/目标方向以及成像时间与日期被仔细处理后，地面影像可以被成功地用来区分冠层光谱特征及其变化（Clay and Marsh，1997）。Clay 和 Marsh（2001）最近的研究还表明，可以利用高重复性和一致性的光谱数据来定量监测林冠状况及反映自然或人为干扰对林冠的影响。

4　遥感在林冠动态监测研究中的局限

遥感应用研究的所有局限都存在于林冠动态的遥感监测领域。此外，林冠动态的遥感研究是一个很窄的研究领域，还存在其他的一些不足。如，对森林病虫害引起的林冠动态的遥感监测，就面临着以下挑战：①由于病虫害爆发的机制决定了最有效的遥感监测时间很短，而在此期间还可能缺少无云的遥感影像；②过去的地面光谱观测多在叶片层次上进行，因此，这些观测可能还不能完全满足对冠层层次的遥感监测的需要；③病虫害导致的失叶或树木死亡的准确的地面野外观测本身就存在难度，更何况在太空层次的卫星遥感监测了；④有许多限制因子影响着病虫害的发生，这样，对这些限制因子的认识也制约着对病虫害引起的林冠动态的遥感监测精度。

虽然航空遥感的空间分辨率高、时效性好，在林冠动态监测研究中具有重要地位，特别是数字多光谱数据的应用前途广阔。但是，由于在空域管理制度方面的限制等，航空遥感不可能作为我国林冠动态变化（如由森林病虫害引起的林冠变化）监测的常规手段，只能在重大灾情发生时，作为卫星遥感的一种补充。另外，由于航空遥感所需经费较多，因此研究经费的限制也将制约其在林冠动态研究中的应用，特别是在我国。

林冠动态的遥感监测研究对研究者的较高需求也限制了该研究领域的发展。因为这需要多专业学科的交叉与融合，涉及林学、植物学、森林保护学、生态学、自然地理学、遥感、地理信息系统等学科的知识与经验。

5 展　　望

遥感在森林制图、森林资源详查与监测、林火及森林病虫害检测与监测等方面的地位和作用已被广泛认识，并且遥感在林冠动态研究中的应用也越来越广。

过去的卫星遥感数据的空间分辨率不高，TM 为 30m，MSS 为 80m，SPOT 卫星数据的分辨率为 10m 和 20m，因此还不能利用这些数据来研究林冠的细微动态。随着空间分辨率更高的卫星如 SPOT5，IKNOS，QuickBird 等的相继升空，米级、分米级分辨率的卫星数据将在林冠动态研究中发挥更积极的作用。特别是 QuickBird 卫星数据，其空间分辨率和时间分辨率都很高，星下点分辨率为 0.61m（全波段）和 2.44m（多光谱），重访周期为 1～6 天。因此，在小尺度林冠动态的遥感监测研究领域具有广阔发展前景。但这些卫星数据的昂贵价格将限制其在较大尺度林冠动态研究中的应用。

航空遥感将继续在林冠动态研究中占据主要地位，特别是多时相、高分辨率多光谱数字航空影像在林冠动态研究中具有重要地位。正射影像技术也将在林冠动态研究中发挥更大作用。由于雷达遥感具有全天候和夜间探测能力，因此，其在林冠动态研究中的应用前途广阔。

在研究方法上，GIS 技术及各种数学方法的地位和作用已越来越突出（Ardo et al.，1997）。Stone 等（2000）就利用 GIS 整合不同空间分辨率航空遥感数据、机载高光谱数据、地形和环境数据等，结合地面观测来监测澳洲的桉树林的林冠变化及其森林健康。

随着遥感在林冠动态检测、监测等方面研究的理论、技术方法的成熟与逐步推广，未来的工作将更注重于林冠动态的机理研究。

参 考 文 献

[1] Aldrich R. C.，R. C. Heller & W. F. Bailey. 1958. Observation limits for aerial sketch_mapping southern pine beetle damage in the southern Appalachians. Journal of Forestry，56：200-202.

[2] Ardo J.，P. Pilesjo & A. Skidmore. 1997. Nearal networks，multitemporal Landsat Thematic Mapper data and topographic datato classify forest damages in the Czech Republic. Canadian Journal of Remote Sensing，23：217-229.

[3] Blackburn G. A. & E. J. Milton. 1997. An ecological survey of deciduous woodlands using airborne remote sensing and geographical information systems（GIS）. International Journal of Remote Sensing，18：1919-1935.

[4] Brockhaus J. A.，S. Khorram，R. I. Bruck，M. V. Campbell & C. Stallings. 1992. A comparison of Landsat TM and SPOTHRV data for use in the development of forest defoliation models. International Journal of Remote Sensing，13：3235-3240.

[5] Cameron A. D.，D. R. Miller，F. Ramsay，I. Nikolaou & G. C. Clarke. 2000. Temporal measurement of the loss of native pinewood in Scotland through the analysis of orthorectified aerial photographs. Journal of Environmental Management，58：33-43.

[6] Clay G. R. & S. E. Marsh. 1997. Spectral analysis for articulating scenic color changes in a forested environment. Photogram-metric Engineering and Remote Sensing，63：1353-1362.

[7] Clay G. R. & S. E. Marsh. 2001. Monitoring forest transitionsusing scanned ground photographs as a primary data source. Photogrammetric Engineering and Remote Sensing，67：319-330.

[8] Collins J. B. & C. E. Woodcock. 1996. An assessment of sever-al linear change detection techniques for mapping forest mortality using multitemporal Landsat TM data. Remote Sensing of Environment，56：65-77.

[9] Coppin P. R. & M. E. Bauer. 1994. Processing of multitemporal Landsat TM imagery to optimize extraction of forest cover change features. IEEE Transactions on Geoscience and Remote Sensing，32：918-927.

[10] Ekstrand S. P. 1990. Detection of moderate damage on Norway spruce using Landsat TM and digital stand data. IEEE

Transactions on Geoscience and Remote Sensing，28：685-691.
[11] Everitt J. H.，D. E. Escobar，D. N. Appel，W. G. Riggs & M. R. Davis. 1999. Using airborne digital imagery for detecting oak wilt disease. Plant Disease，83：502-505.
[12] Fletcher R. S.，M. Skaria，D. E. Escobar & J. H. Everitt. 2001. Field spectra and airborne digital imagery for detecting Phytophthora footrot infections in citrus trees. Hortscience，36：94-97.
[13] Franklin S. E. & A. G. Raske. 1994. Satellite remote sensing of spruce budworm forest defoliation in western Newfoundland. Canadian Journal of Remote Sensing，20：30-48.
[14] Gougeon F. A. 1995. A crown_following approach to the automatic delineation of individual tree crowns in high spatial resolution aerial images. Canadian Journal of Remote Sensing，21：274-284.
[15] Guo Z. H.（郭志华），S. L. Peng（彭少麟），B. S. Wang（王伯荪）& Z. Zhang（张征）. 1999. Estimation of radiation absorbed by Guangdong vegetation using GIS and RS. Acta Ecologica Sinica（生态学报），19：441-447.（in Chinese with English abstract）
[16] Guo Z. H.（郭志华），S. L. Peng（彭少麟）& B. S. Wang（王伯荪）. 2001a. Multitemporal NOAA_AVHRR NDVI and GIS based methods for the estimation of solar energy use efficiency in Guangdong. Acta Botanica Sinica（植物学报），43：857-862.（in Chinese with English abstract）
[17] Guo Z. H.（郭志华），S. L. Peng（彭少麟）& B. S. Wang（王伯荪）. 2001b. Use GIS and RS to estimate terrestrial net primary production for Guangdong，China from AVHRR NDVI and ground meteorological data. Acta Ecologica Sinica（生态学报），21：1444-1449.（in Chinese with English abstract）
[18] Haara A. & S. Nevalainen. 2002. Detection of dead or defoliated spruces using digital aerial data. Forest Ecology and Manage-ment，160：97-107.
[19] Herwitz S. R.，B. Sandler & R. E. Slye. 2000a. Twenty_one years of crown area change in the Jasper Ridge Biological Pre-serve based on georeferenced multitemporal aerial photographs. International Journal of Remote Sensing，21：45-60.
[20] Herwitz S. R.，R. E. Slye & S. M. Turton. 1998. Co_registered aerial stereopairs from low_flying aircraft for the analysis of long_term tropical rainforest canopy dynamics. Photogram metric Engineering and Remote Sensing，64：397-405.
[21] Herwitz S. R.，S. M. Turton & R. E. Slye. 2000b. Long_term survivorship and crown area dynamics of tropical rain forest canopy trees. Ecology，81：585-597.
[22] Howard J. A. 1991. Remote sensing of forest resources. London：Chapman and Hall，420.
[23] Hubbel S. P. & R. B. Foster. 1986. Canopy gaps and the dy-namics of a neotropical forest. *In*：Crawly M. J. ed. Plant ecology. Oxford：Blackwell Scientific，77-96.
[24] Hubbell S. P.，R. B. Foster，S. T. O' Brian，K. E. Harms，R. Condit，B. Webchsler，S. J. Wright & S. Loo de Lao. 1999. Light gap disturbances，recruitment limitation，and treediversity in a neotropical forest. Science，283：554-557.
[25] Leckie D. G. & D. P. Ostaff. 1988. Classification of airbornemulti spectral scanner data for mapping current defoliation causedby the spruce budworm. Forest Science，34：259-279.
[26] Mukai Y. & I. Hasegawa. 2000. Extraction of damaged area of windfall trees by typhoon using Landsat TM data. International Journal of Remote Sensing，21：647-654.
[27] Nelson R. F. 1983. Detecting forest canopy change due to insect activity using Landsat MSS. Photogrammetric Engineering and Remote Sensing，49：1303-1314.
[28] Nakashizuka T. 1987. Regeneration dynamics of beech forests in Japan. Vegetatio，69：169-175.
[29] Nakashizuka T.，T. Katsuku & H. Tanaka. 1995. Forest canopy structure analyzed by using aerial photographs. Ecological Research，10：13-18.
[30] Peng S. L.（彭少麟），Z. H. Guo（郭志华） & B. S. Wang（王伯荪）. 1999. Applications of RS and GIS on terrestrial vegetation ecology. Chinese Journal of Ecology（生态学杂志），18：52-64.（in Chinese with English abstract）
[31] Peng S. L.（彭少麟），Z. H. Guo（郭志华） & B. S. Wang（王伯荪）. 2000. Use of GIS and RS to estimate the light utilization efficiency of the vegetation in Guangdong，China. Acta Ecologica Sinica（生态学报），20：903-909.（in Chinese with English abstract）
[32] Pickett S. T. A. & P. S. White. 1985. The ecology of natural disturbance and patch dynamics. NewYork：Academic Press.
[33] Radeloff V. C.，D. J. Mladenoff & M. S. Boyce. 1999. Detecting jack pine budworm defoliation using spectral mixture analysis：separating effects from determinants. Remote Sensing of Environ-ment，69：156-169.
[34] Radeloff V. C.，M. S. Boyce & D. J. Mladenoff. 2000. Effects of interacting disturbances on landscape patterns：budworm defoliation and salvage logging. Ecological Applications，10：233-247.
[35] Robed P. S. & A. M. Lopez. 1995. Monitoring burnt areas by principal components analysis of multi_temporal TM data. Inter-national Journal of Remote Sensing，16：1577-1587.
[36] Royle D. D. & R. H. Lathrop. 1997. Monitoring hemlock forest health in New Jersey using Landsat TM data and change detection techniques. Forest Science，43：327-335.
[37] Schnitzer S. N. & W. P. Carson. 2001. Tree fall gaps and the maintenance of species diversity in a tropical forest. Ecology，

82：913-919.

[38] Spanner M. A.，L. L. Pierce，D. L. Peterson & S. W. Running. 1990. Remote sensing of temperate coniferous forest leafarea index：the influence of canopy closure，understory vegetation and background reflectance. International Journal of RemoteSensing，11：95-111.

[39] Stone C.，N. Coops & D. Culvenor. 2000. Conceptual development of a eucalypt canopy condition index using high resolution spatial and spectral remote sensing imagery. Journal of Sustain-able Forestry，11（4）：23-45.

[40] Tanaka H. & T. Nakashizuka. 1997. Fifteen years of canopy dynamics analyzed by aerial photographs in a temperate deciduous forest，Japan. Ecology，58：835-841.

[41] White P. S. 1979. Pattern，process，and natural disturbance in vegetation. Botanical Review，45：229-299.

[42] Williams D. L.，R. E. Nelson & C. L. Dottavio. 1985. Ageoreferenced Landsat digital database for forest insect_damage assessment. International Journal of Remote Sensing，6：643-656.

[43] Zang R. G.（臧润国），J. Y. Liu（刘静艳）& D. F. Dong（董大方）. 1999. Gap dynamics and forest biodiversity. Beijing：China Forestry Publishing House.（in Chinese with English abstract）

海南岛植被景观的斑块特征†

植被的斑块特征是植物群落最重要的空间特征之一，斑块特征是景观空间结构的一个主要参数（肖笃宁，1991）。斑块大小与生态系统的能量流动、物质循环、物种及其他生态学现象与过程等息息相关，斑块大小、形状和分布对动物的迁移、生物多样性的分布有重要影响（Bolger et al.，1991；Van Apeldoorn et al.，1994；McIntyre，1995；Harrison，1997；邬建国，2000）。斑块大小和隔离度还影响物种灭绝和定居，生境的破碎化限制了小斑块中物种数量的增加（Wahlberg et al.，1996）。因此，正确理解森林斑块的大小、形状和位置（即格局）与生态学过程的关系，是合理设计森林经营策略的基础（Pan et al.，2001）。另外，岛屿生物地理学认为：在距离相同的条件下，岛屿面积越大，岛上的物种数量越多（Wardle et al.，1997），而缓冲区的面积太小也是保护区内大型肉食动物消失的重要原因（Woodroffe et al.，1998）。在自然保护区规划设计时，保护区的大小是最主要的考虑因素。所以，研究景观斑块的大小特征有利于保护区的规划设计。

过去描述斑块形状的指标通常是形状指数，但形状指数不能提供斑块形状复杂性的直接度量（刘灿然，2000）。近年来，常用分维方法来进行生态学的格局分析（Mladenoff et al.，1993；Cain et al.，1997；王宪礼等，1997；Nikora et al.，1999；刘灿然，2000）。

利用专题地图来研究景观斑块大小特征及其分形是常用的手段（郭晋平等，2000b；马克明等，2000；刘灿然，2000）。已收集的海南岛相关专题地图有：1∶10 万土地利用图，1∶20 万林相图和 1∶50 万植被图。由于海南岛土地利用图仅仅将森林景观划分为林地和非林地，而林相图仅根据林相分类，所以，这两种数据均不能满足植被景观的研究所需。于是，本研究选择由中国科学院华南植物研究所绘制的海南岛植被图作为植被景观斑块研究的数据源。

中国科学院华南植物研究所（1989）在 1980～1988 年经地面样地调查，借助于卫片、航片等绘制了广东省植被类型图（包含海南岛植被）。海南岛植被类型包括热性针叶林、阔叶林、灌丛、草丛、农业植被、人工林和水生植被等 7 大类型。其中阔叶林又包括常绿阔叶林、季雨林、雨林、红树林、竹林等 5 个类型。上述 7 大类型植被景观分别包含 1、12、7、5、4、6 和 1 个基本类型，共计 36 个基本类型植被景观。利用 ARC/INFO 和数字化仪将植被图数字化以提取斑块信息。相邻的基本类型斑块通过去除公共边而生成 7 大类型植被斑块。

因此，研究海南岛植被斑块的大小特征及分形特征，对不同类型、不同尺度上的植被斑块复杂性进行评价，既可为探讨海南岛景观格局的动态变化规律奠定基础，也可为海南岛景观水平上的生物多样性保护提供理论基础。

---

† 郭志华，肖文发，蒋有绪，2004，林业科学，40（2）：9-15。

1 研 究 方 法

1.1 斑块大小特征的研究方法

植被景观斑块的大小特征及分布规律采用以下统计量来描述：斑块数、平均斑块面积、斑块面积标准差、斑块总面积、最小斑块面积、最大斑块面积、斑块面积极差、斑块面积分布的偏度系数、斑块面积分布的峰度系数、斑块面积的中位数和众数等。

由于概率分布的形式多种多样，不能一一加以检验。本文选择了正态分布、Gamma 分布，对数正态分布、Weibull 分布、指数分布等来检验了海南岛植被斑块大小分布的概率分布类型。离散数据的分布相似性检验用 Smirnov 方法。

1.2 斑块分形的研究方法

单个斑块的分维数从下式求得（Frohn，1998）：

$$P=kA^{D/2} \quad (1)$$

式中，P 是斑块的周长，k 是常数，A 是斑块的面积，D 为分维数。

对于同一类斑块的分维数，均采用最小二乘法，通过求回归系数的方法获得。

方法 1：

$$\ln P=a_1+b_2\ln A \quad (2)$$

方法 2（李哈滨，1992；Klinkenberg，1994）：

$$\ln A=a_1+b_2\ln P \quad (3)$$

式（2）中，a_1 为该直线在 $\ln P$ 轴上的截距，b_1 为该直线的斜率（Krummel et al.，1987），分维数 $D_1=2b_1$；（3）式中，a_2 为直线在 $\ln A$ 轴上的截距，b_2 为该直线的斜率，分维数 $D_2=2/b_2$。

本文利用（2）和（3）式分别计算了海南岛不同等级类型植被斑块的分维数，并分析了分维数与斑块大小特征之间的相关性，检验了不同等级类型植被斑块分维数的差异显著性，进而探讨了海南岛植被斑块的尺度域问题。

所有数量统计分析均在 SAS 软件下进行。

2 结　　果

2.1 斑块大小

计算 36 个基本类型的上述统计量，结果表明：水稻群落（Comm. *Oryza sativa*）的斑块数最多(65)，占总斑块数的 12%以上；最少斑块数为 1，如海南锥-竹叶木姜林(Comm. *Castanopsis hainanensis* ＋ *Litsea pseudoelongata*)、银叶树林(Comm. *Heritiera littoralis*)等。平均面积最大的是青皮-山荔枝林（Comm. *Vatica astrotricha* ＋ *Litchi chinensis* var. *euspontanea*）(达 247.0km^2)，最小的类型是银叶树林（仅 0.5km^2），两者相差约 500 倍。标准差最大的是青皮-山荔枝林。总面积最大的是水稻群落，达 5287.9km^2；最小的是银

叶树林。在各基本植被类型中，最小面积（MN）最大的是桃金娘灌丛（Comm. *Rhodomyrtus tomentosa*）（达 112.3km^2），最小的是红海榄林（Comm. *Rhizophora stylosa*）和银叶树林（为 0.5km^2）；最大面积（MX）最大的是水稻（为 1384.3km^2）；变异系数 CV 以水稻群落最大（为 238.4）；面积极差 RG 最大的也是水稻群落（达 1382.0km^2）；从偏度系数 SK 来看，除斑块数少（<4）的类型外，多数类型植被斑块的偏度系数>0，且多数都大于 1，仅鸡毛松林（Comm. *Podocarpus imbricatus*）、青皮竹林（Comm. *Bambusa textilis*）为负。这表明多数植被类型斑块大小的分布是正偏的，并且绝大多数斑块面积的中位数 MD 和众数 MO 都小于其平均面积。从峰度 KT 值来看，大多数类型斑块的峰度值为正，仅少数类型的 KT 值为负，表明这些类型斑块大小的分布曲线是尖峭峰，且以水稻群落的 KT 值为最大（33.7）。

在阔叶林斑块中，海南岛季雨林的斑块数最多，其平均斑块面积、标准差、总面积、最大斑块面积、斑块面积极差、偏度系数、中位数等最大。这说明，季雨林在海南岛的分布很广且破碎。雨林的最小斑块面积、变异系数和众数等值最大。红树林的峰度系数最大。除竹林外，其他阔叶林斑块面积的分布曲线都是正偏态；常绿阔叶林和竹林斑块面积的分布曲线为平阔峰，其余为尖峭峰。由于红树林仅仅分布在淤泥质的海滩，因此，其平均斑块面积最小。竹林的平均斑块面积也不大（10.0km^2），这些都与人类活动的影响有关。

从 7 大类型植被斑块的上述统计量（表 1）可以看出，灌丛和农田的斑块数量最多，水生植被的斑块数量最少。农田斑块的平均面积和总面积均最大，这表明海南岛的土地利用方式以农耕为主，且多集中成片。此外，农田植被的最大斑块面积、斑块面积的变异系数、极差、中位数、偏度值和峰度值在各大类型中均最大。农田的总面积为 10 153km^2，约占海南岛面积的 30%。其次是灌丛（7090.9km^2）、阔叶林（6095.3km^2）、人工林（6065.8km^2）和草丛（4331.9km^2），大约分别占海南岛面积的 21%、18%、18%、18% 和 13%。热性针叶林和水生植被的面积很小，均不及海南岛面积的 0.5%。虽然海南岛的森林约占岛屿的 36%，但天然林（阔叶林）所占比重不大，且阔叶林斑块大小的变异很大，其 SD＝119.0，CV＝177.7，最大斑块面积是最小斑块面积的 1400 倍左右，这除了与地形破碎有关外，还表明了海南岛森林植被深受人类活动影响。海南岛少数民族多

表 1　7 大类型植物群落斑块大小的描述性统计量

Type	*N*	*AA*	*SD*	*TA*	*MN*	*MX*	*CV*	*RG*	*MD*	*MO*	*SK*	*KT*
TF	6	10.1	10.2	60.3	3.3	30.6	101.8	27.3	6	3.3	2.28	5.33
BF	85	67.0	119.0	6095.3	0.5	695.7	177.7	695.2	11.6	7.2	2.75	9.25
S	112	59.1	85.9	7090.9	2.7	628.7	145.4	626	29.4	4.4	3.86	19.3
B	67	62.78	87.2	4331.9	2.4	491.3	138.9	488.9	21.9	2.4	2.46	7.83
C	101	88.3	191.4	10153	2.4	1384.3	216.8	1381.9	32.2	4.3	4.64	24.3
MF	95	51.8	89.5	6065.8	1.6	445	172.7	443.4	14.5	5.0	2.87	8.14
W	3	32.1	41.4	96.2	5.1	79.7	129.0	74.6	11.4	5.1	1.69	—

注：*N*，斑块数；*AA*，平均斑块面积；*SD*，标准差；*TA*，斑块总面积；*MN*，最小斑块面积；*MX*，最大斑块面积；*CV*，变异系数；*RG*，极差；*MD*，中位数；*MO*，众数；*SK*，偏度系数；*KT*，峰度系数；TF，热性针叶林；BF，阔叶林；S，灌丛；B，草丛；C，农田；MF，人工林；W，水生植被；下同

有刀耕火种的农作习惯，致使大片森林退化为灌丛和草丛，严重地影响了当地的林业发展。各大类型斑块大小的偏度值和峰度值均为正，表明这些斑块面积的分布都是不对称的，并且都是正偏（即右偏）和尖峭峰，其中农田斑块面积的分布曲线最右偏和最陡峭。

2.2 斑块大小的分布

为了更好地反映各大类型斑块大小的分布特征，将斑块大小分为 31 个等级，它们分别是<5、[5，10]、[10，20]、[20，30]、[30，40]…[280，290]、≥290，单位是 km^2（图 1）。由于热性针叶林和水生植被的斑块数量少，因此仅讨论其他余 5 大类型斑块的大小分布特征。从图中可知出，5 大类型植被景观均以<10km^2 的斑块数量最多。阔叶林在第一个等级（<5km^2）上的斑块数最多，灌丛、草丛和农田在第三等级[10～20km^2]上的数量最多，而人工林却在[5～10km^2]的数量最多。大斑块的数量虽少，却占有很大比例的面积，尤其以阔叶林、农田和人工林等类型更明显。从斑块大小的分布来看，各大植被类型的分布显然都是正偏的（图 1）。相对地，草丛斑块面积的变化较小，人工林斑块面积的变化最大。

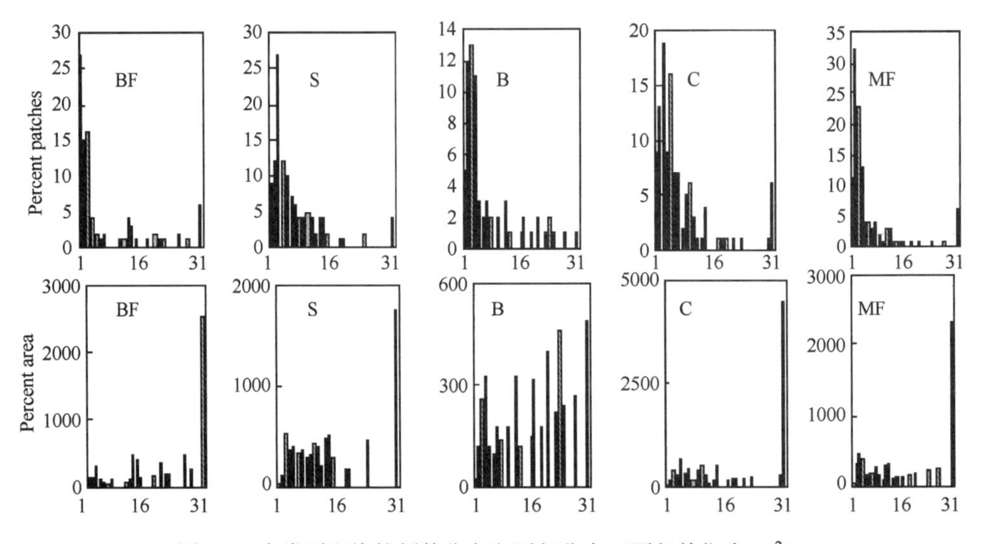

图 1　5 大类型斑块的频数分布和面积分布（面积单位为km^2）

对数量大于 30 的 5 大类型植被斑块大小进行分布函数的拟合检验，结果见表 2。从表 2 中可知，这 5 大类型植被斑块的分布都不是正态分布和指数分布，并且本文所选的分布函数均不能反映人工林斑块大小的分布特征。相对地，对数正态分布能较好地反应各大类植被斑块的分布特征。阔叶林斑块大小的分布对 Gamma 和 Weibull 分布的拟合较好。

对 5 大类型植被斑块大小分布函数的相似性进行 Simirnov 检验（表 3），结果表明：仅阔叶林和人工林、灌丛和农田之间无显著差异外，其余类型之间均存在显著或极显著差异。阔叶林与人工林之间无显著差异显示了森林植被的共同属性，而灌丛与农田斑块大小分布的相似性说明两者受到人类活动深刻影响。

表 2　5 大类型植被斑块与几种分布类型的拟合结果

类型	正态分布	Gamma 分布	对数正态分布		Weibull 分布	指数分布	
		χ^2	χ^2	*Kl*	χ^2	χ^2	*Kl*
BF	**	—	**	*	—	***	***
S	***	***	—	*	**	**	***
B	***	**	*	—	*	**	**
C	***	***	**	—	***	***	***
MF	***	**	**	**	**	***	***

注：χ^2 和 *Kl* 分别代表χ^2检验与 Kolmogorov 检验；—代表在 p=0.1 水平上无显著差异；*，**和***分别代表在 p=0.1、0.05 和 0.01 水平上有差异

表 3　5 大类型植被斑块两两之间分布函数相似性Simirnov检验

	BF			
S	***	S		
B	***	***	B	
C	***	—	**	C
MF	—	***	***	***

2.3　斑块的分维

2.3.1　各基本类型植被斑块的分维

用两种方法计算了海南岛 36 个基本植被类型的分维数。结果表明：当斑块数较少时，均出现分维数小于 1 或大于 2 的异常情况，效果欠佳；用方法 2 计算的分维数比用方法 1 计算的分维数稍大，但当斑块数较多时，计算结果的差异不大，因此，在斑块数较多时用这两种方法均可获得对斑块分维数的可靠估计。

对于数量大于 20 的 11 个基本类型，其分维数 D_1 与 D_2 之间具有很强的正相关性（r=0.9607，p<0.01）。斑块的分维数 D_1 及 D_2 与其描述性统计量之间的相关性见表 4。从表 4 可知，分维数 D_1 与各项统计量之间均没有显著的相关性（p<0.1），但 D_2 却与 *AA*、*SD*、*MX*、*RG* 和 *SK* 等之间存在不同程度的相关性。分维数 D_2 随斑块平均面积的增加而增加（0.05<p<0.1），随斑块面积标准差的增加而降低（p<0.01），随最大斑块面积的增加而减小（0.01<p<0.05），随斑块面积极差的增大而降低（0.01<p<0.05），随偏度值的增加而降低（0.05<p<0.1）。

表 4　分维（D_1，D_2）与描述性统计量之间的相关分析（Pearson相关）

	AA	*SD*	*MN*	*MX*	*CV*	*RG*	*MD*	*MO*	*SK*	*KT*
D_1	0.2084^{-}	−0.2460^{-}	−0.1723^{-}	−0.1775^{-}	−0.1851^{-}	−0.1755^{-}	−0.1657^{-}	−0.1718^{-}	−0.1420^{-}	−0.0726^{-}
D_2	0.3391*	−0.3900***	0.0783^{-}	−0.3511**	−0.2580^{-}	−0.3524^{-}	−0.1455^{-}	0.0775^{-}	−0.3438*	−0.1853^{-}

对斑块数大于 20 的 11 个基本类型植被斑块的分维数进行两两之间的差异显著性检验。结果表明，山地雨林、丘陵山地草丛、水稻群落和木麻黄林等植被斑块的分维数与多数类型植被斑块分维数之间有显著差异，而其余类型大多与别的斑块分维数之间无显著差异。相反，并未发现同一大类型植被斑块之间分维数差异不显著的现象。

2.3.2　各大类型植被斑块的分维

7 大类型植被斑块的分维数及相关统计量见表 5。从表中可知，ln$A$ 和 ln$P$ 之间的相关系数都很大，都达到极显著水平（$p<0.01$）；水生植被的分维数小于 1，这是因为其斑块数很少的缘故；热性针叶林的分维数最大，其余依次是阔叶林、草丛、灌丛和人工林，农田的分维数很小。这种分维数的变化特征与北京植被斑块分维数的变化特征略有不同（刘灿然等，2000）。

表 5　7 大类型群落斑块的分维及相关统计量

类型	N	*CR*	D_1	D_2
TF	6	0.9983	1.6575	1.6634
BF	85	0.9849	1.4695	1.5148
S	112	0.9593	1.3825	1.5022
B	67	0.9603	1.4146	1.5340
C	101	0.9718	1.2798	1.3552
MF	95	0.9708	1.3645	1.4480
W	3	0.9788	0.9494	0.9910

注：*CR* 表示 ln$A$ 和 ln$P$ 之间的相关系数

对数量大于 20 的 5 大类型植被斑块的分维数两两之间进行差异性检验，结果表明，除灌丛与阔叶林、灌丛与人工林及草丛与农田之间，它们形状的复杂性无显著差异外，其余两两之间均有显著或极显著差异。

2.3.3　尺度域的确定

从 5 大类型植被斑块 ln$A$ 与 ln$P$ 的散点图（图 2）可知，在 ln$A$ 的定义域内，各大类型植被斑块 ln$A$ 和 ln$P$ 之间的不是简单的线性关系，特别是对阔叶林斑块而言。这就表明，海南岛各大类型植被斑块在不同尺度域内的分维数不同，其转折点大约在 ln$A=2$ 附近（图 2）。

将 5 大类型植被的所有斑块，按 ln$A<2$ 和 ln$A>2$ 分成两部分，应用（2）式，再分别求各大类型植被每部分的分维数，并进行差异显著性检验。结果表明，各大类型的大、小斑块的分维数之间均有显著差异。因此，可以将 5 大类型植被斑块按 ln$A=2$ 将尺度域分成两部分，这表明：在斑块面积 $A=e^2\approx7.4$（km^2）左右时，斑块形状的复杂性发生了显著变化（$p<0.05$）。

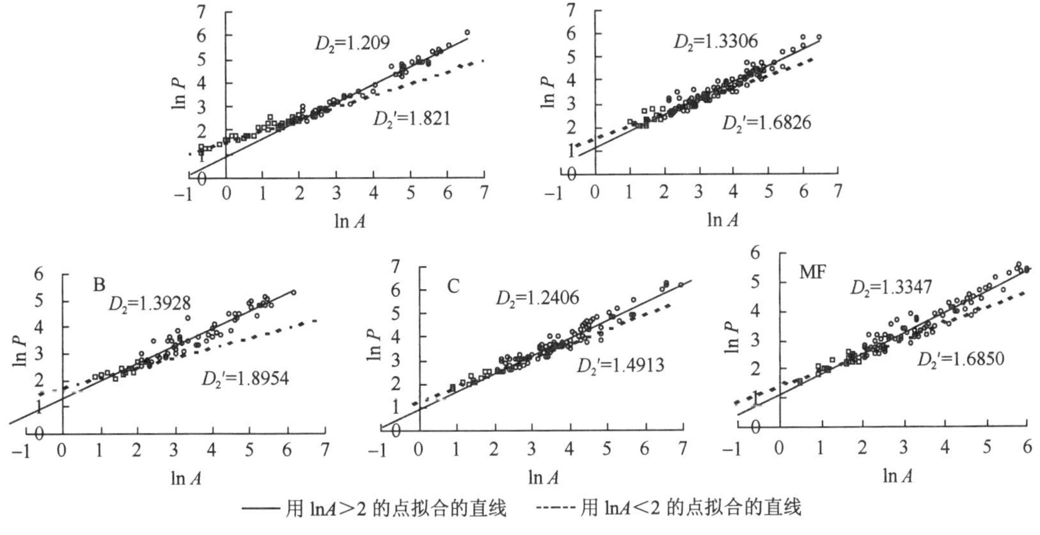

图 2 5 大类型群落斑块周长（*P*）和面积之间的关系（*A*）

D_2 和 D_2'分别代表用方法 2 计算的 ln*A*>2 及 ln*A*<2 的群落斑块的分维值

3 讨 论

3.1 关于斑块的分类、界定

景观生态学研究的一个基本出发点就是斑块的界定，即斑块的分类和划界。但是，关于斑块的定义迄今争议不休。通常地，斑块就是“在性质或表面上与周围明显不同的区域”（福尔曼等，1990）。而很多学者却认为，斑块可以根据研究的内容和要回答的问题来定义（Kotliar et al.，1990）。景观生态学是在 20 世纪 60 年代从地理学和生物地理学中分支出来的（福尔曼等，1990）。从诞生的那天起，景观生态学似乎就成了地理学家和生物地理学家的专利，他们真正关注的是土地利用方式而不是在地球陆地表面占绝对优势的植物群落。

在一定程度上，不同的景观斑块就是不同的植被类型，然而植被分类也充满争议。不同学派根据不同的分类原则提出了不同的分类系统。中国植被的分类有其独立的分类原则和分类系统，而海南岛的植被分类又与中国植被的分类系统有所不同。所以，如何科学地对陆地植被进行准确分类、制图，是大尺度景观生态学研究的关键。由于海南岛的农业用地很多，因此，本文所引用的海南岛植被分类充分重视了人类活动的影响。

但是景观斑块又不等同于植物群落，因为景观生态学很重视廊道和基质的作用。道路、河流渠等廊道对景观破碎化的影响很大，特别是在平原、城市等人类活动密度大的地区。然而在植物群落的分类制图时几乎不考虑这些因素的影响。因此，仅仅利用植被图在宏观尺度上研究景观斑块特征还存在一定局限。今后的工作若能叠加道路、河流等的影响，则或许会取得更好的效果。如果这样，农田斑块就不再有巨大面积，其大小的分布特征及分形也将有所不同。

在大尺度上进行景观分类、景观格局分析及其他研究，遥感技术是一有效手段。近年来，遥感技术和方法在景观生态学研究中的应用越来越广，并取得了很好的研究效果（Debinski et al.，1999；Chuvieco，1999；彭少麟等，1999；郭晋平等，2000a，2000b；曾辉等，2000；吴波等，2001；Pan et al.，2001），并将继续在景观生态学研究中居重要地位。

3.2　关于地图精度与研究尺度

植被景观图可以分为矢量和栅格两大类型。传统地图是矢量数据，现在的大多数景观斑块特征和景观格局研究多基于那些传统的专题地图。这样，研究精度就取决于地图精度。不同比例尺地图表达地物的精度不同，因此，选择适当比例尺的地图是很重要的，这取决于研究尺度的大小。当然，除了考虑比例尺大小外，还应考虑成图质量和研究所需。

当景观斑块很小时，图斑边界的细小误差就会引起斑块分维数的较大波动。对于传统地图来讲，这种误差客观存在。此外，在传统地图制图时，还可以根据研究需要，适当强调某些在空间上很小的地物，并将其适当放大以示重要，然而这种很小的夸张将会影响景观生态的研究结果。如红树林是一类重要的植被类型，仅见于海南岛东部淤泥质海岸、分布面积狭小。在海南岛，在有红树林的地区就在地图上加以标识，而岛内许多比这些小斑块大得多的植被斑块未表示出来。所以，上述基于海南岛植被图所做研究而得出的大斑块的形状比小斑块的形状复杂的结果还有待进一步验证。

近年来，利用遥感数据所进行的景观生态学研究已越来越多，这样的景观斑块特征和格局分析研究都是基于栅格数据的，因此，研究尺度问题与栅格数据的分辨率直接相关。然而，自然景观本身不可能是栅格的。所以，在利用遥感数据进行景观生态学研究时，必须重视其空间分辨率的大小对研究结果的影响，并且根据研究尺度和研究需要来选择不同分辨率的遥感数据。

景观生态学认为，具有分形结构的景观，其斑块在不同尺度上应该表现出很大的相似性。通过在不同尺度域上计算其分维数，观察其值的变化，可以显示和判断景观的等级结构。如果分维数在某一尺度范围内保持不变，则景观在这一尺度范围内具有结构相似性；如果分维数在不同的尺度域发生了变化，则发生变化的转转点就指示了景观的等级结构（Leduce et al.，1994）。本文的初步研究结果表明，面积$<7.4\text{km}^2$和面积$>7.4\text{km}^2$的斑块具有显著不同的分维数（$p<0.05$），这是基于1∶50万的植被图得出的。当然，若利用不同比例尺的地图或利用TM数据对海南岛景观分类，则海南岛植被景观斑块的尺度域可能不同。

4　小　结

海南岛基本类型植被景观的斑块数介于1～65，面积在0.5～1384.3km^2。

阔叶林约占海南岛景观面积的18%。在阔叶林中，季雨林分布最广，其次是雨林，其余类型的面积很少。

从各大类型植被斑块来看，灌丛和农田的斑块数量最多；农田的总面积最大，其次是灌丛、阔叶林、人工林和草丛，这表明海南岛的土地利用方式还是农耕为主。在海南岛森林中，天然林所占比重不大。

对于数量较多的基本类型斑块，海南岛植被斑块的分维数 D_2 与斑块平均面积呈正相关，与斑块面积标准差、最大斑块面积、斑块面积极差、偏度值呈负相关。

对于 7 大类型植被斑块，热性针叶林的分维数最大，其余依次是阔叶林、草丛、灌丛和人工林，农田的分维数很小。除灌丛与阔叶林、灌丛与人工林及草丛与农田之间，他们的分维数无显著差异外，其余两两分维数之间均有显著或极显著差异。

对于斑块数较多的 5 大类型植被，当斑块面积大于或小于 $7.4km^2$ 时，斑块形状的复杂性将发生显著变化。

参 考 文 献

[1] 陈利顶，傅伯杰，刘雪华. 自然保护区景观结构设计与物种保护——以卧龙自然保护区为例. 自然资源学报，15（2）：164-169.
[2] 郭晋平，王俊田，李世光. 关帝山林区景观要素沿环境梯度分布趋势的研究. 植物生态学报，2000a，24（2）：135-140.
[3] 郭晋平，薛俊杰，李志强等. 森林景观恢复过程中景观要素斑块规模的动态分析. 生态学报，2000b，20（2）：218-223.
[4] 李哈滨，武业钢. 景观生态学的数学方法. 见：刘建国，现代生态学进展. 北京：科学技术出版社，209-233.
[5] 刘灿然，陈灵芝. 北京地区植被景观斑块形状的分形分析. 植物生态学报，2000，24（2）：129-134.
[6] 马克明，傅伯杰. 北京东灵山景观格局及破碎化评价. 植物生态学报，2000，24（3）：320-326.
[7] 彭少麟，郭志华，王伯荪. RS 和 GIS 在植被生态学中的应用及其前景. 生态学杂志，1999，18（5）：52-64.
[8] 王宪礼，肖笃宁. 辽河三角洲湿地的景观格局分析. 生态学报，1997，17（3）：317-324.
[9] 邬建国. 景观生态学——格局、过程、尺度与等级. 北京：高等教育出版社，2000，25-30.
[10] 吴波，慈龙骏. 毛乌素沙地景观格局变化研究. 生态学报，2001，21（2）：191-196.
[11] 肖笃宁. 景观的空间结构指数及其分析方法. 见：肖笃宁. 景观生态学：理论，方法和应用. 北京：中国林业出版社，1991.
[12] 曾辉，姜传明. 深圳市龙华地区快速城市化过程中的景观结构研究——林地的结构和异质性特征分析. 生态学报，2000，20（3）：376-383.
[13] 中国科学院华南植物研究所. 广东省植被图（1∶500 000）. 北京：学术期刊出版社，1989.
[14] R 福尔曼，M 戈德罗恩（肖笃宁，张启德，赵羿等译）. 景观生态学. 北京：科学出版社，1990，53-56.
[15] Bolger D T，Alberts A C，Soule M E. Occurrence patterns of bird species in habitat fragments：samples，extinction，and nested species subsets. The American Naturalist，1991，137：155-165.
[16] Cain D H，Riitters K，Orvis K. A multi-scale analysis of landscape statistics. Landscape Ecology，1997，12：199-212.
[17] Chuvieco E. Measuring changes in landscape pattern from satellite images：short-term effects of fire on spatial diversity. Int. J. Remote Sensing，1999，20（12）：2331-2346.
[18] Debinski D M，Kindscher K，Jakubauskas M E. A remote sensing and GIS-based model of habitats and biodiversity in the Greater Yellowstone Ecosystem. Int. J. Remote Sensing，1999，20（17）：3281-3291.
[19] Frohn R C. Remote sensing for landscape ecology：new metric indicators for monitoring，modeling，and assessment of ecosystems. Lewis Publishers，Boca/ Raton/ Boston/ London/ New York/ Washington，D.C.，1998：1-94.
[20] Harrison S. How natural habitat patchiness affects the distribution of diversity in Californian serpentine chaparral. Ecology. 1997，78（6）：1898-1906.
[21] Klinkenberg B. A review of methods used to determine the fractal dimension of linear features. Mathematical Geology，1994，26：23-46.
[22] Krummel J R，Cardner R H，Sugibara G，et al. Landscape patterns in a disturbed environment. Oikos，1987，48：321-324.
[23] Leduce A，Prairie Y T，Bergeron Y. Fractal dimension estimates of a fragmented landscape：sources of variability. Landscape Ecology，1994，9：279-286.
[24] McIntyre N E. Effects of forest patch size on avian diversity. Landscape Ecology，1995，10：85-99.
[25] Mladenoff D J，White J M A，Pastor J，et al. Comparing spatial pattern in unaltered old-growth and disturbed forest landscapes. Ecological Application，1993，3：294-306.
[26] Nikora V I，Pearson C P，Shandar U. Scaling properties in landscape patterns：New Zealand experience. Landscape Ecology，

1999，14：17-33.
[27] Pan D，Domon G，Marceau D，Bouchard A. Spatial pattern of coniferous and deciduous forest patches in an Eastern North America agricultural landscape：the influence of land use and physical attributes. Landscape Ecology，2001，16：99-110.
[28] Van Apeldoorn R C，Celada C，Nieuwenhuizen W. Distribution and dynamics of the red squirrel（*Sciurus vulgaris* L.）in a landscape with fragmented habitat. Landscape Ecology，1994，9：227-235.
[29] Wahlberg N，Moilanen A，Hanski I. Predicting the Occurrence of Endangered Species in Fragmented Landscapes. Science，1996，273：1536-1538.
[30] Wardle D A，Zackrisson O，Hörnberg G C，et al. The Influence of Island Area on Ecosystem Properties. Science，1997，277：1296-1299.
[31] Woodroffe R，Ginsberg J R. Edge Effects and the Extinction of Populations Inside Protected Areas. Science，1998，280：2126-2128.

河南宝天曼药用植物资源及其保护对策†

宝天曼自然保护区位于河南省西南部内乡县境内，秦岭东段，伏牛山南坡，地理坐标为 33°25′N～33°33′N，111°53′E～112°E，是北亚热带向南暖温带过渡区域。保护区内山势成东西走向，总面积约 53.4km^2。其地貌以切割程度不同的中山为主，低山为辅，在低山地带，河漫滩及阶地与陡峭的山崖交替出现，中山地带以上的河谷，主要为溪流湍急、坡度较大的山涧溪谷。其地质主体岩石为花岗岩、石灰岩和砂岩。土壤主要为山地棕壤土，在海拔较低处有棕壤，在山顶有山地草甸土分布，土壤较为湿润肥沃。相对海拔 600～1800m，最高峰宝天曼海拔 1830m。区内阳光热量适中，年平均气温 15.1℃，最低月（1 月）平均气温 1.5℃，最高月（7 月）平均气温 27.8℃，活动积温（≥10℃）为 2931.0～4217.1℃；辐射量约 455.65kJ/（cm^2·a）。全年降水量为 900mm，多集中分布于 6～8 月份的雨季。保护区四季气候明显，夏季炎热多雨，冬季寒冷干燥，春温回升较快，具暖温带的气候特征，复杂的地质地貌和多样的气候特点使该区成为药用植物的繁衍地。

1　宝天曼药用植物的区系特点

1.1　药用植物的种类组成

宝天曼地区药用植物的科、属、种数分别占该区高等植物科、属、种数的 88.0%、60.2%和 49.3%。就属/科值、种/属值而言，宝天曼地区药用植物比广西药用植物、贵州药用植物和湖北药用植物都低，这些地方药用植物又都低于全国的药用植物；从药用植物种数占全国药用植物种数的比例来看，宝天曼地区明显低于著名的贵药、广药、川药的主产区贵州、广西和四川，接近秦巴山区（表 1）。

表 1　宝天曼地区与其他地区药用植物的比较

项目	科	属	种	属/科	种/属	种占全国药用种/%
宝天曼地区药用植物	132	471	1 058	3.56	2.24	9.52
宝天曼地区高等植物[1]	150	783	2 147	5.22	2.74	
贵州药用植物[2]	234	1 085	2 645	4.64	2.44	23.79
湖北药用植物[3]	251	1 084	3 354	4.32	3.09	30.17
广西药用植物[4]	334	1 513	4 064	4.53	2.69	36.55
秦巴药用植物[5]			1 158			10.42
四川药用植物[6]			3 962			35.64
全国药用植物[7]	385	2 313	11 118	6.01	4.81	

† 史作民，程瑞梅，刘世荣，蒋有绪，2005，林业科学研究，18（2）：195-198。

药用植物资源的丰富程度主要受自然和人为两方面因素的影响。贵州、广西和四川，自然条件优越，气温较高、热量充足、雨量丰沛；同时地形复杂多变，众多的小环境造就了种类繁多的植物资源。另外，这些地区拥有众多的少数民族，一些民族至今仍沿用传统民间草药防治疾病，许多在书本上没有药用记载的品种在这些地区民间有药用记录，因此药用植物种类特别多。宝天曼地处北亚热带向南暖温带过渡区域，其药用植物种类与处于暖温带和北亚热带的过渡地带的秦巴山区接近，主要原因可能是二者自然条件相近。

1.2　宝天曼药用植物的科属构成

保护区药用植物共有 132 科，各科所含的种数见图 1，含有 1～5 种的科为 86 科，占总科数的 65%，其中含 1 种的单种科为 41 科，占总科数 31%；含 6～10 种的科 28 科，占总科数 21%；含 15 种以上的科有 15 科，占总科数的 12%，其所含的种类占宝天曼药用植物种数的 38%。其中，种数列前 10 位的分别是蔷薇科（Rosaceae）、菊科（Compositae）、百合科（Liliaceae）、豆科（Leguminosae）、毛茛科（Ranunculaceae）、唇形科（Lamiaceae）、伞形科（Umbelliferae）、蓼科（Polygonaceae）、玄参科（Scrophulariaceae）、虎耳草科（Saxifragaceae），这些类群中每科所含种数均在 20 种以上，蔷薇科和菊科分别高达 48 种和 39 种。

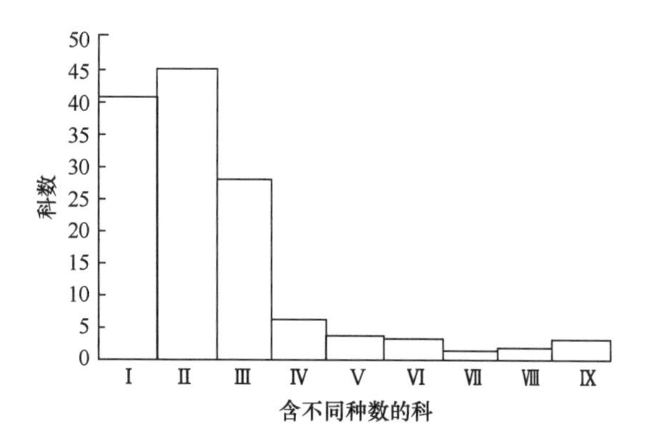

图 1　宝天曼地区药用植物科的构成

I：含 1 种的科数；II：含 2～5 种的科数；III：含 6～10 种的科数；IV：含 11～14 种的科数；V：含 15～20 种的科数；VI：含 21～25 种的科数；VII：含 26～30 种的科数；VIII：含 31～40 种的科数；IX：>40 种的科数

宝天曼 471 属药用植物中，种数超过 5 种的属有 18 属（表 2），它们所含的种数为药用植物种数的 20.6%，与 15 个大科含有 38.0%的该区药用物种相比，属的构成更加分散，含有 1～2 种的属占的比例更大。蒿属、蓼属的种数均在 10 种以上，成为宝天曼地区药用植物的主要属。

2　宝天曼地区药用植物的分布区类型

根据吴征镒对种子植物分布区类型的划分[8]，该区药用植物可分 15 类（表 3）。

表 2　宝天曼地区药用植物中种数［超过 5 种（含 5 种）的属］

属名	种数
蒿属 *Artemisia* L.	16
蓼属 *Polygonum* L.	15
铁线莲属 *Clematis* L.	10
委陵菜属 *Potentilla* L.	8
堇菜属 *Viola* L.	8
悬钩子属 *Rubus* L.	7
蔷薇属 *Rosa* L.	7
胡颓子属 *Elaeagnus* L.	7
金丝桃属 *Hypericum* Linn.	6
细辛属 *Asarum* L.	6
花椒属 *Zanthoxylum* L.	6
天南星属 *Arisaema* Mart.	6
葱属 *Allium* L.	5
大戟属 *Euphorbia* L.	5
五味子属 *Schisandra* Michx.	5
婆婆纳属 *Veronica* L.	5
唐松草属 *Thalictrum* L.	5

表 3　宝天曼地区药用植物的分布区类型

分布类型	属数	百分比/%
世界分布类型	33	7.0
泛热带分布及其变型	71	15.1
热带亚洲至热带美洲间断分布类型	15	3.2
旧世界热带分布及其变型	20	4.2
热带亚洲至热带大洋洲分布及其变型	16	3.4
热带亚洲至热带非洲分布类型	15	3.2
热带亚洲分布类型	25	5.3
北温带分布类型	138	29.3
东亚和北美间断分布及其变型	47	10.0
旧世界温带分布及其变型	61	13.0
温带亚洲分布类型	13	2.8
地中海、西亚至中亚分布类型	16	3.4
中亚分布类型	6	1.3
东亚分布及其变型	66	14.0
中国特有分布类型	19	4.0

从表 3 中可知：宝天曼地区药用植物以北温带分布类型所占比例最大，为 29.3%，其次为泛热带分布及其变型、旧世界温带分布及其变型、东亚分布及其变型，所占比例分别为 15.1%、13.0%、14.0%。宝天曼植物区系中，温带分布类型占有重要地

位[1]，药用植物是自然植被和植物区系成分的基本组成部分，二者密切相关[4]，因此其药用植物和该区植物的地理成分构成相近[1]。另外，宝天曼药用植物中热带种与温带种的比值为 0.12，表明虽然宝天曼位于北亚热带向南暖温带过渡区域，但其药用植物却具有较强的温带性质，这可能与宝天曼药用植物多分布于较高的海拔地段有关。

3　宝天曼药用植物的药用部位与生境类型

3.1　宝天曼药用植物的药用部位

为进一步了解宝天曼药用植物的利用结构，便于分类应用，按药用部位的异同将宝天曼地区药用植物分为Ⅰ. 全草类；Ⅱ. 根及根茎类；Ⅲ. 茎类；Ⅳ. 皮类；Ⅴ. 叶类；Ⅵ. 花类；Ⅶ. 果类；Ⅷ. 种子类等 8 类进行分析，其利用状况见图 2。

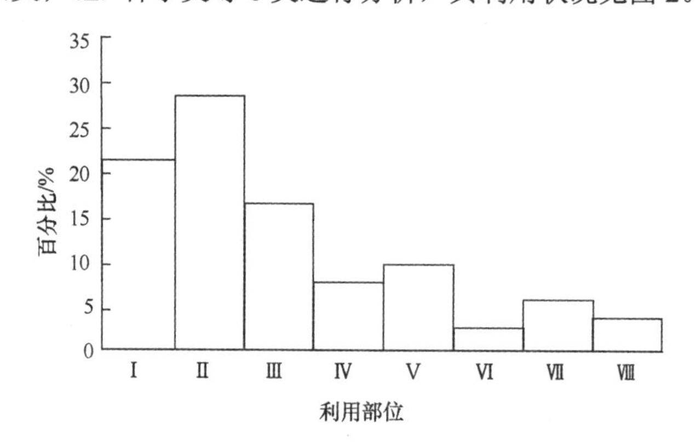

图 2　宝天曼地区药用植物不同利用部位的植物种数

Ⅰ. 全草类；Ⅱ. 根及根茎类；Ⅲ. 茎类；Ⅳ. 皮类；Ⅴ. 叶类；Ⅵ. 花类；Ⅶ. 果类；Ⅷ. 种子类

由图 2 可以看出，全草类、根及根茎类的药用植物最多，各占 21.4%及 28.6%，茎类、叶类的药用植物次之，往后渐次为皮类、果类、种子类；花类最少，仅占 3%。近年来宝天曼药用植物的过度采挖现象严重，致使一些野生药用植物几乎绝迹，如：天麻（*Gastrodia elata* Bl.）等。宝天曼药用植物依药用部位的这种数量结构提示我们在对该区天然药用植物的采收中，应该注意对资源的适度利用，特别是对全草类和根及根茎类药用植物，采挖时必须要注意资源的更新，做到可持续利用。

3.2　宝天曼药用植物的生境类型

将宝天曼药用植物依天然分布特点，分山坡、山谷、林地、灌丛、草地、路旁、田边、沟边、岩缝等 9 类生境类型进行分析（图 3）。

由图 3 可以看出，43.8%的药用植物以林地为生境，32.3%的药用植物生于山坡，灌丛、草地也是药用植物的重要生境，山谷、田边及岩缝生长的药用植物相对较少。这从一个侧面说明自然植被是药用植物的天然宝库。

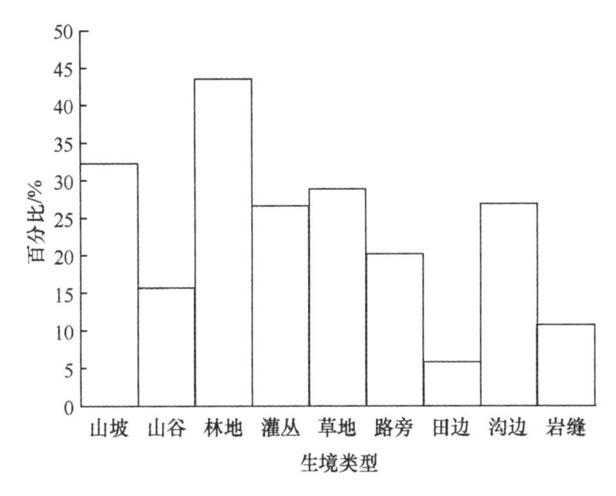

图 3　宝天曼地区药用植物生境分析

4　宝天曼地区药用植物的现状及保护措施

4.1　宝天曼地区药用植物的现状

长期以来，宝天曼地区的森林砍伐速度惊人，自然植被破坏较严重，药用植物的保护面临很大压力。近年来，随着天然林保护等一系列林业工程的实施，宝天曼地区的森林砍伐有所缓解，在一定程度上对该区药用植物的生存是有利的。另外受利润的驱使，过度的采挖，而忽视其更新，使该区药用植物的保护受到一定的影响，尤其有重大药用价值和开发价值的种类，如：绞股蓝［*Gynostemma pentaphyllum*（Thunb.）Makino］、冬凌草［*Rabdosia rubescens*（Hemsl）Hara］等，由于过度采挖而面临枯竭。目前，药用资源储量较大的植物如：山茱萸（*Cornus officinalis* Sieb. et Zucc.）、百合（*Crotalaria sessiliflora* L.）、五味子（*Schisandra chinensis* Baill.）、华山参（*Physochlaina infundibularis* Kuang）等也面临类似问题，值得庆幸的是，人们已逐步认识到药用资源持续利用的重要性，并采取了相关的措施，如：人工繁育和种植山茱萸林，取得了较好的效果。

4.2　宝天曼地区药用植物的保护对策

药用植物资源的保护涉及多部门以及政策、立法、科学研究、经济贸易等多方面的问题，结合宝天曼地区的实际情况，提出以下综合性的保护对策。①对野生生物资源的采集、利用、贸易要加强立法和执法工作，控制资源利用量，防止资源枯竭。②加强药用植物资源的科研工作。在现有研究资料的基础上，进一步开展该地区药用植物资源的调查和应用基础研究，为资源的保护和合理开发利用提供科学依据。③建立药用植物园。它对保护本地区生物多样性，重要药用植物的保护繁衍、科学研究、科普宣传、对外合作交流，尤其对该地区珍稀濒危药用植物的迁地保护具有重要作用。④对有重要开发价值的药用植物进行保护，如：绞股蓝、冬凌草、山茱萸等，要建立繁育等生产基地，以满足开发及产业化的要求。

参 考 文 献

[1] 史作民，刘世荣. 河南宝天曼种子植物区系特征. 西北植物学报，1996，16（3）：329-335.
[2] 贵州省中医研究所. 贵州中草药名录. 贵阳：贵州人民出版社，1988.
[3] 刘国杜，苏忠树，范良茂，等. 湖北中药资源. 北京：中国医药科技出版社，1989.
[4] 方鼎. 广西中药资源名录. 南宁：广西民族出版社，1993.
[5] 李世全. 秦岭巴山天然药物志. 西安：陕西科学技术出版社，1987.
[6] 黄泰康，赵海宝，刘道荣，等. 天然药物地理学. 北京：中国医药科技出版社，1993.
[7] 中国药材公司. 中国中药资源. 北京：科学出版社，1995.
[8] 吴征镒. 中国种子植物属的分布区类型. 云南植物研究，1991（增刊Ⅳ）：1-139.

第四篇　生态系统生态学

森林生态系统的特点与研究概况†

森林生态系统在地球上占有重要位置，对人类生活有极其重要的影响。它的面积约占陆地生态系统全部面积的 33.5%，若包括疏林和灌丛，约占 38.3%。森林生态系统可以说是地球上最复杂的生态系统。它的特点是：

（1）具有最高的种的多样性，是世界上最丰富的生物资源和基因资源库。地球上一千万个物种大部分与森林相联系，光是热带雨林就拥有其中的二至四百万种，有人称热带雨林是物种形成的中心，它为高纬度的动植物区系提供“祖系原种”和新出现种。种的多样性随热带、亚热带、温带的森林而逐步降低。人类对森林生态系统所提供的物种，认识和利用得都极少，人类未来的农业、工业、医药最有价值的原料还寄希望于森林的物种，例如东南亚森林中的山竹果（Mangosteen），可能是世界上最鲜美的水果，一种热带豆类-翼豆，蛋白质含量最高，许多药品，如止痛药、抗生素、强心剂、抗白血病药、激素、抗凝血素，避孕药，人工流产药等都不断从热带林植物中发现。可惜不少东西在人类尚未认识之前就由于大规模破坏森林生态系统而消灭了。

（2）比其他生态系统具有较复杂的空间结构和营养结构（即食物链结构）。它的层次复杂，空间异质性最明显，小生境（niche）的专化程度高。热带雨林可以说是陆地生态系统结构最复杂的类型。森林生态系统由于组成和结构最复杂，通过各成分间反馈、负反馈的自我调节能力较大，即它的可塑性和弹性比草原、荒漠要大。一个处于演替顶极的森林可以容忍相当强度的择伐而保持其生存。温带林比热带雨林的稳定性相对要高些，因为热带雨林养分循环速率快，土壤淋洗作用比较强烈，养分不易在系统内积聚，只留下铁铝氧化物，有机质含量低，系统只得靠紧张的养分循环维持生态平衡，一旦破坏，土壤肥力将很快丧失，得不到补偿，这个系统就向荒芜灌丛和旱生草坡的逆行演替方向发展。热带雨林生态平衡的这种脆弱性常常得不到人们的认识，造成严重的后果。

（3）在地球表面的能量与物质转化流通过程中起有极重要作用，其本身的流程也是最复杂的，它的光能利用率和生物生产力在天然生态系统中最高。就一个欧洲温带阔叶林而言，一公顷的森林植物每年可以从土壤中吸收钾 69、钙 201、镁 18.6、氮 92，磷 6.9、硫 13 公斤，然后又归还土壤钾 53、钙 127、镁 13、氮 62、磷 4.7、硫 8.6 公斤；存留的，也就是用在生长量上的，钾 16、钙 74、镁 5.6、氮 30、磷 2.2、硫 4.4 公斤。森林生态系统由于各种生物的光合作用和呼吸作用使系统中 CO_2 浓度的日变化非常明显，超过了任何水生和其他陆地生态系统。森林在地球表面 CO_2 和 O_2 循环中的作用是巨大的。全世界森林一年吸收 18.3×10^9 吨的 CO_2，放出 13.4×10^9 吨 O_2，而全世界 43 亿人口一年需要的 O_2 为 1.16×10^9 吨。由于森林大规模破坏，空气中 CO_2 浓度增加，引起气温上升，这一趋势随同世界上工业发展燃烧石油、天然气和煤向大气中大量释放

---

† 蒋有绪，1980，森林生态系统的特点与研究概况，见：中国科学院长白山定位站，森林生态系统研究，(1)：233-240。

CO_2，威胁着人类的生活。

地球生物圈的平均光合作用率为0.2%～0.5%，一般不超过3%，高产农田（每亩2000斤）约为2.6%，热带森林可达3.5%。以每年每平方米利用太阳能来看，针叶林为3600千卡，温带5850千卡，热带林9000千卡，温带草原2250千卡，荒漠14千卡。森林生态系统每年所固定的总能量为3.1×10^{17}千卡，占陆地生态系统每年固定总能量4.9×10^{17}千卡的63%。森林生态系统的生物生产力因此也最高，阔叶林每公顷每年生产6～7吨干物质，针叶林6吨左右，高草草原5吨左右，矮草草原1.6吨，冻原小于0.9吨。森林生态系统虽然有较高的生产力和生产效率，但形成每单位重量干物质所消费的水分和养分物质却是经济的。形成一吨干物质，水稻耗水680吨，小麦540吨，树木为170～340吨；生产一吨干物质所需要的矿物养分（每公顷公斤），农田是氮10～17、磷2～3、钾8～26、钙3～8；森林是氮4～7、磷0.3～0.6、钾1.5、钙3～9。因此，以木本植物生产粮、油、纤维等等，比草本植物不仅因为多年生经营方便，而且不必完全占用好地、平地，光合率较高，经济有效。

（4）森林生态系统类型之多超过陆地其他生态系统和海洋生态系统。UNESCO分类和制图委员会的生态系统分类（以Ellenberg和Mueller-Dombors 1965，1966为基础完善的）分出群系纲、亚纲、群系组、群系四级较高级单位（群系以下未分）。郁闭森林（树高＞5米，郁闭林分）和未郁闭林地（树高＜5米，郁闭度0.3以下）两个群系纲共56个群系；灌丛（树高0.5～5米）群系纲16个群系；陆生草本生态系统群系纲17个群系；荒漠及其他植被稀少类型群系纲7个群系。

小结森林生态系统的特征，可以Odum（1969）对生态系统发育所采用的6组24个特征来分析，以作者之见，其特征如下：

森林生态系统特征群落能量学	
1. 总产量/群落呼吸（P/R）	1～2
2. 总产量/现存生物量（P/B）	低
3. 生物量/单位能源（B/E）	高
4. 净群落产量（收获量）	高，4～6吨/年，公顷
5. 食物链	网状
群落结构	
6. 总有机物量	大
7. 无机养分	在生物体内积聚的比例大
8. 种多样性-变异性成分	高
9. 种多样性-稳定性成分	高
10. 生物多样性	高
11. 成层性和空间异质性	高
12. 小生境（Niche）专性	强
13. 有机体大小	大
14. 生活周期	长、复杂

续表

养分循环	
15. 矿物循环	封闭式
16. 有机体与环境间养分转化速率	慢
17. 养分更新中母质碎屑的作用	重要
选择压力	
18. 生长型	主要为反馈控制
19. 生产量	质的
整体自动平衡	
20. 内在同化	发育
21. 养分转化	好
22. 稳定性（对外界扰动的抗力）	好
23. 熵（Entropy）	低
24. 信息	高

关于森林生态系统的国外研究动态可以从生物生产力、物质循环与能量转化、系统模型以及在森林资源经营利用上的应用、人工林生态系统几个方面来看。

1 森林生态系统生物生产力的研究

最早涉及森林生物生产力的研究是在十八世纪末，由于林业上林分材积表和林木生长量的研究引起，促进了测树学的发展，它主要是研究立木材积、林分蓄积和林木生长过程。这在现在仍然是森林生物生产力的主要内容，目前研究森林生物产量中关于立木材积、树皮产量等方法仍是借鉴现代测树学方法，而且由于先进林业国家发展“全树利用”的集约经营水平，测树学也发展成为森林收获量的全面研究，包括树皮、枝丫、叶、根系的有机产量。

十多年来，对各类森林生物生产力的研究工作是大量的。自 IBP 的 PT 组组织推动了陆地生态系统的产量研究后，使这方面工作得到更迅速的发展。1996 年 10 月 27～31 日在布鲁塞尔召开的森林生态系统生产力专题讨论会，1971 年出版的论文集，内容涉及森林生物气候、森林土壤、各类森林的初级、次级生产力、凋落物组成、动植物区系、养分及氮素循环、数学方法应用、数据的延伸和制图等等，体现了六十年代末和七十年代初的研究水平。

近年来由于世界各地区各类生态系统，特别是各类森林生态系统的生物产量研究资料越来越多，使得有人试图从热量、雨量分配的角度探讨世界各气候带各类生态系统生物生产力总的概貌和规律并进行制图。1969 年苏联科学院科马洛夫植物研究所、杜库恰耶夫土壤研究所和地理研究所合作绘制了几幅世界性的图。后来，J. Olson 以它为基础，为 IBP 编制了“大陆生态系统类型及其生物量（活有机碳）的分布”一图，把生物量分成为八个等级制图。这工作离完善的程度还很远，因为许多生态系统，特别是许多森林生态系统的地下部分生物量还不可靠，并且资料本身假定各类生态系统的生物量基本上是比较恒定的。但从图上至少可以看出森林与干旱寒冷、少植物的植被，以及各种干湿草地相比较时生物量的显著差异，而且可以看出世界上生物量的分布与热量、雨量分布相联系的整个轮廓。

1975年美国国家科学院召开的“世界生态系统生产力”专题讨论会又作了全面探讨研究。

关于森林生态系统生物生产力研究方法的论文、评述很多，归纳起来，研究方法根据不同原理可以分为：

（1）收获法。

（a）皆伐法。直接测定，主要用来验证其他方法。

（b）平均木法。最适用于树龄一致、树形大小频度分布的散度较小、呈正态分布的人工林。这方法关键在于把平均木资料换算为林分的误差问题。Baskerville（1965）发现本方法误差可达 25%～45%，而林相整齐的人工林误差就小些，误差在 5%～10%以内就可以用。原因在于对不同的维量可能需要不同的平均木，所以单选一个维量的平均木（如只用胸高直径）就导致大的误差。天然林分层的也可以分层选取平均木。

（c）生长比率法和相对生长法。小乔木或灌木可用小样方（如 0.5×2 米）取样把它们刈割下来，找出不同部分的生物量或生长量与某一指定维量的相关性（比率），对大乔木可用 0.1 公顷样方，但可不伐倒，选出样木来测生长比率。采用的维量，在研究各部分生长量时，可用 EVI 材积生长量（胸高断面年生长面积的 1/2 乘以树高）的比率，在研究各部分生物量时可用 VP 材积（胸高断面积的 1/2 乘以树高）的比率，然后从小样方或样地测算林分的。对灌木可用茎底以上 10 厘米代替胸高 1.3 米处。为了更加精确一些地估测生物量和产量，可用回归分析来确定各部分生物量或生长量与一些维量的相关性，利用对数回归的好处是能表示出误差和置信界限。用回归分析找出不同自变数回归上得出的两个或更多组的变数中，选出相对误差较低的一个或相关紧密的一个自变数来。一般是用 VP 作为材积、生物量和当年带叶小枝量的自变数；材积的生长量作为树干木材和树皮生长量、枝材和树皮生长量的自变数；圆锥体面积作为树干和枝的面积计算的自变数。相对生长法在混交林也适用。但以上收获法总的不足之处是不反映生态系统的能学，例如有机质为动物所消费的，或为分解者所消耗的量难以估算。

（2）测定生态系统环境中有机体改变某一物质浓度的速率，这需要以用由有机体生命活动所产生的这种变化可用来计算表示产量为前提。

（a）测定 CO_2 浓度变化，这用得最多。在德国 1964 年就开始应用，至今已有十多年历史了。有用小室（内置取样木的样枝）直接测定被植物同化的 CO_2 量（即直接测定光合作用率），也有用测定森林不同层次的 CO_2 浓度变化，这适用于大面积而均匀的林分和产生气温逆转的条件下。代表这方面研究水平的有美国布鲁克黑文松栎林研究工作，即所谓“布鲁克黑文途径”。这些方法的主要问题是测定中由光呼吸作用引起的误差。

（b）用测定氧、磷酸盐、磷、硝酸盐的变化，但未见到具体文献的描述。

用上述测定某一物质浓度变化来估测产量的方法，缺点是比较粗放，因为动植物改变这些物质浓度的相互关系还不太确定，但优点是方便、省力。

关于次级产量的测定比较复杂，涉及动物及其他异养生物对初级产量的消费，因此必须进行一定种（在森林生态系统中占有一定地位的）的能学估算，如果有关种群和环境关系处于平衡状态，而且种群大小没有变化（即个体数不增不减），那么一个简单的次级产量测定法，就可以在规定时间里测定每个死亡个体的热含量，实际上情况比这要复杂。研究方法可参看布鲁塞尔会议文集Ⅳ部分和波兰华沙（1966）出版的 Jabonna 会议文集“陆地生态系统次级生产力（原理和方法）”。

2　森林生态系统物质循环与能量的转化

这方面的研究可追溯到五十年代苏联生物地理群落学的研究，1966 年有一个完整的研究大纲，它的任务就是揭示森林生态系统物质与能的转化规律，这个大纲看来至今还是很详尽的。近些年来的研究，手段和装备要新得多，更有效率。森林生态系统这方面的研究不同于其他生态系统，其特点是要注意到树冠层和枯枝落叶层在森林生态系统各种过程中的作用，这样就不难抓住研究的关键。这方面的研究方法可参看 Chapmann S. B. 的“植物生态学方法”。

能量流通转化方面的研究，原理与其他生态系统基本一致，许多论文中提出的森林生态系统的能的转化流程图，大同小异，基本上是以 Odum（1968）提出的生态系统通用的能的流程图为基础加以具体化的。1968 年 4 月在华沙召开来自 15 个国家（IBP 的 PT 组参加者）的 23 个生态学家专门讨论了“生态能学的方法”，会后八年，由 W. Grodzinski；R. Z. Klekowski；A. Duncan 主编了 IBP 手册“生态能学的方法”一书，详细介绍了实验室和野外研究方法以及装备（在一般大学实验室条件下可做到的）。

目前，由于大量研究资料的积累，有些学者开始从地球化学循环角度来探讨世界范围的各类生态系统的元素循环和能的流通。

3　森林生态系统的模型和模拟

广义地讲，生态系统的各种过程、各种内在相互关系用一种概括的抽象的方式表达和描述出来的都叫做生态系统的模型，也就是说模型是一个系统的抽象和简化，模型比真实的系统简单，但应当具有真实系统重要功能的属性。模型可以有文字（描述的）、图解式的、图表的、地图的、统计的、数学方程的以及电子计算机的数学模拟。模型可以是生态系统的一个侧面，如森林物质循环中的 C、N 或其他某一种元素的循环过程，或者是能量的、水分的、CO_2 的等等模型。

对于生态系统模型方法的可靠性，评价不同。有的作者指出，模型的作用目前还不完善，因为模型都是经验的，没有一个模型是建立在真正完全独立的数据基础上的。模造的生态系统的界限多少是人为确定的，模型本身也是抽象出来的。但有些作者则相信生态系统模型可以和实际十分接近，尽管生态系统作为生物学概念的实体是相对非均质的。建立一个森林生态系统的模型所需要特性的数据，包括六个方面（S. Wodwell，1969）：①系统的生物群（biota）；②生物群和系统的结构（如 pattern 分析）；③生物群和系统的进化（如多样性指数等），④非生物环境因素和它们对种的影响；⑤生物群之间的相互关系；⑥能量及物质的流通。1972 年 8 月 14～26 日在美国田纳西州 Oak Ridge 召开的 IBP、PT 组的国际林地专题讨论会，其论文集“森林生态系统的模造”有 22 篇论文，涉及各类森林，可反映七十年代初森林生态系统模型研究的水平。此外，还有森林生态系统线形估价模型 28 例，用电子计算机 FORMAT 语言介绍 28 例的有关模型假设、完成估价所需测值和规定的变数，和相关的初始条件，用数字表达对规定变数的年输入和系统成分与供给者成分间流量的清单。

4　森林生态系统研究在森林资源管理利用上的应用

森林资源是可更新的自然资源。人类对资源利用经历了不同过程，最粗放的经营管理完全依赖于自然过程，对自然规律了解得很少，盲目性很大，因此破坏性也很大。以后的经营管理走向比较自觉的状态，要求了解自然规律，但可侧重于个别树种的需要，逐步发展到群体的结构等等，现在则发展到要求在生态系统水平上去管理，要求更加深入了解森林生态系统的发生、发展，系统内种群关系、物质与能的转化循环，以及系统与相邻系统的相互作用，以便调节控制上述各种过程和关系，使森林资源充分发挥提供木材和各种生物资源，以及保护环境、改善环境质量的作用，过去不合理开发利用森林的教训太多了，至今还在不同程度上不断造成生态学的环境危机。越来越多的呼声要求从生态学来指导合理利用森林资源。森林生态系统结构和功能的调节控制和模拟，被认为是可以指导森林经营的科学途径。它的主要原理是了解森林生态系统的结构和功能，并利用在计算机内建立一个资料结构，反映外界森林生态系统一个真实的结构，而构造程序反映生态系统中每一步活动，计算机内符号上的变化反映了生态系统的变化，满足了这些要求，就可以从某一个状态开始模拟，并在整个过程中观察其变化。初始状态决定了那一个程序的运转，又决定了下一个程序的动作，一直模拟到研究者愿意知道的那一步。这是用数学模拟预测预报生态系统变化的原理。理论上讲，凡是生态最复杂（如森林生态系统那样）的，最适合发挥电子计算机数学模拟的长处来加以应用。但正如一些作者指出：目前对了解整个森林生态系统的目的抽象的许多，而当做切实可行的周密的研究计划少。到目前为止，完整的成果很少，整个研究工作还处于探索之中。

5　人工林生态系统的研究

世界上人工林生态系统比重越来越大。其原因一方面是世界木材供需不平衡的缘故，一方面是认识到森林的重要作用，需要在过去破坏的基础上恢复森林。因此，除了人工用材林的营造外，森林生态系统构的复原也是当前世界上先进工业国林业研究的重要内容。人工林营造的研究带动了立地条件类型及其生产潜力、树种个体生态学、人工施肥、灌溉和林分结构配置等实验生态学的发展；森林生态系统的复原主要围绕采伐迹地、工矿废墟和废渣堆、公路、铁路、机场、海港，地下水位变低的地方，野生动物损害的地方，火灾的为害等方面进行。

国外森林生态系统的研究主要是在近二十年内蓬勃发展起来的。我国在六十年代有过森林生物地理群落（即森林生态系统）物质能量转化循环等定位研究的训练，对森林生态系统开展全面的研究则刚刚是个开端，在“人和生物圈委员会”国际研究计划的推动下，我国正计划在温带、亚热带、热带的森林开展研究，我们期望在不久的将来，可以缩短我们与国外森林生态系统研究水平上的差距，做出我们应有的贡献。

主要参考文献

[1] R. H. Whittaker：Communities and Ecosystems，1970.
[2] R. G. Witiegert：Ecological energestics，1976.
[3] Productivity of forestecosystems. Proc. Brussels symposium. UNESCO，1969.
[4] N. I. Bazilevich；A. V. Drozdov；L. E. Rodi：World Forest productivity，its Basic Regularities and Relationship with Climatic Factors，1971.
[5] Productivity of World Ecosystem，Proc. of a Symposium. U. S. National Comm. for the Intrn. Biol. Ecosystem.，1975.
[6] P. J. Newbould：Methods for estimating the primary production of the forests，IBP Handbook 2，1967.
[7] S. B. Chapmann：Methods in plant Ecology，1976.
[8] Програтта и Методика Биогеоценологических Исследонаний，1966.
[9] W. Grodzinski；R. Z. Klekowski；A. Duncan：IBP "Methods for ecological energestics"，1976.
[10] G. E. Likens：Biogeochemistry of a forested ecosystem，1977.
[11] J. N. R. Jeffers：Mathematical Models in Ecology，Proc. of the 12th Symp. of the British Ecological Society，1972.
[12] C. A. S. Hall：Ecosystem modeling in theory and practice；an introduction with case histories，1977.
[13] "Modeling Forest Ecosystem"，Report of Intern. woodland workshop，IBP；PT setion，1972.
[14] Ecosystem analysis and prediction (Conference on Ecological systems. Alta，1974)，1975.
[15] Recovery and restoration of damaged ecosystems，1977. Intern. Symp. on the Recovery of Damaged Ecosystems. Virginia，1975.
[16] Selected Papers of the 8th World Forestry Congress. FAO，1978.

川西米亚罗亚高山冷杉区小气候的初步研究†

川西米亚罗林区是我国川西高山林区的一部分。川西林区位于青藏高原的东部边缘岷江及大渡河水系的上游地区，新中国成立前对川西以及对我国整个西南高山林区的气候基本特征，以及森林对气候的作用的研究资料极少。新中国成立后才在广大西南高山地区普遍设置气候观测站，系统收集气候基本资料，为深入研究西南高山林区气候打下了基础。高原对大气环流的作用以及它对我国及西南地区气候的影响等气象学课题都有了深入研究，取得了很大成绩，但在森林小气候范畴仍属薄弱环节，急待积极开展。

为了更好地解决川西高山林区森林的合理采伐方式和更新技术问题，四川省林业科学研究所和中国林业科学研究院林业研究所自 1960 年起在川西米亚罗林区合作，开展了森林小气候及采伐迹地小气候的研究。在夹壁沟内海拔 3400 米的西南坡设置了冷杉林内外对照的气象观测站。林外站设备与一般气象站相同，林内站除 1.5 米高外，另有 5 米、10 米两个高度进行梯度观测，雨量筒五个，土壤蒸发器五套，雪尺两支。观测时期为 1960 年 5～9 月，1961 年 5 月至 1963 年 12 月。此外，还有若干皆伐迹地的气象站。本文根据以上各站收集的资料对冷杉针叶林及其采伐后的小气候变化等基本规律作一些初步分析，供森林生态学的教学、研究和营林生产参考。

1　林区气候概况

林区山谷深隧陡峭、高低悬殊，由谷底的 2600 米到 4700 米，甚至达 5000 米之多。

气候受高原地形影响很大。年降水量 750～950 毫米，年变率较大。降水集中于 5～9 月雨季，冬季为干季。雨季降水呈现两个高峰（图 1）。降水变率较大是由于高原位于夏季风的边缘，夏季风的强弱对高原及邻近地区的降水有很大影响；而降水两次高峰的形成则与亚洲东部的锋面活动有关，锋面在冬天回旋于西太平洋中，入春渐向西北移进登陆，所以川康一带因锋面北移而五、六月间多雨，六月锋面沿长江而东去。九月则因夏季风衰退，冬季风取而代之，锋面又被迫南下，速度虽然较快，但经过川康一带因地形崎岖，受摩擦而行动滞慢，于是秋雨增多，形成一年内降水的两个高峰。

气候冬寒夏凉，年平均温低（6.1℃），但仍属于青藏高原地区中较暖的地方，年平均积温近 2000℃，河谷的七月平均气温在 15～18℃。本区≥10℃稳定期的积温和雨量与东北长白山地区均相似，但冬季却远比东北林区暖和。河谷一月平均气温为–4～–2℃，不低于–5℃竟与长江中下游相似。总的说来，气温年较差不大，这与高原及其周围地区的热力作用有关，高原及山地表面能吸收较强的太阳辐射热，并且地形复杂，冷

---

† 蒋有绪，1981，农业气象，(1)：71-75。

本项研究为四川林科院与中国林科院林研所合作，四川林科所参加的研究人员有周德彰、梁罕超。本文由蒋有绪根据其中部分资料整理。

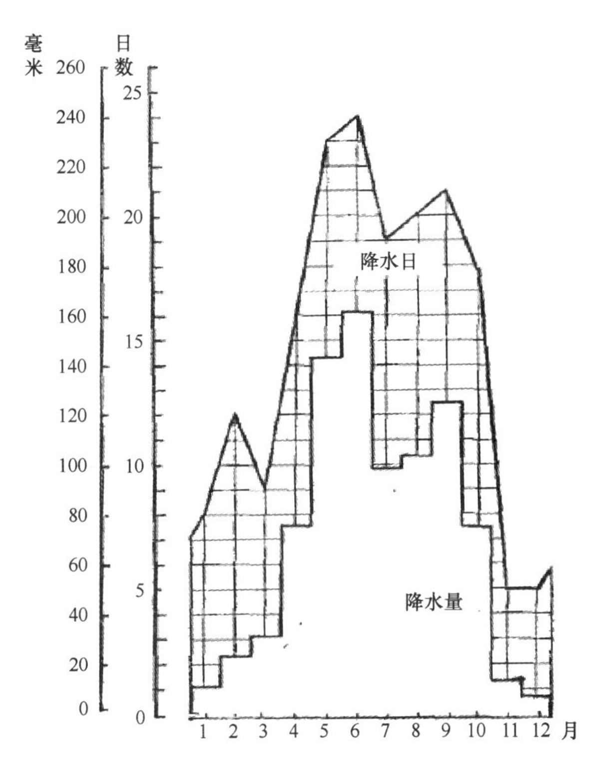

图1 米亚罗各月平均降水量与降水日数（1956～1960年）

空气不易侵入。气温日较差较大，因为白天日射强，晚间地表辐射冷却也快，平均年蒸发量为1230毫米，超过降水量的一半（表1），大气相对湿度较大，一般也是冬季低、夏季高（历年平均值，一月为60%，六月为79%）。这与森林植被的作用有密切的联系。河谷内降雪一般在10～5月，积雪很少。地表温度及土温变化状况可以1959年为例（图2）。

表1 米亚罗林区气象历年平均值（1956～1960年）

	气温	相对湿度		降水量/毫米	蒸发量/毫米	降水日数/天
年平均	6.1℃	70%	年总计	868.6	1232.9	180

平均地表温在0℃～20℃变化。植物根系分布的土壤层温度状况表明适合不少作物（如小麦、大麦、玉米、及各种豆类、蔬菜）生长。但夏季地表绝对最高温度很高，可达60℃左右。由于雨季中两次降雨的高峰能使地表温变幅变小，这一现象在土壤20厘米深处也得到反映。结冰自九月始，春季五月偶见。土壤冬季结冻，土壤最低温可达–20℃左右。霜期长，自9～5月，间或六月。风速以1～5月较大（1.7～1.6米/秒），7、8月最小（1.1米/秒），风向变化多端，但山谷风明显，深谷地形对于气流运动（产生对流）有较大的影响，这种影响以夏季最大[1]。

综合上述气候特点，本地区不同于其南端居于雨影地带内的茂汶的干热气候，和往北的草原气候。因而本区广袤发育为亚高山寒温带的针叶林。但林区由于海拔高差很大，气候上可分两个垂直带：2600～4000米为发育针叶林的亚高山湿润冬干寒冷气候（DW）；4000米以上一般为高山寒漠气候（ETH），发育有高山寒漠群落及永久积雪[2]。

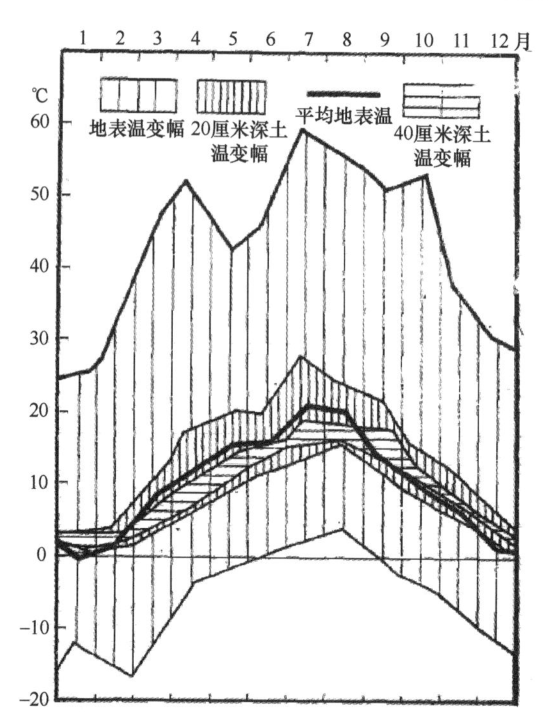

图 2　1959 年各月地表温及 20 厘米、40 厘米深土温的变幅范围

2　海拔高差的小气候比较

从高海拔 3400 米坡面与海拔 2760 米河谷阶地的气候材料对比分析，可看到明显差异。

据 1961.5～1962.2 的材料（表 2）看出，低海拔阶地比高海拔坡面（不论林内外）各月平均气温都高 3～4℃，这与海拔每升高 100 米气温下降 0.5～0.6℃的递减规律相一致，冬季（11 月）的差较小。地表温差也是夏季大而冬季略小，可能由于冬季西南坡面增温较大，减弱了海拔高差引起的减温作用。气温的变幅若以各月平均最高、最低温变化看，低海拔阶地与高海拔坡面基本相似，冬季为 13～14℃，夏季为 10～11℃；日变幅是低海拔阶地较大，大 2～3℃不等。地温状况差别较大，低海拔阶地地表≤0℃的日数全年内比高海拔地面要少得多，如海拔 2760 米阶地二月为 3 天，十一月为 0 天，3400 米坡面则各为 19 天、16 天。15 厘米以内土温在生长季节内，低海拔阶地比高海拔坡面要高。但 20 厘米深土温却相反，夜间及清晨阶地该层土温低，导致平均土温值降低，

表 2　林内梯度气象因子比较

梯度高/米	气温/℃			绝对湿度/毫巴			相对湿度/%		
	1.51	5	10	1.5	5	10	1.5	5	10
1961 年 5 月	6.3	6.3	6.3	6.3	6.5	6.45	74	73	73
1961 年 10 月	5.8	5.6	5.6	7.6	7.5	7.5	84	85	84
1962 年 2 月	−2.6	−2.7	−2.6	3.3	3.2	3.3	71	69	71

实际上白天仍然比3400米坡面的20厘米深土温要高，这说明了谷底阶地的土温变幅较大。

低海拔阶地各月绝对湿度较大，这与空气绝对湿度随高度递减的规律相符。各月相对湿度相反，3400米坡面的较大。试比较湿度日数即14时相对湿度≥80%的日数，也是高海拔坡面多于低海拔阶地，这可能是海拔高气温低和坡面的森林蒸发散所造成。但冬季两处绝对最小相对湿度值却出现在高海拔坡面。

各月降水量都是3400米坡面高于2760米阶地，全年多16%～20%；蒸发量在秋、冬、春，高海拔坡面大于谷底阶地，而夏季相反。

从以上材料可得如下结论：海拔高差及地形位置不同，小气候状况不同。高海拔坡地比之低海拔谷底阶地，气温低、土温低、但两者变幅小；降水略多，相对湿度大。植被发育两者也因而不同，高海拔坡面覆盖有稠密的针叶林（冷杉、云杉），稍温和而干燥的河谷则有铁杉和一些阔叶树，更干燥的条件下生长有高山松。目前，高海拔坡地小气候特点显然受现有针叶林的影响，所以小气候和植被的关系是互为因果的。因此，根据因地利宜的原则来规划林区更新树种的选择、更新途径、更新方法是非常必要的。不问条件一律采用某一树种（如云杉、红杉等）某一种更新方法都是不恰当的。

3 林地、非林地小气候的比较

森林覆被影响小气候的各个方面，如辐射、光照、气温、土温、降水、湿度、蒸发等。林地的平均气温（指1.5米或2米高处）各月都比同海拔的非林地（林外草地）略低，平均最高温要低而平均最低温要高些，这一情况在全年内基本一致，可见林下气温的日变幅小，年变幅也小。其日变化过程可以1960年7月为例（图3）：林外气温在早晨6时左右起直到下午14时，比林内要高，但以后林内的开始比林外增高，并一直至次日清晨。林外的最高温一般在12～14时出现，而林下各梯度的最高温由于林冠层的阻碍，一般也比林外出现稍晚。白天树冠层要吸收和反射绝大部分的太阳辐射，使林内温度比林外低，而晚间林地的散热慢而温度又稍高于非林地。

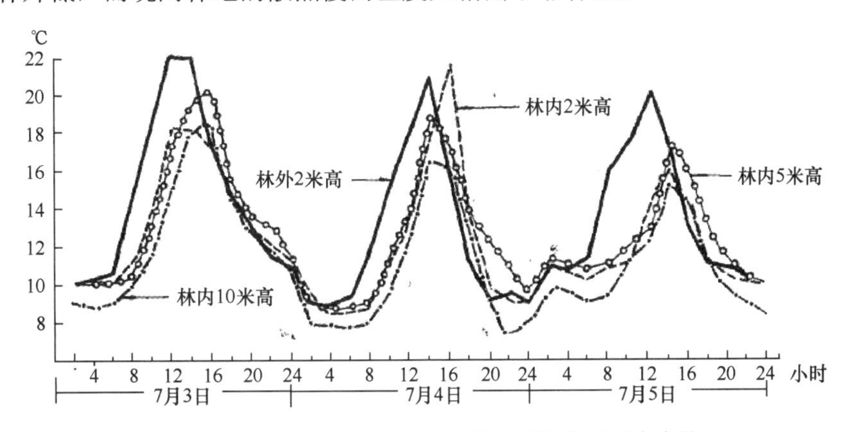

图3 1960年7月3～5日林内外大气温度的昼夜变化

冷杉针叶林下的平均地表温和土温要比林外低，日变幅、年变幅均要小些，但林内外地表温的差别，冬季小而夏季大（如2月为1.3℃，7月为7.5℃）。其日变化特点：土温的昼夜变幅是上层比下层大，土层自上到下的温度变幅相应变弱。林外约在 25 厘米深就比较稳定，到 50、100 厘米深几乎不受外部因子影响而不甚变动。林下土壤也具有相似的规律，但表层土温在白天比下层略高或不高于下层，林内自 15 厘米深处就开始比较稳定。此外，在生长季节内林外在任何情况下白昼的地表温总比气温高，在林内则不一定。

林内梯度的气温、湿度变化（表 2）在 1.5、5、10 米高处都相近，估计直到接近林冠层（树高 20 余米），林冠层内及其上，将有显著变化和具有不同的变化规律，但林冠层的观测由于技术上的困难没有进行。

4　森林采伐后小气候的变化

森林采伐后（特别是皆伐后），浓密的森林覆被骤然消失，不能不使小气候发生突变。皆伐后小气候的变化在很多方面基本上与非林地相似。例如，平均气温增高，变幅增大，蒸发量增加，平均地表温、土温增高、变幅增大，湿度变化视周围条件（是否包围在林地中、或迹地上留剩的林木多少等）略有下降或不下降。很多日变化规律（如气温变化）也与非林地相同；土温日变化的形式也与林内迥异而与非林地相同。以 1961 年 7 月为例可看出土温在 8、14、20 时的梯度曲线与非林地的极相似（图 4）。生长季内皆伐迹地的小气候特点是：在白昼地表温高于 1.5 米处的气温、夜间及清晨则略低于气温，土壤表层温度在白昼高于下层，到夜间及清晨则相反。土温变幅越往下越小，但在 25 厘米深处以下基本上稳定（与非林地情况也相同）。

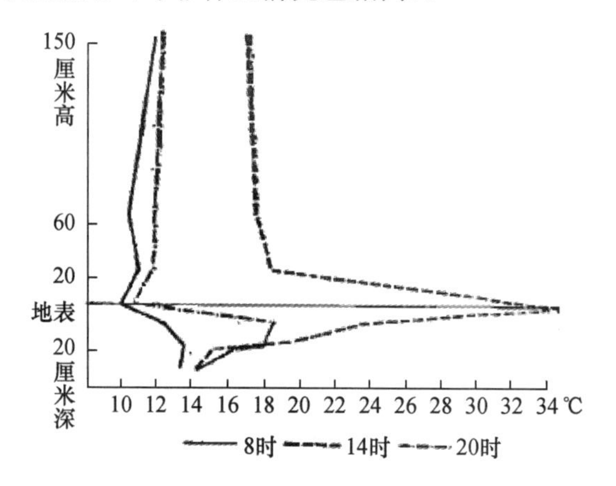

图 4　1961 年 7 月采伐迹地 8、14、20 时的温度（气温、土温）的梯度曲线

气温在白昼越近地表处越高，且增加的幅度在近地表 20 厘米处骤然增大，土温在 20 厘米深处以内变化也快。晚间地表降温最快，10～25 厘米内降温是逐渐的，直到夜里才降至比 25 厘米以下的土温还低。

绝对湿度无论在白昼、夜间越近地表越高，这是由于地表蒸发及地表植物蒸腾的缘故；相对湿度总的规律是白天小（图 5），白天近地表处虽由于土表蒸发及植物蒸腾而含有较多的水汽，但由于温度也高，因此该层相对湿度并不高于 1.5 米处，到晚间因近地表降温变幅大，其相对湿度相应提高，较大于 1.5 米处。

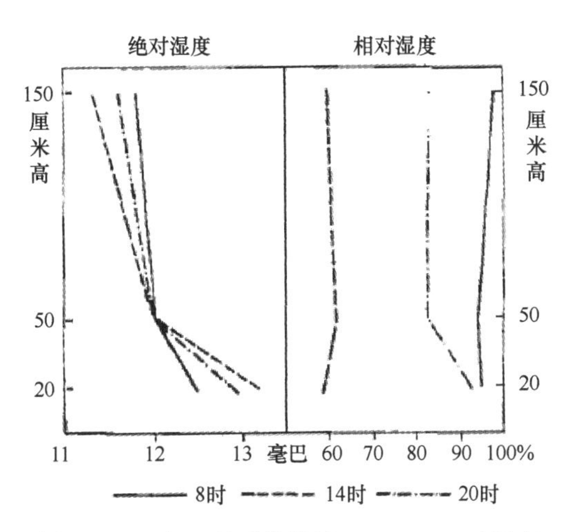

图5　1961年7月采伐迹地8、14、20时湿度

皆伐迹地因小气候的突然变化，使原来许多林下喜阴喜湿的植物衰亡，喜光、中生的植物取而代之：喜光的阳性树种可以很好地在皆伐迹地上生长，而阴性树种则不行。

如果把采伐方式作为森林更新措施的因子之一来考虑，就应当根据更新树种的习性来决定是否采用皆伐。在高海拔（3700米以上）的向阳坡，由于森林采伐掉，土温变幅增大，冬春土壤结冻解冻频率也大，造成迹地上幼苗的冻拔而使幼苗死亡。这都说明森林覆被对于小气候影响的巨大。森林采伐后树冠层对降水截留的作用也消失，降水全部下达地表，大部形成径流流失，不能为土壤吸收，对于水源涵养也产生很大的影响。森林覆被对整个林区调节气温、大气湿度、降水都有重要作用。因此，在林区开发利用森林都必须考虑到森林对气候的影响、采伐后小气候的变化规律，以及这些变化对森林更新的影响关系等，才可能全面合理利用森林资源。

川西亚高山冷杉林枯枝落叶层的群落学作用[†]

川西林区处于青藏高原东南边沿，山高坡陡，因位于大渡河和岷江上游，邻近成都平原，具重要的水源涵养作用。本工作的目的在于阐明枯枝落叶层（土壤的 A0 层）在本林区亚高山冷杉林生态系统中对水源涵养、物质循环和群落发展等方面的作用。

1 研 究 方 法

研究工作在川西阿坝藏族自治州米亚罗夹壁沟（东经 103°2′、北纬 81°43′）海拔 3000～3700 米的亚高山冷杉林的四个林型内进行。四个林型为：①藓类-冷杉林（*Abietum hylocomioso-actinothuidiosum*）；②箭竹-冷杉林（*Abietum sinarundinariosum*）；③高山栎-冷杉林（*Abietum quercosum*）；④杜鹃-冷杉林（*Abietum rhodoendrosum*）。

主要建群种、亚建群种为岷江冷杉（*Abies faxoniana*）、紫果冷杉（*A. recurvata*）、高山栎（*Quercus semicarpifolia*）、箭竹（*Sinarundinaria ohungii*）、杜鹃（*Rhododendron przewalskii*）、锦丝藓（*Actinothuidium hokri*）、塔藓（*Hylocomium proliferum*）。

研究方法如下：1. 每标准地设置 1×2 米^2 凋落物收集箱 2 个，定期收集凋落物。每年 5、9 两月测定 A0 层总量，取样收集建群种植物体，进行化学分析。2. 定期测定土壤水、热、养分动态；A0 层分放 CO_2 量；土壤中空气 CO_2 含量；雨后采集土壤渗滤水，测水量、分析；A0 层最大持水量测定等。3. 实验群落生态方法有：①去除 A0 层，每两平方米 1600 粒种子，人工模拟冷杉天然下种；②A0 层浸出液、栎叶、杜鹃叶，箭竹叶浸出液（200 克干重凋落物，1.5 升蒸馏水，浸泡 24 小时的浸出液，制成四种浓度）对云杉、冷杉种子发芽率的影响；③去除 A0 层，移植冷杉一年生苗；④去除 A0 层、藓类层片，观察植被变化。

2 试 验 结 果

2.1 四个林型的年凋落物量、枯枝落叶层总量及周转率

森林不断地由乔灌木、地被植物的枯死部分脱落而产生凋落物，并在森林土壤表面逐渐积聚形成枯枝落叶层。枯枝落叶层的有机质因微生物的分解，不断地把各种矿物元素释放出来，淋洗到土壤中去，因此，枯枝落叶层是森林生态系统物质循环的一个重要环节。川西林区亚高山冷杉林四个林型的每年凋落物量（干物质重）大小的顺序如下：高山栎-冷杉林＞杜鹃-冷杉林＞藓类-冷杉林和箭竹-冷杉林，它们的组成也各不相同（表 1）。

† 蒋有绪，1981，植物生态学与地植物学丛刊，5（2）：89-98。

本项工作是 1960～1965 年中国林业科学院林业研究所和四川林业科学研究所共同进行的综合定位研究的一部分。此项工作还有张爱娟参加，部分材料为土壤组（张万儒负责）收集。

表 1　年凋落量及其组成（按 5 年平均）　　（单位：千吨重/公顷）

林型	针叶	软阔叶	杜鹃叶	栎叶	树皮、树枝	果鳞	栎实、栎碗	总计
1. 藓类-冷杉林	0.67	0.03	—	—	0.08	0.02	—	0.8
2. 箭竹-冷杉林	0.56	0.02	—	—	0.22	+	—	0.8
3. 高山栎-冷杉林	0.54	—	—	0.48	0.77	+	0.11	1.9
4. 杜鹃-冷杉林	0.98	—	0.17	—	0.34	0.01	—	1.5

枯枝落叶层由于不断有积聚和分解，所以始终处于周转过程之中。枯枝落叶层的周转期（年）等于土表枯枝落叶层总量与年凋落物量之和除以年凋落物量，其倒数即枯枝落叶层的分解率（或周转率）：$k=\dfrac{L}{L+SL}$

k＝枯枝落叶分解率

L＝年凋落物量

SL＝枯枝落叶层总量

枯枝落叶层因其组成物处于不同的分解程度，可依此划分为未分解的、半分解的和完全分解的泥炭质三个亚层，即 L（litter）、D（duff）和 H（humus）三亚层。四个林型的枯枝落叶层总量，三亚层及苔藓植物体的量，以及枯枝落叶层的分解率和周转期材料见表 2。

表 2　枯枝落叶层及其亚层干物质总量

林型	干物质总量/（千吨重/公顷）					分解率（K）/%	周转期/年
	L 亚层	D 亚层	H 亚层	藓体	总计		
1	19.1	5.4	13.4	5.2	43.1	1.82	54.9
2	10.8	11.6	12.4	4.8	39.6	1.98	50.5
3	18.4	5.3	15.1	0.8	39.6	4.58	21.8
4	11.8	7.6	21.5	0.9	41.8	3.46	28.9

枯枝落叶层总量及其组成、三亚层的比例和分解速率都与年凋落物量及其组成密切有关，现联系起来进行分析。如高山栎-冷杉林年凋落物量最大（每公顷 1.9 吨），其中冷杉针叶占 28.5%，栎叶占 25.0%，栎叶比重大与高山栎层在群落中的覆盖度达 107% 直接有关；藓类-冷杉林由于林下无高大灌木，凋落物少，年凋落物量每公顷 0.8 吨，但 A0 层总量并不少，与其他三个林型均相近，约每公顷 40 吨，这主要是由林下地表的大量苔藓植物补充的。箭竹-冷杉林下箭竹层盖度 41.6%，但平时只落细小针叶（只占凋落物总量的 2%），只在竹子开花后大批枯死的年代才形成大量凋落物。因此，年凋落物总量不大，每公顷也是 0.8 吨，A0 层总量的 12%（即每公顷 5.2 吨）也由林下地表苔藓补充。杜鹃-冷杉林因生境冷湿，凋落物不易分解完全，因此泥炭质亚层（H 亚层）最厚，其干重占 A0 层总量 41.8 吨/公顷的 51.4%，达 21.5 吨/公顷。四个林型枯枝落叶层分解率的顺序是：高山栎-冷杉林＞杜鹃-冷杉林＞箭竹-冷杉林＞藓类-冷杉林。影响枯枝落叶层分解速率的因素是比较多的，一方面与枯枝落叶的性质有关，如是否易于分解；另一方面与枯枝落叶层的微环境和微生物区系及其活动有关。从试验观测结果来看，高山

栎-冷杉林位子半阳坡，气温较高，利于微生物的活动和有机质的分解；杜鹃-冷杉林海拔分布高，气温较低，然而枯枝落叶的分解率却较大，并居第二位，超过了藓类-冷杉林、箭竹-冷杉林的一倍以上，这显然是因为后两者的枯枝落叶层中死的、活的藓体很多，吸水很多，枯枝落叶层常处于水湿状况（尤其是正值生长季节的雨季，更处于饱和的吸水状态），空气少，在嫌气状态中微生物活动低，有机质分解也极慢，这点可从反映微生物活动的枯枝落叶层释放 CO_2 的材料得到证实（表 3）。

表 3 地表层释放CO_2量 ［单位：公斤/（小时·公顷）］

林型	5 月	6 月	7 月	8 月	9 月
1	1.43	1.02	1.15	0.99	1.06
2	1.77	1.46	1.31	1.35	1.26
3	1.26	1.72	1.47	1.59	1.54
4	1.01	1.02	1.45	1.47	1.29

由表 3 可见，雨季到来之前的五月份，藓类-冷杉林、箭竹-冷杉林的枯枝落叶层微生物活动比其余两个林型旺盛，CO_2 释放量大，但自雨季开始，在整个雨季中低于后两者。因此，可以认为，枯枝落叶层的微生物分解活动，在亚高山针叶林带的条件下，除了受气温的影响外，由枯枝落叶层本身的水湿条件决定的通气状况是极重要的因素。

2.2 枯枝落叶层在森林生态系统矿物养分循环中的作用

枯枝落叶层作为森林生态系统物质循环过程中的一个具有中转性质的“物质库”，储备有各种矿物元素。枯枝落叶层储备的各种矿物元素的量和组成百分比，都直接与每年不断补充的凋落物组成的各种元素含量有关。为此，分析了凋落物中主要植物组织的矿物元素含量，并联系枯枝落叶层矿物元素储备量进行讨论（表 4、表 5）。例如，枯枝落叶层全量分析的灰分中 SiO_2 含量比率以及每公顷枯枝落叶层中 Si 的储备量在四个林型中以藓类-冷杉林、箭竹-冷杉林为大，其 SiO_2 含量可以分别占枯枝落叶层干物质总量的 0.99%和 0.77%，这显然是与苔藓植物体和箭竹植物体凋落物内 SiO_2 含量大有关，如锦丝藓的 SiO_2 含量占干物质量的 4.89%，箭竹叶为 8.94%。藓类-冷杉林枯枝落叶层的 A1、Fe、Mg 含量都显著高于其他三个林型，这也与林下锦丝藓体内这些元素的高含量有关；高山栎-冷杉林枯枝落叶层中 Ca 的高储备量（CaO 占枯枝落叶层干物质总量的 0.76%）与栎叶干物质中 CaO 的高含量（1.18%）有关。冷杉林下枯枝落叶层所含不同化学元素，在释放归还土壤后，不仅是森林植物养分的主要来源，同时对土壤发育的影响也是一个重要因素。

表 4 冷杉林主要植物组织干物质灰分组成 （%）

植物组织	灰分（占干物质总量）	SiO_2	Al_2O_3	Fe_2O_3	CaO	MgO	P_2O_5
冷杉针叶	4.44	0.59	0.14	0.13	2.05	0.48	0.24
箭竹叶	12.45	8.94	0.34	0.40	0.91	0.50	0.25
锦丝藓	9.69	4.89	1.54	0.25	1.31	0.89	0.25
高山栎叶	4.77	1.42	0.30	0.20	1.18	0.39	0.26
杜鹃叶	3.74	0.54	0.07	0.16	1.02	0.45	0.30

表5 四个林型A0层矿物质元素含量 （单位：公斤/公顷）

林型	灰分总量	Si	Al	Fe	Ca	Mg	P
1	16222.8	4683.7	1089.8	430.8	246.5	205.3	30.1
2	12739.3	2953.4	636.8	215.9	331.3	152.8	20.7
3	6435.0	1568.2	462.9	121.8	407.7	88.3	29.3
4	5438.2	1317.6	508.6	146.1	343.7	116.0	25.5

由于林内环境不同和在其间生活的微生物、低等动物种类和数量不同，不同林型的枯枝落叶层分解速率不同，每年由降水淋洗到土壤的各种元素数量和动态过程也不同。根据五年的5～9月林下A0层渗透水量（升/公顷）的平均值资料，藓类-冷杉、箭竹-冷杉、高山栎-冷杉、杜鹃-冷杉四个林型分别为92.1、95.6、112.3和110.6×10^6。四个林型的A0层渗滤水各元素的含量和每年向土壤淋洗输入的各元素量见表6、表7。概括地说，川西亚高山冷杉林枯枝落叶层物质循环基本形式如下：A0层干物质总蓄积每公顷约40吨，灰分含量在5～16吨，其中Si 1.3～4.6吨，Al 0.5～1.0吨，Fe 0.1～0.4吨，Ca 0.2～0.4吨，Mg0.1～0.2吨，P小于0.03吨，每公顷新凋落物量0.8～3.0吨，其中Si 3～10.2公斤，A10.9～9.6公斤，Fe 0.2～1.0公斤，Ca 4.0～15.4公斤，Mg 0.4～1.7公斤，P 0.2～2.7公斤，这些数字应属低估的，因为凋落物箱没有收集到草本植物和苔藓植物的枯死物，实际上应补充进去。每年每公顷内亚高山冷杉林枯枝落叶层经分解由渗滤水淋洗进入土壤的化学元素阳离子总量为2200～2400公斤，其中C 1700～1800公斤，Si 340～460公斤，Fe 2～5公斤，A1 80～160公斤，Ca 33～58公斤，Mg 40～50公斤，K 4～8公斤。相加起来，每年每公顷由枯枝落叶层向土壤淋洗输送C、Si、Fe、A1、Ca、Mg、K共2.3～2.4吨。地表枯枝落叶层5～9月白天每小时每公顷释放1.13～1.52公斤CO_2，可折算为每年每公顷释放1.36～1.82吨（以5～9月每天5小时计），折合C元素为350～473公斤。

表6 A0层渗滤水各元素含量 （单位：毫克/升）

林型	C	Si	Al	Ca	Mg	Fe	K	阳离子总量
1	18.68	3.66	1.50	0.44	0.40	0.02	0.05	24.75
2	19.45	3.71	1.13	0.55	0.39	0.02	0.04	25.29
3	15.22	3.67	1.35	0.42	0.45	0.02	0.04	21.17
4	15.34	4.15	0.76	0.33	0.35	0.05	0.07	21.05

表7 每年每公顷由渗透水自A0层淋洗下的各元素量 （单位：公斤）

林型	阳离子总量	C	Si	Al	Ca	Mg	Fe	K
1	2274.87	1729.27	340.77	137.15	40.52	36.84	1.84	4.50
2	2418.68	1864.20	353.72	105.16	57.36	38.24	1.91	3.82
3	2380.76	1716.96	415.51	157.72	44.92	57.25	2.25	4.49
4	2322.60	1692.18	464.52	88.48	33.18	44.24	5.53	7.74

2.3 枯枝落叶层在森林水分循环上的作用

不同林型A0层的水分物理性质不同，以1963年（深度取10厘米）的测定说明（表8），

表 8　四个林型 A0 层的水分物理性质

林型	容量 / (gr/cm^3)	非毛管空隙度 /%	毛管空隙度 /%	总空隙度 /%	最大持水量		毛管持水量		最小持水量	
					/%	/mm	/%	/mm	/%	/mm
1	0.4340	30.13	61.23	91.36	210.81	91.49	142.08	61.66	126.35	54.84
2	0.1908	30.20	64.80	95.00	600.56	114.59	421.36	80.40	333.67	63.40
3	0.3415	24.58	69.47	91.05	275.38	94.04	203.41	69.46	166.03	56.70
4	0.1586	15.84	93.12	93.12	587.19	93.13	487.29	77.28	404.08	64.09

林型	抑制植物生长含水量/%	最大吸着水/%	稳定凋萎系数		有效水分范围		排水能力 /mm
			/%	/mm	/%	/mm	
1	38.39	27.77	41.66	18.08	84.69	36.96	36.69
2	34.52	35.54	53.31	10.17	280.36	53.23	45.64
3	39.69	30.08	45.12	15.41	120.81	41.29	37.34
4	44.86	24.62	36.93	5.86	367.15	58.23	29.04

藓类-冷杉林与高山栎-冷杉林在某些因子上相近，如容重较大，最大持水量（按干重，%）较小，毛管持水量及最小持水量较小，稳定凋萎系数较大，有效水分范围较小。箭竹-冷杉林与杜鹃-冷杉林两者性质相近，如容重小，毛管持水量、最小持水量（按干重，%）较大，稳定凋萎系数较小，有效水分范围较大。以排水能力而言，箭竹-冷杉林＞藓类-冷杉林、高山栎-冷杉林＞杜鹃-冷杉林。

冷杉林下枯枝落叶层一般较疏松，对拦蓄降水、减少地表径流具有重要作用。各林型的枯枝落叶层拦蓄降水率（即 A0 层在不破坏其自然结构情况下其渗透量与林地降水量之比）为：藓类-冷杉林 40.3%，箭竹-冷杉林 35.2%，杜鹃-冷杉林 24.9%，高山栎-冷杉林 24.5%，以后者的蓄水作用最差。枯林落叶层性质影响森林土壤水分动态的情况如下（以 1963 年 5～9 月为例）：藓类-冷杉林、箭竹-冷杉林和杜鹃-冷杉林的枯枝落叶层拦蓄降水率高，使土壤上层蓄水量很高，处于过湿状态。这种影响在杜鹃-冷杉林尤其明显，这个林型生长季节 0～50 厘米深度含水量常在 80%以上。高山栎-冷杉林由于枯枝落叶层水文性质较差，整个土壤剖面含水量低于其他三个林型。不同林型的土壤水分状况不同，又影响到土壤的热状况，例如，高山栎-冷杉林土壤温度就高于其他林型[2]。冷杉林枯枝落叶层蓄水性能使土壤常年过湿，加之亚高山的低温条件，促进泥炭化层次的发展，冷杉林下泥炭质亚层蓄积量占枯枝落叶层总蓄积量的 40%～50%（表 2）。

2.4　枯枝落叶层对冷杉林生态系统植物生活的制约和影响

2.4.1　A0 层对冷杉、云杉种子发芽的影响

（1）不同林型 A0 层对冷杉种子模拟天然下种发芽的影响　由实验看出，在冷杉林下，天然下种，冷杉种子发芽率即使在雨季也是极低的，仅为万分之几到千分之几。箭竹-冷杉林 A0 层蓄水性较好，质地柔软，冷杉种子发芽率最高，为 0.86%，而藓类-冷杉、高山栎-冷杉、杜鹃-冷杉林分别为 0.12%、0.06%和 0.31%。实验证明，除去 A0 层对天

然下种冷杉种子发芽状况有很大改善，发芽率有数倍、数十倍的提高。原来A0层对种子发芽率影响最大的林型（如藓类-冷杉林），实验证明，除去A0层，种子发芽率增长的幅度也最大，由0.12%增至1.43%（表9）。

表9　A0层对冷杉种子发芽的影响

林型	实验方法	发芽率/%		
		8月4日	8月13日	8月20日
1	留A0层	0.06	0.06	0.12
	去A0层	0.75	0.87	1.43
2	留A0层	0.12	0.74	0.86
	去A0层	0.25	1.19	1.44
3	留A0层	0	0.06	0.06
	去A0层	0.06	0.12	0.43
4	留A0层	0.06	0.06	0.31
	去A0层	0	0.12	1.30

（2）新凋落杜鹃叶、栎叶、竹叶浸出液对冷杉种子发芽率的影响　三种凋落物浸出液对冷杉种子发芽率都有一定抑制作用，浓度越大，抑制作用越大，延缓发芽时间，降低发芽势和发芽率（图1）。

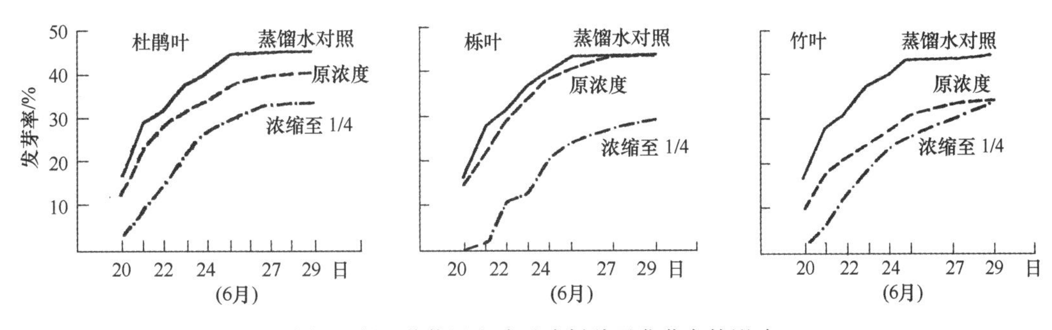

图1　新凋落物浸出液对冷杉种子发芽率的影响

（3）A0层天然渗滤水对云杉种子发芽的影响　四个林型的A0层天然渗滤水，原浓度时对云杉种子发芽无甚影响，浓缩成1/4的浓度时都表现略有抑制作用（图2）。

2.4.2　A0层对冷杉幼苗人工更新当年成活的影响

去除A0层对冷杉人工更新当年成活率有很大提高，尤其以藓类-冷杉、高山栎-冷杉林处理后最显著，分别由1%、2%提高到55%、60%，主要是在雨季改善了地表层的水湿和土温状况。

2.4.3　A0层对森林植物分布和演替的影响

（1）箭竹-冷杉林砍除竹丛，去除A0层及所有地表植物，观察植物变化　砍除竹丛三年后，在保留A0层及地表植物的小区内，原竹丛下阴性植物 *Circaea alpina*、*Primula*

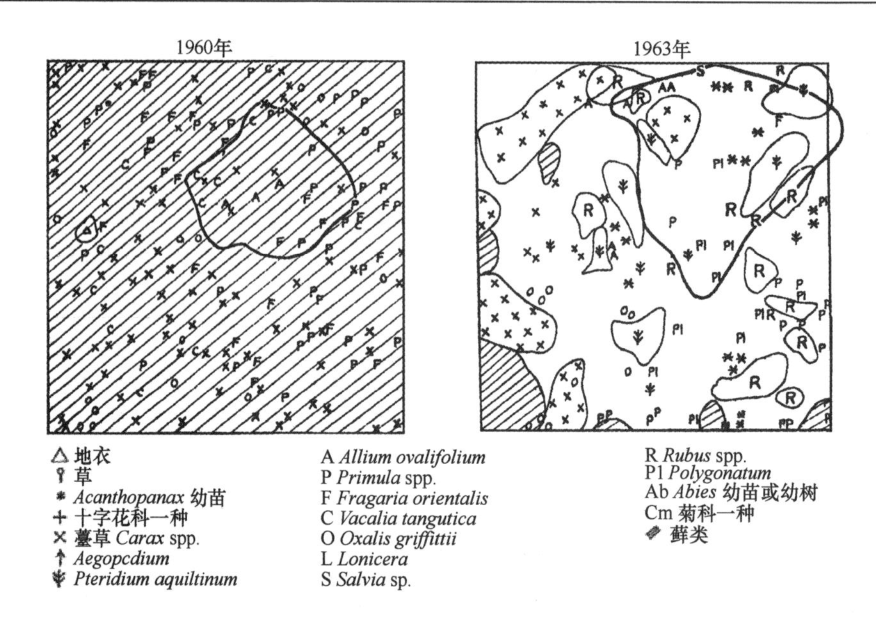

图 2　杜鹃-冷杉林 1960 年去除地表藓类片层后，1963 年时地表植物的变化

polyneara、*Cystopterris* sp.等几乎全消失，开始侵入喜光的 *Rubus*、*Allium*、*Pteridium*、*Aegopodium* 等迹地常见种，但 *Oxalis* 等喜阴植物也有侵入；但实验区（去除 A0 层和地表植物的小区）*Pteridium aquilium*、*Aegopodium* sp.、*Smilax cyclophylla*、*Acanthopanax giraldii*、*Primula* spp.、*Rubus* spp. 等迹地植物植物数量显著增多，盖度达 80%，与一、二年的皆伐迹地演替趋势一致，说明后者的植被变化不仅是采伐后满足了光条件，而且由于采伐破坏 A0 层，土表比较干燥温暖和去除 A0 层对这类植物发展的障碍的缘故(表 10)。

表 10　A0 层对森林植物分布和演替的影响

植物种	1960 年原竹下植物	1963 年	
		对照小区	去除 A0 层及所有地表植物
Cystopteris moupenensis	cop[1]	—	—
Circaea alpine	sp	—	—
Cares sp.	sp gr	—	—
Pteridium aquilinium	—	Sp	cop′
Oxalis griffithii	—	Sp	—
Aegopodium sp.	—	Sol	cop′
Allium ovalifolium	—	Sol	sol
Polygonatum subricostarum	—	Sol	—
Athyrium spinolosum	—	Sol	—
Cruciferac 一种	—	Sol	cop′
Smilax cyclophylla	—	Sol	sp
Smilax glauca	—	—	cop′
Acanthopanax giraldii	—	—	cop′
Primula spp.（*P. palmata*；*P. polyneura*）	sp	—	sp
Rubus spp.	—	—	sp
总盖度	30%	40%	80%

（2）杜鹃-冷杉林去除地表藓类层片和 A0 层，观察植被变化　处理后三年，藓类恢复不多，除林下植物 *Carex* spp.、*Primula* spp. 出现外，迹地植物 *Rubus amalilis*、*R. auranthus*、*Polygonatum verticillatum*、*Acanthopanax giraldii* 也有出现（图 2）。

（3）杜鹃-冷杉林去除枯枝落叶盖度为 100%的小区，观察植被变化　处理后三年出现有 *Pteridium aquilium*、*Primula* spp.、*Fragaria orientalis*、*Cacalia cyclophylla* 以及灌木 *Lonicera*、*Rubus*、*Prunus* 等幼苗（图 3）。

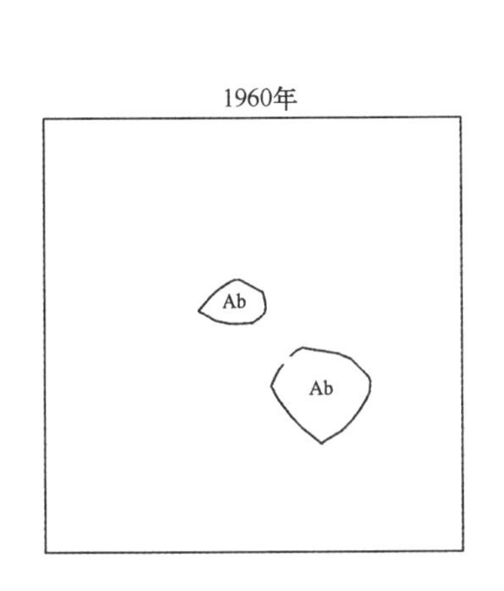

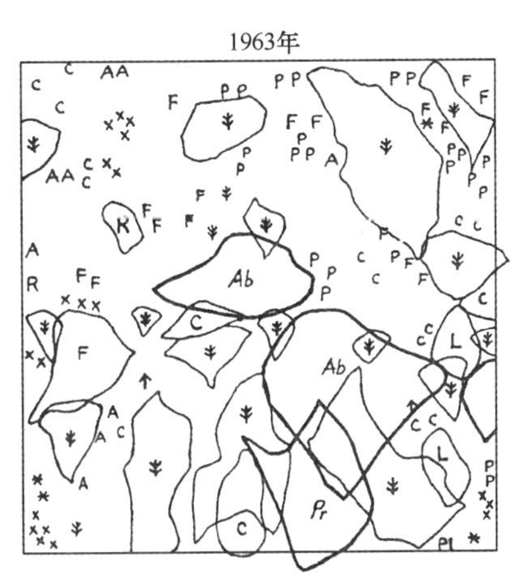

图 3　杜鹃-冷杉林 1960 年去除枯枝落叶层（盖度）为 100%的小区，1963 年时地表植被的变化

（4）藓类-冷杉林去除地表藓类层片及 A0 层，观察植被变化　处理后三年出现 *Primula*、*Carex*、*Allium*、*Salvia* 等草本植物，藓类也有所恢复（图 4）。

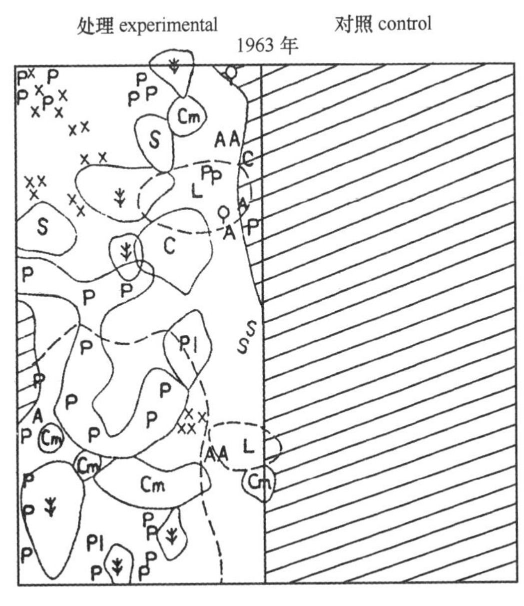

图 4　藓类-冷杉林 1960 年去除地表藓类层片后，1963 年时的地表植物变化

以上实验结果说明，地表藓类层片和 A0 层及其构成的小生境，是阴湿冷杉林生态系统的必然产物，在群落生活中对植物组成、扩散形式和生长发育起调节作用，主要抑

制渗入的、非适生于该群落的植物种的扩散。迹地植物虽然根蘖能力和种子繁殖能力都较强，但在冷杉林内却处于被压抑的地位。A0 层及藓类片层一旦去除，局部的种间关系和小生境发生不平衡，迹地物种即“乘虚而入”，得到发展。在一个稳定的生态系统中，一些外来种可在建群种生态作用薄弱处渗入，但限制在一定限度内，如果群落结构和小生境变化有利于这些外来种成分，则它们将成为群落演替的起点。

3 结 论

（1）川西亚高山冷杉林的每公顷年凋落物量，因不同林型变动于 0.8～1.9 吨（干物质）范围之内；枯枝落叶层总量（干物质）为 21.8～54.9 吨；枯枝落叶层分解率为 1.82～4.58%；其周转期为 21.8～54.9 年。

（2）枯枝落叶层的矿物元素储备情况主要与每年新凋落物的矿物成分有关。亚高山冷杉林枯枝落叶层每公顷矿物元素含量 5-16 吨，其中 Si 1.3～4.6 吨，Al 0.5～1.0 吨，Fe 0.1～0.4 吨，Ca 0.2～0.4 吨，Mg 0.1～0.2 吨，P 小于 0.03 吨；每年每公顷由枯枝落叶层淋洗向土壤输入 Si 0.34～0.48 吨，Al 0.08～0.16 吨，Fe 小于 0.01 吨，Ca 0.03～0.06 吨，Mg 0.04～0.05 吨。

（3）亚高山冷杉林枯枝落叶层的水分特性，因林型而不同，但其结构比较疏松，对拦蓄降水、减少地表径流具有重要作用。

（4）去除枯枝落叶层对模拟冷杉、云杉天然下种的种子发芽有良好的影响。也能提高人工栽植一年生冷杉苗的成活率。

（5）新凋落的杜鹃叶、栎叶、竹叶浸出液，或枯枝落叶层天然渗滤水，对云杉、冷杉种子的发芽有不同程度的抑制作用，浓度越大对延缓种子发芽时间、降低发芽势和发芽率的作用越明显。

（6）去除枯枝落叶层能影响林下植物的组成与分布，主要趋势是外来植物成分的楔入和发展，可见森林群落的枯枝落叶层具有抑制外来植物扩散的作用。

由此，可以认为，森林枯枝落叶层对森林生态系统的结构和功能具有重要意义。它是森林生态系统物质循环的重要环节。它由凋落物不断得到补充，并不断地经微生物分解向土壤归还所储备的矿物元素，供森林植物生长。它可以提高土表的持水量，增加截留成分，减少地表径流，在森林生态系统的水量平衡中起着重要的调节作用。枯枝落叶层还通过物理的、化学的和生物的作用，对群落植物的分布、扩散和生长发育有一定的制约和影响，因此，也影响森林生态系统的发展和演替方向。

参 考 文 献

[1] 刘醒华等，1972，川西米亚罗林区冷杉林下土壤的有机质状况. 四川高山林业资料集刊，1：26-37.
[2] 张万儒等，1979，四川西部米亚罗林区冷杉下森林土壤动态的研究. 林业科学. 15：178-193.
[3] 蒋有绪，1983，川西亚高山暗针叶林的群落学特点及其分类原则. 植物生态学与地植物学丛刊，1：42-50.
[4] Kittredge，J，1948，Forest Influences.
[5] Нестеров，В. Г.，1954，Общее лесоводство.
[6] Сукачев，В. Н.，Зонн，С. В.，Мотовилов，Г. П.，1957，Методические указании и изучению типов леса.
[7] Ткаченка，М. Е.，1955，Общее лесоводство.

森林生态系统的特点及其在大农业结构中的作用[†]

1　森林生态系统的特点

我们知道，生态系统是靠自养植物固定太阳能量作为初级生产量的。自养植物种群适应于生存的能量转化方式有两类：一是小而快，二是大而慢，前者如浮游植物（藻类等），后者是靠体积大而具有精巧的形态和群体结构，但个体繁殖速度慢。森林生态系统是这种适应方式的高度发展。

（1）具有陆地生态系统中最高的种的多样性，是世界上最丰富的生物基因资源库。地球上一千多万个物种大部分是与森林相联系的。光是热带雨林就拥有二百万至四百万种，有人称热带雨林是物种形成的中心，许多亚热带、甚至温带的植物种就其区系的发生起源来看是属于古热带的。种的多样性随热带、亚热带、温带的森林而逐步降低。在不同的气候带，形成与气候、土壤条件相适应的顶极森林生态系统，例如湿热带是热带雨林、热带季雨林，亚热带是常绿阔叶林，寒温带是针叶林，其间有过渡的北亚热带和暖温带落叶阔叶林和针阔混交林等等。顶极的森林生态系统和所有顶极的其他生态系统一样，是这个系统的所有动植物、微生物组分长期共同发展、共同进化的产物（图 1）。对这些生物组分来讲就叫做“等终极性”（Equefinality）。但是这种进化过程中生物之间以及生物与环境间的繁

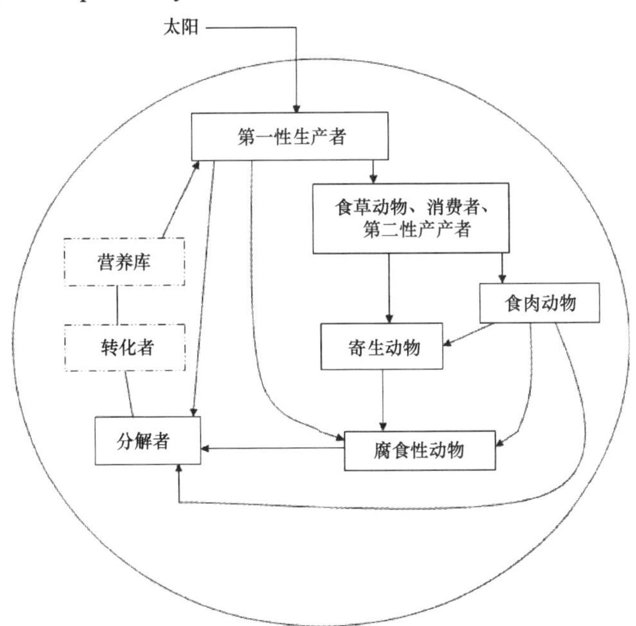

图 1　一个森林生态系统各亚系统成分

---

† 蒋有绪，1981，农业区划（4）：63-72。

纷众多，令人惊叹不已的适应方式在热带雨林中是表现最充分、最精巧的了。目前，人类对森林生态系统所提供的物种，认识和利用得都极少，人类未来的农业、工业、医药业有价值的原料还寄希望于此，当前正不断地从热带森林植物中发现许多药品，如止痛药、抗生素、强心剂、抗癌药、激素、避孕药、人工流产药等等，例如最近发现的海南粗榧就含有有效的抗白血病生物碱。可惜不少东西在人类未认识之前就由于大规模破坏森林而消灭了。

（2）比其他生态系统具有较复杂的空间结构和营养结构（即食物链结构）。它的层次复杂，空间异质性最明显，小生境专化程度高。热带森林可以说是陆地生态系统结构最复杂的类型。森林生态系统由于种的多样性高、结构复杂，通过各组分间负反馈机制的自我调节能力，比草原、荒漠生态系统要大，稳定性也高些。就不同的森林来看，由于种的适应特征不同（表1），其稳定性也很不同。对稳定性概念的理解也是多方面的。也许可以这样认为，热带雨林的惰性（inertia）较大，但有较低的弹性（elasticity）和振幅（amplititude），也就是说，热带雨林由于种多样性高（特别是高级的物种较丰富）、能流的复杂性，具有较强的负反馈过程，因此抵御外界破坏的能力较大，但由于生物的低密度的，许多的栖息地是比较专化的，植物种子无休眠期和低传播率，适应变化的环境能力差；由于高温潮湿，有机质分解快，养分循环速率大，土壤淋洗作用比较强，养分不易在土壤中积累，而主要是生物性积累（贮存于高大的树木本身），系统只靠紧张的养分循环来维持平衡，系统一旦遭受破坏，土壤肥力将很快丧失，生物组分也不易复元，因此系统就向热带荒芜灌丛和旱生草坡的逆行演替方向发展（G. H. Orians）图2。热带森林生态平衡的这种脆弱性还没得到人们的充分认识，正造成严重后果。

表1　温带和热带森林中种的某些适应特征（据 Olians 修改）

温带森林	热带森林
1. 低矮物种占比例较大	高大物种丰富
2. 稀有种较少	稀有种较多
3. 高生殖率	低生殖率
4. 种子均具有休眠期	种子很少或没有休眠期
5. 高的平均传播率	低的平均传播率
6. 多数迁移物种	少数迁移物种
7. 适应环境变化能力强的物种较多	物种小生境专化性较强，适应环境变化能力强的物种较少
8. 普食性的物种较多	专食性的物种较多

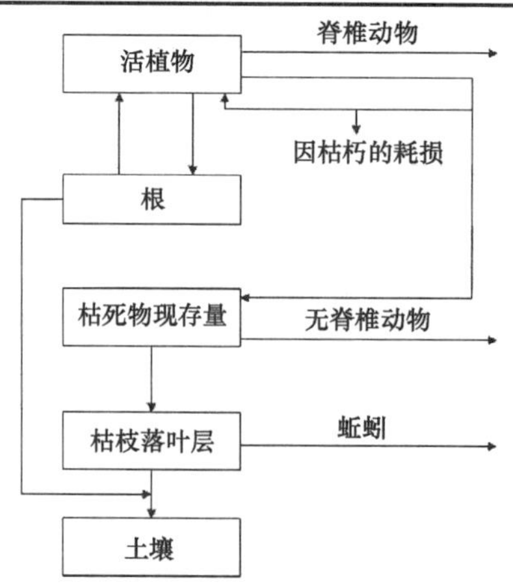

图2　森林生态系统的养分物质循环模式

（3）在地球表面的能量与物质转化流通过程中起有重要作用，其本身的流程也是比较复杂的，它的光能利用率和生物生产力在天然生态系统中最高。森林的树冠层使叶表面与空气充分接触，从而保证有效地吸收和阻截大气的辐射、降水和空气动量。森林具有对长波辐射的高吸收率和对短波的低散射率，所以净辐射相当高。对能量交换来讲，森林是陆地覆被中最活跃的因素，由于林冠层是地球-大气最粗糙的内界面，对垂直湍流、压力场的产生和大气环流都有一定的影响。森林是能量、物质和空气组成成分的“源”或“汇”。每年到达地球上 2150×10^{21} 焦耳的总太阳能通量中，约有 2880×10^{18} 焦耳固定在植物物质中，其中森林占 1200×10^{18} 焦耳（图 3）。也有材料说明森林固定的能量占植物固定能总量的 63%。形成 1 个质量单位的植物干物质，需要提供 1.83 单位的 CO_2和释放 1.32 单位的 O_2。森林在地球 CO_2 平衡中的作用是很重要的。植被每年吸收 285×10^9 吨的 CO_2，其中森林吸收 118×10^9 吨（42%）。热带林的不断破坏，每年增加 17×10^9 吨 CO_2，可与燃烧化石燃料释放的 CO_2 水平相当，大气中 CO_2 浓度在过去一个世纪（1880～1970）已增加了 10%（由 285ppm 增至 320ppm）；已产生了“温室效应”，使低层大气增温 0.2～0.3℃，当浓度达到 400ppm 时，会使地球平均温度升高 1℃。气温的增加会发生地球农业生产的紊乱，威胁着人类的生活。但是，也有人推测，由于地球上森林的消灭，地球平均反射率将从 16.7%增至 17%，而且由于森林消灭引起大气中尘埃的增加，也增加了大气的反射率，地球的气候有可能变冷；同时由于赤道外的热量、水分和 CO_2 的径向输送减弱，由此可能出现热带降水的增加和温带降水的减少。总之，虽然关于森林破坏后产生的气候冲击的预测模型显示的结果不同，但都可以说明地球森林覆被对气候的影响。

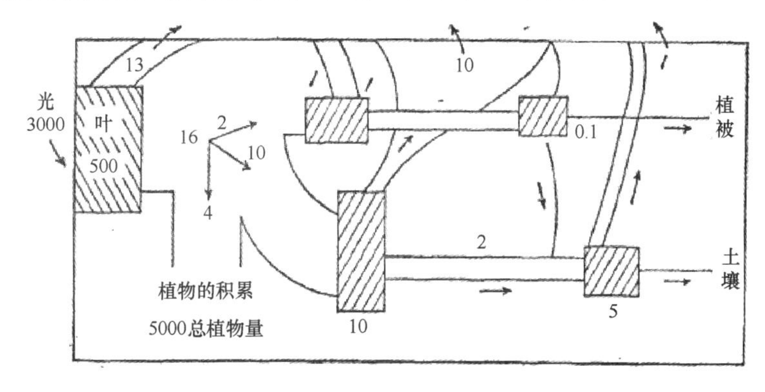

图 3 森林生态系统的能流（引自Odum 1966）生物量千卡/平方米，能流千卡/平方米/日

地球生物圈的平均光合利用率 0.2%～0.5%，一般不超过 3%，高产农田（每亩 2000 斤）约为 2.6%，热带森林可达 3.5%。阔叶林生产力每年每公顷为 6～7 吨干物质，针叶林为 6 吨左右，高草草原 5 吨左右，矮草草原 1.6 吨，冻原小于 0.9 吨。估计森林的总蓄积量，为 2×10^{12} 吨干物质，每年产量为 65×10^9 吨。农田的产量估计为 9×10^9 吨。草原及稀树草原为 15×10^9 吨。森林生态系统虽然有较高的生产力和生产效率，但形成每单位重量干物质所消费的水分和养分物质是经济的。形成一吨干物质，水稻耗水 680 吨，小麦 540 吨，树木为 70～340 吨；生产一吨干物质所需要的矿物养分（每公顷公斤）农

田是 N10-17，P2-3，K8-26，Ca3-8；森林是 N4-7，P0.3-0.6，K1.5，Ca3-9；因此，以木本植物生产粮油、纤维等，比草本植物不仅因为多年生经营方便，而且不必完全占用好地、平地，光合率高，经济有效。

生态系统能量与物质流动过程的调节是通过微生物和异养动物，陆地生态系统的土壤的周转率可以反映系统代谢的特征，森林生态系统土壤周转率在天然生态系统中是比较快的，其他代谢的参数值也较高（表 2，表 3）。

表 2　不同生态系统土壤周转时间

生态系统类型	土壤周转时间/年
苔原	840
落叶松林	76～155
热带雨林	26～41
泥炭沼泽	526

表 3　不同生态系统的代谢参数（据 Reiche 1975）

代谢参数/（碳克/平方米）	中生森林	草原	苔原
总第一性生产量（GPP）	1620	635	240
自养性呼吸（RA）	940	285	120
净第一性产量（NPP）	680	420	100
异养性呼吸（RH）	520	271	108
净生态系统产量（NEP）	160	149	12
生态系统呼吸（RE）	1470	486	288
生产效率（RA/GPP）	0.58	0.34	0.50
有效生产（NPP/GPP）	0.42	0.66	0.50
维持效率（RA/NPP）	1.38	0.51	1.00
呼吸分配比（RH/RA）	0.55	0.90	0.90
生态系统生产率（NGP/GPP）	0.10	0.23	0.05

GPP，NPP 都是中生森林为最大，但由于森林的 RA 也大，因此，RA/GPP 三者就相近；从 NPP/GPP 来看，一年生植物群落（草原）对碳的固定相对较高，而 RA/NPP 则草原最低，森林最大；异养呼吸的代谢支出反映净生产力中参加再循环以维持再生产所需的可用养料库的那部分物质量；RH/RA 表明草原异养呼吸最高，中生森林最低（表 3）。

总结森林生态系统的特征，作者根据 Odum（1969）对生态系统发育所采用的 6 组 24 个特征可归纳如（表 4）。

表 4　森林生态系统的特征

群落能量学	
1. 总产量/群落呼吸（P/R）	1～2
2. 总产量/现存生物量（P/B）	低
3. 生物量/单位能源（B/E）	高
4. 净群落产量（收获量）	高，4～6 吨/年，公顷
5. 食物链	网状

续表

群落结构	
6. 总有机物量	大
7. 无机养分	在生物体内积聚的比例大
8. 种多样性-变异性成分	高
9. 种多样性-稳定性成分	高
10. 生化多样性	高
11. 成层性和空间异质性	高
12. 小生境专性	强
13. 有机体大小	大
14. 生活周期	长、复杂
养分循环	
15. 矿物循环	封闭式
16. 有机体与环境间养分转化速率	慢
17. 养分更新中母质碎屑的作用	重要
选择压力	
18. 生长型	主要为反馈控制
19. 生产量	质的
整体自动平衡	
20. 内在同化	发育
21. 养分转化	好
22. 稳定性（对外界扰动的抗力）	好
23. 熵（Entropy）	低
24. 信息	高

2 森林生态系统在大农业结构中的作用

森林（包括人工林）生态系统或者有林木参加的复合农田生态系统在农业结构中的作用主要有两方面：一是直接提供产品（goods）；二是服务（servece），是指通过森林或林木的生态功能间接为农业服务。

森林或林木提供的产品范围是很广的，有木材、纤维、鞣料、漆、油料、树脂、淀粉、糖、腊、蜜、香料、染料、颜料、水果、干果、木耳、食用菌、编织原料、药物和种种其他化工原料、山货等等。林副产品的多样性，使林业成为大农业经济结构中极富有活力的一个因素，特别是在山区更是如此。这里应当指出的是，木本作物日益显示出它的重要趋势。从世界农业发展过程看出过去耕作事业很大的弱点是造成水土流失。耕种粮食对破坏植被、破坏土壤自然结构、雨水冲走土壤、造成岩石裸露，于是就弃耕撂荒，造成重山濯濯。中国如此，欧美也是。美国农业发展历史最短，但因为美国暴雨多，水土流失十分严重。美国哥伦比亚大学 Smith 教授提出“木本作物-永久的农业”，写有一书，他调查美国农民，山地陡坡农业能维持多久？回答是十年，最多不超过二十年。我国川西山地陡坡“大字报田”实际维持不到十年。作者举出科西嘉岛的例子，那里栗树成林，为人们提供食物，为牛马猪羊提供饲料，还生产木材，这里选择了保持水土的木本作物的农业类型。耕作农业来源于原始社会，是一种平原农业，带到山地就发生危机。木本作物形成永久性植被，保持水土。木本作物比一年生草本作物可以充分利用一年四季的降水和深土层的水分、养分，特别在干旱区、陡坡地、石质山地，估计比草本作物可提高农业总产的一倍。Smith 还提到核桃、山核桃等坚果，被称为“面包黄油树”。我国对木本作物有更悠久的历史，板栗、柿、核桃、枣、榛、油茶等等都有丰富的栽培经验，称为“铁杆庄稼”，热带有油棕、椰子、橄榄、山龙眼、山白果等。一立方米木材估计可出 150 公斤人造毛、丝，相当于七亩半棉田的棉花产量，南方一亩板栗出 600～800 斤栗，相当 3～5 亩稻田经济收入。所以木本作物从产量和经济收入上都是合算的。林木提供农副产品，一种是单纯的林业经营方式，如经济林、果林等等，一种是参加混合的农田生产结构，例如林粮间作，有人称双层、多层农田，我国有泡桐粮食间作、果粮、果菜、杉粮、胶（橡胶）药、胶茶间作等形式。国外也发展有各种形式多层农田，如西班牙 Majorca 岛上 90%农田是上层为无花果、杏、橄榄、栎，下层为牧草、大麦、小麦。双层、多层农田的好处主要是提高抗灾害能力，也能高产，根据西班牙经验，天旱对小麦不利，而杏收成好；霜害对杏不利，小麦却不受影响。一种灾害可能使一种作物减产，同时使两种、三种作物减产的可能性就少多了。有林木参加，可以影响动物和昆虫区系，这也是有利的。豆科的林木还可以固氮。从产量看，每种作物的产量平均是单一种植的 75%，但合起来总产就高多了。

有林木参加复合农田生态系统的结构，另一个好处是可以形成经济合理的物质与能的转化循环格式。例如，我国珠江三角洲的桑基鱼塘是大家熟悉的一例。桑叶喂蚕，蚕产丝，蚕粪可喂塘鱼，塘泥可肥田，增产粮食，秸秆就可还田或作饲料、燃料。蚕粪本身还是完全的有机优质肥料、好饲料和沼气的好原料。水库周围树木多，则库水清、污染少，养分适中，浮游植物和动物量较大，鱼产量也增加，广西四个水库的材料证明周围有森林的水库，浮游动物多 3～4 倍，鱼增产一倍，但并不发生水体富营养化的弊病。

森林生态系统对农业服务的生态功能可分以下几方面：

2.1　对农业环境的调节作用

这可以包括森林在陆地生态平衡中的调节作用和林木参与复合农业结构中（如农田防护林等）十的调节作用，性质是一样的，但前者间接一些，后者直接一些。

（1）空气 CO_2、O_2 的调节。

（2）对涵养水源、保持水土的作用-林木可以截留雨水，林地的枯枝落叶层覆盖土表可以吸水，并且可以减小雨水对地表的冲击力，森林土壤比较疏松，也能涵蓄较多的水分，因此，林分的径流小，一次 10 毫米的降水，林地可以不产生径流。对林地来讲，一般地表径流在水量平衡中只占总降水的百分之几，除总蒸发散的水量外，其余的水分就慢慢地由地下渗流至河流，因此，森林可以稳定河水流量，减小洪水量，增加枯水量，使一年降水的可利用率得到很大提高，这无疑对农业灌溉是极有利的（图 4）。由于林木和其枯枝落叶的复被，土壤水蚀和风蚀极少，无林地的土壤侵蚀量可以达到有林地的几千倍。森林破坏后带有严重的后果是十分惊人的。以四川而言，南充地区 1958 年以前森林覆被率为 18%，现在只有 5.6%，有的县才 1%，据调查坡度在 15°～20°的耕地，每年每亩流失泥沙 15 公斤，侵蚀表土深度为 2.5 厘米，每年粮食减产 16%～60%。而巴中县有一个公社，1970 年开始大搞封山育林，现在森林覆被率在 30% 左右，在三年的干旱中，这里的水井和山泉流水都不断，1979 年连续 7 个月的大旱中，大春仍能满播，亩产 991 斤，粮食总产比 1970 年增加 35%。福建北部山区建瓯县过去吃了森林滥伐、水土流失的苦头，1966 年起用了十年时间造林保存 97 万亩，使全县林地达 338 万亩，改变了自然条件，1975 年自然灾害严重，但这个县还是丰收，平均亩产 722 斤。森林破坏使水库淤塞的现象也是比比皆是。海南岛小广坝水库自 1976 年改坝使用至今，已完全淤满。造成水库淤积的原因当然是复杂的，但森林的破坏所带来的土壤侵蚀肯定是减小水库工程效益的主要原因。森林对降水究竟有多大影响，并无定论，要弄清这个问题，研究技术上也很复杂，但是否可以说，森林是可以提高空气相对湿度 5%～20%，容易增加水平降水（雾、霜、露等形成）。从人的直感和一定资料的表面数值来看，森林破坏后，造成小气候的干旱是明显的，植树造林提高森林覆被率后，降水量增加也是不乏其例，雷州半岛就是明显的例子，全半岛有林面积从新中国成立初的 150 万亩增加至现在的 402 万亩，降雨量从四县一市十个雨量站点的资料平均看，50 年代 1300.3 毫米，60 年代为 1425.5 毫米，增加 9.6%。70 年代高达 1708.8 毫米，比 50 年代增加 31.4%。这里，当然很难分清大气环流和世界气候周期性变化的影响。

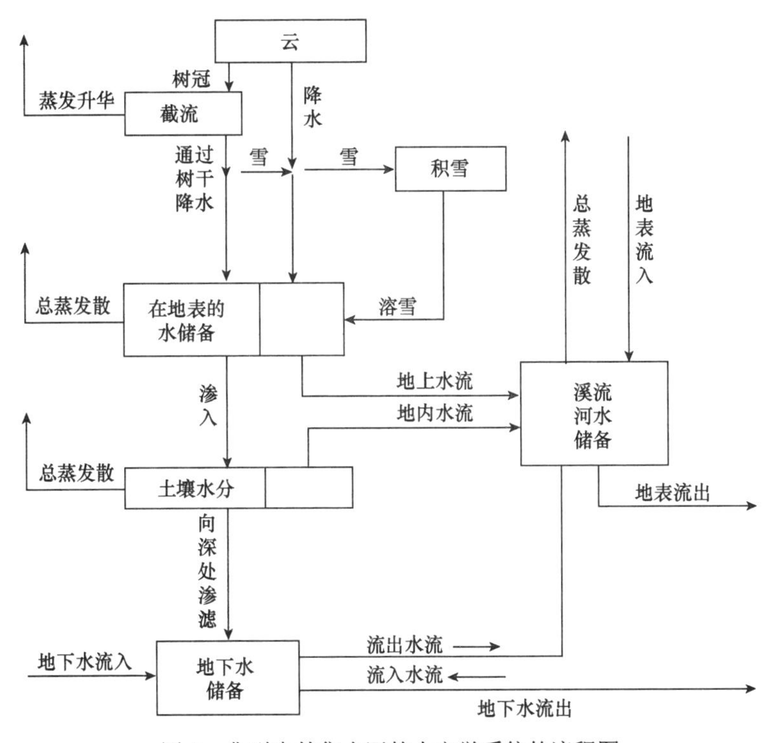

图 4 典型森林集水区的水文学系统的流程图

（3）防风固土固沙作用-农田防护林可以使风力削弱，减低风速，一般讲，一条防护林带可以使树高的 20 倍内风速降低一半，这样就减少了风的危害和风对土壤的侵蚀作用。东北松嫩平原的绥化、海伦、望奎、克山、讷河等农业县，100 年前都是茂密森林，1903 年就开始毁林开荒转向农业用地，那时都是一米厚的黑土层，现在只剩下 10 厘米左右深的黑土层，可见风蚀的严重性。

2.2　改善劳动环境

有林木参加的复合农田结构，由于林木有遮阴，降低夏季酷暑的气温，放出游离氧和杀菌素杀死有害细菌（如伤寒、副伤寒、痢疾等病菌）的作用，可以改善农民在田间作业的劳动环境，这在国外都有研究。

2.3　增加复合农田生态系统的生物组分，使食物链有利于减少病虫害

树木多，形成林地环境，鸟、兽、昆虫、小动物、土壤微生物、植物就会多起来。没有树木，连鸟也看不到，喜鹊、乌鸦、麻雀都没有，对虫害防治很不利。有林带可以阻隔致害病虫的传播。例如，河北沧州地区蝗虫发生较多，蝗虫产卵地主要是草荒，如植树造林，改善生态环境，减少草荒，就可以抑制蝗虫的发生和危害。

2.4　保存生物基因和野生物种——这主要是指原始森林

许多野生的植物种是农业养殖和种植业的基因资源。现在有些家禽（如鸡）、家畜（猪、马、牛）、农作物（玉米、小麦、棉花等）在选育良种、改进种质时要寻找野生种的优良特性的基因。现在国外有一种意见，认为目前有很多优良的野生、半野生的品种不去利用，反而追求人工培育新品种，事倍功半。

2.5　使农田生态系统物质和能的转化途径更加经济合理

生态上的合理、功效高和经济上的合理、功效高是一致的。使物质和能的转化合理有两种情况，一是适于简化的系统，可以使循环、转化的格局复杂一些，目的在于使循环经济合理，食物链合理些，增加系统的稳定性，抗自然灾害能力；一是把自然过程中多层次的金字塔简化，使复杂的物质循环过程简化使之在一个农业生态系统中取得更多的消费产品，因为金字塔规律中多一层就要多一次消耗 90%的能。这两种调整是不矛盾的，目的在于达到合理、经济。

2.6　提供能源

现在农村基本上还是烧秸秆、烧草、烧柴为生活能源，世界上也如此，估计世界上要烧二亿立方米木材，40 亿吨牛粪，我国要烧三亿吨秸秆（全国产秸秆约 4.57 亿吨），折合标准煤为 1.74 亿吨，但只够烧 8～9 个月，所以农村民用能源问题是很严重的。发展林业可以解决问题，这种例子可以举出不少。至于林木加工为其他形式作为能源，比直接燃烧要经济得多，也显示了广阔前途。美国在加纳的一个试验，一个四万公顷的速生林，每年可生产相当于 50 万吨煤的能量，而且还因间种花生、玉米，有着其他收获。

值得指出的，森林和林木以自己的生态功能服务于农业，是可以计量并推算其经济价值的，而其价值远远超出其木材和所有副产品的价值。例如日本林野厅的计算与评价，日本的森林在水源涵养功能上是使2300亿吨水经地下水徐徐流入河川供利用，总产16 100亿日元的年度效益；防止土壤冲刷的年度效益为22 700亿日元；同样，防止崩塌上为50亿日元，野生鸟兽保护和减少害虫危害功能为17 700亿日元，供氧和净化大气功能为48 700亿日元，等等，由此，农业因受益而增产的经济收益还未计算在内。

总之，我们应当加强对森林和林木在农业生产结构中生态学和经济学上的作用的研究，这是农业生态学中的一项新的课题，需要林学、农学和生态经济学多方面的协作来完成，这肯定会对我国国民经济的发展作出贡献。

Ecological Exploitation of Tropical Plant Resources in China†

1 Forest and Plant Resources in China

Tropical areas in China include the south of Taiwan, Leizhou Peninsula, Hainan Island, the islands of Guangdong Province in the South China Sea, the southwest of Guangxi Province, and the south and southwest of Yunnan Province. This area covers 6.7 million hm^2, accounting for 0.7% of the total area of China.

The total area of natural and secondary forests on Hainan Island decreased from 0.863 million hm^2 in the early 1950s to 0.331 million hm^2 in 1980(2.7% decrease per year). Natural forests in Xishuangbanna covered about 60% of the area in the early 1950s, but only 31.69% in 1981 (2.0% decrease per year) . The main causes of this tropical forest diminution have been excessive lumbering, planting of rubber trees, slash-and-burn cultivation, and unrestricted deforestation for fuels and other usages. According to a 1979 survey, the annual consumption of firewood on Hainan Island was 35%, local usages 35%, planned harvesting 6%, and slash-and-burn and wildfire 3% of the total annual consumption.

About 4000 species of vascular plants are found on Hainan Island, amounting to 14.7% of the total of 27 150 species in China. Among them are 1400 species of arbor and bush. About 3500 species of vascular plants are in Xishuangbanna, accounting for 12.9% of the total species in China.

The tropical flora of Hainan Island belongs to a part of the India-Malaysia flora, but it is more closely related to that of the Indochina Peninsula. There are about 630 endemic species on the island, including *Hainania*, *Chuniophoenix*, *Scorpiothyrsus*, *Poilaniella* (shared with Vietnam), *Chunia*, *Chunechites*, *Merrillanthus*, etc. There are some rare forest species, including *Homalium hainanensis*, *Madhuca hainanensis*, *Dalbergia odorifera*, *Cephalotaxus hainanensis*, *Dacrydium pierrei*, *Keteleeria hainanensis*, etc.

2 Functions of Tropical Forests and Effects of Deforestation

About 2900 species of wild plants on Hainan Island have economic value. Commercial forest trees make up 800 of these species; medical plants 2500 species; fibre plants over 100 species; oil-bearing, gum, and dye plants over 30 species; and bamboo over 40 species. There

---

† Jiang Youxu, 1986, INTECOL Bulletin, (13): 73-76.

are wild ornamental plants, also, including various members of Orchidaceae, *Rhododendron*, *Magnolia*, and *Manglietia*. Over 450 plant species have anti-cancer properties. Recently, research workers in China have extracted anticancer components from *Cephalotaxus hainanensis* and a muscle-relaxing drug from *Cyclea hainanensis*.

Most of the tropical monsoon forests disappeared before the late 1940s, and the secondary deciduous monsoon forests have disappeared since then. Large areas have become grass communities with *Imperata cylindrica* var. *major* and *Miscanthus sinensis*, etc., as the main components, or grasslands with *Chrysopogon aciculatus*, *Digitaria longifera*, and *Eragrostis cylindrica* as the main components. *Dalbergia odorifera*, *Pinus latteri*, *Vatica astrotricha*, and *Chuniophoenix* have become scarce; *Calamus tetradactylus*, *Daemonorops margaritae*, *Aquilaria sinensis*, *Gymnosporia hainanensis*, and others are rare; and bastard mahogany, *Pistacia weinmanniifolia*, *Maytenus hookeri*, *Homalomena occulta*, *Rauvolfia yunnanensis*, etc., are being exterminated.

Because the tropical forest ecosystems are losing their diversity and vegetative succession is regressive, the fauna also are changing. There are 344 species of tropical birds and 77 species of animals on Hainan (26% and 21% of the total bird and animal species in China, respectively). Black gibbon (*Hylobates concolor*), macaque, Hainan Eld's deer (*Cervus eldi siamensis*), and Malayan giant squirrel (*Ratufa bicolor hainana*) are all rare on the island, as well as about 100 species of birds, including red jungle fowl (*Gallus gallus*), painted snipe (*Rostratula benghalensis*), hoopoe, pheasant-tailed jacana (*Hydrophasianus chirurgus*), and Chinese francolin. Some species peculiar to Hainan Island, such as the orange-breasted green pigeon (*Treron bicincta*), green imperial pigeon (*Ducula aenea*), purple wood pigeon (*Columba punicea*), etc., are in danger of extinction. The parrot and grackle (*Gracula religiosa*) have been replaced by the mannikin (*Lonchura striata*) and sparrow.

Xishuangbanna has a similar situation (Wan et al., 1982). A total of 575 species of animals, birds, reptiles, and amphibians exist in Xishuangbanna; birds and animals make up 30% and 25% of the total species in China, respectively. Thirty-eight rare animals are under the protection of the state, including the Asian elephant, the white-cheeked crested gibbon (*Hylobates concolor leucogenys*), the serow (*Capricornis sumatraensis*), the green peacock (*Pavo muticus*), and the Indian tiger.

Soil erosion on Hainan is extensive. It is the most severe in the mountain areas to the west (Changhua River Basin and the upper reaches of Nandu River), with an average erosion modulus of 186.4 ton/km^2. In the mountains to the east (Wanquan River Basin), the modulus is 163.5 ton/km^2. The least modulus, 97.4 ton/km^2, occurs on the hilly lands, plateaus, and plains in the north.

Runoff and soil wash from slash-and-burn cultivation areas are several or several score times more than from forest lands; annual losses of organic matter, total nitrogen, rapidly available potassium and phosphorus, and replaceable base are 19 800 kg, 1000 kg, 160 kg, 16 kg, and 2000 kg/hm^2, respectively.

According to my calculations (Jiang 1982), the area of natural forest on Hainan Island in 1979 was 428 000 hm^2 less than in 1949; the dry materials returned to the soil was reduced by 4708 million tons; the total amount of annual runoff increased by 0.206 million ton; the extra losses of organic matter, total nitrogen, and rapidly available potassium and phosphorus were 10 million tons, 0.5 million tons, 85 000 tons, and 8500 tons, respectively; and fixed solar radiation decreased by (2.15～2.97) $\times 10^{14}$ kcal. The worsening of ecological conditions in Xishuangbanna was similar.

3 Principles and Strategies for Reasonable Use of Plant Resources in Tropical China

Based on past experiences, the following three principles can be summarized.

(1) *The unity of protection and exploitation values*. The great potential value of protecting tropical plant resources and other natural resources in China must be fully understood, and reasonable use of the tropics must be based on protection.

(2) *The unity of ecological and economic effects*. The fragility of China's tropics must be fully understood, and the ecological and economic functions must be fully integrated.

(3) *The unity of partial and whole interests*. An overall view is necessary for the protection and use of the tropics.

Based on the principles above, the following strategies are suggested for reasonable exploitation of the tropics in China and regulation of the present ecological imbalance. The abundant plant resources in the tropics should be used to develop the local economy. Food processing, medicine, and other light industries that use tropical plants as their raw materials should be developed, as well as commercial forests, fuel forests, shelter forests, special tropical economical forests (for producing rubber, oil, starch, fibre, perfume, drink, dyestuff, medicine, etc.), and tropical fruit tree acreages. Species of value should be managed in plantations. Clearcutting and digging up by the roots as have been done in the past must be stopped.

Large-scale grazing on secondary grassland slopes should be halted (Hou 1980). Growing herbage (e.g., *Pennisetum purpureum*, *Desmodium*) and feeding with green fodder may be acceptable.

In addition, surviving natural forests (including secondary forests) should be strictly protected, the setting aside of tropical natural reserves accelerated, the ecological functions of artificial ecosystems improved, the human population controlled, cultural and legal education levels enhanced, and scientific research on the protection and reasonable use of tropical plant resources carried out.

References Cited

[1] Hou X. 1980. Ecological balance and construction of hilly lands in tropical and subtropical regions. Science Press, Beijing.
[2] Jiang Y. 1982. Ecology, 4: 11-15.
[3] Wan H., W. Ma, and C. Deng. 1982. Sci. Silvae Sin., 18 (3): 245-257.

On the Characteristics and Management Strategies of Subalpine Coniferous Forests in Southwestern China†

There is a large area of subalpine coniferous forests mainly composed of *Picea* and *Abies* in the higher elevations of the Hengduan Mountain region located from 26°N～34°N. and 98°40′E～140°E. in southwestern China including western Sichuan Province and northwestern Yunnan Province，Such subalpine forests are not common in other parts of the world. As this region is located on the border of the Xizang（Tibet）Plateau with precipitous peaks and deep gorges ranging in altitude from 500 m to 4500 m. The basal zone is subtropical evergreen broadleaf forest and the upper limit is formed by the alpine zone which is followed be the everlasting snow belt. The climatic conditions in the subalpine zone，from 2700 m to 3900 m above sea-level，are characterized by cool and humid climate，which is suitable for the development of coniferous forests composed of spruce and firs. Thus，such a coniferous forest belt is formed in a region with low latitude and high elevation in the northern hemisphere. In comparison with the boreal coniferous forests in the cold temperate region，the flora elements and community properties of these subalpine coniferous forests are quite different.

1 The Vertical Vegetation Zones and the Vegetation Differentiation

The subalpine coniferous forest belt，as a part of the vertical vegetation zonation of the region，is an entity of historical interactions between bioma and physical factors such as topography，climate etc is an，which are determined by the three-dimensional effects of latitude，longitude and elevation. The latitude mainly determines the properties of the basal belt and its potential possibility of presentation，the elevation usually determines the actual circumstances of the basal belt as well as the whole vertical vegetation distribution，and the longitude affects the variability and diversity of the vegetation types of the all vertical belts by means of changing the status of the moisture and heat through upper air circulation of westerlines. Beside the model which represents the typical vertical vegetation zonation of this region，there are also some other vertical distribution patterns with differences between them. The general model of the vertical vegetation zonation is as following：

† Jiang Youxu，1986，Ⅳ International Congress of Ecology，New York：Science Publishers.

Altitude/m	Vegetation types
2000	The evergreen broadleaf forests belt
2000～2500	The deciduous broadleaf forests belt
2500～3000（2700）	The coniferous/ broadleaf mixed forests belt
2799～3900	The subalpine coniferous forests belt
3900	The alpine shrubs and meadows belt

2 The Flora Compositions and the Community Properties of the Subalpine Coniferous Forests

In the described subalpine forests belt, the most abundant tree species are spruces (*Picea*) and fir (*Abies*). As the plateau raised rapidly in the tertiary period causing vertically and horizontally differing natural conditions in the southeastern folded border region of Xizang Plateau, more variations have occurred among the phenotypes of the *Picea* and *Abies species*. The spruces are *Picea purpurea*, *P. asperata*, *P. retroflexa*, *P. brachytyla*, *P. brachytyla* var. *complanata*, *P. likiangensis* var. *balfouriana* etc. and the firs are *Abies faxoniana*, *A. georgei*, *A. squarmata*, *A. forrestii*, *A. ernesti* etc.

The coniferous forest with its different dominant species seems present in general no obvious differences in ecology and community properties. Despite the main genera of the undergrowth, herbs and mosses of the subalpine coniferous forests such as *Betula*, *Sorbus*, *Vibernum*, *Lonicera*, *Ribes*, *Rubus*, *Prunus*, *Spiraea*, *Galium*, *Equisetum*, *Geranium*, *Viola*, *Oxalis*, *Caltha*, *Athyrium*, *Dryopteris*, *Sphagnum* etc. which are same as those of the boreal coniferous forests, there are also many paleo-hygro-thermophytic flora components, and the total number of plant species is much higher than that of the boreal coniferous forests, because in the subtropic regions the winter is warmer (the average temperature in January was –5～–3℃), rainfall concentrates in summer, atmospheric humidity is higher, and the floristic components from Middle and Eastern Asia, Himalaya, Indo-Malaysia etc. are also present there. Some paleo-hygro-thermophytes like *Sinarundinaria chungii* and many high, tree-like shrubs such as *Rhododendron przewalskii*, *Rh. aganiphyllum* etc. constitute the dominant species of understory; these species are absent in the boreal coniferous forests. As the humidity of the air is very high in the subalpine forest stands, there are a number of extra-layer plants, like *Usnea longissima*, hanging on trees and shrubs, and many mosses such as *Neckera pennata*, *Leucadon flageliformis*, *Melzgeria furcata*, *Plagiochila schtschena* etc. growing densely on the bark of trees; some moss species living on soil surface but also grow on trees. Therefore the community physiognomy of the subalpine coniferous forests is unique and in contrast to the boreal coniferous forests. It can therefore be considered that the flora of the subalpine forest in this region has been formed by three processes:

—the convergence of external flora components;

—the vertical differentiation during the orogenic movement;

—the internal differentiation within the mountain region accompanying the ecological isolation in southeastern China.

Another important community characteristic of subalpine coniferous forest in this region is the existence of a dominant subediphicator layer (shrub layer or herb or moss layers) in forests such as *Rhododendron*, *Sinarundinaria*, *Quercus*, mosses layer (dominating by *Actinothuidium hookeri*, *Hylocomium proliferum*) . They have an important influence on the microclimate, the soil, the species composition and the development characteristics of the community. Sometimes they have even a more obvious effect than ediphicator layers—the tree layers. The communities (or forest types), which have the same subediphicator layer can be attributed to a same"circle", and their relationship in community genetics is closer then the relationship between the different associations (or forest types) in the same tree species. The relationship between associations and "circles" in the classification of subalpine conifcrous forests in this area is shown in Table 1.

Table 1 The relationship betweem association and circles in community classification

Site type	Circle	Formation			
		Abieta	*Piceeta*	*Betuleta*	*Querceta*
Acropschro-sciohygrophytic	*Rhododendron*	*Abietum casiopeso-rhododendrosum* *Abietum caricoso rhododendrosum* *Abietum hylocomioso-actinothuuidioso-rhododendrosum*			
Sciohygrophytic	*Hylocomium actinothuidium*	*Abietum hylocomioso-actinothuidiosum*	*Piceetum hylocomioso-actinothuidiosum*	*Betuletum hylocomioso-actinothuidiosum*	
Sciohygrophytic	*Sinarudinaria*	*Abietum hylocomioso-actinothuidioso-sinarudinariosum* *Abietum pterioso sinarudinariosum* *Abietum caricoso-sinarudinariosum*	*Piceetum pteridioso-sinarudinariosum* *Piceetum equisetoso sinarudinariosum*	*Betuletum hylocomioso-actinothuidioso-sinarudinariosum*	
Semihygro mesohytic Semixero-mesohytic	*Quercus*	*Abietum quercosum*	*Piceetum quercosum*	*Betuletum quercosum*	*Quercetum primulosum* *Quercosum adianthosum*

Because of the diversity of the flora and the characteristics of the communities of the subalpine coniferous forests in this area, we can observe that the development is relatively independent, although the genesis has a close relationships with boreal coniferous forests in the cold temperate zone.

3　The Forest Characteristics of Subalpine Coniferous Forests

The structure of the forest stands is more complex in subalpine coniferous forest of this area than that in boreal coniferous forest stands; they often appear multi-storied and different ages. Except in forest types on extreme sites, such as *Abietum casiopeso-rhododendrosum*, the standing tree storey includes at least two or even more substoreys, and each sub-storey may includes two or three generations.

The subalpine coniferous forest stands in this area are generally mature or over mature and their age is often more than 200 years. Mature and over mature forests cover about 81% of the in total forest area and 90% of the total standing volume. Except *Abies georgei* and *A. delavayi*, *Picea purpurea*, which are extremely tolerant to shade, all the others species like *Abies fabri*, *A. forrestti*, *A. squarmata*, *Picea asperata*, *P. likiangensis*, *P. brachytyla*, *P. wilsonii* etc. can not tolerate shading after the age of three to five years. Therefore natural regeneration in these coniferous forests can generally be considered from acceptable to bad, but it is generally better on forest edges and on open land, than in the inner of the forest stands. These characteristics of natural regeneration have an important significance for forest management decisions in this area.

On the basis of integrated research results obtained in the subalpine coniferous forests of this area, the general model of water balance of stands and clear-cut land is the following:

Watershed	Precip.（P）	Runoff（R）	Evapotranspiration E=e1+e2+e3			
			（e1）	（e2）	（e3）	E
Forest land	100	60～70	15～20	15～20	15～20	30～40
Cutted land	100	30～40	60～70	—	—	60～70

e1：E. of soil and floor；e2：canopy intercept；e3：tree transpiration

Because most of the forest stands are multi-storeyed, unevenaged and have a high degree of canopy closure, they can intercept more rainfall and the forest floor has a good ability of absorption and a greater holding capacity. The surface runoff of these forests is consequently very small. Such a high efficiency of water conservation is extremely important in the forest areas located in the upper catchment areas of the Yangtze River, the Nu River and the Lanchang River, where most of the forests grow on steep slopes.

Moreover, experiments and surveys showed that the speed of decomposition and accumulation of the soil organic matter is higher in our subalpine coniferous forests than in that of boreal coniferous forests in the cold temperate zone. The shrubs and herbs grow very flourishing after a clear-cut. When determining management methods, e.g. tending of young stands from natural regenerations, these factors should be considered.

4 The Management Guide-lines of Subalpine Coniferous Forests

When we determine forest management guide-lines for this area, we should consider the following three aspects:

(1) There are complete vertical vegetation zonations which are rarely seen in the other part of the world, abundant forest types and community types, a high complexity and diversity of the compositions of fauna and flora, and the subtropical subalpine coniferous forests which are comparable with boreal coniferous forests. All these are of extremely high interest for scientific studies.

(2) The forest stands in this arca havc an important role for the conservation of soil and water, as it is particular important to maintain a sufficient level of agricultural production in the middle and lower course of the Yangtze River and in the lower course of the Nu River and the Lanchang River.

(3) The standing timber resources in the subalpine coniferous forests are quite important but we should exploit them very reasonably if we need the wood for our economy.

For this reason, forest management strategies in this area should be:

(1) In order to preserve the vertical zonations of vegetation with their inherent differences and vegetation types, a certain number of nature reserves must be planned and established. The area of each nature reserve should generally be not lesser than 200 000 hm^2. Research on these ecosystems can than be conducted in the nature reserves.

(2) In order to maintain or to improve the role of the conservation function for soil and water of the forests in this area, the ridges of mountains and hills, extremely steep slopes (steeper than 35°), the borders roads and river and the upper limit of forest should be considered as protection forest with restricted cutting.

(3) In forest stands suitable for exploitation, which are growing on slopes lesser than 35° the cutting practices should be very small clear-cuts (strips of plots) or selection cutting and sufficient seed trees must be preserved. Natural regeneration should be promoted as well as planting.

References

[1] Jiang Youxu, 1963: The community characteristics and the classification principle of subalpine forest in western Sichuan, China, Scientia Silvae, 8 (4), 42-50.

[2] Ma Xuehua, 1987: Preliminary study on hydrologic function of fir forest in Miyaluo region of Sichuan, Scientia Silvae Sinicae, 23 (3), 253-265.

[3] Richard L., 1980: Forest hydrology, New York.

[4] Whittaker R. h., 1978: Classification of plant communities, Boston.

生态工程原理在农林业上的应用[†]

生态工程是“模拟生态系统原理而建成的生产工艺体系”，这是在七十年代的系统生态学基础上于八十年代明确提出来的（马世骏，1983）。这个概念把生态学，特别是系统生态学，从一个应用基础学科推向发展为应用技术学科，使生态学更加紧密地结合经济建设各项任务，更好地为人类服务。生态工程旨在运用生态系统的结构和功能的各项基本原理，模拟设计最优化的人工生态系统（由建设任务决定的不同层次、不同水平、不同规模的生态系统）模型，并予以实施，以取得预期的最佳生态效益和经济效益。这种生态工程设计可广泛地用于自然资源利用、国土开发利用、城乡建设的规划、农林业的集约经营、环境治理和环境建设工程等许多方面，它与人类社会的关系越来越密切，显示了其巨大活力。我国在各项经济建设中日益重视生态经济效益，农村政策的放宽，农村生产力的进一步解放，为我国生态工程的应用开辟了广阔的前景。

那么，如何运用生态工程设计来调控、模建高效率和对人类有利的生态系统呢？

在经营自然界和人类生活有关的社会系统都可视为生态系统，遵循生态系统的基本原则，人们也就可能运用这些原则去调控它，去设计新的优化的生态系统，这就是工程的任务。基本上可以从两大方面来调控建设所需要的生态系统：第一，运用生态系统各组分、各网结的功能的相互制约和反馈能力，解释合理的结构和功能和能流物流过程，利用系统内物质的合成、积聚、分解的分散的特征与过程，物质相互拮抗，食物链的制约，来形成人们所需要的产品，自净和消化对人类不需要的废物、毒素，提高系统的弹性、可塑性，即抵御外来灾害的能力；第二，利用系统内多级多层次利用输入的能，提高各级能的转化率，提高物质分解速率，以加快再循环速率，达到投入少产出多、效率高、效益大的目的，在复杂的生态系统中还包括加工系统，通过多层次深度加工以及运输系统，提高生态系统能和物质的转化循环速率。

现把调控途径分别具体介绍如下。

（1）提高生态系统组分的多样性，以调整和创立合理的时空结构，目的是可以充分利用不同时空的环境资源的异质性。我们知道在自然生态系统中每个生物组分都占有一定小生境或生态位（niche）。在一些复杂的生态系统中，所有组分几乎可以把系统内部的环境资源都分别占据，各个种享有自己所占据的一部分，在利用上几乎达到饱和，如热带雨林。一般发育成熟的生态系统在生态位的利用上比较饱和，而在自然演替发展不成熟的阶段，一般利用上是不饱和的（图1）。

在不饱和情况下或者人工创建生态系统进行设计时，就可以利用小生境（生态位）要求不同的组分，来提高对环境资源充分利用的程度。每一个种对某一资源都有一定利

---

† 蒋有绪，1986，植物学通报，4（1-2）：98-102。

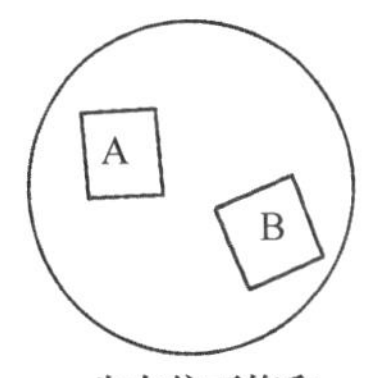

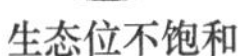

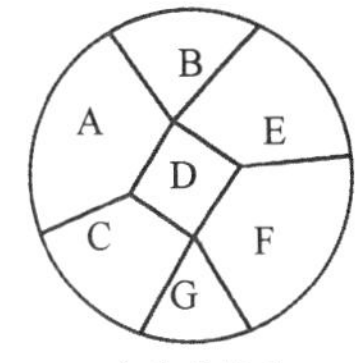

生态位饱和

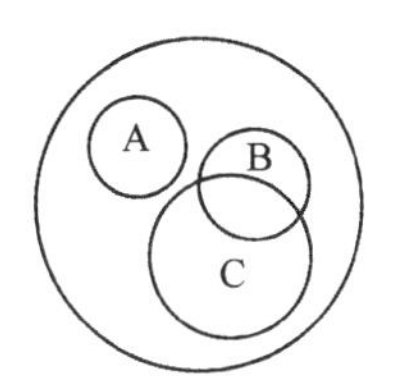

生态位重叠

图 1 调控途径示意图

用的幅度，如对光来讲，有的耐阴，甚至喜阴，就可以利用林冠下层的光资源部分，超过光量就反而使该种植物生长不好或不能生存。对某一资源利用的幅度就叫该种植物对该资源利用上的生态位宽度。但不同种的植物有可能利用同一幅度内的某种资源，这就叫生态位的重叠，在一个生态系统内就会引起种间竞争，削弱各自的生存和生长能力。因此，在人工生态系统内要避免这种生态位完全一致或大部分重叠的组分的安排。

我国古代就有的关于农作物间作套种等方式的耕作安排，就是基于这种思想。近期我国中原地区发展泡桐粮食间作，就是利用作物间对光资源不同宽度的典型。小麦地里种泡桐，每亩 13～15 株，泡桐冬天落叶，春天小麦返青后泡桐再发叶就不受遮阴影响，等泡桐叶子完全展开时小麦即已成熟。当然，这个例子不只说明光利用问题，也包括对土壤养分资源的时空利用，小麦根系浅，集中分布于地表 40 厘米土深以内，而泡桐根系大部分分布在 40～80 厘米土深内，因此两者不争水、争肥，这样就可以在同样收获小麦的前提下多收获木材，如以一株 10 年生泡桐，材积 0.3～0.5 立方米，则每亩地可在 10 年多收获泡桐材 6.5～7.5 立方米。由于桐粮间作，泡桐还有改善农田小气候的作用，使小麦增产。

（2）提高生态系统组分的多样性，旨在提高系统的稳定性和抗灾害能力。由于生态系统生物组分的增加，食物链和能流通道的多样性也增高，反馈能力也相应提高，系统就比较稳定，容易经受对生态系统的干扰和侵害。例如，在松毛虫危害严重的松林里放养肿腿蜂、金小蜂等寄生蜂，或招引放养灰喜鹊等鸟类，形成新的食物链的环节以控制松毛虫种群的发生发展。组分结构复杂的生态系统，即使是在机械物理因素上也是比较有抗御力的，如海南岛以防护林带保护橡胶林，橡胶林下种植茶，在台风侵袭下，橡胶大部折断，产量几乎全完的情况下保证了茶叶的收获，而纯胶林则一无所获。最近江苏省试验水稻田内稀植池杉，不仅能使稻田生产一定量的木材，而且在受暴雨后水稻叶破损率下降为 10%，而非间作池杉的达 65%。

（3）增加组分使形成物质循环上可衔接的合理能流。使第一组分形成的废物成为第二组分的原料，提高系统的物质利用程度和更多的商品性生产，即在系统内形成物质的多次利用，如对农田秸秆的利用，作燃料时（一次利用）只能利用热能的 10%；如先把秸秆用来喂牲畜（二次利用），牲畜除提供肉、皮革外，粪便可做肥料施用，经济效益可以提高，但如果将牲畜粪便在还田之前先作为沼气发生的原料（三次利用），除可以得到沼气燃料外，还可以用沼气渣肥、水肥用于农田，肥效更高，经济效益超过二次利用；如进一步在秸秆作饲料之前，先用以培养真菌类（四次利用），除可生产价值高的食用菌外，剩下的菌糠是比秸秆更好的饲料。

（4）提供新的组分利用它的生理生化特性，达到富集、转化某种化合物、元素、作为资源利用的手段或环境净化的手段。如利用凤眼莲在钢铁厂焦化车间排放污水生化处理后的水池里以富集水体中的酚、氰和油质，它的去除率平均对酚是 56.7%，对氰是 34.17%，这是很有效的。氰、酚在凤眼莲体内并不完全积聚下来，有一部分可以分解转化，如低浓度的氰化物与丝氨酸结合形成睛丙氨酸，继而又转化为天冬酰胺和天冬氨酸，酚将转化为糖甙，却丧失了毒性，即使不能全部分解转化，由于积聚在植物休内，也便于处理，而不使之进入水土的循环中去。

（5）选择在生物学上共生互利的物种，以避免竞争和生化相克现象，而提高适生、速生和改良生存环境和提高抗灾害能力，这里也包括只对一个种群有利而对另一个种群无害的“偏利作用”的利用，和有利的寄生作用。实际上，从广义上讲，设计优化的人工生态系统就是按人的需要设计组合共生互利的生物组分于一个系统之中，如稻田养鱼的稻鱼共生系统。但从狭义上讲，本原理是注意利用生物学已适应的互利共生关系的物种，如利用具有固氮根瘤菌的豆科植物以提高土壤肥力（即土壤的自我施肥），利用内生菌根、外生菌根的植物，如不少松、杨、栎，真菌从这些树种根系中吸收有机养分，或利用根系的分泌物为营养，而供给高等植物氮素和矿物质，形成二者互利共生。许多共生互利的种的组合是需要试验才能得知的，一些生化相克的现象也需要通过观察试验才能掌握。

（6）加强各环节的同化利用率、提高能的转化率。如果说上述五个原则都是从加速和形成合理物质循环着眼的话，则本原则是从能学上或系统的代谢上着眼，由于能的流通是单向的，要在利用和转化效率上打主意。①选择高光合、高生产率的物种或物种的生态型，旨在提高每个组分的净生产力 P 和系统整体的生产力。这时一般可以注意选择 C_4 作物（如粟、玉米等）或同一种作物的适宜的光生态型，选择需光弱小和低呼吸消耗的品种，并使作物的光周期现象与本地区光照条件相符合。对于分布地理范围广的作物尤其要注意（光是一个重要因素，但还有温度、土壤等因素需要注意）。虽然可以用诱导方式改变作物品种对光的适应，但这是生物工程的范畴。在生态工程上要在经过驯化成功的基础上才能引入生态工程设计中去。②提高各营养级层次的转化率，对动物生产者（即生态系统的消费者）来讲，要注意转化率高的品种，即吸收同化量/采食量和净产量/同化物量二指数高的品种，如果在同样条件下，选用牛、羊、兔、鸡、鸭等同化率高的品种，产量就提高（当然也要考虑市场消费的需要和商品质量问题）。以图 2 的两种转化类型，当然①型的比②型的合适，动物/植物生物量之比大，食物利用率高，总生产量也高。对整个系统来讲，要注意 P/B，即生产量与生物量之比，（以干物质重或立方米木材蓄积为单位）此值低则表示系统生产效益高，否则生物量很庞大而生产量不高，当然是图 3 的①类生态系统比②类的产量高，经济效益高。如果一个生态系统随年龄变化，P/B 比也随着变化，变

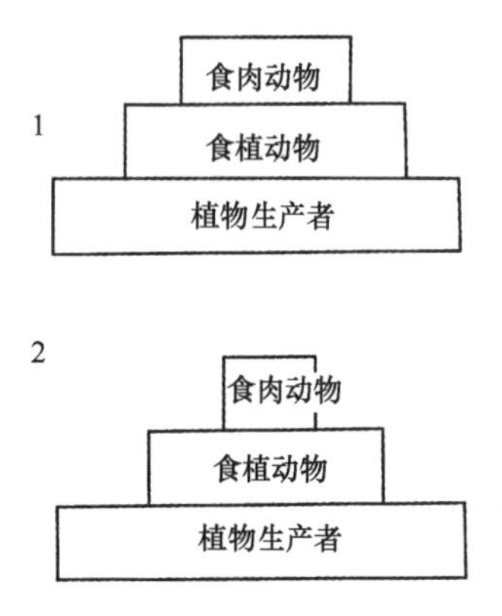

图 2　两种转化类型示意图

得不再合算，就可以更新，例如，用材林到了成熟龄后，生长量减少情况下就该采伐利用了，让位于新的森林生态系统。

（7）使目的生物组分适合于其生境，或使改变的和调整后的生境适合于选择的生物组分，尤其注意环境最限制因子或逆境的解除，即使生物组分与其小生境、系统的整体与其生境最大的拟合。因地制宜，适地适树，采用技术手段的人工环境的建立都属于本原则。对于环境中限制因子的突破将具有重要的增产意义，可以事半功倍，比如光、热、土条件都好的热带，在旱季的水分亏缺是个限制因子，重点解决水分可以使不少作物能够生长，提高产量。就产量而言，要使绿色植物生产者向潜在光合容量的水平发挥（即所有因子都满足最大需要时的光合率）。在干旱区就要选择水分利用效率高的作物种、树种，即产生干物质与需水量的比率大，也就是形成1 克干物质所需水量少的品种，要在一定叶子水分势能条件下有最大光合作用、最小蒸腾作用，干旱季节可休眠的品种。还有抗冻害等抗逆性问题，在自然界已有许多适应不同逆境的抗逆品种，如果我们对于这种适应性和抗逆性有所了解的话，就可以作为生态工程设计中考察植物，选择适当品种的参考。

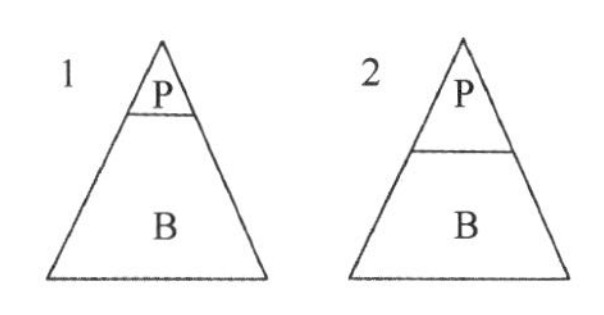

图3 生态系统生产效益示意图

如果我们要设计一个比较大的范围的、复合的人工生态系统，则可以把一些具体的生态系统视作一个组分（或亚系统）来看待，也可以利用上述原理把它们衔接好，形成合理的物流、能流和最优化的结构，这种组装可以采用串联、并联、网络状、辐射状方式，如图4。

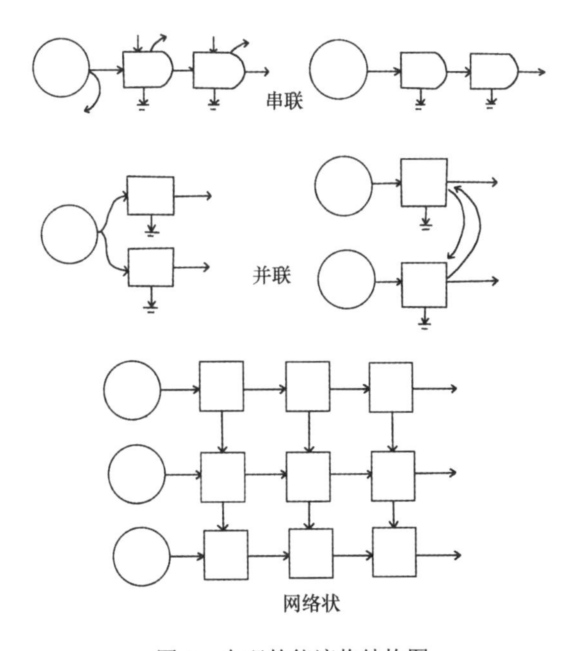

图4 合理的能流物结构图

在复合系统中要考虑能量转化的反馈和物质循环的回路问题。一个合理的生态系统，贮备一定能量并且反馈有利于其他能的输入。反馈作为控制或加强和催化能的输入，称为“自动催化”。动用能的贮备要反馈在补充新的能源，以加速生长和做最大的功。做功是把外在的能转化为新的形式，用于保持生态系统的生存、稳定，存于生态系统的结构和库内和用于输出，要使保持系统的生存上所用的能量尽可能的小。在结构的折旧中总要损失能量，系统内物质再循环利用受到限制，则表明回路已成为系统内在的限制因素，这时外在输入的来源尽管再丰富，也会影响系统的生产力。因为一个系统内食物链物质回路的限制，虽然可以保持一定稳定的产量，但不能扩大再生产，这时，就要考虑把几个系统系列化，组成大循环，除原来几个系统的产品外，原来的废物有通道作为其他系统的利用，形成在不增加大系统输入的情况下资源的交叉利用，大系统的生产力有明显提高，超过原有几个单独的小系统。

以下简单介绍一下目前正在使用的系统生态学的语言（并未统一化，只根据 Odum，1982 年的介绍）。

a	能的流程，与上流的源或库贮量成比例（图 a）
 b	外在能源，由外部控制，是一个限定的函数（图 b）
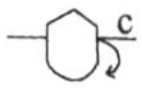 c	作为平衡流入流出而在系统内部用于贮备一定量的能的贮库状态变量（图 c）
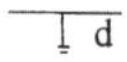 d	散热，伴随能的转化过程和贮库而由潜能变成热而消散，是从系统的下一步用途中丧失的潜能（图 d）
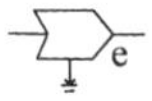 e	相互制约，而通道的交点根据两者的函数的比例产生一个流出，控制一个流以对另个流的控制，是作用的限制因子，工作阀（图 e）
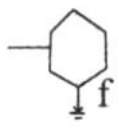 f	消费、转化能的形式的单位，贮存能，自动催化，以反馈改善流入（图 f）
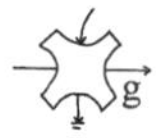 g	切换，表示一个或更多的转换的符号（图 g）
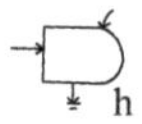 h	生产者，在高质的能的相互制约控制下收集和转化低质能的单位（图 h）
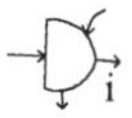 i	自我限制能的接收器，在输入驱动高的时候，由于循环通道内物质的有限恒量，而只产生有自我限制的输出（图 i）
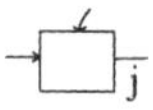 j	盒，用于标记某些功能单位记号（图 j）
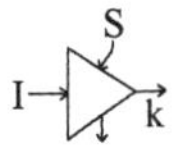 S I k	恒定增益放大器，根据输入 i 的比例，但由一恒常数的能源 S 所变而释放的输出（图 k）
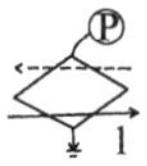 P l	交易、商品销售单位，实线表示售出，虚线表示转化为货币，价格（P）表示为外部源（图 l）

现以一例说明以系统生态学语言表达的上海崇明东风农场奶牛场生态工程框图（示意，图 5）。该奶牛场每天 750 头奶牛需 50～60 吨饲料，排出 40 多吨粪尿，部分还田，大部入沼气池，青饲或作物秸秆部分供沼气用，沼气做动力加工及人们照明用，水面产鱼、鸭，水生植物作配合饲料。

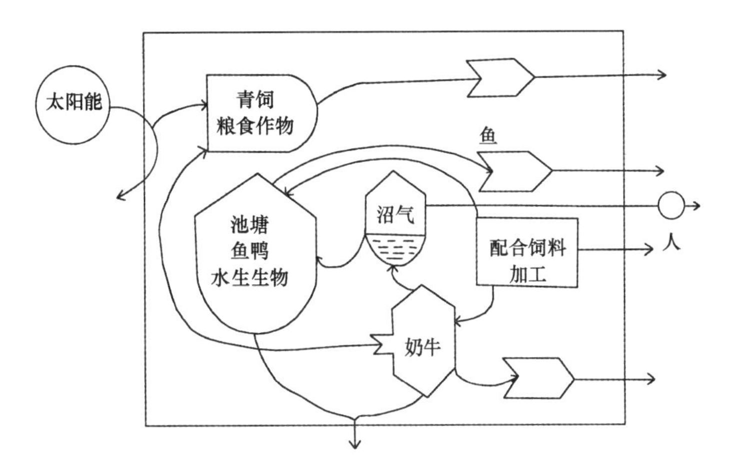

图 5　上海崇明东风农场奶牛场生态工程框图

生态工程设计是一项新的生物技术学科，谨作以上简略介绍，供读者进一步研究参考。

参 考 文 献

[1] 中国林科院泡桐组，河南商丘林业局，1978，泡桐研究，中国林业出版社：178-182.
[2] 秦世学，1985，生态学杂志，(1)：31-34.

热带林生态系统研究进展及方法札记

1　热带林区气候生态的判别†

什么森林属于热带林，可以从气候学、植物区系学、植物群落学方面判别，但从其所在地理区的气候性质判别是第一步，也是比较容易的，可为其他学科的分析参考。从气候特征上判别，许多热带林研究文献[1, 2, 3, 4, 5, 6]至今仍以与 H. Walter 于 1967 年提出的典型生物气候图解特征为经典的论证。典型的湿热带雨林区和季风热带区（热带季雨林区）的生物气候图解如图 1 所示。

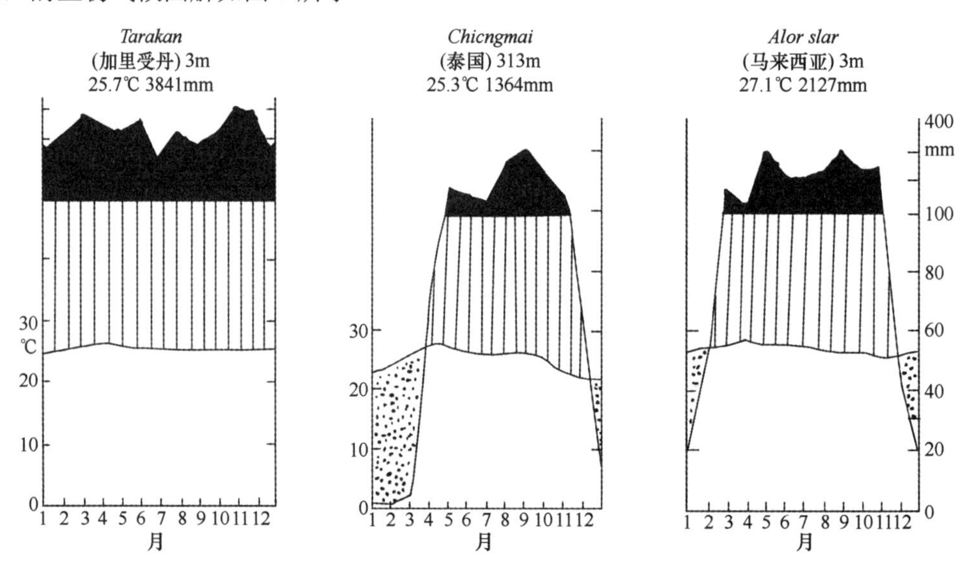

图 1　典型湿热带雨林（左）、热带季雨林（右）和热带半落叶季雨林（中）的生物气候图解

至少用于判别气候的热量带、干旱性和热带气候的季风性等数量指标，最早有 Köppen（1918）系统，但受到所采用参数（如年降水总量等）的限制，并不完善；后来 Mohr（1933）的系统也有类似的缺陷。近期（六十年代至八十年代）文献采用的指标，有日本 Kira（1976）的以月平均气温积算值，即温暖指数 WI 来划分热量带：

$$WI = \sum^{n}(t-5)$$

t＝月平均气温，n＝月平均气温大于 5℃的月数，5 为经验值。WI＞240 为热带，180～240 为亚热带，85～180 为暖温带，45～85 为寒温带，15～45 为亚寒带；10～15 为寒带，0 为近极地的冰雪带，经中国学者（如姜恕等）应用，其中段几个指标与我国的传统概

† 蒋有绪，1982，热带林业科技，（2）：46-49。

念有一定差距；指示热带季风性（由潮湿到干旱性过渡）的指标体系，有 Schmidt 和 Fergussn（1951）根据印度尼西亚 1921～1940 年的气象纪录验证，提出以 Q 值＝（干旱月/潮湿月）×100，分为由湿到干的 A～H 8 个热带气候类型，T. C. Whitmore（1975）用于东南亚，绘出东南亚热带气候分类图，见图 2。

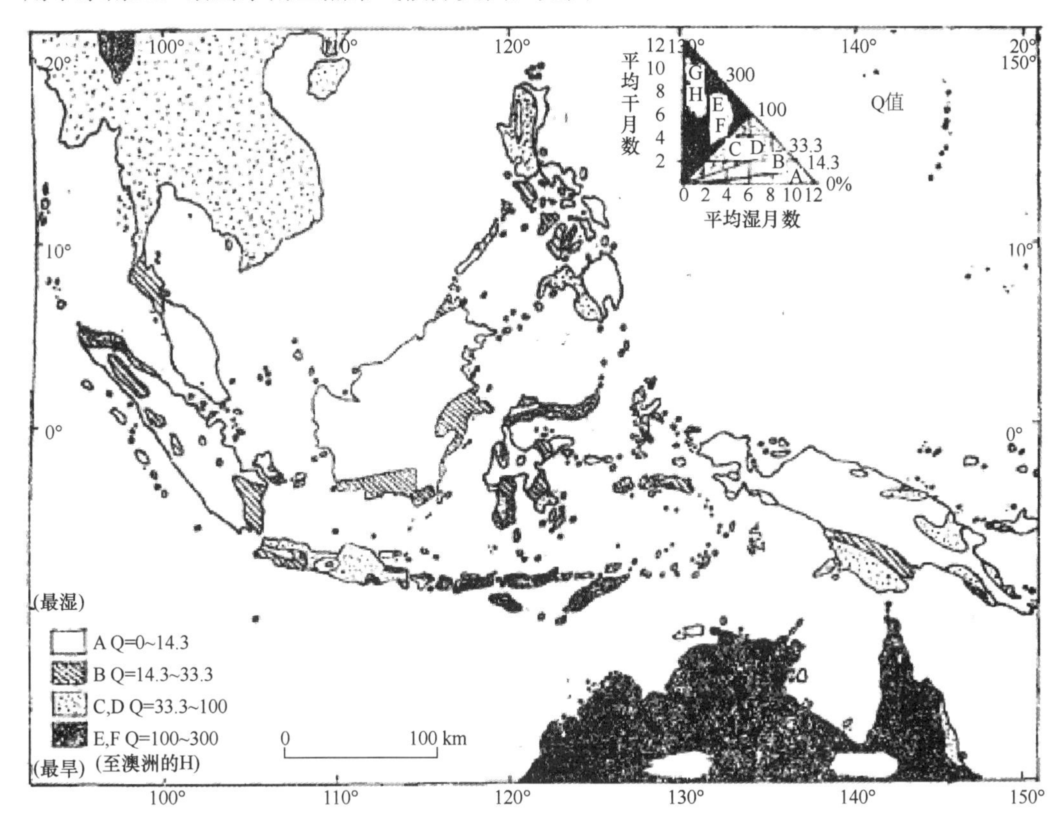

图 2　东南亚按 Q 值划分的气候类型图（仿自Whitmore T. C. 1975）

Kowal（1966）采用月降雨量与月平均气温绘成的水热图解来与相应的 Q 值分类比较验证，其代表 A 型低地雨林和 C/D 型季雨林和山地雨林的水热图解特征如图 3。

1982 年出版的，由美国国家研究院生物科学学部湿热带生物项目委员会编著的“湿热带开发的生态学概况”采用生物温度 BT°指标（Holdridge，1967）以区分热带区的垂直气候带。

BT°＝单位时期温度的总和（℃）/单位时期数（日、周、月数等）

以秘鲁 Iquitos 为例，1～12 月平均月气温（℃）为 25.2，25.7，24.6，25.0，24.2，23.5，23.4，24.6，24.6，25.1，25.8，25.5；则 BT°＝297.2/12＝24.8，应用此式，凡月平均气温低于 0℃和高于 30℃的，都作 0°计，因为假定这两种情况下植物生长都是停止的，BT°＞24°为热带低地带，18°～24°山前带，12°～18°低山带，6°～12°山地带，3°～6°亚高山带，1.5°～3°高山带，＜1.5°为积雪带（笔者认为用于热带边缘，可能需要修正）。配合年降水量，即可划出热带各类森林或其他植被类型，如图 4 所示。

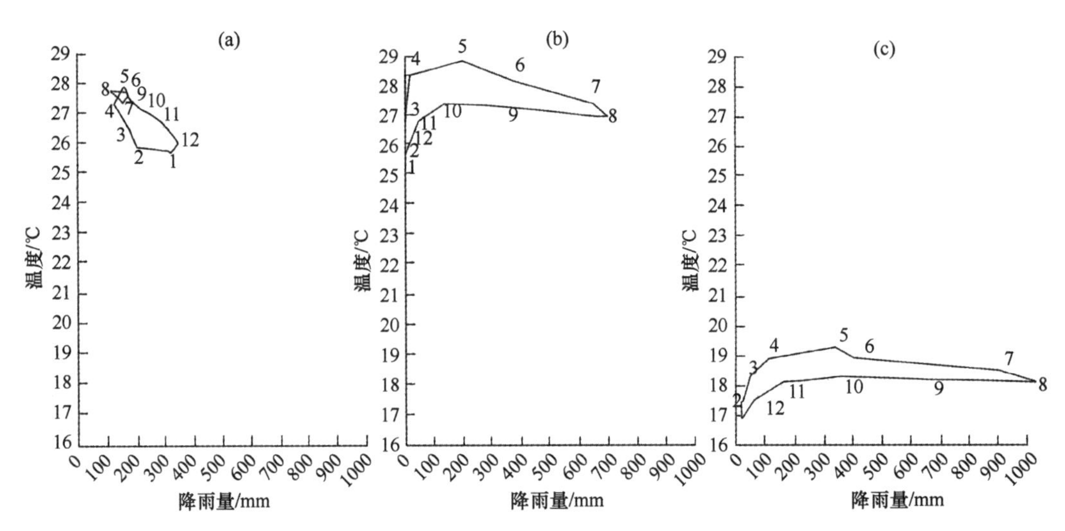

图 3　菲律宾三个气候类型的水热图解

（a）相当于Q值A型气候热带低地雨林（Tacloban）；（b）相当Q值C/D型气候热带季雨林（Vigan）；（c）相当Q值C/D型气候热带山地雨林

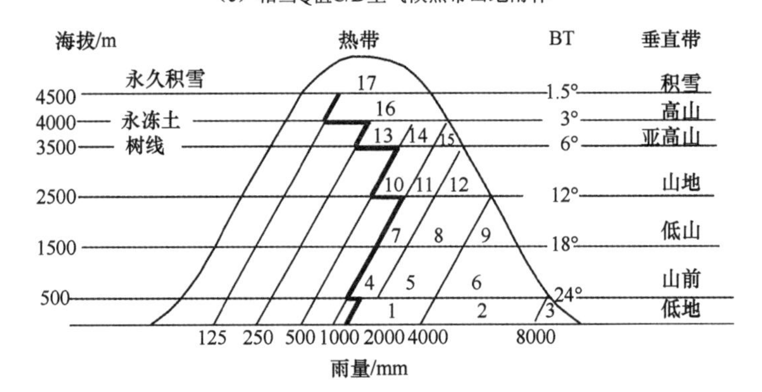

图 4　秘鲁Lquitos热带林群系分类（按BT，年降雨量）

1. 低地潮林　5. 山前湿林　9. 低山雨林　13. puna
2. 低地湿林　6. 山前雨林　10. 山地潮林　14. paramo
3. 低地雨林　7. 低山潮林　11. 山地湿林　15. 洪积paramo
4. 山前潮林　8. 低山湿林　12. 山地雨林　16. 高山
17. 积雪

参 考 文 献

[1] T. C. Whitmore：1975，Tropical rain forests of far east，clarendon press，Oxford.
[2] H.Walter：1975，Climate-diagram maps of the individual continents and the ecological climater regions of the earth. Springer，New York，Berlin，Heidelberg.
[3] H. Walter：1985，Ecological system of the geobiosphere，1，Ecological principles in global perspective，Springer-Verlag，Berlin，Heidelberg，New York，Tokyo.
[4] T. Kira：1983，热带林の生态，人文书院，京都.
[5] G. S. Puri：1983，Forest ecology：Phytogeography and forest conservation，Second Edition，Oxford & IBH Publishing Co. New Delhi，Bombay，Calcura.
[6] Ecological aspects of development in the humid tropics：1982，Committer on selected biological problems in humid tropics，National Academy Press，Washington D. C.

2 热带林生物量测定方法†

温带林的生物量测定方法似已肯定。热带林如何进行？T. Kira（1967）、Hozumi（1969）、Miiller，Nielsen（1965）在东南亚、非洲的热带林应用，也有基本规律，但有特殊问题。从几十个树种证明，热带树木树干重量与 D^2H（胸高直径平方×树高）也呈直线相关，但离散度较大（图 1），D^2H 与树干体积关系也密切；藤本的直径（胸高直径 DBH）多少也与枝、茎、叶量相关（图 2）。热带林内藤本生物量占有相当比例，柬埔寨季雨林内藤本叶量占总叶量的 1/10、泰国雨林中占 1/3。在藤本缠绕树木不易分离的情况下，采用缠有藤本的树木的枝、叶生物量与不缠有藤本的相似树木的相比；减下的约为藤本枝叶的生物量。

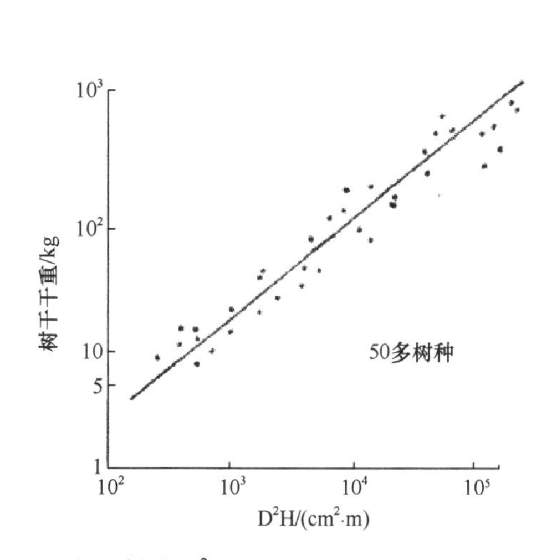

图 1 热带树林 D^2H 与树干干重直线相关（仿T. Kira）

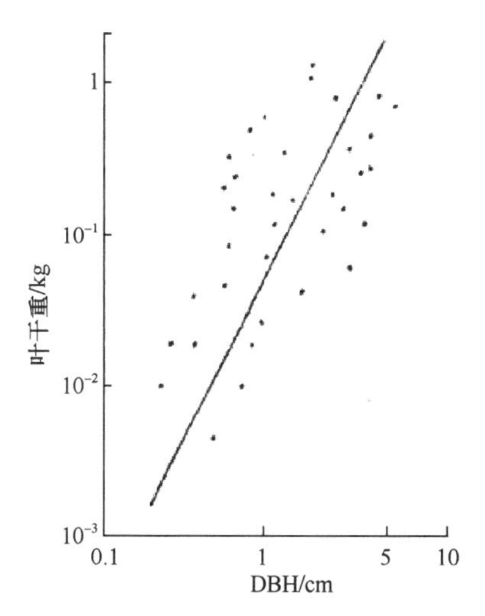

图 2 热带藤本叶干重与 DBH 直线相关

板根为热带树木测定生物量带来一定特殊性，板根本身的生物量也应测定。对板根的发育程度测定中可以横切面的周长 L 与同样面积的圆的周长 L′之比，L/L′值来表示，此值往往在胸高直径处接近于 1，而在地表时增加为 4，见图 3。（L/L′）–1 的垂直变化为幂指数（图 4）。板根面积的扩展也反映出呼吸率的增加，没有板根的树在同样胸径级，其呼吸量仅为有板根的 27%（Yada，1967）。如果板根超过胸径处，胸径就很难测定，在测树上即可以板根末端高代替胸高，但可能略会产生低估，尤其在采用 D^2H 参数时。板根本身的面积和生物量往往由于板根是平面，可以实测。

热带林也试用过不破坏性的测定生物量法。

$$(1/H) = (1/AD^h) + (1/H^*) \tag{1}$$

h，A，H^*在热带林为常数，h 在稳定的顶极森林群落都接近于 1。

$$(1/H) = (1/AD) + (1/H^*) \tag{2}$$

† 蒋有绪，1986，热带林业研究，(3)：49-51。

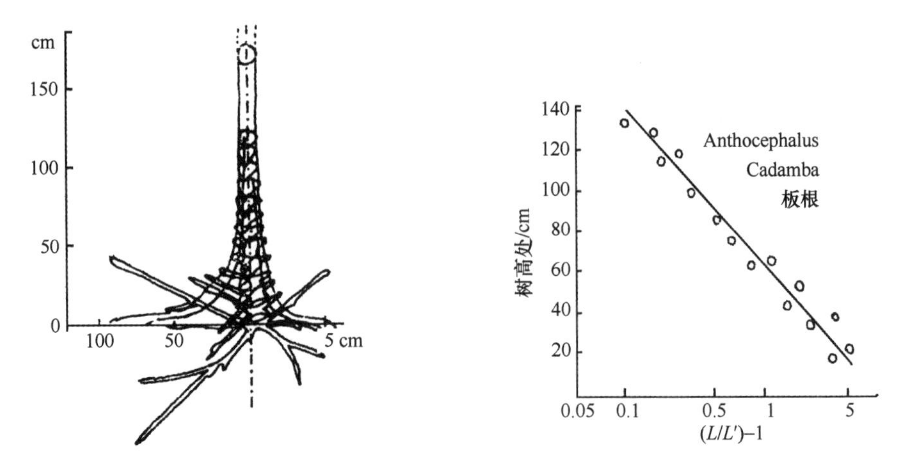

图 3　干基部板各横切面，越近地面，其周长L越大　　图 4　（L/L'）–1 在垂直高度呈幂指数关系

A 由此式求出，H^*是 H（树高）对胸径 D 的渐近线（图 5），或者说是反映林分内可能的最大树高。它是时间在继续生长的未成熟林分的一个函数，但决定于顶极群落环境是否有利。另一种表示是，H^*是森林所占空间随湿温的增加而变大。A 的物理含义并不直接在（2）式中，但在热带亚洲 11 个林分中的测定，在疏林趋小，在郁闭林趋大，估计 A 值与植物生物量在空间的密度有关，地上生物量（Y_T）被 H^*除，用来表示生物量密度。生物量密度 $P_T=Y_T/H$ 对 A 的回归看作为近似的坐标对数直线同样的相关性也存在于叶重密度或叶生物量密度（Y_L）/H^*和 A 之间（图 6）。

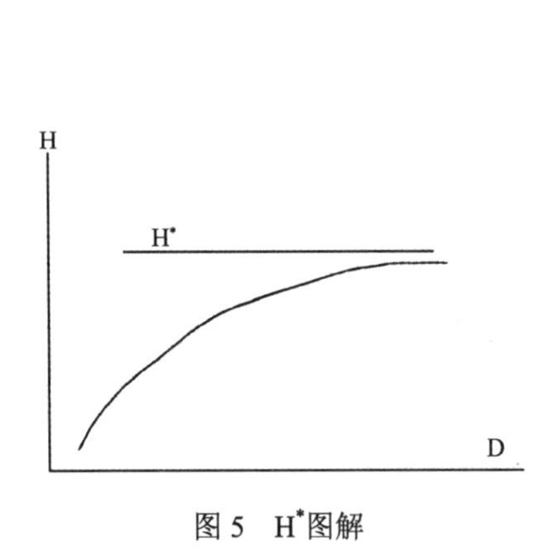

图 5　H^*图解

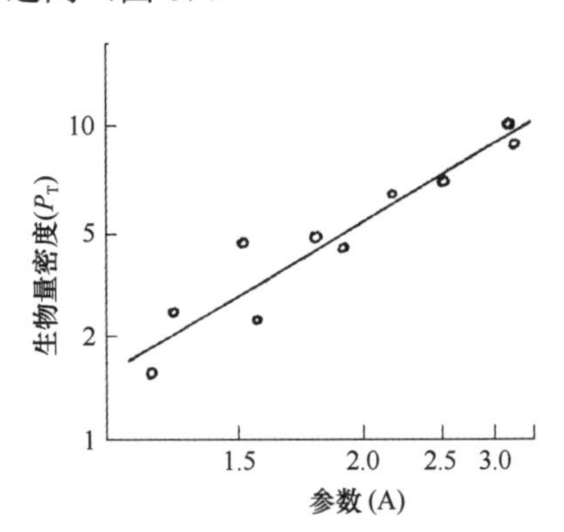

图 6　热带林生物量密度与参数A的直线相关

$$P_T=Y_T/H=2.0A^{2.0} \quad (3)$$

$$P_L=Y_L/H=0.038A^{2.4} \quad (4)$$

参数的单位如下：A，m/cm；H^*，m；生物量密度 P_T，t/（$hm^2 \cdot m$），叶生物量密度 P_L，t/（$hm^2 \cdot m$），地上生物量 Y_T，t/hm^2；叶生物量 Y_L，t/hm^2。公式（3），(4）可用于任何 h=1 的热带林分（即稳定的郁闭林分），这在马来西亚，泰国等地都得到充分的验证。

参 考 文 献

[1] T. Kira, H. Ogawa: 1971, Assessment of primary production tropical and equatorial forests, "productivity of forest ecosystems" UNESCO, Paris.
[2] T. Kira: 1983，热带林の生态，人文书院，京都.

3 热带林的根系分类及根量测定†

热带林树木根系的形态分类也许是陆生植物群落中最多的，这都是不同植物适应生存的非正常形态根，对研究了解热带林植物的进化有十分重要意义。例如：热带林兰科植物的气生根就是适应其寄生性并利用空气中的湿度，而一种兰 Taeniophyllum 的气生根为绿色，可以代替绿色茎进行光合作用；藤本植物为了在被缠绕植物体上固着自身而形成抱茎根（Crasping root），许多攀援的乔灌木的不定根也很多；比较肥沃土壤上的热带草本根有时很发达，并暴露于地面，生物量也很可观；有些根不是向地性，而是负向地性（如 Ansellia）。从解剖特征看，主要可分两类：一是骨骼根（Skeleton root），是指有次生加厚组织的根，二是远端根或尾根（distal end—root），是指没有次生加厚组织的初生根。

除正常根以外的热带植物非正常根的形态分类如下（参见图 1）。

根类	外部形态
板状根 tabular roots，buttresses	突出地表，连生于树干向外伸展的扁平板状的根
临时水平根 flying horizontal root	隆起在地上 0.5～1.0m 处的圆柱状水平根
支柱根 stilt roots	在主干较低部位不定伸出的根，并弯垂锚入土内；形成拱门状，并会逐渐发展成相连的栅门状
根刺 root spines	在茎上长出不定针刺状根，其长度不会超过直径的 10 倍
刺根 spine roots	在茎上长出不定针状根，其长度超过直径的 10 倍
根帚 root broom	在树木主干上向上伸出分枝的丛状根
悬垂根 suspending roots，hanging roots	乔木枝上自由悬垂的具有不定芽的细根
柱根 column roots	由悬垂根发展为较粗的扎入土内的根
抱茎根 strangling roots，crasping roots	绞杀者爬向寄主树干的根，抱茎根会逐渐交接吻合，形成假的茎
短桩根 peg roots	地下根具有伸出地表的直桩
支撑的短桩根 Sfilt peg roots	地下根具有向上生长的气生枝，而另一些气生侧生枝则又扎入土内
膝根 Knee roots	朝向地表生长的气生根，有时在地上折回进入土壤
根膝 root knees	水平根的肿大，在地表上向外延伸

对于林内不同植物根系形态的记载描述，对分析种的形态适应过程和所占据的现实的生态位有意义，进行植物群落学描述时应当进行此项内容。

† 蒋有绪，1987，热带林业科技，(2)：53-55。

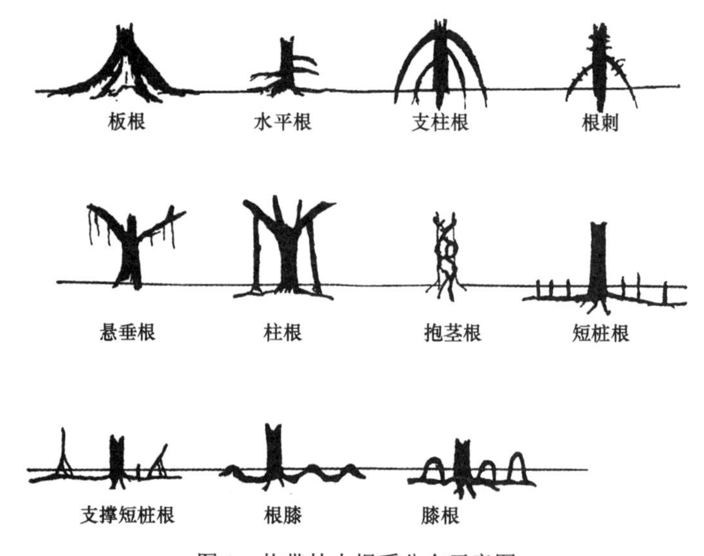

图 1　热带林木根系分布示意图

关于热带林根系测定方法，大体相同于一般森林，但注意分三个部分来取样收集根的生物量：一是寄生、附生植物暴露于空中部分的根系，二是树木地表和土内的大骨骼根，三是土内的小骨骼根和远端根。

（1）寄生、附生植物的气生根可在适当取样面积内取样测定即可。

（2）林木地表及土内的大骨骼根，应在 50×50m 样地内，对地上部分大骨骼根可根据柱状、板状分别估测其体积，对地下部分可设置代表性样带（包括大骨骼根向土内延伸部分），挖出土内大骨骼根，由体积及平均比重（经热带林木合理的平均值为 0.6）算出生物量。

（3）对小骨骼根和远端根，则可用小样方（如 25×25cm，10 个随机取样，或用样带），可避开树干及大骨骼根。一般 50cm 深的土层体积即可粗估主要细根量。土体取出，在水盆内漂洗，土粒沉淀，根系漂在水面，细根分类可按直径＜2、2～5、5～10、＞10mm 的几级进行，算出生物量。

三部分总起即可算出每公顷根系生物量及其占整个生态系统生物量的百分比。

参 考 文 献

[1] P. B. Tomlinson，etc. 1976，Tropical trees as living systems，Cambridge University Press.
[2] F. Halle，etc. 1978，Tropical trees and forests，an architectural analysis. Springer-Verlarg，Berlin.
[3] F. B. Golley，etc. 1978，Tropical rain forest ecosystem，Elesevies scien.，publ. Co. Amsterdam-Oxford-New York.

Ecological Consequences of Overharvesting of Subalpine Coniferous Forest, Sichuan Province, China†

Introduction

The Hunduan range in southwestern China has a vast area of subalpine forest dominated by *Abies*, *Picea* and *Larix*. The subalpine forest belt exists at 2700 m to 3900 m altitude. In Sichuan Province, the area of subalpine forest is 58.4% of the total forest area and 85% of total stocking of the province. Due to the high average stocking of these stands (more than 300 m^3/hm^2) subalpine coniferous forest has been the basis of timber production for last 30 years.

Water retention in the forest floor

Water retaining capacity of the forest floor varied with the content and structure of the litter layer (Table 1).

Table 1 Litter fall by forest type in Sichuan Province

Type	Dry Weight of Fall/[t/ (hm^2·a)]
1	0.8
2	0.8
3	1.9
4	1.5

Total dry mass of the forest floor (A layer of soil), and decomposition rates also varied by forest type (Table 2).

Table 2 Forest floor composition and decomposition rates by forest type, Sichuan Province

Type	Litter sublayer	Duff sublayer	Humus Sublayer	Mosses	Total	Decomposit Rate K/%	Turnover Rate/a
1	19.1	5.4	13.4	5.2	43.1	1.82	54.9
2	10.8	11.6	12.4	4.8	39.6	1.98	50.5
3	18.4	5.3	15.1	0.8	39.6	4.58	21.8
4	11.8	7.6	21.5	0.9	41.8	3.46	28.9

---

† JIANG YOUXU, 1987, IUFRO Project Group P1. 07-00, Hunan impacts and management of mountain forests. Edited by T. Fujimori and M. Kimura. pp59-65. Forestry and forest Products Research Institure, Ibaraki, Japan: Science Publishers.

Due to cool temperatures, the total mass of litter in subalpine coniferous forests is large (about 40 t/hm^2) with higher accumulations, lower decomposition rate and longer turnover rates than lower elevation forests. Physical characteristics of forest litter are indicated in Table 3.

Tbale 3　Physical characteristics of forest litter by forest type, Sichuan Province

Type	Weight/volume	Total porosity/%	Max.water holding capacity (%) /mm	Min.water content (%) /mm	Range of effective water (%) /mm	Infiltration capacity /mm
1	0.4340	91.36	210.81	126.35	84.69	36.69
			91.49	54.84	36.96	
2	0.1908	95.00	600.56	333.67	280.36	45.64
			114.59	63.40	53.23	
3	0.3415	91 .05	275.38	166.03	120.81	37.34
			94.04	56.70	41 .29	
4	0.1586	93.12	587.19	404.08	367.15	29.04
			93.13	64.09	58.23	

The forest is found on steep slopes in deep mountain valleys, it plays an important role in water and soil conservation. It also supports valuable plant and animal species. The overharvesting of subalpine stands has caused serious ecological consequences including soil erosion, flooding, drought and siltation.

To examine the ecological functions of subalpine forest, the Chinese Academy of Forestry and Sichuan Institute of Forestry established a research station in Miyalo in 1960 and carried out research until 1966. Some of this work included investigations on the impacts of forest harvesting in the region.

Study Site Location and Methods

The station was located in Miyalo valley (N31°43′E103°02′, altitude 2500～4200 m). The dominant tree species are *Abies faxoniana*, *A. recurvata*, mixed with *Picea purpurea*, *P. asperata*, and *Betula albosinensis*. Observation were taken in 4 main forest types: Type 1, *Abietum hylocomioso-actinothuidiosum* (mosses); Type 2, *Abietum sinarundinariosum* (bamboos); Type 3, *Abietum quercosum*; Type 4, *Abietum rhododendrosum*. Water balance, microclimate, dynamics of soil properties, nutrient cycling, productivity, and interrelationships between plants and succession were studied.

Results

Interception of precipitation by tree canopy

The percentage of precipitation intercepted by matural stands of the 4 types ranged from 18.9%～27.4%. The quantity of the rainfall intercepted increased with increase in total rainfall, but percentage of total rainfall decreased. Throughfall ranged from 45%~55% at precipitation of 5mm; 70%~80% at 10~15 mm; 80%~90% at 15~20 mm; 80%~90% at 15~20 mm and about 95% at 25~30 mm.

The measurements show that the A layer has an extremely large water retaining capacity, which vary by forest type. The experiments show that the A layer can completely absorb throughfall if precipitation is less than 5 mm. Leaching occurs at precipitation levels more than 5 mm, and saturation occurs at 8 mm. The litter layer in subalpine forests intercepts rainfall to decrease runoff, increases soil water content and protects soil from erosion. Generally, the soil water storage in subalpine coniferous forest is relatively stable all year around.

Evapotranspiration

Evapotranspiration in forest stands is relatively low compared to cutover land (Table 4). According to measurements in June-September, soil evaporation (soil depth 0~5 cm) on cutover lands was twice as large as that on forested lands.

Table 4 Evapotranspiration in forest stands and cutover lands, Sichuan Province

		June/mm	July/mm	August/mm	September/mm
Forest Stand	1961	—	29.0	22.8	25.0
	1964	44.5	67.7	17.4	—
Cutover Land	1961	—	85.0	60.9	44.9
	1964	212.0	218.4	104.5	—

Discussion

The forest cover in Sichuan Province has decreased rapidly. For example, the annual timber yield of the subalpine forest region (Western Sichuan) was 16 million m^3 but the growth of timber stock was 6.85 million m^3 during the period of study. The forest cover of the province declined from 19% in the 1950s to 13.3% in the 1980s, and that of Yunnan Province from 50% to 20% during the same period. In addition to overharvest, clearing for cultivation and fuel and wildfire have contributed to the loss of 2.6 million hm^2 of forest in Sichuan Province. Some of the consequences of these losses will now be discussed.

Effects on runoff

Investigations in the Ming River basin, western Sichuan, showed increased streamflow resulting from forest cutting. Compared with the 1940s, mean annual total stream flow increased 3.42 million m^3, and mean annual runoff depth increased 35.55 mm. The pattern of stream flow during rainy and dry seasons has also been changed. Due to 30 years of timber cutting, the amount of stream flow during the rainy period has been increasing at a yearly rate of 8.27 m^3/sec. During the dry season, stream flow has been decreasing at a annual mean rate of 10.82 m^3/sec. Drought and flood damages have become greater and more frequent. Flood stages are higher, and the flood peak appears faster after storms. The lack of water during the dry season is also serious. In 1981, great flood damage occurred in Sichuan. Relative humidity has been decreased, daily temperature range has been increased and frequency of frost has increased. These climatic changes have affected agriculture production.

Effects on erosion

The forest cover of Suening County, Sichuan Province, declined from 14.5% in 1957 to 0.5% in 1981. About 80% of the area in the county has been subjected to soil erosion. The annual loss of soil has been estimated at 1.37 million tons, at a rate of 293.36 t/km^2, and the total amount of sediment transported into rivers has been estimated at 940 thousand tons per year. In the Sihue river basin, forest cover was 35% in the 1950s, and the erosion rate was 46.2 t/km^2 in the 1960s. It rose to 1266 t/km^2 due to large scale forest clearing. In Jingshajiang river basin , the total stream load increased from 1300 million tons in 1958 to 2900 million tons in 1974.

Navigable water ways in Sichuan Province amounted to 17 thousand km in 1958. Sedimentation had reduced this to 11.3 thousand km by 1973.

Effects on slope stability

The region is subject to various forms of landslides and debris-flows due to geologic conditions and heavier rainfall. The velocity of debris-flows often reaches 40 m/sec, at masses more than 2.5 t/m^3. River beds can aggrade up to 10 m from a single debris-flow. Villages, transportation systems and human life can be threatened. Since the increased harvesting of subalpine forest during the last 30 years, the number of counties damaged by debris flow in Sichuan Province increased from 76 in the 1950s to 109 at present.

Conclusions

The present forest management policy emphasizing wood production should be changed to protect the subalpine forest for soil and water conservation purposes. Harvesting should be controlled and efforts at regeneration and reforestation should be increased. Logging methods should be changed to minimize impacts and clear-cutting should be forbidden in many areas.

Cultivation on steep slops and forest harvesting for fuel should be curtailed. Engineering and biological methods should be adopted to control landslides and debris-flows.

Finally, nature reserves should be established for protecting the variety of natural communities and species in this area. Examples of all natural landscapes from the subtropic to alpine zones should be protected.

References

[1] Jiang Youxu (1963) . Studies on site types of subalpine forest region in western Sichuan. Scientis Silvae, 8 (4): 321-335.
[2] Jiang Youxu (1981) . Study on microclimate of subalpine fir forest in western Sichuan. Agricultural Meteology, 1: 71-75.
[3] Ma Xuehua (1981). A study on hydrological functions of subalpine fir forest in western Sichuan. Bulletin of Forestry Institute, Chinese academy of Forestry, 1: 53-64.

生态系统研究的理论分析参考†

1 研究生态系统应从生态系统的属性开始

生态系统的结构和功能主要特征

结构方面：

（1）生物群落的组成（种数、生物量和生活史）；

（2）非生物物质的量和分布（如养分和水）；

（3）生存条件的范围和梯度（如温度和光）。

功能方面：

（1）通过系统的能流范围（eco-energetics，生态能学）；

（2）养分循环速率（eco-cycling，生态循环）；

（3）物理环境和有机体的调节作用（eco-regulation，生态调节）。

对每一个生态系统的研究在进行系统分析前，具体讲，要从以下7方面取得基础资料：

（1）系统的生物群（biota），主要是组成，即动物、植物、微生物区系组成；

（2）生物群结构和系统的结构（格局分析）：分层性、层片、生态位、种群分布格局，季相；

（3）生物群或系统的进化：多样性指数，生长型或生活型谱，树型（tree form），其他反映进化的形态解剖特征指标；

（4）非生物环境因素和它们对种的影响：环境对生物的影响（action），生物对环境的影响（reaction）；

（5）生物群之间的影响（coaction）：群聚系数，捕食被捕食关系，竞争关系，互助关系，自动平衡（正负反馈）；

（6）能及物质的流通：产量生态学分析，系统代谢的分析：总第一性产量（GPP），自养性呼吸（R_A），净第一性产量（NPP），异养性呼吸（R_H），净生态系统产量（NEP），生态系统呼吸（$R_E=R_A+R_H$），生产效率（R_A/GPP），有效生产比（NPP/GPP），生态系统维持效率（R_A/NPP），呼吸分配比（R_H/R_A），生态系统生产率（NEP/GPP），生物量。

（7）信息传递：信息也反映物种之间的相互关系，反映物种对环境影响的适应。信息也是可测值，大体分物理信息，如声、光、色及电磁波，化学信息如分泌和内含的酶、抗生素、生长素、抗菌素、性激素等，也包括次生物质及其组合形式，化学信息可以作为自身的反应，可以是对外的，如与其他种的相互吸引、互助、相互抑制、排斥等，还有行为信息，如动物同种同性和异性个体间、异种间的争斗、求爱、报警等行为反映。现代植物生态学也用“行为”（behavior）一词。

---

† 蒋有绪，1987，生态学杂志，6（1）：63-66。

2 对生态位的理解与测定

生态位（niche）由 Grinnell（1917）第一次提出，由 Elton（1927）所发展。意思是稳定生态系统的食物链中每一生物种都建立在自己一定的地位上，占有一定能的来源。Whittakier、Levin、Root（1973）指出，生态位用于三个涵义，即一个种在群落中所起的作用（功能的涵义）；反映一定种对环境或群落范围的分布关系（生境的涵义）；两者结合起来，即功能与生境（利用的资源）结合起来的涵义：甚至还有理解为一个种的全部特性（行为、生理等）。Hutchinson 认为生态位概念是指一个种在 n 维空间中赖以延续生存的所有条件的组合形式的几何图形。生态位可分为基本的和现实的。因为一个种并非一定利用它能利用的所有资源，也并非生活在所有它能忍受的条件之下。现实生态位小于基本的生态位。所有可能的现实生态位的联合，即基本生态位。生态位宽度最简单的测定方法就是测量生物对反应的测值范围。以光为例，Hurbert（1978）提出种群密度对光的选择性

$$G' = \frac{n}{X^2}\sum\left[X_i\left(X_i - 1\right)\right]$$

X_i ＝在第 i 个资源位（即此样方）中的个体数，X＝全部 n 个资源位中个体数总和，G' 的倒数即生态位宽度（BL）。

生态位的重叠 $l = n\sum(P_{xi}、P_{yi})$

P_{xi} 表示种 X 第 i 个资源位在所有个体全部测定范围内出现的概率；P_{yi} 为种 y 的概率；n＝资源位的数（有 n 个资源位）。生态位在两维（A、B 两资源的情况下）的宽度是 $\sum P_i \log P_i$（信息论指数）。P_i 为对第 i 个资源参数的相对平均反应，如生态位中心在 A 资源为第 3 位上，B 资源为第 6 位上，则 $P_A = \frac{3}{9} = \frac{1}{3}$，$P_B = \frac{6}{9} = \frac{2}{3}$，生态位宽度$= -(\frac{1}{3}\log\frac{1}{3} + \frac{2}{3}\log\frac{2}{3})$。

影响生态位的主要因子有：群落间（intercommunity）变量，如海拔、坡向、土壤湿度、作为母质作用的土壤肥力等，以及随这些因子的群落递变，群落内（intracommunity）变量，如离地面高度，与群落内格局的关系，季节、干旱时期，被捕者大小，动物对植物食物的比率；种群反应变量，如密度、盖度，利用频度，繁殖演变及适应性等。

一个生态系统中生态位的多样性高，则能流通道的多样性也高，系统越稳定；系统内生态位不太多样时，种群的起伏就小些，在一个通常的生态系统内，只具有少数高存在度的种和大量低存在度的种，当种数增加时群落中的生态位平均宽度则减小，优势种比亚优势种的生态位宽度要大，只有压缩生态位才能增加系统的种。

3 分析环境梯度变化时考虑的一般规律

（1）沿梯度的种的重要值一般成近于正态曲线；

（2）非主要种的形式最适度（modal optima）沿环境梯度总是以随机分布的；

（3）主要种的形式最适度以均匀方式扩散，以减少种间斗争，例如一个主要种的最适度在梯度中的 A 段出现，另一个主要种则避开 A 段而在另一段，如 B 段、C 段出现；

（4）这类“正态分布”可由竞争而改变；

（5）在野外工作中，正态曲线的尾部可能在种太少以至找不到的情况之前被切断，这里用任何大小样方都可能出现的规律；

（6）环境梯度可能在植被特征以下几个方面反映出差别；

①在特定群落或样本内种的丰富度（多度）有差别（即α变异性）；

②在组分变化或种的周转程度上有差别（即β变异性）；

③在整个种的多度上有差别（即γ变异性）。

4　天然生态系统的稳定性与多样性的理解与测定

这里有着不同理解，作以下简要介绍。

影响多样性的因素：

（1）系统发生发育的时间越久，种的多样性增高，即所谓生态年代理论（ecological time theory）；对于土地地质年代越久，种也越多，因为新的种有更多的机会侵入，这称为地质年代理论（geological time theory）。

（2）地域面积增大，种的多样性也增高，此学说对研究岛屿与大陆区域都有帮助。Johson（1968）等引申，以曲线回归方程算出岛屿或大陆区域面积的植物总数的对数相关于土地面积、海拔和纬度的对数，但结论是，土地面积是其中最重要的变数，回归系数为 0.7212，高度最不重要，系数为 0.0143，纬度界于中间，为 0.1001。

（3）生境的水、热、肥、食物资源丰富，即空间的不均质性大，对生物的容量大，也就是负荷量大，逆境的压力小，种的多样性增大。

（4）群落的演替过程和种间竞争过程肯定影响种的多样性，如何影响尚无一致看法。因为竞争关系可以减少群落中本来可以生存的种，减低种的多样性，同时，竞争关系也可以使种的生态位加宽，有利于在更宽的生境范围内生存，但也可以使生态位变窄，这就从不同方面影响到群落的种多样性。

（5）植物种适应的专化，即要求窄的生态位，可增加群落的种数。

（6）人为或外界干扰影响种的多样性。据 Elton（1958）研究，频繁的干扰、大的干扰，以及干扰后的顷刻时间内，都使种的多样性减小，随着干扰后群落的逐渐恢复，种的多样性又逐渐增高。

多样性与稳定性的关系大抵如下：

（1）简单的捕食-被捕食关系，或较简单的种间相互依赖结构的数学模型，一般表现有较大的浮动；

（2）实验生态学说明，往往很难维持只有少数种的小种群在简单的生境内平衡，在这种情况下，要么发生种群大小的变动，要么一两个种很容易被消灭；

（3）小岛的生境比大陆的生境更易因外来种的生态侵入而受伤害；

（4）耕地或种植地由于那里的生境或群落人为地简化，就容易发生大规模的种的侵入或病虫蔓延；

（5）热带林群落与极地群落相比，前者复杂而稳定，后者简单，易变异和不稳定；

（6）不郁闭的生态系统（如果园）常常带来内在不稳定性，易受外来病虫害侵袭。

有人认为生态系统的种多样性高、结构复杂、成熟、完善，就有利于生态系统稳定性；还有，认为多样性并不增加生态系统稳定性的论点，则主要一是因为演替初级阶段物种较多，随着群落发展趋于成熟，则种数减少并趋于稳定，一是因为有时理论模型表明一个系统变为更复杂时，它就变得更为动态上的脆弱，并认为，自然界的复杂生态系统必定比简单系统表现得比较不稳定。

理论上讲，系统的持续性（persistence）、稳定性（stability）、成熟性（maturity）、弹性（elasticity）、可塑性（practicity）和多样性（diversity）等特征都有联系。持续性表明系统存在的时间长短；惰性（inertia）表明系统抵御外界干扰和破坏的能力，这是一个潜在的涵义，当然，惰性可以增加系统的持续性。可塑性是指系统容忍环境变化而不致引起系统变化的环境幅度；弹性是指系统破坏后恢复到原初状态的速度，一些作者常把可塑性、弹性混用，表明系统可抗御外界环境变化和干扰破坏的能力，与惰性则又混淆不清。总之，有关稳定性的若干术语，由于不同作者的使用，其涵义并不确定。

影响系统的可塑性和弹性的因素，一般有：

（1）组分的生理生态学特性和生态对策特征，即该些种所具有生态幅度、忍耐环境变化的范围的大小，和种群反应的能力和速度；

（2）环境变化和波动的程度，即环境的稳定性；

（3）环境原来状态，如包括系统内物质与能的储备，是否充足和饱和，以空间大小能否允许新的物种和更多物质的迁入；

（4）系统本身的代谢机能；

（5）时间因素，包括外来不利因素持续时间，以及允许系统进行修复的时间历程。

稳定性的定量计算有几种，一种是与群落成熟度及其产量（代谢特征）联系：

$$P'/B = \ln 2/\bar{X}$$

P' 为净产量，B 为生物量，$\bar{X}$ 即群落寿命预期值。P'/B 随演替而减小，$\bar{X}$ 则增大，当 P'/B 值高，$\bar{X}$ 就短，短 $\bar{X}$ 的群落通常伴随小而随机性大的种，演替早期的种倾向于随机，伴随大的种群变动和局部消亡的机会，这就表示不稳定性。

5 系统的代谢特征

Odum（1969）总结的群落发展阶段与群落代谢的特征具有启发性，已有过介绍，不再重复。一些代谢参数可结合生物量及生长（产量）的研究进行测定。P/B 比（P 生产力，B 生物量）低，食物链复杂，动物/植物的生物量比值高，表示食物利用率较高。Margalev（1958，1963，1968）提出，Odum 也同意。随着演替过程，P/B 减小，B 值增大，但当 B 增加时，R（呼吸量）也增大，P/B 随演替减小，当群落达到顶极时，$P=R$，生物量不会再增高，P/B 甚至降低到 1.0 以下，群落即进入衰老阶段。

目前已积累有较多生产力研究资料，有人联系气候资源找出经验关系，如熟知的

Paterson 公式，主要与最暖月平均温、最暖月与最冷月的年温差幅、年降水、生长季月数等参数联系，也有专门修正为木材蓄积的。另一途径（Grigoriev，Budyko）与年辐射平衡值 R，干燥辐射指数 R/Lr（Lr 是需要蒸发年总降水量的热量，r 降水，L 为水相的转化潜热）。其规律是，群落生产力在 R/Lr 达到 1 的最佳值时，也达到其最大值；R 为常数时，当 R/Lr 比率偏离最佳值时，生产力就减小，当 R/Lr 为最佳值时，R 和 Lr 的绝对值越大，植物生产力越高。

关于生态系统凋落物的分解率，也在寻求简便测定方法，已熟知的 $K=CL/X$，K 分解率，X 为凋落物总量（如枯枝落叶层总量），L 为年产量（如叶的年产量），C 为年产量中直接进入凋落物层（枯枝落叶层）的比率，CL 即新凋落物量，可直接测定。L 在北方低于热带林，但随纬度变化，L 的变化小于 K 的变化，同时，C 在热带比温带趋于小，所以温带林枯枝落叶层厚，而热带林则往往缺少。

6 演替动态

传统的概念把干扰看作非自然因素，现代观点则看作为自然的事件，因为很多东西都取决于这些因素。Odum 指出演替的原理要针对人与自然的关系，其理论框架需要作为人类现存的环境危机的基础来考察，演替的研究已深入到系统的复杂性、多样性和自稳性的探讨。其途径有三：

（1）由控制论或系统分析导出的方法，即试图测定系统内所有环节，写出所有方程，测出所有参数，然后分析解出方程或用电算模拟演替过程，得到数值结论；

（2）从强调复杂性，注意逆境的相互联结、整体性，多元原因，结构与过程的统一来研究；

（3）与前者相反，主要强调演替的种群基础，即所谓生态系统的还原论（reductionism），批评整体性观点。

对天然林演替还注意母树树种与幼苗之间的关系，特别是大树倒下后的孔隙的演替动态，即所谓 gap dynamic，这涉及现代生态学中生态位结构的分配理论。目前又对演替中的适应机制有兴趣，如形态适应，对策适应，生理生化适应等。植物的化学亲和物质和化学抑制物质对演替过程也有影响，对此也开展了研究。

海南岛尖峰岭热带林生态系统研究†

世界自然资源保护大纲（1980）[26]开宗明义指出：“地球是宇宙中唯一已知可维持生命的地方”，但人类活动正逐渐削弱着这个星球维持生命的能力。热带森林被大面积破坏是全球性生态平衡失调中极敏感的问题之一。它不仅造成人类最丰富的生物基因库的逐渐丧失、土壤严重侵蚀和贫瘠化、热带农业产量的不稳定和居民的生活贫困等现实灾难，而且将影响全球的 CO_2、水和热的平衡，其长远的后果难以确切估计（J. S. Spear，1979）[27]。由于人类对热带林的多种价值性（Versatility）、生态脆弱性的无知是一个普遍问题，才导致今天的严峻局面。世界不少国家在国际“人与生物圈”计划推动下已全面开展了热带林生态系统的研究[23-26]，以了解热带林生态系统对人类的价值和合理开发利用的途径。本课题也正是在这个背景下得到中国科学院自然科学基金委员会资助而开展的。其目的在于阐明海南岛尖峰岭热带林生态系统的结构和功能，人类活动（特别是刀耕火种）对它的影响，在了解其生产经营、自然保护和科学研究价值的基础上提出保护和经营的对策。由于基金项目为时较短（1982～1986），因此本项多学科的综合调查观测、试验研究也是热林所在十多年来已有研究基础上的补充、深化和综合。

本研究包括本底调查、小区实验和定位观测三个组成部分。重点在于：①对尖峰岭热带林区的特征从科学理论和经营实践意义上作出应有的评价；②对基本生态系统类型所构成的系列进行综合比较研究；③对半落叶季雨林进行游耕模拟实验及对照观测研究。

1 研究方法

1.1 本底调查

植被生态系列调查分别采用象限法和样方法[9]。经分析确定最少样点数为：山顶苔藓矮林 31 点，热带山地雨林 56 点，热带常绿季雨林 42 点，热带半落叶季雨林 30 点。稀树草原及有刺灌丛采用样方法。在各群落中还采集了代表种的叶片形态解剖试样和木材标本。山地垂直气候带的气象观测是通过海拔 68m 和 820m 两个测站及邻近地区气象

---

† 联合课题组。本项目为国家自然科学基金资助项目，参加各学科的主要研究人员有中国林科院热林所的卢俊培、黄全、曾庆波、陈芝卿、刘元福、康利华、弓明钦、李善淇、顾茂彬、王德祯、郑德璋、丁美华、利群、陈佩珍、黄世满等，林研所的蒋有绪、徐德应、马荣芳、张家城、王丽丽等。协作单位有广东省尖峰岭热带林保护站。 本报告执笔人为卢俊培、蒋有绪。

各部分内容可见第 1 卷第 3 期 1988 年 林业科学研究；第 1 卷第 4 期 1988 年 林业科学研究，第 1 卷第 5 期 1988 年林业科学研究。

站多年观测资料为主控制，以代表性季节典型天气的多点平行观测为补充，结合植被系列应用回归分析方法估测区域气候特征及小气候变化规律。土壤本底调查在原有研究基础上补充典型剖面，配合小区实验进行水土流失调查。另有重点地 2 年定期取土样进行土壤微生物区系分析。昆虫区系采用定点（不同植被带）、定期（不同季节）、多点（共 9 个分区 15 个点）、灯诱及网捕结合的流动调查法。蜘蛛调查方法类似，但只在山地雨林中进行。大型真菌则在原始林和采伐迹地中不定期调查采集。

1.2　小区实验

为研究游耕农业的生态后果，在热带半落叶季雨林带内设置实验小区。砍除标地内全部林木，模拟当地居民游耕，以有林地为对照，观测耕垦期（1979～1981）、撂荒期（1982～1983）的降水（雨量筒，林内 6 个）、地表径流（100m^2 径流场）、土层渗透（开放式托盘集水器，深度 15cm、30cm、100cm）、土壤水分（烘干法与电导法，每月 2 次）、土壤肥力与 CO_2（雨季前后取样，暗箱与暗管法，每月 2 次）、小气候变化（气温、土温、湿度、光照每月 1 次）、旱作物产量与生物量、凋落物量等测定。

1.3　定位观测

分别在热带山地雨林及半落叶季雨林中进行，设立固定观测样地（点），进行林木生长与演替、凋落物量（10 个样框，每月收集 1 次）、凋落物分解过程（尼龙网袋及网罩法，每季回收 1 次）、土层渗透水、降水、径流及蒸发散（7 株样木的环形胶管截干流，辐射平衡-波文比法）、溪水等观测分析。

2　热带北缘生物基因库

尖峰岭林区位于海南岛的西南部（图 1）。北纬 18°23′13″～18°52′30″，东经 108°46′04″～109°02′43″，总面积 47 227hm^2。以主峰尖峰岭（海拔 1412m）为中心，峰峦重叠，地势向东倾斜，东坡缓、西坡陡，经山前低山丘陵，滨海台地而抵海岸。热带季风气候，干湿季明显，年平均降雨量为 1650mm。主要森林类型有热带常绿季雨林和热带山地雨林等基本类型，在沟谷深处受小地形影响偶有热带沟谷雨林，山顶有山顶苔藓矮林，沿西南台地边缘因受老挝干热风影响出现半落叶季雨林。本区共有 28 个林型，生物种类丰富，是我国位于世界热带北缘的重要生物基因库。根据多年的动态性本底调查（除鸟、兽外），就植物、昆虫、大型真菌、土壤微生物区系作以下简述。

2.1　植物

野生高等植物共 1668 种，隶属于 198 科 798 属，其中 475 属为单种属，占总属数的 59.5%，种的多样性十分明显[6, 7]。本次生态系列调查所及 103 科，240 属 356 种，最多的属/种数有樟科 10/26、茜草科 14/22、大戟科 14/19、壳斗科 3/16、蝶形花科 7/14、

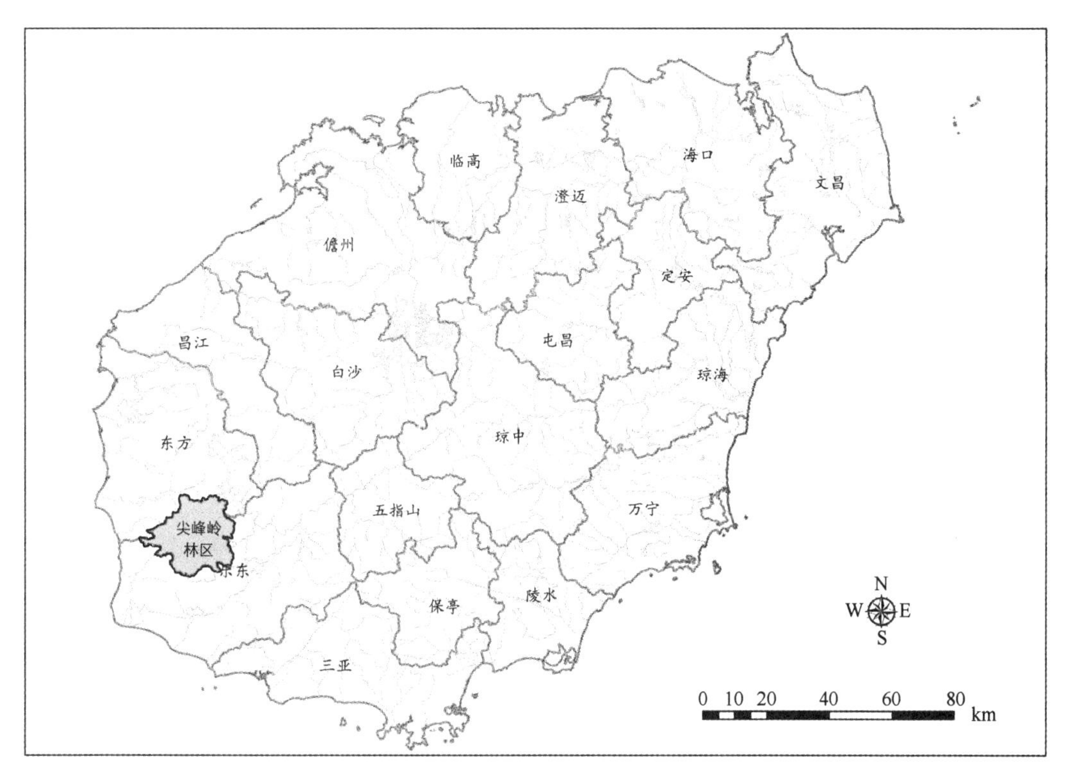

图 1 海南岛尖峰岭位置（来自李意德）

桃金娘科 5/13、兰科 8/10、桑科 6/8、棕榈科 6/8、番荔枝科 4/8、杜英科 1/8。高海拔以桃金娘科、樟科、壳斗科为主，低海拔以番荔枝科、大戟科、无患子科、蝶形花科等热带科属为主，典型的热带种属有青皮属（*Vatica*）、坡垒属（*Hopea*）等，在山地雨林中还掺有桦木属（*Betula*）、槭属（*Acer*）等山地、高纬区分布的树种。此外，在这些种中，有木质藤本和攀缘灌木 177 种，占种数的 11.35%，也反映了森林的热带性。

从区系分析看，1375 种种子植物中，分布区类型大致如下：泛热带 4.15%，热带美洲和热带亚洲间断 0.73%，旧世界热带 2.91%，热带亚洲—热带大洋洲 5.89%，热带亚洲一热带非洲 1.89%，热带亚洲（印度—马来西亚）50.76%。以上热带区分布共 66.33%。属于温带分布的共 3.06%，包括北温带 0.15%，旧世界温带 0.29%，温带亚洲 0.36%，地中海区域、西亚—中亚 0.22%，东亚（喜马拉雅—日本）2.04%。其余 30.61%为中国特有成分，其中海南岛特有种 12.36%。

2.2 森林昆虫[13-21]

尖峰岭林区昆虫种类极为丰富。调查结果共有 26 目 4000 余种，其中鳞翅目最多，占 50%；鞘翅目、双翅目其次，占 11%～13%。鳞翅目中又以夜蛾、尺蛾、螟蛾三科的种类最多，占全目的 69%，为优势科。据初步整理和鉴定的目科为例，直翅目蝗科、半翅目蝽科、缨翅目蓟马及管蓟马科和鳞翅目夜蛾科等 13 科的总种数计：半落叶季雨林 758 种，常绿季雨林 577 种，山地雨林 1140 种，山顶苔藓矮林 652 种。半落叶季雨林以蝗科、蝽科为多，山地雨林则以缨翅目的蓟马科和管蓟马科以及鳞翅目的 13 个科为多。按区系成分计，大多属东洋区，其次属东洋区和旧北区共有，少数为东洋区及其他 2～3 个区共有的泛布种。以缨翅目蓟马和管蓟马科 43 种、半翅目蝽科 46 种及鳞翅目天蛾科 45 种为例，其区系组成如下：东洋区 75 种，东洋旧北区 39 种，东洋非洲区 2 种，东洋澳洲区 3 种，东洋新热带区 1 种，跨 3～4 个地理区的有 14 种。此外尚有若干地方特有种，如格纹艳蝽、黄角短颚蓟马，广东白肩天蛾、天涯锯尉、角胸叶甲等均为海南特有。还有猫尾木球象、菜豆树球象，国内仅发现于海南。蝶类之丰富仅次于台湾省，共 330 多种。另发现海南菊蝗、角胸叶甲等 16 种新种。

本区森林昆虫的种群特征还明显地反映在：①种类多、数量少。根据 231 次灯诱统计，在 26 科中，有 58%的科虫口数不到 10 只，35%的科有 11～40 只，超过 100 只以上的占 7%；平均最多虫口 695 只/种的只有燕蛾科。现以天蛾科为例，三年内共采到 63 种，相当于长白山同期的三倍，夜蛾科多达 521 种，虫口密度大的种群并不多。②世代多，不休眠，有滞育。由于长夏无冬，有利于各虫种繁殖，昆虫世代普遍较多，并世代重叠，各虫态随时可见。如柚木野螟、柚木弄蛾、楝梢斑螟，一年 12 代，铁刀木粉蝶多达 15 代。多数昆虫冬季不滞育，部分有冬季全滞育或部分滞育，前者如乌桕大蚕蛾、珊毒蛾等，后者如柚木野螟、绿翅绢野螟等。总的说来，作为消费者的食叶昆虫的消耗量与绿色植物的生产量保持平衡。

此外，蛛网蜘蛛目中的蜘蛛种类也不少，经初步整理，仅山地雨林中的蜘蛛，估计不下百余种，已鉴定的有 8 科 13 属 23 种，以纵条银鳞蛛等 6 种为优势种群。

2.3　大型真菌

尖峰岭热带林区中的大型真菌种类繁多[22]，已鉴定的有 260 种，隶属于 2 纲 9 目 22 科 75 属，其中食用菌有 4 目 13 科 32 属 55 种，药用菌 7 目 15 科 23 属 32 种。按分类系统计，94.35%属担子菌纲，5.65%属子囊菌纲。担子菌纲中以多孔菌及伞菌目为主。多孔菌科就有 23 属 121 种，占已知总种数的 48.79%，常见的种有竹荪、鸡枞菌、裂褶菌、红栓菌、灵芝等。尤其是灵芝，我国共有 66 种，尖峰岭就有 49 种，其中热带灵芝、紫芝等为优势种。

尖峰岭林区的大型真菌与生态环境关系十分密切，反映在空间分布上，半落叶季雨林带多热带灵芝、墨汁鬼伞、白珊瑚菌；山地雨林及常绿季雨林多灵芝属、假芝属、栓菌属、斗菇属、侧耳及云芝属等；潮湿的沟谷密林中则多毒伞属红菇、丛枝菌及长根菇菌属。还有一些分布广泛的种，如木耳、毛木耳、裂褶菌等。伐后 2～4 年的采伐迹地较之林地具更多的大型真菌。在时间上，大型真菌多在雨季初期爆发性出现，有肉质伞菌、牛肝菌、木耳，雨季中后期出现的多为革质伞菌和多孔菌，旱季出现极少。

2.4　土壤微生物[12]

土壤微生物是生态系统内生物种群中的分解者，也是森林土壤亚系统中重要的土壤生物学性状，对系统内的物质循环和分解速度具有特殊的重要作用。尖峰岭热带林土壤中的微生物区系特点是：①微生物的数量以热带山地雨林最多，每克土中多达 28 000 多个，两类季雨林相近，只有 2300 多个，但比温带长白山林区丰富；②微生物的类群组成，以细菌占绝对优势，占总数的 98%，其次是放线菌＜2%，最少是真菌，不到 0.3%；③细菌组成方面，无论是固氮菌还是芽孢杆菌的数量，在常绿季雨林黄红色砖红壤中都介于半落叶季雨林褐色砖红壤与山地雨林砖红壤性黄壤之间，褐色砖红壤中固氮菌最多，砖红壤性黄壤中芽孢杆菌最多，说明前者的氮素积累力强，后者的氨化细菌活跃，有机 N 分解强，这与土壤的含 N 水平及 C/N 值状况是一致的；④微生物的季节变化，反映了不同的生态节律。真菌和放线菌的季节变化，三个森林植被类型都是旱季＞雨季和低温季节，这与凋落物的凋落节律相吻合；细菌的变化则是雨季、低温季节的数量多于旱季。热带半落叶季雨林尤为明显。固氮菌和芽孢杆菌则以旱季最活跃，雨季次之，低温季最少。但半落叶季雨林例外，固氮菌的活动是雨季＞旱季＞低温季，芽孢杆菌则是旱季＞低温季＞雨季。分解者的活动与水热状况等变化，是十分吻合的。

3 生态系列研究

生态系列研究是对气候、土壤等生态因子和生物群落的梯度变化的研究方法。本项目采用了以多学科对尖峰岭地区的生态系统的梯度系列进行了综合性比较分析研究。生态系统系列，即植被-土壤的生态系列，反映了生物群落对气候、土壤等生态环境综合体在时空上长期适应和协同进化的结果。尖峰岭地区由海滨向主峰形成了如下生态系列：滨海热带有刺灌丛（海拔＜30m＝-热带稀树草原（＜80m）-热带半落叶季雨林（80～400m）-热带常绿季雨林（300～700m）-热带山地雨林（700～1100m）-山顶苔藓矮林（1100～1412m）[6]。这个热带植被生态系列与东南亚典型系列不完全相同：①地处热带北缘并受热带季风制约，不存在赤道热带低地雨林类型；②旱季受老挝风影响，湿季又位于东南季风的雨影区，因而由滨海有刺灌丛和稀树草原类型开始，并存在热带半落叶季雨林，而且在短的水平距离内向山区腹地过渡，植被变化明显；③因距海近，受海风，坡度陡，土层薄，土壤强酸性和生理性贫瘠等条件影响，即受“Massonerhebung 效应”影响，与其他热带区比较，所以山顶苔藓矮林才出现在较低的海拔。在经济意义上看，海南岛西南部滨海干热台地稀树草原虽然生境较恶劣，但土地资源丰富，可供耐旱热带农业开发利用，山麓热带半落叶季雨林为游耕对象，人类活动频繁，热带常绿季雨林和山地雨林为热带林主要类型，有重要经营和保护价值，山顶苔藓矮林则有重要水土保持等防护效能。因此，无论从科学价值和经营价值来看，探讨此生态系列的内在规律及特点是十分有意义的。

3.1 生态系列形成的自然地理环境

这一生态系列的形成有其地质、气候和土壤等背景图 2。

（1）风化壳的垂直带结构[1, 2, 3] 高海拔为很多的粉色及灰白色长石大晶粒似斑状花岗岩碎屑-硅铝质风化壳，黑云母花岗岩碎屑-硅铝质型风化壳；海拔稍低处，东部有轻度变质的红色岩系碎屑-硅铝质风化壳分布；西部有花岗岩-硅铝黏土型风化壳；以上均

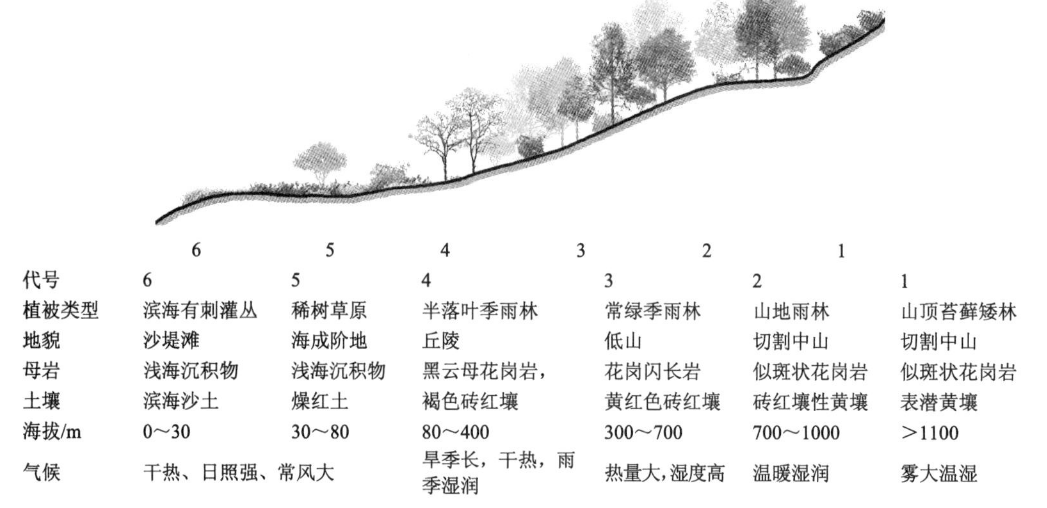

代号	6	5	4	3	2	1
植被类型	滨海有刺灌丛	稀树草原	半落叶季雨林	常绿季雨林	山地雨林	山顶苔藓矮林
地貌	沙堤滩	海成阶地	丘陵	低山	切割中山	切割中山
母岩	浅海沉积物	浅海沉积物	黑云母花岗岩，	花岗闪长岩	似斑状花岗岩	似斑状花岗岩
土壤	滨海沙土	燥红土	褐色砖红壤	黄红色砖红壤	砖红壤性黄壤	表潜黄壤
海拔/m	0～30	30～80	80～400	300～700	700～1000	＞1100
气候	干热、日照强、常风大		旱季长，干热，雨季湿润	热量大，湿度高	温暖湿润	雾大温湿

图 2　海南岛尖峰岭生态系列形成的环境图解

年平均气温—递减　年降水量—增加　水热系数—增加　土壤湿度、酸度—增加

有机质分解—变慢　腐殖质、氮含量—增加　交换盐基含量—减少

属弱酸性风化壳。海拔 100～500m 的低山高丘为黑云母花岗岩和花岗闪长岩碎屑-硅铝（铁）质型风化壳，属弱酸性-近中性；前山带堆积有坡积洪积物，受海侵影响，部分覆有浅海沉积物。滨海阶地则为更新统（Q_1-Q_2）的滨海相砂质沉积物；砂堤-泻湖-海滩则为全新统（Q_3-Q_4）的冲积海积物；两者均属中性硅铝质风化壳。

（2）气候垂直变化[10, 11]　由山麓（海拔 68m）及天池（海拔 820m）两个气象观测站测得主要气象要素见表 1。

山地垂直气候据邻近 7 个站资料，用插入法及短期辅助观测 6 个不同海拔高度的测值计算。各植被带的气候要素特征描述见表 2。

表 1　尖峰岭两气象站主要气象要素

站名	海拔/m	年均温/℃	1 月平均温	≥10℃积温/℃	年降水/mm	年蒸发/mm	年平均相对湿度/%
山麓	68	24.5	19.4	8911	1650	1881	80
天池	820	19.7	15.1	6829	2651	1303.7	88

表 2　各生态系统类型气候要素简表

气象要素	滨海有刺灌丛	热带季雨林		山地山林	山顶苔藓矮林
	稀树草原	半落叶季雨林	常绿季雨林		
年平均气温/℃	25.0	21.0	22.0	19.0	17.0
年总辐射/[万 cal/（cm^2·u）]	13.4	13.0	12.0	11.0	10.0
≥10℃年积温/℃	9100.0	8680.0	7900.0	6820.0	6000.0
1 月平均气温/℃	20.0	19.0	17.0	15.0	13.0
年降水量/mm	1300	1700	2000	3000	3500
5～10 月降雨量/mm	1100	1300	1500	2300	2600
年降雨日数/天	128	156	170	180	180
水热系数*	1.4	1.9	2.9	4.0	4.8

*水热系数的等级划分：＜1.5 为干旱-半干旱；1.6～1.9 为微湿；2.0～3.0 为湿润；＞3.0 为极湿

（3）土壤垂直带变化　本区地带性土壤为砖红壤土类的褐色砖红壤和黄红色砖红壤，其成土母岩为花岗闪长岩和黑云母花岗岩；相应的植被类型为热带季雨林的半落叶季雨林和常绿季雨林。随地貌和生物气候的垂直带差异，尖峰岭地区的土壤生态系列为滨海砂土（5）-燥红土（4）-褐色砖红壤（3_2）-黄红色砖红壤（3_1）-黄色赤红壤或砖红壤性黄壤（2）-黄壤（1_3）-表潜黄壤（1_2）及黄壤性土（1_1）。各土壤类型与水热条件的发生学关系示意见图3。

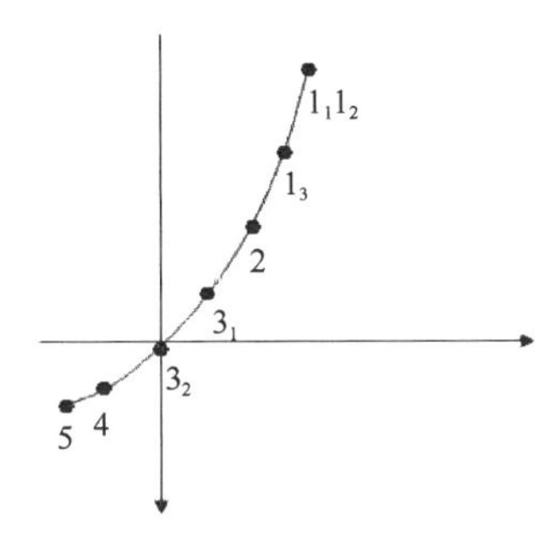

图3　尖峰岭地区土壤类型关联示意图

3.2　生态系列综合特征的比较研究

现将多学科综合研究的成果简要归纳为表3（文字描述从略）[6, 8, 12-22]。

表3　生态系列综合特征

		生态系统类型	滨海有刺灌丛	热带稀树草原	热带半落叶季雨林	热带常绿季雨林	热带山地雨林	山顶苔藓矮林
		代号	6	5	4	3	2	1
植物群落学特征		形态结构	草本层为主	乔木层稀疏灌木、草本为主	乔木层为主，2层，板根不明显，茎花多，附生少，偶见	乔木3亚层，高大，层间植物发育，板根明显，藤本较多，附生少	乔木4亚层，高大，层间植物发育，藤本、茎花及附生植物丰富，板根明显	乔木层矮，2亚层，藤本偶有，附生较多，枝干多苔藓
		种	32科	19科	39科	44科	68科	41科
		属	30属	30属	66属	69属	123属	64属
		指数	35	32	74	83	167	83
	生活型谱	肉质	2.91	0	0	0	0	0
		附生	2.94	0	2.80	1.20	5.39	1.27
		藤本	11.76	0	18.30	21.69	13.77	5.06
		大高	0	3.45	0	1.20	18.00	0
		中高	0	10.30	7.00	28.92	44.91	29.11
		小高	0	34.48	36.60	39.78	33.95	24.05
		矮高	50.00	37.93	33.50	7.23	9.58	36.71
		地面	32.35	50.00	1.40	0	0.60	3.80

续表

		生态系统类型	滨海有刺灌丛	热带稀树草原	热带半落叶季雨林	热带常绿季雨林	热带山地雨林	山顶苔藓矮林
		代号	6	5	4	3	2	1
植物群落学特征	叶型/%	鳞叶	6.00	0	0	0	0.66	1.10
		微叶	21.21	0	0	0	0.60	0
		小叶	48.40	32.14	25.40	13.41	16.71	26.00
		中叶	21.20	50.00	62.00	69.50	70.70	66.70
		大叶	3.00	17.90	12.60	19.60	12.00	5.80
		巨叶	0	0	0	2.44	0	0
土壤亚生态系统特征		表土	淡黄色砂土	暗灰色，砂壤	A_0＜1cm 褐色，中壤	A_0＜2cm 灰褐色，中壤	A_0＜3cm 暗灰色，中壤	$A_0$0.5～1.5cm 毡状灰色，轻壤
		心土	砂土	褐棕-红棕色，砂壤	暗红-棕红，重壤，核块状	黄红色，壤土	黄棕-黄色，壤土	浅黄，上部锈黄，中壤
		底土	砂土	砂土	红黄色，砾质，重壤-黏土	夹网纹层石质壤土	石质壤土	浅黄砾质轻壤土
		成土特征	C/N 低	R_2O_3少 SiO_2富 C/N 低	R_2O_3富积 SiO_2淋失 C/N 较低	R_2O_3 富积 SiO_2淋失 C/N 较低	R_2O_3不多 SiO_2相对较多 C/N 中等	表土 Fe^{++}聚积心土 R_2O_2 多 C/N 高
		肥力特点	发育浅少肥缺水	质地粗，代换量低，少肥缺水，pH 中性	风化层薄，土层中厚，代换量及养分含量较高，pH 近中性，季节性缺水	风化层薄，土层尚厚，肥分中等，pH 弱酸性，缺水期较短	风化层及上层深厚，盐基不饱和，pH 酸性，土层丰水	风化层土层均薄，盐基极不饱和，pH 酸性，土层滞水
	土壤微生物/（万个/克土）	细菌（占总数的%）			2 305.60（98.36）	2 374.00（99.55）	28 200.80（99.89）	
		放线菌			32.77	6.43	28.47	
		真菌			5.69	4.28	1.04	
		总数			2 344.06	2 384.71	28 230.31	
水量平衡的各分量占降水量比率/%		径流量			3.00		3-5	
		截留量			29.00		37	
		地表径流量			0.69		0.3	
		渗透量			4.20		5	
		土层持水量			17.40		19	
		蒸散量			44.33		35	
	叶质/%	膜质	0	0	0	0	0.6	0
		纸质	19.3	53.6	47.2	42.2	43.2	27.8
		草质	48.4	39.3	51.4	56.6	54.4	63.4
		厚草质	32.3	7.1	1.4	1.2	1.3	8.8
植物区系组成特征	各科植物种数/%	莎草科	11.4					
		芸香科	11.8					
		菊科	8.8	12.5				
		漆科		6.3				
		含羞草科		6.3				
		早熟禾科		9.4				
		桑科		6.3	4.1			

续表

生态系统类型			滨海有刺灌丛	热带稀树草原	热带半落叶季雨林	热带常绿季雨林	热带山地雨林	山顶苔藓矮林
代号			6	5	4	3	2	1
植物区系组成特征	各科植物种数/%	蝶形花科		12.5	5.4			
		无患子科			4.1			
		大戟科	8.8		13.5	7.2		
		番荔枝科			4.1	6.0		
		茜草科	11.4		5.4		9.6	4.8
		桃金娘科					3.6	4.8
		梓科				6.0	10.2	8.4
		壳斗科				12.0	7.8	8.4
		灰木科						4.8
		杜英科						4.8
		茶科						4.8
		兰科						5.0
昆虫区系特征		刺蛾			19	16	26	8
		斑蛾			5	2	9	3
		卷蛾			6	3	17	4
		网蛾			6	6	14	6
		螟蛾			158	84	171	91
		钩蛾			6	9	25	10
		尺蛾			151	132	245	167
		尺蛾			31	27	47	27
		鹿蛾			4	3	4	3
		灯蛾			30	25	69	32
		夜蛾			209	203	392	252
		拟灯蛾			12	11	12	11
		蚁蛾			50	23	41	21
		已鉴定种数			687	544	1072	635
		鳞翅特征种			122	33	171	65
		蝗虫种特征			33（3/1）草栖、农区蝗虫	15（1/2）林内蝗虫	15（1/2）林内蝗虫	3 短翅型
		常见蝽科种数			22	15	12	13

各群落类型的植物区系特征除可从表 3 中“各科植物种数”栏目看出其过渡性质外，还可从图 4 中看出各类型固有种和共有种的相互间关联程度。

从生态系列 57 种的 63 株植物叶片生态解剖分析来看，滨海刺灌丛的植物属旱生型及少数贮水组织发育的真旱生型，半落叶季雨林也属旱生型。常绿季雨林除旱生型外，还有许多旱生中生型。山地雨林和山顶苔藓矮林则以中生和旱生中生型为主，也有若干旱生型树种。其主要植物叶片解剖特征平均值如表 4，反映了其所在生境的差异，而旱

群落类型	1					
山顶苔藓矮林	83	2				
热带山地雨林	38	187	3			
热带常绿季雨林	12	31	83	4		
热带半落叶季雨林	3	6	17	76	5	
稀树草原	2	0	2	6	32	6
滨海有刺灌丛	0		2	6	6	35

图 4　各群落类型固有种与共有种

表 4　生态系列主要植物叶片解剖特征平均值

植被类型	叶面积/cm^2	含水量/%	角质层厚/μm	叶片厚/μm	小脉间距/μm	下表皮皮孔数/（个/mm^2）
滨海刺灌丛	38.17	48.24	6.84	62.93	9.82	88.50
半落叶季雨林	99.25	50.23	4.64	36.85	20.25	74.85
常绿季雨林	104.93	53.78	3.48	49.44	23.64	86.09
山地雨林	157.90	59.81	3.13	51.85	32.46	123.87
山地苔藓矮林	99.23	50.93	4.78	53.02	22.96	109.36

生型种渗透在生态系列的各个类型中，则反映了海南岛尖峰岭热带北缘季风气候干旱变性的气候特征。同一树种的解剖学特征在生态系列中的不同群落中也有较大差异，如大沙叶（*Aporosa chinensis*）在半落叶季雨林中，其叶片厚度及下表皮气孔数都比常绿季雨林中的大，而叶片含水量、叶面积及角质层则相反，这一事实反映了种内个体随生境变异的适应性。

从林木生长特征分析，据 224 块样地（82.385hm^2）64 种 65 株解析木的研究结果表明，82%以上的树种的树高年平均生长量介于 0.2～0.5m，胸径年平均生长量介于 0.2～0.5cm，称为中生类型；14%的树种其树高和胸径平均生长量低于 0.2m、0.2cm，为慢生树种；只有 3%的树种高于 0.5m、0.5cm，为速生树种。中生树种生长过程的数学模型初拟如下：

年龄与树高、胸径、材积的关系：

$$H=-0.92499+0.31053A-8.28\times10^{-4}A^2 \qquad r=0.992$$

$$D=-0.93787+0.24653A+4.622\times10^{-5}A^2 \qquad r=0.999$$

$$V=2.16285\times10^{-6}A^{2.63038} \qquad r=0.996$$

胸径与树高、材积的关系：

$$H=0.45526+1.21345D-1.37987\times10^{-2}D^2 \qquad r=0.988$$

$$V=1.80984\times10^{-4}D^{2.41786} \qquad r=0.999$$

据回归估测，80%以上树种树龄 180 年时，生长指标为：树高 28m，胸径 44cm，材积 0.9m^3，可考虑作为主伐年龄，真正的数量成熟龄，目前尚难确定。热带林木的生长特征受制于其生物学特性与生态环境的拟合程度。因此就生态系列中不同植被类型的林木蓄积量和年生长量差异十分明显，热带山地雨林最高，其次为热带常绿季雨林、半落叶季雨林，山顶苔藓矮林最低。以林分蓄积量来说，依次为 347m^3/hm^2，287m^3/hm^2，105m^3/hm^2 和 94m^3/hm^2。

参考文献

[1] 姚清尹，1983，海南岛地貌发育期的初步划分，热带地理（3）：22-29.
[2] 黄玉昆等，1986，广东海岸区域构造稳定性分析及评价，中山大学学报（2）：1-17.
[3] 陆国琦，1982，海南岛红色风化壳的研究，热带地理，（1）：51-58.
[4] 唐永銮，1982，海南岛自然生态系统的分析，热带地理，（1）：5-8.
[5] 黄全等，1986，海南岛尖峰岭地区热带植被生态系列的研究，植物生态学与地植物学学报，10（2）：90-105.
[6] 黄全等，1985，海南岛尖峰岭热带林自然保护区森林类型及其科学研究价值，自然资源，（1）.
[7] 黄全等，1985，尖峰岭的濒危植物及其保护，热带林业科技，（4）.
[8] 王德祯，1987，海南岛尖峰岭半落叶季雨林的群落学特征，热带林业科技，（3）：19-32.
[9] 李意德，1986，对海南岛热带山地雨林植物群落取样面积问题的探讨，热带林业科技，（3）：23-29.
[10] 曾庆波等，1985，尖峰岭热带林区气候分析及其初步评价，热带林业科技，（2）.
[11] 曾庆波等，1985，海南岛尖峰岭热带植被类型垂直分布与水热状况，植物生态学与地植物学丛刊，（4）：299-305.
[12] 康利华，1987，尖峰岭热带林土壤微生物区系调查初报 I -土壤细菌数量和组成，热带林业科技：（2）：37-41.
[13] 刘元福等，1985，海南岛尖峰岭林区昆虫区系调查报告（一），热带林业科技，（3）：6-14.
[14] 陈芝卿等，1985，海南岛尖峰岭林区昆虫区系调查报告（二）（直翅目、蝗科），热带林业科技，（4）：1-8.
[15] 顾茂彬，1986，海南岛尖峰岭林区昆虫区系——蛱蝶科，热带林业科技，（1）：22-27.
[16] 陈佩珍，1986，海南岛尖峰岭林区昆虫区系——夜蛾科，热带林业科技，（2）：31-46.
[17] 陈芝卿，1987，海南岛尖峰岭林区昆生区系——半翅目：蝽科，热带林业科技，（1）：33-42.
[18] 顾茂彬，1983，热带森林昆虫的某些特点及其防治，南京林产工业学院学报，（4）：160-164.
[19] 毕道英等，1981，菊蝗属——新种记述（直翅目：蝗科），昆虫学研究集刊（第二集）：187-190.
[20] 顾茂彬等，1987，海南岛尖峰岭蓟马的种类组成及其生态分布，生态学报，7（1）：65-72.
[21] 刘元福，1987，海南岛尖峰岭林区天蛾科的生态分布，生态学报，7（1）：65-72.
[22] 弓明钦，1984，尖峰岭林区的食用真菌，食用菌科技，（3）.
[23] Whitmore，T. C. 1975，Tropical rain forests of the Far East，Clarendon Press，Oxford.
[24] Golley，F. B.，1983，Tropical rain forest ecosystems，structure and function，Elsevier scientific publishing company，Amsterdam-Oxford-New York.
[25] UNESCO/UNEP/FAO，1978，Tropical forest ecosystem，a state-of knowledge report.
[26] IUCN-UNEP-WWF，1980，World conservation strategy.
[27] Gringer A.，1980，世界热带林的现状（中译本），中国林科院情报所.

4 热带林水热状况

4.1 热量平衡与蒸散

根据对半落叶季雨林的观测推算，热带森林的反射率平均占辐射量的 17.4%，森林向大气的有效长波辐射，平均占 13.7%，净辐射约占 70%。净辐射主要耗于乱流交换和蒸散消耗，植物体和土体贮热量不到 10%（表5），这是由于稠密的树冠阻止了辐射热进入林内，昼夜的吸热和散热差小的缘故。

按热量平衡-波文比法测得的蒸散值，占年降水量的 36%～57%，平均为 43.6%（表 6）[1, 7]。

4.2 降水及其再分配

根据水量平衡方程式：$P=I+E+F_t+f+L+\Delta W+F_2$，计算了尖峰岭热带林各组分所占降水的比率（表 7）。半落叶季雨林因林分结构较简单，空气湿度小，而蒸散较大，持

表5　半落叶季雨林热量平衡

时期	单位	净辐射 RN	乱流热通量 H	汽化潜热 LE	表土热通量 G	植物贮热量 F
旱季	J/（$cm^2 \cdot d$）	1047.4	818.0	133.6	70.9	24.8
	%	100.0	78.0	12.8	6.8	2.4
雨季	J/（$cm^2 \cdot d$）	741.2	79.1	608.2	42.5	11.5
	%	100.0	10.7	82.1	5.7	1.5
平均	J/（$cm^2 \cdot d$）	894.3	448.6	370.9	56.7	18.1
	%	100.0	50.2	41.5	6.3	2.0

表6　半落叶季雨林蒸散量（1983～1985年的均值）*

月	降水/mm	蒸散/mm	占降水/%	月	降水/mm	蒸散/mm	占降水/%
1	12.5	19.4	155.2	7	302.4	87.7	29.0
2	42.7	27.0	63.2	8	349.1	70.2	20.1
3	28.9	32.2	111.4	9	236.7	78.6	33.2
4	62.9	48.5	76.3	10	223.8	83.9	37.5
5	94.2	71.5	75.9	11	30.9	68.2	220.7
6	199.4	68.5	34.4	12	6.9	21.4	305.7
				合计	1590.3	677.1	42.6

*“降水量”系试验地外热林所气象站同期记录

表7　热带林降水再分配估算（尖峰岭）*

项目	半落叶季雨林			山地雨林		
	水量/mm	占林外雨/%	占林地雨/%	水量/mm	占林外雨/%	占林地雨/%
P 降水	1692.6	100		2601.9	100	
T 穿透	1266.1	74.8		1923.1	73.91	
S 径流	51.5	3.04		（118.6）	（4.56）	
林地雨（T+S）	1317.6	77.84	100	2041.7	78.47	100
I 截留（P–T–S）	375.0	22.16	—	560.2	21.53	—
E 蒸散	738.0	43.60	56.01	（807.3）	（31.05）	（39.54）
F_t 地表径流	9.0	0.59	0.75	66.4	2.55	3.25
F100cm 土层渗透	72.6	4.29	5.51	355.7	13.67	17.42
LA_L 层饱和持水	1.0	0.06	0.08	2.3	0.09	0.11
ΔW100cm 土层贮水增量	30.3	1.89	2.30	98.2	3.77	4.81
F_2 地下径流及差值	465.7	27.50	35.34	711.9	27.36	40.38

* 半落叶季雨林观测时间为1979～1985年，山地雨林1961～1966年，其径流和蒸散值是按前者测值以1.5和0.7（降水与蒸发的比值）的经验系数推算的估值

水较少；山地雨林结构复杂，所处立地空气湿度大，辐射小，则具有较大的持水、输水及较小的蒸散。

4.3 穿透、茎流与截留[2, 4, 6]

半落叶季雨林穿透率占降水的 0%～89%，历次差异很大。在其他因素未预测算的情况下，穿透水与降水量的关系大致呈线性相关：

$$Y=0.7228+0.8133x \qquad r=0.987$$

热带林的多层结构和庞大枝冠交错重叠，因此，穿透水中的冠滴与冠层汇流十分明显，对元素的淋洗具有较大作用。径流量与降水量也呈线性相关：$Y=0.040+0.2153x$，$r=0.955$，历次茎流率为 0.1%～5.1%，降雨量小于 4mm，几乎无茎流产生。山地雨林由于空气湿度大，光滑树皮的树种多，冠层重叠汇流多，其茎流量要比半落叶季雨林大 1～2 倍。

林冠截留量是根据林外降水与林内降水（穿透水）和茎流的差值计算的，按逐次降水计，截留率为 18%～100%，全年平均 21%～23%。随降水量增加，截留率也逐渐增大，至降水 30～40mm 时，则明显降低，降水量再增，截留率近恒值。旱季干燥，截留率大，雨季湿度大，又多连雨日，截留率趋小。山地雨林截留率常小于半落叶季雨林。

4.4 地表径流与土层渗透[4, 6]

山地雨林枯枝落叶层较厚而湿润，土壤孔隙度和湿度大，水分容易饱和，因此具有较大的地表径流和土层渗透量，径流与渗透时程也较短。半落叶季雨林的径流和渗透量相对较低。毁林开荒的游耕地和强度采伐迹地，地表径流量急剧增加，土层下渗量明显减少（表 8）。

表 8　不同地类的地表径流

时期及地类			年降水量/mm	年径流量/mm	平均径流系数	含沙量/（kg/L）	每公顷年流失量		年限
							水/m^3	土/t	
半落叶季雨林	垦期	林地	1220.7	10.8	0.0088	0.0005	108.03	0.054	1979～1981
		垦地	1615.2	281.1	0.1748	0.0114	2810.99	32.076	1979～1981
	撂荒期	林地	1233.6	5.4	0.0044	0.0013	54.17	0.069	1982～1983
		垦地	1722.1	37.6	0.0218	0.0057	375.80	2.108	1982～1983
山地雨林	原始林地		2310.6	66.4	0.0287	—	664	1*	1965～1966
	择伐迹地		—	151.5	0.066	—	1515	4.3*	1965～1966
	皆伐造林地		2460.9	715.0	0.2905	—	7150	9.7*	1965～1966

* 相对比值

降雨量和降雨强度与地表径流的关系密切，特别在雨季中期，土层经常湿润的时候，半落叶季雨林地表径流量与降水量呈显著的线性或指数正相关。

不同地类的土层渗透量，总的趋势是随土层加深而递减。林木根系大量分布的 AB 层和 A_0 层，是渗透量大而多波动的活跃层，山地雨林-砖红壤性黄壤具有最大的深层渗透量。以 100cm 土层计，各地类的渗透量（mm）如下：山地雨林 356>半落叶季雨林

73＞游耕地 48（包括垦期和撂荒期），这与这些土壤剖面中反映的淋溶淀积现象由强至弱的特征相吻合。

渗透量与降水量之间存在一定的线性相关，其相关的程度随土层加深而降低，这是因为土壤水分侧向运动的差异随土层扩大而增加的缘故。

渗透水季节变化的总趋势是，雨季初期土壤湿度小，渗透率高而量小，雨季中期渗透量和渗透率都高，平均年渗透率大致为：半落叶季雨林-褐色砖红壤 A_0 层 61%、15cm 土层 15%、30cm 土层 28%、100cm 土层 2%，山地雨林-砖红壤性黄壤依次为 47%、23%、31%、16%。

4.5 土壤水分与 CO_2

半落叶季雨林下的褐色砖红壤，属于较干热条件下发育的土壤类型，其水分含量与季节变化一致，7～9 月丰水，土壤水分含量大于 25%，3～4 月贫水，小于 10%。山地雨林下的砖红壤性黄壤属湿润类型，也有明显的季节变化，在雨季和干季土壤含水率的变动范围分别为 25%～37%和 22%～26%，均高于半落叶季雨林，旱季尤为显著。如以相邻两月水分贮量差值之和作为土壤绝对贮水增量，则 100cm 土层中，不同地类的贮水增量（mm）大约为：山地雨林 98.2＞半落叶季雨林 30.2＞撂荒地 21.4＞垦地 17.9，反映了林地土壤较好的涵水能力。但如从土层绝对含水量比较，森林砍伐、耕垦后的土壤水分，则往往高于林地，旱季尤为明显。

土壤 CO_2 释放量是土壤生物学特性和物质循环速度的一种度量，它反映了土壤微生物及林木根系生命活动的强度，也反映土壤与外界空间气体交换的特点。半落叶季雨林褐色砖红壤的 CO_2 释放量，平均为 0.82（旱季）～1.57（雨季）kg/（$hm^2 \cdot h$），即每公顷每年有 2.81（有 A_0 层）～2.86t（去掉 A_0 层）碳素进入大气，占凋落物年归还量的 40%～43%，尚有 60%～57%的碳素积累。CO_2 的释放规律是：雨季约为旱季的 2 倍，雨季中有 A_0 层的大于除去 A_0 层的，旱季则相反。这一点与土壤微生物的活动节律及降水的季节变化完全一致，与凋落物的凋落规律也吻合。从土层深度看，CO_2 释放量有随土层加深而增加的趋势，大约表土 10cm 的 CO_2 含量（mg/L）是 1.33，25cm 是 1.67，60cm 是 2.82。可见除微生物活动外，心底土通透性降低，使气体交换减弱而有利于 CO_2 积累，与林木根系较强的生物化学过程也有关。

4.6 小气候特征[3]

在半落叶季雨林内 4、7 月气温最高为 32～34℃，12～1 月为低温，最早的 3、4 月有涡流增温减湿效应，林内比林外高 0～0.6℃，其余月份则有降温增湿效应，林内比林外低 0.3～2℃。气温的日变化随季节不同而异，雨季高温出现在 11 时，旱季延至 13 时。空气湿度的变化，雨季为 80%～95%，林内比林外高 10%～20%，旱季 50%～70%，林内反比林外低 1%～5%。土温的变化趋势与气温相似，表土层温度 20～27℃，比林外低 5～12℃，高温季节差值大，低温季节差值小，随土层深度增加而缩小，林内的变幅更趋稳定。

山地雨林对太阳辐射的再分配效应更明显，又由于它没有集中的落叶期，尚未观测到上述半落叶季雨林旱季出现的逆温效应。各月平均气温林内比林外低 0.2～1.2℃，高温季节差值较大，极端高温的差异更明显。气温的梯度变化主要在日间，随高度的增高而升高，夜间几乎呈等温。土壤温度的月变化，林内外高温月是随土层加深而降低，低温月相反；同深度的土壤，高温月林外比林内高 4～6℃，低温月仅比林内高 2～3℃，更好地反映了森林调节小气候的功能。

5　热带林物质循环

5.1　凋落物及其分解

（1）凋落物数量与组成　山地雨林年凋落物干重平均（7.7±1.2）t/hm^2，低海拔的半落叶季雨林（9.7±2.3）t/hm^2。

山地雨林的凋落量少干半落叶季雨林，而凋落物层的贮最却相反，反映了凋落物不同的生物学特性及物质归还与积累的差异。

（2）凋落物的季节变化　两类型的凋落物的季节分配相近，有 50%～52%的枝叶是在 5～10 月凋落，26%～27%在 3～4 月凋落，其余在 11～2 月凋落，按月凋落量计，3～4 月是凋落高峰，半落叶季雨林尤其明显，12～1 月最少。

（3）凋落物的化学成分　两类热带林凋落物的化学元素，有以下特点：①除 C 元素是山地雨林含量（47.8%）大于半落叶季雨林（45.7%）外，所有元素的相对含量和绝对贮量都是半落叶季雨林多于山地雨林，叶的元素含量大于花果杂物和枝的含量；②在矿质元素中，Ca、Mg、Si、Na 多贮于叶片，而 P、K、Fe、Al 则多在花果中积累，枝中的含量均较少；③两类型的矿质元素含量序列完全相同（Ca＞Si＞K＞Mg＞Al＞P＞Fe＞Na），反映了阔叶树种的若干共性；④凋落物中的 C/N 及灰分总量和 N 总量与凋落物量的比值随植被类型而异，山地雨林分别为 75，1∶27.5 和 1∶159.5，半落叶季雨林依次为 50，1∶15.4 和 1∶105.9，灰分/N 值分别为 5.8 和 6.9，这与前者 A_0 层的积累多、分解慢，后者分解快、积累少的现象是完全一致的。

（4）凋落物的分解特征　根据自然条件下两种方法（纱袋法及纱罩法）的研究结果说明，半落叶季雨林凋落物第一年的失重率分别为（76±2.4）%（纱袋法）和（92±4.0）%（纱罩法），第二年增为（94±4.1）%和（99±1）%，日平均失重 0.25%和 0.29%，山地雨林的分解速度较缓慢，第一年失重率依次为（48±7.6）%和（76±5.9）%，第二年升为（78±8.3）%和（95±1.9）%，日平均失重 0.15%和 0.22%。按凋落物分解的数学模式(Olson，1963)$X_t/X_0=e^{-K\cdot t}$推算，半落叶季雨林的腐解率值 K 为 1.578～2.172，完全分解的理论时间 t 为 2～2.7a；山地雨林依次为 0.836～1.597a 和 2.9～5.2a；两类型凋落物分解过程中的残留量与时间均呈极显著负相关。如按年凋落物量与凋落物现存量（逐月观测的平均值）之比值作为循环速度，则半落叶季雨林的循环速度为 1.906～2.514a，与上述理论计算值接近。综上可见，半落叶季雨林凋落物的腐解率相当于山地雨林的 1.36～1.88 倍，而其矿化时间只为山地雨林的 0.52～0.68 倍，其周转之高速度，与其组成质软和高温适湿的水热条件有关，与前述两类型 C/N 值的差异互为因果。

半落叶季雨林凋落物的矿化及元素迁移速度比山地雨林快，如以纱罩法放置 2a 后各元素的含量所占其分解前的原始含量的比例作为残留率来度量元素的迁移速度，则半落叶季雨林凋落物中多数元素的残留率小于 1%，元素含量与凋落物失重率多呈线性负相关，只有 Si、Fe、Al、P＞1%，元素含量与凋落物失重率多呈线性正相关，而山地雨林则小于 10%～30%，相差约 10 倍，相关性质相似。分解过程中，元素的迁移序列两类型相似，大致如下：

K＞Ca＞Mg（Na）＞N（C）＞P＞Al＞Si（Fe）

5.2　冠层淋溶[5, 6]

（1）降水的化学元素输入　尖峰岭地区大气降水的化学成分，据海拔 200m 的观测分析结果，年平均含量序列大约为：Mg＞Ca＞K＞N＞Si＞P＞Al＞Fe，以年平均降雨量 1692.6mm 计，每公顷的年输入量依次为（kg）：15.57，13.03，12.02，5.59，3.39，1.69，0.85，0.34。

穿透水的元素含量比旷地降水的含量高，不同植被类型又有着明显的差异，突出的反映在半落叶季雨林穿透水中的 Ca、Mg 的含量远高于山地雨林的含量。如将海拔高度变化引起降水的化学元素差异忽略不计（山地雨林的旷地降水未作化学分析），降水化学成分的变化见表 9。

表 9　降水及穿透水中化学成分的比较　　（单位：mg/L）

类别	N	P	K	Ca	Mg	Si	Al	Fe	干残渣	pH
山地雨林（A）	1.29	0.16	3.72	0.96	0.86	1.40	0.09	0.04	213.06	5.93
半落叶季雨林（B）	1.02	0.17	2.19	1.50	1.07	0.41	0.07	0.04	214.20	6.06
旷地（C）	0.33	0.10	0.71	0.77	0.92	0.20	0.05	0.02	144.78	6.08
（A）-（B）	0.27	−0.01	1.53	−0.54	−0.21	0.99	0.02	0	−1.14	
净淋溶（A）-（C）	0.96	0.06	3.01	0.19	−0.06	1.20	0.04	0.02	68.28	
净淋溶（B）-（C）	0.69	0.07	1.48	0.73	0.15	0.21	0.02	0.02	69.42	
淋溶%（A）	74.4	37.5	80.9	19.8	−7.0	85.7	44.4	50.0	32.1	
淋溶%（B）	67.6	41.2	67.6	48.7	14.0	51.2	28.6	50.0	32.4	

按山地雨林的年平均穿透水量 1923.1mm，半落叶季雨林的穿透水量 1266.1mm 计，冠层净淋溶输入林地的元素量［kg/（hm^2·a)］分别为：N（18.46、8.74）、P（2.15、0.89）、K（57.89、18.74）、Ca（3.65、9.24）、Mg（0、1.90）、Si（22.88、2.53）、Al（1.35、0.63）、Fe（0.35、0.25）、干残渣（1313.28、878.93）。除 Mg 以外，山地雨林的冠层淋溶输入量及多数元素的淋溶强度都大于半落叶季雨林，这与凋落物的化学归还量恰好相反。从穿透水的 pH 分析，前者具有稍强的弱酸性淋溶性质，反映了不同的生物地球化学特征。与国内外的某些研究结果相比，随元素不同，降水的化学元素迁移量各有异同，但 K、N 等元素的易移性和 P、Fe 等元素的滞留性的趋势则是相似的。

（2）穿透水元素含量的季节变化　穿透水的元素含量与降雨和林木生长期的关系密切，总的趋势是：中、小雨和雨季始、末期，穿透水的元素浓度高，大雨、暴雨和雨季中期，元素浓度低；元素之间的变化各异，以 K 的含量和波动性最大，Ca 次之，Mg、N、Si 变动较小，P 最稳定；变幅最大时期主要出现在雨季初期和中期。雨季初、末期一般多中、小雨，林木抽梢展叶，树液中养分转移活跃，均有利于溶提，尤其初期，林冠上附着的干沉降物较多，淋洗量大，而台风雨频繁的季节，也是树木稳定生长的季节，元素含量常与降水最呈负相关，K 等易溶性元素最敏感。

5.3 土层迁移

土层渗透水的化学元素及其含量，可以反映土壤的理化性质和淋溶特征，是土壤圈中生物地球化学过程的一种度量，也是物质循环的一个活跃组分，在热带湿润地区尤其如此。试验观测区两种植被-土壤体系的土层渗透水中各元素的含量，在各层次中的变化是很复杂的，以 100cm 土层计，都属于 Si 质弱酸性软水，平均 pH5.9±0.05，但其元素含量顺序及含量不同，山地雨林-砖红壤性黄壤为 Si＞Mg＞K（Ca）＞N＞P，浓度较低，酸度较高；半落叶季雨林-褐色砖红壤性黄壤为 Si＞Ca＞N＞Mg＞K＞P，浓度较高，酸度较低。水溶性硅位居序列之首，说明两类土壤存在现代脱硅过程，后者更为明显。Fe、Al 元素随水的迁移量最少，也就是滞留在土体中，这正是砖红壤类土壤富 Fe、Al 化过程的重要反映。由于不同植被-土壤类型渗透水量的差异，单位面积上元素的绝对迁移量恰好相反，半落叶季雨林-褐色砖红壤的土层迁移量少于山地雨林-砖红壤性黄壤 1～5 倍。

渗透水的元素浓度在土壤剖面中总的变化趋势是随土层加深而降低，由于水分下渗的同时伴随有对元素的土壤吸附、植物选择吸收及根际生物生化过程，不同元素含量的纵向变化差异较大。A_0 层的迁移量最大，根系密集的 30cm 土层的多数元素有回升现象，反映了根际物质循环的添加作用，也证实了林地培肥的基本原理。

渗透水的化学元素迁移强度与渗水量的关系，个别元素表现了显著的负相关，多数元素均无明显的相关，也没有规律的季节变化。

渗透水的总酸度与总碱度，在一定程度上可以说明土壤的淋溶类型与淋溶特点，如以总酸度/总碱度值为度量，山地雨林-砖红壤性黄壤更具有弱酸性淋溶的特点，其酸碱比值较大且层深，与两类型 pH 的差异是一致的。

除化学元素迁移外，还有不少有机无机胶粒，随渗水势而产生机械移运，淋洗与淀积同时交错进行，侧向渗流与垂直下移交错进行，颗粒含量的层间差异无一定规律。山地雨林-砖红壤性黄壤具有较强的过滤功能和较大的渗水量，因而颗粒的迁移度低而绝对总迁移量大，迁移深度也大。半落叶季雨林-褐色砖红壤与之相反，在颗粒组成中，有机胶粒占 10%～30%。

综上可见，本区两种热带植被-土壤类型，土壤圈内部的物质迁移过程是十分强烈的。这种土层迁移量大部分将继续深层迁移吸滤而保存在土层或为植物吸收，部分将随地下径流而输出系统外。如将整个系统视作一个暗箱，忽略内部各组分的迁移转化不计，仅从水的输入与输出来估计系统的养分平衡（表 10）。

表 10 所列养分平衡相对值的比较可见，山地雨林-砖红壤性黄壤体系的多数元素是在系统内部积存为主，只有少量输出，尤以 N 最明显，少数元素如 Si、Mg 是输出大于内存，烘干残渣也多输出，在输入-输出过程中，水质酸度明显降低。半落叶季雨林-

表 10　不同地类的养分平衡　（单位：mg/L）

类别	项目	pH	N	P	K	Ca	Mg	Si	DM
山地雨林区	穿透水	5.93	1.10	0.17	3.92	0.29	0.85	0.68	169.54
	溪水	6.24	0.04	0.03	0.12	0.12	0.53	4.72	130.64
	输出率/%	—	3.64	17.65	5.61	41.38	62.35	694.12	77.06
	内存率/%	—	96.36	82.35	94.39	58.62	37.65	–594.12	22.94
季雨林区	穿透水	6.06	1.14	0.15	2.49	1.42	0.95	0.56	183.61
	溪水	6.18	0.26	0.06	1.08	2.08	1.11	14.43	283.93
	输出率/%	—	22.81	40.00	43.37	146.48	116.84	2576.79	154.64
	内存率/%	—	77.19	60.00	56.63	–46.48	–16.84	–2476.79	–54.64

褐色砖红壤体系的元素输出率由于人为干扰较大并泛行游耕方式而普遍大于山地雨林区，除 N、P、K 是内存率大于输出率外，其余物质都呈负内存态，表现了明显的侵蚀性。

参 考 文 献

[1] 徐德应等，1985，用能量平衡-波文比法测定海南岛热带季雨林蒸散初试，热带亚热带森林生态系统研究，第 3 集，183-194.
[2] 曾庆波等，1982，尖峰岭热带山地雨林及其采伐迹地水热状况的比较研究，植物生态学与地植物学丛刊，6（1）：62-73.
[3] 曾庆波等，1981，海南岛尖峰岭半落叶季雨林及毁林垦荒地小气候变化的初步研究，热带林业科技，（4）：13-25.
[4] 卢俊培等，1982，海南岛森林水文效应的初步探讨，热带林业科技，（1）：13-20.
[5] 卢俊培等，1986，海南岛尖峰岭半落叶季雨林生态效应研究，Ⅰ. 冠层淋榕，热带林业科技，（1）.
[6] 卢俊培等，1984，海南岛尖峰岭半落叶季雨林生态效应研究，Ⅱ. 径流水化学特征，热带林业科技，（3）.
[7] Xu Deying et al.，1986，Bowen ratios above a tropical forest on Hainan Island，China. Intecol Bulletin，（13）：85-88.

6　游耕农业生态后果

尖峰岭地区半落叶季雨林带泛行游耕制，估计所占面积不少于林地的 40%～50%。对半落叶季雨林和实验模拟游耕地的小气候、土壤及生物节律的对比进行了观测研究，并调查了老游耕地。

6.1　半落叶季雨林及游耕地的动态变化

游耕作业对生态系统造成的主要变化除现存生物量的基本输出（采伐及烧后流失）外，在游耕过程及撂荒恢复过程中的主要变化仍在于根本改变了系统的元素地表迁移特征。根据 1979～1983 年径流场观测的平均值估计，物质的地表迁移量（表 11）随地面状况不同而有很大变化。各种元素在径流中的相对含量都是林地大于垦地，而其绝对迁移量则相反，因林地对悬浮颗粒有较好的过滤作用而使其含量少于垦地。径流中各物质相对含量与径流量均呈较显著的负相关，各月的含量随月径流量的增减而波动，但雨季初期的含量，一般都较高。不同地类元素的表移序列有所不同，最明显的是游耕地的 K，随枯枝落叶层的消失而在元素含量顺序中降位。

表 11　半落叶季雨林及其游耕地地表径流水中的化学元素（1979～1983 年）

类别	单位	N	P	K	Ca	Mg	Si	OM	DM
林地	mg/L	3.66±2.36	0.43±0.18	15.09±12.36	8.15±5.42	2.04±1.02	2.96±2.39	53.96±26.14	395.64±203.83
	kg/（hm^2·a）	0.244±0.184	0.044±0.036	0.866±0.723	0.746±0.821	0.203±0.218	0.250±0.265	3.528±1.944	33.114±33.565
垦期	mg/L	10.55±1.95	2.64±1.22	13.32±10.69	16.61±4.01	3.66±2.28	2.08-	280.9±143.4	4680.0±3227
	kg/（hm^2·a）	25.282±20.775	7.608±7.767	19.664±14.711	45.240±45.049	12.711±13.968	7.710-	949.80±988.97	16 991.06±18 536.4
撂荒	mg/L	4.98±1.71	0.70±0.09	2.84±3.38	4.13±1.57	1.32±0.40	4.17±3.09	93.5±29.0	1372.5±27.6
	kg/（hm^2·a）	1.626±0.826	0.219±0.009	0.803±0.858	1.309±0.295	0.437±0.199	1.261±0.712	30.889±14.451	433.81±88.99

注：表中每格的上行数据为平均值，下行数据为标准差

地表径流中的物质经过长距离的迁移，等到汇入河溪时，各种元素及烘干残渣含量往往趋向低而稳定，而暴雨洪水期及旱季枯水例外。根据山地雨林区与季雨林游耕区的河溪水的物质输出情况（表 12）比较可知，山地雨林区的元素含量均低于游耕区，与表 11 所列地表径流较大的迁移量是一致的。

表 12　不同立地区的溪水化学元素　　（单位：mg/L）

类别	pH	N	P	K	Ca	Mg	Si	DM
山地雨林区	6.24±0.08	0.04±0.10	0.03±0.03	0.22±0.52	0.12±0.19	0.53±0.23	4.78±3.87	130.64±130.17
半落叶季雨林游耕区	6.18±0.08	0.26±0.23	0.06±0.05	1.08±1.00	2.08±0.80	1.11±0.48	14.43±3.62	283.93±166.40

注：表中每格的上行数据为平均值，下行数据为标准差

对比观测（表 12）还证明：半落叶季雨林刀耕火种后，土层渗透水的元素含量普遍增加，元素含量序列也有所改变，在地表以下 100cm 土层内 K、N 等元素由于烧垦急剧矿化而提高了迁移量，成为 Si＞K＞N＞Mg＞Ca＞P 序列。

6.2　游耕制度的生态后果分析

（1）小气候恶化　恶化的主要标志是气温和土温增高，相对湿度降低，雨季差异尤为明显。气温平均比林地高 1.3℃，土温高 3～8℃，愈近地表差异愈大，相对湿度平均约低 6%。

（2）群落趋向偏途演替　根据对各类撂荒地的植被调查及游耕史访问，反复游耕的偏途演替发展趋势大致是：半落叶季雨林第一轮游耕飞机草（*Eupatorium odoratum*）、大沙叶、山黄麻（*Trema orientalis*）-萌生幼树群丛；第二轮游耕白茅（*Imperata cylindrica*）、大沙叶、毛果扁担杆（*Grewia eriocarpa*）-萌生幼树群丛；第三轮游耕短翅黄杞（*Engelhardtia* sp.）、毛果扁担杆、大沙叶、余甘子（*Phyllanthus emblica*）-白茅、散树群丛；第四轮游耕余甘子、坡柳（*Dodonaea viscosa*）-白茅群丛（较稳定），或稀树有刺灌丛→旱生矮草。每一轮游耕期 5～8a 计，经 20～30a 时间，森林环境恢复的可能性将完全丧失。

（3）水土流失加剧　热带林耕垦后，失去了森林对降水的截留、缓冲和地表截持作用，裸露的地面直接承受暴雨冲击，以片蚀为主的水土流失急剧发展。据定点测定结果，

表土层的被蚀厚度1～2cm/a；地表径流增加，每公顷平均年增加量2700m^{3}水、32t泥沙，含沙率也比林地高22倍。

（4）水分涵贮减少　森林破坏后，水分再分配格局随之改变，地表径流加大，入渗量相应减少，同时随土壤物理性状的恶化和A_0层的消失，涵贮水分功能减弱的结果，土壤贮水量自然减少。以100cm厚土层计，渗透水量减少35%～58%，年平均土层贮水量从林地的30.3mm减为17.9（垦期）–21.4mm（撂荒期）。可见，游耕后立地水文功能的削弱十分明显。

（5）地力开始劣变　游耕农业地方劣变的直观表现是，枯枝落叶层全部消失，表土层沙化，机械组成变粗，地表粗砂成层，50cm土层内土壤紧实度增加，土壤孔隙度比垦前降低2%～3%，土壤容重增大0.03～0.06，通透性能减弱。另外，在水土流失加大的同时，也造成大量的化学元素流失。据观测，每年每公顷的化学元素总净流失量（kg）为：全N65.18，全P大于89，速效K24.87，代换性Ca、Mg59.79，有机质946.97，胶粒16 941。

由于烧垦，某些灰分元素如P、K等含量有所增加，但很快也会流失。因此，总的趋势是土壤养分贮量减少，垦期始末三年，20cm表土层中主要养分的减少量大约为（kg/hm^2）：有机质7910、全N1808、速效P18.5、速效K317.9。表13所列的土壤性状变化可说明地力变劣的某些表征。

表13　游耕农业土壤性状变化

地类	深度/cm	＞1mm石砾/%	有机质/%	全N/%	全C/%	P/（mg/100g土）	K/（mg/100g土）	代换盐基/（mg/100g土）
季雨林地	20	31.75	3.88	0.188	2.25	0.57	23.49	8.25
新垦地	10-13	54.79	3.77	0.182	2.18	1.37	23.51	12.08
新荒地	10-13	37.28	3.62	0.148	2.10	0.79	23.49	10.86
老荒茅草地	10-13	35.36	3.93	0.142	2.28	0.97	22.41	12.08
老荒疏林	20	47.51	2.42	0.018	1.40	0.74	10.13	4.22
荒20a矮草	20	—	1.54	0.105	0.89	0.96	7.14	6.58

（6）撂荒期有所恢复　停耕撂荒后，草类、灌木、萌生幼树丛生，覆盖紧密，每年还有2t左右的枯落物归还土壤，生态环境有所改善。最明显的是地表径流及径流含沙量减少，径流强度减弱；小气候的增湿和逆温效应，旱季比林地更明显，由于地表径流减少，土层贮水量也有所增加，以100cm土层计，其土壤水分年增量比垦期多3.5mm，渗透水量只比林地同期少20%左右，比垦期明显好转，但由于反复轮耕，土壤的变化最终仍是走上恶性循环，只有在完全停止垦复的条件下才可能逐步恢复。

7　更新与演替

尖峰岭林区热带林的采伐利用已有数十年历史，目前林区存在着各类采伐迹地的天然更新植被，热林所也设置有15a历史的山地雨林的皆伐、择伐迹地更新群落。根据调查研究，其结论为：热带林的更新演替方向视采伐方式及人为活动干扰程度而异。

在择伐，即保留相当数量林木，使森林生态系统的组成、结构和森林环境基本未受到破坏的情况下，可进行顺行演替，一定时候会恢复原林分特征。这个择伐的强度，即森林生态系统所能经受扰动的最大阈值，据观察试验约为 0.4 的林分郁闭度。如果进行皆伐或低于 0.4 郁闭度的择伐，则原林分中喜阳速生的树种会迅速地成长起来，形成次生林。如遭反复破坏，将向旱生灌丛草坡发展，难以复恢成林。由于目前海南岛天然热带林已所存不多，建议林区经营方式以保护为主，经营性采伐以保持 0.4 林分郁闭度的择伐方式为宜。尖峰岭林区的功能今后应发挥热带林维护陆地生态平衡的作用。

海南岛尖峰岭区植被演替图式见图 5。

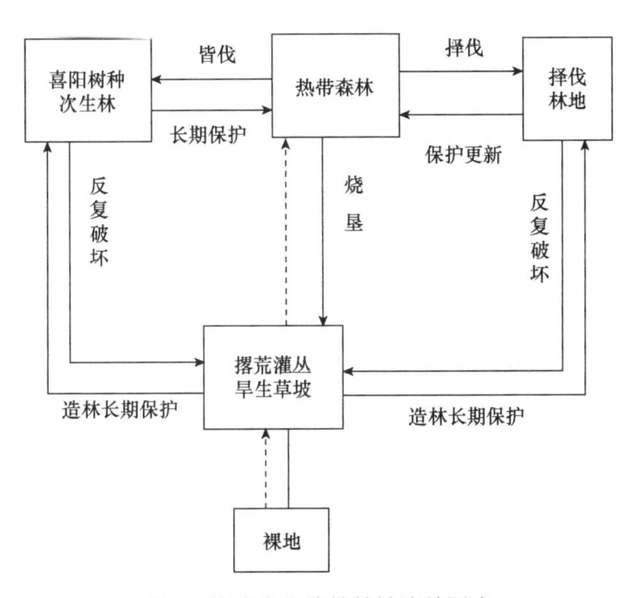

图 5 海南岛尖峰岭植被演替图式

8 简要结论

（1）海南岛尖峰岭林区处世界热带的北缘，是我国热带的生物基因库，其丰富的物种资源和基本生态系统类型及所构成的生态系列都具有重要的自然保护和科学研究价值。

（2）测得海南岛尖峰岭热带林具有以下生态功能：对大气降水的平均截留率为 21%～23%，蒸散 31%～44%，地表径流 1%～3%，100cm 土层贮水 2%～4%，渗透水 5%～14%，地下径流 27%～28%，和旷地相比具有增加 80%～99%径流拦截，增加 2%～13%大气湿度，降低 0.5～1.7℃气温的效应，具有明显的调节气候，涵养水源，保持水土的作用。以 N、P、K、Ca、Mg 计，每年总计有 40～80kg/hm^2 养分通过冠层淋溶输入林地，按水中元素的相对含量比较，在水化学元素循环中，有 5～60%输出系统外，Mg、Ca 多输出，N、K、P 多在系统内富积，季雨林区输出大于山地雨林区；森林凋落物干物质的年归还量平均为 7.7～9.7t/hm^2，相当于 48～84kg/hm^2 N 和 150～330kg/hm^2

矿质元素，表现了良好的森林生态系统土壤亚系统的自肥能力。

（3）通过研究，证实了热带林生态系统与其环境间和系统内生物组成间在生态上的高度适应性，以及以快速的物质循环为维持生态系统稳定的基本特征，因此也具有生态上高度的脆弱性。经皆伐、刀耕火种等人为的强度干扰，极难恢复成林，并导致环境恶化，如小气候旱化，水分涵贮减少，水土流失严重，地力衰退。游耕地的固体径流量是林地的 590 倍，径流系数为林地的 22 倍，100cm 土层的渗透水量只有林地的 42%，年贮水增量比林地减少 10mm，土壤养分年净流失量比林地多约 100kg/hm^2，有机质耗损近 1000kg/hm^2，生态环境恶化急速，并难以恢复。

（4）海南岛尖峰岭林区经营方向应以保护为主，适当进行择伐利用，应扩大自然保护区面积，加强科学研究，并可把林区的一部分建设成森林公园，向国内外开放旅游和进行科学教育。

参 考 文 献

[1] 曾水泉等，1986，海南岛山地雨林的生物地球化学特点，生态科学，（2）：36-44.
[2] 王景华，1987，海南岛上坡和植物中的化学元素，科学出版社.
[3] 黄全等，1984，尖峰岭热带山地雨林采伐迹地更新群落研究，海南大学学报，（3-4）.
[4] 卢俊培等，1981，海南岛尖峰岭半落叶季雨林刀耕火种生态后果的初步观测，植物生态学与地植物学丛刊，5（4）：271-280.

“天-地-生”宏观研究中的森林与大气间相互关系†

当前，一个宏伟的国际研究计划“国际地圈-生物圈计划（IGBP）”正在酝酿制订。这是人类进入 21 世纪前夕集中各学科理论成就和尖端技术，发挥高度综合进行高度宏观的整体（holistic）研究的一个大胆尝试。这个雄心勃勃的研究是试图研究了解陆地和海洋环境及其生命系统的全球变化，并希望在揭示日-地系统的物理、化学和生物过程的基础上，在揭示生物圈中生命的起源、生存的奥秘方面迈出一大步。所谓生物圈，是指任何生命形式能够自然生存的地球表层和大气层的生命与生命支持系统的总称；地圈则是构成岩石圈、水圈、对流层、平流层、中间层、热成层、外大气层、电离层及磁层的整个地球物理系统的总称。这个研究领域是如此之广，涉及问题是如此之复杂，这里不可能加以总的叙述。今日幸逢我国著名气候学家么枕生先生从教 50 年纪念之际，作为森林生态学工作者的我们，以气象、林学两个学科的联系，在此有限的篇幅内在“天-地-生”也即地圈-生物圈研究范畴中，从不同层次谈谈作为陆地最大下垫面的森林生态系统与主宰地圈动态平衡的大气活动变化间的关系及其研究概况，是很有意义的。

森林生态系统约占世界陆地 32%，是陆地生态系统类型中面积最大的类型，生物种繁多，就森林本身的类型来讲也是众多的。森林生态系统是地球上最丰富的生物基因库，世界一千多万个物种大部分与森林相联系。森林生态系统具有较复杂的空间结构和营养结构（即食物链结构），通过各组分间反馈机制的自我调节能力比草原、荒漠要大，因此系统的稳定性也较高。它的光能利用率、生物生产力在天然生态系统中也最高，在地球表面的能量与物质转化流通中起有重要作用。

从地球进化历史来看，森林就是大气圈的光、热、水、CO_2、O_2 的状况变化的产物。在 30 亿年前，大气圈缺氧，只有单个的原核生物细胞；20～14 亿年前，大气圈发生了剧烈的变化，开始出现了生产氧的光合作用的真核细胞，从此，大气中的氧就持续递增。大约在 6、7 亿年前，氧在大气中的浓度约相当现在的 7%时，第一群多细胞微生物出现；经过生物的长期进化，到 4.4 亿年前，维管植物得以出现；到 3.5 亿至 2.7 亿年，高大的树蕨森林在大陆上出现。以后其他森林类型，如针叶林、阔叶林和热带雨林在地球上南北的迁移，无不随地球冰期、间冰期的气候变化而变迁，直至第四纪初期世界气候格局基本稳定，现有世界的植被和森林的分布格局也才基本稳定。

对于现代森林在地球上分布的基本格局，早在 18 世纪已为植物地理学家和气候学家所注意。他们以生物环境中重要的独立因子的气候作为划分陆地生物圈的依据，看出了气候的水、热等条件决定了植物群落分布等规律，并且归纳出陆地植被分布规律的“均衡大陆”图（图 1）。不少学者致力于从气候因子与植被分布找出定量的关系。如 1982 年出版的由美国国家研究院生物科学学部热带生物项目委员会编著的“湿热带开发的生

† 蒋有绪，徐德应，1989，天-地-生”宏观研究中的森林与大气间相互关系，见：邹进上主编，气候学研究-天地生相互影响问题，北京：气象出版社，367-373。

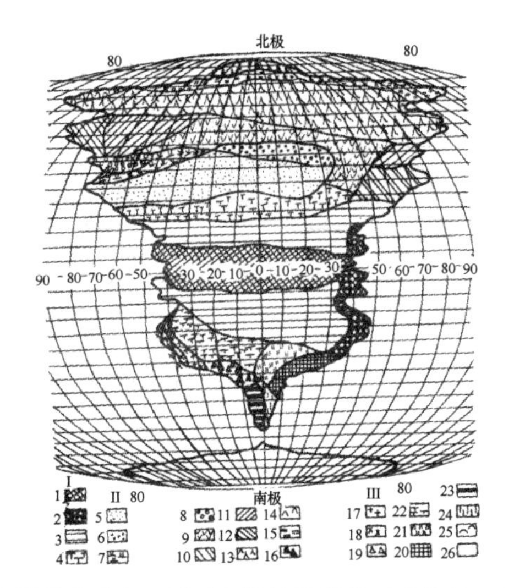

图 1　在南北两半球上，显示出植被地带非对称性的“均衡大陆”
（按C. Troll著作作了修改，引自Walter 1964-1968）

Ⅰ热带：1. 赤道雨林，2. 具有贸易风、地形雨的热带雨林，3. 热带落叶林（和湿润稀树草原），4. 热带多刺灌丛（和干旱稀树草原）；Ⅱ北半球的超热带：5. 热荒漠，6. 寒冷内陆荒漠，7. 有冬雨的半荒漠或草原，8. 有冬雨的硬叶疏林，9. 有寒冬的草原，10. 暖温带常绿林，11. 落叶林，12. 海洋性森林，13. 北方针叶林，14. 亚北极桦树林，15. 冻原，16. 冻荒漠，Ⅲ南半球的超热带：17. 海岸荒漠，18. 有雾荒漠，19. 有冬雨的硬叶疏林，20. 半荒漠，21. 亚热带草地，22. 暖温带雨林，23. 寒温带森林，24. 有垫状植物的半荒漠或草原，25. 亚南极的生草丛草地，26. 南极洲的内陆冰川

态学概况”中，采用生物湿度 BT°指标

BT°＝单位时期温度的总和（℃）/单位时期数（日、周、月数等）

（HoIdridge，1967）以划分热带区的垂直气候与垂直生物群落带。以秘鲁 Iquitos 为例，l～12 月平均月气温（℃）之和为 297.2℃，BT°为 24.8，其 BT°值与垂直分布关系如图 2。日本 T. Kira 的热量指数、湿度指数也是对森林类型及其他植被类型分布规律的一种尝试。我国李文华以欧亚不同地理位置的 130 气象台站的气象资料推算出最热月平均气温的理论值分析，提出与经纬度相联系的世界暗针叶林分布的相关程度紧密，复相关系数达 0.953（图 3）。

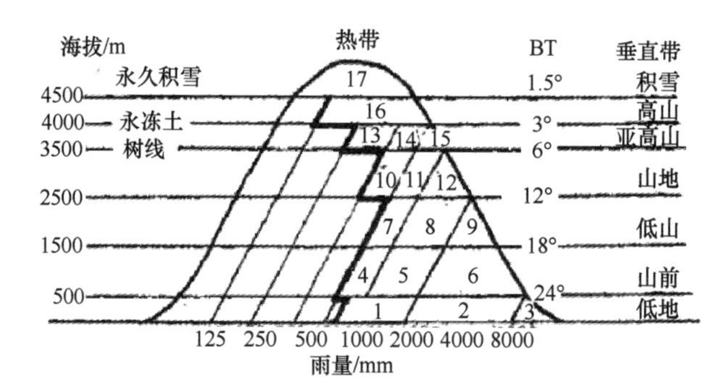

图 2　秘鲁Iquitos热带林群系分类（按BT，年降雨量）

1. 低地潮林，2. 低地湿林，3. 低地雨林，4. 山前潮林，5. 山前湿林，6. 山前雨林，7. 低山潮林，8. 低山湿林，9. 低山雨林，10. 山地潮林，11. 山地湿林，12. 山地雨林，13. Puna，14. Paramo，15. 洪积 Paramo，16. 高山，17. 积雪

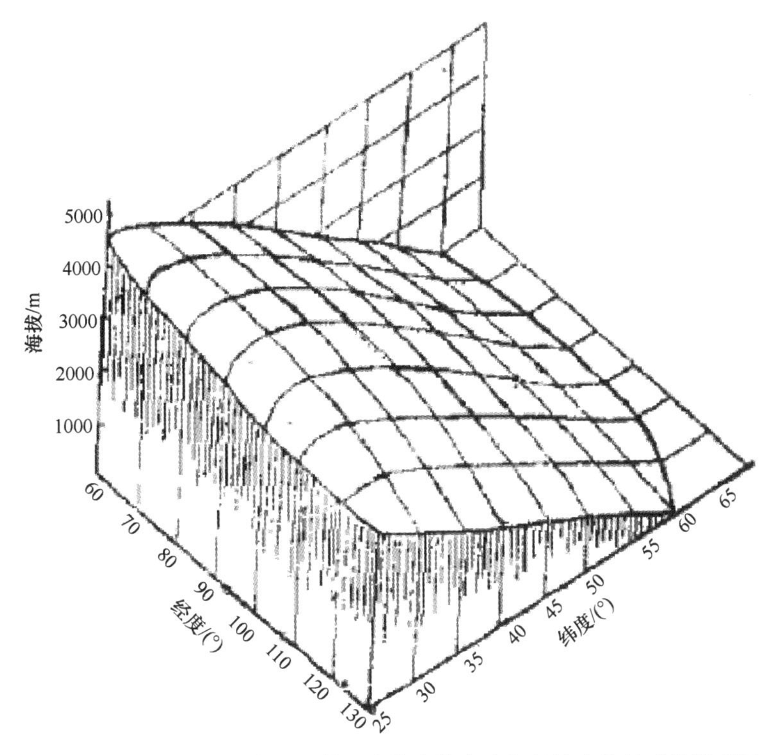

图3 根据公式计算的暗针叶林分布的海拔高度与经纬度的关系的模型图

对以水热为主导因子的气候条件决定森林及其他植被类型生物生产潜力的研究也有很大发展。如 A. Baumgartner，S. I. Paterson，M. I. Budyko，A. M. Kyabchikov，N. I. Bazilevich，L. E. Rodin，H. Leith 等都在不同程度精度上，以不同计算方法对此进行了探讨。例如 Rodin 等研究，植物生物量的生产在湿润的气旋性区域内，从极地到赤道急剧增加，而在干燥的反气旋性区域，从极地到赤道则降低到最小；Bazilevich 等指出，大气中包括热的流入量（R，单位为每年每平方厘米千卡）和湿润程度（用干燥因子 R/Lr 来测定，r 为降水，Lr 是汽化潜热），当 $R<35\sim40$ 时热贮量的增加引起生产的特大增长，当 $R>35\sim40$ 时，湿度则是关键因子，等等。陆地植物量最多的是森林，树木部分就占总植物量的 82%，植物量的 50%在水热条件丰富的热带林，15%在亚热带和温带；荒漠占陆地总面积的 22%，而其植物量只为总植物量的 0.8%。

以上所述是大气的光、热、水汽状况如何影响或决定植物群落，特别是森林类型发生和分布受其生物生产力的关系。至于森林生态系统对大气圈的影响问题则比较复杂，不同学者持有不同论点，但结论是肯定的，都认为有影响。分歧问题在于森林生态系统对大气圈究竟有多大程度和在哪些方面有影响。目前讨论最多的是森林对大气圈 CO_2 与热量平衡的影响。CO_2 在地球大气中至少已存在 20 亿年，长期以来 CO_2 含量稳定在 0.028%（按体积计算），即浓度为 280ppm。但自工业革命以来，特别是本世纪以来，主要由于煤、石油和天然气等化石燃料的燃烧，致使 CO_2 的全球平衡受到严重干扰。目前人类每年大约要向大气释放 2×10^{10} 吨 CO_2，其中约 2/3 被海洋和陆地植被（主要为森林，特别是热带森林）吸收，约 1/3 保留在大气圈中。目前 CO_2 的浓度已增至 345ppm，这将通过"温室效应"影响地球热平衡，预测到本世纪末大气 CO_2 浓度将增至 400ppm，地球表面温度可能上升 0.5℃，100 年后大气中 CO_2 含量有人估计会增加到现在的 2～3 倍。那时气候变化和农业格局会发生怎样的变化很难预料。地球温度升高还会使占地球总水量 20%的两极冰盖开始融化，特别是不太稳定的南极西部的冰盖。这将淹没许多沿海城市和肥沃农田。地球温度升高还可能引起大气环流向两极推移，改变全球降水格局。对于大气 CO_2 浓度增加，不仅在于 CO_2 来源的变化，而且在于 CO_2 汇的改变。陆地森林特别是热带森林和海洋是 CO_2 的主要吸收者。森林本身储备有 482×10^9 吨 C，每年还要向大气吸收 118×10^9 吨 CO_2，约占地球绿色植被每年吸收 CO_2 的 42%；另一方面，热带林的不断破坏，除减少吸收大气 CO_2 外，还因燃烧释放 17×10^9 吨的 CO_2 而增加大气的 CO_2 量，这个量与燃烧化石燃料释放的 CO_2 量相似。对于森林植被的变化，影响大气热平衡的另一过程恰与“温室效应”相反，由于地球森林的消失，地球平均反射率将从 16.7%增至 17%，而且由于森林消失引起大气尘埃增加，也增加了大气的反射率，会导致气温变冷。同时由于赤道外的热量、水分和 CO_2 的经向输送减弱，由此可能出现改变热带降水的增加和温带降水的减少。因此，森林生态系统的变化对气候的影响是复杂的，对其程度的估测也有所不同，但可以肯定的是，森林生态系统覆被的改变一定会影响到气候的。

森林对近地气层和小气候的影响已为广大科学家所承认，并已积累了大量资料。这种影响主要是改变了近地层的辐射平衡和热量平衡。森林的反射率比草地和农作物要低，为 10%～20%，而草地为 15%～30%。林冠吸收的太阳辐射大部分用于蒸腾蒸发，较少部分用于周围空气增温，而 2%左右辐射用于光合作用。森林蒸发散可以补充大气温度，在生长季节内，每天每公顷森林蒸腾到空中的水分约 20 吨。这不仅使林区空气湿润，同时又因降低了林地上空的气温，而使相对湿度增大，容易形成雾、露、淞、霜，即所谓增加了“水平降水”。森林能否影响区域的大气降水是个复杂的课题。学者们持有不同观点。但至少可以说，森林由于林冠截留、枯枝落叶层的储蓄水分，改善土壤水涵养能力，从而改变降水的分配，地表和地下径流状况，并直接影响到生物圈水循环过程，则是众多科学家都共同承认和得出的共同结论。这种认识早在本世纪 40 年代即已形成，并得到越来越多事实的证实。森林的这种功能可用经典的苏联 B. H. Сукачев 的图解加以表示（图 4）。西德 E. F. Bruenig 曾对中国大陆森林与植被与夏季季风的关系和对水循环的调节进行探讨（图 5）。

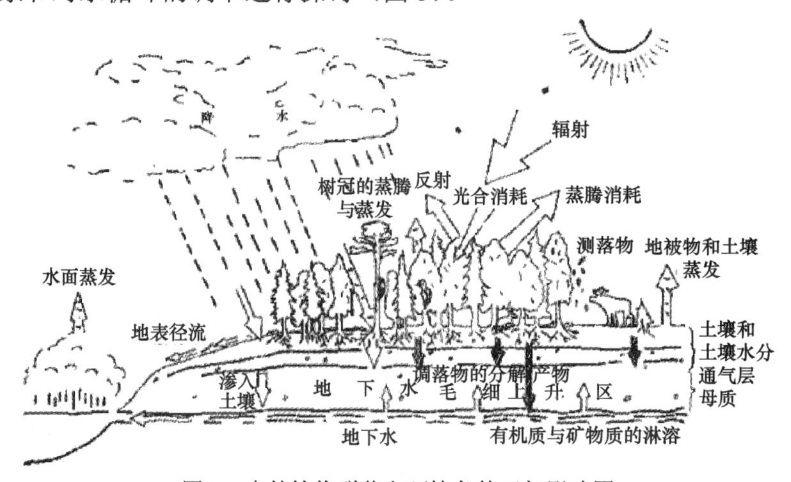

图 4　森林植物群落和环境条件互相影响图

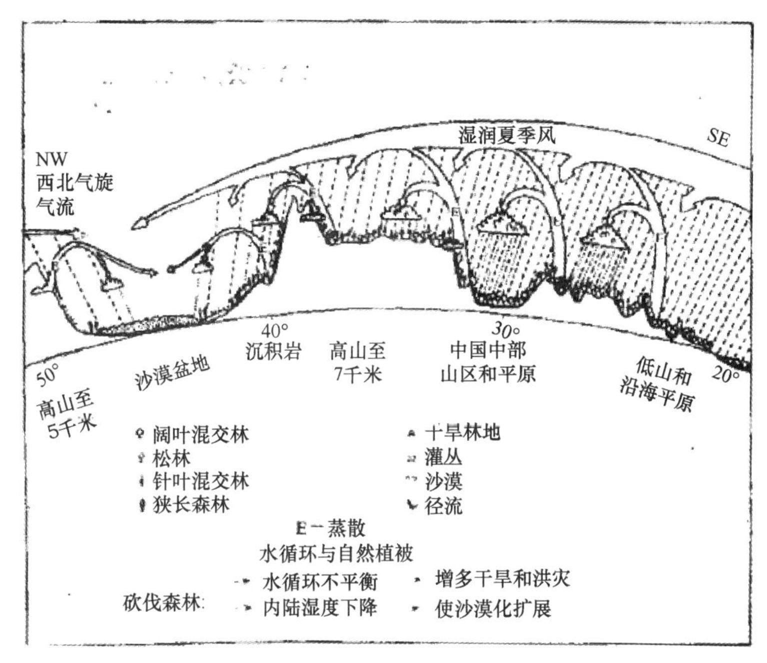

图 5 中国夏季季风系统的示意图，从南方到北方的水汽输送和循环，以及植被在调节径流和为大气反复提供水汽的作用

近期来，为了开展地圈-生物圈的宏观研究，不少学者试图从全球角度提出 C 循环模型，其中包括作为陆地生态系统总体中森林生态系统分室模型，如 B. Nydal 的模型。因篇幅所限，不对这些模型展开介绍。提出这些事实只是想表明当前科学家们正致力于地圈-生物圈相互关系的努力这一事实。这种努力在全球最优秀的各种学科的科学家共同奋斗之下可以指望有所突破，这正是么枕生教授在执教 50 年后的科学观，由气候学放眼于“天-地-生”范畴而对后一辈科学家的期望。

参 考 文 献

[1] H. Friedman. 全球变化科学概论（赵士洞等译），陆地生态译报，(1)、(2)（1987）.

[2] E. F. Bruenig. Lowland-montane ecological relationships and interdependence between natural forest ecosystems. Intecol Bulletin，13（1986）.

[3] H. Walter. 世界植被（中国科学院植物研究所生态室译）. 科学出版社，(1984).

[4] J. S. Olson. 碳素循环与温带森林，植物生态学译丛. 第 1 卷，科学出版社，(1970).

[5] B. H. Сукачев，H. B. Дылис. 森林生物地理群落的基本概念（詹鸿振译）. 科技译丛，(2)（1978）.

[6] 李文华. 暗针叶林在欧亚大陆分布的基本规律及其数学模型的研究. 自然资源，(1)（1970）.

[7] 崔启武等. 森林气象研究的概况和今后的任务，森林生态系统研究，(2)（1981）.

[8] 贺庆棠. 一门新的边缘科学——森林气象生态学，生态学杂志，(2)（1985）.

[9] 蒋有绪. 森林生态系统的特点及其在大农业结构中的作用. 农业区划，(4)（1981）.

[10] 蒋有绪. 热带森林生态系统研究进展及方法札记-热带林区气候生态的判别. 热带林业科技（2）(1986).

[11] 王战，孙纪正. 森林植被与水量平衡，陆地生态文集. 中国科学院林业土壤研究所，(1980).

“我国森林生态系统结构与功能规律及其监测网的研究”开始实施†

1 项目的意义

森林生态系统是维持生物圈、地圈动态平衡的重要陆地生态系统类型。地球森林覆盖面积占地球陆地的 1/3，森林的生物总量约为整个陆地生态系统的 90%，森林每年生产的有机物，约占整个陆地生态系统的 70%，它是固定太阳能进行光合生产的最大的第一性生产者群体，森林对太阳辐射的吸收、分配、利用和转化过程直接影响到地球的能量收支、能量转换及有机库的格局，而且直接影响大气中的 CO_2、O_2 和水汽的动态平衡。森林的养分循环、水分循环参与整个地球的生物地球化学循环过程，在全球物质循环代谢方面起重要作用。另外，森林的生产力和经营水平也直接关系到全球人类的社会生活。随着人口的急剧增长和经济的迅速发展，森林资源相对短缺，加之不合理的利用（毁林开荒，乱砍滥伐，无节制樵采等），使森林面积日益缩小，甚至造成自然灾害不断地加剧（水旱灾害频繁，水土流失严重，土地贫瘠化，动植物种群消减等），严重地影响人类的生存环境和社会的经济发展。

为了解人类生存环境中各类森林生态系统的作用，并加以调控，以利于人类更好的生存，有必要对各自然气候带森林生态系统的结构与功能的基本特征，动态变化规律和参与地圈、生物圈平衡的过程进行长期的定位观测研究。森林生态站是开展野外定位观测研究的基地，目前，各种类型的森林生态站，已遍布全世界各个地区。如英、美、法、德、瑞士、瑞典、芬兰、比利时和苏联等国都具有历史悠久、技术先进的森林生态站。它们正在进行多学科、长期定位实验研究，并不断地取得新的成就。

我国在 70 年代后期，也开始陆续建立了从寒带至热带的各类型的森林生态站，所研究的各类型森林生态系统分布在不同纬度和海拔高度，而且还受到季风、内陆干旱、半干旱、丘陵、平原以及高原隆地等自然景观环境因素的影响，这为研究森林生态系统随自然地理条件变化的规律提供了最理想的场所。分布在全国的各森林生态站已经开展了不同程度的定位观测研究工作，也积累了各方面的本底资料，而且定位研究工作的研究技术水平不断提高，研究内容也在不断深入和扩展，逐步缩小了同世界先进水平的差距。

随着现代科学理论——控制论、信息论、系统论、协同论和耗散结构理论的不断发展，以及电子计算机和现代实验科学技术的广泛应用，为生态系统的定位研究提供了崭新的理论和研究手段。

---

† 蒋有绪，1991，中国科学基金，（2）：15-20。

从国内外的发展趋势看，森林生态系统的定位研究从定性描述向全面定量化（数量化和模型化）发展，从生态系统的孤立静态过程研究发展到系统综合、动态变化过程的研究；从各别定位站点纵向研究发展到地区性、区域性、全国性乃至全球性的网络横向研究，并且逐步实现森林生态信息采集系统的自动化、标准化、规范化以及建造森林生态统一的数据库，这标志着森林生态系统定位研究已进入一个新的发展阶段。

为推动我国森林生态系统研究在深度和广度方面的深入发展，并且加入世界森林生态网络研究的行列，全面正确地估计各类型森林生态系统在地圈和生物圈动态平衡中的作用和地位，以及人类活动对森林生态系统的影响和生态系统的反馈调节作用及其途径，必须开展广泛的全国范围内的站际合作，协调观测内容、方法和手段，布置长期的监测网络，建立网络中心和统一的数据库，进行大尺度、高层次的系统综合分析。这正是现代森林生态系统定位研究的发展方向。

为实现上述宏伟目标，并考虑到我们已有能力有条件开展全国性的森林生态站联网研究，国家自然科学基金委员会于 1990 年 9 月批准该项研究列为重大项目，并得到林业部、中国科学院及有关高等院校和科研单位的支持。开展我国森林生态系统结构与功能规律及监测网络的重大项目研究，标志着我国森林生态系统定位研究将进入一个新的发展时间，必将加速实现我国森林生态定位研究的网络化和现代化建设，对完善和最终实现"地球系统"的网络研究做出贡献。本项目研究成果不仅具有把各区域各类型森林生态系统结构和功能规律的成果上升为全国性规律研究的特点，而且由于我国所覆盖的森林类型的多样性和代表性因而又具有国际性研究的重要性，即可参加世界范围内生态网络研究，借以探讨森林生态系统对我国以及世界范围的生物地球化学循环和生态环境变化的影响与作用；此外对全面指导我国各类森林生态系统的管理与建设，提高森林生产力，改善生态环境，以及丰富生态学和林学等基础理论，均具有极为重要的理论和实践意义。

2 研究内容

"我国森林生态系统结构与功能规律及其监测网络的研究"项目是以分布在我国各自然地理区的十余个森林生态定位站为依托而进行的联网研究，在各生态站研究基础上加以补充和整理，并进行大尺度和高层次的综合分析。

本项目的特点是：①由个别生态系统类型的研究上升为地区、区域乃至全国范围内的规律性研究；②打破部门、地区和系统间的限制，建立全国性的联网研究；③在已有研究基础之上补充和在整体上进行高层次分析，是一项投资少、收效快和成果大的科研形式。

研究内容

我国森林生态系统结构与功能规律

（1）我国森林生态系统的地理分布及其特性与三维（经度、纬度、海拔）自然地理要素的规律分析，如系统的分布及其组成、结构等特征的形成与自然地理、生物气候、土壤、植物区系等关系的规律性等等。

（2）我国森林生态系统结构与功能特征的比较研究，包括组成、时空结构、时间序列、水量平衡、物质循环、能量转化利用、生物生产力、自组织与自稳能力的比较分析。

（3）我国森林生态系统对环境的影响和在自然平衡中的作用，从各类森林生态系统与系统外的物质能量交换来探讨该系统对周围环境的影响，以及这些影响对人类和生物生活环境作用的评估。

（4）人为活动对我国森林生态系统结构、功能及其多样性、稳定性的影响及调控作用，重点探讨人为活动对系统的功能、抗干扰阈值、反馈调节途径、系统的复原、演替过程的关系，以及人工调控手段。

我国森林生态系统观测网络的建立及数据采集系统的研制

（5）研制一套我国森林生态系统自动采集系统，完成全部硬件、软件的研制并可靠运行。

（6）初步建立我国森林生态系统观测网络及网络中心和我国第一个森林生态系统数据库。

3　技术路线和组织管理

参加本项目的单位有中国林业科学研究院所属林业研究所、热带林业研究所、资源信息研究所，中国科学院所属生态环境研究中心、植物研究所、华南植物研究所、昆明生态研究所，东北林业大学，北京林业大学，南京林业大学，西北林学院，中南林学院，内蒙古林学院，四川林业科学研究院，浙江林业科学研究所，甘肃张掖水源林研究所等10余个单位的15个分布在我国各个自然地理带的站点，除秦岭和祁连山的站点以外，这些站点主要分布在我国东部，站点所在地代表不同气候带的不同森林类型，以便揭示它们的结构、功能、生物量、生产力，生态系统形成过程、物质循环、能量流动，以及人类活动对它们的影响和森林生态系统的反馈作用与调节控制原理。参加网络的主要站点的名称和地理位置如下：

生态站名称	地理位置	
	北纬	东经
海南岛尖峰岭热带林生态定位站	18°23′～52′	108°46′～109°02′
云南哀牢山森林生态站	24°32′	101°01′
广东鼎湖山自然保护区生态站	24°38′	112°35′
湖南会同森林生态定位站	26°50′	109°45′
江西大岗山森林生态站	27°30′	114°30′
浙江杭州午潮山亚热带森林生态站	33°41′	120°00′
川西米亚罗亚高山森林生态站	31°43′	103°02′
江苏下蜀森林生态站	31°59′	119°14′
陕西秦岭火地塘森林生态站	34°00′	108°00′
甘肃祁连山水源林生态站	38°27′	99°54′
华北人工林实验站	41°44′	117°09′
北京森林定位站	39°50′	116°20′
黑龙江帽儿山老爷岭森林生态站	45°20′～25′	127°30′～34′
黑龙江凉水自然保护区生态站	47°10′	128°53′
内蒙古根河森林生态站	50°40′	121°30′

为了有效地组织好这一较为庞大复杂的项目，我们是在拟定的研究大纲和数据技术处理的统一要求之下，协调观测内容和方法，在补充调查和整理分析的基础上，从不同层次、类型和功能方面进行森林生态系统的模型研究和理论分析，并建立网络中心和数据库，以形成不同层次的研究成果。本项目的基本技术过程详见图1。

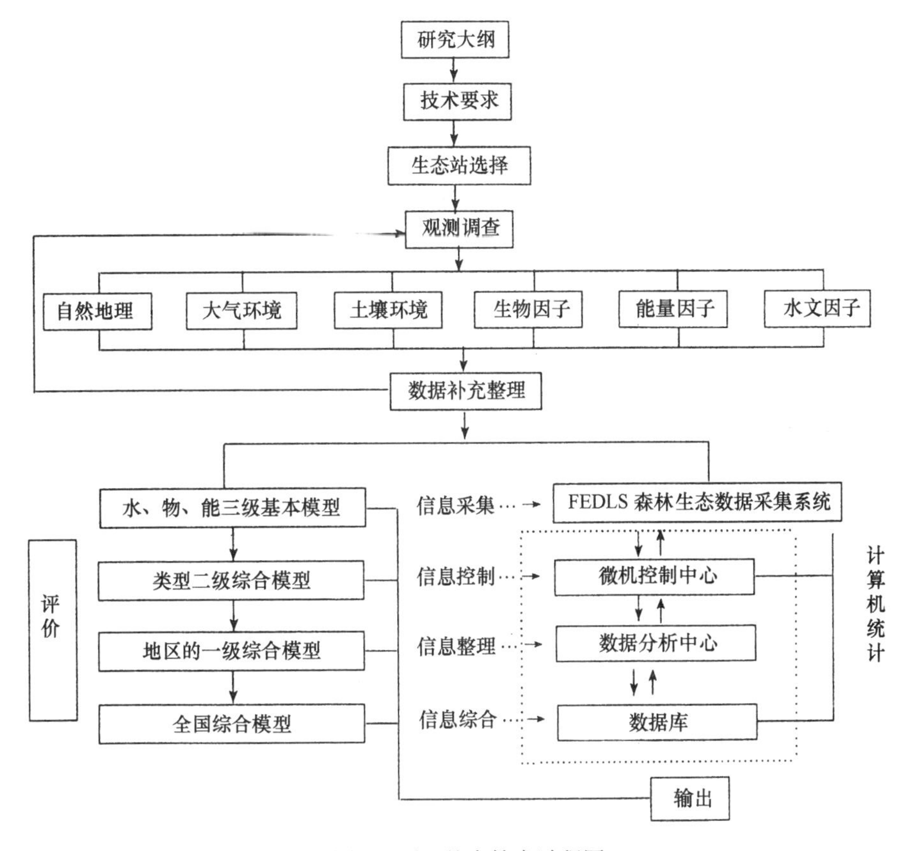

图1 项目基本技术过程图

在项目的结构和管理上，我们采用了4级管理（图2），成立项目领导小组，课题及二级子课题都由课题负责人负责，由课题与子课题订立合同，每年年终检查研究计划实施进展情况。项目领导小组不定期出版《中国森林生态系统研究网络通讯》（中、英文两种版本），为项目管理和国内外交流服务，为项目提供多方面的科技情报信息，网络研究进展和动态，网络建设中的新观点、新方法和新技术的应用，研究经验和成果介绍，报道国内外与生态网络研究有关的学术活动等等。

本项目自批准实施至1990年底的四个月内，已经完成站点观察研究基本要求规范和数据库结构，完成森林生态数据观测系统的设计等工作，为1991年项目的全面展开和具体实施打下了重要的基础，并在1990年11月以中英文版本出版了《通讯》创刊号。

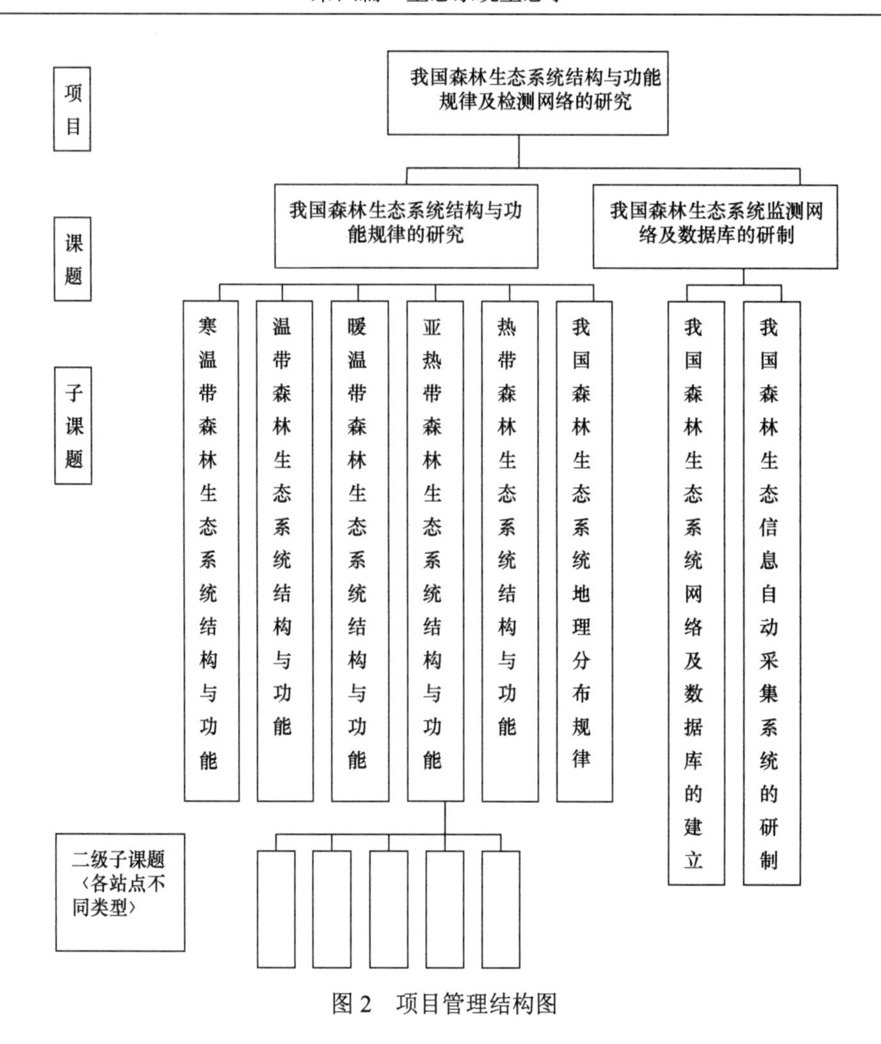
项目
课题
子课题
二级子课题〈各站点不同类型〉
我国森林生态系统结构与功能规律及检测网络的研究
我国森林生态系统结构与功能规律的研究
我国森林生态系统监测网络及数据库的研制
寒温带森林生态系统结构与功能
温带森林生态系统结构与功能
暖温带森林生态系统结构与功能
亚热带森林生态系统结构与功能
热带森林生态系统结构与功能
我国森林生态系统地理分布规律
我国森林生态系统网络及数据库的建立
我国森林生态信息自动采集系统的研制

图2　项目管理结构图

The Problem of Tropical Land Degradtion on Hainan, China†

Introduction

Hainan is a warm Chinese tropical island of about 9000 km^2. The eastern part annually receives 2000 to 2400 mm of rainfall whereas the western and southwestern parts only receives about 1000 to 1200 mm. About 80 to 90% of the rain falls during May to October, a period that is frequented by typhoons.

Hainan Island has abundant biotic resources and has high biological productivity. This plays an important role in developing agriculture, forestry, and associated processing industries in China. Unfortunately, Hainan has been facing the same serious tropical ecological problems as other tropical areas of the world. They include soil erosion, loss of biological diversity, environmental degradation, all caused by inappropriate use of natural resources. Here, we will only discuss the problem of land degradation on Hainan Island including the reasons, processes and protective countermeasures important for tropical and subtropical China.

Except for mountain yellow soils distributed 700 m above sea level, all soil subgroups distributed below 700 m elevation belong to tropical soil types. The distributive areas of the different soil subgroups are shown in Table 1.

Table 1 Distributive Areas of the Different Soil Subgroups

Soil subgroup	Distributive areas（10 000 hm^2）
Iron lateritic soil	33.91
Yellow lateritic soil	99.95
Mountain red-brown earth	84.67
Cinnamon lateritic soil on dry platform	29.96
Dry red soil in savanna	7.37
Coastal sand soil	9.63
Coastal saline soil	4.70

All river terraces and floodlands and partial platforms have been converted to farmland, some of which are rice fields. In addition, the lowland soils of the northern and northeastern part have been used for agriculture. Only the red-brown soil and some of the yellow lateritic soil are still covered by primary topical forests.

---

† Jiang Youxu，本文报告于 1991 年在香港由美国 Bishop 博物馆主持的“华南热带土地退化改良会议”，后于 1993 年发表于该会议的论文集 Hongkong Workshop on Tropical Land Project，1991，Press Honolulu，59-62。

Compared to temperate soils, soils of the hot, wet tropics are relatively poor (Table 2). Soil fertility generally falls after it has been exploited for several years (Table 3).

Table 2　The Nutrient Content in the Different Natural Tropical Soils*　　(%)

Soil subgroup	Organic matter	Total N	Total P	Effective K	Replaceable Ca	Replaceable Mg
Red-brown soil	2.47	0.1292	0.024	0.0181	0.99	2.30
Iron lateritic soil	2.20	0.0955	0.062	0.0043	0.39	1.525
Yellow lateritic soil	1.47	0.0774	0.015	0.0072	0.795	1.505
Cinnamon lateritic soil	1.22	0.0656	0.019	0.0101	2.852	2.105
Red cinnamon soil	0.62	0.0665	0.016	0.0137	1.58	3.245
Sand soil	0.99	0.0586	0.016	0.0052	0.0	1.095

* Natural soil including A and B layers. Data quoted from the Geographic Department of Zhong Shan University

Table 3　The Comparison of Nutrient Changes Between the Rubber Plantation and the Natural Soil
(%)

Soil type		Organic matter	Total N	P_2O_5	Replaceable Ca	Replaceable Mg	Quick-acting K
Yellow lateritic soil	N	0.44	0.0754	0.0171	2.63	3.03	0.0113
	R	1.27	0.0647	0.0138	0.10	1.43	0.0054
Cinnamom lateritic soil	N	1.14	0.0620	0.0392	1.62	2.40	0.0115
	R	0.72	0.0392	0.0188	1.10	1.83	0.0078
Iron lateritic soil	N[a]	2.08	0.0796	0.0671	0.42	1.50	0.0042
	R[b]	1.28	0.0671	0.0585	0.39	1.41	0.0043

a. N=Natural tropical soil, b. R=Rubber plantation's soil

Soil survey data collected between 1958 and 1980 on Hainan Island show that the mean content of soil organic matter (SOM) has dropped 0.8%~0.9%; the present SOM content is only about 1.95%. About 74.4% of the rice field area only has 1% SOM. About half of the total farmland yields low crop production, less than 4000 kg/hm^2. As the SOM declines, the content of nutrients including the macroelements N, P, K, Ca, and Mg, and the microelements also decline. The main problem existing with rice soils is the continuous development of a secondary gleyed process which results in a considerable reduction of rice production. In addition, the physical properties of the plowed soil exhibits adverse properties. The soil is tight, acid, cohesive, barren, and hard.

The main causes for tropical land degradation in Hainan Island are related to such factors as the rapid increase in population, overexploitation of woodlands, backward cultivation systems, slash-and-burn cultivation, long-term continuous cropping, and irrigation with contaminated water.

Shift from Woodland to Non-woodland

The natural tropical forest of Hainan early in the 1950s, covered 840 000 hm^2. Now, 507 000 hm^2 have been cut and the land converted to agricultural uses. Consequently, the forest cover was reduced from no more than 25.9% to 10%. Most remaining natural forest is distributed above 500 m altitude. An estimated 2000 hm^2 of woodlands are being damaged each year by slash-and-burn agriculture.

Although the percent of land exploitation for farmland on Hainan Island has increased from 8.8% to 31.6% between 1950 and 1990 (Table 4), as the population continues to climb, the average per capita amount of arable land steadily decreases. Population increased from 2 730 000 to 5 400 000 between 1950 and 1979 (2.8%/a) whereas farmland increased from 287 000 to 420 000 hm^2 at the same time (1.3%/a). Therefore, rapid population growth is a significant cause of deforestation, slash-and-burn agriculture, and farmland expansion.

Table 4 The Increase in Land-Exploitation in Hainan Island, China

Age	1950	1952	1957	1965	1970	1975	1979	1980	1981	1990
%	8.8	10.9	13.7	15.5	18.3	19.7	21.1	22.6	27.4	31.6

Land Degradation Caused by Erosion

The forest crown, the forest litter, and the forest soil in combination are highly effective in minimizing the erosive effect of rain. However, without forest cover, the land is easily eroded by runoff, especially during and after typhoons (Table 5).

Table 5 Data in Soil Erosion Under Woodland and Non-Woodland

Soil type	Soil erosion amount / [kg/ (hm^2·a)]	Amount of dept / (cm/a)	Run-off / [t/ (hm^2·a)]
Tropical forest	27	0.09	
Clear-cut site in tropical forest			
	3 249	0.25~0.30	
Slash-and-burn cultivation (first year)			
	5 433	1.86	
Woodlanda	100		108
Shifting cultivation land*	32 100		2 811

* Data came from an experiment comducted in the tropical rain forest tollowing the first slash-and-burn culitivation between 1979 and 1981 by The Research Institute of Tropical Forestry, The Chinese Academy of Forestry

As soil erosion takes place, soil nutrients are washed away. Under shifting cultivation, organic matter, total N, effective K and P, and replaceable bases decreased by 19 000 kg, 1000 kg, 100 kg, 16 kg and 2000 kg respectively from 1979 to 1981. According to estimates based on a nutrient dynamic model of Hainan Island, the average annual soil loss caused by the shift from woodland to non-woodland is 10 000 000 t. In addition, total N, quick-acting K and P decrease by 500 000 t, 8500 t, and 8500 t respectively.

Extensive Cultivation and Management in Tropical Agriculture

A large area of dry land still is not terraced, much of it still undergoes long term-continuous cropping, and intensive management is low. Some land in Hainan is under-fertilized and some land is over-fertilized. Excessive fertilization, such as with ammonium sulphate, calcium super-phosphate, and potassium chloride, still is occurring in some fields, especially in high-yielding fields of tropical crops. For example, the amount of fertilization in a rubber plantation exceeded 4 to 6 times of what was required. In addition, during the last few years, organic fertilizer has gradually been replaced by commercial fertilizer; green manures are ignored. Consequently, the excellent traditional practices of China are suffering. Secondary salinization, which results from long-term continuous cropping of rice and inappropriate management, is a serious problem in rice fields which ultimately leads to a decrease in rice yields.

Soil Pollution

Although we lack detailed data on soil pollution, irrigation with polluted water resulted in soil pollution. An estimated 80 million tons of waste water flows into Hainan Island's rivers each year from the approximately 5000 t of farm chemicals used on farms every year.

Natural Tropical Soil Problems

The physical and chemical properties of tropical soils and the natural tropical environment make conservation of soil fertility difficult. On the one hand, extensive chemical weathering of soil parent materials produces large amounts of secondary clay minerals containing abundant R_2O_3. On the other hand, biological cycling between the soil subsystem and the plant subsystem is fast and the nutrients accumulate largely in the plants instead of in the soil. Thus, above-ground vegetation is damaged, soil erosion can take place quickly and easily. The annual decomposition rate of fresh litterfall on the tropical soil surface is high (between 43% and 51%). Soil humus is a significant base of tropical soil fertility. However, because the content of fulvic acid in tropical soil humus is higher than that of humic acid, the soil humus is easily dissolved by water and is easily washed away by runoff. Thus, it also leads to a decrease in soil fertility.

When soil is exposed and eroded, sometimes water accumulates on the soil surface which may lead to reducing conditions. Consequently, dissolved iron moves along with water either to form a soil ferruginous surface incrustation or an iron layer and iron hardpan in the soil. Finally, through long periods of intense leaching, a white, loose layer of quartz sand can accumulate on the soil surface. This soil layer lacks soil nutrients for plants.

The Alteration of the Eco-environment of Hainan Island

Once large areas of forests have been exploited, normal dry seasons are worsened. In addition, because drought and flood disasters take place frequently, biological diversity and soil microflora decrease. Such changes are damaging to soil fertility.

Reasonable Use of Land Resources

The comprehensive countermeasures for preventing tropical land degradation on Hainan Island should be taken as follows: a reasonable pattern of exploitation and utilization of land resources in Hainan Island is needed to control the cutting of tropical forests, to prevent over-cut-ting, and to shift from woodland to non-woodlands. At the same time, effective measures, such as closing off the afforested hills to protect the trees and plantings, to help regain the soil's fertility. Efforts should be made to reach 39% forest cover on Hainan Island.

It is necessary for tropical agriculture and forestry to restore and create a suitable eco-environment by maintaining a diverse biological diversity. In addition, scientific intensive management should be carried out in tropical agriculture to improve the biological productivity and agricultural products without expanding plowed land.

Improve the Managerial Level in Dry Fields and Rice Fields

Irrigation systems should be improved. Crop rotations should be practiced in dry fields and rice fields. Fields also should be rotated between the dry cropping and rice cropping. These measures will be an effective way to prevent the gleying process and the secondary salinization process of tropical soils and to improve the soil's physico-chemical properties.

Improving the Level of Intensive Management in Tropical Crop Fields

Interplanting should take place among the multiple crops in the tropical crop fields. When a multiple layer cultivation pattern is conducted, the carrying capacity of the soil should be considered so as to maintain the dynamic balance of soil nutrients between output and input. At the same time, the plant species used in green manure or nitrogen fixing should be selected as interplanting crops. These will improve the soil fertility, form a ground cover, and reduce soil erosion.

Reasonable Fertilization

Where possible, organic fertilizer should be used instead of commercial fertilizer. In addition, suitable amounts of lime may be applied to some tropical soils having high acidity.

However, overuse is Harmful, especially in rice fields.

Control of Tropical Soil Erosion

To harness rivers and to prevent soil erosion, comprehensive measures should be taken in the watersheds. Certainly, these measures must be favorable to the improvement of soil and the eco-environment around the watersheds.

Related Literature

[1] Anon., 1987, The Proceedings of the Symposium of Agriculture Construction in Broad Sense and Ecological Balance in Hainan Island; Science Press.
[2] Anon., 1990, The Studies on Controlling Degraded Land in China; Proceedings of a Symposium on Controlling Degraded Land in China, Chinese Press of Science and Technology, p. 25-31, 156-160.
[3] Jiang Y., 1982, Current Situation of the Imbalance of Ecological Economy of Agriculture in a Broad Sense in Hainan Island and the Principles and Countermeasures of Its Regulation; The Jour. of Ecology, no, 4, p. 11-15.
[4] Lu J. and Zeng Q., 1986, Ecological Consequences of Shifting Cultivation and Tropical Forest Cutting in Jianfeng Mountain, Hainan Island, China; INTECOL Bull., v. 13, p. 57-60.
[5] Zeng S., 1989, The Study of Natural Elements within the Soil-Vegetation System on Hainan Island, China; Ecological Science, no, 1, p. 12-20.

森林生态功能效益评价问题†

森林已被世人公认不仅可向人类提供木材和其他林产品，而且可以通过它的生态环境功能为人类的生活和生存环境提供保障和有休息旅游等有益于人类身心健康的社会公益作用。它的后一类的功能和价值已越来越为国际上所重视。因此，森林的价值观随着世人认识而处于变化之中。今天要认识这个问题仍有很大的困难，因为，森林提供物质生产（常被称为直接效益，如提供木材和其他产品）的价值就存在着历史的误区，要给以正确评估和纠正，还存在很多理论上和实际上的困难，何况对它的生态环境效益，对人类身心的社会效益远处于不断的认识之中，许多问题并不明确、不准确，难以具体定量评估，有的功能过于宏观，无法予以评估和距离社会现实甚远，远远达不到评估其价值的地步。但是，作为森林生态经济学的探讨范畴，和在某些国家，对某些具体的易为人们所接受的森林生态环境功能，已进入对其有偿享用的社会实践尝试阶段。我们具体地、系统地加以回顾和讨论一下森林生态环境功能效益的评价问题，还是有意义的。对于建立森林生态系统的功能评价体系迈开一步，还是有必要的。下面将分几个问题讨论。

1　森林经济价值的误区

森林作为天然的自然资源，长期以来一直被视同矿藏、河水、空气一样，是大自然产物，不体现人类的劳动，因此，被认为不具有价值，而仅有使用价值。这主要是根据马克思对商品价值的论断，认为只有生产使用价值的社会必要劳动时间，决定该使用价值的价值量。由此，马克思明确指出野生森林没有价值，而当时对天然林林价只是森林地段的地租的体现而已。当时，工业资本家为发展工业生产需要大量木材为原料，都把森林视为取之不尽，用之不竭的自然资源而进行掠夺性采伐。这一论点，在新中国成立后一直对我国森林的价值、对木材价格形成，有着重大的影响，马克思在当时历史条件下曾是正确的观点，在一百多年后的后来，却束缚人们的思想认识。我国木材的价格对国营天然林区来讲，只体现采运管理等生产成本，对于迹地更新营林则采用育林基金、基建拨款形式扶持，对于南方集体林区来讲，沿用新中国成立前已有山价制度，虽然考虑了林价因素，但仍以原木交售量计价，失却了林价意义。而林价的真正的经济杠杆意义在于按林价计算立木蓄积量作为产值这一点上。后来，世界人工林生产比重逐步增加，与天然林相比，显然凝结了人类的劳动量增大了，森林的价值量也明显增大，对木材生产量的贡献大于自然生产。由于二次世界大战后，社会对木材的需求不断增长，以及森林环境保护作用被人们认识而起了影响作用，林价上涨甚猛，使木材价格中林价所占比

---

† 中国环境科学学会. 中国林业科学研究院〈93 年环境影响评价专业干部培训班〉教材之三　专题名：森林生态功能效益评价（蒋有绪）。

例增大，从 15%增至 50%左右。建立健全的科学的林价制度，是调动林业自身经济活力的重要任务。合理的林价主要考虑木材的使用价值，但由于木材的生长率、单位面积蓄积量，包括了地区自然条件、立地状况及自然生产力、树种的生产力等等自然因素，以及人工集约经营的差价水平，即必须要考虑级差收益的问题。我国建立合理的林价制度，仍是我国林业经济的一项重要任务。这是我国不考虑森林生态环境功能效益的经济问题之前，即对于经典的，从木材及效益的使用价值出发的森林价值的经济观、经济政策和经济体制，仍然有一个从误区中走出来，加以调整解决的问题，更谈不上森林生态环境效益的经济评价问题。

2　森林生态功能效益经济评价的兴起

在理顺了森林直接效益（以木材为主的使用价值）的价值实现问题后，势必涉及更全面，更客观地探讨森林价值问题。森林和使用价值的认识显然在扩大，并不限于物质的使用，而有了功能的使用问题。如何评价森林对环境发挥的有益效用，如水土保持、调节气候、防风固沙、美化环境、净化空气等等，涉及两个问题，一是对这些功能的客观评价，二是如何实现这种价值过程，因为这些功能在森林郁闭后就开始起作用，不需要经过买卖、商业交换、所有权交换，甚至不需要征得生产者许可，其他人就可享用其效益，这就使得森林公益效能的实现价值带来复杂性。这种复杂性还在于森林的使用价值虽然在不断扩大，但其体现物化劳动并不能因此相互扩大，而与体现木材生产和林产品的使用价值的物化劳动和活劳动投入相当、相似或大不很多。另一方面，这种效益的受益者，如树木净化环境之对于工业部门、环保部门，保证农业生产功能之对于农业部门，景观功能之对于旅游部门，确实起了超额的收益，即有了“超额利润”，如何衡量它占这些收益部门总收益中的多大比重，通过什么交换途径来实现这一部分功能的价值，这里存在着森林不同于其他农产品，其他再生资源、其他土地类型的特殊价值表现形态和计量评价问题。

何乃维先生曾指出，对森林价值形成不能持双重价值论。他认为有人把森林价值分为商品价值（木材、林产品价值）和生态价值，木材价值在社会经济中表现为直观、明显而有利的价值，生态价值是一种隐蔽，间接和无形的价值，而后者在量上远远超过了它的商品价值。他批评认为，森林的使用价值可以根据不同用途分开，划分为不同效用，而它的价值则不可能按用途划分，不能用使用价值而把价值分为多种多样。价值作为人们培育它所耗费的一般人类劳动凝结，已含于森林实体之中，不能将其割裂成为不同部分，双重价值论把价值和使用价值混为一谈了。

因此，对于森林生态功能使用价值的评估是一回事，人们可以把评估它的某一功能相当于多大价值，其生态功能的价值有可能如日本等国家评估的远远高于其木材价值多少倍，但在社会上实现这种森林生态功能的价值则是另一回事，我同意何先生的不能采用双重森林价值观，森林生态功能的使用价值在创造时期的人类劳动是与生产森林物质使用价值是一个过程，衡量森林整体使用价值的价值时应当包含了森林生态功能的价值。社会收益部门由“超额利润”中合理承担森林培育的相当税金形式的经济义务是合理的方向，但对其量值的衡量不可能按功能经济评价的量值来计算，这是一个非常重要的问题。

对于如何实现森林生态效益的价值，我国不少学者是同意借助于某些有形使用价值的交换来体现这一部分森林生态功能效益的，张建国先生首先明确阐述，经济活动被判定为一个包括生产物质财富和劳务的（而不仅是货币化）一切人类体系，换言之，它不仅包括看得见的价格活动，而且包括常常有助于我们人类生存和发展必需的看不见的活动。人类的财富和福利是我们从货币化，也从非货币化体系中获得的一定货币和服务的结果。林业活动就包括了生产物质财富活动和看不见的服务的结果。

他还指出，人类对林业经营的模式要逐步地从传统的“以木材利用”为特征的林业经营货币化模式中解放出来，开始重视非货币化的林业经营间接效益对人类社会进步的重大意义。当然，对于如何最终体现这一部分非货币化经营的“货币化”却是一个值得探讨的森林生态经济学问题。

世界许多国家，如日本、美国、德国等，都从森林多功能、多效益的观点出发，开始尝试评价森林的生态效益和社会效益，并取得一定进展，而且为部门间对林业生态效益，社会效益而得“超额利润”的补偿税收，作出了货币化评价的努力。王秉勇先生曾多次介绍国外评价的工作。我国学者，张建国、张嘉宾、何乃维、邓宏海、龙斯曼、赖允建、杨建洲、尹福生等进行了理论探讨和一部分评价尝试。中国林学会于1988～1990年曾首次组织了森林综合效益计量评价的调查与学术讨论，有过论文集出版。我在论文集前言中曾指出：“为了能以价值来衡量森林生态、经济和社会效益，自然科学家和社会科学家不满足于对森林生态功能所揭示的自然科学成果，他们很自然地要求开展以经济价值（货币或其他经济评价指标）来测算评估森林功能的工作。尽管这种经济评价的形式、内容在不同国家因受不同价值观念支配的社会经济体制，或不同经济发展阶段的影响而相异甚大，但这类评价工作仍不失为能被人们所理解和易于接受的，以表示森林生态效益，社会效益的有效形式。目前，这类工作已成为森林生态经济学的一项重要内容。”又指出：“这类评价工作必须以本国积累的森林生态功能研究成果为基础，而经济评价原则与技术体系受各国不同的社会经济观念，乃至哲学观念的影响很大，我国必须建立自己的森林效益评价体系，对外国的研究资料和成果，可以参考借鉴，但绝不能搬用。”这是至关重要的。

3 森林生态功能效益评价的技术基础

对森林生态功能效益的评价，首先要确定森林各类生态功能的效益有哪些方面或有哪些项，和这些功能定量参数的定量化。例如，以森林提供氧来说，什么样森林类型，单位面积的林分可以在一年中提供多少氧，这种测定要根据森林类型的树种组成及它们的叶量（或叶面积），由单位叶面积（或叶量）在单位时间平均的释氧量确定其参数值，这样才可以计算出来。对于不同森林的保持土壤的能力就要根据林分根系的固土能力，与非林地来比较，看单位面积可以减少多少固体径流。这在不同地区，不同自然条件（特别是不同降雨条件和土壤物理性状）下是不同的，需要具体测定，如不同林型（包括人工造林，如专门营造的水土保持林等）确定不同的参数值。要取得这类参数值，比较扎实的基础是来自于森林生态系统定位观测研究，再一个是补充性的调查，即生态调查，例如属于景观的旅游、医疗、保健、观赏功能，可以从有关事业活动（旅游部门、公园、保健医疗部门等）的对比统计调查来取得（这在下面要具体介绍）。

关于森林生态定位观测研究，我国始于五十年代末、六十年代初，八十年代又有了很大范围的发展。建立的生态定位站开展了比较系统的功能观测研究（包括结构、生物量、生长、养分循环，能量利用和水文功能）。全国已有十多个站，涉及的森林类型有寒温带（大兴安岭）明亮针叶林（兴安落叶松林）、温带（小兴安岭帽儿山及长白山）的红松阔叶混交林，次生的阔叶混交林，落叶松人工林，暖温带的油松、侧柏、落叶栎混交林、人工杨树林、泡桐林，亚热带的常绿阔叶林、人工毛竹林、杉木林、马尾松林，季风常绿阔叶林；热带的山地雨林、半落叶季雨林等。此外，还有西北半干旱区的山地针叶林、亚高山针叶林，和许多防护林、农林复合类型的定位、半定位观测点。从全国来讲，虽然还很不全面，但毕竟自南到北，由东到西，在不同自然地理区都有了一定的代表类型的研究，可谓有了一定的基础。但问题是，这种功能上的参数都是研究的数据，每个类型，即使相同的类型，在不同地点，不同时间（年代），其测定的结果都不同，因此，每个森林类型在某一方面的功能参数在一定的自然地理条件，树种组成结构条件下都有一个幅度，对于森林生态功能计量评价有一个要取时空上平均的值作为依据。另外，进行定位观测的林型在一个自然地理区毕竟只能一个或少数几个，不能反映许多很不相同的具体类型，因此，必需假定这种类型（天然林或人工林）尽管是在具体地段和具体条件下取得的数据，但应当视为具有相当的代表性，或代表最大面积的相类林型。我们必须要把复杂、多样化的自然现象加以合理的简化处理。如果我国东部季风区、西部干旱、半干旱区和青藏高寒区三大自然地理区域的几十个区有 100～150 个代表性森林类型具备一些基本的生态功能参数值，那么，我国就比较有条件开展森林生态功能效益评价工作和有计划开展收益部门缴纳享用的税金问题。这在世界上还没有一个国家已经这样做的，也许要有几十年的过程。但 1990 年我国辽宁省曾有征收森林水源涵养效益的费用的建议，可见，这项工作会有逐步开展的趋势。国外把国民税收的一部分投资于环境、自然保护和休憩型森林的经营，也是一种补偿形式。对我国这样幅员广大，自然情况复杂的大国来说，森林生态环境效益评价及价值化的工作，也许可以化整为零，由各省区视发展水平自行探索进行比较行得通。

日本林野厅在“森林公益效能计量调查——绿色效益调查”（1971～1973）中提出的此项工作的技术体系，这个体系还包括了确定地区最好生态效益的森林结构模式和分布模型的内容，比较完整。经过适当修正补充后，可供我国参考（图 1）。

4　森林生态环境效益的分类

关于森林生态系统的生态环境效益，我国已经有很多文章论述了，分类不一，但大致相似，这些都是科普性的阐述。真正用于森林效益评价和计量的，日本分为 7 类：①涵养水源效能；②防止泥沙流失效能；③防止泥沙崩塌效能；④保健游憩效能；⑤保护野生动物效能；⑥供给氧气；⑦净化大气效能。分得比较具体和细的可以苏联的为例，苏联 1984 年提出三大类，即卫生效益、精神效益和国民经济效益，又按三大类分为 14 种具体效益，其分类及定义如下表（表 1），但本分类偏重学术理论性。

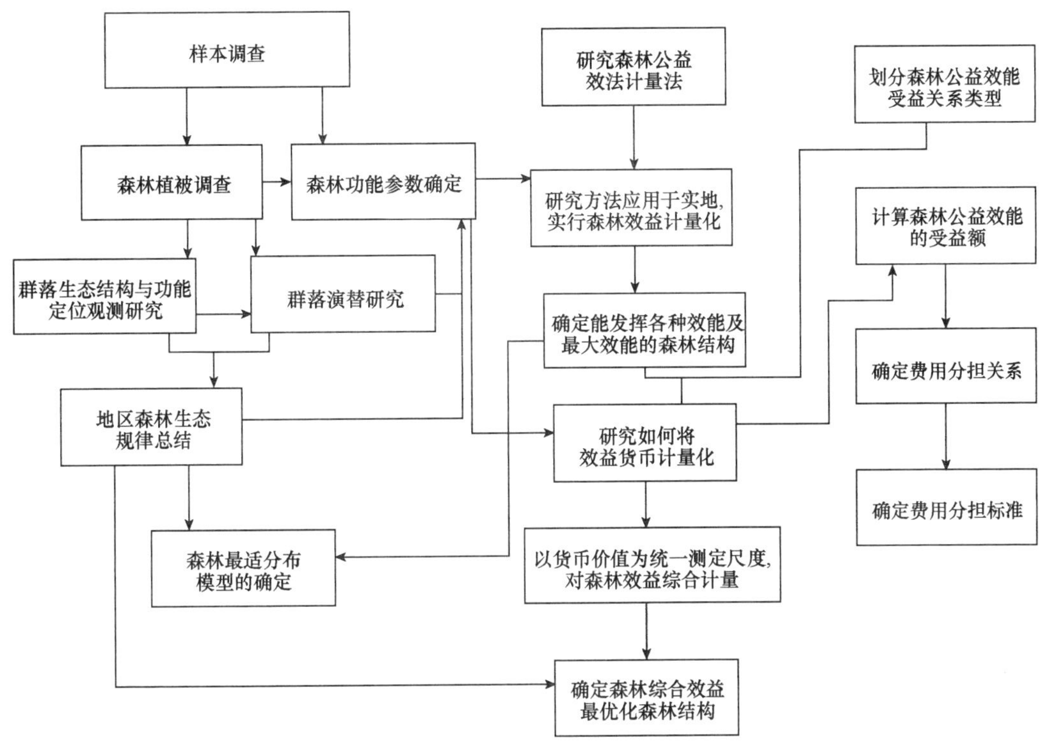

图 1 森林公益效能计量调查及分担费用分配的技术体系

表 1 苏联森林效益分类与定义

名称	定义
第一类	
卫生效益	森林改善空气和水的卫生状况以及调节气候，使之有利于人类生活
具体效益	
净化水质和净化空气效益	森林提高水和空气的质量
灭菌效益	森林减少空气和水中病原微生物的数量或降低其活力
消音效益	森林减低或消除噪音
第二类	
精神效益	森林创造良好的环境有利于人类的精神生活和社会活动
具体效益	
美学效益	森林创造良好环境使人类得到艺术享受
心理效益	森林创造良好的环境，陶冶人类的品性
游憩效益	森林创造良好的休息环境
纪念效益	森林是自然发展的纪念物和历史的见证
科学效益	森林是科学研究的对象
第三类	
国民经济效益	森林为国民经济各部门创造良好的发展条件
具体效益	
原料效益	森林提供木材和非木材原料
农业效益	森林提高农业生产能力
水利效益	森林为水利工作创造良好条件
交通效益	森林为铁路和水路交通创造良好条件
渔业效益	森林为鱼类生长创造良好条件
狩猎效益	森林是野生动物的栖息地

我国用于森林效益计量研究和应用的分类，有张嘉宾①固持土壤；②涵养水源；③用材；④能源；⑤肥料，这显然是用于云南实例，并不代表他完整的分类体系；张建国也有用于福建省实例的分类应用：①水源涵养；②保土；③提高土壤肥力；④抗水旱调节径流；⑤对农田增产；⑥制氧等 6 项环境效益。其中水源涵养效益主要指土壤贮水效益，而第四项主要指森林削减洪峰效益、减免旱灾效益，而另外有社会效益，即⑦增加就业人数效益和⑧健康水平、精神满足程度效益，此项包括净化大气、医疗保健的效益。可见，我国并没有形成一个较完善和实用的分类体系。

对于我国森林生态环境效益的分类工作，可持如下设想，一是理论性学术性的分类，这尽可以从容行事，这在国外也并未解决，这主要是由于森林的功能仍在被认识之中，而森林的效益来自于森林的功能，有时，某一功能可以产生若干方面的效益，有时，某一效益的产生则来自若干功能的综合有时，森林的功能和产生的效益有相互增强的效应，也有相互削弱或抵消的关系；而且“功能”虽是森林自然系统的客观存在，但“效益”却一方面可能反映客观的物质的（可用物理、化学或生物学可衡量的指标）效益，一方面可能反映人类主观的对环境的需求（现实的和潜在的），因此，理论上的分类是一个比较复杂的问题。从系统论来讲，效益并不总是决定于森林系统的功能，因为森林的功能有一个作用场的问题，而系统作为功能作用的中心，与周围的作用场有相互影响、相互作用的关系。森林系统的功能虽然可以对周围环境产生影响与“效益”，而环境也会影响系统的功能，因而，系统的功能对环境的作用不会一成不变，而处于动态变化之中。这也增加了森林作为系统的效益分类的复杂性。另一是，我们可以先从实际需要出发，先行提出一些实用的合理分类项，不求体系上的完整，可以先在保水、保土、净化空气、医疗保健等项上探讨。至于涉及用材、能源等“直接效益”，以及农田防护林的对农业保障、增产等效益，因自有计算和评估的部门和方法，以及效益在国民经济统计上的去处，毋需我们此类工作去解决。对于制氧、改良气候、生物多样性保护等内容还是可以探讨的，但根据国情，保水、保土、净化空气、景观等效益有可能较早付诸于征收林业补偿性费用的探讨。

5　森林生态环境评价途径与方法

要进行森林生态环境效益计量评价，首先应评价指标体系，确定评定的森林类型的生态功能评价参数，然后才可进入货币计量。

关于计量评价指标体系，我国表述得比较完整的，是张建国先生，但他含有经济收益指标（完全指林产品收益指标，本讲座拟省略此指标）。除经济收益以外的指标如下。

5.1　区域自然经济社会背景指标

1）自然环境：地理位置，地形地貌，气候、自然灾害，土壤植被，河流水系，交通等。

2）社会经济条件：区域工农业总值，区域国民生产总值，人口数量与密度，教育程度，人口迁移状况，人均国民收入，总劳力、劳力资源利用率，土地利用现状、社会基础设施、能源结构、社会风俗等。

3）森林资源状况：森林覆盖率，林种结构，森林类型结构，分布状况，林分状况，森林层次结构，森林水平结构（网、带点、片）林龄结构，疏密度，蓄积结构，平均胸径，平均林高等。

5.2 经济收益指标（略）

5.3 生态收益指标

（1）抗逆作用指标

1）对灾害风（大于 4m/s）风速的降低（%），每年减少灾害风的天数

2）地下水位的降低（m）—对低湿地区

3）土壤含水量的增加（%）—对干旱地区

4）表土流失量减少［t/（hm^2·a）]、侵蚀模数变化［t/（hm^2·a）]

5）河渠等土方坍塌减少量（m/km^2）

6）病害减少（%）

7）重要害虫天敌的种群数量增加（%）

（2）涵养水源指标

1）贮水量增加（t/hm^2）

2）地表径流减少量（t/（hm^2·a））

（3）提高土壤肥力指标

1）土壤有机质含量的增加（kg/hm^2）

2）土壤含氮、有效磷量增加（kg/hm^2）

3）土壤容重的降低（%）

（4）气候改善作用指标

1）春秋增温（℃）或无霜期延长天数（日/年）

2）高温天气（大于 35℃）的日数减少（日/年）

3）蒸散量（叶面蒸腾＋地面蒸发）上升（t/hm^2）—对低温地区

4）地温上升或下降（℃）

（5）改善大气质量指标

1）释放氧气［t/（hm^2·a）]

2）对二氧化硫或其他有毒物质的吸收量（kg/hm^2）

3）二氧化碳的吸收量［t/（hm^2·a）]

4）负离子增加量［kg/（hm^2·a）]

（6）提高土地自然生产力指标

1）总生物量增加［t/（hm^2·a）]

2）光合生产力提高量

3）生物量转化率提高

$$生物量转化率=\frac{次级生产力}{初级生产力}\times 100\%$$

4）生物种多样性的提高

（7）森林分布均衡度（E）

$$E=1-\sum_{i=1}^{n}(总体覆盖率-第i个统计小区的覆盖率)/n个统计小区\times总体覆盖率$$

设该地区可分为几个可统计小区，i＝1，2…n，依式结果，当 E＝1，表明绿色覆盖分布最均衡，最有利于环境功能提高。当 E＝0 ，表明绿色覆盖最不均衡，最不利于环境功能提高。

5.4　社会效益指标

（1）社会进步系数：

1）人均受教育年数（年）

2）人均期望寿命（岁）

3）人口城镇化比重（%）

4）计划生育率（%）

5）劳动人口就业率（%）

（2）增加就业人数：指区城内的森林资源为基础的一切有关的从业人数。

（3）健康水平的提高，可由地方病患者减少人数乘上一个调整系数（这个系数表明林业经营社会效益作用，一般可控制在 0.2～0.4 为宜）来反映。

（4）精神满足程度：可通过人群观感抽样调查来反映林业经营社会效益带来的景观改善的美学价值。

（5）生活质量的改善：可由人均居住面积变化来反映。

（6）社会结构优化

1）区域产业结构变化（第一、二、三产业结构）

2）区域农业结构（农林牧副渔各业）

3）区域消费结构变化（可由恩格尔系数反映）

（7）犯罪率减少（%）

5.5　林业经营投入（成本）指标

（1）投资指标：包括林业基本建设的前期规划设计，初期投资，经营周期内投入等，可近似地用林业经营周期内成本（生产费用）来表示。

（2）土地投入：土地投入＝林业占地面积×平均地租（可按林地等级计算）

（3）社会协议、管理费用：即社会为林业经营系统付出的成本，如社会管理费用的比例摊分，社区林业为保护经营成果的协议，防护等费用。

5.6 林业经营综合效益指标

（1）综合效益值＝经济效益＋社会效益＋生态效益的货币值

（2）综合效益

1）净综合效益值＝综合收益值–综合成本值

2）$成本收益=\frac{\sum 收益}{\sum 成本}\times 100\%$

3）资金生产率

（3）$资金利润率（投资收益率）=\frac{净综合效益值}{总投入值}$

（4）投资回收期（R）

$$R=\frac{总投资值}{净综合收益值（年）}$$

（5）净现值和内部收益率

（6）林业贡献指标：反映在目前货币市场体系中，林业经营的间接效益无偿被社会享受的程度。

1） 贡献率＝社会效益值＋生态效益值

2）$贡献率=\frac{（社会效益+生态效益）}{总投入\times 100\%}$

2）式表明了林业经营的单位货币利润为社会-环境系统创造的效益或林业经营的单位投入为社会-环境系统创造的效益。

他曾说明，以上指标一般以林业经营周期为计量时段，若以年为计量时段，则取经营周期内的年均综合收益来反映；历史比较法，即各指标现实水平与无林期的水平比较，计量增益作用；各指标按通用单位计量；以上具体指标均应按具体区域、具体效益计量时灵活采用，加以取舍。

关于日本提出的计量指标或我国其他人提出的都比此简略，而且相同的内容也很相似，就不一一介绍。

计量评价效益的货币化的方法根据张建国的综合，可以概括有以下一些。

（1）等效益物替代法（反事实度量法）

其原理是，在一定区域的某些资源有限条件下，人们可用另一些资源作为替代品加以利用，从价值观点看，这二者之间具有等效益的必然联系性，经营中的森林系统一旦遭受破坏，是不易恢复的，由此导致的林业综合效益某些项目的短缺，会给社会-环境系统带来损失，人们需要付出一定代价的弥补。如水库防护林的破坏，导致水土流失加剧，泥沙淤库，为保证水库库容，必然采取一定措施加以疏通，付出一定费用。那么，这种受害部门付出的费用价值可以反映水库防护林的水土保持效益值。在农田防护林、水源涵养林、防风固沙林、珍贵野生动物保护区的效益计算中，这种方法事实上已得到广泛运用。这一方法，张嘉宾称为“相关价值置换法”。

张建国指出，这种方法可追溯到西方的“反事实度量法”，即在计量研究中，可以不依据事实（如防护林的存在与不存在），而是根据研究的目的，提出一种反事实的假定，并以此作为出发点来计量经济中可能发生的各种变化。这是所谓不根据事实，包括两种情况。第一种情况，某些森林存在，但可假定它不存在，来估算社会-环境系统可能由此引起的后果，如假定防护林不存在造成的泥沙流失、风害为虐，粮食减产等损失，这些损失在市场上的价值量，就作为这些防护林的防护效益进入计算；第二种情况，某些森林不存在，但可假定它存在，由此估计它为社会带来的利益，从而推算这些森林这方面的价值。在运用这种方法时，要考虑到①价格问题，价格水平高低，影响到效益值大小，要注意某些等效物的市价，是人为支持或限制的价格，还是人为贸易限制下的价格，影响其真实性，因此，应用一种合理的“计算价格”来代替市价；②等效物的稀缺性与否，譬如，森林制氧，但氧在大气中对人们呼吸来讲，并不稀缺，尽管在医疗条件下对缺氧病人所需工业制造氧的成本可以作为替代计算，但不可能为社会所接受，又如河道淤塞尚未到影响航道和生活时，其效益价值肯定不及受到危害时易为人们所接受的那种价格。

（2）促进因素的余量分析法

在对促进社会-环境系统协调发展的因素分析基础上，对每个促进因素的贡献值进行分析，有些促进因素与林业经营无关，有些则是林业经营因素在起作用。只要分析出与林业经营无关的因素在导致社会-环境系统协调发展方面的贡献大小，所剩的余量，就是林业经营这方面的效益值。如农田防护林对促进农田粮食稳产高产方面只要扣除稳产高产的其他非林业因素（如施肥，其他集约经营措施）的贡献后，其余量即可归为农田防护林的贡献。

（3）相关计量性

目前，林业经营的社会效益和生态效益是一种“非市场性”的影响，没有通过现行的价格机制表现出来，是市场货币收益的伴生物而为社会无偿享用。因此，可在林业综合效益计量中找出林产品经济收益与社会、生态收益二者之间的相关比例关系，即可在已知经济收益基础上，推导出社会、生态收益值。

1）在生态、社会效益指标数据难以取得的条件下，可借鉴国内外已有研究成果，并结合应用专家（包括有关社会各界权威、决策者）调查法，来确定地区内经济收益与社会、生态收益的比例关系，从而得到社会、生态收益的相关货币值。比如，假定确定了某一区域某类林种的经济收益与社会生态收益的比例关系是 1∶1.5，按传统计量法，求得经济收益是 100 万元，则林业经营在取得市场收益 100 万元的同时，还伴生着为社会创造了间接效益 150 万元。

2）假如经济收益与间接收益比例关系难以确定，或者确立的比例值难以为社会各界接受，而社会、生态效益的指标数据较为完整，则可以通过综合指数的方法，得出社会进步综合指数和生态质量改善综合指数（分别反映林业经营社会、生态效益的社会、生态目标）。在此基础上，分别建立林业经济收益与社会或生态综合指数之间的相关方程式，求得两者之间的比例关系，经检验，两者相关程度若达到 0.3～0.4 及以上，可认为两者存在正相关关系，然后用内插法推出综合指数增量及反映出来的相关货币值大小，由此作为林业经营的间接效益的等效货币值。

（4）补偿变异法

世界上许多东西难以用货币值衡量，但又必须衡量，例如企业对工商者的经济补偿，保险公司的人身保险费用，它们难以与生命健康价值完全等效，但从心理平衡角度看，这种补偿是必要的，这种值与社会经济、文化水准有密切关系。把这种原理用于林业经营之间效益研究也是可以的，受益者与经营者都能因经济上的支付而取得心理平衡，但这也与社会、经济、文化水准有密切关系。这种收入或支出，从补偿变异角度，可视为林业间接效益的货币等效值。以社会效益为例，如①因林业而就业人数的增加，意味着闲散人力资源的价值得到发挥，潜在生产力要素转化为现实生产力优势，可用“就业人数增加量×每个就业人数的工资收入”作为等效货币值；②健康水平提高，其等效值是该地区地方病减少量×（0.2～0.4）×治疗该地方病的每人平均费用（包括患者收入的减少）；③精神满足程度，可用该区域内及相邻的几个城市公园收入的平均值，换算成区域内每个居民的个人支出值作为个体的满足程度的货币等效值；乘上该区域居民总数，就得出该项货币等效总值，汇总三项之和，就可近似地反映该区域的林业社会效益的货币等效值。

张嘉宾提到的方法，可补充上述未涉及到的方面，例如，对于专门为社会与环境目标建设的林业项目，如为减少土壤流失而营造的水库林，则使水库或湖区减少的土壤淤积的效益就可以用经营水库林或上游水土保持林的费用为其价值估测，称为经营费用估价法。若在一般营林基础上为生态环境功能而追加的经营费用，如为发挥固持土壤的作用，把一些用材林改造为固土林（改造树种，林分结构或增植灌木和林下草本植物等），则其增加的固土效益可用其追加的经营费用来估测，称为经营费用补偿法。

对于森林景观的游憩功能的经济评价是一个特殊的问题，国际国内都有人专门探讨，简要介绍如下。

1）美国 Trice 和 Wood 于 1958 年提出的计量法

基于 Thunen 模型，假定一个中心位置为旅游地，其周围不同距离为旅游者的居住地。从这里到“中心旅游地”去的旅游者，可以从调查中知道其来龙去脉，这种社会收益等于从最遥远区域而来的最大旅游成本和实际所付旅游成本之差。有关风景地的旅游总收益，应当等于所积累的“消费剩余”。例如，有 n 个居民点（n=1，2，…），并依次认为区域 N 距风景中心最远，那么风景区的收益 B 可以表示成：

$$B=\sum_{n=1}^{N}(CN-Cn)r_n$$

此处之 Cn（n=1，2，…，N）表示了从位置 n 到中心旅游地的相应旅游成本；而 r_n 为从地点 n 到达旅游中心的旅游总人数。

相近似的评估的发展，见于美国 Clawson M.（1960），称为“旅行费用法”，有较广泛的应用。

此外，有与木材生产价值相联系（即以木材生产的社会消耗指标为评价标准）的“政策价值法”如美国的阿奎松法：

$$\frac{\text{国家公园的木材生产价值}}{\text{国家公园的游客数}\times\text{天数}}\leqslant V\leqslant\frac{\text{普通林的木材生产价值}}{\text{普通林的游客数}\times\text{天数}}$$

这里 V 为游客到林中游览每天获得的游憩价值。相似的苏联方法为：

年游憩效益值=（地区木材生产量的平均价值×森林游憩效益最佳系数+游憩林级差的差额收入）×评价对象的游憩系数

苏联另一个“产品价值法”则只根据游客花费的时间总量来评价游憩效能，游客在林内保留的时间越长，林地游憩效能的评价值就越高。森林单位面积的年游憩功能评价值为下式：

$$l=at\ [\text{卢布}/(\text{hm}^2\cdot\text{a})]$$

式中，l 为一公顷森林一年游憩效能评价值；

a 为林中休息 1 小时的效益评价值；

t 为公顷森林每年游憩时间总量，小时。

如高加索地区，游客平均每小时的费用消费为 53 戈比，交通费平均每小时为 32 戈比，即每小时的间接估价值等于 85 戈比，按上式计算，供游客休息的林业服务措施的评价值范围，每公顷每年为 0～10 000 卢布。

我国对于风景旅游区的生态环境及社会效益评价工作试验较少，有些工作是针对城市公园的社会效益，这基本上都离不开公园经营费用，统计其门票收益及入园人数和时间等为基本参数，以及公园区与非公园区（城市绿化区或非绿化区）的居民健康水平统计（人均医疗费等等）等为基本内容。

我国吴楚材（1992）曾应用 Clawson 法来评价张家界国家森林公园的游憩效益。这个“旅行费用法”是应用费用-效益分析中的消费者剩余理论来评定某一游憩地的游憩价值。消费者剩余是对一件商品、一项服务使用者愿为其支付的费用与实际支付费用之差。此法将旅行费用作为一种“影子价格”，一个风景地的游憩价值就是旅行费用“即影子价格”增加后的全体游客消费者剩余之和。这一数值可用图表示

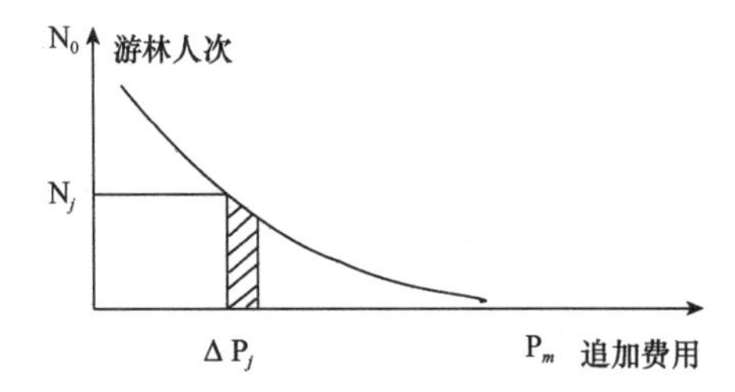

该图说明，对于一个很小费用增加值 ΔP_j，当游林人次为 N_j 时，一组游客的消费者剩余为图中阴影部分的面积，则全体消费者剩余为图中曲线下围成的面积：

$$V_T=\int_0^{Pm}Y(X)dX$$

式中：Pm 为追加费用最大值；$Y(x)$ 为费用与游林人次的函数关系式。评价计算需将游客的来源地按远近划分为若干个组，按每组出发区的人口，游客数，游林率，游客月均总收入、旅行费用，旅游时间等构成线性回归模型。此法应用可参考吴楚材一文。

应当提到的我国另一个计量森林生态效能经济评价的方法为邓宏海所提出，此法不具体计算森林各类生态功能再予总计得出，而是主要根据级差地租原理，即：森林资源

及其生态效能的年平均再生产费用（S）等于林副产品年产值（V）减去其平均利润（BEB）和部门内的级差地租（BEA）之后的计划成本（BC）与部门外的年度级差地租（BBAI）之和，提出

$$S=BC+BBAI=(V-BEB-BEA)+BBAI$$
$$=[V-BEB-(BEA\,\mathrm{II}+BEA\,\mathrm{I})]+BBAI$$
$$=[V-BEB-(BEA\,\mathrm{II}+BEA\,\mathrm{I}_a+\overline{BEAI_b})]+BBAI$$
$$=[V-BEB-(BEA\,\mathrm{II}+BEA\,\mathrm{I}_a+\overline{BEAI_b}+\Delta BEAI_b)]+BBAI \quad (1)$$

其中S和V的单位，按级差地租的统一单位选取。由于（1）式中的（$BEA\,\mathrm{II}$，$BEA\,\mathrm{I}_a$，$\overline{BEAI_b}$，$\Delta BEAI_b$，V和BEB等可直接调查计量出来，S则按现在通用的远原价值法测定，则林业部门外的级差地租（BBAI）可算出：

$$BBAI=S-[V-BEB-(BEA\,\mathrm{II}+BEA\,\mathrm{I}_a+\overline{BEAI_b}+\Delta BEAI_b)] \quad (2)$$

由（2）式算出林业部门外的级差地租（BBAI）可用来对森林生态效能作出经济评价，按受益面积或产值（或利润）计算各受益单位应交纳的税金和各森林经营单位应获得的补贴。由于（2）式只需在林业部门内部进行调查，通过对现有森林的再生产费用（S）及其林副产品的产值（V）、平均利润（BEB）和级差地租（BEA）的计量，来对森林的生态效能做经济评价，特别是对那些不产林副产品的森林（如：水源林、防护林、观赏林）的生态效能也能做出经济评价（只在这种特殊情况下森林的再生产费用才能算作是它的生态效能的经济评价），因而这种方法比较简便。

现可归纳总结以下几类方法，并分析其适用范围和利弊。

方法	原理	适用范围	利弊
经营费用成本法	按营建管理生态环境专用林的费用视为其效益价值	只适用于专用林	此法价值肯定小于实际发挥效益价值，只可作为最低价值的衡量
级差地租法	按林地（或立地）的级差地租（部门内、部门外）提供的效益	只适用于由林地（或立地）因其肥力、小气候、保持水土等综合功能影响生物产品类的评估	可综合评价生态功能效益，简便但不细分功能类别
等效益物替代法	以森林某一生态效益参数值的等效物的价值来替代评价	可适用于某一功能或逐个功能项叠加计算综合功能	适用范围较广，并可由若干等效物比较予以确定；适宜等效物要选择合理，否则误差较大
余量分析法	对综合效益中已知因素评价后其增益余值为剩余评价因素的价值	对综合效益中难以计算评价，但又与其他可评价因素区别者可用此法	不适用于剩余因素较多者；较适宜于生态因素对生物产品增益的评价
相关计量法	有资料可确定区域某生态及社会效益与物质生产经济效益比例，以此评估	可在区域统计资料或国内外其他资料可提供合理比值的情况下适用	受资料限制；但适用于文化、精神、健康等社会效益的评估
补偿变异法	对难以用货币表示的生态环境社会效益，仍以相应社会经济参数权做相当的等价值的参数	主要用于难以具体衡量的对健康精神享受，促进社会发展的效益方面	具有逻辑合理性，但评估的价值可能实际并不相当
游憩费用调查	由不同距离地点对某旅游区调查最大旅游成本和实际支付之间的消费剩余来衡量	只用于游憩业社会效益等	需专门开展调查
经验评估法	无理论与实际依据，但按社会可承认，由经验判定的评价	原则上可用于任何功能方面，但尽可能用于有大宗产值而只依靠如1%的低税率收取税金的项目如水库的水费，水电的电费，采伐的原木价值抽取的育林补偿金	事实上多为极低估值，方易为社会承认，但仍可由大量产值的低税率取得可观的效益享用金

6　我国森林生态环境效益经济评价实例

在通过了森林生态环境及社会效益的计量评价技术体系及途径方法后，可以我国已经做过的森林生态环境及社会效益单项的或综合的评价实例，供大家参考和讨论其合理性。

6.1　森林固土、防土壤侵蚀功能

（1）云南怒江四县（张嘉宾，1982）

据测定，面积 2.58m^2 林地根系，能固持重达 1492kg 土壤，能做 2984kg·m 的有用功，可估计，相同条件，每亩森林固持土壤能力不低于 385.5t。按 1982 年当地调查，当地建造与维护拦泥坝（或类似防泥沙崩塌工程）工程所耗最低费用，约每吨 0.4 元，即每亩森林固土功能效益相当为 154 元，即每公顷 2310 元。

（2）张掖地区（甘肃黑河上游，傅辉恩，1990）

张掖地区有水源林 25.05 万 hm^2，农用防护林 5.82 万 hm^2，防风固沙林 1.85 万 hm^2。黑河水源山区修有 18 座水库，控制径流 1.12 亿方，每亿方水中因森林减少淤沙量 17.501 万 m^3，则减少淤积库容为 19.60 万 m^3，每方库容建造费 0.5 元计，则减淤效益为 9.8 万元；此外，由于森林存在，祁连山区减少土壤流失量为 635.111 万 t，其中养分含量及其价值：

有机质：270.555×19.68%×15 元＝595.77 万元

全 N：270.555×0.16%×400 元＝173.16 万元

全 P：270.555×0.16%×400 元＝173.16 万元

全 K：270.555×2.34%×400 元＝2532.41 万元

养分含量总产值 3929.03 万元。保持土壤总效益为 3938.83 万元。

（3）湖南株洲地区（徐孝庆，1983）

地区森林覆盖率 45%。全年可因森林保土作用，可使 83.03 万 t 土壤免遭侵蚀，相当于土层厚度为 20cm 的耕地 307.5hm^2。全年可使 66.42t 水解 N，34.88t 速效 P，62.28t 速效 K，4.5 万 t 有机质免于流失，本调查未折合货币值。

6.2　森林涵养水源功能

（1）云南怒江州四县（张嘉宾）

调查森林涵养水源功能（单位：mm）

$$W_F = Wo + Wv + Ws = 3.8 + 9.5 + 594 = 607.3\text{mm}$$

W_F 为森林涵养水源功能，Wo 为森林 林冠与下层植被的涵水能力，Wv 为森林死地被物量涵养水源能力，Ws 为森林土壤涵养水源能力即每公顷森林可涵养水 6073t（每亩 404.9t）。以人造固土工程和蓄水工程的固土 1t 和蓄水 lm^3 的最低指标 0.4 和 0.3 元计，每亩森林涵养水源功能效益为 141.72 元（1982 年价）。

（2）祁连山黑河流域张掖地区

以森林土壤为降水贮存量＝$1000m^2$×土壤厚度（m）×非毛管孔隙度（%）×水容重（t/m^3）求得。祁连山森林土壤降水贮存量为 $1459.5t/hm^2$，其总量为 36567.29 万 t，以营造同等蓄水库建造费约 1.83 亿元。

（3）湖南株洲地区（徐孝庆）

调查平均每公顷林地贮水 $918m^3$，相当于 1 次 91.8mm 降水。全县森林最大可能贮水总量为 698.39 万 m^3。而无林地土壤平均非毛管孔隙度为 5.9%，平均每公顷最大贮水量为 $590m^3$，推知，全县 76 040hm^2 森林可多贮水 2495 万 m^3，平均每公顷有多贮水 $328m^3$ 的效益，本调查未计算货币值。

（4）黑龙江省（陈大珂）

黑龙江省由于天然林存在（覆盖率 34.9%）每年减少洪量 25.4%，即 66 亿 m^3 水可滞留林中，若无此贮水功能，可使全省 63 万 hm^2 水面水位提高 1m，以提高堤防工程费用计，即为 2.55 亿土石方，需 15 亿元左右。

6.3 防护林生态增产效益

内蒙古赤峰城郊林场（陈炳浩，1989）

30 年营造各类防风固沙林 $4027hm^2$，林业农业增产明显。劳动生产率明显提高，现有实物劳动生产率 $51.1m^3$/（人·年），价值劳动生产率 3966.21 元/（人·年），实物林地生产率 $0.0027m^3$/（hm^2·年），价值林地生产率 24.99 元/（hm^2·年）。按 1954～1985 年总投资的经济效益分析，把现有活劳力和林地生产率提高部分作为防护林生态效益间接效益看待；其经济评估如下：

总效益（A）/万元	间接效益（B）/万元	直接效益（C）/万元	总投资（D）/万元	投资效果（A/D）	投资间接（B/D）	投资直接效果系数（C/D）	间接效益占直接效益的倍数/倍
1519.68	745.09	774.59	331.10	4.59	2.25	2.34	0.96

由于间接效益仅从增产效益计算，未计算固土、改土、小气候等直接观测计量效益，因此，估值偏低，相当于直接效益。

6.4 游憩效益

湖南张家界国家森林公园（吴楚材，1992）按 Clawson 法评估，

$$V_t+V_m=\sum_{i=1}^{n}\left(\frac{W_i}{t_m}\times\frac{Q_i t_{ci}}{d_i}+\frac{tw_i}{t_m}Q_i\right)$$

n 为出发区数；W_i 为第 i 出发区游客收入；t_{ci} 为第 i 出发区游客旅行时间；Q_i 为第 i 出发区游客人次；d_i 第 i 出发区游客停留天数；t_m 为月工作小时数；t 为每天工作小时数。把客源区分为 22 个区，如大庸区、衡阳区、桂林区、郑州区…… 至上海区，北京区。按每天 8 小时计，每月工作 25 天，即 t_m＝200（小时）则 V_t＋V_m＝569.68% ＋ 307.47＝877.05（万元/年），则张家界公园 1988 年游憩效益为

$$V = V_p + V_t + V_m = 817.25 + 877.05 = 1694.30 \text{（万元/年）}$$

其中 V_p 为消费者剩余，是假定各出发区人口、月均收入，旅行时间都保持相对不变，只考虑追加费用对游林人次的影响，这样可根据回归方程求出一定的追加费用对应的游林人次，为方便计算取追加费用额$\Delta P=5$元，当追加费用值达到某一数值时游林人次为0，本文追加费用最大值 $Pm=70$ 元，这样就可建立游林人次与追加费用之间的函数式如下（可靠率 99%）

$$Y = 46.478\ 1 - 1.731\ 254X + 0.015\ 790\ 26X^2$$

$$F = 267.9194$$

$$R = 0.988\ 987\ 5$$

式中，Y 为游林人次（万人次/年）；X 为追加费用（元），这样，全体消费者剩余为

$$Vp = \int_0^{70} \left(46.7481 - 1.731254X + 0.01579026X^2\right) dx = 817.25 \text{（万元/年）}$$

1988 年计算出游憩效益值 1694.30 万元，是该园该年度财政总收入 910 万元的近 1.86 倍，折算成每公顷价值为 6051.07 元/（年·hm^2）。

6.5　大范围综合效益评价

（1）福建省林业生态环境社会效益评价（张建国，1990）

I. 先按全省的山地森林计算效益

1）贮水效益

调查估测，森林土壤吸收全年降水的 70%，即 556 亿 m^3，扣除 15%森林植被生理耗水，50%的无林地效应，余下 236.3 亿 m^3，即全省山地林通过土壤贮水不断供给水库，河川的补给水，此为森林涵养水源效益的实际计量值。以修造水库所需经费估算（水利厅资料，0.41 元/m^3），以 0.3 元/m^3 计，其价值为 709 亿元。

2）保土效益

i）全省有林地每年每公顷可比坡耕地，少流失泥沙 45.1t，比宜林无林地少 4.68t。全省山地森林可少流失泥沙量 21 398.4 万 t。以修筑类似拦泥工程费用计（0.7 元/t），则其价值为 1.50 亿元；

ii）由此减少的土壤养分折合化肥，尿素 1.93 万 t，过磷酸钙 1.42 万 t，氯化钾 0.59 万 t，（批发价格为每 t 530 元、156 元、260 元），可折算全省山地森林减少土壤养分效益为 1379.82 万元。

iii）山地森林提高土壤肥力，每年可增加有机质 4928.6 万 t，水解 N16.01 万 t，折 1.85 亿元。三项森林固土肥土效益为 3.59 亿元。

3）抗水旱、调节径流效益

i）削减洪峰效益，全省三月最大洪量因有森林使占年径流量比例由无林地的 12.5%减为 6.75%，减少 66.8 亿 m^3 水，若以洪水期每立方水排涝费 0.05 元计，其防洪效益为 3.34 亿元。

ii）减免旱灾效益，调查计算，每增加 1%森林覆盖率，可增加降雨约 7.8mm，旱季，可因全省森林使每年多降雨 91.1 亿 m^3，以抽水灌溉每百立方米 1.5 元计，全省旱季以 5%

耕地需灌溉，则山地森林减免旱灾效益评价为 0.68 亿元，以上两项共计 4.12 亿元。

4）对农田增产的生态效益

调查森林覆盖率为 20%～50%，可使农田增加单产 5%，按全省平均亩产 800 斤计，全省山地森林可使农田增产 16.4 亿斤，折价 8.20 亿元。

5）制氧效益

借日本参数，全省森林每年放氧量为 1924.8 万 t，医用氧批发价每吨 700 元，扣除成本后为每吨 28 元，则其效益值为 5.4 亿元。

Ⅱ. 按全省防护林计算效益（全省 $2.66\times10^4 hm^2$）

i）水土保持效益

全省水土保持林一年可保土 1519.3 万 t ，折人民币 1063.51 万元；涵养水源量为 805.3mm/年，全省总涵养水量为 12.9 亿 m^3，折人民币 5.3 亿元，两项合计 5.4 亿元。

ii）防止水库年淤积效益，全省水库林每年可减少淤积泥沙量为 23.25 万 t，若清除每吨淤沙花费为 200 元，则全省水库林防淤效益为 0.46 亿元。

iii）海防林防土壤侵蚀效益，全省海防林每年可减少侵蚀泥沙量为 203.4 万 t，以修筑拦泥沙工程投资估价 142.4 万元。

iv）农田防护林效益，以一般平均使农作物增产 5.20%平均 10%计，可使水稻田亩产增加 80 斤，增产量为 4.8 亿斤。以稻谷 50 元/百斤计，折价 2.4 亿元。

以上防护林生态效益总计 8.274 亿元。

Ⅲ. 社会效益评价

1）就业效益

全省林业发展，特别是林业立体林业经营容纳了大量农村剩余劳力，据统计，林业容纳农村剩余劳力 1/3 左右，即 100 万左右。以“就业人数增加量×每个就业人数的年均工资收入”作为等效值，则其效益＝100 万×700 元/年＝7 亿元/年。

2）健康水平及精神满足程度等效益

顾玉春估算，福建森林的医疗保健效益（1984 年）为 0.75 亿元。俞新妥等计量出福建省森林旅游、保健疗养效益为 38.5 亿元。张建国依日本森林的保健游憩功能效益约为生态效益的 20%，则福建省以此比例，其森林保健游憩效益为 100 亿×20%×0.6（调整系数）＝12 亿元。

按张建国计量，林业增加就业及旅游休憩保健医疗的整个社会效益为每年 19 亿元。

以上合计福建省除林产品等经济效益外，林业每年的生态、环境和社会效益总计 51.924 亿元。此评价其实尚未包括福建省人工速生丰产林的生态环境效益（张建国说明人工速生丰产林只计经济效益，本文未列入此项）。

对于我国研究尚未试验评价的某些效益如森林保护野生动物的效益，可引用国外的例子，作为参考，如：日本调查各类森林中每公顷鸟类栖息数，乘以森林面积，求得约 8100 万只鸟。其捕食害虫可减轻虫害防治费用，以松小蠹虫为例计算，可减少因小蠹虫侵害林木使木材质量下降的损失费约 17 700 亿日元，可为鸟类的效益额。此评价会低于鸟类的生态环境效益，但作为其一部分，是合理的。若设想，对野生动物保护的效益如以森林所孕育栖息的各种动物数量以其出售的货币值计算，当有难以实现的困难，其原因是各种动物的价格很难确定。如穿山甲能否以非法野味收购价计算？金丝猴、熊猫等是无价国宝，更无法估价。总之，这一功能效益在国际国内都仍属于探讨的问题。

7　对我国森林生态环境效益评价与实行受益费用问题的建议

根据我国国情及当前我国社会经济状况，人们科学文化水准等条件，可建议如下：

1）我国森林生态环境效益评价所需森林生态功能参数已积累一定的基础，虽然仍不十分健全完备，但应当逐步加强此项研究和应用试验工作，已不可再贻误。因为森林生态系统的生态环境效益已为人们所共识，只是对定量的不同认识与评定，而且，逐步实行对享用林业生态环境效益的补偿税金乃是世界的趋势，需要及早研究、稳妥试行。

2）全国重点开展此项研究，补充健全重点森林类型的功能定位测定网络，以及必需的面上调查工作（功能参数、社会经济参数），以完善此项研究的技术参数系统，和建立符合我国国情的评价指标、评价体系和受益补偿金试行途径。

3）对首先应试验研究的生态功能效益项目，可放在我国已有共识基础的农田防护林增产效益、森林防止或减轻泥沙淤积效益（如对水库、水电站、湖泊及河道等水利方面）森林涵养水源效益（水库、航道方面）、林区环境效益（采伐及原木生产方面）及旅游休憩效益。

4）在试行受益部门交纳补偿税金的途径，宜以小税额的大宗项目开始，以减少实行中的心理与实际经济负担，如水库用水费、水电站用电费、原木销售费、森林公园门票费中的微额提取一定金额，用于育林事业；试行面宜逐步试点推行，条件成熟的项目和省区可先试点，逐步提高我国各部门、各层次对爱林、护林、育林事业的义务感。

主要参考文献

[1] [日]林野厅（杨惠民译）1982年，森林公益效能计量调查——绿色效益调查，中国林业科学研究院科技情报所，pp. 69.
[2] 张嘉宾，1986，森林生态经济学，云南人民出版社，pp. 388.
[3] 张建国，1984，中国林业经济问题，福建人民出版社，pp. 240.
[4] 何乃维等，1985，关于森林价值问题的探讨，中国生态经济问题研究，中国生态经济学会编，浙江人民出版社：182-191.
[5] 翟中齐，1985，森林生态经济刍论，中国生态经济问题研究，中国生态经济学会编，浙江人民出版社：203-212.
[6] 龙斯曼，1985，森林的环境效益与国土整治，中国生态经济问题研究，中国生态经济学会编，浙江人民出版社：203-212.
[7] 牛文元，1989，自然资源开发原理，河南大学出版社，pp. 335.
[8] 蒋有绪，1988，林业建设是一项基本的国土环境建设，科技进步与经济建设，中国科学技术协会1988年学术年会论文集，学术期刊出版社：61-65.
[9] 张建国等，1988，森林综合效益评价方法与模型，科技进步与经济建设，中国科学技术协会1988年学术年会论文集，学术期刊出版社：82-86.
[10] 中国林学会学术部，1990，森林综合效益计量评价，森林综合效益评估论文选集，pp. 122.
[11] 李周等，1984，森林社会效益计量研究综述，北京林学院学报，（4）.

The Global Climate Change and Forest Prediction in China†

1 Introduction

The global climate change and its effects on the human being has become one of the main environmental problems all over the world. With regard to the relationship between global climate change and the forest, specialists believe that one of the main reasons for the increase of CO_2 concentration in the air, which results in a "greenhouse effect", lies to a great extent, in the damage and reduction of forests. Some foretists have even begun to consider the effects on the distribution and growth of forests of the global climate change. At present, it seems that there are three tasks in the research of the relationship between global climate change and the forest. Firstly, how forest reduction in the world affects the global climate change. Secondly, how the global climate change affects the forest and forestry of the world or individual countries, and whether we can predict it or not and find out the solution. Thirdly, how the function and scale of forests are established and what are the functions for the comprehensive strategy to prevent the global climate from getting warmer. According to international researches, some data for the first have been collected and recognized as consistent, but thorough and detailed research should be carried out for further illumination. As regards the second, specialists in a few countries, such as the United States, New Zealand and so on have made some predictions and discussions. With regard to the third, the question has been put forward, but no specific discussion has taken place.

This paper puts emphasis on the necessity for research on how global climate change affects the forest in China, and discusses its prediction approaches with a view to arouse the attention of the forestry authorities to making further researches.

2 International general evaluation on global climate change

Scientists agreed with the following points of view: because human activities affect the balance of geosphere and biosphere, the increase in contents of CO_2, CH_4, in atmosphere causes greenhouse effect which makes global climate warmer. During the last one hundred years (1890～1990) CO_2 concentration was increased from 270 ppm to 345 ppm. From 1960 to 1984, its average annual increase rate was 1.64 ppm. According to this trend, it will be increased from 340 ppm to 355 ppm by the end of this century. It is expected to become 660 ppm

† Jiang Youxu, 1994, Journal of Environmental Sciences, 6 (3): 310-321.

in the middle of 21 century. One of the main reasons for CO_2 concentration increase is the declination of a large number of forests as well as the increase of fossil fuel used by the human being，and the proportion of the former item is expected to be 30%～50% of the whole.

By the next century the temperature of the global surface is expected to increase 3℃ ±5℃（Fig. 1）as predicted by different models. But the extent of increase is different according to different regions. In the high latitude region rising will be more distinct than that in the equator region. In the region of North and South Poles the extent of rising will be higher，so that the upper layer of glacier will melt，and the tundra belt will be moved backward. The oceans will be enlarged because of melting of glaciers. The models predicated that cities along the seashore，such as New York，Los Angeles，London，Veness，Shanghai and so on will be submerged. Greenhouse effect will also influence the global water circulation. Rainfall and snowfall will increase from 7% to 15% in total. Intensity and distribution pattern of raining will change. The most changes range from the region of the tropic ocean to the forest region in the mid latitudes. In some areas water efficiency will be improved，but in other areas it will be reduced because of seasonal changes. In the region of mid latitudes it may be wetter in spring and drier in summer. The soil moisture in the growth season will not be enough. But some uncertain factors and negative feedback factors in biosphere-geosphere can not be predicted altogether. So the description for this prospect is only sketchy，somebody thinks that the temperature increase of 0.5℃ by the year 2000 will not cause serious ecological imbalance.

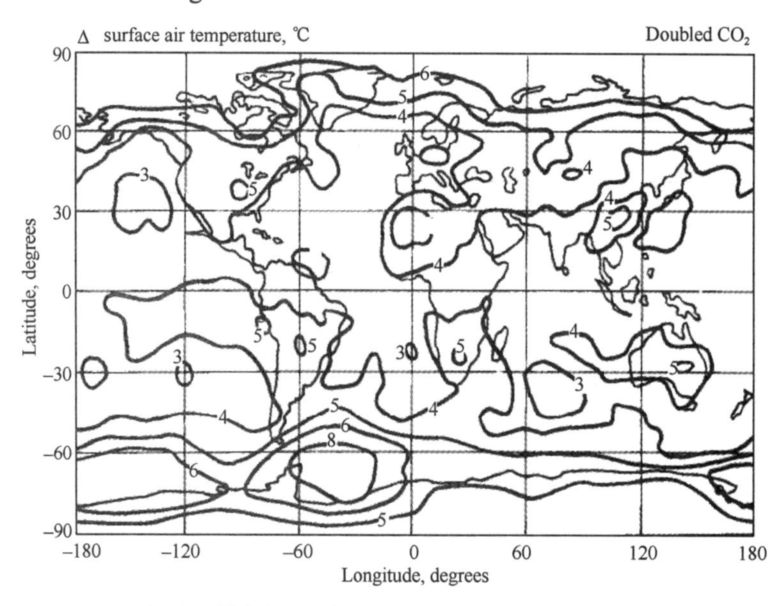

Fig. 1　Global warming in 3-D model for doubled CO_2

3　Greenhouse effect influences world forests

Hoffman，an American specialist，pointed out that some participants of an International Conference of US Scienctific Association thought that the going up of CO_2 concentration affected plants as follows: ①individual photosynthesis is speeded up; ②individuals make use of moisture more effectively; ③other changes for the plant growth will affect its economic productivity and ecological relationship; ④because some factors in a certain range will restrict the growth of plants, ecosystems with non-management may not improve their net productivity, but ecosystems with management, such as forests and plantations, may gradually improve their net productivity. He thought that greenhouse effect brought about by CO_2, concentration increase might decrease productivity of sensitive species and disadvantages to insect and bring about fire damage. So the advantages and disadvantages of greenhouse effect brought about by CO_2 concentration increase on the world forestry may beak even. It may bring us neither advantage nor calamity. But it may deeply change and affect forests in specific regions. It will either affect forest distribution and management model or make request of new gene for human being. He was in charge of the prediction research for American forestry. The forestists in New Zealand also predicate the forest changes according to the data of increasing temperature in the year of 2030 and 2052. He also thought that the results were both good and bad through estimate research to the change of annual production, wood properties, and salinization because of the ocean surface going up and wind, frost, snow and so on.

4 The prediction problem of the global climate change and forests in China

4.1 The prediction of the greenhouse effect on the climate in China

Based on the integrated analysis for the prediction of GFDL, GISS, NCAR, OSU and UKMO models by Zhao Zongci (Zhao, 1989), it is predicted that due to the increase of CO_2 concentration in the atmosphere, the temperature in our country will get warmer, and when CO_2 doubles in the year 2020, the temperature will increase 3.1～5.1℃ in winter and 1.8～5.1℃ in summer. Most of the models showed that in winter the temperature will increase more than 4℃ in northeast China, West Inner Mongolia, North China Plain, and upper reaches of Yangtze River and Huaihe River, lower than 4℃ in south and southeast China. The temperature will increase less than 4℃ in most parts of the country in summer. The rate of rainfall also will obviously change both in winter and summer. Most models showed that in winter the rainfall would decrease along the coast of Bohai and in south China, and increase in other areas. Particularly in most of the western parts of west and northeast China the possibility for increasing rainfall is very high. In most areas of China except the areas of upper and lower reaches of Yellow River and near Wuhan, it will increase. In most areas of south China in winter the soil moisture will decrease. The meaning is that the soil is becoming drier. But it will get wetter in most areas of north China. The soil of the mid areas of China will get drier in large scale in summer. It is quite possible to get dry within and near Hetao region and in north China (Zhao, 1989).

Gao Suhua (Gao, 1990) quoted OSU models to predict how it affected the agriculture in China and estimated the possibility of climate change in China: annual mean temperature will increase 2.69℃. The extent of temperature increase will be the highest, which will reach 3.04℃ in southwest China, while the extent of temperature increase in south China will be the lowest, which will reach 2.42℃. The increase in temperature will be higher in winter than in summer, the annual average rainfall will increase in the whole country. In south China the rainfall increase the most, which is about 251.5 mm, but in northwest China it increases the least, which is about 77 mm. In the whole country the average rainfall will increase 146.4 mm. The extent of increasing rainfall will be higher in summer than that in winter. The change of the soil moisture is very complex, which tends to decrease in most parts of north China and tends to increase in the north Yangtze River. Decreasing soil moisture looks more significant in North China Plain. Zhang Jiancheng pointed out, due to summer wind activities becoming stronger, the monsoon area would extend to the north and west. The annual rainfall will increase in the region of eastern parts of northwest China and north China where the marginal region of present monsoon exists through the rainfall in summer may be reduced there.

4.2 How the possible climate changes caused by greenhouse effect affecting the forest in China

According to different range of effected time, three kinds of response models of greenhouse effect caused by increasing CO_2 concentration are as follows: ①instant response; ②response after a medium period; ③response after a long period.

4.2.1 Instant response

CO_2 concentration, increasing temperature and related moisture conditions can directly cause physiological change of trees, including changes for exchange process between leaf surface and water, heat or air. Increasing CO_2 will cause stomata opening shrink and evaporation decrease. It advantageous to the photosynthesis. And the temperature moderately going up is good to enhance metabolism. The kind of instant response model do not directly play a role on significance to predict forest changes caused by greenhouse effect. Only through the accumulation of instant response for quite a long time, can greenhouse effect affect the forest productivity. Therefore, in order to reach the prediction objective as required, medium period response models should be adopted directly.

4.2.2 Response after medium period

The continuing effect of the increase of CO_2 concentration and greenhouse effect on climate changes for a period from more than ten years to several decades will bring about unfavorable changes on the productivity of forests and the ability of forest species in adjusting themselves to the environmental changes, and the changes of tree species and forest distributions often show the tendency of forest productivity difference, the state of insect pests, the changes of the distinction of distribution area (migration of horizontal distribution distinction, the changes of vertical distribution and so on). These changes will undoubtedly and greatly affect forestry.

4.2.3 Response during a long period

The long term response is defined as a kind of response model in which the global climate change in a long period (several hundred years) causes changes of forest distribution. This kind of response took place several times while the climate changed during the geological period. As to the long term response, although the response of plant vegetation is faster than that of the soil, it is still very slow, especially for the forest. It will take several hundred years in the cold region to improve soil conditions after the changes of forest take place. The stability of new pattern of forest vegetation distribution is based on the pattern of regulation of soil properties. At present, greenhouse effect predicting distribution pattern of forest is the only direction. In fact, the objective is to predict the tendency of living ability of distribution migration. Thus greenhouse effect which influences the forest can be emphasized on the prediction of response during more than ten years to several decades.

The approaches for detailed prediction on all kinds of medium period responses are as follows: concerning for prediction for forest productivity changes, we should first determined the correlation between main climatic elements which affect forest productivity and forest meteorological productivity. The meteorological production of the forest is a kind of production difference for certain forests or three species under the conditions of the same site and due to the difference of climate conditions. It could be found by analyzing forest production with different water and heat conditions on different latitude or with obvious differences in water and heat conditions in the same place in various years. The effects on people's management level should be picked out in consideration. Therefore, it can be beneficial to get a large quantity of long-term statistic data. The climate elements are different according to requirement for prediction precision and possibility, e.g. annual mean temperature, average temperature in the coldest and hottest months, annual total radiation, effective accumulated temperature, annual total rainfall and rainfall in the growing season, and so on. The data for meteorological production in agriculture was well collected. Although there have been data for some forests in the sample plot, it is seldom scientists undertook research on forest meteorological production.

$$\text{Suppose: } \hat{Y} = f(\bar{T}, P, \sum 10 \cdots) \tag{1}$$

There is a functional relationship between Y (meteorological production) and annual mean temperature, annual rainfall, ≥10℃ accumulated temperature, or other meteorological elements. The production caused by CO_2 double concentration are current average production plus meteorological production under the climate conditions at that time.

$$Y_{2\times CO_2} = \bar{Y}_{1\times CO_2} + \hat{Y} \tag{2}$$

If the loss of forest production brought out by the harmfulness of insect pest and the other meteorological harmfulness, for example, typhoon and fire, are also considered, damage of insect pests (generation, happening times, and degree, and its correlation with concerned climate elements) should be obtained at first, and then further prediction model.

The formula for predicting production is:

$$Y_{2\times CO_2} = \overline{Y}_{1\times CO_2} + \hat{Y} - (L_1 + L_2 \cdots) \tag{3}$$

The prediction for concerned meteorological elements can be gained through prediction for concern climate. For example，Gao Suhua put forward：

$$\sum T_{10\ 2\times CO_2} = 150.45 + 1.1266 \sum T_{10} \tag{4}$$

Among which，$\sum T_{10\ 2\times CO_2}$ is ≥10℃ accumulated temperature value when CO_2 is doubled. $\sum T_{10}$ is ≥10℃ accumulated temperature value at present（compiled statistics in 1951～1980）and so on. The problem is that the statistic parameters of meteorological production of forest have not been carried out，even the most detailed research work on Chinese fir.

Example 1：The prediction for Chinese fir plantation areas

According to rough information on related Chinese fir which showed the relationship between meteorological conditions and the productivity in Fig. 2（Shen，1991），an example was given to show the change of production of Chinese fir and the change of desirable planting areas when CO_2 would be doubled in the year 2020 and continued for more than ten years（about the year 2040）.

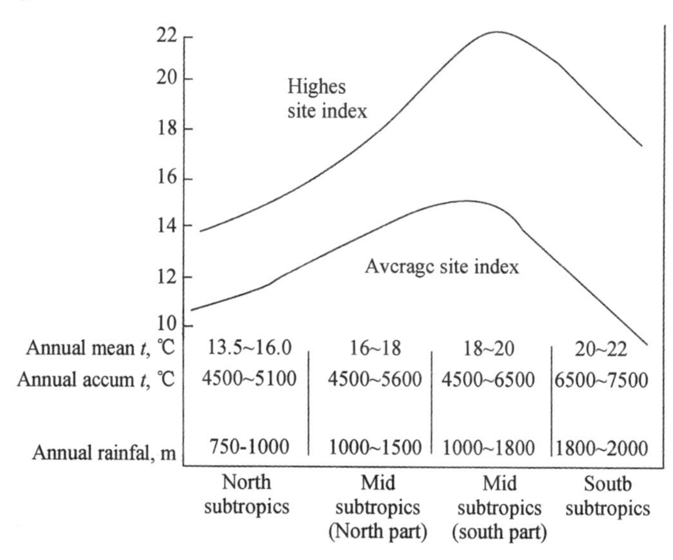

Fig. 2　Influence of climate factors to tree growth of Chinese fir

As to the Chinese fir average site index，the eastern subtropical area toward north in the most suitable planting regions，the annual mean temperature decreased 1.25℃，and the annual rainfall decreased 143 mm. In the same sites 20-year old Chinese fir decreased on site index degree，the meaning is that the average annual production decreased 1.5 m^3 per hectare. In the south of the most suitable planting regions，Chinese fir is more sensitive to the weather getting warmer. The annual mean temperature increased 1℃. The site index is expected to decrease two（3 m^3 per hectare in production）. The rainfall was not affected apparently. According to the weather forecast，in the south of Chinese fir distribution region（south subtropical region), the annual mean temperature will go up 2.42℃, temperature increase in winter will be higher than that in summer, and annual rainfall will increase 251.5 mm which will concentrate in winter. Drought damage seriously affects the growth of Chinese fir in winter or trends to ease in spring. Because the temperature increase too high, and unsuitable for growing Chinese fir, its production in the south will obviously decrease. Its southern limit for distribution will be more toward the north. As regards the parameter, the distance between two places which offer an annual mean temperature difference of 1℃ in the middle and lower latitude being equal to about 100～150 kilometers of north and south change, and the conditions of geographical feature in south China, the distribution range of Chinese fir will withdraw from hilly areas along the seashore, but reach 24°N. Because the mountain areas are below 1000 m sea level in the south distribution and growing area, so therc is no way to move toward higher sea level. Therefore, at present the production of Chinese fir in southern areas will reduce because of its reduced productivity and growing area. The entire suitable planting areas will move north. The current temperature (15℃) in northern area will increase to ± 18℃, which is equal to the heat energy condition in the present middle area. The growth season will prolong for nearly one month. The increasing temperature in summer will alleviated the effects of spring cold current on Chinese fir. Increasing rainfall will alleviated the shortage of moisture. Its annual growing production will obviously increase above 3 m^3 per hectare. The vertical distribution height in the middle area suitable to Chinese fir growing will move up. Because topography are higher in the western part of this area, the vertical distribution height will go up more than 1500～2000 m, but only 500～1000 m of a few mountains in eastern part of the area, so the production between western and eastern part of the area will be different. But in general, there is going to be small changes in the average. The northern margin of distribution range may move north. At that time, planting Chinese fir will reach south of Huaihe River. Otherwise, due to increasing temperature in the forest area of Chinese fir, the insect pest will be serious, injurious insects with generation of every one year or two years, such as *Semianchis bifaciatus sinoauste*, due to shortened accumulated temperature period for growth, may mainly become one year's generation. Similarly, insect of multigeneration in one year, such as *Polychrosis cunning-hamiacola*, may mainly become four (or five) generations in one year which can increase damaging rate and extent. Because the climate trends in the Chinese fir plantation areas to become warmer, pest damage with fernga, such as *Glomerella cingulata*, can also be aggravated. Damage extent for *Lophodermium uncinatum* in the southern area may increase. In general, in the Chinese fir plantation areas, when CO_2 increase at times, the change of production and desirable planting areas affected by climate will be equal in advantage and disadvantage. However, insect pest will become a serious problem to be solved.

Example 2: The prediction for Daxingan Mountain natural forest region

Daxingan Mountain lies in Northeast China. The main species are *Larix gmelini* and *Pinus sylvesfris* var. *mongolia*. The region is the enlarged part of cold temperate zone of Siberian Taiga in China, which belongs to the southern border of *Larix gmelini* distribution

(20，21). When CO_2 concentration increases at times，the disadvantage to which the climate affect *Larix gmelini* will be more than advantageous. At present，annual mean temperature is about −2℃ which just fits into the southern border of Daxingan Mountain natural forest region. By the year 2020，the temperature will increase 3～4℃，the rainfall will also increase. But the rainfall in winter will be more than that in summer. It will be relatively drier in summer. In the course of the climate change，*Larix gmelini* might have a long growth season. But when CO_2 in the atmosphere is doubled in concentration and lasts for a decade i. e. up to the year 2020，the water and heat status of the climate will be close to current temperature climate in the southern part of Daxingan Mountain. It may be possible to artificially plant *Pinus sylvesfris* var. *mongolia* and *Larix gmelini*，but their natural distribution will move toward higher sea level. Because in the whole forest areas the temperature increases as well as the rainfall，but it is rather dry in summer，productivity of the whole forest area may be increased after balance of advantages and disadvantages. Meanwhile，the species component and flora will gradually change，for example，the forest types including *Laricetum-casiopinosum* may gradually disappear. The Changbai flora of the temperate zone will immigrate much. The planting area for *Picea koraiensis*，*P. jezonensis* var. *micitsperma*，*Fraxinus mandshurica*，*Philodendron amurense*，*Acer* spp. and *Tilia* spp. will expand. *Larix olgensis* and *L.kaempferi* and so on may become wood-use species in certain areas. The variety in the forest areas will increase，which is useful to develop the forest areas and improve productivity. Nevertheless，because there is a long lag while the soil adjust itself to the climate changes，the poor soil in Daxingan Mountain region will limit the forest productivity improvement. Because the depth of frozen layer of soil decreases or disappears，the marsh forming process on the lowland will intensify，marsh area will been enlarged，it will either influence the distribution and productivity of *Larix gmelini*，or affect the water balance. In general，the climate change is fairly useful for forest productivity in Daxingan Mountain region except the insect pest of *Larix gmelini* and *Pinus syluestrss* var. *mongolica*，and elements that relate to dryness in summer and the attendant danger of fire.

Example 3：Effects on China's forest geographical distribution

As a long term response model，the prediction for geographical distribution pattern of the world vegetation due to climate getting warmer，which is usually based on a diagram of Holdridge's world biological zones and followed by climate classification or Lieth's model，is neither detailed nor suitable to specific conditions in China. Upto now，there is still no intergrated research on forest mathematical models of water and heat conditions and vegetation distribution made from latitude，longitude and altitude in China. Only some regional researches or works on some vegetation types（such as subalpine）have been made. Therefore，firstly the entire relative models for vegetation distribution and geographic elements should be established in China. At present，it is still very early to predict the vegetation distribution affected by climate change. However，comparing with accuracy of works in other countries，the research on it in our country has had a good foundation. "The Natural Geographic Regionalization in China" have given quite an accurate description on natural geography and vegetation features. The constants of which 1℃ change of annual mean temperature equals to a change of annual mean temperature of 100 km and the change of 0.6℃ annual temperature at every 100 meters sea level, are often adopted for the prediction on movement of vegetation distribution as well as on the pattern changes of agricultural crops.

Now climate distribution zones and vegetation types in our country are as shown in Table 1.

Table 1 Climate distribution zone and vegetation types in China

Natural zones	Annual mean T/℃	Mean T. of the coldest month/℃	Mean T of the hottest month/℃	Growh season, days	Days ≥10℃	Annual accumulated T/℃	Typical forest types
Cold temperate	−5.5～−2.2	−38～−28	16～20	80～100	<120	1100～1700	Cold temperate coniferous forest
Temperate	2～8	−10～−2.5	21～24	100～180	120～150	1600～3200	Coniferous and broad-leaved mixed forest
Warm temperate	9～14	−13～−2	24～28	180～240	210～270	3200～4500	Broad-leaved deciduous forest
North subtropical	14～16	2.2～4.8	28±	250±	220～240	4500～5000	Broad-leaved deciduous and evergreen mixed forest
Mid subtropical	16～21	5～12	29±	270～300	250～280	5000～6500	Evergreen broad-leaved forest (eastern China)
	16±	9	20	250		4000～5000	Evergreen broad-leaved forest (western China)
South subtropicl	20～22	12～14	29	365	>300	6500～8000	Monsoon broad-leaved forest
Tropical	22～26	16～21	29	365		8000～9000	Monsoon rain forest Rain forest

According to a weather forecast, by the year 2020, the relationship between an accumulated temperature ≥10℃ and a continuous day numbers (D_{10}) is as follows:

$$D_{10} = \frac{\sum T_{10}}{14.39 + 0.0013\sum T_{10}}$$

As calculation, accumulated temperature at ≥10℃ in the whole country are expected to increase 15%, due mostly to the increase in southwest China which will be.

The formula of change rate in the growth season is as follows:

$$\frac{dD_{10}}{d\sum T_{10}} = \frac{14.89}{14.89 + 0.0013\sum T_{10}}$$

The change rate for the growth season will be larger in the north than in the south. Average growth season will be prolonged one month for the entire country.

On the basis of the above comprehensive model analysis, in recent years, changes in the tropical zone and south subtropical zone are not very clear, but the north margin in the south subtropical zone may reach Kunming, Guilin, Guangzhou and Wenzhou. The margin of mid subtropical zone will apparently move to the north, which will reach Nanjing and Wuhan. Because of the increase in both water and heat in the east of north subtropical zone in summer, the scope of moving to the north will be bigger. The north margin might come near to Qingdao, Xuzhou, Zhengzhou, Xian and Tianshui. According to the above prediction, the changes of climate zone may show us the changes of relative forest vegetation (including wood-use plantation and economic forests). But all predictions are very rough. The predicting for forest geographic distribution in our country should be divided into several big parts and the water and heat distribution law brought about by latitude and latitude be considered carefully to set up models.

At last, the emphasis is that this article does not urgently describe how greenhouse effect influences the forest of our country when increasing CO_2 concentration is doubled after thirty years because of the lack of good basis on setting up models prediction.

This article aims at the possibility of weather-getting warmer effect on the forests in our country. It is important and necessary to try our best to study on it in this field.

References

[1] Aldwell PHB. Impacts of climate change on the New Zealand forestry industry. IUFRO XIX World Congress Montreal, 1990: 246.
[2] Barron E J. World Science, 1990, 5: 16.
[3] Ding Yihui. Weather, 1989, 15 (5): 3.
[4] Ding Yihui. Proceedings of SCOPE China 1990', 1990: 5.
[5] Dyer M I. Ecological Progress, 1988, 5 (4): 275.
[6] Gao Suhua. The possible influence of climate for 30 years in near future to agriculture in China. Proceeding of SCOPE China 1990's, 1990: 19.
[7] Hoffman J S. Forestry Translation, 1986, (I): 70.
[8] Houghton R A. Scientific American, 1989, 260 (4): 36.
[9] Jiang Youxu, Xu Deyin. Meteorology Research, 1989: 367.
[10] Landsberg H E. 1989, World Sciences, 1989, (5): 10.
[11] Lieth H. The primary productivity of biosphere. Science Press, 1989: 217.
[12] McCelroy M. World Science, 1989, 12: 42.
[13] Research Group of Chinese Fir. Forestry Science, 1981, 17 (2): 134.
[14] Shands W E. The greenhouse effect, climate change, and US forests. Washington: The Conservation Foundation, 1987: 1.
[15] Wu Zhonglun. Chinese fir. Forestry Press, 1984: 20-35, 489.
[16] Whiltakier R H. Classification of plant vegetation. Science Press, 1985: 20.
[17] Wu Zhenyi Vegetation of China. Science Press, 1980.
[18] Xu Huacheng. Forestry Science, 1981, 17 (3): 247.
[19] Zhao Zongci. Weather, 1989, 15 (3): 10.
[20] Zheng Wangjun. Dendrology of China. Forestry Press, 1982: 1.

大气 CO_2 浓度增加对树木生长和生理的可能影响†

森林生态系统是重要的陆地生态系统类型。森林覆盖着全球陆地面积的三分之一，森林年光合产量约占陆地生态系统的三分之二[1]。森林大量地吸收大气中的 CO_2，成为巨大的碳汇，在全球碳循环与平衡中具有极为重要的作用。因此，全球十分关注人类活动产生的大气 CO_2 浓度增加所导致的全球气候变化对树木和森林的影响。研究大气 CO_2 浓度增加引起的气候变化对树木生理过程、生长发育和森林结构、分布、功能，以及森林经营管理对策的影响，乃是当今环境生态学研究的中心议题之一。这方面的研究涉及不同的生物组织层次和时空尺度，如亚细胞、细胞、组织、个体、种群、森林群落及区域景观等空间尺度；时间尺度从几秒钟迅速反应的生物物理化学过程到几世纪的历史进化演变过程对主要利用体系的改变。但是在人工模拟 CO_2 增加的大气环境下进行的树木生理、生长反应的实验研究更为深入和广泛，这是建立大尺度森林预测模型的基础。本文将着重综述这方面的实验成果和相关研究方法，以及未来的研究发展动态。

1　研究大气 CO_2 浓度增加对树木可能影响的模拟实验装置

CO_2 是树木光合作用的底物，而且 CO_2 还是初级代谢过程，如气孔反应、光合作用、光合同化物分配和生长的调节者。初级代谢过程的改变可能又引起次生代谢过程的变化。次生代谢决定树木在其环境中和食物链中的生态关系，而次生代谢过程通常也受其环境胁迫因素的影响。温度几乎影响植物所有的生物学过程。CO_2 和温度的相互作用以及所引起的初级和次生代谢过程的变化极为复杂。了解和测定这些基本生理过程的变化规律是研究大气 CO_2 浓度增加引起的气候变化对森林影响的重要基础。目前，研究大气 CO_2 浓度增加对树木影响的模拟实验采用如下几种人工控制装置：生长箱（growth chamber）[5]、半控制的温室（green houses）[6]、太阳圆顶屋（solar domes）或小宇宙（microcosms）[7]、根系实验室（root laboratories）[8]、封闭的人工生态系统（enclosed artificial ecosystems）[9]、径流场生态系统（whole catchment ecosystems）[10]，以及枝袋（branch bags）[11-13]和开顶式气候室（open-top chambers，OTCs）[13-15]。下面分别论述在不同生物组织水平上所获取的模拟实验结果。

2　细胞对大气 CO_2 浓度增加的反应

大气 CO_2 浓度增加对细胞组织的影响包括 CO_2 诱导荧光现象、酶活性、细胞内碳分配和物质运输过程。后两个生理过程有助于了解 CO_2 对树木生长和碳氮分配的作用，但

---

† 刘世荣，蒋有绪，郭泉水，1997，东北林业大学学报，25（3）：30-37。

目前还没有得到充分重视和深入的研究。由于缺乏有关CO_2对细胞生理过程影响的了解，限制了研究从小尺度向大尺度转化，即难以将叶片和枝条尺度上所获得的实验结果推演到预测林分和区域景观尺度反应[16]，CO_2对细胞酶活性的影响研究较多，其研究结果多用于解释光合作用反应。CO_2除直接影响羧化酶（carboxylase）外，还是1,5-二磷酸核酮糖羧化/氧化酶（ribulose bisphosphate carboxylase-oxygenase，简称Rubisco）的底物。CO_2与Rubisco结合分两步化学过程：首先非活化态的Rubisco经缓慢的可逆反应与一个CO_2分子结合，然后再经过迅速可逆反应与Mg^{2+}结合生成活化态的Rubisco-CO_2-Mg^{2+}酶的复合体。羧化作用需要在第三位点与第二个CO_2分子结构，经过上述一系列反应过程，CO_2浓度以作为底物或影响酶的活化过程影响Rubisco的活性[17]。

许多研究表明CO_2浓度增加导致Rubisco活性降低，特别是经长期高浓度CO_2胁迫后Rubisco活性降低现象十分普遍。Rubisco活性降低可能是酶数量减少或活化态变弱，或者二者同时降低[18]。但值得注意的是光和养分参与控制Rubisco对CO_2的反应。Rubisco是叶光合器官中唯一最大的氮素汇点，当树木受高浓度CO_2胁迫时，叶片内氮素发生重新分配，从Rubisco合成转移至光合组织其他组分或非光合过程反应中[19]。Tissue[20]等研究火炬松（*Loblolly pine*）发现，当CO_2从当前大气浓度增加至2倍时，分配在Rubisco的氮比例从2.4%～4.0%下降到1.6%～3.0%；当氮素供给减少，火炬松的Rubisco活性与含量减少，氮优先分配在Rubisco，而不是光反应组分，当光照充足，氮从Rubisco转向分配至其他光合功能过程，如电子传递和光合磷酸化过程，而不改变光合能力；但在低光或变光条件下，高浓度的CO_2维持稳定的Rubisco活性，保证树木充分利用光斑和瞬息的高光照条件[21]。对经连续5a高浓度CO_2处理的西皮云杉（*Sitka spruce*）幼树研究发现，无论有无氮素供给，其叶片Rubisco酶数量均减少（本文作者，未公开发表资料）。CO_2除调节Rubisco外，也可能控制影响树木代谢与生长的其他酶[16]。

3　叶片对大气CO_2浓度增加的反应

3.1　光合作用对大气CO_2浓度增加的反应

目前大量研究表明，大气CO_2浓度增加在短期内增加树木的光合作用强度，但实验所观测到的光合作用增加幅度差异较大，为20%～300%。这种差异与实验植物种类、实验方法、条件和时间有关。但是，也有研究报道，树木在长期大气CO_2浓度倍增环境下，有时也会出现光合作用降低的现象，其反应过程和机制尚不清楚[22]。许多研究表明：CO_2浓度增加导致叶片光合速率比从当前CO_2浓度条件下测得的同化速率（A）与胞间CO_2浓度（C_i）相关曲线所得的估计值要低，即A/C_i曲线的斜率降低。A/C_i曲线斜率为羧化效率（carboxylation efficiency），代表羧化酶活性。A/C_i曲线反映两个生理过程，第一个过程指羧化作用受Rubisco活性限制；第二个过程为羧化作用受光合碳还原周转速率限制，以及电子传递速率或无机磷有效性限制。由于实验观测到大气CO_2浓度增加导致A/C_i曲线斜率降至第一个反应过程区间内，由此推断在大气CO_2浓度倍增环境下，Rubisco活性降低可能导致光合作用能力下降。除了CO_2外，其他环境胁迫也会导致Rubisco活性和A/C_i曲线斜率降低。

关于高浓度 CO_2 长期胁迫导致光合作用下降还有其他几种解释。树木体内光合产物源汇之间失去平衡有可能引起光合作用降低，如盆栽配给固定养分量的幼苗幼树，往往根系发育不良，无连续充足的养分供给保证，导致光合生产无持续的营养源或缺少光合产物利用与转移的持续汇，这种反馈作用会造成同化作用降低[23-25]。另外，CO_2 浓度增加导致叶片 C/N 比增加，叶片积累大量的碳水化合物可以会造成叶绿体的机械破坏，从而降低光合作用能力[26]。

3.2 呼吸作用对大气 CO_2 浓度增加的反应

CO_2 浓度增加通常产生的短期直接作用导致表呼吸（apparent respiration）速率下降，其降幅变化较大（10%～30%）[27]。CO_2 对呼吸的短期效应是 CO_2 副产物异养代谢产生的反馈抑制作用，这说明 CO_2 抑制呼吸的直接影响可能会改变光合产物的分配与器官的化学组成，并将最终影响全球的碳平衡[28, 29]。CO_2 浓度增加对呼吸作用的长期间接影响极为复杂，导致呼吸速率下降的原因很可能或至少部分地与器官化学组成变化有关。由于低蛋白组织的生长和维持消耗能量较少，所以 CO_2 浓度增加诱导叶片 C∶N 增加能降低植物生长与维持呼吸。但目前尚不能区分生长呼吸与维持呼吸，加强这方面的研究对解释植物生长与碳积累关系十分重要[27]。在模拟影响实验中观测到叶片的淀粉与蔗糖含量增加，显然这是碳的增加，但本质上这并不能反应生长。因为 CO_2 浓度增加诱导树木积累非结构性碳水化合物，而不是新生的组织结构与代谢成分，所以生长和碳积累不能耦合。树木新生结构组分的呼吸能量消耗与贮存的光合产物呼吸相差甚大，因此区分两个呼吸过程对了解 CO_2 浓度增加如何影响呼吸过程十分重要。

有研究表明，大气 CO_2 浓度增加导致树木光呼吸降低[30]。因为 CO_2 与 O_2 相互竞争 Rubisco 相同活化位点，当 O_2 作为基质时，已固定在二磷酸核酮糖中的碳转入光呼吸碳氧化循环中释放 CO_2。CO_2 浓度增加提高竞争活化位点 CO_2 供给速率，使平衡从氧化过程转向羧化过程，从而导致光呼吸下降。同时，提高了 NADPH 和 ATP 的有效性，对光合作用产生正反馈效应[16]。

3.3 气孔对大气 CO_2 浓度增加的反应

大多数研究发现，CO_2 浓度增加引起气孔导度（g_s）降低，降幅变化为 10%～60%[31-34]。但是也有例外，如辐射松（*Pinus radiata*）[35]，火炬松（*Pinus taeda*）[32]和花旗松（*Pseudotsuga menziesii*）[33]。在长期大气 CO_2 浓度倍增条件下，g_s 的反应随树木种类、驯化程度、实验条件和期限而变，此外还受其他环境因素（温度、水汽差、光密度和水分状况）的影响。阔叶树气孔对 CO_2 敏感性大于针叶树[22]。气孔只感应胞间 CO_2 浓度（C_i），而不是外界环境中的 CO_2 浓度（C_a）[34]，但由于气孔影响 C_i，所以 g_s 受 A 和 C_a 的共同影响。气孔还能对其他环境变量直接产生反应，如光密度和水汽差。气孔变化改变 C_i，但是 A 变化引起 C_i 变化对 g_s 影响较小，所以在 CO_2 浓度增加后，如气孔不关闭，C_i 不会大幅度增加。CO_2 浓度增加对气孔密度的影响报道各异[31, 36]。

3.4 叶面积与解剖结构对大气 CO_2 浓度增加的反应

CO_2 浓度增加对单叶面积的影响随树种及叶龄而变。Koch 等[23]发现，柑橘幼苗单叶面积显著增加；经连续 5a 高浓度 CO_2 处理的西皮云杉幼树 2 年生叶面积显著增大，但是一年生叶和当年生叶（本文作者，未发表资料）以及杨树无性系（*Popular clones*）和胶皮枫香树（*Liquidambar styraciflua*）无变化[37, 38]。Radoglou[37]研究表明 CO_2 浓度增加诱导叶片厚度增加，叶解剖发现叶片上下表皮叶肉细胞增厚。

4　树木生长对大气 CO_2 浓度增加的反应

至今为止，几乎所有的模拟实验都表明：CO_2 浓度增加刺激树木生长，增长幅度为 20%～120%，平均为 40%[22]。针叶树生物量平均增长 38%；阔叶树平均增长 63%[39]。倍增 CO_2 浓度对生长增加的较大变异可能与不同的实验树种有关，但很大程度上还受实验条件、时间、处理方式、树木年龄的影响。倍增 CO_2 浓度刺激生长和植物体内碳源与汇的强度密切相关，如果保持连续的碳汇存在，树木生长增加显著，并能长期持续增长；相反，树木生长不能大幅度增加，会出现较大的生长变异[23, 24]。

许多研究表明，CO_2 浓度增加诱导树木生长分配改变，地下与地上生物量比增加[22, 39]。地下部生物量增加表现在细根量、细根长与细根重比率（SRL）和细根周转率增加。需要指出，生物量分配改变多发生在配给固定养分量的盆栽树木或生长基质养分贫瘠的情况下，会造成生长过程中碳分配的源与汇平衡失调。当养分条件好，CO_2 浓度增加不引起生长分配改变（Bazzaz 等，1990）[34]。应用稳态养分平衡技术（steady-state nutrition）[41]处理桦树幼苗（*Betula pendula*）[42]和西皮云杉幼树（*Sitka spruce*）也出现同样结果（刘世荣等，1996）[54]。美国橡树岭实验室进行了一系列有关 CO_2 浓度增加促进贫瘠土壤上树木生长的研究，发现生物量显著增加主要反应在地下根系部分，尤其是细根增长扩大了养分吸收面积，增强了根系摄取养分的能力。另外，发现一些树种菌根数量增加，根系分泌碳水化合物增加，以刺激根际微生物活性，增加土壤养分的有效性[43-47]。目前，关于树木在养分贫瘠环境中对 CO_2 浓度增加反应的机制，如碳吸收与平衡的相互作用、碳氮在体内的再分配和循环规律尚不清楚。

CO_2 浓度增加在一定程度上缓解或补偿了环境胁迫造成的生长损失。生长在低光强条件下的胶皮枫香和火炬松的生长量下降完成或部分地可由 CO_2 浓度增加所补偿[38]；同样，CO_2 浓度增加对辐射松也产生相似的补偿作用[35]。CO_2 浓度增加对受胁迫影响树木产生的补偿作用是通过树木生理过程变化实现的。CO_2 增加，诱导 g_s 降低会减少单位叶面积的蒸腾速率，同时提高单位叶面积的 A，结果使同化单位碳所需消耗水分减少，水分利用率提高。许多报道指出，CO_2 增加使水分利用率提高 60%～160%[31, 33, 43, 48, 49]。CO_2 浓度增加可使树木所受水分胁迫延迟或缓解胁迫程度，借以增加干旱期间树木的生长。CO_2 浓度增加也会提高树木养分利用率，这可能是养分吸收速率小于碳同化速率或养分呼吸速率不变而碳同化速率增加导致 C∶N 增加。CO_2 浓度增加提高氮生产力（单位时间单位氮素生产的生物量）[42]和缺氮土壤上 CO_2 显著施肥效应都反映树木氮素利用率提高。大气 CO_2 浓度增加提高氮利用效率也表现在羧化速率增强和氧化速率降低方面。

5 主要研究结论

大气 CO_2 浓度增加将引起树木生理、生长变化。但是，目前从模拟影响实验获取的实验结果还有较大的不确定性。首先是大多数实验条件与现实树木的生境条件相异甚大；从温室和人工气候室等对幼树实验所获取的结果还存在较大的不确定性。另外，许多实验，没有采用稳态营养供给技术，所以养分不足成为生长的限制变量，这样不能客观准确地解释和区分实验观测出现的生长和生理反应仅是 CO_2 浓度增加作用的结果。

CO_2 作为光合作用底物的基本作用已十分清楚。因此，与其他 C_3 途径的植物一样，CO_2 将影响树木的初级羧化作用。但是，CO_2 调节和作为活化剂影响 1,5-二磷酸核酮糖羧化/氧化酶活性是最近的模拟实验研究发现的。

一般来说，大气 CO_2 浓度增加会导致光合作用大幅度增加，但并不成比例增加，而且也有报道光合作用无反应，甚至下降。大量的实验结果表明，CO_2 浓度升高使光合作用增加需要维持同化物连续的、富有活力的汇。盆栽幼树出现根系束缚和缺少生长的可替代汇，将是许多实验中没有观测到光合作用增加或光合作用下降的主要原因。当树木较长时间生长在 CO_2 浓度增加的环境中，树木就会逐渐被驯化从而适应 CO_2 浓度倍增的环境，所以出现光合作用速率增加值小于在短期实验所观测的结果，即所谓的下调式光合作用反应。依据同化作用与胞间 CO_2 浓度相关反应曲线，发现下调式光合作用反应是 1,5-二磷酸核酮糖羧化/氧化酶活性降低或磷酸化过程受限制造成的。

气孔导度一般随 CO_2 浓度增加而降低，变化幅度为 0%～70%。实验观察到气孔反应变化相当大，特别是针叶树，其气孔对周边 CO_2 浓度变化几乎无反应。关于 CO_2 对气孔活动的作用机理尚未了解，所以对所观察到的实验结果不能予以科学的解释。目前有研究迹象表明，单位面积或单位叶表皮细胞的气孔量减少也将会引起高浓度 CO_2 下树木气孔导度降低，但气孔导度增加和减少都有实验报道。这些变化是否是发育过程驯化，生态选择或遗传适应的结果还不十分清楚。CO_2 浓度对细胞水平的生长过程的作用目前了解甚少。

CO_2 浓度增加将使阔叶树和针叶树的幼苗、幼树生长增加，增益变异为 20%～120%，平均约 40%，无论是根还是茎都有增加。总的来说，许多实验设计和实验条件不尽完善，因此造成观测生长的变化较大，特别是几乎所有的实验都是以幼苗幼树为对象，而且是短期的（多不足 1a）。这些幼树通常盆栽，结果出现养分匮缺和缺少同化物转移的汇。在受胁迫的环境条件下，大气 CO_2 浓度增加也将引起生长加快，在很大程度上增加 CO_2 浓度能缓解胁迫对树木生长的影响。当养分匮缺时，大气 CO_2 浓度增加通常引起根茎比增加，促使较多同化产物转移到地下部分，即根系生物量和生长量增加。但当养分自由供给时，CO_2 浓度增加促使叶生长相对增加；适应养分贫瘠环境条件后，树木出现养分利用率增加，但其增加程度和是否长期保持还不确定；CO_2 浓度升高刺激增加细根和菌根生长对提高养分利用率和改变根系的养分吸收过程十分重要。CO_2 浓度增加诱导同化作用增加和气孔导度降低，导致叶片和控制环境下幼树个体的水分利用率提高，林分水平是否也会出现这一现象还不清楚。

树木是多年生的，在许多实验中表现的较小的相对生长速率变化虽然仅为每日0.1%，但数年后会造成树木个体体积较大的差异，CO_2浓度增加是否有这种作用还不确定。另外，目前关于CO_2浓度增加对生长质量（如：木材密度，节孔等）尚不了解。

6　未来研究展望

今后有关气候变化对树木影响研究的重点包括以下几方面。

（1）加强CO_2对树木生长和生理过程长期影响机制的研究，特别是基因水平的分子生理生态学调节作用。这方面需要利用生物遗传控制技术（Genetically manipulation），应用这种技术是基于CO_2和其他环境胁迫因子通过引起植物初级和次生代谢过程的变化，诱导生物化学标记物的反应，并改变植物病理诱因。经过生物遗传操作控制，增强和降低调节碳氮之间的关系，在不需要产生CO_2浓度增加的环境下，诱发控制植物生物化学和生理学反应。对于具体的植物而言，遗传控制技术可以在酶的水平上研究植物内部调解控制机制，而且在整株个体水平上探索次生过程的相互作用和适应调节反应[3]。

（2）加强从细胞生物化学至生态系统水平之间各时空尺度相互联系环节的研究，借以实现各时空界面的转换作出区域景观尺度的预测。尺度分析和尺度转换有助于将微观和个体的实验结果扩大到宏观和群体水平，这主要是借助数学模型和地理信息系统等技术方法。

（3）采用自由空气控制熏气系统（Free-air controlled enrichment，FACE）[50, 51]或天然CO_2场（Natural CO_2 Vents）[52, 53]进行生态系统片断或整个生态系统的模拟实验，研究系统碳循环及与养分和水分循环的相互作用关系，并验证发展森林尺度的预测模型。FACE是由一组环形垂直排列、相互独立的注气管构成，通过排气管的气流控制阀将CO_2气体注入实验地内，根据实验地中心测算的风向、风速和气体平均浓度不断调节气流阀。FACE 系统由四部分构成：CO_2贮存和汽化；CO_2流动和散布；CO_2调节和控制；全系统运行监测和数据采集。FACE系统的优点是模拟的环境条件能反应自然环境状况变化，而且能在较大的生态空间（包括植物、土壤及大气连续体）进行模拟实验研究，如人工林生态系统片断。目前，美国杜克大学（Duke University）正在北卡罗来纳州进行FACE的实验研究。天然CO_2场是利用自然界特殊地带CO_2发源地所产生的高浓度CO_2大气环境，进行有关树木或森林植被反应的研究。由于自然CO_2发源地完全是一种非人工控制的环境，并能延续相当长的历史时期，所以是进行气候变化影响长期研究的理想天然场所。利用这种特殊的自然环境可观测到经CO_2环境驯化后树木和森林的生长与生理反应，其结论外推至大尺度的区域性预测更具真实性和可靠性。

参考文献

[1] Kramer P J. Carbon dioxide concentration，photosynthesis，and dry matter production. Bioscience，1981，31：29-33.

[2] Schulze E D and Mooney H A. Comparative view on design and execution of experiments at elevated CO_2. *In*: Schulze E D and Mooney H A（ed）. Design and execution of experiments on CO_2 Enrichment. cECSC-EEC-EAEC，Brussels- Luxembourg，

1993.

[3] Sandermann H, Ernst D, Hellerwetal. Biochemical markers for stress detection and ecophysiology. *In*: Schulze E D and Mooney H A (ed). Design and execution of Experiments on CO_2 Enrichment. c ECSC-EEC-EAEC, Brussels -Luxembourg, 1993.

[4] Payer H D, Kofferlein M, Seckmeyer G, et al. Controlled environmental chambers for experimental studies on plant responses to CO_2 and interactions with pollutants. *In*: Schulze E D and Mooney H A (ed). Design and Execution of Experiments on CO_2 Enrichment. c ECSC-EEC -EAEC, Brussels-Luxembourg, 1993.

[5] Townend J. Limitations and potentials of studying elevated CO_2 in growth chambers-Interactions with drought. *In*: Schulze E D and Mooney HA (ed). Design and Execution of Experiments on CO_2 Enrichment. c ECSC-EEC-EAEC, Brussels-Luxembourg, 1993.

[6] Gifford R M , Rawson H M. Investigations of wild and domesticated vegetation in CO_2 enriched greenhouses. *In*: Schulze E D and Mooney H A (ed). Design and Execution of Experiments on CO_2 Enrichment. c ECSC-EEC-EAEC, Brussels-Luxembourg, 1993.

[7] Vourlitis G, Oechel W C. Microcosms in natural experiments. *In*: Schulze E D and Mooney H A (ed). Design and Execution of Experiments on CO_2 Enrichment. c ECSC-EEC-EAEC, Brussels -Luxembourg, 1993.

[8] Van de Geijin S C, Dijkstra P, Van Kleef J, et al. An experimental facility to study effects of CO_2 enrichment on the daily and long-term carbon exchange of a crop/soil system. *In*: Schulze E D. and Mooney H A (ed). Design and Execution of Experiments on CO_2 Enrichment. c ECSC-EEC-EAEC, Brussels-Luxembourg, 1993.

[9] Korner Ch, Arnone J A. The usefulness of enclosed artificial ecosystems in CO_2 research. *In*: Schulze E D and Mooney H A (ed). Design and Execution of Experiments on CO_2 Enrichment. c ECSC-EEC-EAEC, Brussels-Luxembourg, 1993.

[10] Jenkins A , Wright R F. The CLIMEX project-Raising CO_2 and temperature to whole catchment ecosystems. *In*: Schulze E D and Mooney H A (ed). Design and Execution of Experiments on CO_2 Enrichment. c ECSC-EEC-EAEC, Brussels-Luxembourg, 1993.

[11] Teskey R O, Doughert P M, Wiselogel A E. Design and performance of brance chambers suitable for long-term ozone fumigation of foliage in large trees. Journal of Environmental Quality. 1991, 20: 591-595.

[12] Barton C V M, Lee H S J, Jarvis P G. A branch bag and CO_2 control system for long-term CO_2 enrichment of mature Sitka spruce (Picea sitchensis (Bong.) Carr.). Plant, Cell and Environment, 1993, 16: 1139-1148.

[13] Lee H S J, Barton C V M. Comparative studies on elevated CO_2 using open-top chambers, tree chambers and brance bags. *In*: Schulze E D and Mooney HA (ed). Design and Execution of Experiments on CO_2 Enrichment. c ECSC-EEC-EAEC, Brussels-Luxembourg, 1993.

[14] Jager H J, Weigel H J. The European open-top chamber network-A basis and framework for studies of the effects of elevated CO_2 and its interactions with air pollution. *In*: Schulze E D and Mooney HA (ed). Design and Execution of Experiments on CO_2 Enrichment. c ECSC-EEC-EAEC, Brussels-Luxembourg, 1993.

[15] Drake B G, Peresta G J. Open-top chambers for studies of the long-term effects of elevated atmospheric CO_2 and carbon balance on wetland and forests ecosystem processes. *In*: Schulze E D and Mooney HA (ed). Design and Execution of Experiments on CO_2 Enrichment. c ECSC-EEC-EAEC, Brussels-Luxembourg, 1993.

[16] Jarvis P G. Atmospheric carbon dioxide and forests. Phil. Trans R. Soc. Lond, 1989, B324: 369-392.

[17] Sage R F, Sharkey T D. The effects of the temperature on the occurrence of O_2 and CO_2 insensitive photosynthesis in field grown plants. Plant Physiology, 1987, 84: 658-664.

[18] Sage R F, Sharkey T D, Seemann J R. Acclimation of photosynthesis to elevated CO_2 in five C_3 species Plant Physiology. 1989, 89: 590-596.

[19] Van Oosten J J, Afif D, Dizengremal P. Longterm effects of a CO_2 enriched atmosphere on enzymes of the primary carbon metabolism of spruce trees. Plant Physiology and Biochemistry, 1992, 30: 541-547.

[20] Tissue D T, Thomas R B, Strain B R. Longterm effects of elevated CO_2 and nutrients on photosynthesis and rubisco in loblolly pine seedlings. Plant, Cell and Environment, 1993, 16: 859-865.

[21] Sage R F, Reid C D. Photosynthetic response mechanisms to environmental change in C_3 plants. *In*: Wilkinson R E(ed). Plant Responses Mechanisms to the Environments. Marcel Dekker Publisher, New York. NY, 1993.

[22] Eamus D, Jarvis P G. The direct effects of increase in the global atmospheric CO_2 concentration on natural and commercial temperate trees and forests. *In*: Begon M et al. (ed). Advance in Ecological Research. Academic Press, Harcourt Brace Jovanovich, Publishers, 1989, 19: 1-55.

[23] Koch K E, Jones K E, Avigne P H, et al.Growth, dry matter partitioning, and diurnal activities of RuBP carbonxylase in citrus seedlings maintained at two levels of CO_2. Physiologia Plantarum, 1986, 67: 477-484.

[24] Downton W J S，Grant W J R，Loveys B R. Carbon dioxide enrichment increases yield of Valencia orange. Australia Journal of Plant physiology，1987，14：493-501.

[25] Pettersson R，McDonald J S. Effects of nitrogen supply on the acclimation of photosynthesis to elevated CO_2. Photosynthesis Research，1994，39：389-400.

[26] Delucia E H，Sasek T W，Strain B R. Photosynthetic inhibition after long-term exposure to elevated levels of CO_2. Photosynthesis Research，1985，7：175-184.

[27] Amthor J S. Effects of CO_2 enrichment on higher plant respiration. *In*：Schulze E D and Mooney H A（ed）. Design and Execution of Experiments on CO_2 Enrichment. c ECSC-EEC-EAEC，Brussels-Luxembourg，1993.

[28] Drake B G，Leadley P W. Canopy photosyn thesis of crops and native plant communities exposed to long-term elevated CO_2. Plant，Cell and Environment，1991，14：853-860.

[29] Drake B G. A field study of the effects of elevated CO_2 on ecosystem processes in a Chesapeake Bay wetland. Australian Journal of Botany，1992，40：579-595.

[30] Mortenson L M. Growth response of some greenhouse plants to environment. Ⅷ Effect of CO_2 on photosynthesis and growth of Norway spruce. Meldinger fra Norges Landbruk shogskole，1983，62，10：1-13.

[31] Oberbauer S F，Strain B R，Fetcher N. Effect of CO_2 enrichment on seedling physiology and growth of two tropical species，Physiologia Plantarum，1985，65：352-356.

[32] Tolley L C，Strain B R. Effects of CO_2 enrichment and water stress on gas exchange of Liquidamber styraciflus and Pinus taeda seedlings grown under different irradiance levels. Oecologia，1985，65：166-172.

[33] Hollinger D Y. Gas exchange and dry matter al location responses to elevation of atmospheric CO_2 concentration in seedlings of three tree species. Tree Physiology，1987，3：193-202.

[34] Mott K A. Do stmata respond to CO_2 concentration other than intercellular? Plant Physiology，1988，86：200-203.

[35] Conroy J P，Barlow E W R，Bevege D I. Response to *Pinus radiata* seedlings to carbon dioxide enrichment at different levles of water and phosphorus：growth，morphology and anatomy. Annals of Botany，1986，57：165-177.

[36] Radoglou K M，Jarvis P G. Effects of CO_2 enrichment on four poplar clones. Ⅱ Leaf surface properties. Annals of Botany，1990，65，627-632.

[37] Radoglou K M，Jarvis P G. Effects of CO_2 enrichment on four poplar clones. Ⅰ growth and leaf anatomy. Annals of Botany. 1990，65：617-626.

[38] Tolley L C，Mousseau M. Tansley review No. 71：Effects of elevated atmospheric CO_2 on woody plants. New Phytol，1994，127，425-446.

[39] Ceullemans R，Mousseau M. Tansley review No. 71：Effects of elevated atmospheric CO_2 on woody plants. New phytol，1994，127：425-446.

[40] Bazzaz F A，Coleman J S，Morse S R. Growth responses of major co-occurring tree species of the Northeastern United States to elevated CO_2. Canadian Journal of Forest Research，1990，20：1479-1484.

[41] Ingestad T，Lund A B. Theory and techniques for steady state mineral nutrition and growth of plants. Scandinavian Journal of Forest research，1986，1：439-453.

[42] Pettersson R，Mcdonald A J S，Stadenberg I. Response of small birch plants（Betula pendula Roth.）to elevated CO_2 and nitrogen supply. Plant，Cell and Environment，1993，16：1115-1121.

[43] Norby R J，O'Neill E G，Luxmore R J. Effects of atmospheric CO_2 enrichment on the growth and mineral nutrition of Quercus alba seedlings in nutrient poor soil. Plant Physiology，1986，82：83-89.

[44] Norby R J，O'Neill E G，Hood W G. Carbon allocation，root exudation and mycorrhizal colonization of *Pinus echinata* seedlings grown under CO_2 enrichment. Tree Physiology，1987，3：203-210.

[45] O'Neill E G，Luxmore R J，Norby R J. Elevated atmospheric CO_2 effects on seedlings growth，nutrient uptake，and rhizosphere bacterial population of Liriodeneron tulipifera L. Plant and Soil，1987，104：3-11.

[46] O'Neill E G，Luxmore R J，Norby R J. Increases in mycorrhizal colonization and seedling growth in *Pinus echinata* and Quercus alba in an enriched CO_2 atmosphere. Canadian Journal of Forest Research，1987，17：878-883.

[47] Luxmore R J，O'Neill E G，Ellis J M et al. Nutrient uptake and growth responses of Virginia pine to elevated atmospheric carbon dioxide. Journal of Environmental Quality，1986，15：244-251.

[48] Morison J I L. Sensitivity of stomata and water use efficiency to high CO_2. Plant Cell and Environment，1985，8：467-474.

[49] Townend J. Effects of elevated carbon dioxide and drought on the growth and physiology of clonal Sitka spruce plants（*Picea sitchensis*（Bong.）Carr.）Tree Physiology，1993，13：389-399.

[50] McLeod A R. Open-air exposure systems for air pollutant studies-Their potentials and limitations. *In*：Schulze E D and Mooney H A（ed）. Design and Execution of Experiments on CO_2 Enrichment. c ECSC-EEC-EAEC，Brussels-Luxembourg，

1993.

[51] Hendry G，Lewin K，Nagy J. Control of carbon dioxide in unconfined field plots. *In*：Schulze E D and Mooney H A（ed）. Design and Execution of Experiments on CO_2 Enrichment. c ECSC -EEC-EAEC，Brussels-Luxembourg，1993.

[52] Koch G. The use of natural situations of CO_2 of enrichment in studies of vegetation responses to increasing atmospheric CO_2. *In*：Schulze E D and Mooney H A（ed）. Design and Execution of Experiments on CO_2 Enrichment. c ECSC-EEC-EAEC，Brussels-Luxembourg，1993.

[53] Miglietta F，Raschi A，Bettarini I，et al. Carbon dioxide springs and their use for experimentation. *In*：Schulze E D and Mooney H A（ed）. Design and Execution of Experiments on CO_2 Enrichment. c ECSC-EEC-EAEC，Brussels-Luxembourg，1993.

[54] 刘世荣. 中国森林生态系统水文生态功能规律. 北京：中国林业出版社，1996：301-310.

宝天曼自然保护区栓皮栎林生物量和净生产力研究†

1 引 言

以产量法为主要手段的森林群落生物量研究国内外开展得较早[1-6, 9-11, 15, 17]，对栓皮栎林目前多是进行人工林及其混交林的研究[7, 10, 11]，而对于广泛分布的天然次生林则少有报道[8]。栓皮栎（*Quercus variavilis*）根系发达，耐阴喜光，耐干旱瘠薄，生态适应幅度较广，分布于我国暖温带、亚热带地区，中心主要在湖北西部、秦岭、大别山、伏牛山和太行山区。栓皮栎天然下种更新较好，萌芽力极强，常能形成稳定的纯林，在浅山区多为幼龄林，深山区多为近熟林或部分成熟林。栓皮栎主要用于生产木材、栓皮、淀粉及栲胶等林产品，其材质坚硬、花纹美观，为耐腐、耐湿、耐磨的良好用材；栓皮栎林常常又是山地比较稳定的水源涵养林，是防护林较为理想的森林群落。因此，对其生物量及生产力进行研究，可以为进一步进行栓皮栎生态系统的能量流动和物质循环的研究提供基本资料，并为自然保护区的保护提供理论依据。

2 研究区域概况与研究方法

2.1 自然概况

河南内乡宝天曼自然保护区位于33°25′N～33°33′N，111°53′E～112°E，海拔600～1860m，坡度30°～60°，土壤为山地棕壤、黄棕壤及褐土类，降雨量为900mm左右，气候为暖温带大陆性季风气候。本区属于暖温带落叶阔叶林带，栓皮栎林林龄45a，平均胸径17.0cm，平均树高16.4m，郁闭度0.8，个别可达0.9。乔木层常见伴生树种有枹树（*Quercus glandulifera*）、茅栗（*Castanea seguinii*）、化香（*Platycarya strobilaea*）、合欢（*Albizzia julibrissin*）和漆树（*Toxicodendron vernicifluum*）等。灌木层总盖度一般约为30%，常见种类有绿叶胡枝子（*Lespedeza buergeri*）、短梗胡枝子（*L. cyrtobotrya*）、连翘（*Forsythia suspensa*）、映山红（*Rhododendron mariesii*）、绣线菊（*Spiraea fritschiana*）等，其中以胡枝子占优势。草本层覆盖度为20%，主要种类有披针薹草（*Carex lanceolata*）、白草（*Pennisetum flaccidum*）等，其中以披针薹草为优势种。

2.2 标准地选择

选择林相整齐、有代表性的地段作为固定标准地，同时选择附近相似地段作为对照，

---

† 刘玉萃，吴明作，郭宗民，蒋有绪，刘世荣，王正用，刘保东，朱学凌，1998，应用生态学报，9（6）：569-574。

标准地面积为 20m×20m。

2.3 调查取样

对乔木层每木编号、检尺，参考克拉夫特（1884）林木分级方法，将林木划分为 5 级，各级木按平均标准木法各选取 2 株共 10 株作生物量测定，用 Monsi[14]、木村允[12] “分层割切法” 分层实测鲜重（包括根系），并按各层器官取样 500～1500g，于 80～85℃烘至恒重，计算绝干重及各层器官生物量；同时，按测树树干解析的要求锯取圆盘，编号，计算林木生长。

在标准地内设置 2m×2m 的灌木样方和 1m×1m 草本样方各 5 个，统计其种类、数量、盖度、高度，分别称取各器官鲜重，并取样烘干至恒重，换算成单位面积的生物量。

在室内将分层割取的各层叶片各 30 片称重，并用标准计算纸法，获得单位面积的乔、灌木叶面积。

2.4 计算公式

2.4.1 生物量回归模型选择

对 4 个回归模型（对数回归、二次曲线回归、直线回归、幂回归）计算与分析，以幂回归效果最好，其数学模型为

$$W = a(D^2H)^b \tag{1}$$

$$\text{或}\ \lg W = \lg a + b\lg(D^2H) \tag{2}$$

据树干解析各龄阶树高，用上述回归数学模型估算各龄阶单株、单位面积各器官生物量。

2.4.2 净生产力计算[12, 13]

按木村允的平均生产力（PNM）是森林总生物量（W）被年龄（A）所除之商，即

$$PNM = W / A \tag{3}$$

年间净生产力（PNC）是森林某个年龄（a）的总生物量与上一年龄（a-1）的总生物量之差，以表示某一年龄间的净生产力，即

$$PNC = W_a - W_{a-1} \tag{4}$$

2.4.3 相对生长速率[16]

数学模型表达为

$$dW/dt = RW \tag{5}$$

上式积分后为

$$\ln(W/W_0) = R_t \tag{6}$$

$$\text{或}\quad R = (\ln W - \ln W_0)/T \tag{7}$$

式中，R 为相对生长速率，W_0 为生长初期干重，W 为生长一段时间后的干重，T 为时间。

3 结果与分析

3.1 乔木各器官生物量回归分析

用式（1）回归模型，对栓皮栎单株各器官生物量回归分析（表1）可见，所配置的干、皮、枝、叶和根的回归方程相关系数都在 0.9750 以上，其精度除枝外，其他均在 86.22%～97.48%，表明按回归方程计算的生物量，具较高的实用价值。

表1 生物量相对生长方程

器官	回归方程	相关系数	回归精度/%	幅度	
				x	*y*
干	$\lg W_{干}=-0.544\ 023+0.679\ 572\lg(D^2H)$	0.9969	94.47		13.06～199.35
皮	$\lg W_{皮}=-0.824\ 562+0.589\ 619\lg(D^2H)$	0.9983	96.33	D：6.00～30.50	4.23～45.52
枝	$\lg W_{枝}=-2.560\ 986+1.109\ 206\lg(D^2H)$	0.9750	80.87	H：8.3～18.50	1.68～122.64
叶	$\lg W_{叶}=-2.003\ 840+0.746\ 017\lg(D^2H)$	0.9851	86.22		0.69～12.21
根	$\lg W_{根}=-0.264\ 502+0.517\ 306\lg(D^2H)$	0.9986	97.48		10.57～85.36

3.2 栓皮栎林的生物量及其分配

3.2.1 乔木层生物量及其分配

从表2看出，栓皮栎林乔木层各器官生物量排序是干＞根＞枝＞皮＞叶；各生长级具有明显的差异，Ⅰ、Ⅱ级木的株数占总株数的 41.64%，其生物量占总生物量的 67.29%；而占总株数 34.45%的Ⅳ、Ⅴ级木的生物量只占总量的 10.73%，说明该林分已处于近熟林阶段，各级木出现较明显的分化，生长差别已有所显示。

表2 乔木层生物量及其分布

生长级别	株数/（株/hm^2）	干	皮	枝	叶	根	合计	（%）
Ⅰ	157	26.50	5.56	11.26	1.66	12.34	57.32	36.09
Ⅱ	179	20.63	5.36	11.92	1.45	10.20	49.56	31.20
Ⅲ	193	18.62	4.79	3.06	0.80	7.63	34.90	21.97
Ⅳ	164	5.49	1.39	0.64	0.43	3.64	11.59	7.30
Ⅴ	114	2.50	0.91	0.30	0.15	1.60	5.46	3.44
合计	807	73.74	18.01	27.18	4.49	35.41	158.83	
（%）		46.43	11.34	17.11	2.83	22.29		

从表3、图1看出，干、枝、叶、根各器官生物量都具不同幅度增长，总趋势是随年龄的增长而逐渐积累增多，而相对生长速率则逐渐减小，各龄期各器官相对生长速率

是枝＞叶＞干＞皮＞根，同时，枝、叶、干随年龄增长，其占总生物量的比例也逐渐增大，而皮、根逐渐减小，与方升佐等[1]的结论不尽相似。这说明树枝、树干和树叶干重占该森林总干重的比例大而增长快的趋势，也是总干重主要的积累，使干、枝、叶更好地起着支持、输导及光合作用，以维持其在生存空间的持续生长，并在空间及光能利用上占据优势，从而成为优势树种而形成纯林。幼龄期的枝年间相对生长速率最大，比 45 年生的相应大 6.9 倍，平均相对生长速率为 0.041。生长速率的较不稳定性反映了其当时所处气候（主要是降水、温度）的波动，结合林木各级株数与干重的对比，也反映了林木的分化现象。

表 3　栓皮栎林各年龄段的生物量　　　　（单位：t/hm²）

器官	年龄								
	5	10	15	20	25	30	35	40	45
干	1.2559	4.3091	8.5969	18.1447	29.2864	34.6363	47.4412	63.1128	73.7370
皮	0.5260	1.5330	2.7912	5.3365	8.0844	9.3513	12.2860	15.7385	18.0131
枝	0.0353	0.2638	0.8145	2.7567	6.0223	7.9194	13.2341	21.0877	27.1839
叶	0.0514	0.1990	0.4248	0.9645	1.6314	1.9613	2.7703	3.7897	4.4955
根	1.5940	4.0766	6.8965	12.1780	17.5326	19.9210	25.3112	31.4540	35.4087
合计	3.4633	10.3815	19.5238	39.3804	62.5571	73.7893	101.0428	135.1827	158.8382

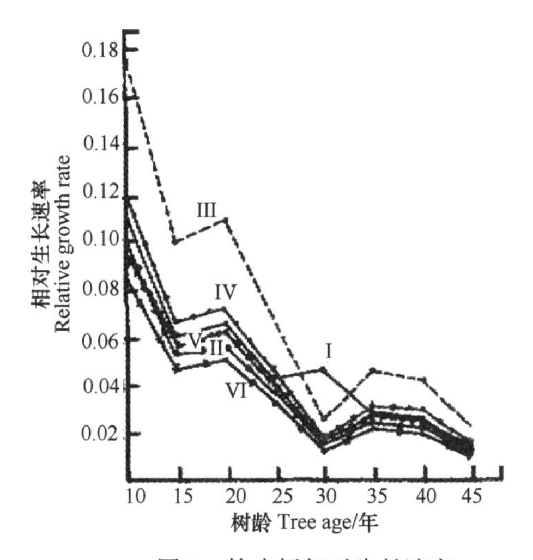

图 1　栓皮栎相对生长速率

Ⅰ. 干，Ⅱ. 皮，Ⅲ. 枝，Ⅳ. 叶，Ⅴ. 根，Ⅵ. 平均

3.2.2　灌木层及草本层生物量及其分布

栓皮栎林因群落郁闭度较大，凋落物层厚等原因，灌木生长发育缓慢，水平分布极不均匀，生物量锐减。灌木层总生物量为 0.0694t/hm²，其中叶占总生物量的 48.39%，根占 35.26%，枝、茎占 16.35%（表 4）。草本层生物量为 0.1041t/hm²，其中叶占总量的 72.82%，根占总量的 19.21%，其余少量是茎生物量（主要为蕨类）。

表 4　灌木层、草本层生物量及其分布　（单位：t/hm²）

层次	叶	枝、茎	地上部分	根	合计
灌木层	0.0336	0.0113	0.0449	0.0245	0.0694
草本层	0.0758	0.0083	0.0841	0.0200	0.1041
合计	0.1094	0.0196	0.1290	0.0445	0.1735

3.2.3　凋落物层生物量及其分配

林地凋落物层生物量是群落枯死量与分解量的差值，其大小由积累速率和分解率所决定，直接关系到群落的营养元素的生物循环和生产力。从表 5 看出，栓皮栎林凋落物层现存量为 8.63t/hm^2，比北京西山的为高[10]，显然与各自所处气候相一致。据调查，栓皮栎林凋落物中，叶占总量的 85.74%，枝占 8.84%；花果占 5.3%，树皮占 0.12%。这对凋落物的分解及缩短周转期，提高营养元素的循环速率十分有利。

表 5　栓皮栎林凋落物量

未分解层	半分解层	分解层	合计	分解率	周转期
4.75t/hm^2	3.23t/hm^2	0.65t/hm^2	8.63t/hm^2	0.3550	2.82
55.04%	37.43%	7.53%	100%		

3.3　栓皮栎林产量结构

产量结构指生物量的各器官在垂直空间的分布结构。从表 6 可看出，栓皮栎林的生物量在垂直高度上分布较均匀，但树干及树皮的生物量主要集中在 0～12m，树枝及叶的生物量主要集中在 10～16m。这与江苏空青山栓皮栎生物量的空间结构一致[8]，表明了该树种喜光的特性，有利于植物对空间的有效利用。平均冠长 8.4m，占树高 51.2%，总的生物量主要集中在 8～14m 处，占地上部分总生物量的 41.87%。

表 6　栓皮栎林生物量、叶面积、叶面积指数垂直分布

高度/m	生物量/（t/hm²）				叶面积/m²	叶面积指数
	干	皮	枝	叶		
0～2	17.22	4.36				
2～4	14.10	2.92				
4～6	11.85	2.87				
6～8	10.35	2.52				
8～10	9.11	2.17	1.62	0.79	7 394.40	0.74
10～12	6.44	1.50	16.54	1.51	14 133.64	1.41
12～14	3.40	0.78	6.64	1.18	11 044.88	1.11
14～16	1.19	0.27	2.38	1.01	9 453.64	0.95
16.4	0.08	0.02				
合计	73.74	18.01	27.18	4.49	42 026.56	4.21

栓皮栎为主根特别发达的深根性树种，根系分布可达 2.0～2.5m 及以下，主要集中在 0.8～1.7m。

3.4 栓皮栎林的净生产力

本文研究的净生产力未包括动物、昆虫的取食量，比实际数值偏低，平均和年间净生产力是根据10株样木的树干解析所获得各龄阶(5年为1龄阶)平均胸径和树高等值，并根据模型、群落乔木密度，计算单位面积上各器官的生长量，代入上式而求得。树叶只计算当年的，即净生产力。灌木各器官以平均3年除以器官生物量得净生产力。

从表7、表8看出，栓皮栎林的净生产力随年龄的递增而提高，在10年以前增长较缓，15年以后平稳增长，41年后，年间净生产力出现下降，年净生产力增长速度也减缓，这时相对生长速率（图 1）也下降，说明该林分生长已趋于平缓，其快速增长出现在 40年以前，目前已进入近熟林阶段。干、皮、根随年龄递增其分配比而递减，叶随年龄递增而提高，除当年生产的叶以外，其他各组分器官，净生产力分配比例以干最大（21%~35%），其次是根（10%~43%）、枝（2%~7%）。

表7 栓皮栎林年间净生产力 （单位：t/hm^2）

器官	0~5年	6~10年	11~15年	16~20年	21~25年	26~30年	31~35年	36~40年	41~45年
干	1.2559	3.0533	4.2878	9.5478	11.1418	5.3498	12.8049	15.6816	10.6242
皮	0.5260	1.0070	1.2582	2.5454	2.7479	1.2668	2.9347	3.4525	2.2746
枝	0.0353	0.2285	0.5507	1.9422	3.2656	1.8965	5.3147	7.8536	6.0962
叶	0.0514	0.1990	0.4248	0.9645	1.6314	1.9613	2.7703	1.0194	0.7058
根	1.5948	2.4818	2.8199	5.2815	5.3546	2.3885	5.3902	6.1428	3.9547
合计	3.4633	6.9696	9.3413	20.2814	24.1413	12.8629	29.2148	34.1399	23.6555

表8 栓皮栎林年净生产力 ［单位：t/（hm^2·a)］

器官	5年	10年	15年	20年	25年	30年	35年	40年	45年
干	0.2511	0.4309	0.5731	0.9072	1.1714	1.1546	1.3554	1.5778	1.6386
皮	0.1052	0.1538	0.1861	0.2668	0.3234	0.3117	0.3510	0.3935	0.4003
枝	0.0070	0.0264	0.0643	0.1378	0.2409	0.2640	0.3781	0.5272	0.6041
叶	0.0514	0.1990	0.4248	0.9645	1.6314	1.9613	2.7703	3.7897	4.4955
根	0.3189	0.4077	0.4597	0.6089	0.7013	0.6640	0.7232	0.7864	0.7869
合计	0.7338	1.2174	1.6981	2.8852	4.0684	4.3556	5.5780	7.0746	7.9254

从表 9 看出，栓皮栎林净生产力可达到 8.3288t/（hm^2·a)，其中乔木层净生产力的分布，除叶以外，干最大，占该层总净生产力的21. 68%，树皮最小，仅占4.76%，各器官净生产力排序为叶>干>枝>根>皮。灌木层、草本层净生产力分别为0.0456 t/（hm^2·a)、0.0908 t/（hm^2·a)，其中地上部分分别占各层总净生产力的82.09%、92.50%。

3.5 净生产量与叶的关系

叶的质、量及效能等在很大程度上影响生产量的积累。其关系为

$$P = F \times (P / F)$$

式中，P为生产量，F为叶量，P/F为叶单位平均生产量。

表 9　栓皮栎林净生产力及其分布　　［单位：t/（$hm^2·a$）］

层次	项目	干	皮	枝	叶	根	合计
乔木层	生长量	1.6386	0.4003	0.6041	4.4955	0.7869	7.9254
灌木层				0.0038	0.0336	0.0082	0.0456
草本层					0.0841	0.0067	0.0908
	合计	1.6386	0.4003	0.6079	4.6132	0.8017	8.0617
乔木层	枯死量		0.0057	0.4206	4.6132		5.0395
灌木层	净生产量	1.6386	0.4060	1.0285	4.6132	0.8017	8.4880
草本层	（%）	19.30	4.78	12.12	54.35	9.45	

当 P 为净生产量时，则相当于以叶量除叶呼吸量与非同化器官全体的呼吸量之差。地上部分的净生产量的大部分即是干、枝、叶生产量的合计。本文研究了栓皮栎林地上部分净生产量与叶量、叶面积指数以及叶效率的关系（图 2）。从图 2 可见，群落的地上部分净生产量随年龄的增大而增加，分别与叶面积指数、叶量呈正相关，而与叶效率呈负相关。对于叶效率，则与年龄、叶面积指数及叶量等呈负相关，大多数相关关系可看成是曲线形式的。

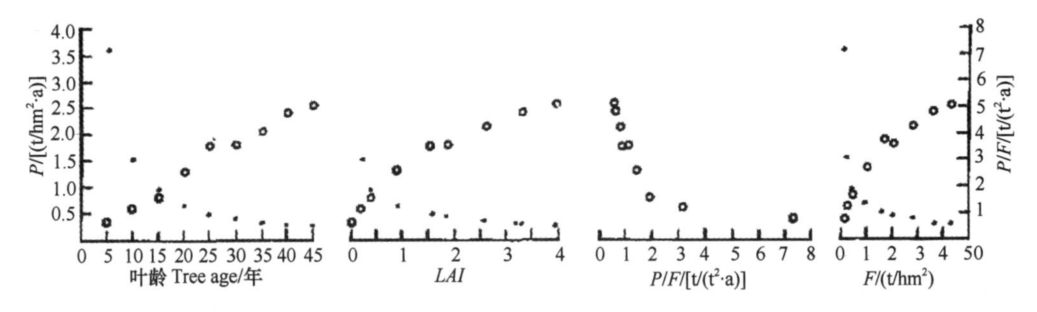

图 2　栓皮栎林乔木层地上部分净生产量及叶效率与年龄、叶面积指数及叶量的关系（∘P，•P/F）

参 考 文 献

[1] 方升佐，徐锡增，唐罗忠. 1995. 水杉人工林树冠结构及生物生产力的研究. 应用生态学报，6（3）：225-230.

[2] 冯宗炜，陈楚莹，张家武等. 1982. 湖南会同地区马尾松林生物量的测定. 林业科学，18（2）：127-134.

[3] 冯宗炜，陈楚莹，张家武等. 1984. 不同自然地带杉木林的生物生产力. 植物生态学与地植物学丛刊，8（2）：93-100.

[4] 石培礼，钟章成，李旭光. 1996. 四川桤柏混交林生物量的研究. 植物生态学报，20（6）：524-533.

[5] 江洪. 1997. 东灵山典型落叶阔叶林生物量的研究. 见：陈灵芝. 暖温带森林生态系统结构与功能的研究. 北京：科学出版社：104-105.

[6] 刘玉萃. 1980. 黄山松人工林生态系统中林木生物产量的研究. 河南农学院学报，（2）：21-31.

[7] 刘春江. 1987. 北京西山地区人工油松栓皮栎混交林生物量和营养元素循环的研究. 北京林业大学学报，（1）：1-9.

[8] 孙多，阮宏华，叶镜中. 1992. 空青山天然次生栎林的生物量结构. 见：下蜀森林生态系统定位研究论文集（姜志林主编）. 北京：中国林业出版社：16-22.

[9] 邹春静，卜军，徐文铎. 1995. 长白松人工林群落生物量和生产力的研究. 应用生态学报，6（2）：123-127.

[10] 陈灵芝，陈清朗. 1997. 北京西山人工林生态系统. 见：陈灵芝. 暖温带森林生态系统结构与功能的研究北京：科学出版社：272-296.

[11] 鲍显诚，陈灵芝，陈清朗等. 1984. 栓皮栎林的生物量. 植物生态学与地植物学丛刊，8（4）：313-319.

[12] 木村允（姜恕等译）. 1981. 陆地植物群落生物量的测定法. 北京：科学出版社：59-105.
[13] 佐藤大七郎（聂绍荃等译）. 1986. 陆地植物群落的物质生产. 北京：科学出版社：1-18.
[14] M. Monsi. 1974. 植物群落的数学模型.植物生态学译丛（第一集）. 北京：科学出版社：123-144.
[15] T. Satoo. 1974. 产量法研究综述.植物生态学译丛（第一集）. 北京：科学出版社：26-39.
[16] France J.，Thornley J. H. M. 1984. Mathematical Models in Agriculture，Quantitative Approach to Problems in Agriculture and Related Sciences. Butterworth & Co.（Publishers）Ltd.：75-80.
[17] Ruark G. A.，Martin G. L.，Bockheim J. G. 1987. Comparision of constant and variable allometric ratio for estimating *Poplus tremuloides* biomass. Forest Science，33（2）：294-300.

论“天-地-生”巨系统中的森林生态系统†

森林作为陆地生态系统的重要组成部分，它的形成和功能涉及“天-地-生”巨系统，它既是大气圈-地圈-生物圈过程的产物，也是该过程的参与者，是该巨系统平衡的重要因子，因而，也是地球上生存的人类的依赖条件和依存伙伴。人类为自己的生存和可持续发展所能做的，也是唯一选择所应该做的，就是依照自然规律，维护森林生态系统在这个巨系统中的作用与地位，保护它，发展它，在科学合理利用其资源的同时完善它的功能，以确保这个巨系统的动态平衡。保护和发展森林生态系统，也就是保护和发展人类自身；损害和危及森林生态系统，归根到底，还是损害和危及人类自身的生存和发展。可是，这一道理并没有为所有人所理解（图 1）。

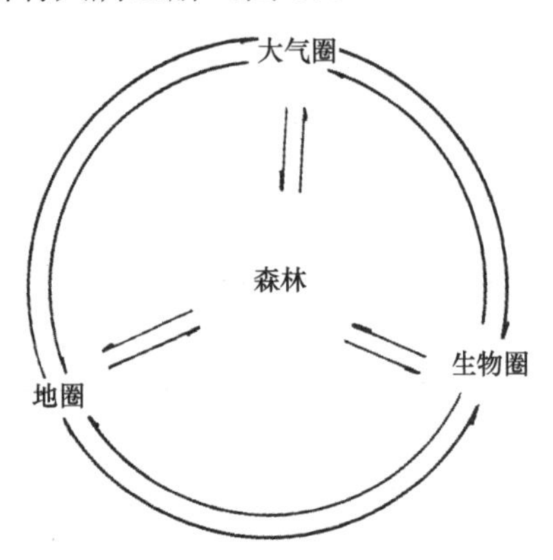

图 1　森林生态系统在“天-地-生”巨系统中的相互作用模式

1　森林是“天-地-生”巨系统的产物，人类应该学会依照森林形成的自然规律来保护利用和培育发展森林

从地球进化历史来看，森林就是大气圈、地圈的光、热、水、CO_2、O_2的状况变化的产物。在 30 亿年前，大气圈缺氧，只有单个的原核生物细胞；20 亿～14 亿年前，大气圈发生了剧烈的变化，开始出现生产氧的具有光合作用的真核细胞，从此，大气中的氧就持续连增。大约在 6.7 亿年前，氧在大气中的浓度相当于现在的 7%时，第一群多细胞微生物出现；经过生物的长期进化，到 4.4 亿年前。维管植物得以出现：到 3.5 亿至 2.7 亿年，高大的树蕨森林在大陆上出现。以后其他森林类型，如针叶林、阔叶林和热带雨林在地球上南北的迁移，无不随地球冰期、间冰期的气候变化而变迁，直至第四纪初期

---

† 蒋有绪，史作民，1998，论“天-地-生”巨系统中的森林生态系统，见中国林业科学研究院编，中国林业科学研究院成立四十周年学术研讨会论文集：面向 21 世纪的林业——可持续发展全球战略下的林业科学技术，北京：中国农业出版社 1998，249-258。

世界气候格局基本稳定，现有世界的植被和森林的分布格局才基本稳定。

1.1 森林分布的格局和类型。无论宏观、中观和微观水平都是“天-地-生”系统综合影响形成的，森林生态系统是长期适应由跨越寒带至热带所有气候带的不同水热条件，具有最高的类型多样性的陆地生态系统类型

从现有分布看，森林生态系统约占世界陆地的32%，它可以分布在生物温度平均值3～30℃，年总降水量250～800mm，潜在蒸发数800～0.125mm的极为宽广、极为不同水热状况的陆地空间内，具有最高的类型多样性，由此孕育着最高的物种多样性和遗传基因多样性。很有意义的是，森林分布的地理气候条件一般也是人类比较适宜生存的条件，因此决定了它与人类生活极为密切的关系。

关于世界森林类型的分类，在高级分类水平上，按Whittaker共划出森林类型9个大类，灌林灌丛4个大类；UNESCO分法是郁闭林14大类，疏林3个大类，灌林和灌丛4个大类，这些都属于植被亚型级，至于群系级、群丛级已是无数而难以统计了；中国森林高级分类按《中国植被》是246个群系类型，这恐怕也是因调查资料不足而少估的。

这些不同森林类型的分布都有一定规律，许多学者都在研究它们分布与自然地理要素间的关系。世界分布格局最经典的应算H.Walter（1964～1968）的“均衡大陆”模式，其他还有最近H. Leith，E. O. Box，F. I. Woodward，Boarngartner和Holdfidge等的努力，对于特有类型的分布规律，更有众多的学者在研究，例如李文华对于中国亚高山暗针叶林类型的地理分布模型的研究等。

1.2 森林生态系统是巨大的陆地生物基因库，森林生物多样性随纬度减少，由温带向热带明显增大。由于世界森林的砍伐，尤其是热带森林的砍伐，世界生物多样性正在急剧下降

地球上究竟有多少物种尚难说清，人们已鉴定的约有150万种，估计总数应在500万～3000万种。研究证明，科属种的多样性森林生态系统中显然的次序为热带森林、亚热带森林、温带亚高山森林、寒温带森林和亚极地森林[5]。以植物种而言，Heywood和Horra分析了313个科（包括被子植物和木本裸子植物）与纬度的关系，Rejmenek分析了物种多样性与纬度的关系表明主要与绝对最低温有密切相关。绝对最低气温平均每减低1℃，就要减少3个科[1]。王荷生[6]曾列举世界几个大区域估算的植物区系种的密度（表1）。

可见，苏联位于北温带，整个2072万km^2的面积上只有15 000～20 000种，其种密度为0.000 85，中国主要是温暖气候国家，种的密度平均为0.0028，印度-缅甸和马来西亚地区均为热带，种密度分别为0.005和0.013，反映了植物种多样性地理分布的纬度变化规律。印度-缅甸和印度半岛种数和密度的显著差异，表明喜马拉雅山脉和斯里兰卡植物种类丰富。

表 1 植物区系密度估算

地区名称	种数	种的密度/（种/km^2）
苏联	15 000～20 000	0.000 85
中国	27 000	0.002 8
印度、孟加拉、缅甸、斯里兰卡	20 000	0.005
印度半岛的印度河及恒河平原以南的部分	1 000	0.001 9
马来西亚地区	40 000	0.013
巴西	40 000	0.004 6
非洲热带	30 000	0.019

陆地森林面积由人类文明初期的 80 亿 km^2。减少到目前的 28 亿 km^2，而且正以每年减少 1800 万～2000 万 km^2 的速度进行着。其中主要是热带林的减少。由此引起世界物种多样性的急剧降低，进入 20 世纪以来，平均每天灭绝一个物种，而一个植物种的灭绝常常导致 10～30 种生物的生存危机[5]。目前，全球濒危灭绝的有花植物为 1 万种，动物为 1000 余种，大部分是热带的。到本世纪末，现有的热带雨林估计将有 50%的面积要消灭，估计将有 50 万～100 万物种会灭绝。

1.3 森林生态系统和其他陆地生态系统类型相比具有最高的生物量和生物生长量，是陆地生物光合产量的主体

生物量与年光合净产量的研究是森林生态系统研究中最有成效的部分，IBP 和 MAB 国际项目的开展推动了这个领域的大量工作。

总体讲，森林平均单位面积的生物量约高于草原 20 倍，年净生产量高 2～3 倍。森林（包含灌林、灌丛和稀树草原类型）的生物量占陆地生物量总量的 80%以上，年净生产量则占 60%左右。它是支撑陆地生物圈生存的主体，也是人类除农田、草原以外赖以生存的重要物质基础，对于生活在热带的大多数居民而言，它更是不能分离的生命源泉。

森林生态系统之所以具有最高的生产力。主要归功于它的巨大的叶面积和较高的光合生产率。Latchet W[12]曾很好地概括了不同主要植被类型的平均叶面积指数及其光合效率，他在此处的光合效率是根据单位面积净生产力（克干物质）转化为单位面积千卡换算的，即植物组织每克干物质约为 4.2 千卡；这是一个很合理的参数（表 2）。

表 2 不同植物类型叶面积指数及其光合效率

植被型	平均叶面积指数	光合效率
热带雨林	10～11	1.50
落叶阔叶林	5～8	1.00
北方针叶林	9～11（7～38）	0.75
草地	5～8	0.50
冻原	1～2	0.25
半干旱荒漠	1	0.04
农田	3～5	0.60

对于世界陆地生态系统年光合生产力随自然地理区域的光热水条件的分布格局，经不少学者按不同环境要素构建了全球陆地生产力预测模型和色绘分布图，主要有年总降水量（迈阿密模型）、蒸散量（蒙特列尔模型和桑斯维特纪念模型）、生长期长度等，也有根据实测站阿的实测数据收集后整理的传统图[13]。

2 森林生态系统在“天-地-生”巨系统中有重要的积极作用

森林生态系统既是近地表大气层物质（包括水）循环和能量转化过程中一些物质和某种能形式积聚的“汇”，又是另一些物质和某种能形式释放的“源”，而且也是生产者“储库”和大气-植被-土壤系统能量物质转化流通的重要通道。森林生态系统的自组织能力和系统内再循环功能不仅是自身结构与功能稳定性和持续生存的基础，而且对生物地球化学过程来讲也是经常的重要的起调节作用的“缓冲器”和“阀”。

自从英国的 Loveock J.和 MarguJis L.[1]于 70 年代提出地球表面温度、酸碱度、氧化还原电位势和大气的气体构成等环境是由地球上所有生物总体所控制，并使地球系统在动态平衡中具有一定的自我调节功能；而且对于对生物不利的环境干扰具有反馈调节能力的 Gaia（大地女神，即指地球自我调节系统）假说后，支持者越来越多，支持的观点中包括了对森林植被在这方面功能和作用的充分估价。但 Lovelock 警告指出：如果千方百计还在增加大气 CO_2 的“源”，而同时又竭力减少例如热带雨林这样的“库”，Gaia 也可能失去对此调节的控制。由此，向人类提出了保护、发展并利用森林这一巨大陆地生态系统类型的调节生物圈地圈动态平衡中作用的新使命。目前，世界对森林生态系统的生态环境功能的研究，集中说明有以下几方面的贡献，现简要提出。

2.1 森林生态系统对全球水循环的作用

全球水循环是最基本的生物地球化学循环，它强烈影响着其他各类生物地球化学循环，而且在大气化学及全球环流中起着直接作用。在庞大复杂的全球水循环中，与海洋、冰川等巨大的储库相比，陆地生物量（以森林为体）在全球水储库分配中只占 2×10^{15}kg，是一个极小的储库，但却通过它的蒸发与蒸腾影响着陆地与大气间的水的通量，即陆地降水与水气返回大气，它们各为 107×10^{15}kg/a 和 71×10^{15}kg/a，通过径流影响土壤的水储库（360×10^{15}kg）和河流水文（36×10^{15}kg）动态，与海洋的水循环发生着关联，通过对山地近地表环境的影响，直接影响冰川线的上下和冰川储库量[14-16]。因此，森林生态系统的水循环是一个在全球范围来说数值不大，但是影响全局的重要地面景观要素。以上还未考虑因森林变化而影响的水文变化所导致的土壤侵蚀（固体径流过程）的生态作用。

森林生态系统的水量平衡中，树冠截留占降水的相当比重，从世界研究观测的数据看，树冠截留率在 9%～40%的范围内。截留量除树冠层吸收外，主要由树冠蒸发返回大气；森林有较好的涵蓄因穿透雨下达地表水分的功能。树木的蒸腾可以利用森林土壤 4～6m 的水分。不少学者观测表明，森林有较大蒸发散，森林集水区地表径流要小于非森林集水区，有削弱河流洪峰的作用，以地下径流形式补充河流流量，并增加枯水期的径流量，但其总径流量要小于非林区集水区。Hibbert 汇集全世界已研究的记录加以分析，认为可以肯定，砍伐森林一般能增加河川年径流量，最大可达 65%。中野秀章、Richard Lee 也都持此观点。但他们也指出，砍伐森林增加径流量带来的效益被增大洪枯径流比、土壤侵蚀和水质下降、水利用率下降等弊病所抵消了[17]。

对于森林能否影响降水，学术界的意见基本上认为，森林不可能在很大程度上影响由大气环流所决定的地区降水总格局，但较普遍认为，森林可增加水平降水（即雾、霜、露、雨凇、雪凇等形式的凝结物）。德国巴伐利亚州研究表明，森林边缘从云雾中截流的云滴、雾滴水量达年降水量的 5%，林内为 20%；苏联的研究表明，这种水平降水占年降水量的 13%左右。

2.2 森林生态系统对全球物质循环的作用

（1）C 循环　C 循环是涉及生物圈光合物质形成和大气圈 CO_2 含量的重要循环。除了海洋外，陆地方面仍表明了森林生态系统的巨大作用。现研究估测全世界的储库仍以海洋为主，但海洋与大气圈的 C 通量约与陆地与大气圈的通量相当。陆地土壤 C 储量约为 1200×10^{15}g。生物群（以森林为主体）为 500×10^{15}g。生物群向大气每年吸收 C（以 CO_2、甲烷等形式，但以 CO_2 为主）为 110×10^{15}g/a，生物群向大气因各种因素（呼吸、燃烧）释放的 C 为 52×10^{15}kg/a；土壤直接以呼吸形式归还 C 为 60×10^{15}kg/a，人类使用化石燃料向大气释放 C 量为 110×10^{15}g。因此，没有陆地生物群从大气中吸收 CO_2 的“汇”，大气中 CO_2 浓度增加的量就相当可观。在今天，由于人类化石燃料使用量剧增，以及森林大面积减少。致使大气 CO_2 浓度在过去的约 100a（1880～1990 年）由 270mg/kg 上升到今天的 345mg/kg，1960～1984 年年平均增长 1.04mg/kg。依照这个速度，到本世纪末，将由目前的 340mg/kg 增至 355mg/kg，到 21 世纪中期，将达 660mg/kg。大气 CO_2 浓度的增加引起了大气温暖化的温室效应，这种全球气候变暖趋势的生态后果已引起全世界的关注、在大气 CO_2 浓度增加的因素中，科学界估计，森林面积的减少占所有因素作用中的 30%～50%[14, 15, 18]。

（2）对 N 及其他元素的循环　N 是重要的生命基本物质，地球 N 循环中一是生物圈固定 N 的过程，另一则是反硝化过程。前者是生物圈由大气通过生物的固定过程，即固定溶解态的无机 N（NH_4^+、NO_3^-、NO_2^-），进而被同化为陆地的生物量，每年约估计以 3×10^{15}g 的速率进行，这个过程是缓慢的，而反硝化过程却是以生物的有机 N 经细菌作用归还大气（通常以海洋及土壤的缺氧条件下进行），这个速率比较迅速，是前者的 10～100 倍。因此，远不清楚地球是如何在固 N 和反硝化作用中建立平衡的。因为，以森林为主体的陆地生物群有机 N 储库约为 10×10^{15}g，土壤储库（包括有机 N、NH_3、NO_3^-）为 70×10^{15}g，生物体经腐烂归还土壤约 2.3×10^{15}g/a，植物吸收土壤的通量约为 2.5×10^{15}g/a，因此是相对平衡的[15, 16]。

2.3 森林对近地表层小气候的影响

森林对近地表层小气候的影响已为广大科学家所承认，并已积累了大量资料。这种影响主要是改变了近地层的辐射平衡。森林的反射率比草地和农作物要低，为 10%～20%，而草地为 15%～30%。林冠吸收的太阳辐射大部分用于蒸腾蒸发，较少部分用于周围空气增温，而 2%左右辐射用于光合作用。森林蒸发散可以补充大气湿度，在生长季节内，每天每公顷森林蒸腾到空中的水分约 20 吨。这不仅使林区空气湿润，同时又因降低了林地上空的气温，而使相对湿度增大，容易形成雾、露、松、霜，即所谓增加了“水平降水”。森林能否影响区域的大气降水是个复杂的课题，学者们持有不同观点。但至少可以说，森林由于林冠截留、枯枝落叶层的储蓄水分，改善土壤水涵养能力，从而改变降水的分配、地表和地下径流状况，并直接影响到生物圈水循环过程，则是众多科学家都共同承认和得出的共同结论。这种认识早在本世纪 40 年代即已形成，并得到越来越多事实的证实。

3 简要结论

（1）森林是“天-地-生”这个大自然巨系统的产物，在“天-地-生”极为复杂的相互关系和过程中，孕育出森林生态系统的多样性，在以百万年计的历史长河中，生物种与生存环境之间，生物种之间相克相生，生死不已，繁衍不息，协同进化，方形成今自温带至热带如此纷繁众多，如此奇妙结合的森林类型。这是一项研究不完的森林奥秘课题。人是本应研究自然规律，按照自然规律去管理好，用好森林，然而，人们却简单化地看待森林、对待森林，不分南北，取之以刀斧，还之以播植，换来了森林的人工化、单一化、低质化、衰退化及荒漠化。无穷无尽的知识和自然奥妙也随之丧失。这不能不是人类的损失。作为林业科学工作者有责任唤起人们对森林科学的重视，并为之研究，献身。

（2）世界森林在地圈-生物圈过程中起有积极的作用，这在近地表大气层物质循环和能量转化中是一些物质的“汇”和能量积聚的“库”，也是另一些物质和能量释放的“源”，而且是大气-植被-土壤系统的生物产量贮库和能量转化的通道。森林生态系统在结构功能规律上可以说仍然是一个露出海面的冰山一角，尤其联系到当前世界人类面临而要解块的全球气候变化、生物多样性保护和生物圈的持续发展三大问题，都属解决问题的关键所在，深感其研究任务之繁重性和紧迫性。Gaia 理论的提出和验证，对面积最大、结构与功能最复杂的陆地生态系统——森林生态系统在地球自我调节反馈系统结构与功能规律的研究方面只是迈出了第一步，希望我国今后的森林生态系统研究与国际研究一起共同为再迈出的第二步、第三步做出贡献。

参考文献

[1] 刘建国. 当代生态学博论. 北京：中国科学技术出版社，1992：1-396.
[2] 惠特克 R H（周纪伦译）. 植物群落分类. 北京：科学出版社，1989：1-406.

[3] Kimmins J P. Forest Ecology（2nd）New York：MaeMillan Publishing Co.，1987：1-531.
[4] Woodward F I. Climate and Plant Distribution. Cambridge. Cambridge University press，1987：1-174.
[5] 麦克尼利 J A（薛达元译）. 保护世界的生物多样性. 北京：中国环境科学出版社，1991：1-225.
[6] 王荷生. 植物区系地理. 北京：科学出版社，1993：1-108.
[7] Spurr S H.Forest Ecology（2nd）New York，Ronald Press，1973.
[8] Barbour M G. Terrestrial Plant Ecology London：The Benjamin/Cummings Publishing Co. Inc.，1980：1-604.
[9] Whitmore T C. Tropical Rain Forests of the Far East，Oxford：Clarendon Press，1975：1-282.
[10] 蒋有绪. 关于热带林生态系统平衡的若干理论问题. 热带林业科技，1983，(1)：1-5.
[11] 蒋有绪. 森林生态系统的特点及其在大农业结构中的作用. 农业区划，1981，(4)：63-72.
[12] Larcher W. Physiological Plant Ecology. Berling，Spring-Verlag，1975：1-252.
[13] Walter H. Vegetation of the Earth（2nd）. New York：Spring-Verlag，1979：1-274.
[14] Friedman H（赵士洞译）. 全球气候变化科学概论（2）. 陆地生态译报，1988，(3)：1-16.
[15] 美国 IGBP 委员会（张旭东译）. 地圈-生物圈的全球变化. 陆地生态译报，1986（增刊）：52.
[16] Bolin B（赵士洞译）. 一个地圈-生物圈研究计划. 陆地生态译报，1983，(4)：1-7.
[17] 马雪华. 森林水文学. 北京：中国林业出版社，1993：1-398.
[18] 中根周步（张仁和译）. 森林生态系统中碳素循环的研究. 陆地生态译报，1987，(2)：20-27.
[19] 佐藤大七郎（夏绍荃译）. 陆地植物群落的物质生产，北京：科学出版社，1986：1-201.
[20] 植物生态学译丛（第四集）. 北京：科学出版社，1982.
[21] Binkley D. Forest Nutrition Management. New York：John Wiley and Sons，1986：1-290.
[22] ТахтлжянД Флористические области землилу "INTECOL" 1978.
[23] E F Bruenig. Lowland-Montane Ecological Relationships and Interdependencies Between Natural Forest Ecosystems. Intecol Bulletin，1986，13：(13).
[24] J S Olson. 碳素循环与温带森林. 植物生态学译丛（第 1 集）. 北京：科学出版社，1970.
[25] B H. Сукачев，H B Дылис. 森林生物地理群落的基本概念（詹鸿振译）. 科技译丛，1978，(2).
[26] 李文华. 暗针叶林在欧亚大陆分布的基本规律及其数学模型的研究. 自然资源，1979，(1).
[27] 崔启武等. 森林气象研究的概况和今后的任务. 森林生态系统研究，1981，(2).
[28] 贺庆棠. 一门新的边缘科学——森林气象生态学. 生态学杂志，1985，(2).
[29] 王战，孙纪正. 森林植被与水量平衡. 陆地生态文集. 中国科学院林业土壤研究所，1980.

宝天曼自然保护区锐齿栎林生态系统研究

1 锐齿栎林生物量和净生产力研究†

锐齿栎（*Quercus acutidentata*）是暖温带的主要建群树种之一，广泛分布于辽宁、陕西、甘肃、河南、山东等省、在北、中亚热带的湖北、湖南、江苏、四川等省亦广泛分布；在河南伏牛山、太行山海拔1000～2000m的山地常成纯林。其木材坚硬，可供用于建筑、家具，种实富含淀粉，是中、高山地区水源涵养林较理想的经营、造林树种之一。锐齿栎稍耐阴，喜凉湿润气候及湿润土壤，天然下种更新较好，其萌芽更新的能力极强，在干扰小的情况下，可形成整齐的森林。目前对于生物量的研究较多[1-3]，但对于这一类型森林生物量的研究，迄今报道不多，文献资料也极少[4]。作者于1993～1996年对河南内乡宝天曼锐齿栎林的生物量进行了研究，为自然保护区的保护提供理论依据，为发挥锐齿栎林的生产潜力、促进森林生长及其生态效益；同时也为进一步进行锐齿栎林生态系统的能量流动与物质循环的研究提供基本资料。

1.1 研究地概况与研究方法

1.1.1 研究地概况

宝天曼自然保护区位于东经111°53′～112°，北纬33°25′～33°33′，海拔800～1840m，自东北逐渐向西南降低，坡度多在30°～60°，气候为暖温带大陆性季风气候。土壤为山地棕壤、黄棕壤及褐土类。降雨量为900mm左右，年平均相对湿度为70%～80%。由于山体高大，地形复杂，相对高差达1000m，对太阳辐射、气温、降水有明显的再分配作用，形成生态环境多样性。本区属于暖温带落叶阔叶林带。锐齿栎林年龄35a，为天然林破坏后恢复的天然次生林，平均胸径11.25cm，平均高11.8m，乔木层常见少数伴生树种有山杨（*Populus davidiana*）、小叶青冈栎（*Quercus glauca* f. *gracilis*）、化香（*Platycarya strobilacea*）、漆树（*Toxicodendron vernicifluum*）、椴树（*Tilia chinensis*）等。灌木层常见的有胡枝子（*Lespedeza bicolor*）、绿叶胡枝子（*L. buergeri*）、南蛇藤（*Celastrus orbiculatus*）等，以胡枝子占优势。草本层平均覆盖度15%左右，主要种类有披针薹草（*Carex lanceolata*）、宽叶薹草（*C. siderosticta*）、臭草（*Melica scabrosa*）、狼尾草（*Pennisetum alopecuroides*）、珍珠菜（*Lysimachia clethroides*）等。

---

† 刘玉萃，吴明作，郭宗民，蒋有绪，刘世荣，王正用，刘保东，朱学凌，2001，生态学报，21（9）：1450-1456。

1.1.2 研究方法

1.1.2.1 标准地选择

选择林相完整、有代表性的地段作为固定标准地，同时选择邻近相同的作为对照，标准地面积为 20×20m^2。

1.1.2.2 各项因子测定调查、取样

用常规方法每木检尺，并参考克拉夫特法（Kraft，1884）进行林木分级，选各级平均标准木各两株，用 Monsi[5]、木村允[6]的“分层割切法”作生物量测定，并按各层器官取样 500～1500g，于 80～85℃烘至恒重，计算绝干重及各层器官生物量。

在采用“分层割切”的同时，按测树树干解析的要求锯取圆盘，编号记载，然后计算林木生长量。

灌木、草本的生物量测定按全株收获法，在标准地内分别设置 2×2m^2、1×1m^2 小样方各 5 个进行，并取样品烘干至恒重，换算成单位面积的生物量。

将分层割取的各层叶 30 片称重，用标准计算纸法，获得单位面积的乔、灌木叶面积。

1.1.2.3 计算公式

（1）生物量回归模型选择　对 4 个回归模型（对数回归、二次曲线回归、直线回归、幂回归）计算，分析结果，均有显著水平，其中以幂回归效果最好，其表达式为：

$$W = a(D^2H)^b \tag{1}$$

$$\text{或}\lg W = \lg a + b\lg(D^2H) \tag{2}$$

根据树干解析各龄阶胸径与树高，用上述回归模型估算各龄阶单株、单位面积各器官的生物量。

（2）净生产力计算[5, 7, 8]　按木村允的平均生产力（*PNM*）是森林总生物量（*W*）被年龄（*A*）所除之商，即

$$PNM = W / A \tag{3}$$

年间净生产力（*PNC*）是森林某一年龄（*a*）的总生物量与上一年龄（*a-1*）的总生物量之差，以表示某一年龄间的净生产力，实际也是生物量的增量，即：

$$PNC = W_a - W_{a-1} \tag{4}$$

相对生长速率可用数学模型表达如下式[3]：

$$dW / dt = RW \tag{5}$$

$$\text{积分式为：}\ln(W / W_0) = R_t \tag{6}$$

$$\text{或者：}R = \left(\ln W - \ln W_0\right) / T \tag{7}$$

式中，*R*：相对生长速率；W_0：生长初期干重；*W*：生长一段时间后的干重；*T*：时间。

1.2 结果与分析

1.2.1 乔木各器官生物量回归分析

用（1）式回归模型，对锐齿栎单株各器官生物量回归分析见表1。从表1看出，所配置的各器官的回归方程相关系数都在0.91以上，其回归精度除枝为77.9%外，其他均在91.99%～98.00%，表明按此回归模型计算生物量，具较高的实用价值。

表1 锐齿栎生物量的相对生长方程

器官	回归方程	相关系数	回归精度	幅度	
				x	y
干	$\lg W_T$=–0.50753+0.67428lg（D^2H）	0.9908	92.49		24.56～166.76
皮	$\lg W_B$=–0.02833+0.61402lg（D^2H）	0.9838	91.99	D：7.75～24.70	5.05～30.76
枝	$\lg W_{B}$r=–1.53264+0.75662lg（D^2H）	0.9171	77.92	H：9.50～17.20	4.51～46.29
叶	$\lg W_L$=–1.03526+0.39445lg（D^2H）	0.9984	98.00		1.13～3.61
根	$\lg W_R$=–0.77669+0.64106lg（D^2H）	0.9930	94.55		10.45～63.45

1.2.2 锐齿栎林的生物量及其分配

锐齿栎林由于乔木层郁闭度大，地面凋落物较厚，林内灌木、草本植物难以繁衍和入侵，因此乔木层下植物生物量所占比例很小（表2），同时从表2看出，锐齿栎林总生物量为141.17t/hm^2，其生物量水平不算很高，各层生物量及其分布特点如下。

表2 锐齿栎林生物量及其分布

	总计	乔木层	灌木层	草本层	凋落物
生物量/（t/hm^2）	141.17	128.30	1.12	0.52	11.23
（%）	100	90.88	0.79	0.37	7.95

1.2.2.1 乔木层生物量及其分配

从表3看出，锐齿栎林乔木层生物量为128.30t/hm^2，其中干占该层总生物量的54.74%，其他各器官生物量按大小排列顺序是根＞皮＞枝＞叶。同时可以看出在各生长级具有明显的差异，Ⅰ、Ⅱ级木的株数占总株数27.44%，而其生物量占总生物量65.35%。表明在该林分已有林木分化现象出现。

从表4看出，干、枝、叶、根各器官生物量都具有不同程度的增长，总的趋势是随着年龄的增长而渐积累增多，而相对生长速率则渐减少。各龄期各器官相对生长速率是枝＞干＞根＞皮＞叶，说明树枝、树干和树根干重占该林总干重比例大而增长快的趋势，也是总干重主要的积累，使干、根、枝更好地起着支持、疏导和吸收作用，以维持其在生存空间的持续生长，幼龄期的10～15a相对生长速率最大，比30～35a的大3～6倍，平均相对生长速率为0.1238。生长速率的较不稳定性反映了其当时所处的气候的波动，结合林木各级株数与干重的对比关系，认为也反映了林分尚处于自然稀疏与分化阶段。

表3 乔木层生物量及其分布

生长级	株数/（株/hm^2）	生物量						
		干/（t/hm^2）	皮/（t/hm^2）	枝/（t/hm^2）	叶/（t/hm^2）	根/（t/hm^2）	合计/（t/hm^2）	（%）
Ⅰ	221	30.16	5.55	8.44	1.59	10.84	56.58	44.10
Ⅱ	228	15.23	2.65	1.98	0.54	6.86	27.26	21.25
Ⅲ	553	14.39	3.00	0.77	0.30	6.78	25.24	19.67
Ⅳ	293	6.02	1.36	0.47	0.15	2.42	10.42	8.12
Ⅴ	341	4.43	1.07	0.44	0.12	2.74	8.80	6.86
合计	1636	70.23	13.63	12.10	2.70	29.64	128.30	100.00
（%）		54.74	10.62	9.43	2.10	23.10		

表4 锐齿栎林各器官各龄阶的生物量 （单位：t/hm^2）

年龄	5	10	15	20	25	30	35
干	1.50	4.77	17.09	28.25	38.35	58.24	70.23
皮	0.41	1.18	3.76	5.95	7.86	11.49	13.63
枝	0.16	0.59	2.48	4.35	6.14	9.81	12.10
叶	0.28	0.56	1.18	1.58	1.89	2.42	2.70
根	0.77	2.30	7.73	12.47	16.68	24.81	29.64
合计	3.12	9.40	32.24	52.60	70.92	106.77	128.30

1.2.2.2 灌木层与草本层生物量及其分布

由于锐齿栎林郁闭度大、凋落物层厚等原因，灌木生长发育差，且水平分布极不均匀，生物量很少，灌木层生物量为1.12t/hm^2，其中大部分为地下部分，而叶、枝、茎生物量较少，见表5。

表5 灌木层、草本层生物量及其分布 （单位：t/hm^2）

层次	叶	枝、茎	地上部分	根	合计
灌木层	0.09	0.09	0.18	0.94	1.12
草本层	0.28	0.01	0.29	0.23	0.52
合计	0.37	0.10	0.47	1.17	1.64
（%）	22.56	6.10	28.66	71.34	100

从表5看出，草本层生物量为0.52t/hm^2，其中叶生物量为0.28t/hm^2，占总生物量的54.38%，根占总生物量的44.45%，其余部分极少。

1.2.2.3 凋落物层生物量及其分配

林地凋落物层的生物量是锐齿栎林枯死凋落量与分解量的差值，其大小由积累速率和分解速率所决定，直接关系到森林群落的营养元素的生物循环和生产力。从表6看出，锐齿栎林凋落物层现存生物量为11.23t/hm^2，其中未分解层占48.80%，半分解层占25.82%，分解层占25.38%（表6）。在未分解层中以枯叶比例较大，一般在50%～80%，在分解层以枯枝比例较大，占60%～70%。半分解层及分解层占总量的较大部分，较短的周期对元素循环较为有利。

表 6 锐齿栎林凋落物层生物量 （单位：t/hm^2）

未分解层	半分解层	分解层	合计	分解率	周转期
5.48	2.90	2.85	11.23	0.34	2.94
48.80	25.82	25.38	100		

1.2.3 锐齿栎林产量结构

产量结构指生物量的各器官在垂直空间的分布结构。从表 7 看出，锐齿栎林的生物量在垂直高度上分布较均匀，这有利于植物对空间的有效利用及其发展。平均冠长 8.6m，占树高 72.9%，其生物量主要在 3.2～8m 处，占总生物量 61.64%，而在此段也是枝叶繁茂之处，枝叶得以充分扩展，叶面积及其指数（LAI）达到最大，有利于光照的充分利用。但总的说来，叶面积指数并不是太大，也反映出其生物量水平不高的现象。

锐齿栎林为主根特别发达的深根性树种，根系分布可达 1.5～2.0m 及以下，主要集中在 0.8～2.0m。

表 7 锐齿栎林生物量、叶面积、叶面积指数垂直分布

高度/m	生物量/（t/hm^2）				叶面积/m^2	叶面积指数
	干	皮	枝	叶		
0～2	25.18	4.74				
2～4	16.76	3.05	1.34	0.37	8195.06	0.82
4～6	14.13	2.87	6.52	0.81	17995.72	1.80
6～8	9.19	2.02	3.36	0.80	17766.63	1.78
8～10	4.06	0.77	0.59	0.48	10659.98	1.07
10～11.8	0.91	0.18	0.29	0.24	5329.99	0.53

1.2.4 锐齿栎林的净生产力

净生产力是单位面积上单位时间内减去吸收消耗外所产生的有机物质的量，用来衡量生产力的高低，净生产力分平均和年间两种。

在此所研究的净生产力，由于条件所限未包括动物、昆虫的取食量，比实际数值偏低，平均和年间净生产力是根据 10 株样木的树干解析所获得各龄阶（5 年为一龄阶）平均胸径和树高等数值，并根据模型、乔木密度，计算单位面积上各器官的生长量，代入（3）、（4）式而求得。树叶只计算当年的净生产力。其他灌木各器官以平均 3 年除器官生物量得净生产力。

从表 8 和表 9 看出，锐齿栎林的净生产力随年龄的递增而提高，在 10 年前增长较快，15 年以后较平稳增长，干、皮、根随年龄递增其分配比递减，叶随年龄递增而提高。除当年生产的叶以外，其他各组分器官，年间净生产力分配比例以干最大 48%～53%，其次是根 21%～25%，枝 5%～9%。

表 8　锐齿栎林年间净生产力　（单位：t/hm²）

器官	0～5 年	6～10 年	11～15 年	16～20 年	21～25 年	26～30 年	31～35 年
干	1.50	3.27	12.32	11.16	10.10	19.89	12.00
皮	0.41	0.77	2.59	2.18	1.91	3.64	2.14
枝	0.16	0.43	1.87	1.88	1.78	3.67	2.29
叶	0.28	0.56	1.18	1.58	1.89	2.42	2.70
根	0.77	1.53	5.43	4.74	4.21	8.13	4.84
合计	3.12	6.56	23.39	21.54	19.89	37.75	23.97

表 9　锐齿栎林年净生产力　［单位：t/（hm²·a)］

器官	0～5 年	6～10 年	11～15 年	16～20 年	21～25 年	26～30 年	31～35 年
干	0.30	0.48	1.14	1.41	1.53	1.94	2.01
皮	0.08	0.12	0.25	0.30	0.31	0.38	0.39
枝	0.03	0.06	0.17	0.22	0.25	0.33	0.35
叶	0.28	0.56	1.18	1.58	1.89	2.42	2.70
根	0.15	0.23	0.52	0.62	0.67	0.83	0.85
合计	0.84	1.45	3.26	4.13	4.65	5.90	6.30

由表 10 看出，锐齿栎林年净生产力达 7.39t/（hm²·a)，其乔木层年净生产力的分布，除叶以外，干最大，占该层年总净生产力的 31.91%，树枝最小，仅 5.56%，各器官年净生产力排序为叶＞干＞根＞皮＞枝。灌木层、草本层年净生产力分别为 0.43t/（hm²·a)、0.362t/（hm²·a)，其中地上部分分别占各层年净生产力的 27.91%、77.90%。

表 10　锐齿栎林年净生产力及分配　［单位：t/（hm²·a)］

层次	项目	干	皮	枝	叶	根	合计
乔木层	生长量	2.010	0.390	0.350	2.700	0.850	6.300
灌木层				0.030	0.090	0.310	0.430
草本层				0.002	0.280	0.080	0.362
	合计	2.01	0.390	0.382	3.070	1.240	7.092
乔木层	枯死量		0.120	0.180	3.070	3.370	
灌木层	净生产量	2.010	0.510	0.562	3.070	1.240	7.392
草本层	（%）	27.20	6.90	7.60	41.53	16.77	100

1.2.5　净生产力与叶的关系

叶的质、量及效能等在很大程度上影响生产量的积累，因此研究它们之间的关系极为重要。生产量 P 等于叶量 F 与叶单位平均生产量 P/F 的乘积，

即

$$P = F \times (P/F)$$

当 P 为净生产力时，则相当于以叶量除以呼吸量与非同化器官全体的呼吸量之差。地上部分的净生产力大部分是干、枝、叶生产的合计。本文研究了锐齿栎林地上部分净生产力与叶量、叶面积指数以及叶效率的关系，如图 1 所示。从图中可以看出，锐齿栎

林地上部分净生产力随年龄的增大而增加，也分别与叶面积指数、叶量成正相关，而与叶效率成负相关。对于叶效率，则与年龄、叶面积指数及叶量等成负相关，大多数相关关系可看成是曲线形式。

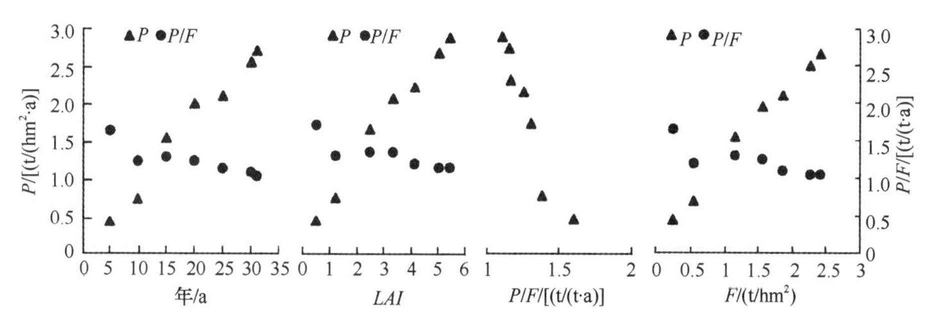

图1 锐齿栎林乔木层地上部分净生产力及叶效率与年龄、叶面积指数及叶量的关系

1.3 结论

（1）利用胸径与树高建立的锐齿栎林各器官生物量的回归模型，r 值均在 0.9171～0.9984，其精度除枝为 77.9%外，其余均在 91.99%～98.00%，故其回归方程作为相似生态条件下，估算锐齿栎林生物量具有一定的实用价值。

（2）锐齿栎林总生物量为 141.17t/hm^2，乔木层占 90.88%，灌木层生物量为 1.12t/hm^2，草本层生物量为 0.52t/hm^2，凋落物为 11.23t/hm^2。

（3）锐齿栎林乔木层生物量为 128.30t/hm^2，其中干占该层总生物量的 54.74%，其他各器官生物量按大小排列顺序是根＞皮＞枝＞叶。林分中Ⅰ、Ⅱ级木株数占总株数 27.44%，而其生物量占 65.35%，从龄阶分析其生物量在 10～15a 的幼龄期相对生长速率最大，比 30～35a 的大 3～6 倍，平均相对生长速率为 0.1238。

（4）锐齿栎林的干、枝、叶及叶面积等所构成的空间垂直分布，干重是愈接近地面愈大，6m 以下占总量 79.84%，枝、叶主要分布在中部，高度在 4～8m，分别占枝、叶总量的 81.65%、59.63%，其叶面积、叶面积指数的数量也是同类情况，并近似正态分布。

（5）35 年生锐齿栎林年净生产力 7.39t/（hm^2·a），而干的净生产力占乔木层净生产力的 31.91%。地上部分净生产力随年龄的增加而增加，干、皮、根随年龄递增其分配比递减，叶则相反。净生产力和年龄、叶面积指数、叶量成正相关，而与叶效率成负相关。

参 考 文 献

[1] 孙多，阮宏华，叶镜中. 空青山天然次生栎林的生物量结构. 见：姜志林. 下蜀森林生态系统定位研究论文集. 北京：中国林业出版社，1992：16-22.

[2] France J，Thornley J H M. Mathematical Models in Agriculture，Quantitative Approach to Problems in Agriculture and Related Sciences. Butterworth & Co.（Publishers）Ltd.，1984：75-80.

[3] Ruark G A，Martin G L，Bockhaim J G. Comparison of constant and variable allometric ration for estimating *Populus tremuliodes* biomass. Forest Science，1987，33（2）：294-300.

[4] 江洪. 东灵山典型落叶阔叶林生物量的研究. 见：陈灵芝主编. 暖温带森林生态系统结构与功能的研究. 北京：科学出版社，1997：104-105.

[5] M Monsi. 植物群落的数学模型. 植物生态学译丛（第一集）. 北京：科学出版社，1974：123-144.

[6] 木村允. 姜恕等译. 陆地植物群落生物量的测定法. 北京：科学出版社，1981：59-105.
[7] 佐藤大七郎，聂绍荃等译. 陆地植物群落的物质生产. 北京：科学出版社，1986：1-18.
[8] T Satoo. 产量法研究综述. 植物生态学译丛（第一集）. 北京：科学出版社，1974：26-39.

2　锐齿栎林生态系统营养元素循环†

对森林生态系统物质循环的研究，是了解生态系统功能的重要方面，故国内外对此均有较深入的研究[1-4]。锐齿栎广泛分布于华北暖温带落叶阔叶林区域，北亚热带也有分布。锐齿栎林在河南山区尤为常见，是河南落叶阔叶林区较为稳定的主要森林植被类型之一[5]。因此，对其营养元素循环进行研究，有助于了解河南省森林生态系统的功能特征，为森林经营管理与提高林业生产力，以及天然林保护、发挥森林的生态环境效益等提供理论依据。对于栎类林，从20世纪50、60年代开始，国内外均有不少研究[6-12]。但对于锐齿栎（*Quercus acutidentata*）林则少有报道[13, 14]，尤其对于多种元素的同时研究。为研究宝天曼自然保护区中的关键生态系统的功能过程及其特征，为相类似地区退化生态系统恢复提供数据基础，也为其中的生物多样性保护提供基础研究信息，开展了本研究。

2.1　研究方法

2.1.1　样地布设

于1993年开始选取具代表性的典型地段设置20m×20m的固定样地，并设10m宽的保护带，同时亦选取生境较相似的邻近地段作为临时样地。至1995年每年在锐齿栎旺盛生长末期的9月下旬（或10月初），于样地内进行每木调查及样品采集。

2.1.2　生物量及生产力测定

按Craft林木分级，在临时样地内选取各级样木3～5株伐倒进行树干解析及生物量测定[15]，并依此进行生产力的调查计算[16]，根系采用人工挖掘的方法；灌木及草本生物量则采用全株收获方法进行。具体测定方法参见本研究另一文献[5]。

凋落物的收集是在样地内设置5个1m×1m的收集器，离地面高度70cm，每月定期收集，分器官进行分析。

2.1.3　采样分析

分层对叶、果、枝、树干、树皮等不同器官取样，在85～105℃下迅速杀青20～30min后风干，样品用作营养元素分析。林地土壤分别按发育层采取，每个样品1kg以作分析用。分析方法见文献[17]，结果以绝干重表示。

共分析N、P、K、Ca、Mg、Fe、Na、Mn、Cu、Zn等10种元素的有效含量：采用凯氏法测定N，氢氧化钠碱熔-钼锑抗比色法测定P，火焰光度法测定K，Na，以550℃灰化后用日本津岛HITACHI2-8000型原子吸收分光光度法测定Ca、Mg、Fe、Mn、Cu、Zn。

† 刘玉萃，吴明作，郭宗民，蒋有绪，刘世荣，2003，生态学报，23（8）：1488-1497。

2.1.4 聚散度分析

营养元素沿各通径的聚散度以下式进行计算：

$$RCDD = W_{i,j} / W_j - W_{i,j+1} / W_{j+1}$$

式中，$W_{i,j}$为j分室中第i种元素的含量，W_j为j分室中所有元素的含量；$W_{i,j+1}$为$j+1$分室中第i种元素的含量，W_{j+1}为$j+1$分室中所有元素的含量。$W_{i,j}/W_j$也称为第i种元素的权重。聚散度值的正负及其大小，说明了营养元素沿各通径的相对聚散方向和聚散程度。其值越大，说明其聚集或疏散的程度越大。

2.2 结果与分析

2.2.1 锐齿栎林生态系统的养分元素含量

乔木层是锐齿栎林生态系统的主体部分，不仅是主要生产者，同时在物质循环中起着重要作用。由于各器官生理和生物学特性的关系，营养元素在不同器官中的分配是有差异的。从表1可看出：Ca、Na、N、K、Mg在树叶、树皮、树根中含量高；树枝的含量居中，而在树干中含量较低，与秦岭山地的结果较为一致[14]。灌木、草本层种类的多样性在很大程度上取决于乔木层的结构及生态系统的内部生境，但其营养元素含量普遍比乔木层高，这与其快速生长有一定的关系。草本层与灌木层相比，视器官不同而高低不一，各层各器官中Ca、K、Na、N高于P和Mg的含量，而根的Fe略高（表1）。

表1 锐齿栎林各层次各器官营养元素含量（干重%）

层次	器官	N	P	K	Ca	Mg	Fe	Na	Mn	Cu	Zn
乔木	干材	0.0275	0.0037	0.2422	0.3812	0.0063	0.0007	0.1204	0.0008	0.0001	0.0001
	树皮	0.2663	0.0179	0.1789	0.8864	0.0224	0.0083	0.3326	0.0040	0.0001	0.0003
	树枝	0.2685	0.0287	0.1655	0.4972	0.0193	0.0022	0.3274	0.0046	0.0001	0.0003
	叶	0.2314	0.0271	0.3707	0.5108	0.0325	0.0045	0.2608	0.0055	0.0001	0.0003
	果	0.0161	0.0021	0.3061	0.2396	0.0229	0.0011	0.2716	0.0024	0.0001	0.0003
	根	0.1259	0.0277	0.7037	0.3539	0.0295	0.1479	0.1286	0.0029	0.0003	0.0016
	平均	0.1643	0.0179	0.3279	0.4782	0.0222	0.0275	0.2402	0.0034	0.0001	0.0005
灌木	茎	0.5739	0.0616	0.1953	0.4200	0.0280	0.0046	0.3053	0.0031	0.0002	0.0007
	叶	0.5340	0.0315	0.4956	0.5864	0.0464	0.0061	0.2918	0.0041	0.0003	0.0009
	根	0.9147	0.0670	0.1040	0.2422	0.0338	0.0398	0.2921	0.0019	0.0006	0.0009
	平均	0.6742	0.0534	0.2650	0.4162	0.0361	0.0168	0.2964	0.0030	0.0004	0.0008
草本	茎	0.5203	0.0478	0.2468	0.0967	0.0455	0.0135	0.1676	0.0136	0.0002	0.0006
	叶	0.7110	0.0633	0.2634	0.2511	0.0273	0.0135	0.2792	0.0035	0.0003	0.0018
	根	0.3890	0.0552	0.2559	0.2463	0.0467	0.2289	0.2916	0.0139	0.0006	0.0020
	平均	0.5041	0.0554	0.2554	0.1980	0.0398	0.0853	0.2461	0.0103	0.0004	0.0011

2.2.2 锐齿栎林生态系统的营养元素积累

锐齿栎林生态系统营养元素积累为生物产量与各器官中营养元素之积，不仅取决于生物量的大小，而且取决于营养元素含量的高低。营养元素总积累是森林群落与环境相互作用的结果。通过各层次器官生物量的调查计算结果，得到其营养元素的积累量，结果见表2。

表 2　锐齿栎林中营养元素累积

层次	器官	现存量/（t/hm^2）	N/（kg/hm^2）	P/（kg/hm^2）	K/（kg/hm^2）	Ca/（kg/hm^2）	Mg/（kg/hm^2）	Fe/（kg/hm^2）	Na/（kg/hm^2）	Mn/（kg/hm^2）	Cu/（kg/hm^2）	Zn/（kg/hm^2）	合计/（kg/hm^2）
乔木	干材	70.69	19.4235	2.6353	171.2235	269.4978	4.4474	0.4602	85.0867	0.5534	0.0692	0.0784	553.4754
	树皮	13.78	36.6932	2.4636	24.6522	122.1435	3.0865	1.1454	45.8320	0.5516	0.0183	0.0479	236.6342
	树枝	11.75	31.5526	3.3674	19.4437	58.4162	2.2683	0.2593	38.4692	0.5420	0.0143	0.0327	154.3657
	叶	2.36	6.6422	0.6396	8.7479	12.0558	0.7671	0.1056	6.1559	0.1289	0.0034	0.0075	35.2539
	果	0.076	0.0122	0.0016	0.2326	0.1821	0.0174	0.0008	0.2064	0.0018	0.0001	0.0002	0.6552
	根	23.47	29.5487	6.5007	165.1477	83.0678	6.9155	34.7145	30.1865	0.6817	0.0626	0.3727	357.1984
	总计	122.126	123.8724	15.6082	389.4476	545.3632	17.5022	36.6858	205.9367	2.4594	0.1679	0.5394	1337.5828
灌木层	叶	0.0912	0.5234	0.0562	0.1781	0.3830	0.0255	0.0042	0.2784	0.0028	0.0002	0.0006	1.4524
	枝茎	0.0945	0.5046	0.0298	0.4683	0.5541	0.0438	0.0058	0.2758	0.0039	0.0003	0.0009	1.8873
	根	0.9357	0.5588	0.6269	0.9731	2.2663	0.3163	0.3724	2.7332	0.0178	0.0053	0.0080	15.8781
	总计	1.1214	9.5868	0.7129	1.6195	3.2034	0.3856	0.3824	3.2874	0.0245	0.0058	0.0095	19.2178
草本层	叶	0.2827	2.0100	0.1789	0.7446	0.7099	0.0772	0.0382	0.7893	0.0099	0.0008	0.0023	4.5611
	枝茎	0.0061	0.0317	0.0029	0.0151	0.0059	0.0028	0.0008	0.0102	0.008	0.0000	0.0000	0.0702
	根	0.2311	0.8990	0.1276	0.5914	0.5692	0.1079	0.5290	0.6739	0.0321	0.0014	0.0046	3.5361
	总计	0.5199	2.9407	0.3094	1.3511	1.2850	0.1879	0.5680	1.4734	0.0428	0.0022	0.0069	8.1674
凋落物层	枯落物层	5.48	11.8368	1.1398	20.3144	27.9918	1.9344	1.2474	14.2918	0.0992	0.0077	0.0175	79.0808
	发酵层（中间层）	2.90	7.051	0.478	8.009	15.745	0.925	0.5960	6.832	0.143	0.004	0.008	39.7910
	腐殖质层	2.85	4.395	0.296	4.948	10.698	0.516	0.3333	3.814	0.080	0.002	0.005	25.0873
	总计	11.23	23.2828	1.9138	33.2714	54.4348	3.3754	2.1767	24.9378	0.5222	0.0137	0.0305	143.9591
土壤	A（0～18cm）		115.636	40.318	465.323	634.617	43.854	35.411	324.040	17.056	9.338	2.858	1688.451
	B_1（19～42cm）		432.248	126.250	13.543	1380.132	95.372	2.646	704.705	31.562	6.522	8.281	2801.261
	B_2（43～80cm）		703.895	192.710	22.917	2142.476	148.053	4.355	1093.963	55.769	12.085	14.774	4390.997
	总计		1251.779	359.278	501.783	4157.225	287.279	42.112	2122.707	104.387	27.945	25.913	8880.709

由表 2 看出，乔木层以树干的积累量最高。虽然树干中所含营养元素含量大部分较其他器官低，由于其现存量高，因此相当数量的营养元素积累在树干中。Ca 在树干和树皮中的积累量占乔木层总积累量的 49.42%和 22.4%；N 在树皮、树枝和 P 在树枝中积累量比树干中积累量高，分别占乔木层总积累量的 29.62%、25.47%和 21.57%；Fe 在树皮中积累量也高于树干积累量，说明树枝、树叶、树皮等在营养元素循环中的重要性。乔木层地下部分除 Fe、Zn 外，其他营养元素积累量明显低于地上部分。乔木层营养元素积累量排序位次为 Ca＞K＞Na＞N＞Mg＞P＞Mn＞Fe＞Zn＞Cu，而各器官营养的积累量为干＞根＞树皮＞树枝＞叶＞果。地上各器官营养元素积累量大小变化顺序基本一致。

由于乔木层郁闭度大，林地凋落物较厚，林内灌木、草本难以繁衍和入侵，因此乔木层下层植物现存量所占比例很小，营养元素积累量相对亦少。灌木层以 N、Ca、Na、K 营养元素积累量最高，但其积累量分别只有乔木层的 7.74%、0.59%、1.60%、0.42%，明显低于乔木层的积累量。草本层由于现存量低，其营养元素积累量也是很低的。

灌木层地上部分积累的营养元素占其总蓄积量的 17.38%，而地下部分比例达 82.62%，草本层的两个比例值分别为 56.7%、43.3%。

凋落物层是森林生态系统的重要组成部分，是营养元素循环的重要环节，对水源涵养、维持土壤肥力具有重要意义。锐齿栎林生态系统凋落物层 10 种营养元素总量值达 142.9591kg/hm^2。凋落物层营养元素积累量高低排列顺序为 Ca＞K＞Na＞N＞Mg＞Fe＞P＞Mn＞Zn＞Cu。

从表 2 还可看出，10 种营养元素在土壤中贮量多的，在植物体及凋落物中的积累量亦多，如 Ca、Na、N、K。这说明锐齿栎林营养元素的积累不仅取决于植物本身习性，同时也受土壤中营养元素贮量的影响。同时还可看出，土壤中营养元素的总量较大，达 8880.709t/hm^2，但表层 0～18cm 只有 1688.451t/hm^2，仅占总量的 19.01%。

2.2.3 锐齿栎林生态系统营养元素的生物循环

2.2.3.1 锐齿栎林生态系统营养元素流动过程的聚散分析

为了说明锐齿栎林生态系统的营养元素沿土壤-植物-凋落物流动过程中各通径上营养元素相对聚散方向和聚散程度，计算了该系统各分室各营养元素贮量占营养元素总贮量百分比的权重和下一分室与上一分室各营养元素贮量权重增量的相对聚散度[2]，见表 3。从表 3 可以看出，从土壤分室到植物分室的流动过程中，K、Fe 相对聚集；其他相对疏散；从植物分室到枯落物分室的流动过程中，N、P、Mg、Na、Mn 等相对聚集，Cu 达相对稳定，其他相对疏散。

2.2.3.2 营养元素积累速率

营养元素的积累速率依赖于系统中各组分生物量的增加及其营养元素的含量。根据各组分的净生长量乘以其养分含量并累加，求出各营养元素的年净积累量，即营养元素积累速率，亦即存留量。从表 4 可知，锐齿栎林生态系统中乔木层营养元素积累速率为 77.8986kg/（hm^2·a），比较而言，接近于江苏空青山次生栎林[7]，低于欧洲栎林的相应值[9]。

表 3　锐齿栎林生态系统中各分室养分权重与流动过程中的聚散度

分室	N	P	K	Ca	Mg	Fe	Na	Mn	Cu	Zn	总计
权重											
土壤*	14.095	4.046	5.650	46.812	3.235	0.474	23.902	1.175	0.315	0.292	100.000
植物	9.993	1.218	28.749	40.283	1.324	2.757	15.436	0.185	0.013	0.041	100.000
枯落物*	16.372	1.346	23.395	38.277	2.373	0.303	17.536	0.367	0.010	0.022	100.000
聚散度											
土壤	4.103	2.827	–23.099	6.529	1.911	–2.283	8.466	0.990	0.302	0.251	0.000
植物	–6.379	–0.127	5.354	2.006	–1.049	2.454	–2.099	–0.182	0.003	0.019	0.000
枯落物											

*土壤分室以 A 层进行计算；凋落物层以 L 层进行计算

表 4　锐齿栎林乔木层营养元素积累速率　　[单位：kg/（hm^2·a）]

器官	净生产量	N	P	K	Ca	Mg	Fe	Na	Mn	Cu	Zn	合计
干材	2.2803	0.6266	0.0850	5.5233	8.6935	0.1435	0.0148	2.7447	0.0179	0.0022	0.0025	17.8540
树皮	0.4445	1.1837	0.0795	0.7952	3.9401	0.0996	0.0369	1.4785	0.0178	0.0006	0.0015	7.6334
树枝	0.3790	1.0178	0.1086	0.6272	1.8844	0.0732	0.0084	1.2409	0.0175	0.0005	0.0011	4.9796
叶	2.3600	6.6422	0.6396	8.7479	12.0558	0.7671	0.1056	6.1559	0.1289	0.0034	0.0075	35.2539
果	0.0760	0.0122	0.0016	0.2326	0.1821	0.1740	0.0008	0.2064	0.0018	0.0001	0.0002	0.6552
根	0.7571	0.9532	0.2097	5.3273	2.6796	0.2231	1.1198	0.9738	0.0220	0.0020	0.0120	11.5225
总计	6.2285	10.4357	1.1240	21.2535	29.4355	1.3239	1.2863	12.8002	0.2059	0.0088	0.0248	77.8986

锐齿栎林乔木层现存量为木材 70.69t/hm^2，同化器官叶 2.36t/hm^2，分别占乔木层总现存量的 57.88%、1.93%，而 10 种营养元素积累速率干材为 17.854kg/（hm^2·a）、同化器官叶为 35.2539kg/（hm^2·a），两者分别占乔木层总积累速率的 22.92%、45.26%，相差一倍，因此叶的营养元素积累速率高，对元素循环具有重要意义。10 种营养元素积累速率大小排序为：Ca＞K＞Na＞N＞Mg＞Fe＞P＞Mn＞Zn＞Cu。

2.2.3.3　营养元素的归还量

营养元素的归还途径包括组织、器官的枯死凋落，雨水及其淋洗，动物取食后以排泄物及遗体等形式的归还。因条件所限，后两种情况予以不计，计算结果见表 5、表 6。从表 5 可以看出，年凋落物中 10 种营养元素以秋季最高占总量的 49.77%，其次为冬、春季，分别占总量的 34.25%、15.69%，而夏季最少，只占总量的 0.29%。可见营养元素通过凋落物的归还主要是在秋季及冬季。

表 5　凋落物营养元素含量季节动态　　（单位：t/hm^2）

季节	凋落量	N	P	K	Ca	Mg	Fe	Na	Mn	Cu	Zn	总计
春	0.8600	1.8577	0.1789	3.1881	4.3930	0.3036	0.0387	2.2430	0.0470	0.0012	0.0027	12.2539
夏	0.0155	0.0335	0.0032	0.0575	0.0792	0.0055	0.0007	0.0404	0.0008	0.0000	0.0001	0.2209
秋	2.7273	5.8912	0.5673	10.1105	13.9315	0.9628	0.1227	7.1130	0.1489	0.0038	0.0087	38.8605
冬	1.8770	4.0545	0.3904	6.9583	9.5881	0.6626	0.0845	4.8954	0.1025	0.0026	0.0060	26.7448
合计	5.4798	11.8368	1.1398	20.3144	27.9918	1.9344	0.2466	14.2918	0.2992	0.0077	0.0175	78.0801
（%）	100.00	15.16	1.46	26.02	35.86	2.48	0.32	18.31	0.38	0.01	0.02	100.00

该生态系统凋落物量为11.23t/hm^2，归还的10种营养元素量为101.651kg/（hm^2·a）。其中以Ca的归还量最大，其次是K、Na、N、Mg，分别占营养元素总归还量的40.45%、22.93%、17.43%、13.90%、2.45%，Fe、P的归还量较小，分别占1.40%、1.05%，而其他如Mn、Zn、Cu等的归还量更少。

2.2.3.4 营养元素的生物循环

锐齿栎林生态系统营养元素的生物循环平衡公式为

吸收量＝存留量＋归还量

式中，营养元素存留量为锐齿栎林的营养元素年积累量，营养元素归还量由枯落物年积累量得到，并可利用如下公式分别计算各循环系数

吸收系数＝年元素吸收量/表土层元素贮量

循环系数＝年元素归还量/年元素吸收量

利用系数＝年元素吸收量/年元素积累量

元素周转期＝现存量中元素贮量/年凋落物中元素量

将计算结果列于表6，从表6、图1看出，锐齿栎林的10种营养元素年吸收量为207.545kg/（hm^2·a），年存留量为105.285kg/（hm^2·a），年归还量为101.651kg/（hm^2·a），年归还量占年吸收量的48.98%，可见该生态系统营养元素循环处于较平衡而良好的状态。

营养元素归还占吸收的48.98%，其吸收、存留、归还的情况如下：

吸收　Ca＞K＞N＞Na＞Mg＞Fe＞P＞Mn＞Zn＞Cu

存留　Ca＞K＞N＞Na＞Fe＞P＞Mg＞Mn＞Zn＞Cu

归还　Ca＞K＞Na＞N＞Mg＞Fe＞P＞Mn＞Zn＞Cu

表6 锐齿栎林1年中的营养元素吸收存留和归还量

项目	层次	干物质/（t/hm^2）	N	P	K	Ca	Mg	Fe	Na	Mn	Cu	Zn	总计
存留量/[kg/（hm^2·a）]	乔木层	6.229	10.436	1.124	21.254	29.436	1.324	1.286	12.800	0.205	0.009	0.025	77.899
	灌木层	1.121	9.587	0.713	1.620	3.203	0.386	0.382	3.287	0.025	0.006	0.010	19.219
	草本层	0.520	2.941	0.309	1.351	1.285	0.188	0.568	1.473	0.043	0.002	0.007	8.167
	总计	7.870	22.964	2.146	24.225	33.924	1.898	2.236	17.560	0.273	0.017	0.042	105.285
吸收量/[kg/（hm^2·a）]	乔木层非光合器官	3.869	3.794	0.484	12.506	17.380	0.557	1.181	6.644	0.077	0.005	0.017	42.645
	灌木层非光合器官	1.027	9.082	0.683	1.151	2.649	0.342	0.377	3.012	0.021	0.006	0.009	17.332
	草本层非光合器官	0.237	0.931	0.131	0.607	0.575	0.111	0.530	0.684	0.033	0.001	0.005	3.608
	凋落物	11.23	23.283	1.941	33.271	54.435	3.375	2.177	24.938	0.522	0.014	0.031	143.960
	总计	16.363	37.090	3.212	47.545	75.039	4.385	4.265	35.278	0.653	0.026	0.062	207.545
归还量/[kg/（hm^2·a）]		8.493	14.126	1.066	23.310	41.115	2.487	1.421	17.717	0.379	0.010	0.020	101.651
吸收系数			0.321	0.08	0.102	0.118	0.100	0.12	0.109	0.038	0.003	0.022	0.101
循环系数			0.381	0.332	0.490	0.548	0.567	0.33	0.502	0.581	0.361	0.330	0.442
利用系数			0.30	0.21	0.12	0.14	0.25	0.12	0.17	0.27	0.16	0.11	0.185
元素周转期			5.32	8.16	11.71	10.2	5.19	16.85	8.26	4.73	11.99	17.40	9.98
富集系数			0.128	0.052	0.848	0.145	0.075	0.904	0.111	0.029	0.007	0.023	

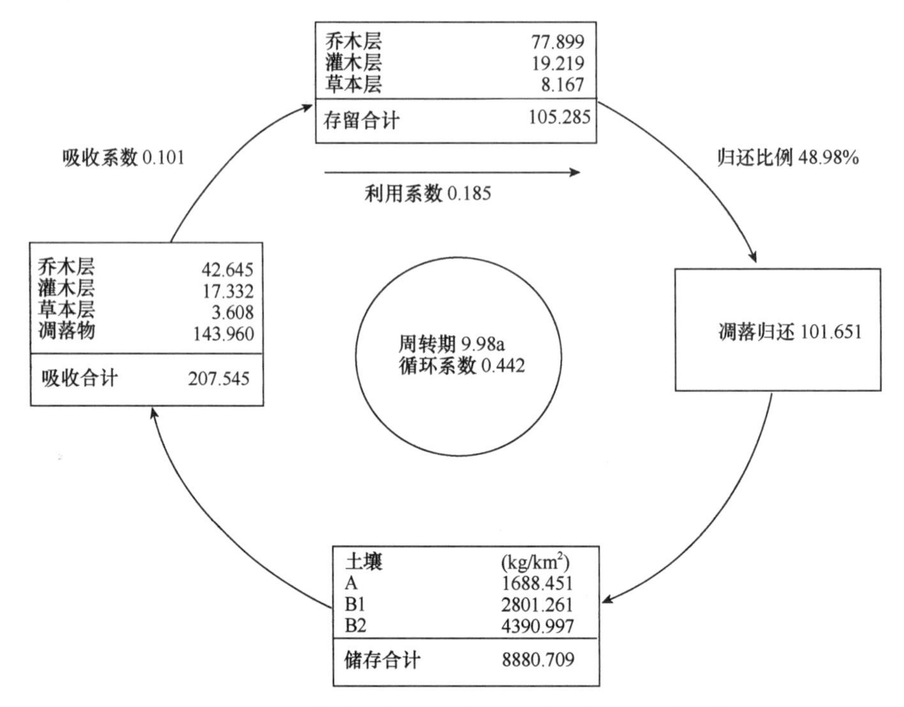

图 1　锐齿栎林养分循环示意图［kg/（hm^2·a)］

营养元素吸收系数平均为 0.101，其顺序为：N＞Ca＞Fe＞Na＞K＞Mg＞P＞Fe＞Mn＞Zn＞Cu。循环系数用于表征营养元素循环强度，某营养元素的越大，循环强度越大，林木生长对土壤库存元素的耗费相对就越小，锐齿栎营养元素的循环系数都比较大，Ca、Mg、Na 和 Mn 的循环系数都超过 0.5；K、N、P、Cu、Fe 为 0.33～0.49；Zn 为 0.33。说明其生长对土壤库中的 10 种营养元素耗费都比较小，有利于土壤营养元素的积累。

营养元素循环系数平均为 0.4422，其顺序为：Mn＞Mg＞Ca＞Na＞K＞N＞Cu＞P＞Fe＞Zn；森林生态系统对营养元素吸收量是森林维持其生长所需的营养元素量，因此营养元素利用系数越小，森林对该营养元素的利用效率相对越高。锐齿栎林对 10 种营养元素的利用效率大致分为 3 个等级：利用系数最小的 Zn，其利用效率最高，其次是 Fe、K、Ca、Cu、Na，利用系数为 0.1～0.2，利用效率较高；P、Mg、Mn、N 利用系数大于 0.2，其利用效率最低。

营养元素平均利用系数为 0.185，其顺序为：N＞Mn＞Mg＞P＞Na＞Cu＞Ca＞K＞Fe＞Zn。

除 N、Cu 外，该生态系统营养元素利用系数与周转期两者位次大小排序基本上处于逆对应，表明利用系数愈小，周转期长。10 种营养元素中 Zn 的周转期最长，为 17.4a，利用系数最小；Ca、K、Cu、Fe 的周转期 10～16a，它们的利用系数较大；Na、P、N、Mg、Mn 的周转期都在 4～8a，其利用系数也未超过 0.3。

营养元素周转期平均为 9.98 年，其顺序为：Zn＞Fe＞Cu＞K＞Ca＞Na＞P＞N＞Mg＞Mn。

2.3 结论与讨论

（1）宝天曼自然保护区 35a 生锐齿栎林生态系统中 N、P、K、Ca、Mg、Fe、Na、Mn、Zn、Cu 等 10 种营养元素总量为 10 387.894kg/hm^2，植物体 1507.182kg/hm^2，其中活植物体占 90.56%，凋落物占 9.44%。土壤库贮量 8880.709kg/hm^2。

（2）10 种营养元素从土壤分室到植物分室的流动过程中，K、Fe 相对聚集，其他相对疏散；从植物分室到凋落物分室的流动过程中，N、P、Mg、Na、Mn 相对聚集，Cu 达到相对稳定，其他相对疏散。

（3）锐齿栎林 10 种营养元素年吸收量 207.545kg/hm^2，年存留量 105.285kg/hm^2，年归还量 101.651kg/hm^2，年归还量占年吸收量 48.98%。10 种营养元素年积累速率为 77.8986kg/hm^2。

（4）锐齿栎林营养元素的循环系数（归还比）都比较大，Ca、Mg、Na、Mn 的循环系数都超过 0.5；K、N、P、Cu、Fe 的为 0.33～0.49；Zn 的循环系数最小。Zn 的周转期最长为 17.4a，利用效率最高；Ca、K、Cu、Fe 周转期较长为 10～16a，利用效率较高；Na、P、N、Mg、Mn 周转期较短为 4～8a，利用效率较低。

参 考 文 献

[1] 冯宗炜，等. 亚热带杉木纯林生态系统中营养元素的积累、分解和循环的研究. 植物生态学与地植物学丛刊，1985，9（4）：245-256.

[2] 刘增文，等. 黄土残塬沟壑区刺槐人工林生态系统的养分循环通量与平衡分析. 生态学报，1999，19（5）：631-634.

[3] Ovington J D，Madgwick H A J. The growth and composition of natural stands of birch Ⅱ. The uptake of mineral nutrients，Plant and Soil，1959，（10）：389-400.

[4] H L Gholz，R F Fisher，W L Pritchett. Nutrient dynamics in slash pine plantation ecosystems. Ecology，1985，66（3）：647-659.

[5] 刘玉萃，吴明作，郭宗民，等. 河南宝天曼自然保护区锐齿栎林生物量与净生产力的研究. 生态学报，2001，21（9）：1450-1456.

[6] D E Reichle. Dynamic properties of forest ecosystems. London：Cambridge University Press，1981.

[7] 阮宏华，孙多，叶镜中. 空青山次生栎林营养元素的生物循环. 见：姜志林主编. 下蜀森林生态系统定位研究论文集. 北京：中国林业出版社，1992：73-78.

[8] Ttsutsum T. Accumulation and circulation of nutrient elements in forest ecosystems. *In*：Duvigneaud P ed. Productivity of forest ecosystems. Onesco Paris，1971.

[9] Carlisle A，Brown A H F，White E T. The organic matter and nutrient elements in the precipitation beneath a sessile oak canopy，J. Ecol.，1966，54：87-98.

[10] Carlisle A，Brown A，White E. The nutrient content of tree stem flow and ground flora litter and leachates in a sessile oak（*Quereus petraea*）Woodland. Ecology，1967，55：615-627.

[11] Duvigneaud P，Denaeyer-De Smet S. Biological cycling of minerals in temperate deciduous forests. *In*：Reichle D E ed. Analysis of Temperate Forest Ecosystems. Berlin：Springer-Verlag，1973：199-225.

[12] Whittaker R H，Linkens G R，Borman F H. The Hubbard Brook ecosystem study：Forest nutrient cycling and elements behavior. Ecology，1979，（60）：203-220.

[13] 阮宏华，俞元春，费世民，等. 苏南丘陵地区主要森林类型养分生物循环的研究. 见：周晓峰主编. 中国森林生态系统定位研究. 哈尔滨：东北林业大学出版社，1994：104-111.

[14] 刘广全，赵士洞，王浩，等. 锐齿栎林非同化器官营养元素含量的分布. 生态学报，2001，21（3）：422-429.

[15] 木村允，姜恕，等译. 陆地植物群落生物量的测定法. 北京：科学出版社，1981：59-105.

[16] Monsi M. 植物群落的数学模型. 植物生态学译丛（第一集）. 北京：科学出版社，1974：123-144.

[17] 中国科学院南京土壤研究所. 土壤理化分析. 上海：上海科学技术出版社，1978.

热带森林生态系统结构功能特点及经营原则†

1 热带森林生态系统的特点

目前，世界热带森林分布面积大约 12 亿 hm^2，占森林面积的 40%。由于热带森林物种丰富，能提供各种珍贵木材和其他许多产品，为人类提供食物、工业原料、药物等新来源，它所蕴藏的基因资源给人类可能带来的福利目前是难以估量的。一些学者认为，热带森林的这种多种价值（versatility）是人类的最珍贵的资源。但是，长期以来，热带森林只当作采伐木材和作为开垦农地等最浪费的用途被吞噬掉。热带林的减少带来了物种的绝灭，有人估计在热带森林每天至少灭绝一个物种，而一个物种的灭绝常常导致 10～30 种生物的生存危机（IUCN，1988）。目前，全球濒危灭绝的有花植物为 1 万种，动物为 1000 余种，大部分是热带的，到本世纪末，估计将有 50 万～100 万物种会灭绝。因此，热带开发与保护的矛盾非常普遍和尖锐，甚至有人悲观地认为很难有万全的前景（universal perspective）。但不少学者认为热带的开发与保护并不是不可协调的，他们主张采取生态开发（ecodevelopment）、自力更生（selfreliance）和适宜的技术（appropriate technology）三对策来解决热带第三世界国家的开发危机（L. J. Welb 等）。

科学家们越来越强调热带森林在维护地球陆地生态平衡中的作用和当前遭受严重破坏所引起的后果。归纳起来，大面积毁灭热带林将造成以下后果：

1）断送热带林区域土著人民的生活道路，使他们日益贫困化；

2）许多尚未识别的树木和其他植物种将消失；

3）许多野生状态的动物将消失；

4）丧失不可估量的、可供新的食品、医药、织物等原材料的基因资源；

5）增加土壤的风蚀、水蚀，很多情况下将导致永久性的沙漠化；

6）增加河流的径流，造成周围平原的泛滥；

7）减少植被的蒸腾，因而减少降雨量，减低水的可利用率；

8）增加向大气释放的 CO_2 量，减少植物吸收的 CO_2 量，可能影响到世界粮食生产的气候后果；

9）丧失土壤目前提供木材和其他利益的能力；

10）由于热带林是地球上最富有物种、最富有罕有组分的生态系统类型，热带林的消失将造成科学价值的极大损失（WEAP 建议，E. Goodsmith，1980）。

如果仍以目前每年 1500 万～2000 万 hm^2 的速度砍伐热带林，60～80 年将砍完世界热带林（世界银行估测，1978）。目前仍有 7 亿人生活在绝对贫困之中，到本世纪末还

† 蒋有绪，2001，热带森林生态系统结构功能特点及经营原则，见：侯元兆，世界热带林业研究，北京：中国林业出版社，142-155。

会有6亿人生活在绝对贫困的状况中，因为尽管到公元2000年前会砍伐1.3亿 hm^2 热带林，能养活2亿人口，但造成的生态和经济后果，将抵消这种好处（McNamara，1978）。目前世界上有25亿人在3亿 hm^2 的森林地上依靠流动农业方式（刀耕火种）生活，这将造成对土地不合理利用的恶性膨胀。由于世界热带林的砍伐，预测模型表明下一世纪中，大气 CO_2 浓度将增加1倍，全球平均气温升高3℃，海平面将上升，一部分地球陆地要消失。由于海水温度上升，减少海水 CO_2 含量，与森林砍伐后大气 CO_2 浓度增加成正反馈，将使大气 CO_2 量猛增（J. S. Spear，1979）。

因此，对热带林的利用，是一个带有全球性影响的问题，不能认为只是哪一个拥有热带林国家自身利害的问题。我国的热带森林面积并不多，在海南岛只剩下了40万 hm^2 左右，对于热带林维持陆地生态平衡的重要作用还未被人们所完全认识，过去存在着极不合理的利用。世界热带林破坏的主要原因都是一致的，如森林资源的过度开采利用，用于农垦、薪炭、刀耕火种以及火灾等等。然而，我国海南岛的热带林资源减少的速度超过了世界热带林减少的平均速度。

总的讲，热带林生态系统具有较高的稳定性，但它的生态平衡却是比较脆弱的，被称为“平衡敏感的生态系统”（delicately balanced ecosystem）。我国的热带林位于热带北缘，由于所处发生历史背景，或许在生态平衡上更为脆弱，对于如何利用和经营等问题，应当更为谨慎。

对于热带林生态系统的特点可作以下的认识。

（1）热带森林是在湿热带气候或潮湿季风热带气候下形成的顶极群落

这个生态系统的所有生物组分（动物、植物、微生物）是长期共同发展、共同进化的结果，即所谓进化的等终极性（equefinality）。虽然这些组分繁多，但它们与环境之间，它们相互之间是处于以极其精巧的方式的相互适应之中。因此，它们是稳定性高的陆地生态系统类型，只要环境条件不发生显著的变化，热带雨林、季雨林群落会稳定地生存下去（T. C. Whitmore，1975），从发生历史上看，热带森林也是比较古老的生态系统类型。热带地理环境条件的稳定和生物群落完善的集合，由此加强了其生态系统的稳定性（Ricklefs，1973）。

关于热带林的物种多样性和系统的稳定性背景有不平衡假说和平衡假说的两种理论解释，更多的是认为得到平衡假说的支持，其主要论点是：

1）热带种的形成速率（speciation rate）较高

甲. 热带种群比较固定不动，容易在地理上隔离。

乙. 进化过程较快，因为：①每年有较大量的后代；②较大的生产力，导致种群有较大的周转，由此加强了选择作用；③在热带，生物因子有较大的重要性，由此加强了选择。

2）热带种的灭绝速率（extinction rate）较低

甲. 在热带竞争不太厉害，因为：①有较多的资源；②增加空间异质性；③增加由捕食者实行的对竞争种群的控制。

乙. 热带提供较稳定的环境，只允许较小的种群持续生存下去，因为：①物理环境更不稳定；②生物群落集合得比较完善，由此加强了生态系统的稳定性。

与热带林生态系统种多样性和稳定性有联系的进化适应方式主要表现在结构和功能（两者是相互联系的）上。从结构上看，主要表现在物种多样性高，空间层次复杂，

（季相时间层次性）复杂，由物种的小而专化的生态位所构成。

研究证明，科属种的多样性在森林生态系统中显然是热带森林＞亚热带森林＞温带亚高山森林＞寒温带、亚极地森林。以植物种而言，Heywood（1979），Horra（1981）在分析了313科（包括angiosperm和arboreal gymosperm）与纬度的关系，Rejmenek（1976）分析了种多样性与纬度关系表明主要与极端最低气温有密切相关。极端最低气温平均每减低1℃，就要减少3个科。科、种多样性也是生境多样性的函数（与除纬度气温外的地形、土壤特点、水热配合状况等有关）。

王荷生（1993）曾列举世界几个大区域估算的植物区系种的密度（表1）。

表1 植物区系种的密度

地区名称	种数	种的密度/（种/km^2）	地区名称	种数	种的密度/（种/km^2）
苏联	15 000～20 000	0.000 85	马来西亚地区	40 000	0.013
中国	27 000	0.000 28	巴西	40 000	0.0046
印度、孟加拉国、缅甸、斯里兰卡	20 000	0.005	非洲热带	30 000	0.019

可见，苏联位于北温带，整个2072万km^{2}的面积上只有15 000～20 000种，其种密度为0. 000 85，中国主要是温暖气候国家，种的密度平均为0.0028，印度、缅甸和马来西亚地区均为热带，其种的密度分别为0.005和0.013，反映了植物种多样性地理分布的纬度变化规律。

Whittaker等1973年指出，一个生态系统内种数增加时，生态平均宽度就要减小，当然也就更加专化些，如热带附生、腐生、气生植物、藤本植物等层外层间植物繁多，生活型众多，一年内充分利用时间的物种开花结实等发育节律等等都说明了这点。就热带森林的垂直剖面看，种的多样性在中间层次最大，在顶部的树冠层和近地表层则较小。这恰与温带森林相反（Brunig，1978）。在热带林生态系统中饱和的生态位结构中，只有一种的移出或压缩现有种的生态位，才有可能增加新的种，因此，这也有助于热带林生态系统的稳定。目前，许多生物学家对热带植物对环境的适应性和精巧的专化性有较多的研究，如研究形态适应对策、生理生化适应对策等。例如，对传粉生物学的研究结果表明，热带林植物的传粉有以下特征：风媒植物比例小，有比例大的传粉脊椎动物（如蝙蝠、蜂鸟等）、传粉的群居蜂、存在专性的同种异交植物（即自交不孕的植物个体），以及复杂的开花同步性现象。由雄性长舌花蜂专性传粉的热带兰花是形态专化适应很典型的一例。种子、果实的传播许多依赖于动物，而风播的则往往是位于林冠上缘的树种（D. H. Janzen，1975）。然而，热带林生物的这种精巧的适应性并不利于生态系统破坏后的生存，如动植物的平均传播率低、种子无休眠期，传播花粉的特殊机制，动植物的迁移能力弱，动物专食性强，依赖于热带林生态系统整体的程度大（如热带林鸟兽，一般不离开热带林环境生存）等，都使生物种不易适应变化了的环境，这就导致了热带林生态系统平衡的脆弱性。可以讲，热带林生态系统有较高的稳定性，却具有较低的弹性（elasticity）。

（2）热带林具有更有效的物质转化和能量流通过程，具有较高的生物生产力和整个系统的反馈调节能力或叫自稳能力（homeostasis）

热带林具有比其他陆地生态系统较高的生物生产力，主要是因为它有巨大的叶面积，较高的光合生产率。W. Larcher 很好地概括了不同主要植被类型的平均叶面积指数及其光合效率［单位叶面积的净生产力（变干物质）转化为千卡计算］（表 2）。关于全球热带和其他类型植被的净第一性生产量（干物质）、生物现存量（干物质）等估测的详细资料可见表 3。

表 2　不同植被类型的平均叶面积指数及其光合效率

植被型	叶面积指数	光合效率	植被型	叶面积指数	光合效率
热带雨林	10～11	1.50	冻原	1～2	0.25
落叶阔叶林	5～8	1.00	半干旱荒漠	1	0.04
北方针叶林	9～11（7～38）	0.75	农田	3～5	0.60
草地	5～8	0.50			

表 3　生物圈的净第一性生产量及有关特征

生态系统类型	面积（10km²）	净第一性生产量（干物质）			生物量（干物质）			叶绿素		叶表面积	
		正常范围/[(g/m³·a)]	平均值/[(g/m³·a)]	总计（×10⁹）/（t/a）	正常范围/（kg/m³）	平均值/（kg/m³）	总计（×10⁹）/t	平均值/（mg/g 叶鲜重）	平均值/（mg/g 叶鲜重）	平均值/（m²/m² 土地面积）	总计（×10⁶）/km²
1	2	3	4	5	6	7	8	9	10	11	12
热带雨林	17.0	1000～3500	2200	37.4	60～80	45	765	3.0	51.0	8	136
热带季雨林	7.5	1000～2500	1600	12.0	6～60	35	260	2.5	18.8	5	38
温带森林	5.0	600～2500	1300	6.5	6～200	35	175	3.5	17.5	12	60
常绿落叶林	7.0	800～2500	1200	8.4	6～60	30	210	2.0	14.0	5	35
北方森林	12.0	400～2000	800	9.6	6～40	20	240	3.0	36.0	12	144
林地和灌丛	8.5	250～1200	700	6.0	2～20	6	50	1.6	13.6	4	34
热带稀树草原	15.0	200～2000	900	13.5	0.2～15	4	60	1.5	22.5	4	60
温带草原	9.0	200～1500	600	5.4	0.2～5	1.6	14	1.3	11.7	3.6	32
苔原和高山	8.0	10～400	140	1.1	0.1～3	0.6	5	0.5	4.0	2	16
荒漠与半荒漠灌丛	18.0	10～250	90	1.6	0.1～4	0.7	13	0.5	9.0	1	18
极端荒漠-裸岩、沙漠、冰层	24.0	0～10	3	0.07	0～0.2	0.02	0.5	0.02	0.5	0.05	1.2
耕地	14.0	100～4000	650	9.1	0.4～12	1	14	1.5	21.0	4	56
沼泽与湿地	2.0	800～6000	3000	6.0	3～50	15	30	3.0	6.0	7	14
湖泊与河流	2.0	100～1500	400	0.8	0～0.1	0.02	0.05	0.2	0.5	—	—
陆地总计	149		782	117.5		12.2	1837	1.5	226	4.3	644

从生态系统功能上分析，热带林由于生态位的饱和结构，对水热资源利用得充分，其总第一性生产量（*GPP*）是高的，但自养性呼吸（R_A）量较大，异养性呼吸（R_H）也大（R_H 反映净生产力中参加再循环以维持再生产所需的代谢支出，即用于向土壤归还养分的微生物等呼吸所消费的能。由于热带林的分解周期速率快，R_H 量则较大），因此，生态系

统呼吸率（R_A+R_H）也大，其结果，净第一性产量（NPP）并不算很大，系统的有机生产比（*NPP*/*GPP*）则偏小，由于这是一个相对比值，所以热带林的这个比值小于温带林。系统的维持效率（R_A/*NPP*），由于 R_A 值大，则相对较高。热带林总第一性生产高的另一因素是其养分摄取系统看来极有效率（Jordon，1978），养分吸收似乎明显取决于存在于地表根毡层的小根和表层根茎常用的内菌根（Stark 等，1977；Bruing，1977，1978）。热带森林复杂的自动平衡功能与系统的种的多样性和饱和的生态位结构有关。生态位可以理解为每一个种在食物链中所占据的一定位置，即占有一定能的来源，反映了功能的概念。生态位的多样性在一个生态系统中越高，则能流通道的多样性也越高，系统也越稳定。一个种的移出意味着生态位的腾空，就立即减少通过此系统的能流，这会很快影响整个系统的结构和稳定性（Whittaker 等，1973）。因为热带林土壤养分物质贮备相对较少，因此依靠速率调节（rate regulation）来维持热带林生态系统的巨大生物量和整体自动平衡，是这个生态系统的特点。巨大的生物量的能贮备是维持生态系统持续平衡的基础，而物质循环的通畅是系统保存巨大能贮备的保障。D. E. Reichle 等详细说明了能贮备与养分循环的相互关系。

不同生态系统土壤周转时间为：①苔原 340 年；②热带雨林 26～41 年；③落叶松林 76～155 年；④泥炭沼泽 526 年。

但是热带森林生物积累和快速的速率调节的自动平衡格局也给生态系统破坏后的恢复带来很大的困难，作为系统的主要的巨大物质和能的贮备库——林木丧失后，就等于几乎丧失了系统赖以恢复的物质和能的基础，这也是热带林生态系统稳定性高但弹性小、抵抗外力干扰能力弱的另一原因。

（3）从热带森林生态系统主要生物组分的生态对策（bionomic strategies）分析

由于它们相对的体积大、世代时间（p）长，内禀生长力（r）就小，同时意味着种群长的反应时间，其主要是 K-对策，其优点在于种群可以保持稳定值，其缺点则是外伤性干扰（traumatic distubance）下恢复慢（R. H. May；T. R. E. Southwood，1975）。K-对策者的特征是具有稳定的生境，进化的方向是使它们的种群保持在平衡水平上和增加种间的竞争能力，K-对策者对于种群密度明显下降到平衡水平以下之后的恢复，不大可能有很好地适应，如果降低到这样低的水平，它们就可能绝灭（Southwood，1975）（注：生物种群的生态对策还有 r-对策，为便于读者了解 K 和 r-对策，将两者主要差别列表 4 说明（T. R. E. Southwood，1971）。

表 4　生态对策

r -对策	K-对策
短的世代周期	长的世代周期
小体型	小体型
高度散布	低度散布
独立于死亡率的密度	高的残存率，特别在繁殖阶段
高生殖力，低的亲本投资，经常是生活史上一次繁殖	低生殖力，高的亲本投资，常常是生活史上不止一次繁殖
种类竞争经常是蔓延型的	种类竞争经常是斗争型的
在“自卫”上和种间斗争的其他机制上低投资	在“自卫”上和种间斗争的其他机制上高投资
时间效率高	食物和空间效率高
种群在负荷容量上经常过头	种群在负荷容量上很少过头
种群密度变化大	种群密度一代一代多少比较恒定
生境为一时性的，同一地点很少世代	生境长久性，同一地点很多世代

对于多样性和稳定性的统一的理论问题还存在着不同的看法。R. M. May 指出，理论模型中得到的答案是：各种数学模型说明，当一个系统变成更为复杂时（或者是更多的种，或者是更为丰富的相互依赖的结构），它就变得更为动态地脆弱（dynamically fragile）。但也明确指出，作为数学概括复杂性增大有利于动态性脆弱，而不是有利于动态坚强（dynamically robust）。但同时也指出，这并不是说，在自然界，复杂生态系统必须比简单生态系统表现出比较不稳定。依我的分析，这与多数学者支持复杂性意味着稳定性的结论主要是概念上理解不同，May 所谓的稳定性增加“以种群波动的相对较低水平，或者从扰乱恢复能力，或者简单地以该系统的持久性加以识别”，这是一个笼统的混合的概念。如今，一些学者已经把有关稳定性的概念区分为：①持续性（persistence）——即系统存在的时间；②惰性或惯性（inertia）——系统抵御外界干扰和破坏的能力，这是一个潜在的含义；③可塑性（plasticity）——系统容忍环境变化而不致引起系统变化的环境幅度；④弹性（elasticity）——系统破坏后恢复到原来状态的速度（G. H. Orians，D. E. Reichle，1975）。经过细区分后的几个概念（此外还有一些概念，总的说明关于稳定性的理论还不成熟）比较容易解释一些生态系统的现象，比如说，比较容易说明热带林生态系统稳定性的概念，即具有高的持续性和惰性，但较低的可塑性、弹性要求较大的保持稳定性的面积。

因此，如果把热带林生态系统与温带林生态系统相比较，可以看出如下差异（表 5）。

表 5　温带和热带森林中种的适应特征（据 Olians 修改）

温带森林	热带森林
物种多样性较低	物种多样性较高
低矮物种占比例较大	高大物种丰富
高生殖率	低生殖率
稀有种较少	稀有种较多
种子均具有休眠期	种子很少或没有休眠期
高的平均传播率	低的平均传播率
多数迁移物种	少数迁移物种
适应环境变化能力强的物种较多	物种生态位专化性强，适应环境变化能力强的物种少
普食性的物种多	专食性物种较多
系统整体稳定性较小，但显著高于非森林生态系统	系统整体稳定性较大，弹性较小

通过上述讨论，可以清楚地认识到热带林生态系统确是陆地上最复杂、最精巧和稳定但又生态脆弱的植被类型，对它的管理，经营和开发利用需要极其谨慎地予以对待。

2　热带森林在全球和区域及生态平衡上的作用

研究表明，整个地球森林植被是地圈生物圈过程的重要参与者，它既是近地表大气层物质（包括水）循环和能量转化过程一些物质和某种能形式积聚的“汇”，又是另一些物质和某种能形式释放的“源”，而且也是生产者“储库”和大气-植被-土壤系统能量物质转化流通的重要通道。森林生态的自组能力和系统内再循环功能不仅是自身结构与功能稳定性、持续生存的基础，而且对生物地球化学过程来讲也是经常的重要的起调节作用的“缓冲器”和“阀”的功能，而热带林由于其特殊的结构和功能，在这方面的作用尤为重要，全球热带林被誉为地球的“肺脏”。

自从英国 J. Lovelock 和 L. Margulis 于 70 年代提出论点，认为地球表面温度、酸碱度、氧化还原电位势和大气的气体构成等环境并非如过去认为基本上是地球及大气的物理化学过程所决定，而是由地球上所有生物总体所控制，并使地球系统在动态平衡中具有一种自我调节功能和对于对生物不利的环境干扰具有反馈调节环境的能力的 Gaia 假说后，支持这一假说论点的学者越来越多，并提出许多支持性的观点和事实，其中包括了对森林植被在这方面功能和作用的充分估价。但 Lovelock 警告指出：如果千方百计还在增加大气 CO_2 的“源”，而同时又竭力减少例如热带雨林这样的“库”，Gaia（大地女神，即指出地球自我调节系统）也可能失去对此调节的控制。由此，向人类提出了保护、发展并利用森林尤其是热带森林这一巨大的陆地生态系统类型在调节生物圈地圈动态平衡中作用的新使命。

目前，最令人关注的全球环境问题莫过于全球气候变暖趋势，这主要是大气层 CO_2 浓度增加，导致“温室效应”引起的。

C 循环是涉及生物圈光合物质形成和大气圈 CO_2 含量的重要循环。除了海洋外，陆地方面仍表明了森林生态系统的巨大作用。现研究估测全世界的储库仍以海洋为主，但海洋与大气圈的 C 通量约与陆地与大气圈的通量相当。陆地土壤 C 储量约为 1200×10^{15}g。生物群（以森林为主体）为 560×10^{15}g。生物群向大气每年吸收 C（以 CO_2、CH_4 等形式，但以 CO_2 为主）为 110×10^{15}g/a，生物群向大气因各种因素（呼吸、燃烧）释放的 C 为 52×10^{15}g/a；土壤直接以呼吸形式归还 C 60×10^{15}g/a，人类使用化石燃料向大气释放 C 量为 110×10^{15}g。因此，没有陆地生物群以每年 110×10^{15}g 的 C 量作为从大气中吸收 CO_2 的“汇”，大气中 CO_2 浓度增加的量就相当可观。在今天，由于人类化石燃料使用量剧增，以及森林大面积减少，致使大气 CO_2 浓度在过去的约 100 年（1880～1990）由 270mg/kg 上升到今天的 345mg/kg，1960～1984 年年平均增长 1.04mg/kg。依照这个速度，到本世纪末，将由目前的 340mg/kg 增至 355mg/kg，到 21 世纪中期，将达 660mg/kg。大气 CO_2 浓度的增加引起了大气温暖化的温室效应，这种全球气候变暖趋势的生态后果已引起全世界的关注。在大气 CO_2 浓度增加的因素中，科学界估计，森林面积的减少占所有因素作用中的 30%～50%。

到下世纪中叶，从不同的模型对地球表面气温增加的预测平均起来看，比现在增加（3±5）℃，但这种增温将随地区而异，高纬度地区将比赤道增温明显，两极地区增温幅度较大，冰川上层将融化，冻土带后退。由于冰川的融化，海洋面积将扩大，有模型预测，沿海城市，如纽约、洛杉矶、伦敦、威尼斯、上海等将被淹没，温室效应也将影响全球水循环，降雨和降雪将增加 7%～15%，降水强度和降水分配也会改变，变化最大的是从热带海洋到中纬度森林区。那时全球的农业生产格局将会发生紊乱，极大地影响人类生存。

在森林减少影响温室效应后的全球变暖的作用中，热带森林无疑是非常重要的部分，因为除了热带林自身具有巨大的生物量，可以固定大量的 CO_2 形成巨大的 C 贮库外，它的极快的循环速率也是全球 C 循环中的一个重要因素。热带林的固定 C 的巨大贮库和在循环中的重要作用可在表 6 内看出。

表 6 森林生态系统的净第一性生产量、碳总量和归还量（引自Olson，1974a）

森林类型	生产量*（$\times10^9$）/（t 碳/a）	活的碳总量（$\times10^9$）/t	每年归返部分**
寒带泰加林	3.33	121.80	0.0275
寒带森林，林地	1.93	64.12	0.0301
寒温带，山地针叶林	2.08	68.38	0.0304
寒温带，落叶阔叶林为主	2.09	67.88	0.0308
暖温带，阔叶林为主	4.05	97.76	0.0414
暖温带湿地	2.97	10.32	0.2878
暖带，山地，林地（半干旱）	2.40	24.80	0.0968
暖温带湿地（干旱至半干旱	3.14	12.82	0.2449
热带肥沃湿地（干旱至半干旱）	0.79	2.66	0.2970
热带灌丛，稀树草原	10.52	139.13	0.0756
热带山地森林	4.08	99.62	0.0410
热带低山雨林	11.17	83.86	0.1331
其他热带森林	10.82	216.26	0.0500
合计	59.37	1009.41	0.059***

* 包括束缚在一切活植物中的 C；

** 每年从活的 C 总量变成死有机质的损失量；

*** 归返量总计值不是单个数值相加计算出来的，因为平均归返部分的合计值是用每个生态系统复区的总量大小加权计算而得的

热带林在全球的水循环、其他物质循环中的作用也是十分重要的，这里不再赘述。下面将重点就海南岛热带林与生态环境关系作阐述。由于这一方面的研究工作仍然很少，因此需要尽可能从热带森林对环境的正负效应两个方面来论证。

海南岛在 50 年代以后有一个热带林地向非林地（如游耕地、农地和热作地）的大面积转化过程。海南岛在 50 年代初期共有热带天然林 $84\times10^4hm^2$，覆盖率 25.9%，现在只剩下 $33.3\times10^4hm^2$，大约采伐和开垦了 $50.7\times10^4hm^2$，天然森林覆盖率降至 10%左右，基本上分布在海拔 500m 以上，加上人工林，目前森林覆盖率为 23%。大约有 $17\times10^4hm^2$ 的森林开垦为农地，还有沦为废弃的游耕地和荒山草坡。目前海南岛每年刀耕火种或烧山面积仍达 $2000hm^2$ 以上。

海南岛的土地垦殖率（即农田占全部土地面积的比率）一直随人口增长而增长，由 1950 年的 8.8%上升为 1990 年的 31.6%，其增长过程见表 7。

表 7 海南岛土地垦殖率 （%）

年份	1950	1952	1957	1965	1970	1975	1979	1980	1981	1990
土地垦殖率	8.8	10.9	13.7	15.5	18.3	19.7	21.1	22.6	27.4	31.6

然而，人口平均占有耕地面积却仍在减小，因为耕地的增长仍然不及人口的增长率，1950～1979 年 30 年统计资料看，人口由 273 万增至 540 万，年均增长率为 2.8%，耕地由 $28.7\times10^4hm^2$ 增至 $42.0\times10^4hm^2$，年均增长率 1.3%。可见人口增长是砍伐森林、扩大

耕地和刀耕火种的社会根源。

（1）森林转化为非林地后，首先是土壤侵蚀加剧，土壤养分的流失。森林土壤由于森林植被的阻截降水、削弱雨点溅击地表的重要作用，以及有枯枝落叶层的覆盖，而具有很强抗侵蚀性，但非林地却易遭降水，尤其是台风暴雨的冲蚀。经调查，不同类型土地的土壤 1 年的侵蚀量和侵蚀深如表 8。

表 8　不同类型土地的侵蚀情况

土地类型	土壤侵蚀量/ [kg/（$hm^2 \cdot a$）]	土壤侵蚀深/（cm/a）
热带森林	275	0.09
热带林皆伐迹地	3249	0.25～0.30
刀耕火种（第 1 年）	5433	1.86

根据中国林业科学研究院热带林业研究所的测定，热带季雨林在第一轮刀耕火种（1979～1981）3 年的年平均水土流失量（表 9）。

表 9　刀耕火种水土流失量　　[单位：t/（$hm^2 \cdot a$）]

土地类型	径流	土壤
林地	108	0.1
游耕地	2811	32.1

在第一个雨季后游耕地 2cm 厚表土层的养分流失情况如下：每公顷流失有机质 19 000kg，全 N1000kg，速效 P16kg，代换性盐基近 2000kg。因此，热带土壤在开垦使用多年后，其土壤平均肥力都明显低于自然植被下土壤，以胶园土壤与同类自然土壤比较可看出（表 10）。

表 10　胶园土壤与同类自然土壤比较

土壤类型	比较项	有机质	全 N	P_2O_5	代换性 Ca	代换性 Mg	速效 K
黄色砖红壤	自然土	1.44	0.0754	0.0171	2.63	3.03	0.0113
	胶园土	1.27	0.0647	0.0138	0.10	1.43	0.0054
褐色砖红壤	自然土	1.14	0.0620	0.0392	1.62	2.40	0.0115
	胶园土	0.72	0.0392	0.0188	1.10	1.83	0.0078
铁质砖红壤	自然土	2.08	0.0796	0.0671	0.42	1.50	0.0042
	胶园土	1.28	0.0671	0.0585	0.39	1.41	0.0043

根据海南岛土壤普查资料，全岛土壤平均有机质含量 1985 年比 1980 年下降 0.8%～0.9%，海南岛现在包括黄壤在内的土壤平均有机质含量为 1.95%。水稻土有机质含量在 1%以下的面积占水稻田总面积的 74.4%，每公顷谷物产量不足 4000kg 的低产田占农田面积的 1/2 以上。目前，热带土不仅有机质含量低，而且 N、P、K、Ca、Mg 含量也降低，缺 K 的问题尤为严重。水稻土目前主要的问题是次生潜育化的发展，这是水稻田生产力下降的主要原因之一。耕作土壤的物理性质变化也是普遍现象，如紧实度及容重增大，板、黏、酸、瘦是热带土壤的特点。

目前，土壤受流水侵蚀的情况不同程度地遍及全岛。其中，以面蚀为主，沟蚀次之，尤其以红色岩系和紫红色砂岩母质的丘陵台地，在植被破坏后引起的侵蚀最为严重。过去种植茶叶在未推广地表覆盖以前，坡度如大于25°，每年要流走2cm的表土。重力侵蚀主要在山区，到处可见崩塌的堆积体、洪积扇以及浅层滑坡现象。1946年、1955年发生的两次特大暴雨造成了大面积浅层滑坡，给水利设施和农业生产带来很大损失。风蚀也是海南岛主要侵蚀形式，主要是沿海地带，受常风、台风影响，岛东北、西北的平原台地比较明显，风力经常在每秒2～3m，甚至达3.8～4.7m，过去常有风吹沙丘淹没农田的事发生，后来办了岛东和岛西两个林场，营造防护林带，情况大有好转。全岛以侵蚀强度划分，万泉河流域为中心的东部地区为中度侵蚀，北部丘陵台地平原区侵蚀较弱，西部昌化江、南渡江流域最严重。

（2）热带林大量消失后引起地表径流系数加大，洪峰量增加，径流大量流入江河海洋，降水有效利用率大大降低，增加了海南岛旱季的用水紧张程度，为工农业生产、经济建设发展和人民生活带来更大的困难和障碍。

海南岛各县水文站在50年代与70年代测得的径流系数变化可见表11。

表11 海南岛各地50年代和70年代径流系数对比 （%）

县别（站名）	琼山（龙塘）	文昌（宝芳）	琼海（加积）	琼海（加根）	万宁（万宁水库）
50年代径流系数	46.75	36.52	71.29	54.12	64.35
70年代径流系数	50.63	57.48	79.30	66.91	68.85
径流系数相对增幅	4.06	20.96	8.01	12.79	4.50

县别（站名）	安定（三滩）	澄迈（加烈）	儋县（松涛水库）	保亭（大旺）	保亭（毛枝）	乐东（茸鹿）	东方（亲天峡）
50年代径流系数	55.87	49.45	52.66	48.74	60.65	37.80	63.10
70年代径流系数	60.33	65.29	62.17	58.02	62.60	47.21	59.96
径流系数相对增幅	4.46	15.84	9.51	9.28	1.95	9.41	–6.14

县别（站名）	东方（陀兴）	昌江（宝桥）	白沙（福才）	白沙（白沙）	白沙（大溪桥）	琼中（乘坡）	全岛
50年代径流系数	23.80	62.14	53.32	59.69	32.90	72.51	52.58
70年代径流系数	36.72	55.89	57.49	66.34	51.55	67.81	59.70
径流系数相对增幅	12.92	–6.25	4.17	6.65	18.65	–4.7	7.12

森林大面积丧失后，土壤的辐射热输入和蒸发量增加，土壤变暖趋干，土壤动物和微生物区系显著变化，影响土壤的物质循环过程。森林的皆伐使生态系统的大量养分储备随木材输出而丧失，常年归还土壤养分的来源中断或减少，土壤趋于贫瘠；森林皆伐后，河流径流增加，土壤抗侵蚀能力减弱，因此水和物质向海洋的输出也增加。

根据海南岛现有资料和可参考资料粗略估算，海南岛天然热带林面积在1979年已比50年代初减少42.8万hm^2，则目前每年比50年代初期由于天然林面积减少而少向土壤归还干物质470.8万t，增加年径流1.26亿方水，增加径流含沙量20.61万t，损失有机质（至少皆伐后的几年是如此）约 1000 万 t，全 N50 万 t，速效 K8.5 万 t，速效 P 0.85 万 t，减少固定辐射能 9.03～12.5kJ。因此，迅速制止破坏并采取有力措施恢复热带天然林，对维护全岛生态平衡十分重要。

（3）热带林破坏或丧失后恶化或消灭了许多植物的生存生境，使动植物种大量减少，许多珍贵动植物面临濒危灭绝的境地。随着热带林景观的变化，一些珍贵树种如子京、花梨、胆木、古山龙等已日益稀少。岛西北的大片南亚松林，岛东的青梅林，无翅坡垒林更是不复存在了。林内沉香、巴戟、春砂、益智、青天葵等药用植物，红藤、白藤等经济藤本都由于无节制采集而不易再遇到。海南裸实、霉草、海南细辛等也采不到标本了。红树林由 1956 年的 1 万 hm^2 也已下降到现在的 3267hm^2。由于中部山区森林的开发，热带型动物急剧减少。绿皇鸠、紫林鸽、橙胸绿鸠、大盘尾等濒临绝迹，长臂猿面临灭绝之灾，其他树栖哺乳类如鼯鼠、巨松鼠也受到巨大威胁。由于山地次生草坡面积增大，文鸟、麻雀取代了绯胸鹦鹉、鹩哥等，地栖兽类如黄毛鼠、黄胸鼠替代了猕猴、长臂猿等树栖类动物，两栖爬行类如细刺蛙、花龟、变色对蜥等已消失，次生草地上形成了新的区系。由于低山丘陵的开发，橡胶林取代了天然原生植被，动物种类大为减少，蟒蛇、孔雀雉、海南坡鹿等濒临绝灭，胶林内只能看见棕背伯劳等鸟和一些啮齿类小动物。水产资源由于违反自然规律的捕捞和无政府主义思想影响下的酷渔滥捕，使金枪鱼、短鳍笛鲷、海鳗、蛇鲻、五棘银鲈、虾类等产量明显下降。珊瑚礁和红树林的大量被毁，不仅毁坏了这两类资源本身，也破坏了鱼虾的栖息场所。

海南岛里以往有记录的长臂猿、坡鹿、鹩哥和绯胸鹦鹉等珍稀动物分布的地区至今也不再出现这些物种了。

3　热带森林及热带地区的保护、开发和经营原则

现以海南岛为实例，提出如下对海南岛热带林业建设、热带大农业建设的方针和原则供参考。

为了挽救、保护和发展海南岛的热带森林，改善热带生态环境，并考虑热带木材供应和薪材的需要，提高热带林经营水平，对海南岛热带林的管理应采取以下措施：

（1）严格控制、减少并逐步做到停止对热带天然林的采伐，发展热带人工用材林和薪材林，扩大热带林生态系统自然保护区面积，完善、健全热带林自然保护区的经营管理。

海南岛天然林的面积已所剩无几，已划为自然保护区的热带森林仍遭到蚕食，限制并严格控制管理热带天然林的采伐已迫在眉睫。1980 年国务院 202 号文件鉴于海南岛森林资源遭到严重破坏，为海南林业建设提出了一系列方针政策，“建设海南林业必须采取保护、恢复与发展并重的方针，立足于建立新的生态平衡，发展热带林优势，为国家提供珍贵热带林木和用材，同时有步骤地解决岛上生产建设和人民生活的需要，因此，海南岛林业要有较长的休养生息的时间。”根据研究的数据，已表明热带林减少所带来生态环境的危险性，原国家农业委员会、国家科学技术委员会和中国科学技术协会于 1981～1983 年组织的海南岛大农业建设与生态平衡考察和学术会议，向中央及

广东省、原海南行政区所提交的报告书，提出“热带林生态系统是维护全岛生态平衡的支柱，是重要的生物资源基因库，要积极保护并合理经营，有计划地减少采伐量，并逐步实行森工企业转向，从事营林、保护和多种经营”。在海南省建立以前，海南林业由广东省林业厅管理领导，广东省林业厅于 1981 年决定减少海南岛的森林采伐量，发展热带人工用材林和薪炭林 $3.7\times10^5\text{hm}^2$，这个决定曾得到原林业部的支持，后来在海南省林业局领导和实施下得到积极的贯彻，使海南岛砍伐天然林供应木材的矛盾有所缓和。今后还要大力营造柚木、石梓、麻楝、花梨、绿楠、苦梓、加卜、陆均松等珍贵人工用材林，要提高以上珍贵树种采种育苗造林营林等一系列营林技术水平，还要解决营造珍贵树种混交林的技术。要大力营造相思、桉树、木麻黄、国外松等速生薪材和用材林，在海南岛优越的水热条件下，这类薪材林 5 年即可收薪材 90～120t/hm^2，海南省按现有潜力可发展薪材林 $2.3\times10^4\text{hm}^2$。在沿海和平原台地建立强大的环岛防护林体系和农田林网。对南渡江、昌化江、万泉河等 13 条较长河流的中上游天然林要划为水源林区予以保护，实行长期而严格的封山育林，禁止主伐，对疏林、残林要人工促进更新恢复，对荒山草坡等宜林地要科学造林，扩大森林覆被。对限定的天然林的采伐，必须严格执行采伐更新规程，即实行采育择伐、人工促进天然更新为主的采伐方式与更新方法，以保证采伐后的森林更新为主的采伐方式与更新方法，以保证采伐后的森林更新。

海南岛的自然保护区截至 1984 年底已建 11 个，至 1988 年已共建森林和野生动物类型自然保护区 29 个（表 12）。根据海南岛森林生态系统及其孕育的动植物种的多样性来看海南岛的自然保护区的面积至少应占全岛总面积的 5%。目前已建的自然保护区普遍存在组织机构不健全，人员不足，经费匮缺，缺少管理和科技力量，保护效能低，这是急需解决的问题。

（2）加强扶持农业，提高农业经营水平，逐步减少并停止刀耕火种和过度樵采、非法狩猎，节制对热带林副特产品的采集，并建设一个合理结构的热带大农业。

从世界热带范畴看，减少和消除刀耕火种的游耕农业还会经历一个漫长的时期，因为这是热带地区整个社会经济状况反映的标志，如果没有本地区整个经济的长足发展，尤其是农业经济和农业科学技术的发展，解决这种落后的农业生产方式几乎是不可能的。海南岛的情况也是如此，这里有整个农业的宏观调整和发展问题。就目前海南省土地利用本身来看，今后不应再以开垦林地为农业用地的办法来满足对农业生产发展的要求，而应从提高热带土地利用率、加强农业土地建设、提高土地利用的经济效益着手。从热带土地、水、热资源和丰富的木本植物、农作物和畜禽资源来看，完全可以大幅度提高单位面积土地生产力和经济效益。国家、集体和个体农业生产者对此都大有可为。海南省从作为一个生态经济系统的岛屿来看，应当建设成为充分利用热带自然地理与生物条件的优越性，以热带天然林、人工育材林、海防及农田防护林、特种经济林（橡胶、油棕、热带水果林等）、特种用途林（如自然保护林、红树林）为维护全岛生态平衡的主体，以农、林、牧、渔综合发展的、时空上多层次的复式经营系统，以取得最高的经济效益和生态效益，使农村经济迅速发展，山区农民很快地富裕起来。唯有如此，才可能做到对热带林免遭过度砍伐、樵采、掠夺式采集森林副产品等灾祸，切实做到保护好热带林生态系统。

表 12　海南岛森林与野生动物类型自然保护区*

序号	名称	级别	位置	面积/hm^2	主要保护对象	建立时间
1	海南大田保护区	国家级	东方县大田	1 366	海南坡鹿及生态系统	1976-10
2	海南东东寨港保护区	国家级	琼山县东寨港	3 733	红树林植被	1980-4
3	海南霸王岭保护区	国家级	昌江县霸王岭	2 333	黑冠长臂猿及生态系统	1980-4
4	海南尖峰岭保护区	省级	乐东县尖峰岭	5 333	热带林生态系统	1976-10
5	海南邦溪保护区	省级	白沙县邦溪	933	海南坡鹿及生态系统	1976-10
6	海南南湾岭保护区	省级	陵水南湾岛	1 000	猕猴等野生动物	1976-10
7	海南礼纪保护区	省级	万宁县礼纪	1 066	青梅林等植被	1980-4
8	海南五指山保护区	省级	琼中县五指山	18 667	热带林生态系统及景观	1985-12
9	海南白水岭保护区	省级	陵水县吊罗山	3 333	热带林生态系统	1981-9
10	海南甘什岭保护区	省级	三亚市田独	2 000	无翅坡垒等植被	1981-9
11	万宁六连岭保护区	省级	万宁县山根	2 600	自然景观及生态系统	1981-9
12	文昌清澜港保护区	省级	文昌县头苑	3 600	红树林植被	1981-9
13	万宁南林森林保护区	省级	万宁县南林	6 533	原始次生林生态系统	1981-9
14	万宁加新森林经营所	省级	万宁县南林	2 667	原始次生林生态系统	1981-9
15	万宁尖岭森林经营所	省级	万宁县北大	2 600	天然次生林生态系统	1981-9
16	万宁上溪森林经营所	省级	万宁县三更罗	2 400	天然次生林生态系统	1981-9
17	琼海会山森林经营所	省级	琼山县会山	5 333	天然次生林生态系统	1981-9
18	儋县番加森林经营所	省级	儋县番加	5 333	天然次生林生态系统	1981-9
19	乐东佳西保护区	省级	乐东县永明	6 067	天然林生态系统	1981-3
20	东方广坝保护区	省级	东方县广坝	400	花梨次生林植被	1980-1
21	文昌铜鼓岭保护区	县级	文昌县龙楼	1 000	自然景观及生态系统	1983-7
22	文昌七星岭保护区	县级	文昌县铺前	533	自然景观及生态系统	1986-10
23	文昌抱虎岭保护区	县级	文昌县翁田	467	自然景观及生态系统	1986-10
24	万宁大州岛保护区	县级	万宁县北坡	533	金丝燕及生态系统	1983-7
25	万宁大花角保护区	县级	万宁县北坡	533	自然景观及生态系统	1983-7
26	临高新英保护区	县级	临高县新英	133	次生红树林及生态系统	1983-7
27	澄迈花场港保护区	县级	澄迈县花场港	133	次生红树林及生态系统	1984-10
28	霸王岭自然保护区	县级	昌江县霸王岭	333	次生天然荔枝林生态系统	1983-10
29	琼海白石岭森林公园	县级	琼海县	467	自然景观及生态系统	1983-5
合计				78 766		

* 资料由刘东来提供

海南岛农业发展方向应当是以热带木本经济作物和林木为主体的农林业、水陆交接区（港湾、滩涂和浅海）的热带水产养殖业，以及海域捕捞业所构成的热带立体大农业。这样可以全面发挥海南岛热带气候、土地、水域和极丰富的生物资源的巨大优势。所谓“农林业”。狭义讲是林农间作的混农林业，广义讲是以木本植物为主的种植业，即具有农业功能的林业，或具有林业功能的农业。木本植物可以更好地全年利用气候资源和土壤中的养分水分，也可以广泛地适应各种土壤、气候条件，减少水土流失。海南岛的农林业包括热带林业，如水源林、珍贵用材林、薪炭林、防护林，包括橡胶在内的各种热带特种经济林，如油棕、椰子、腰果、可可、咖啡、胡椒等，也包括热带木本粮油、饮料、调料、香料、药材、蜜源和水果、藤木、木本纤维植物等。农林业并不排斥草本作物如稻谷、甘蔗、番薯及剑麻、菠萝和瓜果等，而是应当因地制宜，根据需要合理安排。总之，应当充分发挥所有热带植物资源的优势，取得人们所需要的多种多样的热带植物产品。热带农田生产也要注意如何利用全年生产期，充分发挥热带生产潜力。可以建立以水稻、甘蔗、番薯和豆科绿肥等为主要内容的轮作制。海南岛的畜牧业要避免利用次生草地的自由放牧式生产，可采用人工种植牧草或发展木本饲料植物，结合发展商品性饲料，以围养为主建立畜牧业的商品生产基地。出口产品要恢复发展海南岛的传统品种，如临高、文昌和澄迈的乳猪等。草本饲料可种植象草、卵叶山蚂蝗、苏旦草以及本地的优良禾本科、豆科牧草，木本饲料有光叶合欢、银合欢、新银合欢、马尖合欢、白花羊蹄甲、粗糠柴、牡竹等，橡胶籽也可以是海南岛饲料的重要来源。发展木本饲料也可兼作用材、薪炭，并起到防护和林牧结合等作用，一举多得。海南岛的水产业发展应使近海水产资源有一个休养生息的机会。今后要大力开发外海资源，增强外海捕捞能力。今后海南岛的工业也应考虑发展以热带大农业产品为原料的食品加工、医药和其他轻工业、能源工业。

（3）宣传普及热带林业知识，使全社会认识热带林的特点、价值和社会作用，加强爱林护林教育，提高人民大众的生态环境意识，健全必要的规章制度和法规，使热带林在得到保护的前提下，发挥其科学教育、科学试验以及旅游等社会功能和保护环境质量的生态功能。

对社会宣传热带林生态系统的特点和功能是一项十分繁重的任务，因为不仅是大众懂得这一点，即使是管理层、知识界，甚至生物学家、林学家也往往不甚了解。因为他们对热带林的稳定性看得过高了一些，热带林所在的优越水热立地条件，它们巨大的空间结构、生物组分的丰富繁多并充满了生机，似乎没有理由认为它们的生命会容易被抑制或消灭。因而，近代热带林生态的研究，包括我们的研究结论在内，认为热带林生态系统也是—个生态上十分脆弱的系统，被称为“平衡敏感的生态系统”。海南岛热带林位于热带北缘，其生态平衡性将会更脆弱一些。尖峰岭热带林的研究表明，热带林具有高的生物量，但土壤养分储备较少，热带林所以维持较高的生物量（即较高的系统的维持率）是依靠系统内的较快生物循环速率。热带林巨大的生物量的能贮备是维持生态系统持续平衡的基础，而物质循环的顺畅是系统保存巨大能贮备的保障。能贮备与养分循环的相互关系，D. E. Reichle 早有论述，在暴雨冲蚀下，土壤肥力会很快丧失，重建高生物量的热带林生态系统将十分困难。另外，热带林物种间、物种与环境间的高度适应和相互依赖性，也是热带林生态上脆弱的另一重要原因。因此，要把热带林的特点全面地通俗地介绍给公众，尤其是热带地区的决策者们。要把一部分热带天然林开辟为科学游览区、森林公园、教学林场、青少年宿营地等，向大众开放，成为便于结合宣传展览、科学普及的场所。要使禁伐后保护下来的热带天然林在科学技术、文化教育、旅游休憩、保健疗养等其他社会功能方面取得经济效益和社会效益。只有在全社会有了高度物质文明和精神文明建设之时，才是热带林生态系统能得以真正保护和充分发挥其各种效益之日。

参 考 文 献

[1] Spers J S. 湿热带森林能保存下来吗？（中译名），Commonwealth Forestry Review，1979，58（3）：177.
[2] Janzen D H. Ecology of Plant in the Tropics. 姚壁君等译. 北京：科学出版社，1982.
[3] Welb L J，Higgins H G. The Impact of the “New Ecology” in the Development of the Tropical Rainforest. 1980.
[4] Emlen J M. Ecology：An Evolutionary Approach，1980.
[5] West D C ed. Forest Succession：Concept and Application，Springerverlag，1981.
[6] Goodsrnith E M A. World Ecological Areas Programme（WEAP），1980.
[7] Flenley J R. The Equatorial Rain Forest—a Geological History，1979.
[8] Park C C. Ecology and Enviromental Management，1980.
[9] Whitmore T C. Tropical Rain Forests on the Far East. Oxford，1975.
[10] Brunig E F. San Carlos 天然雨林资料. 1978.
[11] May R M. 理论生态学（中译本）. 1976.
[12] Reichle D E，Orians G H，Whittaker R H. Unifying Concepts in Ecology，1975.
[13] 蒋有绪. 海南岛自然资源利用的生态经济学战略调整问题. 见：中国生态经济学会编. 中国生态经济问题研究. 杭州：浙江人民出版社，1985：247-256.
[14] 蒋有绪. 卢俊培等. 中国海南岛尖峰岭热带林生态系统. 北京：科学出版社，1991：314.
[15] 蒋有绪. 关于热带林生态系统平衡的若干理论问题. 热带林业科技，1983（1）：1-5.
[16] 蒋有绪. 海南岛热带土地的退化问题. 见：中国林学会森林生态学分会编著. 人工林地力衰退研究. 北京：中国科学技术出版社，1992：11-14.

论 21 世纪生态学的新使命——演绎生态系统在地球表面系统过程中的作用†

人类进入 21 世纪以后，自然科学的一个具有里程碑意义的发展就是人类将集中最优秀的科学家对人类自己居住的行星，即对地球，进行进一步的认识，也就是要集中目标于地球系统科学的研究，并推进地球系统及其环境的可持续发展，归根到底也是人类希望对其自身居住星球和如何施予良性影响加深认识的一种努力。

地球系统科学是在 20 世纪末，即在 1983 年美国国家航空与航天局（NASA）顾问理事会任命了一个地球系统科学委员会，并继而在 1988 年 1 月出版了一本“地球系统科学”才明确提出来的，后来得到国际广泛的认可。“地球系统科学”的提出反映了国际学术界由原来各个学科分别来描述的地球的各种现象，转向由多个学科在系统科学的高度结合下才能真正揭示地球各种现象并推理和预测和进而为之服务的共同使命。

较早把地球几个圈层联系起来的思想是 1974 年在“气候的物理基础及其模拟”的国际讨论会上首次提出的“气候系统”（Climate system），1979 年世界气候大会又把它明确为影响气候系统的 5 个圈层（岩石、水、冰雪、大气、生物）。后来发展的“地球系统”则把岩石圈改为“固体地球圈”（含岩石圈，上下地幔及内外地核），实际上已成为地球物理学、地质学、海洋学、气象学和生态学（指生命与环境相互关系的科学，包括生物圈及其各种生命系统，生命现象的形成、演变）交叉的大科学。

科学发展越来越深刻地突显出地球与生命科学不可分割的联系，例如在传统的交叉结合上，早已认识到生物发生与进化是与地球环境的变化联系在一起的，地质年代论是以生命演化为序的。传统的生物地层学是建立在化石形态鉴定基础上的，而对于古生物的进化过程也必须以地质年代的环境特征（即地质年代的环境演变）来分析描述其兴衰、灭亡和进化演变关系的。20 世纪的大量研究事实说明，生物圈的物理作用及生物地球物理过程是深刻影响着地球表层系统的水循环的。陆地植物不仅有蒸腾作用参与水循环，而直接影响大气圈的动力和热力结构以及云状况。不同纬度的不同森林特征直接影响大气边界层的高度。

陆地及海洋生物通过光合作用的碳循环过程直接影响到大气 CO_2 浓度而导致全球变暖。海洋浮游生物产生的二甲基硫（DMS）和陆地植物释放的非甲烷烃类都会形成气溶胶，直接影响反照率与云量，影响大气辐射和大气化学。由陆地地表影响的风尘，在吹向海洋输送的长期增多情况下使海洋生物生产力增加而减少大气 CO_2，会造成大气降温。厄尔尼诺效应直接与陆地森林火灾和海洋鱼类死亡事件有关。

对地球系统科学的概念，很多学者理解是极广的，上至对流层，下至深海层、地幔

† 蒋有绪，2004，生态学报，24（8）：1824-1827。

构造等，产生了诸如深部生物圈的术语。因此，地球的生命不仅限于光合作用，也还见于深海原核生物的异养的新陈代谢型，在时间尺度就涉及泥盆纪、白垩纪的生命活动。但对生态学，特别是现代生态学来讲，我们关注的空间尺度是可以有手段，可以通过手段收集数据资料，可以比较有把握分析研究的那一部分，这就是“地球系统科学”中所包含的“地球表面系统”那个尺度范围。

“地球表面系统”（Earth surface system）（1985 年在 Landform 召开过地球表层研讨会）所指范围是大气圈的对流层、水圈、生物圈和岩石圈的地壳部分。各圈层被描述有：

“对流层”，即大气圈的底层，其厚度因地区和季节不同而异，在热带地区为 16～17km，温带地区 10～12km，两极地区 7～8km。夏季增厚，冬季变薄。各种天气变化和 CO_2、CH_4、水汽等温室产效应气体主要集中在这一层。

“水圈”，指包括海洋和陆地上的湖泊、河流、地下水、固态的冰川和雪。海洋的面积为 $3.16\times10^8km^2$，占全球表面积的 70.8%。海洋中水的质量为 $1.45\times10^{18}t$，约占全球总水量的 93%。

“生物圈”，指地球上的所有生物有机体，其厚度为 30km，上至大气圈平流层中部，下到深海海底。

“地壳”，为岩石圈，上部以莫霍面（地震波速急剧增加的边界层）与上地幔为界，其厚度在大陆平均为 35km，在海洋平均为 5.8km。地壳层又可分为土壤层（风化层和沉积层），也有人把地表中的土壤层称为“土壤圈”。

地球表面系统是一个巨大的复杂系统，是几个圈层相互作用、相互影响的整体。最活跃的过程表现为几个圈层间的界面过程。人类在这个大系统中越来越表现有重要作用。生物圈在这个系统的作用最近 50 年来被逐渐认识而凸现出来。20 世纪 60 年代末，70 年代初，英国地球物理学家 J. E. Lovelock 和美国生物学家 L. Margulis 提出 GAIA 假设。过去认为地球表面系统一直是由物理过程和化学过程支配的，而生物圈的作用是有限的，甚至是可以忽略的。他们批评了上述论点，而认为地球表面系统的几个圈层是一个整个的反馈和控制系统。这个系统通过自身调节和控制而寻求达到一个适合大多数生物均有最佳物理-化学环境条件。这个可调节的系统的关键是生物。地球表层的复杂性和多样化主要由生命和通过生命活动而表现出来。生物圈已进化成为一个自组织系统。自组织理论是研究全球生命系统与其环境协同进化的有力工具。自人类社会起始，地球表面系统中的生物圈有了新的特殊组成。自人类社会的工业化以后，人类活动逐渐成为影响和控制地球表面系统的重要因素。他所影响的这个系统是全球性的能量流动、物质循环和环境演变，而引发的事件的频度上、强度上甚至超过了自然因素和其他生物因素。而且人类的影响往往产生多重相互作用，以复杂方式通过地球表面系统产生级联效应。有人认为地球的动力学具有临界阈值和突变特征；人类活动有可能无意间触发一类超过阈值或诱发突变的变化，给地球带来灾难性后果。并且有人指出这种人为影响地球系统从一种运动状态向另一运动状态转换，同时可能是不可逆的。因此，有人干脆把自工业化以来的地球说成是“人类纪”（Anthropocene Era）的地史时期。

国际上对地球表面系统的研究的突出进展可体现在20世纪末开始的四大科学计划：即 WCRP（世界气候研究计划）、IGBP（国际地圈生物圈计划）、IHDP（国际人文因素计划）和 DIVERSITAS（国际生物多样性计划）。四大计划成立了地球系统科学联盟（ESSP）。

ESSP 又推出全球可持续性 4 大计划，即：GEP（全球碳计划）、GECAFS（全球环境变化与食物系统）、GWSP（全球水系统计划）和 GECHH（全球环境变化与人类健康）。

GCP 有 3 个主题：①格局与变率；②过程与相互作用；③碳循环的管理。

GECAFS 有 3 个主题：①脆弱性与影响；②适应性；③反馈（包含各不同地区、不同社团和不同生产者）。

GWSP 有 4 个主题：①文化的人类活动和环境因素导致全球水系统的变化的幅度有多大；②人类活动影响全球水系统的机理；③全球水系统对全球变化的弹性如何；④适应性如何，水管理系统和生态系统应对水问题的能力如何。以上包括对局部区域的影响和累积作用，关键阈值及变化特征，可持续的重要措施。

CECHH 主题是更好地理解全球变化与人类健康的多维和复杂的联系。

欧盟开展的“全球变化与生态系统”研究着重的方面是：①各种来源的温室气体排放和大气污染物对气候、臭氧耗减和碳汇（海洋、森林和土地）的影响和机理，改进预测与评估减缓其影响的选择；②水循环（包括与土壤方面）；③理解海洋和陆地生物多样性，海洋生态系统功能，基因资源变化，陆地与海洋生态系统可持续管理，人类活动与生态系统的相互作用；④荒漠化与自然灾害的机理；⑤可持续土地管理战略，包括综合的海岸带管理，农业和森林资源的多目标利用的综合概念，以及综合森林/木材链业务预报与模拟，包括全球变化观测系统。

由上可以看出自 20 世纪 90 年代以来，地球表面系统研究方向有以下变化：

（1）从认识地球系统基本规律的纯基础理论研究为主，向与人类社会可持续发展密切相关的实际问题研究；

（2）从研究人类活动对环境变化的影响发展到研究人类如何适应全球环境变化；

（3）在更高层次上进行综合集成研究，最明显的例子是以研究地球系统中生物地球化学过程为主的 IGBP，以研究物理气候系统过程为主的 WCRP 和以研究人类与地球环境变化相互关系为主的 IHDP 这三大国际计划之间的界限越来越模糊，科学问题越来越有更大的碰撞，所以目前国际上正在酝酿更大更综合的大型国际计划。

我国的地球表面系统的研究发展与导向，可以以国家自然科学基金的近几年的鼓励方向来说明：

主要有：亚洲气候环境系统与全球变化，地球系统中的水循环，海陆气系统中的碳循环，人类活动与环境变化，重要生物类群的起源、演化与环境制约，地球环境事件与生物多样性等。

此外，国家自然科学基金委员会还启动了“中国西部环境与生态科学研究计划”和“全球变化及其区域响应研究计划”，对地球表面系统科学涉及我国具体的科学问题都给予了较大力度的支持。最近 10 年来，特别是近 5 年来，我国在这个领域已取得以下进展：

在陆地表面系统的几个要素的研究都有所进展，如陆地表面的生物群区研究，生物群体及个体是陆地表面环境的标志，研究集中在：①生物个体作为独立单元，探讨其与无机界的相互作用；②群体特征探讨其与区域环境关系。在陆地表面区域气候研究，考虑到气候是陆地表面系统特征的重要表征要素，又是驱动陆地表面系统变化的动力源，地球外动力通过大气直接作用于陆地表面系统，改变其无机界和有机界，气候直接参与陆地系统的物质循环过程，物质转移过程，水文和生物过程，其进展主要围绕阐明此类关系的研究。陆地表面土壤圈研究进展进一步阐明了陆地表面许多关键过程都发生在土壤圈层中，土壤是无机-有机、有机-无机转化的载体，是从微观尺度揭示陆地表面物质变化的关键。陆地表面水文研究证明了水文是陆地表面活跃的环境要素之一，是陆地地表形态演化的动力源；是物质转移的重要介质，是生命系统的重要元素。陆地地表人文要素，在加速化石能源释放，改变土地利用格局方面有不少进展。但总的讲，对上述地表要素的关系研究则相对薄弱。因此，针对在地球表面系统的大框架中今后如何开展陆地生态系统功能与过程的研究应注意以下几点。

（1）把生态学理论和方法应用到地球表面陆地过程中去，即针对生态系统陆地地表系统过程的影响和对过程的反馈关系，重点还是生态学问题，而不是非生物、非生态过程。

（2）在地球表面系统研究中的几个层面，注意生态系统与大气，生态系统与地圈的界面间的物质能量过程，它们的源、汇，集聚、扩散、交换等迁移传输路线，动力学，探明地圈-生物圈，生物圈-大气圈之间的链环关系。

（3）由目前 CO_2 通量研究扩展到 N、S、甲烷通量，紧密联系它们对地球表面和生态系统的影响，特别是联系臭氧洞，地球灾难和环境保护等重要问题。

地球系统和地球表面系统观测近 10 余年来的快速发展，主要取决于观测手段和能力，以及现代分析技术和模型的发展有了很大的提高，如在观测技术方面的进展有：

①在地球运动学方面有全球定位系统；干涉合成孔径雷达，测高法的改善，验潮仪的应用；②在地球定向（排列）方面有 VLBI 长基线干涉测定，SLR 卫星激光测距，LLR 月球激光测距，陆地旋转速率传感；③在地球势能方面有高-低系统模拟试验、低-低系统模拟试验，重力梯度测量，无向量/向量-地磁仪，航空/舰船传感仪。

以上共同构成了地球系统的集成监测系统。

现代化分析技术的发展已可对海洋湖泊沉积、冰芯记录在年代和季节的时间系列分析做到十分精确，以反映太阳黑子活动和气候的变化；对物质和元素含量、起源、集聚、释放的迁移可有清晰的解释；对气体水合物（即气体如甲烷、CO_2、硫化氢等和水构成的一种固态的似冰状的化合物）形成于海底的沉积物或大陆冰冻层之中的新的分子结构物，是认识全球气候变化的关键，在测定上也有了办法；对矿物表层多相过程的开端一系列新的仪器，如透射电子显微镜（FEM）、光栅探针显微术的发展等以上逐渐形成了地质分析的整体分析技术（Bulk analysis），如智能化 XRF 技术（电感耦合等离子体发射光谱），高灵敏度 ICP-MS 技术——痕量、超痕量元素及同位素分析技术，全反射 XRF（T RXRF）新技术-微量样品的超痕量分析及表面分析技术。

在遥感及高空观测地表层大气运动方面已有由百叶箱开始，观测长竿、观测站、系留气球、探测飞机、等容气球、无线电探空仪和卫星遥感信息手段共同组成的由地面 1000 多米乃至高空的立体观测系统。

对生态学如何介入地球表面系统科学研究，也即在地球表面过程中如何把生物学过程、生态学过程与地球表面的物理、化学过程，如水文过程、大气过程、地球生物化学过程予以整合，真正做到发挥多学科、多领域的共同探讨研究地球表面系统科学，以期对人类当前生存最有关系的一个空间圈层尺度的研究深入下去，首先仍要对陆地表面各类生态系统的生态学过程研究入手，有重要的科学积累，但由于生态系统的研究尺度与地学、大气科学研究的尺度不同，要首先解决好生态学的大尺度的过程的演绎，即把陆地表面各类生态系统的功能过程和组成结构演变过程整合到区域、流域的尺度，才有可能与相应空间尺度的地学、大气过程去耦合。因此，生态学在地球表面科学中的工作，首先要把生态系统的成果整合和大尺度化，“整合”和“尺度转化”仍然是国际生态学研究的共同难点。其次，生态学长期观测研究也应在生态系统长期定位观测的水平上拓展，一是指观测内容的拓展，二是指观测空间的拓展。争取在观测目标、手段方法上尽量与地球表面系统的观测相靠拢、相融合、相同步。因此，在定位观测的学科上应多与地学、大气科学、数学等领域的学科联手合作。目前，中国科学院已经在已拥有的生态系统定位观测研究站网中有 20 个增加了碳通量的观测，今后还要扩展至 S、甲烷等通量观测，以应对区域和全球变化的目标研究，这些通量观测站组成了 FLUX China，并参与全球 FLUX 联网。一些有预见的科学家和科研院校单位已经酝酿建立地球表面系统过程的观测站区。

当前正是我国生态学界与地学界、大气科学界共同开展地球表面系统科学研究的好时机，这是一个从头即开始注重整合的科学发展方向，对生态学来讲，有以下几点建议供参考。

（1）除中国科学院外，林业、农业部门也应考虑把原有的生态系统定位观测站中有条件、有基础的站先升格为通量观测站；在全国各系统部门中的台站中，共同考虑在地势和大气活动有重大意义的地区联手建立若干个地球表面过程观测区（站），国家科技部应予支持。在一个观测站区应包括森林、农田、草地、湿地等所要反映区域和流域有代表性的生态系统类型和景观组成。

（2）通过香山科学会议或其他形式，由陆地生态系统、地学各学科、大气科学各学科的不同领域科学家深入探讨陆地表面系统过程的整合观测研究的途径，探讨申报国家基础科学重大研究项目的实施途径，以形成合力推动我国此领域研究。并在项目实施前，使科学家们有较多的时间进行学术思想和研究方法的准备。

（3）建议国家自然科学基金委员会在有关重点项目和“中国西部环境与生态科学研究计划”、“全球变化及其区域响应科学研究计划”项目成果基础上进行地球表面过程领域的若干整合性的整理和集成。

（4）积极参与国际的有关地球表面系统科学的研究计划。

（5）在我国生态学界重视研究解决各类生态过程的耦合和由生态系统功能过程的成果向区域和流域空间尺度上应用的科学技术难点。

主要参考文献

[1] 陈泮勤. 地球系统科学的发展与展望. 地球科学进展，2003，18（6）：974-979.
[2] 张志强. 国际地球科学与资源环境科学发展战略分析. 地球科学进展，2003，18（6）：960-973.
[3] 叶笃正，符淙斌，董文杰. 全球变化科学进展与未来趋势. 地球科学进展，2002，17（4）：467-476.
[4] 王毅民，王晓红，高玉淑. 地球科学中的现代分析技术. 地球科学进展，2003，18（3）：476-482.

[5] 方精云. 全球生态学-气候变化与生态响应. 北京：高等教育出版社，2000：1-24，212-221，258-264.
[6] 国家自然科学基金委员会地球科学部. 2003 年度国家自然科学基金项目指南（地球科学部分）. 地球科学进展，2002，17（6）：791-805.
[7] 国家自然科学基金委员会地球科学部. 2004 年度国家自然科学基金项目指南（地球科学部分）. 地球科学进展，2004，19（1）：1-11.
[8] 汪品先. 我国的地球系统科学研究向何处去. 地球科学进展，2003，18（6）：835-851.
[9] 郭晓寅，程国栋. 遥感技术应用于地表面蒸散发的研究进展. 地球科学进展，2004，19（1）：107-114.
[10] 刘春蓁. 气候变化对陆地水循环影响研究的问题. 地球科学进展，2004，19（1）：115-119.
[11] 戴民汉，翟惟东，鲁中明，等. 中国区域碳循环研究进展与展望. 地球科学进展，2004，19（1）：120-130.
[12] 德意志研究联合会（DFG）地球科学联合研究评议委员会. 地球工程技术——地球系统：从过程认识到地球管理. 孙成权，赵生才等译，兰州：兰州大学出版社，2003，11：50-71.
[13] Schellnhuber H J. “Earth system” analysis and the second copernican revolution. Nature，1999，402：C19-C22.

川西卧龙亚高山暗针叶林降水分配的研究——氢氧稳定同位素技术在森林水文过程研究中的应用

1　川西亚高山暗针叶林降水分配过程的氢稳定同位素特征†

20 世纪 50 年代初，稳定同位素技术开始被用于生命科学研究（Craig，1953）。大范围有组织的取样工作始于 1961 年（Craig，1961）。20 世纪 70 年代后期和 80 年代初稳定同位素技术在生态学领域受到重视并取得了一些可喜的成果（Ehleringer，1989；Wright，1980），近几十年来，稳定同位素技术在生态学研究领域迅速发展，并与遥感技术数学模型一并被认为是生态学的三大现代技术（林光辉等，1995）。

地球表面的水通过蒸发、凝聚、降落、渗透和径流形成水循环。由于水分子的某些热力学性质与组成它的氢、氧原子的质量有关，因而在水循环过程中会产生同位素分馏。水中的氢含有 H（氢）、D（氘）、T（氚）3 种同位素原子。同位素地球化学把同种元素的 2 种不同同位素原子数目比，称为同位素比值。为了便于比较，国际上规定统一采用待测样品中某元素的同位素比值与标准样品的同种元素的相应同位素比值的相对千分差作为量度，记作为δ值，如水：

$$\delta \mathrm{D}=[(R_{样品}/R_{标准})-1]\times 1000$$

式中：$R_{样品}$为样品同位素（D/H）比值，$R_{标准}$为标准样品（标准平均海水）同位素（D/H）比值，δ 值单位为‰。

不同水体在形成的过程中，由于处于不同的物理、化学条件下，它们所含的各种同位素原子数目也会发生相应的变化，同位素组成（δ值）也随之改变。利用天然水体的稳定同位素特征去研究水源的形成、运移、混合等动态过程，揭示不同水体的补径排关系和不同水文地质单元的关系，称为稳定同位素示踪，因其变化受环境因素支配，又称为环境同位素示踪。

森林植被对水文过程的影响是其重要生态功能之一，也是学术界广为关注的问题（蒋有绪，1995）。在研究森林水文过程和森林其对径流影响过程中，已存在于水分子中的稳定氢同位素可以作为良好的示踪剂。随着科学技术的发展，稳定同位素方法已被广泛应用于研究自然界水循环过程（曹燕丽等，2002；石辉等，2003）。国外这方面研究较多（Fahey，1988；Cormie，1994；Lisa，2000；Takashi，2000；Donald，2003；Marfia，2004）。在我国，程汝楠（1988）通过采集地表水、雨水、地下水样品，研究了禹城地区的水分循环，发现降水、河水、地下水中的 δD 值差异明显。尹观（2000）运用

---

† 徐庆，安树青，刘世荣，蒋有绪，崔军，2005，林业科学，41（4）：7-12。

天然水的稳定氢氧同位素示踪技术追溯四川九寨沟水的来源及运移过程，研究九寨沟水循环系统，即大气降水、地表水和地下水的动态转换关系。揭示不同水体的补排和不同水文地质单元之间的水力联系。稳定同位素技术的应用为水循环研究提供了新的手段。

卧龙自然保护区是以保护大熊猫为主的珍贵动植物和高山生态系统的重点保护区之一。它位于长江上游，是长江重要支流岷江的源头地区，对于保持水土、涵养水源、维持生态平衡起着重要作用。关于川西亚高山暗针叶林生态系统水循环的研究，大多侧重采用传统方法观测林中单个水分因子的变化特点，如降水量、降水强度、降水频度、径流、土壤含水率等（马雪华，1983），而对其综合性的研究和分析较少，运用稳定同位素技术研究暗针叶林内降水分配过程目前还是空白。本文试用稳定氢同位素技术研究卧龙自然保护区巴郎山亚高山原始暗针叶林的降水、林冠穿透水和壤中流的转化过程及亚高山原始暗针叶林对水文过程的影响，探讨森林植被结构对水文过程的调控能力，为揭示森林植被对区域洪涝灾害与水资源的调控机制提供科学依据。

1.1　研究地区概况

研究地点位于四川卧龙自然保护区亚高山暗针叶林生态系统定位研究站，巴郎山阴坡，北纬 30°45′～31°25′，东经 102°52′～103°24′；海拔 2750～2950m。根据 2001～2003 年卧龙生态定位站资料，本研究区年降水量为 884.24mm，降水天数长达 200 天以上，年平均相对湿度 80.1%。1 月平均降水量为 5.9mm，7 月平均降雨量为 193.1mm，降雨量集中在 5～9 月份，占全年降雨量的 81.07%。降水量月变化大致呈单峰型分布，具较典型的内陆降水分布特征。气温的季节变化则呈单峰型分布，从 3 月开始升温，至 7 月达到最高峰，而后逐渐回落。区内平均气温 10.05℃，2 月平均气温–4.5℃，7 月平均气温 20.4℃。

1.2　研究方法

研究地点处于卧龙生态系统定位站亚高山暗针叶林中，沿海拔梯度每隔 100m 选择 1 个固定的典型样地（10m×10m）。三个样地群落特征和生境特点见表 1。

在暗针叶林附近约 30m 处无林地气象站采集降水，在 A、B、C 三个样地内采集林冠穿透雨水样。在 A 样地深 1.2m 处，采集壤中流水样。

采样时间为 2003 年 7～9 月。采样频率：无雨或者小雨时，5 天 1 次；大雨（≥10mm，接着以 10mm 为梯度）连续采样 10 天。分三个时段采集样品。采样Ⅰ期：7 月 28 日至 8 月 6 日（降水为 0～10mm 级）；采样Ⅱ期：8 月 10～20 日（降水为 10～20mm 级）；采样Ⅲ期：8 月 30 日至 9 月 8 日（降水为 20～30mm 级）。7 月 24 日、8 月 24 日采集对照样品，收集降水时间为早晨 8：00。共采集 88 个水样，其中降水样 20 个，穿透水样 36 个，壤中流水样 32 个。气象数据由卧龙亚高山暗针叶林生态系统定位站无林地和林内两个气候观测站提供。

所有水样 δD 的测定由中国科学院北京植物所生态中心稳定同位素实验室 Delta plus XP 和 TC/EA 2 气体质谱仪完成的。δD 用高温气体转化方法测定，标准误差为±3‰。

表 1　四川卧龙亚高山暗针叶林三个样地群落特征和生境特点坡度

研究样地	群落类型	海拔/m	坡度/(°)	土壤特性	主要植物组成
A	岷江冷杉-箭竹群落 *Abies faxoniana-Bashania angiana*	2750	50	山地暗棕壤	乔木层：岷江冷杉（*Abies faxoniana*）、红桦（*Betula albo-sinensis*）和铁杉（*Tsuga chinensis*）等；灌木层：冷箭竹（*Bashania fangiana*）、巴朗杜鹃（*Rh. balangense*）、陇塞忍冬（*Lonicera tangutica*）和鞭打绣球（*Hemiphragma heterophyllum*）草本层：阔柄蟹甲草（*Cacalia latipes*）、掌叶蟹甲草（*Cacalia palmatisecta*）、齿头鳞毛蕨（*Dryopteris labordei*）、细辛（*Asarum himalaicam*）地被层：塔藓（*Hylocomium splendens*）、垂枝藓（*Rhytidium rugosum*）等
B	岷江冷杉-箭竹群落 *Abies faxoniana-Bashania angiana*	2850	35	山地棕色暗针叶林土	乔木层：岷江冷杉（*Abies faxoniana*）灌木层：冷箭竹（*Bashania fangiana*）、陇塞忍冬（*Lonicera tangutica*）、鞭打绣球（*Hemiphragma heterophyllum*）等；草本层：膨囊薹草（*Carex lehmanii*）和阔柄蟹甲草（*Cacalia latipes*）等；地被层：塔藓（*Hylocomium splendens*）、山羽藓（*Abietinella abietina*）等
C	岷江冷杉-杜鹃群落 *Abies faxoniana Rhododendron faberi*	2950	40	山地棕色暗针叶林土	乔木层：岷江冷杉（*Abies faxoniana*）、大叶金顶杜鹃（*Rhododendron faberi*）、糙皮桦（*Betula utilis*）、疏花槭（*Aeer laxiflorum*）；灌木层：冷箭竹（*Bashania fangiana*）、陇塞忍冬（*Lonicera tangutica*）、鞭打绣球（*Hemiphragma heterophyllum*）等草本层：膨囊薹草（*Carex lehmanii*）、阔柄蟹甲草（*Cacalia latipes*）、齿头鳞毛蕨（*Dryopteris labordei*）等；地被层：塔藓（*Hylocomium splendens*）、山羽藓（*Abietinella abietina*）等

数据处理运用 SPSS 统计分析软件，并进行回归分析、F 检验和均值比较。

1.3　结果与分析

1.3.1　降水 δD 与降雨量的关系

随着降雨量的增加，降水 δD 逐渐降低。8 月 30 日降雨量最大，达 28.26mm，降水 δD 为 –136.397，8 月 30 日至 9 月 8 日，连续 5 场大雨（＞10mm），降水 δD 迅速下降，至 9 月 8 日，降雨量为 11mm，降水 δD 下降为–156.168（表 2）。根据 SPSS 统计分析软件，将降水 δD 与日降雨量作线性回归分析，结果为：$R^2=0.456$，$p=0.043<0.05$。显而易见，降水 δD 与日降雨量之间呈显著的负相关关系（图 1）。其降水 δD（y）与日降雨量（x）之间的线性回归方程为：$y=-2.024x-81.28$，样本数为 20，标准误差为 29.11，$F=4.73$，表明卧龙巴朗山亚高山暗针叶林降水 δD 与日降雨量之间表现较强的雨量效应特征。这一雨量效应在多数热带林和降水比较丰沛的地区表现的比较明显。雨滴下降过程中，与环境水汽进行同位素交换或蒸发作用可能是引起这种现象的原因。

1.3.2　降水 δD 与林冠穿透水 δD 的关系

卧龙地区巴朗山亚高山暗针叶林三个不同群落类型降水 δD 与林冠穿透水 δD 呈线

表 2　四川卧龙亚高山暗针叶林降水 δD、穿透水 δD 和降雨量随采样时间的变化

日期	降水量	降水 δD/‰	林冠穿透水 δD/‰		
			A 样地	B 样地	C 样地
07-24	5.62	−56.491			
07-26	5.95	−77.743			
07-28	9.99	−98.309	−115.001	−107.262	−104.012
08-03	5.97	−87.686	−92.571	−91.994	−89.308
08-06	4.91	−74.703	−80.852	−76.087	−76.114
08-09	15.66	−83.344			
08-10	3.20	−89.731	−77.658	−84.519	−83.355
08-11	3.98	−68.213	−60.205	−60.958	−62.231
08-13	6.60	−75.472			
08-15	14.80	−82.191	−89.300	−86.801	−87.500
08-24	9.94	−66.806	−74.438	−76.319	−71.345
08-27	3.30	−68.703			
08-29	2.52	−103.151			
08-30	28.26	−136.397	−136.734	−127.228	−132.479
08-31	3.02	−127.925	−115.121	−113.182	−111.879
09-01	12.65	−133.536	−152.700	−152.190	−151.000
09-03	4.63	−130.360	−132.000	−127.900	−128.700
09-06	25.25	−138.592	−134.700	−136.100	−136.900
09-07	12.32	−153.718			
09-08	11.000	−156.168			

形相关性显著（图 1）。但同一植被类型 3 个不同海拔高度 A、B 和 C 三个样地之间林冠穿透水 δD 差异不显著，$p=0.99>0.05$。根据 SPSS 分析软件统计分析表明：降雨量和降水 δD 与林冠穿透水 δD 的差值（用ΔδD 表示）差异显著，$p<0.05$。不同海拔高度 A、B 和 C 样地中ΔδD 差异不显著，$p>0.05$。

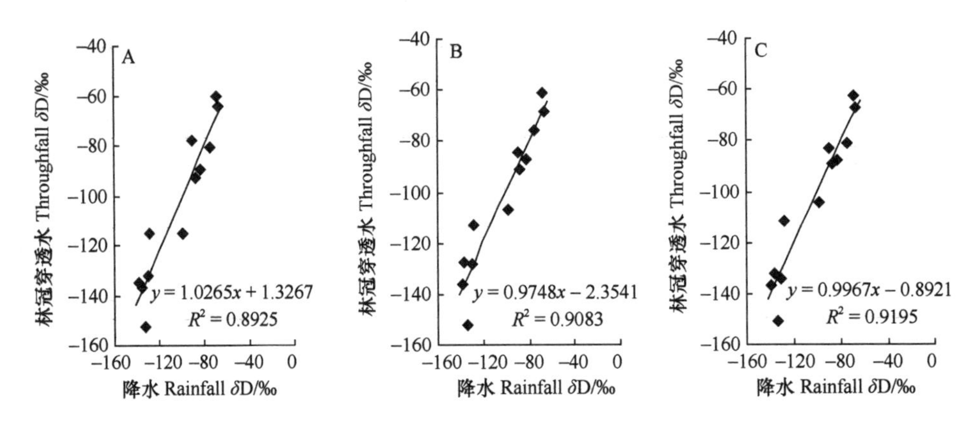

图 1　降水 δD 与林冠穿透水 δD相关性

从图 2 可以看出，A、B、C 3 个群落中的降水与林冠穿透水的差值（$\Delta\delta D$）随着日降雨量的增大呈现偏正态结构（图 2）。当 4.91mm≤降水量＜25.25mm 时，A、B、C 三个群落中的$\Delta\delta D$＞0；当降水量＜4.91mm 和降水量＞25.25mm 时，$\Delta\delta D$＜0，且当降水量为 12.65mm 时，$\Delta\delta D$ 值最大。这是由于当时冠层蒸散过程和降水过程相互作用决定的，受气象因子和环境因子影响，地面水分对大气降水组成的改造能力不同，使得雨滴中氢氧同位素组成发生改变，如：降雨量多少，蒸发量大小，空气湿度大小，林冠的大小等都有可能改变氢同位素组成（尹观，1988；Paul et al.，2000）。从亚高山暗针叶林生态系统提供的气象数据看，当降雨量为 12.65mm，蒸发量为最大，林内蒸发量为 1.1，林外蒸发量为 4.4，温度也最高 13℃（图 3，图 4）。

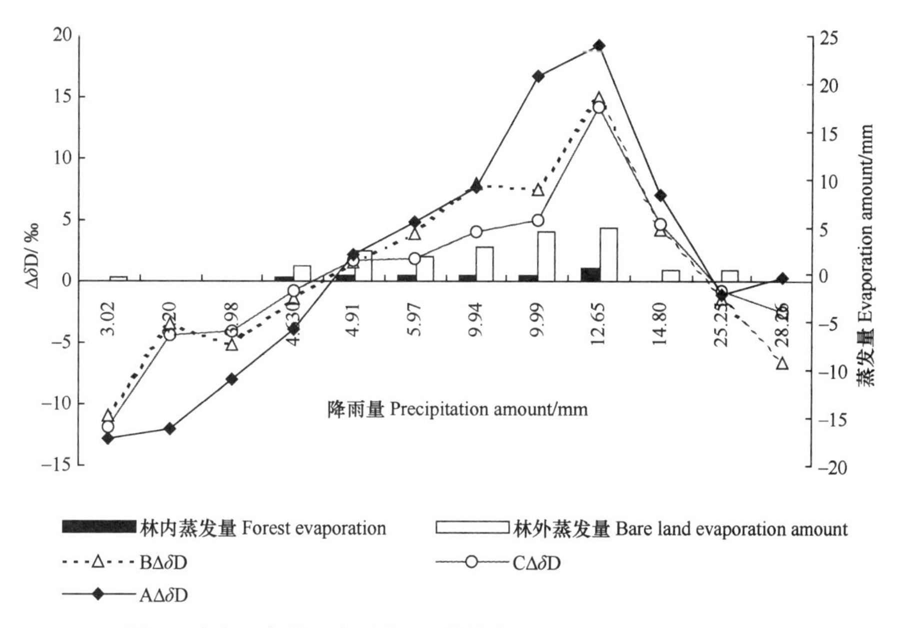

图 2 降水δD与林冠穿透水 δD的差值（$\triangle\delta D$）随降水量的变化

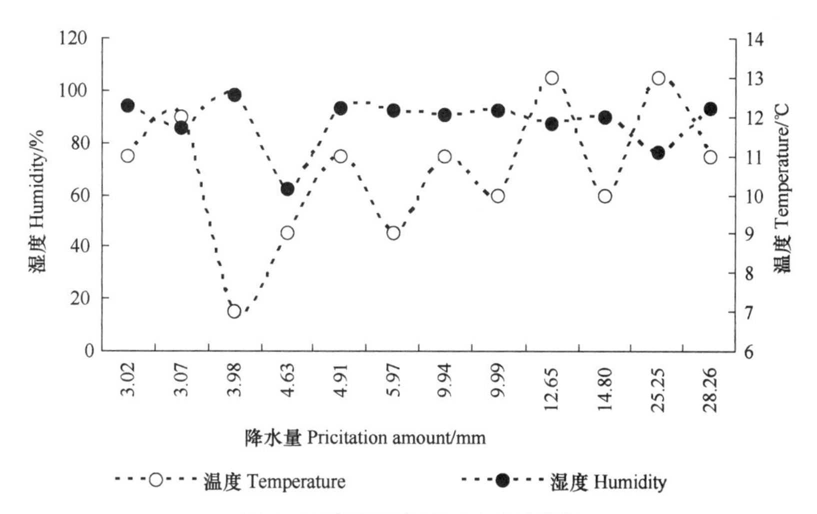

图 3 温度和湿度随降水量的变化

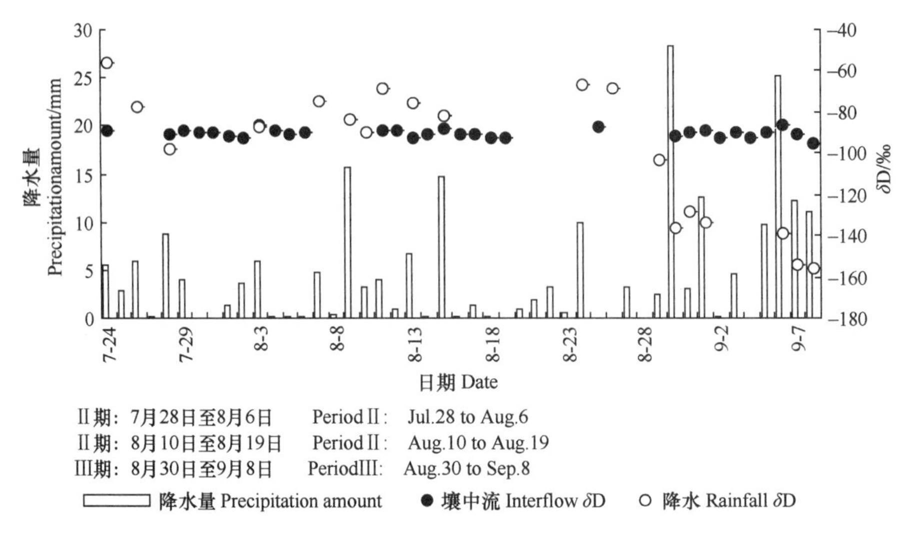

图 4　降水量、降水δD和壤中流δD随日期的变化

温度高时，水的蒸发速度很快，水汽之间的同位素分馏就会出现不平衡，这时整个生态系统水体的同位素分馏主要受动力同位素效应支配，大气降水的水滴与空气中的水滴发生交换，使得大气降水 δD 值升高，造成ΔδD＞0。当温度低时，水的蒸发速度很慢，在水汽界面处实际上已处于同位素平衡状态。如果水的蒸发是在开放条件下，即液相得到足够的补充，则可以认为其同位素组成保持不变，这时蒸气相和液相的分馏系数（α）就等于轻、重同位素水分子的蒸汽压之比，ΔδD＜0（尹观，1988；Paul G et al.，2000）。

1.3.3　降水 δD 与壤中流的关系

从图 4 可以看出，降水强度对壤中流 δD 的影响微弱。降水量在 0～10mm 时，即采样 I 期（7 月 28 日至 8 月 6 日），降水对壤中流的影响甚微。壤中流 δD 值接近降水 δD 的平均值。降水 δD 的降低引起壤中流 δD 降低，这种影响在降雨第 4 天才滞后发生。降水量在 10～20mm 时，即采样Ⅱ期（8 月 10 日至 8 月 19 日），在降水量、日平均降水量较大和降水连续性较高时，如第Ⅱ采样期间，前 6 天几乎每日下一场雨，降水 δD 的升高或降低引起壤中流 δD 降低，这种影响在降雨第 2～3 天滞后发生。降水量在 20～30mm 时，即采样Ⅲ期（8 月 30 日至 9 月 8 日），前三天也是每天一场雨，壤中流 δD 变化曲线随雨水的 δD 变化曲线变化而有微弱变化，这种影响在降雨当天或第 2 天发生。从图 4 可以看出，8 月 30 日至 9 月 8 日，连续降大雨 5 天（降水量≥10mm），8 月 30 日降水量最大增加到为 28.26mm 时，降水 δD 更负值，这是由于降水中重同位素已优先降落，云团中留下为轻同位素，故导致后来降水 δD 值减小。

壤中流对雨水的反应，可以用降雨前土壤浅层非饱和带减少非本次降水（旧水）被置换速度的差异来解释。前期研究（顾慰祖，1992）表明，壤中流中往往含有非本次降水的成分，土壤非饱和带壤中流中一定含非本次降雨的成分，且此成分在降雨径流过程中存在时程变化；对不同径流组成的流量过程，非本次降雨所占比重不同。留存于土壤水中的非本次降水（“旧水”）因新的降水事件而被裹挟、置换或驱替，并与本次降水

（“δD 新水”）共同构成壤中流。任何降雨产流可以分解为土壤非饱和带旧水、本次降水和地下水。Takashi（2000）在使用氢氧同位素技术研究某山地小流域的径流特征时，把径流组成分解为事件水（event water）、事前水（pre-event water）、地下水（ground water）。一定强度降雨发生时，径流最先受本次降水即事件水的影响，本次降水形成坡面流或者部分渗入地下融入壤中流，因此本次降水在雨后还会有一部分存留在土壤中慢慢释放出来；事前水即土壤旧水在降雨发生时则被本次降水的作用而导致的壤中流挤压出来影响径流组成；壤中流则比较稳定，受降雨的影响很微弱。

1.3.4 穿透水 δD 与壤中流 δD 的关系

从图 5 可以看出，随日降雨量的增加，穿透水 δD 随降水 δD 升高（或降低）而升高（或降低），几乎同步波动。根据 SPSS 统计分析软件 ANOVA 方差分析表明，降水 δD 与壤中流 δD 差异显著（$p=0.049$）；穿透水 δD 与壤中流 δD 差异显著（$p=0.033$）。降水 δD 与穿透水 δD，差异不显著（$p=0.863$）。进一步研究表明，主要来自于大气降水的穿透水，对壤中流的补给与降水的补给格局相同，有补给但不一定是当日当次的直接补给，壤中流中含有非本次降水补给的成分。

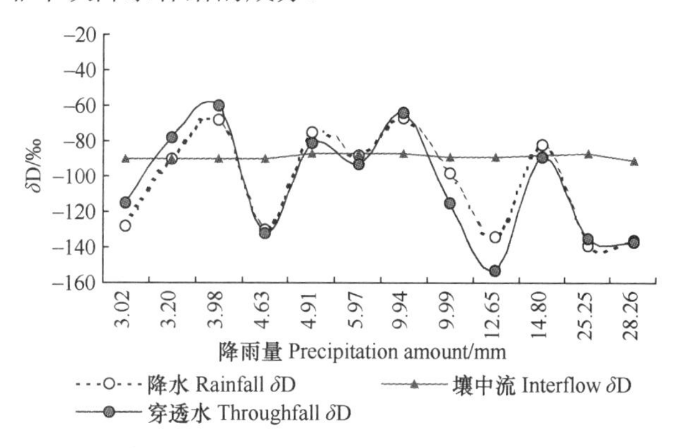

图 5 穿透水δD与壤中流δD随降雨量的变化

1.4 结论

卧龙地区巴朗山亚高山暗针叶林夏季降水 δD 与降雨量负相关显著（$R^2=0.456$，$p<0.05$）。降水 δD 与林冠穿透水 δD 差异不显著，降水 δD 与壤中流 δD，穿透水 δD 与壤中流 δD 差异显著，从而说明林冠穿透水主要来源于当次降水。而壤中流一定含非本次降雨的成分，是“旧水”和“新水”的混合。

三个不同群落中的降水 δD 与林冠穿透水 δD 的差值（ΔδD）随着降雨量的增大呈现偏正态结构，当 4.91≤降水量＜25.25mm 时，ΔδD＞0；当 25.25mm＜降水量及降水量＜4.91mm 时，ΔδD＜0，而且，当降水量为 12.65mm 时，ΔδD 值最大，表明影响穿透水同位素值的因素不仅仅是水分蒸发和植被对降水的截留，而应是多种因素（温度、湿度、蒸发等）的综合效应。

受亚高山暗针叶林对大气降水水分配和水文过程的调节作用，壤中流 δD 相对稳定；壤中流 δD 及其变化动态与降水有明显差异，表明其补给来源受降水的影响，但不是当日当次降水直接补给来源。这显示出亚高山暗针叶林植被结构对壤中流显著的调控作用。不同的降水强度对同一植被类型壤中流的 δD 的影响微弱。当降水量 0～10mm 时，降水对壤中流的影响甚微。壤中流 δD 值接近降水 δD 的平均值。降水 δD 的降低引起壤中流 δD 降低，这种影响在降雨第 4 天才滞后发生。当降水量在 10～20mm 时，在降水量、日平均降水量较大和降水连续性较高时，降水 δD 的升高或降低引起壤中流 δD 升高或降低，这种影响在降雨第 2～3 天滞后发生。降水量在 20～30mm 时，壤中流 δD 变化曲线随雨水的 δD 变化曲线而变化，这种影响在降雨当天或第 2 天发生。

参 考 文 献

[1] 曹燕丽，卢琦，林光辉. 2002. 氢稳定性同位素确定植物水源的应用与前景. 生态学报，2002，22（1）：110-117.
[2] 程汝楠. 1988. 应用天然同位素示踪水量转换. 刘昌明，任鸿遵主编. 水量转换——实验与计算分析. 北京：科学出版社，33-50.
[3] 顾慰祖. 1992. 集水区降雨径流响应的环境同位素实验研究. 水科学进展，3（4）：247-254.
[4] 林光辉，柯渊. 1995. 稳定同位素技术与全球变化研究. 李博主编. 现代生态学讲座. 北京：科学出版社：161-188.
[5] 蒋有绪. 1995. 世界森林生态系统结构与功能的研究综述. 林业科学研究，8（3）：314-321.
[6] 马雪华. 1993. 森林水文学. 北京：中国林业出版社.
[7] 石辉，刘世荣，赵晓广. 2003. 稳定性氢氧同位素在水分循环中的应用. 水土保持学报，17（2）：163-166.
[8] 尹观. 1988. 同位素水文地球化学. 成都科技大学出版社.
[9] 尹观，范晓，郭建强等. 2000. 四川九寨沟水循环系统的同位素示踪. 地理学报，55（4）：487-494.
[10] 王恒纯. 1991. 同位素水文地质概论. 地质出版社：11-26.
[11] Craig H. 1953. The geochemistry of stable carbon isotopes. Geochima Cosmochemica Acta：53-92.
[12] Craig H . 1961. Isotopic variations in meteoric water. Science，133：1702-1703.
[13] Dansgard W. 1964. Stable isotopes in precipitation. Tellus，16（4）：436-468.
[14] Donald L Phillips，Jillian W Gregg. 2003. Source partitioning using stable isotopes：coping with too many sources. Oecologia，236：261-269.
[15] Ehleringer J R，Nagy K A. Nagy（eds）. 1988. Ecological Studies. Vol. 68. Stable isotopes in Ecological Research. Springer-Verlag，Heidelberg：1-15.
[16] Fahey T J，Yavitt B，Joyce G. 1988. Precipitation and throughfall chemistry inpinuscontortassp. Latifoliaecosystems，southeastern Wyoming. Can J For Res，18：337-345.
[17] Marfia A M，Krishnamurthy R V，Atekwana E. 2004. A Isotopic and gepchemical evolution of ground and surface waters in a karst dominated geological setting：a case study from Belize，Central America，Applied Geochemistry，19：937-946.
[18] Paul G，Martin W. 2000. Effects of evaporative enrichment on the stable isotope hydrology of a central Florida（USA）river. Hydrological processes，14，1465-1484.
[19] Stratton L C，Guillermo G，Frederick C M. 2000. Temporal and spatial partitioning of water resources among eight woody species in a Hawaiian dry forest. Oecologia，124：309-317.
[20] Wright C E. 1980. Surface water and groundwater interaction. UNESCO：53-59.
[21] Takashi Satio. 2000. Runoff characteristics in a small mountain basin by the use of hydrogen and oxygen stable isotopes. Limonology，1：217-224.
[22] Taylor S Feild，Todd E Dawson. 1998. water sources used by Didymopanax pittieri at different life Stages in a tropical cloud forest. Ecology，37（9）：235-238.
[23] Zeigler H，Osmond C B，Stickler W，Trimborn D. 1976. Hydrogen isotope discrimination in higher plants：correlation with photosynthetic pathway and environment. Planta，128：35-92.

2　川西亚高山暗针叶林降水分配过程中氧稳定同位素特征†

森林植被对水文过程的影响是其重要生态功能之一，也是学术界广为关注的问题

---

† 徐庆，刘世荣，安树青，蒋有绪，王中生，刘京涛，2006，植物生态学报，30（1）：83-89。

（蒋有绪，1995）。在研究森林植被对水文过程的影响中，已存在于水分子中的稳定同位素可以作为良好的示踪剂（林光辉和柯渊，1995）。国外这方面研究较多（Craig，1961；Dansgaard，1964；Luiz et al.，1996；Miller，1996；Taylor & Dawson，1998；Welker，2000；Takashi，2000；Donald & Jillion，2003；Marfia et al.，2004）。在国内，顾慰祖（1992）利用 ^{3}H 和 ^{18}O 研究了集水区内降雨和径流的响应关系，发现地表径流必源于本次降雨的概念不明确，其中往往有非本次降雨的水量。尹观等（2000）运用天然水的稳定氢氧同位素示踪技术追溯四川九寨沟水的来源及运移过程及其水循环系统，即大气降水、地表水和地下水的动态转换关系；揭示了不同水体的补排关系和不同水文地质单元之间的水力联系。田立德等（1997）研究拉萨夏季降水中氧稳定同位素变化特征，拉萨雨季降水中 $\delta^{18}O$ 的变化规律以及与气温和降水之间的关系。随着科学技术的发展，稳定同位素方法已被广泛应用于研究自然界水循环过程（石辉等，2003）。但国内在该方面的研究严重不足。

卧龙自然保护区是我国以保护大熊猫为主的珍稀动植物和高山生态系统的重点保护区之一，分布于长江上游及其支流的源头地区，同时，对保持水土、涵养水源、维持长江上游水系的生态平衡起着重要作用。关于川西亚高山暗针叶林生态系统水分循环的研究，大多侧重采用传统方法观测林中单个水分因子的变化特点，如降水量、降水强度、降水频度、土壤含水率、穿透水率及空间分布等，而对其综合性的研究和分析较少（马雪华，1983；巩合德和王开运，2003；李振新，2004；李崇伟，2005）。运用稳定氧同位素技术研究暗针叶林内降水分配过程目前还是空白。本文试用稳定氧同位素技术研究卧龙自然保护区巴郎山亚高山原始暗针叶林的降水、林冠穿透水和壤中流的转化过程及亚高山原始暗针叶林对水文过程的影响，探讨森林植被结构对水文过程的调控能力，为揭示森林植被对区域洪涝灾害与水资源的调控机制提供科学依据。

2.1 研究方法

在卧龙邓生亚高山暗针叶林生态系统定位站附近暗针叶林中，沿海拔梯度每隔 100m 选择 1 个固定的典型性样地（10m×10m）。3 个样地群落类型和生境特点见表 1。

2.1.1 取样方法

在暗针叶林研究样地附近约 30m 处无林地气象站采集降水。在暗针叶林 A、B、C 3 个样地内随机放置 9 个（每个样地 3 个）直径为 30cm 的自制雨量筒（镀锌铁皮制作，圆锥形，上直径×下直径×高为 30cm×25cm×40cm）用于测定林内穿透雨量，在雨量筒中采集穿透水。雨量筒直接安放在林地地面，因为林地表面有较好的苔藓层和枯枝落叶层覆盖，因此不会有雨滴从外部溅入筒内。在 A 样地深 1.2m 处，采集壤中流水样。

降水采样时间为 2003 年 7 月 24 日～9 月 8 日，每天 1 次。壤中流采样频率：无雨或者小雨时，每 5 天 1 次；降雨后连续采样 10 天。即分 3 个时段采集样品。采样Ⅰ期：7 月 28 日至 8 月 6 日（降水为≤10mm 级）；采样Ⅱ期：8 月 9 日至 18 日（降水为 10～20mm 级）；采样Ⅲ期：8 月 30 日至 9 月 8 日（降水为 20～30mm 级）。7 月 24 日、8 月 24 日采集对照样品。

所有的水样，迅速装入采样瓶，拧好瓶盖，并用薄膜密封，置于−5～0℃冰柜保存。收集降水、穿透水、壤中流水样时间为早晨8：00。共采集91个水样，其中降水样20个，穿透水样39个，壤中流水样32个。

2.1.2　样品测试方法

所有水样$\delta^{18}O$的测定由中国科学院北京植物所生态中心稳定同位素实验室Delta plus XP和TC/EA 2气体质谱仪完成的。$\delta^{18}O$用高温气体转化方法测定，精度为±0.3‰。

氧稳定同位素组成采用是千分偏差值（δ）法表示，即根据国际上规定统一采用待测样品中某元素的同位素比值与标准物质的同种元素的相应同位素比值的相对千分差作为量度，记作为δ值（尹观，1988）。

$$\delta^{18}O=[\frac{(^{18}O/^{16}O)_{smaple}-(^{18}O/^{16}O)_{SMOW}}{(^{18}O/^{16}O)_{SMOW}}]\times10^3$$

2.1.2　数据分析

每个样地内穿透雨量计算分别为3个雨量筒中的穿透水量的平均值。数据统计分析处理运用SPSS统计分析软件，并进行回归分析、F检验及用ANOVA作方差分析均值比较。

2.1.3　气象数据获取

气象数据（降水量、温度、湿度和蒸发量等）由卧龙亚高山暗针叶林生态系统定位站无林地和林内两个气候观测站提供。林内气象站自记雨量计（DSJ2型，天津气象仪器厂）测量天然降水量（P），并与约300m外的邓生定位站的SM_1型标准雨量计做比较。

2.2　结果与分析

2.2.1　降水$\delta^{18}O$与降水量的关系

从图1可以看出，随着降雨量的增加，降水$\delta^{18}O$有所降低。8月30日降雨量最大，达28.26mm，降水$\delta^{18}O$为−16.568，8月30日至9月8日，连续5场大雨（＞10mm），降水$\delta^{18}O$迅速下降，至9月8日，降水$\delta^{18}O$下降为−17.731。根据SPSS统计分析软件，将降水$\delta^{18}O$与日降雨量作线性回归分析，结果为：$R^2=0.375$，$p=0.103>0.05$，$n=20$。降水$\delta^{18}O$与日降雨量之间线形负相关性不显著，表明卧龙亚高山暗针叶林降水$\delta^{18}O$与日降雨量之间的雨量效应不显著。

2.2.2　降水$\delta^{18}O$与林冠穿透水$\delta^{18}O$的关系

卧龙巴朗山亚高山暗针叶林3个群落中降水$\delta^{18}O$（y）与林冠穿透水$\delta^{18}O$（x）呈显著线形相关（图2）。

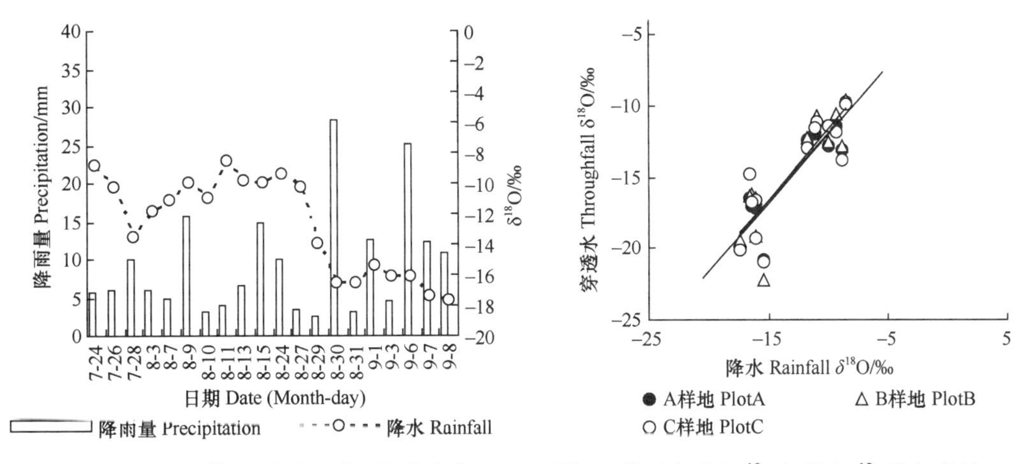

图 1　降水δ^{18}O与降水量随日期的变化　　　图 2　林冠穿透水δ^{18}O与降水δ^{18}O的相关性

其中，A 样地：$y_1=0.9706x_1-2.2542$，$R_1^2=0.7962$，$p<0.05$，$F=42.97$；B 样地：$y_2=0.997\,6x_2-1.6321$，$R_2^2=0.7297$，$p<0.05$，$F=29.60$；C 样地：$y_3=0.9203x_3-2.7289$，$R_3^2=0.7065$，$p<0.05$，$F=26.47$。但 3 个样地 A、B 和 C 之间林冠穿透水δ^{18}O 差异不显著，$p>0.05$，$F=0.017$，$n=13$。因此，A、B 和 C 3 个样地的穿透水δ^{18}O 可以作为 3 个重复使用。

卧龙巴朗山亚高山暗针叶林中的降水 δ^{18}O 与穿透水 δ^{18}O 的差值（Δ=降水 δ^{18}O–穿透水 δ^{18}O）的均值随着日降雨量的增大呈现偏正态结构（图 3）。当降水量<3.20mm 时，Δ<0；当降水量>3.20mm 时，Δ>0，表示穿透水 ^{18}O 贫乏，降水 ^{18}O 富集，当降水量=12.65mm 时，Δ 值最大；其中，A 样地：Δ=5.39；B 样地：Δ=6.79；C 样地：Δ=5.59。

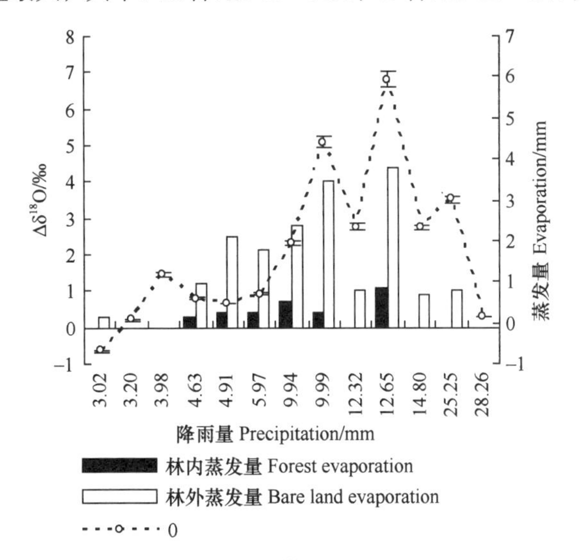

图 3　降水 δ^{18}O 与林冠穿透水 δ^{18}O 的差值（Δ）随降水量的变化

这是由于当时冠层蒸散过程和降水过程相互作用决定的（Fahey et al.，1988）。受气象因子和环境因子影响，地面水分对大气降水组成的改造能力不同，使得雨滴中氧同位素组成发生改变，如：降雨量、蒸发量、空气湿度、林冠的大小和郁闭度大小都有可能改变氧同位素组成。从亚高山暗针叶林生态系统提供的气象数据看，当降雨量为 12.65mm，蒸发量为最大，林内蒸发量为 1.1，林外蒸发量为 4.4，林内空气温度为最高 13℃，空气相对湿度为 87%（图 4）。

卧龙巴朗山亚高山暗针叶林林外降水量（y）与林内三个群落中林冠穿透水量（x）线形相关性显著（图 5）。$y=1.154x+2.454$，$R^2=0.986$，$p<0.05$，$F=395.82$；其中，A 样地：$y_1=1.027x_1+2.824$，$R_1^2=0.977$，$p<0.05$，$F=234.47$；B 样地：$y_2=1.358x_2+1.859$，$R_2^2=0.991$，$p<0.05$，$F=575.14$；C 样地：$y_3=1.10x_3+2.71$，$R_3^2=0.982$，$p<0.05$，$F=301.79$。

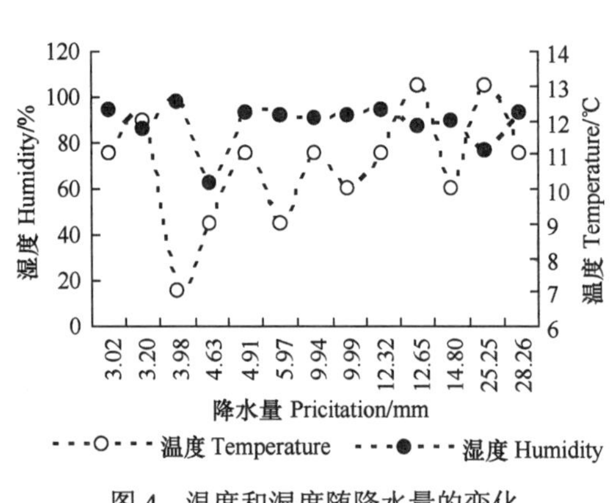

图 4　温度和湿度随降水量的变化

图 5　降水量与林内三个群落中林冠穿透水量

2.2.3　降水 $\delta^{18}O$ 与壤中流 $\delta^{18}O$ 的关系

不同的降水强度对同一植被类型壤中流 $\delta^{18}O$ 的影响程度不同。从图 6 可以看出，当降水量<10mm 时，即采样 I 期（7 月 28 日至 8 月 6 日），壤中流 $\delta^{18}O$ 值接近降水 $\delta^{18}O$ 的平均值；降水 $\delta^{18}O$ 的升高（或降低）引起壤中流 $\delta^{18}O$ 升高（或降低），这种影响在降雨第 4 天才滞后发生。当降水量在 10～20mm 时，即采样 II 期（8 月 9～18 日），在降水量、日平均降水量较大和降水连续性较高时，降水 $\delta^{18}O$ 的升高（或降低）引起壤中流 $\delta^{18}O$ 升高（或降低），这种影响在降雨第 2～3 天滞后发生。当降水量在 20～30mm 时，即采样III期（8 月 30 日至 9 月 8 日），壤中流 $\delta^{18}O$ 随雨水的 $\delta^{18}O$ 变化而变化，这种影响在降雨当天或第 2 天发生。

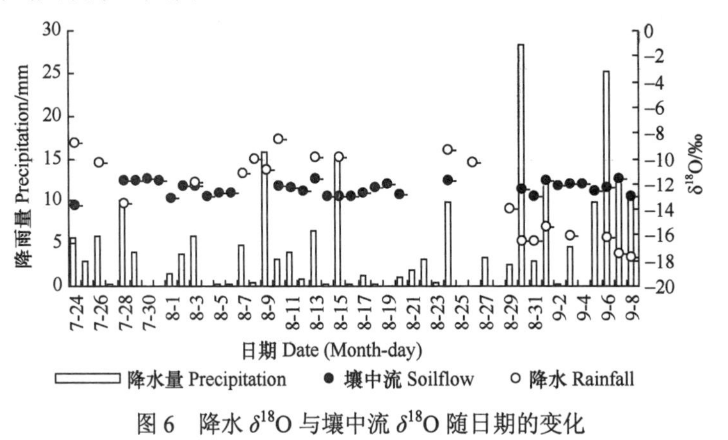

图 6　降水 $\delta^{18}O$ 与壤中流 $\delta^{18}O$ 随日期的变化

2.2.4 穿透水 $\delta^{18}O$ 与壤中流 $\delta^{18}O$ 的关系

将与穿透水 $\delta^{18}O$ 对应日期的壤中流 $\delta^{18}O$、降水 $\delta^{18}O$ 进行 ANOVA 均值比较（表 2）。降水 $\delta^{18}O$ 与穿透水 $\delta^{18}O$ 差异不显著，$p=0.491>0.05$。但穿透水 $\delta^{18}O$ 与壤中流 $\delta^{18}O$ 差异极显著，$p=0.025<0.05$，表明壤中流补给来源受降水的影响，但不是当日当次降水直接补给，壤中流中含有非本次降水补给的成分。

表 2　降水、穿透水及壤中流的 $\delta^{18}O$ 均值比较

	降水 Rainfall	穿透水 Throughfall	壤中流 Soilflow
降水 Rainfall	—	1.8725	–0.7948
穿透水 Throughfall	–1.8725		–2.6674*
壤中流 Soil flow	0.7948	2.6674*	—

* $P<0.05$

2.3 讨论与结论

卧龙亚高山原始暗针叶林中的降水 $\delta^{18}O$ 与林冠穿透水 $\delta^{18}O$ 的差值（Δ）的平均值随着降雨量的增大呈现偏正态结构。表明影响林内穿透水同位素值的因素不仅仅是水分蒸发和植被对降水的截留，而应是多种因素（温度、湿度、蒸发等）的综合效应（尹观，1988；Luiz，1996）。由于水分子的不同同位素成分的分馏系数依赖于环境温度的变化，根据气温可以计算不同同位素分馏过程的分馏系数（Majoure，1978）。随着水的不断蒸发，剩余水中的 $\delta^{18}O$ 逐渐升高（田立德等，2000）。温度高，蒸发量大时，水的蒸发速度进行得很快，水汽之间的同位素分馏就会出现不平衡状态，这时整个生态系统中水体的同位素分馏主要受动力同位素效应的支配，大气降水的水滴与空气中的水滴发生交换，即蒸发效应，使得大气降水 $\delta^{18}O$ 值升高，$\Delta>0$。当温度低，蒸发量为 0 时，水的蒸发过程进行得很慢或没有蒸发，在水汽界面处实际上已处于同位素平衡状态。如果水的蒸发是在开放条件下，即液相得到足够的补充，则可以认为其同位素组成保持不变，这时蒸气相和液相的分馏系数（α）就等于轻、重同位素水分子的蒸汽压之比，$\Delta<0$（尹观，1988；Paul & Martin，2000）。

不同的降水强度对同一植被类型壤中流 $\delta^{18}O$ 的影响程度不同。这种不同降雨强度条件下壤中流对雨水的反应，可以用土壤浅层非饱和带在降雨前就已存在的非本次降水（旧水）被置换速度的差异来解释。前期研究（顾慰祖，1992）已经发现：壤中流中往往含有非本次降水的成分，土壤非饱和带壤中流中一定含非本次降雨的成分，且此成分在降雨径流过程中存在时程变化；对不同径流组成的流量过程，非本次降雨所占比重不同。留存于土壤水中的非本次降水（“旧水”）因新的降水事件而被裹挟、置换或驱替，并与本次降水（“新水”）共同构成壤中流。任何降雨产流可以分解为土壤非饱和带旧水、本次降水和地下水。Takashi（2000）在使用氢氧同位素技术研究某山地小流域的径流特征时，把径流组成分解为事件水（Event water）、事前水（Pre-event water）和地下水（Ground water）。一定强度降雨发生时，径流最先受本次降水即事件水的影响，本次降水形成坡面流或者部分渗入地下融入壤中流，因此本次降水在雨后还会有一部分存留在土壤中慢慢释放出来；事前水即土壤旧水在降雨发生时则因所谓活塞流——即因本次降水的作用而导致的壤中流——被挤压出来影响径流组成。

受亚高山暗针叶林对大气降水分配水文过程的调节作用，壤中流的 $\delta^{18}O$ 相对稳定，表明其补给来源的相对稳定性。卧龙亚高山暗针叶林中壤中流 $\delta^{18}O$ 及其变化动态与降水 $\delta^{18}O$ 有明显差异，表明其补给来源受降水的影响，但不是当日当次降水直接补给来源，而是降水、穿透水、壤中流及地下水组成的混合体（顾慰祖，1992；尹观等，2000），这显示出一定条件下亚高山暗针叶林植被结构对壤中流显著的调控作用。

森林本身是一个复杂系统，森林植被变化的水文效应是一个非常复杂的问题。通过川西原始亚高山暗针叶林降水分配中降水、穿透水、壤中流稳定氧同位素组成定量描述川西原始暗针叶林森林植被对降水分配进行着有效的调控，使得整个暗针叶林植被储备着不同时期降水及不同水分组成的混合体，使壤中流变化滞后，使河流水量变化缓和稳定，从而控制植被下游洪水发生，这从理论上进一步说明长江源头地区原始森林在涵养水源、有效地防止水土流失的重要性和保护原始森林的必要性。

参考文献

[1] Craig H（1961）. Isotopic variations in meteoric water. Science（科学），133：1702-1703.

[2] Craig H（1961）. Standard for reporting concentrations of deuterium and oxygen-18 in natural water. Science（科学），113：1833-1834.

[3] Dansgaard W. 1964. Stable isotopes in precipitation. Tellus（地球），16（4）：436-468.

[4] Donald L P，Jillian W G（2003）. Source partitioning using stable isotopes：coping with too many sources. Oecologia（生态学），236：261-269.

[5] Ehleringer J R，Nagy K A（1988）. Stable isotopes in Ecological Research. Springer-Verlag. Heidelberg，Ecological Studies（生态学研究），68：1-15.

[6] Fahey T J，Yavitt B，Joyce G（1988）. Precipitation and through-fall chemistry in *Pinus contorta* ssp. *latifolia* ecosystems South-eastern Wyoming. Canadian Journal of Forest Research（加拿大林业研究杂志），18：337-345.

[7] Gong H D（巩合德），Wang K Y（王开运）（2003）. Advances in forest hydrological ecology and study in sub-alpine coniferous forests. Word Technology and Development（世界科技研究与发展）：41-46.（in Chinese）

[8] Gu W Z（顾慰祖）（1992）. Experimental of research on catchment runoff responses traced by environmental isotopes. Advances in Water Science（水科学进展），3：246-254.

[9] Jiang Y X（蒋有绪）（1995）. Review on forest ecosystem in the structure and function of world. Forestry Science Research（林业科学研究），8：314-321.（in Chinese）

[10] Rose K L，Graham R C，Parker D R（2003）. Water source utiliza-tion by Pinus jeffreyi and arctostaphylos patula on thin soil over bedrock. Oecologia（生态学），134：46-54.

[11] Li Z X（李振新），Zheng H（郑华），Ouyang Z Y（欧阳志云）（2004）. The spatial distribution characteristics of through-fall under Abies faxoniana forest in the Wolong Nature Reserve. Acta Ecologica Sinica（生态学报），24：1015-1021.（in Chinese with English abstract）

[12] Lin G H（林光辉），Ke Y（柯渊）（1995）. Stable isotope technique and global change. Chief editor：Li B（李博）. Modern Ecology Lecture（现代生态学讲座）. Beijing：Science press：161-188.（in Chinese）

[13] Li C W（李崇巍），Liu S R（刘世荣），Sun P S（孙鹏森）（2005）. Modeling canopy rainfall Interception in the upper watershed of the minjiang river，Acta Phytoecologica Sinica（植物生态学报），29：60-67.（in Chinese with English abstract）

[14] Luiz A M，Reynaldo L V，Silveira L S（1996）. Using stable isotopes to determine sources of evaporated water to the atmosphere in the Amazon basin. Journal of Hydrology（水文学杂志），183：191-204.

[15] Ma X H（马雪华）（1993）. Forest Hydrology（森林水文学），Beijing：China Forestry Publishing House.（in Chinese）

[16] Marfia A M，Krishnamurthy R V，Atekwana E（2004）. A isotopic and geochemical evolution of ground and surface waters in a karst dominated geological setting：a case study from Belize，Central America. Applied Geochemistry（应用地球化学），19：937-946.

[17] Majoure M（1978）. Fraction nementen oxygen 18 et endeute-rium entre L'eau et sa vapeur. Chemistry Physiology（化学生理学），1978，10：1423-1436.

[18] Miller T E（1996）. Geologic and hydrologic controls on karst and cave development in Belize. Cave Karst Studies（喀斯特研究），58：100-120.

[19] Paul G，Martin W（2000）. Effects of evaporative enrichment on the stable isotope hydrology of a central Florida（USA）river. Hydrological Processes（水文过程），14：1465-1484.

[20] Robert V P，Nadkarni N M（2004）. Development of canopy structure in *Pseudotsuga menziesii* forests in the southern Washington cascades，50（3）：326-341.

[21] Shi H（石辉），Liu S R（刘世荣），Zhao X G（赵晓广）（2003）. Application of stable hydrogen and oxygen isotope in water circulation. Journal of Soil and Water Conservation（水土保持学报），17：163-166.（in Chinese with English abstract）

[22] Takashi S（2000）. Runoff characteristics in a small mountain basin by the use of hydrogen and oxygen stable isotopes. Limonology（湖沼学），1：217-224.

[23] Taylor S F，Dawson T E（1998）. Water sources used by Didy-mopanax pittieri at different life Stages in a tropical cloud forest. Ecology（生态学），37：235-238.

[24] Tian L D（田立德），Yao T D（姚檀栋），Pu J C（蒲健辰）（1997）. Stable isotope of δ^{18}O in Summer precipitation at Lasa. Journal of Glaciology and Geocryology（冰川冻土），19：295-301.（in Chinese with English abstract）

[25] Tian L D（田立德），Yao T D（姚檀栋），Sun W Z（孙维贞）（2000）. Study on stable isotope fractionation during water evaporation in the middle of the Tibetan Plateau. Journal of Glaciology and Geocryology（冰川冻土），22：159-164.（in Chinese with English abstract）

[26] Welker J M（2000）. Isotopic（δ^{18}O）characteristics of weekly precipitation collected across the USA：an initial analysis with application to water source studies. Hydrological Processes（水文过程），14：1449-1464.

[27] Ying G（尹观）（1988）. Isotope Hydrogeochemistry（同位素水文地球化学）. Chengdu：Press of Chengdu University of Science and Technology：84-100，118-120，166-183.（in Chinese）

[28] Ying G（尹观），Fan X（范晓），Guo J Q（郭建强）（2000）. Isotope tracer on water cycle system in Jiuzaigou，Sichuan. Acta Geographica Sinica（地理学报），55：487-494.（in Chinese with English abstract）

3 川西亚高山暗针叶林土壤水的氢稳定同位素特征†

土壤水稳定同位素变化受大气降水稳定同位素、地表蒸发以及水分在土壤中的水平和垂直运动等多种因素的影响。近年来，稳定同位素技术因具有很高的灵敏度和准确性，在生态学研究领域得到了广泛的应用，为水循环研究提供了新的手段（林光辉等，1995；石辉等，2003）。在国外，关于土壤水稳定同位素研究较多（Fahey et al.，1988；Cormie et al.，1994；Lisa et al.，2000；Lisa et al.，2000；Takashi，2000；Donald et al.，2003；Marfia et al.，2004）。国际原子能机构和世界气象组织（IAEA/WMO）也倡导用稳定同位素方法来管理水资源（ZAEA，1996），并已开始利用稳定同位素来研究地下水的移动（Senturk，1970；Frohlich，1996），并对降水到地下水过程中稳定同位素的变化进行了评估（Cat J R & Tzur，1996）。在中国，有关土壤水中稳定同位素变化及其在水文循环中所起的作用还知之甚少。田立德等（2002）对青藏高原中部土壤水中稳定同位素变化进行了初步报道。尹观等（2000）运用天然水的稳定氢氧同位素示踪技术追溯四川九寨沟水的来源及运移过程。但中国这方面的研究还仍然不足。

森林植被对水文过程的影响是其重要生态功能之一，也是学术界广为关注的问题（蒋有绪，1995）。卧龙亚高山暗针叶林位于长江上游，是长江重要支流——岷江的源头地区，对于保持水土、涵养水源、维持生态平衡起着重要作用。徐庆等（2005，2006）对卧龙

† 徐庆，刘世荣，安树青，蒋有绪，林光辉，2007，林业科学，43（1）：8-14。

亚高山暗针叶林中降水、穿透水稳定同位素的变化特征已做了初步研究，但对于土壤水中稳定同位素的变化的研究还未见报道。2003 年，我们在卧龙亚高山暗针叶林中进行了土壤剖面各层次土壤水稳定氢同位素的示踪研究，旨在定量分析降水在卧龙亚高山暗针叶林土壤剖面垂直方向的运移过程及降水对不同深度土壤水的贡献率，以探讨森林植被、地被层和地下层结构对水循环过程的调控能力，为揭示森林植被对区域水资源的调控机制提供科学依据。

3.1　研究方法

3.1.1　野外采样

研究地点设在卧龙亚高山暗针叶林生态系统定位站暗针叶林中，沿海拔梯度每 100m 选择 1 个固定的典型样地（10m×10m），共设 A、B、C 3 个样地。A 样地海拔 2750m（30°51′21″N，102°58′19″E），B 样地海拔 2850m（30°51′16″N，102°58′20″E），C 样地海拔 2950m（30°51′20″N，102°58′22″E）。3 个样地群落特征和生境特点见文献（徐庆等，2005）。

在暗针叶林研究地附近约 30m 处无林地气象站采集降水，在 A 样地土深 1.5m 处采集泉水（浅层地下水）。共采集 9 个水样，其中降水样 5 个，泉水 4 个。野外收集降水样、浅层地下水（泉水）样后立即装入塑料瓶密封，并存放在于低温（0～5℃）实验室保存。收集降水和浅层地下水的时间为早晨 8：00。

在 A、B、C 3 个样地各挖一个典型的土壤垂直剖面，见表 1。

表 1　土壤剖面特征

土壤深度	样地		
	A	B	C
枯枝落叶层	4～7cm	5～10cm	7～15cm
0～5cm	腐殖质层，根多	腐殖质层，根多	腐殖质层，根多
5～10cm	腐殖质层，根多	含腐殖质，根多	腐殖质层，根多
10～20cm	淀积层，根多	淀积层，根多	含腐殖质，根多
20～30cm	淀积层，根多	淀积层，根多	淀积层，根多
30～40cm	淀积层，根少	淀积层，根少	淀积层，根少
40～50cm	母质层，根少	母质层，夹碎石，根少	母质层，根少
50～60cm	母质层，夹碎石，根少	母质层，夹碎石，根少	母质层，夹碎石，根少

2003 年 8 月 10～14 日，8 月 16～20 日，每天收集土壤剖面枯枝落叶层、腐殖质层（0～5cm）、淀积层（30～40cm）和母质层（50～60cm）处土样（10 天×4 层次×3 个坡面=120 个）。隔天（8 月 10、12、14、16、18 和 20 日）收集枯枝落叶层和土壤不同深度（0～5cm、5～10cm、10～20cm、20～30cm、30～40cm、40～50cm 和 50～60cm）处土壤样（6 天×4 层次×3 个坡面=72 个），立即装入采样瓶密封，低温保存。收集土壤样的时间为早晨 8:00～10:00。共采集土壤样 192 个。

3.1.2 样品分析

在南京大学生命科学院同位素实验室内用蒸发冷却的方法提取土壤水。所有水样 δD 的测定由中国科学院北京植物所生态中心稳定同位素实验室 $\text{Delta}^{\text{plus}}$ XP 稳定同位素比率质谱仪完成的。δD 用高温气体转化方法测定，δD 标准误差为±3‰。

氢稳定同位素组成采用千分偏差值（δ）法表示，即根据国际上规定统一采用待测样品中某元素的同位素比值与标准物质的同种元素的相应同位素比值的相对千分差作为量度，记作为 δ 值（尹观，1988）。

$$\delta D=[\frac{(D/H)_{smaple}-(D/H)_{SMOW}}{(D/H)_{SMOW}}]\times 10^3$$

式中：R_{sample} 为样品 D/H 的值，R_{SMOW} 为标准平均海水 D/H 值，δ 值单位为‰。

3.1.3 贡献率

通过水体 δD 对比，即可得知水体的水分来源（Sternberg et al.，1987；Dawson et al.，1991；Sternberg et al.，1991；Gregg，1991；Phillips，1995）。

如果通过 δD 数据对比确定某水体（如：土壤水）利用的是某两种水源，可以用简单的两端线性混合模型确定每一种来源所占比例（White et al.，1985）。当两种水源的 δD 不同时，该水分的 δD 一定介于两者之间。将具有较大 δD 值的水源作为富集端，具有较小 δD 值的水源作为消耗端，则土壤水分中消耗端水源所占的比例为

$$P_C=\frac{\delta D_a-\delta D_S}{\delta D_a-\delta D_c}\times 100$$

其中 P_C 表示土壤水分中消耗端水源所占的比例，δD_a、δD_c 和 δD_s 分别表示富集端水源、消耗端水源和土壤水分的 δD。

3.1.4 气象数据处理

气象数据（降水量、温度、湿度和蒸发量等）由卧龙亚高山暗针叶林生态系统定位站无林地和林内两个气候观测站提供。林内气象站自记雨量计（DSJ2 型，天津气象仪器厂）测量天然降水量（P），并与约 300m 外的邓生定位站的 SM_1 型标准雨量计做比较。

3.1.5 数据处理

数据处理运用 SPSS 统计分析软件，并进行回归分析、F 检验和均值比较。

3.2 结果与讨论

3.2.1 暗针叶林土壤剖面垂直结构特点

卧龙自然保护区亚高山暗针叶林位于巴郎山阴坡，水分条件好，整个高度上植被和土壤发育很好，所研究的不同海拔高度 A、B、C 3 个样地土壤垂直剖面分为 4 个层次，即枯枝落叶层、腐殖质层、淀积层和母质层（表 2）。A 样地：枯枝落叶层 4～7cm，腐殖层 7～10cm，根系深 60cm。B 样地：枯枝落叶层 3～10cm，腐殖层 4～7cm，根系深

46cm。C 样地：枯枝落叶层 7～15cm，腐殖层 7～11cm，根系深 61cm。上层土壤松软，多为植物腐烂分解形成，多植物根系形成的孔隙。深层处多基岩碎石，深层也较易形成大孔隙。

3.2.2　不同深度间土壤水中 δD 关系

根据 SPSS，对土壤剖面各层次土壤水中 δD 进行 ANOVA 方差分析，结果表明：A、B、C 样地 6 天及 10 天的各剖面水中 δD 差异不显著（$p>0.05$），因此，A、B、C 3 个样地各剖面土壤各层次水中 δD 可以作为 3 个重复使用。

3.2.3　不同深度土壤水中 δD 的变化

图 1a 为 2003 年 8 月 9 日降水 15.7mm 后，10、12、14 及 20 日枯枝落叶层和土壤各层次土壤水中 δD 的变化。

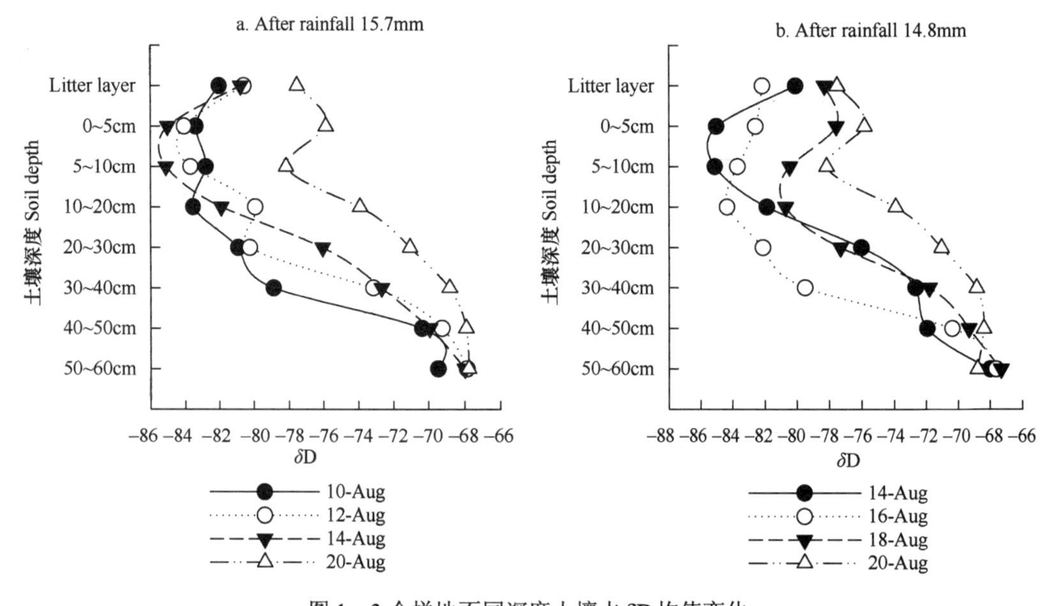

图 1　3 个样地不同深度土壤水 δD 均值变化

从图 1a 可以看出，降水第 2 天，枯枝落叶层水 δD 值较低（δD=–82.017‰），0～20cm 土壤水 δD 值低且变化幅度小（–83.543‰～–82.017‰）。20～50cm 土壤水 δD 值迅速升高，变化幅度较大（–80.924‰～–70.378‰）。8 月 9 日降水 δD 为–83.344‰，雨后第 2 天，土壤上层 0～20cm 土壤水 δD 对应于这次降水过程，表明该次降水在第 2 天到达 20cm 的深度，而且这次形成的降水还没有渗入 30～60cm 的深度。在第 4 天，0～20cm 土壤水 δD 值变化幅度小（–84.057‰～–79.943‰）；30～50cm 土壤水 δD 值迅速升高，变化幅度较大（–80.246‰～–69.262‰）；继续往下，50～60cm 土壤水 δD 为–67.877‰。从图 1a 可以看出，在 10、12、14 和 20 日 4 天，50～60cm 土壤水 δD 平均值为–68.283‰，δD 最低值为 –69.42‰，δD 最高值为 –67.786‰，标准误差为 0.401，在 δD 实验标准误差±5‰ 范围内，表明一次降水 15.7mm 后（雨后有小雨），50～60cm 土壤水 δD 趋于稳定。

从图 1b 可以看出，8 月 15 日降水 14.8mm 后第 2 天枯枝落叶层水δD 值为 –82.173‰，0～20cm 土壤水δD 值较低且变化幅度较小（–84.351‰～–82.173‰），向下到 30～50cm 土壤水δD 值迅速升高，且变化幅度较大（–82.127‰～–70.382‰），到 50～60cm 土壤水δD 值趋于稳定，8 月 14、16、18 和 20 日 4 天中，50～60cm 土壤水δD 均值为–67.867‰，δD 最低值为 –68.735‰，δD 最高值为–66.511‰，标准误差为 0.318，在 δD 实验标准误差±5‰ 范围内，表明在一次降水 14.8mm 后（雨后无雨），50～60cm 土壤水 δD 趋于稳定，接近于浅层地下水 δD 值。

由此可知，不同深度（层次）土壤水δD 的空间分布实际上很好地记录了降水从地表向地下渗浸的过程，用土壤水中稳定同位素的变化来研究水分在土壤中的迁移过程不失为一种有效的方法。

土壤水δD 受降水δD 的影响，在土壤上层最明显，沿土壤坡面由上向下，这种影响越来越弱。土壤剖面不同层位土壤水δD 的波动为土壤上层 0～20cm 最明显，20～50cm 时δD 迅速升高，50～60cm 及以下时δD 趋于稳定。50～60cm 土壤水为前期降水和浅层地下水的混合。造成土壤剖面中δD 这种变化特征的可能原因是：①浅层地下水与接近地下水的土层水分交换相当活跃，结果使得接近浅层地下水面的土壤水受浅层地下水的影响较大，而δD 变化较小；②降水从地表向地下渗透的过程中，新降水并没有完全替代土壤中原有的水分。

3.2.4 地表层土壤水中 δD 随采样时间的变化

测量森林中枯枝落叶层和表层土壤水 δD 的一个主要目的是研究地表层蒸发对枯枝落叶层水和表层土壤水 δD 的影响。由于暗针叶林中同一植被类型 3 个不同海拔高度 A、B 和 C 样地枯枝落叶层和各层次土壤水 δD 差异不显著，因此，A、B 和 C 3 个样地枯枝落叶层水 δD 和各层次土壤水 δD 可以作为 3 个重复使用。

图 2 给出 2003 年夏季卧龙暗针叶林中土壤坡面结构中枯枝落叶层、腐殖层（0～5cm）、淀积层（30～40cm）和母质层（50～60cm）土壤水δD 随采样时间的变化。从图 2 可以

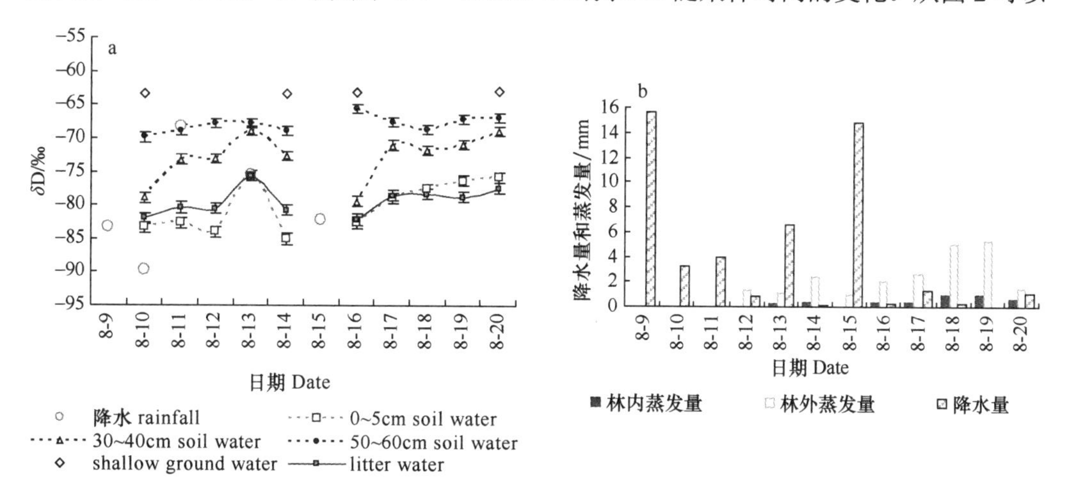

图 2 不同降水条件下各层次土壤水δD值的变化

看出，枯枝落叶层水δD 和 0～5cm 表层土壤水δD 的波动幅度小于降水δD，但林中枯枝落叶层和 0～5cm 表层土壤水δD 变化与降水δD 的变化趋势一致，显示出枯枝落叶层和 0～5cm 表层土壤水δD 受降水δD 控制。

8 月 15 日同样强度的降水（降水量为 14.8mm）以后的数天内，几乎无雨（降水量极小，可以忽略不计，见图 3），所以枯枝落叶层和 0～5cm 表层土壤水 δD 在此后数天内主要受 8 月 15 日降水的影响。8 月 15～19 日，随林外、林内蒸发量增高，枯枝落叶层水和 0～5cm 表层土壤水δD 逐渐升高 ，但变化幅度不大，枯枝落叶层水δD 与 8 月 15 日降水δD 较接近。

3.2.5　降水对不同深度土壤水的贡献率

从图 1、图 2 可以看出，在卧龙亚高山暗针叶林中，土壤水δD 介于降水δD 与浅层地下水δD 之间，表明土壤水主要来源于降水与浅层地下水。

8 月 15 日降水 14.80mm 后 5d 内，降水对暗针叶林中土壤坡面结构中枯枝落叶层、腐殖质层（0～5cm）、淀积层（30～40cm）和母质层（50～60cm）的贡献率列在表 3 中。从表 3 可以看出，在一次性降水 14.8mm 后，降水对暗针叶林中枯枝落叶层的贡献率最高（75.49%～99.91%），对 0～5cm 深处土壤水的贡献率次之（66.68%～83.01%），对 30～40cm 深处土壤水的贡献率较低（24.50%～80.57%），对土壤坡面下层 50～60cm 深处土壤水的贡献率最低（21.22%～29.17%）。而浅层地下水对 50～60cm 深处土壤水的贡献率较高（70.83%～77.28%），进一步表明 50～60cm 深处土壤水为降水、浅层地下水的混合体。

表 3　14.80mm 降水对不同深度土壤水的贡献率

项目	8 月 15 日	8 月 16 日	8 月 17 日	8 月 18 日	8 月 19 日
降水量/m	14.80				
降水δD/‰	–82.191				
浅层地下水δD/‰	–63.194				
枯枝落叶水δD/‰		–82.173	–78.621	–78.322	–78.783
贡献率/%		99.91	81.21	79.63	82.06
0～5cm 土壤水δD/‰		–82.595	–78.963	–77.577	–76.357
贡献率/%			83.01	75.71	69.29
30～40cm 土壤水δD/‰		–79.50	–71.035	–70.82	–70.876
贡献率/%		85.83	41.27	40.14	40.44
50～60cm 土壤水/‰		–65.511	–67.63	–68.735	–67.226
贡献率/‰		12.20	23.35	29.17	21.22

3.2.6　土壤水δD 与浅层地下水、河水δD 的关系

从图 3 可以看出，A 样地从地表层土壤水到 150cm浅层地下水（泉水）中，氢稳定同位素的变化很大。表层（0～5cm）土壤水 δD 还与降水中 δD 的变化趋势相当一致；而在深层（50～60cm）土壤水、浅层地下水 δD 的变化相当小，并且对降水 δD 变化的直接响应也很弱。降水对深层土壤水和浅层地下水 δD 的影响微弱，可以用土壤浅层

非饱和带在降雨前就已存在的非本次降水（旧水）被置换速度的差异来解释。前期研究（顾慰祖，1992）已经发现：地表径流中往往含有非本次降水的成分，土壤非饱和带壤中流中一定含非本次降雨的成分，且此成分在降雨径流过程中存在时程变化；对不同径流组成的流量过程，非本次降雨所占比重不同。留存于土壤水中的非本次降水（“旧水”）因新的降水事件而被裹挟、置换或驱替，并与本次降水（“新水”）共同构成地表径流（顾慰祖，1992）。任何降雨产流可以分解为土壤非饱和带旧水、本次降水和地下水。Takashi（2000）在使用氢氧同位素技术研究某山地小流域的径流特征时，把径流组成分解为事件水（event water）、事前水（pre-event water）、地下水（ground water）。一定强度降雨发生时，径流最先受本次降水即事件水的影响，本次降水形成坡面流或者部分渗入地下融入壤中流，因此本次降水在雨后还会有一部分存留在土壤中慢慢释放出来；事前水即土壤旧水在降雨发生时因活塞流——即因本次降水的作用而导致的壤中流——被挤压出来影响径流组成；地下水和河水则比较稳定，受降雨的影响很微弱。

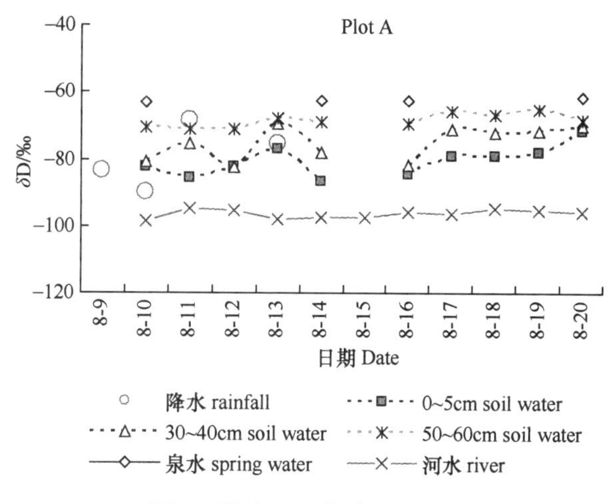

图 3 样地A δD值随时间变化

深层土壤水、浅层地下水、河水最终受降水的影响，但降水对深层土壤水、浅层地下水、河水的直接影响并不十分显著。深层土壤水和浅层地下水 δD 的稳定性说明深层土壤水、地下水代表了多年降水的平均状态，而不是一个夏季降水的总和。卧龙亚高山暗针叶林深层土壤水、地下水在水量平衡中起着重要作用。深层土壤水、壤中流和地下水对一个地区水中稳定同位素的变化起着显著的缓冲作用，使得深层土壤水、地下水，以至于河水 δD 随时间的变化远小于降水。

3.3 结论与讨论

（1）卧龙亚高山暗针叶林枯枝落叶层和腐殖层较厚，表层土壤水 δD 表现出与降水δD 一致的变化趋势，显示出表层土壤水δD 受降水δD 控制。

（2）卧龙亚高山暗针叶林 3 个不同群落中土壤水δD 介于降水与浅层地下水δD之间。表明卧龙亚高山暗针叶林土壤水主要来源于降水与浅层地下水。在一次性降水 14.8mm 后

5 天内，降水对土壤坡面枯枝落叶层的贡献率最高（75.49%～99.91%），对上层腐殖质层 0～5cm 的贡献率次之（66.68%～83.01%），对 30～40cm 淀积层的贡献率较低（24.50%～80.57%），对 50～60cm 母质层贡献率最低（21.22%～29.17%）。

（3）A、B、C 群落中土壤垂直剖面土壤水 δD 的空间分布形式反映了降水 δD 的时间变化特征。土壤剖面中不同层位土壤水 δD 在表层变化最大，向下变化幅度越来越小，60cm 以下土壤水 δD 趋于稳定，并逐渐接近地下水 δD 值。

（4）浅层地下水 δD 受降水中 δD 的直接影响不明显，变化幅度很小，浅层地下水中 δD 的稳定性说明浅层地下水代表了多年降水的平均状态，而不是一个夏季降水的总和，该地区地下水在水量平衡中起着重要作用。地下水对一个地区水中稳定同位素的变化起着显著的缓冲作用。

参 考 文 献

[1] 顾慰祖. 1992. 集水区降雨径流响应的环境同位素实验研究. 水科学进展，3（4）：247-254.

[2] 林光辉，柯渊. 1995. 稳定同位素技术与全球变化研究. 见：李博. 现代生态学讲座. 北京：科学出版社，161-188.

[3] 蒋有绪. 1995. 世界森林生态系统结构与功能的研究综述. 林业科学研究，8（3）：314-321.

[4] 石辉，刘世荣，赵晓广. 2003. 稳定性氢氧同位素在水分循环中的应用. 水土保持学报，17（2）：163-166.

[5] 田立德，姚檀栋，M TSUJIMURA，等. 2002. 青藏高原中部土壤水中稳定同位素变化. 土壤学报，39（3）：289-294.

[6] 徐庆，安树青，刘世荣，等. 2005. 四川卧龙亚高山暗针叶林降水分配过程的氢稳定同位素特征. 林业科学，41（4）：7-12.

[7] 徐庆，刘世荣，安树青，等. 2006. 川西亚高山暗针叶林降水分配过程中氧稳定同位素特征. 植物生态学报，30（1）：83-89.

[8] 徐庆，刘世荣，安树青，等. 2006. 卧龙地区大气降水氢氧同位素特征的研究. 林业科学研究，19（6）：679-686.

[9] 尹观. 1988. 同位素水文地球化学. 成都：成都科技大学出版社.

[10] 尹观，范晓，郭建强，等. 2000. 四川九寨沟水循环系统的同位素示踪. 地理学报，55（4）：487-494.

[11] 王恒纯. 1991. 同位素水文地质概论. 地质出版社，11-26.

[12] Craig H. 1961. Isotopic variations in meteoric water. Science，133：1702-1703.

[13] Donald L P，Jillian W G. 2003. Source partitioning using stable isotopes：coping with too many sources. Oecologia，236：261-269.

[14] Dawson T E，Ehleringer J R. 1991. Streamside trees that do not use stream water. Nature，350：335-337.

[15] Dansgaard W. 1964. Stable isotopes in precipitation. Tellus，16（4）：436-468.

[16] Donald L P，Jillian W G. 2003. Source partitioning using stable isotopes：coping with too many sources. Oecologia，236：261-269.

[17] Ehleringer J R，Rundel P W. 1988. Stable isotopes in Ecological Research. New York，Springer-Verlag：1-15.

[18] Fahey T J，Yavitt B，Joyce G. 1988. Precipitation and throughfall chemistry in *Pinus contorta* ssp. *latifolia* ecosystems，South-eastern.

[19] Wyoming. Canadian Journal of Forest Research，18：337-345.

[20] Marfia A M，Krishnamurthy R V，Atekwana E. 2004. A isotopic and gepchemical evolution of ground and surface waters in a karst dominated geological setting：a case study from Belize，Central America. Applied Geochemistry，19：937-946.

[21] Phillips S L，Ehleringer J R. 1995. Limited uptake of summer precipitation by bigtooth maple（*Acer grandidentatum* Nutt）and Gambel's oak（*Quercus gambelii* Nutt）. Trees，9：214-219.

[22] Takashi Satio. 2000. Runoff characteristics in a small mountain basin by the use of hydrogen and oxygen stable isotopes. Limonology，1：217-224.

[23] Sternberg L d S L，Swart P K. 1987. Utilization of freshwater and ocean water by coastal plants of southern Florida. Ecology，68：1898-1905.

[24] Senturk F，Bursali S，Omay Y，et al. 1970. Isotope techniques aoolied to groundwater movement in the Konya plain. *In*：IAEA editorial staffed. Vienna：Istope Hydrology IAEA Publ.：153-161.

[25] Frohlich K，Sanjdorj. 1996. Some results on the use of environmental isotope techniques in groundwater resources studies

in Mongolia. *In*：IAEA editorial staffed. Vienna：Isotopes in Water Resources Management（Volume 2）. IAEA Publ.：171-174.

[26] Gat J R，Tzur Y. 1966. Modification of the istopic composition of rainwater by processes which occur before groundwater recharge. *In*：IAEA editorial staff . Vienna：Isotopes in Hydrology. IAEA，Publ.：49-60.

[27] White JWC，Cook E R，Lawrence J R，et al. 1985. The D/H ratios of sap in trees：implications for water sources and tree ring D/H ratios. Geochimica et Cosmochimica Acta，49：237-246.

[28] Phillips S L，Ehleringer J R. 1995. Limited uptake of summer precipitation by bigtooth maple（*Acer grandidentatum* Nutt）and Gambel's oak（*Quercus gambelii* Nutt）. Trees，9：214-219.

4 卧龙巴郎山流域大气降水与河水关系的研究†

河水作为区域水循环过程中的一个重要环节，通过蒸发和补排途径与大气降水和地下水不断地发生转化。江河、湖泊水的来源及组成是水文学研究中的重要问题，测定它们的氢氧同位素组成就可以确定其补给的来源、补给的数量和各种来源水的混合比。对河流水的同位素分析可以得到各种水源的成因和贡献给河流水量的信息，并进一步去研究河流水的定量模式（尹观，1988）。关于河水的氢氧同位素示踪研究国外报道较多（Craig et al.，1963；Aravena et al.，1990；Lambs，2004；Clay et al.，2004）。在我国，程汝楠（1988）研究了禹城地区的水分循环，发现降水、河水、地下水中的δD值差异明显。尹观等（2000）根据氢氧稳定同位素研究了九寨沟的水分循环，发现尽管大气降水是九寨沟的主要水分来源，但是由于大气降水补给到各种水体内的时间、补给源区的高度、补给方式不同，各种水体中δ^{18}O和δD存在较大的差异。田立德等（2002）对青藏高原那曲河流域降水及河流水体中氧稳定同位素研究发现河水中δ^{18}O与流域降水中δ^{18}O的差异可能反映了该流域强烈的地表和湖面蒸发作用。近几十年来，稳定同位素技术因具有很高的灵敏度和准确性，在生态学研究领域得到了广泛的应用，为区域水循环研究提供了新的手段（林光辉等，1995；石辉等，2003；徐庆等，2005）。但国内关于森林流域河流水的氢氧稳定同位素变化特征研究方面还相对比较薄弱。

卧龙自然保护区是保护森林生态系统和大熊猫的国家级自然保护区。皮条河是贯穿整个卧龙自然保护区的一条主要河流，它发源于卧龙巴郎山东麓，位于长江上游重要支流岷江的源头地区（徐庆等，2006），对于保持水土、涵养水源、维持生态平衡起着重要作用。本文在卧龙地区大气降水氢氧同位素特征及降水分配过程中穿透水、土壤水氢氧同位素的变化研究基础上（徐庆等，2005，2006，2007），进一步开展了卧龙地区巴朗山流域河水的氢氧稳定同位素示踪研究，旨在探讨皮条河河水的补给来源、河水与大气降水的转化关系及不同的降水强度对皮条河河水的影响，为揭示川西亚高山暗针叶林降水分配过程中各水体的转化规律，建立亚高山暗针叶林集水区的水循环模式以及查明区域水资源时空分布规律并制定水资源的可持续管理模式皆具有十分重要的理论意义。

---

† 徐庆，蒋有绪，刘世荣，安树青，段正峰，2007，林业科学研究，20（3）：297-301。

4.1　研究方法

4.1.1　样品的采集

2003年7月24日至2005年6月24日在四川卧龙邓生生态定位站进行了为期 2 个水文年的降水和观测和采样工作。其中，2003 年 7 月 24 日至 9 月 8 日为连续（集中）采样期（每天 1 次），2003 年 10 月至 2005 年 6 月为季节采样期（1 月 3 次）。共采集降水水样 74 个，其中，雪水水样 31 个。

在卧龙岷江冷杉暗针叶林山脚下皮条河采集河水水样。2003 年 7 月 24 日至 9 月 8 日为集中采样期，即分 3 个采样期：采样 I 期：7 月 28 日至 8 月 6 日（降水为 0～10mm 级）；采样 II 期：8 月 10～20 日（降水为 10～20mm 级）；采样III期：8 月 30 日至 9 月 8 日（降水为 20～30mm 级）。7 月 24 日、8 月 24 日采集对照样品。共采集河水水样 33 个。

2004 年 9 月至 2005 年 6 月，采集河水样频率为 1 月 3 次。采集河水样品 28 个。2 年共采集河水样品 61 个。

收集降水和河水水样时间为早晨 8：00。所采集的降水、河水样品立即装入塑料瓶密封，并存放在低温（0～5℃）室保存。

4.1.2　样品的测试

所有河水、降水水样 δD、$\delta^{18}O$ 的测定是在中国科学院北京植物所生态中心稳定同位素实验室 Delta plus XP 和 TC/EA 2 气体质谱仪上进行。样品中δD 的测试精度在±3‰。样品中$\delta^{18}O$ 的测试精度在 0.3‰ 。

由于稳定同位素在自然界中含量极低，用绝对量表示同位素的差异比较困难，因此，国际上规定使用相对量即待测样品的同位素比值（R_{sample}）与一标准物质的同位素比值（$R_{standard}$）作比较，比较结果称为样品的 δ 值，其定义为

$$\delta（‰）=（R_{sample}/R_{standard}）\times 1000$$

式中，R_{sample} 是样品中元素的重轻同位素丰度之比，如：$(D/H)_{sample}$ 与 $(^{18}O/^{16}O)_{sample}$；$R_{standard}$ 是国际通用标准物的重轻同位素丰度之比，如：$(D/H)_{standard}$ 与 $(^{18}O/^{16}O)_{standard}$。

通过分析 δ 值变化来分析区域大气降水与河水的关系等实际问题。

4.1.3　气象数据的获取

气象数据由卧龙邓生生态定位站无林地和林内两个气候观测站提供。林内气象站自记雨量计（DSJ2 型，天津气象仪器厂）测量天然降水量（P），并与约 300m 外的邓生定位站的 SM_1 型标准雨量计作比较。

4.1.4　数据分析

本研究运用 SPSS 软件进行统计分析、线性回归分析和 F 检验。

4.2 结果与分析

4.2.1 卧龙地区皮条河河水氢氧同位素特征

根据卧龙地区 2003 年 7 月至 2005 年 6 月 2 个水文年 61 个皮条河河水 δD（δ^{18}O）的实测值分析，卧龙亚高山暗针叶林皮条河河水中 δD、δ^{18}O 值变化幅度较小，δD 介于–107.064‰～–76.336‰，δ^{18}O 介于–15.360‰～–10.855‰，变化幅度分别为 30.728‰ 和 4.505‰。

根据卧龙地区 2003 年 7 月至 2005 年 6 月 2 个水文年 74 个大气降水的 δD（δ^{18}O）的实测值分析，大气降水 δD 介于–156.168‰～–38.567‰，变化幅度为 99.677‰；δ^{18}O 介于–17.731‰～–6.903‰，变化幅度为 8.892‰[13]。

由此可见，河水 δD（δ^{18}O）值的变化幅度远远小于降水 δD（δ^{18}O）值的变化幅度。将河水 δD 与 δ^{18}O 进行线性相关性分析，结果表明：河水 δD 与 δ^{18}O 相关性显著，关系式为：δD＝3.888 δ^{18}O–45.614（R^2＝0.4946，n＝61，p＜0.05，F＝57.705）（图 1）。

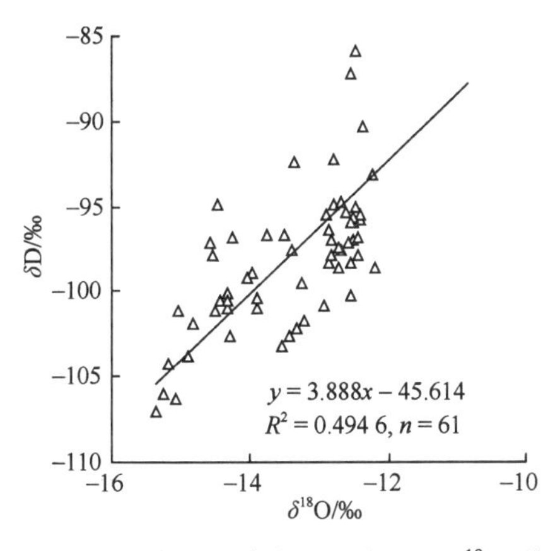

图 1 卧龙地区皮条河河水 δD-δ^{18}O 关系图

4.2.2 河水与降水氢氧同位素的关系

根据卧龙地区 2003 年 7 月至 2005 年 6 月 2 个水文年 74 个大气降水的 δD（δ^{18}O）的实测值，将卧龙地区大气降水的 δD 对 δ^{18}O 进行一元线性回归分析，结果表明：大气降水 δD 与 δ^{18}O 线性相关性显著（R^2＝0.8891，p＜0.01），关系式为：δD＝9.442 7δ^{18}O＋28.658（n＝74）（图 2）。

将河水取样点标于降水 δD-δ^{18}O 关系图上。从图 2a 可以看出，河水 δD、δ^{18}O 样均位于地区降水线（y＝9.4427x ＋28.658）和全球雨水线（y＝8x＋10）附近，表明河水与大气降水有着密切的联系，降水是河水的主要补给来源。

将丰水期（5～10 月）与枯水期（11 月至翌年 4 月）河水取样点分别标于卧龙地区大气降水 δD-δ^{18}O 关系图上。

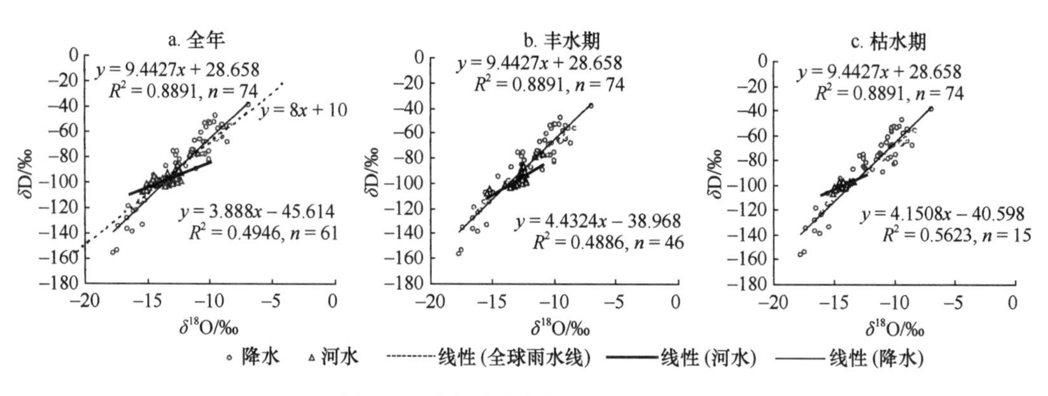

图 2　河水与降水氢氧同位素关系图

从图 2b 和 c 可以看出，丰水期和枯水期的河水样氢氧同位素值均位于地区雨水线两侧附近，在 δD-δ^{18}O 关系图上，丰水期河水样点多位于雨水线右下方，而枯水期则多位于雨水线左下方，这与丰水期降水 δD、δ^{18}O 较低，而枯水期降水 δD、δ^{18}O 较高相一致，但河水 δD、δ^{18}O 值变化幅度（数值）远远小于降水 δD、δ^{18}O 值的变化幅度（数值），说明河水主要由降水的补给之外，与其他水体之间也可能存在着一定的联系。

4.2.3　河水与雪水氢氧同位素的关系

将 7～9 月河水和 11 月至翌年 6 月的河水取样点分别标于雪水 δD-δ^{18}O 关系图上。从图 3a 可以看出，7～9 月河水偏离地区雪水线（y=9.3761x+33.245，R^2=0.918 9，n=31），在 δD-δ^{18}O 关系图上；7–9 月河水多位于雨水线右下方，而 11 月至翌年 6 月的河水取样点则大多位于雪水线上（图 3b）。这一结果表明，不同的季节，雪水和冰雪融水补给河水不同。雪水和冰雪融水补给河水主要发生在 11 月至翌年 6 月，7～9 月冰雪融水补给河水较少。

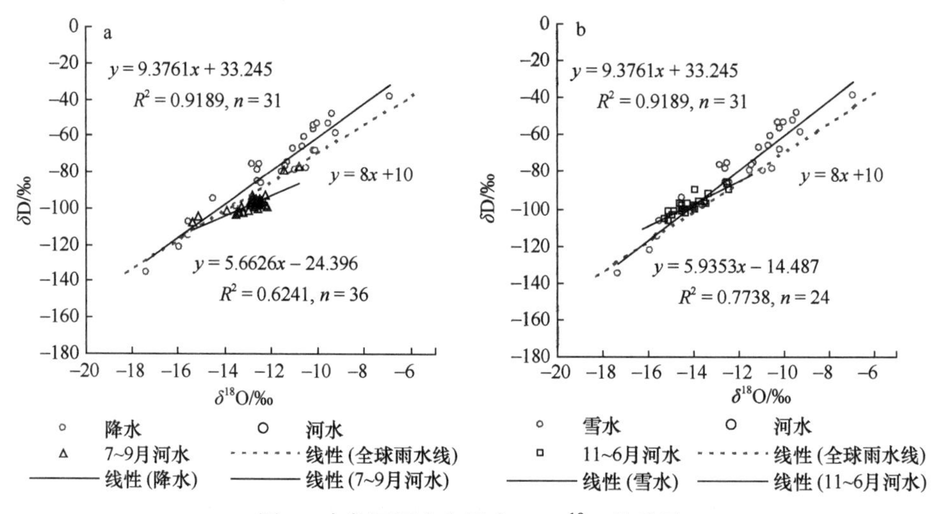

图 3　皮条河河水和雪水 δD-δ^{18}O 关系图

4.2.4 不同强度降水对河水氢氧同位素变化的影响

不同降水强度对暗针叶林山脚下皮条河河水的 δD、δ^{18}O 的影响不同。从图 4 可以看出，当降水量在 0～10mm 时，即采样 I 期，降水对河水的影响甚微。河水 δD、δ^{18}O 值接近降水 δD、δ^{18}O 的平均值。降水 δD、δ^{18}O 的升高或降低引起河水 δD、δ^{18}O 升高或降低，这种影响在降水后第 3 天才滞后发生。当降水量在 10～20mm 时，即采样 II 期，在降水量、日平均降水量较大和降水连续性较高时，降水 δD、δ^{18}O 的升高或降低引起河水 δD、δ^{18}O 升高或降低，这种影响在降水后第 2 天滞后发生。降水量在 20～30mm 时，即采样III期，前 3 天也是每天一场雨，河水 δD 变化曲线随降水的 δD 曲线变化而变化，这种影响在降雨当天发生（图 4a）；河水 δ^{18}O 变化曲线随降水的 δ^{18}O 曲线变化而变化，这种影响在降水的第 2 天发生（图 4b）。

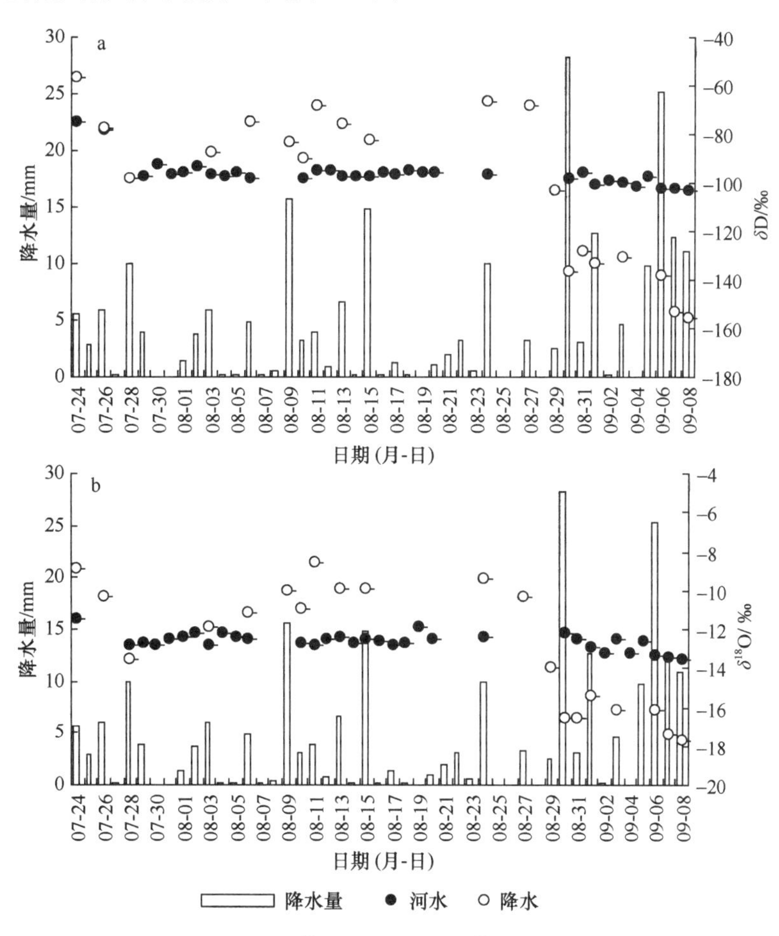

图 4　河水 δD、δ^{18}O 和降水 δD、δ^{18}O 与随日期的变化

上述结果表明，发育良好的原始亚高山暗针叶林林冠层、地被层和土壤结构有利于土壤对降水的吸收、渗透和运移，从而调节和补充河川径流。

4.2.5　河水氘过量参数（d）与大气降水的氘过量参数（d）的季节变化

图 5 给出了 2 个水文年的月平均河水氘过量参数（d）与月平均大气降水的氘过量参数（d）的变化。

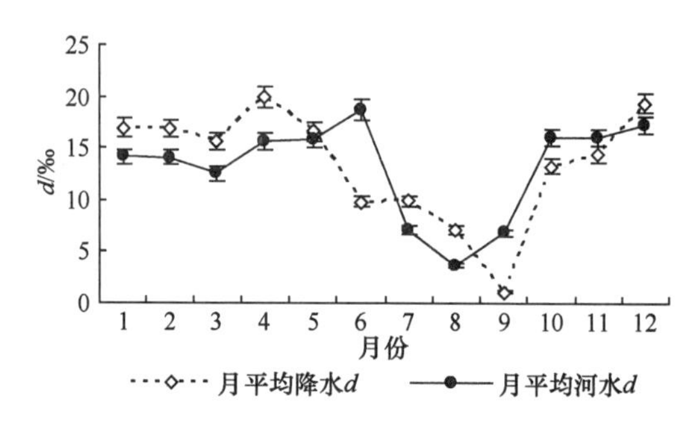

图 5　卧龙地区皮条河河水和降水月平均氘过量参数（d）的变化

从图 5 可以看出，一年四季，大气降水的氘过量参数（d）与河水氘过量参数（d）的变化趋势基本一致。大气降水（河水）中的 d 值在冬、春季明显较高，夏、秋季较低。降水的 d 值的变化幅度较大于河水 d 值的变化幅度。从不同月份的测试结果来看，降水的 d 值最大达 19.961‰，9 月最低 1.111‰，相差 18.850‰；6 月河水的 d 值最大达 18.720‰，8 月最低 3.678‰，相差 15.042‰。引起这种差异的主要原因是有雨量效应，且河水中除了由降水补给外，还含有其他水体（地下水等）的成分。但月平均降水 d 值与月平均河水 d 值相差不大，月平均降水 d 值为 13.409‰，月平均河水 d 值为 13.157‰。

从中国气候区划上看，卧龙自然保护区大气降水的氘过量参数（d_j）与皮条河河水的氘过量参数（d_h）作线性回归分析，$d_j=0.584d_h+5.331$（$R^2=0.466$，$F=8.771$，$n=12$，$p<0.05$）。

河水 d 接近大气降水 d，反应河水在很大程度上受当地季节性大气降水影响，即河水中有相当一定比例的大气降水。皮条河河水为大气降水、地下水和冰雪融水的混合体。

4.3　结论

（1）卧龙地区皮条河河水δD-δ^{18}O 线性关系为：$\delta D=3.888\delta^{18}O-45.614$。河水氘过量参数（$d$）与大气降水的氘过量参数（$d$）的季节变化趋势基本一致，冬春季较高，夏秋季较低。

（2）雪水和高山冰雪融水补给河水是有季节性的。雪水和冰雪融水补给河水主要发生在 11 月至翌年 6 月。7～9 月，冰雪融水补给河水较少。

（3）不同的降水强度对皮条河河水的 δD、δ^{18}O 的影响不同。当降水量在 0～10mm 时，降水 δD、δ^{18}O 的升高（或降低）引起河水 δD、δ^{18}O 升高（降低），这种影响在降水后第 3 天才滞后发生。当降水量在 10～20mm 时，这种影响在降水后第 2 天滞后发生。降水量在 20～30mm 时，这种影响在降水后 1～2 天发生。这显示出亚高山暗针叶林植被结构对暗针叶林流域中的河流具有明显的调节作用。

参 考 文 献

[1] 尹观. 同位素水文地球化学. 成都：成都科技大学出版社，1988：166-183.

[2] Craig H，Gordon L I，Horibe Y. Isotopic exchange effects in the evaporation of water. J Geophys Res，1963，68：5079-5087.

[3] Lambs L. Interactions between groundwater and surface water at river banks and the confluence of river. Journal of Hydrology，2004，288（3-4）：312-326.

[4] Clay A，Bradley C，Gerrard A J，et al. Using stable isotopes of water to infer wetland hydrological dynamics. Hydrology and Earth System Sciences，2004，18（6）：1164-1173.

[5] Aravena R，Suzuki O. Istopic evolution of river water in the Northern Chile region. Water Resour Res.，1990，26（12）：1887-1895.

[6] 程汝楠. 应用天然同位素示踪水量转换. 见：刘昌明，任鸿遵. 水量转换——实验与计算分析. 北京：科学出版社，1988：33-50.

[7] 尹观，范晓，郭建强，等. 四川九寨沟水循环系统的同位素示踪. 地理学报，2000，55（4）：487-494.

[8] 田立德，姚檀栋，孙维贞. 青藏高原那曲河流域降水及河流水体中氧稳定同位素研究. 水科学进展，2002，13（2）：206-210.

[9] 林光辉，柯渊. 稳定同位素技术与全球变化研究. 见：李博. 现代生态学讲座. 北京：科学出版社，1995：161-188.

[10] 石辉，刘世荣，赵晓广. 稳定性氢氧同位素在水分循环中的应用. 水土保持学报，2003，17（2）：163-166.

[11] 徐庆，安树青，刘世荣，等. 四川卧龙亚高山暗针叶林降水分配过程的氢稳定同位素特征. 林业科学，2005，41（4）：7-12.

[12] 徐庆，刘世荣，安树青，等. 川西亚高山暗针叶林降水分配过程中氧稳定同位素特征. 植物生态学报，2006，30（1）：83-89.

[13] 徐庆，刘世荣，安树青，等. 卧龙地区大气降水氢氧同位素特征的研究.林业科学研究，2006，19（6）：679-686.

[14] 徐庆，刘世荣，安树青，等. 四川卧龙亚高山暗针叶林土壤水的氢稳定同位素特征. 林业科学，2007，43（1）：8-14.

中药资源生态学

1 “3S”技术在中药资源可持续利用中的应用†

中药资源的分布、产量及质量变异都与地理环境变异有着直接的关系。道地药材作为中药特定种质在特定空间环境下的产物，充分体现了空间环境对中药资源的巨大影响。换言之，中药资源的分布、产量及质量信息都具有空间信息的特征。因此，对空间信息的研究和利用是中药资源保护和利用的关键问题。

空间技术是空间信息分析的关键技术。而遥感（RS）、全球定位系统（GPS）和地理信息系统（GIS）三者集成的“3S”技术，是空间信息分析的核心技术。遥感是指不直接接触被研究的目标，感测目标的特征信息（一般是电磁波的反射、辐射和发射辐射），经过传输、处理，从中提取人们感兴趣的信息。GPS是当今最具优势的空间定位系统，具有全天候、自动化、多功能、抗干扰的特点，它可以解决传统定位方法精度低、工作量大、复位难的问题。地理信息系统是当今空间信息管理和分析最强大的工具。

当前，遥感信息的应用分析已从单一遥感资料向多时相、多数据源的融合与分析过渡，从静态分析向动态监测过渡，从对资源与环境的定性调查向计算机辅助的定量自动制图过渡，从对各种现象的表面描述向软件分析和计量探索过渡。特别是航空遥感，由于具有快速机动性和高分辨率的显著特点而成为遥感发展的重要方面。GPS的水平距离精度达到±15m。世界上常用的GIS软件已达400多种。这一切都表明，“3S”技术已发展到成熟应用阶段。“3S”技术在信息获取、信息处理、信息应用方面的突出优势，使得其在国防、交通、农业、矿产、地质等领域得到广泛应用，并在资源监测和保护、灾害预警和监测及环境保护等诸多领域显现出巨大的优势和潜力。

目前“3S”技术在中药资源研究和保护中的应用刚刚起步，就已展现出良好的前景[1, 2]。由于植物资源占中药资源的80%以上。本文以药用植物资源为主，探讨“3S”技术在中药资源可持续利用中的应用。

1.1 “3S”技术在中药资源监测中的应用

1.1.1 中药资源的实时监测

80年代我国在全国范围内进行了历时5年的中药资源普查，并在1995年由科学出版社出版了《中国中药资源》[3]和《中国中药区划》[4]等6本巨著，这是新中国成立后中药资源研究的最重要的成果之一，也是至今为止全面系统介绍中药资源的最新的研究成果。而近20年来，国内和国际天然药物市场及资源都发生了惊人的巨变，对中药资源的掠

† 郭兰萍，黄璐琦，蒋有绪，2005，中国中药杂志，(18)。

夺式开发，以及生境破坏都造成了中药资源的急剧下降。目前，我国中药资源总体处于家底不清，保护及开发利用依据不足的状态。全面实施中药资源的普查所需的人力、物力和财力极大，而且中药资源的蕴藏量在随时改变，因此，如果按传统方法进行资源调查，即使是成本极高的新普查结果也会很快就失去可靠性。因此，对中药资源及其蕴藏量进行实时监测成为中药资源研究、保护及利用的首要问题。

“3S”技术以其快速、经济、方便等特点，在资源调查及监测方面显示出极大的优势。宁晓波等[5]针对目前我国森林资源清查存在的调查周期长，数据现势性、可比性、可靠性差等问题，在开展贵州省森林资源清查及评价工作中引进了“3S”技术，同传统的森林资源清查方法相比，取得了显著的经济效益和社会效益。李春干等[6]研究了“3S”技术与地面调查相结合进行红树林资源调查的技术方法，有效地解决了传统方法调查中存在的红树林空间位置和分布境界线定位准确性差、面积精度低等问题。李建龙等[7]利用“3S”技术和生态系统分析方法，实现了对新疆阜康县草地农业资源动态变化的准确监测。

“3S”技术在农林牧业等领域资源动态监测方面的应用和推广，为中药资源的动态监测提供了理论方法。值得一提的是多数中药资源在群落中都不是常见种和关键种，相反却常常是非常见种或稀有种，这为“3S”技术在中药资源动态监测中的应用带来了困难。目前，“3S”技术用于在群落中占绝对优势的成片存在的乔木、灌木类中药资源动态监测技术成熟，如杜仲、麻黄、甘草、苦豆草、松树、三尖杉等。而对于林下资源或稀有资源的监测，如黄连、贝母、冬虫夏草、苍术等，则需要结合实地调查摸索新的思路和方法，例如，运用“3S”技术对有标记作用的伴生植物进行监测和分析，结合实地调查进行研究，可能会为解决此类稀有种的资源调查提供思路。

1.1.2 中药资源的长势产量的估测

对栽培中药材长势的监测和产量的估测，是中药资源动态监测的一个重要方面。不少学者应用“3S”技术对作物估产进行了研究[8-11]，如刘洋[12]研究了大豆播种面积及产量的遥感监测，认为利用多种遥感资料进行大豆估产是可行的；李建龙等[13]利用在天山北坡不同草地类型上观测的草地可食产量，环境与遥感资料等，使用“3S”集成系统进行了多重相关分析和遥感估产技术的深入研究，建立了遥感估产模型，并在实际估产中加以应用，结果发现大面积草地可食牧草遥感估产精度达到75.8%以上。这些研究为中药资源的估产研究提供了了很好的参考，对中药资源，尤其是栽培中药材的产量估计，可全面借鉴作物估产的模式和方法。

1.2 “3S”技术在中药资源的生态研究中的应用

1.2.1 植物信息提取及植被分类

植物信息提取和植被分类是中药资源生态研究的基础。借鉴植被及农作物研究的经验，运用RS和GPS提取中药材遥感信息，可以研究中药材的长势、生物量等，对于野生中药材，还可以研究其所处群落的植被类型甚至伴生植物。如董谢琼等[14]利用遥感技术得到云南曲靖市的春季作物假彩色分布图和可参与后续运算的定量分布数据，对解决云南高原山区的春季作物遥感信息提取很有效。王秀珍等[15]开展了不同氮素营养水平的水稻田间试验，采用单变量线性与非线性拟合模型和逐步回归分析，获得作为高光谱估算地上鲜生物量的最佳模型。刁淑娟等[16]利用图像的空间信息、光谱信息以及地形数据对植被进行分类，其精度达到90%，与最大似然分类方法所得结果相比较，其分类精度提高了10%。

1.2.2　中药资源的土壤水分监测

土壤水分监测是遥感的常规工作之一，不少学者结合精确农业，利用遥感技术对作物土壤水分含量进行监测，结果证明遥感对大面积农田土壤水分宏观动态监测方便、快捷、精度高。李建龙等[17]利用 RS 和 GIS，初步建立了典型试验区遥感信息与土壤含水量之间的遥感光谱相关监测模型，并同地面实测土壤水分进行了精度校正，结果表明，其模型监测 0～20cm 土层含水量的精度达到 90%以上，实际监测土壤水分精度达到72.3%；在遥感监测 20～50cm 土层土壤含水量中，利用遥感模型监测土壤水分精度达到80%以上，实际遥感监测精度达到 60%左右，其结果可有效指导干旱半干旱农业区春耕时间和动态监测大面积土壤墒情。王晓云等[18]对土壤水分卫星遥感监测结果的分析能力进行了探讨，并提出了一批具有一定物理意义和应用价值的遥感模式。李亚春等[19]介绍了土壤水分热红外遥感监测的热惯量模式及国外在这一方面所取得的主要成果，阐述我国利用热惯量模式监测土壤水分的应用性试验的现状，以及在模式研究方面所取得的进展。总之，将日趋完善的“3S”技术用于中药资源，尤其是用于栽培中药材土壤水分监测，建立卫星图像资料接收系统和快速处理分析及传输系统，将会提高大面积栽培中药材土壤水分监测和控制的能力。

1.2.3　中药资源的土壤养分监测

养分缺乏是影响作物生长的最主要限制因子之一，及时准确监测或诊断出作物养分状况，对提高作物水肥管理水平和水肥利用效率，减少过度施肥带来的环境污染和指导节水农业生产具有重要意义。近年来，“3S”技术用于农田养分监测的研究层出不穷。唐延林等[20]研究表明不同供氮水平的水稻冠层和叶片光谱差异明显，其光谱反射率随供氮水平的提高在可见光范围降低，在近红外区域增高。程一松等[21]研究了不同氮素养分胁迫下冬小麦的不同生育期光谱的特征，结果表明孕穗期是利用高光谱遥感进行作物长势和养分诊断研究的最佳时期。张霞等[22]利用北京小汤山地区获取的航空高光谱遥感图像，提取出 43 条小麦图像光谱与地面叶片全氮含量数据相对应，运用红边、光谱吸收特征分析方法和逐步回归算法，选择和设计了叶片全氮反演的特征波段和特征参数，并进行了全氮含量填图，实验结果表明全氮含量填图的值域和分布与地面调查和测量结果一致。聂艳等[23]探讨了土壤肥料专家系统的设计思路，并在滨湖平原验证具有良好的经济效益和社会效益。

土壤数据采集仪器价格昂贵，性能较差，不能分析一些缓效态营养元素的含量。随着高分辨率卫星的出现（分辨率1～3m），遥感光谱信息与土壤性质、作物营养关系的研究和应用将得到进一步地深化和推广。针对目前我国土壤养分管理和施肥技术的现状，从与土壤肥力、施肥、作物有关的因素着手，采用“3S”等技术手段，以精准农业的理念为指导，在中药材栽培种植中进行合理施肥，具有很好的实用性和推广价值。

1.2.4 中药资源病虫害监测

不同类型的中药资源往往感染不同的病虫害，而不同的病虫害所引起中药资源受损症状不同，有的病虫害导致中药资源反射光谱的显著变化，有的则导致中药资源大量失叶、减产。因此，对不同病虫害的遥感监测方法不同。利用遥感技术可及早预测诸如小麦黑锈病、马铃薯晚疫病、玉米大斑病、水稻白叶枯病及各种虫害[24]。路桂珍[25]研究发现，根据健康植物与受害植物在近红外波段反射率的明显不同，可利用红外遥感图像上的色调变化来判读健康植物和受害植物及其受害程度，并且与肉眼观测比较，可在病虫害发病早期发现，从而达到大面积监测并防治病虫害的目的。杨存建等[26]探讨了“3S”技术在森林病虫害监测管理中的应用模式，以及整个系统的集成。

利用“3S”技术及时掌握中药资源发生病虫害情况，在中药资源病虫害还没有发生严重危害与大面积蔓延的情况下及时采取防治措施，将病虫害及时消灭，可以降低损失，提高产量。从长远角度看，利用“3S”技术监测中药资源病虫害前景广阔。

1.3 “3S”技术在中药资源区划及道地药材研究中的应用

1.3.1 中药资源区划

区划是对有空间特性的事物的最直观的分类和管理过程，“3S”技术作为空间分析的核心技术，与生俱来就与区划分不开。尤其是 GIS，以其强大的空间信息分析和管理能力，在资源区划、气候区划、农业区划、灾害区划等诸多方面显示出巨大的优势。例如黄淑娥等[27]根据气候、地形和土地利用等因素，采用“3S”技术和气候区划方法，对江西省安县脐橙适宜种植区进行综合气候区划，使农业气候区划朝气候规划的方向发展。刘洪江等[28]对东川区泥石流信息系统进行了系统分析，在此基础上利用“3S”技术，建立了东川区泥石流信息系统，并讨论了该系统在泥石流危险度区划及灾害趋势分析中的应用。王平[29]根据当前自然灾害区划的特点以及已有的模糊聚类分析方法存在的局限性，指出应在“3S”技术支持下发展新的、基于空间邻域分析的区划方法。

通过 GIS 利用大量存在的空间信息及相应的模型对中药资源进行区划，克服了传统凭经验区划的主观性。同时，配合 GPS 和 RS，还可以及时地进行信息更新，使区划结果更科学更有现实意义。

1.3.2 道地药材研究

中药道地药材是指源于特定环境的优质中药材，特定生境是道地药材形成的必要条件。因此，揭示生态环境在道地药材形成中的贡献及作用机理，是阐明道地药材成因的关键。当前，道地药材的生态学研究迫切需要理论和方法上的更新和突破。作者[1, 2]利用 GIS 对苍术道地产区生境特征进行筛选，提取出苍术道地药材原产地生境特征为年均温高于 15℃，冷月平均最低温度为–2～–1℃，热月平均最高温度平均在 32℃左右，极端低温–17～–15℃，旱季为 1～2 个月，年降水量为 1000～1160mm。发现苍术道地产区气候具有高温、旱季短、雨量充足的特点。

道地药材的形成体现了复杂系统的自组织特征，生态环境对道地药材形成的影响是非线性的，对于不同的道地药材，环境因素与遗传因素呈现出不同程度的交互作用，这使得道地药材的生态学研究复杂而艰难。“3S”技术的引入，无疑为道地药材生态学的研究提供了崭新的技术、思路和平台，也必将使道地药材生态学的研究取得前所未有的成果。

1.4 小结

我国正在推进和加速资源与信息的网络共享的建设，中药资源是其中极具特色的一个分支。以“3S”集成技术系统和国家中药资源及环境数据库为基础，在 RS、GPS 技术支持下，对中药资源及环境数据库进行定期的准同步更新，并在 GIS 技术的支持下，建立反馈和综合协调机制，可以充分提高对资源与环境的宏观调控能力，为社会提供全方位的中药资源及环境信息，为中药资源的合理开发和利用提供科学依据，这一切对中药资源的可持续利用具有深远的意义。

参 考 文 献

[1] 郭兰萍，黄璐琦，阎洪，等. 基于地理信息系统的苍术道地药材气候生态特征研究. 中国中药杂志，2005，30（8）：1.
[2] Lanping Guo，Luqi Huang，Hong Yan，et al. Study on the habitat characteristics of the geoherbs of *Atractylodes lancea* based on geograrhic information systems（GIS）. Journal of US-China Medical Science，2005，2（1）：46.
[3] 中国药材公司. 中国中药资源. 北京：科学出版社，1995：1.
[4] 中国中药区划. 中国药材公司. 北京：科学出版社，1995：1.
[5] 宁晓波，林辉. 3S 技术在贵州省森林资源清查及其评价中的应用. 林业资源管理，2003，3：29.
[6] 李春干，谭必增. 基于“3S”的红树林资源调查方法研究. 自然资源学报，2003，18（3）：215.
[7] 李建龙，蒋平，赵德华. 3S 技术在草地产量生态成因分析与农业资源估测中的应用研究. 中国草地，2003，25（3）：15.
[8] 杨邦杰，裴志远. 农作物长势的定义与遥感监测. 农业工程学报，1999，15（3）：214.
[9] 覃先林，易浩若. MODIS 数据在树种长势监测中的应用. 遥感技术与应用，2003，18（3）：123.
[10] 吴炳方. 全国农情监测与估产的运行化遥感方法. 地理学报，2000，558（1）：25.
[11] 邢素丽，张广录. 我国农业遥感的应用现状与展望. 农业工程学报，2003，19：174.
[12] 刘洋. 大豆播种面积及产量的遥感监测. 黑龙江农业科学，1999，1：50.
[13] 李建龙，蒋平，戴若兰. RS、GPS 和 GIS 集成系统在新疆北部天然草地估产技术中的应用进展. 生态学报，1998，18（5）：504.
[14] 董谢琼，徐虹，浦吉存. GIS、GPS 支持下的云南春季作物遥感信息提取. 中国农业气象，2004，24（4）：35.
[15] 王秀珍，黄敏峰，李云梅，等. 水稻地上鲜生物量的高光谱遥感估算模型研究. 作物学报，2003，29（6）：815.
[16] 刁淑娟，孙星和. 袁崇桓. 山区植被类型信息提取方法研究. 国土资源遥感，1995，25（3）：34.
[17] 李建龙，蒋平，刘培君，等. 利用遥感光谱法进行农田土壤水分遥感动态监测. 生态学报，2003，23（8）：1498.
[18] 王晓云，张文宗. 利用“3S”技术进行北京地区土壤水分监测应用技术研究. 应用气象学报. 2002，013（004）：422.
[19] 李亚春，徐萌，唐勇. 我国土壤水分遥感监测中热惯量模式的研究现状与进展. 中国农业气象，2000，21（2）：40.
[20] 唐延林，王人潮，黄敬峰，等. 不同供氮水平下水稻高光谱及其红边特征研究. 遥感学报，2004，18（2）：185.
[21] 程一松，郝二波. 氮素胁迫下的冬小麦高光谱特征提取与分析. 资源科学，2003，25（1）：86.
[22] 张霞，刘良云，赵春江，等. 利用高光谱遥感图像估算小麦氮含量. 遥感学报，2000，7（3）：176.
[23] 聂艳，周勇，田有国，等. 基于 3S 的土壤肥料专家系统研究. 土壤，2003，35（4）：339.
[24] 刘述彬，刘洋. 农作物病虫害遥感预测的可行性初探. 黑龙江农业科学，1999，6：31.

[25] 路桂珍，杨秀军. 应用红外遥感技术监测植物病虫害. 红外技术，1990，12（2）：18.
[26] 杨存建，陈德请，魏一鸣. 遥感和GIS在森林病虫害监测管理中的应用模式. 灾害学，1999，14（3）：6.
[27] 黄淑娥，殷剑敏. “3S”技术在县级农业气候区划中的应用：万安县脐橙种植. 江西农业大学学报，2000，22（2）：271.
[28] 刘洪江，唐川. 昆明市东川区泥石流信息系统的建立及其应用. 云南地理环境研究，2004，16：33.
[29] 王平. 自然灾害综合区划研究的现状与展望. 自然灾害学报，1999，8：21.

2 药用植物栽培种植中的土壤环境恶化及防治策略†

药用植物栽培中，存在一个突出问题，即随着栽培年龄的增加或栽培地的连作，植株生育不良，品质和产量均大幅度下降，如红花、薏苡、北沙参、太子参、川乌、白术、天麻、当归、大黄、黄连、三七、人参等[1]。生产实践中发现，土壤环境恶化是药用植物栽培中普遍存在的问题，绝大多数根和根茎类药材“忌”连作。如地黄连作引起严重病毒病，药材减产，同一块地在8～10年不能重茬；人参栽种到5～6年后发病率急剧增加，而且连作障碍严重，老参地通常几十年不能重茬，等等。近年来，随着栽培面积的不断扩大及中药材规范化种植（GAP）的推行，药用植物栽培中的土壤环境恶化及连作障碍的危害日益突出。

有关土壤环境恶化和连作障碍，以及相关机制和防治措施研究，在农作物、瓜果蔬菜、林木、花卉等方面已有很多，不少研究结果已成共识。但这方面的研究在药用植物领域却涉及甚少，尤其是植物化感作用、土壤环境胁迫、菌根真菌等研究刚刚起步。笔者借鉴农业、林业等方面土壤环境的研究成果，结合药用植物栽培特点，综述了药用植物栽培种植中土壤环境恶化的情况及防治策略。

2.1 药用植物栽培中土壤环境恶化的特点

2.1.1 土壤环境恶化是药用植物长期栽培的必然结果

药用植物多为宿根植物，生长周期多为2年，几年甚至几十年。这与生长周期短的作物不同，土壤环境恶化不仅表现为重茬，还表现为随栽培年龄增加出现的一系列土壤环境问题。对于多年生或连作药用植物，由于耕作、施肥、灌溉等方式固定不变，会导致土壤理化性质恶化，肥力降低，有毒物质积累，有机质分解缓慢，有益微生物种类和数量减少。因此，土壤环境恶化是药用植物栽培中无法回避的问题，不能仅借助常规的轮作倒茬解决。

2.1.2 对药用植物次生代谢产物的追求加剧土壤环境恶化

植物在生长发育的过程中，不断与根际环境进行着物质和能量的交换。药用植物含有大量次生代谢产物，如黄酮、蒽醌、生物碱、萜类、酚酸类等等。这类小分子物质在栽培中很容易释放到环境中，从而改变根际土壤理化性质，进而影响土壤环境的微生

† 郭兰萍，黄璐琦，蒋有绪，吕冬梅，2006，中国中药杂志，31（9）：714-717。

物群落结构。同时，这类小分子物质有不少是化感物质，会对其他植物甚至自身产生毒害作用，直接影响药用植物生长发育。

药用植物的药效成分通常就是这些次生代谢产物，提高次生代谢产物含量是药用植物育种及栽培实践的目标。长期选择的结果，使栽培药用植物次生代谢产物的含量不断提高，这不但可能使该药用植物在逆境下更容易释放化感物质，也使适应于该药用植物根际环境条件的病虫害逐年增加。因此，相对于普通作物，药用植物土壤环境恶化现象表现得更严重，地下部病虫危害更严重。

2.1.3　土壤环境恶化对根和根茎类药用植物造成极大危害

根和根茎类药材占药用植物的70%，许多药用植物的根、根茎、块根和鳞茎等地下部分，既是其营养成分积累的部位，又是药用部位。这些地下部分极易遭受土壤中的病原菌及害虫的危害，导致减产和药材品质下降。地下害虫种类很多，如蝼蛄、金针虫、蛴螬等，且分布广泛。药用植物在长期栽培中，一旦根部被害后造成伤口，导致病菌侵入，更加剧地下部病害的发生和蔓延。由于地下部病虫害防治难度很大，往往造成惨重的经济损失。

2.2　药用植物栽培中土壤环境恶化表现

2.2.1　土壤养分缺乏

不同植物吸收土壤中的营养元素的种类、数量及比例各不相同，根系深浅与吸收水肥的能力也各不相同。长期种植一种药用植物，因其根系总是停留在同一水平上，该药用植物大量吸收某种特需营养元素后，就会造成土壤养分的偏耗，使土壤营养元素失去平衡，造成部分营养元素的缺乏。

2.2.2　土壤酸碱度变化及有害盐类含量的增加

由于土壤中有机质、矿质元素的分解和利用，以及微生物的活动都与土壤酸碱度有关。因此，药用植物的生长发育要求不同的土壤酸碱度。如果土壤的酸碱度及有害盐类含量超出药用植物根系生长的适应范围，其生长就会受到阻碍。

药用植物在多年连续栽培中，土壤中所含植物生长发育需要的元素越来越少，根系分泌的有毒物质在土壤中大量积累，发生毒害或元素间拮抗，使土壤酸碱度失去平衡，进而造成单盐毒害。以土壤钙素为例，当土壤呈强酸性或含钾过高时，有效钙含量降低；而钙素过多，土壤偏碱性而板结，则使铁、锰、锌、硼等成不溶性，导致药用植物缺素症的发生[2]。

2.2.3　土壤有害微生物增加

药用植物病毒病的发生相当普遍，病毒寄生性强、致病力大、传染性高，能改变寄主的正常代谢途径，使寄主细胞内合成的核蛋白变为病毒的核蛋白，所以受害植株一般在全株表现出系统性的病变。病毒性病害的常见症状有花叶、黄化、卷叶、缩顶、丛枝矮化、畸形等。例如，如腐霉菌引起人参、三七、颠茄等的猝倒病；又如北沙参、白术、桔梗、太子参、白花曼陀罗和八角莲的花叶病等。真菌病害在药用植物上常造成毁灭性损失，如人参、西洋参的黑斑病、立枯病、根腐病等，都随生长年限增长传染蔓延，造成严重连作障碍。

寄生线虫危害药用植物所表现的症状与病害相似，故习惯上将线虫作为病原物对待。药用植物普遍受到线虫的危害，其中某些药材的根结线虫病和胞囊线虫病已成为生产上的重要问题，如人参、川芎、草乌、丹参、罗汉果、牛膝等。

总之，多数药用植物都有一些具有专属性的有害微生物或病原物，多年栽培或连作可使这些有害微生物，以及相关病虫害不断积累，周而复始地恶性循环式地感染危害药用植物。研究证实，土壤微生物群落结构的改变是造成多年生药用植物发病的主要原因，重茬加深了药用植物与土壤环境之间的矛盾，使其难以正常生长发育，造成土壤衰竭。

2.2.4 土壤化感物质增加

植物根系分泌物的分泌是根系的一种正常的生理现象。但植物在逆境条件下根分泌的有机物与正常条件下分泌的有机物不论是在种类或数量上都有明显的不同，这也是植物对环境胁迫下的一种适应性机制[3, 4]。当根系处于逆境胁迫下，将导致生理代谢障碍或植物组织损伤。植物可通过自身调节分泌专一性物质来适应环境胁迫。这些根系分泌物中有些为化感物质（Allelochemicals），如香草醛、肉桂酸、阿魏酸、对羟基苯甲酸等。除根分泌外，化感物质还可通过挥发、淋洗、残茬腐解等过程从植物释放到环境[5]。化感物质可以抑制周围植物的生长，甚至可以引起自毒作用。化感物质的释放是植物争夺土壤中的养分、竞争生态位而形成的对外界环境的一种适应机制。不同药用植物根系的分泌物不同，自毒物质更不相同。多年生或连作的药用植物，其根系分泌的有机酸及有毒物质不断积累，不易清除，造成根系生长不良，危害药用植物的产量及质量。

2.2.5 土壤理化性质的改变

土壤是药用植物栽培的基础，药用植物的生长发育要从土壤中吸收水分和营养元素，以保证其正常的生理活动。良好的土壤结构能满足药用植物对水、肥、气、热的要求，因而是丰产的基础。多年生或连作引起元素的片面消耗，致使土壤团粒结构破坏，物理性状恶化，土壤板结，透气性差，CO_2和有害气体在根系周围积累到一定浓度，引起根系中毒。一旦土壤中 O_2 的浓度、CO_2 的浓度及孔隙率等达不到根系正常生长的需要，则会严重地阻碍药用植物的正常生长发育。

总之，多年生或连作造成药用植物根际土壤的恶化，通常是由多个因素引起，而非某个因素单独作用的结果。如养分胁迫对植物造成生理伤害，导致植物生理代谢的异常变化和根系原生质膜透性的增加，从而促进了分泌物的大量分泌。这些根系分泌物的大量增加又可能引起植物自毒作用，同时改变土壤微生物群落结构及土壤 pH，引起土壤物理化学性质的改变。如对人参连作障碍原因的综合分析表明，土壤病害占35%，线虫占 16%，营养缺乏占12%，土壤酸化占7%，土壤物理性状变坏占 5%，盐分积累占5%，其他占 3%，不明原因占18%[6]。由此可见，药用植物土壤环境恶化通常表现为土壤环境的全面改变，对其治理应采取多种手段的综合治理策略。

2.3　药用植物栽培种植中防治土壤环境恶化的措施和对策

2.3.1　抗逆境药用植物品种的选育

不同药用植物对逆境的忍耐程度不同。同一品种内，单株之间抗性也有差异。通常在同一条件下，抗性品种受到逆境的危害较非抗性品种轻或不受害。如地黄品种金状元对地黄斑枯病比较敏感，而另一品种小黑英比较抗病。由于抗性是一种可遗传的生物学特性，因此，利用药用植物抗性，选育抗病、抗虫、抗旱、抗涝、抗重茬等抗逆境的优质高产品种，是克服药用植物长期栽培或连作中土壤环境恶化的首要措施。

2.3.2　实施轮作制度

轮作是有机栽培的基本要求和特性之一。由于轮作可均衡利用土壤中的营养元素，把用地和养地结合起来，可以改变农田生态条件，改善土壤理化特性，可以增加土壤生物多样性，促进土壤中对病原物有拮抗作用的微生物的活动，抑制病原物的滋生，抑制药用植物上单食性和寡食性害虫。因此，无论是土壤培肥还是病虫害防治都要求实行作物轮作。

2.3.3　土壤消毒

用含37%甲醛处理效果较好，成本较低。处理时将定植穴内或栽植沟内的土壤挖起，然后边填土边喷洒甲醛。喷洒后用地膜覆盖土壤，杀死土壤内线虫、细菌、放射菌和真菌，或用高剂量的溴甲烷，效果明显。

2.3.4　科学补充土壤营养元素

药用植物在长期栽培中，应适时进行土壤分析，了解土壤营养元素亏损或积累情况，然后有针对性地确定施肥方案，补充和调节土壤内的营养元素。应特别注意有机肥料和微量元素的应用，同时增施充分腐熟的有机肥，改良土壤，这样可使作物生长旺盛，提高药用植物的抗病能力。

2.3.5　选用合适的物理处理技术

土壤物理处理技术是针对土壤病虫害、土壤养分失衡产生的一类土壤处理技术，因其无污染，对综合解决药用植物温室连作障碍问题有重要意义。目前，已应用于实践的土壤物理处理技术有土壤连作障碍微水分处理技术、土壤空间电场与CO_2结合的同补技术等。其解决连作土壤恶化的电化学原理包括直流电流的土壤相分配灭菌消毒原理，及脉冲电流和直流电流对土壤非游离态营养元素游离化的作用原理两部分。技术装备包括土壤水电解技术装备和空间电场技术装备两种。这两类设备主要用于解决老菜地和长期使用的育苗温室存在的连作障碍问题。在药用植物栽培种植中，从技术和经济两方面考虑，可选用能够移动使用的 3DT 系列土壤连作障碍处理机进行土壤处理，在经济条件许可的情况下，也可选用性能更加优异的空间电场/CO_2同补技术系统。后者是能够比较好地全方位解决温室植物生长遇到的土传病害、气传病害、生理障碍的物理技术。随着该技术系统的成本降低，它将成为设施农业推广中的重点技术。

2.3.6 开展营养液培养

营养液栽培方式，由于不使用土壤，也称为无土栽培。营养液栽培主要有水培、固形基质栽培、喷雾栽培等方式。其中，水培有深液型和营养液膜法等方式；固型基质栽培主要有沙砾栽培、砂培、岩棉栽培等方式。

无土栽培会几倍、几十倍地提高农作物的产量，加之其本身所固有的节肥、节水、省力、高产、防病虫等特点，在西方发达国家已成为园艺作物工厂化生产的重要形式，欧共体国家温室主要果菜和花卉的生产70%～80%采用这种形式。无土栽培技术在我国虽然开发利用的时间不长，但已取得明显效果，表现出了广阔的发展前景和巨大的开发力。这种栽培方式可以避免与土壤有关的连作障碍，实现药用植物清洁的生产，对于药用植物的育苗栽培非常重要。

2.3.7 接种 AM 真菌

菌根（Mycorrhizae）是土壤中的一类真菌与宿主植物根系所建立的互惠共生体。参与形成菌根的真菌则称为菌根菌，其中以泡囊丛枝菌根（Vesicular Arbuscular Mycorhizae，VAM 或 AM）最为重要。由于 AM 真菌的菌丝体着生在植物根的皮层组织中，能扩大植物根系的吸收面积，吸收植物不能吸收到的土壤营养元素和水分，这种共生有利于植物的生长发育。研究发现，AM 能参与植物许多生理生化代谢过程，对植物有多方面作用[7-13]，如促进植物生根，提高植物生物量，提高移栽成活率；促进植物根系对矿质营养的吸收，特别是提高植物对磷、氮素及微量元素的吸收；提高植物对干旱、盐碱、低温、重金属污染等环境胁迫的抗性，并且，通常可减轻土传病害的发生；同时，接种 AM 真菌可提高作物品质，如烟草、农作物等。

AM 真菌应用于药用植物栽培的研究刚刚起步，但已取得可喜的成果。如齐国辉等[14]研究了 3 种丛枝菌根真菌对银杏幼苗在重茬土中生长的影响，结果表明，不论土壤消毒与否，重茬土中 3 种丛枝菌根真菌均可促进银杏幼苗的生长。魏改堂等[15, 16]证实 AM 可提高荆芥挥发油含量及曼陀罗中莨菪碱和东莨菪碱的含量。

多年生或连作药用植物土壤内，根系分泌物和残留物分解的有毒物质不断积累，有害线虫和土壤微生物大量繁衍，使土壤中有益的 AM 真菌大量减少。因此，在栽种药用植物根际直接接种 AM 真菌，对提高药用植物产量，提高中药引种栽培的成活率，克服药用植物栽种过程中盐的积累，促进养分吸收从而减少土壤中化肥和农药的使用量，甚至提高药用植物质量都有广阔的前景。

综上所述，在生产实践中，应根据药用植物根际土壤环境恶化的具体表现，不但要有针对性地选用土壤环境治理措施，还要考虑到药用植物根际土壤恶化的系统表现，综合利用各种土壤环境治理措施，对土壤环境进行综合治理。同时，针对药用植物的栽培生理学特点，制定合理的种植制度和土壤耕作制度，实施科学的田间管理，如采用客土栽植、秋天深翻、调整播期、合理布局、高温焖晒、嫁接技术，结合间作、套作、立体经营等种植制度，是克服药用植物栽培种植中土壤环境恶化的长期而重要的措施。

参考文献

[1] 郭巧生. 药用植物栽培学，北京：高等教育出版社，2004.
[2] 林雅珍，邵永生. 果树重茬病的发病原因及综合防治. 内蒙古农业科技，2002，(6)：30.
[3] 张福锁. 根分泌物及其在植物营养中的作用 I 缺锌对双子叶植物根系分泌物的影响. 北京农业大学学报，1991，17（2)：63.
[4] 陈龙池，廖利平，汪思龙，等. 根系分泌物生态学研究. 生态学杂志，2002，21（6)：57.
[5] 黄京华，曾任森，滕希峰，等. 植物化感作用研究动态. 佛山科学技术学院学报（自然科学版)，2001，19（4)：61.
[6] 黄泰康. 天然药物地理学. 北京：中国医药科技出版社，1993：192.
[7] Teresa E，Pawlowska，Iris Charvat. Heavy-metal stress and developmental patterns of arbuscular mycorrhizal fungi. Applied and Environmental Microbiology，2004，70（11)：6643-6649.
[8] 汪洪钢，张美庆. 八十年代以来我国内生菌根研究概况. 土壤学报，1994，31（增刊)：11.
[9] 赵之伟. VA 菌根在植物生态学研究中的意义. 生态学杂志，2001，20（1)：52.
[10] 汪洪钢，吴观以，李慧荃. VA 菌根对绿豆（*Phaseolus aureus*）生长及水分利用的影响. 土壤学报，1989，26（11)：393.
[11] 宋勇春，李晓林，冯固. 泡囊丛枝（VA）菌根对玉米根际磷酸酶活性的影响. 应用生态学报，2001，12（4)：593.
[12] 至守生，何首林，王德军，等. VAM 真菌对茶树营养生长和茶叶品质的影响，土壤学报，1997：34（2)：97.
[13] 顾向阳，胡正嘉. VA 菌根真菌 *Glomus mosseae* 对棉花根区微生物量和生物量的影响. 生态学杂志，1994，13（2)：7.
[14] 齐国辉，张林平，杨文利，等. 丛枝菌根真菌对重茬银杏生长及抗病性的影响. 河北林果研究，2002，17（3)：58.
[15] 魏改堂，汪洪钢. VA 菌根真菌对荆芥生长、营养吸收及挥发油合成的影响. 中国中药杂志，1991，16（3)：139.
[16] 魏改堂，汪洪钢. VA 菌根真菌对药用植物曼陀罗生长、营养吸收及有效成分的影响. 中国农业科学，1989，22（5)：56.

3　基于地理信息系统的苍术道地药材气候生态特征研究†

苍术为中医临床常用药，药用部位为菊科苍术 *Atractylodes lancea*（Thunb.）DC.[1] 的根茎。现代药理实验证明苍术有保肝、降血糖、利尿、抗缺氧等作用。苍术喜欢凉爽气候，多生于排水良好的山坡或路旁，在我国分布广泛，湖北、江苏、内蒙古、河北、河南、陕西等地为其药材主产地。

传统认为江苏茅山地区的苍术质量最好，为道地药材。由于当地苍术质量优良，近年来受到掠夺性采挖，加之生境破坏严重，造成茅山苍术面临濒危和枯竭。为了缓解茅山苍术资源不足的现状，不少地方纷纷开始对苍术进行引种栽培。但由于对生境对苍术质量的影响缺少认识，使得栽培苍术缺少理论指导，栽培苍术生态适宜性差，导致栽培苍术产量、质量均不稳定。

挥发油成分被认为是苍术的主要药理活性成分，常被用作评价苍术质量的指标成分。近年来不少学者发现苍术挥发油变异与地理环境变异有关[2-7]。对野生苍术而言，除了受自身遗传因素的控制外，环境因素是引起其挥发油变异的主要原因，作者研究了不同地区苍术根际区土壤中无机元素及养分的变化规律，没有发现二者对苍术挥发油变异有直接明显的影响[8, 9]，提示气候因子可能是影响苍术挥发油组分含量的重要环境因子。

地理信息系统（Geographic Information Systems，简称 GIS）是分析和处理大量地理空间信息的计算机系统。GIS 的应用推广为全面开展道地药材的生态学研究提供了新思路及技术平台，利用 GIS 技术实现道地药材空间数据存储、管理、分析、显示，可以克服

† 郭兰萍，黄璐琦，阎洪，吕冬梅，蒋有绪，2005，中国中药杂志，30（8)：565-569。

当前中药资源生态学研究中普遍存在的样本代表性问题，为提取道地药材原产地生境特征，以及建立道地药材原产地生境标识提供依据。

本实验的目的是寻找影响苍术挥发油成分的气候主导因子，及影响苍术成活及生长发育的生态限制因子，然后利用 GIS 比较茅山地区气候因子与苍术整个分布区气候因子的异同，提取苍术道地药材原产地气候生境特征。

3.1 材料和方法

3.1.1 分析样地及指标的确定

日本学者武田修已在 20 世纪 90 年代历时多年对中国境内的野生苍术挥发油成分变异进行了系统研究，共分析了 18 个居群 771 株苍术个体，研究范围遍及苍术主要分布区，包括中国 7 个省，东西跨越 14.4°（107.03°～121.40°），南北跨越 4.5°（33.07°～37.53°）。其研究样地基本包括了中国境内苍术的所有化学型[3-7]。本研究利用武田修已的挥发油分析数据，及挥发油分析样地的气候因子进行苍术道地药材的生境特征分析。具体样地见表 1。各居群苍术挥发油含量的均值见表 1（其中一个地方有两个亚居群的其挥发油的含量取两个亚居群的均值）。

表 1 研究样地及当地苍术挥发油含量

	地点	编号	I/%	II/%	III/%	IV/%	V/%	VI/%	总值/%
江苏	金坛县薛埠	Xu	0.01	0.08	0.11	0.29	0.12	0.43	1.80
	溧阳县后周乡黄山	Li	0.03	0.51	0.32	0.50	0.08	0.35	1.79
	句容县宝华山鸭子头	Ya	0.00	0.71	0.11	0.25	0.09	0.34	1.50
	南京市汤山镇佛山	Fo	0.00	0.61	0.06	0.20	0.07	0.35	1.29
湖北	英山县桃花冲	Ta	0.02	0.00	5.35	0.30	0.00	0.01	5.63
	随州市草店镇	Ca	0.09	0.00	3.50	2.47	0.00	0.14	6.20
	丹江口市	Dn	0.17	0.00	2.83	2.68	0.00	0.07	5.75
安徽	黄山市太平区新华	Hu	0.13	0.03	2.04	3.17	0.00	0.34	5.71
陕西	留坝县	Ba	0.22	0.00	1.29	1.78	0.00	0.22	3.50
	长安县王庄乡抱龙峪	An	0.30	0.00	2.09	2.12	0.00	0.16	4.65
	华阴	Hs	0.21	0.00	0.63	1.66	0.00	0.18	2.67
河南	庐氏县	Sh	0.39	0.00	0.21	1.65	0.00	0.21	2.45
	登封市，嵩山	So	0.04	0.10	0.05	0.29	0.00	0.67	1.15
河北	崇礼县	Ch	0.09	0.09	0.45	0.94	0.02	0.56	2.13
	承德市大朝镇大朝村	Da	0.07	0.37	0.26	0.83	0.04	0.47	2.03
	赞黄县嶂石岩乡	Za	0.02	0.03	0.06	0.30	0.01	0.23	0.65
山东	青岛市崂山林场下宫林区	Lao	0.00	0.63	0.00	0.00	0.01	0.25	0.89
	泰安市泰山区	Tt	0.00	0.46	0.01	0.11	0.03	0.35	0.96

注：I 榄香醇，II 苍术酮，III茅术醇，IVβ-桉叶醇，V 芹烷二烯酮，VI苍术素

气候数据来源于距研究样地距离最近的当地气候站点 1971～2000 年的 30 年间气候资料。用年均温、年降水、冷月低温、热月高温、极端低温、旱季共 6 项常用的并具有生长限制性作用的气候因子作为气候优选的指标，求出各指标 30 年的均值，见表 2。

表 2　各研究样地各气候因子 30 年均值

编号	极端低温/℃	冷月低温/℃	热月高温/℃	旱季/月	年均温/℃	年降水/mm
Xu	–15.5	–1	32	1	15.4	1075
Li	–15.7	–1	32	2	15.1	1152
Ya	–16.7	–2	32	2	15.2	1022
Fo	–17.4	–2	32	2	15.3	1008
Ta	–16.2	0	30	2	13.6	1386
Ca	–17.9	–3	31	3	14.8	1099
Dn	–14.2	–3	32	4	15.1	872
Hu	–13.1	–1	31	0	14.9	1738
Ba	–18.8	–7	25	5	10.9	837
An	–16.0	–4	32	5	14.2	623
Hs	–19.0	–8	23	5	9.0	956
Sh	–20.0	–6	30	5	10.6	723
So	–19.4	–6	31	5	13.1	674
Ch	–33.5	–22	22	8	1.2	511
Da	–25.0	–15	30	7	8.8	612
Za	–22.6	–8	32	8	13.0	528
Lao	–24.3	–10	22	5	6.8	750
Tt	–15.2	–5	27	5	11.7	806

3.1.2　影响苍术挥发油成分的生态主导因子及限制因子筛选

采用武田修己对苍术挥发油分析的结果，用苍术总挥发油及挥发油中含量最大疗效明确的 6 个组分（Ⅰ elemol、Ⅱ atractylon、Ⅲ hinesol、Ⅳ β-eudesmol、Ⅴ Selina-4(14)selina, 7(11)-dienone、Ⅵ atractylodin）作为应变量，以上述 6 个气候因子为自变量，利用逐步回归方法筛选影响苍术挥发油组分的生态主导因子。

通过实地调查、文献分析结合气候数据比较确定影响苍术挥发油的生态限制因子。

3.1.3　苍术道地产区生境及其与其他产区生态环境的比较

选用 Kriging[10]进行空间内插，变异函数为线性模型。利用 10km×10km 高程栅格数据，以 IDIRISIW 软件为平台，分别对各要素 30 年的均值进行空间插值分析。可得到每一网格点各区域各气候因子均值分布图。

以茅山地区作为苍术最佳产地，通过提取茅山地区生态主导因子和限制因子年均值的最大值及最小值获取当地气候特征参数。并以该参数为基础，使用 IDIRISIW 软件自带的叠加功能对整个区域进行叠加分析，寻找其他与茅山地区生态环境相一致的区域，从而最终实现苍术道地产区与其他非道地产区生态主导因子和限制因子的比较。

3.2 结果

3.2.1 影响苍术挥发油成分的生态主导因子的筛选

回归分析显示在所考察的6个气候因子中，挥发油总量和组分III与年降水呈线性关系，组分V与年降水及旱季成线形关系。其回归方程分别为 $Y_{total}=-0.254+3.215\times10^{-3}X$（$X$为年降水）；$Y_{III}=-1.193+2.395\times10^{-3}X$（$X$为年降水）；$Y_{V}=0.220-2.09\times10^{-2}X_1-1.18\times10^{-4}X_2$（$X_1$为旱季，$X_2$为年降水）。

3.2.2 影响苍术挥发油成分的生态限制因子的筛选

本研究发现苍术道地产区茅山4个与温度有关的气候因子的平均值都为整个分布区域该气候因子的最高值，见表3。苍术道地药材分布局限于长江下游苏南一隅，处于其整个分布区的最南部边缘。资源调查的结果显示，苍术广泛分布于茅山以北的广大地区，商品药材主要是来源于内蒙古、河北、辽宁、黑龙江、山西、陕西、河南、湖北等地，长江中下游北亚热带地区湖北、安徽及江苏是苍术正常生长发育的最南边，再往南中亚热带地区，如浙江、江西和四川等地偶有零星苍术分布，并随温度的升高最终绝迹。栽培实践中发现，最高温度达到30℃时苍术就会出现死苗现象。由此可见，高温是影响苍术生长发育的生态限制因子之一。

表3　茅山地区及苍术全分布区气候因子均值范围

	茅山地区	全分布区
年平均温度	15～15.4℃	8.8～15.4℃
最冷月平均最低温度	–2～1℃	–15～1℃
最热月平均最高温度	32℃	27～32℃
年平均降水量	1000～1160mm	530～1740mm
旱季（月降水量<40mm的月数）	1～2mon	0～8mon
极端最低温度	–17.5～–15.5℃	–25～–13℃

3.2.3 苍术道地产区生境及其与其他产区生态环境的比较

由于进行气候插值运算的数字高程模型（DEM）在华阴、崇礼和崂山 3 个点都在1000m以上，导致该点气温明显偏低。在没有采样点的确切地理数据的情况下，上述3点气候值未全部参与气候阈的生成。

叠加分析在苍术的整个研究区域中未找到与茅山地区生态环境相一致的区域，表明茅山地区作为苍术的道地产区气候上确有与众不同的独特之处，道地药材分布局限于长江下游苏南一隅，其挥发油的独特配比可能是当地独特的生境造成次生代谢特化的结果。

3.3 讨论

3.3.1 影响苍术质量的气候主导因子

回归分析显示苍术挥发油总量及组分Ⅲ、Ⅴ含量与降水量呈线形关系，同时组分Ⅴ与旱季也呈现线形关系，可见在所考察的 6 个气候因子中，降水量是影响苍术质量的生态主导因子之一。由回归方程可知，降雨量越大，总挥发油及组分Ⅲ含量越高；而组分Ⅴ的含量随旱季增长，降雨量增大降低，旱季增长与雨量增大通常是一对矛盾，因此旱季长短与雨量大小的动态平衡会使组分Ⅴ的含量处于一个动态变化过程中。

苍术在漫长的进化历程中形成了与环境高度适应的自组织现象，其挥发油组分的特定组成及配比即是其适应不同生境的结果。本研究只找到了影响总挥发油含量及组分Ⅲ、组分Ⅴ的气候主导因子，作者认为，随着研究的深入和资料的积累，通过研究各气候因子在年内的分布及其与挥发油组分的非线性关系，并考察气候因子间的交互作用，则可找到影响苍术挥发油中的其他组分含量的生态主导因子。

3.3.2 苍术道地药材气候生境特征

叠加分析未找到与茅山地区生态环境相一致的区域，表明茅山地区作为苍术的道地产区气候上确有与众不同的独特之处，其挥发油的独特配比可能是特定环境造成苍术代谢特化的结果。与苍术整个分布区气候相比，茅山地区气候具有高温、旱季短、雨量充足的特点。根据影响苍术质量的生态主导因子和限制因子，提取苍术道地药材原产地生境特征如下：年均温高于 15℃，冷月平均最低温度为–2～–1℃，热月平均最高温度平均在 32℃左右，极端低温–17～–15℃，旱季为 1～2 个月，年降水量为 1000～1160mm。

3.3.3 苍术栽培基地选择

垂直分布的调查显示，苍术最适宜生长在海拔800～1200m，年平均气温低，雨量充足的山坡上。苍术的主要分布区湖北与道地产区茅山降雨量相似，但湖北地区海拔高，山地较多，年均温、冷月平均最低温度、热月平均最高温度、极端低温等均较茅山地区低，因此湖北大部较江苏茅山等地更适宜苍术生长发育。当前，苍术栽培基地主要位于湖北境内，正是由于在湖北栽种苍术成活率更高，长势更旺的原因。作者研究发现湖北所产苍术与江苏茅山苍术是属于完全不同的两个化学型，湖北苍术是以高含量的茅术醇和 β-桉叶醇为主组成，此二者占当地苍术挥发油归一化百分含量的 82.80%[2]。因此，如果以提取挥发油中的单一成分——如茅术醇或 β-桉叶醇为目的，则可选择在湖北种植苍术；如果所栽培的苍术是以中医临床为使用目的，则认为栽培产地应仍以江苏茅山地区为好。

3.3.4 苍术道地药材形成的逆境效应

中药药效成分通常是植物次生代谢产物，有学者认为次生代谢产物的产生多是植物对抗逆境的结果[11, 12]。萜类是一类研究较多的次生代谢产物，不少学者发现其含量随逆境强度增加而增加[13, 14]。挥发油是苍术主要的次生代谢产物，多为倍半萜类化合物。可见药用动植物的环境最适宜性概念与普通生物对环境的最适宜概念并不完全相同。因为药用动植物的活性成分有些是正常发育条件下产生的，有些也可能是在胁迫（逆境）条件下产生和积累的。换言之，植物积累次生代谢产物所需的生境与其生长发育的适宜条件可能并不一致，甚至相反。有学者指出道地药材的产生与特定生境密切相关，该生境通常会表现出某种逆境特征，如干旱、炎热、寒冷、气候变化剧烈等[15]，并且其中某些逆境因子可能是该药材生长成活的限制因子。本研究发现，高温是苍术生长发育的限制因子，而茅山地区几个与温度有关的气候因子均为其整个分布区的最高值；同时，茅山在物理空间上处于苍术整个分布区的东南边缘，故认为苍术道地药材的形成体现出明显的逆境效应。

参考文献

[1] 石铸. 关于苍术植物的学名问题. 植物分类学报，1981，19（3）：318.

[2] 郭兰萍，刘俊英，吉力，等. 茅苍术道地药材的挥发油组成特征分析. 中国中药杂志，2002，27（11）：814.

[3] Osami Takeda，Eiji Miki，Makoto Morita，et al. Variation of Essential Oil Components of *Atractylodes lancea* Growing in Mt. Maoshan Area in Jiangsu Province，China. Natural Medicines，1994，48（1）：11.

[4] Osami Takeda，Eiji Miki Susumu Terabayaslli，et al. Variation of Essential Oil Components of Atractylodes lancea Growing in China. Natural Medicines，1995，49（1）：18.

[5] Osami Takeda，Eiji Miki，Susumu Terabayaslli，et al. Variation of Essential Oil Components of *Atractylodes chinensis* Growing in China. Yakugaku Zasshi，1995，115（7）：543.

[6] Osami Takeda，Eiji Miki，Susumu Terabayaslli，et al. Variation of Essential Oil *Components lancea*（Thunb）DC. Growing in Shanxi and Henan Provinces，China. Natural Medicines，1996，50（4）：289.

[7] Osami Takeda，Eiji Miki，Susumu Terabayaslli，et al. A Comparative Study on Essential Oil Components of Wild and Cultivated *Atractylodes lancea* an *A. chinensid*. Planta Medica，1996，62：444.

[8] 郭兰萍，黄璐琦，阎玉凝. 土壤中无机元素对茅苍术道地性的影响. 中国中药杂志，2002，4：5.

[9] 郭兰萍，黄璐琦，邵爱娟，等. 苍术根际区土壤养分变化规律. 中国中药杂志，2005，30（19）：1504-1507.

[10] 林忠辉，莫兴国，李宏轩，等. 中国陆地区域气候要素的空间插值. 地理学报，2002，57（1）：47.

[11] Tang C S，Cai W F，Kohl K，et al. Plant stress and allelopathy. ACS. Symp. Ser. 1995，582：142.

[12] Hall A B，Blum U，Fites R C. Stress modification of allelopathy in *Helianthus annuus* L. debris on seed germination. J. Bot.，1982，69：776.

[13] Josep P，Joan L. Effect of carbon dioxide，water supply and seasonally on terpene content and leaching of phenolics from sunflowers grown under varying phosphates nutrient conditions. Canad. J. Bot.，1976，54：593.

[14] 孔垂华，胡飞，骆世明. 胜红蓟对作物的化感作用. 中国农业科学，1997，30（5）：95.

[15] 黄璐琦，张瑞贤. 道地药材生物学探讨. 中国药学杂志，1997，32（9）：563.

4 影响苍术挥发油组分的气候主导因子及气候适宜性区划研究†

中药材的分布、产量及质量变异都与地理环境变异有着直接的关系。道地药材作为中药特定种质在特定空间环境下的产物，充分体现了自然环境对中药材的巨大影响。

---

† 郭兰萍，黄璐琦，蒋有绪，刘旭拢，潘耀忠，吕冬梅，张晴， 2007，中国中药杂志，32（10）：888-893。

中药区划是对特定环境下药材的适生性进行评价，并以适当的方式系统的表示出来，它是中药材引种栽培适生地选择的基本策略和依据。1995 年由中国药材公司主编的《中国中药区划》[1]代表了我国中药区划的最高水平，《中国中药区划》的出版为各地中药材的引种栽培提供了很好的借鉴作用。但由于受当时科技发展水平所限，区划操作是在资源调查的基础上，结合生产实践和文献分析完成，区划结果主要表现为大尺度的定性描述，以及药材资源分布与生产区域示意图。随着研究的深入，人们认识到环境对药材的影响，更多地表现为同种药材在不同地区间的质量变异，而非产量差异。同时，随着中药材规范化种植的大力推行和精确农业的理念在中药材产业中的形成，人们越来越多地认识到微环境，特别是小气候以及气候因子在年内的动态变化对药材产量和质量的巨大影响，只以药材的产量来评价其适生性，并以大尺度的定性描述来表达适生性的区划已远远不能满足中药生产实践的要求。当前能满足中药生产实践的区划应至少具有以下特点：可定量的反映特定地区药材的产量和质量信息；区划尺度小到可满足某个具体地点的分析评价；区划结果的获得过程应具有客观性和可操作性，基本没有操作员的主观判断。

近年来，以遥感（remote sensing，简称 RS）、全球定位系统（Global Positioning System，简称 GPS）和地理信息系统（Geographic Information System，简称 GIS）三者集成的“3S”技术为空间信息分析带来了革命性突破。尤其是作为空间信息分析核心技术的 GIS，以其强大的空间信息分析和管理能力，不但使空间信息分析进入一个全新的时代，而且也已成为当今空间信息分析的必备手段。GIS 在资源区划、气候区划、农业区划、灾害区划等诸多方面显示出巨大的优势[2-4]，其在中药资源空间信息分析中的应用刚刚起步，将其用于中药药效成分的形成与积累的适宜性区划国内外尚未见有报道[5, 6]。

苍术（*Atractylodes lancea*）为中医临床常用药，来源于菊科苍术（*Atractylodes lancea*（Thunb.）DC.）[7]，药用部位根茎。现代药理实验证明苍术有保肝、降血糖、利尿、抗缺氧等作用。苍术在我国分布广泛，湖北、江苏、内蒙古、河北、河南、陕西等地为其药材主产地。苍术的道地产区为江苏茅山，当地苍术资源濒危，近年来已无法形成收购规模。现今湖北等地开展了苍术的栽培种植。要想实现苍术的优质化栽培种植，除了要采用优质的苍术种质，同时应把这些优良种质种在能促进其优良质量性状形成的自然环境中。

挥发油成分被认为是苍术的主要药理活性成分，挥发油中苍术酮、茅术醇、*β*-桉叶醇及苍术素等组分因在苍术总挥发油中含量大，且疗效明确被广泛研究，甚至被作为苍术鉴定的特征成分或质量评价的指标成分。近年来不少学者发现苍术挥发油变异与地理环境变异有关[8-13]，表明除了受自身遗传因素的控制外，自然环境对苍术挥发油组分形成具有重要影响。

气候因子作为不可控生态因子，对药材品质和产量影响极大，特别是气候因子在年内分布的不均匀性对植物生长发育具有重要影响。可见，实现质量与气候条件的合理匹配是生产优质苍术的重要前提。

为此，本研究选择苍术为研究对象，将现代统计学多元分析方法及 GIS 的空间分析和制图功能结合起来，探索对苍术挥发油中多个组分形成和积累的气候适应性进行区划，不但可为苍术栽培种气候适生地的选择提供依据，更可以将 GIS 引入中药区划研究中，为以中药药效成分为基础进行的适宜性区划摸索思路和方法。

4.1 方法

4.1.1 数据获得及预处理

1. 样地及挥发油数据

采用日本学者武田修己（以下简称武田）的数据[9-13]，该数据是作者在20世纪90年代历时多年对中国境内的野生苍术挥发油的分析结果。由于武田的研究样地包括18地区26个居群771株苍术个体，遍及苍术主要分布区，包括中国7个省，东西跨越14.4°（107.03°～121.40°），南北跨越4.5°（33.07°～37.53°）。再由于武田修已研究样地基本包括了中国境内苍术的所有化学型[3-7]，并且其对所研究样品来源交代明确，样品代表性好，所分析的挥发油中的6个组分Ⅰelemol（榄香醇）、Ⅱatractylon（苍术酮）、Ⅲhinesol（茅术醇）、Ⅳ β-eudesmol（β-桉叶醇）、Ⅴ Selina-4(14)selina-7(11)-dienone（芹烷二烯酮）、Ⅵatractylodin（苍术素）在苍术挥发油中含量大，药理药效明确，加上武田修已等的实验数据量大，可用于统计分析，同时不论是采集时间还是实验的平行性都较好，结果有可比性，因此本研究所用挥发油数据及研究样地都以武田修已等的文献为基础。

2. 气候数据

来源于距研究样地距离最近的当地气象站点，包括1971～2000年的30年间（1～12月份）的气候资料，含温度、降水、日照、相对湿度及风速5个指标。

利用Surfer7.0软件，选用克立格法（Kriging）插值方法，对全国境内影响苍术的气候主导因子在1971～2000年的均值进行空间插值分析，插值精度为4km×4km，得到各气候主导因子全国的空间分布图。插值前预留出1/5的数据，对插值结果的准确性进行验证。

3. 其他数据

辅助数据包括：地形数据（DEM）、行政区划数据等。

数据处理包括：对1∶25万地形数据进行投影类型定义与转换，对地形数据中的等高线进行空间插值处理，生成4km×4km的DEM数据。

对插值结果数据、辅助数据等进行空间配准、投影转换等一系列处理，使它们具有相同的投影参数，转换到同一坐标系统中，能够相互进行各种像元间的运算。

4.1.2 苍术挥发油组分与气候生态因子的相关模型的建立

求出各样地温度、降水、日照、相对湿度及风速5个指标30年的年均值，及萌芽月份（2月）、生长季（7～10月）的月均值。考虑到气象因子对作物生长的非线性作用，及气象因子间交互作用对苍术挥发油组分的影响，引入了日本学者有关降雨系数的概念，降水系数R＝降雨量/温度[14]，并计算了各月温度与降水的交互作用（I＝温度×降雨量）及温度的二次项（平方）的平均值。

将武田修己测得的苍术挥发油成分中 6 个组分的含量作为一组变量，以上述 8 个气候因子作为另一组变量，利用典型相关确定影响苍术挥发油的生态因子[14]。

然后以典型相关筛选得到气候因子为自变量，分别以挥发油中 6 个组分的含量为应变量，利用逐步回归方法建立苍术各组分与相应气候因子的回归模型，并确定影响苍术挥发油组分的气候主导因子。

4.1.3　苍术挥发油空间模型建立

根据 Surfer 形成的各气候主导因子空间分布图，及苍术各组分与相应气候因子的回归模型，利用 ArcGIS 9.0 软件的空间分析（Spacial Analysis）工具，分别建立 6 个组分的空间分布模型。并将 6 个组分的空间分析模型进行叠加分析（overlay），得到一个苍术挥发油中 6 个组分的总的空间分布模型。该模型在任何一个经纬度点上，都表现为一个苍术挥发油数据，该数据来源于 6 个相关模型，是依据该点的气候主导因子得出的 6 个组分的和，隐含着 6 个组分的配比关系。

4.1.4　气候适宜性等级划分及区划

将苍术总挥发油含量由高向低分为 4 个等级，并利用其空间分布模型实现等级划分的地图显示，按挥发油含量由高向低分为最适宜、适宜、较适宜、不适宜 4 个等级。

4.1.5　空间模型修订

研究发现，高温是苍术存活的生态限制因子之一[6, 7]。而干旱和极端环境（如高海拔造成的高寒缺氧环境）是多数植物存活的生态限制因子，因此，本研究根据苍术的实际分布区域，以高温、最小降水量及最高海拔三项对苍术挥发油空间分布模型的边界进行了限定。根据实地调查结果及苍术生态生物学特性，限定苍术分布区年均温小于 16℃，年降水量大于 20mm，海拔低于 3000m。

4.1.6　气候适宜性区划图的输出

利用 ArcGIS 制图输出功能，完成气候适宜性区划的地图显示及输出。

4.2　结果

4.2.1　气候生态因子与苍术挥发油组分的回归模型

典型相关分析得到影响苍术挥发油各组分的气象因子，见表 1 。

通过逐步回归的方法建立了苍术挥发油中 6 个组分含量与气候主导因子的相关模型，结果如下：

$y_1=1.164-0.002\,74x_1-0.001\,38x_2^2-0.0237x_3/x_4-0.000\,954x_5$（$y_1$＝榄香醇，$x_1$＝10 月日照时数，$x_2$＝10 月均温，$x_3$＝9 月降雨，$x_4$＝9 月均温，$x_5$＝9 月日照时数）；

$y_2=-0.73-0.004\,23x_1+0.007\,222x_2^2-0.0447x_3^2+0.000\,469\,9x_4x_5$（$y_2$＝苍术酮，$x_1$＝10 月日照时数，$x_2$＝10 月均温，$x_3$＝2 月均温，$x_4$＝年均温，$x_5$＝年降水）；

表 1　苍术挥发油组分与气象因子的典型相关分析（$p<0.05$）

项目	榄香醇	苍术酮	茅术醇	β-桉叶醇	芹烷二烯酮	苍术素
均温	9、10 月、年均	9 月、年均			9、10 月、年均	
降水			8、10 月		2、8 月、年均	2 月、年均
均温平方	2、9、10 月	2、9、10 月			2、9、10 月	
I		2、9、10 月、年均			2、9、10 月、年均	2、9、10 月、年均
R	2、9、10 月	2、9、10 月			2、9、10 月	
日照	2、8、9、10 月	2、8、9、10 月		2、8、9 月		
湿度	10 月、年均				10 月、年均	
风速	7、8、9 月	7、8、9、10 月、年均		7、8、9 月		9、10 月、年均

I 为温度与降水交互作用，R 为降雨系数

$y_3=-0.592+0.0275x$（y_3=茅术醇，x=10 月降水量）；

$y_4=5.393-0.0198x$（y_4=β-桉叶醇，x=8 月日照时数）；

$y_5=-0.151+0.000\ 3191x_1x_2-0.002\ 32x_1^2+0.232x_3$（$y_5$=芹烷二烯酮，$x_1$=2 月均温，$x_2$=2 月降水，$x_3$=年均相对湿度）；

$y_6=0.495-0.000\ 717x_1x_2+0.000\ 438x_3x_4$（$y_6$=苍术素，$x_1$=10 月均温，$x_2$=10 月降水，$x_3$=年均温，$x_4$=年降水）。

标准化后为：$y_1=-0.926x_1-0.991x_2^2-0.482x_3/x_4-0.3x_5$；$y_2=-0.65x_1+2.354x_2^2-3.236x_3^2+0.783x_4x_5$；$y_3=0.471x$；$y_4=-0.503x$；$y_5=1.146x_1x_2-1.368x_1^2+0.653x_3$；$y_6=-1.508x_1x_2+1.107x_3x_4$。

4.2.2　苍术气候适宜性区划

见图 1。

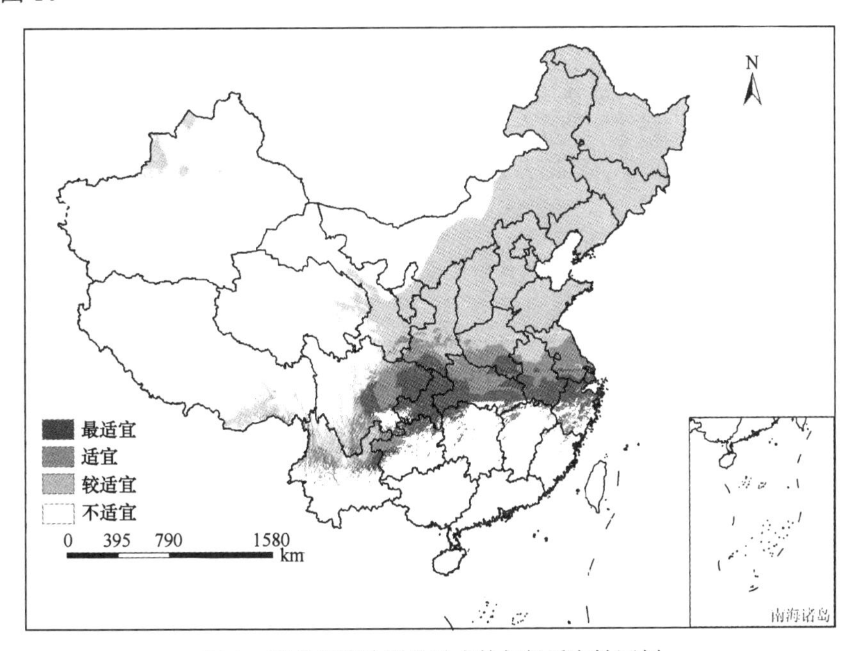

图 1　苍术挥发油组分形成的气候适宜性区划

4.3 讨论

4.3.1 10月份的气象条件对苍术挥发油组分的影响最大

典型相关分析（Canonical Correlation Analysis）研究的是两组变量之间的相关性，既可以降低研究的复杂度，又反映了中药各组分间的综合作用。故本研究用典型相关分析得到影响苍术挥发油各组分的气象因子。结果发现，表2同一行内不同列间气象因子非常一致，如筛选到的均温平方、温度与降水交互作用、降雨系数、相对湿度4个气象因子在不同组分间一旦起效，则作用时间完全相同，其余各气象因子对所影响组分的作用时间也多数相同，提示这些组分的形成和转化关键酶及基因可能相同，表明气象因子在年内不同时间对苍术挥发油组分影响的贡献率不同。

进一步的逐步回归所筛选到的主要气象因子中，10月均温、降水、日照时数共7个次，年均温、降雨、及相对湿度共5个次，2月均温、降水共4个次；9月均温、降水及日照时数共3个次，8月日照时数1次。可见，10月份的气象条件对苍术挥发油组分的影响最大，年平均及2、9月份气象条件对苍术挥发油组分的影响较大，而其他月份气象条件对苍术挥发油组分影响较小。根据植物生活史特征，根茎类药材的营养积累主要是在秋冬季节完成，因此，多数根茎类药材的采收加工均在秋末冬初或次年春天采收。本研究发现10月的气象条件对苍主挥发油组分影响最大，其中所蕴含的植物的生态策略，有待进一步研究。

4.3.2 温度及其与降雨的交互作用对苍术挥发油组分有重要影响

逐步回归得到的回归模型中，共筛选出影响苍术挥发油中6个组分的气象因子20个次，温度有9个，降水6个（其中含温度与降水交互作用的5个），日照4个，相对湿度1个。可见，温度及其与降雨的交互作用是影响苍术挥发油组分的主要气候因子。日照对部分挥发油组分含量也有影响，但相对湿度、辐射及风速等对苍术挥发油组分的影响极小甚至没有。

4.3.3 苍术挥发油组分形成的气候适宜区与生长发育的气候适宜区不同

本研究对苍术气候适宜性区划的研究表明，苍术挥发油组分形成的气候适宜性呈现纬度地带性变化，气候条件从苍术分布区的最南端向北逐步从最适宜、适宜、较适宜到不适宜过度。这与苍术挥发油含量由南向北逐渐递减的结果一致，在一定程度上证明了本区划的合理性。

本研究发现苍术挥发油形成的最适宜区主要位于长江流域，该区域在苍术整个分布区中属于温度最高，湿度最大的地带。苍术道地产区江苏茅山就位于这个区域。而长期的生产实践和对苍术的生态生物学的研究表明，苍术喜温暖、通气、凉爽、较干燥气候，耐寒，怕高温高湿。由此可见，苍术挥发油组分积累的气候适宜区与其生长发育的气候适宜区并不一致，换言之，苍术生长发育的不适宜区恰恰是其挥发油组分积累的适宜区。不少研究发现，环境胁迫下植物次生代谢产物分泌增加[15-18]。作者前期研究发现，茅山苍术在生长发育中受到缺钾和高温的胁迫，其道地药材的形成具有逆境效应，本研究证实了这一点。

4.3.4 GIS用于中药生态适宜性区划中具有良好前景

作为复杂系统适应环境的结果，中药的药效成分通常是许多个组分的混合体。由于中药质量评价指标体系很难确定，加之环境因子对中药药效成分形成与积累的影响是非线性的，且环境因子间存在复杂的交互作用，使得以质量为依据的中药区划，在药材和环境指标的选择，以及二者间相关模型的建立等环节都困难重重，举步维艰。本研究首次应用 GIS，以中药材药效成分的积累为基础，对中药材苍术进行了气候适宜性区划，为解决苍术挥发油组分形成的气候适宜条件及区域的选择提供了理论和方法。但中药的特性决定了对其进行区划的复杂性，一个完整的中药生态适宜性区划，不仅要考察环境对中药材质量的影响，还应考察环境因子对中药材产量及经济效益的综合影响。而且所考察的环境指标不仅应包括气候因子，还应包括土壤环境、人文环境等项目。因此，要想真正实现苍术的生态适宜性，甚至生产适宜性区划，还需要收集大量的空间信息，对数据进行有机整合，并通过严格地分析处理，方可实现。

GIS 是当今空间分析的核心技术，其强大的空间信息贮存、管理、分析及显示功能，及使用方便、快捷，结果直观、科学等优点，为中药材生态或生产适宜性区划的研究提供了良好的技术平台，基于 GIS 的区划可以克服传统中药区划的主观性，并为今后配合 GPS 和 RS，进行空间信息的实时更新，及中药区划的动态更新打下基础。

参考文献

[1] 中国药材公司. 中国中药区划. 科学出版社，1995.

[2] 黄淑娥，殷剑敏. "3S" 技术在县级农业气候区划中的应用：万安县脐橙种植. 江西农业大学学报，2000，22（2）：271.

[3] 刘洪江，唐川. 昆明市东川区泥石流信息系统的建立及其应用. 云南地理环境研究：2004，16：33.

[4] 王平. 自然灾害综合区划研究的现状与展望. 自然灾害学报，1999，8：21.

[5] 郭兰萍，黄璐琦，蒋有绪. "3S" 技术在中药资源可持续利用中的应用. 中国中药杂志，2005，30（17）：1397.

[6] 郭兰萍，黄璐琦，阎洪，等. 基于地理信息系统的苍术道地药材气候生态特征研究. 中国中药杂志，2005，4：1.

[7] 石铸. 关于苍术植物的学名问题. 植物分类学报，1981，19（3）：318-321.

[8] 郭兰萍，刘俊英，吉力，等. 茅苍术道地药材的挥发油组成特征分析. 中国中药杂志，2002，27（11）：814.

[9] Osami Takeda，Eiji Miki，Makoto Morita，et al. Variation of Essential Oil Components of *Atractylodes lancea* Growing in Mt. Maoshan Area in Jiangsu Province，China. Natural Medicines，1994，48（1）：11.

[10] Osami Takeda，Eiji Miki，Susumu Terabayaslli，et al. Variation of Essential Oil Components of *Atractylodes lancea* Growing in China. Natural Medicines，1995，49（1）：18.

[11] Osami Takeda，Eiji Miki，Susumu Terabayaslli，et al. Variation of Essential Oil Components of *Atractylodes chinensis* Growing in China. Yakugaku Zasshi，1995，115（7）：543.

[12] Osami Takeda，Eiji Miki，Susumu Terabayaslli，et al. Variation of Essential Oil *Components lancea*（Thunb）DC. Growing in Shanxi and Henan Provinces，China. Natural Medicines，1996，50（4）：289.

[13] Osami Takeda，Eiji Miki，Susumu Terabayaslli，et al. A Comparative Study on Essential Oil Components of Wild and

Cultivated *Atractylodes lancea* an *A. chinensid.* Planta Medica，1996，62：444.
[14] 魏钦平. 苹果品质与生态因子关系的研究. 西北农业大学，1996，6：5.
[15] Tang C S，Cai W F，Kohl K，et al. Plant stress and allelopathy. ACS. Symp. Ser.，1995，582：142.
[16] Hall A B，Blum U，Fites R C. Stress modification of allelopathy in *Helianthus annuus* L. debris on seed germination. J. Bot.，1982，69：776.
[17] Josep P，Joan L. Effect of carbon dioxide，water supply and seasonally on terpene content and leaching of phenolics from sunflowers grown under varying phosphates nutrient conditions. Canad. J. Bot.，1976，54：593.
[18] 孔垂华，胡飞，骆世明. 胜红蓟对作物的化感作用. 中国农业科学，1997，30（5）：95.

5 两种不同模式中药适宜性区划的比较研究†

中药区划就是对特定环境下药材的适生性进行评价，并以适当的方式表示出来，它是中药材引种栽培适生地选择的基本策略和依据。中药适生性的概念与其他生物略有不同，除适于药材自身的生长发育外，更强调药材中次生代谢产物的积累，这使中药区划呈现出独有的特色。

GIS 技术的飞速发展，突破了以往区划的种种局限，并在各类专业区划中取得极大成就[1-6]。作者曾撰文就传统中药区划及以 GIS 为基础的区划的特点进行了比较，并通过试验研究，证明 GIS 用于中药区划具有广阔的前景[1-3]。本文在以往研究的基础上，就两种常用的区划模式在中药资源区划中的应用进行比较，目的是为开展其他中药的区划摸索思路和方法。

5.1 研究思路

中药区划在实际工作中最常见的有两种情况：一种是已基本建立该药材的质量评价体系，或以提取药材中单一成分为目标的区划，前者如苍术[7]，后者如青蒿等；另一种是尚未建立该药的质量评价体系，但知道最好的药材产地或道地产区，如枸杞、甘草等。作者针对这两种情况，选择一个既已基本建立了药材质量评价指标体系，又明确道地产区的道地药材，进行两种模式的次生代谢产物积累的气候适宜性区划的研究比较。

一个完整的区划，通常包括以下内容：区划对象的选定，区划目标的确定，环境及药材本底数据的获得及预处理，区划指标的选择，区划模型的建立，最优模板的确立，分区标准的制定，区划，结果验证及模型修正，制图输出等。其中，实地调查，区划指标的选择，区划模型的建立，分区标准的制定是影响一个区划科学性的关键。本研究两种区划模式均包括以上研究内容，其中部分内容相同，部分内容因研究思路不同在内容和顺序上均有不同，具体思路见图 1。

---

† 郭兰萍，黄璐琦，蒋有绪，潘耀忠，朱文泉，孙宇章，曾燕，吕冬梅，刘旭拢，张晴，2008，中国中药杂志，33（6）：718-721。

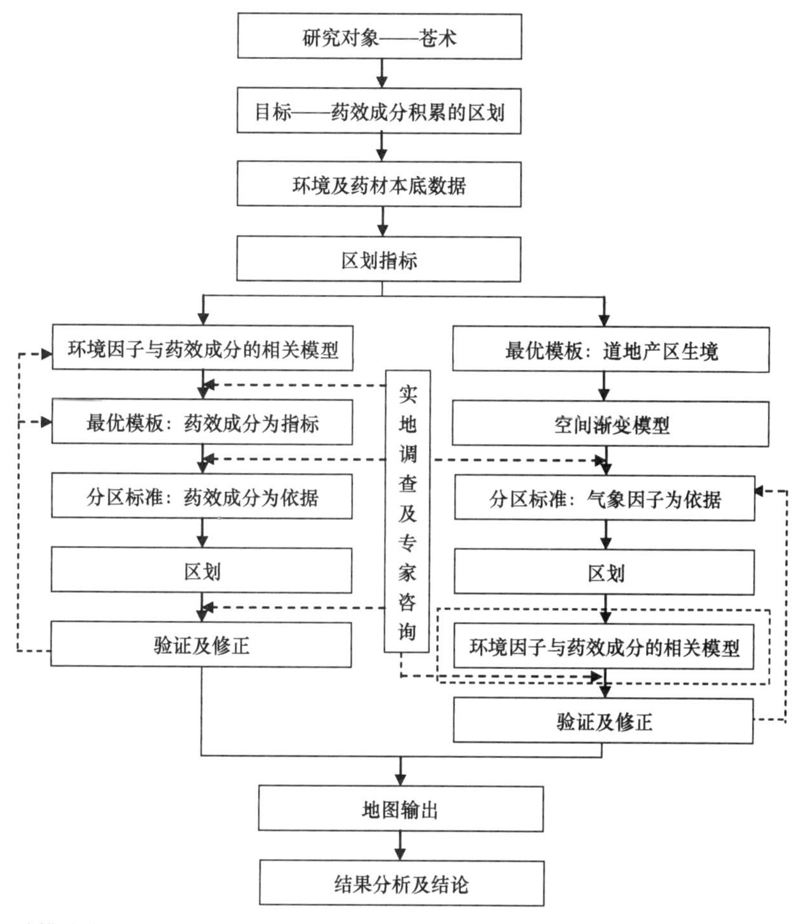

图1　两种模式中药适生性区划比较的研究思路　左侧为“模型模式”，右侧为“模板模式”

5.2　方法

5.2.1　区划对象的选定

生物适生性区划的对象常是一个或一类生物，本研究选定指苍术作为区划对象。苍术在我国分布广泛，其道地产区为江苏茅山，研究发现茅山苍术挥发油呈现特定的比例关系，挥发油中几个含量较大的组分及其配比常被作为苍术质量评价的指标[1]。

5.2.2　区划目标的确定

生物适生性区划的目标通常是对适合生物生长发育及繁衍的程度进行地理分区。而按药效成分积累多少进行地理分区，既是中药资源或道地药材进行区划的特点，也是中药区划的难点。研究发现，气象因子对苍术挥发油组分的积累有重要影响，因此，本研究的目标是实现苍术挥发油组分积累的气候适宜性区划。

5.2.3　实地调查

作者在长期研究苍术道地药材过程中不止一次对苍术进行实地调查，本研究针对区划的初步结果，又进行了实地验证。

5.2.4　环境及药材本底数据的获得及预处理

见作者前期发表文献[1]。

5.2.5　区划指标的选择

区划指标的代表性是保证区划质量的基础，需要借助现代统计学、数据发掘技术及专业知识或专家系统的联合方可确定。本研究以现代多元统计配合专业知识完成，见作者前期发表文献[1]。

5.2.6　区划模型的建立

模型的建立是适宜性区划的关键，直接关系区划结果的可靠性。其确定同样需要借助现代统计学、数据发掘技术及专业知识或专家系统的联合方可确定。

本研究“模型模式”选择以现代多元统计配合专业知识完成此项内容，主要是利用典型相关及逐步回归的方法建立了苍术挥发油中 6 个主要组分与环境因子的相关模型，并利用 ArcGIS 软件的空间分析功能，将相关模型转化为空间相关模型[1]。

“模板模式”直接根据专业知识选择道地产区环境因子作为最优模板，按照自然环境，特别是气象因子连续变异的特点，直接选用空间渐变模型。该模型适用于连续的空间变化，可用一种平滑的数学表面加以描述。

5.2.7　最优模板的确定

“模型模式”选择苍术挥发油中 6 个主要成分总含量高为优。

“模板模式”以道地产区生境指标为最优，根据作者前期对苍术道地药材气候生态特征研究结果，确定茅山地区生境特征为：年均温高于15℃，冷月平均最低温度为–2～–1℃，热月平均最高温度平均在 32℃左右，极端低温–17～–15℃，旱季为 1～2 个月，年降水量为 1000～1160mm，即茅山地区气候具有高温、旱季短、雨量充足的特点[3]。

5.2.8　分区标准的制定

由实地调查及专业知识确定。“模型模式”以苍术挥发油含量由高向低划分为 4 个等级；“模板模式”依据空间渐变模型，以生态因子的变异幅度划分不同的区划等级。作者研究发现，在确定茅山苍术生境特征的 6 个气候指标中，4 个与温度有关，2 个与降水有关，且高温高湿利于苍术挥发油的积累，因此，按温度及降雨量由高向低划分为 4 个等级，并打分。

5.2.9 区划

“模型模式”利用 ArcGIS 软件所建空间分布模型实现等级划分的地图显示；“模板模式”利用本研究组自己构建的“中药道地药材空间分析数据库”（其底层亦为GIS）的叠加（overlay）功能，将 5.2.8 项气象指标打分的分值相加，总分从高向低仍分为 4 个等级，依次为最适宜、适宜、较适宜、不适宜 4 个等级。

5.2.10 结果验证及模型修正

“模型模式”以实地调查及专业知识，结合专家咨询完成此项；“模板模式”在此基础上，同时配合环境因子与药效成分的相关模型完成此项，做法是选择挥发油中最主要的两个特征成分苍术酮和茅术醇，分别利用逐步回归建立回归模型：$y_2=-0.73-0.004\ 23x_1+0.007\ 222x_2^2-0.0447x_3^2+0.000\ 4699x_4x_5$（$y_2$＝苍术酮，$x_1$＝10 月日照时数，$x_2$＝10 月均温，$x_3$＝2 月均温，$x_4$＝年均温，$x_5$＝年降水）；$y_3=-0.592+0.0275x$（$y_3$＝茅术醇，$x$＝10 月降水量），并依据所选气象因子重复 5.2.8 及 5.2.9 项进行模型修订和完善。气象因子影响苍术酮及茅术醇含量的打分标准及区划标准见表 1。

表 1 影响苍术酮及茅术醇含量的气象因子打分标准及区划标准

10 月日照	分值	10 月均温平方	分值	2 月均温平方	分值	年均温及降水的交互作用	分值	10 月降水	分值	总分	区划等级	适宜性等级
＜120	20	＞280	20	＜0	20	＞1700	20	＞65	20	＞85	＞85	最适宜
121～170	15	201～280	15	0～15	15	1300～1700	15	50～65	15	85～76	85～76	适宜
171～200	10	101～200	10	15～25	10	1000～1300	10	30～50	10	75～65	75～65	较适宜
＞200	5	＜100	5	＞25	5	＜1000	5	＜30	5	＜65	＜65	不适宜

5.2.11 制图输出

“模型模式”利用 ArcGIS 软件，“模板模式”利用“中药道地药材空间分析数据库”完成制图输出。

5.3 结果及分析

本研究成功地获得了两张苍术挥发油积累的气候适宜性区划图，见图 2。由图可见，两张区划图的总体趋势一致：即苍术挥发油组分形成的气候适宜性呈现纬度地带性变化，气候条件从苍术分布区的最南端向北逐步从最适宜、适宜、较适宜到不适宜过渡。这样的区划结果得到实地调查的支持，即苍术挥发油含量的确是由南向北逐渐递减。这在一定程度上证实了两种模式区划的合理性，表明两种区划模式均可较好地实现苍术挥发油积累适宜性区划[1]。

同时，两张图在细节方面也有所不同，如“模板模式”（图 2b）显示黑龙江最北边有一部分地区显示为苍术的不适宜区，而“模型模式”（图 2a）显示为较适宜区。仔细

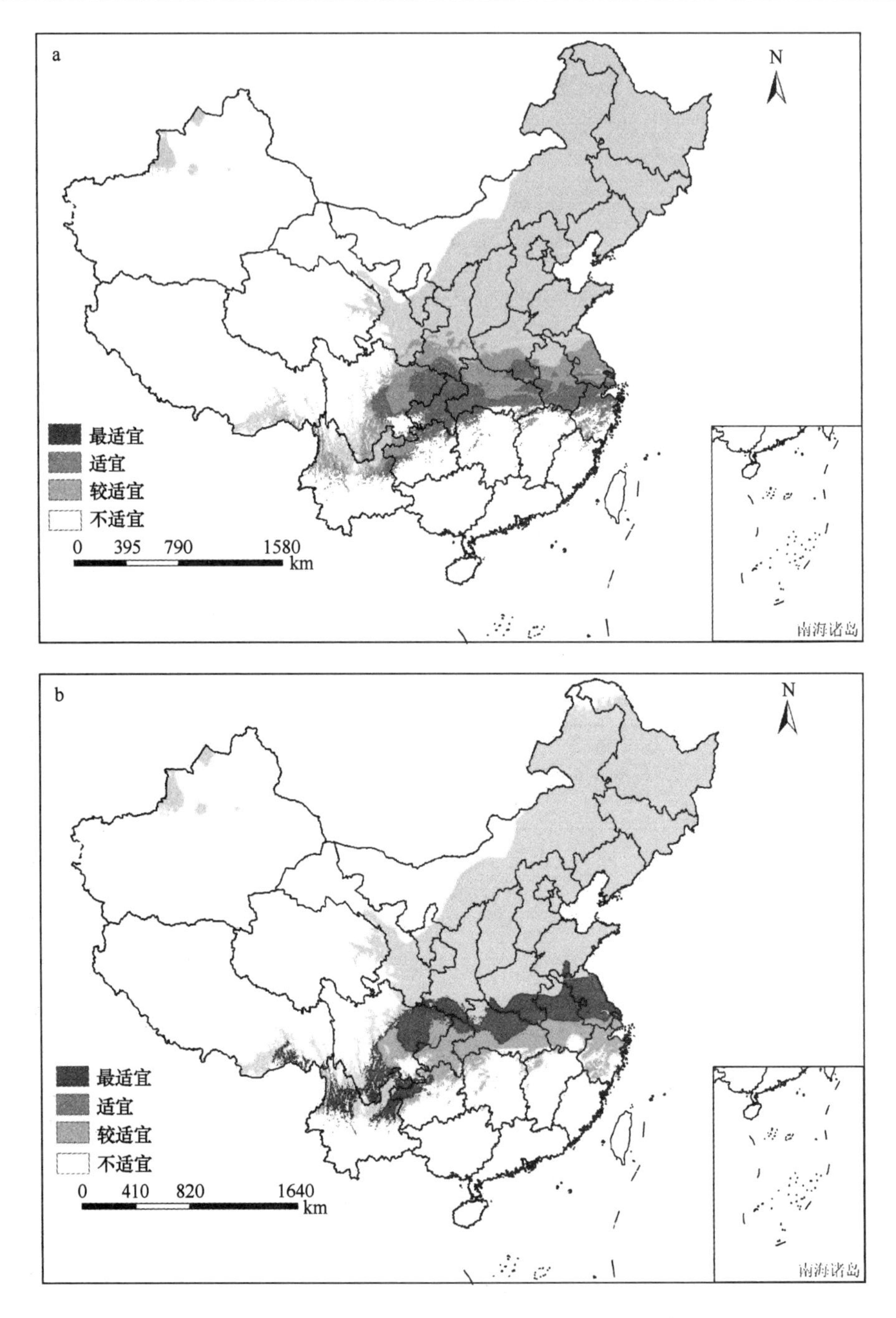

图2　两种模式苍术挥发油积累的气候区划的结果

a.“模型模式”，b.“模板模式”

比较两张图可见，区划结果不同的区域都出现在各等级的交接处或边缘。由于区划依据的标准不同，“模型模式”为挥发油成分，“模板模式”为气象因子，而且分区等级标准是人为制定，所以这种结果完全正常。生物适生性是个渐变的过程，各种区划都是为了直观起见及方便查询，才人为地将其分为具有质变特定的等级区域，事实上等级交界处，常常会体现为相邻两个区的特点。由此可见，这两个区划结果非常一致。

5.4 结论

本研究表明，上述两种模式的区划均可用于中药资源，尤其是道地药材的区划研究。但由于两者在适用范围和区划程序上不同，也因此具有不同特点。

5.4.1 适用范围及区划程序不同

“模型模式”的出发点为药效成分与环境的相关性，并且药效成分的积累贯穿整个区划的全过程。这种区划模式适用于事先知道什么样的药材好，既药材质量评价体系已建立，药效成分相对明确的情况。但对药材是否有明确道地产区，或是否知道哪儿产的药材好并无特殊要求。

而“模板模式”的出发点为道地产区，环境因子贯穿整个区划的全过程。本区划适用于事先知道道地产区或哪儿产的药材好，但可能不很确定或不好选择好药材的指标体系的情况。由于道地药材的形成和道地产区的确认与诸多因素有关，除环境因素外，栽培技术或长期栽培中品种选育引起的药材遗传特性的改变，以及产地加工或其他人文因素都可能是道地产区形成的原因。因此，使用本模式前要求严格确认研究对象为生态主导型的道地药材，即产地特定气候土壤等自然条件是道地药材形成和道地产区的确认的主导因子，对于由种质或产地加工等为主导因素形成的道地药材，如不加区分以此法进行分析，形式上虽然可顺利完成，但结果和结论却是完全错误的。

5.4.2 两种区划的不同特点

“模型模式”由于以统计分析所建立的相关模型为区划的依据，整个分析过程中人为因素少，区划的结果较客观，但建模过程较复杂，而且模型的质量及使用直接影响整个区划的质量，因此，要求操作者对模型有较好的理解、分析能力。例如，以 6 个回归方程叠加所形成的苍术挥发油空间分布模型，不但显示了全国各地苍术挥发油中 6 个组分的含量情况，更暗含了每个产地的挥发油中 6 个组分的配比情况[1]。该模式对适生性等级的划分只是为了地图输出时更直观更便于应用，实际上在 GIS 所显示的空间模型中，即使在同一适宜区内的各点其挥发油积累的数值也不同。采用此模式的前提是要求研究对象的质量评价体系已建立或至少可建立。操作者如果对此缺少理解，可能会在建模指标的选择上无所适从或发生失误。

“模板模式”以固有的道地产区为最优模板，采用简单的空间渐变模型完成整个区划，区划过程简单明了。本研究中，5.2.10 节采用了建立环境因子与药效成分的相关模型的方式对区划结果进行了修正，实际操作中，亦可根据实际情况，直接采用实地调查结合专业知识修订模型。在背景资料不全面，各种信息不明确的情况下，本模式甚至可以连空间渐变模型都不用，直接选用适宜模板，并通过相似距离聚类的方法，结合 GIS

的地图显示功能进行分区。此法虽然结果较粗糙，只能人为地按从适宜到不适宜分成几个区，区域内各点的值完全相同，但由于操作简单，在对研究对象进行初步的区划估计中有一定意义[3, 8]。“模板模式”总体技术含量较低，但由于人为因素多，要求操作者有良好的专业背景，能全面掌握区划对象本底资料。

5.4.3　坚实的前期工作基础是区划的基础

总之，不论哪种模式，良好的专业知识背景、踏实的实践调查及对研究对象相关知识的全面掌握，都是确保区划质量的前提。如本研究以苍术挥发油积累为区划目标，研究中所用挥发油数据来源于我国18地区26个居群771株苍术个体，代表性非常好，如果缺少了如此坚实的前期工作基础，不论是“模型模式”中建模的质量，还是“模板模式”中模型修改的质量，都会受到影响。可见，坚实的前期工作基础是区划的基础，同时，充分利用专家或专家咨询系统对模型进行修正，将会对保证区划结果的可靠性起到重要作用。

参 考 文 献

[1] 郭兰萍，黄璐琦，蒋有绪，等. 苍术挥发油组分的气候主导因子筛选及气候适宜性区划. 中国中药杂志，2007，32（9）.
[2] 郭兰萍，黄璐琦，蒋有绪. “3S”技术在中药资源可持续利用中的应用. 中国中药杂志，2005，30（17）：1397.
[3] 郭兰萍，黄璐琦，阎洪，等. 基于地理信息系统的苍术道地药材气候生态特征研究. 中国中药杂志，2005，4：1.
[4] 黄淑娥，殷剑敏. “3S”技术在县级农业气候区划中的应用：万安县脐橙种植. 江西农业大学学报，2000，22（2）：271.
[5] 刘洪江，唐川. 昆明市东川区泥石流信息系统的建立及其应用. 云南地理环境研究，2004，16：33.
[6] 王平. 自然灾害综合区划研究的现状与展望. 自然灾害学报，1999，8：21.
[7] 郭兰萍，刘俊英，吉力，等. 茅苍术道地药材的挥发油组成特征分析. 中国中药杂志，2002，27（11）：814.
[8] 魏建和，陈士林，魏淑秋，等. 北柴胡适生地分析及数值区划研究. 世界科学技术 中医药现代化，2005，7（6）：125-128.

6　苍术（*Atractylodes lancea*）遗传结构的RAPD分析†

苍术是中医临床常用药，来源于菊科苍术属苍术[*Atractylodes lancea*（Thunb.）DC]，的根茎。现代药理实验证明其有保肝、降血糖、利尿、抗缺氧等作用。苍术在中国境内广泛分布。传统认为江苏茅山地区的苍术质量最好，中医称之为道地药材。但由于生态环境破坏严重，加之人为掠夺性采挖，造成茅山苍术濒临枯竭，当地苍术历史年收购量最高达到6000公斤，近年来几乎没有大宗商品收购[1]。为了缓解茅山苍术资源濒危的现状，随着中药材规范化栽培种植（GAP）的大力推行，湖北等地纷纷开始对苍术进行引种栽培。

挥发油成分被认为是苍术的主要药理活性成分[2]。研究发现，不同产地苍术的挥

† 郭兰萍，黄璐琦，蒋有绪，詹亚华，2006，中国药学杂志，41（3）：178-181。

发油变异很大[2-5]。作者研究发现茅山苍术挥发油组成特征明显不同于其他产地的非道地苍术，与后者相比，茅山苍术总挥发油含量显著低，其归一化百分率含量大于1%的组分数目显著高，苍术酮加苍术素的含量极其显著高，而茅术醇加β-桉叶醇的含量极其显著低，并且四者呈现出特定的配比关系，即苍术酮：茅术醇：β-桉叶醇：苍术素为（0.70～2.0）：（0.04～0.35）：（0.09～0.40）：1[6]，为揭示茅山苍术优良品质找到了线索。

一般说来，药用植物次生代谢产物的变异主要是由遗传变异和环境饰变的共同作用而成[7]。对苍术遗传背景的分析，不但可以从遗传学的角度观察引起苍术质量变异的原因，揭示茅山苍术道地性的成因，也可以为苍术栽培种植提供理论指导。

九十年代开始使用的 RAPD（Random amplified polymorphic DNA）方法快速、灵敏。由于此法无需预先知道被研究基因组，且扩增结果能产生丰富的多态性，因此被广泛用于近缘属及种内的遗传多样性[8]、遗传分化[9, 10]及遗传结构[11]的分析。特别是钱韦等[11]对各种基于多位点、共显性遗传方式的居群遗传学统计参数在 RAPD 分析中应用的探讨，为对具有显性遗传的 RAPD 分子标记用于遗传结构分析提供了支持和参考。本文选择 RAPD 方法，考察苍术遗传结构，探讨苍术挥发油变异的遗传学基础。

6.1 材料和方法

6.1.1 材料

2000 年 7～8 月在湖北、江苏 3 个地区 7 个采样点分单株采集苍术（*Atractylodes lancea*（Thunb.）DC.）的叶片，用硅胶快速干燥，编号备用（分为 3 个居群 7 个亚居群，见表 1）。居群间空间距离不小于 500 公里，亚居群间空间距离不小于 50 公里（亚居群 1 和 2 除外，亚居群 1 为栽培品，其余亚居群均为野生品），单株间空间距离不小于 10 米。样品由湖北中医学院詹亚华教授鉴定。

表 1 苍术样品的来源及编号

Population	Sub-Population	Resours	Individual
I	1	Gaoxiaolinchang，luotian，hubei	1～10[1)]
I	2	Gaoxiaolinchang，luotian，hubei	11～16
I	3	Shenglizhen，luotian，hubei	17～21
II	4	Qiaoshangxiang，fangxian，hubei	22～31
II	5	Tucheng，fangxian，hubei	32～36
III	6	Mt. Xiaojiuhua，jurong，jiangsu	37～42
III	7	Mt. Wawu，jurong，jiangsu	43～47

注：1）栽培苍术，其余为野生品

Note：1）cultivated individuals，and the others were wild individuals

6.1.2　方法

6.1.2.1　DNA 模板的提取及 RAPD 扩增

CTAB 法稍加改进提取 DNA[12]，用分光光度计测定 DNA 浓度后，用 TECHNE 公司的 PROGENE 进行 PCR 扩增。反应体系总体积 50μl，其中引物为 1mmol/L，模板 DNA 约 50ng，Taq 酶 3U，dNTPs 各 0.05mmol/L。扩增程序为预变性 96℃ 5min，40 个循环为 94℃ 45s、36℃ 1min、72℃ 2min，后延伸 72℃ 5min。取 10μl 扩增产物于 2.0%琼脂糖凝胶上用 1×TAE 电泳缓冲液电泳，GENIUS 凝胶成像系统检测拍照。

对 Operon 公司的 A、G、L、P、X 5 个系列及 N7、W6 共 102 个引物进行筛选，选择条带清晰、多态性明显、重复性好的 20 个引物（A7、A9、A15、A17、A19、G4、G5、G6、G18、L1、L2、L5、L7、L11、L16、L17、L19、N7、P6、W6）进行 RAPD 扩增，用于苍术遗传结构分析。

6.1.2.2　数据分析

将迁移率相同的 RAPD 凝胶条带量化为 1、0 数据矩阵（条带存在为 1，条带不存在为 0），将 RAPD 标记视为表征性状，直接利用原始二元数据矩阵（表征矩阵）进行计算。

居群遗传结构分析包括种内多态性水平的检测、个体间遗传关系的测度及居群间遗传分化程度的评价 3 个方面。①种内多态性水平的检测：通过统计 RAPD 扩增产物的条带总数和多态性带数，计算各亚居群、居群内及种内的多态性比率（PPB）。考虑到 PPB 可能会受到样本大小和条带总数的影响，它只是衡量居群遗传多态性的一个粗略估计值，在这种情况下，基于条带表型频率的 Shannon 多样性指数（*I*）和基于 Hardy-Weinherg 平衡假设的 Nei's（1972）基因多样性指数（*H*e）可以得到更为可信的衡量指标[11]，因此，同时使用 POPGENE 32 软件计算 *H*e 和 I 来反映不同结构层次亚居群内的遗传多样性。②个体间遗传关系分析：根据表征矩阵，用 SPSS10.0 软件计算各样品间的 Jaccard 相似系数，然后使用 Within groups linkage 进行聚类分析。③居群间遗传分化程度考察：根据个体间遗传相似系数，用 WINAMOVA 进行分子方差分析（AMOVA），计算居群内、亚居群间和居群间的变异方差分布，并利用 Nei's（1972）计算各居群间遗传距离并按 UPGMA 聚类进行直观观察。

6.2　结果与分析

6.2.1　苍术种内多态性水平

RAPD 共检测到 94 条谱带，其中 77 个位点为多态位点（图 1）。苍术种内多态性百分率为 81.91%，Shannon's 信息指数 0.4132，Nei's 基因多样性指数为 0.2743（表 2）。各项多态性指标都表明苍术种内遗传多样性较高，这与朱晓琴等[13]对苍术的等位酶分析，及任冰如等[14]对苍术的 RAPD 分析得到的结果一致，证明苍术是个多态性物种，其种内及居群内的遗传变异都很大。

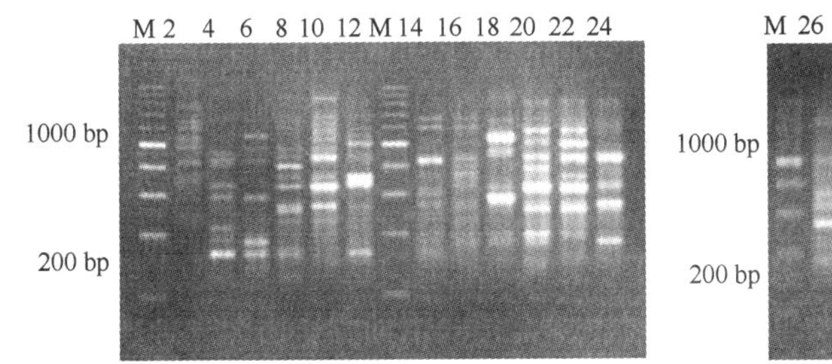

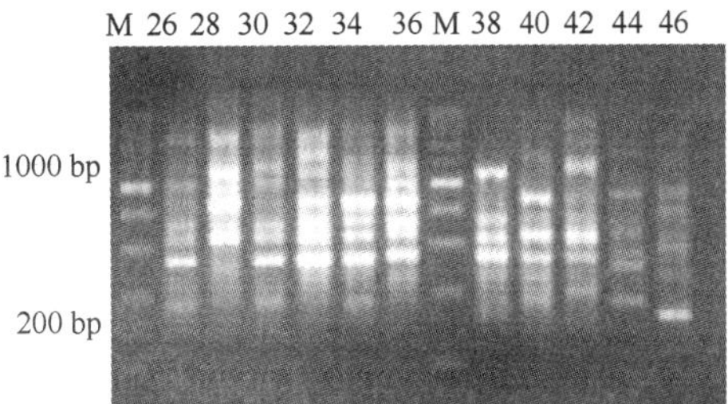

图1 使用引物G6所扩增到的RAPD多样性条带

M：DNA marker

表2 苍术遗传多样性统计表

Spaces	Population	Sub-Population	Polymorphic Bands	Total band	Monomorphic bands（PPS）	He[1)]	I[2)]
A. lancea			77	94	81.91	0.4132	0.2743
	I		75	94	79.79	0.4080	0.2732
		1	65	94	69.15	0.3566	0.2385
		2	51	94	54.26	0.3117	0.2138
		3	41	94	43.26	0.2518	0.1723
	II		54	94	57.45	0.3177	0.2140
		4	51	94	54.26	0.3058	0.2074
		5	32	94	34.04	0.2110	0.1469
	III		48	94	51.06	0.2547	0.1669
		6	26	94	27.66	0.1488	0.0994
		7	37	94	39.36	0.2334	0.1607

注：1）He＝Nei’s 基因多样性指数，2）I＝Shannon’s 信息指数

Note：1）He＝Nei’s gene diversity，2）I＝Shannon’s Information index

在居群水平上，本研究所用3个指标反应的多样性趋势一致，即居群Ⅰ大于居群Ⅱ，居群Ⅱ大于Ⅲ；在亚居群水平上，多态性百分率、Shannon’s 信息指数表现的多态性由高向低排列情况均为亚居群1＞2≥4＞3＞7＞5＞6（表2），而Nei’s基因多样性指数也只有个别亚居群与多样性极接近的亚居群的顺序偶有互换。可见各指标均能很好地反应样品多样性的水平，即罗田苍术的遗传变异水平高于其他两个产地的苍术，而茅山苍术的遗传变异水平最低。

6.2.2 苍术个体间遗传关系

根据苍术个体间的Jaccard相似系数，用Within groups linkage进行聚类分析（图2）。聚类图显示，居群Ⅲ的全部11个苍术个体聚为一类，表明茅山苍术个体间的遗传距离较小，遗传背景较为相似。

而居群Ⅰ及居群Ⅱ的多个个体没有分别聚为一类，表明其居群内个体遗传变异较大。其中居群Ⅰ内苍术个体间遗传距离最大，部分居群Ⅰ苍术个体与同居群其他苍术个体的遗传距离远远大于其与其他居群苍术个体间的遗传距离，如2、3、4、5、6及13号样品。

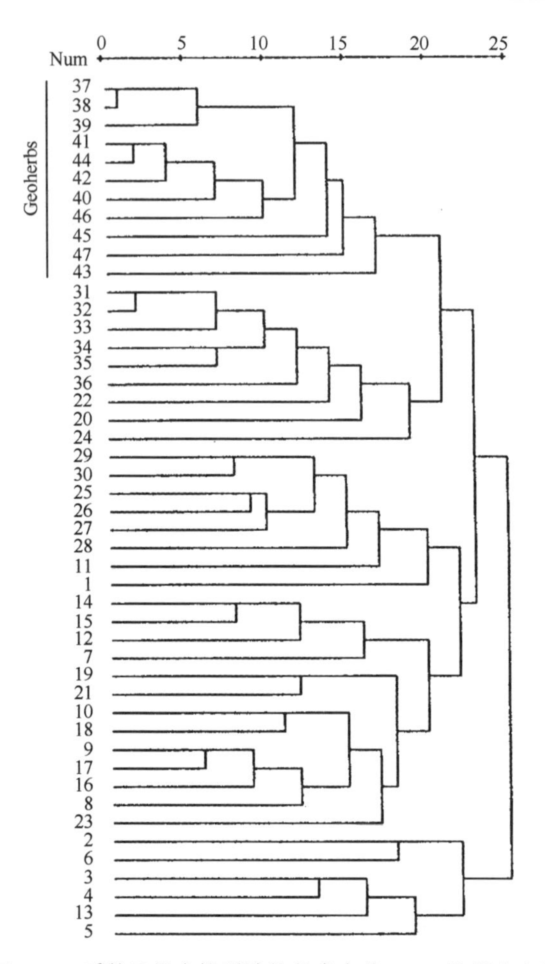

图 2　基于Jarcard系数及组内均联法的苍术个体RAPD扩增多态性聚类图

6.2.3　苍术居群间遗传分化

根据个体间遗传相似系数，用 WINAMOVA 进行分子方差分析（AMOVA），计算亚居群内、亚居群间和居群间的变异方差分布（表 3）。结果表明，居群内、亚居群间和居群间变异分别占总变异的 76.74%、11.58%和 11.68%，可见苍术的遗传变异主要分布在居群内。

表 3　分子变异的嵌套分析

Variance components	d.f.	Sum of squares	Mean squares	Variance components	Percentage /%	*p*
Variance among groups	2	89.28	44.64	1.54	11.58	0.001
Variance among populations within groups	4	80.63	20.16	1.56	11.68	0.001
Variance within populations	40	409.53	10.24	10.24	76.74	—

利用 Nei's 计算各亚居群间遗传距离并按 UPGMA 聚类（表 4，图 3），结果显示，各个亚居群首先按居群各自聚为一类，然后，居群Ⅱ和Ⅲ聚类，最后再与居群Ⅰ聚类，表明苍术种内居群间已形成一定的遗传分化，其中居群Ⅰ的遗传分化比较明显。

表 4 Nei's 遗传多样性及遗传距离

亚居群	1	2	3	4	5	6	7
1		0.9258	0.8394	0.8752	0.8232	0.8156	0.8512
2	0.0771		0.8835	0.9016	0.8527	0.8728	0.8652
3	0.1751	0.1239		0.9029	0.8589	0.8350	0.7904
4	0.1333	0.1036	0.1021		0.9274	0.8962	0.8716
5	0.1945	0.1593	0.1522	0.0754		0.9002	0.8610
6	0.2038	0.1361	0.1803	0.1096	0.1052		0.9086
7	0.1611	0.1448	0.2352	0.1375	0.1496	0.0958	

注：表的上部分为 Nei's 遗传相似性，下部分为遗传距离

Note：Nei's genetic identity（above diagonal）and genetic distance（below diagonal）

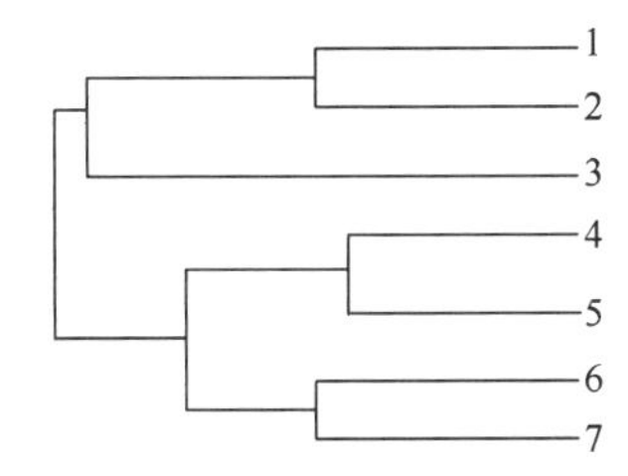

图 3 基于Nei's遗传距离及UPGMA的苍术聚类图

6.2.4 茅山苍术遗传背景分析

本研究发现，苍术各居群发生遗传分化，同时发现，来源于两个亚居群的 11 个苍术道地药材聚为一类，而其他居群或亚居群苍术个体均呈现分散分布，没有聚为一类，提示遗传因素在茅山苍术道地性的形成中具有重要意义，当地苍术在长期适应环境的过程中，已经发生遗传上的分化，苍术道地药材是遗传与环境交互作用的产物。茅山苍术具有居群多样性较低，居群内个体间遗传变异较小的特点，表明苍术道地药材遗传上有较高的一致性，遗传因素对苍术道地药材的形成有一定贡献。

参 考 文 献

[1] 朱晓琴，贺善安，贺慧生，等. 茅苍术资源再生的研究. 武汉植物学研究，1995，13（4）：373-376.

[2] Osami T，Eiji M，Susumu T，et al. A Comparative Study on Essential Oil Components of Wild and Cultivated *Atractylodes lancea* and *A. chinensid*. Planta Medica，1996，(62)：444-449.

[3] Osami T，Eiji M，Makoto M，et al. Variation of Essential Oil Components of *Atractylodes lancea* Growing in Mt. Maoshan Area in Jiangsu Province，China. Natural Medicines，1994，48（1）：11-17.

[4] Osami T，Eiji M，Susumu T，et al. Variation of Essential Oil Components of *Atractylodes lancea* Growing in China. Natural Medicines，1995，49（1）：18-23.

[5] Osami T，Eiji M，Susumu T，et al. Variation of Essential Oil *Components lancea*（Thunb）DC. Growing in Shanxi and Henan Provinces，China. Natural Medicines，1996，50（4）：289-295.

[6] 郭兰萍，刘俊英，吉力，等. 茅苍术道地药材挥发油组成特征分析. 中国中药杂志，2002，27（11）：814.

[7] 黄璐琦，张瑞贤. "道地药材"的生物学探讨. 中国药学杂志，1997，32（9）：563-566.

[8] 钱韦，葛颂，洪德元. 采用 RAPD 和 ISSR 标记探讨中国疣粒野生稻的遗传多样性. 植物学报，2000，42（7）：741-750.

[9] 赵桂仿，Felber F，Kueper P. 应用 RAPD 技术研究阿尔卑斯山黄花茅居群内的遗传分化. 植物分类学报，2000，38（1）：64-70.

[10] 周红涛，胡士林，郭保林. 芍药野生与栽培群体的遗传变异研究. 药学学报，2002，37（5）：383-386.
[11] 钱韦，葛颂. 居群遗传结构研究中的显性标记数据分析方法初探. 遗传学报，2001，28（3）：244-255.
[12] 郭兰萍，黄璐琦，王敏等. 南北苍术的RAPD分析及其划分的初步探讨. 中国中药杂志，2001，3：152-154.
[13] 任冰如，贺善安，於虹等. 用RAPD技术评估苍术居群间的亲缘关系. 中草药，2000，31（6）：458-461.
[14] 朱晓琴，贺善安. 苍术种内遗传多样性分析. 植物资源与环境，1995，4（2）：1-6.

7　不同化学型苍术根茎及根际土提取物生物活性及化感物质的比较†

苍术是常用中药材，来源于菊科苍术［*Atractylodes lancea*（Thunb）DC.］，药用部位为根茎。功效燥湿健脾，祛风散寒，明目。苍术在我国境内分布广泛，江苏茅山是苍术的道地产区。近年来由于过度采挖及生境被严重破坏，造成茅山苍术资源紧缺[1]。为此，不少地方纷纷开始对苍术进行引种栽培。但苍术栽培种植中病虫害严重，随栽培年限增长发病率、死亡率升高，同时，生产中有明显连作障碍，这些都严重地影响了苍术的栽培种植。

植物自毒（autotoxicosis）是指一些植物可通过地上部淋溶、根系分泌和植株残茬等途径来释放一些物质对下茬或同茬同种或同科植物生长产生抑制作用的一种现象，它是化感作用的重要形式之一，也是导致作物产生连作障碍的因子之一。作者前期研究发现自毒现象是导致栽培苍术连作障碍的重要原因之一[2]。

研究报道化感物质的抑制作用是通过对酶活性和其他植物生理活性产生影响而引起的，不同作物或同一作物的不同品种，对化感物质反应有明显差别[3, 4]。因此，化感种质资源的筛选和鉴定是植物化感育种研究中基础而又十分重要的工作，通过对不同品种种质地筛选，挑选不产生或产生自毒物质少的品种用于栽培生产，或挑选化感作用强的品种用于田间除草等，是当前化感作用研究的热点[5-7]。

湖北英山和江苏茅山的苍术挥发油是两个不同的化学型，前者主要以茅术醇和β-桉叶醇为主组成，后者主要以苍术酮、茅术醇、β-桉叶醇及苍术素为主组成，且四者呈现出一定比例关系[8-12]，本研究比较了这两种不同化学型苍术根茎及根际土化感作用及所含主要化合物，目的是考察不同化学型苍术的自毒作用是否有一定规律性，从而为苍术的化感育种摸索思路。

7.1　材料和方法

7.1.1　样品采集

7.1.1.1　根际土

在江苏茅山和湖北英山按抖落法分别采集7～8个栽培苍术［*Atractylodes lancea*（Thunb）DC.］，由湖北中医学院詹亚华教授鉴定）根际土，混匀，风干，粉碎研细，过40目筛。两地土壤样品基本情况及编号见表1。

† 郭兰萍，黄璐琦，蒋有绪，吴志刚，林淑芳，詹亚华，2006，中国药学杂志，(10)。

表 1　苍术根际土基本情况

Origin	Samples	pH	Organic matter/（g/kg）	Total nitrogen /（g/kg）	Available N /（mg/kg）	Available P /（mg/kg）	Available K /（mg/kg）
Maoshan	MAS	5.55	54.34	2.19	206.36	6.49	55.00
Yingshan	YAS	5.61	59.85	2.53	175.46	22.90	62.69

7.1.1.2　根茎

采集江苏茅山和湖北英山苍术根茎各 10 个个体，风干，粉碎研细，过 40 目筛，混匀，编号备用。江苏茅山编号 MA，湖北英山苍术编号 YA。

7.1.1.3　种子

生物活性研究所用苍术种子收集于江苏茅山。

7.1.2　样品处理

7.1.2.1　根际土

取出茅山苍术根际土（MAS）及英山苍术根际土（YAS）各 40g，分别放入三角瓶中，加入 200ml 无水乙醇，25℃超声提取 30min，超声强度 75%，过滤，所得滤液在旋转蒸发器上浓缩至干，再用乙醚 1ml 溶解。溶液进一步做 GC 和 GC-MS 分析。无水乙醇、乙醚均为分析纯[3]。

另取 MAS 及 YAS 各适量，蒸馏水室温浸置 12h，配成 500mg/ml（相当于每 ml 含土重量，根际土提取液浓度参考作者前期研究确定[2]），用作苍术化感作用的生物学的研究。

7.1.2.2　根茎

按 2000 年《中国药典》挥发油测定甲法提取苍术根茎挥发油，测定总挥发油含量后，留作 GC-MS 分离鉴定。

取处理好的 MA 及 YA 适量，蒸馏水室温浸置 12h，配成 200g/ml（相当于每 ml 根茎重量，根茎提取液的浓度参考作者前期研究确定[2]），用作苍术化感作用的生物学的研究。

7.1.3　根际土及根茎所含化合物分离鉴别

7.1.3.1　根际土

GC-MS 分析在 TRI02000 色谱质谱仪上进行。GC-MS 条件：Carbwax 极性柱，30m×0.25mm（J & Sci. Instr. Co. USA），载气为 He，流量 1ml/min，柱温 60～250℃，分流进样，程序升温 8℃/min，60℃停 2min，至 250℃停 20min。进样口温度 260℃，检测器温度 260℃，EI 源，70ev，扫描范围 M/Z30-600AMU，扫描速度 0.2s，扫全程，离子源温度 150℃。进样量 2μl。应用 MAINLIB 质谱数据库计算机检索系统分析质谱图，进行未知物的鉴定。

7.1.3.2　根茎

GC-MS 分析在 Finnigan TRACE MS 色谱质谱仪上进行。GC-MS 实验条件：EI 源，源温 200℃，接口温度 250℃；DB-5 石英毛细管柱 0.25mmID×30m×0.25μm，进样温

度 240℃，检测温度 250℃，程序升温从 60℃到 240℃，4℃/min，分流比 50∶1，进样量 0.2μl、35～395 全扫描。

7.1.4　苍术化感作用生物学研究

设水（编号 CK），YAS（500mg/ml）、MAS（500mg/ml）、YA（200mg/ml）及 MA（200mg/ml）共 5 个处理，每个处理 3 个重复。每个重复选取 20 粒种子，0.1% HgCl 消毒 10min，均匀铺在垫有滤纸的直径为 15cm 的培养皿中，分别加入不同浓度上述根茎或根际土水提液或水各 5ml，在 25℃恒温培养箱内培养。不断观察，第 5 天测量发芽率、第 7 测量胚根长，第 14 天测量胚芽长。

数据分析　使用 SPSS 10.0 软件，使用单因子方法分析比较苍术种子发芽率、胚根长及胚芽长的差异。

7.2　结果

7.2.1　根际土及根茎中分离到的主要化合物的比较

对 YAS 和 MAS 进行 GC-MS 分离鉴定，选取其中归一化百分含量＞5%的组分进行比较，发现二者所含归一化百分含量＞5%的组分大体相同，均以氨基甲酸乙酰乙酯和 *N*-甲基-2-甲胺基-2-硫-乙酰胺为主组成，这两种化合物的含量占归一化百分含量的 78%以上。但二者也稍有差异，如 YAS 含较多的双(2-甲基丙基)-1,2-苯二羧酸而不含 2-乙氧基丙烷，而 MAS 所含后者高于前者（表 2）。

表 2　不同化学型苍术根际土GC分析归一化百分含量＞5%的化合物

Components	% of area	
	YAS	MAS
Carbamic acid，acetyl-，ethyl ester	50	57
Acetamide，2-amino-*n*-methyl-2-thioxo-	28	26
Propane，2-ethoxy	nd	7
1,2-benzenedicarboxylic acid，*bis*(2-methoxylethyl)	13	3

nd：未检到

nd：non-ditect

YA 与 MA 中挥发油总量分别为 6.36 和 3.13ml/100g ，二者挥发油中的主要组分基本一致，但相对含量差异很大，二者属于完全不同的两个化学型，其挥发油的四个主要组分的归一化百分含量见表 3，图 1。

表 3　两个化学型苍术挥发油中主要组分的归一化百分含量比较

Samples	% of area			
	Hinesol	*β*-eudesmol	Atractylone	Atractylodin
A. lancea in Maoshan	4	7	24	21
A. lancea in Yingshan	44	39	1	2

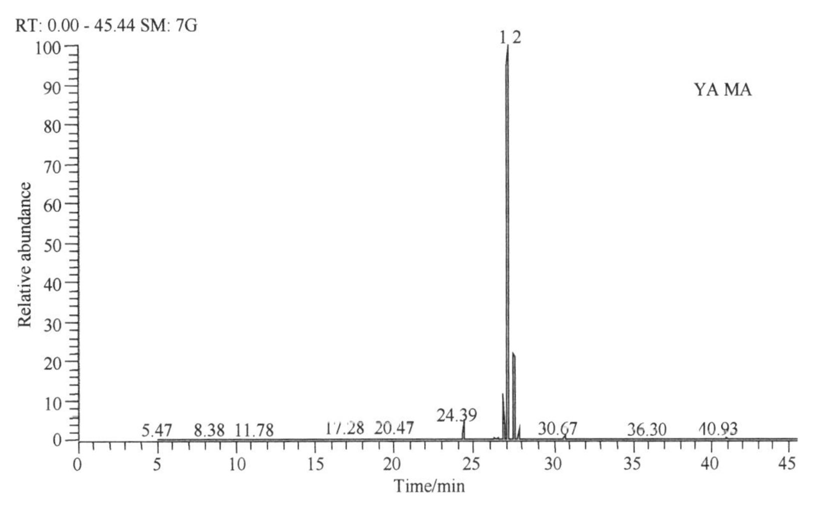

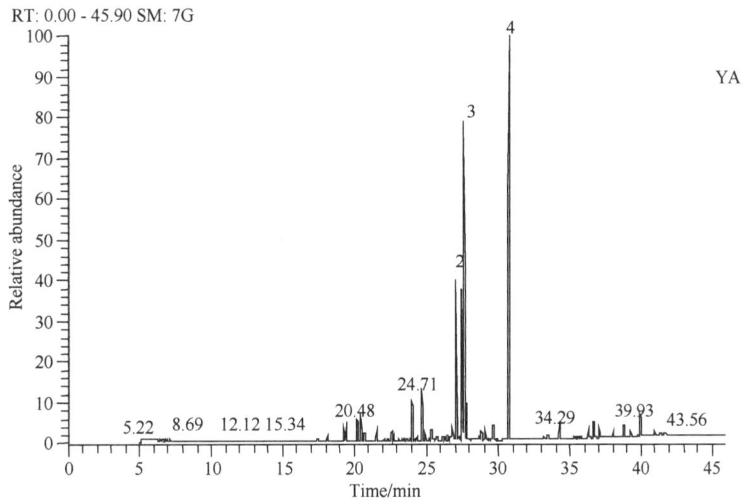

图 1　两种化学型苍术 GC 图

1、2、3 和 4 分别代表茅术醇、β-桉叶醇、苍术酮及苍术素

7.2.2　根际土及根茎提取液对苍术发芽率、胚根长及胚芽长的影响

生物活性实验未发现 YAS 和 MAS 对茅山苍术种子的发芽率、胚根及胚芽的生长有显著影响（$p>0.05$，表 4）。

表 4　苍术根茎及根际土提取液对茅山苍术种子发芽率、胚根长及胚芽长的影响

Trentment	Germination rates/%	Roots lengths/cm	Shoots lengths/cm
CK	72a	1.24a	1.44a
YAS	68a	1.07a	1.7a
MAS	77a	0.63a	1.03a
YA	24b	0.45b	0.29b
MA	5c	0.26b	0.50b

注：同一列标有不同字母表示处理间差异显著（$p<0.05$）

YA 和 MA 对苍术发芽率、胚根长及胚芽长均有显著抑制作用（$p<0.05$）。同时，MA 对发芽率的抑制作用显著强于 YA（$p<0.05$），但二者对苍术胚根长及胚芽长的抑制作用的差异不显著（$p>0.05$，表 4）。

7.3 讨论

7.3.1 两种化学型苍术根际土提取液对茅山种子无显著影响

本实验表明苍术根际土提取液未对茅山苍术种子发芽及胚根和胚芽的生长呈现化感作用。苍术通常在栽培 2 年后大量发病，本实验所用土壤样品为 2 年生苍术根际土，作者认为根际土的化感作用不显著可能与土壤中自毒物质的积累量不够大有关。

7.3.2 两种化学型苍术根茎提取液对茅山种子均有自毒作用

作者前期研究发现，茅山苍术根茎提取液对茅山苍术种子发芽及幼苗生长有自毒作用[2]。本研究表明两种化学型苍术根茎提取液对茅山苍术种子发芽率、胚根长及胚芽长的抑制作用都达到显著水平，再次证明苍术生长中有自毒作用。这在一定程度上解释了栽培苍术生长到 2 年后就大量发病死亡的现象。萜类是极其常见而且活性较强的化感物质[13]，苍术根茎中萜类物质的含量在 1%～7%[8-11]，为苍术的自毒作用提供了有利的证据。

7.3.3 苍术的自毒现象在种内不同化学型间存在差异

作者前期研究表明，苍术根茎中的 β-桉叶醇对苍术胚芽的生长有显著自毒作用[2]。本实验 GC-MS 分析显示，YA 中 β-桉叶醇含量远远大于 MA。但生物学实验表明，MA 比 YA 的抑制作用更显著（$p<0.05$）。提示 MA 中可能含有对苍术作用更强的自毒物质；同时，由于本实验所用生物活性检测的苍术种子源于茅山苍术，MA 比 YA 对茅山苍术种子的自毒作用大，提示同一化学型苍术间的自毒作用可能比不同化学型间苍术的化感作用强，即苍术的自毒作用在种内不同化学型间存在差异。Chung 等[14]对苜蓿的研究表明，不同品种的自毒效果不同，Miller[15]进一步指出，苜蓿的自毒作用可通过选择不产生多种化感物质或对这些化感物质有抗性的新品种而得到解决。同样，通过对苍术不同化学型的系统筛选，有望得到低自毒作用的苍术品种。

参 考 文 献

[1] 朱晓琴，贺善安，贺慧生，等. 茅苍术资源再生的研究. 武汉植物学研究，1995，13（4）：373.
[2] 郭兰萍，黄璐琦，蒋有绪，等. 苍术根茎及根际土提取物生物活性研究及化感物质的分离鉴定. 生态学报，2006，26（2）：528-535.
[3] 曾任森，骆世明. 香茅、胜红蓟和三叶鬼针草根分泌物的化感作用研究. 华南农业大学学报，1996，17（2）：119-120.
[4] 李志华，沈益新，倪建华，等. 豆科牧草化感作用初探. 草业科学，2002，19（8）：28-29.
[5] 李寿四，周健民，王火焰，等. 植物化感育种研究进展. 安徽农业科学，2002，30（3）：339-341.

[6] 胡跃高，曾昭海，程霞，等. 苜蓿自毒性的研究进展及前景. 草原与草坪，2001，95（4）：9-11.
[7] 王大力，马瑞霞，刘秀芬. 水稻化感抗草种质资源的初步研究. 中国农业科学，2000，33（3）：94-96.
[8] OSAMI T，EIJI M，SUSUMU T，et al. A Comparative Study on Essential Oil Components of Wild and Cultivated *Atractylodes lancea* and *A. chinensid*. Planta Medica，1996，(62)：444-449.
[9] OSAMI T，EIJI M，MAKOTO M，et al. Variation of Essential Oil Components of *Atractylodes lancea* Growing in Mt. Maoshan Area in Jiangsu Province，China. Natural Medicines，1994，48（1）：11-17.
[10] OSAMI T，EIJI M，SUSUMU T，et al. Variation of Essential Oil Components of *Atractylodes lancea* Growing in China. Natural Medicines，1995，49（1）：18-23.
[11] OSAMI T，EIJI M，SUSUMU T，et al. Variation of Essential Oil *Components lancea*（Thunb）DC. Growing in Shanxi and Henan Provinces，China. Natural Medicines，1996，50（4）：289-295.
[12] 郭兰萍，刘俊英，吉力，等. 茅苍术道地药材的挥发油组成特征分析. 中国中药杂志，2002，27（11）：814-819.
[13] 孔垂华，徐涛. 环境胁迫下植物的化感作用及其诱导机制. 生态学报，2000，020（005）：849-856.

8 苍术根茎及根际土水提物生物活性研究及化感物质的鉴定†

苍术是常用中药材，药用部位为菊科苍术［*Atractylodes lancea*（Thunb）DC.］的根茎。主要功效为燥湿健脾，祛风散寒，明目。野生苍术在我国境内分布广泛，但近年来由于过度采挖及生境被严重破坏，造成资源紧缺。尤其是江苏茅山地区的苍术，作为苍术道地药材，近年来已无法形成商品收购[1]。为缓解苍术资源紧张态势，尤其是为了保护苍术道地药材，不少地方纷纷开始对苍术进行引种栽培。但苍术栽培种植中病虫害严重，并随栽培年限增加，其发病率和死亡率均升高，同时，生产中存在明显的连作障碍，这些都严重地影响了苍术的栽培种植。

引起植物连作障碍的原因主要有土壤养分失衡、土壤微生物群落结构改变、植物毒素物质增加及土壤物理化学性质改变等[2-6]。植物在环境胁迫下，往往通过向环境释放化学物质来抑制种内外其他植物的生长以提高其自身的生存竞争力[7]，这种现象被称为化感作用（Allelopathy）。自毒现象（autotoxicity）是化感作用的重要形式之一，它是指植物根分泌和残茬降解所释放出的次生代谢物，对自身或种内其他植物产生危害的一种现象，它是植物适应种内竞争的结果，许多作物的连作障碍与此相关[2-5]。因此，研究自毒作用对揭示植物连作障碍具有重要意义。

化感物质的提取分离和鉴定及其生物活性的检测是研究植物化感作用或自毒现象的基础，通常以待测样品的植物部分，或者是与它相关的环境土壤作为提取源进行提取分离[8-14]。为了证实苍术的自毒作用，本研究取未种植过其他植物的土壤对苍术进行栽培，8 个月后进行自毒作用分析。参考刘秀芬和阎飞的方法[8-9]，首先研究了苍术根茎及根际土提取液对苍术种子发芽及生长的影响。然后，采用 GC-MS 分析鉴定了苍术根茎和根际土水提液所含的化合物，并对其中可能的化感物质进行了生物学检测，从而为证明自毒作用是苍术连作障碍的原因之一提供了理论依据。

† 郭兰萍，黄璐琦，蒋有绪，陈保冬，朱永官，曾燕，付桂芳，付梅红，2006，生态学报，26（2）：528-535。

8.1　材料和方法

8.1.1　材料

2004 年 12 月 21 日，开始对苍术进行盆栽实验。试验地点为中国科学院生态环境中心土壤室温室。土壤取自中国中医研究院附近拆迁旧房院内土，该土此前未种植过任何植物。将土壤进行翻晒后，按土壤与河沙 3∶1 混匀，加有机氮肥及 KH_2PO_3 适量。实验共设 5 个重复，每盆播种苍术种子 7 粒，出苗后定苗 3 株，常规管理。

2005 年 8 月 24 日，采收苍术根茎，风干，粉碎研细，过 40 目筛，混匀备用，编号 A。并采用抖落法收集苍术根际土，40 目筛筛去根际土中残留的苍术须根等，混匀备用，编号 S。

栽培实验与化感作用生物活性检测所用苍术种子，为同一批样品，均来源于江苏茅山。

8.1.2　方法

8.1.2.1　自毒作用检测

取苍术根茎 40g，加蒸馏水适量，25℃浸泡 24 小时，减压抽滤，定容至 200ml，得到相当于苍术根茎 200mg/ml 的上清液，编号 A200。将 A200 分别稀释 4 倍和 20 倍，得到相当于苍术根茎 50，10mg/ml 溶液，编号 A50 和 A10。取苍术根际土 200g，加蒸馏水 400ml，25℃浸泡 24 小时，减压抽滤，得到相当于苍术根际土 500mg/ml 上清液，编号 S500。将 S500 分别稀释 2.5 倍和 10 倍，得到相当于苍术根际土 200mg/ml、50mg/ml 的溶液，编号 S200 和 S50。用作苍术化感作用的生物学的研究。

设水（编号 CK），A10、A50、A200、S50、S200 及 S500 共 7 个处理，每个处理 3 个重复。每个重复选取 20 粒种子，0.1% HgCl 消毒 10min，随机铺在垫有滤纸的直径为 15cm 的培养皿中，分别加入水、不同浓度根茎或根际土水提液各 5ml，在 25℃恒温培养箱内培养。不断观察，第 5 天测量发芽率、第 7 测量胚根长，第 14 天测量胚芽长。

8.1.2.2　根茎及根际土提取液中化感物质鉴定及相似度比较

取苍术根茎及根际土样品适量，蒸馏水浸泡 24 小时，其间多次震摇。离心使苍术根茎及土壤沉淀，上清液抽滤。滤液加入等量乙醚萃取得到乙醚萃取液，剩余水提液再用等量乙酸乙酯萃取，得到乙酸乙酯萃取液。所得乙醚及乙酸乙酯萃取液分别用旋转蒸发仪在 4℃浓缩至干，再分别用乙醚或乙酸乙酯 1ml 溶解，用于 GC-MS 分析。乙醚及乙酸乙酯均为分析纯。

气质联用仪器为 TRACE GC 2000，DB-5 MS 石英毛细管柱 0.25mmID×30m×0.25μm，进样温度 250℃，程序升温从 60℃到 290℃，15℃/min，载气为 He。EI 源，70ev，接口温度 250℃，源温 200℃，检测温度 200℃，进样量 1μl，35～650 全扫描。应用 MAINLIB 质谱数据库计算机检索系统分析质谱图，进行未知物的鉴定。

8.1.2.3 化感物质的生物学鉴定

选取苍术根茎中含量较大的倍半萜类成分 β-桉叶醇，进行自毒作用的生物学鉴定。以苯甲醛为阳性对照。二者均设 50、100、250mg/L 三个水平。

8.1.2.4 数据分析

通过 SPSS10.0 软件，利用单因子方差分析结合多重比较分析种子发芽率、胚根长及胚芽长的差异。

借鉴 Jaccard 相似系数公式，比较根茎与根际土中化合物的相似度，J＝c/(a＋b＋c)%，a 为根茎中特有组分数目，b 为根际土中特有组分数目，c 为根茎与根际土中共有组分的数目（a，b 所代表组分归一化百分含量大于 1%，c 所代表两个共有组分中至少有一个的归一化百分含量大于≥1%）。

8.2 结果

8.2.1 自毒作用生物活性测定

在实验中，50mg/ml 及 200mg/ml 根际土提取液对苍术种子发芽率、胚根长及胚芽长均无影响。500mg/ml 根际土提取液对苍术种子发芽率无影响，稍抑制了苍术胚根与胚芽的伸长，但差异不显著（$p>0.05$，图 1）。

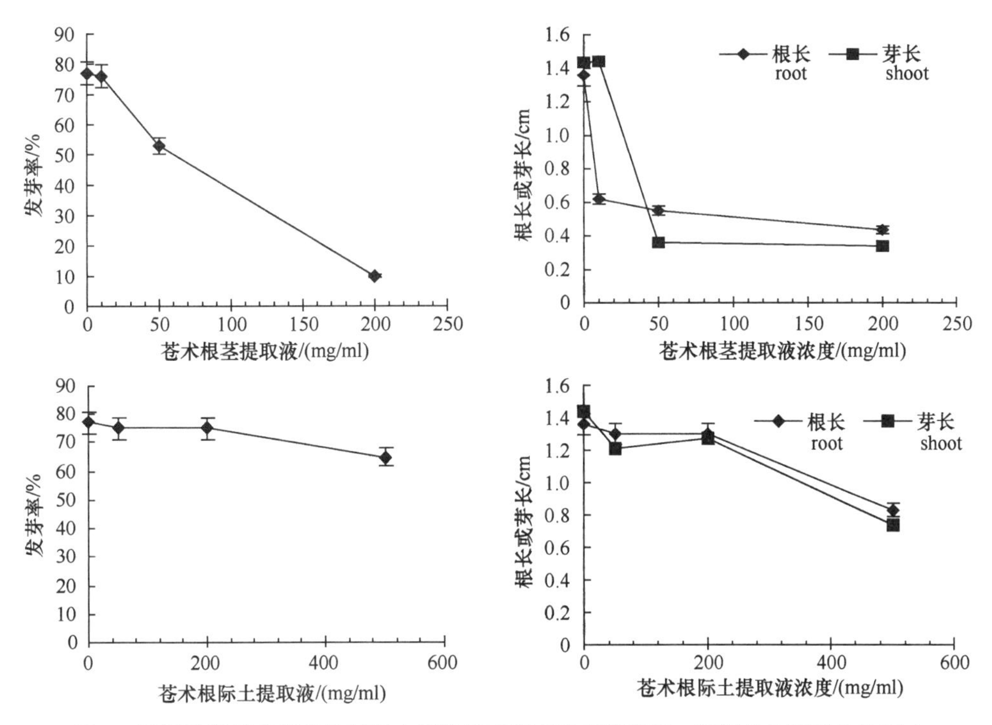

图 1　不同浓度苍术根茎及根际土提取液对苍术种子发芽率、胚根长及胚芽长的影响

I 代表误差线

单因子方差分析结合多重比较分析表明，随苍术根茎提取液浓度的增大，其对苍术种子发芽率、胚根和胚芽伸长的抑制作用显著增大。经 200mg/ml 苍术根茎提取液处理的苍术种子发芽率、胚根长及胚芽长分别为对照的 13%、32%及 24%（$p<0.05$，图 1，表 1）。

表 1　不同浓度苍术根茎提取液处理对苍术种子发芽率、胚根长及胚芽长的影响

浓度/（mg/ml）	发芽率/%	胚根长/%	胚芽长/%
0	100a	100a	100a
10	99a	46bc	100a
50	69b	40bc	25b
200	13c	32c	24b

注：同一列标有不同字母表示处理间差异显著（$p<0.05$）

8.2.2　根茎及根际土中化合物 GC-MS 鉴定及相似度比较

利用 GC-MS 分析，从苍术根茎中共鉴定出 20 个化合物，根际土共鉴定出 27 个化合物（图 2，表 2），表 2 所列出的化合物均属 GC-MS 鉴定匹配度大于 75%的化合物。

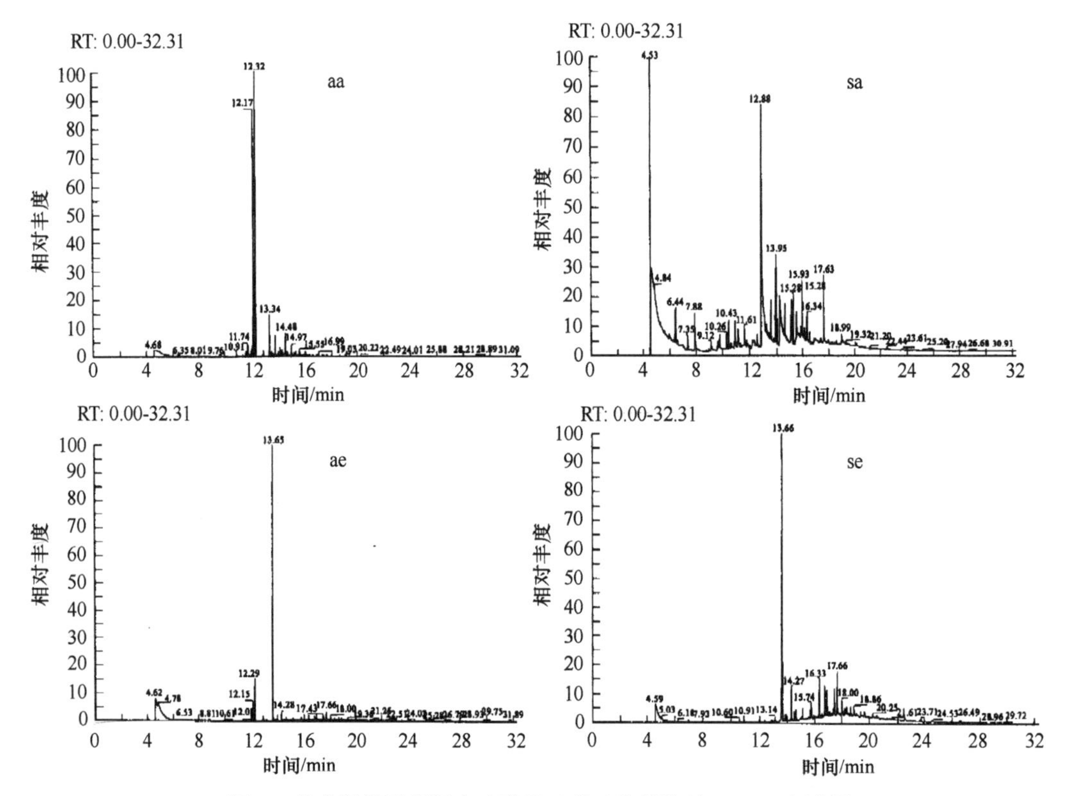

图 2　苍术根茎及根际土乙醚及乙酸乙酯萃取液GC-MS色谱图

aa 根茎乙醚萃取液，sa 根际土乙醚粗取液，ae 根茎乙酸乙酯萃取液，se 根际土乙酸乙酯萃取液

表 2 苍术根茎及根际土提取物 GC-MS 鉴别到的有机化合物

样品	成分
aa	2,5-二炔基十八酸
	β-桉叶醇
	2,6-二丁基对羟基甲苯
	茅术醇
	十六酸
	十五醛
	十四酸
	三十七烷醇
ae	a 萘酚
	2-甲氧基-4-乙烯基苯酚
	3-甲基-3-苯基-2-丙烯醛
	2,6-二丁基对羟基甲苯
	柠檬烯
	9-烯-2-十八烷氧醇
	乙基异别胆烷
	2,3-十六二烷酸-1-羟基-丙酯
	十六酸
	十八酸
	十四酸
	1,2-二苯甲酸异丁酯
sa	1,2-二苯甲酸-(1-丁基,2-葵基)酯
	1,2-苯并异噻唑
	9-烯-十八酸酯
	1-甲基-4-异丙基-1-羟基-环己烷
	对甲氧基酚
	2,6-二叔丁基对羟基苯丙酸酯
	十四酸甲酯
	十八醛
	十八酸甲酯
	十四酸
se	1,2-二苯甲酸异丁酯
	1,2-苯并异噻唑
	3,7,11-三甲基十二烷醇
	4-甲基,1-(1-甲基乙基),1-乙酸-3-环己烯酯
	9-十六烯酸
	甘菊环

续表

样品	成分
se	2,6-二丁基对羟基甲苯
	柠檬烯
	十二烷
	乙基异别胆烷
	13-十五烷基-12,13-二十五醚
	十六酸异丙酯
	十六酸
	2-九烯醇
	十八酸
	十四酸
	十四酸三甲基硅酯

注：aa 根茎乙醚萃取液，sa 根际土乙醚粗取液，ae 根茎乙酸乙酯萃取液，se 根际土乙酸乙酯萃取液

计算根茎及根际土中归一化百分含量大于 1%的组分的相似系数，乙醚萃取液中二者的相似系数为 33.33%，乙酸乙酯萃取液中二者的相似系数为 90.00%（表 3）。可见，根茎与根际土乙醚萃取液中所含化合物差异较大，前者含量最大的组分为茅术醇及 *β*-桉叶醇（归一化百分含量分别为 18.26%及 38.66%），后者含量最大的组分为十四酸（归一化百分含量分别为 32.69%）。根茎与根际土乙酸乙酯萃取液中所含化合物非常相似，二者含量最大的组分一致，均为邻笨二甲酸二异丁酯（归一化百分含量分别为 35.36%、35.37%）。

表 3　苍术根茎及根际土所含化合物的组分的相似度比较*

样品	组分数	独有组分数	共有组分数	组分总数	相似系数/%
aa	10	7	8	24	33.33
sa	17	9			
ae	9	0	18	20	90.00
se	20	2			

* 归一化百分含量大于 1%的组分。aa 根茎乙醚萃取液，sa 根际土乙醚粗取液，ae 根茎乙酸乙酯萃取液，se 根际土乙酸乙酯萃取液

8.2.3　化感物质的生物学鉴定

β-桉叶醇是不少药用植物中都含有的倍半萜类成分，由于其在苍术根茎挥发油中含量较大，常与其他组分一起用来作苍术定性和定量的指标性成分。本实验在苍术根茎水提液的乙醚及乙酸乙酯萃取液中均鉴定到 *β*-桉叶醇，而且含量较大。考虑到倍半萜类成分是极其常见的化感物质，因此，对 *β*-桉叶醇进行化感作用的生物学鉴定。

结果表明，虽然所有处理浓度的 *β*-桉叶醇对苍术种子发芽率、胚根伸长均没有抑制作用（作为阳性对照的苯甲醛 250mg/L 时能显著抑制苍术胚根的生长），但 100 及 250mg/L 的 *β*-桉叶醇能强烈抑制苍术胚芽生长，而且 250mg/L 的 *β*-桉叶醇对苍术胚芽伸长的抑制作用比同浓度的苯甲醛显著（$p<0.05$，表 4）。

表 4　苯甲醛和 β-桉油醇生物活性的比较

处理	剂量/（mg/L）	发芽率/%	根长/cm	芽长/cm
蒸馏水	0	69 a	1.83 a	1.92 a
苯甲醛	50	68 a	1.54 a	1.64 a
	100	78 a	1.68 a	1.47 b
	250	65 a	1.50 b	1.33 b
β-桉油醇	50	65 a	1.56 a	1.78 a
	100	65 a	1.73 a	0 c
	250	55 a	1.68 a	0 c

注：同一列标有不同字母表示处理间差异显著（$p<0.05$）

8.3 讨论

8.3.1 苍术根茎及根际土中化感物质分析

以待测植物部分，或是与它相关的环境土壤作为样品进行相关研究，是植物化感作用研究最常用的方法[8-14]。考虑到苍术在长期栽培种植中面临的最主要的问题是自毒现象，本实验用未种植过其他植物的土壤作基质，对苍术进行盆栽试验，然后进行了化感物质的提取鉴别及化感作用的生物学检验，很好地排除了其他植物产生的化感物质对试验结果的干扰。

实验中，从苍术根茎中共鉴定出化合物 20 个次，根际土中共鉴定出化合物 27 个次，包括烷、醇、苯、萘、酸及酯等成分，尚不包括更多的含量低未被鉴定出的化合物。迄今为止所发现的化感物质几乎都是植物的次生代谢产物，一般分子量较小，结构较简单。包括水溶性有机酸、直链醇、脂肪族醛和酮、简单不饱和内酯、长链脂肪酸和多炔、内萜、氨基酸、生物碱、苯甲酸及其衍生物等等。其中最常见的是低分子有机酸、酚类和内萜类化合物[13]。本实验所分离鉴定到的化合物中不乏此类物质，证明苍术根茎及根际土中均含有抑制其自身生长的化感物质，即植物自毒素。

为了更好地比较根茎及根际土中所含化合物的相似性，本研究采用 Jccard 相似系数公式计算相似度，发现苍术根茎及根际土中所含主要化合物（归一化百分含量大于 1%）相似度非常高，二者乙酸乙酯萃取液的相似系数达到 90.00%，乙醚萃取液的相似系数达到 33.33%，提示土壤中不少极性较大的组分可能是直接来源于苍术分泌物或植物残体代谢产物。

8.3.2 苍术根茎及根际土化感作用的生物学检测

实验中发现，苍术根茎水提液能显著抑制苍术种子发芽率及胚根和胚芽的伸长，但根际土水提液对苍术种子发芽率及胚根和胚芽的伸长的抑制作用不显著。由于GC-MS鉴别到根际土中含有不少有化感作用的物质，如水溶性有机酸、直链醇、酚酸、简单不饱和内酯等，因此，推测根际土对苍术种子自毒作用不显著与土壤中化感物质的积累量不够有关。大田栽培时，在生长的第 3 年，苍术发病率和死亡率显著提高，因此，农民通常将苍术只种两年就采挖，可能与此有关。

本研究证实根茎中含量较大的β-桉叶醇对苍术胚芽的伸长有显著自毒作用，进一步为证实苍术的自毒作用提供了理论支持。研究发现，萜类物质是一类研究较多且活性较强的化感物质，其在环境胁迫下含量的变化是近年来研究的热点[7]。孔垂华等在研究以萜类物质为主要次生代谢产物的胜红蓟化感作用中发现，在缺肥、缺水等逆境下，胜红蓟的化感作用明显增强[7]。苍术根茎提取液中鉴定到的一些倍半萜成分，虽然在根际土提取液中尚未鉴定到，但其在根茎及根际土中的分布代谢，及其在苍术自毒现象中的作用的研究，有重要理论及实践意义。

8.3.3　中药材种植的自毒现象及解决策略

作者研究发现，苍术栽培中土壤养分及酸度有所下降，但并不是导致其连作障碍的主要原因[15]。根据本实验结果，苍术根茎及根际土中都有抑制其自身生长发育的化感物质。因此，认为栽培苍术连作障碍与自毒作用有关。

自毒作用是植物通过根分泌与残株腐解释放的有毒化学物质抑制同种植物种子萌发和生长的现象。已有研究表明，水稻、小麦、玉米、甘蔗等禾本科植物和大豆、蚕豆等豆科类植物及人工林、茶园中均存在明显自毒现象[16, 17]。近年来，随着中药材规范化种植的开展及中药材栽培种类和面积的不断扩大，连作障碍问题显得日益突出，如人参、地黄、黄连、贝母等等。由于药用植物通常多年生，且含有大量小分子的次生代谢产物，因而其连作障碍中的植物自毒表现的比普通作物会更强烈。

植物在生长发育过程中不断与根际土溶液进行着物质与能量的交换，通过各种途径（如地上部分淋溶、根系分泌、植物残体分解等）进入根际区的源于植物自身的化学物质，直接影响着根际区土壤中微生物的群落结构，微生物分解代谢又会产生新的化学物质，如此不断地影响和改变着根际区微生态生境，反过来又对植物自身的生长发育产生影响。在这个意义上讲，自毒作用是植物长期适应种内竞争的重要策略，在群体水平上实现了优胜劣汰，对物种的进化具有积极的作用。但就栽培中药材而言，植物自毒造成的经济损失是显而易见的。所有在中药栽培中，可以借鉴农业生产中的方法，如采用间作套作制度、避免连作等手段来缓解甚至是克服中药的自毒现象。同时，应注意对不产生化感物质或具有抗化感物质的品种进行筛选，最终通过遗传育种或转基因工程的手段和方法，彻底解决栽培中的自毒现象。

参 考 文 献

[1] 朱晓琴，贺善安，贺慧生，等. 茅苍术资源再生的研究. 武汉植物学研究，1995，13（4）：373-379.
[2] 计钟程，许文芝. 重茬大豆减产与土壤环境变化. 大豆科学，1995，14（4）：321-329.
[3] 朱斌，王维中. 衫木连栽障碍的原因及其对策. 中南林学院学报，1999，19（1）：76-78.
[4] 胡跃高，曾昭海，程霞，等. 苜蓿自毒性的研究进展及其前景. 草原与草坪，2001，（4）：9-11.
[5] 喻景权，松井佳久. 豌豆根系分泌物自毒作用的研究. 园艺学报，1999，26（3）：175-179.
[6] 王大力，马瑞霞，刘秀芬. 水稻化感抗草种质资源的初步研究. 中国农业科学，2000，33（3）：94-96.
[7] 孔垂华，徐涛，胡飞，等. 环境胁迫下植物的化感作用及其诱导机制. 生态学报，2000，20（5）：849-854.
[8] 阎飞，韩丽梅，孙衍，等. 大豆连作土壤中化感物质浸提剂的生物筛选. 吉林农业科学，2000，25（1）：7-11.
[9] 刘秀芬，马瑞霞，袁光林，等. 根际区他感化学物质的分离、鉴定与生物活性的研究. 生态学报，1996，16（1）：1-10.
[10] 韩丽梅，沈其荣，鞠会艳，等. 大豆地上部水浸液的化感作用及化感物质的鉴定. 生态学报，2002，22（9）：1425-1432.
[11] 马瑞霞，刘秀芬，袁光林，等. 小麦根区微生物分解小麦残体产生的化感物质及其活性的研究. 生态学报，1996，16

（6）：632-638.
[12] 曾任森. 化感作用研究中的生物测定方法综述. 应用生态学，1999，10（1）：123-126.
[13] 阎飞，杨振明，韩丽梅. 植物化感作用及其作用物的研究方法. 生态学报，2000，20（4）：692-696.
[14] 孔垂华. 植物化感作用研究中应注意的问题. 应用生态学报，1998，9（3）：332-336.
[15] 郭兰萍，黄璐琦，邵爱娟，等. 苍术根际区土壤养分变化规律. 中国中药杂志，2005，30（19）：1504-1507.
[16] 黄高宝，柴强. 植物化感作用表现形式及其开发应用研究. 中国生态农业学报，2003，11（3）：172.
[17] 曹潘荣，骆世明. 茶园的他感作用研究. 华南农业大学学报，1994，15（2）：129-133.

9 泡囊丛枝菌根（AM）对苍术生长发育及挥发油成分的影响†

苍术来源于菊科植物苍术［*Atractylodes lancea*（Thunb）DC.］，江苏茅山为其道地产区。由于人为的过度采挖，及生境被严重破坏，当地苍术濒危，近年来一直无法形成商品收购。为保护和发展苍术道地药材，湖北等地对茅山苍术进行了引种栽培。但生产中发现，栽培苍术病虫害严重，随栽培年限增加，发病率、死亡率急速升高，并有明显连作障碍。

泡囊丛枝菌根（Arbuscular Mycorrhizae，AM）是泡囊丛枝真菌侵染植物根后形成的共生联合体。大量研究发现 AM 的形成可以有效地促进植物对土壤中移动性小的元素（如 P，Zn，Cu）的吸收，提高植物的抗逆性，促进植物的生长，克服植物的连作障碍，并可以提高作物的产量和质量。近年来，AM 在农作物栽培中得到广泛应用，其在药用植物的研究中刚刚开始，但已显示良好的前景。[1-3]

本研究将栽培苍术人工接种 AM 真菌，比较接种和不接种 AM 真菌对苍术产量、质量的影响，及 AM 引起的苍术的根际效应，为在生产中引入 AM 真菌克服栽培苍术的病虫害问题和连作障碍探索新的思路和方法。

9.1 材料和方法

9.1.1 材料

AM 真菌 *Glomus mosseae*（GM）由中国农业科学院汪洪钢研究员提供，是经三叶草根系活体繁殖得到的混合的接种剂（含孢子、菌丝和侵染根段）。土壤取自中国中医科学院中药研究所草坪，按土壤与河沙 3∶1 混匀，土壤基本情况见表 1。

供试苍术种子于 2003 年 10 月采自江苏茅山。

表 1 苍术栽培前后及施加 AM 真菌与否土壤养分含量变化

处理	有机质/（g/kg）	全氮/（g/kg）	碱解氮/（mg/kg）	有效磷/（mg/kg）	有效钾/（mg/kg）	pH
CK0	10.94	0.51	35	39.4	139	8.33
CK1	10.57	0.45	21	29.9	174	8.83
AM	10.65	0.43	21	25.1	133	8.65

注：CK0 栽培苍术前土壤母质

† 郭兰萍，汪洪钢，黄璐琦，蒋有绪，朱永官，孔维栋，陈保冬，陈美兰，林淑芳，方志国，2006，中国中药杂志，31（18）：1491。

9.1.2 接种方法及栽培管理

采用温室盆栽方法，试验设接种（AM）和不接种（CK）菌根真菌 2 个处理，每处理 5 个重复。将陶盆和土壤分别在 105℃高温下灭菌 2h。陶盆直径为 13cm，装土 1kg。每盆加接种剂 50g，对照盆加等量灭过菌的接种剂。同时给对照盆各加 20ml 浸泡接种剂（30g）的滤液，以保证除菌根菌外的其他微生物一致。

苍术种子播前用 0.1%的升汞浸泡 10min，再用无菌水清洗 5 次。每盆播种 7 粒，出苗后定苗 3 株。温室常规管理。7 月下旬每处理补加 KH_2PO_3 0.5g，脱脂骨粉 1g。

2004 年 3 月 17 日播种，2004 年 9 月 24 日收获苍术，植株于室内风干，统计植株生物量并进行挥发油成分分析。同时，将苍术根际土壤置于 4℃冰箱保存，进行微生物功能多样性和土壤有机质测定。

9.1.3 植株与土壤样品的测定

9.1.3.1 AM 真菌的显微鉴定

曲利本蓝染色进行鉴定[4]。

9.1.3.2 鲜重法测定叶面积

叶面积＝全叶鲜重/1 平方厘米叶的鲜重

9.1.3.3 根茎挥发油含量 GC-MS 分析

苍术粉碎，过 40 目筛，挥发油提取器提取挥发油后，进行 GC-MS 分离鉴定。实验条件：Thermo Finnigan TRACE GC-TRACE MS 气质联用仪器。DB-5 柱（0.25mm×30m，0.25μm），程序升温从 60℃到 240℃，4℃/min，进样温度 240℃，检测温度 250℃。载气为 He，进样量 0.1μl，分流比 20∶1，载气流速 20ml/min。质谱电离方式为 EI，电子能量 70eV，离子源温度 200℃，全扫描，扫描范围 m/z 35～455。NIST 谱图库检索。

9.1.3.4 土壤养分测定

常规方法[5]。

9.1.3.5 土壤有机质 GC-MS 分析

取土壤 40g，放入三角瓶中，加入 200ml 无水乙醇，25℃超声提取 30min，超声强度 75%，过滤，所得滤液在旋转蒸发器上浓缩至干（4℃），再用乙醚 1ml 溶解，溶液用做 GC-MS 分析。无水乙醇、乙醚均为分析纯。

GC-MS 分析所用色谱质谱仪为 TRI02000，Carbwax 极性柱（25mm×30m），载气 He，流量 1ml/min，柱温 60～250℃，分流进样，程序升温 8℃/min，60℃停 2min，至 250℃停 20min，进样口温度 260℃，检测器温度 260℃，进样量 2μl。电子轰击源，扫描范围 m/z 30～600，扫描速度 0.2s，扫全程，离子源温度 150℃。通过 LAB-BASE 质谱库进行未知物的鉴定。

9.1.3.6 根际微生物群落功能测定

采用 Biolog 方法测定根际微生物群落功能多态性[6]。具体操作：称取相当于 10g 烘干土壤的新鲜土壤加入到装有 100ml 灭菌的生理盐水（0.85%）的 250ml 三角瓶中，在旋涡震荡机上震荡 3min；取 5ml 上述土壤浸提液加入 45ml 灭菌的生理盐水（0.85%）中，然后将上述稀释液加入 Biolog GN2 微平板中，每孔加 150μl；将接种的 Biolog GN2 微平板在 30℃培养，分别于 24h、48h、72h、96h、120h、144h、168h 和 192h 在 590nm 下读取数据。

9.1.4 数据处理方法

使用 SPSS10.0 软件，*t* 检验比较生物量；聚类分析和主成分分析苍术根茎挥发油组分变异。

根际微生物群落功能采用 Biolog GN 微平板每孔颜色平均变化率（Average Well Color Development，简称 AWCD，又称土壤微生物碳源利用代谢剖面）来描述计算公式为 AWCD 值＝［$\sum$（$C–R$）］/95，其中 C 是所测得的 95 个反应孔的吸光值，R 是对照孔 A1 的吸光值。Biodap 软件计算下列土壤微生物多样性指数[7]：

Shannon 多样性指数 $H'=-\sum Pi\ln Pi$，Pi 为第 i 孔相对吸收值（$C–R$）与整个平板相对吸光值总和的比率；

Shannon 均匀度指数 $E=H'/\ln S$，S 为颜色变化的孔的数目；

McIntosh's 多样性指数 $U=\sqrt{\left(\sum ni^2\right)}$，$ni$ 是第 i 空的相对吸光值（$C–R$）；

McIntosh's 均匀度指数 $E=\dfrac{N-U}{N-N/\sqrt{S}}$，$N$ 是相对吸光值总和。

9.2 结果及分析

9.2.1 AM 真菌对苍术根系的侵染及其生长的影响

实验中观察到 AM 组苍术生长旺盛、叶片的颜色鲜绿；而 CK 组植株矮小，叶片萎黄，甚至有些叶片枯黄脱落，显示出发病的症状（图 1）。曲利本蓝染色显示，接种 AM 真菌的苍术根受到侵染，未接种 AM 真菌的苍术没有发现侵染（图 2）。*t* 检验表明，AM 组苍术的株高、叶片数、叶面积、平均单株茎叶干重、平均单株根系干重及单株总生物量都显著高于对照组（p＜0.0.5），单株须根数也是接种处理组高，但差异不显著（p＞0.05；表 2，图 1）。可见接种 AM 真菌显著促进了苍术的营养生长。

图 1　AM 对苍术生长发育的影响

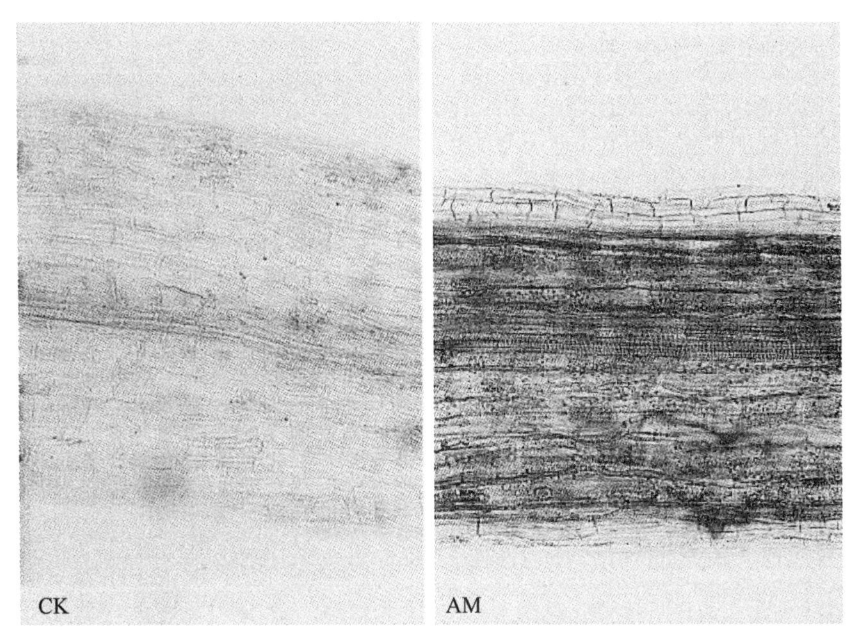

图2 曲利本蓝染色鉴定AM

表2 AM真菌对苍术植株生长发育的影响

处理	株高/cm	叶片数	叶面积/cm^2	平均单株茎叶干重/g	平均单株根系干重/g	根系重/茎叶重	平均单株总生物量/g	平均单株须根数
CK	3.58	3.61	4.07	0.08	0.23	2.88	0.31	9.27
AM	6.42[1)]	6.00[1)]	6.76[1)]	0.33[1)]	0.43[1)]	1.30	0.76[1)]	15.03

1） $p<0.05$

菌根依赖性是指在一定土壤肥力水平下，植物产生最大生长量或产量对菌根的依赖程度，即：菌根依赖性（%）＝接种的植物重/未接种植物重×100[8]。据此，以苍术生物量为基础，进行苍术对菌根的依赖性考察，发现苍术对AM依赖性很强，达245%，表明接种AM真菌对苍术幼苗的生长有很大的促进作用。

9.2.2 苍术地下部分挥发油的GC-MS分析

苍术地下部分挥发油GC-MS分析显示，AM组和CK组苍术根茎挥发油中归一化百分含量相对较大的主要组分大体相同，但其含量变异很大。对挥发油进行GC-MS分析，鉴定出2,4,5,6,7,8-hexahydro-1,4,9,9-tetramethyl-[3αR-(3aα,4*β*,7α)]-3H-3α,7-Methanoazulene；11-diene,Eudesma-4(14)(4(14)-11-桉叶油二烯)；5-(1,5-dimethyl-4-hexenyl)-2-methyl-[s-(R*,S*))-1,3-Cyclohexadiene；*β*-Sesquiphellandrene（*β*-放半水芹烯）；τ-Elemene（τ-榄香烯）；Hinesol（茅术醇）；（2-Naphthalenemethanol，decahydro-α,α,4a-trimethyl-8-methylene-[2R-(2α,4aα,8a*β*)]（*β*-桉叶醇）；atractylone（苍术酮）；[1,1′-Biphenyl]-4-carboxaldehyde（苍术素）9个归一化百分含量相对较大的化合物。根据以上化合物含量对苍术进行聚类分析和主成分分析，结果均显示AM组与CK

组挥发油主要组分没有差别（图 3）。

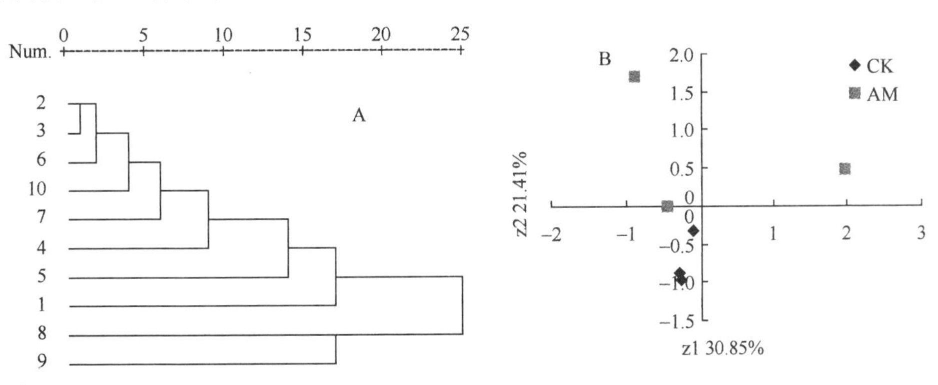

图 3 CK和AM组苍术根茎挥发油比较

A主要组分的聚类图，B CK和AM组苍术根茎挥发油主要组分的主成分分析。0-1 标准化处理，距离公式为Square Euclidean distance，聚类方法为Dendrogram using Average Linkage（Within Group），1～5 为CK，6～10 为AM

9.2.3 土壤养分检测

土壤养分检测表明，栽培苍术后土壤有机质、有效钾和 pH 变化不大（对照组有效钾含量稍高于未栽培种植苍术之前，主要是中间施加了 KH_2PO_4 的结果），全氮、碱解氮及有效磷都呈现下降趋势，说明苍术在生长发育过程中对后者的消耗较大。同时，AM 组全氮、碱解氮、有效磷及有效钾的含量均低于 CK 组，由于处理组和对照组土壤养分原始含量相同，中间施肥量也相同，因此，认为 AM 组土壤养分低于 CK 组的原因是由于菌根促进了苍术根对土壤养分的吸收（表 1）。

9.2.4 土壤有机物的 GC-MS 分析

由于土壤有机质组成复杂，GC-MS 鉴定符合系数低，因此，未能鉴定出具体的化合物。本研究借鉴指纹图谱的思路，比较了 AM 和 CK 处理土壤有机质中归一化百分含量较大组分的差异。结果发现，栽培苍术后根际区土壤发生明显改变，组分 1、2、3、4 明显降低，组分 8、10、11、12 明显增加。同时，AM 组和 CK 组两者间的变化速率并不完全相同，主要表现为 AM 组的组分 5、6 比处理组上升的更多，而 CK 组的组分 9、10、11 比 AM 组上升的更多。可见施加 AM 处理后，对苍术根际区土壤的化合物有一定影响。

9.2.5 土壤微生物多样性的 Biolog 检测

由于反应的初始浓度较低，CK 和 AM 组土壤微生物群落的 AWCD 值均未到达平台期，即未达到最大值。但可以看出，二者的 AWCD 值在整个温育过程中差异比较显著，AM 组的 AWCD 值始终高于对照组，在反应 192h 后，AM 和 CK 两组土壤的 AWCD 值分别达到 0.66 和 0.46。表明 AM 处理有利于增强土壤微生物群落的生理代谢活性，从而增强其碳源利用程度（图 4）。

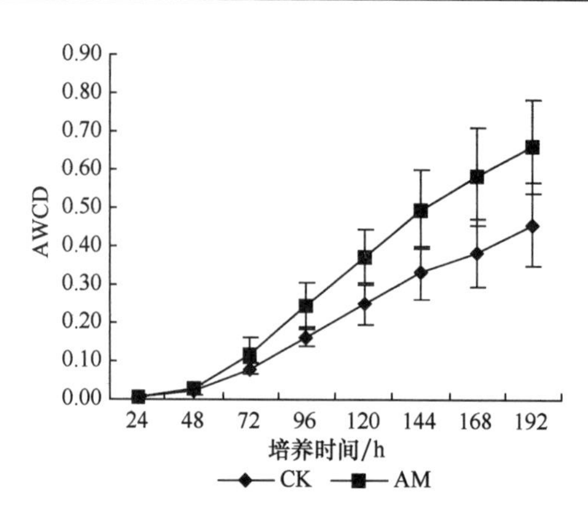

图 4 CK和AM处理苍术根际区土壤温育过程中AWCD变化

使用 shannon 多样性指数（H'）和均匀度指数（E），及 McIntosh's 多样性指数（U）和均匀度指数（E）对 72h 和 168h 时土壤微生物的功能多样性和均匀度进行了分析（对土壤微生物多样性的计算多采用 72h 的数值，因 72h 通常达到微生物生长的对数期，差异较明显。本实验中可能由于对微生物进行温育时的初始浓度较低，72h 时微生物的可检测数量较少，甚至微生物的生长在 192h 时仍没有达到平台期，因此，实验中同时计算了 72h 和 168h 的多样性指数）。*t* 检验表明，两个时间内 CK 和 AM 的微生物均匀度基本一致。shannon 多样性指数及 McIntosh's 多样性指数在 72h 差异不明显，而 168h AM 组均高于 CK 组（$p<0.05$）。表明随温育时间增长，AM 组土壤微生物的功能多样性高于 CK 组（表 3）。

表 3 CK 组和 AM 组土壤微生物功能多样性比较（72h 和 168h）

时间/h	处理	shannon H'	shannon E	McIntosh's Index（U）	Evenness Measure（E）
72	CK	3.21±0.21	0.75±0.03	2.00±0.50	0.84±0.02
	AM	3.09±0.29	0.74±0.05	2.73±1.04	0.85±0.03
168	CK	3.55±0.13	0.79±0.03	6.91±1.13	0.91±0.02
	AM	3.74±0.18[1)]	0.84±0.03	9.28±0.95[1)]	0.93±0.02

1）$p<0.05$

9.3 讨论

9.3.1 AM 促进苍术营养生长

试验表明，AM 真菌对苍术根系的侵染、发育及其幼苗的生长有重要影响，AM 真菌能显著促进苍术的营养生长。土壤养分检测发现 AM 组土壤全氮、碱解氮、有效磷及有效钾低于 CK 组，提示接种 AM 真菌能对苍术幼苗的生长产生明显的正效应与其促进苍术幼苗对土壤养分的吸收有关。即 AM 真菌侵染苍术根系形成的菌丝、泡囊和丛枝等结构，扩大了根系的吸收面积，有利于根系吸收和运输养分，最终促进了苍术幼苗的生长。

9.3.2 施加 AM 真菌对苍术挥发油质量没有明显影响

挥发油组分被认为是苍术的主要药效成分，尤其是挥发油中的茅术醇、β-桉叶醇、苍术酮、苍术素等成分因在苍术根茎中含量大，且药理作用研究较透彻，常被用作苍术鉴定或质量评价的特征成分或指标成分[9, 10]。本实验借鉴指纹图谱的思想，对 AM 组和 CK 组苍术根茎挥发油中多个主要成分进行了综合比较，发现二者挥发油中主要组分及其相对含量没有差异，表明接种 AM 真菌没有造成苍术挥发油组分的变异，表明 AM 用于苍术栽培生产具有理论上的可行性。

值得注意的是，苍术为多年生植物，其有效成分的积累是个漫长的动态过程。本次实验由于周期较短，只观察到了生长半年时的苍术根茎挥发油的变化。药用苍术通常为 2 年生或多年生苍术。虽然苍术挥发油在个体发育过程中变异很小[11]，但对于接种 AM 真菌后对苍术挥发油成分的影响应作更长时间的考察。

9.3.3 接种 AM 真菌能提高苍术根际土壤微生物群落功能多样性及代谢活性

土壤微生物的多样性是反映土壤质量的一个重要指标，它能够敏感地反映土壤质量的演变，揭示外界环境对对土壤质量的影响[12, 13]。以 Biolog 微孔板碳源利用为基础的定量分析为描述微生物群落功能多样性提供了一种简单、快速的方法。本研究采用 Biolog 法对土壤微生物的功能多样性检测的结果表明，表征土壤微生物代谢活性的 AWCD 值，AM 组始终高于对照组，表明 AM 处理有利于增强土壤微生物群落的生理代谢活性，从而增强其碳源利用程度。同时，在 168h 时 AM 组 shannon 多样性指数（H′），McIntosh's 多样性指数（U）均高于 CK 组（$p<0.05$）。表明 AM 处理能增加利用碳底物的微生物的数量，提高微生物对单一碳底物的利用能力，提高苍术根际土壤微生物的功能多样性及代谢活性，对改善苍术根际土壤环境有重要意义。

由于土壤微生物与环境及植物根系分泌物有着十分密切的关系，本研究还对苍术根际土壤中的化合物进行了分析，发现施加 AM 真菌后，苍术根际区土壤的化合物有变化，提示 AM 改善苍术根际土壤质量可能与影响根际土壤中化合物的组成有关。

参考文献

[1] 魏改堂，汪洪钢. VA 菌根真菌对药用植物曼陀罗生长、营养吸收及有效成分的影响. 中国农业科学，1989，22（5）：56.

[2] 魏改堂，汪洪钢. VA 菌根真菌对荆芥生长、营养吸收及挥发油合成的影响. 中国中药杂志，1991，16（3）：139.

[3] 汪洪钢，张美庆. 八十年代以来我国内生菌根研究概况. 土壤学报，1994，31（增刊）：11.

[4] Phillips J M，Haymam D S. Improved procedures for clearing and staining parasitic and vesicular arbuscular mycorrhizal fungi for rapid assessment of infection. Trans Br Mycol Soc，1970，55（3）：158.

[5] 郭兰萍，黄璐琦，邵爱娟，等. 苍术根际区土壤养分变化规律. 中国中药杂志，2005，30（19）：1504.

[6] Garland J L，Mills A L. Classification and characterization of samples of microbial communities on the basis of patterns of community level sole-carbon-source utilization. Appl Environ Microbiol，1991，57（8）：2351.

[7] Magurran A E. Ecological diversity and its measurement. Princeton University Press，N. J.，1988.

[8] Menge，J A，Johnson E L V，Platt R G. Mycorrizal dependency of several citrus cultivars under three nutrient regimes. New Phytol，1978，81（3）：553.

[9] 朱晓琴，贺善安. 不同产地苍术药材化学成分的比较. 植物资源与环境，1994，3（4）：18.

[10] 郭兰萍，刘俊英，吉力，等. 茅苍术道地药材挥发油组成特征分析. 中国中药杂志，2002，27（11）：814.

[11] 武田修己. 茅苍术根茎中含有的挥发油成分在生长过程中的变化. 国外医学中医中药分册，1995，17（6）：42.

[12] Kell J J，Tate R L. Effects of heavy metal contamination and remediation on soil microbial commubities in the vicinity of the zinc smelter. Journal of Environmental Quality，1998，27（3）：609.

[13] Jacek K，Jan K E. Response of the bacterial community to root exudates in soil polluted with heavy metals assessed by molecular and cultural approaches. Soil biology and Biochemistry，2000，32（10）：1405.

10　栽培苍术根际土壤微生物变化†

土壤微生物是土壤的重要组成部分，其生命活动对土壤肥力有很大的影响。土壤微生物的数量及群落功能和结构能够敏感地反映土壤质量的演变，揭示土壤质量的变化[1, 2]。作为异化过程中起主导作用的生物，土壤微生物分解有机物质，释放出各种营养元素，既营养自己，也营养作物。微生物生物量的大小，在营养元素的循环利用中有极其重要的作用。特别是根际微生物因受植物根系分泌的糖类、氨基酸、有机酸、脂肪酸和甾醇、生长素、核苷酸、黄酮、酶类以及其他化合物等营养源的影响，使植物根际具有很高的活性。因此，保持根际土壤微生物的活性特别重要。

ARDRA（Amplified rDNA Restriction Analysis）技术是新发展起来的一项现代微生物鉴定技术，它依据原核生物 rDNA 序列的保守性，将扩增的 rDNA 片段进行酶切，然后通过酶切图谱来分析微生物的多样性[3]。由于此法无需分纯试样，受到科研工作者的欢迎。

苍术［*Atractylodes lancea*（Thunb）DC.］是常用中药。近年来，随着种植面积的不断扩大，及其规范化生产的开展，苍术栽培中的病虫害问题日益突出。生产中发现，栽培 2 年后的苍术极易感染白绢病、根腐病、立枯病、铁叶病等病害，并且苍术连作障碍严重。目前，这已成为苍术栽培中的瓶颈。本研究观察了 1～2 年生栽培苍术根际区土壤微生物群落细菌、真菌、放线菌数量的变化。同时，采用 ARDRA 技术对根际区土壤微生物的 16S rDNA 酶切图谱进行了分析，目的是观察苍术栽培中微生物数量和群落结构的变化规律，为解决苍术栽培中的病虫害问题提供线索。

10.1　材料和方法

10.1.1　材料

2003 年 8 月中旬，在湖北罗田薄刀峰按 S 形路线收集 1、2 年生栽培苍术的根际区土壤样品各 4 个，苍术个体间距离不小于 10m，3 个苍术根际区土壤混匀作为 1 个土壤样品。

---

† 郭兰萍，黄璐琦，蒋有绪，陈美兰，吕冬梅，曾燕，2007，中国中药杂志，32（12）：1131-1133。

10.1.2 土壤微生物总量的测定

稀释平板法测定土壤微生物总量。具体操作步骤如下：取根际区土壤，过 1mm 筛，去掉可见的植物根系和土壤动物，称取 10g 土壤，加入到装有 90ml 无菌水的三角瓶中，185r/min 振荡 30min，静置 5min，制备 10^{-1} 土壤稀释液，从中取上清液 1ml，加入到装有 9ml 无菌水的试管中，在旋涡混旋器上混匀 30s，即为 100^{-1} 稀释液，再从 100^{-1} 稀释液中吸取 1ml 加入到另一装有 9ml 无菌水的试管中，得 10^{-3} 稀释液，依次进行 10 倍稀释，制备 10^{-4}、10^{-5}、10^{-6} 稀释液。

细菌取 10^{-4}、10^{-5}、10^{-6} 稀释液，真菌取 10^{-1}，10^{-2}，10^{-3} 稀释液，放线菌取 10^{-3}、10^{-4}、10^{-5} 稀释液各 0.1ml 分别于牛肉膏蛋白胨培养基、马丁培养基和高氏一号培养基上，用无菌玻璃刮铲涂抹均匀，分别在 28℃倒置培养 2d、3d 和 7d。微生物数量以单位烘干土壤所形成的菌落数量来表示（cfu/g 干土）。

10.1.3 土壤微生物 ARDRA 分析

10.1.3.1 DNA 的提取

参照文献[4]稍作改动，称取 5g 土壤样品，充分研磨后，置于离心管中，液氮冻溶 3 次，加入 13.5ml DNA 抽提缓冲液（100mmol/L Tris-HCl，pH8.0，100mmol/L EDTA，100mmol/L 磷酸钠缓冲液，pH8.0，1.5mol/L NaCl，1%CTAB），混匀后，置液氮中，然后取出在 60℃水浴中保温至融化。加入 50μl 蛋白酶 K（20mg/ml）和 1.5ml SDS（10%），在 60℃水浴保温 2～3h，每隔 5～20min 倒管混匀几次；7000g 室温离心 10min，收集上清液，沉淀中加入 5ml 水，60℃洗 2 次，每次 10min，如前离心上清液；合并 3 次上清液，加入等体积的酚-氯仿（1∶1）抽提 2 次；加入 0.6 倍体积的异丙醇，室温放置 30min 后，12 000g、4℃离心 15min，70%乙醇洗 2 遍，沉淀用 0.5ml TE 溶解。

10.1.3.2 16S rDNA 的扩增

根据文献[5]合成引物 27f（对应于 *E. coli* 8-27 位碱基）：5′-AGA GTT TGA TCC TGG CTC AG-3′和 1492r（对应于 *E. coli*1507-1492 位碱基）5′-TAC CTT GTT ACG ACT T-3′。每 50μl 反应体系含模板 DNA 2μl，3μl 25mmol/L $MgCl_2$，2μl 2.5μmol/L 正反向引物，4μl 2.5mmol/L dNTP 混合物，5U Taq DNA 聚合酶，及 5μl 10×反应缓冲液。循环条件为：95℃预变性 3min，扩增 35 个循环（94℃变性 1min，51℃复性 1.5min，72℃延伸 2min），72℃后延伸 5min。

10.1.3.3 16S rDNA 的 Hinf 酶切

使用 Hinf 限制性内切酶进行酶切，反应体系为扩增 16S rDNA 产物 10μl，Hinf 内切酶 5U，0.1%BSA 2μl，10×反应缓冲液 2μl，加水至 20μl。反应混合物放于 37℃水浴中，酶切 3h，然后加 4μl 溴酚蓝终止反应。

取 10μl 扩增产物于 2.0%琼脂糖凝胶上用 1×TAE 电泳缓冲液电泳，GENIUS 凝胶成像系统拍照检测。

10.2　结果

10.2.1　苍术根际区土壤微生物总量变化

2 年生苍术根际区土壤环境中细菌、真菌、放线菌普遍低于 1 年生苍术，三者分别下降 46.14%、49.25%、31.88%，真菌下降幅度最大，放线菌下降幅度最小，见表 1。由于土壤细菌、真菌及放线菌下降速度不同，造成三者的比例改变，2 年生苍术根际区土壤细菌与放线菌、真菌与放线菌的比例下降，细菌与真菌比例上升，见表 1。

表 1　1～2 年生苍术根际区土壤微生物总量比较

土壤样品	细菌数（$\times10^7$）	真菌数（$\times10^5$）	放线菌数（$\times10^6$）	细菌/真菌	细菌/放线菌	真菌/放线菌
1 年生	7.26	2.01	10.35	361.19	7.01	0.02
2 年生	3.91	1.02	7.05	382.58	5.55	0.01

10.2.2　苍术根际区土壤微生物群落变化

苍术土壤微生物总 DNA 提取完整（图 1a），引物 27f 和 1492r 扩增后得到重复性好且稳定清晰的条带的 16S rDNA，片段大约为 1500bp（图 1b）。

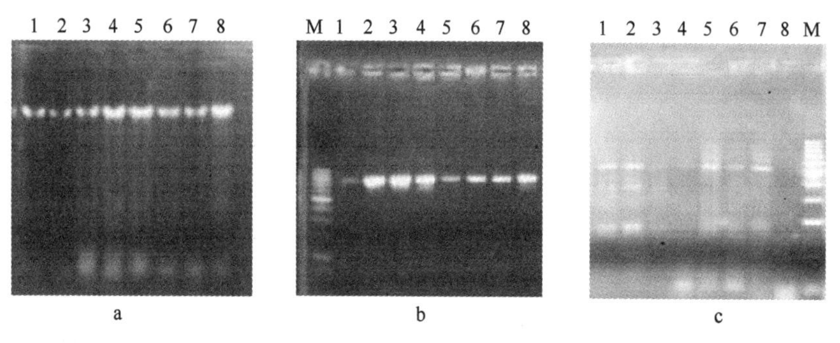

图 1　1～2 年生苍术根际区土壤微生物 16S rDNA 酶切分析

a 为 DNA 模板，b 为 16S rDNA，c 为 16S rDNA 酶切；a、b、c 图 1～4 号样品均为 1 年生苍术根际区土壤微生物，5～8 号样品均为 2 年生苍术根际区土壤微生物

Hinf 酶切后多数样品在 1000bp 附近均出现主带，其他弱带不完全相同。1-3 号样品在 400bp、600bp、800bp、1000bp 附近出现扩增条带，5-7 号样品在 400bp 和 1000bp 附近有酶切条带，多次重复均发现 4 和 8 号样品酶切图谱没有明显条带，由于这两个样品的 16S rDNA 模板良好，因此，认为是这两个样品 16S rDNA 模板多态性高，造成酶切图谱的弥散，无法辨认。就多数样品而言，1 年生与 2 年生苍术根际区土壤样品在年间变异大于年内的变异，前者 DNA 水平的多态性高于后者。

10.3　讨论

植物根系分泌物对土壤微生物有重要影响，有些植物的根系分泌物能促进某一类或几类微生物数量的增加；相反地，有些植物根系分泌物却不利于微生物的生长，甚至产生抑制效果。本研究发现，2 年生苍术根际区土壤环境中细菌、真菌、放线菌数量均低于 1 年生样品，16S rDNA 的 Hinf 酶切图谱显示，1 年生与 2 年生苍术土壤微生物酶切图谱不同，表明苍术根系分泌物对其根际区土壤微生物总体产生了抑制作用。而且，根系分泌物对不同微生物的影响不同，引起根际区土壤微生物优势群落的改变，造成微生物群落多样性的降低。可见，多年栽培苍术病虫害的发生，可能与其根际区土壤微生物数量和群落结构的改变有关。

土壤微生物在有机农业生态系统中具有重要作用，其在植物的根际营养中起着分解有机物，释放与贮蓄养分的积极作用，根际微生物的异化作用可以促进根际环境中的物质转化，为植物提供营养。充分发挥土壤微生物的活力可以增加土壤有机质的含量，提高土壤肥力，疏松土壤，改善土壤结构，使土壤质量大大提高，进而改善植物生长土壤环境，提高植物对杂草的竞争能力和对病虫害的抵抗能力。为此，进一步阐明苍术根际区土壤环境中微生物群落结构的变化规律，对在实践中发挥土壤微生物的作用，改善多年栽培苍术土壤环境恶化有重要意义。

参 考 文 献

[1] Kell J J，Tate R L. Effects of heavy metal contamination and remediation on soil microbial commubities in the vicinity of the zinc smelter. J Environ Qual，1998，27（3）：609.

[2] Jacek K，Jan K E. Response of the bacterial community to root exudates in soil polluted with heavy metals assessed by molecular and cultural approaches. Soil biol Biochem，2000，32：1405.

[3] Vaneechoutte M R Roseau. Rapid identification of bacteria of the comamonadaceac with amplified ribosomal DNA-restriction analysis（ARARD）. FEMS Microbiol. Lett.，1992，93：227.

[4] 王啸波，唐玉秋，王金华，等. 环境样品中 DNA 的分离纯化和文库构建. 微生物学报，2001，41（2）：133.

[5] Yoshitaka Shiomi，Masaya Nishiyama，Tomoko Onizuka，et al. Comparison of bacterial community structures in the rhizoplane of tomato plants grown in soils suppressive and conducive towards bacterial. Appl Environ Microbiol，1999，65（9）：3996.

编 后 记

蒋有绪院士 1954 年 5 月受命提前从北京大学毕业，就投入了由苏联和中国专家共同组成的森林航空测量调查队，共同开发和保护大兴安岭林区，从此即与森林结下不解之缘。在随后六十余年的科研生涯中，他凭借扎实的学术基础，宽阔的学术视野和敏锐的创新意识，始终把握时代脉搏，紧密联系国家需求与国际生态学发展前沿，积极开展森林生态系统结构与功能、森林地理学、森林群落学、生物多样性、森林与气候变化、农林复合经营、森林可持续经营、森林生态学发展等方面的研究，为我国的生态保护、建设和林业可持续发展及相关学科的发展做出了重大贡献。我们摘选了蒋有绪院士部分公开发表的论文、专著中的编章、建议报告、学术讲座讲稿，以及未公开发表的文稿、杂文等，并按森林地理学、林型学、森林群落学、生态系统生态学、林业生态建设与可持续经营、森林生态学科发展和科学普及等主题划分篇章，每一篇中则按完成时间先后进行了编排。在编辑过程中，除遵照当前出版标准要求外，尽可能地保持文稿的原样，只修改了原稿完成发表时的编排错误及计量单位等，以充分反映当时的历史背景。该文集基本概括和反映了蒋有绪院士在科学研究和学术上的杰出成果和重要贡献。该文集的出版，不仅可为读者提供许多新知识，而且也可为后继之人提供一个继续向前发展的阶梯。

该文集出版得到中国林业科学研究院、中国林业科学研究院森林生态环境与保护研究所和国家林业局森林生态环境重点实验室的大力支持，得到中央级公益性科研院所基本科研业务费专项资金项目“森林生态学科基础能力建设及若干热点问题研究”和“当代林学、生态学热点重点问题战略研究及相应的公众科普教育”资助。

蒋有绪先生亲自整理提供了过去几十年的论著、珍贵相片及未曾发表的手稿，与编辑小组成员一起讨论编排的原则和要求，使得编辑工作进展顺利。文集中的诸多成果都是集体或合作智慧的结晶，感谢与蒋有绪先生共同完成文集中论文的师长、同事及学生们。中国林业科学研究院森林生态环境与保护研究所有关专家对文集的编排也提出了宝贵的意见和建议，有关同学参与了文稿录入和校对的工作，在此一并致谢。

由于编辑时间较短，工作量大，错误之处在所难免，恳请各位读者谅解和批评指正。

肖文发

中国林业科学研究院森林生态环境与保护研究所所长

2016 年 6 月